Müller · **Elektrotechnik**

Dem Elektrohandwerk gewidmet

Rolf Müller

Elektrotechnik

– Lexikon für die Praxis –

2., stark bearbeitete und erweiterte Auflage

huss

Bibliografische Information der Deutschen Bibliothek

Die Deutsche Bibliothek verzeichnet diese Publikation
in der Deutschen Nationalbibliographie;
detaillierte bibliografische Daten sind im Internet über
http://dnb.de abrufbar.

ISBN 3-341-01466-7

2., stark bearbeitete und erweiterte Auflage

Am Friedrichshain 22, 10400 Berlin
Telefon: 030 42151-0, Fax: 030 42151-273
E-Mail: huss.medien@hussberlin.de
Internet: www.technik-fachbuch.de

Eingetragen im Handelsregister Berlin HRB 36 260
Geschäftsführer: Wolfgang Huss, Erich Hensler

Zeichnungen: HUSS-MEDIEN GmbH
Layout: Satz, Grafik & DTP Olaf Schlierf · 29331 Lachendorf
Druck und Binden: Druckhaus »Thomas Müntzer« GmbH · Bad Langensalza

Vorwort

Mit dem vorliegenden Lexikon möchte ich allen Fachkräften, die elektrotechnische Anlagen – gleich, welcher Spannungsebene – planen, errichten oder betreiben, ein zuverlässiges Nachschlagewerk für die Praxis in die Hand geben. Über diesen Leserkreis hinaus wendet sich das Lexikon auch an diejenigen, die sich noch in der Lehre, auf einem Meisterlehrgang oder in einem elektrotechnischen Fachstudium befinden, sowie an ihre Ausbilder und Lehrer.

Mit dem Fortschreiten der Elektrotechnik/Elektronik entstehen ständig neue Fachausdrücke, Abkürzungen und Kurzwörter (Akronyme), z. B. RCD, RCM, IMD oder Bus. Sie machen es dem Handwerker, aber auch dem Techniker und Ingenieur zunehmend immer schwerer, mit der rasanten Entwicklung auf dem jeweiligen Fachgebiet Schritt zu halten und nicht den Überblick zu verlieren. Ich habe mich bemüht, diesen Entwicklungen in dem vorliegenden Buch Rechnung zu tragen.

Das Lexikon enthält über 2000 Stichwörter. Das ist gegenüber der Erstausgabe im Jahre 2002 fast eine Verdopplung. Alle Stichwörter, Akronyme, Formelzeichen und Einheiten entsprechen dem neuesten Stand der „anerkannten Regeln der Elektrotechnik“. Die Fachausdrücke und ihr Bedeutungsumfeld haben vielfach ihre Wurzeln in dem großen traditionsreichen Wortschatz der deutschen elektrotechnischen Fachsprache, die sich freilich zunehmend auch der in der Europäischen Union gebräuchlichen sowie der in der Publikation IEC 60050 – dem Internationalen Elektrotechnischen Wörterbuch (IEV) – weltweit genormten fremdsprachigen Termini bedient. In einem gemeinsamen, multinationalen „europäischen Haus“ wird eben nicht nur Deutsch gesprochen. Aus diesem Grund sind die meisten Stichwörter und Abkürzungen auch in Englisch angegeben.

Die englische Sprache ist auf vielen technischen Gebieten führend, auch in der Elektrotechnik und erst recht in der Elektronik. Die daraus abgeleiteten deutschsprachigen Fachausdrücke beruhen jedoch oft auf ungenauen, mitunter auch fehlerhaften Übersetzungen. Beispielsweise ist ein *isolating transformer* hierzulande kein Isoliertransformator, sondern nach DIN EN 61558-2 ein „Trenntransformator“, und eine *residual current protective device* ist keine Reststrom-Schutzeinrichtung, sondern nach DIN EN 61140 eine „Fehlerstrom-Schutzeinrichtung“. Ich habe mich sehr bemüht, durchweg die richtigen, normenkonformen Übertragungen englischer Begriffsbenennungen ins Deutsche zu verwenden.

Die Benutzung des Lexikons ist relativ einfach. Anhand der alphabetisch geordneten Stichwörter lässt sich jeder Suchbegriff schnell und zielgenau ermitteln – ggf. unter Zuhilfenahme des detaillierten Stichwortverzeichnisses am Ende des Lexikons. Viele Fachausdrücke sind bereits unter dem jeweiligen Überbegriff (Stammwort) erklärt. Deshalb ist es zweckmäßig, bei der Suche eines Fachausdrucks stets das zugehörige Stammwort mit zu recherchieren, z. B. Dauermagnet (→Magnet) oder Abspannmast (→Mast). Der rote Verweisungspfeil und die roten Seitenangaben im Stichwortverzeichnis erleichtern das schnelle Auffinden der betreffenden Stammwörter.

Ein Lexikonartikel besteht grundsätzlich aus der normenkonformen Definition des betreffenden Terminus (Begriffsbenennung) und einem meist kurzen Erläuterungsteil. Längere Ausführungen sind gewöhnlich in Abschnitte gegliedert und zum besseren Verständnis – wo immer sinnvoll – durch Zeichnungen oder Fotos ergänzt. Weiterführende oder vertiefende Angaben zu den einzelnen Begriffen enthalten die im Literaturteil am Schluss der jeweiligen Erläuterungen angegebenen aktuellen Bestimmungen (Normen) und Fachbeiträge.

Ich hoffe, dass die vorliegende zweite, komplett überarbeitete und stark erweiterte Auflage beim Leser eine ähnlich gute Aufnahme finden möge wie die erste. Dann hätte die bei der Erarbeitung des Buches aufgewandte Mühe ihren verdienten Lohn gefunden.
Zu guter Letzt danke ich all denen, die mir bei der Überarbeitung des Lexikons geholfen haben. Danken möchte ich auch meiner Frau Rosemarie für ihre Geduld und Unterstützung. Sie half mir bei der Bearbeitung des Lexikons, wann und wo immer sie konnte.

Berlin, im November 2005

Rolf Müller

— A —

abgeschlossene elektrische Betriebsstätte

→Elektrische Betriebsstätte mit verschlossenem Zugang, z. B. Transformatorenstation, Schalt- oder Akkumulatorenraum.

Zweck

Abgeschlossene elektrische Betriebsstätten (engl. *enclosed electrical operating areas*) dienen ausschließlich dem → Betrieb elektrischer Anlagen, z. B. dem Erzeugen, Umwandeln oder Verteilen elektrischer Energie oder dem Abstrahlen von Ton- und Fernsehrundfunksignalen. In diesen begehbaren Räumen oder abgegrenzten Bereichen im Freien werden aber auch besonders prekäre Anlagen, z. B. solche ohne vollständigen Berührungsschutz, sowie Anlagen mit hoher Verfügbarkeit, z. B. Rundfunk-Verteilanlagen, untergebracht. Damit sind diese Anlagen dem unmittelbaren Zugriff Unbefugter entzogen.

Zutrittsberechtigung

Abgeschlossene elektrische Betriebsstätten dürfen nur von den dafür berechtigten Personen geöffnet und betreten werden, z. B. zum Ablesen von Messeinrichtungen oder zur Durchführung von Wartungs- oder Instandhaltungsarbeiten. Diese Personen sind i. Allg. Elektrofachkräfte (→Fachkraft); es können aber auch →elektrotechnisch unterwiesene Personen sein. Art und Umfang deren Befugnis sind schriftlich festzulegen.
Elektrotechnische Laien dürfen abgeschlossene elektrische Betriebsstätten aus Sicherheitsgründen grundsätzlich nicht betreten. In Ausnahmefällen ist der Zutritt von Laien nur in Begleitung der für das Öffnen der genannten Betriebsstätten berechtigten Personen gestattet. Dabei sind die sicherheitstechnischen Anweisungen des Betriebspersonals (Verhaltensregeln) streng zu befolgen.

Verschluss, Kennzeichnung

Abgeschlossene elektrische Betriebsstätten, auch Orte im Freien, z. B. Maststationen, sind so zu verschließen, dass der Zutritt unbefugter Personen, auch der Einstieg durch Fenster, Luken, Schächte oder bei Freiluftanlagen das Überklettern oder Untergraben von Umzäunungen, nicht möglich ist. Fenster sind aus diesem Grund zu vergittern, mit bruchsicherem Glas auszuführen oder mindestens 1,8 m über der Zugangsebene anzuordnen.
Schlüssel, auch Reserveschlüssel, zum Öffnen abgeschlossener elektrischer Betriebsstätten dürfen Unbefugten nicht zugänglich sein. Der Übergabe des Schlüssels für eine abgeschlossene elektrische Betriebsstätte kommt eine besondere Bedeutung zu. Mit dem Schlüssel übernimmt der Besitzer die volle Verantwortung für die betreffende Betriebsstätte.
Türen und Tore von abgeschlossenen elektrischen Betriebsstätten müssen

- grundsätzlich nach außen aufschlagen (keine Schiebe- oder Drehtüren) und
- von innen ohne Schlüssel, z. B. mit einer Klinke, leicht zu öffnen sein, auch wenn sie von außen abgeschlossen sind (Anti-Panik-Tür).

Damit können diese Betriebsstätten jederzeit – insbesondere im Gefahrenfall, z. B. bei einer Havarie – schnell und ungehindert verlassen werden. Türen zwischen abgeschlossenen elektrischen Betriebsstätten brauchen untereinander nicht verschlossen zu sein.
Abgeschlossene elektrische Betriebsstätten sind an den Zugangstüren (von außen) als solche zu kennzeichnen, und zwar mit

einem dreieckigen Warnschild entsprechend der Richtlinie 92/68/EWG vom 24. Juni 1992 [1].

Schutzmaßnahmen

Hochspannungsanlagen sind nach DIN VDE 0101 und Niederspannungsanlagen nach der Normenreihe DIN VDE 0100 zu errichten. Hiervon abweichend gelten für Niederspannungsanlagen die erleichternden Bestimmungen [2], dass in abgeschlossenen elektrischen Betriebsstätten von einem vollständigen Schutz gegen →direktes Berühren aktiver Teile – selbst mit gefährlicher Spannung – abgesehen werden darf, wenn dieser nach sorgfältiger Beurteilung durch eine Elektrofachkraft entbehrlich oder der Bedienung bzw. Beaufsichtigung der elektrischen Anlagen und Betriebsmittel hinderlich ist, z. B. in Akkumulatorenräumen.

Literatur

[1] DIN VDE 0101:2000-01 Starkstromanlagen mit Nennwechselspannungen über 1 kV.

[2] DIN VDE 0100-731:1986-02 Errichten von Starkstromanlagen mit Nennspannungen bis 1000 V; Elektrische Betriebsstätten und abgeschlossene elektrische Betriebsstätten.

Abisolieren

Entfernen der Isolierhülle (Aderisolierung) von einem Kabel oder einer elektrischen Leitung.

Allgemeines

Kabel und isolierte Leitungen sind zum Zweck ihrer elektrischen Verbindung (Anschluss) fachgerecht abzuisolieren. Dabei dürfen die Leiterenden weder angeschnitten (eingekerbt) noch anderweitig beschädigt werden. Leiterbeschädigungen führen zu Querschnittsreduzierungen und damit zu einer erhöhten Bruch- oder Brandgefahr. Das gilt insbesondere für die dünnen Drähtchen eines fein- oder feinstdrähtigen Leiters.

Eingekerbte Leiter sind besonders prekär in Stromkreisen, deren Unterbrechung eine Gefahr bedeuten kann, z. B. in Sicherheitsstromkreisen für den Notbetrieb, Sekundärstromkreisen von Stromwandlern, Erregerstromkreisen von drehenden elektrischen Maschinen, Speisestromkreisen von Hubmagneten und natürlich bei Beschädigungen des Schutzleiters. Leiterbeschädigungen sind darüber hinaus problematisch an Verbindungs- und Anschlussstellen, die später mit Isoliermasse gefüllt oder anderweitig der Kontrolle und Instandsetzung entzogen sind.

Aluminiumleiter dürfen wegen ihres vergleichsweise weichen Werkstoffs und der damit einhergehenden erhöhten Bruchgefahr in Elektroinstallationsanlagen grundsätzlich nicht verwendet werden, und wenn überhaupt, dann nur mit einem Nennquerschnitt von mindestens 16 mm^2 [1]. Außerdem ist ihre chemische Resistenz vergleichsweise gering (Oxidation der Leiteroberfläche).

Abisolierwerkzeuge

Beim Abisolieren von Kabeln und isolierten Leitungen – auch von Wickeldrähten – mit mechanischen Abisolierwerkzeugen, z. B. einem Kabel- oder Taschenmesser, bedarf es größter Aufmerksamkeit, dass dabei der Leiter nicht beschädigt (eingekerbt) wird. Deshalb ist zu diesem Zweck die Messerklinge schräg in Längsrichtung des Leiters zu führen und niemals senkrecht zur Leiterachse (kein Kerbschnitt). Die Abisolierqualität hängt ausschließlich vom manuellen (handwerklichen) Geschick des Anwenders ab.

Typische Abisolierfehler und Fehler bei der Weiterbehandlung der abisolierten Anschlussenden sind im Bild A1 dargestellt [2]. Die Fehler nach den Bildern A1 b bis A1 e können bei Benutzung geeigneter, auf

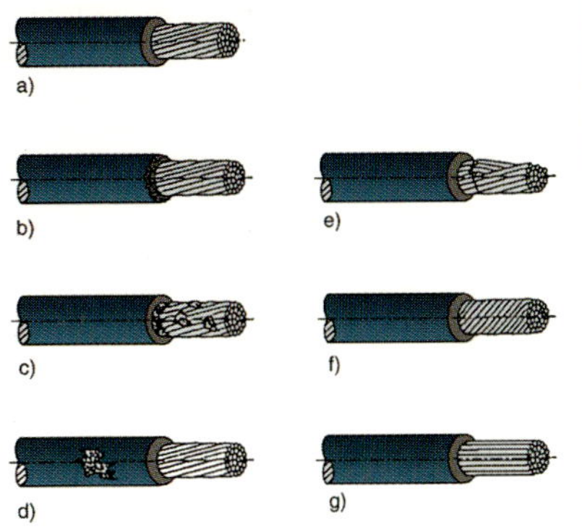

Bild A1: Abisolierte Leitungen (Adern)
a) ordnungsgemäß;
b) Isolierhülle nicht einwandfrei eingeschnitten;
c) Isolierstoffreste auf dem abisolierten Leiter;
d) Beschädigung der Leiterisolierung durch das Abisolierwerkzeug;
e) Einzeldrähte beschädigt;
f) Leiterende zu intensiv verdrillt;
g) Leiterende zu wenig verdrillt

den Leiterquerschnitt und den Isolierwerkstoff abgestimmter Abisolierwerkzeuge weitgehend vermieden werden.
Bewährt haben sich neben den leiterquerschnittsvariablen Abisolierzangen auch thermische Abisoliergeräte [3] und die insbesondere in Verdrahtungswerkstätten angewendeten Abisoliermaschinen (Automaten).

Literatur

[1] DIN VDE 0100-520: 2003-06 Errichten von Niederspannungsanlagen; Auswahl und Errichtung elektrischer Betriebsmittel; Kabel und Leitungsanlagen.

[2] *Kalla, H.:* Bearbeiten von Kabeln und Einzelleitern. ep LERNEN und KÖNNEN 11/95, S. 6–8, 12/95, S. 3–5 und 1/96, S. 4–5.

[3] DIN EN 60335-2-45 (VDE 0700-45): 2003-06 Sicherheit elektrischer Geräte für den Hausgebrauch und ähnliche Zwecke; Besondere Anforderungen für ortsveränderliche Elektrowärmewerkzeuge und ähnliche Geräte.

Ableiter

Überspannungs-Schutzeinrichtung (engl. ***s**urge **p**rotective **d**evice,* Abk. SPD), die im Wesentlichen aus →(Lösch-)Funkenstrecken, spannungsabhängigen Widerständen, speziellen →Dioden oder Kombinationen aus diesen Bauteilen besteht.

Einteilung

Überspannungs-Schutzeinrichtungen nach den Normen der Reihen DIN EN 60099 und DIN EN 61643 (VDE 0675) werden meist „Überspannungsableiter" (engl. *surge arresters*) genannt und für den Einsatz in Wechselstromnetzen mit Nennspannungen bis 1000 V wie folgt unterschieden:

- **→Blitzstromableiter**. Diese Ableiter entsprechen der **Anforderungsklasse B** nach DIN V VDE V 0100-534 [1] (nach IEC: Ableiter der Klasse I)[1]. Sie werden in Verbindung mit einem äußeren Blitzschutz nach DIN V VDE V 0185 errichtet und leiten bei Nah- oder Direkteinschlägen den Blitzstrom in die Erdungsanlage ab (Grobschutz). Blitzstromableiter – kurz „B-Ableiter" genannt – dienen darüber hinaus dem Schutz elektrischer Betriebsmittel und Anlagen bei elektromagnetischen Einkopplungen von Blitzströmen in die Leitungssysteme. Sie werden üblicherweise in unmittelbarer Nähe zur Eintrittsstelle der Niederspannungs-Versorgungsleitung (Hausanschlussleitung) platziert.
- **Überspannungsableiter** der **Anforderungsklasse C** [1] (nach IEC: Ableiter der Klasse II). Diese sog. „C-Ableiter" werden in einem dafür geeigneten Verteiler der festen Gebäudeinstallation eingebaut, um als zweite Stufe des gestaffelten Anlagenschutzes (Mittelschutz) die Restblitzspannung von vorgeordne-

[1] Blitzstromableiter der **Anforderungsklasse A** (A-Ableiter) werden nur in Freileitungsnetzen verwendet, nicht in der Gebäudeinstallation.

ten Blitzstromableitern entsprechend den Anforderungen der →Überspannungskategorie II nach DIN EN 60664-1 (VDE 0110-1) zu reduzieren. Außerdem übernehmen diese Ableiter den Überspannungsschutz der festen Elektroinstallation von Störungen, hervorgerufen durch eingekoppelte →Überspannungen infolge von Blitzferneinschlägen und in der Anlage selbst erzeugte Überspannungen, z. B. durch Schalten induktiver oder kapazitiver Verbraucher (Schaltüberspannung), Netzrückwirkungen, Hochfrequenzeinflüsse oder elektrostatische Aufladungen.

- **Überspannungsableiter** der **Anforderungsklasse D** [1] (nach IEC: Ableiter der Klasse III) zum Schutz einzelner Verbraucher oder Verbrauchergruppen, z. B. für Steckdosen-Endgeräte (Feinschutz). „D-Ableiter“ sind möglichst in unmittelbarer Nähe der zu schützenden elektrischen Betriebsmittel anzuordnen. Sinnvoll ist ihre Anwendung jedoch nur in Verbindung (Kombination) mit Überspannungsableitern der Anforderungsklasse C.

Darüber hinaus werden für Telekommunikations- und signalverarbeitende Netze sowie zum Schutz elektronischer Schaltungen Ableiter nach DIN EN 60664-1 (VDE 0110-1) verwendet, z. B. Gasentladungsableiter. Sie reduzieren die Überspannung auf ein für das informationstechnische Netz sowie dessen Endgeräte ungefährliches Spannungsniveau.

Ventilableiter

In Hochspannungsanlagen, insbesondere in Freileitungsnetzen, werden zum Schutz wichtiger Geräte, z. B. Transformatoren, meist Ventilableiter verwendet. Sie bestehen hauptsächlich aus Plattenfunkenstrecken mit in Reihe geschalteten spannungsabhängigen (Siliciumcarbid-)Widerständen. Der unter dem Einfluss der Betriebsspannung nach dem Ansprechen des Ableiters fließende Folgestrom wird im Wesentlichen durch die spannungsabhängigen Widerstände begrenzt und schließlich durch die Löschfunkenstrecken in wenigen Millisekunden unterbrochen.

Die Auswahl von Ventilableitern erfolgt grundsätzlich nach den Regeln der →Isolationskoordination sowie nach dem Ableitstoßstrom, der Löschspannung und der Kurzschlussfestigkeit. Dabei bezeichnen „Ableitstoßstrom“ jenen Stoßstrom, der nach dem Ansprechen durch den Ableiter fließt, und „Löschspannung“ die höchste Spannung mit Betriebsfrequenz am Ableiter, bei welcher der Folgestrom nach dem Ansprechen des Ableiters noch mit Sicherheit unterbrochen wird. Sie errechnet sich bei den sog. „Phasenableitern“ (Einbau zwischen einem aktiven Leiter und Erde) aus dem Produkt der höchsten betriebsfrequenten Leiter-Erde-Spannung (Effektivwert) und dem →Erdfehlerfaktor.

Errichtung

Das Erfordernis zur Anwendung von Überspannungsableitern bestimmt der technische Gebäudeplaner nach den gesetzlichen Vorgaben und den allgemein anerkannten Regeln der Technik [2]. Der Einbau derartiger Schutzeinrichtungen soll möglichst nicht im plombierten Teil der Verbraucheranlage, z. B. im Hauptstromversorgungssystem, erfolgen, außer wenn das aus technischen Gründen oder zur Schadenverhütung notwendig ist.

Überspannungsableiter werden parallel zum Schutzobjekt – i. Allg. zwischen einem aktiven Leiter und Erde – eingebaut. Wegen des begrenzten räumlichen Schutzbereichs sind die Ableiter möglichst in unmittelbarer Nähe der zu schützenden elektrischen Betriebsmittel anzuschließen. Zur Überwachung von Überspannungsableitern können Ansprechzähler in den Erdungsleiter eingebaut werden.

Maßnahmen zum Schutz von Personen, Nutztieren und Sachen bei Blitzstromeinwirkung und Überspannungen enthalten die Normen [1] [2], DIN EN 61643-21 (VDE 0845-3-1) und die Richtlinien zur Schadenverhütung des VdS Schadenverhütung GmbH, Amsterdamer Str. 174, 50735 Köln, z. B. die Richtlinie VdS 2031.

Literatur

[1] DIN V VDE V 0100-534:1999-04 Elektrische Anlagen von Gebäuden; Auswahl und Errichtung von Betriebsmitteln; Überspannungs-Schutzeinrichtungen.

[2] DIN VDE 0100-443:2002-01 Errichten von Niederspannungsanlagen; Schutz bei Überspannungen infolge atmosphärischer Einflüsse oder von Schaltvorgängen.

Ableitstrom

Strom, der in einem fehlerfreien Stromkreis von den betriebsmäßig unter Spannung stehenden (aktiven) Teilen über deren Isolierung zur Erde, zu Körpern (Schutzleiter) oder zu fremden leitfähigen Teilen fließt. Bei elektrischen Geräten wird der durch →Isolierstoffe (Dielektrika) fließende unerwünschte Strom auch „Leckstrom" (engl. *leakage current*) genannt.

Der Ableitstrom einer elektrischen Anlage ist i. Allg. vergleichsweise klein. Er beträgt im Neuzustand der Anlage mitunter nur wenige Milliampere, bei neuen elektrischen Geräten oft sogar weniger als 1 mA. Bei fest angeschlossenen elektrischen Geräten der Schutzklasse I, z. B. Wärmegeräten, soll der Ableitstrom 5 mA, bei Transformatoren für IT-Systeme in medizinisch genutzten Bereichen jedoch 0,5 mA nicht überschreiten. Für Geräte zum Trennen ist zwischen den geöffneten Kontakten (Trennstrecke) am Ende der üblichen Gerätelebensdauer ein Ableitstrom von höchstens 6 mA je Pol zulässig [1].

Ist bei fest angeschlossenen elektrischen Betriebsmitteln der Schutzklasse I im Neuzustand der Gehäuseableitstrom (Schutzleiterstrom, Erdableitstrom) größer als 10 mA, so soll der Schutzleiter gemäß DIN EN 61140 (VDE 0140-1) auf einen Querschnitt von mindestens 10 mm^2 Cu oder 16 mm^2 Al verstärkt werden.

In Hilfsstromkreisen (engl. *auxiliary circuits*), z. B. für Befehlsgabe, Verriegelung oder Meldung, ist sicherzustellen, dass die Summe der Ableitströme durch Isolationsminderung und der kapazitiven Verschiebungsströme den kleinsten Rückfallwert elektronischer oder elektro-magnetisch betätigter Betriebsmittel nicht überschreitet [2]. Dabei sind die Herstellerangaben über die zulässige Leitungslänge und -bauart zur Einhaltung des Rückfallwerts zu beachten. Erforderlichenfalls ist für Hilfsstromkreise zur Eliminierung der kapazitiven Verschiebungsströme Gleichspannung zu verwenden.

Literatur

[1] DIN VDE 0100-537:1999-06 Elektrische Anlagen von Gebäuden; Auswahl und Errichtung elektrischer Betriebsmittel; Geräte zum Trennen und Schalten.

[2] DIN VDE 0100-725:1991-11 Errichten von Starkstromanlagen mit Nennspannungen bis 1000 V; Hilfsstromkreise.

Abmanteln

Entfernen des Mantels (engl. *sheath*) von Kabeln oder elektrischen Leitungen als Voraussetzung für deren ordnungsgemäßen Anschluss.

Das Abmanteln erfolgt im Zuge der Montagearbeiten auf der Baustelle oder in Elektrowerkstätten mit einem Kabelmesser oder einem speziellen Abmantelgerät, z. B. einer Mantelschneidzange. Es muss mit größter Sorgfalt erfolgen, um die Aderisolierung (Isolierung um den Leiter) nicht zu beschädigen.

Zum Abmanteln gehört auch das Entfernen der metallenen Umhüllung an den Enden von innenisolierten Elektroinstalla-

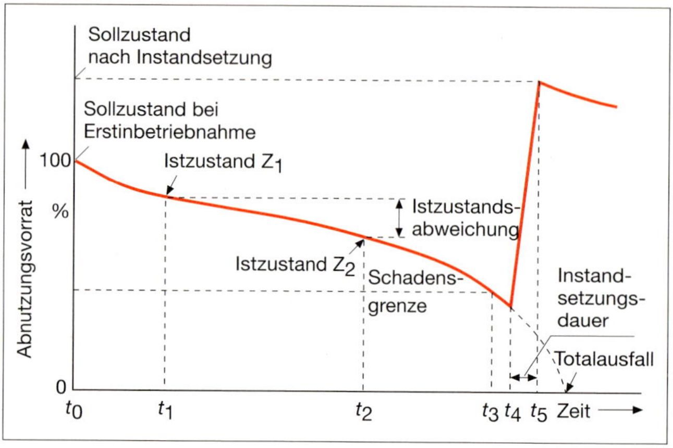

Bild A2: Abnutzungsverlauf einer Betrachtungseinheit

tionsrohren auf mindestens 5 mm Länge, um beim Verlegen (Einziehen) und Anschließen der Aderleitungen deren Isolierung nicht zu beschädigen.

Bei Verwendung von →Endtüllen, z. B. an den Anschlussstellen von Leuchten, brauchen die metallumhüllten Elektroinstallationsrohre (engl. *conduits*) an diesen Stellen nicht abgemantelt zu werden.

Abnutzung

Istzustandsveränderung einer Betrachtungseinheit infolge physikalischer und/oder chemischer Einwirkungen, z. B. durch Alterung oder Verschleiß. Dabei bezeichnet „Alterung" die irreversible, allmähliche und kontinuierliche zeitliche Änderung physikalisch-chemischer Strukturen und Parameter einer Betrachtungseinheit infolge natürlicher Prozesse, deren Ablauf – im Gegensatz zum Verschleiß – nicht von den Betriebsbedingungen abhängt.

„Verschleiß" ist dagegen der unter Betriebsbedingungen infolge Einwirkung mechanischer, elektrischer, thermischer und anderer Beanspruchungen hervorgerufene Prozess der allmählichen irreversiblen Änderungen physikalisch-chemischer Strukturen und Parameter.

Allgemeines

Der einer Betrachtungseinheit, z. B. einer elektrischen Anlage, aufgrund der Solidität (Festigkeit, Haltbarkeit, Genauigkeit, Zuverlässigkeit) bei ihrer Herstellung oder Instandsetzung gegebene Vorrat an möglichen Funktionserfüllungen wird **Abnutzungsvorrat** genannt. Dessen sukzessiver oder – z. B. bei einem Bruch – abrupter Abbau ist nutzungsbedingt. Abnutzung ist somit der Preis, der für die Nutzung eines bestimmten Produkts oder Systems entrichtet werden muss.

Abnutzung gibt es auch im kaufmännischen Sinne. In diesem Fall ist Abnutzung gleichbedeutend mit **Abschreibung,** d. h. mit der Wertherabsetzung eines Vermögensgegenstands in der Bilanz entsprechend dessen durchschnittlichem Wertverlust im Laufe der Zeit.

Erhalt der Funktionsfähigkeit

Abnutzungen werden durch →Inspektionen festgestellt. Eine Erhöhung des Abnutzungsvorrats auf 100 % oder darüber, bezogen auf den Ausgangszustand bei Erstinbetriebnahme (s. Bild A2), ist oft durch Instandsetzungsmaßnahmen möglich, z. B. durch Verwendung besserer Werkstoffe.

Die Unterschreitung eines bestimmten Grenzwerts des Abnutzungsvorrats führt meist zu einer Beeinträchtigung der Funktionsfähigkeit der Betrachtungseinheit, u. U. sogar zu einem Fehler oder Ausfall. Deshalb sind insbesondere jene Teile, deren Abnutzungsvorrat so rasch abgebaut wird, dass die nutzbare Zeit den Erfordernissen des Betriebs nicht genügt (→Schwachstellen), dahingehend zu untersuchen, ob z. B. durch technische Maßnahmen von vornherein der Abbau des Abnutzungsvorrats vermindert werden kann. Der für diese Maßnahmen notwendige technische und wirtschaftliche Aufwand muss jedoch in einem vernünftigen Verhältnis zu dem erwarteten Erfolg stehen.

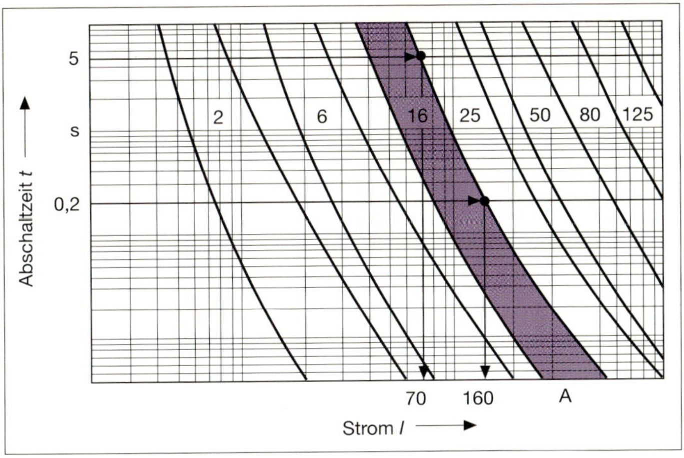

Bild A3: Zeit-Strom-Diagramm von Sicherungen

Abschaltstrom

Strom, der zum Schutz gegen →elektrischen Schlag die automatische Abschaltung einer Überstrom-Schutzeinrichtung innerhalb der nach DIN VDE 0100-410 [1] geforderten Abschaltzeit von max. 5 s, bei Steckdosen-Stromkreisen innerhalb von Sekundenbruchteilen, bewirkt.

Allgemeines

Der Abschaltstrom I_a ist ein Vielfaches des Nennstroms (Bemessungsstrom) einer Überstrom-Schutzeinrichtung. Er lässt sich für die vorgegebene Abschaltzeit aus dem Zeit-Strom-Diagramm der Sicherungen (s. Bild A3) oder Sicherungsautomaten ermitteln.

Bei Verwendung von Fehlerstrom-Schutzeinrichtungen (RCDs) entspricht der Abschaltstrom I_a dem Bemessungsdifferenzstrom $I_{\Delta N}$ der jeweiligen RCD. Das gilt auch bei Verwendung von selektiven, abschaltzeitverzögerten Fehlerstrom-Schutzeinrichtungen.

In Österreich werden elektrische Anlagen nicht abgeschaltet, sondern **aus**geschaltet. Deshalb wird in diesem Land der Strom I_a **Ausschaltstrom** genannt.

Abschaltfaktor

Anstelle der höchstzulässigen Abschaltzeit war früher in Deutschland der Abschaltfaktor k festgelegt. Dieser Faktor errechnete sich aus dem Verhältnis von Abschaltstrom I_a zum Nennstrom I_n einer Überstrom-Schutzeinrichtung ($k = I_a/I_n$). Er durfte am Speisepunkt einer Verbraucheranlage, d. h. an den Hausanschlusssicherungen, den Wert $k = 2{,}5$ nicht unterschreiten. Für Schmelzsicherungen in Endstromkreisen galt $k = 3{,}5$ und bei trägen Sicherungseinsätzen ab 63 A galt $k = 5$ [2].

In Österreich ist noch heute zum Schutz gegen elektrischen Schlag der sog. Ausschaltstromfaktor m zu berücksichtigen [3].

Literatur

[1] DIN VDE 0100-410:1997-01 Errichten von Starkstromanlagen mit Nennspannungen bis 1000 V; Schutzmaßnahmen; Schutz gegen elektrischen Schlag.

[2] DIN VDE 0100:1973-05 Bestimmungen für das Errichten von Starkstromanlagen bis 1000 V (größtenteils ungültig).
[3] ÖVE/ÖNORM E 8001-1:2000-03 Errichtung von elektrischen Anlagen mit Nennspannungen bis ~ 1000 V und ⎓ 1500 V. Teil 1: Begriffe und Schutz gegen elektrischen Schlag (Schutzmaßnahmen).

Ader

Aufbauelement von ein-, mehr- oder vieladrigen Kabeln[1] oder elektrischen Leitungen, bestehend aus dem Leiter und einer Isolierhülle (Aderisolierung), s. Bild A4.

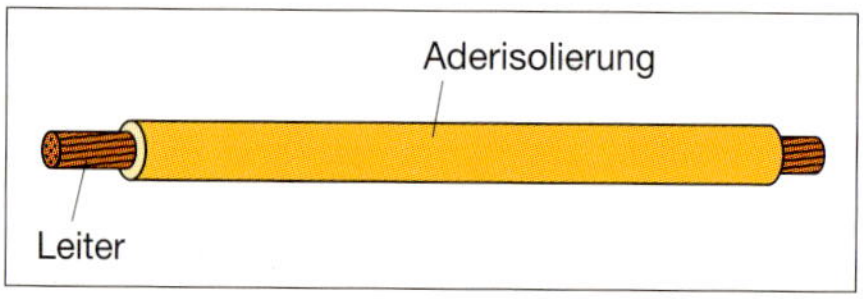

Bild A4: Ader

Adern (engl. *cores*) zum Zweck der Energieübertragung werden mitunter „Hauptadern“ genannt. Hilfs- und Steueradern sind für Steuer-, Mess- oder Meldezwecke bestimmt und können gegenüber den Hauptadern einen geringeren Leiternennquerschnitt haben.
In mehr- und vieladrigen Kabeln oder Leitungen sind die Adern entweder verseilt oder parallel nebeneinander angeordnet. Flachleitungen sind z. B. Zwillingsleitungen für Elektrorasierer, Illuminationsleitungen für Lichtketten und Stegleitungen.
Zwei miteinander verseilte Adern zur Herstellung eines gemeinsamen Übertragungswegs (Schleife) bilden ein „Adernpaar“. Ein „geschirmtes Paar“ bezeichnet ein Adernpaar unter einem statischen ➔Schirm mit Beidraht.

[1] Bei **Lichtwellenleiterkabeln** (Glasfaserkabeln) werden die Aufbauelemente zur Übertragung der optischen Signale (Lichtwellen) nicht Adern, sondern **Fasern** genannt.

Adern enthalten den elektrischen Leiter. Der Leiter kann eindrähtig (engl. *solid*) oder mehrdrähtig (engl. *stranded*) sein. Flexible Leitungen für Anwendungen von hoher Beweglichkeit (Schlauchleitungen) haben in der Regel fein- oder feinstdrähtige Leiter aus Kupfer (➔Litzenleiter, engl. *flexible conductor*). Aderendhülsen nach DIN 46228 verhindern das Abspleißen einzelner Drähte.
Die Aderisolierung (engl. *conductor insulating*) umgibt den Leiter. Sie besteht aus einem Werkstoff, z. B. Polyvinylchlorid (PVC), der nur durch Zerstören vom Leiter entfernt werden kann. Damit erfüllt die Aderisolierung die Forderungen an den Basisschutz (Basisisolierung).

Aderkennzeichnung

Farbige oder numerische Kennzeichnung der Aderisolierung im Sinne der Normenreihe DIN VDE 0293 [1] [2] [3] und DIN EN 60446 (VDE 0198).

Farben

Zur farbigen Kennzeichnung der ➔Adern von Starkstromleitungen und -kabeln dienen international abgestimmte Aderfarben, z. B. Schwarz, Blau, Grau, Braun und die Zweifarbenkombination Grün-Gelb, für Weihnachtsbaumbeleuchtung auch Grün und für elektrische Ausrüstungen von Maschinen darüber hinaus auch noch andere Farben, z. B. Rot und Weiß [4]. Bei mehr als einer schwarzen oder braunen Ader darf eine mit einem weißen (Längs-)Strich gekennzeichnet sein. Die Breite des weißen Strichs beträgt mindestens 0,5 mm. Er darf jedoch nicht mehr als 5 % der Aderoberfläche bedecken [5].
Das Farbpaar **Grün-Gelb** ist einmalig und darf nur zur Kennzeichnung des ➔Schutzleiters – bei PEN-Leitern zusätzlich noch mit einer blauen Markierung an den An-

schlussenden (außer in Verteilungsnetzen) [6] – und sonst für gar keinen anderen Zweck verwendet werden. Durch diese Zweifarben- bzw. Dreifarbenkombination wird den Sehschwachen und Farbuntüchtigen das Auffinden der Schutzleiterader erleichtert.

Zur durchgehenden Kennzeichnung des →Neutral- oder →Mittelleiters ist die **blaue** Ader vorgesehen. Wird ein Neutral- oder Mittelleiter nicht benötigt, darf in Deutschland die blaue Ader – außer von einadrigen Kabeln oder einadrigen Leitungen – auch für andere Zwecke, jedoch nicht für den Schutzleiter, verwendet werden [6].

Zahlen

Die numerische Aderkennzeichnung wird vorzugsweise bei Kabeln und Leitungen mit mehr als 5 Adern angewendet. Sie erfolgt durch Bedrucken der Aderisolierung mit den Zahlen 1 bis *n* in der Reihenfolge der Adern von innen nach außen. Die Zahlen sind stetig fortzusetzen und in regelmäßigen Abständen über die gesamte Aderlänge zu wiederholen.

Die Zahlen werden in senkrechter, arabischer Schreibart und in Abständen von 10…50 mm längs oder quer zur Längsachse der Adern angeordnet. Ihre Höhe und Breite richtet sich nach dem Aderdurchmesser [2]. Die Farbe für die Zahlenbedruckung muss abriebfest sein und sich deutlich von der Farbe der Aderisolierung unterscheiden. Die Farben Grün und Gelb sind als Grundfarben für bedruckte Adern nicht zulässig.

Zwei aufeinander folgende Zahlen müssen jeweils entgegengesetzt (umgekehrt) zueinander liegen. Die Leserichtung wird bei Kennzeichnung in Längsrichtung der Ader durch einen Strich unter der letzten Ziffer einer Zahl angegeben, s. Bild A5. Das gilt auch für Kennzeichnungen, die nur aus einer einzigen Ziffer bestehen. Bei einer Kennzeichnung quer zur Längsrichtung

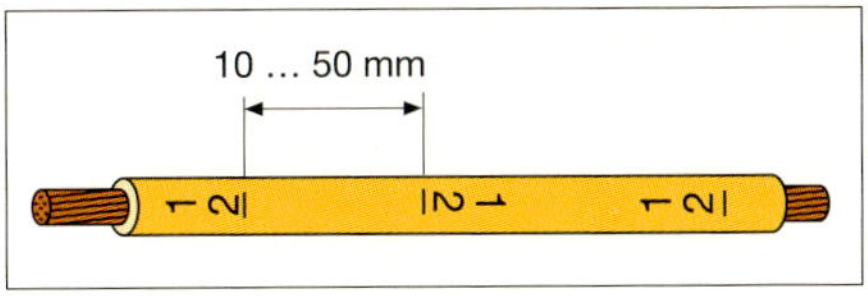

Bild A5: Numerische Aderkennzeichnung in Richtung der Längsachse, z. B. mit der Zahl 12

der Ader erfolgt der Strich unter jeder Ziffer bzw. zweiziffrigen Zahl.

Der Schutzleiter ist stets, auch bei numerischer Aderkennzeichnung, grün-gelb zu kennzeichnen. Dabei muss sich die grüngelbe Ader in der äußeren Lage einer mehr- oder vieladrigen Leitung (Kabel) befinden.

Kabel mit numerischer Aderkennzeichnung werden mitunter auch „Nummernkabel" genannt.

Literatur

[1] DIN VDE 0293-308:2003-01 Kennzeichnung der Adern von Kabeln/Leitungen und flexiblen Leitungen durch Farben.

[2] DIN EN 50334 (VDE 0293-334):2001-10 Kennzeichnung der Adern von Kabeln und Leitungen durch Bedrucken.

[3] DIN VDE 0293-1:2005-01 Aderkennzeichnung von Starkstromkabeln und isolierten Starkstromleitungen mit Nennspannungen bis 1000 V; Ergänzende nationale Festlegungen.

[4] DIN EN 60204-1 (VDE 0113-1):1998-11 Sicherheit von Maschinen; Allgemeine Anforderungen.

[5] DIN VDE 0276-603:2005-01 Starkstromkabel; Energieverteilungskabel mit Nennspannungen U_0/U 0,6/1 kV.

[6] DIN VDE 0100-510:1997-01 Errichten von Starkstromanlagen mit Nennspannungen bis 1000 V; Auswahl und Errichtung elektrischer Betriebsmittel; Allgemeine Bestimmungen.

Aderleitung

Einadrige Starkstromleitung, meistens mit einer PVC-Isolierhülle (Basisisolierung), z. B. Bauart H07V für Verlegung in Installationsrohren oder -kanälen oder Bauart H05V für Verdrahtungen, s. Bild A6.

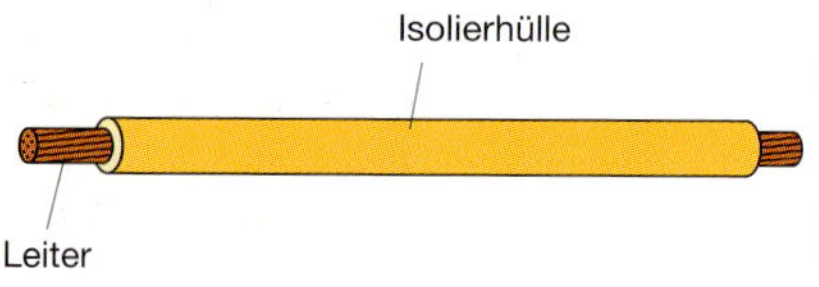

Bild A6: Aderleitung

PVC-isolierte Aderleitungen für feste Verlegung sowie flexible PVC-isolierte Aderleitungen sind eigenständige Adern entsprechend der Normenreihe DIN VDE 0281. Diese Leitungen haben nur eine Basisisolierung (einfache Isolierung) und nicht noch zusätzlich einen isolierenden Mantel, demnach keine doppelte Isolierung. Aderleitungen dürfen folglich nicht mechanisch ungeschützt verlegt, sondern müssen bei Verwendung als Außen- oder Neutralleiter (aktiver Leiter) grundsätzlich in widerstandsfähigen Elektroinstallationsrohren oder -kanälen, in Schaltschränken, -kästen u. dgl. (Verdrahtungsebenen) verlegt werden. Die Verlegeorte sollen trocken sein.

Akkumulator

Aufladbare elektrochemische Energiequelle. Sie speichert die ihr zugeführte →elektrische Energie und gibt diese bei Bedarf wieder ab.

Allgemeines

Wiederaufladbare (reversible) Energiespeicher im Sinne der Normenreihe DIN VDE 0510 werden unter dem Oberbegriff „Akkumulator" (Abk. Akku) zusammengefasst. Diese Speicher (lat. *accumulator) bestehen* je nach Höhe der benötigten Verbraucherspannung aus mehreren in Reihe geschalteten galvanischen Zellen. Jede Zelle enthält zwei Elektroden (Anode und Katode) und den Elektrolyten – einen flüssigen, gelförmigen oder festen Stoff mit beweglichen Ionen, über den die Elektroden miteinander verbunden sind. Die Bezeichnung „galvanische Zelle" geht auf den italienischen Arzt und Naturforscher *Luigi Galvani* (1737-1798) zurück.
Jede einzelne galvanische Zelle ist wegen ihrer Fähigkeit zur Wiederaufladung eine Sekundärzelle (Sekundärelement). Der gesamte Zellenverband ist eine **Sekundärbatterie** (engl. *secondary battery*) – meistens nur „Batterie"[1)] genannt.

Ausführung

Wiederaufladbare Energiespeicher gibt es in verschiedenen Ausführungen, z. B. als Nickel-Cadmium(NiCd)- oder Nickel-Metallhydrid(NiMH)-Akkumulatoren.
Marktbeherrschend und viel älter als die alkalischen Akkusysteme auf Nickelbasis sind **Bleiakkumulatoren** (engl. *lead batteries*) nach DIN EN 60896. Sie werden in großen Stückzahlen verwendet.
Bleiakkus bestehen wie die meisten wiederaufladbaren Energiespeicher meist aus mehreren Zellen. Jede Zelle verfügt über zwei Gitter-, Panzer- oder Großoberflächenplatten, die mit Bleisulfat ($PbSO_4$) als wirksame Masse gefüllt und durch einen Separator (Scheider) voneinander getrennt sind. Als Elektrolyt dient verdünnte Schwefelsäure (H_2SO_4) mit einer Nenndichte von 1,2 kg/l, in die die Elektroden eintauchen. Zum gelegentlichen Auffüllen des Elektrolyten – falls erforderlich – wird

1) **Batterie** bezeichnet in der Elektrotechnik den Zusammenschluss mehrerer gleichartiger aktiver oder passiver Elemente zu einer funktionellen Einheit, z. B. Akkumulatoren-, Solar- oder Kondensatorenbatterie.

destilliertes oder entmineralisiertes (entsalztes) Wasser verwendet.
Bei Bleiakkumulatoren beträgt die Nennspannung einer Zelle 2 V. Durch Hintereinanderschalten mehrerer Zellen zu einer (Akkumulatoren-)Batterie lassen sich beliebig hohe Spannungen erzeugen. Die Parallelschaltung der gleichnamigen Pole von Akkumulatoren führt zu größeren Stromstärken. Bei der Parallelschaltung sollen die Akkus nach Möglichkeit die gleiche Elektrolytdichte und Bauart haben.
Das Produkt aus der Nennspannung einer Zelle (Zellenspannung) und der Anzahl der in Reihe geschalteten Zellen ergibt die Nennspannung einer Batterie.

Laden, Entladen

Beim Laden von Bleiakkumulatoren, d. h. bei Aufnahme elektrischer Energie aus einem äußeren Stromkreis, wandelt sich das Bleisulfat der positiven Platte (Anode) in Bleioxid (PbO_2) um. Das Bleisulfat der negativen Platte (Katode) wird zu metallischem Blei (Pb). Beim Entladen ist dieser Prozess rückläufig. Die wirksame Masse beider Elektroden wandelt sich bei Abgabe von elektrischer Energie und bei Selbstentladung wieder zu Bleisulfat zurück.
Bei Dauerladung beträgt die Spannung eines Bleiakkus etwa 2,2 V je Zelle; sie steigt meist noch geringfügig an. Mit dem Ansteigen der Ladespannung fällt der Ladestrom. Bei einer Zellenspannung von beispielsweise 2,35 V fließt nur noch ein Reststrom von etwa 10 %.
Das rasche Laden von Akkumulatoren mit hoher Ladespannung und einem Vielfachen des Nennentladestroms wird „Schnellladung“ genannt. Eine vollständige Ladung ist hierbei allerdings nicht möglich.
Die **Nennladeschlussspannung** eines Bleiakkus beträgt 2,4 V je Zelle. Gegen Ende der Ladung, insbesondere beim Überladen oberhalb der Nennladeschlussspannung, setzt eine heftige Gasentwicklung infolge Elektrolyse des Elektrolyten ein. In diesem Fall – beim Erreichen der **Gasungsspannung** U_{gas} – wird das im Elektrolyt enthaltene Wasser in Wasserstoff und Sauerstoff gespalten. Durch Vermischen der beiden Gase (H_2 + O) entsteht Knallgas, das durch die Entlüftungslöcher der Verschlussstopfen entweicht. Das Wasserstoff-Luft-Gemisch kann durch eine Zündquelle zur Explosion gebracht werden, wenn der Volumenanteil des Wasserstoffs in diesem Gemisch den kritischen Wert von 4 % übersteigt.
Die **Nennentladeschlussspannung** beträgt bei Bleiakkumulatoren 1,8 V je Zelle. Die Entladung darf nur bis zu der im Kenndatenblatt des Akku-Herstellers festgelegten minimalen Spannung und Kapazität (Entladetiefe) erfolgen, da sonst die Batterie Schaden leidet.
Das Gasen und andere Nebenreaktionen an den Elektroden eines Akkumulators – auch niedrige Temperaturen – bewirken eine Erhöhung des inneren Zellenwiderstands. Folglich ist die entnehmbare Nutzenergie stets kleiner als die dem Akku zugeführte Energie. Das Verhältnis der bei Vollladung zugeführten zu entnehmbarer Energie wird durch den **Ladefaktor** ausgedrückt. Sein Wert – umgekehrt proportional dem Wirkungsgrad η – liegt je nach Akkutyp i. Allg. zwischen 1,03 und 1,2.

Anwendung

Akkumulatoren werden nach den Anleitungen des Herstellers in Betrieb gesetzt. Sie sind bei richtiger Inbetriebsetzung, Anwendung und Wartung eine sichere und verlässliche Energiequelle.
Der Anwendungsbereich von Akkumulatoren ist vergleichsweise groß. Er reicht von den verhältnismäßig kleinen Gerätebatterien, z. B. in Handys, über Kraftfahrzeug-Starterbatterien, Batterien für Notbeleuchtung, Alarmsysteme, Telekommunikation und Photovoltaik bis hin zu den leistungsstarken Batterieanlagen in Kraft- und Um-

spannwerken. Akkumulatoren dienen darüber hinaus z.B. als netzunabhängige Stromversorgungseinrichtungen für wichtige elektrische Verbrauchsmittel und Systeme sowie als Gleichstromquelle für Sicherheitszwecke im Sinne von DIN VDE 0100-560 und -710 sowie DIN EN 50172 (VDE 0108-100).
Die Spannung an den Polen eines Akkumulators lässt sich nicht abschalten. Deshalb dürfen Arbeiten an elektrochemischen Energiequellen auch unter Spannung durchgeführt werden, jedoch unter strenger Befolgung der Unfallverhütungsvorschrift BGV A3 sowie DIN VDE 0105-100. Bei nennenswertem Stromfluss sollten Akkumulatoren nicht an- oder abgeklemmt werden.
Erschöpfte Akkus sind ordnungsgemäß zu entsorgen. Dafür gelten die EG-Richtlinien 91/157/EWG und 93/86/ EWG, in Deutschland umgesetzt als Batterieverordnung (BattV).

Akkumulatorenraum

Raum für den stationären Betrieb von Akkumulatoren, auch **Batterieraum** genannt.

Ausführung

Akkumulatorenräume (engl. *battery rooms*) sind nach DIN EN 50272-2 [1] unter Berücksichtigung der Verordnung über den Bau von Betriebsräumen für elektrische Anlagen (EltBauVO) auszuführen. Sie sollen trocken, frost- und erschütterungsfrei sowie zum Schutz vor Bildung explosiver Wasserstoffkonzentrationen gut belüftbar sein, sei es durch natürliche Belüftung, z.B. Fenster, oder mittels Zwangsbelüftung. Durch die Belüftung von Batterieräumen soll der Volumenanteil des Wasserstoffs in der Luft unterhalb der Schwelle von 4 % gehalten werden. Bei einem solchen Wasserstoff-Luft-Gemisch gelten Batterieräume (noch) nicht als explosionsgefährdet. Folglich brauchen die elektrischen Betriebsmittel in diesen Räumen auch nicht explosionsgeschützt ausgeführt zu werden. Die Zuluft soll von außen erfolgen und die Abluft muss ins Freie geführt werden – nicht z. B. in Schornsteine.
Von außen leicht zugängliche Fenster bestehen meist aus Drahtglas oder werden durch Gitter geschützt. Fensterrahmen sollen elektrolytbeständig und möglichst nicht aus Aluminium sein. Überhaupt ist die ätzende und korrosive Wirkung der Elektrolyte auf Metalle, Kunststoffe und Anstriche zu beachten. In zwangsbelüfteten Batterieräumen können Fenster entfallen.
Rauchen und Umgang mit offenen Flammen sowie Feuer sind in Batterieräumen streng untersagt. Hierauf ist durch Schilder an der Türaußenseite hinzuweisen. Außerdem sind Batterieräume mit dem Warnschild „Akkumulator, Batterieraum“ zu kennzeichnen [1].

Sicherheit

Batterieanlagen sind so zu errichten und zu betreiben, dass Personen z. B. durch einen →elektrischen Schlag nicht gefährdet und Sachen nicht beschädigt werden können. Zum Schutz gegen das Berühren blanker →aktiver Teile (Basisschutz) wird in Batterieräumen meist der „Schutz durch Hindernisse“ oder der „Schutz durch Abstand“ angewendet [1]. Diese Maßnahmen nach DIN VDE 0100-410 realisieren allerdings nur den Schutz gegen das unbeabsichtigte (zufällige) Berühren aktiver Teile. Batterieräume sind deshalb grundsätzlich →elektrische Betriebsstätten oder – insbesondere bei Batterienennspannungen >DC 220 V – →abgeschlossene elektrische Betriebsstätten.

Literatur

[1]DIN EN 50272-2 (VDE 0510-2):2001-12 Sicherheitsanforderungen an Batterien und Batterieanlagen; Stationäre Batterien.

aktives Teil

Leitfähiges Teil, das im ungestörten Betrieb bestimmungsgemäß unter Spannung steht. Zu den aktiven Teilen (engl. *live parts*) gehören die **aktiven Leiter** (engl. *live conductors*). Das sind elektrische Leiter, die üblicherweise unter Spannung stehen und keine Schutzerdungsleiterfunktion haben. Dazu gehören alle →Außenleiter (L) sowie →Neutralleiter (N) bzw. →Mittelleiter (M), auch wenn die letztgenannten Leiter meist geerdet sind.
PEN-Leiter, PEM-Leiter und PEL-Leiter sind Schutzerdungsleiter mit Doppelfunktion und deshalb (vereinbarungsgemäß) keine aktiven Leiter.

Alarmgeber

Gerät zur manuellen oder automatischen Alarmierung. Alarmgeber (Signalgeber) sind ein wichtiger Teil einer Alarmanlage nach der Normenreihe DIN VDE 0830.

Akustische Alarmgeber

Akustische Alarmgeber werden nach ihren Lautwirkungen wie folgt unterschieden:

- Wecker und Glocken für den Einsatz bei **niedrigem** Geräuschpegel, z. B. in Schaltwarten;
- Hupen und Sirenen für den Einsatz bei **hohem** Geräuschpegel und im Freien.

Große Lautwirkungen haben z. B. **Motorsirenen**. Bei diesen Alarmgebern dreht sich ähnlich wie bei einem Ventilatorrad eine Trommel in einem Zylinder mit Öffnungen am Umfang. Die Öffnungen schließen und öffnen sich in schneller Folge, wodurch der Luftstrom einen starken Ton hervorruft, dessen Höhe mit der Motordrehzahl steigt.

Optische Alarmgeber

Optische Alarmgeber sind hauptsächlich Meldeleuchten, Leuchttaster und Leuchtdioden (Leuchtmelder). Sie stellen Veränderungen von Betriebszuständen dar, ggf. unter Anwendung von Blinklicht. Einen hohen optischen Effekt haben auch Rundumleuchten, z. B. in Prüfplätzen.

allgemein anerkannte Regel der Technik

Regel, die zu einem technischen Sachverhalt in einer paritätisch besetzten Gruppe von Experten erarbeitet worden ist und von deren Richtigkeit die Fachleute, die danach zu verfahren haben, überzeugt sind.

Allgemeines

In einer Reihe von Rechts- und Verwaltungsvorschriften, Patenten sowie Vertrags- und Geschäftsbedingungen, auch in vielen Gerichtsentscheidungen, wird der Begriff „anerkannte Regel der Technik“ oder „allgemein anerkannte Regel der Technik“, was dasselbe ist, verwendet. Hierbei handelt es sich um einen vergleichsweise alten Rechtsbegriff, der schon in den Reichsgerichtsentscheidungen vor 1900 verwendet wurde. Seine große Bekanntheit erlangte der Begriff jedoch erst durch eine strafrechtliche Entscheidung des Reichsgerichts im Jahre 1910.
Seit den 1930er Jahren wird dieser Begriff auch im Energiewirtschaftsgesetz verwendet. Es fordert im § 16:
„Energieanlagen sind so zu errichten und zu betreiben, dass die technische Sicherheit gewährleistet ist. Dabei sind die allgemein anerkannten Regeln der Technik zu beachten.
Die Einhaltung der allgemein anerkannten Regeln der Technik oder des in der Europäischen Gemeinschaft gegebenen Stands der Sicherheitstechnik wird vermutet, wenn bei Anlagen zur Erzeugung, Fortleitung und Abgabe von Elektrizität die technischen Regeln des VDE eingehalten worden sind.“

„(Allgemein) anerkannte Regel der Technik" ist ein unbestimmter und damit der juristischen Ausfüllung bedürftiger Rechtsbegriff. Obwohl nahe verwandt, ist dieser Begriff jedoch kein Synonym für die ebenfalls unbestimmten Rechtsbegriffe „Stand der Technik" und „Stand von Wissenschaft und Technik".

Anerkannte Regel der Technik

Eine (allgemein) anerkannte Regel der Technik hat den Status der allgemeinen Anerkennung in Theorie und Praxis. Die Mehrzahl der Theoretiker und Praktiker ist davon überzeugt – was sich auch in ihrem Handeln ausdrückt –, dass die willentlich geschaffene technische Regel – gewissermaßen eine Weisung von Mensch zu Mensch – richtig ist. Dabei ist nachrangig, ob die praktische Umsetzung der Regel bequem oder Kosten sparend ist.
Die unter dem Dach der Deutschen Kommission Elektrotechnik Elektronik Informationstechnik im DIN und VDE (DKE) erarbeiteten DIN-VDE-Normen entsprechen zum überwiegenden Teil der Forderung in DIN 820-1, sich als „anerkannte Regel der Technik" einzuführen. Dennoch darf man nicht jede technische Regel mit einer „anerkannten Regel der Technik" gleichsetzen. Wohl aber kann aufgrund ihres Zustandekommens behauptet werden, dass der erste Anschein dafür spricht, dass DIN-Normen (VDE-Bestimmungen) allgemein die anerkannten Regeln der Technik adäquat widerspiegeln. Schließlich werden diese Normen in intensiver Gemeinschaftsarbeit von Experten – bei Europanormen und Harmonisierungsdokumenten auch aus den anderen CENELEC-Mitgliedsländern – mit hohem technischen Sachverstand erstellt. Im Zweifels- oder gar Streitfall entscheiden – gestützt auf Sachverständigengutachten – der Bundesminister für Arbeit (ermächtigt z. B. durch das Gesetz über technische Arbeitsmittel) oder die Gerichte.

Wird eine Regel der Technik, z. B. auf dem Gebiet der Elektrotechnik (elektrotechnische Regel), noch nicht oder nicht mehr allgemein, d. h. von der übergroßen Mehrheit angewendet, dann hat sie entweder noch nicht oder nicht mehr den Status, eine (allgemein) anerkannte Regel der Technik zu sein.

Stand der Technik

„Stand der Technik" ist wie „anerkannte Regel der Technik" ein unbestimmter Rechtsbegriff, der im konkreten Fall der juristischen (gesetzgeberischen) Ausfüllung bedarf. Bezogen auf das Bundesimmissionsschutzgesetz hat der Gesetzgeber einst definiert:
„Stand der Technik ... ist der Entwicklungsstand fortschrittlicher Verfahren, Einrichtungen oder Betriebsweisen, der die praktische Eignung einer Maßnahme ... gesichert erscheinen lässt. Bei der Bestimmung des Standes der Technik sind insbesondere vergleichbare Verfahren, Einrichtungen oder Betriebsweisen heranzuziehen, die mit Erfolg im Betrieb erprobt sind".
Mit anderen Worten:

- Die allgemein anerkannten Regeln der Technik repräsentieren das allgemein eingeführte und bewährte Fachwissen, der Stand der Technik dagegen das noch nicht allgemein eingeführte, bei nur wenigen Fachleuten verfügbare Fachwissen .
- Stand der Technik ist ein fortschrittlicher Entwicklungsstand, der auf den anerkannten Regeln der Technik aufbaut und dessen Erprobung auch schon eine Eignung für die Praxis ergeben hat. Im Gegensatz zu den anerkannten Regeln der Technik fehlt hier allerdings noch das Merkmal, dass sich dieser Entwicklungsstand schon so weit in Theorie und Praxis durchgesetzt hat, dass er überwiegend vorherrscht. Er ist also noch nicht zur Regel geworden [1].

Stand von Wissenschaft und Technik

Der Begriff „Stand von Wissenschaft und Technik" trägt das Merkmal der Fortschrittlichkeit, gewissermaßen des technisch Machbaren. Selbst wenn nur ein Einziger imstande ist, das zu erfüllen, was nach den neuesten, gesicherten wissenschaftlichen Erkenntnissen verlangt wird, stellen diese Anforderungen den „Stand von Wissenschaft und Technik" dar.
Mit Bezug auf die sog. Kalkar-Entscheidung des Bundesverfassungsgerichts vom 8. August 1978 sind die drei vorgenannten Rechtsbegriffe vergleichbar mit den Sprossen einer Leiter: Die „anerkannten Regeln der Technik" bilden die unterste Sprosse; auf sie kann (sollte) sich praktisch jeder stellen. Der „Stand der Technik" bildet die nächste Sprosse; diese erreicht schon nicht mehr jeder. Wer die höchste Sprosse, d.h. den „Stand von Wissenschaft und Technik", erreichen will, muss wissenschaftlich gesicherte, technische Spitzenleistungen vorweisen können [1].

Literatur

[1] *Budde, E.:* Die Begriffe „Anerkannte Regel der Technik", „Stand der Technik" und „Stand von Wissenschaft und Technik" und ihre Bedeutung. DIN-Mitteilung 59 (1980) Nr. 12, S. 738 und 739.

allpoliges Schalten

Zwangsweises Schalten **aller** aktiven Leiter (Pole) einschließlich eines vorhandenen Neutral- oder Mittelleiters.
Mehrpolige Sicherungsautomaten und Fehlerstrom-Schutzeinrichtungen (RCDs) erfüllen die Forderung nach allpoligem Schalten in jedem Fall, Schmelzsicherungen dagegen nicht.

Anker

1. Teil einer drehenden elektrischen Maschine, z.B. eines Motors oder Generators, in dessen Wicklungen – den Ankerwicklungen – durch eine Relativbewegung zum magnetischen Feld die zur Energieumwandlung erforderliche elektrische Spannung erzeugt wird.
2. In Sicherungsautomaten und Leistungsschaltern das bewegliche Teil des elektromagnetischen Kurzschlussauslösers, welches translatorische (lineare) Bewegungen ausführt. Hat der Strom den Ansprechwert des Elektromagnetauslösers erreicht, zieht die Auslösespule vermittels eines Elektromagneten den Anker an. Damit wird z.B. über einen Schieber die mechanische Verklinkung des Schaltwerks gelöst, und der Schalter schaltet selbsttätig aus.

Anlage im Freien

Außerhalb von Gebäuden errichtete →elektrische Anlage, z.B. auf Bauplätzen oder unter Überdachungen.

Einteilung

Elektrische Anlagen im Freien – mitunter auch „Außenanlagen" oder →„Freiluftanlagen" genannt – werden wie folgt eingeteilt:
- **geschützte** (überdachte) Anlagen im Freien, z.B. Toreinfahrten, Bahnsteige, Tankstellen;
- **ungeschützte** (nicht überdachte) Anlagen im Freien, z.B. im freien Gelände (Straßen, Wege, Plätze, Gärten u. dgl.).

Anforderungen

Elektrische Anlagen im Freien (engl. *outdoor installations*) müssen den rauen klimatischen Beanspruchungen standhalten. Zu diesem Zweck darf die Schutzart IPX3 (Sprühwasserschutz), bei geschützten Anlagen IPX1 (Tropfwasserschutz), nicht unterschreiten.

In Wechselstromkreisen mit Steckdosen bis 20 A sind bei deren Anordnung im Freien – demnach auch auf Terrassen und Balkonen – Fehlerstrom-Schutzeinrichtungen (RCDs) mit einem Bemessungsdifferenzstrom $I_{\Delta N} \leq 30$ mA vorzusehen [1]. Das gilt ebenfalls für Steckdosen mit Bemessungsströmen bis 20 A in erdgeschossnahen (erdgleichen) Räumen, z. B. in Kellern, Garagen oder Lauben, zur gelegentlichen Versorgung von handgeführten elektrischen Geräten im Freien, z. B. Rasenmäher.

Literatur

[1] DIN VDE 0100-470:1996-02 Errichten von Starkstromanlagen mit Nennspannungen bis 1000 V; Schutzmaßnahmen; Anwendung der Schutzmaßnahmen.

Anlagenverantwortlicher

Person, die die unmittelbare Verantwortung für den ➔Betrieb einer ➔elektrischen Anlage im Sinne von DIN VDE 0105-100 [1] trägt und die zur Wahrnehmung dieser Aufgabe vom Unternehmer oder Vorgesetzten ausdrücklich benannt worden ist.

Anlagenverantwortliche mit Weisungsbefugnis müssen ➔verantwortliche Elektrofachkräfte sein. Sie dürfen gleichzeitig die Aufgaben als **Arbeitsverantwortlicher** mit wahrnehmen.

Literatur

[1] DIN VDE 0105-100:2005-06 Betrieb von elektrischen Anlagen.

Anpassung

(Abstimmung, Angleichung)

Leistungsanpassung

In der Elektrotechnik wird mit „Anpassung" der impedante Abschluss eines Zweipols[1] bezeichnet, um einen gewünschten Parameter optimal übertragen zu können. Ist der Parameter die elektrische Leistung (➔Leistung), so spricht man von **Leistungsanpassung**.

Die aufgenommene Leistung

$$P = U \cdot I = \frac{U^2}{R_L}$$

ist klein, wenn mit Bezug auf Bild A7 der Lastwiderstand R_L groß ist. Bei $R_L \rightarrow \infty$ (Leerlauf) ist der Strom I schließlich null. Ist dagegen $R_L = 0$ (Kurzschluss), dann ist auch $U = 0$. In diesem Fall wird dem Netzwerk ebenfalls keine nutzbare Leistung entnommen. Durch den hohen Kurzschlussstrom

$$I_k = \frac{U_q}{R_i}$$

entstehen nur Verluste.

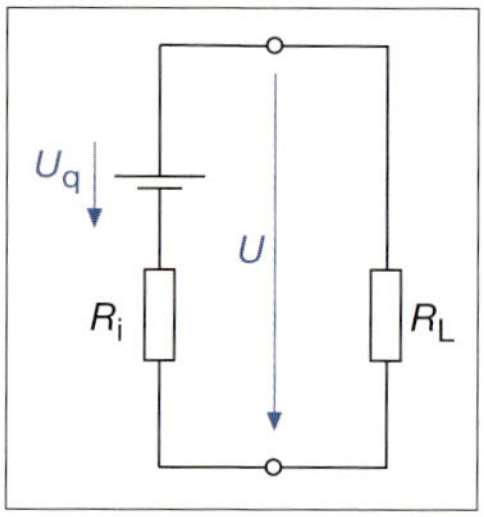

Bild A7: Lineares Netzwerk (aktiver Zweipol)

Offenbar gibt es einen bestimmten Wert für den Lastwiderstand R_L, bei dem die aufgenommene Leistung P (engl. *performance*) ihr Maximum hat. Das ist der Fall, wenn R_L, mit dem der aktive Zweipol abgeschlossen wird, dem Innenwiderstand R_i (Eingangs-

---

1) **Zweipol** (engl. *two-terminal device*) ist ein Netzwerk mit zwei Anschlussklemmen, zwischen denen eine Energiewandlung erfolgt. Hat der Zweipol nur passive Bauelemente, z. B. Widerstände, wird er „passiver Zweipol" genannt. Ein „aktiver Zweipol" enthält außerdem mindestens noch ein aktives Bauelement, z. B. eine Stromquelle, neben passiven Bauelementen.

widerstand) des Zweipols entspricht, s. Bild A8. Im Fall der Anpassung ($R_L = R_i$) wird der Lastwiderstand R_L folgerichtig **Anpassungswiderstand** genannt.

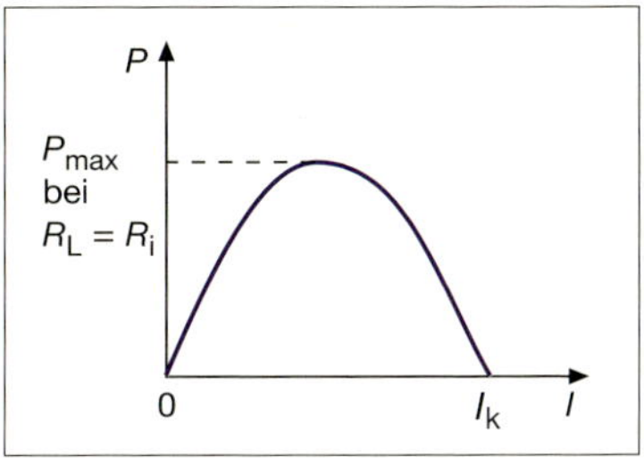

Bild A8: Leistung P an einem Lastwiderstand R_L nach Bild A7
I_k Kurzschlussstrom

Besteht das lineare Netzwerk aus Reihen- sowie Parallelwiderständen und damit aus mehreren Netzknotenpunkten, so sind die Widerstände im Ergebnis einer Netztransfiguration[1)] zu einem einzigen äquivalenten Ersatzwiderstand R_i zusammenzufassen. Bei der Anpassung $R_L = R_i$ sind $U = U_q/2$ und die maximale Wirkleistung

$$P_{max} = \frac{U^2}{R_i} = \frac{1}{4} \cdot \frac{U_q^2}{R_i}$$

Die Leistungsanpassung wird vorzugsweise in der Informationstechnik angewendet, wo der Wirkungsgrad praktisch keine Rolle spielt.

Wellenwiderstandsanpassung

Bei Empfangsantennenanlagen bezeichnet „Anpassung" den Grad der Übereinstimmung der

- Nennimpedanz (Wellenwiderstand) einer Antenne (Z_A) mit der Nennimpedanz des Antennenkabels (Z_K) sowie der
- Nennimpedanz des Antennenkabels mit der Impedanz des Empfängereingangs (Z_E).

Für eine optimale Übertragung von der Empfangsantenne zum Empfänger gilt: $Z_A = Z_K = Z_E$. Bei Nichterfüllung dieser Bedingung (Fehlanpassung) kommt es zu Reflexionen mit zwei gegeneinander laufenden Wellen und damit zu einer Verschlechterung des Empfangsergebnisses.

Anschlussarmatur

Armatur zum wieder lösbaren Anschluss elektrischer Leiter.

Zum unlösbaren, zugfesten Verbinden zweier Leiter dienen Verbindungsarmaturen, kurz „Verbinder" genannt.

Häufig verwendete Armaturen:

- Kabelschuh: Er dient dem Anschluss eines elektrischen Leiters an eine Kabelschuhklemme bzw. eine Flach- oder Bolzenanschlussstelle, s. Bild A9 a.
- Flachsteckhülse: Teil einer Flachsteckverbindung, das auf den Flachstecker gesteckt wird. Flachsteckhülsen haben eine Anschlussstelle zum Befestigen (→Crimpen) des elektrischen Leiters und eine Hülse zur Steckbefestigung an einen Flachanschluss, s. Bild A9 b.

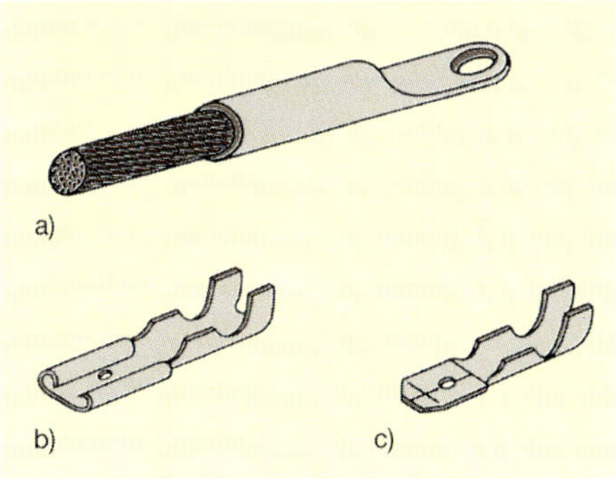

Bild A9: Anschlussarmaturen
a) Kabelschuh; b) Flachsteckhülse; c) Flachstecker

---

1) **Netztransfiguration** ist ein (Rechen-)Verfahren zur Vereinfachung elektrischer Netzwerke (Schaltungen) durch Reduzierung der Anzahl der Netzknotenpunkte, z. B. durch Stern-Dreieck-Umwandlung. Dabei bleibt das elektrische Verhalten des Netzwerks erhalten.

- Flachstecker: Teil einer Flachsteckverbindung, das die Flachsteckhülse aufnimmt. Flachstecker haben eine Anschlussstelle zum Befestigen (Crimpen) des elektrischen Leiters und einen Flachanschluss mit Rastpunkt zum Aufstecken einer Flachsteckhülse, s. Bild A9 c. Der Rastpunkt (Vertiefung oder Loch) dient der Verrastung mit dem hervorstehenden Teil der dazu passenden Steckhülse.

Flachsteckverbinder werden für flexible, mehr- oder eindrähtige Kupferleiter mit einem Nennquerschnitt von 0,5...6 mm^2 hergestellt. Hierfür gelten die Sicherheitsanforderungen nach DIN EN 61210 (VDE 0613-6).

Ansprechstrom

Elektrischer Strom, der eine Schutzeinrichtung, z. B. einen Sicherungseinsatz, Leitungs- oder Fehlerstrom-Schutzschalter, innerhalb einer festgelegten Zeit – der „konventionellen Zeit" – zum Ansprechen (Auslösen) bringt. Der vereinbarte Ansprechstrom einer Schutzeinrichtung (engl. *conventional operating current of a protective device*) wird auch „Auslösestrom" genannt.

Bei Fehlerstrom-Schutzeinrichtungen (RCDs) entspricht der Auslösestrom dem →Differenzstrom (→Erdfehlerstrom), bei dem die RCD unter festgelegten Bedingungen anspricht und den Fehlerstromkreis allpolig unterbricht.

Anwendungskategorie

Kategorisierung (Einteilung) →ortsveränderlicher Betriebsmittel nach Einsatzbereichen (Nutzungsmerkmale, Umgebungsbedingungen) im Sinne der BG-Information 600 [1]. Die Einteilung der genannten Betriebsmittel, z. B. handgeführte Elektrowerkzeuge, Handleuchten, Leitungsroller, Verlängerungsleitungen, Sicherheits- und Trenntransformatoren, in die Kategorie K1 oder K2 (s. Tafel A1) berücksichtigt die jeweiligen örtlichen und betrieblichen Anforderungen.

Nach den Regeln der Berufsgenossenschaft der Feinmechanik und Elektrotechnik [1] müssen ortsveränderliche elektrische Betriebsmittel die Mindestanforderungen nach Tafel A2 erfüllen und mit der ihrer Kategorie entsprechenden Kennzeichnung (K1 oder K2) versehen sein. Bei Verlängerungs- und Geräteanschlussleitungen ist die Identifikation der Leitung aufgrund des aufgeprägten Leitungstyps für die entsprechende Kategorie ausreichend.

Literatur

[1] Regeln für Sicherheit und Gesundheitsschutz bei Auswahl und Betrieb ortsveränderlicher elektrischer Betriebsmittel nach Einsatzbereichen (BGI 600). Herausgeber: Berufsgenossenschaft der Feinmechanik und Elektrotechnik, Köln.

Anwurfmotor

Einphasiger →Asynchronmotor ohne selbsttätigen Anlauf beim Einschalten.

Anwurfmotoren haben keine Hilfswicklung (Hilfsphase) zum Erzeugen einer Phasenverschiebung und keinen Kondensator für den automatischen Anlauf. Sie müssen folglich für die gewünschte Anlaufrichtung (Rechts- oder Linkslauf) durch Ziehen am Keilriemen, durch Drehen am Schwungrad oder auf andere, mitunter nicht ungefährliche Weise von Hand angedreht (angeworfen) werden.

Anwurfmotoren werden in Deutschland nicht mehr hergestellt.

Tafel A1: Kriterien zur Kategorisierung ortsveränderlicher elektrischer Betriebsmittel

Anwendungs-kategorie	Beispiele für Einsatzbereiche	Nutzungs-merkmale	Umgebungs-bedingungen
K1	Industrie/Gewerbe/Landwirtschaft, z. B. gewerbliche Hauswirtschaft, Hotels, Küchen, Wäschereien, Montagebänder-Serienfertigung, Laboratorien, Montage, Schlossereien, Werkzeugbau, Maschinenfabriken, Automobilbau, Innenausbau, Fahrzeuginstandhaltung, Fertigungsstätten, Kunststoffverarbeitung	Nutzung in Innenräumen, mit Einschränkungen im Freien	mech. Beanspruchung: normal Feuchtigkeit: trocken bis feucht Staub: normal Öle, Säuren, Laugen: gering Korrosion: keine
K2	Räume und Anlagen besonderer Art, z. B. Landwirtschaft, Tagebau, Stahlbau, Baustellen, Gießereien, Großmontage, Tagebau, chemische Industrie, Arbeiten unter erhöhter elektrischer Gefährdung	Nutzung in Innenräumen und im Freien	mech. Beanspruchung: hoch Feuchtigkeit: nass Staub: hoch, *auch* leitfähig Öle, Säuren, Laugen: mittel bis hoch

Tafel A2: Mindestanforderungen an ortsveränderliche elektrische Betriebsmittel der Anwendungskategorie K1 oder K2

Art, Kenngröße	Mindestanforderungen Anwendungskategorie K1	K2
Schutzart¹⁾	IP43	IP54
Schutzklasse	vorzugsweise II (schutzisoliert)	
Mechanische Festigkeit	Schlagprüfung aller Teile 1 Nm und Fallprüfung	
Leitungen	H05RN-F oder mindestens gleichwertig	H07RN-F
Steckvorrichtungen	Gummi oder Kunststoff	geeignet für erschwerte Bedingungen

1) Ausnahme: handgeführte Elektrowerkzeuge

Anzapfung

Maßnahme zur Änderung der Übersetzung und damit der Spannungswerte von ➔Transformatoren.

Zur stufenweisen oder stetigen Einstellung der Spannung unter Last, z. B. zwecks Spannungskonstanthaltung, dienen Stufenschalter [1] oder Stellmotoren. Feinstufige Spannungseinstellungen ermöglichen auch Windungsstelltransformatoren [2]. Hierbei erfolgt der Spannungsabgriff an blanken Windungsteilen durch quer zur Windungsrichtung bewegte Stromabnehmer, z. B. Kohlerollen.

Literatur

[1] DIN EN 60214-1(VDE 0532-214-1):2003-12 Stufenschalter.

[2] DIN VDE 0552:1969-05 Bestimmungen für Stelltransformatoren mit quer zur Windungsrichtung bewegten Stromabnehmern.

Arbeiten in der Nähe aktiver Teile

Tätigkeiten aller Art, bei denen Personen mit Körperteilen oder leitfähigen Gegenständen, auch über Flüssigkeiten, z. B. über einen Wasserstrahl, die bei der Durchführung nichtelektrotechnischer Arbeiten geforderten Schutzabstände unterschreiten, ohne jedoch die ➔aktiven Teile direkt zu berühren bzw. ohne bei Anlagen mit Nennspannungen über 1 kV die Grenze der Gefahrenzone [1] zu erreichen.

Literatur

[1] DIN VDE 0105-100:2005-06 Betrieb von elektrischen Anlagen.

Arbeiten unter Spannung (AuS)

Arbeiten an nicht freigeschalteten →elektrischen Anlagen.

Arbeiten unter Spannung (AuS) sind insbesondere bei elektrischen Spannungen >AC 50 V oder >DC 120 V gefährlich und deshalb grundsätzlich unstatthaft. Sie dürfen nur in wenigen Ausnahmefällen durchgeführt werden, und auch nur dann, wenn

- aus besonderen (zwingenden) Gründen der spannungsfreie Zustand einer elektrischen Anlage nicht hergestellt und
- bei Durchführung der AuS ein →elektrischer Schlag oder eine andere elektrische Gefährdung ausgeschlossen werden kann.

Zwingende Gründe für Arbeiten unter Spannung liegen z. B. vor, wenn

- elektrische Anlagen aus technischen Gründen nicht freigeschaltet werden können oder
- durch das Freischalten elektrischer Anlagen
  - Leben und Gesundheit von Personen gefährdet sind,
  - Störungen in Verkehrs-, Fernmelde- oder anderen wichtigen Einrichtungen eintreten können oder
  - ein erheblicher wirtschaftlicher Schaden entstehen würde.

Die Entscheidung zur Durchführung von Arbeiten unter Spannung trifft der Unternehmer; er hat auch die notwendigen technischen und organisatorischen Maßnahmen festzulegen. Die ausgewählten Arbeitsverfahren und -techniken sowie Werkzeuge, Ausrüstungen, Schutz- und Hilfsmittel müssen nach den →allgemein anerkannten Regeln der Technik einen zuverlässigen Schutz gegen gefährliche elektrische Körperdurchströmungen und Lichtbögen bieten [1] [2] [3].

Arbeiten unter Spannung dürfen nur erfahrene, eigens dafür ausgebildete Elektrofachkräfte (→Fachkraft) oder →elektrotechnisch unterwiesene Personen nach einem präzisen Arbeitsauftrag – erteilt von einer →verantwortlichen Elektrofachkraft – durchführen. Diese Personen besitzen den „Befähigungsnachweis AuS“ und kennen bei Durchführung der Arbeiten, z. B. beim Reinigen, Reparieren oder Auswechseln elektrischer Betriebsmittel unter Spannung, jeden einzelnen (zulässigen) Handgriff sehr genau. Für AuS in Freileitungsnetzen werden mitunter isolierende Hubarbeitsbühnen verwendet, s. Bild A10.

Bild A10: AuS an Mittelspannungs-Freileitungen unter verwendung einer isolierenden Hubarbeitsbühne

Literatur

[1] DIN VDE 0105-100:2005-06 Betrieb von elektrischen Anlagen.
[2] UVV BGV A3 „Elektrische Anlagen und Betriebsmittel“ der Berufsgenossenschaft der Feinmechanik und Elektrotechnik, Köln.
[3] Arbeitsschutzgesetz. Köln: Carl Heymanns Verlag, 1996.

Arbeitsschutz

Maßnahmen zur
- Gewährleistung der erforderlichen Arbeitssicherheit und zur
- Abwendung von Gefahren für Leib und Leben (Arbeitsunfälle) sowie von arbeitsbedingten Krankheiten (Verschleißschäden, Berufskrankheiten)

für die in einem Arbeitsverhältnis stehenden Personen (Arbeitnehmer).

Gesetze, Verordnungen

Auf dem Gebiet des präventiven betrieblichen Arbeitsschutzes und der gesetzlichen Unfallversicherung gibt es in Deutschland zahlreiche staatliche Bestimmungen. Zu den grundlegenden arbeitsschutzrechtlichen Bestimmungen zählen insbesondere die folgenden Gesetze:
- Arbeitsschutzgesetz; Gesetz über Betriebsärzte, Sicherheitsingenieure und andere Fachkräfte für Arbeitssicherheit (AsiG)
- Gesetz über technische Arbeitsmittel; Gerätesicherheitsgesetz (GSG)
- Jugendarbeitsschutzgesetz
- Sozialgesetzbuch, Siebtes Buch: Arbeitsschutz (SGB VII)
- Betriebsverfassungsgesetz (BetrVG)
- Energiewirtschaftsgesetz (EnWG).

Darüber hinaus sind folgende Rechtsverordnungen – bezogen auf den Arbeitsschutz – besonders wichtig:
- Arbeitsstättenverordnung (ArbStättVO)
- Baustellenverordnung
- Gefahrstoffverordnung
- Gewerbeordnung (GewO)
- Handwerksordnung (HandwO)
- Verordnung über Allgemeine Bedingungen für die Elektrizitätsversorgung von Tarifkunden (AVBEltV)
- Verordnung über elektrische Anlagen in explosionsgefährdeten Räumen (ElexV) und die
- Verordnungen der Bundesländer über den Bau von Betriebsräumen für elektrische Anlagen (EltBauVO).

Unfallverhütungsvorschriften

Die Vorschriften über die Prävention im Sozialgesetzbuch VII regeln auch die Befugnisse der Berufsgenossenschaften. Danach besteht der hauptsächliche Auftrag der Berufsgenossenschaften darin, mit allen gebotenen Mitteln Arbeitsunfälle, Berufskrankheiten und die Entstehung arbeitsbedingter Gesundheitsgefahren zu verhüten. Zu diesem Zweck können die Berufsgenossenschaften ihre Mitgliedsbetriebe besichtigen (kontrollieren), in allen Fragen des Arbeitsschutzes und der technischen Sicherheit beraten, Unfallverhütungsvorschriften erlassen und die Einhaltung der Vorschriften sowie Anordnungen durch technische Aufsichtsbeamte[1)] überwachen.

Unfallverhütungsvorschriften (UVV) konkretisieren und ergänzen staatliches Arbeitsschutzrecht. Sie sind wichtige sicherheitstechnische Rechtsnormen, deren Schutzziele und Grundsätze für die Gefahrenabwehr unbedingt zu beachten sind. Ihre vorsätzliche Zuwiderhandlung und Nichtbefolgung können mit einer Geldbuße geahndet werden, auch wenn (noch) kein Schaden eingetreten ist.

Folgende Unfallverhütungsvorschriften sind für Unternehmer, Vorgesetzte, Mitarbeiter und Behörden besonders wichtig, die →elektrische Anlagen planen, errichten, betreiben (prüfen) oder die Arbeiten im Gefährdungsbereich elektrischer Anlagen und Betriebsmittel durchführen:
- BGV A1 „Grundsätze der Prävention" (Basisvorschrift) und

[1)] **Technische Aufsichtsbeamte** einer Berufsgenossenschaft sind Personen, die ihre Befähigung für den technischen Aufsichtsdienst durch eine Prüfung nachgewiesen haben und für die Wahrnehmung dieser Aufgabe durch die Aufsichtsbehörde autorisiert worden sind.

- BGV A3 „Elektrische Anlagen und Betriebsmittel".

Wichtig sind auch die Durchführungsanweisungen und BG-Informationen zu den UVVs einschließlich ihrer Erläuterungen. Sie enthalten beispielhafte Lösungen zur Erreichung des jeweiligen Schutzziels und sind somit wichtige Entscheidungshilfen.

VDE-Bestimmungen

Die im Anhang zu den Durchführungsanweisungen zur BGV A3 genannten allgemein anerkannten Regeln der Elektrotechnik (VDE-Bestimmungen) gelten als „elektrotechnische Regeln" im Sinne der UVV. Als fester Bestandteil der Unfallverhütungsvorschriften sind diese gelisteten VDE-Bestimmungen somit rechtsverbindliche elektrotechnische Regeln, die wie die UVV selbst zwingend einzuhalten sind.

Aufsichtsperson

Die Aufsichtsperson (Aufsichtsführender) ist eine vom Unternehmer oder einem überstellten Vorgesetzten benannte Person, die auf Dauer, manchmal aber auch nur für einen bestimmten Zeitraum, arbeitsvertraglich beauftragt ist, die sichere Ausführung der Arbeiten zu überwachen, d. h. diesbezüglich Aufsicht zu führen (Aufsichtsverantwortung). Ihre auf die Einhaltung der Arbeitssicherheit gerichteten Anweisungen sind strikt zu befolgen [2].

Literatur

[1] DIN VDE 0105-100:2005-06 Betrieb von elektrischen Anlagen.

[2] Unfallverhütungsvorschrift BGV A1 „Grundsätze der Prävention".
Herausgeber: Berufsgenossenschaft der Feinmechanik und Elektrotechnik, Gustav-Heinemann-Ufer 130, 50968 Köln.

Arbeitsverantwortlicher

Person, die die unmittelbare Verantwortung für die Durchführung der elektrotechnischen und nicht elektrotechnischen Arbeiten im Sinne von DIN VDE 0105-100 [1] trägt und die zur Wahrnehmung dieser Aufgabe vom Unternehmer oder Vorgesetzten ausdrücklich benannt worden ist.

Pflichten

Zu den Grundpflichten des Arbeitsverantwortlichen gehört, alle an der Arbeit beteiligten Personen aufgabenbezogen über jene Gefahren zu unterweisen, die für diese nicht ohne weiteres erkennbar sind oder während der Arbeit u. U. entstehen können. Erforderlichenfalls ist die Durchführung der Arbeiten durch eine Aufsichtsperson zu überwachen.

Der Arbeitsverantwortliche und der Anlagenverantwortliche können ein und dieselbe Person sein.

Asynchrongenerator

→Asynchronmaschine, meist dreiphasig, die eine an der Antriebswelle (Läufer) zugeführte mechanische Energie in elektrische Energie umsetzt. Asynchrongeneratoren sind somit **drehende Energiewandler.** [1)]

Voraussetzung für den einwandfreien Betrieb eines Asynchrongenerators ist ein Wechselstromnetz, das die für die Erzeugung des Drehfelds erforderliche Blindleistung, z. B. mit Hilfe von Kondensatoren, bereitstellt. Das ist kostspielig und vergleichsweise uneffektiv. Deshalb finden Asynchrongeneratoren – wenn überhaupt – nur sehr selten Verwendung.

---

1) Zu den nicht drehenden (statischen) Energiewandlern gehören z. B. **PV-Generatoren** (PV Abk. für Solar-**P**hoto**v**oltaik). Diese Solargeneratoren bestehen aus PV-Modulen und wandeln Sonnenlichtenergie in elektrische Energie (Solarstrom) um.

Asynchronmaschine

Drehende Wechselstrommaschine, deren Drehzahl sich von der synchronen Drehzahl des Ständerdrehfelds um den **Schlupf** unterscheidet. Bleibt die Läuferdrehzahl hinter der Synchrondrehzahl des Ständerfelds zurück (positiver Schlupfwert), so arbeitet die Maschine als →**Asynchronmotor**. Wird dem Läufer (Antriebswelle) dagegen mechanische Energie in einem Maße zugeführt, dass seine Drehzahl größer ist als die Synchrondrehzahl des Ständerfelds (negativer Schlupfwert), so wird →elektrische Energie auf den Ständer übertragen. Die Asynchronmaschine arbeitet nunmehr als →**Asynchrongenerator**; das ist jedoch in praxi nur sehr selten der Fall.

Zu den Asynchronmaschinen gehören auch asynchrone **Frequenzumformer** (engl. *frequency converter*). Diese werden eingangsseitig mit netzfrequentem Drehstrom (Frequenz f_1) gespeist und geben ausgangsseitig an den Schleifringen eine meist dreiphasige Wechselspannung mit erhöhter Frequenz f_2 ab:

$$f_2 = f_1 + \frac{p \cdot n}{60} \text{ in Hz}$$

f_1 Netzfrequenz 50 Hz,
p Polpaarzahl,
n Antriebsdrehzahl des Frequenzwandlers (Schleifringläufer) in min^{-1}.

Asynchronmotor

→Elektromotor, der mit einphasigem (→Einphasen-Asynchronmotor) oder dreiphasigem Wechselstrom (Drehstrom) betrieben wird und dessen Läuferdrehzahl bei Belastung gegenüber der Drehzahl des synchron umlaufenden (idealen) Ständerdrehfelds zurückbleibt. Der Fachausdruck „Asynchronmotor" hat folglich seine Wurzeln in der abweichenden, (nichtsynchronen) Läuferdrehzahl.

Wirkungsweise

Das vom Wechselstrom in der Ständerwicklung erzeugte Kreisdrehfeld (Ständerdrehfeld) induziert in der Läuferwicklung eine elektrische Spannung, die einen Strom durch diese Wicklung treibt. Dadurch entsteht ein Läuferdrehfeld. Durch das Zusammenwirken des Ständer- und des Läuferfelds wird ein Drehmoment erzeugt, das eine Drehung des Läufers in Richtung des magnetischen Felds bewirkt. Dabei bleibt das Läuferdrehfeld immer etwas hinter dem synchronen Drehfeld des Ständers zurück. Dieses Zurückbleiben ist erforderlich, weil nur in diesem Fall Kraftlinien geschnitten werden können und somit eine Induktion überhaupt erst möglich ist.

Schlupf

Die Induktionswirkung des Drehfelds ist nur dann vorhanden, wenn zwischen der synchronen Drehzahl n_D des Ständerfelds nach Gl. (1) und der asynchronen Läuferdrehzahl n eine positive Differenz besteht. Diese Differenz $n_D - n$ wird **Schlupfdrehzahl** n_S und das Verhältnis n_S/n_D nach Gl. (2) wird **Schlupf** s genannt:

$$n_D = \frac{f \cdot 60}{p} \text{ in min}^{-1} \qquad (1)$$

$$s = \frac{n_D - n}{n_D} \cdot 100 = \frac{n_s}{n_D} \cdot 100 \text{ in \%} \qquad (2)$$

f Netzfrequenz in Hz (s^{-1}),
p Polpaarzahl ($2p$ Polzahl).

Bei $f = 50$ Hz und nur einem einzigen Polpaar ($p = 1$) ist $n_D = 3000 \text{ min}^{-1}$.
Die Drehzahl 3000 U/min ist eine wichtige Grunddrehzahl für Elektromotoren.

Der (positive) Schlupf – das Zurückbleiben des Läuferdrehfelds hinter dem synchronen Ständerdrehfeld – ist eine wichtige physikalische Kenngröße für die Wirkungsweise eines Asynchronmotors und seine

Stromaufnahme in Abhängigkeit von der jeweiligen Belastung. Je größer der Schlupf, umso mehr Kraftlinien werden pro Sekunde geschnitten; umso größer ist damit auch der Strom und das Drehmoment.

Der Schlupf liegt bei den meisten Asynchronmotoren im Nennbetrieb zwischen etwa 3 und 8 %. Er kann bei kleinen Motoren bis zu 15 % und bei sehr großen Motoren weniger als 1 % betragen.

Beispiel: Der Schlupf *s* bei einem Motor mit drei Polpaaren ($p = 3$) sei 4 %. Damit ist die Schlupfdrehzahl nach Umstellung der Gl. (2)

$$n_s = \frac{s}{100} \cdot n_D = \frac{4}{100} \cdot \frac{50 \cdot 60}{3} = 40\ \text{min}^{-1} \qquad (3)$$

und die Läuferdrehzahl bei Belastung des Motors

$$n = n_D - n_s = \left(\frac{50 \cdot 60}{3} - 40 \right) \text{min}^{-1} \qquad (4)$$

$n = 960\ \text{min}^{-1}$.

Wird der Motor entlastet, so steigt die Drehzahl. Er benötigt jetzt keine so hohe Induktion, und der Läufer wird folglich nicht mehr so stark hinter dem synchronen Ständerdrehfeld zurückbleiben.

Wird ein Asynchronmotor mit übersynchroner Drehzahl betrieben, so schickt dieser bei Erreichen des Synchronismus (Läufergeschwindigkeit = synchrone Drehfeldgeschwindigkeit des Ständers) elektrische Energie ins Netz. Der Motor arbeitet nunmehr als **Generator**.

Der russische Physiker *E. Lenz* (1804–1885) entdeckte im Jahre 1833 die nach ihm benannte Regel und damit die Umkehrbarkeit von Motor und Generator.

Käfigläufermotor

Asynchronmotoren werden üblicherweise mit einer einfachen Käfigwicklung im Läufer gefertigt (Käfigläufermotor). Diese aus Stäben bestehende Wicklung ist stirnseitig kurzgeschlossen. Deshalb werden Käfigläufermotoren (Käfigläufer) häufig auch **Kurzschlussläufermotoren** (Kurzschlussläufer) genannt[1]. Nachteilig ist bei diesen Induktionsmotoren der geringe elektrische Widerstand der Läuferwicklung und damit der relativ hohe Anlaufstrom (Einschaltstrom), der bis zum 8-fachen, mitunter sogar bis zum 10-fachen Wert des Motornennstroms betragen kann.

Doppelkäfigläufermotor

Kurzschlussläufer verursachen bei einer Direkteinschaltung, vor allem in nicht ausreichend bemessenen (schwachen) Netzen, eine starke Spannungsabsenkung.[2] Deshalb erhalten leistungsstarke Drehstrommotoren z. B. einen Stern-Dreieck-Anlauf (➔Stern-Dreieck-Schaltung). Dadurch vermindern sich der Einschaltstrom und das Anzugsmoment auf etwa ein Drittel der Ströme und Momente gegenüber der Direkteinschaltung – oder es werden Doppelkäfigläufermotoren verwendet.

Doppelkäfigläufer haben zwei Käfigwicklungen im Läufer. Der obere, der Ständerbohrung am nächsten liegende Käfig, ist nur während des Anlaufs voll wirksam, während der darunterliegende (Betriebs-) Käfig sich erst bei Annäherung an die Betriebsdrehzahl an der Bildung des Drehmoments beteiligt.

Schleifringläufermotor

Dreiphasen-Asynchronmotoren gibt es auch als Schleifringläufermotoren (Schleifringläufer). Diese Drehstrommotoren wer-

[1] Der russische Ingenieur *M. V. Doliwo-Dobrowolski* (1862-1919) baute den ersten Drehstrom-Kurzschlussläufer im Jahre 1889 und ein Jahr später den ersten Drehstrom-Schleifringläufer.

[2] Störende Spannungsänderungen sind i. Allg. nicht zu erwarten bei

- **Einphasen-Wechselstrommotoren** mit einer Nennleistung bis 1,7 kVA und bei
- **Drehstrommotoren** bis 5,2 kVA sowie bei Motoren mit höherer Nennleistung, wenn der Anzugsstrom 60 A nicht überschreitet [1].

den z. B. für allmählich anlaufende Arbeitsmaschinen verwendet, z. B. als Kranmotor, und auch dort, wo der Einschaltstrom begrenzt werden soll.
Schleifringläufer haben eine gleichmäßig in Nuten am Läuferumfang verteilte dreiphasige Spulen- oder Stabwicklung. Diese rotierende Wicklung ist gegenüber dem Blechpaket wärmefest isoliert und an den Enden mit Schleifringen aus Kupfer, Bronze oder Stahl verbunden. An die Schleifringe (Läuferwicklung) wird über →Bürsten ein äußerer Stromkreis, z. B. mit einem Widerstandsstarter (Anlasser), angeschlossen. Durch Einschalten von Anlasswiderständen in den Läuferkreis, die während des Hochlaufs des Schleifringläufers allmählich abgeschaltet und in der Endstellung schließlich kurzgeschlossen werden, lassen sich vergleichsweise hohe Anzugsmomente erzielen.

Einphasenlauf

Dreiphasen-Asynchronmotoren benötigen für den einwandfreien Betrieb ein intaktes Dreiphasen-Wechselstromnetz (Drehstromnetz). Wird ein Außenleiter während des Betriebs unterbrochen, z. B. durch das Auslösen einer Sicherung, so laufen Drehstrommotoren ohne Phasenausfallschutz mit verringertem Drehmoment weiter. Dabei nehmen die beiden fehlerfreien Außenleiter einen etwas höheren Strom auf, der die durchflossenen Wicklungen je nach Belastung mehr oder weniger stark erwärmt. Deshalb ist der zeitverzögerte Thermo-Bimetallauslöser des →Motorstarters exakt auf den Motornennstrom einzustellen, damit der Schalter (Starter) den gefährdeten Drehstrommotor auch bei einem fehlerhaften „Einphasenlauf" sofort →allpolig abschalten kann.
Der Selbstanlauf eines Drehstrommotors ist bei (nur) zwei Außenleitern nicht möglich; der Motor erzeugt beim Einschalten ein stark brummendes Geräusch. Er kann jedoch in diesem Fall (unzulässigerweise) in jede beliebige Drehrichtung von Hand angeworfen werden.

Literatur

[1] Technische Anschlussbedingungen für den Anschluss an das Niederspannungsnetz (TAB 2000). Herausgeber: Verband der Elektrizitätswirtschaft (VDEW) e.V., Frankfurt am Main.

Aufteilungsstelle des PEN-Leiters

Stelle, an welcher der PEN-Leiter (früher: Nullleiter) eines speisenden TN-C-Systems in den →Schutzleiter PE (Schutzerdungsleiter) mit grün-gelber Kennzeichnung und in den betriebsmäßig stromführenden →Neutralleiter N mit blauer Kennzeichnung zur Realisierung eines verbraucherseitigen TN-S-Systems aufgeteilt wird.
An der Aufteilungsstelle sind jeweils getrennte Klemmen oder Schienen für den Schutzleiter PE und den Neutralleiter N vorzusehen. Der (ankommende) PEN-Leiter ist stets auf die Schutzleiterschiene oder -klemme zu führen. Von der PE-Schiene ist eine Verbindung zur N-Schiene herzustellen, s. Bild A11. Hinter der Aufteilungsstelle dürfen

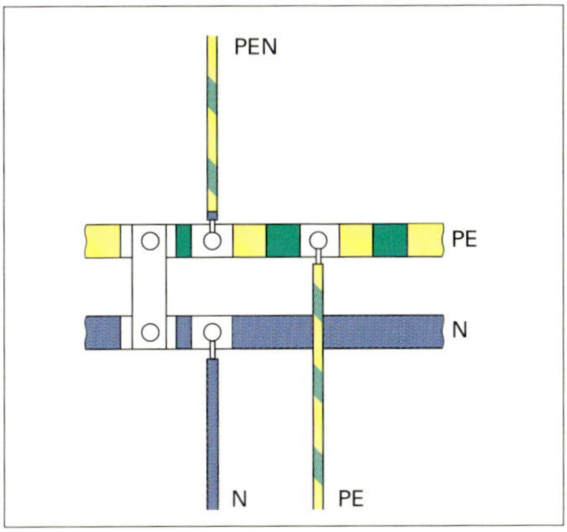

Bild A11: Aufteilung des PEN-Leiters in den Schutzleiter PE und den Neutralleiter N (TN-S-System)

- der Schutzleiter PE und der Neutralleiter N nicht mehr miteinander verbunden sowie
- der Neutralleiter nicht mehr geerdet oder in den Potentialausgleich einbezogen werden.

Ist in einem Gebäude der Einbau von informationstechnischen Anlagen (Telekommunikation, Datenverarbeitung u. dgl.) vorgesehen oder mittelfristig zu erwarten, so wird zur Vermeidung möglicher Funktionsstörungen dieser Anlagen empfohlen, im **ganzen** Gebäude, z. B. in einem Bürogebäude, Krankenhaus oder Wohnhochhaus, PEN-Leiter nicht zu verwenden, sondern ein TN-S-System zu realisieren [1]. Die Kosten für den von vornherein eigenständigen Schutzerdungsleiter PE (5. Leiter) sind i. Allg. viel geringer als spätere Kosten für umfangreiche Änderungen.

Literatur

[1] DIN VDE 0100-540:1991-11 Errichten von Starkstromanlagen mit Nennspannungen bis 1000 V; Auswahl und Errichtung elektrischer Betriebsmittel; Erdung, Schutzleiter, Potentialausgleichsleiter (Anhang C.2).

Ausbreitungswiderstand

Ohmscher Widerstand des Erdreichs zwischen einem →Erder und der →Bezugserde.

Allgemeines

Der Ausbreitungswiderstand R_A ist das Produkt aus dem →spezifischen Erdwiderstand ρ_E (griech. *Rho*) und einer Größe, die von den Abmessungen des Erders sowie den Anordnungsparametern abhängt. Somit steigt oder fällt der Ausbreitungswiderstand proportional mit dem spezifischen Erdwiderstand.

Der **Erdungswiderstand** R_E (engl. *resistance to earth*) ergibt sich aus der Addition des Ausbreitungswiderstands und des elektrischen Widerstands des →Erdungsleiters zwischen der Hauptpotentialausgleichsschiene und dem Erder. Der komplexe Erdungswiderstand wird **Erdungsimpedanz** Z_E (engl. *impedance to earth*) genannt.

Berechnung

Für die Berechnung des Ausbreitungswiderstands von ausgewählten Erderanordnungen gelten die im Bild A12 angegebenen Näherungsformeln. Noch einfacher lassen sich die Ausbreitungswiderstände unter Verwendung der Diagramme nach Bild A13 bzw. A14 ermitteln. Der Querschnitt bzw. Durchmesser des jeweiligen Band-, Seil-, Stab- oder Rohrerders spielt dabei eine eher untergeordnete Rolle.

Werden n Tiefenerder (Staberder) in den Erdboden eingebracht, so beträgt der Gesamtausbreitungswiderstand bei einer solchen Parallelschaltung von Einzelerdern

$$R_A = \frac{1}{\frac{1}{R_{A1}} + \frac{1}{R_{A2}} + \ldots + \frac{1}{R_{An}}}$$

Dabei ist freilich zu berücksichtigen, dass sich die Einzelerder in ihrer Wirkungsweise gegenseitig beeinflussen können. Der gegenseitige Abstand parallel geführter Erder sollte deshalb bei

- waagerechter Anordnung (Horizontalerder) 5 m und bei
- senkrechter Anordnung (Vertikalerder) bei einer Erderlänge
  - bis 3 m die doppelte Erderlänge und
  - über 3 m die einfache Erderlänge

nicht unterschreiten.

Stab- oder Rohrerder

$$R_A \approx \frac{\rho_E}{l}$$

Banderder

$$R_A \approx \frac{2\rho_E}{l}$$

Fundamenterder

$$R_A \approx \frac{0,2\rho_E}{\sqrt[3]{V}}$$

V Volumen des Fundaments ($l \times b \times h$) in m³

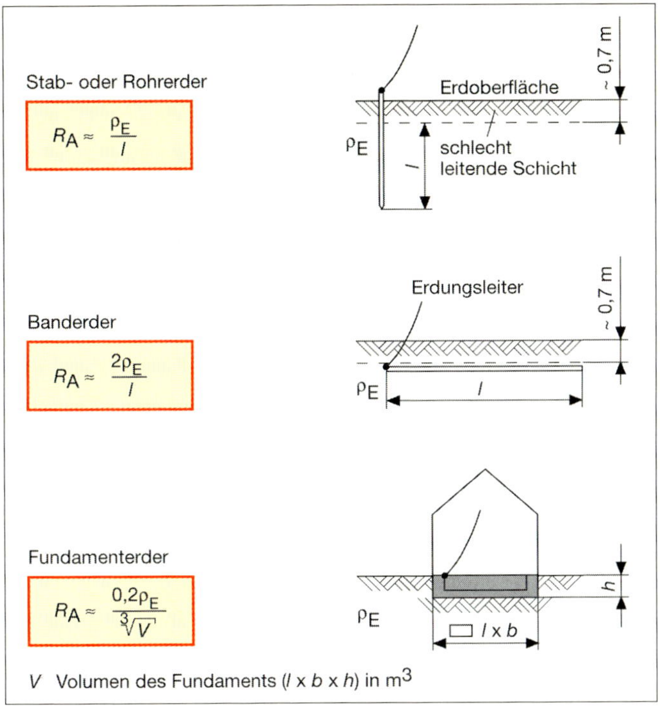

Bild A12: Formeln zur näherungsweisen Bestimmung des Ausbreitungswiderstands häufig verwendeter Erderformen

Messung

Nach Errichtung einer →Erdungsanlage ist der Ausbreitungswiderstand zu messen. Diese Messung erfolgt i. Allg. mit Wechselstrom im Bereich der technischen Frequenzen, z. B. nach dem Strom-Spannungs-Messverfahren, oder bei kleinen Erdungsanlagen nach dem Kompensationsverfahren unter Verwendung eines handelsüblichen Erdungsmessgeräts nach DIN EN 61557-5 (VDE 0413-5).

Literatur

[1] DIN VDE 0101:2000-01 Starkstromanlagen mit Nennwechselspannungen über 1 kV.

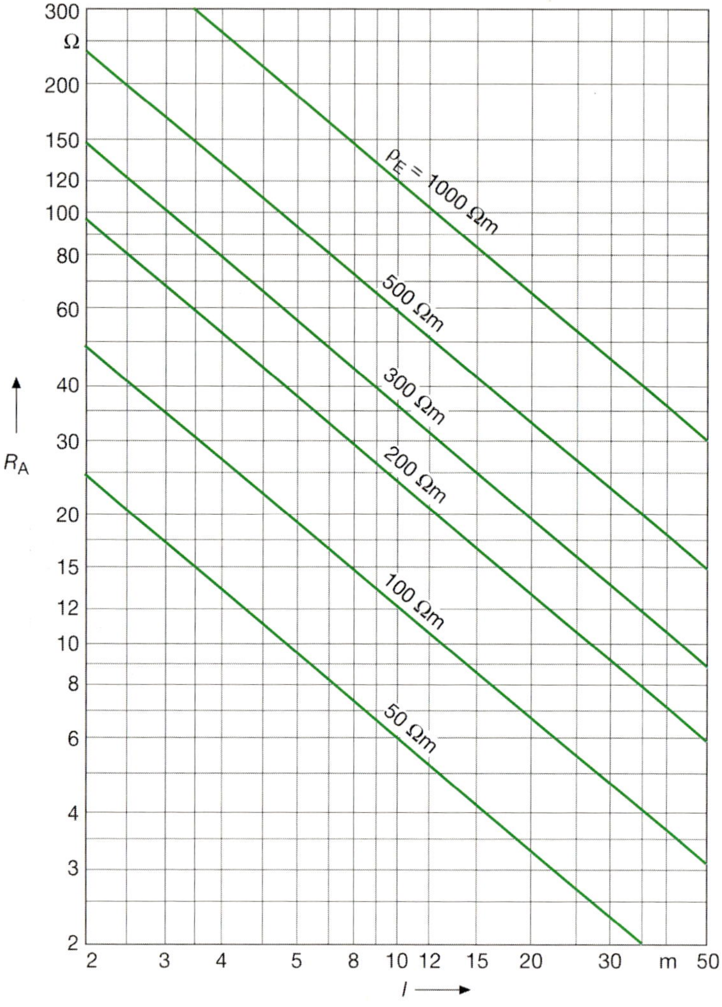

Bild A13: Ausbreitungswiderstand R_A von senkrecht verlegten Tiefenerdern [1]
l wirksame Länge eines Stab- oder Rohrerders

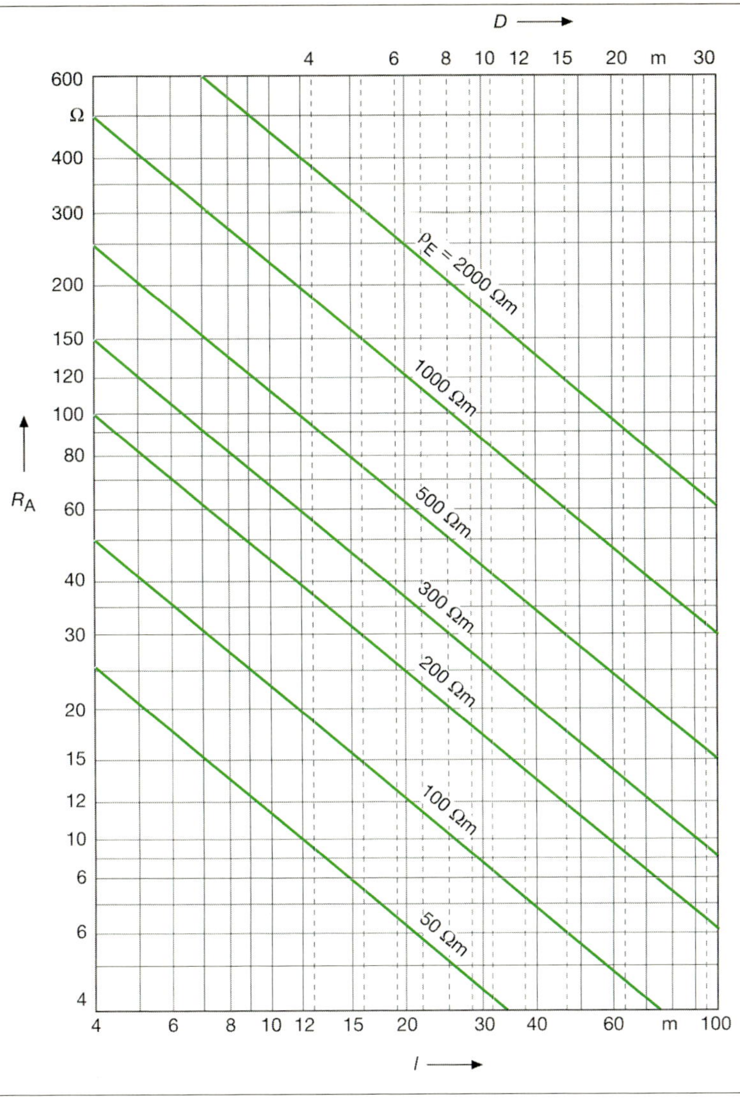

Bild A14: Ausbreitungswiderstand R_A von gestreckt, strahlen- oder ringförmig verlegten Oberflächenerdern [1]
l Länge eines Banderders; D Durchmesser eines Ringerders

Ausfall

Beendigung der Fähigkeit einer Betrachtungseinheit, eine geforderte Funktion zu erfüllen.

Allgemeines

Die Ursachen für einen Ausfall können vielfältig sein. Sie reichen von einem Defekt (Fehler) über unzulässige Beanspruchung bis hin zu einer mutwilligen Zerstörung der Betrachtungseinheit (Vandalismus). Ausfälle sollen möglichst nach der sicheren Seite hin erfolgen (→Fail-safe-Technik).

Nach dem Ausfall befindet sich die Betrachtungseinheit in einem sog. Fehlzustand. „Ausfall" (engl. *failure*) ist ein Ereignis im Gegensatz zum Fehlzustand. Dieser bezeichnet den Zustand einer Betrachtungseinheit infolge eines Fehlers. In praxi werden die Begriffe „Fehlzustand" und „Ausfall" oft synonym verwendet; das ist jedoch unkorrekt. Beispielsweise kann ein Fehlzustand in der Messtechnik schon die Abweichung vom wahren Wert einer Messgröße sein.

Einteilung

Ausfälle werden eingeteilt

- nach der **Schwere** der Auswirkungen, z. B. kritische, schwere oder harmlose (leichte) Ausfälle. Bei dieser Einteilung spielen insbesondere die ökonomischen Auswirkungen eines Ausfalls, z. B. die Schadenfolgekosten, eine große Rolle.
- nach der **Eintrittszeit** (Verlauf der Ausfallrate), z. B. Früh-, Normal- oder Spätausfälle. Frühausfälle treten auf, wenn z. B. Material- oder Fertigungsfehler im →Prüffeld unenddeckt geblieben sind. Spätausfälle sind meist Verschleißausfälle.
- nach ihrem **Verhalten**, z. B. Spontanausfälle. Diese Ausfälle sind meist nicht vorhersehbar.
- nach der **Beanspruchung**, z. B. Verschleiß- oder Folgeausfälle. Letztere werden durch vorausgegangene Unzulänglichkeiten (Fehler) in anderen Betrachtungseinheiten verursacht. Der Folgeausfall ist somit ein vorausbestimmtes (determiniertes) und kein zufälliges (stochastisches) Ereignis.
- nach dem technischen **Umfang**, z. B. Teil- oder Gesamtausfall (Totalausfall).
- nach dem **Ausfallmodus**, z. B. Leiterunterbrechung, Körper- oder Kurzschluss.

Ausfalldauer und -zeit

Die Zeitspanne vom Ausfallzeitpunkt bis zur Wiederherstellung der Arbeitsfähigkeit einer Betrachtungseinheit, z. B. eines →elektrischen Betriebsmittels, heißt **Ausfalldauer**. Die gesamte Zeit, in der eine Betrachtungseinheit in einem bestimmten Zeitraum (0, *t*) ausgefallen ist, wird dagegen **Ausfallzeit** genannt.

Ausgleichsstrom

Strom, der in einem Mehrphasensystem infolge unterschiedlich hoch belasteter →Außenleiter (unsymmetrische Belastung, →Schieflast) über den →Neutralleiter zum Sternpunkt der Stromquelle zurückfließt.

Allgemeines

Der über den Neutralleiter zurückfließende Ausgleichsstrom (engl. *circulating current*) ist i. Allg. wesentlich niedriger als der Strom in einem Außenleiter. Deshalb darf der Neutralleiter in Mehrphasensystemen (nicht in Einphasensystemen!) unter Einhaltung der Forderungen nach DIN VDE 0100-520 [1] einen geringeren Querschnitt haben als die Außenleiter. Querschnittsreduzierte Neutralleiter sind nach DIN VDE 0100-430, Abschn. 9.2.1.2 [2] gegen Überstrom zu schützen.

Ausgleichsströme treten auch bei Transformatoren und Drosselspulen mit Anzapfungen zur Spannungsanpassung auf. In diesem Fall fließt ein Ausgleichsstrom durch die Überschaltimpedanz, wenn diese während einer Stufenumschaltung zwei Anzapfungen verbindet.

Kommunikationsnetze

In TN-C-Systemen (→System nach Art der Erdverbindung) fließen Ausgleichsströme mitunter über Kommunikationsnetze, z. B. über Schirme von Koaxialkabeln, Beispiel s. Bild A15. Die Leiter (Schirme) dieser Netze sind für (verschleppte) PEN-Leiterströme, die mehrere Ampere betragen können, nicht vorgesehen und infolgedessen dafür meist auch nicht bemessen. Deshalb treten mitunter Kabelschäden infolge zu hoher Erwärmung oder Funktionsstörungen z. B. an PCs, TV-Geräten, Videorecordern, Satelliten-Receivern und -Decodern auf. Außerdem kann es zu Gefährdungen für den Anwender und zu Bränden kommen. Vor allem die Oberschwingungen 3. Ordnung (f_3 = 150 Hz) wirken sich in Bezug auf die Ausgleichsströme besonders störend aus, weil sich diese Oberschwingungsströme in einem Dreiphasensystem (Drehstromsystem) selbst bei symmetrischer Belastung im Sternpunkt (PEN-Leiter) nicht zu null addieren.

Die genannten Störungen und Gefahren lassen sich einschränken oder gar verhindern durch

- Vermeidung von TN-C-Systemen (keine PEN-Leiterbrücken),
- Verwendung von elektrischen Betriebsmitteln der Schutzklasse II,
- Entlastungs-Potentialausgleich oder
- Potential trennende Maßnahmen.

Literatur

[1] DIN VDE 0100-520:2003-06 Errichten von Niederspannungsanlagen; Auswahl und Errichtung elektrischer Betriebsmittel; Kabel- und Leitungsanlagen.

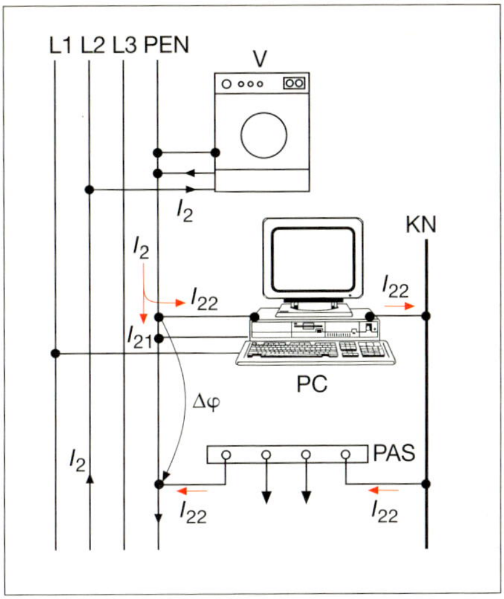

Bild A15: Ausgleichsstrom (I_{22}) in Kommunikationsnetzen
Δφ Potentialunterschied; V Verbraucher;
PC Personalcomputer (Schutzklasse I);
KN Kommunikationsnetz;
PAS Potentialausgleichsschiene [3]

[2] DIN VDE 0100-430:1991-11 Errichten von Starkstromanlagen mit Nennspannungen bis 1000 V; Schutzmaßnahmen; Schutz von Kabeln und Leitungen bei Überstrom.

[3] Beiblatt 1 zu DIN EN 50083 (Beiblatt 1 zu VDE 0855):2002-01 Kabelnetze für Fernsehsignale, Tonsignale und interaktive Dienste; Leitfaden für den Potentialausgleich in vernetzten Systemen.

Auslöser

Gerät, das beim Über- oder Unterschreiten von Grenzwerten einer Wirkgröße, z. B. Strom, Spannung oder Temperatur, ein Auslösesystem beeinflusst. Das Triebsystem des Auslösers wandelt die Änderung der Wirkgröße in Bewegung um und das Auslösesystem die Bewegung in die erforderliche mechanische Arbeit zum Ausschalten eines →Schaltgeräts, z. B. Leistungsschalters, Motorstarters oder Fehlerstrom-Schutzschalters.

Allgemeines

Auslöser (engl. *releases*) sollen Fehler erkennen und diese schnell selektiv abschalten. Wichtige Auslöser zum Schutz von Personen, Nutztieren und Sachwerten sind in Niederspannungsanlagen vor allem Überstrom-, Fehlerstrom-, Überspannungs-, Unterspannungs- und Fehlerspannungsauslöser.

Auslöser, die die Ausschaltung eines mechanischen Schaltgeräts, z. B. eines Leistungsschalters, bewirken, wenn sie von einer Stromquelle erregt werden, heißen **Arbeitsstromauslöser**. Die Ausschaltung eines Schaltgeräts bei Fortfall der Wirkgröße initiieren hingegen **Ruhestromauslöser**.

Überstromauslöser

Überstromauslöser (engl. *over-current releases*) werden nach ihrem Wirkprinzip wie folgt unterschieden:

- **Elektromagnetische Auslöser** dienen vorzugsweise dem Kurzschlussschutz elektrischer Betriebsmittel. Kurzschlussauslöser (engl. *short-circuit releases*) bestehen hauptsächlich aus einer Spule, durch die auch der Laststrom fließt. Mit dem Erreichen des Auslösestroms wird die magnetische Kraft der Spule so groß, dass sie vermittels eines Ankers (Schlaganker) das Schaltschloss z. B. eines Leitungsschutz- oder Leistungsschalters augenblicklich entklinkt (Kurzschluss-Schnellauslöser). Kurzschlussauslöser können aus Gründen der Überstromselektivität auch kurzverzögert ausschalten, z. B. mit Hilfe einer Pendelverzögerung.
- **Thermische Auslöser** (Bimetall- oder Wärmeauslöser) dienen vorzugsweise dem Überlastschutz von elektrischen Verbrauchsmitteln mit Wicklungen (Überlastauslöser, engl. *overload releases*). Beim Auftreten eines unzulässigen Überlaststroms krümmt sich der Bimetallstreifen so stark, dass dadurch das Schaltschloss entriegelt wird und die Hauptkontakte den Strompfad trennen. Die Auslösezeiten betragen i. Allg. 1...10 s; sie sinken mit der Größe des Überlaststroms.

Solange der Fehler besteht, ist ein Wiedereinschalten von (Schutz-)Schaltgeräten mit →Freiauslösung nicht möglich, auch wenn das Handbetätigungsorgan, z. B. der Schalthebel oder Druckknopf, in der EIN-Stellung festgehalten wird. Überstromauslöser, die direkt in der Hauptstrombahn eines Schaltgeräts angeordnet und unmittelbar vom Strom erregt werden, heißen direkte Überstromauslöser oder **Primärauslöser** (engl. *direct overcurrent releases*). Erfolgt der Stromfluss dagegen über Wandler oder Shunts, so werden die indirekten Überstromauslöser auch **Sekundärauslöser** (engl. *indirect over-current releases*) genannt.

Auslösestrom

Strom, der ein Auslösen von

- Überstrom-Schutzeinrichtungen, z. B. Leitungsschutzschaltern, Motorstartern (früher: Motorschutzschalter), Leistungsschaltern und Sicherungen, oder von
- Fehlerstrom-Schutzeinrichtungen (RCDs)

innerhalb einer bestimmten Zeit unter den in den jeweiligen Gerätebestimmungen festgelegten Anforderungen bewirkt.

Allgemeines

Auslöseströme (engl. *operating currents*) dürfen nicht mit „Ausschaltströmen" verwechselt werden. Letztere sind elektrische Ströme, die beim Ausschalten z. B. eines Leistungsschalters im Kurzschlussfall zum Zeitpunkt der ersten Kontakttrennung über den Schalter fließen.

Auslöseströme sind auch keine →„Abschaltströme". Letztere bewirken die Unterbrechung (Abschaltung) eines Strom-

kreises zum Schutz gegen elektrischen Schlag innerhalb der z. B. in DIN VDE 0100-410 festgelegten Zeit. Bei Fehlerstrom-Schutzeinrichtungen (RCDs) entspricht der Abschaltstrom dem Bemessungsdifferenzstrom $I_{\Delta N}$ der RCD.
Bei Überstrom-Schutzeinrichtungen sind der thermische Nichtauslösestrom (kleiner Prüfstrom) und der thermische Auslösestrom (großer Prüfstrom) zwei wichtige charakteristische Kenngrößen.

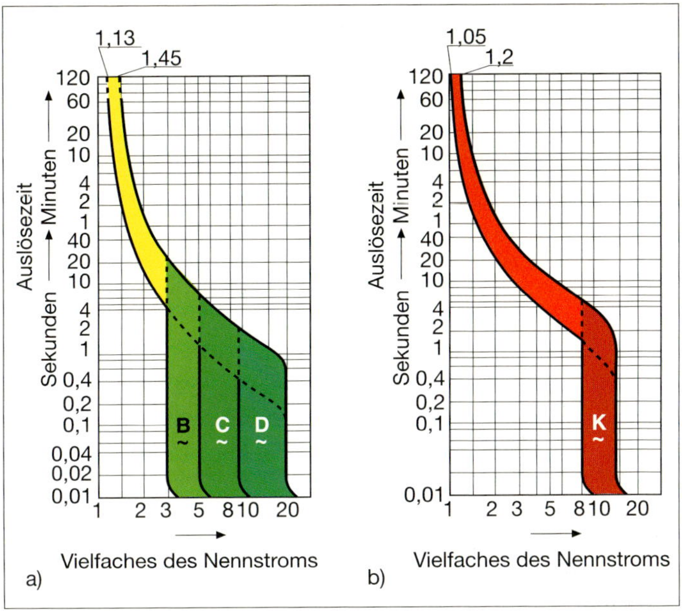

Bild A16: Auslösecharakteristiken von Sicherungsautomaten bei Wechselstrom 50/60 Hz

Kleiner Prüfstrom

Der kleine Prüfstrom I_1 (oder I_{nt}, engl. *conventional* ***n****on-****t****ripping current*) ist jener Strom, den eine Überstrom-Schutzeinrichtung während einer bestimmten Zeitdauer – meistens mehrere Stunden lang – unter festgelegten Bedingungen führen kann, ohne dass die Schutzeinrichtung ausschaltet. Dieser Haltestrom wird auch „thermischer Nichtauslösestrom" genannt. Bei Leitungsschutzschaltern (Sicherungsautomaten) mit der

- international genormten Auslösecharakteristik B, C oder D nach DIN EN 60898 (VDE 0641) ist der kleine Prüfstrom I_1 = 1,13 I_n und mit der
- national festgelegten Auslösecharakteristik K oder S ist der kleine Prüfstrom in Anlehnung an DIN EN 60947 (VDE 0660-101/102 Leistungsschalter, Motorstarter) praktisch genauso groß wie der Nennstrom I_n, nämlich I_1 = 1,05 I_n, s. Bild A16.

K- und S-Automaten sowie Schaltgeräte mit einem ebenso kleinen thermischen Auslösestrom bieten den besten Kabel- und Leitungsschutz von allen Überstrom-Schutzeinrichtungen.

Großer Prüfstrom

Der große Prüfstrom I_2 (oder I_t, engl. *conventional* ***t****ripping current*) ist jener Strom, bei dem eine Überstrom-Schutzeinrichtung unter festgelegten Bedingungen nach einer bestimmten Zeit, z. B. spätestens nach einer Stunde, zum Zweck des Überlastschutzes auslösen muss. Der große Prüfstrom wird deshalb auch „thermischer Auslösestrom" genannt. Er beträgt bei Sicherungsautomaten z. B. mit der B-, C- oder D-Charakteristik I_2 = 1,45 I_n und bei Automaten mit der K-Charakteristik I_2 = 1,2 I_n, s. Bild A16.

Bezeichnungen der Auslösecharakteristiken

Die Bezeichnungen der Auslösecharakteristiken (Zeit-Strom-Kennlinien) von Sicherungsautomaten mit den großen lateinischen Buchstaben B, K, S usw. lassen sich im deutschen Sprachgebrauch zu Wortanfängen (Eselsbrücken) verwenden. Beispielsweise stehen die Buchstaben B für **B**eleuchtung (früher: L = **L**icht), K für **K**raft, S für **s**tark, R für **r**apid (engl. schnell, flink), U für **u**niversal (umfassend), G für **g**enerell (allgemein), H für **H**aushalt, E für **e**xakt und Z für hohe Schleifenimpedanzen (Formelzeichen Z).

Auslösestromregel

Grundregel zum Schutz von Kabeln und Leitungen bei Überlast nach DIN VDE 0100-430 [1].

Die Auslösestromregel (kurz: Auslöseregel) besagt, dass der thermische →Auslösestrom I_2 (großer Prüfstrom) der Überstrom-Schutzeinrichtung nicht größer sein darf als das 1,45-fache der zulässigen Strombelastbarkeit I_z eines Kabels oder einer Leitung. Für die Auslöseregel gilt somit

$I_2 \leq 1{,}45\ I_z$

Bei Verwendung von Überstrom-Schutzeinrichtungen mit einem großen Prüfstrom $I_2 \leq 1{,}45\ I_n$, z. B. von Leitungsschutzschaltern mit der Auslösecharakteristik B oder C nach DIN EN 60898-1 [2], darf der Nennstrom I_n der Schutzeinrichtung somit gleich der zulässigen Strombelastbarkeit I_z eines Kabels oder einer Leitung sein.

In diesem Fall gilt

$1{,}45\ I_n \leq 1{,}45\ I_z$, d. h. $I_n \leq I_z$.

Literatur

[1] DIN VDE 0100-430:1991-11 Errichten von Starkstromanlagen mit Nennspannungen bis 1000 V; Schutzmaßnahmen; Schutz von Kabeln und Leitungen bei Überstrom.

[2] DIN EN 60898-1 (VDE 0641-11):2005-04 Elektrisches Installationsmaterial; Leitungsschutzschalter für Hausinstallationen und ähnliche Zwecke; Leitungsschutzschalter für Wechselstrom (AC).

Ausschaltung

Installationsschaltung mit einem Ausschalter, s. Bild A17. Sie ist die am meisten angewendete Installationsschaltung.

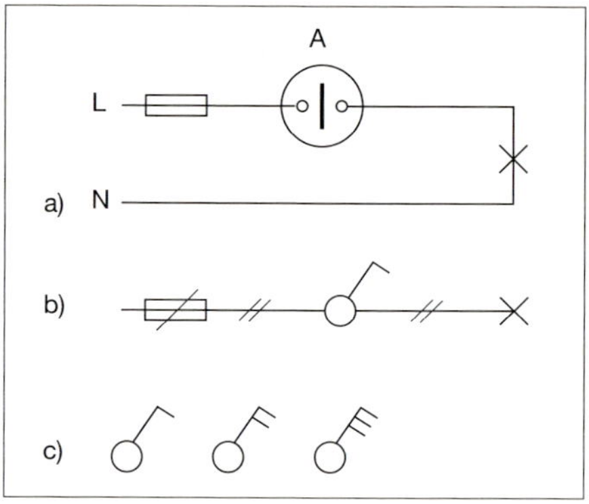

Bild A17: Ausschaltung (A Ausschalter) – Schaltbild a) ausführlich (mehrpolig); b) vereinfacht (einpolig); c) Schaltzeichen für 1-, 2- und 3-poligen Ausschalter

Bei der Ausschaltung ist der ungeerdete →Außenleiter L an den (Aus-)Schalter und der geerdete Leiter, i. Allg. der →Neutralleiter N, an das Verbrauchsmittel, z. B. die →Leuchte, den →Lüfter oder Strahler, anzuschließen.

„Ausschaltung" (oder Abschaltung) dient neben der „Einschaltung" und „Umschaltung" auch zur Bezeichnung von Schaltvorgängen.

Ausschaltzeit

Zeit von der Einleitung des Öffnungsvorgangs (Ausschaltverzugszeit) bis zum Ende der Lichtbogenlöschzeit[1)]. Danach ist die Strombahn unterbrochen und der

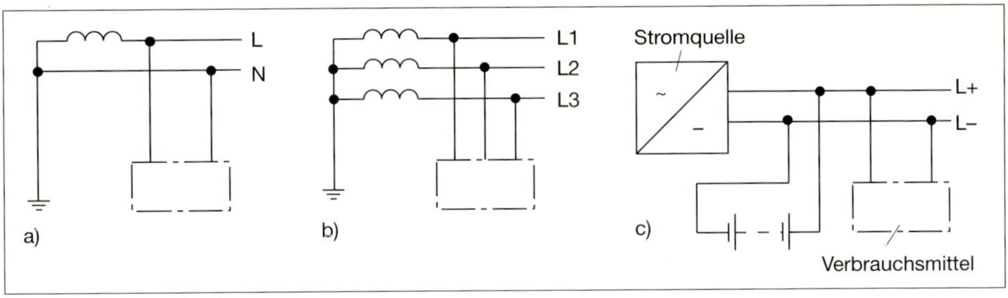

Bild A18: Bezeichnung der Außenleiter in einem
a) (Einphasen-)Zweileiter-Wechselstromsystem;
b) (Dreiphasen-)Dreileiter-Wechselstromsystem ohne Neutralleiter;
c) Zweileiter-Gleichstromsystem

Stromfluss endgültig unterbunden. Bei einem Isolationsfehler, z. B. Erd-, Körper- oder Kurzschluss, darf die Ausschaltzeit (engl. *break time*) den in DIN VDE 0100 (Niederspannung) oder in DIN VDE 0101 (Hochspannung) festgelegten Wert nicht überschreiten.

Die Ausschaltzeit (Ausschaltdauer) wird mitunter auch „Abschaltzeit" genannt. Das ist eigentlich unkorrekt, denn Schaltgeräte schalten EIN und AUS, nicht EIN und AB. Gleichwohl gibt es in Deutschland z. B. den „Schutz durch automatische **Ab**schaltung der Stromversorgung" [1].

Literatur

[1] DIN VDE 0100-410:1997-01 Errichten von Starkstromanlagen mit Nennspannungen bis 1000 V; Schutzmaßnahmen; Schutz gegen elektrischen Schlag.

Außenleiter

Leiter, der Stromquellen mit elektrischen Verbrauchsmitteln verbindet, jedoch nicht von einem Neutral- oder Mittelpunkt ausgeht [1].

Der Fachausdruck „Außenleiter" (engl. *line conductor*) ist vergleichsweise alt und im deutschsprachigen Raum sehr verbreitet. Mitunter werden Außenleiter auch „aktive Leiter" (engl. *live conductors*) oder – obwohl unkorrekt – „Phasenleiter" genannt[2]. Außenleiter werden mit dem Schaltzeichen —— (durchgehender Strich) dargestellt und zusätzlich am Ende des Schaltzeichens – dem internationalen Reglement IEC 60445 folgend [2] – noch mit dem großen lateinischen Buchstaben L bezeichnet, s. Bild A18 a. Dieser Kennbuchstabe ist dem englischen Fachausdruck ***l**ine conductor* entlehnt. Bei Außenleitern mit verschiedenem Potential oder unterschiedlicher Polarität erhält der Buchstabe L noch eine Zusatzbezeichnung mit arabischen Ziffern bzw. bei Gleichstromsystemen mit den Zeichen + (Plus) und – (Minus). Mithin werden Außenleiter in

- **Drehstromanlagen** mit L1, L2, L3, s. Bild A18 b, und in
- **Gleichstromanlagen** mit L+ bzw. L– (früher P und N) bezeichnet, s. Bild A18 c.

In vereinfachten Schaltplänen mit einpoliger Darstellung der Schaltung erfolgt die Außenleiterbezeichnung manchmal nicht alphanumerisch, sondern nur mit einem Schrägstrich auf dem Schaltzeichen, z. B. bei 3 Außenleitern: —///—

---

1) **Lichtbogenlöschzeit** (engl. *arcing time*) ist die Zeit von der Aufhebung des elektrischen Kontakts und damit vom Zünden des Lichtbogens bis zu dessen endgültigem Verlöschen.

2) **Phase** bezeichnet den augenblicklichen Zustand eines periodischen Schwingungsvorgangs – keinen Leiter!

Elektrische Leiter müssen grundsätzlich an jeder Anschlussstelle identifizierbar sein. Bei Verwendung von Farben wird eine durchgehende Kennzeichnung der isolierten Leitungen und →Adern empfohlen; für →Schutz- und →Neutralleiter wird dies definitiv gefordert.

In Deutschland werden isolierte Außenleiter – außer bei Nummernkabeln – in Übereinstimmung mit DIN EN 60446 [3] und DIN VDE 0293-308 [4] vorzugsweise **schwarz, grau** oder **braun** gekennzeichnet. Das gilt insbesondere für Wechselstromsysteme, auch für →Verdrahtungen.

Zur Feststellung der Leiterfunktionen Außenleiter, Neutralleiter, Schutzleiter in einer bestehenden, eher unbekannten elektrischen Anlage wird sich die verantwortungsvolle Elektrofachkraft niemals allein auf die Aderkennzeichnung verlassen. Vielmehr wird sie sich durch Prüfungen vor Ort von der jeweiligen Funktion der einzelnen Leitungen (Adern) selbst überzeugen. Immer wieder gibt es Unfälle, weil Außenleiter von elektrotechnischen Laien vorschriftswidrig z. B. mit der Schutzleiterfarbe Grün-Gelb gekennzeichnet worden sind.

Literatur

[1] DIN VDE 0100-200:1998-06 Elektrische Anlagen von Gebäuden; Begriffe (nationaler Anhang A).

[2] DIN EN 60445 (VDE 0197):2000-08 –; Kennzeichnung der Anschlüsse elektrischer Betriebsmittel und einiger bestimmter Leiter einschließlich allgemeiner Regeln für ein alphanumerisches Kennzeichnungssystem.

[3] DIN EN 60446 (VDE 0198):1999-10 Grund- und Sicherheitsregeln für die Mensch-Maschine-Schnittstelle; Kennzeichnung von Leitern durch Farben oder numerische Zeichen.

[4] DIN VDE 0293-308:2003-01 Kennzeichnung der Adern von Kabeln/Leitungen und flexiblen Leitungen durch Farben.

automatische Abschaltung der Stromversorgung

Unterbrechung eines →Außenleiters oder mehrerer Außenleiter – oft zusammen mit dem (aktiven) →Neutral- oder →Mittelleiter – durch selbsttätiges Ansprechen einer Schutzeinrichtung, z. B. einer Sicherung, eines Leitungsschutzschalters oder einer Fehlerstrom-Schutzeinrichtung (RCD), im Fall eines Fehlzustands.

Die automatische Abschaltung (in Österreich: **Aus**schaltung) der Stromversorgung (engl. *automatic disconnection of supply*) ist ein wesentliches Merkmal der Maßnahmen insbesondere

- zum Schutz gegen →elektrischen Schlag [1],
- zum Schutz bei Überlastung elektrischer Betriebsmittel, z. B. von Kabeln und Leitungen, oder bei →Kurzschluss [2] und
- zum Schutz bei →Überspannung in Niederspannungsnetzen, z. B. infolge von →Erdschlüssen in Hochspannungsnetzen [3].

Bei Verwendung von

- Fehlerstrom-Schutzeinrichtungen (RCDs) mit einem Bemessungsdifferenzstrom $I_{\Delta N} \leq 300$ mA oder von
- Isolationsüberwachungseinrichtungen in IT-Systemen mit automatischer Abschaltung der Stromversorgung im Fall eines Doppelfehlers, z. B. eines Doppelkörper- oder →Doppelerdschlusses,

erfolgt die automatische Abschaltung der Stromversorgung auch zum Zweck der Brandverhütung (Brandschutz) [4].

Literatur

[1] DIN VDE 0100-410:1997-01 Errichten von Starkstromanlagen mit Nennspannungen bis 1000 V; Schutzmaßnahmen; Schutz gegen elektrischen Schlag.

[2] DIN VDE 0100-430:1991-11 –; –; Schutz von Kabeln und Leitungen bei Überstrom.

[3] DIN VDE 0100-442:1997-11 Elektrische Anlagen von Gebäuden; Schutz bei Überspannungen; Schutz von Niederspannungsanlagen bei Erdschlüssen in Netzen mit höherer Spannung.
[4] DIN VDE 0100-482:2003-06 Errichten von Niederspannungsanlagen; Auswahl von Schutzmaßnahmen; Brandschutz bei besonderen Risiken oder Gefahren.

automatische Wiedereinschaltung

Schaltzyklus, bei dem ein im Störungsfall, z. B. wegen →Kurzschlusses, abgeschaltetes Hochspannungs-Freileitungsnetz bereits nach wenigen Augenblicken selbsttätig wieder eingeschaltet wird.

In Hochspannungs-Freileitungsnetzen treten die meisten Fehler, z. B. Blitzüberschläge, nur verhältnismäßig kurze Zeit und ohne bleibenden Schaden an den Isolatoren auf. Deshalb werden die für die Energieversorgung wichtigen Hochspannungsnetze meist sofort nach dem Abschalten des Fehlers selbsttätig wieder eingeschaltet. Die stromlose Pause zwischen dem Abschalten des Fehlers durch die jeweiligen Schutzeinrichtungen (Überstromzeit- oder Distanzrelais) und der automatischen Wiedereinschaltung (AWE) des betreffenden Netzes soll mit Rücksicht auf die wirtschaftlichen Folgen eines Versorgungsausfalls möglichst kurz sein.

Die ein- oder dreipolige Kurzunterbrechung (KU) beträgt meist nur wenige Sekunden. Die „schnelle AWE“ (Schnellwiedereinschaltung) erfolgt bereits 0,3...1 s nach Abschaltung des Störfalls. Nach dieser Zeit ist die Lichtbogenfehlerstrecke völlig entionisiert und deshalb die extrem kurzzeitige Wiedereinschaltung möglich.

Eine erfolglose AWE wegen eines fortbestehenden Fehlers führt i. Allg. zu einer endgültigen Abschaltung des Netzes. Ein nochmaliger (zweiter) Wiedereinschaltversuch nach entsprechender Pausenzeit ist eher die Ausnahme.

B

Baueinheit

Vereinigung mehrerer →elektrischer Betriebsmittel, z. B. Kabel, Leitungen, Maschinen und Geräte, zu einem selbstständigen Erzeugnis.
Baueinheiten – mitunter nur „Einheiten" (engl. *units*) oder „Einrichtungen" (engl. *devices*) genannt – können auch transportable Container sein, in oder an denen sich fest installierte elektrische Betriebsmittel für unterschiedliche Anwendungen befinden. Für das Errichten elektrischer Anlagen in transportablen Baueinheiten gilt – außer für Stromerzeugungsanlagen – DIN VDE 0100-717. Niederspannungs-Stromerzeugungsanlagen sind nach DIN VDE 0100-551 und für Sicherheitszwecke nach DIN VDE 0100-560 zu errichten.

Baustelle

Ort, an dem Bauarbeiten durchgeführt werden.

Allgemeines

„Bauarbeiten" sind zeitlich begrenzte Arbeiten zur Herstellung, Instandhaltung, Änderung, Erweiterung, Sanierung oder Beseitigung (Abriss) von Bauwerken oder baulichen Anlagen einschließlich der dazu notwendigen vorbereitenden und abschließenden Arbeiten. Dabei hat der Arbeitgeber die auf der Baustelle beschäftigten Personen in verständlicher Form über die sie betreffenden Schutzmaßnahmen zu informieren [1].
Elektrische Betriebsmittel für Baustromversorgungen sind so auszuwählen , dass bei bestimmungsgemäßer Benutzung der Einrichtungen Personen nicht gefährdet werden können. Das gilt in besonderem Maße für Hoch- und Tiefbaustellen, denn dort sind die Beanspruchungen der elektrischen Betriebsmittel und folglich die Wahrscheinlichkeit einer elektrischen Gefährdung vergleichsweise hoch.

Errichtung

Elektrische Anlagen auf Baustellen (engl. *construction and demolition site installations*) sind nach DIN VDE 0100-704 [2] zu errichten. Dabei kommen als →Speisepunkte grundsätzlich nur die europaweit harmonisierten Baustromverteiler nach DIN EN 60439-4 [3] in Betracht. Für kleine Baustellen und für Bauarbeiten mit geringem Umfang sind auch andere Speisepunkte in Übereinstimmung mit [3] zulässig, z. B. Ersatzstromerzeuger. Steckdosen in Hausinstallationen entsprechen nicht den verschärften Anforderungen und scheiden deshalb als Speisepunkte für Baustromversorgungen aus.

Stromkreise mit fest angeschlossenen, in der Hand gehaltenen elektrischen Verbrauchsmitteln oder mit Steckdosen bis 32 A sind in eine der folgenden Schutzmaßnahmen gegen →elektrischen Schlag einzubeziehen:

- **→Schutz durch automatische Abschaltung der Stromversorgung** mittels Fehlerstrom-Schutzeinrichtung (RCD), $I_{\Delta N} \leq 30$ mA. Für Steckdosen mit einem Bemessungsstrom über 32 A werden ebenfalls RCDs empfohlen. Der Bemessungsdifferenzstrom $I_{\Delta N}$ ist dabei nicht festgelegt.
  RCDs für frequenzgesteuerte Verbrauchsmittel, z. B. Werkzeuge, bei denen im Fehlerfall Gleichfehlerströme auftreten können, sollen allstromsensitiv, d. h. vom RCD-Typ B sein. Dabei dürfen pulsstromsensitive RCDs vom Typ A oder wechselstromsensitive RCDs vom Typ AC nicht vorgeschaltet sein.

- →**Schutz durch Schutztrennung** mit eigenem Trenntransformator oder eigener getrennter Wicklung eines Trenntransformators für jede Steckdose und jedes fest angeschlossene Verbrauchsmittel.
- →**Schutz durch Kleinspannung** SELV. Hierbei beträgt der Spannungswert ≤ AC 50 V oder ≤ DC 120 V.

Betrieb

Elektrische Anlagen auf Baustellen sind nach DIN VDE 0105-100 in Übereinstimmung mit der BGI 608 „Auswahl und Betrieb elektrischer Anlagen und Betriebsmittel auf Bau- und Montagestellen" der Berufsgenossenschaft der Feinmechanik und Elektrotechnik zu betreiben. Die verwendeten →Steckvorrichtungen sollen vorzugsweise DIN EN 60309-2 [4] entsprechen.

Literatur

[1] Verordnung über Sicherheit und Gesundheitsschutz auf Baustellen (Baustellenverordnung – BaustellV) vom 10.6.1998, BGBl. I Nr. 35 S. 1283.

[2] DIN VDE 0100-704:2001-05 Errichten von Niederspannungsanlagen; Anforderungen für Betriebsstätten, Räume und Anlagen besonderer Art; Baustellen.

[3] DIN EN 60439-4 (VDE 0660-501): 2005-06 Niederspannungs-Schaltgerätekombinationen; Besondere Anforderungen an Baustromverteiler (BV).

[4] DIN EN 60309-2 (VDE 0623-20):2000-05 Stecker, Steckdosen und Kupplungen für industrielle Anwendungen; Anforderungen und Hauptmaße für die Austauschbarkeit von Stift- und Buchsensteckvorrichtungen.

Bedienungsgang

Gang zum betriebsmäßigen Bedienen, z.B. Schalten, Steuern, Einstellen, oder Überwachen elektrischer Einrichtungen.

Gangbreiten und -höhen

Beim Aufstellen/Anordnen von →Niederspannungs-Schaltgerätekombinationen sind die Mindestgangbreiten und -höhen nach DIN VDE 0100-729 [1] einzuhalten, s. Bilder B1 bis B4. Mitunter sind die Gänge noch breiter zu wählen, damit z. B. Schranktüren und Schwenkrahmen vollständig geöffnet, Einschübe und Schaltwagen maximal herausgezogen und notwendige Arbeiten sowie Inspektionen in gewohnter Körperhaltung sicher durchgeführt werden können.

Abweichend von [1] sind für Hebezeuge, z. B. Krane, und für Gänge in →Fliegenden Bauten kleinere Abmessungen zulässig. Für Hochspannungsanlagen gelten die Anforderungen nach DIN VDE 0101.

In Notfällen müssen auch bei offen stehenden Schaltschranktüren die Ausgänge gefahrlos erreicht werden können. Deshalb sollen offen stehende Türen – wenn möglich – in Fluchtrichtung schließen. Anderenfalls ist ein freier Durchgang von mindestens 500 mm (s. Bild B4), auf Hebezeugen und in Fliegenden Bauten von mindestens 400 mm, einzuhalten. Diese Fluchtwegbreite darf durch Türen, die in der Offenstellung arretiert werden können, ferner durch herausgezogene Schaltwagen, abgestellte Werkzeugkisten u. dgl. nicht unterschritten werden. Bei gegenüberliegenden Schaltanlagenfronten braucht i. Allg. nur auf einer Seite mit Einengungen durch offen stehende Türen gerechnet zu werden [1].

Bedienungsgänge (engl. *operating gangways*) über 6 m Länge sollen und über 20 m Länge müssen von beiden Seiten zugänglich sein [1].

Wartungsgang

Gänge, die vorzugsweise oder ausschließlich der Instandhaltung (Wartung, Service, Reparatur) von Niederspannungs- oder Hochspannungs-Schaltanlagen dienen, werden „Wartungsgänge" oder „Instandhaltungsgänge" (engl. *maintenance gangways*) genannt. Für diese Gänge gelten grundsätzlich die gleichen Anforderungen wie für Bedienungsgänge.

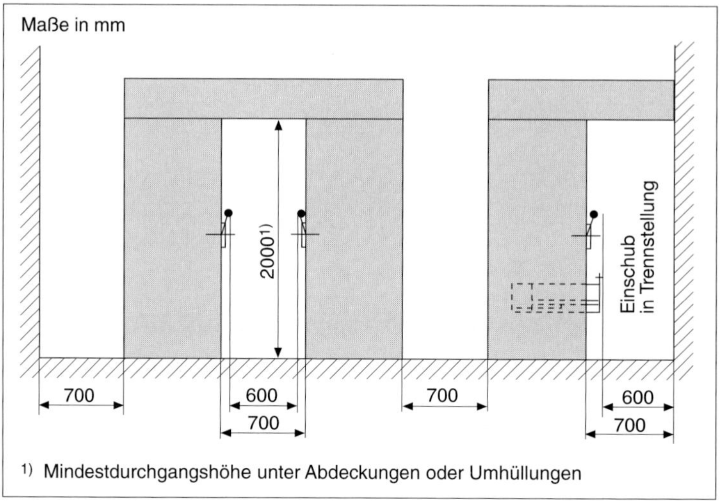

Bild B1: Mindestgangbreiten und -höhen für Niederspannungs-Schaltanlagen mit vollständigem Berührungsschutz, Schutzart ≥ IP2X

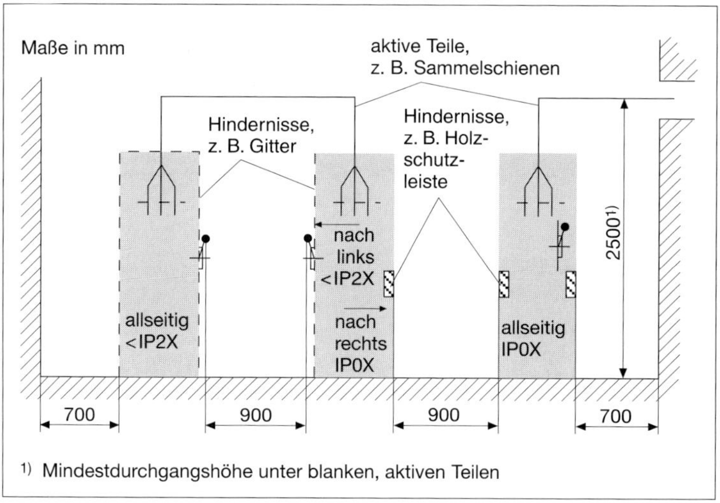

Bild B2: Mindestgangbreiten und -höhen für Niederspannungs-Schaltanlagen mit teilweisem Berührungsschutz, Schutzart < IP2X

Literatur

[1] DIN VDE 0100-729:1986-11 Errichten von Starkstromanlagen mit Nennspannungen bis 1000 V; Aufstellen und Anschließen von Schaltanlagen und Verteilern.

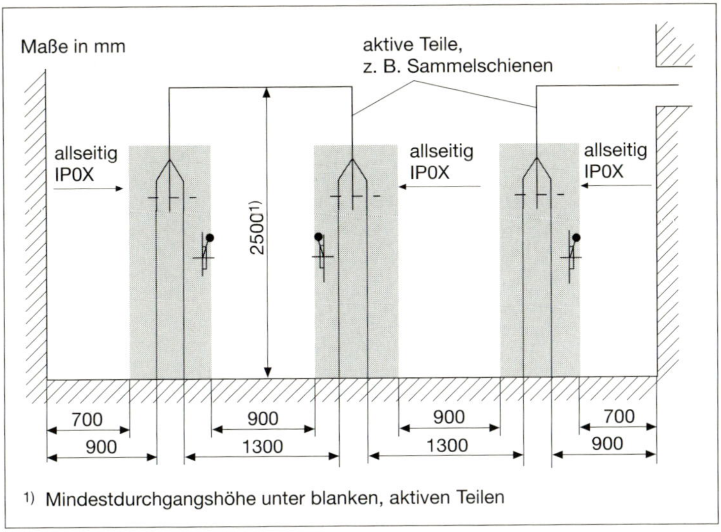

Bild B3: Mindestgangbreiten und -höhen für Niederspannungs-Schaltanlagen ohne Berührungsschutz

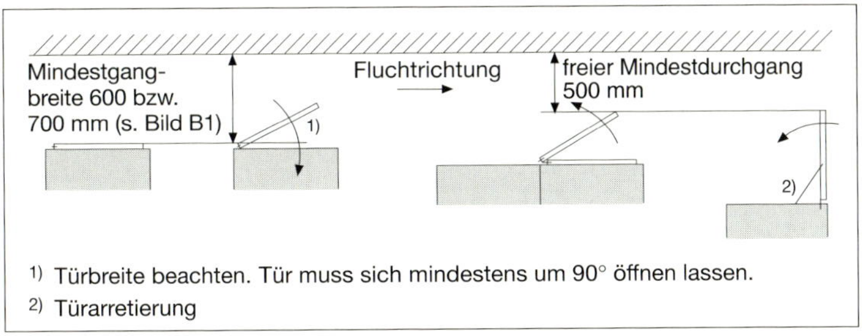

Bild B4: Mindestgang- und Fluchtwegbreiten

Beharrungstemperatur

→Temperatur, bei der sich ein Gleichgewicht zwischen zugeführter Energie und abgeführter (Verlust-)Wärme einstellt.

Das Temperaturgleichgewicht (thermischer Beharrungszustand) ist eingetreten, wenn die Temperatur ϑ (griech. *Theta*) bei gleichbleibender Belastung sich innerhalb 1 h – demnach im Dauerbetrieb – höchstens um 1 K ändert, s. Bild B5.

Belastungsgrad

Quotient aus der Fläche unter der Lastkurve und der Gesamtfläche des Rechtecks (Größtlast multipliziert mit 24 h), Beispiel s. Bild B6.

Allgemeines

Durch die Betriebsart wird der zeitliche Verlauf der Last (Viertelstundenwerte) während eines Tages beschrieben.
Formelmäßig ausgedrückt ist der

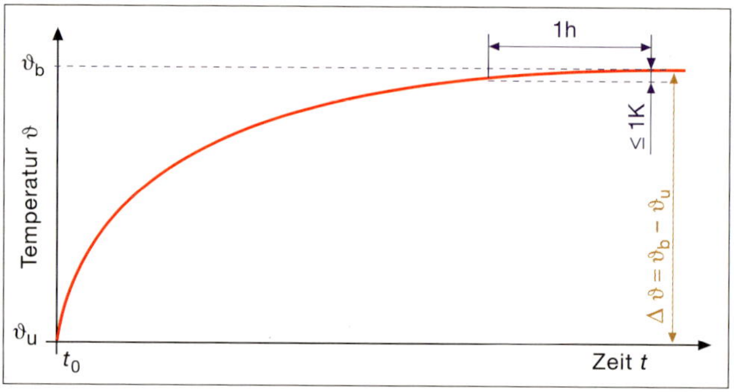

Bild B5: Thermischer Beharrungszustand
ϑ_u Umgebungstemperatur (Anfangstemperatur);
ϑ_b Beharrungstemperatur (Endtemperatur);
$\Delta\vartheta$ Übertemperatur ($\vartheta_b - \vartheta_u$); t_0 Einschaltzeitpunkt

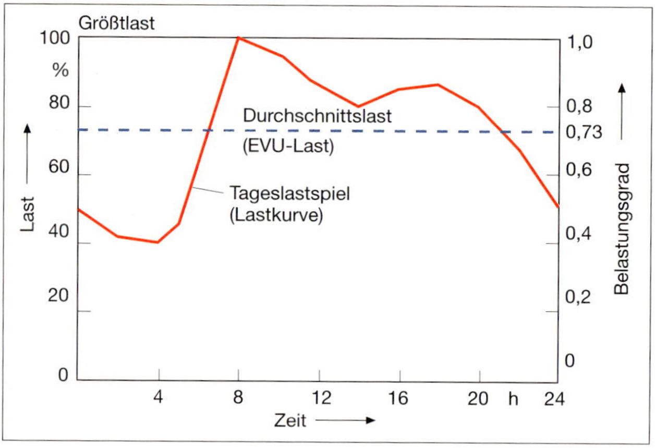

Bild B6: Tageslastspiel; Belastungsgrad

$$\text{Belastungsgrad} = \frac{\text{Durchschnittslast}}{\text{Größtlast}}$$

100 % Last (Größtlast, engl. *peak load*) entspricht demnach einem Belastungsgrad von 1,0.
Für öffentliche und damit vergleichbare Niederspannungs-Verteilungsnetze gilt üblicherweise der Belastungsgrad 0,7 (zyklische Belastung); früher „EVU-Last" genannt. Die dafür ermittelten Strombelastbarkeitswerte für Niederspannungskabel mit PVC-Isolierung in Erde (0,7…1,2 m tief) enthält DIN VDE 0276-603. Für die zulässige Strombelastbarkeit bei den von der „EVU-Last" abweichenden Belastungsgraden, z. B.

- 0,5 Belastung von Verbraucheranlagen mit Speicherheizung,
- 0,6 übliche Belastung von Kabeln in Erde,
- 0,85 häufige Industrielast,
- 1,0 Dauerlast,

gelten die Umrechnungsfaktoren nach DIN VDE 0276-1000. Zwischenwerte dürfen linear interpoliert werden.

Tageslastspiel

Der Verlauf der Last in Prozent, bezogen auf die Größtlast, während 24 h bei ungestörtem Betrieb wird „Tageslastspiel" (Lastkurve) genannt, s. Bild B6. Die Fläche unter der Lastkurve (Belastungskurve) und die Rechteckfläche unter der gestrichelten Linie sind gleich groß.
Der Durchschnittsverlauf ausgewählter, sich annähernd wiederholender Tageslastspiele wird „Referenz-Lastspiel" genannt.

Beleuchtungsstärke

Quotient aus dem auf eine Fläche auftreffenden Lichtstrom Φ (griech. Phi) einer Lichtquelle und der beleuchteten Fläche A.
Formelzeichen: E, Einheit: (Lux) (lx).[1]
$E = \Phi / A$

[1] Wegen der Einheit Lux werden Beleuchtungsstärkemesser auch **Luxmeter** genannt.

Allgemeines

Wird auf eine Fläche $A = 1\ m^2$ ein Lichtstrom $\Phi = 1$ lm aufgestrahlt, so beträgt die Beleuchtungsstärke $E = 1$ lx. Im Vergleich: Die Beleuchtungsstärke beträgt in einer Vollmondnacht etwa 0,3 lx und an einem sonnigen Sommertag bis 100 000 lx.

Je nach Lage der zu beleuchtenden Fläche wird zwischen horizontaler und vertikaler Beleuchtungsstärke E_h und E_v unterschieden. Der arithmetische Mittelwert der Beleuchtungsstärke in einem Raum oder an einem Arbeitsplatz wird **mittlere Beleuchtungsstärke** $\bar{E}$ genannt; deren Nennwert ist die Nennbeleuchtungsstärke E_n.

Nennbeleuchtungsstärke

Die Nennbeleuchtungsstärke E_n dient als Grundlage für die Planung und lichttechnische Bewertung einer Beleuchtungsanlage. Sie ergibt sich aus den durch die jeweilige Sehaufgabe gegebenen Anforderungen (Größe und Kontrast des Sehobjekts, Größe und Reflexionsgrad des Arbeitsfelds, Beobachtungsabstand usw.). Richtwerte für die Nennbeleuchtungsstärke sind für viele Anwendungsfälle in DIN 5035-2 [1] festgelegt. Für die Beleuchtung von Arbeitsplätzen mit künstlichem Licht sind darüber hinaus die Regeln (Informationen) der Berufsgenossenschaft Feinmechanik und Elektrotechnik zu beachten, z. B. BGR 131, BGR 216, BGI 759 und BGI 856.

Weitere lichttechnische Größen

Das Produkt aus der Beleuchtungsstärke E und der Beleuchtungsdauer t ergibt die **Belichtung** H:

$$H = E \cdot t$$

Einheiten: Luxsekunde (lxs) oder Luxstunde (lxh).

Die Belichtung ist ein Kriterium z. B. für die Ausbleichwirkung der Beleuchtung.

Der **Lichtstrom** Φ ist identisch mit der Lichtleistung einer Lichtquelle (→Lampe), die in alle Richtungen abgestrahlt wird, s. Bild B7. Er ist ein wichtiges Qualitätsmerkmal einer Lampe. Einheit: Lumen (lm).

Bild B7: Lichtstrom einer Lampe – Ausstrahlung unabhängig von der Richtung

Das Produkt aus dem Lichtstrom Φ und der Zeit t, in welcher der Lichtstrom ausgestrahlt wird, ist die **Lichtmenge** Q:

$$Q = \Phi \cdot t$$

Einheiten: Lumensekunde (lms) oder Lumenstunde (lmh).

Das Verhältnis des Lichtstroms Φ einer Lampe zu ihrer elektrischen Leistungsaufnahme P wird **Lichtausbeute** η (griech. *Eta*) genannt:

$$\eta = \Phi / P$$

Einheit: Lumen pro Watt (lm/W).

Die Lichtausbeute ist ein Maß für die Wirtschaftlichkeit von Lampen. Beispielsweise haben →Glühlampen eine Lichtausbeute von 10...15 lm/W, bei →Niedervolt-Halogenglühlampen sind die Werte doppelt so hoch.

Literatur

[1] DIN 5035-2:1990-09 Beleuchtung mit künstlichem Licht; Richtwerte für Arbeitsstätten in Innenräumen und im Freien (wird durch DIN EN 12464 ersetzt).

Beleuchtungs-wirkungsgrad

Verhältnis des Lichtstroms Φ einer →Lampe, der auf eine zu beleuchtende Fläche fällt (Nutzlichtstrom[1]), zu dem Lichtstrom, den die Lampe in der →Leuchte erzeugt.
Formelzeichen: η_B
Der Beleuchtungswirkungsgrad ist ein Maß für die Lichtstromausnutzung in einer Beleuchtungsanlage.

Bemessungsbelastungs-faktor (einer Schaltgerätekombination)

Verhältnis der größten Summe aller Ströme, die zu einem beliebigen Zeitpunkt in den betreffenden Hauptstromkreisen (Abgangsstromkreisen) einer →Niederspannungs-Schaltgerätekombination zu erwarten sind, zur Summe der Bemessungsströme **aller** Hauptstromkreise der Schaltgerätekombination.
Der Bemessungsbelastungsfaktor ist eine wichtige Kenngröße für die optimale Auslegung der Einspeisung und Sammelschienen sowie für den Erwärmungsnachweis einer Schaltgerätekombination. Bei richtiger Anwendung des Belastungsfaktors wird die Wirtschaftlichkeit der jeweiligen Schaltgerätekombination wesentlich erhöht.
Der Bemessungsbelastungsfaktor wird in der Regel vom Hersteller der Niederspannungs-Schaltgerätekombination angegeben. Bei fehlender Angabe dürfen die Erfahrungswerte nach der Tafel B1 angewendet werden [1].
Beleuchtungs- und Heizungsanlagen erfordern meist den Belastungsfaktor 1,0. Dagegen haben z. B. Stellantriebe so kurze Stromflusszeiten, dass die durch sie hervorgerufene Erwärmung praktisch vernachlässigt werden kann (Belastungsfaktor ≤ 0,2).

Tafel B1: Bemessungsbelastungsfaktor einer Schaltgerätekombination

Anzahl der Hauptstromkreise	Bemessungs-belastungsfaktor
2 und 3	0,9 (0,8)
4 und 5	0,8 (0,7)
6 bis 9	0,7 (0,6)
10 und mehr	0,6 (0,5)
Klammerwerte gelten für Installationsverteiler	

Literatur

[1] DIN EN 60439-1(VDE 0660-500): 2005-01 Niederspannungs-Schaltgerätekombinationen; Typgeprüfte und partiell typgeprüfte Kombinationen.

Bemessungs-kurzzeitstrom

Effektivwert des unbeeinflussten Kurzschlussstroms, den ein elekrisches Betriebsmittel oder eine Anlage für kurze Zeit – üblicherweise 1 s lang – führen kann, ohne thermisch Schaden zu leiden. Dabei entspricht der unbeeinflusste Kurzschlussstrom – in Drehstromanlagen bei dreipoligem Kurzschluss – dem Anfangs-Kurzschlusswechselstrom (→Kurzschlussstrom):

$$I_k'' = \frac{c \cdot U_n}{\sqrt{3} \cdot Z_k}$$

U_n Netznennspannung,
Z_k Kurzschlussimpedanz des Drehstromnetzes,
c Spannungsfaktor.
Nach DIN EN 60903 (VDE 0102) ist z. B.
$c = 1{,}0$ in Niederspannungsnetzen 230/400 V
$c = 1{,}1$ in Mittel- und Hochspannungsnetzen.

[1] Der **Nutzlichtstrom** hängt maßgeblich vom Leuchtenwirkungsgrad, von der Größe der beleuchteten Fläche und der Lichtverteilung der Leuchten ab. Er erhöht sich durch das reflektierte Licht von Wänden, Decken und Fußböden.

Allgemeines

Der Bemessungskurzzeitstrom (früher: Nennkurzzeitstrom) und die zugehörige Bemessungskurzschlussdauer werden als Wertepaar(e), z. B. 20 kA/0,8 s, vom Betriebsmittelhersteller angegeben. Bei einer Bemessungskurzschlussdauer von 1 s wird der Effektivwert des Kurzzeitstroms auch **Einsekundenstrom** (1-s-Strom eff) genannt.

Bei anderen Zeiten als der geprüften Zeit – höchstens jedoch 3 s – kann die thermische Kurzzeitbelastung mit Hilfe der Formel $I^2 \cdot t$ = const. ermittelt werden. Bei der Umrechnung des betriebsfrequenten Bemessungskurzzeitstroms auf eine sehr kleine Kurzschlussstromdauer ist jedoch zu beachten, dass dabei – bezogen auf den Scheitelwert des Kurzschlussstroms – die Bemessungsstoßstromfestigkeit des elektrischen Betriebsmittels oder der Anlage nicht überschritten wird.

Bemessungskurzzeitstromfestigkeit

Der Bemessungskurzzeitstrom ist die bestimmende Kenngröße für die thermische Bemessungskurzzeitstromfestigkeit einer elektrischen Anlage oder eines Teils davon, z. B. einer Schaltgerätekombination, bei →Kurzschluss. Die diesbezügliche Bemessung einer elektrischen Anlage sowie die Ermittlung der Kurzzeitstromfestigkeit erfolgen nach DIN EN 60865-1 (VDE 0103), bei partiell typgeprüften Schaltgerätekombinationen in Verbindung mit DIN IEC 61117 (VDE 0660-509). Dabei deckt eine für Wechselspannung ausgelegte Schaltgerätekombination in der Regel die Anwendung für Gleichspannung mit ab, weil die thermischen und dynamischen Wirkungen von Kurzschlüssen bei Gleichstrom i. Allg. unkritischer sind als die vergleichbaren Beanspruchungen bei Wechselstrom.

Bemessungskurzzeitstromdichte

Die Bemessungskurzzeitstromdichte ist jene Stromdichte (Stromstärke dividiert durch den Leiterquerschnitt), deren Wirkung ein elektrischer Leiter, z. B. in einem Kabel, ein blanker Erdungsleiter oder eine Sammelschiene, während der Bemessungskurzschlussdauer standhält. Die zulässigen leitertemperaturabhängigen Bemessungskurzzeitstromdichten für eine Kurzschlussdauer von 1 s und die höchsten empfohlenen Kurzzeittemperaturen für verschiedene elektrische Leiter sind in DIN EN 60865-1 (VDE 0103) angegeben.

Bemessungsstehspannung

Genormter Wert der →Stehspannung. Dieser Spannung muss ein elektrisches Betriebsmittel unter vorgegebenen Bedingungen standhalten. Das gilt auch für →geprüfte Anschlusszonen.

Die Bemessungsstehspannung (engl. *rated withstand voltage*) – mitunter auch „Nennstehspannung" genannt – ist mindestens so hoch wie die Bemessungsisolationsspannung.

Es werden hauptsächlich unterschieden:

- **Bemessungsstehwechselspannung** (engl. *rated power frequency withstand voltage*); genormter Effektivwert einer sinusförmigen Wechselspannung bei Betriebsfrequenz, welchem die →Isolierung unter festgelegten Prüfbedingungen, meist 1 min lang, standhält (Wechselspannungspegel).
- **Bemessungsstehstoßspannung** (engl. *rated impulse withstand voltage*); genormter Scheitelwert der Normstoßspannungswelle für Blitzstoßspannungen (Blitzspannungen) oder Schaltstoßspannungen, welchem die Isolierung unter festgelegten Prüfbedingungen, z. B. je 5 Spannungsstöße mit positiver und negativer Polarität, standhält (Stoßspannungspegel, kurz: Stoßpegel). Abhängig

von der Form der Stoßspannungswelle wird dieser Wert auch **Bemessungsstehblitzstoßspannung** (Bemessungs-Stehblitzspannung) bzw. **Bemessungsstehschaltstoßspannung** genannt.

Bemessungswert

Wert einer elektrischen Kenngröße, z. B. Spannung, Strom, Frequenz oder Leistung, Schaltvermögen usw., der

- unter vorgegebenen Betriebsbedingungen die Verwendbarkeit eines elektrischen Betriebsmittels bestimmt und üblicherweise
- vom Hersteller des Betriebsmittels festgelegt worden ist [1].

Damit stützen sich die kennzeichnenden (geprüften) Eigenschaften von elektrischen Betriebsmitteln stets auf den Bemessungswert (engl. *rated value*) und nicht (mehr) auf den Nennwert[1)]. Die für den Einsatz eines elektrischen Betriebsmittels unter festgelegten Betriebsbedingungen bestimmte Spannung ist demnach die **Bemessungsspannung** (engl. *rated voltage*) Die früheren Termini zur Festlegung der kennzeichnenden Eigenschaften elektrischer Betriebsmittel wie **Nenn**spannung, **Nenn**strom, **Nenn**frequenz, **Nenn**stoßspannung, **Nenn**kurzschlussschaltvermögen usw. wurden folglich oder werden künftig nach und nach durch die Fachausdrücke **Bemessungs**spannung, **Bemessungs**strom, **Bemessungs**frequenz, **Bemessungs**stoßspannung, **Bemessungs**kurzschlussschaltvermögen usw. ersetzt.

Nach DIN 1304-1 und [1] ist für Bemessungswerte der Index rat (engl. *rated*) oder nur der Buchstabe r zu verwenden.

Literatur

[1] DIN 40200:1989 Nennwert, Grenzwert, Bemessungswert, Bemessungsdaten; Begriffe.

1) **Nennwert** ist ein geeigneter, gerundeter Wert einer Größe zur Bezeichnung oder Identifizierung eines elektrischen Betriebsmittels oder Systems. Demnach ist z. B.die Normspannung 400/230 V für öffentliche Niederspannungs-Verteilungsnetze eine →**Nennspannung** (engl. *nominal voltage*).

Bereichsschalter

→Lastschalter, durch den bestimmte, zu einem Bereich gehörende elektrische Anlagen und Verbrauchsmittel geschaltet werden können.

Anwendung

Bereichsschalter sind gemäß DIN VDE 0108-2 und -3 [1] z. B. für Theater, Kinos, Museen, Schulen, Kaufhäuser, Gemeinschaftswarenhäuser, Supermärkte, Einkaufszentren, Versammlungs-, Sport- und Ausstellungsstätten vorzusehen und dem Zugriff Unbefugter zu entziehen. Ihre Einschaltstellung muss durch eine weiß leuchtende Signallampe kenntlich sein.

Spannungsfrei schalten

Nach dem Ausschalten des Bereichsschalters müssen alle →Stromkreise in den betreffenden Räumen, z. B. Verkaufs-, Ausstellungs-, Umkleide-, Lager-, Pack- und Fundusräume, grundsätzlich spannungsfrei sein. Ausgenommen hiervon sind Steckdosenstromkreise für Kühlschränke, sofern hierfür ein besonderes Steckvorrichtungssystem verwendet wird. Ausgenommen sind ferner Stromkreise für Sicherheitseinrichtungen, Datenverarbeitungs- und Klimaanlagen sowie für jene Teile der Allgemeinbeleuchtung, die auch außerhalb der offiziellen Betriebszeit benötigt werden [1].

Literatur

[1] DIN VDE 0108:1989-10 Starkstromanlagen und Sicherheitsstromversorgung in bau-

lichen Anlagen für Menschenansammlungen;
Teil 2: Versammlungsstätten.
Teil 3: Geschäftshäuser und Ausstellungsstätten.

Bereitschafts-parallelbetrieb

Parallelbetrieb von →Akkumulatoren (Batterien) und Gleichrichtern zur zuverlässigen Versorgung wichtiger Verbraucher, s. Bild B8.

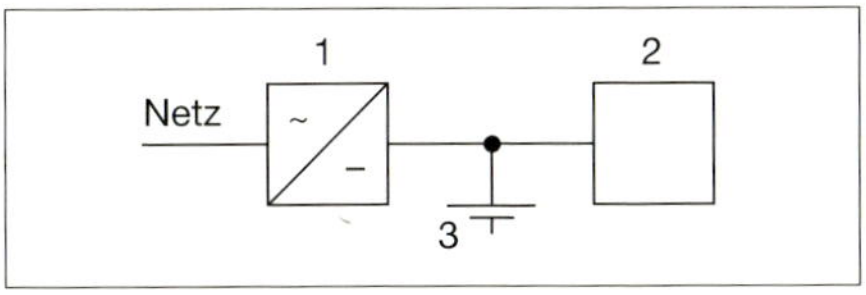

Bild B8: Bereitschaftsparallelbetrieb/Pufferbetrieb 1 Gleichrichter (Ladegerät); 2 Verbraucher; 3 Batterie

Allgemeines

Bei Bereitschaftsparallelbetrieb ist der Ladegleichrichter so bemessen, dass er auch in Zeiten mit hohem Leistungsbedarf den vollen Verbraucherstrom liefern kann. Außerdem wird die Batterie ständig mit einem Strom zur Deckung der Selbstentladeverluste versorgt (Erhaltungsladung). Sie steht somit immer mit voller Kapazität zur Verfügung.
Die Belastung der Batterie erfolgt nur bei Laststößen, die den Nennstrom des Gleichrichters überschreiten, und bei Netzausfall. Letzterenfalls werden die Verbraucher von der ständig betriebsbereiten Batterie eine bestimmte Zeit lang allein weiterversorgt. Ein Umschalten ist hierbei nicht erforderlich.

Umschaltbetrieb

Werden die elektrischen Verbrauchsmittel bei Ausfall der Netzversorgung automatisch oder von Hand auf die Batterie umgeschaltet, so wird diese Betriebsart **Umschaltbetrieb** genannt.

Man unterscheidet:

- Umschaltbetrieb **mit** Unterbrechung; hierbei ist die Versorgung kurzzeitig unterbrochen.
- Umschaltbetrieb **ohne** Unterbrechung; hierbei erfolgt die Umschaltung vom Gleichrichter auf die Batterie unterbrechungsfrei.

Pufferbetrieb

Der Pufferbetrieb ist eine besondere Form des Bereitschaftsparallelbetriebs nach Bild B8. Bei dieser Betriebsart dient die in Zeiten geringer Leistungsabnahme vom Gleichrichter geladene/gepufferte Batterie zur Spannungshaltung; sie liefert folglich auch den Verbraucherstrom. Übersteigt die Verbraucherleistung die Nennleistung des Gleichrichters, so wird die fehlende Leistung ebenfalls durch die Batterie aufgebracht (Spitzenlastdeckung).

Ladegeräte für den Pufferbetrieb sollen möglichst regelbar sein. Nicht regelbare Ladegeräte finden meist nur in Anlagen Anwendung, wo die Netzspannungsschwankungen nicht mehr als ±5 % betragen und wo die Verbraucherströme keinen großen Schwankungen unterliegen. Das günstigste Arbeitsgebiet der Ladegeräte liegt bei 30…60 % des Nennpufferstroms.

Anwendung

Der Bereitschaftsparallelbetrieb ist neben dem Pufferbetrieb und der →unterbrechungsfreien Stromversorgung (USV) die vorherrschende Betriebsart bei der zuverlässigen Versorgung wichtiger Verbraucher und Systeme. Für diese Abnehmer scheidet der reine Batteriebetrieb (Lade-Entlade-Betrieb) ohne eine leitende Verbindung der Verbraucher (Systeme) zum Gleichrichter aus.

Grundschaltungen für den Lade- und Entlade-Betrieb s. Bilder B9 und B10.

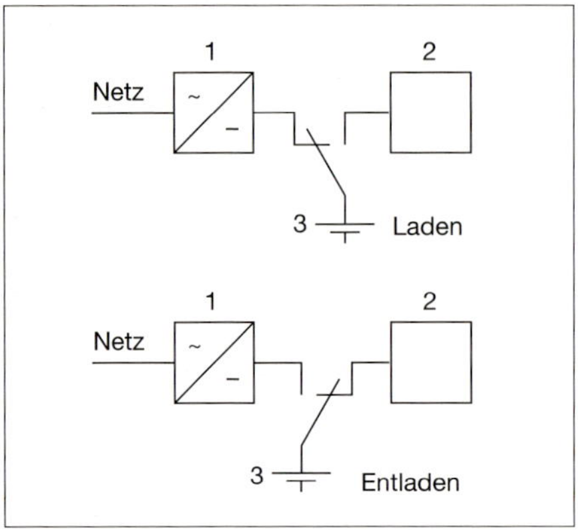

Bild B9: Batteriebetrieb (Lade-Entlade-Betrieb) mit einer einzigen Batterie (1, 2, 3 s. Bild B8)

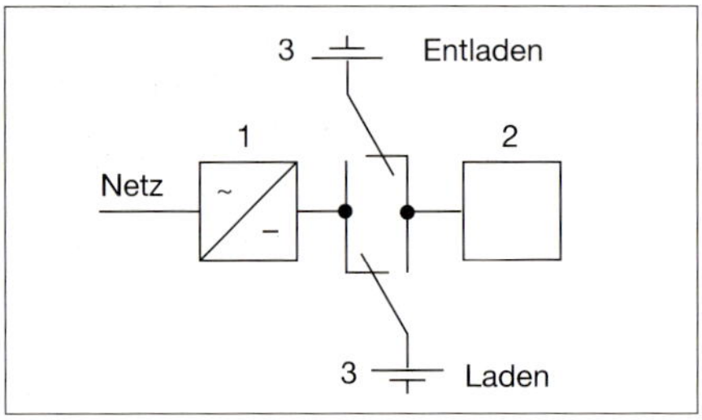

Bild B10: Batteriebetrieb (Lade-Entlade-Betrieb) mit zwei Batterien (1, 2, 3 s. Bild B8)

Bergmannrohr

Starres Elektroinstallationsrohr (engl. *conduit*).

Bergmannrohr wurde ursprünglich aus einer wasserdichten Papiermasse ohne Schutzmantel gefertigt und deshalb früher auch als **Papierrohr** oder **Papprohr** bezeichnet. Später bekam es zu seinem Schutz noch einen gefalzten Mantel aus Messingblech, verbleitem Stahlblech oder aus Stahlblech mit Aluminiumauflage. Seitdem (etwa ab 1900) wird das mit Papier ausgekleidete Installationsrohr – nicht zu verwechseln mit dem ebenfalls isolierend ausgekleideten Stahlpanzerrohr – wahlweise **Falzrohr**, **Isolierrohr** oder nach seinem Hersteller, der Fa. Bergmann in Berlin, auch Bergmannrohr genannt.

Bergmannrohr wird schon seit langem nicht mehr hergestellt. An seine Stelle traten hauptsächlich die starren und biegsamen Installationsrohre nach der Normenreihe DIN EN 50086 (VDE 0605).

berührungsgefährliches Teil

→Aktives Teil in einem Stromkreis mit Spannungen, Strömen oder elektrischen Energien, die bei Berührung des aktiven Teils zu einem →elektrischen Schlag oder zu anderen →Gefahren für Menschen oder Nutztiere führen können.

Allgemeines

Berührungsgefährliche aktive Teile (engl. *hazardous live parts*) haben Spannungen > AC 50 V oder > DC 120 V. Abweichungen hiervon – nach oben oder nach unten – sind in den zutreffenden Normen festgelegt, z. B. für Unterrichtsräume mit Experimentiereinrichtungen in [1] [2] [3] und für Hochspannungsanlagen in [4]. In letzterem Fall sind bei Erdfehlern mit einer Stromflussdauer < 1 s →Berührungsspannungen über AC 100 V und bei einer Stromflussdauer >5 s Berührungsspannungen bis AC 75 V zulässig.

Schaltgerätekombinationen

→Niederspannungs-Schaltgerätekombinationen, z. B. Schaltschränke, haben in ihrem Inneren mitunter

- auswechselbare Verschleißteile (Wechselelemente), z. B. Sicherungseinsätze oder Meldelampen, oder

- Einrichtungen zum gelegentlichen Schalten, Steuern oder Justieren,

in deren Nähe sich blanke, berührungsgefährliche Teile befinden, die nur teilweise gegen →direktes Berühren geschützt sind. Unter diesen Umständen ist das Bedienen der genannten Einrichtungen von Hand ohne einen vollständigen Berührungsschutz grundsätzlich nur im spannungsfreien Zustand der Schaltgerätekombination zulässig.

Bei betriebsbereiten, unter Spannung stehenden Schaltgerätekombinationen dürfen die genannten Einrichtungen von Elektrofachkräften oder elektrotechnisch unterwiesenen Personen nur bedient werden,

- wenn sich die Schalt-, Justier- oder Wechselelemente im Sinne der Rahmenrichtlinie 89/391/EG (Gesundheit und Sicherheit) entweder in einem sicheren Abstand zu den berührungsgefährlichen (aktiven) Teilen befinden oder
- wenn diese Teile vollständig gegen das direkte Berühren mit den Fingern geschützt sind (Mindest-Schutzart IP2X oder IPXXB).

In jedem Fall müssen die Betätigungseinrichtungen in stehender und erforderlichenfalls auch in kniender Körperhaltung ohne Gefahr erreichbar und ordnungsgemäß bedienbar sein.

Gleichwohl enthalten DIN EN 50274 [5] und die Unfallverhütungsvorschrift (UVV) BGV A3 [6] auch Ausnahmen. Danach ist das gelegentliche Handhaben[1)] in der Nähe blanker, berührungsgefährlicher Teile von Elektrofachkräften und elektrotechnisch unterwiesenen Personen zulässig, wenn in der Umgebung der Betätigungseinrichtungen zumindest der Schutz gegen das unabsichtliche (zufällige) Berühren aktiver Teile sichergestellt ist. In diesem Fall beträgt die Mindest-Schutzart IP1X oder IPXXA (teilweiser Berührungsschutz). Dieser Schutz gegen elektrischen Schlag ist auch für elektrische Betriebsmittel auf der Innenseite von beweglichen Konstruktionsteilen sicherzustellen, z. B. an Türen, sofern gelegentliches Handhaben bei offener Tür während des Betriebs notwendig ist [5].

Literatur

[1] DIN VDE 0100-723:2005-06 Errichten von Niederspannungsanlagen; Unterrichtsräume mit Experimentiereinrichtungen.

[2] DIN VDE 0105-12:1983-07 Betrieb von Starkstromanlagen; Besondere Festlegungen für das Experimentieren mit elektrischer Energie in Unterrichtsräumen.

[3] DIN VDE 0789-100:1984-05 Unterrichtsräume und Laboratorien; Einrichtungsgegenstände; Sicherheitsbestimmungen für energieversorgte Baueinheiten.

[4] DIN VDE 0101:2000-01 Starkstromanlagen mit Nennwechselspannungen über 1 kV.

[5] DIN EN 50274 (VDE 0660-514):2005-03 Niederspannungsschaltgerätekombinationen; Schutz gegen elektrischen Schlag; Schutz gegen unabsichtliches direktes Berühren gefährlicher aktiver Teile.

[6] Unfallverhütungsvorschrift (UVV) BGV A3 „Elektrische Anlagen und Betriebsmittel" einschließlich Durchführungsanweisungen der Berufsgenossenschaft der Feinmechanik und Elektrotechnik, Köln.

1) **Gelegentliches Handhaben** bezeichnet Tätigkeiten zur Wiederherstellung der Sollfunktion eines elektrischen Betriebsmittels oder Anlagenteils, z. B. das Wiedereinschalten eines ausgelösten Schutzgeräts, das gelegentliche Betätigen der Prüftasten von Fehlerstrom-Schutzeinrichtungen (RCDs), das Nachstellen von Relais, Schaltuhren, Isolationsüberwachungseinrichtungen, das Auswechseln von defekten Lampen oder Sicherungseinsätzen.

Berührungsschalter

Elektronischer Schalter, der die elektrische Leitfähigkeit des menschlichen Körpers nutzt, um mit Hilfe einer elektronischen Baugruppe eine Schaltfunktion auszulösen. Der dabei über den menschlichen Körper fließende elektrische Strom ist sehr niedrig und deshalb ungefährlich.

Berührungsschalter – mitunter auch „Sensorschalter“ genannt – haben ein großes Anwendungsgebiet; man denke nur an Fahrkartenautomaten. Diese Schalter arbeiten im Unterschied zu mechanischen Schaltern völlig verschleißfrei.

Berührungsschutzkappe

Schutzkappe aus →Isolierstoff – lieferbar meist als mehrteiliger Satz, beliebig abbrechbar – zum Aufstecken auf nicht benutzte Gabelanschlüsse von Sammelschienenblöcken u. dgl., s. Bild B11.

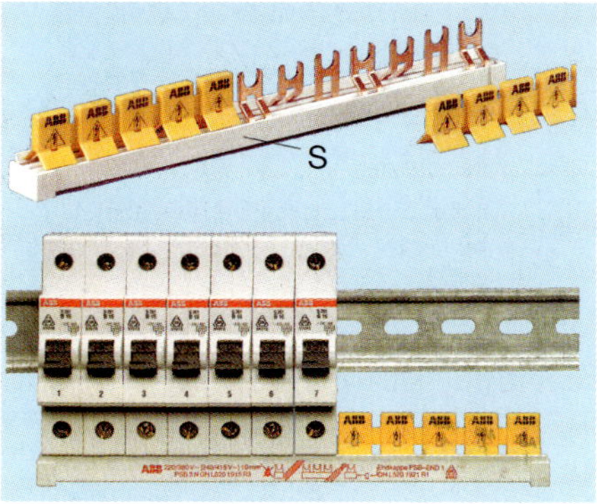

Bild B11: Berührungsschutzkappen zum Schutz gegen elektrischen Schlag
S Sammelschienenblock
(Foto: ABB STOTZ-KONTAKT, Heidelberg)

Berührungsspannung

Elektrische Spannung, die am →Körper eines Menschen oder Nutztiers auftritt, wenn leitfähige Teile mit unterschiedlichem Potential berührt werden. Ist dieses Potential so groß, dass eine elektrische Gefährdung besteht, wird es **Gefährdungspotential** genannt.

Allgemeines

Berührungsspannung (engl. *touch voltage*), Formelzeichen U_T (früher U_B), ist die direkt am Körper eines Menschen oder Nutztiers anliegende elektrische Spannung, s. Bild B12. Infolge dieser Spannung fließt ein **Berührungsstrom** I_T (engl. *touch current*), früher auch Körperstrom I_B (engl. *body current*) genannt. Damit ist

$$U_T = I_T \cdot Z_t$$

Hierin ist Z_t die **Gesamtkörperimpedanz** eines Menschen oder Nutztiers (engl. *total body impedance*). Die Berührungsspannung U_T ist meist kleiner als die →Fehlerspannung U_F; bei isolierendem Standort ist sie praktisch null. Die Berührungsspannung kann jedoch den maximalen Wert der Fehlerspannung erreichen, wenn außer dem unter Spannung stehenden (aktiven) Teil gleichzeitig noch ein anderes Teil berührt wird, welches z. B. das (Null-)Potential der →Bezugserde hat.

Messung

Zum Messen niederfrequenter Berührungsspannungen mit Werten $\geq$ AC 100 V dienen Spannungsmessgeräte, deren Innenwiderstand näherungsweise dem elektrischen Körperwiderstand von Menschen oder Nutztieren bei Hautdurchbruch entspricht. Dieser Wert liegt bei den üblichen Stromwegen (bei Menschen Hand – Hand und Hand – Füße) zwischen 500 und 1000 Ω. Bei Berührungsspannungen < AC 100 V und bei kleinen Berührungsflächen ist die Körperimpedanz um ein Vielfaches größer. Deshalb werden in diesem Fall Spannungsmessgeräte mit einem Innenwiderstand von etwa 40 kΩ empfohlen [1].

Schrittspannung

Elektrische Spannungen auf der Erdoberfläche, die von Menschen mit den Füßen und von Nutztieren mit den Klauen bzw. Hufen überbrückt werden können, heißen „Schrittspannung“ (engl. *step voltage*), Formelzeichen U_S. Ihr Wert lässt sich durch Isolierung des Standorts (Standortisolierung)

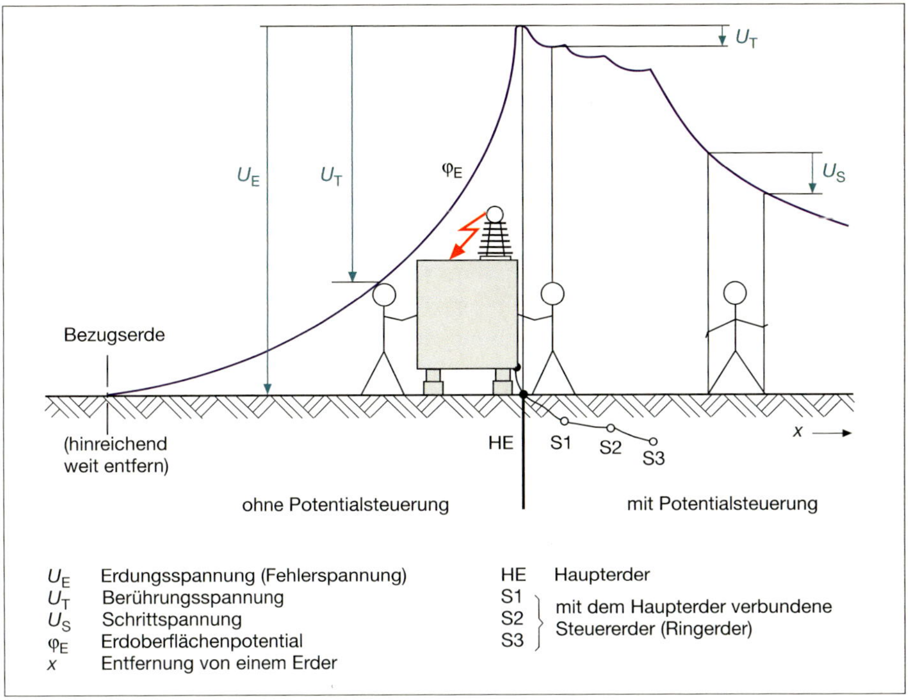

Bild B12: Erdoberflächenpotential und Spannungen bei stromdurchflossenem Erder

oder durch zweckmäßig angeordnete Erder zur Steuerung des Erdoberflächenpotentials φ_E (Potentialsteuererder) verringern, s. Bild B12.

Wertmäßige Angaben der Schrittspannung beziehen sich bei Menschen vereinbarungsgemäß auf eine Schrittlänge von 1 m. Eine Limitierung dieser Teilfehlerspannung, z . B. auf AC 50 V oder einen geringfügig höheren Wert, erfolgt in den einschlägigen Normen zz. nicht.

Literatur

[1] *Biegelmeier, G.; Groiß, J.; Hirtler, R.:* Messung der Potentialverteilung im Fehlerfall bei landwirtschaftlichen Betriebsstätten – Vergleichsmessung TT – TN-Systeme. Schriftenreihe 1 der gemeinnützigen Privatstiftung „Elektroschutz" Wien, 1999.

Beseilung

Belegung von ➔Freileitungen oder Freiluftschaltanlagen mit seilförmigen Leitern (➔Leiterseilen, engl. *stranded conductors*), Beispiel s. Bild B13.

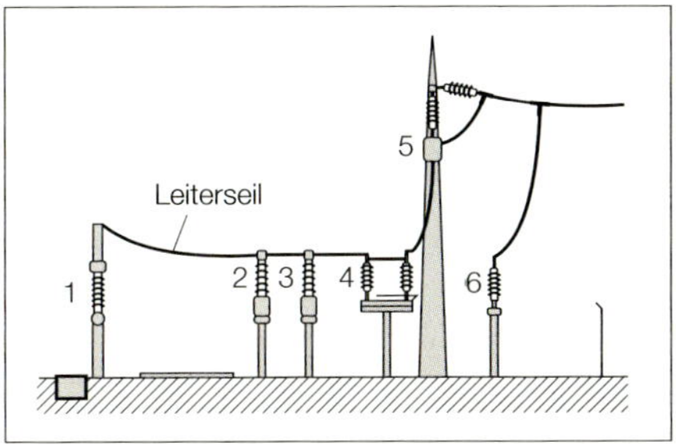

Bild B13: Hochspannungs-Freileitungsabgang
1 Leistungsschalter; 2 Stromwandler;
3 Spannungswandler; 4 Abgangstrenner;
5 HF-Sperre; 6 Kondensator

bestimmungsgemäße Verwendung

Verwendung (Gebrauch) eines technischen Erzeugnisses oder Prozesses nach den Angaben seines Herstellers oder Lieferanten. Eine solche Verwendung bietet ein Höchstmaß an Sicherheit und Zuverlässigkeit (ungestörter Betrieb).
Zur bestimmungsgemäßen Verwendung (engl. *normal use*) gehört auch, dass die vorgesehenen Inspektionen durchgeführt werden [1].
Das Pendant zur bestimmungsgemäßen Verwendung ist der „Fehlgebrauch".

Literatur

[1] DIN 31000(VDE 1000):1979-03 Allgemeine Leitsätze für das sicherheitsgerechte Gestalten technischer Erzeugnisse.

Betrieb (einer elektrischen Anlage)

Technische und organisatorische Tätigkeiten, die zur Gewährleistung der Sicherheit und ordnungsgemäßen Funktion einer elektrischen Anlage erforderlich sind.

Der Betrieb von elektrischen Anlagen (engl. *operation of electrical installations*) beinhaltet das

- **Bedienen**, z. B. Schalten, Steuern, Regeln und Beobachten, sowie das
- **Arbeiten** an elektrischen Anlagen oder in deren Nähe. Dazu zählen auch Arbeiten im Bereich einer elektrischen Anlage, z. B. Arbeiten mit Hebezeugen (Ausschwingen von Lasten), Montage-, Transport-, Erd-, Anstrich- und Ausbesserungsarbeiten, Bewegen von Gegenständen, Gerüstbau und das Reinigen von elektrischen Betriebsstätten, bei denen abhängig von der Spannungshöhe, der Art der Arbeit und verwendeten Ausrüstungen die Möglichkeit einer elektrischen Gefährdung von Personen und Sachen – auch durch Lichtbögen – besteht [1][2].

Vor jedem Bedienungsvorgang und jeder Arbeit an oder in der Nähe einer elektrischen Anlage (Gefahrenquelle) müssen die möglichen Gefährdungen bedacht werden. Erforderlichenfalls sind technische Vorkehrungen und organisatorische Maßnahmen zur sicheren (gefahrlosen) Durchführung der beabsichtigten Tätigkeiten zu treffen.

Die Tätigkeitsmerkmale **Arbeiten** und **Bedienen** sind mitunter nicht eindeutig abgrenzbar. Beispielsweise zählt das gefahrlose Auswechseln von D-Sicherungen zum Bedienen, das Wechseln von NH-Sicherungseinsätzen dagegen zum Arbeiten.
Merke: **Arbeiten an elektrischen Anlagen** (elektrotechnische Arbeiten) sind grundsätzlich alle Tätigkeiten, die nur von Elektrofachkräften (→Fachkraft) oder →elektrotechnisch unterwiesenen Personen unter der Leitung und Aufsicht von Elektrofachkräften durchgeführt werden dürfen. Dabei sind die Anlagen in Befolgung der →fünf Sicherheitsregeln vor Aufnahme der Arbeiten grundsätzlich freizuschalten und gegen das unbefugte Wiedereinschalten zu sichern.

Literatur

[1] DIN VDE 0105-100:2005-06 Betrieb von elektrischen Anlagen.
[2] Unfallverhütungsvorschrift BGV A3 „Elektrische Anlagen und Betriebsmittel" der Berufsgenossenschaft der Feinmechanik und Elektrotechnik, Köln.

Betriebsklasse

Klassifizierung von →Sicherungseinsätzen des D-, D0- und NH-Systems[1)] hinsichtlich des

- ausschaltbaren Strombereichs (Ausschaltbereich) zum Schutz der elektrischen Betriebsmittel bei Überlast oder Kurzschluss – dabei ist das Ausschaltvermögen sichergestellt – und des

- zu schützenden Objekts, z. B. Kabel, Leitungen, Motoren oder Halbleiter.

Die Klassifizierung erfolgt mit kleinen und großen Buchstaben.

Funktionsklasse

Der **erste Buchstabe** der Betriebsklasse bezeichnet den jeweiligen **Ausschaltbereich** (Funktionsklasse) des Sicherungseinsatzes.

Sicherungseinsätze der **Funktionsklasse g** (Ganzbereichs-Sicherungseinsatz) sind solche, die

- Ströme bis wenigstens zu ihrem Nennstrom (Bemessungsstrom) dauernd führen und
- Ströme vom kleinsten Schmelzstrom bis zu ihrem Nennausschaltstrom ausschalten können.

Diese Sicherungseinsätze sind für den **Überlast- und Kurzschlussschutz**, d. h. für eine allgemeine Anwendung, konzipiert. Das jeweilige Zeit-Strom-Tor ist hierbei durch stetig verlaufende Kennlinien begrenzt, s. Bild B14.

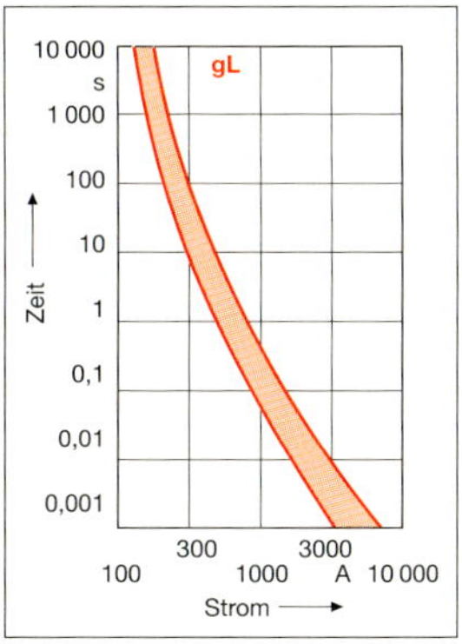

Bild B14: Zeit-Strom-Bereich eines Sicherungseinsatzes gL, Nennstrom 100 A [1]

Sicherungseinsätze der Funktionsklasse g werden auch **Ganzbereichs-Sicherungseinsätze** oder kurz **g-Sicherungseinsätze** genannt [2]. Sofern in Hausinstallationen noch Schraubsicherungen (statt LS-Schalter) verwendet werden, entsprechen diese ausschließlich der Funktionsklasse g.

Sicherungseinsätze der **Funktionsklasse a**[2] sind solche, die wie g-Sicherungseinsätze

- Ströme bis wenigstens zu ihrem Nennstrom (Bemessungsstrom) dauernd führen, jedoch – abweichend von g-Sicherungseinsätzen – nur
- Ströme oberhalb eines bestimmten Vielfachen ihres Nennstroms bis zum Nennausschaltstrom ausschalten können.

Diese Sicherungseinsätze haben praktisch nur ein Zeit-Strom-Tor für den **Kurzschlussschutz**, s. Bild B15, und werden folglich **Teilbereichs-Sicherungseinsätze** oder kurz **a-Sicherungseinsätze** genannt [2]. Sie finden praktisch nur für den Motor- und Halbleiterschutz Verwendung.

---

[1] Die **Buchstaben D, D0** und **NH** bezeichnen bestimmte Bauarten (Form, Ausführung der Kontaktstücke usw.) von Niederspannungssicherungen nach der Normenreihe DIN VDE 0636. Es bedeuten:

D-System Diazed-System (**dia**metrisch, d. h. nach dem Durchmesser der Fußkontakte gestuftes, **z**weiteiliges Sicherungssystem mit **Ed**isongewinde. Die Zweiteiligkeit des Systems bezieht sich auf die Trennung des anfangs einteiligen Sicherungsstöpsels („Revolversicherung") in zwei Teile: Schraubkappe und Sicherungseinsatz).

D0-System Neozed-System (miniaturisiertes System; „neo" bedeutet „neu").

NH-System **N**iederspannungs-**H**ochleistungs-Sicherungssystem (Messer- oder Griffsicherungen).

Darüber hinaus gibt es noch das **→Geräteschutz-Sicherungssystem** nach der Normenreihe DIN EN 60127 (VDE 0820)und DIN 41571. Für die verhältnismäßig kleinen Sicherungseinsätze dieses Systems (Feinsicherungen) finden Betriebs- und Funktionsklassen keine Anwendung. Ihre Zeit-Strom-Charakteristiken werden mit folgenden Großbuchstaben bezeichnet: FF superflink, F flink, M mittelträge, T träge und TT superträge.

[2] Der **Buchstabe a** für Teilbereichs-Sicherungseinsätze der Betriebsklassen aM und aR ergänzt das Schutzobjekt. Er ist dem Fremdwort „accompagnement" (franz.) bzw. „accompaniment" (engl.) entlehnt und bedeutet „Begleiter".

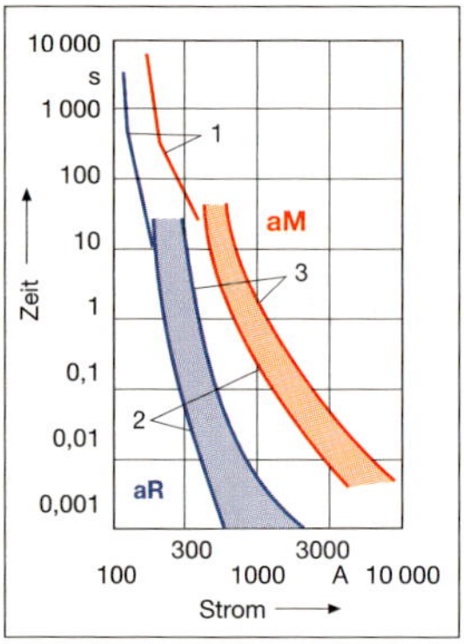

Bild B15: Zeit-Strom-Bereich von Sicherungseinsätzen aM und aR, Nennstrom 100 A [1]
1 Überlastkennlinie;
2 Schmelzkennlinie;
3 Ausschaltkennlinie

Schutzobjekt

Der **zweite Buchstabe** der Betriebsklasse bezeichnet die **Anwendung** der Sicherungseinsätze, d. h. den Schutz für bestimmte Objekte. Es bedeuten:

B Bergbauanlagenschutz
G Schutz für allgemeine Zwecke (G = generell, allgemein)
L Kabel- und Leitungsschutz (ersetzt durch „G“)
M Schaltgeräte- und Motorschutz
R Halbleiterschutz (R = rapid, schnell)
Tr Transformatorenschutz.

Aus der Funktionsklasse (1. Buchstabe) und dem Schutzobjekt (2. Buchstabe) ergeben sich für die genannten strombegrenzenden Sicherungseinsätze[1)] die **Betriebsklassen** nach Tafel B2. Sie ersetzen die früher üblichen Zeit-Strom-Charakteristiken „flink“ und „träge“. Damit ist auch die Kennzeichnung entfallen, z. B.

- mit dem Schneckenhaus für träge Sicherungseinsätze
- mit rotem Ring und der Aufschrift „Bergbau“ für den Bergbauanlagenschutz oder
- mit „Silized“ und gelbem Ring für Edison-Sicherungen zum Schutz von Silicium- und Germaniumgleichrichtern.

Literatur

[1] *Biegelmeier, G.; u. a.:* Schutz in elektrischen Anlagen. Band 5: Schutzeinrichtungen. VDE-Schriftenreihe Normen verständlich, Band 84. Berlin und Offenbach: VDE-Verlag GmbH 1999.

[2] DIN EN 60269-1 (VDE 0636-10):1999-11 Niederspannungssicherungen; Allgemeine Anforderungen.

2) **Strom begrenzender Sicherungseinsatz** ist ein Sicherungseinsatz, der während seines Ausschaltens in einem bestimmten Strombereich durch diesen Vorgang den (Wechsel-)Strom auf einen wesentlich niedrigeren Wert als den Scheitelwert des unbeeinflussten Stroms begrenzt [2].

Tafel B2: Betriebsklassen von Sicherungseinsätzen des D-, D0- und NH-Systems

Funktionsklasse		**Art des Schutzes, Schutzobjekt**
g	**a**	
Betriebsklasse		
gG		Ganzbereichsschutz für allgemeine Zwecke
gL		Ganzbereichs-Kabel- und Leitungsschutz[1)]
gB		Ganzbereichs-Bergbauanlagenschutz
gM		Ganzbereichs- } Schaltgeräteschutz (Motorschutz)
	aM	Teilbereichs- } Schaltgeräteschutz (Motorschutz)
gR		Ganzbereichs- } Halbleiterschutz
	aR	Teilbereichs- } Halbleiterschutz
gTr		Ganzbereichs-Transformatorenschutz

1) Die auf dem europäischen Festland sehr verbreitete Betriebsklasse gL und die in Großbritannien übliche Zeit-Strom-Klasse II wurden unter Berücksichtigung der Europanorm EN 60269-1 zu der neuen **Betriebsklasse gG** zusammengefasst [2].

Betriebsspannung

Spannung – bei Wechselspannung mit Betriebsfrequenz –, die unter normalen Betriebsbedingungen zu einer beliebigen Zeit und an einem beliebigen Ort in einem Netz, einer Anlage oder an einem elektrischen Betriebsmittel auftritt.

Die Betriebsspannung U_b (engl. *operating voltage*) – mitunter auch Funktions- oder Arbeitsspannung genannt – ist die zwischen den Leitern herrschende Spannung. Sie bezieht sich bei

- Wechselspannung immer auf den Effektivwert und bei
- Gleichspannung auf den arithmetischen Mittelwert der Spannung.

Eine Übereinstimmung mit der →Nennspannung des Netzes, der Anlage oder des elektrischen Betriebsmittels besteht i. Allg. nicht.
Die höchste Betriebsspannung $U_{bmax} = U_m$ bei normalen Betriebsbedingungen – mitunter auch „obere Betriebsspannung" genannt – dient als Bezugsspannung für die Bemessung der →Isolierung. Sie darf die Bemessungsisolationsspannung nicht überschreiten.

Betriebsspannungen treten unter normalen Betriebsbedingungen auf. Dabei schließen „normale Betriebsbedingungen" auch Spannungsänderungen ein, die z. B. durch Lastwechsel oder Starts (Startspannung) verursacht werden. Selbst Spannungsänderungen infolge von Fehlern, deren Auftreten wahrscheinlich und deshalb vorhersehbar ist, z. B. der Ausfall einer in Reihe mit einem Widerstand geschalteten Kontrolllampe, zählen ebenfalls noch zu „normalen Betriebsbedingungen". Lediglich nicht stationäre (transiente) Ausgleichsvorgänge (Einschwingvorgänge), z. B. bei RC-Gliedern (→Kondensatoren) oder RL-Gliedern (→Spulen), werden hierbei nicht betrachtet.

Betriebsstrom

Strom in einem →Stromkreis bei ungestörtem Betrieb (Normalbetrieb).
Der Betriebsstrom I_b (engl. *operating current*), berechnet sich nach den elektrotechnischen Grundgleichungen, z. B. für Drehstrom:

$$I_b = \frac{P}{\sqrt{3} \cdot U \cdot \cos\varphi} \qquad (1)$$

P Wirkleistung,
U Spannung,
cos φ Leistungsfaktor.

Er darf gemäß der Forderung nach [1] (→Nennstromregel):

$$I_b \leq I_n \leq I_z \qquad (2)$$

den Nennstrom I_n (Bemessungsstrom) der Überstrom-Schutzeinrichtung und die zulässige Strombelastbarkeit I_z der Kabel und Leitungen nach DIN VDE 0298-4 nicht überschreiten. Bei einstellbaren Schutzeinrichtungen entspricht I_n dem eingestellten Wert (Einstellstrom), und bei →Sicherungen ist I_n der Bemessungsstrom des jeweiligen →Sicherungseinsatzes.
Der Betriebsstrom wird mitunter auch „Belastungsstrom" oder (eher irritierend) nur „Belastung" genannt.
Ein Stromkreis, in dem der Betriebsstrom fließt, heißt „Betriebsstromkreis"; er entspricht i. Allg. dem Hauptstromkreis.

Literatur

[1] DIN VDE 0100-430:1991-11 Errichten von Starkstromanlagen mit Nennspannungen bis 1000 V; Schutzmaßnahmen; Schutz von Kabeln und Leitungen bei Überstrom.

bewegliche Leitung

Leitung, vorzugsweise für den Anschluss an →Steckvorrichtungen oder →Schleifkontakte, die bestimmungsgemäß zwischen den Anschlussstellen bewegt werden kann.

Bewegliche Leitungen sind umgangssprachlich „flexible Leitungen" mit einem fein- oder feinstdrähtigen Kupferleiter.
Es werden unterschieden:

Leitungen für schwere Beanspruchungen

Diese Leitungen, z. B. Gummischlauchleitungen mit dem Bauartenkurzzeichen H07RN-F für den Anschluss an Industriemaschinen, sind für vergleichsweise hohe mechanische Beanspruchungen bestimmt. Zu den Leitungen für schwere Beanspruchungen zählen auch **Schleppleitungen**. Das sind flexible Leitungen, die von einem ortsveränderlichen elektrischen Betriebsmittel, z. B. Kran oder Bagger, bei seinen Bewegungen ohne Führung durch eine Leiteinrichtung hinter sich hergezogen (geschleppt) werden. Bei sehr hohen mechanischen Beanspruchungen kommen meist →**Leitungstrossen** zum Einsatz, z. B. für Fördereinrichtungen im Bergbau unter Tage.

Leitungen für mittlere Beanspruchungen

Diese Leitungen, meist PVC-Schlauchleitungen H05VV-F oder Gummischlauchleitungen H05RT-F, sind für den Anschluss kleiner bis mittelgroßer Geräte in häuslichen, gewerblichen oder kleinindustriellen Bereichen bestimmt, z. B. Elektroherde, Waschmaschinen, Kühlschränke, Nähmaschinen und gewerblich genutzte Bodenreinigungsgeräte.

Leitungen für leichte Beanspruchungen

Diese Leitungen, z. B. PVC-Schlauchleitungen H03VV-F oder Gummiaderschnüre H03RT-F, sind für Einsatzgebiete bestimmt, bei denen die Gefahr einer mechanischen Beschädigung vergleichsweise gering ist. Das ist üblicherweise der Fall bei Verwendung der Leitungen in Haushalten und Büros, z. B. als Anschlussleitungen für Haushaltsstaubsauger, Küchenmaschinen, Rundfunkgeräte, Tisch- oder Stehleuchten.

Leitungen für sehr leichte Beanspruchungen

Diese Leitungen, z. B. leichte Zwillingsleitungen H03VH-Y, sind für Einsatzgebiete bestimmt, bei denen die Gefahr einer mechanischen Beschädigung der Leitungen praktisch ausgeschlossen werden kann. Das ist üblicherweise beim Anschluss besonders leichter Handgeräte mit Nennströmen $\leq$ 0,2 A, z. B. elektrische Rasiergeräte oder Bartschneider, der Fall.

Bewegungsmelder

Installationsgerät, das elektrische Lichtquellen beim Eintritt einer Person in einen bestimmten Erfassungsbereich selbsttätig einschaltet, und wenn keine Bewegung mehr erkannt wird, unabhängig von der Umgebungshelligkeit wieder ausschaltet.

Allgemeines

Bewegungsmelder (engl. *armours*) werden meist im Außenbereich platziert. Sie schalten die Beleuchtungsanlage ein, sobald jemand den Erfassungsbereich, z. B. die Zugangswege eines Gebäudes, betritt – sonst nicht. Das spart elektrische Energie.
Außerdem verwehren Bewegungsmelder potentiellen Einbrechern den Schutz der Dunkelheit, während sie sich an Haustüren, Dachluken, Fenstern u. dgl. zu schaffen machen. Das gilt auch bei Überfällen, Plünderungen und Vandalismus. Oftmals werden die „unerwünschten Besucher" durch den Überraschungseffekt der unerwarteten Lichteinschaltung so verschreckt, dass sie fluchtartig das Weite suchen.
Manche Bewegungsmelder enthalten einen →Dämmerungsschalter und schalten die Lichtquelle(n) erst ein, wenn eine bestimmte Mindestbeleuchtungsstärke unterschritten ist.

Bewegungsdetektoren

Für die anwesenheitsabhängige Ein- und Ausschaltung elektrischer Lichtquellen sorgen Bewegungsdetektoren, die entweder auf Passiv-Infrarot- oder Hochfrequenztechnik basieren.

Im praktischen Einsatz haben sich Passiv-Infrarot-Bewegungsmelder (PIR-Bewegungsmelder) sehr bewährt. Sie „blicken" von ihrem Montageort, z. B. aus 2,5 m Höhe, schräg nach unten und haben einen Erfassungswinkel von mind. 180°. Der Erfassungswinkel kann durch Blenden auf 90°, 60° oder 25° eingeschränkt werden, um Störquellen, z. B. Leuchten, im Erfassungsfeld oder Grundstücksgrenzen auszublenden.

Die Nennreichweite der „Erfassungsstrahlen" beträgt bei radialer Bewegung zum Sensor ≤12 m und bei tangentialer Bewegung bis zu ≤16 m. Eine Vergrößerung der Reichweite, beispielsweise durch Verschiebung der Sensorneigung nach oben, führt gemäß dem fotometrischen Entfernungsgesetz zu einer Minderung der Strahlungsintensität. Wärmequellen sind demnach mit zunehmender Entfernung immer schlechter erkennbar.

Nebel, Schnee und Regen absorbieren nicht nur sichtbares Licht, sondern auch Wärmestrahlung. Wärmequellen, die bei gutem Wetter einwandfrei erkannt werden, bedürfen bei schlechtem Wetter einer weiteren Annäherung zum Sensor, um die Beleuchtungsanlage zuverlässig einschalten zu können.

Bewegungen von Personen werden am besten erkannt, wenn sie quer (tangential) zum Sensor stattfinden, s. Bild B16 a. In diesem Fall werden viele Erfassungsstrahlen geschnitten und folglich auch viele Spannungsimpulse im Sensor erzeugt. Im ungünstigsten Fall bewegen sich die Personen entlang eines Erfassungsstrahls (radial) auf den Sensor zu, s. Bild B16 b. In diesem Fall werden nur minimale Spannungsimpulse im Sensor erzeugt, die nicht in jedem Fall zur Detektion und damit zur Einschaltung der Beleuchtungsanlage führen. Deshalb ist es offenbar viel günstiger, einen Bewegungsmelder etwas abseits von Zugangswegen und nicht z. B. direkt über der Eingangstür anzuordnen.

Sensoren

PIR-Sensoren reagieren primär auf Wärmeänderungen innerhalb ihres Erfassungsbereichs. Bei Personen ist dies die Körperwärme (Temperatur der „äußeren Hülle"), die als Infrarotstrahlung abgegeben wird (engl. *passive infrared radiation*, Abk. PIR). Um mit Hilfe der Wärmestrahlung eine Bewegung erkennen zu können, muss der Erfassungsbereich über ein Linsensystem in aktive und passive Zonen unterteilt werden. Nur die zonenüberschreitende Bewegung eines Wärmestrahlers (Mensch) führt zu einer auswertbaren Information am pyrotechni-

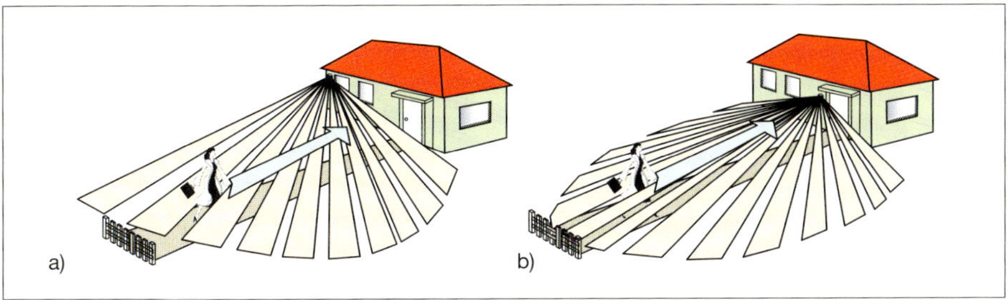

Bild B16: Anordnung eines Bewegungsmelders
a) günstig; b) ungünstig

schen Sensor. Intelligente Bewegungsmelder haben zusätzlich noch einen Mikroprozessor und können damit feststellen, ob das Signal von einem Menschen oder z. B. von Blättern herrührt, die der Wind fortbewegt.
Die Wellenlänge des infraroten Bereichs als Teil des elektromagnetischen Spektrums beginnt oberhalb des sichtbaren Lichts, ab 0,8 μm, und reicht bis etwa 1,5 mm. Die infrarote Körperstrahlung (Wärmestrahlung) eines Menschen hat bei einer Oberflächentemperatur von 300 K ihr Maximum zwischen 9 und 10 μm.
Die auf kleinste Wärmeänderungen ansprechenden Sensoren sind in der Lage, auch über verhältnismäßig große Entfernungen von z. B. 16 m die Bewegungen von Personen zu detektieren. Für die Wärmestrahlung, die eine Einschaltung auslöst, kommen aufgrund der Kleidung nur wenige unbedeckte Körperstellen (Gesicht und Hände) in Betracht. Deshalb ist es verständlich, dass selbst Wärmequellen mit geringer Energie im Nahbereich ebenfalls ausgewertet werden. Bewegungsmelder können somit auch bei Tieren (Warmblüter) oder warmen bzw. kalten Luftströmungen (Heizer, Lüfter, Klimaanlage) eine Schaltung auslösen.
Die Basis eines Infrarot-Sensors sind z. B. Lithiumtantalat-Kristalle. Diese Kristalle erzeugen bei Wärmeänderung (positive oder negative Temperaturänderung) elektrische Spannungen. Die von den Kristallen abgegebene Spannung liegt bei einigen μV. Sie hängt von der auftreffenden Strahlungsintensität und der Strahlungsänderung pro Zeiteinheit ab.
Zur Unterdrückung von Umgebungseinflüssen sind in jedem Sensor zwei Kristalle antiparallel geschaltet. Einer der Kristalle gibt beim Auftreffen von Wärmestrahlung einen positiven, der andere einen negativen Spannungsimpuls ab. Strahlungsänderungen, die gleichzeitig und mit gleicher Intensität auf beide Kristalle einwirken, werden folglich nicht erfasst. In diesem Fall heben sich die beiden Impulse gegenseitig auf. Dadurch ist ein Auslösen bei Wärmeänderungen der Umgebung ausgeschlossen.
Anders sind die Verhältnisse, wenn es sich um schnelle Bewegungen handelt. In diesem Fall geben die Lithiumtantalat-Kristalle ihre Impulse zeitversetzt ab, und der Bewegungsmelder spricht an.

Anwendung

Passiv-Infrarot-Bewegungsmelder zur Personendetektierung sind mittlerweile fester Bestandteil vieler elektrischer Gebäudeinstallationen im privaten und gewerblichen Bereich. Sie dienen der automatischen, anwesenheitsabhängigen Ein- und Ausschaltung von Lichtquellen in Eingangsbereichen, Durchgängen, Treppenhäusern, auf Zugangswegen zu Gebäuden, Parkplätzen usw. sowie zur Personenerfassung vor Aufzügen. Den Anwendungsmöglichkeiten dieser elektronischen Wächter sind praktisch keine Grenzen gesetzt [1].

Literatur

[1] *Jung:* Elektronik-Handbuch. 4. Auflage. Berlin: Huss-Medien GmbH, Verlag Technik, 2003

Bewehrung

Aufbauelement eines →Kabels zum Schutz gegen dessen mechanische Beschädigung, als Tragorgan oder – bei Verwendung von Drähten als Bewehrung – auch zur Aufnahme von Zugkräften während und nach der Kabelverlegung.

Ausführung

Bewehrungen (engl. *armours*) bestehen i. Allg. aus Stahlbändern (Stahlbandbewehrung), s. Bild B17, oder aus runden bzw. flachen verzinkten Stahldrähten (Rund- oder Flachdrahtbewehrung), s. Bild B18, welche konzentrisch die darunter liegende (innere) →Schutzhülle umschließen.

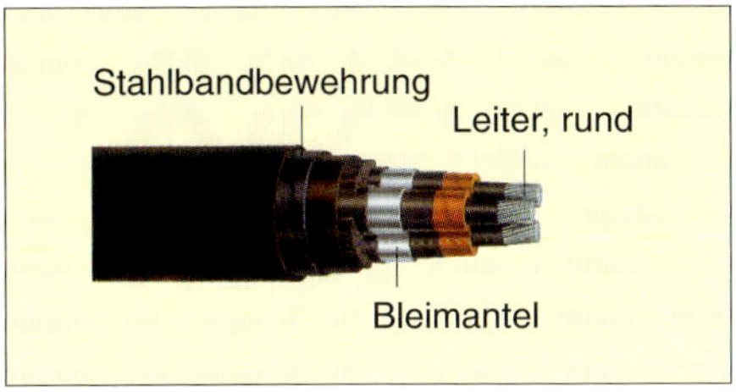

Bild B17: Dreibleimantelkabel mit Stahlbandbewehrung

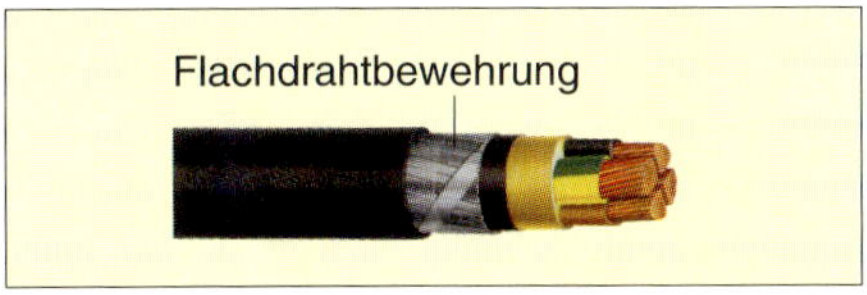

Bild B18: Kabel mit Flachdrahtbewehrung und Haltewendel

Zur Sicherung der Biegbarkeit der Kabel wird die Stahlbandbewehrung mit einer Lücke aufgebracht. Die lückenlose Abdekkung (Schutz) der Kabel wird erreicht, indem die obere Lage des Stahlbands die Lücke der unteren Lage bedeckt.
Rund- und Flachdrahtbewehrungen werden als **offene Bewehrungen** bezeichnet, wenn der Bedeckungsgrad 30 % nicht überschreitet. Bei einem Bedeckungsgrad über 75 % sind es **geschlossene Bewehrungen**.

Anwendung

Bewehrte Kabel finden vorzugsweise in Außenanlagen, bei Erdverlegung, in Gruben, unterirdischen Kanälen, Seen sowie im Freien Anwendung. Sie bieten einen erhöhten Schutz gegen mechanische Beschädigung durch Nagetiere.
Einadrige Starkstromkabel im Drehstrombetrieb sollen wegen der zusätzlichen Verluste nur mit offener Bewehrung oder einer Bewehrung aus unmagnetischem Metall verwendet werden. Ferromagnetische Bewehrungen sind hierfür somit ungeeignet.
Erfüllen Bewehrungen die Bedingungen nach DIN VDE 0100-540 [1], dürfen sie auch als →Schutzleiter dienen. Meistens kann die Bewehrung zugleich die Schirmfunktion mit übernehmen.

Literatur

[1] DIN VDE 0100-540:1991-11 Errichten von Starkstromanlagen mit Nennspannungen bis 1000 V; Auswahl und Errichtung elektrischer Betriebsmittel; Erdung, Schutzleiter, Potentialausgleichsleiter.

Bezugserde

Teil der →Erde außerhalb des Einflussbereichs von →Erdern (örtliche Erde), in dem zwischen zwei beliebigen Punkten auf der Erdoberfläche keine messbaren Spannungen auftreten. Das →elektrische Potential φ_E der Bezugserde ist vereinbarungsgemäß gleich null, s. Bild B19.
Die Bezugserde (engl. *reference earth*) wird wegen $\varphi_E = 0$ V (Nullpotential) mitunter auch **neutrale Erde** oder in wörtlicher Übernahme des vorgenannten englischen Fachausdrucks – obwohl eher selten – auch **Referenzerde** genannt.

Biegeradius

Innerer Radius eines Leitungs- oder Kabelbogens. Er darf zur Vermeidung mechanischer Beschädigungen der Isolierung, des Mantels oder anderer Aufbauelemente durch Dehnungen oder Stauchungen im Krümmungsbereich bestimmte Werte nicht unterschreiten, s. Tafeln B3 und B4.
Beim einmaligen Biegen von Starkstromkabeln ist eine Verringerung des Biegeradius (engl. *bending radius*) um 50 % unter den in [3] und [4] genannten Bedingungen zulässig.

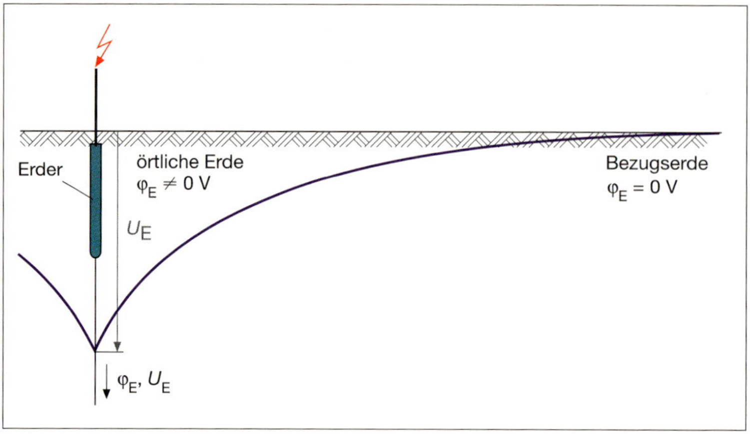

Bild B19: Verlauf des Erdoberflächenpotentials φ_E mit örtlicher Erde und Bezugserde U_E Erdungsspannung (Fehlerspannung)

Tafel B3: Kleinster zulässiger Biegeradius R von Starkstromleitungen bei fester Verlegung [1] [2] [3]

Art	$d \leq 8$ mm	8mm < $d \leq 12$ mm	$d > 12$ mm
Leitungen mit			
starren Leitern	4 *d*	5 *d*	6 *d*
flexiblen Leitern	3 *d*	3 *d*	4 *d*
d Leitungsdurchmesser			

Tafel B4: Kleinster zulässiger Biegeradius R von Starkstromkabeln [3] [4]

Art	Kunststoffisolierte Kabel		Papierisolierte Kabel	
	U_0 = 0,6 kV	U_0 > 0,6 kV	mit Bleimantel	mit glattem Mantel
Kabel				
einadrig	15 *d*	15 *d*	25 *d*	30 *d*
mehradrig	12 *d*	15 *d*	15 *d*	25 *d*
vieladrig	12 *d*	–	–	–
d Kabeldruchmesser				

Werden mehrere Leitungen oder Kabel parallel im Bogen verlegt, so vergrößert sich der Biegeradius für jede weiter außen angeordnete Leitung (Kabel), s. Bild B20. Sinngemäß gilt das auch für Elektroinstallationsrohre.

Für zwangsgeführte →bewegliche Leitungen von elektrischen Maschinen gelten die minimal zulässigen Biegeradien nach DIN EN 60204-1 (VDE 0113-1). Außerdem muss das gerade Leitungsstück zwischen zwei Biegungen in S-Form mindestens dem 20-fachen Leitungsdurchmesser entsprechen.

Der Biegeradius von Leuchtröhrenleitungen mit metallener Abschirmung berträgt nach DIN EN 50107-1 (VDE 0128-1) mindestens das 8-fache des Leitungsdurchmessers. Für flexible Leitungen bei freier Bewegung gelten die kleinsten zulässigen Biegeradien nach [1].

Literatur

[1] DIN VDE 0298-3:1983-08 Verwendung von Kabeln und isolierten Leitungen für Stark-

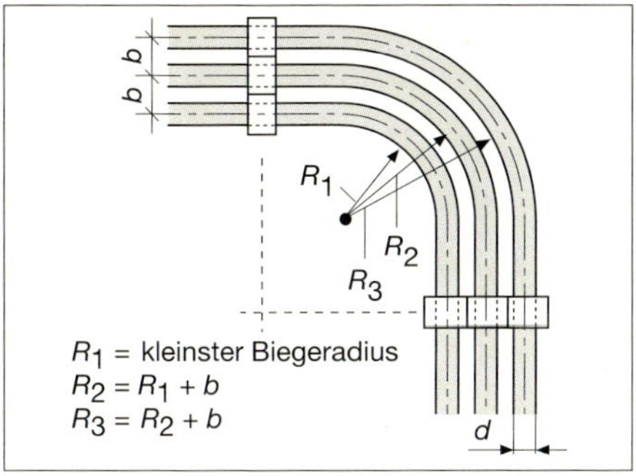

Bild B20: Parallel im Bogen verlegte Leitungen/Kabel d Außendurchmesser bei runden Leitungen/Kabeln oder kleineres Außenmaß bei Flachleitungen

stromanlagen; Allgemeines für Leitungen.
[2] DIN VDE 0298-300:2004-02 Leitfaden für die Verwendung harmonisierter Niederspannungsstarkstromleitungen.
[3] DIN VDE 0100-520:2003-06 Errichten von Niederspannungsanlagen; Auswahl und Errichtung elektrischer Betriebsmittel; Kabel- und Leitungsanlagen.
[4] DIN VDE 0276-603:2005-01 Starkstromkabel; Energieverteilungskabel mit Nennspannungen U_0/U 0,6/1 kV.

Blindleistungs-kompensation

Maßnahme zur Verringerung der zu übertragenden Blindleistung von elektrischen Betriebsmitteln und Anlagen. Ziel dieser Maßnahme ist der Ausgleich (Kompensation) induktiver und kapazitiver Blindleistungen.

Allgemeines

Viele elektrische Verbrauchsmittel, z. B. Drehstrommotoren, Transformatoren, Induktionsöfen, gesteuerte Stromrichter und induktive Vorschaltgeräte von Entladungslampen, verursachen beim Aufbau des magnetischen Felds Blindleistungen. Der durch die Blindleistung verursachte Blindstrom belastet (zusätzlich) alle Elemente eines Stromkreises oder Elektroenergiesystems, verursacht zusätzliche Spannungsfälle, Stromwärmeverluste und damit unnötige Kosten. Blindströme leisten überhaupt keinen Beitrag zur Übertragung von Wirkarbeit und sind deshalb, wann und wo immer sie auftreten, durch Kompensationseinrichtungen, z. B. Blindleistungskondensatoren[1] oder Blindleistungsmaschinen, klein zu halten. Oft haben sich die Kompensationseinrichtungen in Gewerbe- und Industriebetrieben bereits nach 2...3 Jahren – mitunter sogar in noch kürzeren Zeiträumen – amortisiert, was die Wirtschaftlichkeit der Blindleistungskompensation umso mehr verdeutlicht.

Einzelkompensation

Bei dieser Kompensationsart erhält jedes einzelne induktive Verbrauchsmittel eine eigene Kompensationseinrichtung, sodass die Blindleistung direkt am Entstehungsort, d. h. unmittelbar am elektrischen Verbrauchsmittel, ausgeglichen werden kann. Abschaltungen des Verbrauchsmittels, z. B. eines Motors oder einer Leuchte, führen zwangsläufig auch zur Abschaltung der Kompensationseinrichtung. Außerdem schützen die Überstrom-Schutzeinrichtungen zugleich die Kompensationseinrichtung, s. Bild B21 [1].

Gruppenkompensation

Bei der Gruppenkompensation erfolgt die Blindleistungskompensation (Blindstromkompensation) von mehreren Verbrauchsmitteln, die z. B. an einer Montagestraße oder in Form eines Lichtbands gemeinsam betrieben werden, durch ein und dieselbe Kompensationseinrichtung an den Einspei-

[1] **Blindleistungskondensatoren** (statische →Phasenschieber) dienen ausschließlich der Blindleistungskompensation. Im Idealfall (vollständige Kompensation) ist der kapazitive Blindstrom des →Kondensators gleich dem induktiven Blindstrom des jeweiligen elektrischen Verbrauchsmittels.

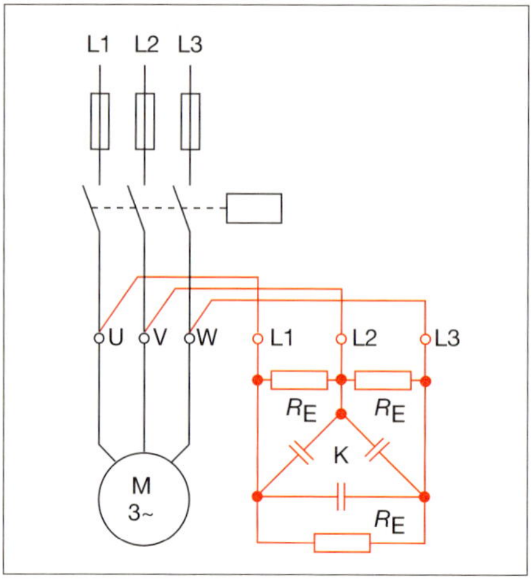

Bild B21: Einzelkompensation eines Drehstrommotors
R_E Entladewiderstand; K Kondensatorbatterie

sepunkten. Dabei werden die Kompensatoren und elektrischen Verbrauchsmittel wie bei der Einzelkompensation gemeinsam ein- und ausgeschaltet sowie geschützt.

Zentralkompensation

Die Zentralkompensation ist eine belastungsabhängige, automatisch arbeitende Blindleistungskompensation für ein Gebäude, einen Betriebs- oder Anlagenteil, bei der alle elektrischen Verbrauchsmittel, die eine selbstständige technologische Einheit bilden, durch eine gemeinsame Kompensationseinrichtung (Kondensatorenbatterie) von zentraler Stelle aus kompensiert werden. Die Kondensatorenbatterie – bestehend aus mehreren Einzelkondensatoren, die unter Zuhilfenahme von Blindleistungsreglern nach Bedarf stufenweise über Schütze zu- und abgeschaltet werden – sind am Einspeisepunkt der gesamten Anlage, meist in Schaltschränken, untergebracht.

Literatur

[1] *Folkerts, E.:* Kompensationsanlagen. de 12/2000, S. 7-8.

Blindleistungskompensation von Entladungslampen

Maßnahme zum Ausgleich der induktiven Blindleistung von →Entladungslampen – verursacht durch deren induktive →Vorschaltgeräte – durch die kapazitive Blindleistung von →Kondensatoren. Bei richtiger Bemessung der Kompensationskondensatoren heben sich die induktive und kapazitive Blindleistung auf.

Reihen- und Parallelkompensation

Die Blindleistungskompensation von Entladungslampen wird **Reihenkompensation** (kapazitive oder Längskompensation) genannt, wenn sich der Kondensator in Reihe mit der Entladungslampe und dem Vorschaltgerät befindet, s. Bild B22. Bei der **Parallelkompensation** (Querkompensation) ist der Kondensator parallel zur Entladungslampe und zu deren Vorschaltgerät geschaltet, s. Bild B23. Bei mehrlampigen Leuchten kann die Parallelkompensation auch durch einen entsprechend größeren Kondensator erfolgen.

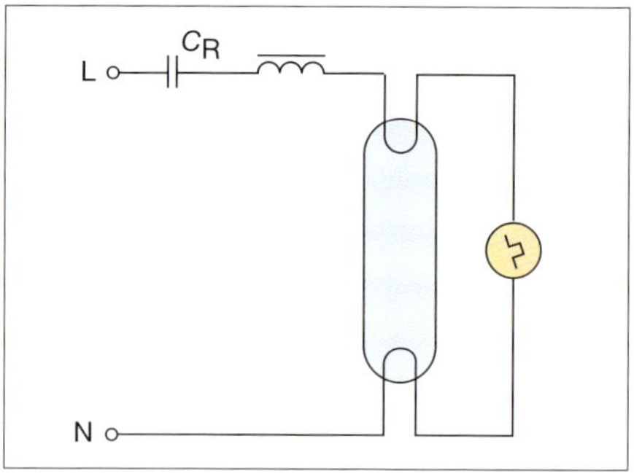

Bild B22: Entladungslampe mit Reihenkompensation
C_R Reihenkondensator

Im praktischen Betrieb ist die Parallelkompensation der Reihenkompensation in vielerlei Hinsicht überlegen. Die technisch-ökonomischen Vorteile gegenüber der in Europa nur noch selten angewendeten Rei-

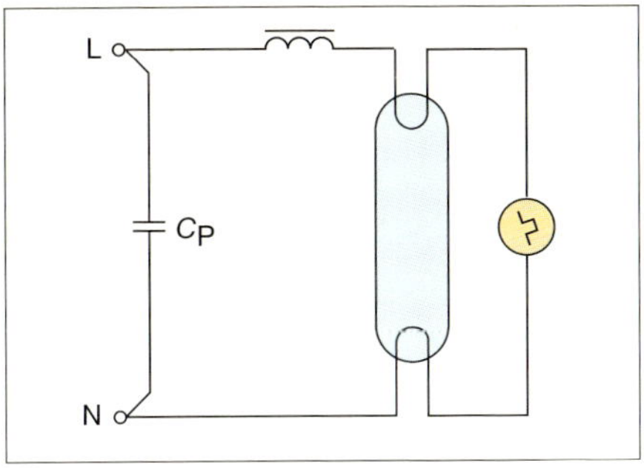

Bild B23: Entladungslampe mit Parallelkompensation
C_P Parallelkondensator

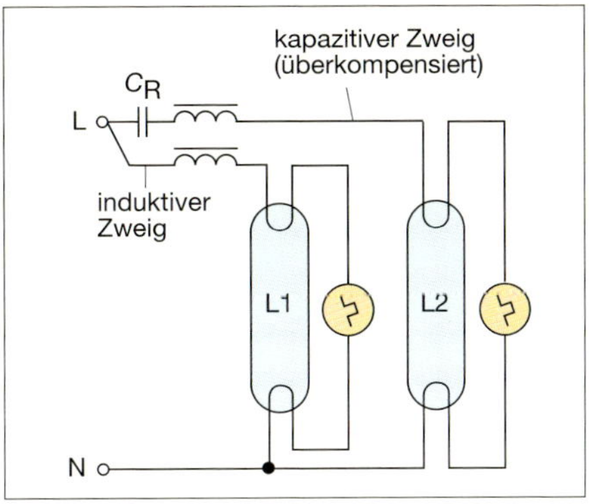

Bild B24: Duo-Schaltung

henkompensation liegen vor allem in

- einer höheren Lampenlebensdauer infolge der besseren Elektrodenvorheizung,
- einem guten Startverhalten der Lampen (kürzere Startzeiten),
- einer geringeren Erwärmung der induktiven Vorschaltgeräte und in
- dem Verzicht auf zusätzliche Funkentstörkondensatoren [1].

Im Übrigen müssen Reihenkondensatoren besonders spannungsfest ausgeführt sein, denn die anliegende Spannung ist hierbei immer höher als die Netzspannung.

Duo-Schaltung

Alternativ zu den genannten Kompensationsverfahren wird mitunter die blindleistungsarme Duo-Schaltung für zwei Entladungslampen angewendet, bei der der eine Lampenkreis (L1) induktiv und der andere (L2) durch den zusätzlichen Einbau eines Reihenkondensators C_R (überkompensiert) kapazitiv ist, s. Bild B24. Bei Zusammenschaltung des induktiven und des kapazitiven Lampenkreises wird die Blindleistung kompensiert. Außerdem bewirkt die Duo-Schaltung trotz des einphasigen Anschlusses an ein 50-Hz-Wechselstromnetz eine starke Verringerung der Lichtwelligkeit (Lichtpulsation).

Neben der Gewährleistung eines flimmerarmen Betriebs der Lampen verhindert die Duo-Schaltung auch den gefürchteten **stroboskopischen Effekt** (Sinnestäuschung), bei dem künstlich beleuchtete, rotierende Objekte gleichsam stillzustehen oder sich nur ganz langsam zu drehen scheinen (Unfallgefahr!). Dieses Phänomen tritt übrigens ebenfalls **nicht** auf, wenn elektronische Vorschaltgeräte verwendet oder parallel kompensierte Leuchten auf die drei Außenleiter eines Drehstromsystems verteilt werden.

Literatur

[1] *Rödiger, W.; Hans, H.:* Parallelkompensation – Zukunftsweisende Technik. de, 75 (2000)4, S. 52-55.

Blindschaltbild

Übersichtliche Veranschaulichung der Energie-, Informations- oder Massenflüsse (Betriebszustände) einer Produktions- oder elektrischen Anlage auf Wartenfeldern, Schalttafeln, Steuerschränken, Pulten u. dgl.

Das Blindschaltbild entspricht näherungsweise dem →Übersichtsschaltplan einer Anlage. Es besteht aus Metall- oder farbigen Kunststoffstreifen sowie Schaltsymbolen (Bildzeichen), die auf den Tafeln, Schränken, Pulten u. dgl. befestigt sind. Außerdem sind zur aktuellen Darstellung

des momentanen Betriebszustands in das Blindschaltbild Meldegeräte mit mehrfarbigen Lampen oder Leuchtdioden, Stellungsanzeiger und Schauzeichen eingefügt. Leuchtende Blindschaltbilder werden **Leuchtschaltbilder** genannt.
Bedingt durch die zunehmende leittechnische Zentralisierung und die wachsende Komplexität der Versorgungsnetze hat die Netzbilddarstellung allein auf einem Mosaik-Rückmeldebild ohne Bildschirmgeräte an Bedeutung verloren. Das Mosaikbild bietet zwar einen schnellen Überblick über das Gesamtnetz und dessen Betriebszustand, Grenzen sind aber durch die räumliche Größe und die Erkennbarkeit von Details gesetzt. Blindschaltbilder haben sich demzufolge reduziert auf kleine, regionale →Warten, wo auf einer noch überschaubaren Fläche Netzaufbau und Betriebszustände übersichtlich mit einfachen Symbolen dargestellt werden können [1],

Literatur

[1] ABB Calor Emag Taschenbuch „Schaltanlagen". 10. Auflage. Berlin: Cornelsen Verlag 1999.

Blitz

Sichtbare elektrische Entladung (Ladungsausgleich) in der Erdatmosphäre.

Allgemeines

In der Erdatmosphäre finden ständig elektrostatische Entladungen statt, die sich in Form von Blitzen (engl. *lightning flashes)* in den Wolken oder zwischen Wolke und Erde zeigen. Durch seinen legendären Drachenflug in Philadelphia (USA) während eines Gewitters entdeckte der amerikanische Wissenschaftler *Benjamin Franklin* (1706-1790) im Jahre 1752 die elektrische Natur des Blitzes. *Franklin* beobachtete die Ableitung von Ladungen aus einem Gewitterfeld über eine Schnur und ging später als Erfinder des Blitzableiters für Gebäude in die Geschichte ein.
In Deutschland gehen jährlich fast 1 Million Blitze nieder. Dabei gibt es in den Sommermonaten Juli und August durchschnittlich fünfmal mehr Gewitter als in den Wintermonaten Dezember bis Februar. Außerdem nimmt die Zahl der jährlichen Gewittertage[1)] und Blitzeinschläge pro Quadratkilometer vom Norden nach dem Süden hin zu. Im Eismeer sowie am Nordpol gibt es praktisch keine Gewitter. Dagegen muss an der Ost- und Nordsee mit etwa 20, im Mittelmeerraum mit etwa 30 und in den Tropen durchschnittlich mit bis zu 140 Gewittertagen pro Jahr gerechnet werden.

Täglich „umzucken" rund 25 Millionen Blitze die Erde, von denen ungefähr 2 Millionen irgendwo einschlagen. In Deutschland wird jeder Quadratkilometer durchschnittlich zwei- bis dreimal pro Jahr vom Blitz getroffen. In besonders exponierten Lagen, z. B. im südwestlichen Mittelgebirge und in den Alpen, beträgt die Blitzdichte (Blitze/km^2 · Jahr) sogar bis 7.
Gewitter sind natürliche Wettererscheinungen. Es gibt zz. praktisch keine Einrichtungen oder Verfahren, mit denen elektrische Entladungen in der Atmosphäre (Blitze) verhindert werden können.
Bei einem Gewitter erfolgt der Ladungsausgleich entweder in den Wolken (Wolkenblitz) oder zwischen Wolke und Erde (Erdblitz). Dabei betragen die Spannungen bis zu 1000 MV (= 1 GV) und die Ströme 50 kA

1) **Gewittertag** ist ein Tag, an dem Wetterbeobachter oder Blitzortungssysteme während eines Tageszeitraums (24 h) ein Gewitter festgestellt haben. Dabei ist ohne Belang, ob es sich um ein heftiges Gewitter mit beispielsweise mehreren hundert Entladungen oder womöglich um ein Wintergewitter mit nur einem einzigen Blitz am Tag handelt. Der **keraunische Pegel** – Kurzzeichen AQ nach DIN VDE 0100-300 Anhang ZB – beschreibt die Anzahl der Gewittertage pro Jahr.

(Scheitelwert) und mehr. Trotz der vergleichsweise großen Länge des Blitzkanals[1)] von einigen Kilometern, z. B. von der Wolke zur Erde, erfolgt der Ladungsausgleich meist in 10...100 µs.
Die hohen Blitzströme (engl. *lightning currents*) mit Temperaturen von rund 30000 K können leicht entzündliche Stoffe so erwärmen, dass sie augenblicklich in Brand geraten (entflammen) oder dass feuchte Wände, Balken oder Bäume aufgrund der schlagartigen Wasserdampfbildung explodieren. Darüber hinaus kommt es bei Blitzeinschlägen mitunter zu empfindlichen Störungen der Energieversorgung, Nachrichtenübertragung und vor allem der hochsensiblen elektronischen Systeme, die inzwischen in nahezu alle Bereiche der modernen Industriegesellschaft Einzug gehalten haben. Außerdem können Menschen und Nutztiere unmittelbar vom Blitz getroffen und dadurch erheblich geschädigt oder gar getötet werden.
Eine Gefährdung besteht auch durch die indirekte Wirkung eines nahen Blitzeinschlags. Der Blitzstrom breitet sich an der Einschlagstelle nach allen Richtungen im Erdboden aus, sodass gefährlich hohe Schrittspannungen (→Berührungsspannung) zwischen den Füßen eines Menschen oder eines Nutztiers auftreten können.

Blitzentladungen bewirken ein plötzliches Auseinandertreiben der Luftmoleküle. Diese geraten in kurze, stark gedämpfte mechanische Schwingungen von gewaltiger Anfangsamplitude – mehr oder weniger laut hörbar als dumpf grollendes Geräusch (Donner). Da das Licht des Blitzes (Funkenentladung, engl. *spark discharge*) je Sekunde nahezu 300 000 km zurücklegt, der Schall des Donners dagegen nur 343 m (in Luft bei 20 °C), wird der Donner eines entfernten Gewitters viel später wahrgenommen als der Blitz. Hört man den Donner z. B. erst 3 s nach seinem Blitz, ist das Gewitter demnach noch etwa 1 km entfernt.

[1)] **Blitzkanal** ist der Entladungsweg einer Blitzentladung von einigen 10 m Durchmesser, leitend geworden durch ionisierte Luftmoleküle. Bei Abwärtsblitzen setzt sich der Entladungsweg meistens aus mehreren zeitlich nacheinander auftretenden Entladungsstufen (Ruckstufen) von etwa 50...100 m Länge zusammen.

Blitzarten

Bei Erdblitzen unterscheidet man zwischen Wolke-Erde- und Erde-Wolke-Blitzen, auch Abwärts- und Aufwärtsblitze genannt. Ein **Abwärtsblitz** (engl. *downward flash*) wird durch eine von der geladenen Wolke zur Erde abwärts gerichtete Vorentladung (Leitblitz) eingeleitet. Sobald die Isolationsfestigkeit der Luft überschritten wird, wachsen von der Erde aus Fangentladungen dem Leitblitz entgegen. Treffen die Fangentladungen mit dem Leitblitzkopf zusammen, so erfolgt eine schlagartige Entladung des Leitblitzes. Abwärtsblitze sind gut an den zur Erde gerichteten Verästelungen zu erkennen.
Ein **Aufwärtsblitz** (engl. *upward flash*) hingegen beginnt mit einem gegen die Wolke vorwachsenden Leitblitz, der von sehr hohen und exponiert liegenden geerdeten Objekten, z.B. Fernsehtürmen, ausgeht. In diesem Fall fließt von der Erde aus ein Blitzstrom (Stoßstrom) zur Gewitterwolke. Aufwärtsblitze sind gut an den zur Wolke gerichteten Verästelungen erkennbar.

Blitzschutz

Maßnahmen zum gefahrlosen Auffangen von Blitzströmen und deren zuverlässiger Ableitung in die Erde, vorrangig zur Vermeidung von Bränden (äußerer Blitzschutz), gegen die Auswirkungen elektromagnetischer Blitzimpulse auf Personen, Nutztiere, metallene Installationen sowie elektrische und elektronische Systeme in baulichen Anlagen (innerer Blitzschutz).

Allgemeines

Seit fast 250 Jahren gibt es Blitzschutzanlagen. Diese Anlagen dienen hauptsächlich
- der Schadensverhütung an Bauwerken, z. B. Bränden oder mechanischen Beschädigungen (Explosionen),
- der Erhaltung der Funktionsfähigkeit der elektrischen und elektronischen Systeme sowie
- dem Schutz von Personen und Nutztieren gegen gefährliche elektrische Durchströmungen

infolge direkter oder indirekter (ferner) Blitzeinschläge.

Bei **direkten Blitzeinschlägen** wird bestimmungsgemäß die Blitzschutzanlage direkt vom →Blitz getroffen. Mitunter schlägt der Blitz aber auch direkt in das Objekt (Gebäude, Anlage) ein. **Indirekte Blitzeinschläge** bezeichnen Einschläge in der näheren oder ferneren Umgebung von Gebäuden, baulichen Anlagen oder Versorgungsleitungen, die in solche Anlagen einmünden. Kenntnisse über den Blitzschutz und die vorschriftsmäßige Ausführung von Blitzschutzsystemen (engl. *lightning protection systems*, Abk. LPS) gehören zum Berufsbild eines Elektroinstallateurs.

Anwendung

Blitzschutzanlagen werden z. B. entsprechend den Bauordnungen der Bundesländer und den Unfallverhütungsvorschriften (UVV) der Berufsgenossenschaften für solche Gebäude und bauliche Anlagen gefordert, bei denen nach Lage, Bauart und Nutzung Blitzeinschläge zu besonders schweren Folgen führen können. Das ist z. B. bei Kraftwerken, Flughäfen, Sprengstofflagern, Funk- und Aussichtstürmen, Bahnhöfen, Museen, Theatern, Schulen, Kranken- und Warenhäusern der Fall.

Unabhängig von Verordnungen und Verfügungen der zuständigen Aufsichtsbehörden sollten Gebäude grundsätzlich eine Blitzschutzanlage erhalten,
- wenn Menschen, Nutztiere, Kulturgüter oder hochsensible elektronische Einrichtungen in besonderer Weise zu schützen sind oder
- wenn Gebäude
  - explosionsgefährliche oder leicht entflammbare Stoffe (insbesondere im Dachbereich) enthalten,
  - weiche Dacheindeckungen aus Holz, Stroh oder Reet (Schilf) haben oder
  - ihre Umgebung deutlich überragen, z. B. frei stehende Gebäude auf Bergkuppen.

Das gilt vor allem für gewitterreiche Regionen mit hoher Blitzdichte. Liegen keine besonderen behördlichen Verordnungen oder Verfügungen vor, z. B. für Privathäuser, so ist das Errichten einer Blitzschutzanlage grundsätzlich eine freiwillige Entscheidung des jeweiligen Gebäudeeigentümers. Überspannungsableiter sind kein Ersatz für eine Blitzschutzanlage.

Ausführung

Die Realisierung des Blitzschutzes erfolgt durch Blitzschutzanlagen nach der Normenreihe DIN V VDE V 0185 und den dazu vom Ausschuss für Blitzschutz und Blitzschutzforschung (ABB) des VDE erlassenen Richtlinien. Zu einer vollständigen Blitzschutzanlage gehören stets Einrichtungen des äußeren **und** inneren Blitzschutzes; darin eingeschlossen der Blitzschutz-Potentialausgleich.

Ein Beispiel für die vorschriftsmäßige Ausführung der Blitzschutzanlage eines Wohngebäudes in Verbindung mit →Potentialausgleich und Überspannungsschutz ist im Bild B25 dargestellt. Durch ein abgestuftes System von Überspannungs-Schutzmaßnahmen für den Grob-, Mittel- und Feinschutz können z. B. atmosphärische Überspannungen auf so niedrige Werte herabgesetzt werden, dass sie selbst für empfindliche elektronische Einrichtungen, wie Fernsehgeräte, Hi-Fi-Anlagen und PCs, ungefährlich sind.

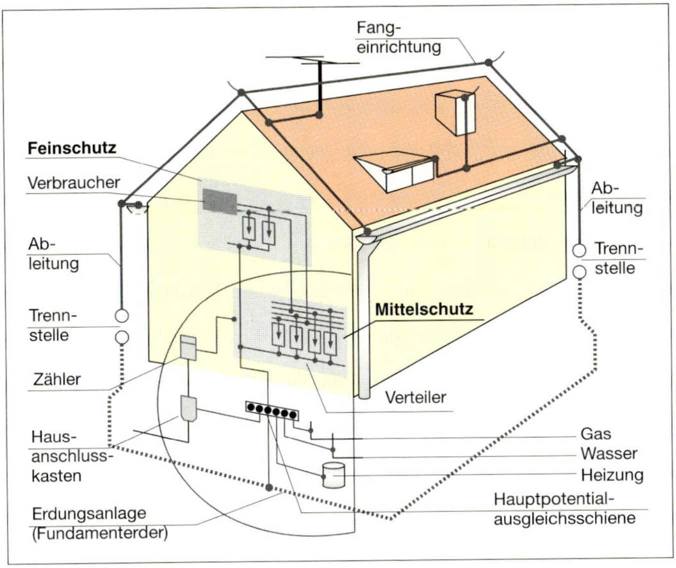

Bild B25: Blitzschutzanlage eines Wohngebäudes [1]

Äußerer Blitzschutz

Dem äußeren Blitzschutz (engl. *external lightning protection*) kommen folgende Funktionen zu:

- Auffangen eines Blitzes mit Hilfe von Fangeinrichtungen,
- Ableiten des Blitzstroms zur Erde mit Hilfe entsprechender Ableitungen und
- Verteilen des Blitzstroms in der Erde mit Hilfe einer →Erdungsanlage.

Zu diesem Zweck wird mit metallenen Leitungen, meist aus verzinktem Rundstahl oder Kupferdraht, sehr grobmaschig die äußere Kontur des Gebäudes nachgebaut, s. Bild B25. Verbindungen des äußeren Blitzschutzes zu Einrichtungen der elektrischen Energie- und Informationstechnik sollten – außer auf Erdniveau – vermieden werden.

Ein **getrennter** äußerer Blitzschutz liegt vor, wenn Fangeinrichtungen und Ableitungen so installiert sind, dass der Blitzstromweg mit der zu schützenden baulichen Anlage nicht in Berührung kommt, z. B. bei Gebäuden mit leicht entflammbarer Dachdeckung (Stroh- oder Reetdächer), Beispiel s. Bild B26.

Der **nicht getrennte** äußere Blitzschutz findet häufiger Anwendung als der getrennte. In diesem Fall sind die Fangeinrichtungen und Ableitungen direkt an der zu schützenden baulichen Anlage oder nur mit geringem Abstand zu ihr befestigt.

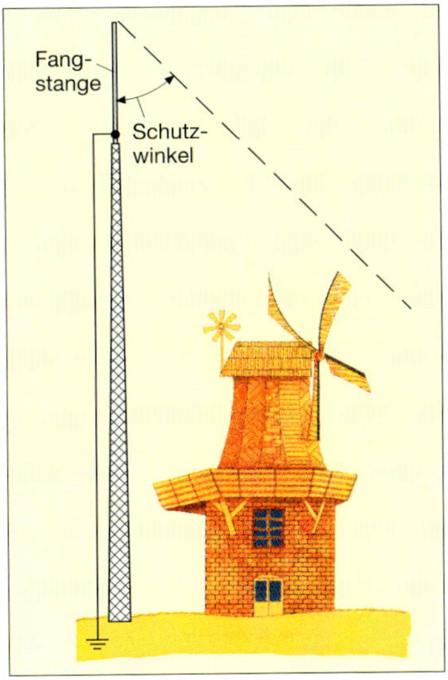

Bild B26: Getrennter äußerer Blitzschutz [2]

Der äußere Blitzschutz wird nicht gefordert, wenn die betreffende bauliche Anlage entweder im Schutzbereich anderer Anlagen liegt oder so kleine Abmessungen hat, dass wegen der geringen Einschlagwahrscheinlichkeit ein solcher Blitzschutz nicht notwendig ist. Gleichwohl kann aber ein innerer Blitzschutz erforderlich sein, um z. B. gefährliche Funkenbildung und andere Schäden durch Blitzströme innerhalb der baulichen Anlage zu vermeiden.

Innerer Blitzschutz

Wichtigste Maßnahme für den inneren Blitzschutz (engl. *internal lightning protection*) ist ein konsequent und umfassend durchgeführter Potentialausgleich. Dieser **Blitzschutz-Potentialausgleich** (engl. *lightning equipotential bonding*) dient hauptsächlich dem Schutz von Personen und Nutztieren gegen →elektrischen Schlag sowie von elektrischen Betriebsmitteln bei Blitzüberspannungen. Er wird durchgeführt zwischen den in das Objekt hineinführenden und den anderen metallenen Leitungssystemen auf Erdbodenniveau (Kellergeschoss), erforderlichenfalls in Verbindung mit einer Schirmung der sensiblen elektronischen Einrichtungen. Dabei darf freilich nicht außer Acht gelassen werden, dass i. Allg. nur geringfügig mehr als die Hälfte des gesamten Blitzstroms in die Erdungsanlage der betreffenden baulichen Anlage fließt. Die andere knappe Hälfte des Blitzstroms teilt sich auf die metallenen Versorgungsleitungen auf, die in die bauliche Anlage führen, s. Bild B27. Bei geschirmten Kabeln und Leitungen fließt der anteilige Blitzstrom über den →Schirm.

Fangeinrichtung

Der von den Wolken zur Erde in Ruckstufen vorwachsende Leitblitz „ortet" erst im letzten Moment (innerhalb einigen 10…100 m) den Einschlagpunkt. Fangeinrichtungen (eng. *air-termination systems*) sollen die möglichen Blitzeinschlagpunkte festlegen und unkontrollierte Einschläge an anderen Stellen vermeiden. Hierfür kommen grundsätzlich **Fangstangen** und **Fangleitungen** (Seile oder Drähte) zum Einsatz.

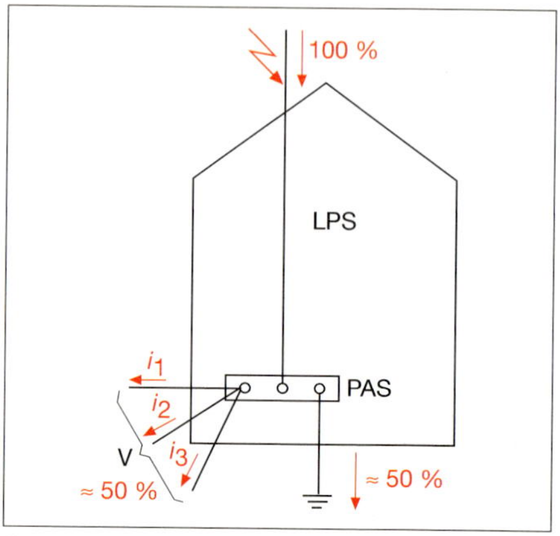

Bild B27: Blitzstromverteilung auf die Erdungsanlage und auf die zur baulichen Anlage führenden Versorgungsleitungen (V)
LPS Blitzschutzsystem
PAS (Haupt-)Potentialausgleichsschiene

Fangstangen werden an exponierten Punkten, i. Allg. auf oder oberhalb der zu schützenden Objekte (Gebäude, Türme, Schornsteine, Maste u. dgl.), fest angeordnet und auf kurzem Wege mit den Ableitungen verbunden. Elektrisch leitend verbundene Metallkonstruktionen auf der Dachfläche, metallene Dacheindeckungen sowie Metallverkleidungen an Außenwänden können unter bestimmten Voraussetzungen [3] ebenfalls als (natürliche) Fangeinrichtungen dienen. Metallene Rohre, Druck führend oder mit entflammbarem Inhalt, scheiden dagegen als Fangeinrichtung aus. Kein Punkt der Dachfläche sollte mehr als 5 m von einer Fangleitung entfernt sein.

Um ein Abspringen des Blitzes von der Blitzschutzanlage auf andere geerdete Teile zu verhindern, sind alle größeren benachbarten Metallteile, auch Lauf- und Trittroste auf dem Dach, Antennen- und Lüftungsrohre, Schneegitter sowie Regenrinnen, auf kürzestem Wege mit der Fangeinrichtung zu verbinden.

Unkontrollierte Blitzeinschläge an nicht erwünschten Stellen und das Abspringen des Blitzes von der dafür vorgesehenen Leiterbahn sind eine große Gefahr für das betreffende Bauwerk und seine Bewohner (Nutzer). Meist werden dabei auch die elektrischen (elektronischen) Systeme geschädigt. Unkontrollierte Blitzeinschläge und Blitzabsprünge sind meist das Resultat einer fehlerhaft geplanten, nicht fachgerecht ausgeführten oder sanierungsbedürftigen Blitzschutzanlage.

Blitzströme sind i. Allg. sehr groß und haben einen ungewöhnlich steilen zeitlichen Anstieg von meist mehreren 10 kA/µs. Bereits nach wenigen µs erreichen sie ihren Scheitelwert von z. B. 50 kA und mehr. Es wurden sogar schon Werte über 200 kA gemessen.

Außerdem sind Blitzströme Stoßströme (Stoßentladungen), die Krümmungen der Leiterbahn nur sehr schwer folgen können. Deshalb verhalten sich Blitzströme gänzlich anders als z. B. die technischen Ströme in Verbraucheranlagen. Entscheidend für die Ableitung von Blitzströmen ist nicht der Gleichstromwiderstand, sondern der →Stoßerdungswiderstand.

Ableitung

Die Ableitung (engl. *down-conductor system*) ist die direkte Fortsetzung des Verlaufs der Fangeinrichtung in Richtung Erdungsanlage, s. Bild B25. Ableitungen sind grundsätzlich senkrecht zu führen und gerade zu verlegen, um die kürzeste Verbindung zur Erde zu erreichen. Schleifen sind unbedingt zu vermeiden. Der Blitzstrom darf sich nicht selbst die kürzeste Verbindung über die Luft (Lichtbogen) oder durch den Baukörper wählen können.

Infolge des Blitzstroms sind hohe Temperaturen möglich. Deshalb müssen die Ableitungen in einem genügend großen Abstand (≥ 10 cm) zu brennbaren Stoffen verlegt werden. Außerdem ist die Anzahl der Verbindungen innerhalb der Ableitung auf ein Minimum zu beschränken.

Für Bauwerke mit vermaschten Fangeinrichtungen, z. B. mit mehreren Fangstangen oder gespannten Drähten bzw. Seilen (Fangleitungen), sind mindestens zwei Ableitungen vorzusehen, die gleichmäßig auf den Umfang des Bauwerks, vorzugsweise auf dessen Ecken, zu verteilen sind. Außerdem müssen die Ableitungen – ausgenommen „natürliche Ableitungen“ in Verbindung mit →Fundamenterdern oberhalb der Erdeinführung je eine (Mess-)Trennstelle haben, s. Bild B25. Metallene Teile einer baulichen Anlage, z. B. Bewehrungen von Stahlbetonbauten, metallene Verkleidungen von Außenwänden, Regenrinnen und Rohre, sind als „natürliche Blitzableiter“ zulässig.

Erdungsanlage

Die Erdungsanlage (engl. *earth-termination system*) für den Blitzschutz dient der möglichst großflächigen Einleitung des Blitzstroms in die Erde, bei Schiffen mit metallenem Körper in das Wasser (Blitzschutzerdung), s. Bild B25.

Alle →Erder sind zusammenzuschließen und auf möglichst kurzem Wege mit der Ableitung sowie der Hauptpotentialausgleichsschiene des betreffenden Gebäudes zu verbinden, bei Ringerdern auch noch mit den sog. Ring-Potentialausgleichsschienen (Erdungsringleiter), Es darf nur **eine** Erdungsanlage vorhanden sein, am besten ein Fundamenterder. Die früher geübte Praxis, z. B. für die Funktionserdung elektronischer Einrichtungen eine „saubere Erde“ (engl. *clean earth*) getrennt von der Erdungsanlage für die anderen Einrichtungen und den Blitzschutz zu verwenden, ist nicht mehr zeitgemäß und inzwischen normenkonträr.

Seit jeher ist es das Ziel der Blitzschutzerdung in Verbindung mit dem Blitzschutz-Potentialausgleich, bei einem Einschlag den Blitzstrom sicher (schadlos) in die Erde abzuleiten und dabei gefährliche Potentialdifferenzen auf sowie zwischen den metallenen Teilen innerhalb der baulichen Anlagen zu vermeiden. Diesem Ziel dienen die vielen, möglichst kurzen Verbindungen aller

metallenen Komponenten des betreffenden Objekts untereinander sowie mit den in das Objekt hineinführenden Versorgungsleitungen. Auf diese Weise entsteht ganz im Sinne der Zielstellung ein dreidimensionales, eng vermaschtes Potentialausgleichsnetzwerk.
PEN-Leiter (Schutzleiter) scheiden als Erder für Blitzschutzanlagen aus [4].

Literatur

[1] Merkblatt: Wie kann man sich gegen Blitzeinwirkungen schützen? Ausschuss Blitzschutz und Blitzschutzforschung (ABB) des VDE.
[2] *E. F.:* Äußerer Blitzschutz (IV). de 73 (1998) 19, S. 131g und 132g.
[3] Reihe der Vornormen DIN V VDE V 0185: 2002-11 Blitzschutz.
[4] Technische Anschlussbedingungen für den Anschluss an das Niederspannungsnetz (TAB 2000). Herausg.: Verband der Elektrizitätswirtschaft (VDEW) e.V., Frankfurt am Main.

Blitzstromableiter

Überspannungs-Schutzeinrichtung der **Anforderungsklasse B** (B-Ableiter) [1] zur Sicherstellung des Blitzschutz-Potentialausgleichs zwischen der elektrischen Gebäudeinstallation und dem Anlagenerder, z. B. einem Fundamenterder.
Ableiter der Anforderungsklasse A (A-Ableiter) finden nur in Freileitungsnetzen Anwendung, nicht in der Gebäudeinstallation.

Allgemeines

Blitzstromableiter dienen dem Schutz elektrischer Betriebsmittel und Anlagen sowohl bei direkten und nahen, indirekten Blitzeinschlägen als auch bei elektromagnetischen Einkopplungen von Blitzströmen in die Leitungssysteme eines Gebäudes. Diese Ableiter der Anforderungsklasse B können demnach direkte Blitzströme führen und die Blitzspannungen zuverlässig auf ein für die elektrische Anlage verträgliches Niveau begrenzen (Grobschutz). Das Ansprechverhalten der Trennfunkenstrecke wird dabei weder vom Klima noch von Verschmutzungen beeinflusst, da die Entladungsstrecke im Ableiter hermetisch abgeschlossen ist. Im Übrigen gibt es bei diesen Geräten keine Ausblasöffnungen. Sicherheitsabstände zur Verhinderung von Bränden brauchen deshalb nicht eingehalten zu werden.
Blitzstromableiter werden in Verbindung mit einem äußeren Blitzschutz nach DIN V VDE V 0185 errichtet und üblicherweise in unmittelbarer Nähe zur Eintrittsstelle der Niederspannungs-Versorgungsleitung (Hausanschlussleitung) im Gebäude platziert, z. B. am Hausanschlusskasten oder im Zählerschrank, Beispiel s. Bild B28. Wichtige Kenngrößen für diese Geräte im Vor-Zählerbereich sind die (Blitz-)Stoßstromtragfähigkeit und das Folgestromlöschverhalten. Letzteres bezeichnet die Fähigkeit eines Blitzstromableiters, nach dem Zünden der →Funkenstrecke den auftretenden Netzfolgestrom zu begrenzen und selbstständig zu unterbrechen [2].

Überspannungsableiter

Überspannungsableiter werden je nach Anwendung und Mindeststoßspannungsfestigkeit der zu schützenden elektrischen Betriebsmittel und Anlagen in verschiedene Ausführungsklassen eingeteilt [1]. Ein wirksamer Schutze gegen direkte und indirekte Blitzeinschläge sowie gegen die Auswirkungen von Schaltüberspannungen kann nur durch die richtige Kombination von Überspannungsableitern der Anforderungsklassen B, C und D unter Beachtung der Herstellerangaben sichergestellt werden.
Überspannungsableiter der **Anforderungsklasse C** (C-Ableiter) werden in einem Verteiler der festen Gebäudeinstallation eingebaut, um als zweite Stufe des gestaffelten Anlagenschutzes (Mittelschutz) die Restblitzspannung (Restpegel) von vorgeordneten Blitzstromableitern entspre-

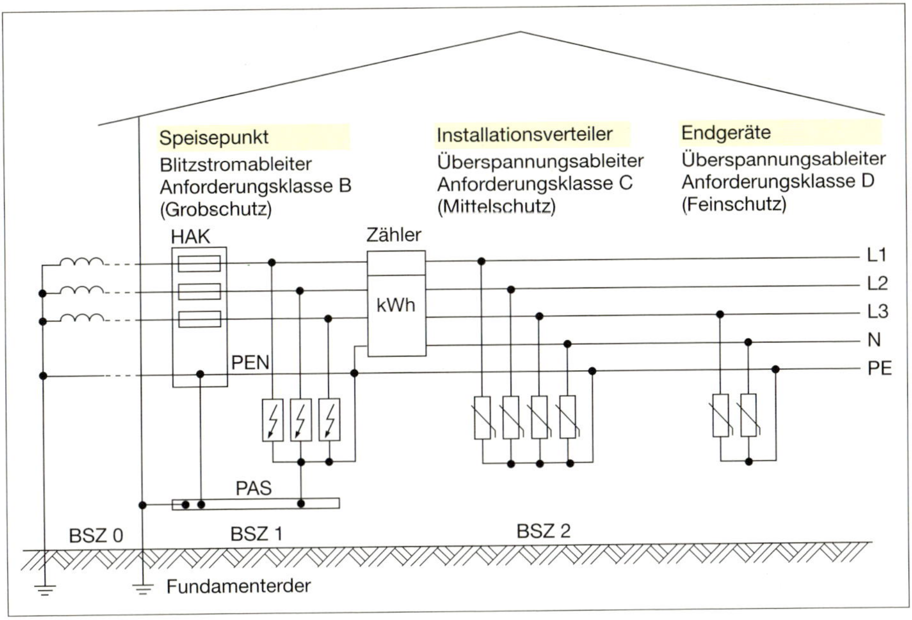

Bild B28: Blitzstrom- und Überspannungsableiter in einem TN-C-S-System
HAK Hausanschlusskasten;
PAS (Haupt-)Potentialausgleichsschiene; BSZ Blitzschutzzone (engl. ***l****ightning* ***p****rotection* ***z****one, Abk. LPZ)*

chend den Anforderungen der →Überspannungskategorie II nach DIN VDE 0110 zu reduzieren, s. Bild B28 (4+0-Schaltung). Darüber hinaus übernehmen diese Ableiter den Überspannungsschutz der festen Elektroinstallation vor Störungen, hervorgerufen durch eingekoppelte Spannungen infolge von Blitzferneinschlägen und in der Anlage selbst erzeugte Überspannungen. Die spezifischen Parameter für diese Überspannngsableiter sind der Bemessungs-Ableitstoßstrom und der Schutzpegel.

Überspannungsableiter für Steckdosen-Endgeräte – **Anforderungsklasse D** (D-Ableiter) – reduzieren den Restpegel der vorgeordneten Ableiter (Feinschutz). Ihre Anwendung ist jedoch nur in Verbindung mit Überspannungsableitern der Anforderungsklasse C sinnvoll, s. Bild B28.

Literatur

[1] DIN V VDE V 0100-534:1999-04 Elektrische Anlagen von Gebäuden; Auswahl und Errichtung von Betriebsmitteln; Überspannungs-Schutzeinrichtungen.
[2] *Ehrler, J.; Zäuner, E.:* Überspannungsschutz richtig auswählen und fachgerecht installieren. de 76(2001)12, S. 18-23.

Bolzenklemme

Schraubklemme, bei der die Kontaktkraft durch eine Mutter direkt oder indirekt auf den oder die elektrischen Leiter ausgeübt wird, s. Bild B29.
Wird der Leiter unter den Kopf einer Schraube geklemmt, so werden Bolzenklemmen auch „Schraubenkopfklemmen“ genannt. Die Kontaktkraft kann unmittelbar durch den Schraubenkopf ausgeübt werden oder

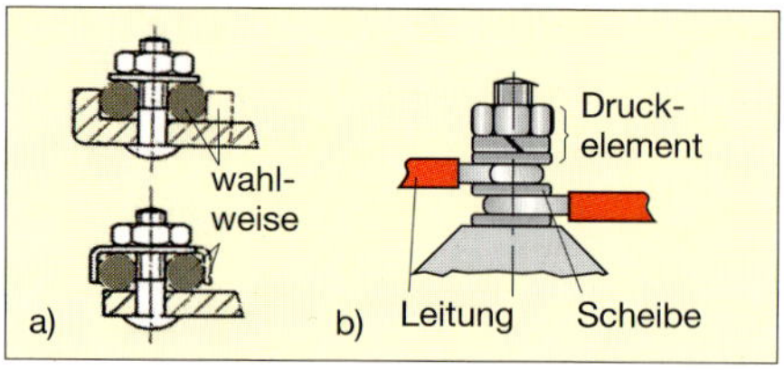

Bild B29: Bolzenklemmen
a) mit Ausweichschutzteil;
b) für den Anschluss von zwei Leitern mit Öse

über ein Zwischenstück, welches zugleich das seitliche Ausweichen des Leiters verhindert.

brennbarer Baustoff

Baustoff, der nach dem Entflammen ohne eine zusätzliche Wärmequelle weiterbrennt.

Allgemeines

Das Brandverhalten eines Baustoffs wird hauptsächlich bestimmt von der Art des Stoffs, von dessen Gestalt, z. B. Dicke, der Art der Oberfläche, dem Verbund mit anderen Stoffen, der Masse und der Verarbeitungstechnik. Nicht brennbare Stoffe, wie Sand oder Gips, können nicht zum Entflammen gebracht werden.

Einteilung

Brennbare Baustoffe werden hinsichtlich ihrer Entflammbarkeit und Flammenausbreitung wie folgt eingeteilt:

- **Leicht entflammbare Baustoffe** lassen sich mit kleiner Zündquelle, z. B. einem Streichholz, entflammen und brennen ohne weitere Wärmezufuhr mit gleich bleibender oder zunehmender Geschwindigkeit ab.
  Leicht entflammbare Stoffe sind z. B. loses Papier, Reet, Heu, Stroh, Holzwolle, Hobelspäne und andere Holzwerkstoffe bis 2 mm Dicke.
  Neben den leicht entflammbaren Stoffen gibt es noch „leicht entzündliche Stoffe" nach DIN VDE 0100-482, z. B. in →feuergefährdeten Betriebsstätten.
- **Normal entflammbare Baustoffe** lassen sich mit kleiner Zündquelle entflammen. Die Flammenausbreitung ist ohne weitere Wärmezufuhr relativ gering, sodass eine Selbstverlöschung auftreten kann. Normal entflammbare Baustoffe sind z. B. Holz und Holzwerkstoffe über 2 mm Dicke, kunststoffbeschichtete Holzfaserplatten über 3 mm Dicke, Schichtpressstoffplatten, Hart-PVC-Tafeln und Linoleumbeläge.
- **Schwer entflammbare Baustoffe** lassen sich nur durch große Zündquellen zum Entflammen oder zu einer thermischen Reaktion bringen. Sie brennen nur bei zusätzlicher Wärmezufuhr mit geringer Geschwindigkeit weiter, wobei die Flammenausbreitung örtlich stark begrenzt ist. Nach dem Entfernen der Wärmequelle verlöscht der Baustoff in kurzer Zeit von selbst und glimmt kaum nach. Schwer entflammbare Stoffe sind z. B. Gipskartonplatten und Holzwolle-Leichtbauplatten.

Buchholz-Schutzsystem

Gas- und Ölströmungsschutzeinrichtung für mit flüssigem Isolierstoff gefüllte Transformatoren, Erdschlussdrosseln (Petersen-Spulen) u. dgl. zum Schutz dieser kostspieligen Geräte bei inneren →Isolationsfehlern.

Allgemeines

Das Gas- und Ölströmungsschutzsystem wurde von dem deutschen Ingenieur *Max Buchholz* (1875–1956) kurz nach dem 1. Weltkrieg erfunden. Es nutzt die sich bei einem inneren Isolationsfehler, z. B. Spannungsdurchschlag, bildenden Gase oder die entstehende Druckwelle (Ölströmung) zur frühzeitigen Warnung oder sofortigen Abschaltung des defekten elektrischen Geräts [1].

Wirkungsweise

Passieren die vom Transformatorenkessel zum Ausdehnungsgefäß im Öl aufsteigenden Gasblasen den mit einem Quecksilberschalter verbundenen Schwimmer des Buchholzrelais, so erfolgt eine optische und akustische Fehlermeldung (Buchholz-Warnung). Bei „satten Schlüssen" wird das betreffende Gerät, z. B. ein Öltransformator, sofort abgeschaltet (Buchholz-Auslösung), um größere Folgeschäden zu vermeiden. In diesem Fall drückt die durch den totalen Isolationsschaden bedingte, nach oben steigende Gasdruckwelle (Ölschwall) gegen einen Stauschieber, der vermittels des angebauten Quecksilberschalters die sofortige Abschaltung des defekten Transformators bewirkt, s. Bild B30.

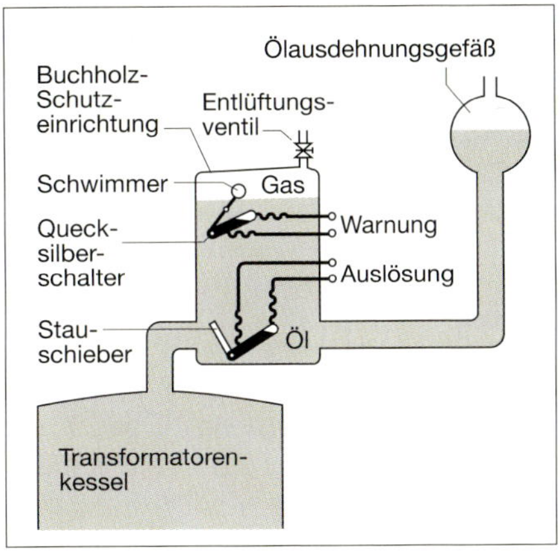

Bild B30: Grundprinzip des Buchholzschutzes

Literatur

[1] DIN EN 50216-2 (VDE 0532-216-2):2002-11 Zubehör für Transformatoren und Drosselspulen; Buchholzrelais für flüssigkeitsgefüllte Transformatoren und Drosselspulen mit Ausdehnungsgefäß.

Buchsenklemme

Schraubklemme mit Durchgangs- oder Sackloch (Buchse), in dem der elektrische Leiter durch den Gewindeschaft einer Schraube oder mehrerer Schrauben geklemmt wird. Die Kontaktkraft kann entweder

- direkt (punktuell) durch den Gewindeschaft der Schraube oder
- indirekt (großflächig) durch ein Druckstück, auf das der Schraubenschaft wirkt und das für einen gleichmäßigen Kontaktdruck auf den Leiter sorgt,

übertragen werden, s. Bild. B31.

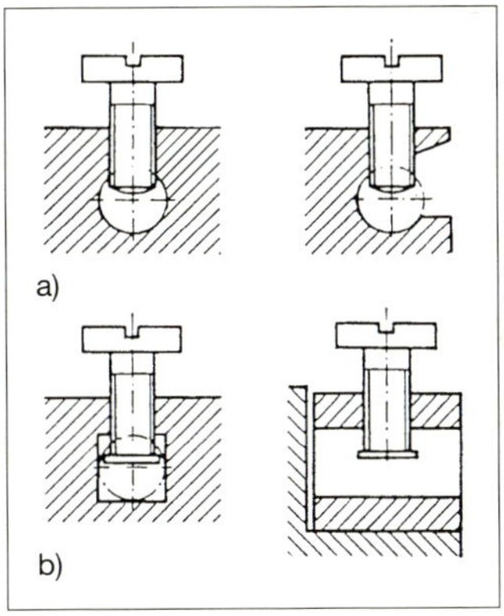

Bild B31: Buchsenklemmen
a) ohne Druckstück;
b) mit Druckstück;

Die Kontaktqualität einer Buchsenklemme (Maulklemme) hängt in hohem Maße von der Art des Leiters und dessen Vorbehandlung ab. Aufgespleißte feindrähtige Leiter verursachen mitunter große Übergangswiderstände, begleitet von hoher Erwärmung. Deshalb empfiehlt es sich, bei flexiblen Leitungen die Leiterenden mit Aderendhülsen zu verpressen.
Buchsenklemmen ohne Druckstück sind mit Umsicht zu verwenden, denn ihre Schrauben können den Leiter beschädigen und schwächen.

Buchsenklemmen zum Anschluss von Decken- oder Wandleuchten an die ortsfeste Installationsanlage heißen **Leuchtenklemmen**. Mitunter werden sie auch **Lüsterklemmen** genannt.

Bündelleiter

Parallel geschaltete aktive Leiter (Mehrfachleiter) von Hochspannungs-Freileitungen.

Allgemeines

→Freileitungen mit Nennspannungen ab 110 kV werden in der Regel mit Zweier- oder Dreierbündelleitern und bei Spannungen ab 380 kV überwiegend mit Viererbündelleitern ausgeführt, s. Bild B32. Die Aufteilung des Hauptleiterquerschnitts auf mehrere Leiterseile (Teilleiter) führt zu einer nennenswerten Vergrößerung der Leiteroberfläche des jeweiligen Strangs. Dadurch verringert sich die elektrische Randfeldstärke an den Leitern (s. Bild B33), was zu einer Senkung der hochfrequenten Störspannungen und der Koronaverluste (→Koronaentladung) führt.

Bündelleiter bestehen überwiegend aus Aluminium. Zwecks Erhöhung der mechanischen Zugfestigkeit der Freileitungsseile sind die blanken Aluminiumdrähte schraubenlinienförmig um einen Stahlkern (Stahlseil) gelegt. Der Nennquerschnitt des Aluminium-Stahl-Seils beträgt i. Allg. 240/40 mm^2.

Abstandhalter

Die Fixierung der seilförmigen Teilleiter einer Hochspannungs-Freileitung erfolgt mittels leitfähiger Abstandhalter an den Isolatorenketten und in Abständen von 50…70 m zusätzlich noch innerhalb der Spannfelder. Die Abstandhalter (Stege, Rahmen) verbinden die Teilleiter untereinander und verhindern deren Zusammenschlagen als Folge elektrischer oder mechanischer Einflüsse. Der

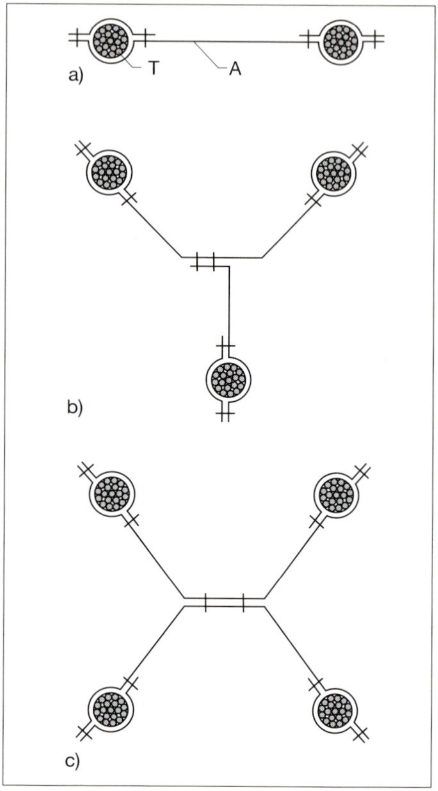

Bild B32: Zweier-, Dreier- und Viererbündelleiter
T Teilleiter; A Abstandhalter

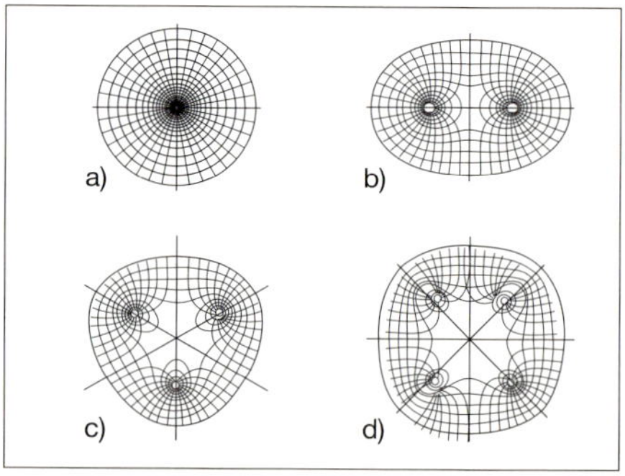

Bild B33: Elektrischer Feldlinienverlauf [1]
a) Einseilleiter;
b), c), d) Zweier-, Dreier- und Viererbündelleiter (Teilleiter durch Abstandhalter elektrisch verbunden

Teilleiterabstand beträgt üblicherweise 400 mm.

Literatur

[1] *Knies, W.; Schierack, K.:* Elektrische Anlagentechnik. 3. Auflage. München: Carl Hanser Verlag 2000.

Bürste

Fest stehendes, federndes Teil des schleifenden Kontaktsystems einer drehenden elektrischen Maschine, über das die ruhende Zuleitung mit den rotierenden Spulen des Läufers verbunden ist.

Bürsten bestehen i. Allg. aus amorpher Kohle (Koks) und/oder Graphit, ggf. mit Zusätzen von metallischen Werkstoffen (Metallpulver), wie Kupfer oder Bronze, in Sonderfällen auch Silber. Um bei hohen Drehzahlen einen möglichst funkenfreien Lauf zu erreichen, werden Bürsten auch mit unterschiedlicher elektrischer Leitfähigkeit in Längs- und Querrichtung hergestellt.
Bürsten werden von **Bürstenhaltern** geführt und mit Federn sanft auf die rotierenden Schleifringe des Läufers (Rotor) gedrückt. Dabei soll der Druck möglichst konstant sein, um die Funkenbildung klein zu halten und eine hohe Lebensdauer zu erreichen.

Während des Betriebs der elektrischen Maschine werden infolge Reibung des schleifenden Kontaktsystems laufend Partikel der Bürste abgetragen. Dieser natürliche Bürstenverschleiß führt im Laufe der Betriebszeit zum Ansteigen der Übergangsverluste und bei mangelnder Wartung mitunter zu Bürstenfeuer (Betriebsstörung).
Die von Bürsten übertragenen elektrischen Ströme liegen im Bereich von wenigen Milliampere, z. B. für Messzwecke, bis zu mehreren Kiloampere. In letzterem Fall werden viele Bürsten parallel geschaltet, z. B. für den Erregerstromkreis von Turbogeneratoren.

Busleitung

Geschirmte MSR- oder Fernmeldeleitung zum Anschluss von Geräten und Komponenten, z. B. in EIB-Anlagen.

Allgemeines

Bus (engl. ***b**inary **u**nit **s**ystem*) ist eine elektrische Verbindung zwischen den Komponenten eines Rechners oder zwischen programmierbaren Geräten, über die Informationen, z. B. über →Lichtwellenleiterkabel, von allen Sendern zu allen Empfängern übertragen werden können (IEV 394-01-17). Die externen Verbindungen erfolgen über Busleitungen, z. B. vom Typ YCYM 2 x 2 x 0,8 oder vom Typ J-Y(St)Y 2 x 2 x 0,8 mit jeweils zwei Adernpaaren und einem Beilaufdraht[2] nach DIN VDE 0815 [1]. Für den

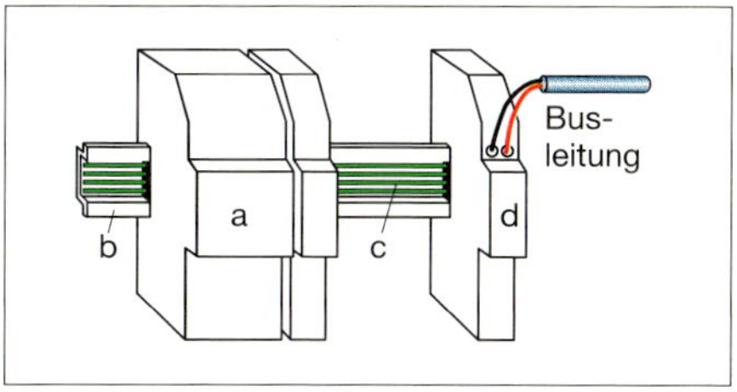

Bild B34: Anschluss von Busgeräten an die Datenschiene
a Reiheneinbau-Busgerät;
b Hutprofilschiene;
c Datenschiene (selbstklebend);
d Datenschienenverbinder

[1] **EIB** = Europäischer Installations-Bus (engl. *european installation bus*), Abk. Instabus oder Ibus.

[2] **Beilaufdraht** (Beidraht, engl. *continuity wire*) ist ein nichtisolierter Draht, der mit dem Schirm oder Metallmantel einer Leitung oder eines Kabels elektrisch leitend verbunden ist.

Anschluss der Busleitungen an die Datenschiene mit ihren vier Metallbahnen dienen spezielle Verbinder. Der elektrische Kontakt wird durch Aufschnappen des Datenschienenverbinders auf die Hutprofilschiene (Tragschiene [2]) hergestellt, s. Bild B34.

Errichtung

Für das Verlegen von Busleitungen gelten grundsätzlich die gleichen Installationsbedingungen wie für gewöhnliche Kabel- und Leitungsanlagen nach DIN VDE 0100-520. Starkstromkabel und -leitungen dürfen aus Funktions- und Sicherheitsgründen sowie wegen der Verwechslungsgefahr grundsätzlich nicht als Busleitungen verwendet werden.

Busleitungen für die Automatisierung betriebstechnischer Abläufe in Wohn- und Zweckgebäuden sind von Starkstromleitungen und -kabeln sicher elektrisch zu trennen [3][4]. Sie dürfen nicht zusammen mit →Aderleitungen für Starkstromzwecke in Elektroinstallationsrohren, -kanälen oder in Installationsdosen verlegt werden.

Literatur

[1] DIN VDE 0815:1985-09 Installationskabel und -leitungen für Fernmelde- und Informationsverarbeitungsanlagen.

[2] DIN EN 60715:2001-09 Abmessungen von Niederspannungsschaltgeräten; Genormte Tragschienen für die mechanische Befestigung von elektrischen Geräten in Schaltanlagen.

[3] Vornorm DIN V VDE V 0829-230:1994-03 Elektrische Systemtechnik für Heim und Gebäude; Systemübersicht; Allgemeine technische Anforderungen an Installationsgeräte.

[4] Vornorm DIN V VDE V 0829-240:1997-06 Technischer Bericht; Richtlinien für die fachgerechte Verlegung von Kabel mit verdrillten Aderpaaren (TP), Klasse 1.

— C —

Caravan

Bewohnbares Freizeitfahrzeug in Anhängerbauweise, das für den Straßenverkehr geeignet ist.

Allgemeines

Caravans sind Wohnwagen ohne eigenen Antrieb (Pkw-Anhänger), die vorzugsweise für Wochenend- und Ferienfahrten benutzt werden. Ihre Abmessungen sind meistens vorgegeben und durch den Benutzer später nicht veränderbar (starre Caravans, engl. *rigid caravans*). Es gibt aber auch Caravans, deren Abmessungen mit minimalem Arbeitsaufwand – meist mit nur ein paar Handgriffen – entsprechend den Herstellerangaben verändert werden können (Klappcaravans, engl. *rigid folding caravans*).

Bewohnbare Freizeitfahrzeuge (engl. *leisure accommodation vehicles*) mit eigenem Antrieb heißen „Motorcaravan" (engl. *motor caravan*); umgangssprachlich auch „Wohnmobil" genannt. Hierbei Fall handelt es sich um ein größeres Kraftfahrzeug mit einem gemeinsamen Fahrgestell für die Wohn- und Triebeinheit, dessen hinterer Teil wie ein Wohnwagen gestaltet ist. Wohnmobile (Motorcaravans) haben i. Allg. einen Wohn-Schlaf-Raum, ein Küchenteil, eine Toilette und mitunter auch eine Dusche.

Elektrische Anlagen in Caravans, auch in Motorcaravans, sowie deren Anschluss auf Campingplätzen (Caravan-Stellplätze) sind nach DIN VDE 0100-708 [1] auszuführen. Abweichungen hiervon sind nur für fest abgestellte bewohnbare Ferien- und Freizeitfahrzeuge, verfahrbare Behelfsunterkünfte und für vergleichbare Einrichtungen zulässig, die vorübergehend Wohnzwecken dienen.

Caravan-Stellplatz

Der Caravan-Stellplatz (engl. *caravan pitch*) ist ein Bereich auf einem Campingplatz, der vorgesehen ist, von einem Caravan, auch einem Motorcaravan (Wohnmobil), belegt zu werden.

Der elektrische →Speisepunkt zur Versorgung der bewohnbaren Freizeitfahrzeuge muss sich – wie bei Wasserfahrzeugen [2] – in deren unmittelbarer Nähe befinden. Die Entfernung zur nächsten Versorgungseinheit (Anschlussstelle) darf 20 m nicht überschreiten. Das gilt übrigens auch für Mobilheime[1)] und Zelte auf Campingplätzen.

→Steckdosen in der Versorgungseinheit (Schutzart mindestens IP44, Bauart s. Bild C1) sind durch Fehlerstrom-Schutzeinrichtungen (RCDs) mit einem Bemessungsdifferenzstrom $I_{\Delta N} \leq 30$ mA zu schützen. An einer RCD dürfen höchstens drei Steckdosen – besser nur eine einzige Steckdose, wie z. B. in Belgien – angeschlossen sein. Für jeden Steckdosenstromkreis ist eine eigene Überstrom-Schutzeinrichtung vorzusehen [1].

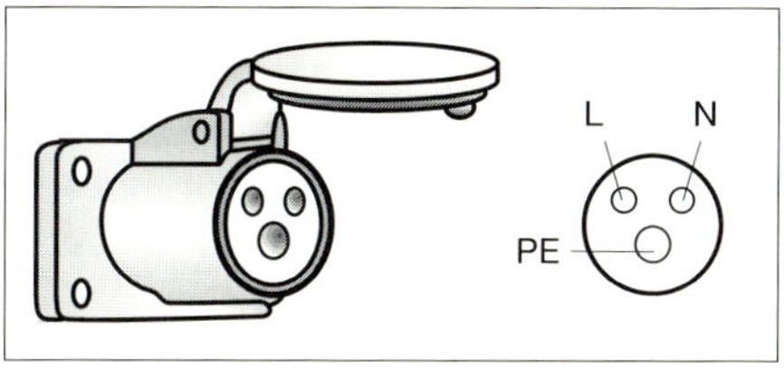

Bild C1: Steckdosen auf Campingplätzen (Beispiel)

1) **Mobilheime** (engl. *mobile holiday homes*) sind transportierbare, bewohnbare Freizeitfahrzeuge, die zwar über Mittel zur Beweglichkeit (Transport) verfügen, den Anforderungen für den Bau und die Benutzung als Straßenfahrzeug jedoch nicht genügen. Mobilheime werden mitunter auch „Freizeitheime" (engl. *mobile leisure homes*) genannt.

Literatur

[1] DIN VDE 0100-708:1993-10 Errichtung von Starkstromanlagen mit Nennspannungen bis 1000 V; Elektrische Anlagen auf Campingplätzen und in Caravans.
[2] DIN VDE 0100-721:1984-04; Caravans, Boote und Jachten sowie ihre Stromversorgung auf Camping- bzw. an Liegeplätzen (teilweise ersetzt durch [1]).

Ceanderkabel

Starkstromkabel mit einem Ceanderleiter, Kabelkurzzeichen: NYCWY.

Der **Ceanderleiter** (Kurzzeichen: CW) ist ein →konzentrischer Leiter, bei dem die einzelnen Kupferdrähte mäanderförmig (wellenförmig) in Richtung der Kabelachse angeordnet sind.
„Ceander" ist ein Kunstwort, bestehend aus dem Buchstaben C (für konzentrischer Kupferleiter) und der sprachlichen Ableitung von Mäander, einem geschlängelten Fluss in Kleinasien. Der Buchstabe W steht für **w**ellenförmig aufgebrachte Kupferdrähte.
Ceanderleiter mit ihren mäanderförmig aufgebrachten Kupferdrähten haben gegenüber anderen (glatten) Leitern den Vorteil, dass sie nach dem Entfernen des Kabelmantels durch Herausziehen gestreckt und somit die Einzeldrähte des konzentrischen Leiters im Zuge von Kabelarbeiten in axialer Richtung verlängert werden können. Die Herstellung z. B. von Kabelabzweigungen oder Muffen ist bei Ceanderkabeln demnach ohne Unterbrechung des konzentrischen Leiters und der Hauptleiter möglich.

CE-Kennzeichnung

Kennzeichnung von Erzeugnissen mit dem CE-Zeichen in Verantwortung des Herstellers.

Allgemeines

Die CE-Kennzeichnung ist zulässig und als sichtbarer Ausdruck für das Inverkehrbringen eines Produkts innerhalb des EU-Binnenmakts sehr erwünscht, wenn die Anforderungen der einschlägigen europäischen Richtlinien für die betreffende Erzeugnisart erfüllt und die dazu notwendigen Konformitätsbewertungen mit positivem Ergebnis durchgeführt worden sind. Damit ist den Marktüberwachungsbehörden eines jeden Mitgliedsstaats der Europäischen Union (EU) bewusst, dass sie die Einfuhr und das Inverkehrbringen dieser Erzeugnisse nicht behindern oder womöglich gar unterbinden dürfen. Anderenfalls drohen u. U. empfindliche Strafen.
Das Kennzeichen CE ist ein Verwaltungszeichen für den europäischen Wirtschaftsraum, gewissermaßen ein „Reisepass", aber kein Prüf- oder Qualitätszeichen. Es richtet sich in erster Linie an die Überwachungs- und Vollzugsbehörden in den einzelnen EU-Mitgliedsstaaten, nicht an den Endverbraucher.

EU-Richtlinien

Elektrotechnische Erzeugnisse müssen als Voraussetzung für eine legale Vermarktung innerhalb der Europäischen Union den zutreffenden EU-Richtlinien entsprechen. Sie bedürfen der Umsetzung in nationales Recht; das ist in Deutschland vollständig geschehen. Zum Beispiel wurde die EU-Richtlinie zur elektromagnetischen Verträglichkeit durch das EMV-Gesetz und die EU-Niederspannungsrichtlinie in Form einer Verordnung zum Gerätesicherheitsgesetz (GSG) in deutsches Recht umgesetzt. EU-Richtlinien enthalten nur grundlegende sicherheitstechnische Anforderungen. Diese Grundanforderungen gelten als erfüllt, wenn die Erzeugnisse z. B. nach europäisch oder weltweit harmonisierten Normen hergestellt worden sind. Gibt es harmonisierte europäische Normen (ENs) oder Harmonisierungsdokumente (HDs) für das betreffende Erzeugnis oder die jeweilige Erzeugnisart (noch) nicht, so ist die Übereinstimmung mit den Grundforderungen (Richtlinienkonformität) auf andere geeignete Weise durch den Hersteller sicherzustellen, z. B. durch die Anwendung aktueller nationaler Normen, die dem Stand der Technik in Europa entsprechen. In diesem Fall empfiehlt sich zwecks Bestätigung der Konformität mit der betreffenden EU-Richtlinie die Ausfertigung einer **EU-Konformitätserklärung** durch ein akkreditiertes (neutrales) Prüfinstitut. Freilich trifft im Schadensfall den Hersteller die Beweispflicht.

Code

System von Regeln und Übereinkünften für unterschiedliche Sachverhalte, das die Zuordnung von sprachlichen Zeichen, auch Zeichenfolgen zweier verschiedener Zeichenvorräte, erlaubt.
Der Code (Kode) ist nach DIN 44300 die umkehrbar eindeutige Zuordnung eines Zeichens aus einem Zeichenvorrat A (Urmenge) zu einem Zeichen eines (abgebildeten) Zeichenvorrats B. Ist die Zuordnungsvorschrift offen und damit der Schlüssel, mit dessen Hilfe ein verschlüsselter Text in Klartext übertragen werden kann, für jedermann einsehbar, so wird die Zuordnung (Verschlüsselung) **Codierung** und die Entschlüsselung **Decodierung** genannt. Ist die Zuordnungsvorschrift und damit der Schlüssel geheim, so heißt die Zuordnung **Chiffrierung** und die Entschlüsselung **Dechiffrierung**.

Zweck der Codierung ist, Daten (Informationen) mit Hilfe technischer Einrichtungen (digitaler Technik) speichern, verarbeiten und übertragen zu können sowie im Fall der Chiffrierung die Informationen dem Zugriff Unbefugter zu entziehen.
Codierungen und Decodierungen sind keine Erfindungen des 20. oder gar 21. Jahrhunderts. Schon im 19. Jahrhundert wurde z. B. von dem nordamerikanischen Historienmaler *Samuel Finley Morse* (1791-1872) das nach ihm benannte Morsealphabet zur elektrischen Übermittlung von Nachrichten entwickelt. Im Gegensatz zu den Codes der digitalen Rechentechnik handelt es sich hierbei um einen Code, der mit kurzen und langen Morsezeichen (Punkte und Striche) arbeitet. Nahezu jeder kennt die Zeichenfolge ••• – – – •••, das Notsignal SOS.

Crimpen

Herstellen einer nicht lösbaren elektrischen und mechanischen Verbindung (Crimpverbindung, engl. *crimped connection*) nach DIN EN 60352-2. Zu diesem Zweck wird ein Draht (Leiter) in eine Hülse eingelegt und mit einem Presswerkzeug unter hohem Druck zu einer dauerhaften (gasdichten) Verbindung verformt.
Beim Crimpen wird das zu verbindende Leitermaterial über seine Fließgrenze hinaus beansprucht. Das führt zu einer hohen Verbindungsqualität mit konstanten elektrischen und mechanischen Werten.
Bei fein- und feinstdrähtigen Leitern ist das Crimpen, z. B. unter Verwendung von Aderendhülsen, dem Verzinnen der Leiter zum Schutz vor dem Abspleißen der Drähte vorzuziehen.
„Crimpen" ist ein international eingeführter und genormter Terminus. Häufig werden noch die früheren Fachausdrücke Pressen, Quetschen oder Ankerben benutzt.

D

Dämmerungsschalter

Elektronisches Gerät zum automatischen Ein- und Ausschalten elektrischer Anlagen in Abhängigkeit von der →Beleuchtungsstärke.

Dämmerungsschalter bestehen aus einem lichtelektrischen Empfänger, der auf einen bestimmten Grenzwert, z. B. zwischen 3 und 500 lx, eingestellt werden kann. Diese Geräte schalten beim Unterschreiten des eingestellten Helligkeitswertes ein, z. B. beim Übergang vom Tag zur Nacht, und bei Tagesanbruch (Dämmerung) wieder aus. Die Ein- und Ausschaltzeiten sind mehrere Minuten lang verzögerbar.

Dämmerungsschalter dienen z. B. zum Ein- und Ausschalten von Straßen- und Fassadenbeleuchtungen, Luftfahrthindernissen, beleuchteten Verkehrszeichen sowie Werbeflächen.

Dauerbetrieb

(einer Starkstromleitung)

Betriebsart, bei der die Strombelastungsdauer so lang ist, dass die →Beharrungstemperatur der Leitung erreicht wird. In diesem Fall gibt die Leitung ihre (Verlust-)Wärme vollständig an die (kältere) Umgebung ab, s. Bild D1. Es besteht ein thermisches Gleichgewicht (engl. *thermal equilibrium*). Die Beharrungstemperatur darf die höchstzulässige Betriebstemperatur des Leiters (→Leitergrenztemperatur) nicht überschreiten.

Deckenauslass

Herausführen der in einer Decke verlegten Leitung (Kabel) am Aufhängepunkt einer Leuchte oder eines anderen elektrischen Verbrauchsmittels, z. B. eines Deckenventilators.

Dehnungsband

Bandförmiges, elastisches Leiterstück (Dehnungsstück), bestehend aus dünnen Folien oder flexiblen Seilen, zum Anschluss an starre Flachschienen, s. Bild D2.

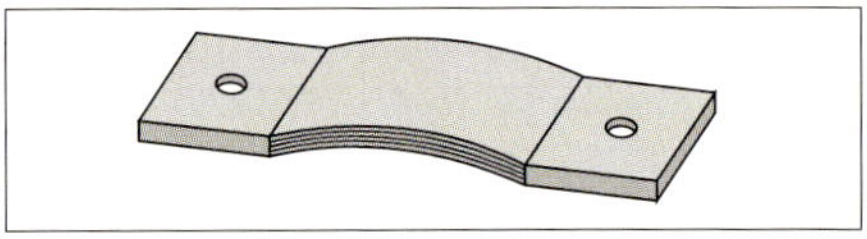

Bild D2: Dehnungsband (Ausdehnungsstück)

Zweck

Dehnungsbänder werden vorzugsweise im Verlauf von langen →Stromschienen, z. B.

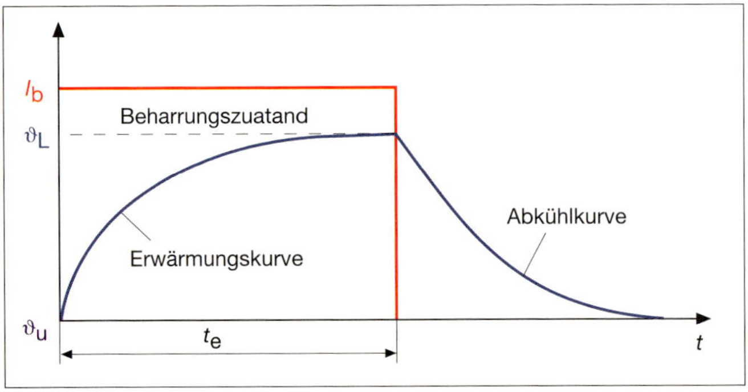

Bild D1: Dauerbetrieb (DB)
I_b Betriebsstrom;
ϑ_L höchste Leitertemperatur;
ϑ_U Umgebungstemperatur;
t_e Einschaltdauer (Betriebsdauer)

Sammelschienen, eingebaut. Sie sollen die durch Temperaturschwankungen der Leiter auftretenden Längenausdehnungen oder -verkürzungen ausgleichen und mechanische Beanspruchungen in den starren Leitern (Flachschienen), an deren Stützpunkten und an den Geräteanschlüssen als Folge der Temperaturschwankungen verhindern.
Dehnungsbänder werden darüber hinaus zum Schutz elektrischer Geräte gegen Schaltvibrationen sowie in Gebäuden mit →Fundamenterdern zur Überbrückung von Bewegungsfugen verwendet. In letzterem Fall werden sie auch **Dehnungsbügel** genannt.

Längenänderung, Kräfte

Die Längenänderung eines Leiters errechnet sich wie folgt:

$$\Delta l = l_0 \cdot \alpha \cdot \Delta\vartheta \qquad (1)$$

l_0 Länge des Leiters bei der Verlegetemperatur ϑ_0
α linearer Wärmeausdehnungskoeffizient;
$\alpha_{Cu} = 0{,}017\ \text{mm/(m} \cdot \text{K)} = 0{,}000\,017 \text{K}^{-1}$
$\alpha_{AL} = 0{,}023\ \text{mm/(m} \cdot \text{K)} = 0{,}000\,023\ \text{K}^{-1}$
$\Delta\vartheta$ Temperaturunterschied $\vartheta - \vartheta_0$ in K.

Bei einer Leiterlänge z. B. von 10 m und einem Temperaturunterschied von 50 K beträgt die Längenänderung eines **Kupferleiters**
$\Delta l = 10\ \text{m} \cdot 0{,}000\,017\ \text{K}^{-1} \cdot 50\ \text{K} = 0{,}0085\ \text{m} = 8{,}5\ \text{mm}$
und die Längenänderung eines **Aluminiumleiters**
$\Delta l = 10\ \text{m} \cdot 0{,}000\,023\ \text{K}^{-1} \cdot 50\ \text{K} = 0{,}0115\ \text{m} = 11{,}5\ \text{mm}$.
Diese temperaturbedingten Längenänderungen können bedeutende mechanische Beanspruchungen in starren Leitern, an deren Stützpunkten und an Geräteanschlüssen hervorrufen.
Die temperaturbedingt auftretenden Kräfte F errechnen sich wie folgt:

$$F = \alpha \cdot E \cdot S \cdot \Delta\vartheta \qquad (2)$$

Für $\Delta\vartheta = 1$ K und einen Leiterquerschnitt $S = 1\ \text{mm}^2$ ergibt sich die **spezifische Beanspruchung**

$$F' = \alpha \cdot E \qquad (3)$$

E Elastizitätsmodul:
$E_{Cu} = 110\,000\ \text{N/mm}^2$
$E_{Al} = 65\,000\ \text{N/mm}^2$.

Damit beträgt die spezifische Beanspruchung F' für einen starren Leiter aus

Cu: $F' = 0{,}000\,017\ \text{K}^{-1} \cdot 110\,000\ \text{N/mm}^2 = 1{,}87\ \text{N/(K} \cdot \text{mm}^2)$
Al: $F' = 0{,}000\,023\ \text{K}^{-1} \cdot 65\,000\ \text{N/mm}^2 = 1{,}5\ \text{N/(K} \cdot \text{mm}^2)$.

Differenzstrom

Algebraische Summe der Momentanwerte von Strömen, die an einer Stelle der elektrischen Anlage zur gleichen Zeit durch alle aktiven Leiter eines Stromkreises (Mehrleitersystems) fließen. Diese elektrischen Ströme – nach Betrag und Richtung (Phasenlage) vektoriell addiert – werden mitunter auch **Restströme** (engl. *residual currents*) und die diesbezüglichen Schutzeinrichtungen infolgedessen **Reststrom-Schutzeinrichtunge** oder in Deutschland **Fehlerstrom-Schutzeinrichtungen** (engl. *residual current devices*, kurz RCDs) genannt. Dabei ist es unerheblich, ob die Auslösung der RCDs netzspannungsunabhängig oder netzspannungsabhängig erfolgt.
In einer fehlerfreien elektrischen Anlage mit extrem hohem →Isolationswiderstand gegen Erde ist der Differenzstrom, folglich auch der →Erdfehlerstrom, zu jedem Zeitpunkt praktisch gleich null.
Zum Erfassen von Differenzströmen werden in der Regel Summenstromwandler verwendet.

Differenzstrom-Überwachungsgerät

Gerät (oder Kombination von Geräten), das den →Differenzstrom einer elektrischen Anlage überwacht und sofort oder kurzverzögert, spätestens nach 10 s, eine optische und bei Bedarf zusätzlich eine akustische Warnung auslöst, wenn der →Erdfehlerstrom den eingestellten Ansprechwert $I_{\Delta N}$ des Geräts, z. B. 10, 30, 100, 300 oder 500 mA, überschreitet, Beispiel s. Bild D3. Erforderlichenfalls kann daran anschließend der fehlerhafte Stromkreis z. B. von Hand abgeschaltet werden.

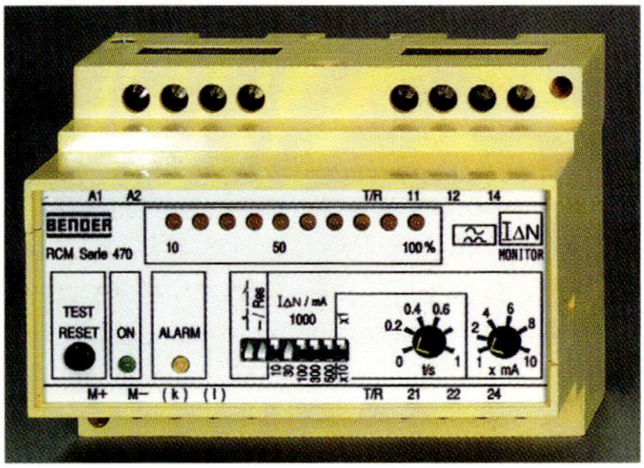

Bild D3: Differenzstrom-Überwachungsgerät Typ RCM 470 LY (Foto: Fa. Bender, Grünberg)

Funktionsweise

Die Funktionsweise von Differenzstrom-Überwachungsgeräten (engl. *residual current monitors*, Abk. RCMs) basiert wie bei Fehlerstrom-Schutzeinrichtungen (RCDs) auf dem Differenzstromprinzip.

Alle aktiven Leiter des zu überwachenden Stromkreises werden zum Zweck der Fehlerstromerfassung durch einen Summenstromwandler mit Sekundärwicklung geführt. Im fehlerfreien Betrieb ist entsprechend dem →Knotenpunktsatz die vektorielle Summe aller Ströme – und damit der Differenzstrom – gleich null. In der Sekundärwicklung wird folglich keine Spannung induziert. Fließt jedoch ein (Fehler-) Strom zur Erde ab, so bewirkt die Stromdifferenz im Summenstromwandler bei **RCMs** in Verbindung mit Melderelais und Signaleinrichtungen eine **Alarmierung** (Warnung) und bei **RCDs** eine sofortige **Abschaltung** des betreffenden Stromkreises. Der hauptsächliche Unterschied der beiden genannten Einrichtungen mit ganz ähnlichen Abkürzungen besteht somit darin, dass RCDs (ab-)schaltende und RCMs nicht schaltende Einrichtungen sind.

Anwendung

Differenzstrom-Überwachungsgeräte nach DIN EN 62020 (VDE 0663) gibt es für fast alle Anwendungen, z. B. für

- TN-, TT- und TI-Wechselstromsysteme,
- TN- und TT-Gleichstromsysteme sowie
- geerdete Wechselstromsysteme mit hohen Gleichstromanteilen von geringer Restwelligkeit im Fehlerwechselstrom (allstromsensitive Versionen).

Ihr Einsatz ist insbesondere dort zweckmäßig, wo latente Isolationsverschlechterungen, z. B. wegen Brandgefahr, frühzeitig erkannt und trotz Erdfehlers die Stromversorgung zuverlässig aufrechterhalten werden sollen. RCMs dienen somit der vorbeugenden Instandhaltung und gewährleisten – wie auch **Isolationsüberwachungseinrichtungen** (engl. *insulation monitoring devices*, Abk. IMDs) – durch ihr Frühwarnsystem bei unsymmetrischen Erdfehlerströmen eine hohe Verfügbarkeit der elektrischen Anlagen.

Dimmer

Wechselspannungs-/Wechselstromsteller zum verlustfreien, stufenlosen Stellen der Leistungsaufnahme von

- **elektrischen Lampen** zwecks Veränderung der →Beleuchtungsstärke und damit der Anpassung der Lichtstimmung an die jeweiligen Gegebenheiten sowie von

- **Motoren** zur Drehzahlveränderung.

Dimmer steuern den Lichtstrom (Helligkeit) von Lampen zwischen 0 und 100 % des Nennwerts. Diese Helligkeitssteuergeräte werden deshalb auch **Lichtsteller** genannt. Das oft benutzte Verb „dimmen" ist aus dem Englischen „*to dim*" (eintrüben, verdunkeln) abgeleitet.

Allgemeines

Das Wirkprinzip eines Dimmers beruht auf dem Prinzip der Phasen**an**schnitt- bzw. Phasen**ab**schnittsteuerung. In diesem Fall wird während jeder Periode der Versorgungsspannung (s. Bild D4 a) der Stromfluss im Lastkreis nur für ein bestimmtes Zeitintervall freigegeben. Die Dauer des Zeitintervalls, in dem der Strom im Lastkreis fließen kann, lässt sich durch einen elektronischen Schalter (Stellglied) manuell verändern. Nachteilig bei den genannten elektronischen Steuerverfahren ist der vergleichsweise hohe Oberschwingungsgehalt der Ausgangsspannung. Wegen dieser Spannungsverzerrungen weichen auch die Lastströme erheblich von der Sinusform ab. Diesen Nachteil hat z. B. die →Schwingungspaketsteuerung nicht.

Phasenanschnittsteuerung

Bei diesem häufig angewendeten Steuerverfahren ist nach dem Nulldurchgang der Versorgungsspannung der elektronische Schalter (→Thyristor oder Triac) zunächst geöffnet; folglich kann auch kein Strom fließen. Nach Ablauf der am Stellglied einstellbaren Verzögerungszeit t_a wird der elektronische Schalter geschlossen – vergleichbar mit dem „Anschneiden der →Phase" – und damit die Versorgungsspannung sprunghaft auf die Last geschaltet. Nunmehr kann der Stromfluss beginnen, s. Bild D4 b. Bei der symmetrischen Phasenanschnittsteuerung[1)] ist die Anschlussleistung von

- **Glühlampen** auf 1,7 kW je →Außenleiter sowie von
- **Entladungslampen** mit induktiven Vorschaltgeräten (Drossel) und **Motoren** auf 3,4 kVA je Außenleiter begrenzt [1].

Phasenabschnittsteuerung

Bei diesem Steuerverfahren ist nach dem natürlichen Nulldurchgang der Versorgungsspannung der elektronische Schalter geschlossen, und der Stromfluss im Lastkreis beginnt. Mit dem Öffnen des Schalters – vergleichbar mit dem „Abschneiden der Phase" (genauer: eines Stücks von der Halbschwingung) – wird die Versorgungsspannung sprunghaft unterbrochen. Folglich fließt während der Verzögerungszeit t_a im Lastkreis auch kein Strom mehr, s. Bild D4 c.

Durch die Veränderung der Zündzeitpunkte gegenüber den natürlichen Zündzeitpunkten – gekennzeichnet durch den Steuerwinkel – wird die Leistungsaufnahme der an einem Dimmer angeschlossenen Geräte geändert (Lückbetrieb). Die Frequenz der Wechselspannung ändert sich dabei nicht. Der Zusammenhang zwischen der Verzögerungszeit t_a und dem Effektivwert der Ausgangsspannung U_a (Lastspannung) im Verhältnis zu

$$\frac{\hat{u}_a}{\sqrt{2}}$$

ist in Bild D5 dargestellt.

---

1) Bei der **symmetrischen** Phasen**an**schnittsteuerung ist die Verzögerungszeit (Steuerwinkel) in der positiven und negativen Halbwelle gleich groß, bei der **unsymmetrischen** Phasen**an**schnittsteuerung ist das nicht der Fall. Hier differieren die Verzögerungszeiten in der positiven und negativen Halbwelle um mehr als ± 0,1 ms, bezogen auf eine Frequenz von 50 Hz. Sinngemäß gilt das auch für die symmetrische und unsymmetrische Phasen**ab**schnittsteuerung.

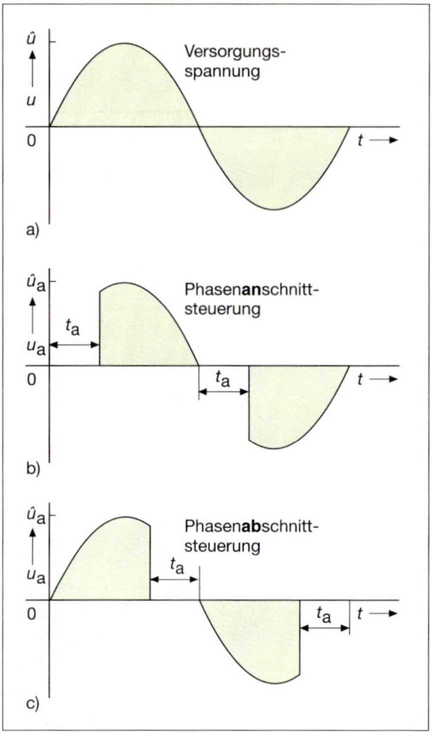

Bild D4: Versorgungsspannung und idealisierte Spannungsverläufe an einer Widerstandslast bei der symmetrischen Phasenanschnitt- sowie Phasenabschnittsteuerung (jeweils zwei Halbschwingungen); t_a Verzögerungszeit

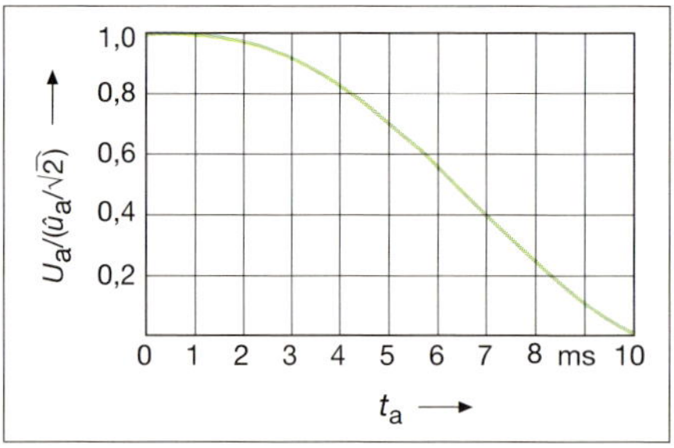

Bild D5: Relativer Wert der Spannung U_a bei symmetrischer Phasenanschnitt- und Phasenabschnittsteuerung bei 50 Hz [2]

Phasen**ab**schnittsteuerungen sind meist etwas aufwendiger und teurer zu realisieren als Phasen**an**schnittsteuerungen. Außerdem eignen sich Phasenabschnittsteuerungen nicht für den konventionellen Transformatorbetrieb, weil beim Öffnen des elektronischen Schalters infolge der induktiven Last hohe Spannungsspitzen auftreten können:

$$(u_{ind} = L \frac{di}{dt}).$$

Aus diesen Gründen wird bevorzugt das Phasen**an**schnittsteuerverfahren angewendet.

Anwendung

Dimmer dienen hauptsächlich der Helligkeitssteuerung von Lampen und der Drehzahlstellung von Motoren. Dabei ist dem zu steuernden elektrischen Verbrauchsmittel oder Schaltkreis – abhängig von der Lastcharakteristik (Lasttyp) – jeweils der richtige Dimmer zuzuordnen. Ist die Last überwiegend ohmsch, induktiv oder kapazitiv, so sind Dimmer mit dem den jeweiligen Lasttyp kennzeichnenden Buchstaben R, L oder C zu verwenden.

Früher waren die Phasen**an**schnitt-Dimmer für 230-V-Glühlampen mit dem Symbol ☼ gekennzeichnet. Diese Dimmer für ohmsche Last brauchen nicht zwingend die vergleichsweise hohen Symmetrieanforderungen für induktive Lasten (→Transformatoren) zu erfüllen, da in den Glühlampen auch die von unsymmetrischen Anschnittsteuerungen erzeugten Gleichspannungsanteile zur Lichterzeugung beitragen.

Manche Halogenglühlampen benötigen zu ihrer Stromversorgung Transformatoren (Vorschaltgeräte). Ihre Charakteristik ist **induktiv**, wenn die Transformatoren konventionell ausgeführt sind (Kupfer-Eisen-Spulen). Elektronische Transformatoren (Konverter) haben dagegen eine überwiegend **kapazitive** Charakteristik. Für den Konverterbetrieb von Halogenglühlampen kom-

Tafel D1: Symbole für Dimmer und steuerbare Verbrauchsmittel

Symbol	Last vorzugsweise	Verbrauchsmittel Beispiele
R	ohmsche Last	Standardglühlampen Hochvolt-Halogenglühlampen
L	induktive Last	Niedervolt-Halogenglühlampen mit induktivem Vorschaltgerät (Drossel)
C	kapazitive Last	Niedervolt-Halogenglühlampen mit elektronischem (kapazitivem) Vorschaltgerät
Ⓜ	Motorlast	Bohrmaschinen, Rührgeräte, Ventilatoren

men deshalb Phasen**ab**schnitt-Dimmer in Betracht. Induktive und kapazitive Lasten in einem gemeinsamen Schaltkreis können die herkömmlichen Phasenanschnitt- und Phasenabschnitt-Dimmer grundsätzlich nicht gleichzeitig bedienen.
Zur Drehzahlstellung von Motoren, z. B. für Haushalts- und Heimwerkergeräte, eignen sich Dimmer mit dem Symbol Ⓜ.
Die jeweiligen Buchstaben zur Kennzeichnung der Vorzugslast sind rechts unter einem schwarzen Keil platziert, der als Symbol für die Möglichkeit einer Helligkeits- oder Drehzahlsteuerung von einem Rechteck umgeben ist, s. Tafel D1. Zur Helligkeitssteuerung von →Leuchtstofflampen werden in der Regel keine Dimmer, sondern spezielle Steuereinheiten verwendet. Dafür gelten die genannten lasttypspezifischen Kennbuchstaben nicht.

Literatur

[1] Technische Anschlussbedingungen für den Anschluss an das Niederspannungsnetz (TAB 2000). Herausg.: Verband der Elektrizitätswirtschaft (VDEW) e.V., Frankfurt am Main.

[2] *Nienhaus, H.; Thaele, R.:* Halogenbeleuchtungsanlagen mit Kleinspannung – Planen, Auswählen und Errichten aus beleuchtungstechnischer Sicht und nach DIN VDE 0100 (VDE-Schriftenreihe 75). Berlin: VDE-Verlag, 1998.

Diode

Halbleiterbauelement mit zwei Elektroden und stromrichtungsabhängiger elektrischer Leitfähigkeit. Dadurch wirkt eine Diode wie ein Schalter, der den elektrischen Strom in einer Richtung fast völlig sperrt (Sperrrichtung) und in der anderen Richtung besonders gut leitet (Durchlassrichtung).
Schaltzeichen: 
Der stilisierte Pfeil symbolisiert die Durchlassrichtung einer Diode.

Aufbau, Wirkungsweise

Dioden[1] bestehen aus einem Halbleiterkristall, vorzugsweise Silicium, dessen eine Hälfte P-dotiert (Anode) und die andere Hälfte N-dotiert (Katode) ist. Im N-Gebiet befinden sich überwiegend Elektronen (negative Ladungsträger) und im P-Gebiet überwiegend Defektelektronen (Elektronenmangel, positive Löcher). Die P- und N-dotierten Halbleiterschichten grenzen so aneinander, dass ein vollständiger elektrischer Kontakt (PN-Übergang) besteht. In der Grenzschicht rekombinieren die Elektronen mit den Defektelektronen und umgekehrt. Eine Halbleiterdiode ist somit quasi ein technisch umgesetzter PN-Übergang, deren elektrischer Widerstand in hohem Maße von der jeweiligen Polarität der angelegten elektrischen Spannung und der Temperatur abhängt. Das temperaturabhängige Widerstandsverhalten von Halbleiterbauelementen wird z. B. bei →Thermistoren ausgenutzt.

Sperrrichtung

Liegt der Pluspol der äußeren Spannung an der Katode (N-dotierte Seite) und der Mi-

[1] Die Bezeichnung **Diode** (griech. *dio* = zwei) führte *W. E. Eccles* im Jahre 1919 ein.

nuspol an der Anode (P-dotierte Seite), so wandern die elektrischen Ladungsträger aus der Grenzschicht heraus, s. Bild D6 a. Der Pluspol entzieht der N-Schicht Elektronen und der Minuspol „drückt" Elektronen in die positiven Löcher, die in Rekombinationssprüngen zur Raumladungszone wandern. Mit zunehmender Verbreiterung der Raumladungszone wird diese für Ladungsträger und Defektelektronen (Löcher) immer undurchlässiger: Die Diode arbeitet in Sperrrichtung. Im Stromkreis fließt nur noch ein sehr kleiner thermisch bedingter Reststrom (Sperrstrom).

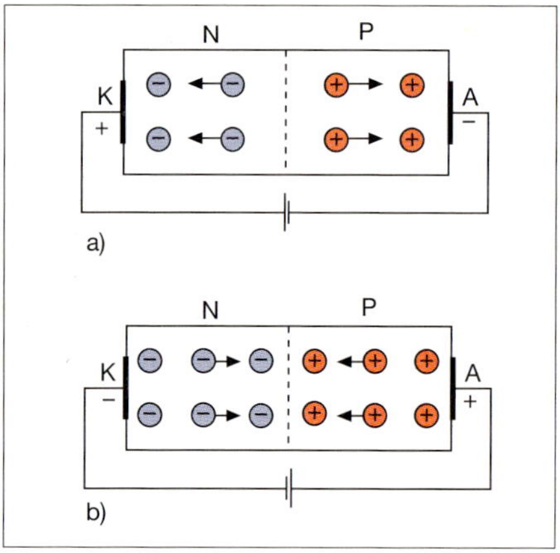

Bild D6: PN-Übergang einer Diode
a) Sperrichtung;
b) Durchlassrichtung;
K Katode; A Anode

Beim Erreichen einer bestimmten Sperrspannung U_R und bei deren geringfügiger Erhöhung nimmt der Sperrstrom I_R (Index *R* bedeutet rückwärts, engl. *reverse*) lawinenartig zu, s. Bild D7. Der elektrische Durchbruch erfolgt bei Siliciumdioden etwa bei 100 V (➔Durchbruchspannung) und bei Germaniumdioden schon bei einer kleineren Spannung. Dabei kann der Sperrstrom den Silicium- bzw. Germaniumkristall so stark erwärmen, dass der PN-Übergang zerstört wird.

Durchlassrichtung

Liegt der Pluspol der äußeren Spannung an der P-dotierten Seite (Anode) und der Minuspol an der N-dotierten Seite (Katode), so werden die Elektronen im N-Gebiet und die positiven Löcher im P-Gebiet von den Polen der Stromquelle abgestoßen. Die Raumladungszone baut sich ab, und die elektrischen Ladungsträger wandern in die Grenzschicht hinein, s. Bild D6 b. Das P-Gebiet wird mit Elektronen überschwemmt. Ständig liefert der Minuspol Elektronen nach, die über das Halbleitermaterial zum Pluspol gelangen: Der PN-Übergang ist leitend geworden; die Diode arbeitet nunmehr in Durchlassrichtung. Die äußere Spannung muss dabei größer sein als die Diffusionsspannung[1)] zwischen dem P- und N-Gebiet, um die bei der Herstellung durch Diffusion entstandene Raumladungszone abbauen zu können.

Bild D7 zeigt den nicht linearen I-U-Kennlinienverlauf einer Diode. Am Anfang ist der Stromfluss trotz zunehmender Spannung U_F klein (Index F bedeutet vorwärts, engl. *forward*). Ab einer bestimmten Spannung, der sog. Schleusenspannung[2)], erfolgt schon bei einer vergleichsweise geringen Spannungserhöhung ein steiler, exponentiell verlaufender Stromanstieg. Die Diode ist nunmehr leitend. Die große Stromzunahme bei geringer Spannungserhöhung ist Ausdruck eines sehr kleinen elektrischen Widerstands der Diode im Durchlassbereich oberhalb der Schleusenspannung. Der Stromfluss ist durch einen Widerstand im äußeren Stromkreis zu begrenzen, damit es nicht zur Zerstörung des PN-Übergangs kommt.

1) Die Größe der **Diffusionsspannung** ist vom Halbleitermaterial und von der Temperatur abhängig. Diese Spannung beträgt z. B. bei einer Temperatur von 20 °C etwa 0,2 V bei Germanium und etwa 0,6 V bei Silicium [1].

2) Die Schleusenspannung wird mitunter auch **Schwellenspannung** genannt.

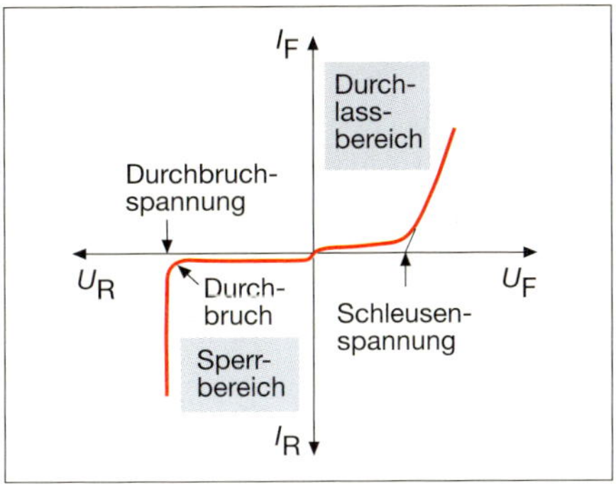

Bild D7: Durchlass- und Sperrkennlinie einer Diode
U_F Durchlassspannung; I_F Durchlassstrom;
U_R Sperrspannung; I_R Sperrstrom

Anwendung

Dioden dienen hauptsächlich zur Gleichrichtung von ein- und mehrphasigem Wechselstrom (Gleichrichterdioden) sowie als elektronische Schalter (Schaltdioden). Ihr Anwendungsgebiet ist relativ groß. Es reicht von den winzig kleinen Leuchtdioden über die lichtempfindlichen Fotodioden bis hin zu Leistungsdioden (Stromrichterventile) für Ströme von mehreren 100 A. In letzterem Fall haben die Dioden Kühlkörper zur Ableitung der Verlustwärme.

Auf Temperaturerhöhungen reagieren Halbleiterdioden mit starker Zunahme des Sperrstroms und Verringerung der Schleusenspannung. Eine Temperaturerhöhung um 10 K hat etwa eine Verdoppelung des Sperrstroms zur Folge. Die Schleusenspannung verringert sich bei einer Temperaturerhöhung um rund 2 mV/K.

Halbleiterdioden können Stromkreise nicht galvanisch trennen (engl. *no galvanic separation*). Folglich sind diese elektronischen Bauelemente zum →Freischalten von Anlagenteilen im Sinne von DIN VDE 0105-100 ungeeignet.

Literatur

[5] *Junghans, A.:* Dioden und pn-Übergang. Elektropraktiker 58(2004)2, Lernen und Können, S. 6 und 7.

direktes Berühren

Unmittelbarer elektrischer Kontakt eines Menschen oder Nutztiers mit einem betriebsmäßig unter Spannung stehenden (aktiven) Teil, s. Bild D8.

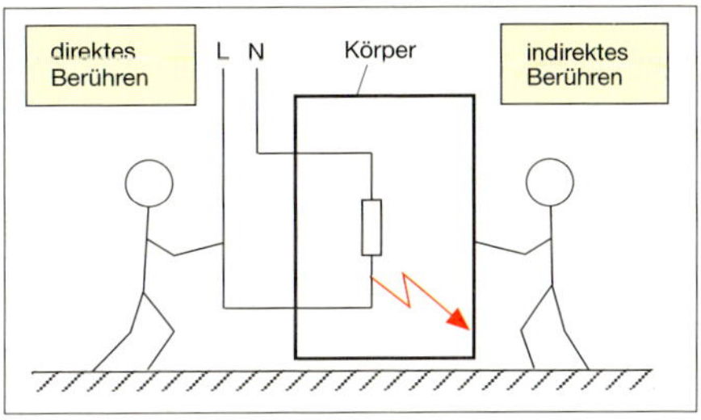

Bild D8: Direktes Berühren, indirektes Berühren

Allgemeines

Nach der Sicherheitsgrundnorm DIN EN 61140 [1] dürfen →gefährliche aktive Teile – insbesondere für →elektrotechnische Laien – nicht berührbar sein. Dabei ist freilich davon auszugehen, dass Personen die vorgesehenen Maßnahmen zum Schutz gegen →elektrischen Schlag, z. B. die →Fingersicherheit (Schutzart IP2X oder IPXXB), durch Verwendung von Hilfsmitteln nicht mutwillig unterlaufen.

In Hochspannungsanlagen schließt „direktes Berühren" (engl. *direct contact*) das unbeabsichtigte Erreichen der Gefahrenzone ein. In diesem Fall befinden sich Personen mit ihren Körperteilen oder Gegenständen zwar nicht in unmittelbarem Kontakt mit den unter (Hoch-)Spannung stehenden Teilen, wohl aber in gefährlicher Nähe zu diesen aktiven Teilen (engl. *dangerous live parts*) bzw. zu Teilen, die eine gefährliche Spannung annehmen können.

Basisschutz

Die Anforderungen zum Schutz gegen direktes Berühren werden durch den „Basisschutz" (engl. *basic protection*) realisiert. Dieser Schutz (1. Schutzebene) besteht nach der Sicherheitsgrundnorm [1] aus dem

- Schutz durch (Basis-)Isolierung oder dem
- →Schutz durch Abdeckungen oder Umhüllungen

(vollständiger Schutz gegen unbeabsichtigtes Berühren). In elektrischen oder abgeschlossenen elektrischen Betriebsstätten, zu denen nur Elektrofachkräfte und elektrotechnisch unterwiesene Personen Zugang haben (keine Laien!), sind darüber hinaus auch noch der

- Schutz durch →Hindernisse und der
- Schutz durch Anordnung (Schutz durch Abstand)

zulässig. In diesem Fall handelt es sich um einen teilweisen Schutz gegen unbeabsichtigtes (zufälliges) Berühren.

Vorgenannte Schutzmaßnahmen sind in Niederspannungsanlagen nach DIN VDE 0100-410 [2] und in Hochspannungsanlagen nach DIN VDE 0101 [3] durchzuführen. Beide Normen gehen Hand in Hand mit DIN EN 61140 [1]. Für den Schutz von Nutztieren sind zusätzlich die Anforderungen nach DIN VDE 0100-705 und deren Vornorm zu berücksichtigen.

Fehlerschutz

Neben dem „Schutz gegen direktes Berühren" sind – dem Prinzip der zweifachen Sicherheit folgend – auch noch Maßnahmen zum „Schutz bei indirektem Berühren" vorzusehen, s. Bild D8. Diese Maßnahmen werden als „Fehlerschutz" (engl. *fault protection*) bezeichnet und bilden das Fundament für die 2. Schutzebene.

In Hochspannungsanlagen besteht der Fehlerschutz aus der →Erdung der elektrischen Betriebsmittel zur Minimierung (Beseitigung) der durch →Erdfehlerströme auftretenden →Berührungs- und Schrittspannungen [3].

Literatur

[1] DIN EN 61140 (VDE 0140-1):2003-08 Schutz gegen elektrischen Schlag; Gemeinsame Anforderungen für Anlagen und Betriebsmittel.

[2] DIN VDE 0100-410:1997-01 Errichten von Starkstromanlagen mit Nennspannungen bis 1000 V; Schutzmaßnahmen; Schutz gegen elektrischen Schlag.

[3] DIN VDE 0101:2000-01 Starkstromanlagen mit Nennwechselspannungen über 1 kV.

Doppelerdschluss

Zwei in ein und demselben Netz gleichzeitig bestehende →Erdschlüsse von →aktiven Teilen mit unterschiedlichem Potential. Der dabei fließende Strom heißt in isolierten Netzen **Doppelerdschlussstrom** und in Netzen mit starrer, teilstarrer oder niederohmiger Sternpunkterdung **Doppelerdkurzschlussstrom**.

Dreheiseninstrument

Elektrisches Messgerät (Messinstrument) mit einem Dreheisenmesswerk, vorzugsweise zum Messen von niederfrequenten Wechselströmen und Wechselspannungen.

Allgemeines

Dreheiseninstrumente (Sinnbild ⸾) werden mitunter auch „Weicheiseninstrumente" genannt. Sie haben einen vergleichsweise einfachen Aufbau und sind sehr robust.

Dreheiseninstrumente nach den Normen der Reihe DIN EN 61010 (VDE 0411) eignen sich zum Messen von Gleich- und Wechselgrößen. Ihre Skala ist wegen der quadratischen Abhängigkeit des Drehmoments vom Strom nicht linear, sondern quadratisch eingeteilt. Angezeigt wird jeweils der Effektivwert, d. h. der zeitliche quadratische Mittelwert einer Messgröße, unabhängig von der Kurvenform.

Wirkprinzip

Das Wirkprinzips eines Dreheisenmesswerks beruht bei Rundspulinstrumenten auf der Kraftwirkung zwischen festen und beweglichen Eisenteilen im Magnetfeld einer →Spule. Das feststehende Eisenteil befindet sich im Spuleninneren, das bewegliche Eisenteil ist drehbar um die Spulenachse gelagert (Bild D9 a). Beide Eisenteile werden gleichsinnig vom Spulenfeld magnetisiert und stoßen sich folglich gegenseitig ab, und zwar bei jeder Stromrichtung. Bei Flachspulinstrumenten wird ein kleines Eisenteilchen – der Anker – abhängig von der Größe des Spulenstroms mehr oder weniger in die Spule gezogen (Bild D9 b).

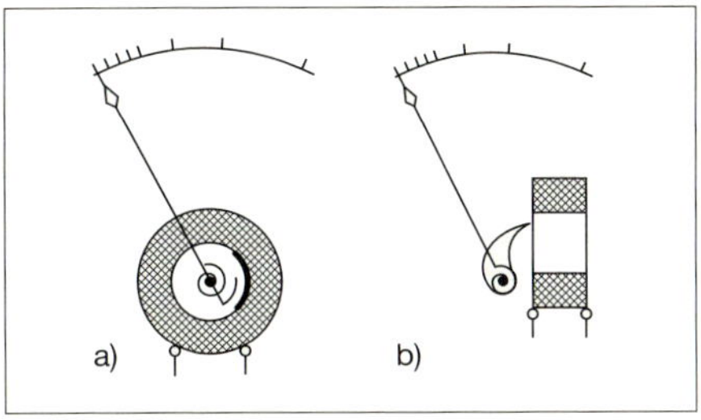

Bild D9: Dreheiseninstrumente
a) Rundspulinstrument;
b) Flachspulinstrument

Analoge Messgeräte – das sind solche, die den Messwert mit einem Zeiger anzeigen – werden zunehmend durch elektronische Messeinrichtungen mit digitaler Anzeige ersetzt.

Drehfeldrichtung

Phasenfolge eines Drehstroms. Das ist die zeitliche Reihenfolge, in der das Spannungsmaximum der Außenleiter eines Drehstromsystems auftritt.
Die Drehfeldrichtung ändert sich, wenn zwei der drei Außenleiter vertauscht werden. Das kommt einer Umpolung des Drehfelds gleich. Bei zyklischer Vertauschung der drei Außenleiter (Ringtausch) ändert sich die Drehfeldrichtung nicht.
Drehstrom-Steckdosen müssen so angeschlossen (gepolt) werden, dass sich an den Außenleiter-Steckbuchsen – jeweils von vorn, d. h. von der Einsteckseite her, betrachtet – eine Drehfeldrichtung im Uhrzeigersinn (Rechtsdrehfeld) ergibt. Diese Forderung nach einem einheitlichen **Rechtsdrehfeld** enthält DIN VDE 0100-610 [1]. Somit haben steckerfertige Elektromotoren an allen Drehstrom-Steckdosen die gleiche Drehrichtung.
Sind die Steckbuchsen nicht im Dreieck, sondern wie bei den älteren, ovalen Kragensteckdosen horizontal angeordnet, so gilt die Phasenfolge von links nach rechts. Dabei muss sich der Schutzkontakt unterhalb der Außenleiter-Steckbuchsen oder rechts von diesen befinden. Bei Drehung der Steckdosen aus dieser Lage gilt diese Festlegung sinngemäß.
Verlängerungsleitungen (engl. *cords extension set*) dürfen die Drehfeldrichtung nicht verändern. Das ist vor allem beim Auswechseln von Drehstrom-Steckern und -Kupplungssteckdosen zu beachten.
Außer der festgelegten Drehfeldrichtung für Drehstrom-Steckdosen ist für andere elektrische Betriebsmittel und Einrichtungen, z. B. Stromkreisverteiler oder Hausanschlüsse, im deutschen Normenwerk ein Rechtsdrehfeld nicht gefordert. Gleichwohl schließt der Errichter →Hauptstromversorgungssysteme so an, dass – wie nach TAB 2000 gewünscht – an den Zähl- und Messeinrichtungen ein Rechtsdrehfeld besteht. Bei Elektrizitätszählern darf der Rechtsdrehsinn (Rechtslauf) der Zählerscheibe jedoch nicht mit einem geforderten Anschluss im Rechtsdrehfeld verwechselt werden.
Das Feststellen der Drehfeldrichtung erfolgt mit **Drehfeldrichtungsanzeigern** nach DIN EN 61557-7 (VDE 0413-7). Sie werden mitunter auch „Drehfeldanzeiger" oder „Drehfeldmesser" genannt.

Literatur

[1] DIN VDE 0100-610:2004-04 Errichten von Niederspannungsanlagen; Prüfungen; Erstprüfungen.

Drehrichtung

Bewegungsrichtung des Zählerläufers eines Elektrizitätszählers oder des Läufers (Rotor) einer drehenden elektrischen Maschine, z. B. eines Motors oder Generators.

Wechselstrommotor

Die Drehrichtung eines Dreiphasen-Wechselstrommotors (Drehstrommotor) wird stets von der Antriebsseite des Motors – das ist die Seite mit dem Wellenstumpf – bestimmt. Bei Motoren mit zwei Wellenenden ist die Antriebsseite die Seite mit dem größeren Wellendurchmesser oder die Seite, die dem Ventilator gegenüberliegt.
Die Bewegungsrichtung des Läufers einer drehenden Maschine ist von der Richtung des Drehfelds abhängig. Die Drehrichtung im Uhrzeigersinn gilt als **Rechtslauf** (Normalfall), entgegen dem Uhrzeigersinn als **Linkslauf**. Mitunter wird die Drehrichtung (Drehsinn) an der Maschine mit einem Pfeil angegeben. Dabei zeigt die Pfeilspitze in die geforderte Drehrichtung.
Eine **Drehrichtungsumkehr** erfordert bei Drehstrommotoren eine Drehfeldumkehr. Zu diesem Zweck sind zwei der drei Außenleiter zu vertauschen. Das kommt einer Umpolung des Drehfelds gleich. Bei Motoren mit Stern-Dreieck-Anlauf darf diese Umpolung freilich nicht am Motorklemmenbrett durchgeführt werden, sondern muss **vor** dem Stern-Dreieck-Schalter erfolgen.
Durch Umpolen der Läuferwicklung kann die Drehrichtung eines Drehstrommotors nicht geändert werden, da der Läuferstrom nicht dem Netz entnommen, sondern durch das umlaufende Drehfeld im Drehstrommotor selbst erzeugt wird.

Gleichstrommotor

Bei Gleichstrommotoren lässt sich die Drehrichtung umkehren, indem entweder der Anker einschließlich der Wendepolwicklung **oder** das Feld, d. h. die Erregerwicklung, umgepolt wird. Beim Umpolen des Ankers ist stets die Wendepolwicklung mit umzupolen. Bei einer verkehrten Polung der genannten Wicklung „feuert" der Motor bei Belastung, weil die durch das Wendepolfeld erzeugte Spannung die Selbstinduktionsspannung der Ankerspulen noch vergrößert.
Das Vertauschen der Zuleitungen (Außenleiter L+ und L–) führt bei Gleichstrommotoren zu keiner Drehrichtungsumkehr.

Drehschalter

Niederspannungsschalter, dessen Betätigung durch drehende Bewegung des Bedienteils, z. B. eines Knebels oder Schlüssels, erfolgt.
Drehschalter (engl. *rotary switch*) nach DIN EN 60947-5-1 (VDE 0660-200) sind Handschalter mit begrenztem oder unbegrenztem Drehweg und meist beliebiger Drehrichtung des Bedienteils. Sie haben zwei oder mehr Schaltstellungen und werden auch mit Sprungkontakten hergestellt (Exzenterschalter). Bei diesen Schaltern, z. B. bei Paketnocken- und Installationsschaltern, springen die →Schaltstücke – selbst bei langsamer Drehbewegung des Bedienteils – ab einem bestimmten Drehwinkel automatisch von einer Schaltstellung in die andere (Momentschaltung). Das ist insbesondere für das Ein- und Ausschalten hoher Ströme von Bedeutung.
Installationsschalter mit einem drehbaren Bedienteil sollen in Wohnungen für behinderte Personen mit eingeschränkter Greiffähigkeit, z. B. Spastiker, möglichst nicht verwendet werden.

Drehspulinstrument

Elektrisches Messgerät (Messinstrument) mit einem Drehspulmesswerk, vorzugsweise zum Messen von Gleichströmen und Gleichspannungen.

Allgemeines

Drehspulmesswerke bestehen aus einem Dauermagneten mit zeitlich und örtlich konstantem Magnetfeld, in dessen Luftspalt sich zwischen zwei Polschuhen eine drehbar gelagerte Spule (Drehspule) befindet, s. Bild D10. An dieser Spule ist ein Zeiger befestigt. Wird die Drehspule vom Strom durchflossen, so beginnt sie sich wie ein kleiner Motoranker zu drehen. Eine Spiralfeder dient als Gegenkraft.

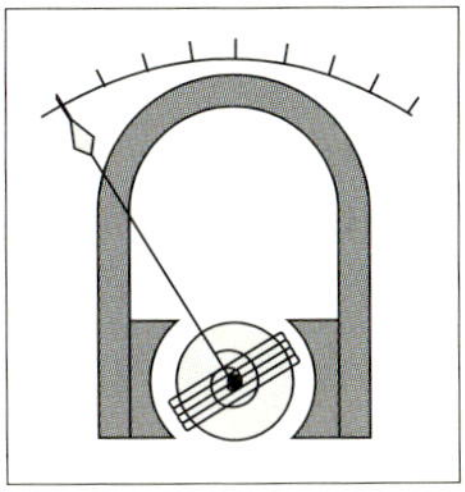

Bild D10: Drehspulinstrument

Das Antriebssystem führt den Zeiger über eine linear (gleichmäßig) eingeteilte Skala (manchmal auch mit Spiegelhinterlegung), an der sich der Wert der jeweiligen Messgröße ablesen lässt. Durch geeignete Formgebung des Luftspalts kann der Skalenverlauf in bestimmten Bereichen auch gedehnt werden. Zum Bewegen des Zeigers ist eine geringe elektrische Energie notwendig, die dem Messobjekt entzogen wird (Messfehler).
Drehspulinstrumente (Sinnbild ⌂) arbeiten nach dem Prinzip der Kraftwirkung auf einen Strom durchflossenen Leiter in einem homogenen Dauermagnetfeld; sie haben folglich ein analoges Messwerk.

Anwendung

Drehspulinstrumente nach den Normen der Reihe DIN EN 6010 (VDE 0411) können wegen des konstanten Magnetfelds nur den arithmetischen (flächenmäßigen) Mittelwert einer Gleichgröße anzeigen. Sie werden deshalb überwiegend zum Messen von Gleichstrom und Gleichspannung (ohne Wechselanteile) verwendet. Ein umgekehrt gerichteter Strom führt zu einen umgekehrten Zeigerausschlag.
Bei rein symmetrischen Wechselgrößen, z. B. einer Sinusspannung, ist der arithmetische Mittelwert während einer Periode null; folglich schlägt der Zeiger nicht aus. Um mit diesen Instrumenten trotzdem Wechselgrößen messen zu können, wird ein Messgleichrichter vorgeschaltet. Der Gleichrichter unterdrückt jeweils eine Halbwelle der zu messenden Wechselgröße. Damit ist der arithmetische Mittelwert während einer Periode nicht mehr null. Die Kalibrierung der direkt anzeigenden Drehspulinstrumente für rein sinusförmige Ströme und Spannungen erfolgt – wie bei →Dreheiseninstrumenten – in Effektivwerten. Drehspulinstrumente werden zunehmend durch elektronische Messeinrichtungen mit digitaler Anzeige ersetzt.

Drehstrombank

Drei Einphasen-Transformatoren (Einphaseneinheiten) zur Transformation von Drehstrom, s. Bild D11.

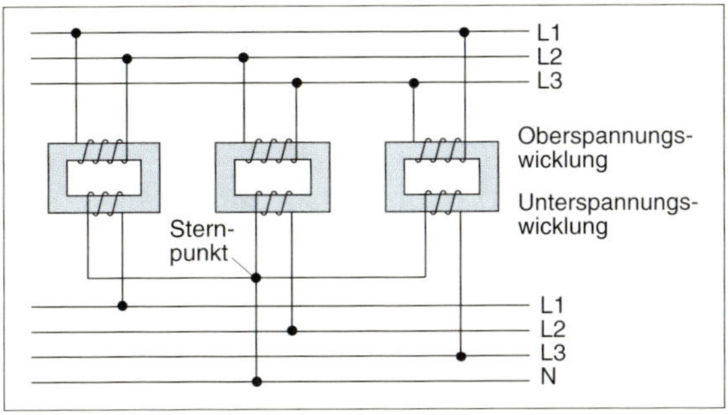

Bild D11: Drei Einphasen-Transformatoren (Drehstrombank) Oberspannungswicklung in Dreieckschaltung; Unterspannungswicklung in Sternschaltung

Einphaseneinheiten sind kleiner und leichter als Drehstromeinheiten; das schafft zugleich bessere Transportbedingungen. Außerdem braucht zur Behebung von Störungen nur eine Einphaseneinheit statt einer ganzen Drehstromeinheit als Reservetransformator bevorratet zu werden, was wirtschaftlich günstiger ist.
Nachteilig sind bei Drehstrombänken die vergleichsweise hohen Anschaffungskosten.

Dreieckschaltung

Grundschaltung der Elektrotechnik, bei der in einem Dreiphasen-Wechselstromsystem (Drehstromsystem) drei Wicklungen, Kondensatoren, Widerstände oder andere Bauelemente ringförmig (im Dreieck) hintereinander geschaltet sind, s. Bild D12.
Bei der Dreieckschaltung (Δ-Schaltung, engl. *delta connection*) teilen sich die Leiterströme mit dem Faktor $1/\sqrt{3}$ auf die einzelnen Wicklungsstränge auf. Diese Schaltung bietet Vorteile bei hohen Strömen und kleinen Spannungen. Kraftwerksgeneratoren sind deshalb stets in Dreieck geschaltet. Dasselbe gilt für die Oberspannungswicklung von Drehstromtransformatoren, wenn die Unterspannungswicklung (Niederspannungsseite) in Stern geschaltet ist (Schaltgruppe Dy ...) und dort eine einphasige (unsymmetrische) Belastung vorkommen kann.

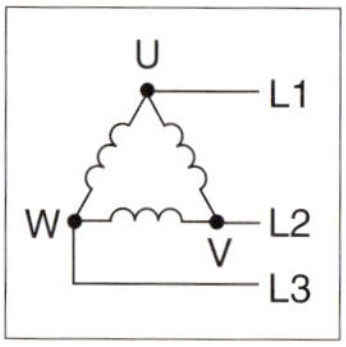

Bild D12: Dreieckschaltung

Der Anschluss elektrischer Verbrauchsmittel erfolgt bei der Dreieckschaltung immer zwischen den Außenleitern. Einen Neutralleiter, wie bei der →Sternschaltung, und damit zwei Spannungsebenen gibt es bei der Dreieckschaltung nicht.

Drei-plus-eins-Schaltung

Schaltung von drei Überspannungsableitern für den Mittelschutz (C-Ableiter) in Verbindung mit einer N-PE-Funkenstrecke (N-PE-Ableiter) der Klasse II, s. Bild D13. Die →Funkenstrecke übernimmt die galvanische Trennung zwischen dem Neutralleiter *N* und dem Schutzleiter PE.

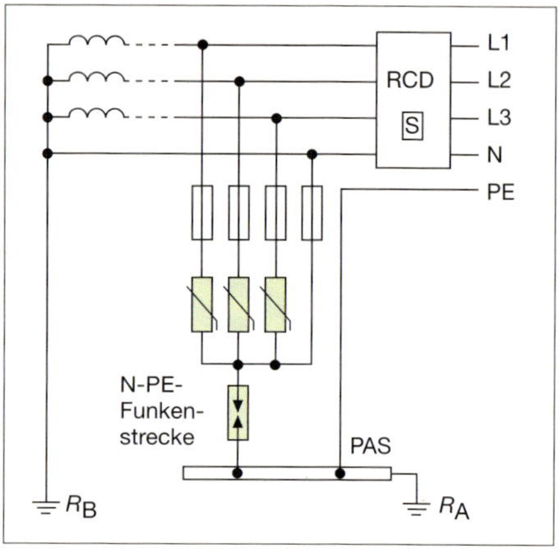

Bild D13: 3+1-Schaltung zum Schutz bei Überspannung in Verbraucheranlagen
RCD (Haupt-)Fehlerstrom-Schutzeinrichtung;
PAS (Haupt-)Potentialausgleichsschiene;
R_B Betriebserder; R_A Anlagenerder

Drucktaster

Elektromechanisches Steuergerät (Hilfsstromschalter) mit

- Kraftspeicherrückstellung mittels einer Feder – grundsätzlich ohne Verklinkung (Sperre) der beweglichen Schaltstücke – und einem
- Bedienteil, das durch Druck mit einem Finger oder der Hand betätigt wird [1].

Allgemeines

Drucktaster (engl. *push-button*) sind handbetätigte Druckschalter; bei Fußbetätigung

sind es **Fußschalter** (engl. *foot switch pedals*). Drucktaster (Druckknopf- oder Tastschalter) – kurz **Taster** genannt – kehren mittels einer inneren Rückzugskraft bei Fortfall der Antriebskraft (z. B. Fingerdruck) stets in ihre Ausgangsstellung zurück. Diesbezüglich unterscheiden sie sich ganz wesentlich z. B. von →**Rastschaltern**, auf deren bewegliche Schaltstücke keine Rückzugskraft wirkt, so dass diese Schalter deshalb ohne Wirkung einer äußeren Kraft in der jeweiligen Ein- oder Ausschaltstellung verweilen (rasten).
Das Pendant zu Druckschaltern (Drucktastern) sind Zugschalter (→Zugtaster).

Arten

Drucktaster werden hauptsächlich wie folgt unterschieden:

- **Verklinkte Drucktaster**
  Diese Taster verbleiben trotz des Kraftspeicherrückzugs mittels einer Feder in der betätigten Stellung, bis eine Klinke durch separate Betätigung, z. B. elektromagnetisch, gelöst wird.
- **Verriegelte Drucktaster**
  Die Verriegelung dieser Taster in einer oder mehreren Stellungen wird durch die separate Betätigung, z. B. durch Drehen der Taste oder eines Schlüssels, erreicht.
- **Schlüsseltaster**
  Diese Drucktaster können nur betätigt werden, solange der Schlüssel (ein-)gesteckt ist. Der Schlüssel kann in einer oder mehreren Schaltstellungen herausziehbar sein.
- **Drucktaster mit verzögerter Befehlsgabe**
  Diese Taster schalten erst, nachdem die Betätigungskraft eine bestimmte Zeit lang gewirkt hat. Die Zeit von der Befehlsgabe bis zum Beginn der Schließbewegung eines Schaltstücks wird „Schließverzug“ genannt.
- **Drucktaster mit verzögerter Rückstellung**
  Bei diesen Tastern werden die beweglichen Schaltstücke erst nach einer vorher bestimmten Zeitdauer in die unbetätigte Stellung zurückgeführt. Die Zeit von der Befehlsgabe bis zum Beginn der Öffnungsbewegung eines Schaltstücks wird „Öffnungsverzug“ genannt.
- **Leuchttaster**
  Diese Drucktaster verfügen jeweils über eine Signallampe (Glüh- oder Glimmlampe) im Bedienteil. Der Ausfall der Lampe darf nicht zu Rückschlüssen führen, die Fehlbedienungen mit Gefahrenauslösung herbeiführen können.

Drucktaster werden bei pilzförmig und besonders großflächig gestalteten Druckknöpfen auch **Pilztaster** genannt. Diese Taster dienen vorzugsweise als Betätigungseinrichtung für Notsituationen, z. B. für NOT-AUS. Besonders kleine Taster heißen **Mikrotaster**.

Anwendung

Drucktaster sind auf dem Bedienteil oder in dessen Nähe mit folgenden Symbolen zu kennzeichnen:
I EIN (START)
O AUS (STOP).
Die Farbcodierung des Bedienteils erfolgt für elektrische Maschinen nach DIN EN 60204 [2].
Im praktischen Einsatz lassen sich Drucktaster einfacher betätigen als z. B. Zug- oder Drehtaster. Deshalb werden zum kurzzeitigen Schließen oder Öffnen von Steuerstromkreisen meist Drucktaster verwendet, z. B. bei Anwendung der →Installationsfernschaltung mit Stromstoßrelais.

Literatur

[1] DIN EN 60947-5-1 (VDE 0660-200): 2005-02 Niederspannungsschaltgeräte; Steuergeräte und Schaltelemente; Elektromechanische Steuergeräte.
[2] DIN EN 60204-1 (VDE 0113-1): 1998-11 Elektrische Ausrüstung von Maschinen; Allgemeine Anforderungen.

D-Sicherung

Diazed-Sicherung mit Schraubsockel (Schraubsicherung) nach DIN VDE 0635 und den Normen der Reihe DIN EN 60269 (VDE 0636).

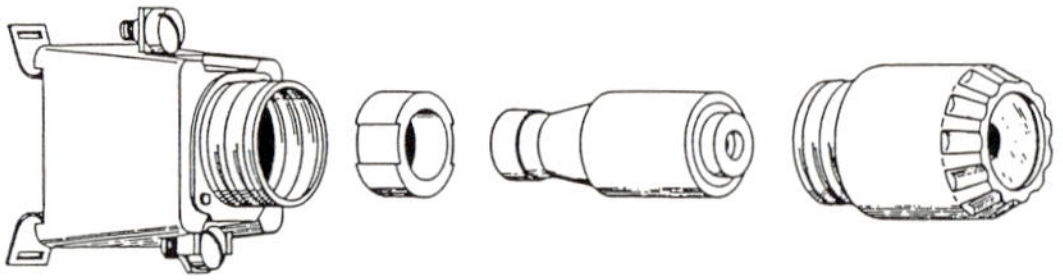

Bild D14: D-Sicherung

Allgemeines

Diazed-Sicherungen, kurz „D-Sicherungen" (engl. *D-fuses*) genannt, gehören zu dem **dia**metrisch, d. h. nach dem Durchmesser des Fußkontakts der →Sicherungseinsätze gestuften **z**weiteiligen Sicherungssystem mit **Ed**isongewinde. Dabei bezieht sich die Zweiteiligkeit des genannten Systems auf die Trennung des ursprünglich einteiligen „Sicherungsstöpsels" in die zwei Teile: Sicherungseinsatz und Schraubkappe.

Zum Diazed(D)-System gehören auch D0-Sicherungen (gesprochen: D-Null-Sicherungen) mit ihrem kleinen Edisongewinde, z. B. E 16. Das D0-System ist quasi ein miniaturisiertes D-System. Es wird nach einem Vorschlag der Fa. Siemens „Neozed-System" genannt; „Neo" bedeutet „neu".

D- und D0-Sicherungen sind gekennzeichnet durch die Unverwechselbarkeit des jeweiligen Sicherungseinsatzes hinsichtlich der zulässigen Bemessungsstromstärke und durch den rundum vorhandenen Berührungsschutz. Insoweit unterscheiden sie sich ganz erheblich von →NH-Sicherungen.

Ausführung

D- und D0-Sicherungen bestehen aus dem

- fest installierten **Sicherungssockel** mit Edison-Schraubgewinde (Schraubsockel), dem
- **Passeinsatz**, der die Verwendung eines Sicherungseinsatzes mit einem höheren Nennstrom (Bemessungsstrom) als dem Nennstrom des Passeinsatzes verhindert, dem
- patronenförmigen (irreparablen) **Sicherungseinsatz** (Schmelzeinsatz) und dem
- **Sicherungseinsatzhalter** mit Sichtfenster (Schraubklappe),

s. Bild D14. Das Edison-Schraubgewinde (E-Gewinde) hat eine abgerundete Form der Gewindegänge und vergleichsweise große Toleranzen, um Sicherungs-Schraubkappen, Lampen und andere elektrische Betriebsmittel mit diesem Gewinde leicht in die dazugehörigen Sockel bzw. Fassungen einschrauben zu können.

Anwendung

D- und D0-Sicherungen werden überwiegend in Installations- und Steuerungsanlagen verwendet. Ihre Bedienung ist grundsätzlich jedermann gestattet, auch dem elektrotechnischen Laien, sofern die Bemessungsstromstärke der Sicherungseinsätze 63 A nicht überschreitet.

D- und D0-Sicherungen sind wie alle Schmelzsicherungen nur für das **einmalige** Ausschalten bestimmt. Diese Schmelzeinsätze sind deshalb in den benötigten Stromstärken und Bauarten (D bzw. D0) ständig in ausreichender Menge zu bevorraten, damit ein unterbrochener Stromkreis nach Beseitigung des Fehlers rasch wieder verbunden (eingeschaltet) werden kann.

duale Berufsausbildung

Berufsausbildung in **zwei** Einrichtungen, und zwar in einem ausbildungsberechtigten (Lehr-)**Betrieb** oder in einer überbetrieblichen Ausbildungsstätte (praktische Ausbildung), ergänzt und begleitet durch den Unterricht an einer **Berufsschule** (theoretische und schulische Ausbildung). Der fachbezogene Unterricht erfolgt in der Regel an ein oder zwei (Berufsschul-)Tagen in der Woche, mitunter aber auch zusammenhängend mehrere Wochen lang als vollzeitschulischer Unterricht (Blockunterricht).

Allgemeines

Die Dauer der Berufsausbildung (Lehrzeit) z. B. zum Elektroinstallateur, Elektromechaniker, Elektromaschinenbauer, Fernmeldeanlagenelektroniker, Radio- und Fernsehtechniker, Büroinformationselektroniker oder in einem der am 1. 8. 2003 neu eingeführten Ausbildungsberufe (s. Tafel D2) beträgt in Deutschland einheitlich 3 1/2 Jahre. Im ersten Jahr erfolgt die berufliche Grundausbildung; sie ist in allen Elektroberufen gleich. Mit dem zweiten Lehrjahr beginnt die differenzierte, fachspezifische Ausbildung. Seit 1998 werden in Deutschland **Mechatroniker** ausgebildet – eine Kombination aus Mechaniker, Elektroniker und Informatiker. Mechatroniker ist hierzulande – im Gegensatz z. B. zu Japan – ein noch vergleichweise junger Ausbildungsberuf. Er vereint metalltechnische und elektronische Anforderungen. Mechatroniker arbeiten in der Montage und in der Instandhaltung von komplexen Maschinen, Anlagen und Systemen. Sie bauen mechanische und elektronische Komponenten zu mechatronischen Systemen zusammen, montieren die hergestellten Komponenten und Anlagenteile, nehmen die Anlagen in Betrieb und bedienen sie. Die Ausbildungszeit eines Mechatronikers beträgt 3 1/2 Jahre.

Die Berufsausbildung endet mit einer Abschlussprüfung. Durch diese Prüfung (Ge-

Tafel D2: Ausbildungsberufe in den elektro- und informationstechnischen Handwerken

Handwerk Art	**Ausbildungsberuf früher**		**Ausbildungsberuf jetzt**	
	Berufsbezeichnung	**Tätigkeitsschwerpunkt**	**Berufsbezeichnung**	**Fachrichtung Schwerpunkt**
Elektrotechniker-Handwerk	Elektroinstallateur/in	elektrische Gebäudeinstallationen; Freileitungen	Elektroniker/in	Energie- und Gebäudetechnik
		Steuerungsanlagen, elektrische Antriebe		Automatisierungstechnik
	Fernmeldeanlagenelektroniker/in			Informations- und Telekommunikationstechnik
	Elektromechaniker/in		Systemelektroniker/in	–
Elektromaschinenbauer-Handwerk	Elektromaschinenbauer/in		Elektroniker/in für Maschinen und Antriebstechnik	–
Informationstechniker-Handwerk	Büroinformationselektroniker/in		Informationselektroniker/in	Bürosystemtechnik
	Radio- und Fernsehtechniker/in			Geräte- und Systemtechnik

sellen- oder Facharbeiterprüfung) wird festgestellt, ob der/die Auszubildende[1] am Ende der Ausbildung über die notwendigen praktischen Kenntnisse (Fertigkeiten) verfügt und mit dem in der Berufsschule vermittelten Lehrstoff – auch mit dem elektrotechnischen Regelwerk – vertraut ist.

Aufstiegs-/Fortbildung

Nach erfolgreichem Abschluss der beruflichen Erstausbildung (Lehre) und einigen Jahren Berufspraxis bietet sich die Möglichkeit der beruflichen (Aufstiegs-)Fortbildung, z. B. zum Handwerks- oder Industriemeister, staatlich geprüften Techniker oder bei vorhandener Fach- bzw. Hochschulreife sogar zum Diplombetriebswirt oder Diplomingenieur. Die Berechtigung zur Aufnahme eines Studiums an einer Fachhochschule oder Universität im Anschluss an die Lehre kann auch z. B. durch den Besuch einer Fachoberschule, eines Fachgymnasiums oder durch Ablegen der Begabtensonderprüfung erworben werden

Als Handwerks- oder Industriemeister eröffnen sich große berufliche Chancen. Sie sind berechtigt, Lehrlinge auszubilden und als **Handwerksmeister** sich als selbstständige Unternehmer niederzulassen („Großer Befähigungsnachweis").

Industriemeister gelten als mittlere Führungskräfte. Sie dürfen in einem Industrieunternehmen eine „Meisterei" der Produktion selbstständig führen oder bei Bedarf in anderen Bereichen eines Industriebetriebs, z. B. in der Arbeitsvorbereitung oder Instandhaltung, führend (verantwortlich) tätig werden.

[1] **Auszubildender** (Azubi) ist, wer sich in der Berufsausbidung, beruflichen Fortbildung oder Umschulung befindet und damit dem Berufsbildungsgesetz unterliegt. Junge Menschen, die eine Lehre absolvieren, werden auch **Lehrling** genannt.

Durchbruchspannung

Elektrische Spannung, bei der ein Halbleiterbauelement, z. B. eine Diode, in Sperrichtung leitend wird und dabei der Sperrstrom lawinenartig (engl. *avalanche*) zunimmt. Der „Avalanche-Effekt" (Lawineneffekt) – die Vervielfachung von freien Ladungsträgern in Gasen und Halbleitern durch Stoßionisation – wird z. B. bei →Zenerdioden technisch genutzt.

Durchhang

Abstand zwischen einem →Leiterseil und der geradlinigen Verbindung zwischen zwei Aufhängepunkten.

Der größte Durchhang f_{max} stellt sich in ebenem Gelände in der Spannweitenmitte ($l/2$) ein, s. Bild D15. Er ist so zu bemessen, dass

- bei –5 °C und Zusatzlast infolge Eis, Raureifs oder Schnees (Eislast) entsprechend der Eiszone oder bei –20 °C ohne Eislast die höchstzulässige Zugspannung der Leiterseile nicht überschritten und
- bei –5 °C und Eislast oder bei der Auslegungstemperatur von +40 °C oder höher der geforderte Mindestabstand h zwischen dem Leiterseil und dem Erdboden (Bodenfreiheit) nicht unterschritten wird.

Der Durchhang von Leiterseilen wird insbesondere von den Abspannisolatoren, der

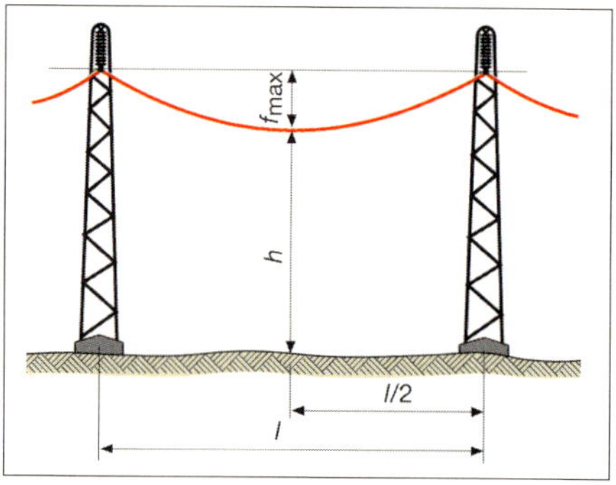

Bild D15: Durchhang eines Leiterseils

Spannweite, dem Seilgewicht, der Seilzugkraft, der Seiltemperatur, der zu berücksichtigenden Eislast und der Zusatzlast durch abgehende Leiterseile oder Gegenkontakte (Punktlasten), z. B. in Freiluftschaltanlagen, bestimmt. Er bedingt einen Mehraufwand an Seillänge von etwa 1...4 %. Alle Leiterseile in einem Spannfeld, auch die Erdseile (Blitzschutzseile) an den Mastspitzen, sollen durchhangsgleich sein.
Mitunter werden aus Sicherheitsgründen Doppelabspannketten verwendet. Der Bruch e i n e s Isolators führt meist zu einer Vergrößerung des Durchhangs.

Durchschlag

Vollständige elektrische Entladung in einem festen →Isolierstoff [1].

Allgemeines

Festkörperdurchschläge führen zu einer dauernden Überbrückung der →Isolierung und folglich zu einem völligen Verlust der Isolationsfestigkeit des betreffenden elektrischen Betriebsmittels. Während →Überschläge in Luft, entlang der Oberfläche eines Isolierkörpers diesen meist nicht beschädigen, führen Durchschläge unweigerlich zur Zerstörung. Die Durchschlagstrecke wird durch den Durchschlagkanal markiert. Bei →Stoßspannungen mit steilem Anstieg und extrem kurzer Zeit kann sich der Durchschlagprozess mitunter nicht voll entwickeln. In diesem Fall sind auch teilweise Durchschläge möglich, die das Gefüge eines festen Isolierstoffs nur an einigen Stellen zerstören. Teildurchschläge lassen sich z. B. durch Messung des dielektrischen →Verlustfaktors tan δ (Verlustwinkelmessung) nach DIN VDE 0472505 feststellen.

Durchschlagbarkeit

Durchschlagbar sind Feststoffisolierungen, z. B. Porzellanisolatoren, wenn deren Luftüberschlagstrecke (→Schlagweite) wesentlich größer ist als die Durchschlagstrecke. Sind die Luftüberschlagstrecke und die Durchschlagstrecke etwa gleich groß, so kommt es wegen der geringeren Isolationsfestigkeit von Luft gegenüber festen Isolierstoffen, z. B. Porzellan, meist zum Überschlag, selten zum Durchschlag.
Isolatoren, deren Durchschlagstrecke größer als die Luftüberschlagstrecke ist, gelten als nicht durchschlagbar. Diese Betriebsmittel sind demnach durchschlagfest.

Durchschlagfestigkeit

Elektrische Durchschlagfestigkeit (engl. *electric strength*) – die Beständigkeit eines festen Isolierstoffs gegen einen inneren Durchschlag – wird definiert als Quotient aus der Durchschlagspannung und dem Abstand der Elektroden, zwischen denen die Spannung unter festgelegten Bedingungen angelegt wird. Dabei gilt als „Durchschlagspannung" (engl. *breakdown*) die höchste Spannung, der ein Isolierstoff (Probekörper) ohne Durchschlag über die vorgegebene Zeit standhält. Der Wert dieser Spannung (dielektrische Spannungsfestigkeit) wird insbesondere von der Dicke, Art und Temperatur der Probe, der Kurvenform der Prüfspannung, der Geschwindigkeit der Spannungssteigerung und der Dauer der Spannungsbeanspruchung bestimmt.
Die Prüfung der elektrischen Durchschlagfestigkeit eines Isolierkörpers gegen Zerstörung bei Beanspruchung mit Wechselspannung von Betriebsfrequenz, Gleich- oder Stoßspannung erfolgt nach der Normenreihe DIN VDE 0303.

Literatur

[1] DIN EN 60664-1 (VDE 0110-1):2003-11 Isolationskoordination für elektrische Betriebsmittel in Niederspanungsanlagen; Grundsätze. Anforderungen und Prüfungen.

E-CHECK

Überprüfung der elektrischen Sicherheit von →Verbraucheranlagen und ausgewählten →ortsveränderlichen Betriebsmitteln unter Einbeziehung weiterer kundenorientierter Serviceleistungen, z. B. Darlegung von sicherheitstechnischen Defiziten und Verbesserung des elektrotechnischen Komforts der Kundenanlagen, Beratung über die Senkung des Energiebedarfs und über neue Produkte mit noch mehr Sicherheit.

Zweck

Der hauptsächliche Zweck des E-CHECK liegt in der Erhöhung der Sicherheit der elektrischen Anlagen und Geräte. Diese Dienstleistung (Überprüfung) ist von großer Wichtigkeit für den Betreiber der elektrischen Einrichtungen, geht es doch dabei um die frühzeitige Erkennung und Beseitigung von Gefahren sowie um die Erhaltung von Sachwerten. Dazu gehört eine gute Beratung – fachkompetent, glaubhaft und vom Kunden nachvollziehbar.

Anwendung

Mit dem Elektrocheck – kurz E-CHECK – befassen sich seit dessen Einführung im Jahre 1996 die kompetenten Innungsfachbetriebe der deutschen elektro- und informationstechnischen Handwerke. Diese inzwischen vielen tausend E-CHECK-Betriebe in der Bundesrepublik Deutschland sind gewissermaßen der „Elektro-TÜV“.
Durch die regelmäßig wiederkehrenden Überprüfungen der ortsfesten Anlagen und mobilen Geräte ist ihnen eine erhebliche Steigerung der Prüfumsätze gewiss. Außerdem begreifen diese Betriebe den E-CHECK auch als eine Chance für zusätzliche Aufträge.

Bild E1: E-CHECK-Prüfplakette

Prüfplakette

Vergleichbar etwa mit der befristet gültigen TÜV-Plakette am Auto erhält jede überprüfte (gecheckte) elektrische Anlage eine bundesweit einheitliche Prüfplakette, wenn die Anlage – auch noch über den Tag ihrer Überprüfung hinaus – den aktuellen Sicherheitsanforderungen, z. B. gemäß der Normenreihe DIN VDE 0100 „Errichten von Niederspannungsanlagen“, entspricht. Auf dieser z. B. am Zählerplatz oder Wohnungsverteiler (Installationsverteiler) sichtbar angebrachten Plakette ist für den Kunden (Betreiber) leicht erkennbar der Termin für die nächste reguläre Wiederholungsprüfung im Sinne von DIN VDE 0105-100 [1] vermerkt, s. Bild E1. Die E-CHECK-Prüfplakette wird auch bei der Erstprüfung im Anschluss an die Errichtung einer neuen elektrischen Anlage angebracht.

Literatur

[1] DIN VDE 0105-100:2005-06 Betrieb von elektrischen Anlagen.

Eigenbedarfsanlage

Niederspannungsanlage einschließlich Stromerzeuger zur Bereitstellung der elektrischen Leistung für den Eigenbedarf von Kraft- und Umspannwerken, z. B. für Beleuchtung, Lüftung, Heizung, Antriebe, Steuerung und Steckdosen.

Transformatoren zur Versorgung der Eigenbedarfsanlage mit elektrischer Energie werden **Eigenbedarfstransformatoren** genannt. Die Unterbringung dieser Transformatoren sowie der Schalt- und Verteilungsanlagen für den Eigenbedarf – auch der Akkumulatorenbatterien und Ladegleichrichter – erfolgt in großen Kraft- und Umspannwerken mitunter in separaten Eigenbedarfsgebäuden.

Einbaurahmen

Rahmenkonstruktion zur Aufnahme der elektrischen Betriebsmittel für den festen Einbau in eine Schaltgerätekombination.

Bei Montage der elektrischen Betriebsmittel auf einer Platte wird die Konstruktion **Einbauplatte** genannt, s. Bild E2.

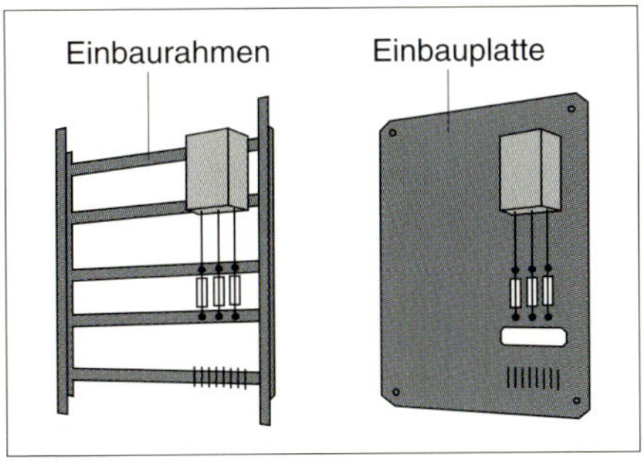

Bild E2: Einsätze für Schaltgerätekombinationen

Einführungspfeife

Rohrförmige Durchführung aus keramischem Isolierstoff mit einseitig abwärts gekrümmtem Ende (s. Bild E3) Die Einführungspfeife – auch **Einführungsstück** genannt – dient dem Einführen von zwei, drei oder vier einadrigen Hauseinführungsleitungen (engl. *lines connection*), s. Bild E4.

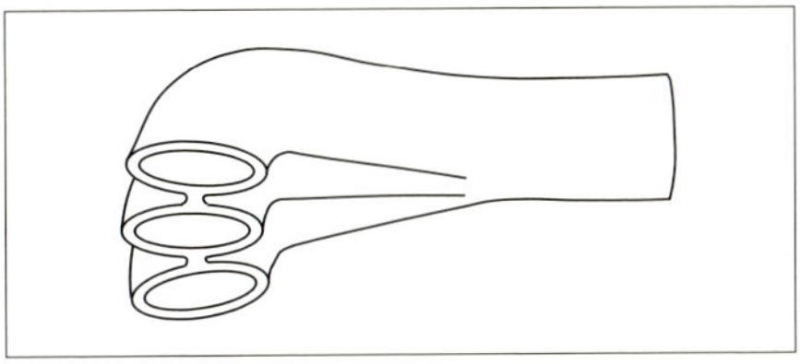

Bild E3: Einführungspfeife, dreifach

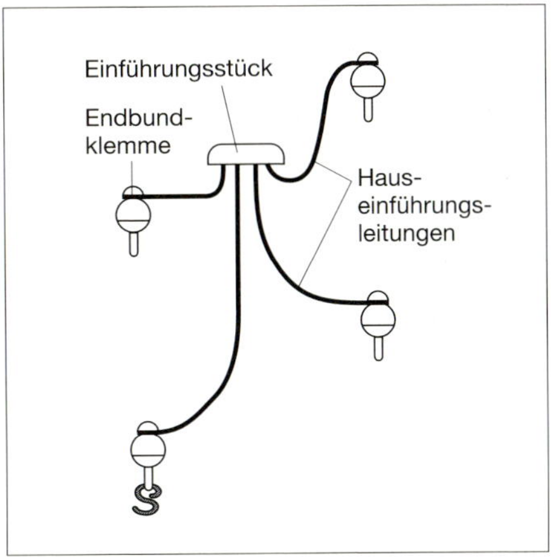

Bild E4: Freileitungs-Wandanschluss mit Hauseinführungsleitungen

Einphasen-Asynchronmotor

→Asynchronmotor (Wechselstrommotor) mit zwei Ständerwicklungen – der Hauptwicklung (U1-U2) und der ihr parallel geschalteten Hilfswicklung (Z1-Z2), zum Anschluss an ein Einphasen-Zweileitersystem.

Aufbau, Wirkungsweise

Einphasen-Asynchronmotoren sind Induktionsmotoren. Ihre Hilfswicklung ist zusammen mit der Hauptwicklung in den Nuten des Ständerblechpakets untergebracht und gegenüber der Hauptwicklung um eine halbe Polteilung, d.h. um 90°, versetzt. Der Zweck der Hilfswicklung besteht in der Erzeugung einer zeitlichen Phasenverschiebung gegenüber der Hauptwicklung und eines elliptischen Drehfelds (➔magnetisches Drehfeld). Einphasen-Asynchronmotoren können somit beim Einschalten selbsttätig anlaufen.

Bei den ➔**Anwurfmotoren** fehlt die Hilfswicklung (Hilfsphase); sie können folglich nicht selbsttätig anlaufen. Diese Elektromotoren müssen durch Ziehen am Keilriemen, durch Drehen am Schwungrad oder auf andere, mitunter nicht ungefährliche Weise von Hand in die gewünschte Drehrichtung angeworfen werden. Ihr Einschaltstrom (Anlaufstrom) beträgt bei direkter Einschaltung etwa das 3,5...4-fache des Nennstroms.

Arten

Je nach Ausführung der Hilfswicklung werden unterschieden:

a) Einphasen-Asynchronmotoren mit **Anlaufwiderstand** in der Hilfswicklung. Nach dem Hochlauf des Motors wird die Hilfswicklung durch einen Fliehkraftschalter oder ein in der Hauptwicklung befindliches stromabhängiges Relais abgeschaltet, s. Bild E5 a.
Das Anzugsmoment (Anlaufmoment) beträgt etwa das 1...1,5-fache des Nennmoments. Leistungsfaktor und Wirkungsgrad sind vergleichsweise niedrig.

b) Einphasen-Asynchronmotoren mit **Anlaufkondensator** (meist Elektrolytkondensator) in der Hilfswicklung, s. Bild E5 b. Die Hilfswicklung mit dem Anlaufkondensator – auch „Anlasskondensator" genannt – wird nach dem Hochlauf des Motors wie bei der Schaltung nach Bild E5 a abgeschaltet.

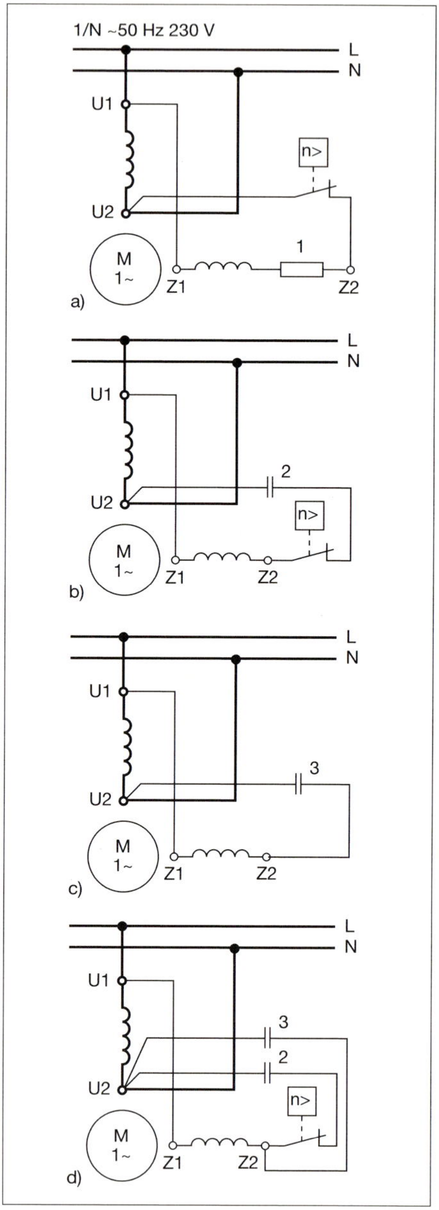

Bild E5: Einphasen-Asynchronmotor
a) mit Anlaufwiderstand (1);
b) mit Anlaufkondensator (2);
c) mit Betriebskondensator (3);
d) mit Doppelkondensator (2, 3)

Das Anzugsmoment beträgt etwa das 1,5…2-fache des Nennmoments. Leistungsfaktor und Wirkungsgrad sind niedrig.

c) Einphasen-Asynchronmotoren mit **Betriebskondensator** in der Hilfswicklung. Die Hilfswicklung und der Kondensator bleiben während der gesamten Betriebszeit des Motors am Netz, s. Bild E5 c. Diese Asynchronmotoren werden auch **Kondensatormotoren** genannt.
Das Anzugsmoment beträgt bei diesen Elektromotoren etwa das 0,5…0,7-fache des Nennmoments. Ein höheres Anzugsmoment kann durch Vergrößerung der Kapazität des Kondensators (Zuschalten eines Zusatzkondensators) erzeugt werden. Bei viermal höherer Kapazität erhält man etwa ein 3,5-faches Anzugsmoment, bezogen auf das Nennmoment. Hierbei ist jedoch zu beachten, dass diese große Kapazität nach Beendigung des Anlaufvorgangs unbedingt wieder abgeschaltet werden muss, z. B. durch einen Fliehkraftschalter. Anderenfalls wird die Hilfswicklung zu stark erwärmt und unter Umständen beschädigt.
Der Leistungsfaktor ist bei diesen Motoren sehr hoch (nahe 1). Der Wirkungsgrad ist ebenfalls höher als bei den Schaltungen nach den Bildern E5a und E5 b.

d) Einphasen-Asynchronmotoren mit **Doppelkondensator** (Anlass- und Betriebskondensator) in der Hilfswicklung. Der Anlaufkondensator für den automatischen Anlauf und damit etwa zwei Drittel der Gesamtkapazität werden nach dem Hochlauf des Motors abgeschaltet, z. B. durch einen Fliehkraftschalter. Die Hilfswicklung und der Betriebskondensator mit etwa einem Drittel der Gesamtkapazität bleiben dagegen während der gesamten Betriebszeit des Motors am Netz, s. Bild E5 d.
Das Anzugsmoment entspricht näherungsweise dem Nennmoment. Der Leistungsfaktor ist auch hier nahe 1.

Anwendung

Kondensatormotoren werden vorzugsweise verwendet

- für kleingewerbliche Antriebszwecke und in Heimwerkermaschinen, z. B. Kompressoren, Wasserpumpen, Rasenmähern und Bohrmaschinen,
- in Haushaltsgeräten, z. B. Waschmaschinen, Wäschemangeln, Kühlschränken und Kaffeemühlen.

Dreiphasen-Asynchronmotoren sind für den Betrieb in Drehstromnetzen bestimmt (→Asynchronmotor). Der Einsatz solcher Motoren ist bei Anwendung der →**Steinmetzschaltung** unter Verwendung eines ständig eingeschalteten (Betriebs-)Kondensators auch in Einphasen-Wechselstromnetzen, d. h. für den Einphasenbetrieb, möglich.

Einschaltzeit

Zeit von der Einleitung des Schließvorgangs (Einschaltbewegung) bis zu dem Zeitpunkt, in dem der elektrische Strom zu fließen beginnt.
Die Einschaltzeit (engl. *make time*) enthält auch den Zeitverzug der für das Einschalten erforderlichen Hilfseinrichtungen.
Bei der →Sicherheitsbeleuchtung (Notbeleuchtung) bezeichnet „Einschaltzeit“ die Zeit zwischen dem Ausfall der Allgemeinbeleuchtung und dem Erreichen der erforderlichen Beleuchtungsstärke der Notbeleuchtung.

Einschub

Einschiebbares und herausziehbares Teil einer →Niederspannungs-Schaltgerätekombination, s. Bild E6.

Bild E6: Einschub – Teil einer Schaltgerätekombination

Allgemeines

Einschübe (engl. *withdrawable parts*) können als Ganzes von der Schaltgerätekombination entfernt und ausgetauscht werden, ohne dabei den Stromkreis, an dem das Teil angeschlossen ist, spannungsfrei zu schalten. Beim Einschieben und Herausziehen des Einschubs ist jedoch, durch Verriegelungen sicherzustellen, dass die betreffenden Haupt- und Hilfsstromkreise stromlos sind. Schalten unter Last muss bei Einschüben ohne Lastschaltvermögen zuverlässig verhindert sein.

Trennstrecken

Arbeiten an elektrischen Betriebsmitteln sind grundsätzlich nur im freigeschalteten Zustand (→Freischalten) unter Einhaltung weiterer Sicherheitsmaßnahmen, z. B. Abdeckung der benachbarten →berührungsgefährlichen Teile, zulässig [1]. Deshalb müssen Einschübe in der Trennstellung die Bedingungen für Trennstrecken erfüllen.
Trennstrecken sind →Schaltstrecken, die die für →Trennschalter nach DIN EN 60947-3 (VDE 0660-107) festgelegten Sicherheitsanforderungen erfüllen [2] [3]. Zur Realisierung von Trennstrecken sind auch →Steckvorrichtungen zulässig, vermittels derer der Einschub mit der →Einspeisung verbunden oder von ihr getrennt werden kann.

Anwendung

Die Einschubtechnik gestattet Veränderungen und Erweiterungen von Abzweigen während des Betriebs der Anlagen. Außerdem sind die Reparaturzeiten vergleichsweise kurz, da ein defekter Einschub schnell gegen einen funktionsfähigen Reserveeinschub ausgewechselt werden kann.
Die Einschubtechnik findet bevorzugt in Eigenbedarfsanlagen von Kraftwerken, in der Grundstoffindustrie sowie in der verarbeitenden Industrie zum Steuern von komplizierten oder umfangreichen Produktionsprozessen Anwendung.

Literatur

[1] DIN VDE 0105-100:2005-06 Betrieb von elektrischen Anlagen.
[2] DIN EN 60439-1 (VDE 0660-500):2005-01 Niederspannungs-Schaltgerätekombinationen; Typgeprüfte und partiell typgeprüfte Kombinationen.
[3] DIN VDE 0100-537:1999-06 Elektrische Anlagen von Gebäuden; Auswahl und Errichtung elektrischer Betriebsmittel; Geräte zum Trennen und Schalten.

Einspeisung

Zuführung von elektrischem Strom zu einem Netz, einer Anlage, einem Verteiler oder einem elektrischen Verbrauchsmittel, auch „Stromversorgung“ genannt.
Die Einspeisung (engl. *incoming unit*) eines Netzes oder einer Anlage von einem →Speisepunkt kann erfolgen über

- eine Einfachleitung (Einfacheinspeisung),
- zwei oder mehr voneinander unabhängige Leitungen (Mehrfacheinspeisung) oder über
- ein Ring- oder Maschennetz mit wahlweiser Einspeisung aus zwei Richtungen (Einschleifung).

Einfacheinspeisungen haben im Vergleich zu Mehrfacheinspeisungen oder Einschleifungen eine vergleichsweise geringe Versorgungszuverlässigkeit.
Die Einspeisung von Elektroenergie in ein Gebäude wird „Gebäudeeinspeisung" oder →„elektrischer Hausanschluss" (engl. *house service connection*) genannt. Die Art der Einspeisung (Kabel- oder Freileitungseinspeisung) richtet sich nach der Ausführung des jeweiligen Niederspannungs-Verteilungsnetzes (Ortsnetz).

elektrische Anlage

Gesamtheit der zusammengeschlossenen, in ihren Kenngrößen koordinierten →elektrischen Betriebsmittel zur Verrichtung von Arbeit, zur Erzeugung von Licht oder Wärme, zur Übertragung oder Verarbeitung von Informationen oder für einen anderen bestimmten Zweck.

Allgemeines

Elektrische Anlagen (engl. *electrical installations*) werden hinsichtlich ihrer Nenn- bzw. Bemessungsspannung wie folgt eingeteilt:

- **Kleinspannungsanlagen** – bei Spannungen bis AC 50 V bzw. bis DC 120 V
- **Niederspannungsanlagen** – bei Spannungen bis AC 1000 V bzw. bis DC 1500 V
- **Hochspannungsanlagen** – bei Spannungen über AC 1 kV bzw. über DC 1,5 kV.

Hochspannungsanlagen mit Nennwechselspannungen
- unter 110 kV werden meist „Mittelspannungsanlagen" und
- ab 220 kV werden mitunter auch „Höchstspannungsanlagen"

genannt.
Elektrische Anlagen sind hinsichtlich ihres Verwendungszwecks oft nicht eindeutig abgrenzbar. Das gilt z. B. auch für **Starkstromanlagen** (engl. *power installations*) nach DIN VDE 0100-200 [1]. Diese Anlagen haben elektrische Betriebsmittel zum Erzeugen, Umwandeln, Speichern, Fortleiten, Verteilen und/oder Verbrauchen elektrischer Energie mit dem Zweck des Verrichtens von Arbeit, z. B. in Form von mechanischer Arbeit, zur Wärme- oder Lichterzeugung. Dabei ist die Höhe der elektrischen Spannung und Stromstärke in Deutschland ohne Belang, im Gegensatz zu Österreich und der Schweiz. In den letztgenannten Ländern zählen z. B. Kleinspannungsanlagen nicht zu Starkstromanlagen.
Elektrische Anlagen zum Übertragen, Verteilen, Verarbeiten und/oder Anwenden von Informationen werden „Informationsanlagen", „Kommunikationsanlagen" oder auch (noch) „Fernmeldeanlagen" genannt.
Elektrische Anlagen in Wohngebäuden (engl. *electrical installations in residential buildings*) sind nach DIN 18015-1

- Starkstromanlagen mit Nennspannungen bis 1000 V,
- Telekommunikationsanlagen – auch Hauskommunikationsanlagen – sowie sonstige Fernmelde- und Informationsverarbeitungsanlagen,
- Empfangs- und Verteilanlagen für Ton- und Fernsehrundfunk sowie für interaktive Dienste mit oder ohne Anschluss an ein allgemein zugängliches Netz eines Netzbetreibers,
- Blitzschutzanlagen.

Anlagen für Sicherheitszwecke

Elektrische Anlagen für Sicherheitszwecke (engl. *electrical installations for safety services*) – kurz „Sicherheitsstromversorgung" genannt – dienen dem Schutz von Personen beim Ausfall der allgemeinen Stromversorgung. Das Erfordernis und die Ausführung solcher Anlagen gründen sich auf behördliche Verordnungen, z. B. der Bauordnung für Krankenhäuser, Schulen, Hochhäuser, Geschäftshäuser, Versammlungs- und Gaststätten, Campingplätze und elektrische Betriebsstätten, sowie auf DIN-VDE-Bestimmungen (→Normung) [2] bis [4].

Anlagen für Sicherheitszwecke werden von besonderen netzunabhängigen Stromquellen gespeist, z. B. von ortsfesten Akkumulatorenbatterien oder Generatoren (→Notstromaggregate). Diese Stromquellen schalten sich bei Ausfall der allgemeinen Stromversorgung selbsttätig ein und können unterbrechungsfrei (z. B. für Gefahrenmeldeanlagen) oder innerhalb weniger Sekunden die daran angeschlossenen Sicherheitseinrichtungen versorgen, z. B. die Sicherheitsbeleuchtung der Rettungswege, Rauchabzugseinrichtungen oder Feuerschutzabschlüsse. Während der Versorgungsdauer müssen die elektrischen Anlagen für Sicherheitszwecke einem Brand widerstehen können.

Literatur

[1] DIN VDE 0100-200:1998-06 Elektrische Anlagen von Gebäuden; Begriffe.

[2] DIN VDE 0100-560:1995-07 Bestimmungen für das Errichten von Starkstromanlagen mit Nennspannungen bis 1000 V; Auswahl und Errichtung elektrischer Betriebsmittel; Elektrische Anlagen für Sicherheitszwecke.

[3] DIN VDE 0100-710:2002-11 Errichten von Niederspannungsanlagen; Anforderungen für Betriebsstätten, Räume und Anlagen besonderer Art; Medizinisch genutzte Bereiche.

[4] DIN VDE 0108-1:1989-10 Starkstromanlagen und Sicherheitsstromversorgung in baulichen Anlagen für Menschenansammlungen.

elektrische Betriebsstätte

Raum oder abgegrenzter Bereich eines begehbaren Raums oder Orts im Freien, der im Wesentlichen dem Betrieb elektrischer Anlagen und Betriebsmittel dient.

Allgemeines

Elektrische Betriebsstätten (engl. *electrical operating areas*) sind bedingt zugängliche Betriebsräume für den Betrieb elektrischer Anlagen im Sinne der EltBauVO, z. B. Maschinenräume von Kraftwerken, Schaltwarten, Räume mit Stromversorgungseinrichtungen und elektrische Prüffelder. Dazu zählen auch Führerräume von elektrischen Triebfahrzeugen, soweit diese von Fahrgästen nicht betreten werden dürfen.

Elektrische Betriebsstätten müssen so groß sein, dass die elektrischen Anlagen und Betriebsmittel sicher betrieben werden können. Die lichte Raumhöhe darf 2 m nicht unterschreiten. Das gilt auch für die Durchgangshöhe unter Abdeckungen. Die Breite und Höhe der Gänge von Niederspannungs-Schaltanlagen und -Verteilern sind nach DIN VDE 0100-729 [1] und von Hochspannungsanlagen nach DIN VDE 0101 festzulegen (→Bedienungsgang).

Zugang

In elektrischen Betriebsstätten sind die betriebsmäßig unter Spannung stehenden (aktiven) Teile mitunter nicht vollständig isoliert oder berührungssicher abgedeckt. Deshalb ist der Zutritt zu diesen Räumen bzw. Orten grundsätzlich nur den dazu befugten Elektrofachkräften (→Fachkraft) oder →elektrotechnisch unterwiesenen Personen gestattet. Andere Personen, insbesondere Laien, dürfen elektrische Betriebsstätten wegen der erhöhten elektrischen Gefährdung oder aus anderen wichtigen Gründen grundsätzlich nicht betreten. In Ausnahmefällen ist das nur in Begleitung der vorgenannten Personen (Fachpersonal) statthaft. Dabei sind deren sicherheitstechnische An-

weisungen und Verhaltensregeln streng zu befolgen.
Ortsfeste und ortsveränderliche elektrische Betriebsstätten müssen an ihren Zugängen (von außen) deutlich als solche gekennzeichnet sein, vorzugsweise mit einem dreieckigen Warnschild nach IEC 60878, s. Bild E7.

Bild E7: Warnung! Gefährliche elektrische Spannung

Das Warnschild soll zu erhöhter Vorsicht mahnen und Unbefugte davon abhalten, elektrische Betriebsstätten zu betreten.

Errichtung

Niederspannungsanlagen sind nach den Normen der Reihe DIN VDE 0100 zu errichten. Für elektrische Betriebsstätten gelten die erleichternden Bestimmungen nach DIN VDE 0100-731 [2]. Gleichwohl sind elektrische Gefährdungen unbedingt auszuschließen, z. B. durch Anordnung von Barrieren oder Gittern zum Schutz gegen elektrischen Schlag, mindestens gegen das zufällige (unbeabsichtigte) Berühren aktiver Teile.
Schutzleisten, Geländer, Ketten und Seile (vorzugsweise aus →Isolierstoff) sind etwa 1100...1300 mm, also in Bauch- bzw. Brusthöhe über der Zugangsebene anzubringen. Schutzgitter (Maschenweite höchstens 40 mm x 40 mm) müssen darüber hinaus mindestens 1800 mm hoch sein. Der lichte Mindestabstand zwischen den genannten →Hindernissen und aktiven Teilen mit gefährlicher Niederspannung (> AC 50 V/DC 120 V) beträgt 200 mm [2].

Literatur

[1] DIN VDE 0100-729:1986-11 Errichten von Starkstromanlagen mit Nennspannungen bis 1000 V; Aufstellen und Anschließen von Schaltanlagen und Verteiler.
[2] DIN VDE 0100-731:1986-02 –; Elektrische Betriebsstätten und abgeschlossene elektrische Betriebsstätten.

elektrische Energie

Energie zum Verrichten elektrischer Arbeit. Die elektrische Energie W (engl. *work*, Arbeit) entspricht der elektrischen Leistung P innerhalb einer bestimmten Zeit t:

$$W = P \cdot t$$

Die SI-Einheit[1)] der elektrischen Energie ist das Joule (J), gesprochen: dschul.
Namensgeber dieser Einheit ist der englische Physiker *James Prescott Joule* (1818-1889). Er entdeckte im Jahre 1841 das später nach ihm benannte →Joule´sche Gesetz.
1 J = 1 Ws = 1 Nm (Newtonmeter).
Die Einheit der elektrischen Energie (Arbeit) entspricht somit der Einheit der mechanischen Arbeit.
In der Elektrotechnik wird statt Joule oft (noch) die Einheit „Wattsekunde" oder – weil die Wattsekunde sehr klein ist – auch die (SI-fremde) Einheit Wattstunde (1 Wh = 3600 Ws) bzw. Kilowattstunde (1 kWh = $3{,}6 \cdot 10^6$ Ws) benutzt.
Zum Messen der elektrischen Energie ($W = U \cdot I \cdot t$) werden Spannungs-, Strom- und Zeitmesser benötigt. Bequemer ist jedoch die Verwendung eines →**Elektrizitätszählers**, der die entnommene (verbrauchte) elektrische Energie direkt anzeigt.

1) **SI-Einheiten** sind die Einheiten des (kohärenten, zusammenhängenden) Internationalen Einheitensystems (Système International d'Unités, Abk. SI) nach den Normen der Reihe DIN 1301.

elektrische Festigkeit

Beständigkeit fester Isolierstoffe gegen einen inneren →Durchschlag (Durchschlagfestigkeit) oder einen →Überschlag entlang der Isolierstoffoberfläche (Überschlagfestigkeit). Zur Überschlagfestigkeit gehört auch die Beständigkeit flüssiger oder gasförmiger Isolierstoffe gegen einen Funkenüberschlag.
Die elektrische Festigkeit von Isolierstoffen wird in praxi meist „Isolationsfestigkeit" oder „Spannungsfestigkeit" (engl. *dielectric strength*) genannt. In letzterem Falle unterscheidet man noch zwischen der Beständigkeit gegen Zerstörung bei Beanspruchung mit Wechselspannungen (Wechselspannungsfestigkeit) und der Beständigkeit bei Beanspruchung mit →Stoßspannungen (Stoßspannungsfestigkeit).

elektrische Flächenheizung

Heizung, bei der elektrische Energie mittels isolierter Heizleitungen (engl. *heating cables*), z.B. nach DIN VDE 0253, oder Flächenheizelementen in Wärme umgewandelt und die Wärmeenergie mit

- einer möglichst geringen zeitlichen Verzögerung (Direktheizung) oder
- einer gewollten zeitlichen Verzögerung (Speicherheizung)

über die Oberfläche des Fußbodens, der Wände oder Decke (auch Dachschrägen) an den zu beheizenden Raum abgegeben wird.
Fußboden- und Decken-Flächenheizungen sind nach DIN VDE 0100-753 zu errichten. Dachschrägen bis herunter zu einer senkrechten Höhe von 1,5 m über dem Fertigfußboden gelten als Decken.
Bei der Raumausstattung mit Einbauschränken oder anderen Möbelstücken mit vollflächiger Abdeckung des Fußbodens sind jeweils heizungsfreie Flächen vorzusehen. Raumausstattungen dürfen nicht zu einer Einschränkung der Wärmeabgabe führen.

elektrische Prüfanlage

Gesamtheit aller zu Prüfzwecken zusammenwirkenden Prüfgeräte und Einrichtungen, mit denen elektrische Prüfungen an Prüfobjekten durchgeführt werden.

Errichten und Betreiben

Stationäre und nicht stationäre elektrische Prüfanlagen (engl. *electrical test equipment*) – ausgeführt als →Prüfplatz, →Prüf- oder →Versuchsfeld – sind nach DIN EN 50191 (VDE 0104) zu errichten und grundsätzlich unter der Leitung und Aufsicht einer Elektrofachkraft (→Fachkraft) zu betreiben. Zusätzlich gelten für das Errichten und Betreiben von Prüfanlagen sowie für deren Energieversorgung die Normen der Reihe DIN VDE 0100 (≤ 1000 V) bzw. DIN VDE 0101 (>1 kV) sowie DIN EN 50110-1 (VDE 0105-100). Danach müssen für das Betreiben von elektrischen Prüfanlagen u. a. Betriebsanweisungen vorhanden sein, die alle notwendigen Angaben für das sichere Betreiben enthalten. Außerdem sind die elektrischen Prüfeinrichtungen vor ihrer Benutzung auf äußerlich erkennbare Schäden und Mängel hin zu überprüfen.

Personenschutz

Eine der wichtigsten Maßnahmen in elektrischen Prüfanlagen ist der Schutz gegen →elektrischen Schlag. Zu diesem Zweck sind die unter Spannung stehenden (aktiven) Teile mit Isolierstoff zu umhüllen (Schutz durch Isolierung) oder berührungssicher abzudecken (Schutz durch Abdeckung). Ist das z. B. aufgrund der Besonderheit des Prüfobjekts oder der Prüfaufgabe nicht möglich, so sind so große Sicherheitsabstände zum Prüfobjekt einzuhalten oder solche Sicherheitsmittel zu verwenden,

z. B. Sicherheitsprüfspitzen, die mindestens einen Schutz gegen zufälliges Berühren gewährleisten. In diesem Fall können die Prüfenden gefährliche aktive Teile unbeabsichtigt nicht berühren. Dabei gelten als „gefährlich aktiv" insbesondere leitfähige Teile mit niederfrequenten Wechselspannungen über 25 V ($\leq$ 500 Hz) oder Gleichspannungen über 60 V sowie aktive Teile, deren Entladungsenergie 350 mJ überschreitet.

Elektrische Prüfanlagen, selbst wenn diese nur für kurze Zeit, z. B. zur Durchführung von Kabelprüfungen zwecks Fehlerortbestimmung, errichtet worden sind, müssen grundsätzlich gegen den Zutritt unbefugter Personen gesichert sein, z. B. mit Absperrseilen. Außerdem sind Prüfanlagen mit dem Schild „Zutritt für Unbefugte verboten" zu kennzeichnen.

In elektrischen Prüfanlagen dürfen nur Elektrofachkräfte und dafür geeignete elektrotechnisch unterwiesene Personen als Prüfer arbeiten. Diese sind verpflichtet, beim Arbeiten (Prüfen) besondere Vorsichtsmaßnahmen zu treffen, um sich und andere Personen vor Unfällen zu schützen. Beim Verlassen einer Prüfanlage ist (außer bei Dauerversuchen) grundsätzlich der Betriebszustand „Außer Betrieb" herzustellen.

Not-Ausschalten, Einschalten

Für elektrische Prüfanlagen sind Betätigungseinrichtungen für Not-Ausschaltungen nach DIN EN 418 vorzusehen, mit denen im Gefahrenfall alle elektrischen Spannungen an den Prüfeinrichtungen schnell ausgeschaltet werden können. Zu diesem Zweck müssen abhängig von der Größe und Überschaubarkeit der Prüfanlage hinlänglich viele Betätigungseinrichtungen innerhalb sowie außerhalb der elektrischen Prüfanlage vorhanden und so angeordnet sein, dass sie jederzeit leicht ereichbar sind. Das unbefugte und unbeabsichtigte (zufällige) Einschalten von elektrischen Prüfanlagen und Prüfstromkreisen ist in jedem Fall zu verhindern. Außerdem darf kein selbsttätiges Wiedereinschalten der Prüfstromkreise nach einem Netzspannungsausfall erfolgen.

elektrische Spannung

In einem elektrischen Feld zwischen zwei Punkten aufretende Differenz der an diesen Punkten bestehenden Potentiale.

Allgemeines

Elektrische Spannungen (engl. *voltages*) entstehen durch das Ausgleichsbestreben getrennter (entgegengesetzter) Ladungen. Sie können erzeugt werden z. B. durch Druck oder Zug bei Kristallen (Piezokristalle), Wärme (Thermoelemente), Licht (Fotoelemente, Solarzellen), chemische Vorgänge (Akkumulatoren) und schließlich durch Induktion, d. h. durch bewegte Magnete und Spulen (Generatoren).

Formelzeichen für elektrische Spannungen:

U Effektivwert (Wechselspannung) bzw. arithmetischer Mittelwert (Gleichspannung),

u Momentanwert (Augenblickswert),

$\hat{u}$ Scheitelwert,

u_{pp} Spitze-Spitze-Wert (engl. *peak-to-peak*):

$u_{pp} = 2 \cdot \hat{u}$

Bei sinusförmiger Wechselspannung ist

$\hat{u} = U_{max} = \sqrt{2} \cdot U$

Der Wert $\sqrt{2} \approx 1{,}41$ heißt **Scheitelfaktor**. Bei nicht sinusförmiger Wechselspannung ist der Wert des Scheitelfaktors $\neq \sqrt{2}$.

Er beträgt z. B.:

- 1 bei rechteckförmiger Wechselspannung ($\hat{u} = U$),
- 0,5 bei sägezahnförmiger Wechselspannung ($\hat{u} = 0{,}5 \cdot U$),
- $\sqrt{3} \approx 1{,}73$ bei dreieckförmiger Wechselspannung ($\hat{u} = \sqrt{3} \cdot U$).

Das Formelzeichen U ist dem Fachausdruck „(Potential-)**U**nterschied" entlehnt.
Die Einheit der elektrischen Spannung ist das Volt (V), benannt nach dem italienischen Physiker *Allessandro Graf Volta* (1745-1827).
Es ist unzulässig, Einheitenzeichen mit Zusätzen oder Indizes zu versehen, z. B. V_{eff} für den Effektivwert einer Wechselspannung. Die Art der Kenngröße muss aus deren Bezeichnung oder aus dem Formelzeichen hervorgehen, nicht aus der (Maß-)Einheit.
Gebräuchliche Vorsätze:
10^{-6} V = 1 µV
10^{-3} V = 1 mV
10^{3} V = 1 kV
10^{6} V = 1 MV

Gleichspannung

Gleichspannung ist eine elektrische Spannung mit ständig gleich bleibender Polarität und einem zeitlich konstanten Wert (Gleichgröße). Außerdem ändert der Gleichstrom seine Richtung nicht, s. Bild E8. Zur Angabe von Gleichspannung und Gleichstrom dient das Bildzeichen ⎓.

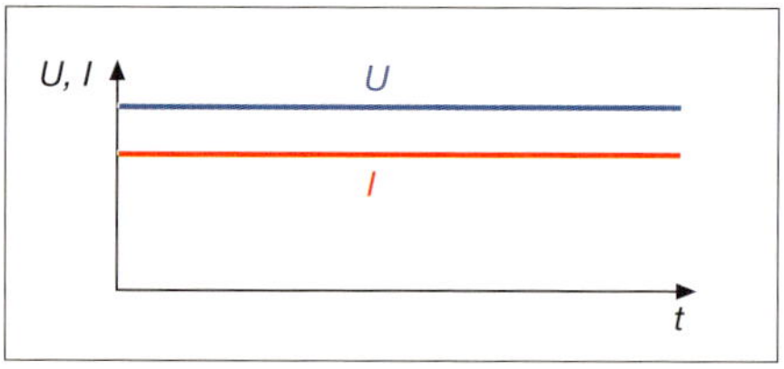

Bild E8: Gleichspannung; Gleichstrom

Ideale Gleichspannungserzeuger sind z. B. elektrochemische Primärelemente und Akkumulatoren. Diese erzeugen Gleichspannung mit einem zeitlich konstanten Wert. Generatoren und Gleichrichter erzeugen dagegen Gleichspannung mit einer mehr oder weniger großen →Welligkeit. Diese Gleichspannung, der eine Wechselspannung überlagert ist, wird **Mischspannung** genannt.

Gleichspannungen mit einer Welligkeit bis 10 % gelten nach DIN VDE 0100-410 als oberschwingungsarm.

Für die öffentliche Elektrizitätsversorgung hat Gleichspannung keine Bedeutung mehr. Das Hauptanwendungsgebiet dieser Spannung sind die Sicherheitsbeleuchtung, Elektrotraktion sowie Antriebs-, Regelungs- und Steuerungstechnik.

Wechselspannung

Wechselspannungen (Bildzeichen ~) sind elektrische Spannungen mit meist periodisch wechselnder Richtung (Wechselgröße). Außerdem ändert diese Spannung ständig ihren Wert. Sinngemäß gilt das auch für den Wechselstrom, s. Bild E9.

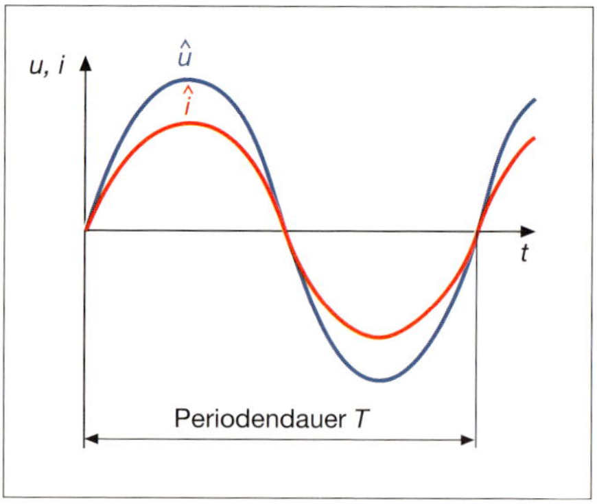

Bild E9: Wechselspannung; Wechselstrom

Periodische Wechselspannungen und -ströme wiederholen ihre Werte im Abstand einer Periode. Bei idealer Wechselspannung ist der zeitliche Mittelwert der Spannung null.
Die am häufigsten angewendete periodische Wechselspannung ist die **Sinusspan-**

nung, s. Bild E9. Bekannt sind aber auch andere, nicht sinusförmige Wechselspannungen, s. Bilder E10 bis E12.

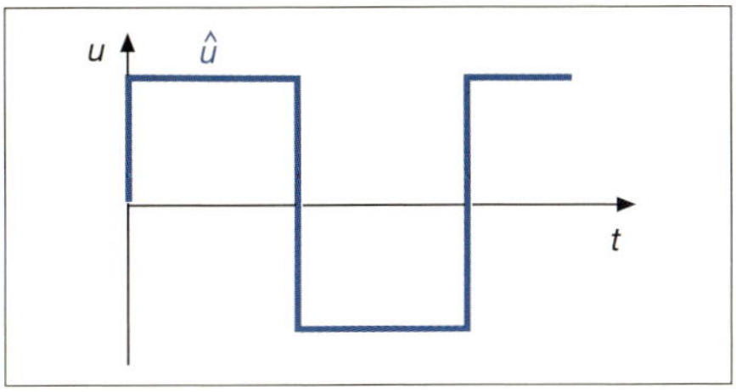

Bild E10: Rechteckförmige Wechselspannung

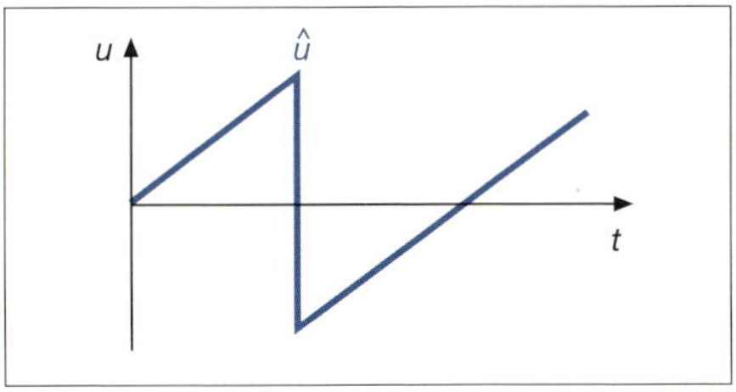

Bild E11: Sägezahnförmige Wechselspannung

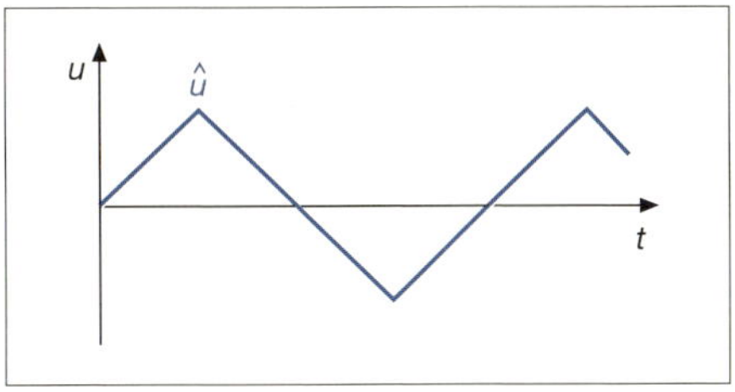

Bild E12: Dreieckförmige Wechselspannung

Die wichtigsten Wechselspannungslieferanten sind Generatoren. Sie erzeugen meist eine Dreiphasen-Wechselspannung (Drehspannung), d. h. drei Wechselspannungen mit gegenseitiger Phasenverschiebung von 120°, einem Drittel der Periode, s. Bild E13. Die Summe dieser drei Wechselspannungen ist zu jedem Zeitpunkt null.

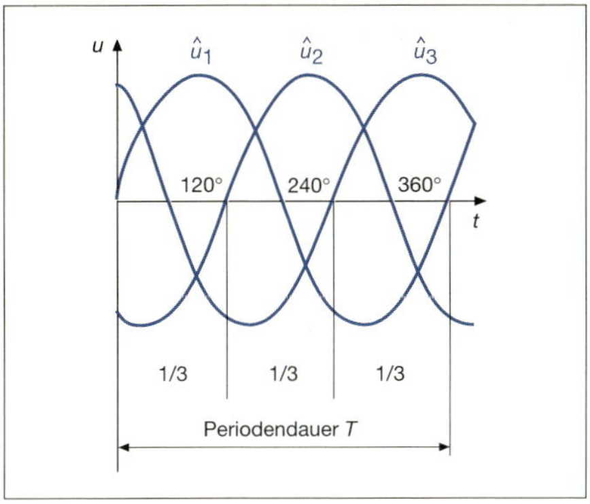

Bild E13: Dreiphasen-Wechselspannung (ohmsche Last)

elektrische Stromdichte

Quotient aus der elektrischen Stromstärke I und dem Querschnitt S eines Leiters, der vom Strom (senkrecht) durchflossen wird:

$J = I/S$

Einheit: A/mm^2 oder A/m^2.
Damit ist die Stromdichte J eines elektrisch homogenen Leiters die elektrische Stromstärke je Querschnittseinheit.
Die Stromdichte nimmt zu, wenn sich bei gleichbleibender Stromstärke der Leiterquerschnitt verringert. Außerdem wird mit steigender Frequenz der Stromfluss in einem Leiter von innen nach außen verdrängt. Bei hohen Frequenzen fließt der elektrische Strom praktisch nur noch an der Leiteroberfläche, gewissermaßen auf der Außenhaut (Haut- oder Skineffekt). Folglich ist dort die Stromdichte am größten. Bei Leitern mit quadratischem oder rechteckigem Querschnitt liegt bei höherfrequentem Wechselstrom das Maximum der elektrischen Stromdichte in den Kanten.

elektrische Tetanisierung

Maximale oder nahezu maximale Muskelkontraktion infolge elektrischer Durchströmung (engl. *electrical tetanization*) eines Menschen [1].

Die elektrische Stimulation kann abhängig von der Stromstärke, der Durchströmungsdauer, vom Stromweg durch den menschlichen Körper, von den individuellen physiologischen Eigenschaften des Menschen und von anderen Einflüssen zum Überschreiten der Loslassschwelle[1)] und damit zum „Klebenbleiben", u. U. sogar zu einem tödlichen →elektrischen Schlag infolge unkoordiniert agierender Herzmuskelfasern (Herzkammerflimmern) führen.

Der kleinste Wert des elektrischen Stroms, der unbeabsichtigt Muskelkontraktionen bewirkt, heißt **Reaktionsschwelle** [2].

Literatur

[1] IEC 60050-195: 1998-08 Internationales Elektrotechnisches Wörterbuch. Kapitel: Erdung und Schutz gegen elektrischen Schlag.

[2] Vornorm DIN V VDE V 0140-479:1996-02 Wirkungen des elektrischen Stroms auf Menschen und Nutztiere.

elektrische Verbrennung

Verbrennung der Haut oder eines anderen Organs aufgrund einer elektrischen Durchströmung des menschlichen bzw. tierischen Körpers oder infolge eines Lichtbogens.

Elektrische Verbrennungen (engl. *electric burns*) infolge eines Stromschlags offenbaren sich meist als →Strommarken auf der Haut. Diese können sehr schmerzhaft sein und zu einem Schock, zu großflächigen Lichtbogenverbrennungen oder sogar binnen kurzer Zeit zum Tod führen.

Erste-Hilfe-Maßnahmen bei Brandwunden jedweder Art: lokale Kaltwasseranwendung zur raschen Senkung des Wärmestaus, Brandwunden keimfrei abdecken (wegen Infektionsgefahr).

elektrischer Hausanschluss

Verbindung des öffentlichen Niederspannungs-Verteilungsnetzes (Ortsnetz) mit der →Verbraucheranlage.

Allgemeines

Der elektrische Hausanschluss (engl. *house service connection*) beginnt an der Abzweigstelle des Kabel- oder Freileitungsnetzes (Verteilungsnetz) und endet mit dem Hausanschlusskasten (HAK), s. Bild E14. Die Abgangsklemmen der Überstrom-Schutzeinrichtungen im Hausanschlusskasten (engl. *house connection box*) markieren den →Speisepunkt und damit den Anfang der Verbraucheranlage.

Der Hausanschluss besteht in **Kabelnetzen** hauptsächlich aus dem Hausanschlusskabel einschließlich der notwendigen Schutzrohre und Abdichtungen. Zum Hausanschluss gehört auch der Hausanschlusskasten (engl. *house connection bus*) mit seinen Überstrom-Schutzeinrichtungen (Hausanschlusssicherungen) oder eine Einrichtung, die dem gleichen Zweck dient, z. B. ein Anschluss-Verteilerschrank.

In **Freileitungsnetzen** besteht der Hausanschluss aus der Gesamtheit aller dafür notwendigen elektrischen Betriebsmittel, beginnend an der Seilklemme des öffentlichen Verteilungsnetzes bis hin zum Hausanschlusskasten. Früher wurde der

[1)] **Loslassschwelle** ist der größte Wert des elektrischen Stroms, bei dem eine Person, die Elektroden hält, diese gerade noch loslassen kann. Dagegen ist die **Krampfschwelle** der kleinste Wert des Stroms, bei dem eine Person die Elektroden nicht mehr loslassen kann.

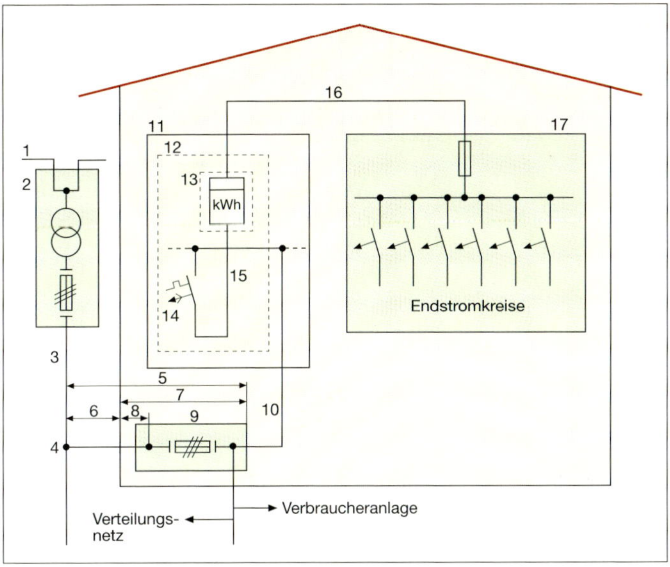

Bild E14: Verteilungsnetz und Verbraucheranlage

1 *Mittelspannungsnetz, z. B. 10 kV*
2 *Ortsnetzstation (Ortsnetztransformator mit Stationssicherungen)*
3 *Niederspannungs-Ortsnetz, vorzugsweise 3 PEN ~ 50 Hz 230/400 V*
4 *Netzabzweig, z. B. Hausanschlussmuffe (Abzweigmuffe), bei Freileitungen Seilklemme*
5 *elektrischer Hausanschluss*
6 *Hausanschlusskabel (-leitung)*
7 *Hauseinführung*
8 *Hauseinführungsleitung*
9 *Hausanschlusskasten (HAK) mit Hausanschlusssicherungen, z. B. 100 A*
10 *Hauptleitung (früher: Steig- oder Steigeleitung), Hauptstromversorgungssystem*
11 *Zählerschrank (Zähleranlage)*
12 *Zählerplatz mit Zählervorsicherung (14) und Zähler*
13 *Zählerfeld mit Einphasen-Wechselstrom- oder Drehstromzähler (einstöckig)*
14 *Zählervorsicherung (SH-Schalter), z. B. 63 A, im unteren Anschlussraum eines Zählerplatzes*
15 *Hauptleitungsabzweig*
16 *(Wohnungs-)Zuleitung zum Stromkreisverteiler*
17 *Stromkreisverteiler mit Vorsicherung, z. B. 35 A*

Freileitungs-Hausanschluss als Dachständer- oder Wandanschluss ausgeführt, s. Bild E15. Entsprechend dem heutigen Stand der Technik sind Hausanschlüsse für Neuanlagen grundsätzlich zu verkabeln [1].
Jedes Gebäude (Grundstück) soll über einen eigenen Hausanschluss mit dem Niederspannungs-Verteilungsnetz verbunden sein. Die Versorgung mehrerer Gebäude, z. B. Doppel- oder Reihenhäuser, über einen gemeinsamen Hausanschluss ist zulässig, wenn der Hausanschlusskasten zusammen mit den Zählerplätzen in einem für alle Gebäude gemeinsamen →Hausanschlussraum errichtet wird. Anschlussnehmer der elektrischen Anlagen und der Verteilungsnetzbetreiber (VNB) müssen den Hausanschlussraum unabhängig voneinander betreten können.

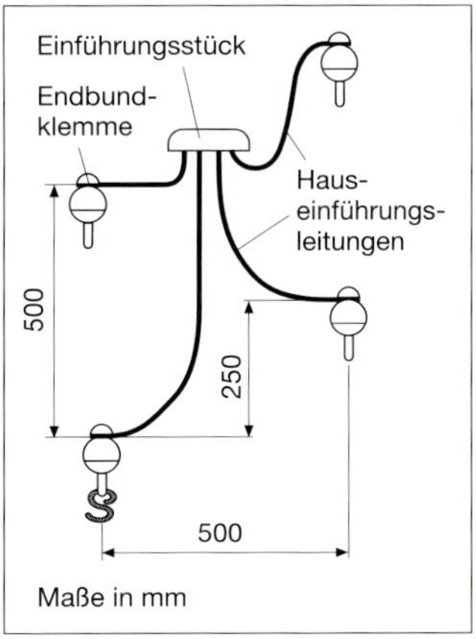

Bild E15: Freileitungs-Hausanschluss (Wandanschluss)

Hausanschlusskasten

Der Hausanschlusskasten gemäß [2][3] markiert die Rechtsträgergrenze zwischen dem Verteilungsnetz des VNB und der hausinternen (privaten) Verbraucheranlage, s. Bild E14. Er ist Bestandteil des Hausanschlusses und deshalb Eigentum des Verteilungsnetzbetreibers [4]. Für die Anbringung, Unterhaltung, Erneuerung, Änderung oder Beseitigung des Hausanschlusskastens ist allein der VNB zuständig.

Der HAK enthält die letzten →Sicherungen des Verteilungsnetzbetreibers vor der Verbraucheranlage. Diese (Hausanschluss-)Sicherungen übernehmen den

- **Überlastschutz** für das Hausanschlusskabel bzw. die Hauseinführungsleitung und im Bedarfsfall auch den
- **Kurzschlussschutz** für die abgehende →Hauptleitung, obwohl diese eigentlich →kurzschluss- und erdschlusssicher verlegt sein sollte.

Planer und Errichter haben sicherzustellen, dass zwischen den Überstrom-Schutzeinrichtungen in einer Verbraucheranlage und den plombierten Hausanschlusssicherungen (Gebäudehauptsicherungen) Überlast- und Kurzschlussselektivität besteht [1]. Als Trenn- oder Freischalteinrichtung (→Freischalten) für die Kundenanlage sind die Hausanschlusssicherungen von Seiten des Verteilungsnetzbetreibers nicht vorgesehen.

Der Schutz gegen elektrischen Schlag wird durch die Verwendung von Hausanschlusskästen der Schutzklasse II (früher: Schutzisolierung) in Verbindung mit der Mindestschutzart IP3X sichergestellt.

Hausanschlusskästen werden gemeinsam mit den Anschlusseinrichtungen für weitere Versorgungsarten, z. B. Wasser, Gas, Fernwärme und Telekommunikation, bei

- Einfamilienhäusern und kleinen Mehrfamilienhäusern bis zu vier Wohneinheiten i. Allg. in →Hausanschlussnischen oder auf →Hausanschlusswänden und bei
- Mehrfamilienhäusern mit mehr als vier Wohneinheiten sowie bei Geschäfts- und Bürogebäuden vorzugsweise in gesonderten Hausanschlussräumen untergebracht [5].

Hausanschlusskästen können in Abstimmung mit dem örtlich zuständigen Verteilungsnetzbetreiber auch außerhalb von Gebäuden angeordnet werden, z. B. an dafür geeigneten Gebäudeaußenwänden oder in sog. Hausanschlusssäulen.

Der Platz für den Hausanschlusskasten soll leicht (frei) zugänglich sein und Schutz vor Beschädigung des HAK bieten. Für die Anbringung des Hausanschlusskastens gelten folgende Maße:

- Höhe Unterkante/Oberkante des HAK über dem Fußboden: ≥ 0,3 m/≤ 1,5 m,
- Abstand des HAK zu seitlichen Wänden (außer in Hausanschlussnischen): ≥ 0,3 m,
- Tiefe der freien Arbeits- und Bedienungsfläche vor dem HAK: ≥ 1,2 m, s. Bild E16.

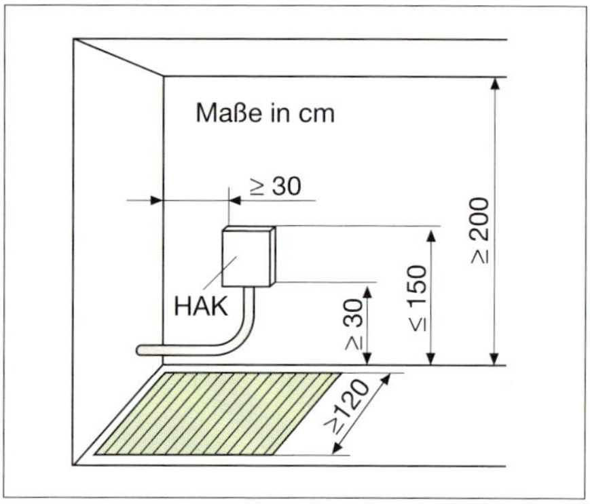

Bild E16: Bedienungs- und Arbeitsfläche vor Hausanschlusskästen

Die Befestigungsfläche für den HAK soll aus nicht brennbaren Baustoffen bestehen. Bei Gebäuden mit Holzwänden oder Wänden aus anderen brennbaren Baustoffen sind nicht brennbare Zwischenlagen zu verwenden, z. B. lichtbogenfeste Fibersilikatplatten, 20 mm dick. Die Platten sollen allseitig etwa 150 mm überstehen.

Hausanschlusskästen führen ungemessene elektrische Energie und stehen deshalb

unter →Plombenverschluss. Die Hausanschlusssicherungen sind somit nur dem Verteilungsnetzbetreiber selbst und seinen beauftragten Unternehmen zugänglich.
Hausanschlusskästen hatten früher ein stabiles Schutzgehäuse aus Guss oder dickem Stahlblech. Sie wurden deshalb in begrifflicher Anlehnung an Panzerschränke damals auch **Panzerkästen** genannt.

Literatur

[1] Technische Anschlussbedingungen für den Anschluss an das Niederspannungsnetz (TAB 2000). Herausgeber: Verband der Elektrizitätswirtschaft (VDEW) e. V., Frankfurt am Main.
[2] DIN VDE 0660-505:1998-10 Niederspannungs-Schaltgerätekombinationen; Bestimmungen für Hausanschlusskästen und Sicherungskästen.
[3] DIN 43627-2 Kabel-Hausanschlusskästen für NH-Sicherungen; Größe 00 bis 100 A und Größe I bis 250 A.
[4] Verordnung über Allgemeine Bedingungen für die Elektrizitätsversorgung von Tarifkunden (AVBEltV) vom 21.6.1979 (BGBl. S. 684-692).
[5] DIN 18012:2000-11 Haus-Anschlusseinrichtungen; Raum- und Flächenbedarf; Planungsgrundlagen.

elektrischer Kontakt

Zustand, der durch die gegenseitige Berührung zweier zur Stromleitung dienender Teile entsteht.

Allgemeines

Der elektrische Kontakt (engl. *electric contact*) ist identisch mit der **Kontaktgabe**. Das Aufheben der Kontaktgabe wird **Kontakttrennung** genannt.
Die Kontaktgabe kann in vielfältiger Weise erfolgen, z. B. durch

- Schrauben, Klemmen, Schalt- oder Gleitstücke (lösbare Verbindung) oder durch
- Crimpen, Löten oder Schweißen (unlösbare Verbindung).

Kontaktprellen

Bei mechanischen →Schaltgeräten und →Relais erfolgt die elektrische Verbindung meist durch die metallische Berührung der festen Kontaktstücke (engl. *contact piececc*). Dabei kann es beim Einschalten infolge hoher Aufschlaggeschwindigkeit zu kurzen, heftigen Stößen der Kontaktstücke kommen (Kontaktprellen). In diesem Fall öffnen und schließen die Kontaktstücke nach der ersten flüchtigen Verbindung noch mehrere Male kurzzeitig bis zur endgültigen (stabilen) Kontaktgabe.
Die Zeitdauer zwischen der ersten, rasch vorübergehenden Berührung der Kontaktstücke und der ruhenden (endgültigen) elektrischen Verbindung wird **Prellzeit** (Prelldauer, engl. *bounce time*) genannt. Die Prellzeit ist in der Ansprechzeit nicht enthalten.
Kontaktprellen ist z. B. bei Quecksilberschaltern ausgeschlossen,

Wackelkontakt

„Wackelkontakt“ bezeichnet die instabile (wacklige) elektrische Verbindung eines Stromkreises, z. B. infolge korrodierter Kontaktstücke lockerer Klemmstellen oder anderer mangelhafter kraft- oder formschlüssiger Verbindungen (Würge-, Wickel-, Raupen- oder Rödelverbindungen).
Die Unterbrechung der elektrischen Verbindung bei einem Wackelkontakt erfolgt zufällig und ist meist von kurzer Dauer.
Deutlich wahrnehmbar ist ein Wackelkontakt z. B. am lästigen Flackern der elektrischen Beleuchtung. Wackelkontakte können auch zu erheblichen Funkstörungen, bei genügend hoher Stromstärke und Dauer mitunter sogar zu Bränden führen. In Schutzleiterverbindungen und Sicherheitsstromkreisen, z. B. für →Sicherheitsbeleuchtung, stehen bei einem Wackelkontakt oft Leben und Gesundheit von Menschen auf dem Spiel.

elektrischer Schlag

Physiologische Wirkung des elektrischen Stroms auf Menschen oder Nutztiere (Elektrotrauma).
Fällt der elektrische Schlag (engl. *electric shock*) – mitunter auch „Stromschlag" genannt – zeitlich mit der →vulnerablen (verwundbaren) Herzphase zusammen, können schon vergleichsweise geringe Ströme zu Herzrhythmusstörungen oder Herzkammerflimmern (→Herzflimmern) führen.
Bei **Kammerflimmern** verliert das Herz seine Kontraktionsfähigkeit (Pumpwirkung). Damit kommen der Blutkreislauf und der Sauerstofftransport im Körper zum Erliegen. In diesem Fall müssen sofort, und zwar noch am Unfallort, gezielte →Erste-Hilfe-Maßnahmen (Herz-Lungen-Wiederbelebung) durchgeführt und dringend medizinische Hilfe angefordert werden. Herzkammerflimmern bedeutet akute Lebensgefahr!

elektrischer Strom

Bewegung elektrischer Ladungen in einer Vorzugsrichtung (Ladungsausgleich).

Allgemeines

Die Ursache des Stroms (engl. *current*) sind elektrische Spannungen. Strom und Spannung sind unter Einbeziehung des elektrischen Widerstands durch das **ohmsche Gesetz** verknüpft. Es lautet bei R = const. (ohmscher Widerstand):

$$I = \frac{U}{R} = \frac{\text{Spannung}}{\text{Widerstand}} = \text{Stromstärke}$$

Der deutsche Physiker *Georg Simon Ohm* (1787-1854) entdeckte das nach ihm benannte Gesetz im Jahre 1826.

Das Formelzeichen für die Stromstärke ist I (abgeleitet von **I**ntensität) und das Einheitenzeichen dafür ist A (Ampere), benannt nach dem französischen Mathematiker und Physiker *André-Marie Ampère* (1775–1836).

Gleichstrom

Gleichstrom ist ein Strom mit zeitlich unveränderter Richtung. Ebenso hat Gleichspannung eine ständig gleich bleibende Polarität mit einem zeitlich konstanten Wert, s. Bild E17.
Gleichstrom heißt auf englisch *direct current*. Deshalb wird diese Stromart mit den beiden Anfangsbuchstaben d. c. im Deutschen oft mit dem Kürzel DC bezeichnet, z. B. DC 60 V oder U_{DC} = 60 V. Einheitennamen und -zeichen dürfen gemäß IEC 60027-1 keine Zusätze enthalten. Deshalb sind z. B. die folgenden Schreibweisen unstatthaft: U = 60 V_{DC}, U = 110 V_{-} und U = 60 V DC.

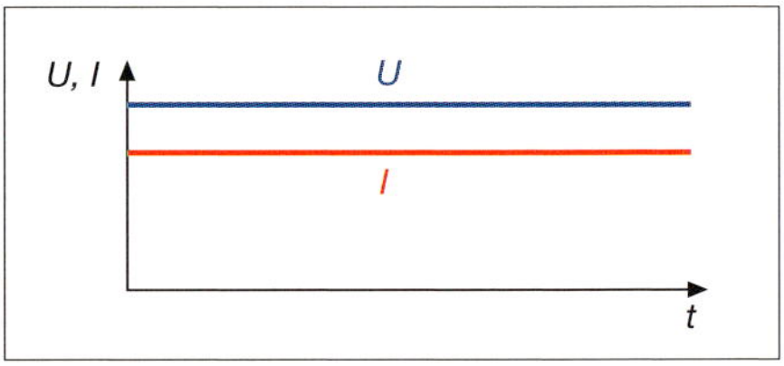

Bild E17: Gleichspannung; Gleichstrom

Gleichstrom mit überlagertem Wechselstrom heißt **Mischstrom**. Er entsteht z. B. bei Gleichrichterschaltungen mit ungenügender Glättung des Gleichstroms und wird auch „pulsierender Gleichstrom" genannt. Bei Mischstrom unterscheidet man den arithmetischen Mittelwert des Gleichstroms und den Effektivwert des überlagerten Wechselstroms. Als Frequenz des Mischstroms gilt die Frequenz der Wechselstrom-Grundschwingung (1. Harmonische).
Ströme infolge Oberschwingungen heißen „Oberschwingungsströme", früher auch „Oberwellenströme" genannt.

Wechselstrom

Wechselstrom ist ein Strom mit meist periodisch wechselnder Richtung. Das gilt ebenso für die Wechselspannung, s. Bild E19.

Befinden sich nur ohmsche Widerstände im →Stromkreis, so liegen die Minima und Maxima sowie die Nulldurchgänge der periodischen Schwingungen des Wechselstroms bei den gleichen Zeitpunkten wie bei der Spannung (keine Phasenverschiebung). Man spricht in diesem Fall von **Wirkstrom** I_R. Durchfließt ein elektrischer Strom →Spulen (→Induktivitäten) oder →Kondensatoren (→Kapazitäten), so tritt eine zeitliche Verschiebung zwischen Spannung und Strom auf. Man spricht in diesem Fall von **Blindstrom** I_X.

Die geometrische Addition der Effektivwerte von Wirkstrom und Blindstrom ergibt den **Scheinstrom** I:

$$I = \sqrt{I_R^2 + I_X^2} = \sqrt{I_R^2 + (I_L - I_C)^2}$$

I_L induktiver Blindstrom (eilt der Spannung um 90° nach),

I_C kapazitiver Blindstrom (eilt der Spannung um 90° voraus).

Dreiphasen-Wechselspannungen treiben naturgemäß einen Dreiphasen-Wechselstrom, s. Bild E18. Dieser Dreiphasenstrom wird auch **Drehstrom** (früher: Kraftstrom) genannt, terminologisch abgeleitet vom magnetischen Drehfeld (Drehkraft) eines Elektromotors.

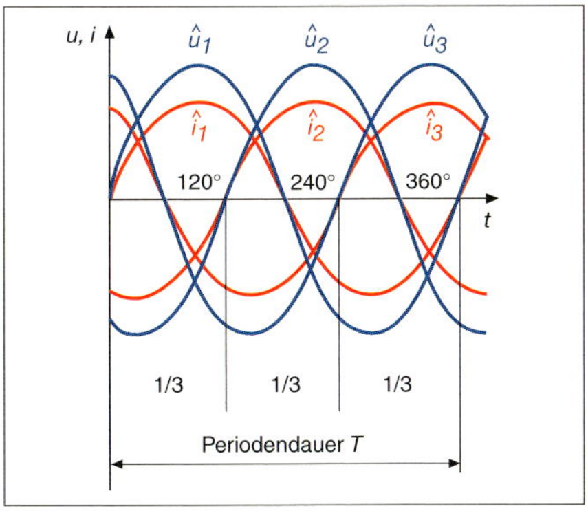

Bild E18: Dreiphasen-Wechselspannung; Dreiphasen-Wechselstrom (Drehstrom)

Wechselströme sind meistens sinusförmig. Es gibt aber auch Wechselströme mit anderen zeitlichen (periodischen) Verläufen, s. Bild E19.

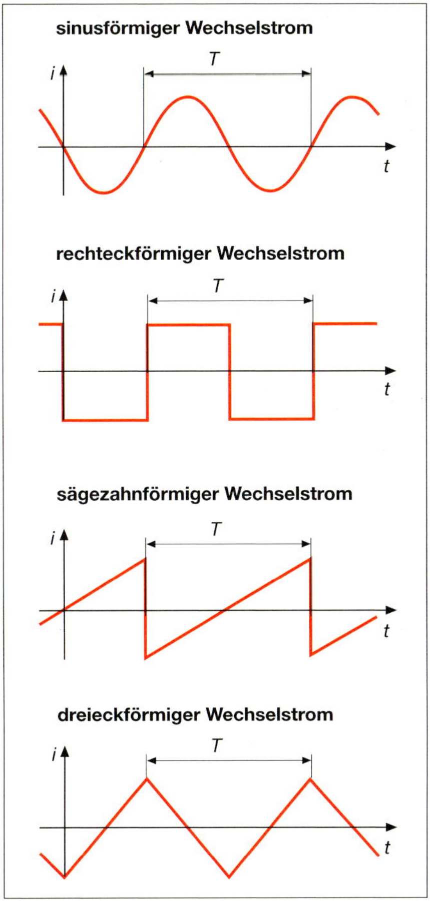

Bild E19: Zeitliche Verläufe verschiedenartiger Wechselströme
T Periodendauer in s
(Frequenz $f = 1/T$ in s^{-1})

Wechselstrom heißt auf englisch *alternating current.* Deshalb wird diese Stromart mit den beiden Anfangsbuchstaben a. c. im Deutschen oft mit dem Kürzel AC bezeichnet, z. B. AC 230 V oder U_{AC} = 230 V.

Zulässig ist auch die Verwendung des Bild-

zeichens ~ nach IEC 60417, z. B. ~ 230 V. Einheitennamen und -zeichen dürfen gemäß IEC 60027-1 keine Zusätze enthalten. Demnach sind z. B. die folgenden Schreibweisen unstatthaft: $U = 230\ V_{AC}$, $U = 230\ V_{\sim}$ und $U = 230$ V AC.
Die gemeinsame Bezeichnung für Gleich- und Wechselstrom lautet **Allstrom** (Universalstrom, engl. *universal current*, Abk. u. c.). Allstrom wird im Deutschen meist mit dem Kürzel UC bezeichnet. Bildzeichen ≂.

elektrischer Widerstand

Eigenschaft eines beliebigen Stoffs, den →elektrischen Strom bei seinem Fluss durch den Stoff (Isolier-, Halbleiter- oder Leiterwerkstoff) mehr oder weniger zu hemmen.

Gleichstromwiderstand

Der elektrische Gleichstromwiderstand *R* (ohmscher Widerstand, Wirkwiderstand oder Resistanz) ist abhängig von der elektrischen Leitfähigkeit κ und der geometrischen Gestalt (Länge *l*, Querschnitt *S*) des Stoffs.
Statt der elektrischen Leitfähigkeit wird mitunter deren Kehrwert $1/\kappa$, der spezifische elektrische Widerstand ρ, verwendet. κ und ρ sind werkstoff- und temperaturabhängig.

$$R = \frac{l}{\kappa \cdot S} = \frac{\rho \cdot l}{S}$$

Der Zusammenhang zwischen der elektrischen Spannung *U* und dem elektrischem Strom *I* ergibt sich aus der Beziehung

$$U = I \cdot R \quad \Rightarrow \quad R = U/I$$

Danach ist die Stärke des durch einen Leiter fließenden Stroms *I* bei konstantem Widerstand *R* proportional der angelegten Spannung *U* (lineare Strom-Spannungs-Charakteristik). Diesen fundamentalen Zusammenhang entdeckte der deutsche Physiker *Georg Simon Ohm* (1789 – 1854) im Jahre 1826. Ihm zu Ehren wird die genannte Beziehung als **ohmsches Gesetz** bezeichnet. Merkhilfe für dieses elektrotechnische Grundgesetz ist der Name ***Rudi***, denn $R = U/I$, gesprochen: ***R*** ist ***U*** **d**urch ***I***.
Die Einheit des elektrischen Widerstands ist das Ohm (Ω, griech. *Omega*). Der Buchstabe O scheidet als Einheitenzeichen für „Ohm" wegen der Verwechslungsgefahr mit der Null aus.1 Ω ist der elektrische Widerstand zwischen zwei Punkten eines fadenförmigen, homogenen und gleichmäßig temperierten Leiters, durch den bei einer elektrischen Spannung von 1 V zwischen den beiden Punkten ein zeitlich unveränderlicher Strom von 1 A fließt. Einen negativen elektrischen Widerstand gibt es nicht.

Der Kehrwert des elektrischen (Wirk-) Widerstands (1/*R*) ist der elektrische **Wirkleitwert** *G* (Konduktanz) mit der Einheit Siemens (S). Namensgeber für die Einheit des elektrischen Leitwerts ist der deutsche Elektrotechniker und Erfinder der Dynamomaschine *Werner von Siemens* (1816–1892).

Wechselstromwiderstand

Der elektrische Wechselstromwiderstand (Scheinwiderstand oder Impedanz) hat das Formelzeichen *Z* und die Einheit Ω. Er setzt sich zusammen aus dem **Wirkwiderstand** *R* (Resistanz) und dem **Blindwiderstand** *X* (Reaktanz).
Beim Blindwiderstand wird noch zwischen dem **induktiven** Blindwiderstand $X_L = \omega L = 2\pi f \cdot L$ (Induktanz) und dem **kapazitiven** Blindwiderstand $X_C = 1/\omega C = 1/(2\pi f \cdot C)$ (Kondensanz) unterschieden, s. Bild E20 a:

$$Z = \sqrt{R^2 + X^2} = \sqrt{R^2 + (X_L - X_C)^2}$$

Der Kehrwert des Scheinwiderstands (1/*Z*) ist der **Scheinleitwert** *Y* (Admittanz) in S, s. Bild E20 b.

$$Y = \sqrt{G^2 + (B_L - B_C)^2}$$

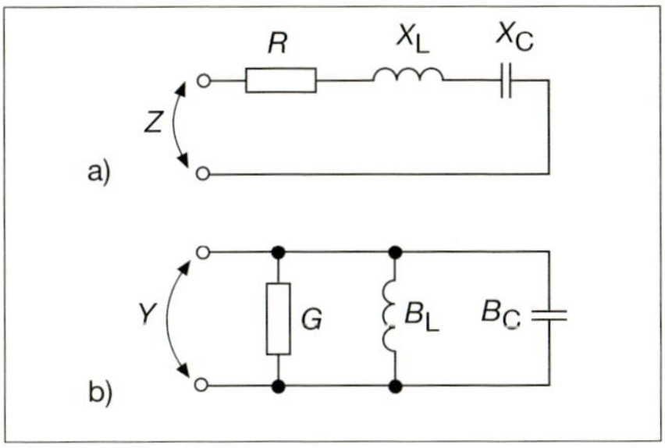

Bild E20: Netzwerk mit ohmschen, induktiven und kapazitiven Komponenten

Der Kehrwert des induktiven Blindwiderstands ($1/X_L$) ist der **induktive Blindleitwert** $B_L = 1/\omega L$ (Suszeptanz) und der Kehrwert des kapazitiven Blindwiderstands ($1/X_C$) ist der **kapazitive Blindleitwert** $B_C = \omega C$ (Kapazitanz), jeweils in S.
Das **ohmsche Gesetz** lautet somit

$$U = Z \cdot I$$

Hierin sind U und I die sich aus den Wirk- und Blindkomponenten ergebende resultierende Spannung bzw. der resultierende Strom.

Innenwiderstand

Stromquellen haben einen inneren elektrischen Widerstand R_i, kurz **Innenwiderstand** genannt. Er verursacht einen inneren Spannungsfall (außerdem Verluste) und verhindert damit die Abgabe der theoretisch möglichen Spannung an das elektrische Verbrauchsmittel.
Der Innenwiderstand von Stromquellen kann wie folgt berechnet werden:

$$R_i = U_0/I_k$$

U_0 Leerlaufspannung (kein Widerstand im Lastkreis; der Laststrom hat folglich den Wert null),
I_k Kurzschlussstrom bei Klemmenkurzschluss.

Nicht linearer Widerstand

Elektrische Widerstände sind nicht linear, wenn sich ihr Widerstandswert bei externer Beeinflussung nicht linear ändert. Zwischen Stromstärke und anliegender Spannung besteht demnach keine Proportionalität. Folglich gilt in diesem Fall das ohmsche Gesetz nicht.
Typische Bauelemente für eine nicht lineare Strom-Spannungs-Charakteristik sind z. B. Halbleiterdioden, s. Bild E21. In dieser I-U-Charakteristik wird im Arbeitspunkt A der Quotient aus

- Spannung U_F und dazugehöriger Stromstärke I_F als **statischer Durchlasswiderstand** R_F und der Quotient aus
- Spannungsänderung Δu_F und dazugehöriger Änderung der Stromstärke Δi_F als **dynamischer Durchlasswiderstand** r_F bezeichnet. Der Index F bedeutet vorwärts (engl. *forward*).

In analoger Weise erhält man im Arbeitspunkt B den **statischen Sperrwiderderstand** $R_R = U_R/I_R$ und den **dynamischen Sperrwiderstand** $r_R = \Delta u_R/\Delta i_R$. Der Index R bedeutet rückwärts (engl. *reverse*).

elektrisches Bauelement

Kleinste konstruktiv und funktionell bestimmbare Einheit, z. B. ein Widerstand, Transistor (Halbleiterbauelement), Passeinsatz oder Stecker, deren weitere Aufteilung zu einem Verlust der für den jeweiligen Verwendungszweck festgelegten spezifischen Eigenschaften führen würde.

Die Zusammenfassung/Verbindung mehrerer Bauelemente zu einer eigenständigen funktionsfähigen Gruppe heißt **Baugruppe** oder **Funktionsgruppe** (engl. *functional group*).
Entsprechend dem funktionellen Zusammenhang zwischen Strom und Spannung werden Bauelemente eingeteilt in solche mit linearem und solche mit nichtlinearem Strom-Spannungs-Verhalten. Lineare Bauelemente haben eine lineare I-U-Kennlinie.

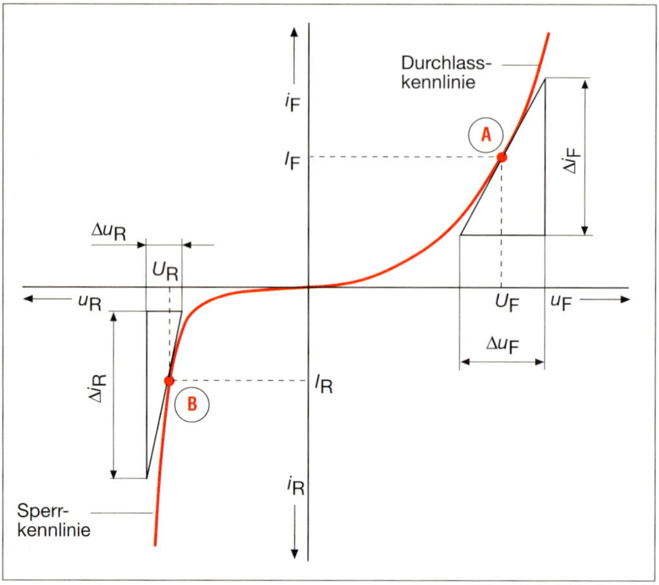

Bild E21: Typische nichtlineare Strom-Spannungs-Charakteristik einer Halbleiterdiode
U_F Durchlassspannung; I_F Durchlassstrom;
U_R Sperrspannung; I_R Sperrstrom

Bei nichtlinearen Bauelementen, z. B. bei →Spulen mit Eisenkern (stromabhängige Induktivität), ist der elektrische Widerstand nicht konstant und deshalb die Stromstärke nicht proportional der angelegten Spannung. Die *I-U*-Kennlinie ist folglich nichtlinear und das ohmsche Gesetz gilt hierfür nicht.

elektrisches Betriebsmittel

Technisches Erzeugnis, das als Ganzes oder in einzelnen Teilen vorzugsweise dem Erzeugen, Fortleiten (Übertragen), Verteilen, Umwandeln, Speichern, Messen oder Anwenden von →elektrischer Energie dient.

Allgemeines

Elektrische Betriebsmittel (engl. *electrical equipment*) – meist nur „Betriebsmittel" genannt – sind z. B. Transformatoren, Schalt- und Messgeräte, Transistoren sowie Kabel und Leitungen.
Elektrische Betriebsmittel schließen solche zur Informationsübertragung, -speicherung, -verarbeitung und -anwendung ein.

Elektrische Verbrauchsmittel

Betriebsmittel, die elektrische Energie in andere Energieformen umwandeln, z. B. in mechanische Arbeit, chemische Energie (Elektrolyse), Wärme, Kälte, Licht oder Schall, heißen „elektrische Verbrauchsmittel" (engl. *current-using equipment*).
Elektrische Verbrauchsmittel, z. B. Motoren, Kochplatten oder Gefrierschränke, werden mitunter auch „Stromverbraucher" oder „Stromverbrauchsgeräte" genannt. Das ist unkorrekt, eher sind es „Strom**ge**braucher". Schließlich gilt das im Jahre 1842 von dem deutschen Physiker und Arzt *Julius Robert Mayer* (1814-1878) entdeckte Naturgesetz von der Erhaltung der Energie. Danach kann Energie weder von selbst entstehen – quasi aus dem Nichts „erzeugt" werden – noch kann Energie jemals „verloren" gehen. Strom- oder Energieverbraucher (Energievernichter) gibt es somit nicht. Die Summe aller in einem geschlossenen System vorhandenen Energien ist stets konstant.

elektrisches Potential

→Elektrische Spannung eines Punkts gegenüber einem festgelegten Bezugspunkt.

Allgemeines

Der Bezugspunkt hat ein elektrische Potential[1)] φ von 0 V und ist somit potentialfrei (Bezugs-, Referenz- oder Nullpotential). Ist der Bezugspunkt die Masse (→Masseanschluss), z. B. ein Chassis, die Erde (→Bezugserde) oder ein beliebiger Punkt auf einem Leiter, so hat dieser Punkt folgerichtig das nullpunkt-immanente Masse-, Erd- oder Leiterpotential. Ein Vogel auf einer Freileitung nimmt demnach das Potential des elektrischen Leiters an, den er mit den Füßen berührt. Er überbrückt hierbei keine Potentialdifferenz, mithin keine elektrische Spannung, und bekommt deshalb auch keinen →elektrischen Schlag.

Das elektrische Potential (engl. *equipotential*) wird üblicherweise nur „Potential" genannt. Seine Einheit ist das Volt (V).

- **Berührungspotential** φ_T (engl. *signal-touch-potential*) ist das elektrische Potential eines →aktiven Teils, das dazu bestimmt ist, z. B. für Melde- oder Steuerungszwecke durch eine Person berührt zu werden. Dieses Potential wird auch **Sensorpotential** genannt [1].
- **Erdoberflächenpotential** φ_E (engl. *earth-surface-potential*) ist das elektrische Potential eines festgelegten Punkts auf der Erdoberfläche gegenüber der Bezugserde [1]
- **Gefährdungspotential** φ_H (engl. *hazardous-potential*) ist das elektrische Potential eines leitfähigen Teils, welches bei Menschen oder Nutztieren eine elektrische Gefährdung hervorrufen kann.

Geräte zur mechanischen Veränderung des elektrischen Widerstands und damit der elektrischen Potentiale in einer Schaltung werden – je nach Ausführung des verschieb- bzw. drehbaren Kontaktstücks und seiner Anordnung auf der Widerstandsbahn – **Schiebewiderstände** oder **Drehwiderstände** (Potentiometer) genannt. „Trimmpotentiometer" lassen sich nur mit einem Schraubendreher verstellen.

Elektrische Spannung

Die elektrische Spannung *U* zwischen zwei Punkten ist gleich der Differenz zweier Potentiale (Potentialdifferenz, Potentialunterschied), s. Bild E22. Dabei ist es gleichgültig, welchem Punkt das Nullpotential (Potentialnullpunkt) zugewiesen wird:

$$U_{AB} = \varphi_A - \varphi_B = \Delta\varphi_{AB}$$

Die Spannung U_{AB} vom Punkt A zum Punkt B ist somit gleich dem Potential φ_A im Punkt A minus dem Potential φ_B im Punkt B.

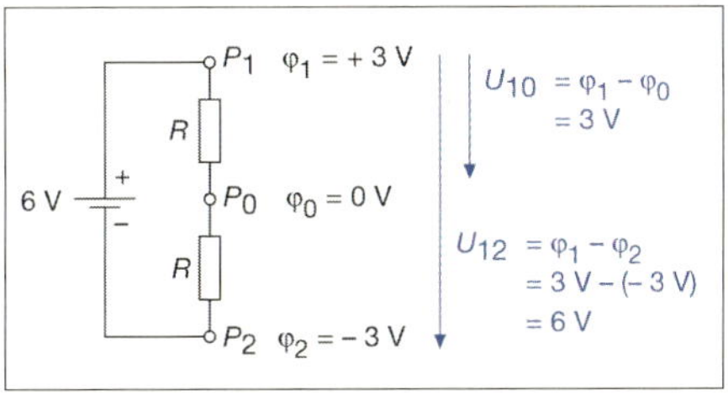

Bild E22: Potential φ und Spannung U (Beispiel)

[1)] Mit Einführung der neuen Rechtschreibung am 31.7.1998 ist für das häufig verwendete elektrotechnische Fachwort „Potential" (lat.) nunmehr alternativ auch die neue, dem Lautprinzip folgende Schreibweise „Potenzial" zulässig. Diese neue, der deutschen Standardaussprache (Lautung) angepasste Schreibweise wird in den DIN-VDE-Bestimmungen (→Normung) zz. jedoch kaum angewendet.

Literatur

[1] IEC 60050-195: 1998-08 Internationales Elektrotechnisches Wörterbuch; Kapitel: Erdung und Schutz gegen elektrischen Schlag.

Elektrizität

Spezifische Energieform – eine „Naturkraft“ – wahrnehmbar durch ihre Wirkungen. Die Hauptsäule dieser natürlichen Kraftquelle bilden die nicht lokalisierten elektrischen Ladungsträger in Festkörpern (Elektronen) oder in Lösungen, Schmelzen und Gasen (Ionen).

Allgemeines

Der Philosoph *Thales von Milet* – einer der sieben Weisen Griechenlands – erkannte schon 600 Jahre v. Chr., dass Bernstein (griech. *élektron*) leichte Teile anzieht, z. B. Haare oder trockene Blätter, wenn er mit einem Tuch gerieben wird. Der englische Naturforscher und Arzt *William Gilbert* (1544-1603) untersuchte diese Anziehungskraft näher und nannte sie **Elektrizität** (Bernsteinkraft).

Die hauptsächlichen Träger des →elektrischen Stroms sind die negativ geladenen Elementarteilchen – **Elektronen** (engl. *electrons*) genannt. Sie bilden die Hülle der Atome.

Ionen (griech. *ión*) sind Atome mit elektrisch positiver Ladung (Kationen) oder negativer Ladung (Anionen). Diese Atome sind folglich elektrisch nicht neutral. Gleichnamige elektrische Ladungen stoßen sich ab und ungleichnamige Ladungen ziehen einander an. Deshalb „wandern“ die Kationen zum negativen Pol (Katode) und die Anionen zum positiven Pol (Anode).

Atomaufbau

Die genaue Kenntnis über den Aufbau der Atome ist für die Elektrizitätslehre von fundamentaler Bedeutung. Es ist das Verdienst des dänischen Physikers *Niels Bohr* (1885-1962), der im Jahre 1913 den Aufbau der Atome (Atommodell) und acht Jahre später das periodische System der chemischen Elemente – geordnet nach der jeweiligen Kernladungszahl – detailliert darstellte. **Atom** (griech. *átomos*) bedeutet frei übersetzt „nicht teilbar“. Die Hypothese von der Unteilbarkeit eines Atoms – dem Grundbaustein der Materie (Urkörper) – bestand noch bis zum Ende des 19. Jahrhunderts. Erst mit der Entdeckung der Elektronen um etwa 1890 wurde klar, dass ein Atom aus weiteren, noch viel winzigeren Teilchen besteht als ursprünglich angenommen, nämlich aus dem elektrisch positiv geladenen **Atomkern** mit einem unvorstellbar kleinen Durchmesser von 10^{-11} mm, der von einem oder mehreren **Elektronen** mit negativer Ladung auf bestimmten Bahnen[1], wie die Sonne von den Planeten, umkreist wird. Zusätzlich drehen sich die Elektronen noch um ihre eigene Achse (Elektronenspin).

Die Geschwindigkeit der Elektronen (Bahngeschwindigkeit) ist mit etwa 2000 km/s extrem hoch, ihre Masse hingegen ist mit $9{,}11 \cdot 10^{-28}$ g winzig klein. Elektronen sind demnach praktisch masselos. Rund 99,9 % der Masse eines Atoms entfällt allein auf den Atomkern. Der Atomkern enthält positiv geladene **Protonen** und – außer beim Wasserstoffatom – **Neutronen** ohne eine positive oder negative elektrische Ladung. Protonen, Neutronen und die in verschiedenen Abständen um den Atomkern kreisenden Elektronen sind die Bausteine eines Atoms, s. Bild E23. Die Anzahl der Elektronen (Hüllenladung) ist gleich der Anzahl der Protonen im Kern (Kernladung). Hüllen- und Kernladung heben sich im elektrisch neutralen Atom auf.

Elektrischer Strom

Elektrizität (engl. *electricity*) und elektrischer Strom (engl. *electric current*) sind praktisch ein und dasselbe, nämlich sich bewegende elektrische Ladungen in einer gleich bleibenden oder periodisch wechselnden Richtung.

Elektrisch leitfähige Stoffe (Metalle) beste-

[1] Im Bohr'schen Atommodell beträgt der Radius der innersten Elektronenbahn: $r_1 = 0{,}529 \cdot 10^{-8}$ mm (Bohr'scher Radius).

hen aus Atomen, die durch Aufwendung von Energie aus ihrer äußeren Hülle Elektronen abgeben und damit zu positiv geladenen Ionen werden. Elektronen können sich aber auch auf der äußeren Schale eines Atoms anlagern; dadurch entsteht ein negativ geladenes Ion.

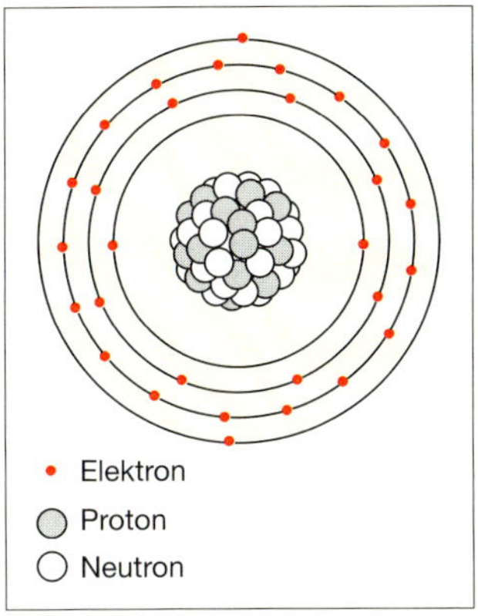

Bild E23: Bausteine eines Atoms

Beim Kupferatom und bei anderen Metallatomen sind die Elektronen auf der äußeren Schale – sie werden „Valenzelektronen" genannt – relativ locker an den Atomkern gebunden. Valenzelektronen können sich durch Aufwendung von Energie deshalb leicht von solchen Atomen lösen und sich für kurze Zeit als freie Elektronen zwischen den Atomen bewegen. Die freien Elektronen werden bald wieder von den Atomen eingefangen, während sich viele andere Elektronen zur gleichen Zeit von den Atomen lösen. Ein Elektron stößt gewissermaßen ein anderes fort. Dieses „Wandern" der freien Elektronen von Atom zu Atom – auch der Defektelektronen[1] – entspricht praktisch dem Fließen des elektrischen Stroms.

Die Ursache für den Stromfluss sind →elektrische Spannungen. Mit dem Anlegen einer elektrischen Spannung an den Leiter werden die Elektronen „angetrieben". Sie bewegen sich in einem elektrischen Stromkreis ohne Anfang und Ende; dabei verbrauchen sie sich nicht. Die oft benutzte Bezeichnung „Stromverbraucher" ist deshalb irreführend.

Elektrotechnik, Elektronik

Der Zweig der Technik, der sich mit der Anwendung der physikalischen Grundlagen und Erkenntnisse der Elektrizitätslehre befasst, heißt **Elektrotechnik** (engl. *electrotechnology*). Diesen Begriff initiierte *Werner von Siemens* im Jahre 1879. Seitdem werden die auf dem genannten Gebiet ausgebildeten und tätigen Fachkräfte „Elektrotechniker", in der Handwerkerschaft mitunter nur (kurz) „Elektriker" genannt.

Abgeleitet von Elektrotechnik entstand in der ersten Hälfte des 20. Jahrhunderts die Fachdisziplin **Elektronik** (engl. *electronics*). Namensgeber ist der deutsche Physiker *J. Stark*. Die Elektronik befasst sich mit der Bewegung von elektrischen Ladungsträgern in Vakuum, Gas oder Halbleitern sowie mit den daraus resultierenden elektrischen Leitungsphänomenen und deren Anwendung (IEV 151-11-13). Wichtige Anwendungsgebiete dieser noch relativ jungen Fachdisziplin sind die Leistungs- und Informationselektronik. Hierbei geht es insbesondere um die Steuerung des elektrischen Energieflusses sowie um die Umsetzung elektrischer Energie in andere Energieformen, aber auch um die Erzeugung, Übertragung, Erfassung, Verarbeitung und Speicherung von Informationen im weitesten Sinne unter Verwendung elektronischer Betriebsmittel.

[1] **Defektelektronen** sind fehlende Elektronen im Valenzband. Sie werden auch als „Löcher" bezeichnet. Wird z. B. durch thermische oder optische Anregung ein Elektron aus dem (oberen) Valenzband herausgerissen, so entsteht eine Lücke (Loch). In diese kann ein anderes Valenzelektron springen, dessen Lücke erneut von einem weiteren Elektron eingenommen wird. Dadurch kommt es zum Ladungstransport mit gegenüber den Elektronen entgegengesetzter (positiver) Ladung und Bewegungsrichtung.

Elektrizitätsmenge

Physikalische Größe zum Erfassen der Anzahl frei beweglicher Ladungsträger, festgelegt als das Produkt aus der elektrischen Stromstärke I und der Stromflussdauer t.
Formelzeichen: Q, Einheit: Coulomb (C) oder Amperesekunde (As).
$Q = I \cdot t$

Allgemeines

In Leitern (Metalle, leitende Flüssigkeiten), Halbleitern (Germanium, Silicium, Selen) und Nichtleitern (Isolierstoffe) sind mehr oder weniger frei bewegliche Ladungsträger vorhanden. Die Elektrizitätsmenge gibt an, wie viele Ladungsträger während einer bestimmten Zeit in einem Stoff gerichtet bewegt werden.
1 C = 1 As ist diejenige Elektrizitätsmenge (Ladung), die während 1 s bei einem zeitlich unveränderlichen Strom von 1 A durch einen gut leitenden Stoff gerichtet bewegt wird.
Der Einheitenname **Coulomb** wurde zu Ehren des franz. Physikers *Charles-Augustin de Coulomb* (1736-1806) in das Internationale Einheitensystem (SI) übernommen.

Elementarladung

Ein einzelnes frei bewegliches Elektron – die kleinste überhaupt auftretende Ladungsmenge – hat (definitionsgemäß) ein negatives Ladungsquantum $e = -1{,}602 \cdot 10^{-19}$ As. Es wird als **Elementarladung** (engl. *elementary charge*) bezeichnet.

Protonen (Bausteine des Atomkerns) haben eine positive Elementarladung von $e = 1{,}602 \cdot 10^{-19}$ As. Die ebenfalls zum Atomkern gehörenden Neutronen sind – wie schon der Name sagt – elektrisch neutral, das heißt ungeladen.

Coulombsches Gesetz

Im Jahre 1785 entdeckte *Coulomb,* dass **gleichnamige** elektrische Ladungen (beide Ladungen sind positiv oder negativ) sich **abstoßen**, während **ungleichnamige** Ladungen sich **anziehen** (coulombsches Gesetz). Dabei ist die elektrostatische Kraft F zwischen den Ladungen (Coulomb-Kraft) proportional dem Produkt der einzelnen Ladungen Q_1, Q_2 und umgekehrt proportional dem Quadrat des Abstands r der Ladungsmittelpunkte.

Elektrischer Strom

Alle Ladungsmengen Q sind ganzzahlige Vielfache der Elementarladung e. Man erhält eine Stromstärke z. B. von 1 A, wenn durch einen Stoff – angetrieben durch die elektrische Spannung[1] – pro Sekunde 1 Ampere geteilt durch die Elementarladung e, demnach $1\ \text{A}/1{,}602 \cdot 10^{-19}\ \text{As} = 6{,}24 \cdot 10^{18}$ Elektronen fließen. Die durch den Stoff strömenden Elektronen[2] nennt man **elektrischen Strom**.
Formelzeichen: I, Einheit: Ampere (A). Namensgeber dieser SI-Einheit ist der franz. Physiker *André Marie Ampère* (1775–1836).
Ladungsträger können positiv oder negativ sein. Die technische Stromrichtung ist stets die Richtung der positiven Ladungsträger; sie ist der Bewegungsrichtung der Elektronen (negative Ladungsträger) entgegengesetzt.
Die elektrische Stromstärke berechnet sich aus der gesamten Ladungsmenge Q, die in

[1] **Elektrische Spannungen** erzeugen elektrische Felder (Feldstärke E in V/m) und diese üben eine Kraft F auf die Ladungen Q aus ($F = E \cdot Q$). Unter dem Einfluss dieser Kraft bewegen sich die Ladungsträger (Elektronen). Es kommt zum Ladungstransport und damit zum elektrischen Strom (Elektronenstrom).

[2] Der **Elektronenfluss pro Zeit** – bei einer Stromdichte z. B. von 10 A/mm² nur etwa 1 mm/s, proportional ansteigend mit der Stromdichte – wird **Driftgeschwindigkeit** genannt. Bei konstanter Stromstärke ist bei großem Leiterquerschnitt die Driftgeschwindigkeit der Elektronen klein und bei kleinem Querschnitt groß. Sie erreicht jedoch niemals die Lichtgeschwindigkeit von nahezu 300 000 km/s.

einer Sekunde durch eine Querschnittsfläche hindurchtritt:

$$I = \frac{Q}{t} = \frac{\text{Ladungsmenge}}{\text{Zeit}}$$

Um praktisch verwertbare Stromstärken zu erreichen, müssen sehr große Mengen von Elektronen bewegt werden. Deshalb sind für elektrische Leiter Werkstoffe mit vielen frei beweglichen Elektronen zu verwenden, z. B. Silber, Kupfer, Messing, Aluminium oder Stahl.

Elektrizitätsversorgungsnetz

Gesamtheit der→elektrischen Betriebsmittel zur Übertragung und Verteilung →elektrischer Energie. Das Elektrizitätsversorgungsnetz (engl. *electricity supply network*) wird auch **Verteilungsnetz**, in praxi jedoch meist nur **Netz** (engl. *electric network*) genannt.
Ein Elektrizitätsversorgungs**system** (engl. *electricity supply system*) enthält zusätzlich noch die Betriebsmittel zur Erzeugung elektrischer Energie. Es wird mitunter auch „Stromversorgungssystem" genannt.
Rechtsträger eines öffentlichen Elektrizitätsversorgungsnetzes zur zuverlässigen Versorgung von jedermann mit Elektroenergie (Tarifkunden) ist i. Allg. das territorial zuständige Elektrizitätsversorgungsunternehmen (EVU), neuerdings **Verteilungsnetzbetreiber** (VNB) genannt. Es schließt mit dem Anschlussnehmer (Kunden) einen schriftlichen Versorgungsvertrag und stellt zu den jeweils geltenden Tarifen und allgemeinen Bedingungen [1] die Elektrizitätsversorgung aus seinem Niederspannungs-Verteilungsnetz am Hausanschluss sicher.
Kundeneigene Elektrizitätserzeugungs- und -versorgungseinrichtungen, z. B. →Notstromaggregate zur Bereitstellung von Elektroenergie bei Ausfall der öffentlichen Elektrizitätsversorgung (Netzersatzanlagen), dürfen auch im Fall der Notversorgung keine schädlichen Rückwirkungen auf das öffentliche Versorgungsnetz haben.

Literatur

[1] Verordnung über Allgemeine Bedingungen für die Elektrizitätsversorgung von Tarifkunden (AVBEltV) vom 21.6.1979 (BGBl. 1, S. 684-692).

Elektrizitätszähler

Plombierbares Gerät zum Messen der verbrauchten (umgewandelten) →elektrischen Energie (Arbeit).

Allgemeines

Elektrizitätszähler (engl. *electricity meters*), auch Energieverbrauchszähler oder nur **Zähler** genannt, bestehen im Prinzip aus einem Spannungspfad (Spannungsmesser) und einem Strompfad (Strommesser). Beide wirken zusammen auf ein Zählwerk, das entsprechend der Einschaltdauer die elektrische Arbeit misst (Wirkverbrauchszähler).

In →elektrischen Anlagen mit Speicherheizung kommen häufig **Zweitarifzähler** mit zwei Rollenzählwerken zum Einsatz – einem Niedertarifzählwerk und einem Hochtarifzählwerk, die wechselseitig z. B. über eine Zeitschaltuhr oder einen Tonfrequenz-Rundsteuerempfänger (TRE) aktiviert werden. TRE reagieren auf Steuersignale des zuständigen Verteilungsnetzbetreibers (VNB) mit Frequenzen von 100...1600 Hz, die zu bestimmten Zeiten der Netzfrequenz überlagert und über das Energieversorgungsnetz mit übertragen werden.

Aufbau

Die wichtigsten Bauteile eines Einphasen-Wechselstromzählers nach dem Ferraris-

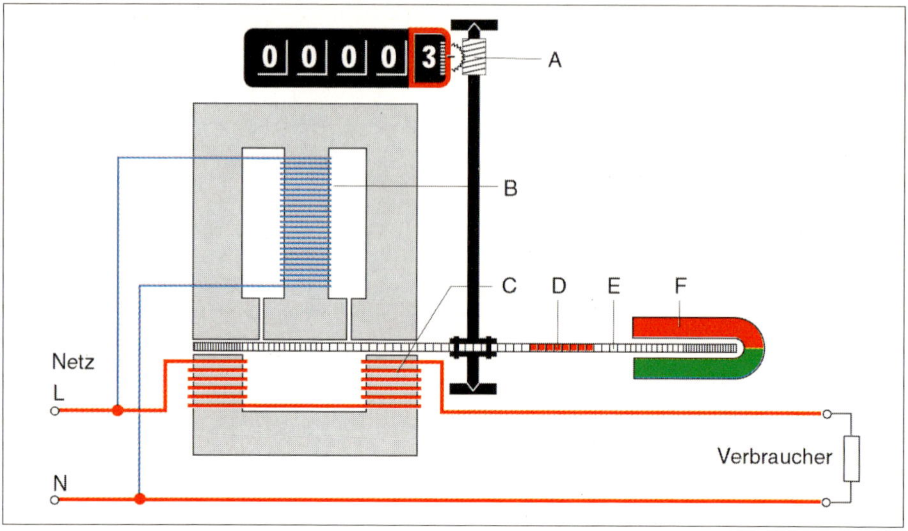

Bild E24: Schematische Darstellung eines Elektrizitätszählers (Induktionszähler) [1]
A Zählwerk; B Spannungsspule; C Stromspule; D rote Marke; E Zählerläufer; F Bremsmagnet

prinzip (Induktionszähler[1]) sind im Bild E24 schematisch dargestellt. Deutlich sind die mit Netzspannung versorgte Spannungsspule und die vom Betriebsstrom (Laststrom) durchflossene Stromspule zu erkennen. Die Aluminiumscheibe (Zählerläufer) bewegt sich in dem Luftspalt zwischen den Polen zweier Elektromagnete. Bei Stromfluss wird die Läuferscheibe infolge des auf sie wirkenden magnetischen Felds in Drehung versetzt, und über ein Getriebe (Schnecke und Zahnrad) wird ein Zählwerk mit Ziffernrollen betätigt.

Um eine gleichförmige, der jeweiligen Zählerbelastung angepasste Bewegung der Scheibe zu gewährleisten, läuft diese durch die Pole eines Dauermagneten, dessen Gleichfeld bremsend auf die Scheibe wirkt. Außerdem bringt der Bremsmagnet bei Wegfall der Belastung die Scheibe sofort zum Stehen.

Der Zählerläufer (Zählerscheibe) ist am Rand an einer Stelle rot markiert. Diese rote Marke dient zur Feststellung einer vollen Umdrehung der Scheibe. Die Anzahl der Scheibenumdrehungen ist ein Maß für die elektrische Arbeit. Nach dem Abschalten des letzten Verbrauchers dreht sich die Zählerscheibe langsam so lange weiter, bis die rote Marke hinter dem Sichtfenster des Zählers erscheint.

Arten

Die nutzbare (umgesetzte) Wirkarbeit wird mit **Wirkverbrauchszählern** (engl. *watt-hour meters*) in Wh oder einem dezimalen Vielfachen dieser Einheit, z. B. in kWh (kWh-Zähler), gemessen [2]. Zum Erfassen von elektrischer Blindarbeit[2] dienen **Blindverbrauchszähler** (engl. *var-hour meters*) [3]. Sie geben die Messwerte in Varstunden (varh) oder einem dezimalen Vielfachen da-

[1] **Induktionszähler** (Ferrariszähler) sind elektromechanische Einphasen-Wechselstrom- oder Drehstromzähler mit Rollenzählwerk, in denen die durch starre ➔Spulen fließenden ➔Betriebsströme (Lastströme) mit den in der Läuferscheibe induzierten ➔Wirbelströmen zusammenwirken. Dadurch kommt der Zählerläufer (Zählerscheibe) in Drehbewegung.

von an, z. B. in kvarh, und werden deshalb auch (eher selten) „Varstundenzähler“ genannt.
Seit einigen Jahren gibt es **elektronische Wirkverbrauchszähler** (engl. *electronic watt-hour meters*) für Direktanschluss bis 63 A [4]. Bei höheren Strömen – mitunter aber auch schon ab 50 A – erfolgt der Anschluss meist über externe →Stromwandler mit einem Nennstrom auf der Sekundärseite von 5 A (Wandlerzähler). Diese digitalen Zähler, z. B. für den Einsatz in Haushalten, gewerblich genutzten Anlagen, auf Campingplätzen oder Baustellen, werden auch mit Impulsgeber hergestellt. Sie geben bei Erreichen eines bestimmten Werts der Zählergröße einen elektrischen Impuls (Impulsgeberzähler), Beispiel s. Bild E25. Die Verteilungsnetzbetreiber setzen Impulsgeberzähler schon seit langem für die Maximum-Zählung ein.

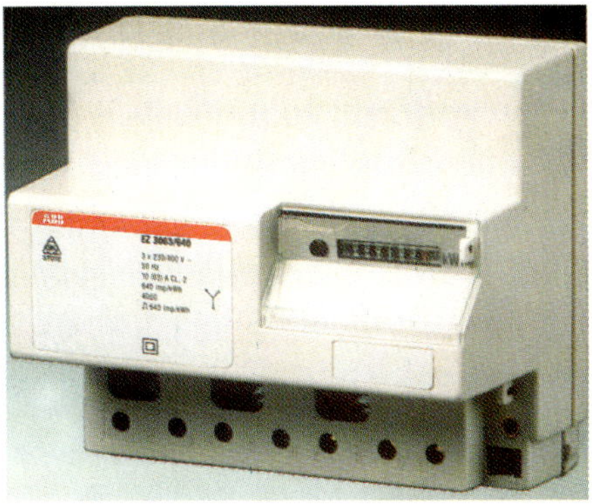

Bild E25: Elektronischer Wirkverbrauchszähler für Tragschienenmontage, Direktanschluss bis 63 A mit Impulsausgang zur Datenferübertragung (Foto: ABB STOTZ-KONTAKT, Heidelberg)

[2] **Elektrische Blindarbeit** ist in einem Wechselstromnetz gebundene elektrische Energie, die ständig zwischen den elektrischen und magnetischen Feldern des Netzes und der angeschlossenen Geräte ausgetauscht wird (IEV 601-01-20). Einen nutzbaren Energietransport und damit eine effektive elektrische Arbeit vollbringt sie nicht.

Elektronische Zähler haben gegenüber Ferrariszählern mancherlei Vorteile, z. B.

- kleinere Bauform, geringerer Platzbedarf,
- Möglichkeit der Fernübertragung (Fernablesen des Zählerstandes), Speicherung und Weiterverarbetiung der elektronischen Messwerte sowie
- lageunabhängige Montage; Ferrariszähler müssen dagegen stets senkrecht angeordnet sein.

Außerdem sind die kleinen elektronischen Zähler vielfach für Tragschienenmontage, d. h. für die Montage auf Hutprofilschienen (Hutschienen) nach DIN EN 50022, vorgesehen.

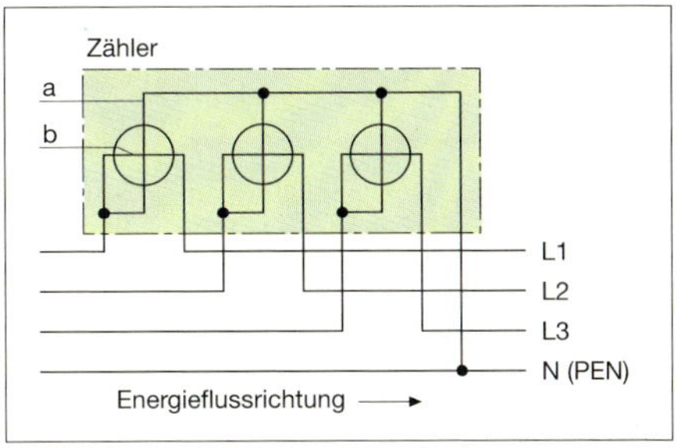

Bild E26: Drehstromzähler (Grundschaltung) a Spannungspfad; b Strompfad

Die Grundschaltung (Anschlussbild) eines klassischen Drehstrom-Wirkverbrauchszählers nach dem Ferrarisprinzip ist im Bild E26 dargestellt. Danach führen die Spannungspfade nach deren Verbindung mit dem Netz ständig einen vergleichsweise geringen Strom. Die Strompfade hingegen führen nur dann Strom, wenn mindestens ein Verbrauchsmittel (Last) eingeschaltet ist. Bei einem ausreichenden Stromfluss beginnt sich die Zählerscheibe zu drehen, und die Messung der verbrauchten (umgewandelten) elektrischen Energie (Arbeit) beginnt. **Zweirichtungszähler** haben getrennte Zählwerke für Energiebezug und -lieferung, z. B. in Solar-Photovoltaik-Stromversorgungssystemen.
Früher gab es auch noch **Gleichstromzäh-**

ler (engl. *direct-current meters*), z. B. in Form elektrolytischer Amperestundenzähler oder elektrodynamischer Motorzähler (mit Gleichstrommotor) [5]. Diese Zähler haben heute keine Bedeutung mehr.

Literatur

[1] HEA Bilderdienst: Serie 1.0, Grundlagen der Elektrotechnik. 2. Auflage, Mai 1986.

[2] DIN EN 62053-11 (VDE 0418-3-11): 2003-11 Wechselstrom-Elektrizitätszähler; Elektromechanische Wirkverbrauchszähler.

[3] DIN VDE 0418-2:1966-03 Elektrizitätszähler; Blindverbrauchszähler.

[4] DIN EN 62053-21 (VDE 0418-3-21):2003-11 Wechselstrom-Elektrizitätszähler; Elektronische Wirkverbrauchszähler ...

[5] DIN VDE 0418-3:1965-06 Elektrizitätszähler; Gleichstromzähler.

Elektroenergie-Tarifwächter

Sicherungsautomat zur Begrenzung des Energiebezugs in elektrischen Netzen mit besonderen Tarifsystemen. In diesen Netzen zahlen die Abnehmer (Tarifkunden [1]) bei verschieden hohem Energiebezug, der durch den eingebauten Sicherungsautomaten, z. B. mit der E(Exakt)-Charakteristik, s. Bild E27, auf ein vertraglich vereinbartes Maß begrenzt wird, verschieden hohe Grundtarife. Die tatsächliche Energieabnahme wird durch →Elektrizitätszähler festgestellt.

Die als „Tarifwächter" verwendeten Sicherungsautomaten (Tarifautomaten) können neben dem Überstromschutz u. U. auch noch die Funktion eines →selektiven Haupt-Leitungsschutzschalters übernehmen.

Literatur

[1] Verordnung über Allgemeine Bedingungen für die Elektrizitätsversorgung von Tarifkunden (AVBEltV) vom 21.6.1979 (BGBl. I, S. 684-692).

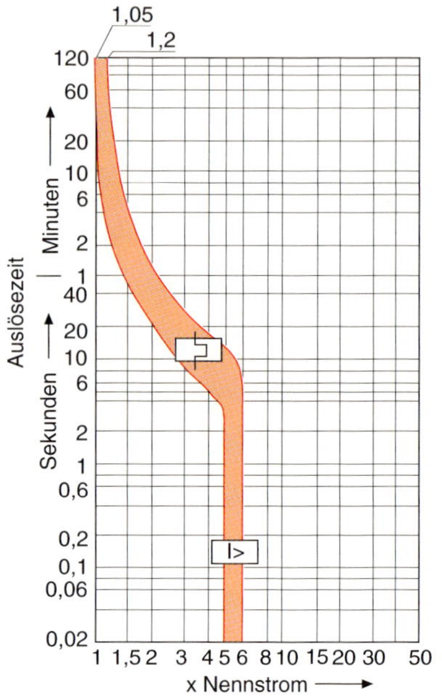

Bild E27: E-(Exakt)-Charakteristik von Sicherungsautomaten

Elektrofachkraft für festgelegte Tätigkeiten

Person aus einem elektrofremden Gewerk, die im Sinne der Handwerksordnung § 5 eigenverantwortlich gleichartige, sich wiederholende Arbeiten an elektrischen Betriebsmitteln – selbstverständlich nur nach einer entsprechenden Ausbildung und grundsätzlich nur im spannungsfreien Zustand (außer bei Fehlersuche und beim Feststellen der Spannungsfreiheit) – durchführen darf. Dazu gehören z. B. Anschluss und Inbetriebnahme ortsfester elektrischer Geräte in Einbauküchen (Elektroherde, Wassererwärmer, Leuchten, Lüfter u. dgl.) durch Schreiner oder das Wechseln von elektrischen Heizstäben durch Gas-/ Wasser-Installateure.

Voraussetzung, Ausbildung

Die von Elektrofachkräften für festgelegte Tätigkeiten durchzuführenden Arbeiten müssen vom jeweiligen Unternehmer (Betriebsleiter, Geschäftsführer) ausdrücklich gestattet und in einer Arbeitsanweisung exakt festgelegt sein.

Personen, die sich als Elektrofachkraft für festgelegte Tätigkeiten qualifizieren wollen, müssen in einer Ausbildungsstätte die notwendigen theoretischen Kenntnisse und praktischen Fertigkeiten – zugeschnitten auf die schriftlich festgelegten Tätigkeiten erwerben und nachweisen. Das schließt die Kenntnis der dabei zu beachtenden Bestimmungen ein. Die Ausbildungstiefe und -dauer ist von den durchzuführenden Arbeiten abhängig. Die Ausbildungszeit beträgt mindestens 80 Stunden.

Die praktische Ausbildung (Übung) hat an den in Frage kommenden elektrischen Betriebsmitteln zu erfolgen. Sie muss die Fertigkeiten vermitteln, mit denen die in der theoretischen Ausbildung erworbenen Kenntnisse für die festgelegten Tätigkeiten zielgenau angewendet werden können.

Arbeitseinschränkung, Verantwortung

Personen erlangen durch ihre Ausbildung zur Elektrofachkraft für festgelegte Tätigkeiten **nicht** die Qualifikation, um ihnen eine Ausübungsberechtigung gemäß § 7a Handwerksordnung zu erteilen. Sie dürfen folglich keine Installationsarbeiten und erst recht keine Arbeiten an Versorgungsnetzen oder gar Hochspannungsanlagen durchführen.

Die Ausbildung von Personen zur Elektrofachkraft für festgelegte Tätigkeiten entbindet den Unternehmer nicht von seiner Führungsverantwortung. Er hat in jedem Fall zu prüfen, ob die während der Ausbildung erworbenen Kenntnisse und Fertigkeiten für die von ihm festgelegten Tätigkeiten ausreichend sind [1].

Literatur

[1] Durchführungsanweisungen zur Unfallverhütungsvorschrift (UVV) BGV A3 „Elektrische Anlagen und Betriebsmittel“ vom Oktober 1996. Hrsg.: Berufsgenossenschaft der Feinmechanik und Elektrotechnik, Köln.

Elektrofischereianlage

→Elektrische Anlage, die bestimmungsgemäß dem Fangen, Treiben, Sperren, Leiten, Scheuchen, Betäuben oder Töten von Fischen – mitunter aber auch von anderen, vor allem in Binnengewässern lebenden Tieren – dient. Zu diesem Zweck wird der elektrische Strom über ein je nach Zweckbestimmung verschiedenartiges Elektrodensystem direkt in das mehr oder weniger gut leitende Wasser geleitet.

Leitfähigkeit von Wasser

Die elektrische Leitfähigkeit von Wasser wird durch den Gehalt an Ionen bestimmt, die elektrische Ladungen transportieren. Dabei spielt die Beweglichkeit der Elektronen im Medium eine wichtige Rolle. Diese wird z. B. bei Temperaturrückgang stark reduziert, bis sie bei der Bildung von Eis schließlich ganz aufhört. Eis hat – ebenso wie ionenfreies, destilliertes Wasser – somit praktisch keine elektrische Leitfähigkeit. Für Überschlagsberechnungen kann angenommen werden, dass eine Temperaturänderung um 1 K einer Leitfähigkeitsänderung um etwa 2 % entspricht.

Die elektrische Leitfähigkeit von Ionenleitern wird gewöhnlich in µS/cm bei 293 K (entspricht 20 °C) angegeben. Leitungswasser, auch das Wasser von sauberen Bächen (Fließgewässer), hat eine elektrische Leitfähigkeit von etwa 160 µS/cm, das von wenig verschmutzten Binnenseen sowie Schwimmbadwasser von etwa 360 µS/cm. Ostseeküstengewässer können jedoch Werte bis 17000 µS/cm aufweisen [1]. Für

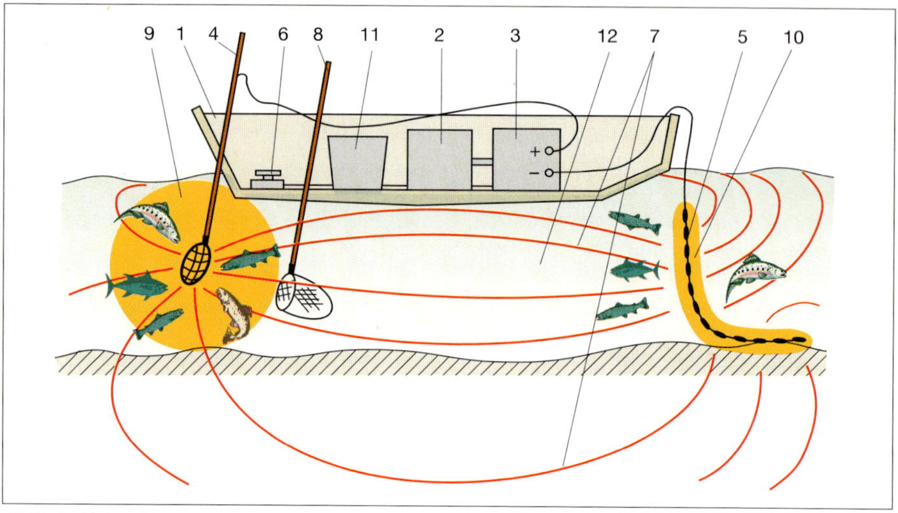

Bild E28: Elektro-Fischfanganlage (Beispiel)
1 Fangschiff; 2 Notstromaggregat mit Hauptschalter und isolierten Elektrodenzuleitungen; 3 Trenntransformator und Gleichrichter (entfällt bei Gleichstromaggregaten); 4 Hand-Fangelektrode, z. B. kescherartiger Metallbügel (Anode) an einer isolierenden Stange; 5 Gegenelektrode, z. B. Stahlkette mit eingezogener blanker Kupferlitze (Katode), bei landseitiger Stromversorgung wird die Gegenelektrode im Uferbereich entweder in das Wasser gelegt oder fest eingegraben ($R_A \leq 20\ \Omega$); 6 Totmannschalter; 7 elektrische Feldlinien; 8 Handkescher (nicht elektrisch); 9 Wirkungsbereich der anodischen Handelektrode (Anziehung und Betäubung der Fische); 10 Wirkungsbereich der katodischen Gegenelektrode (Scheuchwirkung); 11 Behälter für gefangene Fische; 12 Bereich, in dem wegen zu geringer Feldliniendichte keine physiologische Wirkung auftritt [1]

Meerwasser sind allerdings auch schon sehr viel höhere Werte (bis 45000 µs/cm) gemessen worden

Arten

Elektrofischereianlagen (engl. *electro-fishing equipments*) sind hauptsächlich mobile (Elektro-)**Fischfanganlagen**, s. Bild E28, oder ortsfeste (Elektro-)**Fischscheuchanlagen**. Letztere dienen neben dem Scheuchen (Treiben) auch dem Abweisen und Fernhalten (Sperren) der Fische sowie der anderen im Wasser lebenden Tiere von bestimmten Gewässerabschnitten oder baulichen Einrichtungen im Wasser, z. B. dem Einlaufrechen von Wasserkraftwerken.

Stromquelle

Für Elektrofischereianlagen dient als Stromquelle in der Regel ein auf dem Schiff stationiertes →Notstromaggregat mit einer Leistung von etwa 0,6…3 kVA, oft in Verbindung mit einem Trenntransformator und bei Gleichstromanwendung mit nachgeschaltetem Gleichrichter. Mitunter kommen dafür auch →Akkumulatoren, meist in Verbindung mit Transvertern (Gleichspannungswandler), oder bei landseitigem Anschluss an das öffentliche Stromversorgungsnetz Trenntransformatoren, ggf. mit Gleichrichter, zur Anwendung.

Wirkungsweise

Befinden sich Fische – oder auch andere Tiere – innerhalb des elektrischen Felds im Wasser, so greifen sie eine ihrer Körperlänge entsprechende →(Berührungs-)Spannung ab. Der dabei durch den Tierkörper fließende elektrische Strom wird schon bei vergleichsweise geringen Feldstärken von den Fischen wahrgenommen. Während sich die Fische bei der Wahrnehmung relativ schwacher (Kleinspannungs-)Reize noch ungehindert aus dem Bereich fühlbarer Feldlinien entfernen können, ist das bei höheren Feldstärken nicht mehr ohne weiteres möglich. In diesem Fall werden den Fischen sehr charakteristische Reaktionen, z. B. schnelle, zielgerichtete Fortbewegungen von oder zu einer der beiden Elektroden (bei Gleichstrom) oder tiefgreifende Verkrampfungen der gesamten Muskulatur mit nahezu absoluter Bewegungsunfähigkeit (bei Wechselstrom), aufdiktiert. Außerdem laufen bei Gleichstromanwendung zusätzlich bestimmte elektrochemische Vorgänge im Fischkörper ab, z. B. Galvanonarkose. Das Töten der Fische durch Stromeinwirkung ist nur bei extrem hohen elektrischen Feldstärken oder bei relativ langer Einwirkdauer (oft bis 60 s) möglich [1].

Errichtung und Betrieb

Elektrofischereianlagen sind nach DIN VDE 0136 zu errichten und nach DIN VDE 0105-5 zu betreiben.

Durch den Einbau eines Totmannschalters[1)] wird verhindert, dass insbesondere bei mobilen Elektrofischfang- und -fischtötungsanlagen die Elektroden unbeabsichtigt unter Spannung stehen. Vom Einbauort des Schalters muss der Gefahrenbereich einsehbar sein.

Die Prüfung von ortsveränderlichen Elektrofischfanganlagen hat arbeitstäglich zu erfolgen. Darüber hinaus sind die grundlegenden Arbeitsschutzbestimmungen und Normen, z. B. DIN VDE 0100 und DIN VDE 0105-100 [3], zu beachten. Die verwendeten Elektrofischereigeräte müssen der Produktnorm DIN VDE 0686 entsprechen.

Die Grenzen des Gefahrenbereichs von Elektrofischscheuchanlagen müssen an allen Zugangsseiten (Wasser- und Landseite) durch gut lesbare, wetterbeständige Warnschilder gemäß Bild E29 gekennzeichnet sein.

Lebensgefahr
Elektrofischscheuchanlage
Abstand halten

Bild E29: Warnschild „Elektrofischscheuchanlage“

Literatur

[1] *Oberländer, P., u. a.:* Elektrotechnische Anlagen in der Landwirtschaft. 2. Auflage. Berlin: Verlag Technik, 1986.
[2] DIN EN 60204-1 (VDE 0113-1):1998-11 Elektrische Ausrüstung von Maschinen; Allgemeine Anforderungen.
[3] DIN VDE 0105-100:2005-06 Betrieb von elektrischen Anlagen.

Elektroinstallation

Stationäre, vor Ort errichtete Niederspannungsanlage in und an Bauwerken, z. B. in Wohn-, Gewerbe- und Industriebauten sowie im Freien.

Die eigenständige, handwerkliche Ausführung von Elektroinstallationen (engl. *electrical installations*) ist nur den dafür berechtigten Personen gestattet. Diese Personen sind Elektrofachkräfte (➔Fachkraft) im Sinne von DIN 31000-10 [1] und werden entsprechend dem Berufsbild *Elektroinstallateure* oder mit Bezug auf das Zweite Gesetz

1) **Totmannschalter** sind hand- oder fußbetätigte Befehlsgeräte ohne Selbsthaltung (Taster), die Verbrauchsmittel oder Stromkreise sofort außer Betrieb setzen, sobald der Taster losgelassen, d. h. nicht mehr betätigt wird (wie eben bei einem „toten Mann“).
Totmannschalter werden nach ergonomischen Grundsätzen z. B. als Trittbrettschalter konstruiert und auch für den elektrischen Zugbetrieb sowie für ausgewählte elektrische Maschinen als Zustimmungseinrichtung verwendet.

zur Änderung der Handwerksordnung und anderer handwerksrechtlicher Vorschriften vom 25. 3. 1998 (BGBl. I, S. 596) *Elektrotechniker* genannt.

Aufputzinstallation

Äußerlich erkennbares und zugleich wichtigstes Merkmal dieser Installationsart ist, dass die Kabel, Leitungen und Elektroinstallationsrohre direkt auf den Putz oder unter Verwendung von Abstandsschellen über den oberflächenfertigen Baukörper verlegt sind[1]. Werden dabei die Kabel, Leitungen oder Rohre gebündelt, wird diese Installationsart auch **Bündelinstallation** genannt. Elektroinstallationen in feuchten oder nassen Räumen sowie im Freien sind **Feuchtrauminstallationen**.

Die Aufputzinstallation war früher, als vorwiegend noch Elektroinstallationsrohre für Hausinstallationen verwendet wurden, sehr verbreitet. Gegenwärtig findet die Aufputzinstallation nur noch in Räumen oder an Orten Anwendung, wo keine besonders hohen Ansprüche an die Ansichtsgüte der elektrischen Anlage gestellt werden, z. B. in Lagerräumen, Kellern und Ställen. Im Wohnbereich sind mit Bezug auf DIN 18015-1 [2] – eine Norm für den Planer von elektrischen Anlagen in Wohngebäuden – Kabel und Leitungen grundsätzlich in oder unter Putz, hinter Wandverkleidungen, in industriell gefertigten Leitungskanälen oder in den Fußboden zu verlegen, und zwar hauptsächlich aus ästhetischen Gründen. Damit sind die Kabel und Leitungen bestimmungsgemäß zwar der Sicht, gleichwohl aber auch der Kontrolle entzogen. Leicht können die Kabel und Leitungen beim Dübeln, Stemmen, Nageln oder Bohren an den Wänden, Decken und Fußböden beschädigt werden. Deshalb gelten in diesem Fall die Bestimmungen wie für die Unterputzinstallation.

Unterputzinstallation

Bei dieser Installationsart werden die Kabel, Leitungen und in trockenen Räumen auch die Elektroinstallationsrohre direkt auf den Rohbaukörper oder in das Mauerwerk verlegt und anschließend mit Putz bedeckt. Die Installationsrohre sind hierbei zunächst Leerrohre, in die später – meist nach dem Verputzen der Wände – die ➔(Ader-)Leitungen eingezogen werden.

Bei der Unterputzinstallation ist auf eine waagerechte, senkrechte (rechtwinklige) sowie parallele Leitungsführung zu Baufluchten, z. B. Treppen oder Dachschrägen, zu achten. Außerdem gelten für Wohngebäude und Gebäude mit vergleichbaren Anforderungen, z. B. Bürogebäude, die maßlich genau festgelegten ➔**Installationszonen** nach DIN 18015-3 [3]. Danach sind schräge Leitungsführungen grundsätzlich nur in Decken, unter Treppen und Dachschrägen sowie in Fußböden zulässig. An Schornsteinen und Abgasschächten ist die Unterputzinstallation nicht gestattet.

Imputzinstallation

Bei dieser Installationsart werden vorzugsweise flache Leitungen – in trockenen Räumen meistens ➔Stegleitungen NYIF – in den Putz verlegt und anschließend auf der gesamten Länge mit Putz, Gips o. dgl. bedeckt. Die Dicke der Bedeckung soll wegen der Gefahr des späteren Aufreißens der Deckschicht mindestens 4 mm betragen.

Die Leitungen sind wie bei der Unterputzinstallation in Wänden waagerecht, senkrecht oder parallel zu Baufluchten, z. B. Treppen oder Dachschrägen, zu verlegen, um späteren Beschädigungen der Leitungen vorzubeugen.

Unterflurinstallation

Bei dieser Installationsart werden die Kabel, Leitungen, Rohre oder Kanäle unmittelbar

[1] Die Verlegung von Kabeln oder Mantelleitungen auf Abstandsschellen – demnach nicht unmittelbar auf, sondern mit geringem Abstand über Putz – wird mitunter auch **Überputzinstallation** genannt.

auf Rohdecken verlegt und anschließend durch die Fußbodenschichten (Ausgleichsestrich, Dämmschichten, Gehbelag) bedeckt. Die Elektroinstallationsrohre und -kanäle sind hier wie bei der Unterputzinstallation zunächst Leerrohre bzw. -kanäle, in die später die (Ader-)Leitungen eingezogen werden.
Zur Unterflurinstallation gehört auch das Verlegen von Kabeln, Leitungen und Rohren in Doppelböden, Hohldecken und in bodenbündigen Kanälen mit abnehmbaren Abdeckungen. Hierfür werden überwiegend industriell gefertigte, estrichbündige Unterflursysteme verwendet.

Pritscheninstallation

Bei dieser Installationsart werden die Kabel, Leitungen und Rohre auf Pritschen, Rosten, in Bahnen, Tragbügeln u. dgl. verlegt. Die Pritscheninstallation wird vorzugsweise in Industriebauten, Kellern und Versorgungsgeschossen mit vielen Kabeln und Leitungen sowie bei großen Leiterquerschnitten angewendet.

Schachtinstallation

Bei dieser Installationsart werden die Kabel, Leitungen und Rohre in senkrecht verlaufenden Schächten verlegt, z. B. für Steigleitungen. In Schornsteinen und Abgasschächten ist das Verlegen von Kabeln, Leitungen und Elektroinstallationsrohren aus gutem Grund seit jeher untersagt.

Spanndrahtinstallation

Bei dieser Installationsart werden die Kabel, Leitungen und Rohre zur Überquerung freier Flächen an frei gespannten Drähten oder Seilen verlegt. Zur Befestigung dienen Spanndraht- oder Hängeschellen.

Literatur

[1] DIN 31000-10 (VDE 1000-10):1995-05 Anforderungen an die im Bereich der Elektrotechnik tätigen Personen.
[2] DIN 18015-1:2002-09 Elektrische Anlagen in Wohngebäuden; Planungsgrundlagen.
[3] DIN 18015-3:1999-04 –; Leitungsführung und Anordnung der Betriebsmittel.

Elektroinstallationsplan

Annähernd lagerichtige Darstellung der →elektrischen Betriebsmittel einer →Elektroinstallation durch →Schaltzeichen in Gebäudegrundrissen (Maßstab meist 1:50). Dabei braucht die Darstellung (Lage) der Betriebsmittel nicht maßstäblich zu sein.

Elektroinstallationspläne für Gebäudeinstallationen sollen neben der annähernd lagerichtigen Eintragung der Schaltzeichen und der Zuordnung von →Stromkreisen zu den Betriebsmitteln mindestens noch enthalten:

- Verlegeart der Leitungen, Kabel und Installationsrohre,
- anzuwendende Schutzmaßnahme bei indirektem Berühren und Schutzart,
- Höhe der Installationsgeräte (Schalter, Steckdosen) und elektrischen Verbrauchsmittel, z. B. Händetrockner, über dem Fertigfußboden,
- Bauart der Leuchten (Leistung, Lichtfarbe, Schutzart),
- Hinweise auf besondere Umgebungsbedingungen, z. B. nasse Räume, und auf den zusätzlichen Potentialausgleich, z. B. in Bädern.

Kabel- und Leitungswege werden in Elektroinstallationsplänen i. Allg. nicht eingetragen (s. DIN EN 61082).

elektromagnetische Verträglichkeit (EMV)

Fähigkeit eines elektrischen (elektronischen) Bauteils, Geräts oder Systems, in seiner elektromagnetischen Umwelt zufrieden stellend zu arbeiten, ohne dabei selbst elektromagnetische Störungen zu verursachen, die für andere in der Umgebung (EMV-Umfeld) vorhandene Einrichtungen, z. B. Rundfunk-Empfangsgeräte, informationstechnische Anlagen und für die anderen im EMV-Gesetz, Anlage 1 [1] genannten sensiblen Geräte, Ausrüstungen und Netze, unannehmbar wären.

Elektromagnetische Störung

Eine elektromagnetische Störung (engl. ***e**lectro**m**agnetic **i**nterference*, Abk. EMI) ist jede elektromagnetische Erscheinung, die die Funktion eines Geräts oder Systems beeinträchtigen könnte. Elektromagnetische Störungen umfassen elektromagnetisches Rauschen, unerwünschte Signale (Störsignale) und Veränderungen im fortlaufenden (Ausbreitungs-)Medium selbst [1].

Allgemein bekannt sind z. B. Funkstörungen bei Gewitter oder im Nahbereich von Kraftfahrzeugen, die durch Funken an den Zündkerzen und Unterbrecherkontakten verursacht werden. Ebenso können Fernsehgeräte aufgrund ihrer Bildschirm-Zeilenfrequenz den Zeitzeichenempfang von Funkuhren erheblich beeinträchtigen.

Elektromagnetische Störungen können auch von Starkstromanlagen verursacht werden, z. B. durch Schwingungsvorgänge, die beim Ein- und Ausschalten induktiver Lasten entstehen. In diesem Fall wird der 50-Hz-Wechselspannung eine höherfrequente Störspannung überlagert (Oberschwingungen), die den sinusförmigen Verlauf der Netzspannung ändert.

Schutzanforderungen

Die Schutzanforderungen gemäß dem EMV-Gesetz § 3 sind eingehalten, wenn die Erzeugung elektromagnetischer Störungen (Störsignale) so weit begrenzt wird bzw. wenn die elektrischen Betriebsmittel/ Systeme eine solche elektromagnetische Störfestigkeit[1)] haben, dass der eigene bestimmungsgemäße Betrieb, aber auch der Betrieb von anderen Geräten sowie informationstechnischen Systemen, gewährleistet ist.

Detaillierte Festlegungen von Schutzeinrichtungen gegen leitungsgeführte und gestrahlte Störgrößen zur Sicherung der elektromagnetischen Verträglichkeit (engl. ***e**lectro**m**agnetic **c**ompatibility*, Abk. EMC) bzw. zur elektromagnetischen Störfestigkeit von Betriebsmitteln/Systemen, auch Grenzwerte, Prüf- und Messverfahren, enthalten die Normenreihen DIN EN 61000 (VDE 0838, 0839, 0847) sowie DIN EN 50083-8 und -2 (VDE 0855-8 und -200), DIN EN 50174-2 (VDE 0800-174-2), DIN EN 50310 (VDE 0800-2-310) und DIN VDE 0100-444. Außerdem sind die 26. Verordnung zur Durchführung des Bundes-Immisionsschutzgesetzes (BGBl. I Nr. 66 v. 16.12.1996, S.1966) und die BGR B11 des Hauptverbands der gewerblichen Berufsgenossenschaften vom Mai 2001 zu beachten. Eine „ganzheitliche" Betrachtung aller elektrischen und elektronischen Systeme eines Gebäudes, auch die Koordinierung der Maßnahmen zum Schutz gegen elektrischen Schlag und der Maßnahmen zur Verminderung oder gar Beseitigung elektromagnetischer Störungen, vermittelt [2].

1) **Elektromagnetische Störfestigkeit** (engl. *electromagnetic suscceptibility*, Abk. EMS) ist die Fähigkeit (Eigenschaft) einer elektrischen Einrichtung, während einer zulässigen elektromagnetischen Störung einwandfrei, d. h. ohne Beeinträchtigung der Funktion, zu arbeiten. Dabei dürfen die Störgrößen (Störspannung, Störstrom, Störenergie, Störsignal u. dgl.) bestimmte Werte nicht überschreiten.
Die elektromagnetische Störfestigkeit eines Geräts wird nach DIN EN 61000-4-13 (VDE 0847-4-13) geprüft.

Literatur

[1] Gesetz über die elektromagnetische Verträglichkeit von Geräten (EMVG). Bundesgesetzblatt Jahrgang 1998 Teil I Nr. 64, Seite 2882 vom 18.9.1998.

[2] *Rudolph, W.; Winter,* O.: EMV nach VDE 0100. EMV für elektrische Anlagen in Gebäuden. VDE-Schriftenreihe 66. Berlin: VDE-Verlag, 2000.

Elektromigration

Materialtransport durch die Bewegung positiv geladener Ionen in Metallen bei Stromfluss. Dieser Effekt tritt jedoch erst bei elektrischen Stromdichten >10^5 A/cm^2 auf. Dabei sind Metalle mit hohem Schmelzpunkt, z. B. Kupfer (1064 °C) oder Stahl (1350 °C), resistenter gegen Elektromigration als solche mit niedrigem Schmelzpunkt, z. B. Zink (419 °C) oder Aluminium (659 °C). Außerdem tritt bei feinkörnigem Material ein stärkerer Materialtransport auf als bei grobkörnigem.

Elektromotor

→Maschine, der →elektrische Energie von einer Gleichstrom- oder Wechselstromquelle zugeführt wird und die daraufhin mechanische Energie in einer der folgenden Bewegungsformen abgibt:

- **rotierende (drehende) Bewegung** an der Motorwelle; zutreffend für drehende elektrische Maschinen im Motorbetrieb, z. B. Asynchronmotoren,
- **translatorische (lineare) Bewegung** ohne bewegungsumwandelnde Maschinenelemente; zutreffend für Linearmotoren, z. B. in Magnetkissenbahnen,
- **schwingende (oszillierende) Bewegung** abhängig von der (Schwing-)Frequenz der angelegten elektrischen Spannung; zutreffend für Schwinganker- und Oszillatormotoren, z. B. in Rasierapparaten, Haarschneidemaschinen und Massagegeräten.

Allgemeines

Bei **Motoren** ist die Energieflussrichtung von der elektrischen Seite (Primärseite) auf die mechanische Seite (Sekundärseite), bei **Generatoren** ist das genau umgekehrt. In diesem Fall ist die mechanische Seite die Primärseite und die elektrische die Sekundärseite. Prinzipiell kann jede drehende elektrische Maschine sowohl in der einen als auch in der anderen Energieflussrichtung als Energiewandler arbeiten.

Stromart

Elektromotoren (engl. *electric motors*) werden abhängig von der angewendeten Stromart in →**Gleichstrommotoren** und **Wechselstrommotoren** eingeteilt. Mitunter wird auch noch zwischen Wechselstrom- und Drehstrommotoren unterschieden. Jeder Drehstrommotor ist grundsätzlich ein Wechselstrommotor. Motoren für eine bestimmte Phasenzahl sind terminologisch zu präzisieren, z. B. →**Einphasen**-Asynchronmotoren.

Die üblichen Wechselstrommotoren sind Drehfeldmaschinen. Sie bestehen hauptsächlich aus

- dem feststehenden **Ständer** (Stator), der vom Netz gespeist wird,
- dem im Ständer rotierenden **Läufer** (Rotor), der i. Allg. nicht mit dem Netz in Verbindung steht,
- der →**Wicklung**, deren Enden mit den Anschlussklemmen (Ständerwicklung) oder den Schleifringen (Läuferwicklung) verbunden, im Übrigen aber durch einen meist axial verlaufenden Luftspalt voneinander getrennt sind, sowie
- einer **Schleifkontaktbaugruppe** (Schleifringe, →Bürsten und Bürstenhalter), wenn der Läufer eine Wicklung enthält, die an einen Stromkreis außerhalb des Läufers angeschlossen werden soll, z. B.

zum Zweck des Anlassens (Hochlaufs) eines Schleifringläufermotors.
Die Anforderungen an Elektromotoren sind in der Normenreihe DIN EN 60034 (VDE 0530) festgelegt.

Drehzahlverhalten

Hinsichtlich des Drehzahlverhaltens von Elektromotoren unterscheidet man prinzipiell zwischen:

- **Synchronverhalten**; hierbei ist die Drehzahl nur von der Frequenz des speisenden Netzes abhängig und ändert sich im zulässigen Belastungsbereich nicht (→Synchronmotor).
- **Nebenschlussverhalten**; hierbei ändert sich die Drehzahl zwischen Leerlauf und Volllast um weniger als 10 %, demnach nur geringfügig (Asynchronmotor, Gleichstrom-Nebenschlussmotor).
- **Reihenschlussverhalten**; hierbei steigt die Drehzahl bei Entlastung des Motors (Leerlauf) um mehr als 25 % an. Bei einer derartigen Drehzahlsteigerung ist ein unbelasteter Betrieb nicht mehr zulässig (Gleichstrom-Reihenschlussmotor).

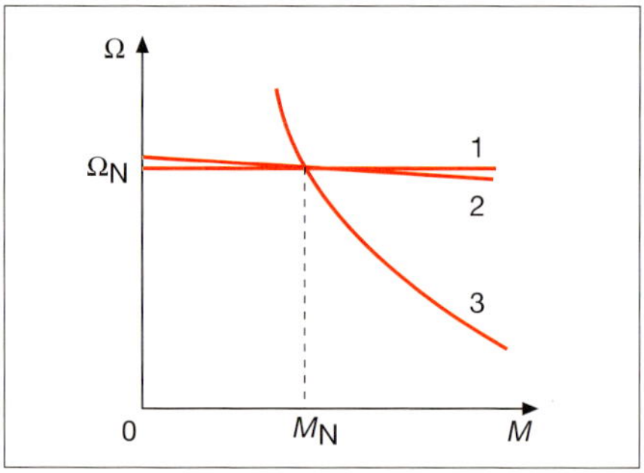

Bild E30: Drehzahlverhalten von Elektromotoren
1) Synchronverhalten;
2) Nebenschlussverhalten;
3) Reihenschlussverhalten

Das unterschiedliche Drehzahlverhalten von Motoren ist als Funktion des Drehmoments M im Bild E30dargestellt. In diesen Motorkennlinien $\Omega = f\,(M)$ bezeichnen $\Omega = 2\pi n$ die Winkelgeschwindigkeit[1)] und Ω_N sowie M_N die jeweiligen Kenngrößen bei der auf dem Leistungsschild angegebenen Nenndrehzahl n_N.

Die Fähigkeit eines Motors zur Beibehaltung der Drehzahl beim Übergang von Nennbelastung M_N auf Leerlauf wird **Drehzahlsteifigkeit** genannt.

elektrostatische Aufladung

Ansammlung positiver und negativer elektrischer Ladungen auf einem Leiter oder Nichtleiter infolge mechanischer Vorgänge (Reibungselektrizität) oder Influenzierung (Ladungstrennung).

Allgemeines

Beim Berühren von zwei Gegenständen mit unterschiedlicher Oberflächenbeschaffenheit erfolgt an der Grenzfläche eine Ladungstrennung. In diesem Fall gehen Ladungsträger von der Oberfläche des einen Gegenstands auf die Oberfläche des anderen über. Diese Ladungstrennung bleibt bei der mechanischen Trennung der beiden Gegenstände ganz oder teilweise bestehen, wenn mindestens einer ein Nichtleiter ist. Der Nichtleiter gibt seine Ladung (→Elektrizitätsmenge) wieder ab, wenn er in die Nähe eines entgegengesetzt geladenen Körpers, z. B. eines geerdeten Gegenstands, kommt. Dieser Entladungsvorgang wird beim Überschreiten der Durchbruchfeldstärke der Luft von etwa 3 kV/mm durch einen Funken sichtbar.

Entstehung, Auswirkung

Berührungs- und Trennungsvorgänge, die zu elektrostatischen Aufladungen (engl.

[1)] Der Augenblickswert der Winkelgeschwindigkeit Ω (Bewegungsgeschwindigkeit) bei konstanter Frequenz, z. B. f = 50 Hz, ist die sog. **Kreisfrequenz** (engl. *circle frequency*) $\omega = 2\pi \cdot f$.

electrostatic effects) im kV-Bereich führen können, liegen z. B. vor

- an Triebwerken zwischen Riemenscheiben und Antriebsriemen, an Fördergeräten zwischen Walzen und Bändern,
- beim Abwickeln von Papier, Geweben, Gummi oder Kunststoffen von Rollen,
- beim Abziehen von Folien von ihrer Unterlage,
- beim Aufprallen von Staubteilchen auf die Wand eines Abscheiders,
- beim Zerdüsen/-sprühen einer Flüssigkeit (Arbeiten mit Sprühdosen),
- an Rohrleitungen, durch die Flüssigkeiten mit niedriger elektrischer Leitfähigkeit fließen, z. B. Benzin[1)], oder bei pneumatischer Förderung von Schüttgut durch Rohrleitungen,
- beim Laufen von Personen über einen nichtleitenden Fußboden, z. B. PVC-Fußbodenbelag oder Teppich,
- beim Gehen in Schuhen mit isolierenden Sohlen sowie
- beim Tragen von Wäsche und Oberbekleidung aus synthetischen Faserstoffen, z. B. Nylon oder Perlon.

Berührt eine elektrostatisch aufgeladene Person Gegenstände, die eine leitende Verbindung zur Erde haben, so wird diese Person schlagartig entladen (Entladezeit $\leq$ 0,01 s). Oft ist der Entladungsvorgang mit einer Schreckreaktion, manchmal auch mit einem kurzen Schmerz verbunden.
Elektrostatische Entladungen (engl. *electrostatic charges*) können elektronische Bauelemente zerstören oder auch zu Explosionen führen, wenn die sich über einen Funken ausgleichende Energie groß genug ist, um z. B. ein explosibles Gas- oder Dampf-Luft-Gemisch oder brennbare Stäube zu entzünden. Mitunter genügen dazu nur Bruchteile einer Milliwattsekunde.

Schutzmaßnahmen

Zum Schutz gegen elektrostatische Auf- bzw. Entladungen werden folgende Maßnahmen empfohlen:

- Einbeziehung der leitfähigen Teile in den ➔Potentialausgleich (➔Erdung),
- Minimierung des elektrischen Fußbodenwiderstands; Vermeidung von hochohmigen Fußbodenbelägen[2)],
- Verwendung von leitfähigen Schuhen mit antistatischen Sohlen (Sicherheitsschuhe) sowie von leitfähigen Handschuhen mit einem Durchgangswiderstand von höchstens 1 MΩ,
- Verwendung von leitfähigen, antistatischen Werkstoffen, z. B. für Schläuche, Riemen oder Rollen,
- Erhöhung der relativen Luftfeuchte über 70 %, z. B. durch Versprühen von Wasser,
- Entfernung von zu elektrostatischen Auf- bzw. Entladungen führenden Einrichtungen aus den gefährdeten Bereichen.

In bestimmten medizinisch genutzten Bereichen nach DIN VDE 0100-710, z. B. in Bereichen der Gruppe 2, werden elektrostatische Aufladungen über den Fußboden abgeleitet. Entsprechend den Richtlinien BGR 132 des Hauptverbands der gewerblichen Berufsgenossenschaften, Zentralstelle für Unfallverhütung und Arbeitsmedizin, darf der Ableitwiderstand des Fußbodens höchstens 10 MΩ und nach vier Jahren Standzeit höchstens 100 MΩ betragen. Ein Ableitwiderstand von 50 kΩ sollte jedoch nicht unterschritten werden.
Weitere Maßnahmen zur Vermeidung von elektrostatischen Aufladungen sowie zum Schutz elektronischer Bauelemente enthalten [1] bis [4] und die Normenreihe DIN EN

---

1) Zwecks Verminderung elektrostatischer Aufladungen bestehen die Schläuche für die Kraftstoffabfüllung an Tankstellen aus leitfähigem Gummi. Sobald der Kraftstoff fließt, muss die „Tankpistole" mit dem Kfz-Tankstutzen in Verbindung stehen.

2) Beurteilung des elektrostatischen Verhaltens von Isolierstoffen und Bodenbelägen s. DIN 53486 (VDE 0303-8) sowie DIN EN 61340-4-1 (VDE 0300-4-1).

61340-5 (VDE 0300-5). Außerdem lässt sich zur Verringerung (Ableitung) elektrostatischer Aufladungen mit einem Zusatzstoff (Antistatikum), der auf Feststoffisolierungen aufgebracht oder in nicht leitende Flüssigkeiten eingebracht wird, die elektrische Oberflächen- bzw. Volumenleitfähigkeit der Isolierstoffe vergrößern. Die Wirksamkeit von Antistatika, z. B. Antistatiksprays, ist allerdings sehr stark zeitlich begrenzt.

Literatur

[1] BGR 104 Regeln für Sicherheit und Gesundheitsschutz bei der Arbeit. Explosionsschutzregeln. Hrsg.: HVBG, Fachausschuss „Chemie".

[2] Informationsschrift Statische Elektrizität – Zündgefahren und Schutzmaßnahmen. Hrsg.: IVSS-Sektion „Chemie", Kurfürstenanlage 62, 69115 Heidelberg.

[3] Sicherheit durch Brand- und Explosionsschutz (MB 24). Hrsg.: BGFE, Gustav-Heinemann-Ufer 130, 50968 Köln.

[4] BGR 132 Richtlinie für die Vermeidung von Zündgefahren infolge elektrostatischer Aufladungen. Hrsg.: HVBG; zu beziehen bei Carl Heymanns-Verlag KG, Luxemburger Str. 449, 50939 Köln.

elektrotechnischer Laie

Person ohne eine elektrotechnische Ausbildung.

Allgemeines

Elektrotechnische Laien (engl. *electrically ordinary persons*) sind weder Elektrofachkräfte (Kategorie BA5 [1]), noch →elektrotechnisch unterwiesene Personen (Kategorie BA4).

Laien (Kategorie BA1) ist der Zugang zu elektrischen Anlagen und Betriebsmitteln mit nicht vollständigem Berührungsschutz (Schutzart < IP2X, keine Fingersicherheit) verwehrt. In Kindergärten u. dgl. sollen elektrische Betriebsmittel grundsätzlich dem Zugriff von Kindern (Kategorie BA2) entzogen sein. Sinngemäß gilt das auch für geistig Behinderte (Kategorie BA3), z. B. in Krankenhäusern.

Tätigkeitseinschränkung

Laien sind mangels einer elektrotechnischen Ausbildung i. Allg. nicht in der Lage, elektrische Anlagen und Betriebsmittel ordnungsgemäß auszuführen und die Arbeiten z. B. hinsichtlich ihrer Normenkonformität zu überprüfen. Deshalb ist diesen Personen – zumindest in Deutschland – das Errichten, Erweitern, Ändern sowie Instandsetzen (Reparieren) elektrischer Anlagen und Betriebsmittel grundsätzlich untersagt. Das gilt auch für Kleinspannungssysteme mit Nennspannungen bis AC 50 V/DC 120 V (Spannungsbereich I). Gestattet ist dem elektrotechnischen Laien freilich das Auswechseln von Sicherungseinsätzen, Lampen und anderen Verschleißteilen nach Maßgabe der einschlägigen Bestimmungen, z. B. gemäß DIN VDE 0105-100 [2].

Literatur

[1] DIN VDE 0100 Errichten von Starkstromanlagen mit Nennspannungen bis 1000 V
- Teil 300:1996-01 Bestimmungen allgemeiner Merkmale
- Teil 510:1997-01 Auswahl und Errichtung elektrischer Betriebsmittel; Allgemeine Bestimmungen.

[2] DIN VDE 0105-100:2005-06 Betrieb von elektrischen Anlagen.

elektrotechnisch unterwiesene Person

Person, die über die ihr übertragenen Aufgaben und die möglichen Gefahren bei unsachgemäßem Verhalten unterrichtet und erforderlichenfalls angelernt sowie über die notwendigen Schutzeinrichtungen/Schutzmaßnahmen belehrt wurde.

Allgemeines

Elektrotechnisch unterwiesene Personen (engl. *electrically instructed persons*) haben in der Regel keine elektrotechnische Ausbildung. Sie können demzufolge – auch mangels Erfahrungen – elektrische Gefahren oft nicht erkennen und beurteilen, erst recht keine sicherheitsrelevanten Entscheidungen treffen. Elektrotechnisch unterwiesene Personen werden deshalb zur Durchführung bestimmter, eher weniger qualifizierter elektrotechnischer Arbeiten sowie über die dabei auftretenden möglichen Gefahren bei unsachgemäßem Verhalten unterwiesen. Die Unterweisung erfolgt durch Elektrofachkräfte (→Fachkraft). Außerdem kontrollieren sie, ob sicherheitsgerecht gearbeitet wird und ob die verrichtete Arbeit den gewünschten Anforderungen entspricht.

„Unterweisen" bedeutet: verständlich, praxisnah und nachvollziehbar (aktenkundig) zu belehren. Das ist mehr als nur das Vorlesen oder Aushändigen einer Arbeitsanweisung. Am besten für die zu unterweisende Person ist immer noch vormachen (zeigen) sowie nachmachen lassen (üben) – und immer wieder kontrollieren.

Personen ohne ausreichende Kenntnis der deutschen Sprache sind zweckmäßig unter Hinzuziehung eines Dolmetschers in ihrer Landessprache zu unterweisen (belehren).

Zulässige Arbeiten

Elektrotechnisch unterwiesene Personen werden unter der Leitung und Aufsicht (Kontrolle) einer Elektrofachkraft auf den unterschiedlichsten Gebieten tätig. Das Betätigungsfeld reicht von der Montage, Instandsetzung sowie Wartung elektrischer Anlagen und Betriebsmittel, z. B. Auswechseln von Verschleißteilen, über das Durchführen einfacher Prüfungen und Messungen bis hin zu Fehlereingrenzungen. Die Entscheidung über die von elektrotechnisch unterwiesenen Personen im konkreten Fall durchzuführenden Arbeiten (ohne Fachverantwortung!) trifft die zuständige Elektrofachkraft – der →Arbeitsverantwortliche vor Ort.

Elektrozaunanlage

→Elektrische Anlage, die vorzugsweise der

- Abgrenzung/Einfriedung von Futterflächen (Weiden), Ausläufen und Treibwegen (Triftwegen) für Rinder, Pferde, Schafe und andere weidefähige Nutztiere sowie der
- Absperrung von Schonungen, Plantagen, Feldern, Gärten und anderen land- oder forstwirtschaftlich genutzten Flächen – mitunter auch von Verkehrswegen, z. B. Autobahnen und Bahngleise – zur Abwehr hauptsächlich von Großwild dient.

Allgemeines

Vorschriftsmäßig errichtete Elektroweide- bzw. Elektro-Wildsperrzäune haben wegen der Reizwirkung des →elektrischen Stroms auf den Organismus der Tiere im Vergleich zu konventionellen Stabilzäunen eine hohe Hüte- bzw. Sperrwirkung. Reizwirkungen kommen zustande, wenn ein Tier (mitunter versehentlich auch ein Mensch) den elektrisch geladenen Zaundraht berührt und dabei kurzzeitige Stromimpulse von 100 mA oder mehr zur →Erde ableitet. Diese elektrischen Impulse lösen Erregungen in den Zellen der Tiere (Menschen) aus, reizen Nerven sowie Muskeln und führen unwillkürlich zu einer schreckhaften Muskelkontraktion. Die Folge ist eine panische Fluchtreaktion der Tiere vor dem Zaundraht. Sie werden danach für eine mehr oder weniger lange Zeit dem Zaundraht ausweichen (psychologische Hütewirkung).

Das Errichten und Betreiben von Elektrozaunanlagen (engl. *electric fence equipment*) erfolgen nach DIN VDE 0131. Den prinzipiellen Aufbau einer Elektrozaunanlage zeigt Bild E31.

Elektrozaungerät

Das Herzstück einer Elektrozaunanlage ist die Stromquelle, das Elektrozaungerät (engl. *electric fence energizer*). Es muss in seinen technischen Kennwerten, z. B. hin-

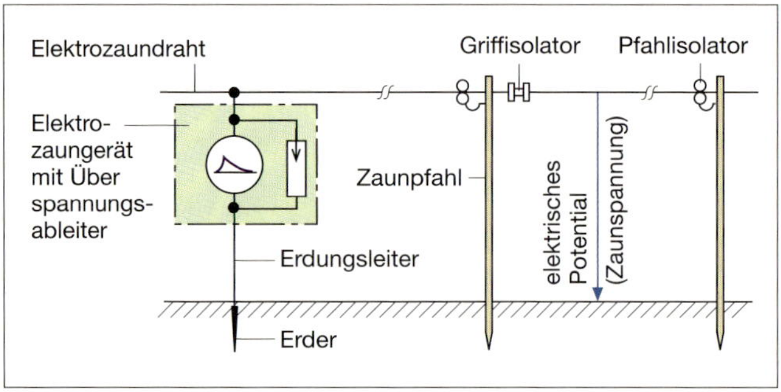

Bild E31: Elektrozaunanlage (Prinzipdarstellung)

sichtlich der Höhe und Dauer der Stromimpulse, der Impulsfrequenz, der zulässigen Ladungsmenge je Impuls und des Spitzenstrom-Zeit-Produkts, dem Erfordernis nach einer möglichst hohen Hüte- bzw. Sperrwirkung entsprechen. Andererseits dürfen Elektrozaungeräte natürlich weder Menschen noch Tiere gefährden.

Zaundraht

Wesentlichen Einfluss auf die Hüte- bzw. Sperrsicherheit eines Elektrozauns haben neben dem Elektrozaungerät auch die blanken (Elektro-)Zaundrähte. Sie sollen im Bedarfsfall die Stromimpulse zum Tier hin übertragen und müssen folglich gegen Erde gut isoliert aufgehängt – zweckmäßig unter Verwendung von →Isolatoren nach DIN VDE 0669 – sowie von Pflanzenwuchs freigehalten werden. Das Befestigen von Zaundrähten an Masten von Niederspannungs-, Hochspannungs- oder Fernmeldeleitungen ist unzulässig.
Im Allgemeinen genügt die eindrähtige Ausführung des Elektrozauns, 60...80 cm hoch. Eine zwei- oder gar mehrdrähtige Ausführung ist nur in Ausnahmefällen erforderlich, z. B. für Jungbullen, Mutterkühe mit Saugkälbern (Gewöhnungskoppeln) oder bei Annäherung der Zaundrähte an Verkehrswege. Der Abstand zwischen Zaundrähten verschiedener Elektrozaunanlagen muss mindestens 2 m betragen. Dadurch evtl. entstehende Lücken sind bei Elektro-Wildsperrzäunen auf andere Weise zu schließen. Außerdem sind Elektrozaunanlagen an bestimmten Stellen, z. B. bei Annäherung an Verkehrswege, mit dem Warnschild nach Bild E32 zu kennzeichnen. Bei Elektro-Wildsperrzäunen muss die Warnung von beiden Seiten aus sichtbar sein.

Bild E32
Warnschild
„Elektrozaun"

Endtülle

Röhrenförmiges Montageteil zum Aufschieben auf das Ende von Elektroinstallationsrohren.
Auf einer Seite der Endtülle (Leitungstülle) befindet sich ein zylindrischer Porzellankörper mit gewölbtem Rand, s. Bild E33. Dieser Körper soll die →Isolierung von elektrischen Leitungen bei deren Austreten aus Installationsrohren – insbesondere solchen mit metallener Umhüllung, z. B. Bergmann- oder Stahlpanzerrohr – vor mechanischer Beschädigung durch scharfe Schnittkanten oder Grate schützen.

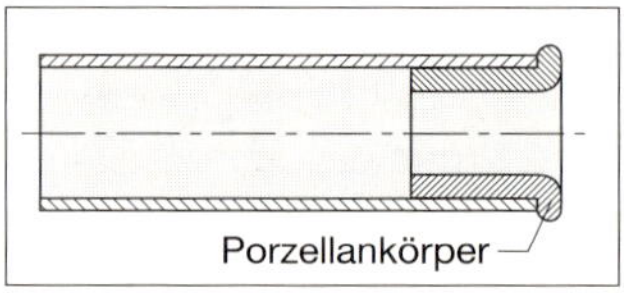

Bild E33: Endtülle (Schnittzeichnung)

Endtüllen werden infolge der inzwischen veränderten Elektroinstallationsrohre und Installationsmethoden praktisch nicht mehr verwendet.

Endverschluss

Garnitur, die das Ende eines Kabels – mitunter auch einer mineralisolierten Leitung – verschließt und den sicheren Anschluss von Kabeln oder Leitungen an Maschinen, Schaltanlagen, Freileitungen u. dgl. ermöglicht.

Allgemeines

Endverschlüsse (engl. *sealing ends*) sind dem wechselhaften Einfluss des Umgebungsklimas ausgesetzt. Deshalb werden unterschieden:

- Innenraum-Endverschlüsse für den Einsatz unter Innenraumbedingungen und
- Freiluft-Endverschlüsse für den Einsatz unter Freiluftbedingungen [1][2].

Außerdem übernehmen bestimmte Endverschlüsse auch Stützerfunktionen zur Aufnahme mechanischer Beanspruchungen.

Niederspannung

Kunststoffkabel mit Nennspannungen bis 1000 V benötigen bei ihrem Einsatz in Innenräumen grundsätzlich keine Endverschlüsse. Bei Verwendung dieser Kabel in feuchter Umgebung oder im Freien ist jedoch der Kabelzwickel mit einer Schrumpf-Aufteilkappe oder einem Gießharzkörper abzudichten. Schrumpf- und Gießharzendverschlüsse eignen sich auch für Kabel mit massegetränkter Papierisolierung (→Massekabel). Die Umhüllung der Kabeladern erfolgt jeweils mit →Schrumpfschlauch.

Hochspannung

Für Kunststoffkabel mit Nennspannungen über 1...30 kV werden vorzugsweise Aufschiebe-, Schrumpf- oder Gießharzendverschlüsse verwendet. Bei Schrumpfendverschlüssen deckt der Schrumpfschlauch den Kabelschuh bis zur Anschlusslasche ab.

Endverschlüsse mit Stützerfunktion benötigen ein festes Gehäuse aus Porzellan, Glas oder Gießharz. Das Endverschlussgehäuse wird mit Ölisoliermasse blasenfrei gefüllt. Zu diesem Zweck hat das Gehäuse einen Sichtring zur Kontrolle des Massestands und eine Füllschraube, die auch zum Nachfüllen der abgewanderten Ölisoliermasse dient.

Der Anschluss einadriger VPE-Kabel an gekapselte Schaltanlagen oder Verteiltransformatoren erfolgt zunehmend mit Steckendverschlüssen.

Literatur

[1] DIN VDE 0278-623:1997-01 Starkstromkabel-Garnituren mit Nennspannungen bis 30 kV (36 kV); Bestimmungen für Muffen, Endmuffen und Endverschlüsse für Freiluftanlagen für Kabel mit Nennspannungen 0,6/1 kV.

[2] DIN EN 60702-2 (VDE 0284-2):2002-11 Mineralisolierte Leitungen mit einer Bemessungsspannung bis 750 V; Endverschlüsse.

Energiebegrenzungsklasse

Graduierung der höchstzulässigen Durchlassenergie I^2t von Energie begrenzenden Wechselstrom-Leitungsschutzschaltern (LS-Schalter) bei →Kurzschluss mittels der Kennzahlen 1 bis 3, s. Tafel E1.

Allgemeines

Die zutreffende Energiebegrenzungsklasse (engl. *energy limiting classe*) – früher **Strombegrenzungs-** oder **Selektivitätsklasse** genannt – ist auf dem LS-Schalter unterhalb des Bemessungsschaltvermögens in einem Quadrat angegeben, s. Bild E34. Sie verschlüsselt den zulässigen (genormten) I^2t-Durchlasswert des LS-Schalters bei einem Kurzschluss und erlaubt damit die richtige Ausführung des

- Kabel- und Leitungsschutzes im Sinne von DIN VDE 0100-430 [3] sowie der
- Selektivität mit der vorgeschalteten →Sicherung – eine wichtige Voraussetzung

für die zuverlässige Versorgung von Kundenanlagen mit elektrischer Energie.

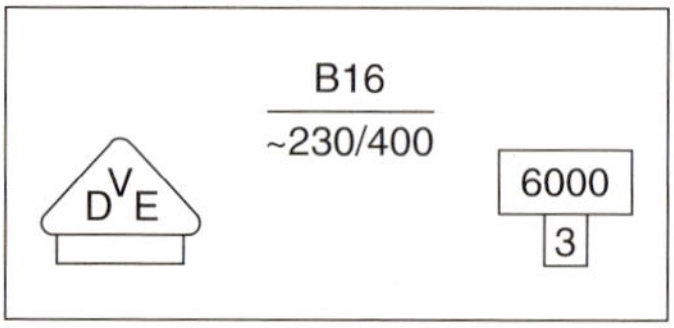

Bild E34: Technische Angaben auf LS-Schaltern (Beispiel)

B	*Auslösecharakteristik*
16	*Bemessungsstrom in A*
~	*Wechselspannung, sinusförmig, 50 ... 60 Hz*
230/400	*Bemessungsspannung in V*
6000 / 3	*Bemessungsschaltvermögen in A* *Energiebegrenzungsklasse*
DVE	*VDE-Prüfzeichen*

Mit steigender Energiebegrenzungsklasse nimmt die Kurzschlussstrombegrenzung von LS-Schaltern zu und der I^2t-Durchlasswert (Stromwärmeimpuls) verringert sich.

Schutz und Selektivität

Kabel- und Leitungsschutz unter Kurzschlussbedingungen ist sichergestellt, wenn der I^2t- Durchlasswert von LS-Schaltern – auch von Sicherungen – (beachte Herstellerangaben!) kleiner ist als das Produkt k^2S^2 des Kabels oder der Leitung nach DIN VDE 0100-430 Abschnitt 6.3.2.2 [3].

(Kurzschluss-)Selektivität des LS-Schalters in Bezug auf die vorgeschaltete Sicherung besteht bei allen Werten des Stroms, bei denen der I^2t-Durchlasswert des LS-Schalters kleiner ist als der I^2t-Schmelzwert der Sicherung.

Literatur

[1] DIN EN 60898-1 (VDE 0641-11:2005-04 Elektrisches Installationsmaterial; Leitungsschutzschalter für Hausinstallationen und ähnliche Zwecke; Leitungsschutzschalter für Wechselstrom (AC).

[2] Technische Anschlussbedingungen für den Anschluss an das Niederspannungsnetz (TAB 2000). Herausgeber: Verband der Elektrizitätswirtschaft (VDEW) e. V., Frankfurt a. M.

Tafel E1: Zulässige I^2t-Durchlasswerte für LS-Schalter bis 32 A, Auslösecharakteristiken B und C [1]

Bemessungs-schalt-vermögen	**Bemessungs-strom**	**Energiebegrenzungsklasse**				
		1	**2**		**3*)**	
		Auslösecharakteristik				
		B und C	**B**	**C**	**B**	**C**
A	**A**	**Durchlassenergie I^2t max. in A^2s**				
3 000	≤ 16	keine	31 000	37 000	15 000	18 000
	> 16...32	Grenz-	40 000	50 000	18 000	22 000
6 000*)	≤ 16	werte	100 000	120 000	35 000	42 000
	> 16...32	fest-	130 000	160 000	45 000	55 000
10 000	≤ 16	gelegt	240 000	290 000	70 000	84 000
	> 16...32		310 000	370 000	90 000	110 000

*) Nach den Technischen Anschlussbedingungen (TAB 2000) [2] müssen LS-Schalter in Stromkreisverteilern

- der **Energiebegrenzungsklasse 3** entsprechen und
- ein **Bemessungsschaltvermögen** (Kurzschlussschaltvermögen) von **mind. 6000 A** haben.

Außerdem muss die Selektivität der Überstrom-Schutzeinrichtungen in der Kundenanlage (üblicherweise werden in Endstromkreisen LS-Schalter 16 A mit der Auslösecharakteristik B verwendet) gegenüber den unter Plombenverschluss liegenden Überstrom-Schutzeinrichtungen vor der Messeinrichtung gewährleistet sein. Diese Forderung begründet das berechtigte Verlangen nach LS-Schaltern mit einer möglichst hohen Kurzschlussstrombegrenzung (Energiebegrenzungsklasse 3).

[3] DIN VDE 0100-430:1991-11 Errichten von Starkstromanlagen mit Nennspannungen bis 1000 V; Schutzmaßnahmen; Schutz von Kabeln und Leitungen bei Überstrom.

Entladungslampe

Elektrische Lichtquelle, in der das Licht durch eine elektrische Entladung in Gasen, Metalldämpfen oder in einer Mischung von beiden erzeugt wird.

Entladungslampen (engl. *discharge lamps*) haben eine hohe Lichtausbeute. Bei diesen Lampen erfolgt der Stromdurchgang als elektrische Entladung in einem meist rohrförmigen, lichtdurchlässigen Entladungsgefäß (Entladungsrohr). Es enthält die Elektroden mit ihren Stromzuführungen und ist mit den für die Lichterzeugung verwendeten chemischen Stoffen (überwiegend Edelgase, Quecksilber, Natrium, seltene Erden) gefüllt.

Je nach dem Betriebsdruck, der sich beim Stromdurchgang im Entladungsgefäß einstellt, werden Niederdruck-, Hochdruck- und Höchstdrucklampen unterschieden. Leuchtstofflampen sind Niederdrucklampen im Gegensatz z. B. zu Quecksilberdampf-Hochdrucklampen und Xenon-Höchstdrucklampen.

Entladungslampen benötigen aufgrund der negativen Strom-Spannungs-Charakteristik der Entladung (mit steigendem Strom fällt die Brennspannung) für ihren stabilen Betrieb ein in Reihe geschaltetes Strom begrenzendes →Vorschaltgerät. Außerdem ist zum Zünden der Gasentladung ein Starter oder ein Zündgerät erforderlich.

Erde

Mehr oder weniger gut leitendes Erdreich, dessen →elektrisches Potential φ_E außerhalb des Einflussbereichs von →Erdern an jedem Punkt vereinbarungsgemäß gleich null gesetzt wird (→Bezugserde, neutrale Erde), s. Bild E35. Das Potential $\varphi_E = 0$ V wird auch Nullpotential, Bezugspotential oder Referenzpotential genannt.

Der Teil der Erde, der sich im Einflussbereich oder gar in leitender Verbindung mit einem Erder befindet und dessen elektrisches Potential φ_E demzufolge nicht null ist, heißt **örtliche Erde** (engl. *local earth*). In diesem Bereich können bei Stromfluss durch einen Erder unter Umständen beachtliche →Erdungsspannungen U_E und damit gefährliche Schrittspannungen U_S an der Erdoberfläche auftreten, s. Bild E.35.

„Erde“ (engl. *earth*, franz. *terre*, amerik. *ground*) bezeichnet nicht nur einen Stoff, das Erdreich, z. B. Humus, Lehm oder Sand. „Erde“ wird auch als (Orts-)Bezeichnung für den Erdboden und damit praktisch für den gesamten blauen Planeten verwendet.

Von „Erde“ abgeleitet ist der (unkorrekte) Fachausdruck „Bahnerde“. Er bezeichnet die mit der Erde in leitender Verbindung stehende Rückleitung (Fahrschiene) in elektrischen Bahnanlagen.

Ebenso unpräzis sind die Fachausdrücke „Schutzerde“ und „Funktionserde“. Sie werden meist anstelle von Schutz- oder Funktions**erdung** verwendet.

In den angelsächsischen Ländern, z. B. Großbritannien und den USA, aber auch anderenorts mit Englisch als Verkehrssprache, sind die Fachausdrücke

a) *clean earth* (saubere Erde) oder *electronic earth* (Elektronik-Erde) und
b) *dirty earth* (schmutzige Erde) oder *power earth* (starke Erde) sehr verbreitet.

Diese Termini berzeichnen

- in puncto a) einen unbeeinflussten (potentialfreien) →Erdungsleiter, etwa vergleichbar mit dem →Schutzleiter PE zur Sicherung der Funktionsfähigkeit insbesondere elektronischer Einrichtungen, auch der EMV, und
- in puncto b) einen spannungsmäßig „unsauberen“ (potentialführenden) Erdungs-

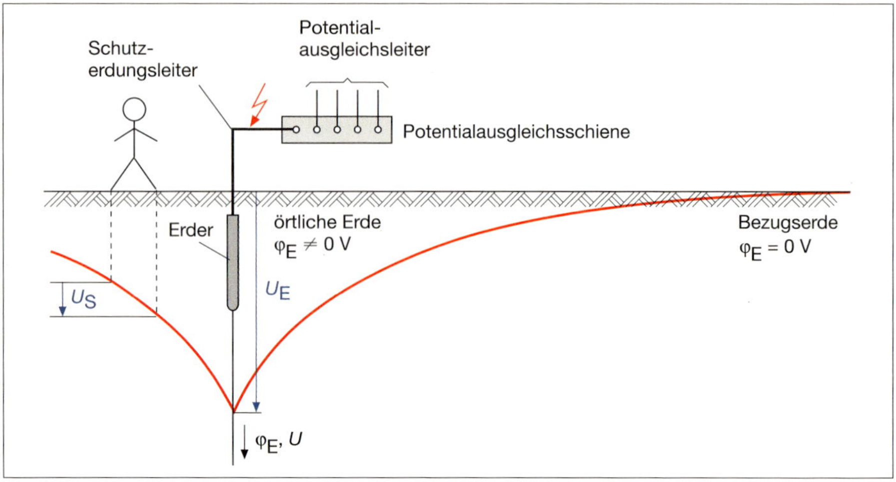

Bild E35: Verlauf des Erdoberflächenpotentials φ_E bei einem stromdurchflossenen Erder
U_E Erdungsspannung (Fehlerspannung); U_S Schrittspannung

leiter, etwa vergleichbar mit dem PEN-Leiter in einem TN-C-System.

Für die Darstellung der Erde oder eines Erdungspunkts, z. B. auf Schaltplänen, dient das grafische Symbol ⏚ (Erdungszeichen). Es hat die Form eines spiegelbildlichen Tannenbaums.

Ein Erdungszeichen im Kreis ⏚ symbolisiert das sog. **Schutzzeichen**. Es dient der Kennzeichnung einer Schutzleiteranschlussstelle.

Erden

Herstellen einer elektrischen Verbindung zwischen einem leitfähigen Teil, z. B. einem Körper, dem Sternpunkt oder einem beliebigen anderen Netzpunkt, über eine →Erdungsanlage mit →Erde. Nach Abschluss dieser Arbeit sind die leitfähigen Teile geerdet.

Erden (engl. *earth)*, z. B. an Arbeits- und Ausschaltstellen, ist Bestandteil der →fünf Sicherheitsregeln und somit eine wichtige Sicherheitsmaßnahme für das Herstellen und Sicherstellen des spannungsfreien Zustands, z. B. einer Hochspannungsanlage.

Erder

Leitfähiges Teil, das unmittelbar von Erdreich oder einem anderen leitfähigen Stoff, z. B. Beton, umgeben ist.

Allgemeines

Einen wichtigen Teil der →Erdungsanlage bilden die Erder (engl. *earth electrode*). Sie werden „unabhängige Erder" (engl. *independent earth electrode*) genannt, wenn sie sich so weit von anderen Erdern entfernt befinden, dass ihr elektrisches Potential nicht nennenswert von den elektrischen Strömen zwischen den anderen Erdern beeinflusst wird.

Die Gesamtheit aller Erder einer Erdungsanlage ist das „Erdernetz" (engl. *earth-electrode network*) [1]. Dazu zählen auch die zu den Erdern führenden blanken →Erdungsleiter, soweit diese unisoliert in der Erde liegen.

Arten

Zur Einleitung elektrischer Ströme in die ➔Erde sind alle Leiter geeignet, die sich in guter elektrischer Verbindung mit dem Erdreich befinden. Abhängig von der Anordnungstiefe der Erder unterscheidet man zwischen den nahe der Erdoberfläche verlegten „Oberflächenerdern" (Banderder. engl. *earth strip*) und den senkrecht angeordneten „Tiefenerdern" (Staberder, engl. *earth rod*). Oberflächenerder aus Rund- oder Bandstahl werden parallel zur Erdoberfläche in der frostfreien Zone (etwa 0,7 m tief) verlegt.

Mitunter erfolgt die Bezeichnung der Erder nach ihrem Verwendungszweck. Folglich dienen „Schutzerder" der Schutzerdung, „Funktionserder" der Funktionserdung, „Betriebserder" der Netzbetriebserdung, „Fernmeldeerder" der Fernmeldetechnik, „Blitzschutzerder" dem Blitzschutz, „Steuererder" der Potentialsteuerung und „Hilfserder" der Fehlerspannungs-Schutzschaltung oder zu Messzwecken.

Formen

Die zweckmäßigste Erderform wird wesentlich von dem für die ➔Erdung verfügbaren Gelände und durch den geforderten ➔Ausbreitungswiderstand bestimmt. In praxi haben sich für kleine Erdungsanlagen geradlinige Banderder, Zwei- oder Dreistrahlenerder und Ringerder bewährt. In eng besiedelten Gegenden ist oft kein Platz für Oberflächenerder; in diesem Fall werden Tiefenerder angewendet. Am besten sind freilich ➔Fundamenterder.

Werkstoff und Abmessungen

Der Werkstoff und die Abmessungen für Erder sind unter Berücksichtigung der während der Montage und des bestimmungsgemäßen Betriebs auftretenden mechanischen, elektrischen und chemischen (korrosiven) Beanspruchungen festzulegen. Bewährt hat sich als Leiterwerkstoff Kupfer oder Stahl mit metallischem Oberflächenschutz, z. B. Feuerverzinkung. Aluminium und andere Nichteisenmetalle sind als Erderwerkstoff unzulässig.

Die Mindestmaße für Erder enthalten für

- Niederspannungsanlagen DIN VDE 0100-540 und für
- Hochspannungsanlagen DIN VDE 0101.

Die hierin festgelegten werkstoff- und halbzeugabhängigen Mindestquerschnitte, -durchmesser, Material- und Beschichtungsdicken tragen zu einer hohen Lebensdauer der Erdungsanlage bei.

Anordnung

Erder müssen in guter elektrischer Verbindung mit dem umgebenden Erdreich stehen, damit ein ungehinderter Stromübertritt gewährleistet ist. Banderder sind deshalb hochkant in steinfreies, gut leitendes Erdreich zu verlegen, jedoch nicht unter Straßen oder in Gewässer. Wasser löst zwar die Bodensalze und trägt damit entscheidend zur Minimierung des ➔spezifischen Erdwiderstands bei, hat aber selbst nur eine vergleichsweise niedrige elektrische Leitfähigkeit. An Gewässern sind Erder deshalb längs des Ufers anzuordnen.

Darüber hinaus dürfen Erder nicht in ständig erwärmtes Erdreich verlegt werden, z. B. in der Nähe von Heizungsrohren oder -kanälen, weil hier die Erde ausgetrocknet und demzufolge der spezifische Erdwiderstand vergleichsweise hoch ist.

Die genaue Lage und Anordnungstiefe der Erder sind in einem Erdungsplan (Lageplan) festzuhalten. Dieser Plan ist eine wichtige Unterlage für den Betreiber der ➔elektrischen Anlage. Schon oft wurden Erder beim Ausheben einer Grube, beim Baggern eines Grabens, bei Arbeiten an Gebäudefundamenten (Ausbessern, Nachbitumieren usw.) oder bei anderen Erdarbeiten beschädigt, weil es der Errichter der Erdungsanlage versäumt hat, den Betreiber der elektrischen Anlage über den genauen Verlauf und die Verlegetiefe der Erder dokumentarisch zu informieren.

Literatur

[1] IEC 60050:1998-08 + A1:2001-01 Internationales Elektrotechnisches Wörterbuch (IEV), Kapitel 195 „Erdung und Schutz gegen elektrischen Schlag".

Erdfehlerfaktor

Verhältnis des Effektivwerts der

- höchsten Spannung eines fehlerfreien →Außenleiters gegen →Erde während eines Erdfehlers anderer Außenleiter in einem sternpunktgeerdeten Drehstromnetz zur
- Spannung dieses fehlerfreien Außenleiters gegen Erde, wenn sich das Netz im Normalzustand befindet und demnach frei von Fehlern gegen Erde ist [1].

Allgemeines

Der Erdfehlerfaktor (engl. *earth fault factor*) gilt für eine bestimmte Stelle eines sternpunktgeerdeten Drehstromnetzes und für eine bestimmte Netzkonfiguration. Er ist ein Maß für die Wirkung (Güte) der Sternpunkterdung im Hinblick auf die Spannungserhöhung bei →Erdschluss. Der Erdfehlerfaktor – auch „Erdschlussfaktor" genannt [1] – ist umso kleiner, je mehr Sternpunkte unmittelbar oder mittelbar geerdet sind. Sein Wert ist stets >1.

Der Einfluss der Sternpunkterdung auf die Spannungserhöhung der fehlerfreien Außenleiter bei einem Erdschluss wird in Deutschland – insbesondere in Hochspannungsnetzen – auch durch den Erdungsfaktor (Erdungszahl) angegeben.

Der Erdungsfaktor ist das Verhältnis

- des Effektivwerts der höchsten Spannung eines fehlerfreien Außenleiters gegen Erde bei Erdschluss eines anderen Außenleiters zur
- Betriebsspannung zwischen zwei Außenleitern des Netzes, die an derselben Stelle ohne Erdschluss auftreten würde.

Der Erdungsfaktor ist – im Gegensatz zum Erdfehlerfaktor – nicht auf die Leiter-Erde-Spannung, sondern auf die Leiter-Leiter-Spannung bezogen. Deshalb ist sein Wert stets <1. Die Sternpunkterdung wird als **wirksam** bezeichnet, wenn der Erdungsfaktor an keiner Stelle des Netzes den Wert 0,8 überschreitet. Bei einem Erdungsfaktor >0,8 ist die Sternpunkterdung demnach nicht wirksam.

Sternpunktbehandlung

Die Sternpunktbehandlung hat großen Einfluss auf das Betriebsverhalten eines Netzes bei einem unsymmetrischen Fehler (einpoliger Erdfehler). Außerdem wird durch die Art der Sternpunktbehandlung z. B.

- der Grad der Spannungsbeanspruchung der Isolierungen bei Erdfehlern,
- die Höhe des →Erdfehlerstroms,
- die Ausführung des Netzschutzes und der Erdungsanlage sowie
- die Möglichkeit der zeitweiligen Fortführung des Netzbetriebs im Fehlerfall entscheidend mitbestimmt.

Geerdeter Sternpunkt

Mehrphasennetze, insbesondere Hochspannungsnetze, werden hinsichtlich der Sternpunkterdung von →Transformatoren oder Sternpunktbildnern[1)] wie folgt unterschieden:

- Netze mit **starrer** Sternpunkterdung. In diesem Fall sind alle Sternpunkte unmittelbar (direkt) geerdet.
- Netze mit **teilstarrer** Sternpunkterdung In diesem Fall ist nur ein Teil der Sternpunkte unmittelbar (direkt) geerdet.

[1)] **Sternpunktbildner** (engl. *three-phase neutral electromagnetic coupler*) sind Drehstrom-Drosselspulen oder -Transformatoren, die parallel zu einem Drehstromsystem geschaltet werden und einen Sternpunkt bilden. Der Sternpunkt hat stets Erdpotential. Verfügt der Sternpunktbildner noch über eine zusätzliche Wicklung zur Leistungsübertragung, wird er **Erdungstransformator** genannt.

- Netze mit **niederohmiger Sternpunkterdung** (Abk. NOSPE). In diesem Fall sind entweder alle oder nur einige Sternpunkte niederohmig (niederimpedant) – nicht starr – geerdet. In diesen Netzen fließt bei einem Erdfehler der sog. **Erdkurzschlussstrom**.

Ein Sternpunkt ist **unmittelbar** (direkt) geerdet, wenn zwischen ihm und der Erde praktisch kein Widerstand geschaltet ist. Anderenfalls ist der Sternpunkt mittelbar (indirekt) geerdet – mitunter auch als „Widerstandserdung" bezeichnet. Bei mittelbar geerdeten Sternpunkten erfolgt die Erdung entweder über

- Erdungsdrosselspulen (Erdschlusslöschspulen), um bei einem einpoligen Erdschluss den kapazitiven Erdschlussstrom bei Fortführung des Netzbetriebs kompensieren zu können (induktive Sternpunkterdung), oder über
- niederohmige Widerstände, um den Erdkurzschlussstrom sowie transiente Überspannungen begrenzen zu können (niederohmige Sternpunkterdung). Der erdschlussbehaftete Netzteil wird hierbei automatisch abgeschaltet.

Drehstromnetze gibt es auch mit **vorübergehend niederohmiger** Sternpunkterdung.

Bei dieser kombinierten Sternpunktbehandlung wird wenige Sekunden nach dem Auftreten eines Erdschlusses der Sternpunkt direkt über einen niederohmigen Widerstand, z. B. eine Resistanz oder eine einphasige (Kurzschluss-)Drosselspule, vorübergehend auf die Erdungsanlage geschaltet, und zwar so lange, bis der Selektivschutz die fehlerhafte Leitung (Kabel) abschalten kann. Durch die zeitverzögerte niederohmige Erdung des Sternpunkts führen kurze Erdschlusswischer nicht zum Ansprechen der Schutzeinrichtungen und damit nicht zum Abschalten der fehlerhaften Leitung (Kabel). Darin liegt der große Vorteil der vorübergehend niederohmigen Sternpunkterdung.

Isolierter Sternpunkt

In ungeerdeten Netzen (IT-Systeme) ist der Sternpunkt der Transformatoren oder ein anderer Netzpunkt mit der Erdungsanlage nicht verbunden. Diese Netze mit isoliertem Sternpunkt[1] (engl. *isolated neutral system*) haben meist nur eine geringe Ausdehnung und infolgedessen auch nur kleine Erdkapazitäten. Außerdem ist bei kleineren Netzen die Ortung einer Erdschlussstelle leichter.

Die Nennspannung isolierter Netze beträgt i. Allg. nicht mehr als 10 kV. In diesen Netzen ist – wie in kompensierten Netzen (engl. *resonant earthed neutral systems*) – bei einem Erdschluss eines Außenleiters die Fortführung des Netzbetriebs möglich. Dabei ist allerdings zu beachten, dass bei einem „satten" Erdschluss die Leiter-Erde-Spannung der fehlerfreien Außenleiter mitunter lang anhaltend auf den Wert der verketteten Spannung ansteigen kann. Damit erhöht sich die Gefahr von →Doppelerdschlüssen und Mehrfachfehlern. Diese Folgefehler können zu gefährlichen Zuständen führen. Deshalb sollten erdschlussbehaftete Netzteile frühestmöglich abgeschaltet werden.

Literatur

[1] IEC 60050-195:1998-08 Internationales Elektrotechnisches Wörterbuch. Kapitel: Erdung und Schutz gegen elektrischen Schlag.

Erdfehlerstrom

Strom, der infolge eines →Isolationsfehlers, z. B. bei einem →Erdschluss, vom Betriebsstromkreis zur →Erde oder zu geerdeten Teilen fließt.

Der Erdfehlerstrom wird insbesondere in Hochspannungsnetzen mit

- isoliertem Sternpunkt **kapazitiver Erdschlussstrom**, mit

[1] Die **Sternpunktimpedanz** soll 250 Ω/V, bezogen auf die Nennspannung des Systems, nicht unterschreiten.

- →Erdschlusskompensation **Erdschlussreststrom** und mit
- niederohmiger Sternpunkterdung **Erdkurzschlussstrom**

genannt.

- isolierten Netz **Doppel-** oder **Mehrfacherdschlüsse** und in einem
- starr geerdeten Netz zwei- oder mehrpolige **Erdkurzschlüsse**.

Erdkurzschluss

→Erdschluss in einem Netz mit starrer, teilstarrer oder niederohmiger Sternpunkterdung. Dabei fließt der **Erdkurzschlussstrom**, bei Doppelerdschlüssen der **Doppelerdkurzschlussstrom** [1].

Literatur

[1] DIN EN 60909-3 (VDE 0102-3):2004-05 Kurzschlussströme in Drehstromnetzen; Ströme bei Doppelerdkurzschluss und Teilkurzschluss über Erde.

Erdschluss

Durch einen Fehler entstandene leitende Verbindung eines an sich ungeerdeten →aktiven Teils mit →Erde oder geerdeten Teilen.

Die meisten Netzstörungen (70...90 %) sind einpolige Erdschlüsse. Der dabei fließende Strom heißt **Erdschlussstrom**. Bei einer gut funktionierenden Erdschlussanzeige lassen sich Erdschlüsse schnell finden und abschalten, bevor es zu einem →(Erd-)Kurzschluss kommt. Ist der Sternpunkt oder ein anderer Punkt des Netzes direkt geerdet, so schließt sich bei Erdschluss der Fehlerstromkreis. In diesem Fall fließt der **Erdkurzschlussstrom**.

Ist die leitende Verbindung an der Fehlerstelle nahezu widerstandslos, so spricht man von einem **vollkommenen Erdschluss**. Bei zwei oder gar noch mehr gleichzeitigen Verbindungen verschiedener aktiver Teile mit der Erde entstehen in einem

Erdschlusskompensation

Kompensation (Ausgleich, Löschung) eines kapazitiven Erdschlussstroms durch einen gleich großen induktiven Strom. Dieser Strom wird von induktiven Widerständen (Erdschlussdrosseln) erzeugt, die zwischen dem Sternpunkt der Netztransformatoren und →Erde geschaltet sind, s. Bild E36.

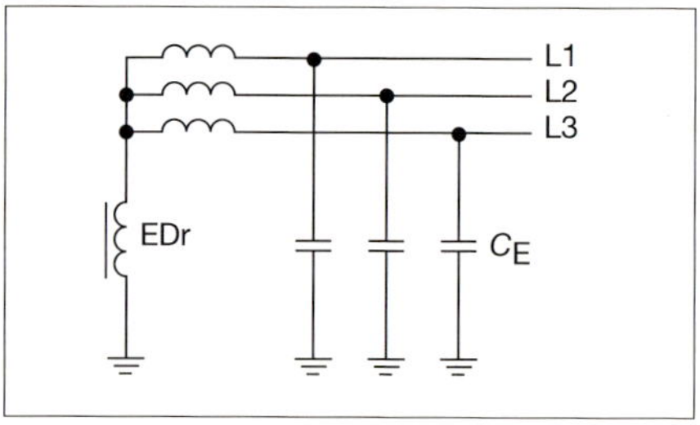

Bild E36: Dreiphasen-Wechselstromsystem mit Erdschlussdrossel EDr
C_E Leiter-Erde-Kapazität

Erdschlussdrosseln, vorzugsweise zur Verwendung in Hochspannungsanlagen (→Freileitungen) mit Nennspannungen von 10...123 kV, „löschen" bei optimaler Abstimmung mit den Leiter-Erde-Kapazitäten C_E der Leitungen den Erdschlussstrom bis auf einen geringen (Erdschluss-)Reststrom. Optimal ist die Erdschlusskompensation bei einem induktiven Widerstand der Erdschlussdrossel

$$\omega L \approx \frac{1}{3\omega C_E} \text{ (Resonanzsternpunkterdung).}$$

Die Erdschlusskompensation unter Verwendung von Löschspulen basiert auf einer Erfindung von Prof. *Waldemar Petersen* (1880–1946). Deshalb werden Erdschlussdrosseln nach DIN EN 60289 (VDE 0532-289) mitunter auch **Petersenspulen** genannt.

erdschlusssicher

Geringe Eintrittswahrscheinlichkeit eines →Erdschlusses.

Erdschlüsse werden in Niederspannungsanlagen verhindert z. B. durch das Verlegen von

- Aderleitungen H07V jeweils einzeln in getrennten Installationsrohren oder getrennten Kammern (Zügen) von Installationskanälen aus Isolierstoff,
- einadrigen Kabeln oder einadrigen Mantelleitungen mit PVC-Isolierung (NYY, NYM) oder von
- starren Leitern (Stromschienen) mit ausreichendem Abstand zur Erde oder zu geerdeten Teilen.

Fest verlegte Kabel, die ohne Gefahr für ihre Umgebung ausbrennen können, z. B. Kabel in Erde, gelten ebenfalls als erdschlusssicher.

Erdung

Gesamtheit aller Mittel und Maßnahmen zum →Erden.

Das Internationale Elektrotechnische Wörterbuch (IEV) unterscheidet im Kapitel 195 [1] zwischen folgenden Erdungen, s. Bild E37.

- **Schutzerdung** (engl. *protective earthing*) – Erdung zum Zweck der elektrischen Sicherheit,
- **Funktionserdung** (engl. *functional earthing*) – Erdung, die nicht der elektrischen Sicherheit dient, sondern der Funktion eines Betriebsmittels, einer Anlage oder eines Netzes,
- **Netzbetriebserdung** (engl. *system earthing*) – Schutzerdung und Funktionserdung in einem Elektrizitätsversorgungsnetz,
- **Arbeitserdung** (engl. *earthing for work*) – Erdung an freigeschalteten →aktiven Teilen zur gefahrlosen Durchführung von Arbeiten.

Literatur

[1] IEC 60050:1998-08 + A1:2001-01 Internationales Elektrotechnisches Wörterbuch (IEV), Kapitel 195 „Erdung und Schutz gegen elektrischen Schlag“.

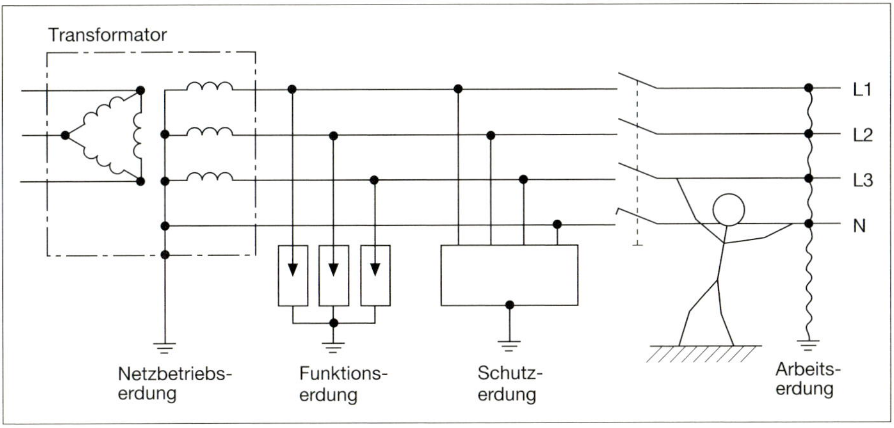

Bild E37: Erdungen

Erdungsanlage

Gesamtheit der örtlich begrenzten, miteinander verbundenen →Erder und ihrer →Erdungsleiter.

Allgemeines

Erdungsanlagen (engl. *earthing arrangements*) bestehen im Wesentlichen aus den absichtlich in den Erdboden eingebrachten Erdern (künstliche Erder) und den dort vorhandenen leitfähigen Teilen (natürliche Erder). Zu letzteren gehören im Erdboden verlegte metallene Rohrleitungen, Bleimäntel von Erdkabeln, Stahlteile von Gebäuden, Bewehrungsstähle in Beton u. dgl. Diese metallenen Teile mit Erderwirkung dienen primär anderen Zwecken als der →Erdung; sie werden jedoch zu Erdungszwecken mit verwendet.

Die einerseits an die Hauptpotentialausgleichsschiene (Haupterdungsklemme) und andererseits an die Erder angeschlossenen Erdungsleiter komplettieren schließlich die Erdungsanlage.

Errichtung

Die Auswahl und Errichtung der der Erdung dienenden Betriebsmittel und Bauteile haben so zu erfolgen, dass

- der Erdungswiderstand den Anforderungen für den Schutz und die Funktion der elektrischen sowie der Blitzschutzanlage genügt,
- die →Erdfehler- und Erdableitströme ohne Beeinträchtigung der Sicherheit von Personen und Nutztieren sowie ohne Beschädigung von Sachen in die Erdungsanlage abgeleitet werden können und
- die Betriebsmittel sowie Bauteile ausreichend widerstandsfähig (robust) gegenüber den Umwelteinflüssen sind. Gegebenenfalls sind zusätzliche Maßnahmen zum Schutz der Betriebsmittel und Bauteile bei erhöhten mechanischen, thermischen oder chemischen (korrosiven) Beanspruchungen erforderlich.

Außerdem sind Vorkehrungen zu treffen, dass andere, nicht zur Erdungsanlage gehörende metallene Versorgungseinrichtungen durch (vorhersehbare) elektrolytische Einflüsse, z. B. durch Streustrom, nicht geschädigt werden.

Erdungsanlagen sind unter Berücksichtigung der folgenden Normen zu errichten:

- für Niederspannungsanlagen nach DIN VDE 0100-540 [1],
- für Hochspannungsanlagen nach DIN VDE 0101 [2] und DIN VDE 0141 [3],
- für Informationsanlagen nach DIN VDE 0800-2 [4],
- für Blitzschutzanlagen nach DIN V VDE V 0185.

Darüber hinaus regelt DIN VDE 0101 in Übereinstimmung mit DIN VDE 0100-442 die Bedingungen bei Zusammenschluss oder Trennung von Erdungsanlagen für Hochspannungs- und Niederspannungsnetze.

Literatur

[1] DIN VDE 0100-540:1991-11 Errichten von Starkstromanlagen mit Nennspannungen bis 1000 V; Auswahl und Errichtung elektrischer Betriebsmittel; Erdung, Schutzleiter, Potentialausgleichsleiter.

[2] DIN VDE 0101:2000-01 Starkstromanlagen mit Nennwechselspannungen über 1 kV.

[3] DIN VDE 0141:2000-01 Erdungen für spezielle Starkstromanlagen mit Nennspannungen über 1 kV (s. auch DIN EN 50341).

[4] DIN VDE 0800-2:1985-07 Fernmeldetechnik; Erdung und Potentialausgleich.

Erdungsklemme

Klemme an elektrischen Betriebsmitteln oder Bauteilen zum Zweck deren Verbindung mit der →Erdungsanlage.

Allgemeines

Erdungsklemmen (engl. *earthing terminals*), auch Erdungsschienen, haben eine wichtige sicherheitstechnische und betriebsmäßige Funktion. Sie sind deshalb sorgfältig auszuführen und zugänglich anzuordnen. Dienen Erdungsklemmen oder -schienen dem Anschluss

- mehrerer →Schutz- oder →Erdungsleiter (Erdungssammelleiter) oder
- von Hauptschutz- und Haupterdungsleitern,

so werden sie **Haupterdungsklemmen** (engl. *main earthing terminals*) bzw. **Haupterdungsschienen** (engl. *main earthing busbars*) genannt [1]. Die Kennzeichnung der Anschlussstellen erfolgt mit dem grafischen Symbol ⏚) (Erdungszeichen).

Ortsveränderliche →Erdungs- und Kurzschließvorrichtungen haben robuste Klemmvorrichtungen zum erdseitigen Anschluss der Seile an die Erdungsanlage, s. Bild E38. Diese Klemmvorrichtungen werden ebenfalls „Erdungsklemmen" genannt.

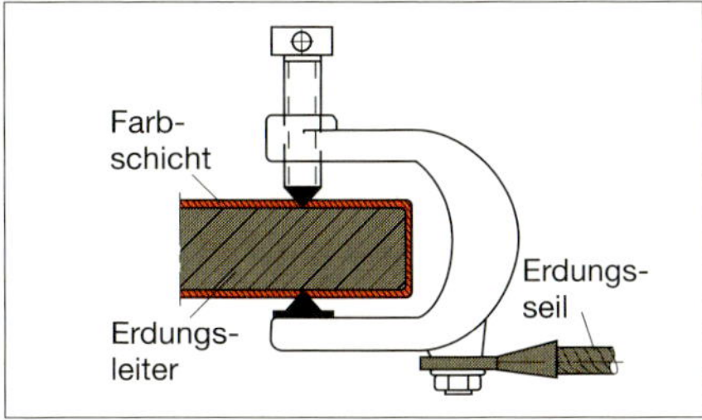

Bild E38: Klemme für den erdseitigen Anschluss einer Erdungs- und Kurzschließvorrichtung (Erdungsklemme)

Potentialausgleich

Jedem Hausanschluss oder →Speisepunkt in einem Gebäude ist eine **Potentialausgleichsschiene** (engl. *equipotential bonding busbar*) zuzuordnen, an die – wie nach DIN VDE 0100-410 Abschn. 413.1.2.1 [2] gefordert – der Hauptschutzleiter, der Haupterdungsleiter und die in der Norm genannten →fremden leitfähigen Teile anzuschließen sind. Diese Schiene wird in praxi meistens **Hauptpotentialausgleichsschiene** (engl. *main equipotential bonding terminal*) genannt.

Potentialausgleichsschienen (PAS) für den Hauptpotentialausgleich sind nach DIN VDE 0618-1 genormt, s. Bild E39. Sie gestatten den Anschluss von Bandstahl bis 30 mm x 3,5 mm, von Rundstahl bis 10 mm Durchmesser (z. B. für den Fundamenterderanschluss) sowie von sieben Potentialausgleichsleitern bis 25 mm² Kupfer.

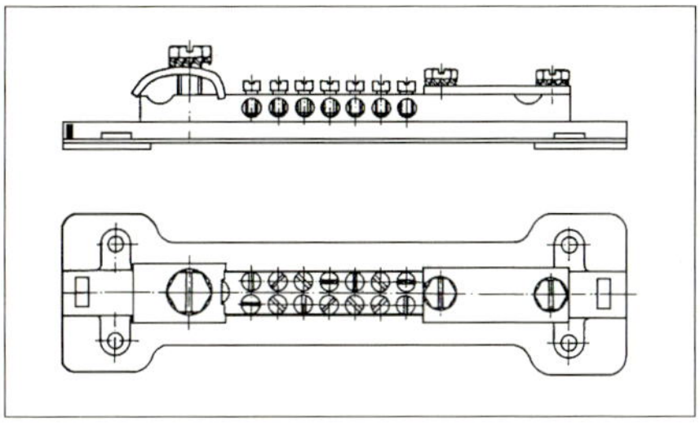

Bild E39: Potentialausgleichsschiene für den Hauptpotentialausgleich

Literatur

[1] IEC 60050-195:1998-08 Internationales Elektrotechnisches Wörterbuch. Kapitel: Erdung und Schutz gegen elektrischen Schlag.

[2] DIN VDE 0100-410:1997-01 Errichten von Starkstromanlagen mit Nennspannungen bis 1000 V; Schutzmaßnahmen; Schutz gegen elektrischen Schlag.

Erdungsleiter

Leiter, der ein zu erdendes elektrisches Betriebsmittel oder einen Anlagenteil, z. B. den Sternpunkt eines Transformators, eine Potentialausgleichsschiene oder den Körper eines elektrischen Verbrauchsmittels, mit einem →Erder verbindet, soweit dieser Leiter entweder isoliert in der →Erde, z. B. als einadriges Kabel, oder außerhalb derselben verlegt ist.

Erdungsleiter (engl. *earthing conductor*) können auch mehrere Erder untereinander verbinden. Dabei müssen die im Erdboden verlegten blanken Erdungsleiter auch den (meist strengeren) Anforderungen entsprechen, die z. B. nach DIN VDE 0100-540 [1] an Erder gestellt werden.

Einteilung

Erdungsleiter werden nach ihrem Bestimmungszweck wie folgt eingeteilt:

- **Schutzerdungsleiter** (engl. *protective earthing conductor*)
  Diese Leiter dienen der →Erdung eines Netzpunkts, einer Anlage oder eines Betriebsmittels hauptsächlich zum Zweck der elektrischen Sicherheit, kurz **Schutzerdung** genannt. Damit sind Schutzerdungsleiter zugleich →Schutzleiter [2].
- **Funktionserdungsleiter** (engl. *functional earthing conductor*)
  Diese Erdungsleiter dienen ausschließlich der **Funktionserdung** (früher Betriebserdung, engl. *operational earthing*), z. B. von Überspannungs- und Fehlerspannungs-Schutzeinrichtungen, Elektrozaungeräten und in Anlagen der Informationstechnik.
  Die der Betriebserdung dienenden Erdungsleiter werden auch „Betriebserdungsleiter" und der bei der Fehlerspannungs-Schutzschaltung zum Hilfserder führende Leiter wird auch „Hilfserdungsleiter" genannt.
  Schutzerdungsleiter können gleichzeitig Funktionserdungsleiter sein und umgekehrt, z. B. bei Gleichstrom-Rückleitern. In diesem Fall werden die Erdungsleiter **kombinierte Schutzerdungs- und Funktionserdungsleiter** genannt. Sie müssen die Anforderungen für Schutzerdungs- und gleichzeitig für Funktionserdungsleiter erfüllen, demnach auch grüngelb gekennzeichnet sein [3][4].
- **Haupterdungsleiter** sind Erdungsleiter, die Hauptpotentialausgleichsschienen in Verbraucheranlagen mit dem (Haupt-)Erder, z. B. einem →Fundamenterder, verbinden [5].
- **Erdungssammelleiter** (Erdungssammelschiene) fassen mehrere Erdungs- und Potentialausgleichsleiter zusammen [3].
  Werden Erdungssammelleiter in Form eines geschlossenen Rings (Ringleiter) auf der Innenseite von Gebäudeaußenwänden installiert – auch als Erdungsring- oder Potentialausgleichsringleiter bezeichnet –, so können z. B. die elektrischen Einrichtungen der Informationstechnik mit ihren oft sensiblen elektronischen Systemen und die Leiter für den Blitzschutz von jedem beliebigen Punkt des Gebäudes auf kürzestem Wege mehrfach geerdet und leicht in das Potentialausgleichssystem einbezogen werden.
- **Signalerdungsleiter** stellen in Signalstromkreisen den Bezug zum Erdpotential (Systembezugspotentialebene) her [6].
- **Parallelerdungsleiter** sind entlang einer Kabelstrecke verlegte Erdungsleiter, die eine Verbindung mit kleiner Impedanz zwischen den Erdungsanlagen an den Enden der Kabelstrecke herstellen sollen [2].

Seilförmige Erdungsleiter werden meist **Erdungsseile** genannt, z. B. bei Erdungs- und Kurzschließvorrichtungen. Dagegen bezeichnen **Erdseile** solche geerdeten Leiter in Hochspannungs-Freileitungen, die oberhalb der →Außenleiter an den höchsten Stellen des Mastkopfes (Mastspitzen) angeordnet sind und dem Schutz der Außenleiter und Anlagen gegen Blitzeinwirkung dienen. Sie werden auch **Blitzschutzseile** genannt [7].
Bodenseile sind im Erdboden verlegte Leiter, die die Mastfüße einer →Freileitung elektrisch leitend verbinden [2].

Ausführung

Erdungsleiter sollen zugänglich und so kurz wie möglich sein. Sie sind

- zuverlässig und elektrisch gut leitend mit dem Erder zu verbinden,
- gegen mechanische und korrosive Einflüsse, insbesondere an den Übergängen in das Erdreich, zu schützen und
- zwecks Messung des →Ausbreitungswiderstands des Erders mit einer Trennvorrichtung zu versehen, die nur mittels Werkzeugs lösbar sein darf.

Die Mindestquerschnitte und Werkstoffe sind für Schutzerdungsleiter z. B. in DIN VDE 0100-540 [1], DIN VDE 0101 [7] sowie in DIN V VDE V 0185 und für Funktionserdungsleiter in Informationsanlagen z. B. in DIN VDE 0800-2 [3] sowie in der Vornorm [4] festgelegt.

Kennzeichnung

Schutzerdungsleiter sind Schutzleiter und deshalb ebenso wie diese mit der Zweifarbenkombination **Grün-Gelb** zu kennzeichnen.[1)] Bei nicht isolierten (blanken) Schutzerdungsleitern ist eine intermittierende farbliche Kennzeichnung im Bereich der Anschlussenden meist ausreichend, z. B. mit grün-gelbem Klebeband oder mit geschlossenen, aneinander liegenden, gleich breiten grünen und gelben Farbstreifen von je 15...100 mm Breite, senkrecht oder schräg zur Längsrichtung des Leiters, s. Bild E40. Dabei sollte die Breite des grün-gelben Farbstreifens bei blanken Erdungsleitern mit

- **rechteckigem** Querschnitt (Schienen) etwa der Leiterbreite und mit
- kreisförmigem Querschnitt (Drähte) etwa dem 3-fachen Leiterdurchmesser entsprechen.

Für die Kennzeichnung isolierter und blanker Funktionserdungsleiter ist eine bestimmte Farbe in den einschlägigen Normen zz. nicht festgelegt. Die Zweifarbenkombination Grün-Gelb ist dafür unzulässig.

Werden konzentrische Leiter von Kabeln oder gar fremde leitfähige Teile, z. B. metallene Rohre oder Konstruktionsteile, als Erdungsleiter verwendet, so ist eine farbliche Kennzeichnung i. Allg. nicht notwendig und auch nicht gefordert [8][9].

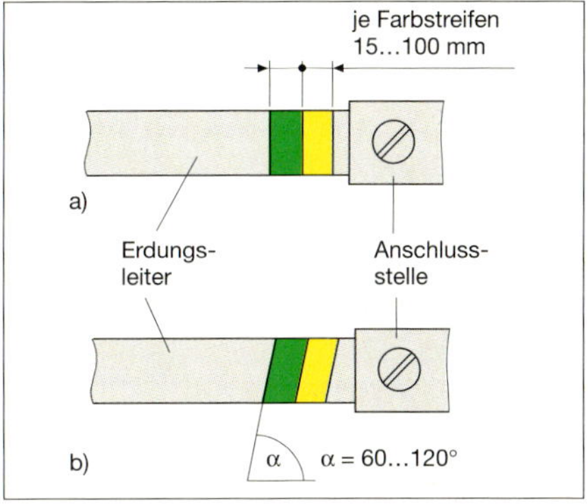

Bild E40: Erdungsleiter mit grün-gelbem Farbstreifen an den Anschlussenden
a) senkrecht zur Längsrichtung des Leiters;
b) schräg zur Längsrichtung des Leiters

1) In den USA, in Kanada und Japan wird der Schutzleiter nur mit der Farbe **Grün** und nicht wie in Europa mit dem Farbpaar Grün-Gelb gekennzeichnet.

Literatur

[1] DIN VDE 0100-540:1991-11 Errichten von Starkstromanlagen mit Nennspannungen bis 1000 V; Auswahl und Errichtung elektrischer Betriebsmittel; Erdung, Schutzleiter, Potentialausgleichsleiter.

[2] IEC 60050-195:1998-08 Internationales Elektrotechnisches Wörterbuch. Kapitel: Erdung und Schutz gegen elektrischen Schlag.

[3] DIN VDE 0800-2:1985-07 Fernmeldetechnik; Erdung und Potentialausgleich.

[4] DIN V VDE V 0800-2-548:1999-10 Elektrische Anlagen von Gebäuden; Auswahl und Errichtung elektrischer Betriebsmittel; Erdung und Potentialausgleich für Anlagen der Informationstechnik.

[5] DIN VDE 0100-410:2001-09 Errichten von Starkstromanlagen mit Nennspannungen bis 1000 V; Schutzmaßnahmen; Schutz gegen elektrischen Schlag.

[6] DIN EN 50310 (VDE 0800-2-310):2001-09 Informationstechnik; Anwendung von Maßnahmen für Potentialausgleich und Erdung in Gebäuden mit Einrichtungen der Informationstechnik.
[7] DIN VDE 0101:2000-01 Starkstromanlagen mit Nennwechselspannungen über 1 kV.
[8] DIN EN 60446 (VDE 0198):1999-10 Grund- und Sicherheitsregeln für die Mensch-Maschine-Schnittstelle; Kennzeichnung von Leitern durch Farben oder numerische Zeichen.
[9] DIN VDE 0100-510:1997-01 Errichten von Starkstromanlagen mit Nennspannungen bis 1000 V; Auswahl und Errichtung elektrischer Betriebsmittel; Allgemeine Bestimmungen.

Erdungsschalter

Mechanisches (Kontakt gebendes) ➔Schaltgerät zum ➔Erden, bei mehrpoligen Schaltgeräten auch zum vorübergehenden Kurzschließen freigeschalteter ➔elektrischer Betriebsmittel und Anlagenteile. Werden Erdungsschalter (engl. *earthing switch*) mit ➔Trennschaltern, z. B. ➔Last- oder ➔Leistungstrennern, kombiniert, so heißen sie folgerichtig **Erdungstrennschalter** oder kurz **Erdungstrenner**.

Zweck, Anwendung

Erdungsschalter sind zwangsgeführte Sicherheitsschalter. Sie dienen bestimmungsgemäß – wie handgeführte ➔Erdungs- und Kurzschließvorrichtungen – hauptsächlich der

- Sicherstellung des spannungsfreien Zustands der elektrischen Betriebsmittel und Anlagenteile an Arbeitsstellen und ggf. auch der
- Entladung elektrischer Betriebsmittel von ihrer gespeicherten elektrischen Energie.

Erdungsschalter sind wichtige Einrichtungen zum Schutz von Personen, die z. B. Instandhaltungsarbeiten an elektrischen Anlagen – insbesondere an Hochspannungsanlagen und an Anlagen zur Erzeugung radiofrequenter Energie zum Zweck der drahtlosen Nachrichtenübertragung (Funksender) – durchführen. Ihre Anwendung ist in den einschlägigen Normen festgelegt [1] [2].
Erdungsschalter können auch der Bahnerdung [3] sowie der Erdung von Ankopplungseinrichtungen zur Trägerfrequenz-Nachrichtenübertragung über Hochspannungs-Freileitungen dienen [4].

Anforderungen

Erdungsschalter sind fester Bestandteil der elektrischen Anlage. Sie sind – von Sonderanwendungen abgesehen – im Normalbetrieb ausgeschaltet und grundsätzlich stromlos. Beim Einschalten können diese Schalter jedoch mit dem vollen Erdschluss- oder gar Kurzschlussstrom beansprucht werden, falls es z. B. zu einer Fehlschaltung (meist verbunden mit schweren Betriebsstörungen) kommen sollte. Deshalb müssen Erdungsschalter auch für diese anormalen Betriebsbedingungen bemessen, d. h. „einschaltfest“, sein. Erdungsschalter haben somit ein bestimmtes Bemessungseinschaltvermögen.
Erdungsschalter werden entweder zur Verwendung in Gebäuden (Innenraum-Erdungsschalter) oder im Freien hergestellt. Freiluft-Erdungsschalter müssen selbst noch bei Sturm, Tau, Regen, Schnee, Eis, Raureif und Schmutzablagerungen (Staub, Ruß) voll funktionsfähig sein [5].

Erdungstrenner

Erdungsschalter sind häufig Erdungstrenner. In diesem Fall gelten zusätzlich die Forderungen wie für Trennschalter. Die Trennstrecke zwischen ausgeschalteten und den noch unter Spannung stehenden Anlageteilen muss demnach deutlich sichtbar sein[1)].
Außerdem müssen Trennschalter – folglich auch Erdungstrenner – in Mehrphasen-Wechselstromsystemen stets ➔allpolig schalten und dürfen unter der Einwirkung

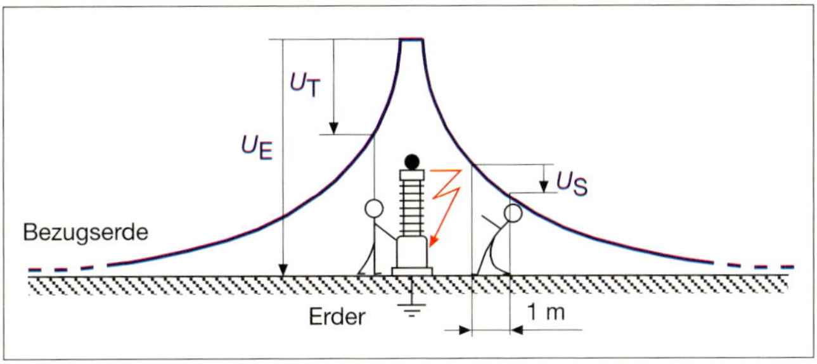

Bild E41: Erdungsspannung U_E und Berührungsspannungen U_T, U_S

des Kurzschlussstroms nicht (selbsttätig) öffnen.

Betätigung, Antrieb

Erdungsschalter können auf verschiedene Weise betätigt werden, z. B. von Hand unter Verwendung einer Schaltstange vor Ort oder mit Hilfe eines Motor- oder Druckluftantriebs, auch ferngesteuert von der Schaltwarte aus. In den Antrieben sind neben den Steuer- und Verriegelungseinrichtungen auch Meldeschalter für die Schaltstellungsanzeige angeordnet. Die Antriebe werden selbsttätig abgeschaltet, wenn der Pol seine Endstellung erreicht hat.

Fehlbedienungen von Erdungstrennern haben meistens verheerende Folgen. Deshalb sind Handantriebe mechanisch, Motorantriebe elektrisch und Druckluftantriebe elektropneumatisch gegeneinander verriegelt – der Erdungstrenner kann nur bei geöffnetem (ausgeschaltetem) Last- bzw. Leistungstrenner eingelegt (eingeschaltet) werden.

Bei Hand- und Motorantrieben ist mitunter noch zusätzlich ein Sperrmagnet eingebaut, der im spannungsfreien Zustand, z. B. bei Ausfall der Verriegelungsspannung, eine manuelle Betätigung verhindert.

Elektrische Antriebe sind relativ einfach auszuführen und meist kostengünstiger als pneumatische Antriebe. Deshalb kommen letztere nur noch selten zum Einsatz und selbstverständlich nur dann, wenn eine Druckluftversorgung in den betreffenden Schaltanlagen vorhanden ist. Bei allen Kraftantrieben ist stets eine Handnotbetätigung bei Ausfall der Betätigungsenergie möglich.

[1] Auf eine sichtbare **Trennstrecke** vor Ort darf nach DIN EN 60298 [6] verzichtet werden, wenn eine zuverlässige Anzeigevorrichtung für die Stellung des Trenn- und Erdungsschalters vorhanden ist.

Literatur

[1] DIN VDE 0101:2000-01 Starkstromanlagen mit Nennwechselspannungen über 1 kV.
[2] DIN VDE 0105-100:2005-06 Betrieb von elektrischen Anlagen.
[3] DIN VDE 0168:1992-01 Errichten elektrischer Anlagen in Tagebauen, Steinbrüchen und ähnlichen Betrieben.
[4] DIN VDE 0850:1980-03 Ankopplungs-Einrichtungen zur Tägerfrequenz-Nachrichtenübertragung über Hochspannungsleitungen (TFH-Anlagen).
[5] DIN EN 62271-102 (VDE 0671-102): 2003-10 Wechselstromtrennschalter und -Erdungsschalter.
[6] DIN EN 60298 (VDE 0670-6):1998-05 Metallgekapselte Wechselstrom-Schaltanlagen für Bemessungsspannungen über 1 kV bis einschließlich 52 kV.

Erdungsspannung

Elektrische Spannung, die bei Stromfluss durch die ➔Erdungsanlage zwischen dieser und der ➔Bezugserde auftritt, s. Bild.E41. Die Höhe der Erdungsspannung U_E – mitunter auch „Erderspannung" genannt – wird vom Erdungsstrom[2] und von der Impedanz der Erdungsanlage gegen die Bezugserde (Erdungsimpedanz) bestimmt.

[2] **Erdungsstrom** ist der gesamte über die Erdungsimpedanz in die Erde fließende Strom.

Erdungsspannungen (engl. *earth-termination voltages*) werden mit Spannungsmessgeräten gemessen, deren Innenwiderstand etwa 40 kΩ beträgt.

[2] DIN VDE 0680-3:1977-09 Körperschutzmittel, Schutzvorrichtungen und Geräte zum Arbeiten an unter Spannung stehenden Teilen bis 1000 V; Betätigungsstangen.
[3] DIN VDE 0681-1:1986-10 Geräte zum Betätigen, Prüfen und Abschranken unter Spannung stehender Teile mit Nennspannungen über 1 kV; Allgemeine Festlegungen.

Erdungsstange

Stange aus →Isolierstoff zum Heranführen und Anbringen einer →Erdungs- und Kurzschließvorrichtung an freigeschalteten elektrischen Betriebsmitteln und Anlagenteilen.

Erdungsstangen bestehen im Wesentlichen aus

- einer stabilen, isolierenden Stange mit einem genügend langen, durch einen schwarzen Ring zum Isolierteil hin deutlich abgegrenzten Handhabungsteil für den Bedienenden (Elektrofachkraft oder elektrotechnisch unterwiesene Person) sowie
- einer Einrichtung (Anschließteil, Kupplung) am leiterseitigen Isolierteil zur Aufnahme (Halterung) der Erdungs- und Kurzschließvorrichtung.

Erdungsstangen sind wichtige Sicherheitseinrichtungen für den Betrieb elektrischer Anlagen mit gefährlichen Spannungen. Sie dürfen folglich nur in ordnungsgemäßem Zustand und unter genauer Beachtung der vom Hersteller mitgelieferten Betriebsanleitungen verwendet werden [1]. Das gilt im Übrigen auch für Betätigungs- und Isolierstangen zum Schalten (Schaltstangen) bzw. zum Anbringen von Werkzeugen, Abschrankungen, Prüfgeräten u. dgl. [2][3].

Im Gegensatz zu Erdungsstangen haben Schaltstangen keinen schwarzen Ring zum Isolierteil hin, sondern einen roten Ring zum Arbeitskopf hin.

Literatur

[1] DIN VDE 0105-100:2005-06 Betrieb von elektrischen Anlagen.

Erdungs- und Kurzschließvorrichtung

Ortsveränderliche (handgeführte) Vorrichtung, mit der freigeschaltete elektrische Betriebsmittel und Anlagenteile entsprechend den Forderungen nach DIN VDE 0105-100 [1] und DIN VDE 0101 [2] an der Arbeitsstelle geerdet und kurzgeschlossen werden können. Ihr Einsatzgebiet sind vorzugsweise Hochspannungsanlagen.

Erdungs- und Kurzschließvorrichtungen – bei elektrischen Bahnen auch **Bahnerdungsvorrichtung** genannt – bestehen in der Regel aus dem flexiblen Erdungs- und Kurzschließseil mit seinen robusten Klemmvorrichtungen zum Anschluss der Seile einerseits an die →Erdungsanlage und andererseits (zeitlich danach) mit Hilfe einer isolierten Erdungsstange an den bzw. die freigeschalteten, vorübergehend zu erdenden elektrischen Leiter, s. Bild E42 . Die Länge der Kurzschließseile zwischen je zwei Anschließstellen darf das 1,2-fache des Abstands der Anschließstellen nicht unterschreiten [3].

Literatur

[1] DIN VDE 0105-100:2005-06 Betrieb von elektrischen Anlagen.
[2] DIN VDE 0101:2000-01 Starkstromanlagen mit Nennwechselspannungen über 1 kV.
[3] DIN EN 61230 (VDE 0683-100):1996-11 Arbeiten unter Spannung; Ortsveränderliche Geräte zum Erden oder Erden und Kurzschließen.

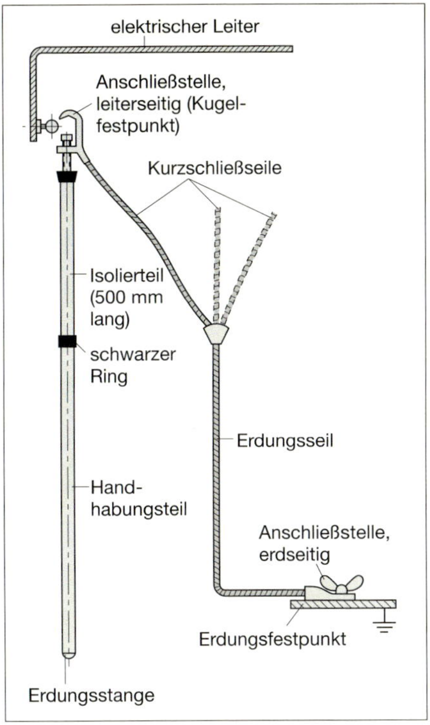

Bild E42: Erdungsstange mit Erdungs- und dreipoliger Kurzschließvorrichtung

erste Hilfe

(nach einem elektrischen Schlag)

Medizinische Erstversorgung von Personen, die infolge eines →elektrischen Schlags der dringenden Hilfe noch am Unfallort bedürfen.

Allgemeines

Erste Hilfe – Leben zu retten – ist eine Verpflichtung für jedermann. Zu dieser Hilfeleistung bedarf es freilich einer entsprechenden Ausbildung. Handeln die Ersthelfer schnell und richtig, so kann das Leben der Unfallopfer meist gerettet werden. Handeln die am Unfallort zufällig anwesenden oder herbeigerufenen Personen dagegen nicht, falsch oder zu spät, so kann der Verunglückte sterben, noch bevor ein Arzt die Unfallstelle erreicht hat. Jeder Augenblick, den der Ersthelfer mit dem Beginn der Wiederbelebungsmaßnahmen zögert, lässt die Chancen schwinden, den Verunglückten am Leben zu erhalten. Die ersten Minuten sind entscheidend; sie sind lebensrettend und unersetzlich.

Erste Hilfe nach einem „elektrischen Unfall" leisten in der Regel Personen, die in der medizinischen Erstversorgung von Verletzten ausgebildet worden sind, z. B. durch das Deutsche Rote Kreuz, den Arbeiter-Samariter-Bund, die Johanniter-Unfallhilfe oder den Malteser-Hilfsdienst, und die ihre Erste-Hilfe-Kenntnisse regelmäßig auffrischen. Diese Ersthelfer entscheiden durch ihre Arbeit am Unfallort über Leben und Tod von elektrisch verunglückten Personen mit Bewusstseinsstörungen infolge irregulärer Atmung, Bewusstlosigkeit oder gar Kreislaufstillstand, z. B. durch Herzkammerflimmern.

Bewusstlosigkeit, stabile Seitenlage

Elektrische Durchströmungen führen mitunter zu Beeinträchtigungen der Sauerstoffversorgung und damit zur Bewusstlosigkeit.

Bewusstlose dürfen auf gar keinen Fall in der Rückenlage verharren. In diesem Fall besteht die Gefahr, dass der Unterkiefer mit der an ihm aufgehängten Zunge zurückfällt – in jedem Fall aber der Zungengrund in der Bewusstlosigkeit erschlafft – und dadurch die Atemwege abdrückt. Außerdem können in der Rückenlage Schleim aus Nase und Rachen, Blut oder Reste von Erbrochenem nicht abfließen und aus der Mundhöhle leicht in die Luftröhre gelangen. Ein auf dem Rücken liegender Bewusstloser kann schon nach wenigen Minuten ersticken.

Bei intakter Eigenatmung und Herztätigkeit werden Bewusstlose immer in die **stabile Seitenlage** gebracht, s. Bild E43. Dabei empfiehlt sich die rechtsseitige Lagerung. Der Helfer kniet zu diesem Zweck rechts neben dem auf dem Rücken liegenden Verunglückten und zieht ihn gleichzeitig am linken Arm und linken Bein vorsichtig auf die dem Herzen abgewandte rechte Seite. Danach wird

- der rechte Arm unter dem Körper des Verunglückten nach hinten durchgezogen,
- der linke Arm vor der Brust angewinkelt und
- die linke Hand unter den leicht nach hinten gerichteten Kopf des Verunglückten gelegt, und zwar so, dass der Handrücken zum Gesicht hin zeigt.

Zwecks Stabilisierung der rechten Seitenlage wird sodann

- das linke Bein des Verunglückten im Knie angewinkelt und
- der (linke) Fuß auf die Wade des gestreckt liegenden rechten Beins gelegt.

Schließlich werden beengende Kleidungsstücke (Kragen, Gürtel) geöffnet und – wenn notwendig – die Atemwege frei gemacht, z. B. Entfernen von losen Zahnprothesen.

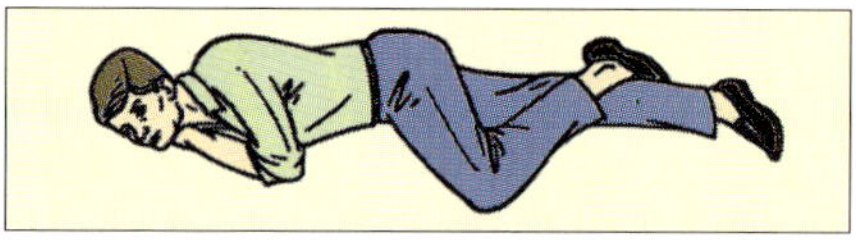

Bild E43: Stabile Seitenlage (rechtsseitig)

Bewusstlose sind grundsätzlich gegen Witterungseinflüsse geschützt zu lagern und vor dem Auskühlen oder Überhitzen zu bewahren. Sie dürfen außerdem bis zur Übergabe an den (Not-)Arzt nicht allein gelassen werden. Der Puls und die Atemtätigkeit sind ständig zu kontrollieren. Durch eine (erforderlichenfalls herbeigerufene) zweite Person ist über die bundeseinheitliche Notrufnummer 112 (Feuer, Unfall, Notfallrettung) unverzüglich dringende medizinische Hilfe anzufordern. Es besteht Lebensgefahr!

Atemstillstand, künstliche Beatmung

Bei unzureichender Eigenatmung, insbesondere jedoch bei Atemstillstand, ist der Verunglückte sofort intensiv künstlich zu beatmen. Entscheidend hierbei ist, dass mit der künstlichen Beatmung sofort nach dem Ausbleiben der Eigenatmung – wahrnehmbar an den fehlenden Atemgeräuschen und Bewegungen des Brustkorbs sowie des Oberbauchs – begonnen wird. Diese ist so lange ununterbrochen fortzuführen, bis der Verunglückte entweder selbst wieder spontan zu atmen beginnt oder ein Arzt die weitere Versorgung übernimmt. Unterbleibt die künstliche Beatmung und damit die lebensrettende Sauerstoffversorgung, kommt es innerhalb weniger Minuten zu einer irreversiblen Schädigung des Gehirns.

Die wirkungsvollste und vergleichsweise einfache Methode ist die künstliche Beatmung mit dem Mund. Dabei ist es zweitrangig, ob die Mund-zu-Mund-Beatmung oder die Mund-zu-Nase-Beatmung angewendet wird. In beiden Fällen ist eine Übertragung der Immunschwächekrankheit Aids auf den Ersthelfer ausgeschlossen.

Zur Durchführung der künstlichen Beatmung kniet der Ersthelfer neben dem auf dem Rücken liegenden Unfallopfer. Er bläst seine Ausatemluft, in der noch etwa 16 % Sauerstoff enthalten ist, langsam unter leichtem Druck in den halb geöffneten Mund oder in die Nasenlöcher des Verunglückten. Dabei muss sich dessen Brustkorb (Thorax) sichtbar heben.

Um das Sauerstoffangebot zu maximieren, sollen die ersten zehn Atemstöße schnell hintereinander gegeben werden. Die Atemspende wird sehr erleichtert, wenn der Kopf des Verunglückten während der künstlichen Beatmung leicht in den Nacken überstreckt wird.

Bei der **Mund-zu-Mund-Beatmung** legt man eine Hand unter den Nacken des Verunglückten; mit der anderen Hand werden seine Nasenlöcher zugedrückt, s. Bild E44.

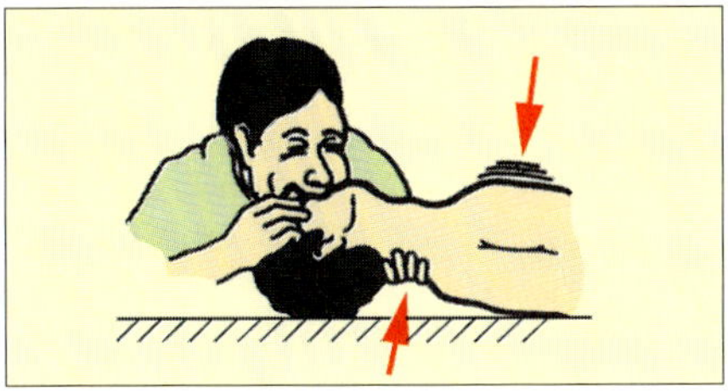

Bild E44: Mund-zu-Mund-Beatmung

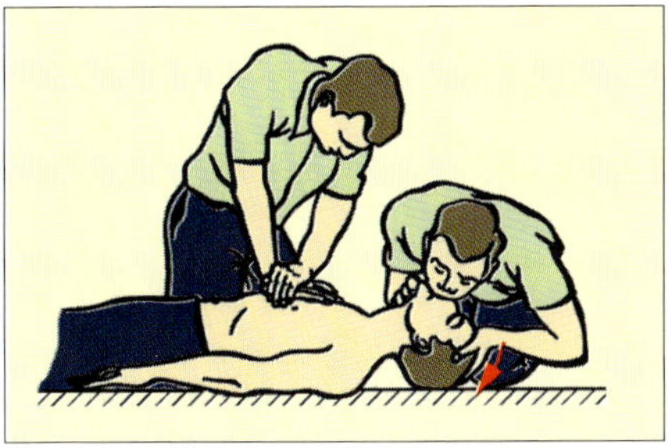

Bild E45: Herzdruckmassage und künstliche Beatmung (Mund-zu-Nase-Beatmung)

Bei der **Mund-zu-Nase-Beatmung** wird mit der einen Hand das Kinn des Verunglückten leicht nach oben, vorn gedrückt und auf diese Weise unter Zuhilfenahme des Daumens dessen Mund verschlossen. Die andere an der Stirn-Haar-Grenze angesetzte Hand dient der Kopfüberstreckung in den Nacken, s. Bild E45. Nach jedem Atemstoß hebt der Helfer seinen Mund vom Verunglückten ab, damit dieser durch das Zurücksinken des Brustkorbs passiv ausatmen kann. Nach dem Senken des Brustkorbs ist die Atemspende sofort zu wiederholen. Vorteilhaft für die künstliche Beatmung ist das Einrichten der Kopflage des Bewusstlosen (Nackenrolle) nach Bild E46. Der Erfolg der künstlichen Beatmung wird an den eigenständigen Atembewegungen des Brustkorbs und des Oberbauchs sichtbar oder am plötzlich einsetzenden Atemgeräusch hörbar. Die Hautfarbe des Verunglückten erhält langsam wieder einen rosigen Schimmer. Die vorher extrem erweiterten Pupillen werden deutlich enger und beginnen schließlich auf Lichteinfall zu reagieren.

4 Herzstillstand, äußere Herzdruckmassage

Externe elektrische Körperdurchströmungen, bei denen sich das Herz unmittelbar in der Strombahn befindet, führen bei hinlänglicher Dauer und Intensität häufig zu dem gefürchteten Herzkammerflimmern (➔Herzflimmern) und in der Folge zum alsbaldigen Herz-Kreislauf-Stillstand. In diesem Fall besteht allerhöchste Lebensgefahr und es ist sofort ein Arzt (Rettungsdienst) herbeizurufen.

Herz-Kreislauf-Stillstand liegt mit Sicherheit vor, wenn Herztöne nicht mehr hörbar (Auflegen des Ohrs auf die frei gemachte Brust) und Pulsschläge nicht mehr fühlbar sind. Außerdem deuten stark erweiterte, reaktionslose Pupillen (zur Prüfung oberes Augenlid hochziehen) und eine blassbläuliche Gesichtsfarbe auf einen Herz-Kreislauf-Stillstand in Verbindung mit Atemstillstand hin.

Die Reanimation von Herz- und Atemstillstand (kardiopulmonale Reanimation) erfor-

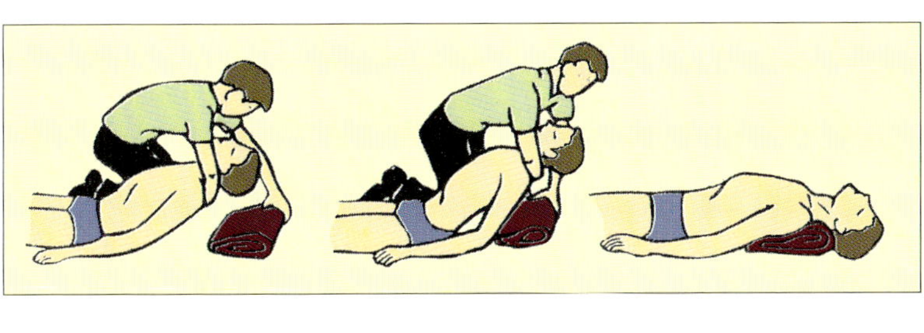

Bild E46: Einrichten der korrekten Kopflage für die künstliche Beatmung

dert schnelles und zielsicheres Handeln durch den/die Ersthelfer. Damit der Blutkreislauf und die Sauerstoffversorgung der einzelnen Organe rasch wieder in Gang gesetzt werden können, wird die künstliche Beatmung im Wechsel mit der äußeren **Herzdruckmassage** durchgeführt.

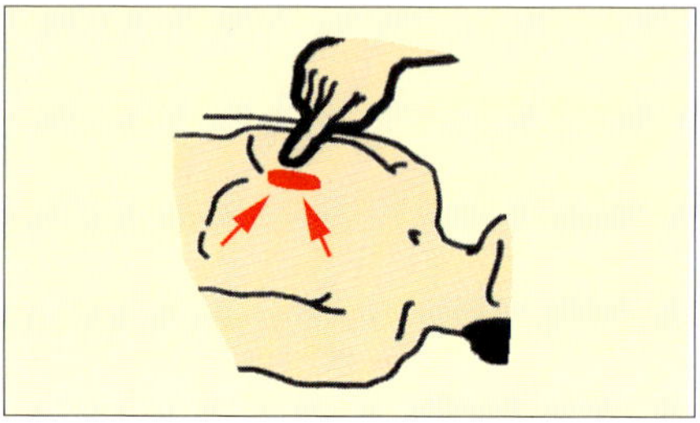

Bild E47: Druckpunkt für die äußere Herzdruckmassage

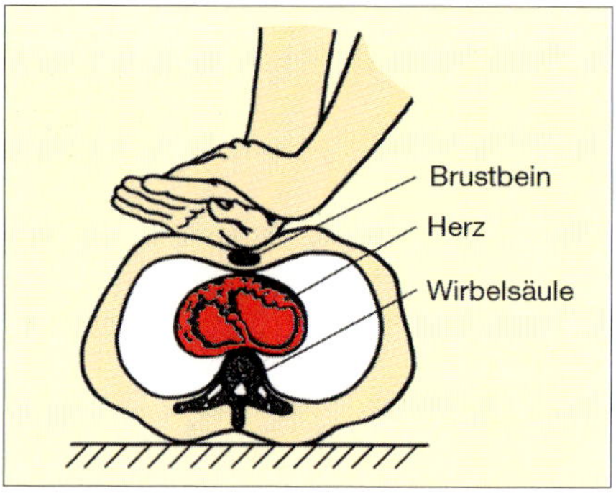

Bild E48 Äußere Herzdruckmassage mit gestreckten Armen und überkreuzten Händen

Zu diesem Zweck legt man den Verunglückten mit dem Rücken auf eine feste Unterlage, z. B. auf den Fußboden. Sodann wird der Oberkörper frei gemacht. Der Helfer kniet rechts neben dem Verunglückten und legt eine geöffnete Hand mit dem Handballen so auf das untere Drittel des Brustbeins[1)], s. Bild E47, dass die Finger in Richtung der Rippen zeigen, jedoch nicht aufliegen. Die andere Hand ruht auf dem Handrücken, s. Bild E48. Nun wird mit überkreuzten Händen unter maßvollem Einsatz des Körpergewichts des Helfers das Brustbein senkrecht von oben kräftig und stoßartig in Abständen von weniger als einer Sekunde 4...5 cm tief in Richtung der Wirbelsäule gedrückt. Dadurch gelangt das Herz zwischen die vordere Thoraxwand (Brustkorb) und die Wirbelsäule, s. Bild E48. Beim Loslassen schnellt das intakte Brustbein in seine Ausgangslage zurück.

Diese rhythmischen Kompressionen des Herzens (im ständigen Wechsel mit der Atemspende) haben zur Folge, dass das im Verunglückten enthaltene Blut infolge der Ventilfunktion der Herzklappen in die Arterien getrieben wird. Bei Drucknachlass strömt das (sauerstoffarme) Blut aus dem venösen System in das Herz nach.

Die äußere Herzdruckmassage beginnt man am besten mit zwanzig Massagestößen. Danach erfolgen zwei Beatmungen im fortwährenden Wechsel mit fünfzehn Massagestößen. Zwischendurch wird regelmäßig die Wiederkehr des Pulsschlags kontrolliert.

Die künstliche Beatmung und die äußere Herzdruckmassage (Herz-Lungen-Wiederbelebung) sind so lange in ununterbrochenem Wechsel fortzuführen, bis entweder der Herzschlag und die Eigenatmung des Verunglückten wieder einsetzen oder ein Arzt (Rettungsdienst) die Entscheidung zum Einstellen der durch den/die Ersthelfer durchgeführten Wiederbelebungsmaßnahmen trifft.

---

1) Achtung! Bei zu tief liegender Druckstelle können mitunter Verletzungen von Leber, Milz, Magen und/oder Zwerchfell auftreten.

F

Fachkraft

Person, die aufgrund ihrer fachlichen Ausbildung, Kenntnisse und Erfahrungen sowie Kenntnis der einschlägigen Bestimmungen (Normen) die ihr übertragenen Arbeiten beurteilen und mögliche →Gefahren erkennen kann.
Das fachlich geschulte Personal heißt „Fachpersonal".

Elektrofachkraft

Fachkräfte auf elektrotechnischem Gebiet werden „Elektrofachkräfte" (engl. *electrically skilled persons*) oder gemäß der Betriebssicherheitsverordnung (BetrSichV) „befähigte Personen" genannt. Außerhalb Deutschlands, z. B. in der Schweiz, heißen sie auch „sachverständige Personen". Diese Männer und Frauen haben durch eine mehrjährige Berufsausbildung (Lehre und/oder Studium, Weiterbildung) die erforderlichen theoretischen Kenntnisse und praktischen Fertigkeiten erworben sowie im Zuge ihrer Aus- und Weiterbildung wichtige Erfahrungen gesammelt, die – nachgewiesen durch Prüfungen – zur Führung einer elektrotechnischen Berufsbezeichnung berechtigen, z. B. Elektroingenieur, Elektrotechniker, Elektromeister oder Elektroinstallateur.

Anforderungen

Elektrofachkräfte (Kategorie BA5 [1]) entsprechen den Anforderungen nach DIN VDE 1000-10 [2] und sind folglich der Garant für die ordnungsgemäße, sicherheitsgerechte Ausführung aller elektrotechnischen Arbeiten. Sie berücksichtigen bei ihrer verantwortungsvollen Arbeit die zutreffenden Rechtsvorschriften, z. B. die Unfallverhütungsvorschriften (UVVs) der Berufsgenossenschaften sowie das elektrotechnische Regelwerk des DIN und VDE (→Normung). Ihr sicherheitsgerechtes, fachkompetendes Handeln ist bestimmt durch das Wissen und die Erfahrungen über die Gefahren bei unsachgemäßem Umgang mit der Elektrizität. Elektrofachkräfte werden im konkreten Fall nicht nur immer das Richtige tun, sondern werden auch nichts unterlassen, was zur Gefahrenabwendung oder Schadensbeseitigung im Sinne der einschlägigen UVVs und sicherheitsrelevanten VDE-Bestimmungen unbedingt getan werden muss. Dazu gehört auch der fristgemäße Vollzug von Anpassungsforderungen. Im Übrigen kennen die meisten Elektrofachkräfte den § 13 StGB „Begehen durch Unterlassen" sehr genau.
Allein Elektrofachkräfte sind – zumindest in Deutschland – berechtigt, selbstständig elektrische Anlagen zu errichten, zu ändern oder instand zu setzen. Für das Errichten elektrischer Anlagen in öffentlichen Elektrizitätsversorgungsnetzen (Kundenanlagen) bedarf es freilich noch der Billigung des zuständigen Verteilungsnetzbetreibers (VNB).
→„Elektrofachkräfte für festgelegte Tätigkeiten" haben die umfängliche, mehrjährige Ausbildung in Theorie und Praxis sowie die beruflichen Erfahrungen einer „ordentlichen" Elektrofachkraft nicht. Folglich ist es diesen nur auf einem bestimmten Gebiet elektrotechnisch geschulten Personen verwehrt, selbstständig elektrische Anlagen zu errichten, zu ändern oder instand zu setzen [3].
„Fachkräfte für Arbeitssicherheit" müssen den Anforderungen der berufsgenossenschaftlichen Vorschrift BGV A2 (früher: BGV A6) entsprechen.

Literatur

[1] DIN VDE 0100 Errichten von Starkstromanlagen mit Nennspannungen bis 1000 V
- Teil 300:1996-01 Bestimmungen allgemeiner Merkmale
- Teil 510:1997-01 Auswahl und Errichtung elektrischer Betriebsmittel; Allgemeine Bestimmungen.

[2] DIN VDE 1000-10:1995-05 Anforderungen an die im Bereich der Elektrotechnik tätigen Personen.

[3] Durchführungsanweisungen vom Oktober 1996 zu den Unfallverhütungsvorschriften (UVV) BGV A3 „Elektrische Anlagen und Betriebsmittel" der Berufsgenossenschaft der Feinmechanik und Elektrotechnik, Köln.

Fahrstuhlklemme

Schraubklemme, bei der eine rechteckige Mutter oder ein Klemmrahmen (Fahrkorb) mittels einer Schraube bei deren Rechtsdrehung wie ein Fahrstuhl hochgezogen und dadurch der starre oder feindrähtige Leiter geklemmt wird, s. Bild F1.

Fahrstuhlklemmen (Liftklemmen) sind Zugklemmen. Sie bieten ähnliche Vorteile wie die Rahmenklemmen: geringe Übergangswiderstände und schonender →elektrischer Kontakt des Leiters.

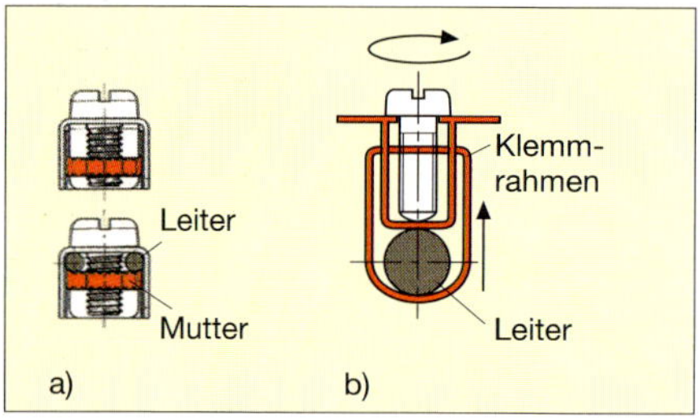

Bild F1: Fahrstuhlklemmen
a) mit Mutter; b) mit Klemmrahmen

Fail-safe-Technik

Technik zur Vermeidung von →Gefahren (gefahrlose Technik, Sicherheitstechnik). In diesem Fall finden z. B. solche Schaltungen Anwendung oder werden solche Bauteile/Betriebsmittel verwendet, die entweder ordnungsgemäß funktionieren oder bei deren Ausfall keine Gefahr entstehen kann (Ausfall zur sicheren Seite hin). Bei einem „sicherheitsgerichteten Ausfall" wird z. B. die betreffende Maschine oder der jeweilige Prozess (auf Kosten der →Verfügbarkeit) stillgesetzt.

Die Bezeichnung „fail-safe" (gesprochen: feil-seif) ist der engl. Sprache entlehnt und bedeutet frei übersetzt: „Sicherheit zuerst – ohne Wenn und Aber".

faradayscher Käfig

Begrenzter Raum (Käfig, Behälter) mit metallener Umhüllung zur Abschirmung äußerer elektrostatischer Felder sowie zum Schutz empfindlicher Geräte und Einrichtungen gegen elektrische Störbeeinflussungen von außen. Der leitfähige Faradaykäfig – benannt nach dem engl. Physiker und Chemiker *Michael Faraday* (1791-1867) – wirkt in einem elektrostatischen Feld als Äquipotentialfläche; das Käfiginnere ist feldfrei.

Fehlerspannung

Elektrische Spannung, die bei einem →Isolationsfehler, z. B. bei einem →Körper- oder →Erdschluss, zwischen der Fehlerstelle und der →Bezugserde auftritt.

Allgemeines

Tritt bei einem elektrischen Betriebsmittel ein Körperschluss auf, so entspricht die Fehlerspannung U_F (engl. *fault voltage*) praktisch der →Erdungsspannung U_E, s. Bild F2. Es ist:

$$U_F = I_F \cdot R_A$$

I_F Erdfehlerstrom (Erdschlussstrom)
R_A Erdungswiderstand des Anlagenerders.

Fehlerspannungen werden grundsätzlich mit Spannungsmessgeräten gemessen, deren Innenwiderstand etwa 40 kΩ beträgt. In der Umgebung des →Erders ermittelt man Teilfehlerspannungen, die mit zunehmen-

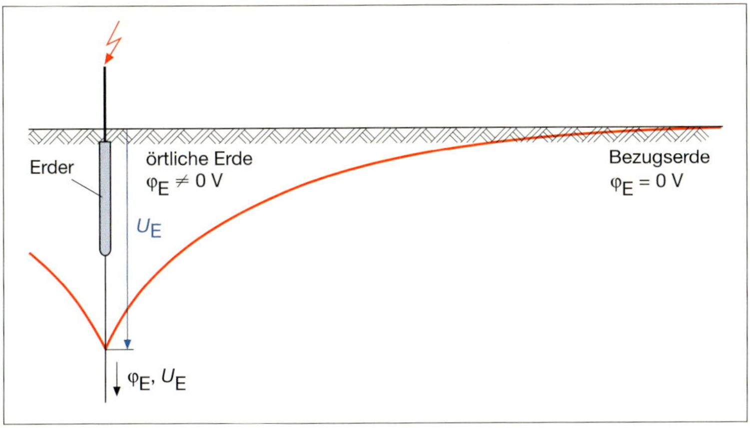

Bild F2: Erdoberflächenpotential φ_E und Erdungsspannung U_E

der Entfernung vom Erder immer größer werden und nach dem Erreichen des Gebiets der Bezugserde schließlich in die volle Fehlerspannung U_F übergehen.

Unbeeinflusste Berührungsspannung

Teilfehlerspannungen, die von einem Menschen ohne Verwendung von Hilfsmitteln oder von einem Nutztier überbrückt werden können, heißen **berührbare Teilfehlerspannungen** U_{FT} (engl. *touch fault voltages*). Mitunter wird dafür auch das Formelzeichen U_{FP} verwendet (engl. *accessible partial fault voltages*) [1].
Nach dem Internationalen Elektrotechnischen Wörterbuch IEC 60050-195 „Erdung und Schutz gegen elektrischen Schlag" werden berührbare Teilfehlerspannungen **unbeeinflusste Berührungsspannungen** U_{TP} (engl. *prospective touch voltages*) genannt, wenn die im →Handbereich zwischen den gleichzeitig berührbaren leitfähigen Teilen auftretende Spannung von einem Menschen oder im Standbereich von einem Nutztier **nicht** überbrückt wird. Somit tritt diese Spannung gar nicht unmittelbar am →Körper eines Menschen oder Nutztiers als wirksame (effektive) →Berührungsspannung auf, sondern allenfalls nur scheinbar. Sie wird deshalb auch „zu erwartende Berührungsspannung" (prospektive Berührungsspannung) oder „Leerlauf-Berührungsspannung" [2] genannt.

Vereinbarte Grenzfehlerspannung

Der höchstzulässige Wert (vereinbarter Grenzwert) einer dauernd auftretenden Fehlerspannung, für den unter vereinbarten Bedingungen das Risiko eines →elektrischen Schlags gerade noch vertretbar ist, wird **vereinbarte Grenzfehlerspannung** U_{FL} genannt (engl. *conventional fault voltage limit*) [1]. Dieser Fachausdruck entspricht dem „vereinbarten Grenzwert der unbeeinflussten Berührungsspannung" U_L (engl. *conventional prospective touch voltage limit*) gemäß dem Internationalen Elektrotechnischen Wörterbuch IEC 60050-195. Der Grenzwert beträgt in Niederspannungsanlagen nach derzeitiger internationaler Vereinbarung für

- Menschen AC 50 V oder DC 120 V [3] und für
- Nutztiere AC 25 V oder DC 60 V [4].

Die genannten Werte beziehen sich bei Wechselspannung auf den Effektivwert und bei Gleichspannung auf den arithmetischen Mittelwert (→Welligkeit ≤ 10 %, oberschwingungsarm). Für medizinische Einrichtungen gelten mitunter noch niedrigere Grenzwerte. Für Hochspannungsanlagen sind dagegen kurzzeitig (unter 3 s) auch höhere Grenzwerte zulässig [5].

Wirkfehlerspannung

Mit Wirkfehlerspannung U_{FA} (engl. *active fault voltage*) wird jene Fehlerspannung bezeichnet, die unter gegebenen Bedingungen auftritt, bis die Stromversorgung durch eine Schutzvorrichtung automatisch abgeschaltet worden ist. Dabei ist das bis zum Abschalten der Stromversorgung bestehende →Risiko eines schädlichen elektrischen Schlags vertretbar.
Die Wirkfehlerspannung U_{FA} ist i. Allg. höher als die vereinbarte Grenzfehlerspannung U_{FL}, jedoch kleiner als die Spannung gegen Erde. Sie ist in Verbraucheranlagen ohne automatische Abschaltung der Stromversorgung im Fall eines Fehlers nicht definiert.

Literatur

[1] *Biegelmeier, G.; Groiß, J.; Hirtler, R.:* Messung der Potentialverteilung im Fehlerfall bei landwirtschaftlichen Betriebsstätten – Vergleichsmessung TT – TN-Systeme. Schriftenreihe 1 der gemeinnützigen Privatstiftung „Elektroschutz“ Wien, 1999.

[2] DIN VDE 0101:2000-01 Starkstromanlagen mit Nennwechselspannungen über 1 kV.

[3] DIN VDE 0100-410:1997-01 Errichten von Starkstromanlagen mit Nennspannungen bis 1000 V; Schutzmaßnahmen; Schutz gegen elektrischen Schlag.

[4] DIN VDE 0100-705:1992-10 –; Landwirtschaftliche und gartenbauliche Anwesen.

[5] DIN VDE 0141:2000-01 Erdungen für spezielle Starkstromanlagen mit Nennspannungen über 1 kV.

Fehlerspannungs-Schutzschalter

Zwei- oder vierpoliger →Schutzschalter, der den Betriebsstromkreis augenblicklich allpolig unterbricht, wenn bei einem →Körperschluss die zwischen dem →Körper und dem Hilfserder auftretende Spannung den Wert der höchstzulässigen →Berührungsspannung, z. B. 25 V oder 50 V, überschreitet.
Fehlerspannungs-Schutzschalter, kurz „FU-Schutzschalter“ genannt, dienen dem Schutz bei →indirektem Berühren (Fehlerschutz), vorzugsweise in TT-Systemen. Sie wurden einst nach VDE 0663 [1] hergestellt und bilden das Kernstück der früheren Schutzmaßnahme „Fehlerspannungs-Schutzschaltung“ (FU-Schutzschaltung) nach DIN VDE 0100 [2], s. Bild F3.

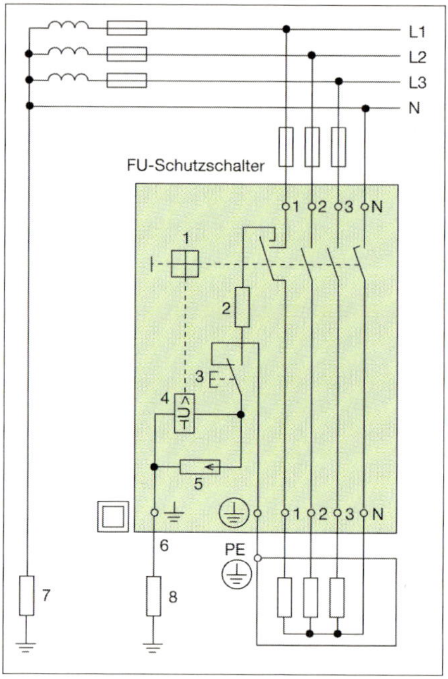

*Bild F3: TT-System mit FU-Schutzschalter (früher FU-Schutzschaltung)
1 Schaltschloss; 2 Prüfwiderstand; 3 Prüftaster; 4 Fehlerspannungsauslöser; 5 Überspannungsableiter; 6 (Hilfs-)Erdungsleiter; 7 Betriebserdung; 8 Hilfserdung; PE Schutzleiter*

Seit etwa 1970 werden in Deutschland praktisch keine Fehlerspannungs-Schutzschalter mehr hergestellt. Spätestens ab diesem Zeitpunkt übernehmen →Fehlerstrom-Schutzschalter die Aufgaben der FU-Schutzschalter, freilich außer in Gleichstromanlagen.

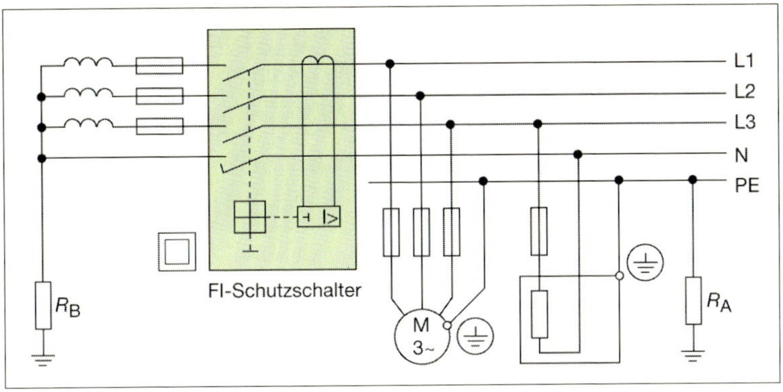

Bild F4: TT-System mit FI-Schutzschalter (früher: FI-Schutzschaltung)

Die Fehlerspannungs-Schutzschaltung – ursprünglich eine „Sicherheitsschaltung für →feuchte Räume“ [3] – wird nach den Erfindern auch „Heinisch-Riedl-Schutzschaltung“ genannt [4].

Literatur

[1] VDE 0663/10.65 Bestimmungen für Fehlerspannungs-Schutzschalter und Nullleiter-Fehlerspannungs-Schutzschalter bis 500 V und bis 63 A (ungültig).

[2] DIN VDE 0100:1973-05 Bestimmungen für das Errichten von Starkstromanlagen mit Nennspannungen bis 1000 V.

[3] *Heinisch, O.:* Sicherheitsschaltung für feuchte Räume. ETZ, 1914, H. 2, S. 32.

[4] *Müller, R.:* VEM-Handbuch: Schutzmaßnahmen gegen zu hohe Berührungsspannung in Niederspannungsanlagen. 8. Auflage. Berlin: Verlag Technik, 1987.

Fehlerstrom

Strom, der bei einem →Isolationsfehler über die Fehlerstelle fließt. Je nach Fehlerart handelt es sich dabei um einen →Kurzschluss- oder Erdschlussstrom (→Erdfehlerstrom). Die Größe des Fehlerstroms (engl. *fault current*) wird maßgeblich durch die Höhe der treibenden Spannung (→Fehlerspannung), und die Impedanz des Fehlerstromkreises bestimmt.

Fehlerstrom-Schutzschalter

→Schutzschalter, der den Betriebsstromkreis augenblicklich oder kurz verzögert[1)] allpolig unterbricht, sobald der →Erdfehler- oder Erdableitstrom – identisch mit dem →Differenzstrom im Summenstromwandler – den Bemessungsdifferenzstrom $I_{\Delta N}$ des Schalters erreicht oder diesen überschreitet. In der Regel lösen Fehlerstrom-Schutzschalter schon bei etwa 0,7 $I_{\Delta N}$ aus.

Fehlerstrom-Schutzschalter, kurz „FI-Schutzschalter“ genannt, dienen

- dem Schutz gegen →elektrischen Schlag und
- der Verhütung elektrisch gezündeter Brände

in Einphasen- und Mehrphasen-Wechselstromanlagen. Sie bilden das Kernstück der Schutzmaßnahme →„Schutz durch automatische Abschaltung der Stromversorgung“ mittels Fehlerstrom-Schutzschalters nach DIN VDE 0100-410 [1], früher „Fehlerstrom-Schutzschaltung“ oder kurz „FI-Schutzschaltung“ genannt, s. Bild F4.

1) Kurz verzögerte (selektive) Fehlerstrom-Schutzschalter, Typ [S], sprechen auf extrem kurze Stromimpulse und Stoßströme bestimmter Höhe nicht an. Damit verhindern sie Fehlauslösungen, z. B. bei Gewitter.

Fehlerstrom-Schutzschalter reagieren auf niederfrequente Wechselströme gegen Erde, die sich im Summenstromwandler als Differenzströme offenbaren, s. Bild F5. Deshalb sind Fehlerstrom-Schutzeinrichtungen eigentlich Differenzstrom-Schutzeinrichtungen (engl. ***r**esidual* ***c**urrent protective* ***d**evices*).

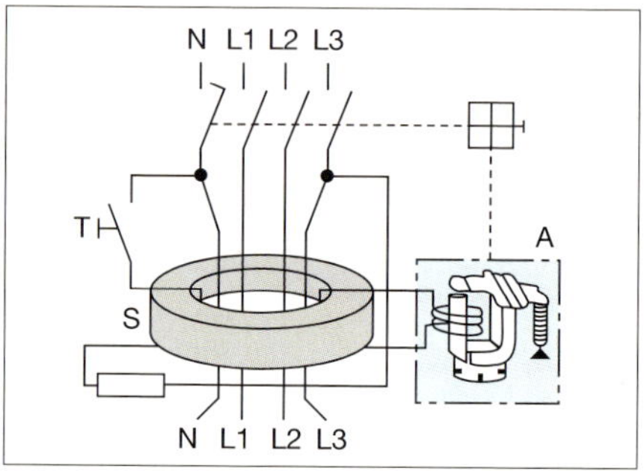

Bild F5 Prinzipschaltung eines FI-Schutzschalters A Fehlerstromauslöser; S Summenstromwandler; T Prüftaste

In Deutschland steht die Abkürzung RCD – gebildet aus der vorgenannten englischen Bezeichnung – für „Fehlerstrom-/Differenzstrom-Schutzeinrichtung" [2][3]. Benötigen (die) RCDs zu ihrer Fehlerstromerfassung, Auswertung und Abschaltung keine Hilfsspannung (Netzspannung), so werden sie **Fehlerstrom-Schutzeinrichtungen** (FI-Schutzeinrichtungen) genannt. Anderenfalls – d. h. bei einer hilfsspannungs**ab**hängigen Auslösung[1)] – heißen sie hierzulande gewöhnlich **Differenzstrom-Schutzeinrichtungen** (DI-Schutzeinrichtungen), Außerdem gibt es noch

- →Leistungsschalter mit Fehlerstromauslösern (CBRs) nach DIN EN 60947-2 (VDE 0660-101) Anhang B und
- Fehlerstromauslöser (RCUs) zum Anbau an →Leitungsschutzschaltern nach DIN EN (61009-1 (VDE 0664-20) Anhang G.

In Frankreich und den USA ist die Bezeichnung RCD unüblich. In diesen Ländern werden FI-/DI-Schutzeinrichtungen mit **DDR** (franz. ***d**ispositif courant* ***d**ifférentiel* ***r**ésiduel*) bzw. mit **GFI** (amerik. ***g**round* ***f**ault* ***i**nterruptor*) abgekürzt.

FI-/DI-Schutzeinrichtungen sind für Bemessungsströme I_N bis 125 A und für Bemessungsdifferenzströme $I_{\Delta N}$ = 10...500 mA genormt. Einige Typen werden auch hergestellt

- in Kombination mit einem LS-Schalter, d. h. mit eingebauten Überstromauslösern für den Überlast- und Kurzschlussschutz (FI/LS-Schalter oder LS/DI-Schalter),
- für ortsveränderlichen Einsatz mit zusätzlicher Überwachung des →Schutzleiters auf Durchgang und
- in Steckdosenausführung (FI-Steckdose), mit oder ohne Schutzleiterüberwachung, Schutzart IP21 oder IP44, nach E DIN VDE 0662-10, s. Bild F6.

Bild F6: Schutzkontaktsteckdose mit eingebautem FI-Schutzschalter $I_{\Delta N}$ = 30 mA (SRCD) (Foto: Busch-Jaeger Elektro GmbH, Lüdenscheid)

Die Bezeichnung von FI-/DI-Schutz- und Überwachungseinrichtungen erfolgt in Europa oft mit den dafür zutreffenden englischen Abkürzungen, s. Tafel F1.

1) Hilfsspannungs**ab**hängige Fehlerstrom-Schutzeinrichtungen sind in Deutschland – im Gegensatz z. B. zu Großbritannien, Irland und den Niederlanden – zz. nicht zulässig. Die diesbezügliche IEC 61008-2-2 wurde bisher nicht als Europanorm (EN) verbindlich.

Tafel F1: Abkürzungen für FI-/DI-Schutz- und Überwachungseinrichtungen

Bezeichnung		**Abkürzung**
deutsch	**englisch**	
FI-/DI-Schutzeinrichtung, allgemein	**r**esidual **c**urrent protective **d**evice	RCD
FI-/DI-Schutzeinrichtung ohne Überstromschutz	**r**esidual **c**urrent operated **c**ircuit-**b**reaker without integral overcurrent protection	RCCB
FI-/DI-Schutzeinrichtung mit Überstromschutz	**r**esidual **c**urrent operated circuit-**b**reaker with integral **o**vercurrent protection	RCBO
FI-/DI-Schutzeinrichtung ortsveränderlich	**p**ortable **r**esidual **c**urrent protective **d**evice	PRCD
wie vorstehend, zusätzlich mit Schutzleiterüberwachung	**p**ortable **r**esidual **c**urrent protective **d**evice – **s**afety	PRCD-S
FI-/DI-Schutzeinrichtung in Steckdosenausführung	**s**ocket outlet with **r**esidual current protective **d**evice	SRCD
Differenzstrom-Überwachungseinrichtung	**r**esidual **c**urrent **m**onitor	RCM
Isolations-Überwachungseinrichtung	**i**nsulation **m**onitoring **d**evice	IMD

Sollen RCDs bei Wechselfehlerströmen mit Gleichstromanteilen zuverlässig auslösen, sind solche vom

- **Typ A** nach [2][3], auch „pulsstromsensitive Schalter" genannt, Symbol , oder vom
- **Typ B** nach IEC 60755, auch „allstromsensitive Schalter" genannt, Symbol , zu verwenden. Allstromsensitive (allstromsensible) Schalter bestehen aus einem netzspannungs**un**abhängigen Teil zur Erfassung von sinusförmigen Wechsel- und pulsierenden Gleichfehlerströmen (wie Typ A) und einem netzspannungs**ab**hängigen Teil zur Erfassung von glatten Gleichfehlerströmen ohne Restwelligkeit.

RCDs vom **Typ AC** (wechselstromsensitive Schalter, Symbol) eignen sich nur für reine sinusförmige Wechselfehlerströme ohne jeglichen Gleichstromanteil. Diese RCDs sind in Deutschland für Neuanlagen nicht mehr zulässig.

Sind RCDs mit einer sechseckigen Schneeflocke gekennzeichnet, die die Zahl „–25" einschließt, so dürfen diese Schalter für Umgebungstemperaturen bis –25 °C (ohne Schneeflocke nur bis –5 °C) verwendet werden. Der zulässige Höchstwert der mittleren Tagestemperatur für RCDs beträgt i. Allg. 35 °C.

Literatur

[1] DIN VDE 0100-410:1997-01 Errichten von Starkstromanlagen mit Nennspannungen bis 1000 V; Schutzmaßnahmen; Schutz gegen elektrischen Schlag.

[2] DIN EN 61008-1 (VDE 0664-10):2005-06 Fehlerstrom-/Differenzstrom-Schutzschalter **ohne** eingebauten Überstromschutz (RCCOs) für Hausinstallationen und für ähnliche Anwendungen; Allgemeine Anforderungen.

[3] DIN EN 61009-1 (VDE 0664-20):2005-06 Fehlerstrom-/Differenzstrom-Schutzschalter **mit** eingebautem Überstromschutz (RCBOs) für Hausinstallationen und für ähnliche Anwendungen; Allgemeine Anforderungen.

Feld (einer Schaltanlage)

Teil einer offenen oder gekapselten Schaltanlage (Schaltgerätekombination) zwischen zwei aufeinander folgenden senkrechten Begrenzungsebenen. Das Feld (engl. *section*) enthält die →elektrischen Betriebsmittel, beispielsweise für die Energiezufuhr (Einspeisefeld), →Kupplung (Kupplungsfeld), →Blindleistungskompensation (Kompensationsfeld) oder einen Abzweig (Abgangsfeld) einschließlich des dazugehörigen Sammelschienenabschnitts. Die Herstellung von ein- oder mehrfeldigen →Niederspannungs-Schaltgerätekombinationen erfolgt nach DIN EN 60439-1 (VDE 0660-500), Beispiel s. Bild F7. Metallgekapselte Hochspannungs-Schaltanlagen sind nach DIN EN 60298 (VDE 0670-6), für Bemessungsspannungen ab 72,5 kV nach DIN EN 60517 (VDE 0670-8) auszuführen. Bei individueller Gestaltung der Hochspannungs-Schaltfelder vor Ort gelten die allgemeinen Errichtungsbestimmungen nach DIN VDE 0101.

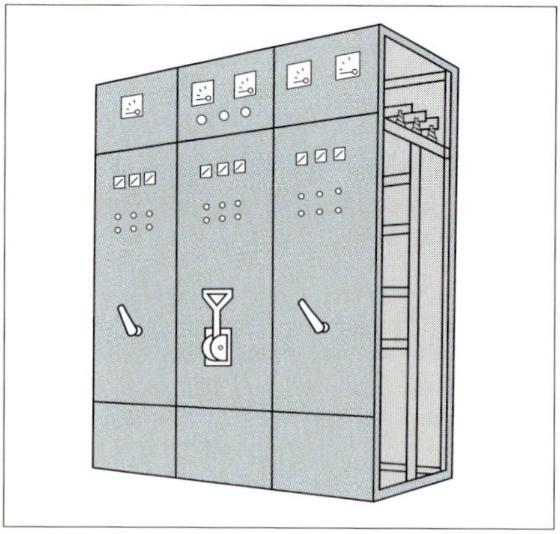

Bild F7: Niederspannungs-Schaltgerätekombination, dreifeldig

Felder ohne eingebaute Geräte sind „Leerfelder". Für spätere Erweiterungen dienen „Reservefelder". Felder einer Schaltwarte zur Aufnahme von Betätigungs-, Schutz-, Mess- und anderen Hilfseinrichtungen werden „Wartenfelder" genannt.

Fernschalter

→Schalter, der durch Fernbetätigung geschaltet wird. Dabei ist der Antriebsmechanismus, z. B. der Magnet- oder Motorantrieb (Kraftantrieb), stets im Schalter eingebaut.
Zu Fernschaltern (*remote control switches*) gehören z. B. Schütze, Relais, Stromstoß-, Impuls- und Schrittschalter. Fernschalter können mit Hilfskontakten zur Anzeige des jeweiligen Schaltzustands ausgestattet sein, die mit dem Hauptkontakt öffnen und schließen.

Fett

Fester oder halbfester Stoff (Ester), der aus der Umsetzung von Glycerin mit natürlichen (tierischen, pflanzlichen) oder synthetischen Fettsäuren entsteht.
Fett (engl. *fat*) wird in der Elektrotechnik hauptsächlich als Kontaktfett, Korrosionsschutz-, Schmier- oder Imprägniermittel verwendet. Zu den häufigsten in Elektroinstallationen angewandten Fetten gehört **Vaseline**, z. B. zum Fetten von Klemmstellen.

feuchter Raum

Raum oder bestimmter Bereich innerhalb eines Raums, in dem die Sicherheit der →elektrischen Betriebsmittel durch Feuchtigkeit, Kondenswasser (Schwitzwasser) oder ähnliche klimatische Einflüsse – auch während der Lagerung und des Transports der Betriebsmittel in feuchter Umgebung – beeinträchtigt werden kann.

Allgemeines

Feuchte Räume (engl. *humid areas*) haben normalerweise eine relative Luftfeuchte von 75...90 % bei einer Lufttemperatur von 18 °C unter normalem atmosphärischem Druck. Das entspricht einer absoluten Luftfeuchte (Wassermenge) von etwa 15 g/m^3. Räume dieser Art sind z. B. überdachte Schwimmbäder (Schwimmhallen), Großküchen, Wäschereien, Gerbereien, Färbereien, unbeheizte und unbelüftete Keller, Ställe, Bierbrauereien, Gärtnereien, Gruben, Weinkeller, Kühl- und Pumpenräume.

Darüber hinaus können feuchte Räume auch heiß sein, z. B. in Dampf-Saunas, Hütten- und Walzwerken, Glasfabriken, Kokereien, Kesselhäusern sowie in der Nähe von Glüh-, Schmelz- und Trockenöfen. In feuchtwarmer Umgebung schlägt sich die Luftfeuchtigkeit in wahrnehmbarer Weise nieder (große Wassertropfen), sobald die Oberflächentemperatur eines Gegenstands bedeutend niedriger ist als die →Umgebungstemperatur der Luft.

Orte im Freien gehören nicht zu den feuchten Räumen oder Bereichen. Im Freien oder unter einer wetterschützenden Überdachung errichtete elektrische Betriebsmittel und Anlagen, z. B. auf Bahnsteigen, Rampen, Balkons, Veranden, Tribünen, in Toreinfahrten, halboffenen Wartehäuschen, Carports oder Lagerschuppen, müssen den dort herrschenden äußeren Einflüssen, demnach dem Freiluft- bzw. Außenraumklima, entsprechen.

Hohe Luftfeuchtigkeit und Nässe verringern die elektrische Überschlagfestigkeit der Luft sowie fester →Isolierstoffe, und Schwitzwasser setzt den Oberflächenwiderstand von →Kriechstrecken oft beträchtlich herab. Außerdem begünstigen feuchte Räume die →Korrosion, insbesondere bei Anreicherung der Luft mit aggressiven chemischen Substanzen (ätzende Dämpfe, Salznebel), z. B. in →Akkumulatorenräumen, galvanischen Bädern, Zementfabriken, Gerbereien, Beizereien und Düngerschuppen. Diese Räume werden in der Schweiz auch **korrosionsgefährliche Räume** genannt.

Das Pendant zu feuchten Räumen sind **→trockene Räume**. In diesen Räumen beträgt die relative Luftfeuchte normalerweise weniger als 75 % bei einer Raumtemperatur von 18 °C. Kondenswasser tritt hier praktisch nicht auf. Trockene Räume sind z. B. Wohn-, Geschäfts- und Verkaufsräume, Hotelzimmer, Büros, Schulräume, Treppenhäuser, Flure, Dachböden sowie beheizte und belüftete Keller. Vereinbarungsgemäß gehören dazu auch Küchen und Bäder in Wohnungen, da in ihnen Feuchtigkeit – wenn überhaupt – nur zeitweise und von vergleichsweise kurzer Dauer auftritt, z. B. beim Kochen oder Baden. Sinngemäß gilt das auch für Baderäume in Hotels [1].

Feuerlöschanlagen, z. B. →Sprinkleranlagen, bei denen an der Decke installierte Düsen (engl. *sprinkler*) im Falle eines Brands automatisch Wasser versprühen, verändern den Charakter eines Raums oder Bereichs, z. B. in einem Bürogebäude, Warenhaus oder Hotel, nicht.

Wasserschutzgrade

Elektrische Betriebsmittel sind unter Berücksichtigung der äußeren Einflüsse, z. B. mechanische Beanspruchungen, Umgebungstemperatur, Staub, Feuchtigkeit sowie Sonneneinstrahlung, auszuwählen und zu errichten, denen sie während des Betriebs ausgesetzt sind. Dabei ist neben der Funktionsfähigkeit der Betriebsmittel vor allem auch der Schutz von Personen, Nutztieren und Sachwerten sicherzustellen. Diese grundsätzliche Anforderung [2] wird in DIN VDE 0100-737 [3] hinsichtlich des Wasserschutzes durch Gehäuse wie folgt präzisiert: In feuchten Räumen – übrigens auch in (wetter-)geschützten Anlagen im Freien, z. B. unter einer Überdachung – müssen die elektrischen Betriebsmittel mindestens gegen senkrecht (von oben) tropfendes Wasser geschützt sein. Diese

Tafel F2: Schutzarten (Wasserschutzgrade) für elektrische Betriebsmittel in Räumen bzw. an Orten besonderer Art

Raum, Bereich			**Schutzart nach DIN VDE 0100 Teil**	**Schutzart mind.**
Raum mit Badewanne oder Dusche	Bereich 0		701	IPX7
	Bereiche 1 und 2			IPX4
Schwimmbad Planschbecken Springbrunnen	Bereich 0		702	IPX8
	Bereich 1	allgemein		IPX4
		Springbrunnen		IPX5
	Bereich 2	Innenraum		IPX2
		im Freien		IPX4
Raum mit elektrischen Sauna-Heizgeräten			703	IPX4
Baustelle			704	nach Tafel F3
Landwirtschaftliche und gartenbauliche Betriebsstätte			705	IPX4
Leitfähiger Bereich mit begrenzter Bewegungsfreiheit			706	nach Tafel F3
Campingplatz			708	
Bewohnbares Freizeitfahrzeug, z. B. Caravan – außen				IPX4
Medizinisch genutzter Bereich			710	nach Tafel F3
Ausstellung, Show, Stand			711	
Beleuchtungsanlage im Freien			714	IPX3
Transportable Betriebsstätte, z. B. Fahrzeug, Container – außen			717	IPX4
Bootsanlegestelle und -liegeplatz (Marina)			721	IPX4
Fliegende Bauten, Wagen und Wohnwagen nach Schaustellerart	im Freien	geschützt	722	IPX3
		ungeschützt		IPX4
Feuchter oder nasser Raum	allgemein		737	IPX1
	im Freien,	ungeschützt		IPX3

Tafel F3: Schutzarten (Wasserschutzgrade), allgemein [2][5]

Auftreten von Wasser Art	**Kurzzeichen**	**Schutzart** mind.	**früheres Symbol**
vernachlässigbar	AD1	IPX0	–
Tropfwasser senkrecht	AD2	IPX1	
schräg (15°)		IPX2	
Sprühwasser schräg (60°)	AD3	IPX3	
Spritzwasser	AD4	IPX4	
Strahlwasser	AD5	IPX5	
Schwallwasser (Überfluten)	AD6	IPX6	
Eintauchen	AD7	IPX7	
Untertauchen	AD8	IPX8	 … bar…m

Betriebsmittel entsprechen der Schutzart IPX1 (Tropfwasserschutz) nach DIN EN 60529 [4]. In ungeschützten Anlagen im Freien sind mindestens sprühwasser- bzw. regengeschützte Betriebsmittel zu verwenden (Schutzart ≥ IPX3).

➔Gehäuse von elektrischen Betriebsmitteln mit dem Wasserschutzgrad ≥ IPX1 verhindern mehr oder weniger zuverlässig das Eindringen von Wasser von außen, jedoch nicht die Bildung von Kondenswasser infolge Betauung von innen. Damit Kondenswasser abfließen kann, haben manche elektrischen Betriebsmittel, z. B. spritzwassergeschützte Steckdosen, ein Entwässerungsloch von etwa 5 mm Ø. Die nach unten gerichtete Abflussöffnung ist bei Montage der Betriebsmittel vom Errichter sachgemäß auszubrechen. Bei beheizten Betriebsmitteln gibt es keine Betauung; folglich tritt im Inneren dieser Betriebsmittel auch kein Kondenswasser auf.

Eine Übersicht über die geforderten Mindest-Wasserschutzgrade für elektrische Betriebsmittel und Anlagen in Räumen bzw. an Orten besonderer Art gemäß der Normenreihe DIN VDE 0100 „Errichten von Niederspannungsanlagen" (Gruppe 700) enthält Tafel F2. Zusätzlich gelten die Anforderungen nach Tafel F3.

Literatur

[1] DIN VDE 0100-200: 1998-06 Elektrische Anlagen von Gebäuden; Begriffe.

[2] DIN VDE 0100-510: 1997-01 Errichten von Starkstromanlagen mit Nennspannungen bis 1000 V; Auswahl und Errichtung elektrischer Betriebsmittel; Allgemeine Bestimmungen.

[3] DIN VDE 0100-737: 2002-01 Errichten von Niederspannungsanlagen; Feuchte und nasse Bereiche und Räume, Anlagen im Freien.

[4] DIN EN 60529 (VDE 0470-1): 2000-09 Schutzarten durch Gehäuse (IP-Code).

[5] DIN VDE 0100-300: 1996-01 Errichten von Starkstromanlagen mit Nennspannungen bis 1000 V; Bestimmungen allgemeiner Merkmale.

feuergefährdete Betriebsstätte

Raum oder Bereich – auch im Freien –, in dem sich nach den örtlichen oder betrieblichen Verhältnissen leicht entzündliche Stoffe in gefahrdrohender Menge den elektrischen Betriebsmitteln so weit nähern können, dass bei hohen Temperaturen an diesen Betriebsmitteln oder bei ➔Isolationsfehlern (➔Fehlerströme, Lichtbögen) eine Brandgefahr besteht.

Allgemeines

Zu feuergefährdeten Betriebsstätten gehören insbesondere Räume aus vorwiegend ➔brennbaren Baustoffen, z. B. Holz, ferner Arbeits-, Trocken- und Lagerräume in Papier-, Textil- und Holzverarbeitungsbetrieben sowie Heu-, Stroh-, Jute- und Flachslager. Dabei bezeichnet „leicht entzündlich" solche brennbaren festen Stoffe, die – der Flamme eines Zündholzes 10 s lang ausgesetzt – nach Entfernen der Zündquelle von selbst weiterbrennen oder weiterglimmen, z. B. Heu, Stroh, Strohstaub, Hobelspäne, lose Holzwolle, Magnesiumspäne, Reisig, loses Papier, Baum- und Zellwollfasern, auch halogenfreie Kabel (Leitungen) mit einem Außenmantel aus Polyethylen (PE) oder Polypropylen (PP). Bei diesen brennbaren Kunststoffen lässt sich jedoch durch Zugabe halogenhaltiger Additive, z. B. bromhaltiger Verbindungen, eine gewisse Flammwidrigkeit[1)] erreichen.

Errichtung und Betrieb

Für die Auswahl und Errichtung elektrischer Betriebsmittel in feuergefährdeten Betriebsstätten gelten DIN VDE 0100-482 [1]

1) Als **flammwidrig** werden nach IEC 60332-3 Kabel und Leitungen bezeichnet, wenn sie nach dem Entfernen einer Zündflamme nur für kurze Zeit über eine geringe Strecke weiterbrennen und dann von selbst verlöschen. Hierzu gehören auch PVC-ummantelte Kabel (Leitungen); sie wirken in der Brandphase brandhemmend.

und VdS 2033 [2]. Dabei ist für die Einstufung des jeweiligen Raums oder Bereichs als feuergefährdete Betriebsstätte der Betreiber selbst verantwortlich. In der Regel wird er sich für diese Aufgabe eines Fachkundigen bedienen, der unter Berücksichtigung der behördlichen Verordnungen und betrieblichen sowie örtlichen Gegebenheiten festzustellen hat, ob die elektrische Anlage entsprechend den Anforderungen für feuergefährdete Betriebsstätten zu errichten ist oder nicht.

Der Betrieb elektrischer Anlagen ist nach DIN VDE 0105-100 durchzuführen. Dabei dürfen nur elektrische Betriebsmittel mit der Schutzart ≥ IP4X, bei vorhandenen Stäuben oder Fasern nur mit der Schutzart ≥ IP5X verwendet werden.

Der →Isolationswiderstand zwischen jedem aktiven Leiter (→aktives Teil) und dem →Schutzleiter oder der →Erde – in feuergefährdeten Betriebsstätten auch zwischen den aktiven Leitern – darf einen bestimmten Wert nicht unterschreiten. Üblicherweise liegt der Isolationswiderstand im MΩ-Bereich und damit erheblich über den geforderten Mindestwerten nach DIN VDE 0100-610.

Literatur

[1] DIN VDE 0100-482:2003-06 Errichten von Niederspannungsanlagen; Auswahl der Schutzmaßnahmen; Brandschutz bei besonderen Risiken oder Gefahren.

[2] VdS 2033:2002-02 Feuergefährdete Betriebsstätten und diesen gleichzustellenden Risiken; Richtlinien zur Schadenverhütung.

Tafel F4: Feuerwiderstandsklassen und -dauer

Feuerwiderstand-klasse	**dauer min**	**Merkmal**
F 30 F 60	30...<60 60...<90	feuerhemmend hochfeuerhemmend
F 90 F 120	90...<120 120...<180	feuerbeständig
F 180	≥180	hochfeuerbeständig

Die Feuerwiderstandsklasse gibt an, wie lange ein Bauteil unter Belastung durch einen voll entwickelten Brand seine →bestimmungsgemäße Verwendung erfüllen kann. Die Feuerwiderstandsdauer endet mit dem Eintritt des Versagenskriteriums, z. B. dem Verlust der Stand- und Tragfähigkeit des Bauteils, dem Verlust des Raumabschlusses (Übertragung von Feuer und Rauch) oder dem Verlust einer anderen Aufgabe, die das Bauteil im Bauwerk zu erfüllen hat.

Besondere Vorkehrungen gegen die Übertragung von Feuer und Rauch sind beim Durchführen von elektrischen Leitungen, Kabeln, Stromschienen, Rohren u. dgl. durch Brandschutzwände oder feuerbeständige Decken erforderlich. Die verbliebene Durchführungsöffnung ist nach dem Verlegen der Kabel, Rohre usw. mit nicht brennbaren, formbeständigen Baustoffen, z. B. Mörtel, Beton oder Mineralfaserstoffe mit oberflächigem Putz, ordnungsgemäß zu verschließen. Nach dem Verlegen der Systeme ist die ursprünglich geforderte Feuerwiderstandsklasse im Bereich der Durchführung (Abschottung) wiederherzustellen.

Feuerwiderstandsklasse

Merkmal für das Brandverhalten von Bauteilen, z. B. Wände, Decken, Dächer, Türen oder Kanäle, gekennzeichnet durch die jeweilige Feuerwiderstandsdauer in Minuten, s. Tafel F4.

Fingersicherheit

Eigenschaft eines →elektrischen Betriebsmittels, seine →berührungsgefährlichen (aktiven) Teile mit einem starren Prüffinger nach DIN EN 61032 (VDE 0470-2) nicht berühren zu können.

Die fingersichere Anordnung berührungsgefährlicher Teile ist beispielhaft im Bild F8 dargestellt. Bei elektrischen Betriebsmitteln mit Fingersicherheit (engl. *finger protection*) führt ein zufälliges Abrutschen des Fingers vom Betätigungselement somit zu keiner elektrischen Gefährdung. Ein sicherer Schutz bei Abrutschen von Werkzeugen, z. B. eines Schraubendrehers, besteht dagegen nicht.

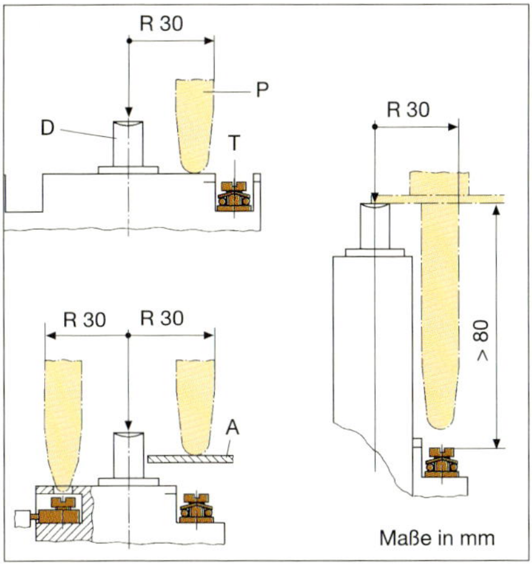

Bild F8: Fingersichere Anordnung berührungsgefährlicher Teile
A Abdeckung (≥ IP2X); D Drucktaster;
P Prüffinger; T berührungsgefährliches Teil

Forderungen nach fingersicherer Anordnung berührungsgefährlicher Teile enthalten z. B. DIN EN 50274 [1] und die Unfallverhütungsvorschrift (UVV) BGV A3 [2].

Literatur

[1] DIN EN 50274 (VDE 0660-514):2005-03 Niederspannungs-Schaltgerätekombinationen; Schutz gegen elektrischen Schlag: Schutz gegen unabsichtliches direktes Berühren gefährlicher aktiver Teile.

[2] Unfallverhütungsvorschrift (UVV) BGV A3 „Elektrische Anlagen und Betriebsmittel". Hrsg.: Berufsgenossenschuft der Feinmechanik und Elektrotechnik, Köln.

Fliegende Bauten

Bauliche Anlagen, die geeignet und dazu bestimmt sind, wiederholt aufgestellt und zerlegt zu werden.

Allgemeines

Zu Fliegenden Bauten (engl. *temporary buildings*) gehören Karusselle, Luftschaukeln, Riesenräder, Rollen-, Gleit- und Rutschbahnen, Skooter, Zirkuszelte, Tierschauen, Tribünen, Buden, Bauten für Wanderausstellungen, bauliche Anlagen für artistische Vorführungen in der Luft u. ä. Anlagen.

Als Fliegende Bauten gelten auch Wagen, die durch Zu- und Anbauten in ihrer Form wesentlich verändert und betriebsmäßig ortsfest genutzt werden, z. B. Wagen nach Schaustellerart.

Errichtung

Für die Auswahl und Errichtung elektrischer Betriebsmittel und Anlagen in Fliegenden Bauten sowie in Wagen und Wohnwagen nach Schaustellerart gilt DIN VDE 0100-722 [1].

An Standorten, die für das Aufstellen von Fliegenden Bauten, Wagen und Wohnwagen nach Schaustellerart vorgesehen sind, sollen Speisepunkte als ständige Einrichtung vorhanden sein. Ausnahmen, z. B. bei Straßenfesten, sind in [1] enthalten.

Steckdosen-Stromkreise müssen Fehlerstrom-Schutzeinrichtungen (RCDs) mit einem Bemessungsdifferenzstrom $I_{\Delta N} \leq 30$ mA enthalten. Die berührbaren, leitfähigen Konstruktions- und Ausrüstungsteile der Fliegenden Bauten sind in den →Potentialausgleich einzubeziehen.

Literatur

[1] DIN VDE 0100-722:1984-05 Errichten von Starkstromanlagen mit Nennspannungen bis 1000 V; Fliegende Bauten, Wagen und Wohnwagen nach Schaustellerart.

Formelzeichen

Zeichen (Symbol) zur verkürzten Darstellung technisch-physikalischer, chemischer und anderer Größen.
Formelzeichen bestehen aus dem **Grundzeichen** und im Bedarfsfall aus einem dem Grundzeichen beigegebenen **Nebenzeichen**.

Grundzeichen

In Deutschland werden als Grundzeichen lateinische sowie griechische Klein- und Großbuchstaben verwendet. Dabei ist es üblich, **Augenblickswerte** mit kleinen Buchstaben zu bezeichnen, beispielsweise u für Spannung und i für Stromstärke. **Effektivwerte** werden dagegen mit großen Buchstaben bezeichnet, z. B. U oder U_{eff} für Spannung und I oder I_{eff} für Stromstärke.
Arithmetische Mittelwerte werden ebenfalls mit großen Buchstaben bezeichnet. In diesem Fall erhält das Grundzeichen einen waagerechten Strich als Überzeichen, z. B. $\bar{E}$ mittlere Beleuchtungsstärke, (gesprochen: E quer).
Ein waagerechter Strich als Unterzeichen unter dem Grundzeichen bedeutet, dass das Formelzeichen eine aus reellen und imaginären Zahlen zusammengesetzte **komplexe Größe** darstellt, z. B. $\underline{Z}$ (gesprochen: Z unterstrichen). Ein Dach als Überzeichen über dem Grundzeichen kennzeichnet das Formelzeichen als **Scheitelgröße**, z. B. $\hat{i}$ (gesprochen: i Dach).
Als Hochzeichen rechts vom Grundzeichen findet man bei komplexen Größen mitunter einen Stern, z. B. $\underline{Z}^*$. Dieser kennzeichnet einen konjugiert-komplexen Ausdruck. In der Mathematik wird anstelle des Sterns häufig auch ein waagerechter Strich als Überzeichen über dem Grundzeichen verwendet, z. B. $\bar{Z}$ (gesprochen: Z quer).
Grundzeichen sind im Druck kursiv (schräg), Nebenzeichen – auch Einheitenzeichen und -vorsätze – sind dagegen senkrecht (steil) zu schreiben, z. B. U_{eff} in mV [1].
Aus mehreren Buchstaben bestehende Grundzeichen sind unstatthaft, da sie fälschlicherweise als Produkt mehrerer Kenngrößen gedeutet werden können. Außerdem ist eine mehrfache Verwendung ein und desselben Buchstabens für verschiedene Kenngrößen unzweckmäßig, leider aber infolge des begrenzten Buchstabenvorrats nicht immer zu vermeiden. Beispielsweise wird der große Buchstabe E schon immer als Formelzeichen sowohl für die elektrische Feldstärke als auch für die Beleuchtungsstärke verwendet.

Nebenzeichen

Größen werden durch Nebenzeichen präzisiert, ohne dabei die Größenart zu verändern. Dieser Grundsatz gilt nicht für mathematische Zeichen. Beispielsweise wird die Größenart Länge l durch das Potenzzeichen 2 (l^2) zur Fläche S und durch das Potenzzeichen 3 (l^3) zum Volumen V.
Als Nebenzeichen dienen hauptsächlich Ziffern und Buchstaben. Es sind aber auch viele Sonderzeichen üblich, z. B. Striche, Kreuze, Sterne, Winkel, Häkchen, Dächer sowie das Sinus- und das Unendlich-Zeichen. Diese Zeichen können sowohl rechts als auch links vom Grundzeichen, hoch oder tief, ja sogar über oder direkt unter dem Grundzeichen stehen, s. Bild F9.

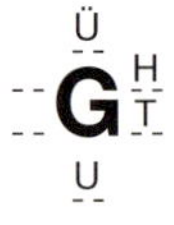

G Grundzeichen

Nebenzeichen:
Ü Überzeichen
H Hochzeichen, rechts
T Tiefzeichen, rechts
U Unterzeichen

Bild F9: Grundzeichen und Stellungen der Nebenzeichen

Besonders häufig werden Tiefzeichen rechts vom Grundzeichen angewendet, z. B. $I_{\Delta \mathrm{N}}$ für den Bemessungsdifferenzstrom bei Fehlerstrom-Schutzeinrichtungen (RCDs). Sie heißen **Indizes** (Einzahl: Index).

Literatur

[1] DIN 1304-1:1994-03 Formelzeichen; Allgemeine Formelzeichen.

Fotoelement

Elektronisches Bauelement, das optische Strahlung, z. B. Sonnenlicht (Solarenergie), in elektrische Energie umwandelt.
Fotoelemente enthalten wie die üblichen →Dioden zwei Halbleiterschichten. Beim Auftreffen optischer Strahlen entsteht zwischen den Anschlüssen eine elektrische Spannung (Fotospannung). Infolge dieser Spannung fließt in einem geschlossenen Stromkreis ein Fotostrom.
Fotoelemente für den bestimmungsgemäßen Einsatz unter Sonnenlicht werden gewöhnlich „Solarzellen" (Sonnenzellen) genannt.

Fotowiderstand

Elektronisches Bauelement, das seinen Widerstandswert beleuchtungsstärkeabhängig ändert.
Nicht oder nur wenig belichtete Fotowiderstände haben einen relativ hohen elektrischen Widerstand. Der „Dunkelwiderstand" beträgt bis zu einigen MΩ. Mit zunehmender Beleuchtungsstärke sinkt der Widerstandswert bis auf 1/1000 des Dunkelwiderstands. Damit verringert sich auch der Spannungsfall über dem Fotowiderstand.
Wird ein Fotowiderstand in Reihenschaltung mit einem ohmschen Widerstand an Gleichspannung betrieben, so entsteht ein von der Beleuchtungsstärke abhängiger Spannungsteiler, s. Bild F10. Bei Verwendung von Fotowiderständen können somit lichtabhängige Schaltvorgänge ausgelöst werden. Das ist z. B. bei Dämmerungsschaltern und Lichtschranken der Fall.

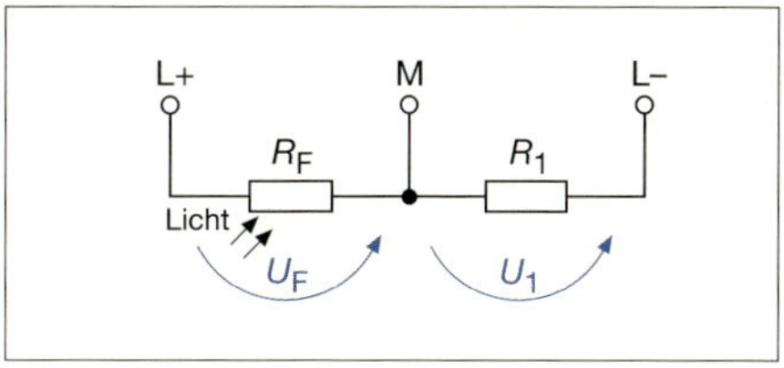

Bild F10: Beleuchtungsstärkeabhängiger Spannungsteiler
R_F Fotowiderstand;
R_1 ohmscher Widerstand;
U_F Spanung über R_F (Fotospannung);
U_1 Spannung über R_1

Freiauslösung

Selbsttätige Ausschaltung (Auslösung) von Schutzschaltern, z. B. von Sicherungsautomaten, Fehlerstrom-Schutzeinrichtungen (RCDs) oder Motorstartern.
Die Freiauslösung (engl. *trip-free mechanism*) läuft zwangsläufig ab. Sie kann durch äußere Einwirkungen weder gestört (gehemmt) noch verhindert werden, selbst wenn die Betätigungseinrichtung, z. B. der Druckknopf oder Knebel, in der Einschaltstellung festgehalten wird.

Freileitung

Frei gespannte →Leiterseile zur oberirdischen Fortleitung elektrischer Energie (Starkstrom-Freileitung) oder von Informationen (Fernmelde-Freileitung) über vergleichsweise große Entfernungen.

Allgemeines

Zu Freileitungen (engl. *overhead lines*) gehören neben den blanken oder wetterfest umhüllten elektrischen Leiterseilen (Einfach- oder →Bündelleiter), Verbindungsteilen und →Isolatoren auch deren Stützpunkte, z. B. →Maste, Gründungen und Fundamente, Dachständer, Wandausleger sowie die →Erdungsanlage.

Die Gesamtheit der zu einem Netz gehörenden Freileitungen bildet das „Freileitungsnetz“. Die Fläche unter einer Freileitung, die durch die beiden äußeren Leiterseile zuzüglich eines beiderseitigen Sicherheitsstreifens begrenzt wird, heißt „Freileitungsbereich“.
Frei gespannte →Mantelleitungen, z. B. mit einem Tragseil (Bauart NYMT), oder Gummischlauchleitungen sind keine Freileitungen, sondern Kabel bzw. Leitungen im Freien.

Errichtung

Starkstrom-Freileitungen mit Nennspannungen bis 1000 V (Niederspannung) sind nach DIN VDE 0211 und Freileitungen mit Nennspannungen über 1 kV (Hochspannung) nach den Normen der Reihen DIN EN 50341 und DIN EN 50423 (VDE 0210) sowie DIN VDE 0141 zu errichten. Sie müssen den zu erwartenden mechanischen, elektrischen und klimatischen Beanspruchungen standhalten. Sinngemäß gilt das auch für Fernmelde-Freileitungen.
Niederspannungs-Freileitungen und Freileitungs-Hausanschlüsse sind so auszuführen, dass die aktiven Leiterseile von begehbaren Dächern (Neigung bis 15°), Schornsteinen, Antennen, Ausbauten, Fenstern und Balkonen aus ohne Verwendung von Hilfsmitteln nicht berührt werden können. Sie müssen demnach wie alle aktiven Leiter ohne einen Schutz gegen →direktes Berühren außerhalb des →Handbereichs angeordnet werden. Zu Obstbäumen, die z. B. zum Pflücken der Früchte bestiegen werden müssen, ist ein Abstand von den Leiterseilen von mindestens 1 m, zu anderen Bäumen von mindestens 0,5 m einzuhalten. Beim Kreuzen von Fernmelde- und Starkstromleitungen sind die Leitungen für Informationszwecke (Fernmeldeleitungen) unterhalb der Leiterseile für Starkstromzwecke anzuordnen. Hochspannungs-Freileitungen dürfen niemals von anderen Leitungen überkreuzt werden.

In Niederspannungs-Starkstromfreileitungen ist der →Schutzleiter (PEN-Leiter) üblicherweise unterhalb der aktiven Leiterseile (→Außenleiter) oder neben diesen anzuordnen – nicht darüber. Außerdem ist es zweckmäßig, den Schutzleiter an exponierten Punkten, z. B. bei Hausanschlüssen, Abzweig- und Endmasten, durch Einhängen eines geschlossenen S-förmigen Hakens in die betreffende Isolatorenstütze als solchen auffällig zu kennzeichnen, s. Bild F11.

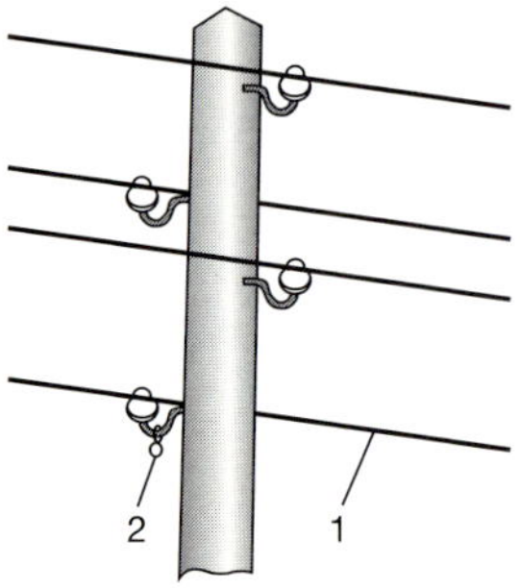

Bild F11: Niederspannungs-Drehstromfreileitung
1 Schutzleiter (PEN-Leiter);
2 S-förmiger Haken

Freileitungsdachständer

Stützpunkt von Hausanschlussleitungen auf dem Dach eines Gebäudes, s. Bild F12. Für die notwendige Festigkeit des Dachstuhls zur Befestigung des Dachständers sorgt grundsätzlich der Anschlussnehmer (Betreiber).
Freileitungsdachständer führen die isolierten Hauseinführungsleitungen [1] zum Hausanschlusskasten. Sie werden deshalb auch **Hauseinführungsdachständer** genannt. Ihre →Erdung oder direkte Verbindung mit der Blitzschutzanlage ist nach DIN VDE 0211 [2] untersagt. Bei Näherung des Dachständers zur Blitzschutzanlage (< 0,5 m) ist

eine Trennfunkenstrecke (offene Erdung) vorzusehen, s. Bild F13.

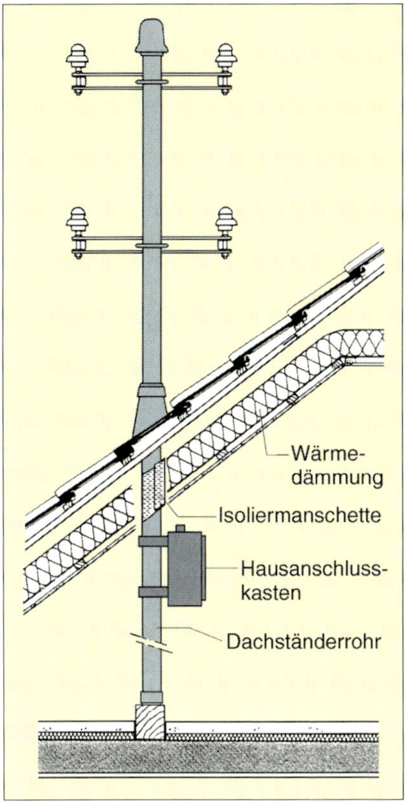

Bild F12: Freileitungsdachständer

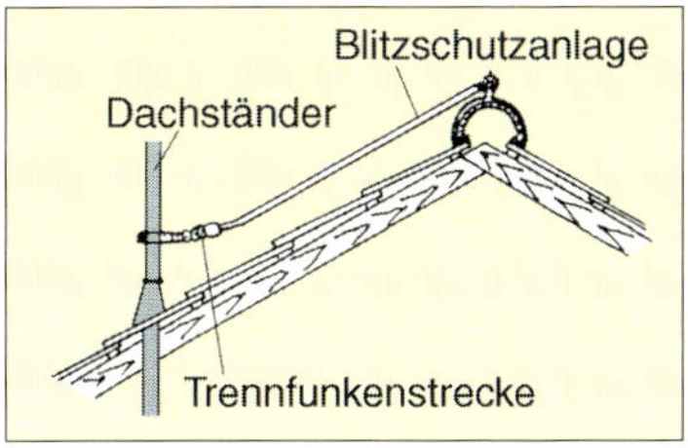

Bild F13: Trennfunkenstrecke bei Näherung zwischen Blitzschutzanlage und Dachständer [3]

Mitunter finden Dachständer auch in Verbraucheranlagen (➔Hausinstallationen) Anwendung, z. B. auf niedrigen Nebengebäuden, wie Garagen. Diese werden **Installationsdachständer** genannt.

Literatur

[1] DIN VDE 0250-213:1986-08 Isolierte Starkstromleitungen; Dachständer-Einführungsleitungen.

[2] DIN VDE 0211:1985-12 Bau von Starkstrom-Freileitungen mit Nennspannungen bis 1000 V.

[3] *Kiefer, G.:* VDE 0100 und die Praxis. 8. Auflage. Berlin: VDE-Verlag, 1997.

Freiluftanlage

➔Elektrische Anlage im Freien oder in einem Außenraum, die nicht oder nur zum Teil, z. B. durch Überdachung, gegen unmittelbare Witterungseinflüsse geschützt ist.

Im Freien sowie in Außenräumen, z. B. unter überdachten Zuschauertribünen, auf Bahnsteigen, in ständig offenen Räumen zum Einstellen von Kraftfahrzeugen (Carports) oder in Bootsunterständen, herrscht stets die gleiche Temperatur und gleiche relative Luftfeuchte, wie sie durch das örtliche Klima gegeben sind.

Es werden unterschieden:

- Freiluftanlage in **offener Bauweise**
  In diesem Fall hat die elektrische Anlage nur einen teilweisen Schutz gegen das ➔direkte Berühren ➔aktiver Teile oder gegen das unzulässige Nähern an diese Teile. Außerdem sind die elektrischen Betriebsmittel den Witterungeeinflüssen unmittelbar ausgesetzt.
- Freiluftanlage in **gekapselter Bauweise**
  In diesem Fall hat die elektrische Anlage einen vollständigen Schutz gegen direktes Berühren. Ihre Schutzart beträgt mindestens IP2X oder IPXXB (➔Fingersicherheit). Die Kapselung schützt zugleich gegen unmittelbare Witterungseinflüsse, wie Regen, Schnee, Hagel u. dgl.

Freiluftanlagen werden mitunter „Außenanlagen“ oder im Fall von Schaltanlagen auch „Freiluftschaltanlagen“ genannt.

Freischalten

Allseitiges Abschalten (Abtrennen) elektrischer Betriebsmittel und Anlagen, an denen oder in deren Nähe gearbeitet werden soll. Die dazu verwendeten Geräte müssen ➔Trennfunktion (Trennstrecken) haben [1]. Weitere Anforderungen an das Freischalten und Sichern von freigeschalteten elektrischen Betriebsmitteln oder Anlagen gegen das unbeabsichtigte Wiedereinschalten enthält DIN VDE 0105-100 [2].

Literatur

[1] DIN VDE 0100-537:1999-06 Elektrische Anlagen von Gebäuden; Auswahl und Errichtung elektrischer Betriebsmittel; Geräte zum Trennen und Schalten.

[2] DIN VDE 0105-100:2005-06 Betrieb von elektrischen Anlagen.

fremdes leitfähiges Teil

Nicht zur elektrischen Anlage gehörendes leitfähiges Teil, das jedoch ein elektrisches Potential, i. Allg. das Erdpotential, in einen Raum oder Bereich einführen (einschleppen) kann. Solche Teile können z. B. metallene Rohrleitungen für Wasser, Gas oder Heizung sowie metallene Teile der Gebäudekonstruktion und -ausrüstungen sein.
Leitende Fußböden und Wände mit einem ➔Isolationswiderstand unter 50 kΩ haben Erdpotential; sie gelten deshalb ebenfalls als fremde leitfähige Teile (engl. *extraneous conductive parts*).

Potentialausgleich

Fremde leitfähige Teile sind, wo immer möglich, zweckdienlich und zulässig – insbesondere, wenn Normen es fordern –, in den Potentialausgleich einzubeziehen, um Potentialunterschiede, z. B. ➔Fehlerspannungen, zwischen diesen Teilen und den ➔Körpern elektrischer Betriebsmittel zu egalisieren. Zweckmäßig geschieht das durch Verbinden der fremden leitfähigen Teile mit dem ➔Schutzleiter sowie mit anderen großflächig berührbaren, geerdeten Teilen am ➔Speisepunkt der Verbraucheranlage (Hauptpotentialausgleich [1]) und zusätzlich noch an besonders prekären Stellen, z. B. in Räumen mit Badewanne oder Dusche (zusätzlicher Potentialausgleich [2]).
Es gibt aber auch Fälle, in denen der Potentialausgleich den Schutz gegen ➔elektrischen Schlag konterkariert, z. B. bei Anwendung von Maßnahmen zum Schutz gegen das unbeabsichtigte Berühren aktiver Teile (Schutz durch Abstand) [1]. In diesem Fall dürfen sich im ➔Handbereich keine gleichzeitig berührbaren Teile mit unterschiedlichem Potential befinden. Dabei gelten zwei Teile als gleichzeitig berührbar, wenn sie nicht mind. 2,5 m voneinander entfernt sind.
Ebensolche Einschränkungen gibt es beim ➔Schutz durch erdfreien, örtlichen Potentialausgleich und beim ➔Schutz durch nicht leitende Räume [1]. In diesen Fällen wird ein **erdfreier** (örtlicher) Potentialausgleich gefordert. Damit sind Verbindungen zu fremden leitfähigen Teilen wegen der Gefahr von Erdpotentialeinschleppungen nicht zulässig.

Schutzleiter

Fremde leitfähige Teile sollen möglichst **nicht** als Schutzleiter verwendet werden, auch nicht als Schutzpotentialausgleichsleiter. Spätere (unvorhersehbare) Eingriffe in solche Leitungssysteme durch Nicht-Elektrofachkräfte (➔elektrotechnische Laien), z. B. im Fall von Reparaturen oder Änderungen, könnten den Schutz gegen elektrischen Schlag in seiner Wirksamkeit beeinträchtigen oder gar aufheben. In der Regel werden diesbezügliche Mängel erst bemerkt, wenn im Fehlerfall ein elektrischer Schlag spürbar an das Schutzdefizit erinnert.

In einigen Ländern, z. B. Großbritannien und Italien, favorisieren Fachkräfte die (Mit-)Verwendung fremder leitfähiger Teile z. B. metallene Rohrleitungen oder Baukonstruktionen, als Schutzleiter. Bei der Ausführung von Arbeiten in Deutschland sind diesbezüglich mindestens die folgenden vier Forderungen einzuhalten und diese für die Folgezeit gemeinsam mit dem Betreiber sicherzustellen [3]:

- Die fremden leitfähigen Teile sind ortsfest installiert, untereinander elektrisch verbunden und unterliegen bei bestimmungsgemäßem Betrieb keinen mechanischen Beanspruchungen.
- Die fremden leitfähigen Teile haben die geforderte elektrische Leitfähigkeit für Schutzleiter; der Schutzleiter selbst dient nicht als PEN-Leiter.
- Vorkehrungen verhindern zuverlässig den unkoordinierten (nicht abgestimmten) Ausbau von solchen fremden leitfähigen Teilstücken, die die elektrische (Durch-)Verbindung des Schutzleiters beeinträchtigen oder gar aufheben können.
- Die fremden leitfähigen Teile, z. B. Rohrleitungen, führen keine brennbaren oder explosiblen Medien.

Die vorgenannten Bedingungen sind bei Verwendung von metallenen Rohrleitungen, z. B. zur Frischwasserversorgung oder Raumklimatisierung, nur sehr schwer einzuhalten. Deshalb wird von Seiten der Internationalen Elektrotechnischen Kommission (IEC) empfohlen, fremde leitfähige Teile jedweder Art zu Schutzleiterzwecken nicht zu gestatten (s. IEC 60364-5-54:2002). Die grundsätzliche Forderung nach Einbeziehen dieser Teile in den Potentialausgleich bleibt freilich davon unberührt.

Literatur

[1] DIN VDE 0100-410:1997-01 Errichten von Starkstromanlagen mit Nennspannungen bis 1000 V; Schutzmaßnahmen; Schutz gegen elektrischen Schlag.

[2] DIN VDE 0100-701:2002-02 Errichten von Niederspannungsanlagen; Räume mit Badewanne oder Dusche.

[3] DIN VDE 0100-540:1991-11 –; Auswahl und Errichtung elektrischer Betriebsmittel; Erdung, Schutzleiter, Potentialausgleichsleiter.

Frequenz

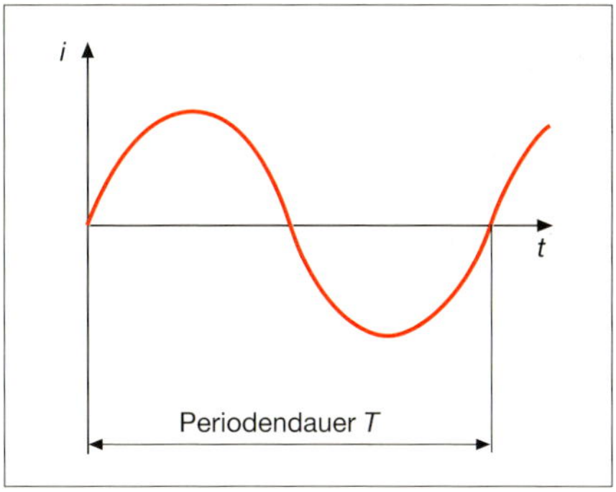

Bild F14: Periodendauer T einer Wechselgröße

Reziproker Wert (Kehrwert) der kleinsten Zeitdauer T (Perioden- oder Schwingungsdauer), s. Bild F14, nach der sich eine periodische Größe (Wechselgröße) wiederholt:

$$f = \frac{1}{T}$$

Die Einheit der Frequenz (engl. *frequency*) ist das Hertz (Hz), benannt nach dem deutschen Physiker *Heinrich Hertz* (1857–1894).

$1\ \text{Hz} = 1\ \text{s}^{-1}$

Die Nennfrequenz beträgt für Starkstromnetze (Netzfrequenz, engl. *mains frequency*)

und elektrische Betriebsmittel i. Allg. 50 Hz. Bei elektrischen Bahnnetzen mit Einphasen-Wechselstrom beträgt die Nennfrequenz in der Regel 16 2/3 Hz.
Frequenzen werden wie folgt eingeteilt und bezeichnet:

- **Niederfrequenz** (engl. *low frequency*) – Frequenzen bis 100 Hz,
- **Mittelfrequenz** (engl. *medium frequency*) – Frequenzen über 100 Hz ... 10 kHz,
- **Hochfrequenz** (engl. *high frequency*) – Frequenzen über 10 kHz ... 300 GHz,
- **Höchstfrequenz** (engl. *hyper frequency*) – Frequenzen über 300 GHz.

Mit **Nennfrequenz** (neuerdings: **Bemessungsfrequenz**) werden Frequenzen bezeichnet, auf die sich die charakteristischen Eigenschaften (Nennbedingungen) eines elektrischen Betriebsmittels oder Systems beziehen.

Fundamenterder

Nicht isolierter Leiter aus Band- oder Rundstahl, der ohne baustatische Aufgaben in die Fundamente der Außenwände eines Gebäudes oder in die Bodenplatte (Fundamentplatte) bzw. Sauberkeitsschicht unterhalb der Bauwerksabdichtung (Feuchtigkeitssperre) eingebettet ist und über den verhältnismäßig gut leitenden Beton großflächig mit der →Erde in elektrischer Verbindung steht, s. Bild F15.

Allgemeines

Fundamenterder (engl. *foundation earth electrode*) haben eine gute, nahezu witterungsunabhängige Erderwirkung. Sie werden für alle neuen Wohn- und ähnlichen Gebäude insbesondere aus folgenden Gründen gefordert [1]:

- Bereitstellung eines Schutzerders und Funktionserders für den Überspannungs- und →Blitzschutz (Blitzschutz-Fundamenterder) sowie für die Anlagen der Informations- und Kommunikationstechnik, auch im Hinblick auf die Sicherung und Erhöhung der →elektromagnetischen Verträglichkeit (EMV).
- Verbesserung des Hauptpotentialausgleichs und der Wirksamkeit aller Maßnahmen zum Schutz gegen →elektrischen Schlag.

Die Planung eines Fundamenterders als Bestandteil der elektrischen Anlage hinter dem Hausanschlusskasten (Verbraucheranlage) muss der Bauherr oder sein Architekt rechtzeitig veranlassen. Die Ausführung selbst übernimmt der Bauhandwerker (Fundamenthersteller) in Abstimmung mit der für die elektrische Anlage zuständigen Elektrofachkraft. Die Bauüberwachung und spätere Abnahme des Fundamenterders noch vor dem Einbringen des Betons (Prüfbericht, Fotodokumentation) erfolgen durch verantwortliche Fachkräfte beider Gewerke.

Ausführung

Fundamenterder – mitunter auch „Hauserder“ genannt – sind gemäß DIN 18014 [2] als geschlossene Ringerder auszuführen und über eine Anschlussfahne mit der Hauptpotentialausgleichsschiene zu verbinden. Dabei bezeichnet **Anschlussfahne** (Erdungsfahne) das Verbindungsstück zwischen dem Fundamenterder und der Hauptpotentialausgleichsschiene oder einem anderen metallenen Konstruktionsteil, z. B. für den Blitzschutz.
Die Anschlussfahne besteht i. Allg. aus verzinktem Stahl. Sie ist während der Bauphase auffällig zu kennzeichnen, damit sie nicht beschädigt oder womöglich versehentlich abgeschnitten wird. Außerdem ist sie im Bereich der Austrittsstelle aus dem Fundament (Eintrittsstelle in den Raum) zusätzlich gegen Korrosion zu schützen. Zwecks An-

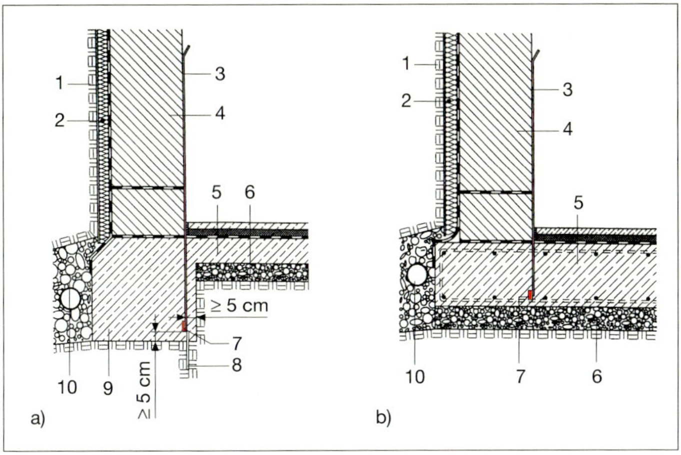

Bild F15: Fundamenterder
a) in einem unbewehrten Fundament;
b) in einem bewehrten Fundament (Bodenplatte) [2]
1 Erdreich;
2 Dämmplatte;
3 Anschlussfahne;
4 Kelleraußenwand;
5 Boden- oder Fundamentplatte;
6 Sauberkeitsschicht;
7 Fundamenterder;
8 Abstandhalter;
9 Fundament;
10 Dränage

schlusses an die Hauptpotentialausgleichsschiene soll das freie Ende der Anschlussfahne mind. 1,5 m lang sein.

Als Anschlussfahnen werden mitunter auch einadrige Kunststoffkabel NYY oder nicht rostender Stahl (NIRO) verwendet.

Fundamenterder müssen allseitig mindestens 5 cm von Beton umgeben sein. Bandstahl (mind. 30 mm x 3,5 mm oder 25 mm x 4 mm) ist zweckmäßig hochkant zu verlegen. Die Lagefixierung des Bandstahls erfolgt in unbewehrten Fundamenten mittels geeigneter Abstandhalter (Distanzstützen). Bei Fundamenten aus bewehrtem Beton ist der Fundamenterder grundsätzlich auf der untersten Bewehrungslage (s. Bild F15 b) bzw. bei Wannenabdichtungen in der Sauberkeitsschicht anzuordnen. Zur Lagefixierung wird der Fundamenterder mit der Bewehrung in Abständen von etwa 2 m verrödelt; damit erübrigt sich die Verwendung von Abstandhaltern.

Bei Gebäuden mit großem Umfang ist die vom Fundamenterder umspannte Fläche vorteilhaft durch leitende Querverbindungen in Felder von etwa 20 m x 20 m aufzuteilen. Wird der Fundamenterder über Bewegungsfugen geführt, so ist dieser an den heiklen Stellen zu unterbrechen. Die Enden sind aus dem Fundament herauszuführen und innerhalb des Gebäudes, jedoch außerhalb des Betons, jederzeit kontrollierbar mit →Dehnungsbändern oder -bügeln zu verbinden, Beispiel s. Bild F16.

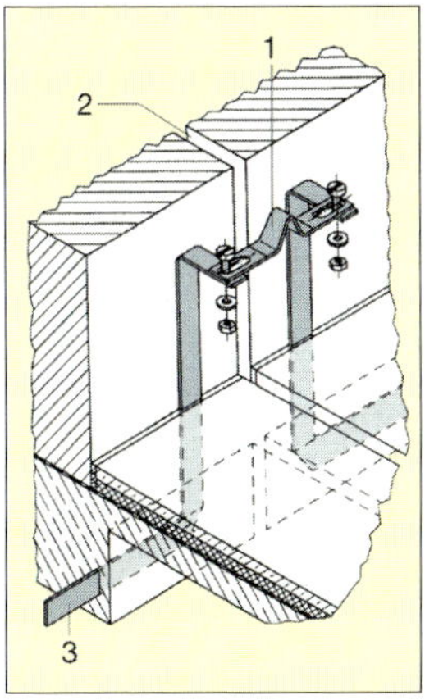

Bild F16: Überbrückung von Bewegungsfugen mit einem Dehnungsband [2]
1 Dehnungsband (Dehnungsbügel);
2 Bewegungsfuge;
3 Fundamenterder

Im Vergleich zu erdverlegten Oberflächen- oder Tiefenerdern haben die vollständig von Beton umgebenen Fundamenterder, selbst solche aus unverzinktem Band- oder Rundstahl (mind. 10 mm Ø), eine hohe Korrosionsbeständigkeit und somit eine vergleichsweise lange Lebensdauer. Sie ist praktisch mit der des Gebäudes identisch.

Ausbreitungswiderstand

Für die grobe Abschätzung des Ausbreitungswiderstands R_A von Fundamenterdern können folgende Faustformeln verwendet werden:

$$R_A \approx \frac{0{,}59\ \rho_E}{\sqrt{S}} \quad \text{für Ringerder}$$

$$R_A \approx \frac{0{,}2\ \rho_E}{\sqrt[3]{V}} \quad \text{für Halbkugelerder}$$

ρ_E spezifischer Erdwiderstand in Ωm
S Fläche, die vom Fundamenterder eingeschlossen wird, in m^2
V Volumen des Fundaments in m^3.

Bei Einfamilienhäusern beträgt der Ausbreitungswiderstand des Fundamenterders meist 2…6 Ω.

Literatur

[1] DIN 18015-1:2002-09 Elektrische Anlagen von Wohngebäuden; Planungsgrundlagen.
[2] DIN 18014:1994-02 Fundamenterder.

fünf Sicherheitsregeln

Wichtige Regeln (Sicherheitsmaßnahmen) zur **Herstellung des spannungsfreien Zustands** vor Beginn der Arbeiten an →aktiven Teilen oder in deren Nähe. Diese Regeln schließen das Sicherstellen des spannungsfreien Zustands während der Durchführung der elektrotechnischen Arbeiten ein.
Kurz gefasst lauten die 5 Sicherheitsregeln unter Berücksichtigung der Reihenfolge ihrer Anwendung wie folgt [1][2]:

- freischalten,
- gegen Wiedereinschalten sichern,
- Spannungsfreiheit feststellen,
- erden und kurzschließen,
- benachbarte, unter Spannung stehende Teile abdecken oder abschranken.

Freischalten

→Elektrische Anlagen und Betriebsmittel sind vor Beginn der Arbeiten grundsätzlich freizuschalten. Dabei bedeutet „Freischalten" das sichere Trennen der Teile, an denen gearbeitet werden soll, von den noch unter Spannung stehenden (aktiven) Teilen im Sinne von DIN VDE 0100-460 [3]. Der Neutralleiter braucht in TN-C-S-Systemen nicht getrennt zu werden, wenn die Bedingungen im Versorgungssystem so sind, dass dieser Leiter als wirksam geerdet angesehen werden kann.[1)] In diesem Fall überschreitet die Spannung zwischen dem Neutral- und dem Schutzleiter den Wert der zulässigen →Berührungsspannung von 50 V nicht.
Elektrische Anlagen und Betriebsmittel müssen ferner freigeschaltet werden, wenn Arbeiten – ggf. auch Bedienungsvorgänge – in der Nähe von unter Spannung stehenden Teilen durchgeführt werden sollen. Ist ein Freischalten nicht möglich oder unter den gegebenen Bedingungen nicht sinnvoll, so sind die genannten Teile für die Dauer der Tätigkeiten durch isolierende Abdeckungen, →Umhüllungen oder Abschrankungen (Trennwände) sicher gegen →direktes Berühren zu schützen. Die Mindest-Schutzabstände zu den unter Spannung stehenden Teilen sind in den Durchführungsanweisungen zur UVV BGV A3 und in DIN VDE 0105-100 genannt [1][2].
Bei Arbeiten mit Kabelbeschuss- oder -schneidgeräten kann es vorkommen, dass die Kabel, an denen gearbeitet werden soll, womöglich noch nicht freigeschaltet worden sind, sodass während des Beschießens bzw. Schneidens der Kabel am Gerät u. U. eine gefährliche Spannung auftreten kann. Deshalb ist vor Beginn der Arbeiten durch Rückfrage bei der netzführenden Stelle (→Anlagenverantwortlicher) Gewissheit zu

[1)] In Belgien, Frankreich, Norwegen, Portugal, Spanien und in der Schweiz wird der Neutralleiter grundsätzlich als **nicht** wirksam geerdet angesehen.

erzielen, dass an der Kabelanlage mit Beschuss- oder Schneidgeräten ohne elektrische Gefährdung gearbeitet werden kann.

Sichern gegen Wiedereinschalten

Das Sichern gegen unbefugtes Wiedereinschalten erfolgt am besten durch Sperren des Betätigungsmechanismus, Beispiel s. Bild F17. Erforderlichenfalls ist an den Betätigungseinrichtungen für die Dauer der Arbeiten ein Warnhinweis anzubringen, dass nicht eingeschaltet werden darf. Klebestreifen sind als Schutz gegen unbefugtes Einschalten ungeeignet. Werden →Sicherungseinsätze oder einschraubbare →Leitungsschutzschalter zum Freischalten benutzt, sind diese vollständig herauszuschrauben und sicher zu verwahren.

Bild F17: Abschließbare Schaltsperre (Betätigungssperre) zum Schutz gegen unbefugtes Ein- und Ausschalten von Sicherungsautomaten (Foto: ABB STOTZ-KONTAKT, Heidelberg)

Feststellen der Spannungsfreiheit

Nach dem Sichern gegen unbefugtes Wiedereinschalten erfolgt das Feststellen der Spannungsfreiheit der freigeschalteten Anlagenteile, z. B. mittels eines zweipoligen →Spannungsprüfers. Diese Sicherheitsmaßnahme darf nur durch Elektrofachkräfte oder elektrotechnisch unterwiesene Personen durchgeführt werden.

Erden und Kurzschließen

Aktive Teile, an denen gearbeitet werden soll, sind nach dem Feststellen deren Spannungsfreiheit an der Arbeitsstelle zu erden und kurzzuschließen. Diese Forderung gilt in erster Linie für Hochspannungsanlagen. Sie gilt aber auch für bestimmte Niederspannungsanlagen, z. B. bei Arbeiten

- an Freileitungen, die von anderen Leitungen gekreuzt oder elektrisch beeinflusst werden, oder
- an aktiven Teilen, die durch eine Ersatzstromquelle unter Spannung gesetzt werden können [2].

Abdecken/Abschranken von benachbarten, aktiven Teilen

Für den Schutz durch Abdeckungen oder Abschrankungen (→Hindernisse) gelten die Anforderungen nach DIN VDE 0100-410, DIN EN 50274 (VDE 0660-514) sowie nach [1] und [2]. Der Schutz ist nach Art, Umfang und Dauer der Arbeiten sowie nach der Qualifikation (Befähigung) der mit der Durchführung der Arbeiten betrauten Personen durchzuführen.
Isolierende Abdecktücher, starre Schutzabdeckungen und isolierende Matten müssen der harmonisierten Normenreihe DIN VDE 0682 entsprechen.

Literatur

[1] Unfallverhütungsvorschrift BGV A3 „Elektrische Anlagen und Betriebsmittel“ mit Durchführungsanweisungen. Herausgeber: Berufsgenossenschaft der Feinmechanik und Elektrotechnik, Köln.

[2] DIN VDE 0105-100:2005-06 Betrieb von elektrischen Anlagen.
[3] DIN VDE 0100-460:2002-08 Errichten von Niederspannungsanlagen; Schutzmaßnahmen; Trennen und Schalten.

Funkenstrecke

Entladungsstrecke (Überschlagstrecke) für hohe elektrische Spannungen.

Allgemeines

Funkenstrecken (engl. *spark-gaps*) werden vom isolierenden (trennenden) Zustand für einen kurzen Augenblick in den leitenden Zustand übergeführt, wenn zwischen den Elektroden eine Gasentladung (Lichtbogenentladung) erfolgt. Nach dem Ende der kurzen, meist kräftigen Bogenentladung ist der isolierende Zustand wiederhergestellt.
Gasentladungen in Form eines Lichtbogens – auch „Funkenentladung" genannt – sind bei offenen Schutzeinrichtungen deutlich sichtbar und bei genügender Intensität meist auch hörbar.

Arten, Zweck

Funkenstrecken, bei denen die elektrischen Entladungen zwischen zwei gleich großen, blanken Metallkugeln erfolgen, werden **Kugelfunkenstrecken** genannt. Diese Funkenstrecken dienen vorzugsweise als Messeinrichtung (Messfunkenstrecke) für Hochspannungen. Die Messung erfolgt entweder

- bei konstanter Spannung und Verringerung der Schlagweite zwischen den Kugeln (Elektroden), bis der Überschlag erfolgt, oder
- bei konstanter Schlagweite und langsamer Spannungssteigerung.

Für spezielle Anwendungen werden Kugelfunkenstrecken auch als Schalter (Schaltfunkenstrecke) oder zur Auslösung von Stoßentladungen (Zünd-Funkenstrecke) verwendet.
Spitzenfunkenstrecken bezeichnen Entladungsstrecken mit spitzen Elektroden. Sie dienen vorzugsweise der →Isolationskoordination, d. h. zur Begrenzung des Stoßpegels eines →elektrischen Betriebsmittels oder einer Anlage (Pegelfunkstrecke). Als Messfunkenstrecken kommen Spitzenfunkenstrecken wegen der geringen Reproduzierbarkeit ihrer Messwerte praktisch nicht in Betracht.,
Werden zur Begrenzung von →Überspannungen mehrere spannungsabhängige Widerstände in Gestalt von Platten hintereinander geschaltet, z. B. bei Ventilableitern, so bezeichnet man diese Anordnung als **Plattenfunkenstrecke**.
Eine **Löschfunkenstrecke** ist die Brennkammer in einem Ventilableiter, in welcher der vom Folgestrom hervorgerufene Lichtbogen eingeschlossen ist. In der Brennkammer (Löschkammer) befindet sich Löschgas oder ein anderer, den Lichtbogen löschender Stoff. Überspannungsableiter mit Löschfunkenstrecken sind zum Schutz von Einrichtungen gegen nukleare elektromagnetische Impulse ungeeignet.
Funkenstrecken für den Überspannungsschutz (→Blitzschutz) heißen **Trennfunkenstrecken**. Sie sollen überspannungsgefährdete elektrische Betriebsmittel, z. B. Freileitungsdachständer, Sirenen und Leuchtreklamen auf Gebäuden, ferner elektrische (elektronische) Systeme und nahe der Blitzschutzanlage befindliche metallene Gebäude- oder Ausrüstungsteile,

- zum einen von →Erdern, →Erdungsleitern und anderen geerdeten Teilen wirksam trennen,
- zum anderen jedoch diese Betriebsmittel, Systeme und Teile beim Auftreten von →Stoßspannungen für einen kurzen Augenblick zur Verhütung schwerer Überspannungsschäden, z. B. Personenschäden, Brände, Explosionen, Zerstörung von elektrischen (elektronischen) Geräten und Systemen, über die Entladungsstrecke mit Erdern verbinden. Das gilt ebenso für das kurzzeitige Überbrücken unvermeidlicher Näherungen.

Diesem Zweck dienen auch Trennfunkenstrecken, die den in metallenen Rohrleitungen, z. B. Wasser- und Gasleitungen, eingefügten Isoliermuffen parallelgeschaltet sind. Die **Isoliermuffen** sollen Fehlerstrombahnen unterbrechen sowie Spannungsverschleppungen und elektrochemische Korrosion verhindern.
Schließlich gibt es noch die parallel zu Durchführungsisolatoren, Isolatorenketten und anderen Freiluft-Isolatoren angeordneten **Schutzfunkenstrecken** (Lichtbogenschutzarmaturen). Sie sollen bei bestimmten Überspannungen zum Schutz der Isolatoren einen (Luft-)Überschlag abseits der Isolatorenoberfläche herbeiführen und bei einem Fremdschichtüberschlag, z. B. infolge Verschmutzung der Isolationsstrecke, den konzentriert (gerichtet) brennenden Lichtbogen vom Isolierkörper ablenken.

Fußschalter

Elektromechanischer Schalter für Fußbetätigung, z. B. an Bodenstaubsaugern, Teppichklopfern und Stehleuchten.
Fußschalter (engl. *foot switch*) nach DIN EN 60947-5-1 (VDE 0660-200) werden mitunter auch in Überfall-Alarmanlagen eingebaut.

G

galvanisches Element

Einrichtung, in der chemischen Energie in elektrische Energie umgewandelt wird (Primärelement). Eine umkehrbare elektrochemische Reaktion ist bei Primärelementen – im Gegensatz zu Sekundärelementen (→Akkumulatoren) – nicht möglich.

Primärelemente enthalten zwei Elektroden (Anode, Katode) und den Elektrolyten. Das ist ein Stoff, über den die Elektroden innerhalb des galvanischen Elements miteinander verbunden sind. Bei „Trockenelementen" ist der Elektrolyt verdickt oder in anderer Form fixiert.

Galvanische Elemente[1] liefern beim Entladen Gleichstrom; ihre Entladespannung ist relativ klein. Diese Energiewandler, z. B. Lithiumbatterien für Uhren, Fotoapparate und Mobiltelefone, sind nach vollständiger Energieumsetzung unbrauchbar. Sie können durch elektrische Energiequellen nicht wieder aufgeladen werden.

Gebiet mit geschlossener Bebauung

Gebiet, in dem durch die Dichte der Bebauung Fundamenterder, Versorgungseinrichtungen, z. B. das Heizungs-, Gas- und Wasserrohrnetz, sowie andere metallene Systeme mit Erderwirkung in ihrer Gesamtheit wie ein großer Maschenerder wirken.

Allgemeines

In Gebieten mit geschlossener Bebauung, z. B. in Städten, Industriebezirken und in eng besiedelten Gemeinden, ist eine einwandfreie elektrische Trennung z. B. der Anlagenerder (R_A) von der Gesamtheit aller Betriebserder (R_B) des elektrischen Versorgungssystems praktisch nicht möglich. Diese →Erder sind gleich einem „globalen Erdungssystem" entweder miteinander metallisch leitend verbunden oder über die Erderwirkung niederohmig gekoppelt. Jeder →Körperschluss führt in den genannten Gebieten praktisch zum →Kurzschluss (TN-System) mit einer Senkung der →Fehlerspannung unter die Hälfte der Netzspannung gegen Erde.

Globales Erdungssystem

Ein globales (regionales) Erdungssystem bezeichnet die in einem großen Gebiet (Region) untereinander verbundenen lokalen Betriebs-, Schutz- und Funktionserder, Blitzschutzerder, Fundamenterder, Metallmantelkabel und anderen Metallteile mit Erderwirkung für Niederspannungs- und Hochspannungsanlagen. Charakteristisch für ein solches anlagen- und spannungsübergreifendes gemeinsames Erdungssystem ist, dass gefährliche Potentialunterschiede zwischen den berührbaren Anlagenteilen nicht auftreten können.

Gefahr

Zustand, bei der das →Risiko z. B. für Leben und Gesundheit größer ist als das nach dem Stand der Technik zumutbare, durch sicherheitstechnische Festlegungen abgegrenzte →Risiko (Grenzrisiko).

Von „Gefahr" (engl. *risk*) abgeleitet ist

- der „Gefahrenbereich", z. B. für elektrische Prüfanlagen (Prüfbereich) nach DIN VDE 0104, und
- die „Gefahrenzone" nach DIN VDE 0105-100, den Unfallverhütungsvorschriften (UVV) BGV A3 sowie deren Durchführungsanweisungen.

[1] Namensgeber ist der italienische Physiker und Arzt *Luigi Galvani* (1737-1798).

„Gefahrenzone“ bezeichnet einen begrenzten, maßlich genau festgelegten Bereich um den unter Spannung stehenden Teilen, gegen deren →direktes Berühren kein vollständiger Schutz besteht.

Schutzmaßnahmen, auch Gefahrenschaltungen, im Sinne von DIN 31000 (VDE 1000) verhindern das Entstehen von elektrischen Gefahren. Dabei haben im Zweifel die sicherheitstechnischen Erfordernisse den Vorrang vor wirtschaftlichen Überlegungen [1].

Literatur

[1] DIN 31 000 (VDE 1000):1979-03 Allgemeine Leitsätze für das sicherheitsgerechte Gestalten technischer Erzeugnisse.

Gefahrenmeldeanlage

Informationsanlage zum selbsttätigen Überwachen und Melden von Gefahren, insbesondere von Bränden, Einbrüchen und Überfällen.

Gefahrenmeldeanlagen (GMA) sind wichtige Sicherheitsanlagen mit Sende- und Empfangseinrichtungen sowie automatisch überwachten Übertragungswegen. Die Einschränkung der Verfügbarkeit oder gar ein Versagen der GMA, auch durch Netz- oder vorsätzliche Störungen (Vandalismus), ist durch besondere Maßnahmen weitgehend verhindert. Eingriffe in die Übertragungsanlagen einer GMA mit dem Ziel, eine Meldung (Alarmierung, Warnung) zu verhindern, bewirken das Gegenteil: Sie führen zu einer Meldung.

Zu einer Gefahrenmeldeanlage (engl. *alarm system*) gehören Einrichtungen für Eingabe, Übertragung, Verarbeitung und Ausgabe von Meldungen einschließlich einer zuverlässigen Energieversorgung.

Gefahrenmeldeanlagen werden wie folgt eingeteilt:

- **Brandmeldeanlagen** (BMA) erkennen und melden Brände zu einem frühen Zeitpunkt und ermöglichen damit den direkten Hilferuf bei Brandgefahren.
- **Einbruchmeldeanlagen** (EMA) überwachen bestimmte Gegenstände auf unbefugte Wegnahme sowie Bereiche auf unbefugtes Eindringen von Personen (ggf. auch Tiere) in diese Bereiche.
- **Überfallmeldeanlagen** (ÜMA) dienen Personen zum direkten Hilferuf bei Überfällen (Personen- Hilferufanlagen, engl. *social alarm systems*).

Gefahrenmeldeanlagen unterscheiden sich im Prinzip praktisch nur durch ihre Melder und Sensoren.

Die Ausführung von Gefahrenmeldeanlagen (Alarmanlagen) erfolgt nach den Normenreihen DIN EN 50130 bis 50136 (VDE 0830) und DIN VDE 0833. Brandmeldeanlagen (engl. *fire alarm systems*), für die eine VdS-Anerkennung gefordert ist, müssen darüber hinaus der VdS 2095 entsprechen.

Brandmeldeanlagen

Zum Wahrnehmen und Melden von Bränden dienen Branddetektoren. Im einfachsten Fall sind das **Bimetalldetektoren** (Bimetallschalter), deren Kontakt sich bei Erwärmung öffnet, s. Bild G1 a. Bei stichflammenartigen Bränden besteht jedoch die Gefahr, dass bei diesen Thermomeldern die Kontaktstücke verschweißen und sich diese danach mit Hilfe des Bimetalls nicht mehr trennen lassen. Günstiger sind deshalb **Schmelzdetektoren** (Schmelzlotschalter), bei denen oberhalb einer Temperatur von 50 °C eine Lotperle schmilzt und dabei unter dem Einfluss einer Federkraft die Kontaktstücke auseinandergezogen werden, s. Bild G1 b.

Neuerdings gibt es **pyrotechnische Sensoren**, die nicht nur auf Wärmeenergie, sondern auch auf Infrarotstrahlen ansprechen. Diese Strahlen werden schon zu Beginn von Bränden ausgesendet und von den Infrarotsensoren aufgenommen, wenn noch kein nennenswerter Temperaturanstieg vorhanden ist (Frühwarnmelder).

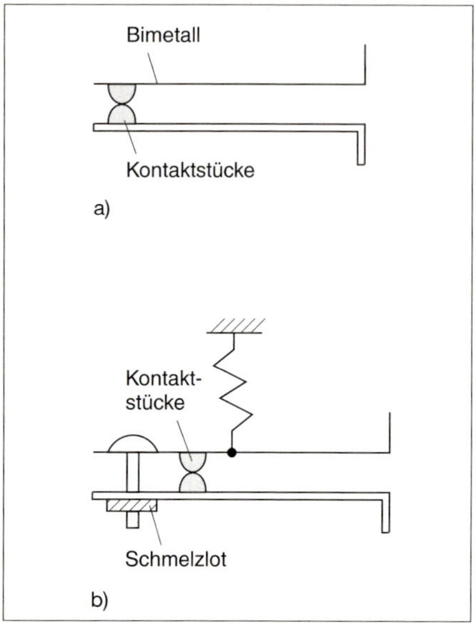

Bild G1: Branddetektoren (mechanische Brandmelder)
a) Bimetalldetektor; b) Schmelzdetektor

Zur Früherkennung und -warnung von Bränden eignen sich auch **Rauchgasdetektoren** (Aerosoldetektoren). Diese Detektoren arbeiten entweder mit einer Streulicht- oder einer Ionisationskammer (Ionisationsfeuermelder). Sie melden bereits in der Schwelphase, in der noch keine offene Flamme und folglich auch keine nennenswerte Hitzeentwicklung auftritt, das Vorhandensein von Rauch oder Rauchgas (Aerosol) und können somit größeren Schaden vermeiden.

Branddetektoren haben ausgangsseitig elektromechanische Kontakte. Sie können somit unmittelbar anstelle der Meldetaster in die Meldeschleife (Ruhestromschleife) eingefügt werden.

Es sind auch Schaltungen möglich, bei denen beim Ansprechen des ersten Branddetektors zunächst interner Alarm ausgelöst wird. Beim Ansprechen eines zweiten Detektors werden automatisch die Löschanlagen in Betrieb gesetzt, die Feuerwehren alarmiert sowie bestimmte Betriebsteile elektrisch →freigeschaltet. Andere Meldesysteme beruhen auf dem Absaugen von Luftproben, z. B. aus Transformatorenräumen oder Schaltschränken, die in eine Prüfkammer geleitet werden. Bei Brandrauch oder Rauchgas wird automatisch Alarm ausgelöst.

Einbruchmeldeanlagen

Einbrüche und Überfälle können grundsätzlich durch die gleiche Meldeanlage erfasst und gemeldet werden wie ein Brand. Allerdings werden dazu andere Wahrnehmungs- und Signalgeber (Meldesensoren) benötigt, z. B. von außen nicht erkennbare Magnetkontakte an Türen (Reedkontakte[1)]), in Glasscheiben eingebettete dünne Überwachungsdrähte, elektronische Glasbruchmelder (Körperschallsensoren[2)]), Erschütterungsmelder[3)], Ultraschall-, Mikrowellen-

[1)] **Reedkontakte** befinden sich unter Schutzgasatmosphäre in einem Glasröhrchen und schließen beim Einwirken äußerer Magnetfelder. Der Magnet selbst ist in die Stirnseite des Türflügels eingelassen. Bei geschlossener Tür wirkt sein Magnetfeld auf den Reedkontakt und hält ihn geschlossen.

[2)] **Körperschallsensoren** werden auf die Glasscheibe aufgeklebt und überwachen diese bis auf etwa 1,5 m Entfernung. Diese Sensoren sind Spezialmikrofone mit einem Empfindlichkeitsmaximum zwischen 50 und 100 kHz. Damit sprechen sie mit Sicherheit auf die beim Bersten von Glas auftretenden vergleichsweise hohen Frequenzen an.
Fehlalarme durch andere im Luftschall vorhandene Frequenzen sind praktisch ausgeschlossen.

[3)] **Erschütterungsmelder** (Vibrationsmelder) bestehen aus einem Sensor (Messfühler) in Gestalt eines piezoelektrischen Messwandlers, der die mechanischen Schwingungen wahrnimmt und diese in elektrische Schwingungen, d. h. in einen ihnen proportionalen elektrischen Strom umwandelt. Der Strom wird über einen Verstärker einem Alarmgeber zugeführt.

oder Lichtschranken. Damit Einbrecher durch das Licht nicht womöglich vorgewarnt werden, setzt man vor die Lichtquelle zweckmäßig ein Infrarotfilter, das den sichtbaren Lichtanteil wirksam unterdrückt.
Sehr verbreitet sind pyrotechnische Sensoren in Gestalt von Passiv-Infrarotmeldern, die auf die infrarote Körperstrahlung (Wärmestrahlen) des Einbrechers zuverlässig ansprechen (→Bewegungsmelder). Wird die Alarmschleife unterbrochen, so fällt das Melderelais ab und löst Alarm aus. Der Eindringling hat keine Möglichkeit, dieses Ereignis rückgängig zu machen.
Als Signalgeber können Rundumleuchten, Hupen oder Sirenen dienen, die örtlich alarmieren (Alarmgeber). Mitunter sind aber auch Signalgeber zweckmäßig, die z.B. über die Fernmeldeleitung ein stilles Signal an die Polizei, den Wachdienst, den Nachbarn oder an einen informierten Fernsprechteilnehmer übermitteln. In jedem Fall müssen die Meldesensoren schwer zugänglich und räumlich getrennt von etwaigen Einbruchstellen montiert sein (Sabotageschutz).
Für Einbruchmeldeanlagen (engl. *intrusion systems*) sind **Ruhestrom**-Meldelinien zu verwenden, die beim Manipulieren am Leitungsnetz oder an der Stromversorgung sofort Alarm auslösen. Durch eine Meldeortkennzeichnung sollte der Bereich ersichtlich sein, in der der „ungebetene Gast" einzudringen versucht.

gefährlicher Körperstrom

→Elektrischer Strom, der den →Körper eines Menschen oder eines Nutztiers durchfließt und dabei einen schädigenden (pathophysiologischen) Effekt auslöst.
Die Gefährlichkeit nimmt mit der Stromstärke und der Einwirkdauer zu. Außerdem spielt – neben weiteren Faktoren, wie Stromweg, →vulnerable Herzphase – auch die Frequenz eine Rolle. Gleichströme und Hochfrequenzströme sind beispielsweise weniger gefährlich als Wechselströme mit einer Frequenz von 50 Hz.

gefährliches Teil

Teil, dem sich zu nähern oder das gar zu berühren gefährlich ist.

Gefährliches elektrisches Teil

Ein gefährliches →aktives Teil (engl. *hazardous-live-part*) ist ein betriebsmäßig unter Spannung stehendes Teil, von dem unter bestimmten Bedingungen eine elektrische Gefahr, ja sogar ein tödlicher →elektrischer Schlag ausgehen kann [1]. Es wird auch →**berührungsgefährliches Teil** genannt.
Elektrische Gefahr (Symbol ⚡) bezeichnet das →Risiko einer Verletzung, das von einem elektrischen Betriebsmittel oder einer Anlage ausgeht. Die Quelle einer möglichen Verletzung oder Gesundheitsschädigung durch das Vorhandensein →elektrischer Energie wird **elektrische Gefährdung** (engl. *electrical hazard*) genannt [2]. Bei der Durchführung von Arbeiten mit elektrischen Betriebsmitteln in →leitfähigen Bereichen mit begrenzter Bewegungsfreiheit, z.B. in Kesseln, Behältern, Tanks oder Rohren (enge Räume), besteht meist eine „erhöhte elektrische Gefährdung".
Gefährliche aktive Teile sind durch hochwertige →Isolierungen, widerstandsfähige Abdeckungen (→Gehäuse) oder durch entsprechende Anordnung der →direkten Berührung oder Annäherung (bei Hochspannung) zu entziehen. Darüber hinaus sind beim →Arbeiten in der Nähe von gefährlichen aktiven Teilen die Mindestschutzabstände nach DIN VDE 0105-100 [2] sowie nach der Unfallverhütungsvorschrift (UVV) BGV A3 [3] einzuhalten.

Gefährliches mechanisches Teil

Ein gefährliches mechanisches Teil ist ein sich bewegendes Teil, das zu berühren gefährlich ist [4].

Der Schutz von Personen gegen das Berühren von gefährlichen mechanischen Teilen bzw. gegen das unzulässige Annähern an diese Teile, z. B. an den Rotor einer drehenden elektrischen Maschine, erfolgt in der Regel durch ein Gehäuse oder durch Abdeckungen. Bei bestimmten Einrichtungen ist alternativ auch ein ausreichender Abstand als Schutz gegen das Berühren von gefährlichen mechanischen Teilen zulässig, z. B. bei Lüftern.

Nachweis

Der Nachweis eines ausreichenden Abstands von gefährlichen elektrischen Teilen in Niederspannungsanlagen sowie von gefährlichen mechanischen Teilen erfolgt durch eine Prüfsonde (Zugangssonde), die einen Körperteil, ein Werkzeug oder einen festen Fremdkörper, z. B. einen Draht, nachahmt. Zur Nachbildung des Zeigefingers einer erwachsenen Person dient der zweifach gegliederte **Prüffinger** (engl. *standard test finger*) nach DIN EN 60529 [4]. Die Schutzart IP2X ist eingehalten, wenn mit diesem (Norm-)Prüffinger gefährliche elektrische Teile nicht berührt werden können (→Fingersicherheit).

Literatur

[1] IEC 60050-195:1998-08 Internationales Elektrotechnisches Wörterbuch; Kapitel: Erdung und Schutz gegen elektrischen Schlag.

[2] DIN VDE 0105-100:2005-06 Betrieb von ektrischen Anlagen.

[3] Unfallverhütungsvorschrift BGV A3 „Elektrische Anlagen und Betriebsmittel“ mit Durchführungsanweisungen. Herausgeber: Berufsgenossenschaft der Feinmechanik und Elektrotechnik, Köln.

[4] DIN EN 60529 (VDE 0470-1):2000-09 Schutzarten durch Gehäuse (IP-Code).

Gegenparallelschaltung

Schaltung, bei der zwei stromrichtungsabhängige Bauelemente, z. B. →Dioden oder →Thyristoren, mit entgegengesetzter Durchlassrichtung parallel betrieben werden, s. Bild G2.

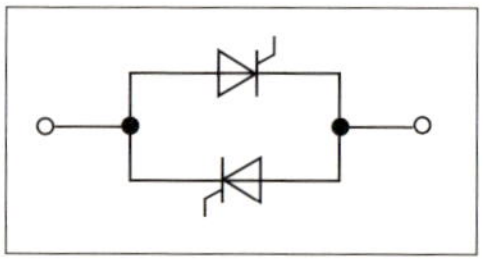

Bild G2: Gegenparallelschaltung von Thyristoren

Die Gegenparallelschaltung (Antiparallelschaltung) zweier Thyristoren ersetzt einen **Triac** (Symmistor), d. h. ein Halbleiterventil, dessen Stromdurchlässigkeit in beiden Richtungen gesteuert werden kann. Triac ist die Abkürzung der englischen Bezeichnung ***tri**ode **a**lternating **c**urrent switch*.

Gegenreihenschaltung

Reihenschaltung von elektrischen Energiequellen, deren gleichnamigen Pole jeweils miteinander verbunden sind, s. Bild G3.

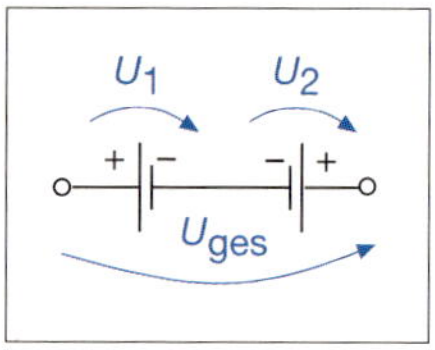

Bild G3: Gegenreihenschaltung von Energiequellen

Bei der Gegenreihenschaltung ist die gesamte Klemmenspannung, z. B. von zwei entgegengeschalteten Energiequellen, gleich der Differenz der Teilspannungen der einzelnen Energiequellen:

$U_{ges} = U_1 - U_2$, wenn $U_1 > U_2$

$U_{ges} = U_2 - U_1$, wenn $U_2 > U_1$

Bei Belastung mit einem Verbraucher werden die einzelnen Energiequellen – wie bei der Summenreihenschaltung – stets vom gleichen Strom durchflossen.

Gehäuse

Äußere →Umhüllung eines →elektrischen Betriebsmittels zum Schutz

- gegen mechanische Einwirkungen sowie gegen das Eindringen von Fremdkörpern und Feuchtigkeit,
- gegen das Erreichen Gefahr bringender beweglicher Teile,
- gegen das Berühren →aktiver Teile in allen Richtungen und erforderlichenfalls
- gegen Lichtbögen.

Bei manchen elektrischen Betriebsmitteln wird das Gehäuse (engl. *enclosure*) auch **Gefäß** genannt, z. B. Stromrichtergefäß. Elektrische Betriebsmittel mit leitfähigem Gehäuse haben oft eine Schutzleiteranschlussstelle (Schutzklasse I). In diesem Fall wird das Gehäuse auch →**Körper** (engl. *exposed conductive part*) genannt.

geprüfte Anschlusszone

Zone (Bereich) in der Umgebung der Anschlussstellen eines →elektrischen Betriebsmittels, z. B. →Schaltgeräts oder →Transformators. Für diesen Bereich hat der Hersteller des elektrischen Betriebsmittels durch eine Typprüfung mit den Werten der entsprechenden →Bemessungs-Stehspannung nachgewiesen, dass nach Anschluss der aktiven Leiter entsprechend den z. B. in der Betriebs- oder Montageanleitung enthaltenen Festlegungen das erforderliche Isoliervermögen nicht unterschritten wird [1].

Literatur

[1] DIN VDE 0101:2000-01 Starkstromanlagen mit Nennwechselspannungen über 1 kV.

Geräteschutzsicherung

→Sicherung zum Schutz elektrischer und elektronischer Geräte, z. B. Rundfunk- und Fernsehgeräte, Büromaschinen, Computer, Haushaltgeräte, Messinstrumente, Ladegeräte, Kleinmotoren sowie elektronische Baugruppen und Schaltungen, vor Überlast und Kurzschluss.

Allgemeines

Geräteschutzsicherungen (engl. *miniature fuses*) – kurz **G-Sicherungen**, mitunter auch **Feinsicherungen** genannt – bestehen aus dem Sicherungshalter und dem →Sicherungseinsatz. G-Sicherungseinsätze (engl. *miniature fuse-links*) werden bei vergleichsweise kleinem Schaltvermögen meist in Form eines Glasröhrchens mit Kontaktkappen an den Stirnseiten hergestellt, zwischen denen sich der →Schmelzleiter befindet, s. Bild G4.

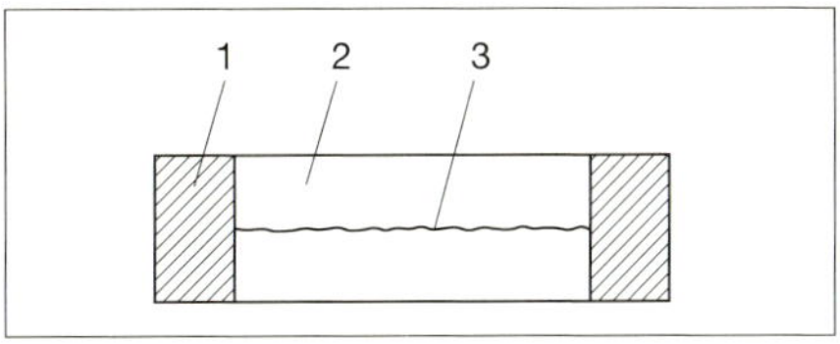

Bild G4: G-Sicherungseinsatz
1 Kontaktkappe; 2 Glasröhrchen; 3 Schmelzleiter

Bei großem Schaltvermögen besteht das Isolierrohr meist aus Porzellan oder Keramik. Außerdem ist es mit einem Löschmittel, z. B. Quarzsand, Gips oder Kalk, gefüllt. Die Kontaktkappen sind aus einer Kupferlegierung gefertigt und zum Zweck des Kor-

rosionsschutzes mit einer Nickel- oder Silberschicht überzogen.
Die zylindrischen G-Sicherungseinsätze nach DIN EN 60127-2 (VDE 0820-2) sind 20 mm lang und haben einen Durchmesser von 5 mm. Sicherungseinsätze von 32 mm Länge und 6,3 mm Durchmesser werden hauptsächlich in den angelsächsischen Ländern verwendet.

Strom-Zeit-Kennlinien

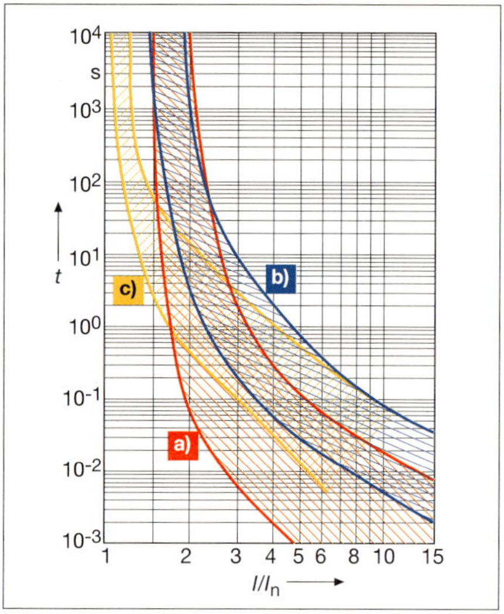

Bild G5: Strom-Zeit-Kennlinien von G-Sicherungseinsätzen a) flink; b) mittelträge; c) träge

G-Sicherungseinsätze gibt es in superflinker (FF), flinker (F), mittelträger (M), träger (T) und superträger (TT) Ausführung. Ihre Nennströme reichen von einigen Milliampere bis etwa 16 A. Je nach Bauart beträgt das Kurzschlussschaltvermögen von $10 \cdot I_n$ bzw. 35 A (kleines Schaltvermögen, Kurzzeichen L) bis 1500 A (großes Schaltvermögen, Kurzzeichen H). Für dieses verhältnismäßig kleine Sicherungssystem finden →Betriebs- und Funktionsklassen keine Anwendung.
Die Strom-Zeit-Kennlinien von G-Sicherungseinsätzen sind im Bild G5 dargestellt.

Gerüst

Konstruktion einer offenen oder halboffenen Schaltgerätekombination zur Aufnahme von →elektrischen Betriebsmitteln und erforderlichenfalls auch der festen Verkleidung sowie Türen, Beispiele s. Bild G6.

Glättungsdrossel

Drossel zur Stromglättung. Sie speichert die elektrische Energie in den stromlosen Pausen, die z. B. bei einpulsiger Gleichrichtung entstehen. Selbst bei zwei- und dreipulsigen Gleichrichterschaltungen ist die Stromwelligkeit (Oberschwingungen) mitunter so hoch, dass eine Glättung des Gleichstroms notwendig ist.
Glättungsdrosseln nach DIN EN 60289 (VDE 0532) werden praktisch ausschließlich als Spulen mit Eisenkern und Luftspalt (Luftspaltdrosseln) hergestellt.

Gleichstrommotor

→Elektromotor, dem →elektrische Energie von einer Gleichstromquelle zugeführt wird und der mechanische Energie über seine Welle (Läufer) abgibt.

Aufbau

Gleichstrommotoren bestehen aus dem
- **Ständer** (Stator) mit ausgeprägten Polen (Hauptpolen) zur Aufnahme der Erregerwicklung und dem
- **Läufer** (Rotor) mit einer gleichmäßig in Nuten verteilten (Anker-)Wicklung, deren Anschlüsse ggf. an einen Kommutator[1] geführt sind. Zur Stromzuführung des

[1] **Kommutatoren** (Stromwender) sind meist rotierende Baugruppen in elektrischen Maschinen, die das periodische Umschalten von Wicklungsteilen bewirken. Sie haben so viele Stege, wie der →Anker Spulen hat.

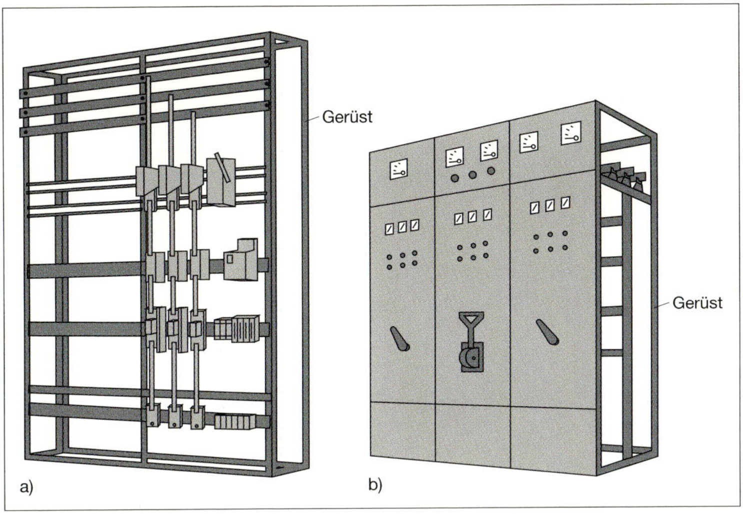

Bild G6: Offene Bauformen von Schaltgerätekombinationen
a) Gerüstbauform (ohne Gehäuse, Schutzart IP0X);
b) Tafelbauform (Bedienungsfront Schutzart mind. IP2X)

Läufers schleifen auf dem Kommutator →Bürsten.

Neben der Erregerwicklung haben Gleichstrommotoren in ihrem Ständer noch weitere Wicklungen, die zur

- Beeinflussung des Drehzahlverhaltens auf den Hauptpolen oder zur
- Aufhebung der Selbstinduktionsspannung und damit zur Erzielung eines funkenfreien Laufs auf sog. **Wendepolen** angeordnet sind. Die Wendepolwicklung ist keine Erregerwicklung. Sie gehört zum Anker, weil sie der Stromwendung, d. h. dem periodischen Umschalten von Wicklungsteilen, dient.
  Wendepole sind eigenständige Hilfspole. Sie sitzen zwischen den Hauptpolen in der neutralen Zone (Pollücke) und machen andere Einrichtungen zur Beseitigung der Selbstinduktionsspannung, z. B. eine Bürstenverschiebung oder Kommutatoren, überflüssig.

Hinsichtlich der Schaltung der Erregerwicklung und damit der Art der Erregung unterscheidet man zwischen Gleichstrom-Nebenschlussmotoren, -Reihenschlussmotoren und -Doppelschlussmotoren.

Gleichstrom-Nebenschlussmotor

Bei diesen Motoren liegt die Erregerwicklung unmittelbar am Netz. Außerdem befindet sich diese Wicklung und damit das Feld parallel zum Anker, d. h. im Nebenschluss, s. Bild G7. Die Erregerwicklung wird deshalb auch **Nebenschlusswicklung** genannt.

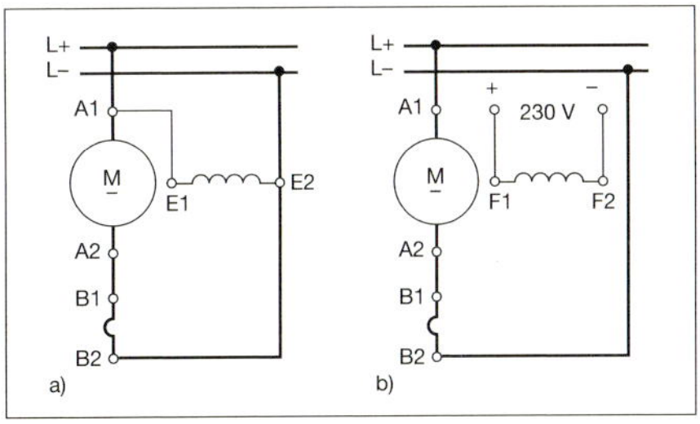

Bild G7: Gleichstrom-Nebenschlussmotor
a) eigenerregt; b) fremderregt
A1, A2 Ankeranschlüsse (früher A, B)
B1, B2 Anschlüsse der Wendepolwicklung (früher G, H)
E1, E2 Anschlüsse der Nebenschlusswicklung (früher C, D)

Gleichstrom-Nebenschlussmotoren haben bei Belastungsänderungen praktisch immer eine gleich bleibende Drehzahl, weil Anker und Erregerwicklung gemeinsam an der unveränderten Netzspannung liegen. Mit zunehmender Belastung geht die Drehgeschwindigkeit gegenüber dem Leerlauf um weniger als 10 % und damit nur unbedeutend zurück.

Eine **Drehzahlregelung** erfordert bei Gleichstrom-Nebenschlussmotoren immer eine Veränderung des magnetischen Felds (Nebenschlusserregung). Zu diesem Zweck wird in den Nebenschlusskreis ein Feldregler eingeschaltet. Bei einer Vergrößerung des Widerstands wird der Erregerstrom des Motors geschwächt; dadurch sinkt seine erzeugte Gegenspannung. Die überwiegende Netzspannung treibt nun einen größeren Strom durch den Anker, welcher daraufhin die Drehzahl so weit steigert, bis wieder eine mit der Netzspannung fast übereinstimmende Gegenspannung erzeugt wird. Eine Schwächung des Erregerstroms bedeutet somit eine Erhöhung, eine Verstärkung des Erregerstroms dagegen eine Verminderung der Drehzahl.

Etwa 80 % aller Gleichstrommotoren sind Nebenschlussmotoren.

Gleichstrom-Reihenschlussmotor

Bei diesen Motoren – früher auch „Hauptschlussmotoren" oder „Hauptstrommotoren" genannt – liegt die Erregerwicklung in Reihe zum Anker, s. Bild G8. Sie wird deshalb auch **Reihenschlusswicklung** genannt. Der Erregerstrom ist gleich dem Ankerstrom, sodass der Erregerfluss bis zum Erreichen der Sättigung annähernd proportional der Stromaufnahme ist.

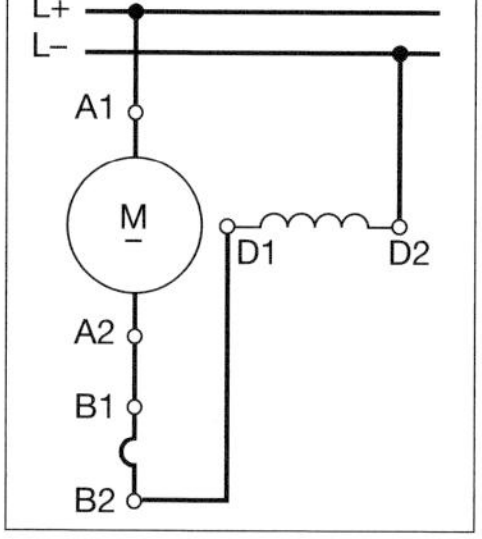

Bild G8: Gleichstrom-Reihenschlussmotor D1, D2 Anschlüsse der Reihenschlusswicklung (früher E, F)

Im Gegensatz zum Nebenschlussmotor kann der Reihenschlussmotor trotz relativ geringer Stromstärke ein vergleichsweise großes Anzugsmoment entwickeln. Es wächst im ungesättigten Bereich etwa mit dem Quadrat des Ankerstroms.

Die Drehzahl eines Gleichstrom-Reihenschlussmotors wird mittelbar über den Erregerfluss durch die Belastung bestimmt. Deshalb sinkt die Drehzahl mit zunehmender Belastung stark ab. Bei einer völligen Entlastung (Leerlauf) kann der Motor dagegen „durchgehen". Gleichstrom-Reihenschlussmotoren müssen deshalb stets starr mit der Arbeitsmaschine verbunden sein. Für Riemen- oder Kettenantrieb sind diese Motoren folglich nicht geeignet.

Gleichstrom-Reihenschlussmotoren laufen bei großer Belastung langsam und bei geringer Belastung schnell. Deshalb ist ihr Einsatz besonders dort vorteilhaft, wo große Lasten langsam und kleine Lasten rasch bewegt werden sollen. Das ist z. B. bei elektrischen Bahnen und Kranen der Fall. Außerdem ist hierbei ein großes Anzugsdrehmoment notwendig, und die Belastung kann niemals null sein.

Bei Gleichstrom-Reihenschlussmotoren ist eine **Drehzahlregelung** durch Vorschalten von Ankerwiderständen möglich. Dabei treten jedoch erhebliche Verluste auf; das ist nachteilig. Ist der Widerstand so groß, dass der Anker z. B. nur noch die halbe Netzspannung erhält, so sinkt auch seine Drehzahl auf die Hälfte.

Gleichstrom-Doppelschlussmotor

Diese Motoren – früher auch „Kompoundmotoren" oder „Verbundmotoren"genannt – werden durch eine Nebenschlusswicklung und eine Reihenschlusswicklung erregt, von denen die eine parallel und die andere in Reihe zum Anker liegt, s. Bild G9. Beide Wicklungen unterstützen sich somit in der Erregung des Felds.

Die Bezeichnung „Doppelschlussmotor" geht auf das Vorhandensein der genannten doppelten Wicklungen zurück. Eine körperlich vorhandene „Doppelschlusswicklung" gibt es bei diesen Motoren demnach nicht.

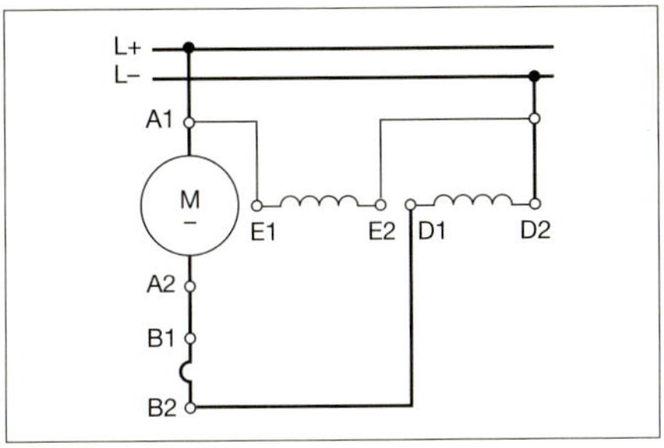

Bild G9: Gleichstrom-Doppelschlussmotor (Klemmenbezeichnung der Wicklungsanschlüsse s. Bilder G7 und G8)

Je nach Unterteilung der Erregerwicklung ist das Betriebsverhalten von Gleichstrom-Doppelschlussmotoren verschieden – es liegt zwischen dem des Nebenschlussmotors und dem des Reihenschlussmotors:

- Überwiegt die Wirkung der Nebenschlusswicklung und damit die Nebenschlusserregung, so sinkt die Drehzahl bei Belastung etwas stärker als bei einem reinen Nebenschlussmotor.
- Überwiegt dagegen die Wirkung der Reihenschlusswicklung, so ist die Drehzahländerung bei Belastung nicht so stark wie bei einem konventionellen Reihenschlussmotor. Außerdem ist hierbei das Anzugsmoment groß.

Bei Anwendung der Gegen-Kompoundschaltung lässt sich der lastabhängige Drehzahlabfall weitgehend ausgleichen.

Gleichstrom-Doppelschlussmotoren können im Leerlauf nicht „durchgehen"; dafür sorgt das Nebenschlussfeld. Diese Motoren können folglich auch ohne Belastung betrieben werden, weil die konstante Nebenschlusserregung eine zu starke Verkleinerung des Felds verhindert. Außerdem ist ihr Anzugsmoment größer als bei herkömmlichen Nebenschlussmotoren.

Eine **Drehzahlregelung** ist bei Doppelschlussmotoren durch Feldregelung möglich. In diesem Fall wird wie bei einem Nebenschlussmotor ein Feldregler eingeschaltet. Bei einer Vergrößerung des elektrischen Widerstands wird der Erregerstrom des Motors geschwächt und dadurch die Drehzahl erhöht. Eine Verstärkung des Erregerstroms hat folglich eine Verminderung der Drehzahl zur Folge.

Die unterschiedlichen Drehzahl-Drehmoment-Charakteristiken von Doppelschlussmotoren ermöglichen eine gute Anpassung an spezielle Antriebe, z. B. an Arbeitsmaschinen mit Schwungmassen (Pressen, Stanzen, Scheren, Walzen) und bei Aufzügen. Diese Motoren werden insbesondere dann verwendet, wenn ein hohes Anzugsmoment erforderlich ist und außerdem stoßweise Belastungen auftreten.

Gleichstrommotoren und Gleichstromgeneratoren stimmen in ihrem Bau vollkommen überein. Jeder Gleichstromgenerator kann auch als Motor betrieben werden, wenn man ihm die dazu notwendige elektrische Energie zuführt.

Gleichstromsystem

Elekrisches Stromsystem, dessen Stromaugenblickswerte im stationären Betrieb zeitlich im Wesentlichen konstant sind. Überlagerungen kleinerer, unwesentlicher Schwingungen oder Schwankungen der Gleichgrößen, z. B. durch Belastungsänderungen, sind dabei ohne Belang [1].

Gleichstromsysteme (engl. *d. c. systems*) werden hinsichtlich der Zahl ihrer Leiter wie folgt eingeteilt:

- **Gleichstrom-Zweileitersystem** (engl. *d. c.-2-wire-system*) mit zwei →Außenleitern (L+ und L-), s. Bild G10 a, oder mit zwei Außenleitern und einem →Schutzleiter (PE), s. Bild G10 b.
- **Gleichstrom-Dreileitersystem** (engl. *d.c.-3-wire-system*) mit zwei Außenlei-

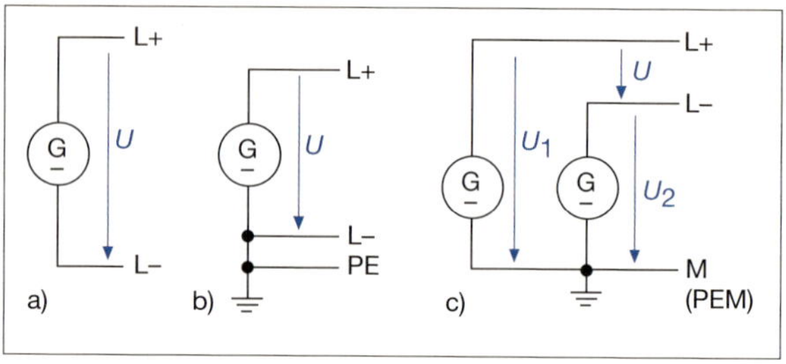

Bild G10 Gleichstromsystemε

a), b) Zweileitersysteme; c) Dreileitersystem

tern und einem ➔Mittelleiter (M) bzw. einem PEM-Leiter,[1)] s. Bild G10 c.

Zwei- und Mehrleitersysteme (*n*-Leitersysteme) sind Stromsysteme mit *n* Leitern. Dabei bedeutet *n* die Anzahl der betriebsmäßig Strom führenden Leiter. Das sind sämtliche Außenleiter und der ➔Neutral- bzw. Mittelleiter. Dazu gehören auch jene Neutral- oder Mittelleiter, die in einem TN-C-System gemäß Bild G10 c gleichzeitig die Funktion des Schutzleiters (PE) mit übernehmen, demnach PEN- oder PEM- Leiter sind.

Schutzleiter (PE), auch ➔Erdungs- und Potentialausgleichsleiter, sind keine Betriebsstrom führenden Leiter. Sie werden folglich in der Bezeichnung der Systeme nach der Zahl ihrer Leiter grundsätzlich nicht berücksichtigt [2][3]. Das gilt im Übrigen auch für solche Leiter, die einem Betriebsstrom führenden Leiter parallel geschaltet sind, s. Bild G10 b. Parallelleiter werden bei der Systembezeichnung immer nur als **ein** Leiter gezählt.

Manchmal (zunehmend jedoch immer seltener) werden die Stromsysteme auch nach der Zahl **sämtlicher** Leiter bezeichnet, demnach unter Berücksichtigung selbst der nicht Betriebsstrom führenden Schutzleiter (PE) [1][4].

[1)] In einem TN-C-(DC)-System übernimmt der Schutzleiter (PE) gleichzeitig die Funktion des Mittelleiters (M), s. Bild G10 c. In diesem Fall wird der Leiter mit der Doppelfunktion folgerichtig **PEM-Leiter** genannt [5].

Literatur

[1] DIN 40108 Elektrische Energietechnik; Stromsysteme; Begriffe, Größen, Formelzeichen (Entwurf Mai 1998).

[2] DIN VDE 0100-300:1996-01 Errichten von Starkstromanlagen mit Nennspannungen bis 1000 V; Bestimmungen allgemeiner Merkmale.

[3] DIN 40110-2 Wechselstromgrößen; Mehrleiter-Stromkreise (Entwurf April 1996).

[4] DIN 40108:1978-05 Elektrische Energietechnik; Stromsysteme; Begriffe, Größen, Formelzeichen.

[5] IEC 60050-195:1998-08 Internationales Elektrotechnisches Wörterbuch. Kapitel: Erdung und Schutz gegen elektrischen Schlag.

Gleichstrom-Wechselstrom-Gleichwertigkeitsfaktor

(bezüglich Herzkammerflimmerns)

Verhältnis des Gleichstroms zu dem Effektivwert des Wechselstroms, bei dem die Wahrscheinlichkeit zur Auslösung von Herzkammerflimmern (➔Herzflimmern) gleich groß ist.

Bei einer Stromflussdauer von beispielsweise 1 s – das ist geringfügig länger als ein Herzzyklus – beträgt der Gleichstrom-Wechselstrom-Gleichwertigkeitsfaktor *k* nach DIN V VDE V 0140-479, bezogen auf eine etwa 50 %ige Wahrscheinlichkeit von Herzkammerflimmern (s. Bilder H9 und H10):

$$k = \frac{I_{\mathrm{FI\,(DC)}}}{I_{\mathrm{FI\,(AC)}}} = \frac{300\ \mathrm{mA}}{80\ \mathrm{mA}} = 3{,}75$$

$I_{\mathrm{FI\,(DC)}}$ Gleichstrom (DC), der mit etwa 50%-iger Wahrscheinlichkeit Herzkammerflimmern auslöst,

$I_{\mathrm{FI\,(AC)}}$ Wechselstrom (AC, Effektivwert), der mit etwa 50%-iger Wahrscheinlichkeit Herzkammerflimmern auslöst.

Gleichzeitigkeitsfaktor

Verhältnis des maximalen Leistungsbedarfs P_{max} einer gleichzeitig in Betrieb befindlichen Gruppe von elektrischen Verbrauchsmitteln zur installierten Leistung P_{inst}, d. h. zur Summe der Anschlusswerte dieser Gruppe:

$$g = P_{max}/P_{inst} \qquad (0 < g \leq 1)$$

Allgemeines

Der Gleichzeitigkeitsfaktor g ist eine wichtige Kenngröße bei der Ermittlung des maximalen Leistungsbedarfs einer →elektrischen Anlage und deren richtiger Bemessung unter ökonomischen Gesichtspunkten. Er berücksichtigt, dass gewöhnlich nicht alle installierten elektrischen Verbrauchsmittel sowie Steckdosen gleichzeitig in Betrieb und auch nicht alle ständig 100 %ig ausgelastet sind. Man denke z. B. an den öfteren Leerlaufbetrieb von Arbeitsmaschinen – eine Betriebsart, bei der die Elektromotoren nur geringe mechanische Arbeit zu leisten haben und deshalb weniger Strom aufnehmen als bei Volllast.

Leistungsbedarf

Der maximale Leistungsbedarf P_{max} einer Gruppe von elektrischen Verbrauchsmitteln ergibt sich aus der installierten Leistung P_{inst} (Anschlussleistung) dieser Gruppe, multipliziert mit dem zutreffenden Gleichzeitigkeitsfaktor g:

$$P_{max} = P_{inst} \cdot g$$

Der Gleichzeitigkeitsfaktor wird gemäß IEC 60050-691 auch „Bedarfsfaktor“ (engl. *demand factor*) genannt. Richtwerte für diesen Faktor sind der Literatur zu entnehmen, z. B. [1] bis [3].

Der Leistungsbedarf von Wohngebäuden ohne Elektroheizung und von Gebäuden mit vergleichbaren Anforderungen ist abhängig von der Zahl der Wohnungen in DIN 18015-1 [4] festgelegt. Diese Angaben dienen als Grundlage für die Projektierung (Bemessung) von Versorgungsnetzen, →elektrischen Hausanschlüssen und →Hauptstromversorgungssystemen.

Literatur

[1] *Rudolph, W.:* Einführung in DIN VDE 0100: Elektrische Anlagen von Gebäuden. 2. Auflage. Berlin: VDE-Verlag, 1999 (VDE-Schriftenreihe Normen verständlich Band 39).

[2] *Cichowski, R. R.; Krefter, K.-H.:* Lexikon der Installationstechnik. 2. Auflage. Berlin: VDE-Verlag, 1999 (VDE-Schriftenreihe Normen verständlich Band 52).

[3] *Baer, R.:* Praktische Beleuchtungstechnik. Berlin: Verlag Technik 1999.

[4] DIN 18015-1:2002-09 Elektrische Anlagen von Wohngebäuden; Planungsgrundlagen.

Glimmlampe

→Entladungslampe mit einer Helium-Neon-Füllung für Anzeige- und Signalzwecke, bei der durch geringen Elektrodenabstand im Wesentlichen nur das schwache, rötlich-gelbe (negative) Glimmlicht auftritt und ausgenutzt wird. Die Lampenleistung beträgt höchstens 1 W. Wegen der fallenden (negativen) Strom-Spannungs-Kennlinie ist bei Glimmlampen (engl. *glow lamps*) ein Vorwiderstand erforderlich. Er befindet sich meist im Sockel der Glimmlampe.

Schaltzeichen: 

Je nach Betrieb mit Gleich- oder Wechselspannung leuchtet entweder nur eine (negative) Elektrode, oder es leuchten beide. Glimmlampen werden deshalb auch in Spannungsprüfern zur Unterscheidung von Gleich- und Wechselspannung verwendet.

Glühlampe

Elektrische →Lampe, deren sichtbare Strahlen durch einen hocherhitzten Glühdraht (meist aus Wolfram) erzeugt wird.

Allgemeines

Die erste brauchbare Glühlampe (engl. *incandescent lamp*) mit evakuiertem Glaskolben baute der deutsche Uhrmacher *Heinrich Goebel* aus Springe bei Hannover im Jahre 1854. Als Glühdraht (Glühfaden, engl. *filament*) dienten verkohlte Bambusfasern. Die →elektrische Energie spendete eine Batterie, denn ein Stromversorgungsnetz gab es zu dieser Zeit, wo das Gaslicht dominierte, noch nicht.

25 Jahre später entwickelte der amerikanische Techniker *Thomas Alva Edison* (1847-1931) eine Kohlefaden-Glühlampe mit Schraubgewinde (Edisongewinde), die er im Jahre 1881 in Paris auf der Ersten Internationalen Elektrizitäts-Ausstellung einer breiten Öffentlichkeit vorstellte und danach professionell vermarktete. Das bei etwa 1800 °C erzeugte Licht war zwar noch sehr rötlich, galt aber deshalb als besonders „gemütlich".

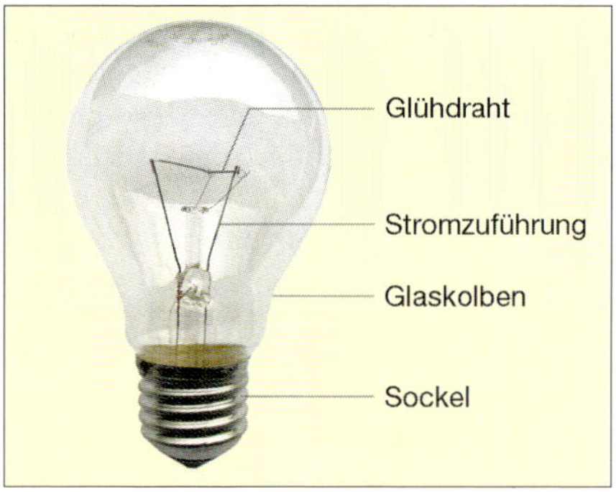

Bild G11: Standardglühlampe (Allgebrauchslampe)

Ausführung

Der zu einer ein- oder mehrfachen Wendel gewickelte Glühdraht befindet sich in einem birnen-, kugel-, pilz- oder rohrförmigen Glas- oder Quarzkolben und wird zwischen zwei Stromzuführungen gehalten, s. Bild G11. Um die Verdampfung des Wolframs bei der üblichen Betriebstemperatur von etwa 2800 °C niedrig zu halten, ist der Kolben mit Gas gefüllt, z. B. mit Stickstoff oder den farb- und geruchslosen Edelgasen Argon, Krypton oder Xenon. Das Gas kann auch einen Halogenzusatz haben (Halogenglühlampe). Der Kolben trägt einen Sockel, der über eine Fassung die Befestigung der Glühlampe und ihre Verbindung mit der Stromquelle ermöglicht.

Glühlampen sind im kalten Zustand relativ niederohmig. Deshalb fließt beim Einschalten mit voller Spannung einige 10 ms lang ein erhöhter elektrischer Strom. Bei Standardglühlampen erreicht der Einschaltstrom Werte bis zum 10-fachen Nennstrom. Glühlampen nach den Normen der Reihe DIN EN 60432 (VDE 0715) werden im Leistungsbereich von etwa 0,1...20 000 W sowie für Nennspannungen bis 230 V, in Ausnahmefällen auch darüber, hergestellt.

Gruppenschaltung

1. Schaltung, die sich aus einer →Reihen- und einer →Parallelschaltung zusammensetzt (gemischte Schaltung), s. Bild G12.

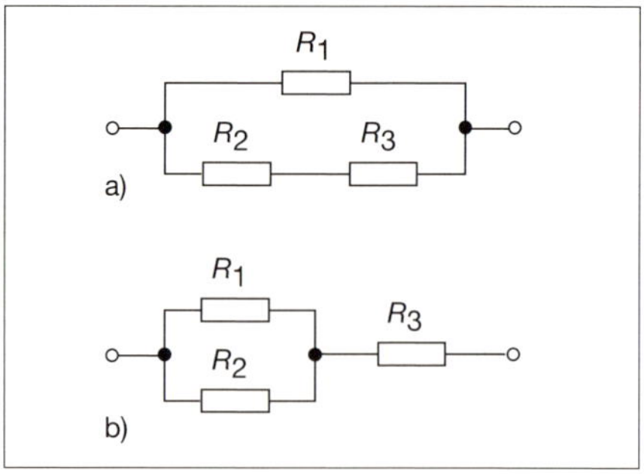

Bild G12: Gruppenschaltungen

Der Gesamtwiderstand R_{ges} bei der Schaltung nach Bild G12 a wird wie folgt berechnet:

$$\frac{1}{R_{ges}} = \frac{1}{R_1} + \frac{1}{R_{23}} \rightarrow R_{ges} = \frac{R_1 \cdot R_{23}}{R_1 + R_{23}}$$

mit $R_{23} = R_2 + R_3$

Bei der gemischten Schaltung nach Bild G12 b wird zunächst der Parallelwiderstand R_{12} berechnet:

$$\frac{1}{R_{12}} = \frac{1}{R_1} + \frac{1}{R_2} \rightarrow R_{12} = \frac{R_1 \cdot R_2}{R_1 + R_2}$$

und dieser zu dem Reihenwiderstand R_3 addiert:

$$R_{ges} = R_{12} + R_3$$

2. Frühere Bezeichnung für Installationsschaltungen, die einen Gruppenschalter enthielten, s. Bild G13. Diese Schaltung ermöglicht es z. B., zwei Lampen einzeln jeweils abwechselnd – nicht gemeinsam, wie bei der →Serienschaltung – ein- und auszuschalten. Gruppenschalter werden nicht mehr hergestellt; ihre Aufgaben haben Serienschalter mit übernommen.

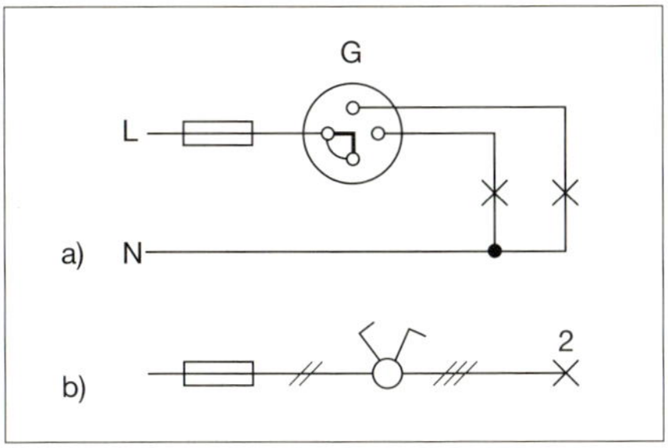

Bild G13: Gruppenschaltung (G Gruppenschalter) – Schaltbild
a) ausführlich (mehrpolig);
b) vereinfacht (einpolig)

Gürtelkabel

Papierisoliertes Starkstromkabel mit →Metallmantel (Nennspanung bis 10 kV), das neben der Aderisolierung noch über eine gemeinsame →Isolierung, die sog. Gürtelisolierung, um alle →Adern unter dem Mantel verfügt, s. Bild G14.

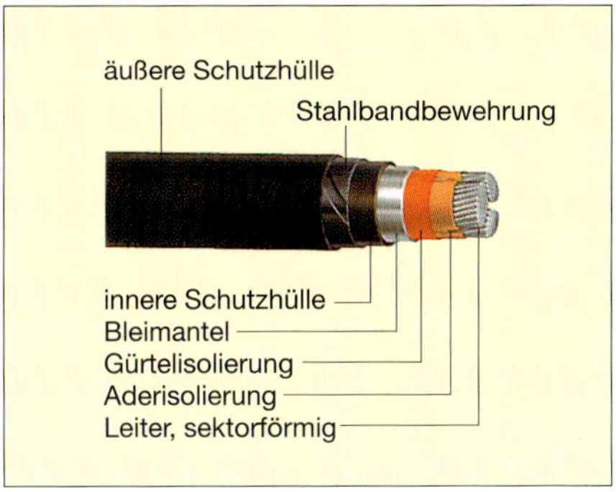

Bild G14: Gürtelkabel (Bleimantelkabel)

Gürtelkabel (engl. *belted cable*) haben im Gegensatz zum →Höchstädterkabel einen nicht radialen Feldverlauf.

H

Halogen-Metalldampflampe

Hochdruck-Entladungslampe, deren lichtdurchlässiges, geschlossenes Entladungsrohr (Brenner) Quecksilberdampf mit Zusätzen von Halogenverbindungen verschiedener Metalle (Salze) und/oder seltener Erden (spezielle Metalloxide) enthält. Der Brenner wird meist von einem zweiten Glaskolben, dem Außenkolben, umschlossen, s. Bild H1.

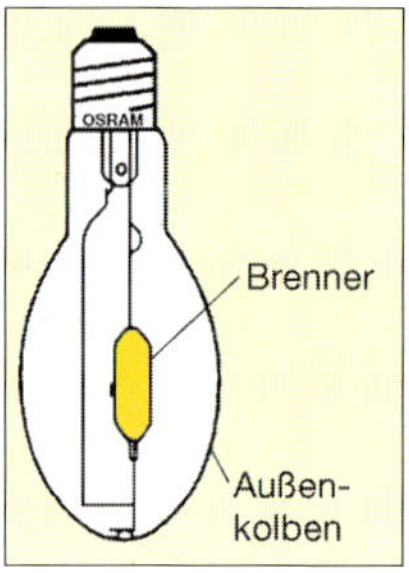

Bild H1: Halogen-Metalldampflampe mit ellipsoidförmigem Glaskolben

In der Regel ist das Innere des Außenkolbens evakuiert (luftleer), um die Wärmeverluste während des Betriebs zu minimieren.

Zusatzgeräte

Halogen-Metalldampflampen benötigen wie alle →Entladungslampen i. Allg. ein

- **Zündgerät** (Starter) zum Zünden der Gasentladung und ein
- →**Vorschaltgerät** zur Strombegrenzung.

Der Anlaufstrom (Einschaltstrom) während des 2...4 min langen Einbrennvorgangs der Lampe zum Erreichen ihrer Helligkeit liegt in Abhängigkeit vom verwendeten Lampen- und Vorschaltgerätetyp etwa 40...90 % über dem Lampennennstrom [1]. Dieser Umstand ist bei der Auswahl und Bemessung der Überstrom-Schutzeinrichtungen zu berücksichtigen.

Anwendung

Halogen-Metalldampflampen (Handelsnamen: HQI, HCL, HPI, MHN usw.) werden zz. bis 3500 W gefertigt und haben eine Nutzbrenndauer von etwa 6000 Betriebsstunden. Sie zeichnen sich gegenüber ihren direkten „Verwandten“, den Quecksilberdampf-Hochdrucklampen (Handelsnamen: HQL, HPL, HSL usw.), durch eine höhere Lichtausbeute und infolge ihres neutralweißen Lichts durch bessere Farbwiedergabeeigenschaften[1] aus. Halogen-Metalldampflampen finden deshalb vorzugsweise in Leuchten von Flutlichtanlagen großer Sportstätten, als Bühnenbeleuchtung in Theatern und Veranstaltungshallen, als Szenenbeleuchtung bei Filmprojekten, zur Objektbeleuchtung in Fotostudios, von Gebäudefassaden, Wasserspielen und Parks sowie als Baustellenbeleuchtung Anwendung.

Als Straßenbeleuchtung spielen Halogen-Metalldampflampen wegen ihrer vergleichsweise hohen Anschaffungskosten eine untergeordnete Rolle. Hierfür werden neben Quecksilberdampf-Hochdrucklampen mit Nennleistungen bis 1000 W zunehmend Natriumdampf-Hochdrucklampen verwendet. Ihr Licht ist von rötlicher Farbe.

Literatur

[1] *E. Folkerts:* Halogen-Metalldampflampen. de 71(1996)10, S. 68g und 72g.

---

[1] Halogen-Metalldampflampen können infolge ihrer UV-Strahlung im Laufe der Zeit ein Ausbleichen von Farben auf den angestrahlten Gegenständen bewirken.

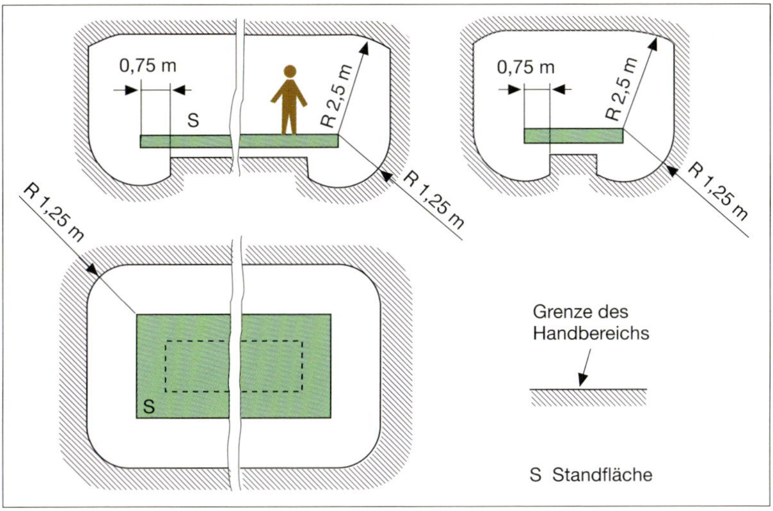

Bild H2: Handbereich [1]

Haltbarkeit

Fähigkeit einer Betrachtungseinheit, z. B. eines →elektrischen Betriebsmittels, eine geforderte Funktion unter gegebenen Anwendungs- und Instandhaltungsbedingungen zu erfüllen, bis ein Grenzzustand, z. B. das Ende der Brauchbarkeitsdauer, erreicht ist. Die Brauchbarkeitsdauer endet, wenn die Ausfallrate unvertretbar hoch ist.

Synonyme für die Haltbarkeit sind **Dauerhaftigkeit, Beständigkeit** und **Langlebigkeit** [1].

Literatur

[1] DIN 31051:1985-01 Instandhaltung; Begriffe und Maßnahmen (wird ersetzt durch [2]).

[2] DIN EN 13306:1998-09 Begriffe der Instandhaltung (zz. Entwurf).

Handbereich

Räumlicher Bereich, der sich von Standflächen aus erstreckt, die üblicherweise betreten werden, und dessen Grenzen eine Person in allen Richtungen ohne Hilfsmittel mit der Hand erreichen kann.

Als Reichweite eines Menschen mit der bloßen Hand (Armreichweite, engl. *arm's reach*) gilt vereinbarungsgemäß, gemessen von der üblicherweise betretenen Standfläche:

- 2,50 m nach oben,
- 1,25 m zur Seite und
- 0,75 m nach unten.

Dabei sind die Übergangsflächen abgerundet, s. Bild H2. Ist eine übliche Standfläche in horizontaler Richtung durch ein Hindernis, z. B. durch ein Geländer oder Maschengitter, begrenzt, so wird der Handbereich von diesem Hindernis aus gerechnet.

Literatur

[1] DIN VDE 0100-410:1997-01 Errichten von Starkstromanlagen mit Nennspannungen bis 1000 V; Schutzmaßnahmen; Schutz gegen elektrischen Schlag.

Handrückensicherheit

Eigenschaft eines →elektrischen Betriebsmittels, seine →berührungsgefährlichen (aktiven) Teile mit einer Prüfkugel von 50 mm Durchmesser und einer Kraft von 50 N **nicht** berühren zu können, s. Bild H3.

Forderungen nach Handrückensicherheit (engl. *back of the hand protection*), d. h. nach handrückensicherer Anordnung berührungsgefährlicher Teile (teilweiser Berührungsschutz), enthalten z. B. DIN EN 50274 [1] und die Unfallverhütungsvorschrift (UVV) BGV A3 [2].

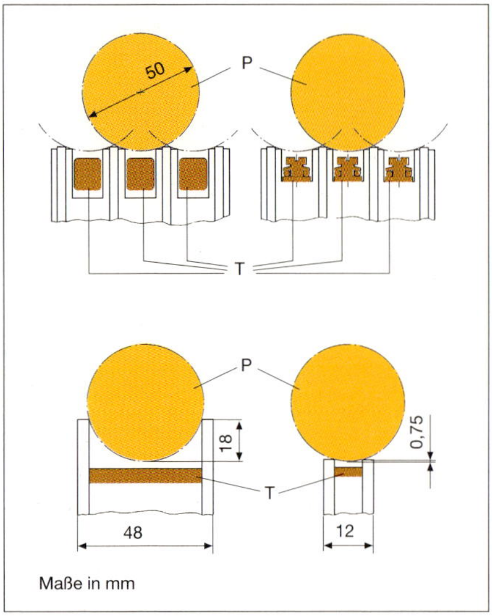

Bild H3: Handrückensichere Anordnung berührungsgefährlicher Teile
P Prüfkugel; T berührungsgefährliches Teil

Literatur

[1] DIN EN 50274 (VDE 0660-514):2005-03 Niederspannungs-Schaltgerätekombinationen; Schutz gegen elektrischen Schlag; Schutz gegen unabsichtliches direktes Berühren gefährlicher aktiver Teile.

[2] Unfallverhütungsvorschrift (UVV) BGV A3 „Elektrische Anlagen und Betriebsmittel". Hrsg.: Berufsgenossenschaft der Feinmechanik und Elektrotechnik, Köln.

Harmonische

Sinusförmige Oberschwingungen, deren Frequenzen ganzzahlige Vielfache der Grundfrequenz sind.

Während die „klassischen" Verbrauchsmittel mit ihren ohmschen, induktiven oder kapazitiven Komponenten zu linearen (sinusförmigen) Stromverläufen führen, hat sich dieses Verhalten vor allem durch den Einsatz elektronischer Bauelemente und von Schaltnetzteilen inzwischen grundlegend geändert. Bei diesen elektrischen Betriebsmitteln, auch bei Gasentladungslampen, sind die Stromverläufe infolge der nichtlinearen Last periodisch verzerrt und folglich nicht mehr sinusförmig – die Folge sind **Oberschwingungen**.

Periodische, nicht sinusförmige Stromverläufe lassen sich mit Hilfe der Fourier-Analyse in eine (Fourier-)Reihe von Sinusfunktionen – die Grundschwingung und ihre Oberschwingungen (Harmonische höherer Ordnung) – zerlegen.

„Harmonische" haben ihren klangvollen Namen eigentlich zu Unrecht, denn sie gelten als „Netzverschmutzer". Nicht selten führen Oberschwingungen zu Funktionsstörungen, z. B. zum Absturz von PCs, oder zu Schäden. Im Extremfall brennen sogar – hauptsächlich infolge der Oberschwingungen 3. Ordnung (f_3 = 150 Hz) – →Neutralleiter ab, weil sich die Ströme in diesem Leiter – selbst bei symmetrischer Last – nicht zu null addieren.

Hauptleitung

(eines Wohngebäudes)

Verbindungsleitung (-kabel) zwischen dem Hausanschlusskasten (Übergabestelle) des Verteilungsnetzbetreibers und der Zähleranlage.

Allgemeines

Der Planer oder Errichter einer Verbraucheranlage legt unter Berücksichtigung von DIN 18015-1 [1] die Art, Anzahl und den Leiternennquerschnitt der Hauptleitung in Abhängigkeit von der Zahl und dem Energie-

bedarf der zu versorgenden Kundenanlage(n) fest. Dabei ist der zulässige →Spannungsfall für das →Hauptstromversorgungssystem einzuhalten. Die Hauptleitung – früher auch Steig- oder Steigeleitung (engl. *riser cable*) genannt – ist für eine Strombelastbarkeit von mindestens 63 A auszulegen. Somit beträgt der Mindestleiternennquerschnitt 10 mm^2 Cu.
Hauptleitungen enthalten den **Hauptschutzleiter**. Sein Querschnitt ist für die Bemessung des Hauptpotentialausgleichsleiters nach DIN VDE 0100-540 [2] maßgebend. Sind in einem Wohn-, Geschäfts- oder Bürogebäude mehrere Hauptleitungen erforderlich, sollen die zugehörigen Überstrom-Schutzeinrichtungen in Hauptverteilern zusammengefasst werden.
Hauptleitungen werden i. Allg. →kurzschluss- und erdschlusssicher durch allgemeine, leicht zugängliche Räume geführt. Das Verlegen von Hauptleitungen außerhalb von Gebäuden (im Freien) bedarf der Abstimmung mit dem zuständigen Verteilungsnetzbetreiber.
Hauptleitungen sind ausschließlich als Drehstromleitungen auszuführen, zweckmäßig 5-adrig zur Realisierung eines zukunftsträchtigen, EMV-freundlichen TN-S-Systems in der Kundenanlage. Der zulässige Spannungsfall darf die in der TAB 2000 festgelegten Werte nicht überschreiten [3].

Zählerschränke

Zähl-, Mess-, Steuer- und Schutzeinrichtungen, z. B. Elektrizitätszähler (ggf. mit Stromwandlern), Tarifschaltgeräte zur Umschaltung von Mehrtarifzählern, Tonfrequenz- oder Funk-Rundsteuerempfänger und Überstrom-Schutzeinrichtungen (SH-Schalter), sind – für Mehrkundenanlagen gemeinsam – in Zählerschränken unterzubringen. Als Aufstellort für Zählerschränke in Gebäuden eignen sich insbesondere →Hausanschlusswände und -nischen.
Nicht gestattet sind Zählerschränke über Treppenstufen, in Wohnräumen, Küchen, Toiletten, Bade-, Dusch- oder Waschräumen, in Wohnungen von Mehrfamilienhäusern, Heizöllager- und Heizräumen sowie auf Speichern und Dachböden. Ebenso ist es unzulässig, Zählerschränke in Räumen zu platzieren, deren Temperatur dauernd 30 °C übersteigt, sowie in feuer- oder explosionsgefährdeten Räumen [3]. Für nur zeitweise zugängliche Anlagen, z. B. Wochenendhäuser, sind die Art der Zählerplatzausführung und der Ort für die Zählerschrankinstallation zwischen dem Anlagenerrichter und dem Verteilungsnetzbetreiber (VNB) – zweckmäßig unter Hinzuziehung des Betreibers – abzustimmen.
Zählerschränke sind lotrecht anzuordnen. Ihre Zähl-, Mess-, Steuer- und Schutzeinrichtungen müssen frei zugänglich und ohne Verwendung besonderer Hilfsmittel leicht bedien- sowie gut ablesbar sein. Der Abstand vom Fußboden bis zur Mitte der genannten Einrichtungen darf nicht weniger als 0,8 m und nicht mehr als 1,8 m betragen. Vor dem Zählerschrank muss wie bei Hausanschlusskästen eine Bedienungs- und Arbeitsfläche mit einer Tiefe von mindestens 1,2 m vorhanden sein.
Zählerschränke für Gemeinschaftsanlagen (Mehrkundenanlagen) sind so zu kennzeichnen, dass die Zuordnung der Zählerplätze zu den jeweiligen Kundenanlagen eindeutig ist.
Zählerschränke erhalten bei Mehrkundenanlagen – vereinzelt auch bei Einkundenanlagen – im unteren Anschlussraum eines Zählerplatzes (Vorzählerbereich) für jedes Zählerfeld sperr- und plombierbare →**selektive Haupt-Leitungsschutzschalter** (SH-Schalter, engl. *selective main circuit-braeker*), mit einem Bemessungsstrom von mindestens 35 A, möglichst jedoch von 63 A und darüber [3]. s. Bild H4. Diese Schalter werden grundsätzlich in einpoliger Ausführung verwendet – bei Drehstrom folglich drei einpolige Schalter –, damit bei →Überstrom in einem einzigen Außenleiter eines Drehstromsystems nur der jeweils gestörte

Außenleiter und nicht die gesamte Stromversorgung der Kundenanlage allpolig unterbrochen wird (horizontale Selektivität).

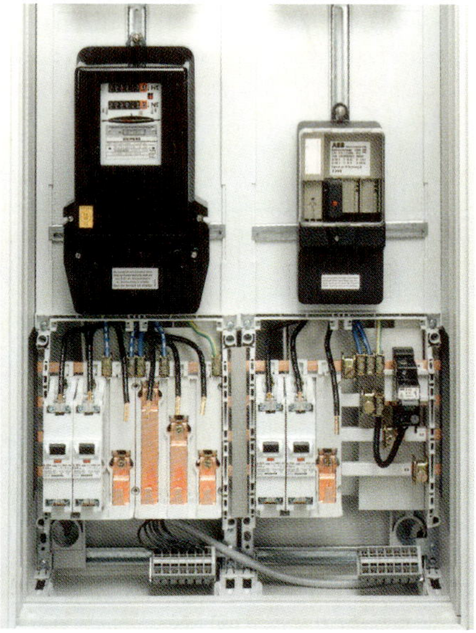

Bild H4: Zählerschrank mit selektiven Haupt-Leitungsschutzschaltern im Vorzählerbereich (Foto: ABB STOTZ-KONTAKT, Heidelberg)

Selektive Haupt-Leitungsschutzschalter (Haupt-Sicherungsautomaten) werden in folgenden Varianten hergestellt:

- (hilfs-)spannungs**unabhängig** (SHU-Schalter) nach E DIN VDE 0645 (ermächtigt), s. Bild H5, und
- (hilfs-)spannungs**abhängig** (SHA-Schalter) nach E DIN VDE 0643 (ermächtigt).

Sie dienen dem

- Überstromschutz der Kundenanlage, der Zähl-, Mess- und Steuereinrichtungen sowie der (Wohnungs-)Zuleitung zum Stromkreisverteiler und darüber hinaus dem
- Abschalten (Trennen, Sperren) der Zähl-, Mess- und Steuereinrichtungen sowie dem Freischalten der Kundenanlage, z. B. zur Durchführung von Arbeiten.

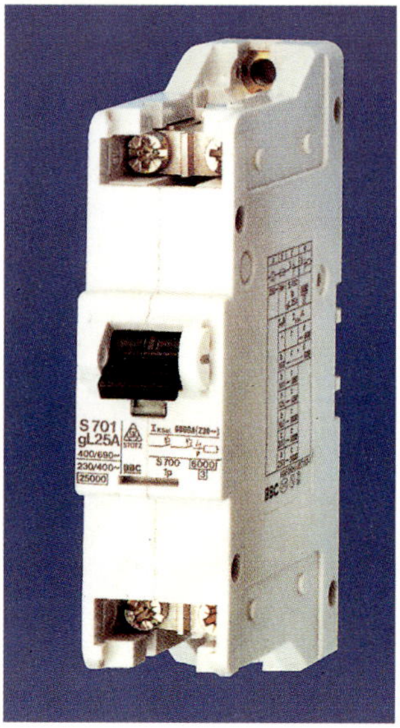

Bild H5: Haupt-Leitungsschutzschalter, 1-polig, für Tragschienenmontage, (hilfs-)spannungsunabhängig, Bemessungsschaltvermögen 25 kA (Foto: ABB STOTZ-KONTAKT, Heidelberg)

Selektive Haupt-Leitungsschutzschalter im Vorzählerbereich gewährleisten die geforderte Selektivität zu den nachgeordneten Überstrom-Schutzeinrichtungen. Die Schalter sind im Störungsfall, z. B. bei Überlast, sofort wieder einschaltbar (auch durch elektrotechnische Laien), gestatten ein gefahrloses Arbeiten, z. B. bei Zählerwechsel, und tragen damit entscheidend zur Erhöhung der Versorgungssicherheit sowie des Bedienungskomforts der Kundenanlage bei.

Literatur

[1] DIN 18015-1: 2002-09 Elektrische Anlagen in Wohngebäuden; Planungsgrundlagen.

[2] DIN VDE 0100-540:1991-11 Errichten von Starkstromanlagen mit Nennspannungen bis 1000 V; Auswahl und Errichtung elektrischer Betriebsmittel; Erdung, Schutzleiter, Potentialausgleichsleiter.

[3] Technische Anschlussbedingungen für den Anschluss an das Niederspannungsnetz (TAB 2000). Herausgeber: Verband der Elektrizitätswirtschaft (VDEW) e.V., Frankfurt am Main.

Hauptstromversorgungs-system

Zusammenfassung der →Hauptleitung(en) und der anderen →elektrischen Betriebsmittel, z. B. Hauptverteiler, hinter dem Hausanschlusskasten, die nicht gemessene →elektrische Energie führen.
Hauptstromversorgungssysteme werden grundsätzlich in leicht zugänglichen Räumen oder in Treppenhäusern installiert. Sie sind sternförmig auszuführen, für einen Stoßkurzschlussstrom von mindestens 25 kA zu bemessen und so anzuschließen, dass an den Zähl- und Messeinrichtungen ein Rechtsdrehfeld (→Drehfeldrichtung) besteht. Hauptstromversorgungssysteme enthalten nur solche elektrischen Betriebsmittel, die der Energieübertragung und -verteilung sowie dem Trennen und Freischalten der Verbraucheranlage mit ihren Zähl-, Mess-, Steuer- und Schutzeinrichtungen dienen [1][2].

Tafel H1: Zulässiger Spannungsfall in Hauptstromversorgungssystemen

Spannungsfall. max. %	Leistungsbedarf kVA
0,5	≤ 100
1,0	> 100...250
1,25	> 250...400
1,5	> 400

Der Schutz gegen →elektrischen Schlag ist in Hauptstromversorgungssystemen durch die Mindestschutzart IP3X (Basisschutz) und durch Verwenden von Betriebsmitteln der Schutzklasse II (Fehlerschutz) sicherzustellen. Außerdem wird gefordert, dass

- zwischen den verplombten Überstrom-Schutzeinrichtungen im Hauptstromversorgungssystem und den Hausanschlusssicherungen **Selektivität** besteht und dass
- der →**Spannungsfall** in diesem System die Werte nach Tafel H1 nicht überschreitet.

Literatur

[1] Technische Anschlussbedingungen für den Anschluss an das Niederspannungsnetz (TAB 2000). Herausgeber: Verband der Elektrizitätswirtschaft (VDEW) e.V., Frankfurt am Main.
[2] DIN 18015-1:2002-09 Elektrische Anlagen in Wohngebäuden; Planungsgrundlagen.

Hausanschlussnische

Vertiefung in einer Wand (Nische) mit abschließbarer Tür, bestimmungsgemäß vorgesehen zur Einführung der verschiedenartigen Anschlussleitungen sowie zur Platz sparenden Unterbringung der Hausanschluss- und nachgeordneten Betriebseinrichtungen für Strom, Wasser, Gas und Telekommunikation auf engstem Raum.

Allgemeines

Hausanschlussnischen sind eine kostengünstige Hausanschlussvariante für die einzelnen Versorgungsträger. Sie werden vorzugsweise in nicht unterkellerten Einfamilienhäusern angewendet. In unterkellerten Ein- und Mehrfamilienhäusern sind die Hausanschlusseinrichtungen entweder auf eigens dafür vorgesehenen →Hausanschlusswänden montiert oder in abgeschlossenen →Hausanschlussräumen untergebracht.
Hausanschlussnischen werden im Zuge der Errichtung des Gebäudes von der Baufirma erstellt. Ihre Breite und Höhe entspricht der einer üblichen Wohnungstür (Rohbaurichtmaß 875 mm x 2000 mm); die Tiefe beträgt

mind. 250 mm. Für die Bedienung und Wartung der Anschluss- und Betriebseinrichtungen, z. B. das Wechseln der Hausanschlusssicherungen, soll vor der Nische eine genügend große Bewegungsfreiheit vorhanden sein. Die Tiefe der freien Bedienungs- und Arbeitsfläche vor einer Hausanschlussnische darf 1,2 m nicht unterschreiten.
Die Wände von Hausanschlussnischen müssen den durch die Versorgungseinrichtungen auftretenden mechanischen Belastungen standhalten und eine ebene Oberfläche haben. Außerdem sollen die Nischen trocken, frostfrei, ausreichend beleuchtet, be- und entlüftet sowie höchstens 3 m von der den Anschlussleitungen zugekehrten Gebäudeaußenwand entfernt sein. Die Temperatur im Inneren der Nische darf 30 °C nicht überschreiten [1].
Lüftungsschlitze in der Tür sorgen meist für eine ausreichende Be- und Entlüftung der Hausanschlussnische. Bereits kleinste Mengen an ausströmendem Gas können dadurch geruchlich besser wahrgenommen und etwaige Leckstellen im Gasversorgungssystem somit rechtzeitig ermittelt und beseitigt werden.

Ausführung

Hausanschlussnischen sind in sog. Funktionsflächen eingeteilt, die den Betriebsmitteln der einzelnen Versorgungsträger für Strom, Wasser, Gas sowie Telekommunikation maßlich zugeordnet und für diesen Zweck zu nutzen sind [1].

Eine vorschriftsmäßig, von allen Gewerken handwerklich sauber ausgeführte Hausanschlussnische zeigt das Bild H6. Darin gut zu erkennen, befinden sich im unteren Teil der Nische von links nach rechts:

- die Telekommunikations-Anschlusseinrichtung (seitlich montiert),
- das Starkstrom-Hausanschlusskabel mit Schutzrohr und der Hausanschlusskasten für →NH-Sicherungen mit herausgeführtem, am Hauptschutzleiter (PEN-Leiter) angeschlossenen Schutzpotentialausgleichsleiter,
- diverse Anschluss- und Betriebseinrichtungen für die Wasser- und Gasversorgung.

Bild H6: Hausanschlussnische nach DIN 18012 (Beispiel)

Die Hauptpotentialausgleichsschiene (Haupterdungsschiene) mit Abdeckung ist zwischen dem Wasser- und dem Gaszähler sowie deren Hauptabsperrvorrichtungen platziert. Sie ist direkt mit der Fundamenterder-Anschlussfahne, dem Hauptschutzleiter (PEN-Leiter) im Hausanschlusskasten sowie den metallenen Wasser- und Gasleitungen verbunden.
Im oberen Teil der Nische sind der Zählerschrank mit dem Stromkreisverteiler und rechts daneben die Gasinnen- sowie zentrale Wasserverbrauchsleitung montiert.
Zur Vermeidung von Schwitzwasserbildung ist die Kaltwasserleitung mit Wärmedämmstoff ummantelt.

Literatur

[1] DIN 18012:2000-11 Haus-Anschlusseinrichtungen in Gebäuden; Raum- und Flächenbedarf; Planungsgrundlagen.

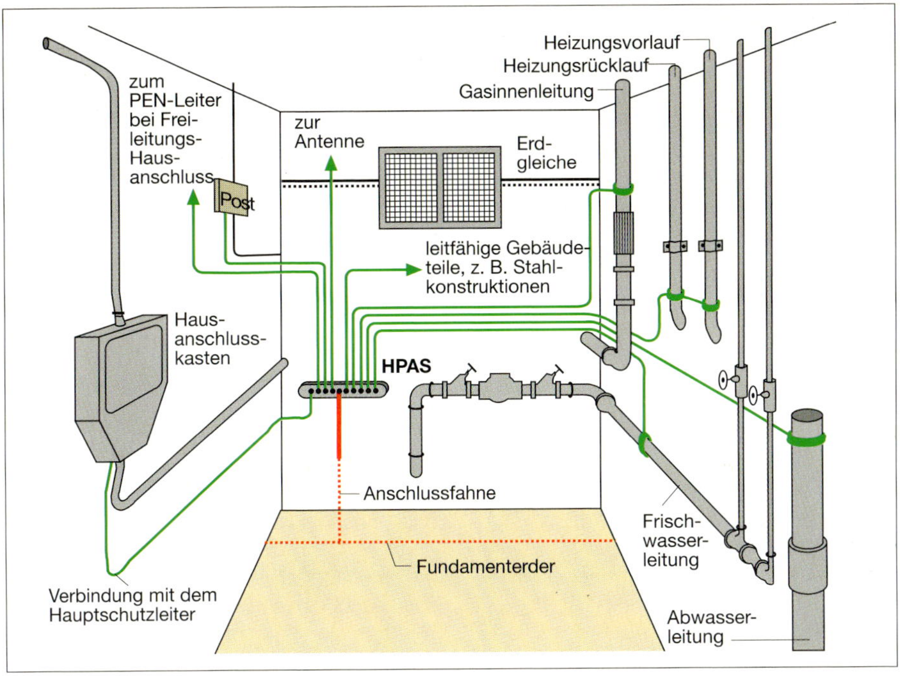

Bild H7: Hausanschlussraum
HPAS Hauptpotentialausgleichsschiene

Hausanschlussraum

Begehbarer Raum in einem Gebäude, bestimmungsgemäß vorgesehen zur unterirdischen Einführung der Anschlussleitungen für die Ver- und Entsorgung des Gebäudes sowie zur Aufnahme der Hausanschluss- und nachgeordneten Betriebseinrichtungen für Strom, Wasser, Gas, Fernwärme und Telekommunikation.

Allgemeines

Hausanschlussräume werden in großen Gebäuden, vorzugsweise in Mehrfamilienhäusern mit mehr als vier Wohneinheiten vorgesehen. Ihre Abmessungen richten sich nach der Anzahl der Anschlüsse, der zu versorgenden Kundenanlagen sowie nach der Art und Größe der Anschluss und Betriebseinrichtungen, die in diesen Räumen untergebracht werden sollen.

Anschlusseinrichtungen sind z. B. für die

- Elektroenergieversorgung (Niederspannung) der Hausanschlusskasten,
- Wasser- und Gasversorgung die jeweilige Hauptabsperrvorrichtung,
- Entwässerung die letzte Reinigungsöffnung vor dem Anschlusskanal,
- Fernwärmeversorgung die Übergabestelle.

Betriebseinrichtungen sind Bestandteil der Kundenanlage und den Anschlusseinrichtungen nachgeordnet. Dazu gehören z. B. hinsichtlich der

- Elektroenergieversorgung die Hauptverteiler, Zähler, Mess- und Steuereinrichtungen (Zähleranlage),
- Wasserversorgung die Verteilungsleitun-

gen, Wasserzähler, Wasserbehandlungs- und Druckerhöhungsanlagen,
- Gasversorgung die Verteilungsleitungen und Gaszähler,
- Fernwärmeversorgung die Pumpen, Regelanlagen und Wärmetauscher.

Die Lufttemperatur darf in Hausanschlussräumen 30 °C nicht überschreiten. Das gilt auch im Fall der Fernwärmeversorgung des Gebäudes.

Ausführung

Hausanschlussräume müssen trocken, frostfrei und abschließbar sein. Zwecks ausreichender Beleuchtung sind in diesen Räumen fest installierte Leuchten und für Wartungsarbeiten ist wenigstens eine Steckdose vorzusehen.

Die Raummaße betragen mindestens:
- Höhe 2 m, freie Durchgangshöhe unter einzeln verlegten Versorgungsleitungen 1,8 m,
- Breite 2 m,
- Tiefe 1,5 m bei Belegung nur einer Wand und 1,8 m bei Belegung von sich gegenüberliegenden Wänden.

Vor den Anschluss- und Betriebseinrichtungen muss eine freie Bedienungs- und Arbeitsfläche mit einer Tiefe von mind. 1,2 m vorhanden sein [1].

Für den Starkstromanschluss wird aus Sicherheitsgründen ein möglichst kurzes Hausanschlusskabel im Gebäude gefordert. Hausanschlussräume sollen deshalb möglichst an jener Außenwand liegen, durch die die Anschlussleitungen in das Gebäude eingeführt werden, Beispiel s. Bild H7. Außerdem müssen Hausanschlussräume über allgemein zugängliche Räume, z. B. über den Kellergang, oder direkt von außen erreichbar und an ihrem Zugang deutlich mit „Hausanschlussraum" gekennzeichnet sein. Der Durchgang zu anderen Räumen sowie die Nutzung von Hausanschlussräumen als Abstellräume, z. B. für Fahrräder, ist unzulässig. Treppenräume, Kellergänge u. dgl. scheiden als Hausanschlussraum aus.

Literatur

[1] DIN 18012:2000-11 Haus-Anschlusseinrichtungen in Gebäuden; Raum- und Flächenbedarf; Planungsgrundlagen

Hausanschlusswand

Wand in einem Gebäude zur Aufnahme der Hausanschluss- und nachgeordneten Betriebseinrichtungen für Strom, Wasser, Gas und Telekommunikation.

Allgemeines

Hausanschlusswände werden in Gebäuden mittlerer Baugröße, vorzugsweise bei unterkellerten Einfamilienhäusern sowie in Zwei-, Drei- und Vierfamilienhäusern vorgesehen. Sie sind eine kostengünstige Alternative zu →Hausanschlussräumen.

Der Raum mit einer Hausanschlusswand ist keiner bestimmten Raumfunktion zugeordnet. Außerdem haben Hausanschlusswände – im Gegensatz zu →Hausanschlussnischen – keine bestimmten, maßlich festgelegten Funktionsflächen, auf denen die Betriebsmittel der einzelnen Versorgungsträger für Strom, Wasser, Gas und Telekommunikation anzuordnen sind. Die kreuzungsfreie Verlegung der Hausanschlussleitungen auf der Wand ist sicherzustellen, Beispiel s. Bild H8.

Ausführung

Hausanschlusswände sollen in direkter Verbindung mit der Außenwand stehen, durch die die Anschlussleitungen in das Gebäude eingeführt werden. Dadurch verkürzt sich die Länge der Leitungen vor den Anschlusseinrichtungen. Zur Einführung der Leitungen in das Gebäude sind in der Gebäude-

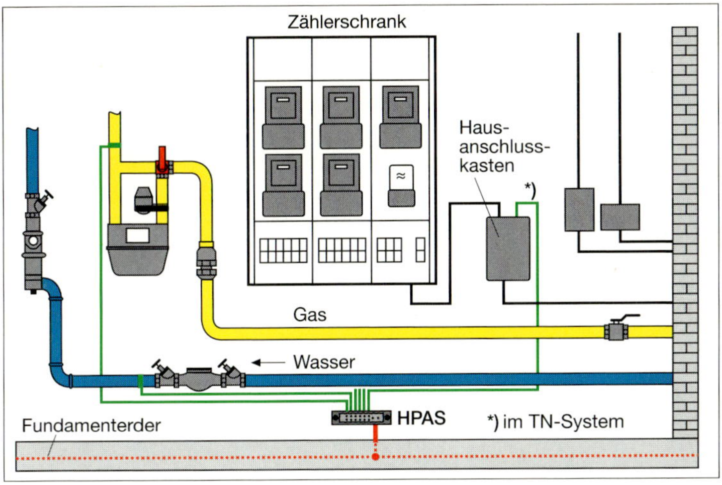

Bild H8: Hausanschlusswand HPAS Hauptpotentialausgleichsschiene

außenwand die erforderlichen Schutzrohre vorzusehen.

Die Breite der Hausanschlusswände richtet sich nach der Anzahl der vorgesehenen Anschlüsse, der zu versorgenden Kundenanlagen sowie nach Art und Größe der Anschluss- und Betriebseinrichtungen, die an der Hausanschlusswand untergebracht werden sollen. Räume mit einer Hausanschlusswand müssen trocken, frostfrei, ausreichend beleuchtet, mindestens 2 m hoch und über allgemein zugängliche Räume, z. B. den Kellergang, oder direkt von außen erreichbar sein. Die lichte Durchgangshöhe unter einzeln verlegten Versorgungsleitungen darf im Bereich der Hausanschlusswand 1,8 m nicht unterschreiten. Die Tiefe der freien Bedienungs- und Arbeitsfläche vor einer Hausanschlusswand beträgt mindestens 1,2 m [1].

Literatur

[1] DIN 18012:2000-11 Haus-Anschlusseinrichtungen in Gebäuden; Raum- und Flächenbedarf; Planungsgrundlagen

Hausinstallation

→Elektrische Anlage mit Nennspannungen bis 250 V gegen Erde in Wohnhäusern oder Gebäuden für ähnliche Zwecke.

Allgemeines

Hausinstallationen werden grundsätzlich von Elektroinstallateuren ausgeführt. Zur Hausinstallation gehören neben den klassischen Starkstromanlagen – früher unterteilt in Licht- und Kraftanlagen – auch die hausinternen Klingel-, Türöffner-, Türsprech- und Haussehanlagen, ferner die Telekommunikationsanlagen, Empfangs- und Verteilanlagen für Ton- und Fernsehrundfunk sowie die elektrische Gebäudesystemtechnik nach den Normen der Reihe DIN EN 50090 (VDE 0829). Für die Art und den Umfang der erforderlichen Mindestausstattung von Hausinstallationen, z. B. von Stromkreisen, Telekommunikationsanschlusseinheiten (TAE), Steckdosen, Schaltstellen, Auslässen und Anschlüssen für elektrische Verbrauchsmittel und Telekommunikationseinrichtungen, gilt DIN 18015-2.

Bedienung und Nutzung einer Hausinstallation erfolgen überwiegend durch →elektrotechnische Laien. In diesem Fall erfolgt eine regelmäßige Überprüfung (wiederkehrende Prüfung) der elektrischen Anlagen im Sinne von DIN VDE 0100-610 (Anhang F) gewöhnlich nicht und wenn, dann meist nur in langen Zeiträumen. Prüffristen für Wohnungen gibt es in Rechtsvorschriften oder Normen zz. nicht. Diesen besonderen Umstand muss der Planer und Errichter von Hausinstallationen durch die Auswahl sicherer, zuverlässiger und wartungsarmer →elektrischer Betriebsmittel sowie deren sorgfältige Errichtung berücksichtigen.

Umfang

Eine Hausinstallation umfasst große Teile der →Verbraucheranlage des Anschlussnehmers (Kundenanlage). Sie beginnt i. Allg. am Zählerplatz und enthält die Wohnungszuleitung (Verteilungsstromkreis), den Stromkreisverteiler (→Wohnungsverteiler) zum Anschluss der Endstromkreise[1)] und schließlich die gesamte Elektroinstallation in der Wohnung (Wohnungsinstallation) und den dazugehörigen Nebenräumen, z. B. Keller. Hierin eingeschlossen sind auch die Erdungs- und Potentialausgleichsmaßnahmen zum Schutz gegen elektrischen Schlag.

Zu Hausinstallationen gehören ferner die elektrischen Anlagen in Büros, Einzelhandelsgeschäften, Arztpraxen, Werkstätten und anderen kleinen Gewerberäumen. Dagegen gehören die elektrischen Anlagen in Hotels, Warenhäusern, Theatern, Kinos, Banken, Sporthallen, Schulen, Museen u. dgl. – auch Blitzschutzanlagen – nicht zu den Hausinstallationen im klassischen Sinne dieses Begriffs.

Bio-Installation

Hausinstallationen mit (auf Kundenwunsch) besonders ausgewählten, abgeschirmten, geerdeten und/oder platzierten elektrischen Betriebsmitteln zur Minimierung oder gar Beseitigung der von den Betriebsmitteln ausgesandten niederfrequenten elektrischen und elektromagnetischen Felder (Elektrosmog) werden „biologische Elektroinstallation“ (Bio-Installation) genannt. Derartige Elektroinstallationen, z. B. in Wohn- und Arbeitsräumen sowie in Schlaf- und Ruheräumen, sind extrem feldarm und können folglich – selbst im Nahbereich – die natürlichen biologischen Funktionen des Menschen und damit sein gesundheitliches Wohlbefinden nicht beeinträchtigen.

Nach vorherrschender Meinung der deutschen Fachöffentlichkeit sind elektromagnetische Felder auf Menschen – auch mit aktiven Körperhilfsmitteln – unbedenklich, wenn die Grenzwerte nach den dafür geltenden Verordnungen [1], Regeln [2] und Normen [3][4] nicht überschritten werden.

Literatur

[1] 26. Verordnung zur Durchführung des Bundes-Immisionsschutzgesetzes (VO über elektromagnetische Felder) – 26. BImSchV) vom 16.12.1996, BGBl. I Nr. 66, S. 1966.
[2] BG-Regeln: Elektromagnetische Felder, Hauptverband der gewerblichen Berufsgenossenschaften, FA Elektrotechnik, 2001.
[3] DIN V VDE V 0848-4/A3:1995-07 Sicherheit in elektromagnetischen Feldern; Schutz von Personen im Frequenzbereich von 0 Hz bis 30 kHz.
[4] E DIN VDE 0848-3-1:2002-05 Sicherheit in elektrischen, magnetischen und elektromagnetischen Feldern; Schutz von Personen mit aktiven Körperhilfsmitteln im Frequenzbereich von 0 Hz bis 300 GHz (zz. Entwurf).

1) **Endstromkreise** (engl. *circuit terminals*) einer Verbraucheranlage sind Stromkreise, an denen unmittelbar elektrische Verbrauchsmittel oder Steckdosen angeschlossen sind.

heißer Raum

Raum oder Bereich eines Raums, in dem die Lufttemperatur ständig über 35 °C liegt.

Allgemeines

Heiße Räume sind Räume mit erhöhter elektrischer Gefährdung, weil beim Arbeiten in diesen Räumen die Arbeitskleidung durchgeschwitzt und damit mehr oder weniger elektrisch leitfähig wird. Zu diesen Räumen zählen z. B. Orte in Kesselhäusern, an Glüh-, Schmelz- und Trockenöfen sowie in Gaswerken, Kokereien, Glas- und Hüttenwerken. Diese Räume können gleichzeitig →feucht oder →nass sein, z. B. Saunen. Das Pendant zu heißen Räumen sind „kalte Räume". In diesen Räumen, z. B. Kühlräumen für Lebensmittel, liegt die Temperatur ständig unter +10 °C.

Errichtung

Bei der Errichtung elektrischer Betriebsmittel und Anlagen in heißen Räumen sind die einschlägigen Normen zu berücksichtigen, z. B. in Saunen DIN VDE 0100-703. Bei heißen und gleichzeitig feuchten oder nassen Räumen ist die Elektroinstallation als Feuchtrauminstallation auszuführen.
Hohe Temperaturen führen meist zu einer raschen Alterung der Isolierstoffe. Deshalb sollen bei Raumtemperaturen über 55 °C nur noch Leitungen mit erhöhter Wärmebeständigkeit verwendet werden. Auf die Reduzierung der Strombelastbarkeit ist zu achten.

Herzflimmern

Fibrilläre Zuckungen einzelner, unkoordiniert agierender Muskelfasern (Flimmern) der Vorhöfe und/oder Kammern, die zu Störungen die Herzautomatismus führen (engl. *cardiac fibrillation*).
Nach einem →elektrischen Schlag mit hinlänglicher Intensität kommt es mitunter zum **Herzkammerflimmern** (engl. *ventricular fibrillation*). In diesem Fall ist das Herzflimmern auf die Kammern beschränkt. Das kardiale Flimmern der Kammern ist gleichbedeutend mit einer hochfrequenten Herzerregung ohne eine effektive (sinnvolle) Muskelkontraktion. Das Herz stellt folglich seine rhythmische Pumpwirkung (Blutzirkulation) ein.
Herzkammerflimmern infolge eines schädlichen elektrischen Schlags[1)] ist der Hauptgrund für tödliche Unfälle in niederfrequenten Wechselstromanlagen. Derartige Unfälle mit Gleichstrom sind wesentlich weniger häufig. Das ist einerseits auf die vergleichsweise geringe Anzahl von Gleichstromanwendungen in Haushalt, Gewerbe und Industrie, andererseits aber auch darauf zurückzuführen, dass bei geglättetem (oberschwingungsarmem) Gleichstrom das

- Loslassen von umfassten spannungführenden Teilen sehr viel weniger schwierig und außerdem die
- Schwelle des Herzkammerflimmerns bei Gleichstrom beträchtlich höher ist als z. B. bei technischem Wechselstrom mit einer Frequenz von 50...60 Hz. Um die gleichen erregenden Wirkungen zu erreichen, ist die Stromstärke bei zeitlich konstantem Gleichstrom ungefähr zwei- bis viermal größer als bei sinusförmigem Wechselstrom (→Gleichstrom-Wechselstrom-Gleichwertigkeitsfaktor).

Im Gegensatz zu Wechselstrom gibt es bei Gleichstrom keine festlegbare Loslassschwelle. Nur der Beginn und die Unterbrechung des Stromflusses führen bei Gleichstrom zu schmerzhaften und krampfartigen Muskelkontraktionen [1].
Die durch den elektrischen Strom verur-

1) **Schädlicher elektrischer Schlag** ist eine solche elektropathologische Wirkung, die vorübergehend oder dauernd die Gesundheit eines Menschen oder Nutztiers beeinträchtigen kann. Dazu gehören auch die Sekundärwirkungen eines elektrischen Schlags, z. B. Sturz (Unfall) infolge unwillkürlicher Muskelkontraktionen.

sachten pathophysiologischen Wirkungen, wie Muskelkontraktionen, Wärmeempfindungen in den Extremitäten, →Strommarken, Blutdruckanstieg, Atemschwierigkeiten, Bewusstlosigkeit, Störungen der Bildung und Weiterleitung der Impulse im Herzen (Herzrhythmusstörungen) einschließlich Vorhofflimmern und eines vorübergehenden Herzstillstands, können auch ohne Herzkammerflimmern auftreten. Solche Auswirkungen sind üblicherweise reversibel (rückführbar) und nicht tödlich.
Herzkammerflimmern ist ein Phänomen ohne spontane Rückbildung, d. h., das kardiale Flimmern besteht auch nach Unterbrechung der elektrischen Körperdurchströmung fort. Herzkammerflimmern infolge eines elektrischen Schlags kann nach dem heutigen Erkenntnisstand praktisch nur durch eine sofortige →erste Hilfe (Herz-Lungen-Wiederbelebung) noch am Unfallort mit unmittelbar daran anschließender medizinischer Behandlung (elektrische Defibrillation des Herzens[1)]) durch erfahrene Ärzte behoben und damit der drohende Herztod infolge eines elektrischen Schlags abgewendet werden.

Literatur

[1] Vornorm DIN V VDE V 0140-479:1996-02 Wirkungen des elektrischen Stromes auf Menschen und Nutztiere; Allgemeine Aspekte.

1) Bei der **elektrischen Defibrillation** wird ein Gleichstromstoß – erzeugt von einem Defibrillator – zur Wiederherstellung der normalen Herztätigkeit (Sinusrhythmus) verwendet.

2) Bei einer **Körperlängsdurchströmung** fließt der elektrische Strom längs durch den menschlichen Körper, z. B. von einer Hand zu beiden Füßen oder zum Gesäß. Bei einer **Körperquerdurchströmung** fließt der elektrische Strom hingegen quer durch den menschlichen Körper, z. B. von Hand zu Hand oder von Hand zum Rücken bzw. zur Brust.

3) Gleichstrom mit positiver oder negativer Polarität an den Füßen wird auch **aufsteigender** bzw. **abfallender (Körper-)Strom** genannt [1].

Herzkammerflimmern-Schwellenstrom

Kleinstwert des (Körper-)Stroms, der Herzkammerflimmern (→Herzflimmern) bei Menschen oder Tieren bewirkt. Damit wird die Pumpfunktion des Herzens eingestellt und die Blutzirkulation gestoppt.

Der Wert des Herzkammerflimmern-Schwellenstroms (engl. *ventricular fibrillation threshold current*) – kurz **Herzkammerflimmerschwelle** genannt – wird maßgeblich von den individuellen physiologischen Eigenschaften (Körperbau, Herzzustand usw.) und den elektrischen Einflüssen bestimmt. Zu letzteren gehören Stromstärke, Stromflussdauer, Stromart, Stromweg, z. B. Körperlängs- oder -querdurchströmung[2)], Frequenz sowie der Zeitpunkt des elektrischen Stromreizes, bezogen auf die →vulnerable Herzphase.
In den Bildern H9 und H10 sind die Herzkammerflimmerschwellen (Kurven c1, c2, c3) für sinusförmigen Wechselstrom (Frequenzbereich 15...100 Hz) sowie für geglätteten, oberschwingungsarmen Gleichstrom (→Welligkeit ≤ 10 %) dargestellt [1]. Dabei gelten die Schwellenwerte für Stromflusszeiten unter 0,2 s nur dann, wenn der →elektrische Strom während der vulnerablen (verwundbaren) Herzphase fließt. Deutlich ist in den Bildern zu erkennen, dass die Herzkammerflimmerschwelle erheblich abnimmt (vor allem bei Wechselstrom, s. Bild H9), wenn der Stromfluss einen Herzzyklus (bei Menschen etwa 750 ms) überdauert.
Die Flimmerschwellen basieren auf gesicherten tierexperimentellen Untersuchungsergebnissen, die auf Menschen für den Stromweg: linke Hand – beide Füße (Körperlängsdurchströmung, bei Gleichstrom mit positiver Polarität an den Füßen[3)]) übertragen wurden. Zur Berechnung der Schwellenströme für andere Stromwege, die die gleiche Gefahr für das Auftreten von Herzkammerflimmern darstellen wie für den

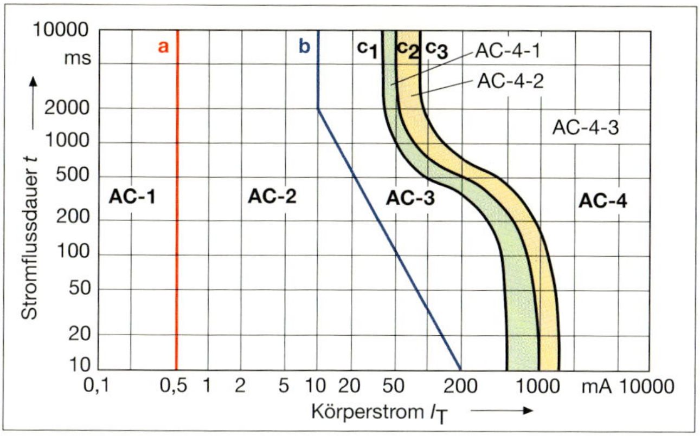

Bild H9: Zeit-Stromstärke-Bereiche für Menschen bei Wechselstrom (AC)

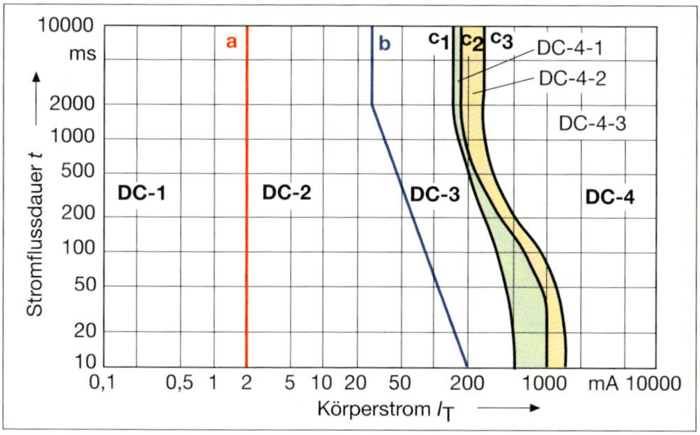

Bild H10: Zeit-Stromstärke-Bereiche für Menschen bei Gleichstrom (DC)

Stromweg: linke Hand – beide Füße, dient der →Herzstromfaktor.

Die Beschreibung der physiologischen Auswirkungen bei den einzelnen Zeit-Stromstärke-Bereichen sowie die Erklärung der in den Bildern H9 und H10 enthaltenen Bereichskurzzeichen AC-1, AC-2 ... bzw. DC-1, DC-2 ... ist der Tafel H2 zu entnehmen.

Literatur

[1] Vornorm DIN V VDE V 0140-479:1996-02 Wirkungen des elektrischen Stromes auf Menschen und Nutztiere; Allgemeine Aspekte.

Tafel H2: Physiologische Auswirkungen bei den Zeit-Stromstärke-Bereichen nach den Bildern H9 und H10 [1]

Bereichskurzzeichen		**Bereichsgrenzen**		**physiologische Auswirkungen**
Wechselstrom Bild H9	**Gleichstrom Bild H10**	**Wechselstrom Bild H9**	**Gleichstrom Bild H10**	
AC-1	DC-1	≤ 0,5 mA	≤ 2 mA (Linie a)	Üblicherweise keine Reaktionen. Bei **Gleichstrom** jedoch leichter, stechender Schmerz bei Beginn und Ende des Stromflusses.
AC-2	DC-2	> 0,5 mA	> 2 mA bis zur Linie b[1)]	Üblicherweise keine schädlichen physiologischen Wirkungen.
AC-3	DC-3	oberhalb der Linie b bis zur Kurve c_1		Üblicherweise wird kein organischer Schaden erwartet. Zunehmend mit Stromstärke und Einwirkdauer können • reversible Störungen bei Bildung und Weiterleitung der elektrischen Impulse im Herzen sowie • bei **Wechselstrom** mit einer Stromflussdauer über 2 s außerdem krampfartige Muskelkontraktionen und Atembeschwerden, Vorhofflimmern und vorübergehender Herzstillstand ohne Herzkammerflimmern (Asystole) auftreten.
AC-4	DC-4	oberhalb der Kurve c_1		Zunehmend mit Stromstärke und Einwirkdauer können gefährliche pathophysiologische Wirkungen, wie schwere →elektrische Verbrennungen, Atem- und Herzstillstand, zusätzlich zu den Wirkungen von Bereich AC-3/DC-3 auftreten.
		zwischen den Kurven:		Wahrscheinlichkeit von Herzkammerflimmern:
AC-4-1	DC-4-1	$c_1 - c_2$		bis etwa 5 %
AC-4-2	DC-4-2	$c_2 - c_3$		bis etwa 50 %
AC-4-3	DC-4-3	oberhalb der Kurve c_3		über 50 %

1) Für Stromflussdauern unter 10 ms bleibt die Grenze des Körperstroms (Linie b) konstant auf einem Wert von 200 mA.

Herzstromfaktor

Faktor zur ungefähren Abschätzung der relativen Gefahr für das Auftreten von Herzkammerflimmern (→Herzflimmern) bei verschiedenen Stromwegen, s. Tafel H3.

Der Herzstromfaktor F erlaubt die Berechnung von Strömen I_h in anderen Stromwegen als von der linken Hand zu den Füßen, die näherungsweise die gleiche Gefahr für Herzkammerflimmern darstellen wie der entsprechende Strom I_{ref} in dem Stromweg: linke Hand – beide Füße:

$$I_h = \frac{I_{ref}}{F}$$

I_h Körperstrom, der für die in der Tafel H3 genannten Stromwege Herzkammerflimmern auslösen kann;

I_{ref} Körperstrom für den Stromweg: linke Hand – beide Füße (Referenz-Körperstrom), der Herzkammerflimmern auslösen kann;

F Herzstromfaktor, s. Tafel H3.

Tafel H3: Herzstromfaktoren für verschiedene Stromwege im menschlichen Körper [1]

Stromweg	Herzstromfaktor *F*
linke Hand zu • einem Fuß • beiden Füßen; beide Hände zu beiden Füßen	1,0
rechte Hand zu • einem Fuß • beiden Füßen	0,8
linke Hand zu rechter Hand	0,4
Rücken zu • linker Hand • rechter Hand	 0,7 0,3
Brust zu • linker Hand • rechter Hand	 1,5 1,3
Gesäß zu • einer Hand • beiden Händen	0,7

Ein Strom I_h z. B. von 200 mA in dem Stromweg: linke Hand – rechte Hand (F = 0,4) erzeugt demnach mit gleicher Wahrscheinlichkeit Herzkammerflimmern, wie ein Strom I_{ref} von 80 mA in dem Stromweg: linke Hand – beide Füße (200 mA · 0,4 = 80 mA).

Literatur

[1] Vornorm DIN V VDE V 0140-479:1996-02 Wirkungen des elektrischen Stromes auf Menschen und Nutztiere; Allgemeine Aspekte.

HH-Sicherung

Hochspannungs-**H**ochleistungs-Sicherung nach DIN EN 60282-1 (VDE 0670-4).

HH-Sicherungen (Hochspannungssicherungen, engl. *high-voltage fuses*) bestehen hauptsächlich aus dem fest installierten Sicherungsunterteil und dem auswechselbaren →Sicherungseinsatz mit Schaltzustandsanzeiger (Kennmelder) oder Schlagstift. Der Schlagstift ist zur mechanischen Auslösung des Schaltgeräts bei Verwendung einer Hochspannungs-Lastschalter-Sicherungs-Kombination nach DIN EN 62271-105 (VDE 0671-105) erforderlich.
Das eigentliche Schutzorgan ist der Strom begrenzende **Sicherungseinsatz** mit dem →Schmelzleiter, der in einem mit Quarzsand gefüllten Keramikrohr eingebettet ist. Das thermisch äußerst beständige Rohr ist beidseitig durch Kontaktstücke gasdicht verschlossen.

Hilfsschalter

Ein- oder mehrpoliger Niederspannungsschalter (Schaltglied) zum betriebsmäßigen Ein- und Ausschalten von Hilfsstromkreisen, z. B. zum Zweck der Steuerung, Meldung, Überwachung oder Verriegelung.

Allgemeines

Hilfsschalter sind – streng genommen – Hilfsschaltglieder (Hilfskontakte, engl. *auxiliary contacts*), die z. B. von einem →Leistungsschalter, →Fehlerstrom-Schutzschalter oder einem →Schütz mechanisch betätigt werden. Sie können vor Ort beispielsweise an →Leitungsschutzschalter angeflanscht und zur Überprüfung des Hilfsstromkreises ohne Betriebsunterbrechung mit einem Testknopf (Taster) für den Signalkontakt AUS versehen werden, Beispiel s. Bild H11.
Das Pendant zu einem Hilfsschaltglied ist das Hauptschaltglied (Hauptkontakt, engl. *main contact*). Es ist dazu bestimmt, in der Schließstellung den Strom des Hauptstromkreises bei Verbrauchern mit kleiner Leistung zu führen.
Entspricht die Schaltstellung des Hilfsschaltglieds der offenen oder geschlossenen Stellung des Hauptschaltglieds, so wird das „Zwangsführung" genannt. „Zwangsöffnung" bezeichnet das zwangsläufige Öff-

nen des Hauptschaltglieds, wenn sich das Bedienteil eines Schaltgeräts in AUS-Stellung befindet.

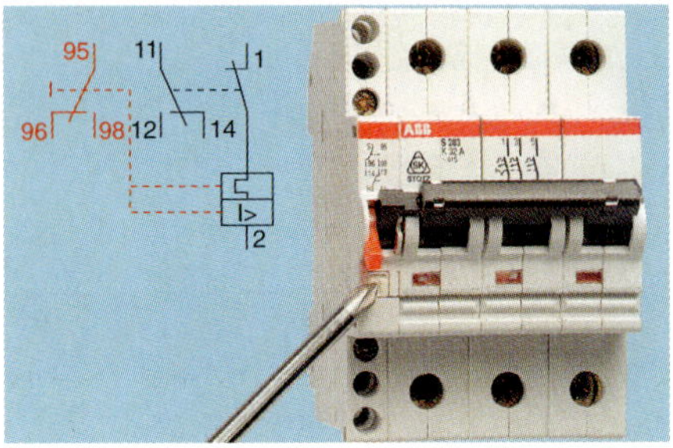

Bild H11: Dreipoliger Leitungsschutzschalter mit angeflanschtem Hilfsschalter (mit Hilfs- und Signalkontakt) (Foto: ABB STOTZ-KONTAKT, Heidelberg)

Grenz- und Endschalter

Schaltglieder (Schalter), die physikalische Größen oder Betriebszustände überwachen und beim Über- oder Unterschreiten eingestellter Grenzwerte selbsttätig ansprechen, werden „Grenzschalter" (Wächter) genannt. Zu den Grenzschaltern gehören z. B. Strom-, Spannungs-, Druck- und Drehzahlwächter. Sie schalten Haupt- und Hilfsstromkreise ein und aus.
„Endschalter" (Endlagenschalter) sind elektromagnetische Schalter, die beim Erreichen von Endlagen selbsttätig ansprechen und dabei den Haupt- oder Hilfsstromkreis ein- oder ausschalten.

Hindernis

Schutzvorrichtung (Abschrankung), die ein

- unbeabsichtigtes Annähern von Personen an ➔aktive Teile (Eindringen in die Gefahrenzone) oder ein
- unbeabsichtigtes Berühren aktiver Teile

während der Bedienung von elektrischen Betriebsmitteln im Normalbetrieb verhindert, nicht jedoch das absichtliche Annähern oder Berühren durch bewusstes Umgehen der Schutzvorrichtung.

Allgemeines

Hindernisse (engl. *obstacles*) bieten keinen vollständigen Schutz gegen ➔elektrischen Schlag, sondern (nur) einen teilweisen Schutz. Der „Schutz durch Hindernisse" im Sinne von DIN VDE 0100-410 [1] ist deshalb – wie der „Schutz durch Abstand" – nur in ➔elektrischen oder ➔abgeschlossenen elektrischen Betriebsstätten zulässig [2], zu denen ➔elektrotechnische Laien i. Allg. keinen Zugang haben.
Für Hochspannungsanlagen gelten die Anforderungen nach DIN VDE 0101 [3].

Ausführung, Anordnung

Hindernisse werden vorzugsweise in Gestalt biegesteifer Leisten (Schutzleisten), Ketten oder Seile ausgeführt. Diese Abschrankungen sind zuverlässig zu befestigen, sodass ein unbeabsichtigtes Entfernen der genannten Schutzvorrichtungen verhindert ist.
Schutzleisten, Ketten und Seile sind in einer Höhe von 1100...1300 mm über der Zugangshöhe anzuordnen. Es genügt jeweils e i n e Schutzvorrichtung.
Der Abstand zwischen dem Hindernis und den aktiven Teilen darf bei Niederspannungen über AC 50 V/DC 120 V den Wert von 200 mm nicht unterschreiten. Bei Verwendung von Ketten oder Seilen ist der Abstand um den Durchhang der Schutzvorrichtung zu vergrößern.
Beim unachtsamen Anbringen oder Abnehmen von mobilen Hindernissen besteht die Gefahr, dass diese womöglich aktive Teile berühren oder in die Gefahrenzone eindringen können. Deshalb sollen Schutzleisten, Ketten und Seile entweder vollständig aus einem widerstandsfähigen Isolierstoff bestehen oder wenigstens mit einem Isolierstoff umhüllt sein. Hindernisse aus einem nichtleitenden Werkstoff dürfen ohne Schlüssel oder Werkzeug entfernbar sein.

Abschrankungen zum Schutz gegen elektrischen Schlag haben eine wichtige Warnfunktion; sie müssen deshalb deutlich als solche erkennbar sein.

Literatur

[1] DIN VDE 0100-410:1997-01 Errichten von Starkstromanlagen mit Nennspannungen bis 1000 V; Schutzmaßnahmen; Schutz gegen elektrischen Schlag.

[2] DIN VDE 0100-731:1986-02 –; Elektrische Betriebsstätten und abgeschlossene elektrische Betriebsstätten.

[3] DIN VDE 0101:2000-01 Starkstromanlagen mit Nennwechselspannungen über 1 kV.

Höchstädterkabel

Papierisoliertes Starkstromkabel mit einer leitfähigen Schicht (Bänder) unter und über der Aderisolierung (innere und äußere Leitschicht) sowie einer metallenen Folie (Höchstädterfolie) über der äußeren Leitschicht, s. Bild H12.

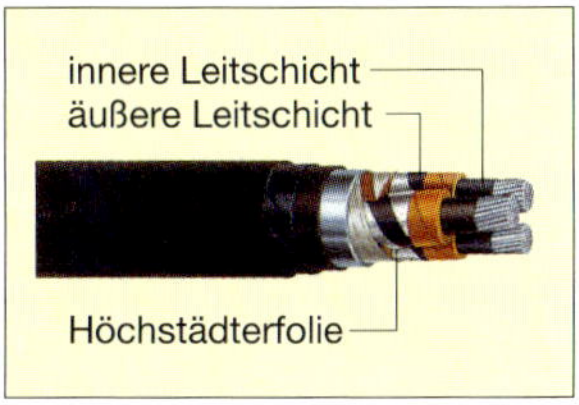

Bild H12: Höchstädterkabel (H-Kabel)

Die Höchstädterfolie (H-Folie) verhindert eine elektrische Beanspruchung in der Grenzschicht zwischen der Isolierung und dem Metallmantel, wenn sich z. B. durch Temperaturwechsel der Metallmantel weitet. Außerdem wird zwischen den leitfähigen Bändern auf dem Leiter und der H-Folie ein radialer Feldlinienverlauf bewirkt. Mittel- und Hochspannungskabel mit einem solchen elektrischen Feldverlauf werden auch **Radialfeldkabel** genannt [1].

Literatur

[1] *Brüggemann, H.:* Anlagentechnik für elektrische Verteilungsnetze, Band 1: Starkstrom-Kabelanlagen. Berlin, Frankfurt/M.: VDE-Verlag sowie Verlags- und Wirtschaftsgesellschaft der Elektrizitätswerke, 1992.

höchste Spannung eines Netzes

Größter Spannungswert, der in einem beliebigen Augenblick an einer beliebigen Stelle des Netzes unter normalen Betriebsbedingungen auftritt. Dabei werden Einschwingvorgänge (transiente zeitweilige Überspannungen), z. B. durch Schalthandlungen im Netz, sowie Spannungsschwankungen nicht berücksichtigt, die auf anomale Netzbedingungen, z. B. aufgrund von Fehlern oder plötzlichem Schalten großer Lasten, zurückzuführen sind.

Die höchste Spanung eines Netzes wird in der Regel nur für Hochspannungsnetze angegeben, nicht für Niederspannungsnetze. Sie ist eine wichtige Kenngröße für die →Isolation eines Netzes.

Das Pendant zur höchsten Spannung eines Netzes ist dessen niedrigster Spannungswert, der unter normalen Betriebsspannungen zu einem beliebigen Zeitpunkt an irgendeiner Stelle auftritt. Er wird „niedrigste Spannung eines Netzes" genannt.

I

I_S-Begrenzer

→Schaltgerät, das den Stoßkurzschlussstrom im ersten Anstieg in weniger als 1 ms erfasst und auf einen Wert unterhalb des größten Stromaugenblickwerts begrenzt.
I_s-Begrenzer bestehen im Prinzip aus einem extrem schnellen Schalter und einer parallel dazu angeordneten Sicherung mit hohem Ausschaltvermögen. Der Schalter selbst verfügt nur über ein vergleichsweise geringes Schaltvermögen, dagegen ist der Bemessungsstrom groß.
Zur Erreichung der gewünschten kurzen Schaltereigenzeit wird eine kleine Sprengladung (Energiespeicher) zur Öffnung der Schaltstücke verwendet. Nach Öffnung des Hauptstrompfads fließt der Strom über die parallel zu den Schaltstücken liegende Sicherung, wo er im nächsten Spannungsnulldurchgang endgültig abgeschaltet wird.
I_S-Begrenzer werden vorzugsweise in Schaltanlagen von Kraftwerken, in der Großindustrie und in öffentlichen Verteilungsnetzen verwendet, z. B. in Transformator- oder Generatoreinspeisungen [1].

Literatur

[1] ABB Calor Emag Taschenbuch „Schaltanlagen". 10. Auflage. Berlin: Cornelsen Verlag, 1999.

IK-Schutzart

Codierungssystem für →elektrische Betriebsmittel (mit →Gehäuse) hinsichtlich des Schutzes gegen schädliche **mechanische** Beanspruchungen von außen.
Die Kennzeichnung der genannten Schutzart erfolgt durch ein Kurzzeichen, bestehend aus den Buchstaben IK (internationaler mechanischer Schutz) und den daran angefügten zwei Kennziffern 00, 01...09 oder 10. Dabei repräsentiert jede charakteristische Ziffergruppe des IK-Codes einen bestimmten Beanspruchungsenergiewert, s. Tafel I1.

Tafel I1: Beziehung zwischen IK-Code und Beanspruchungsenergie [1]

Schutzart IK	Beanspruchungsenergie J
00	kein mechanischer Schutz
01	0,15
02	0,20
03	0,35
04	0,50
05	0,70
06	1,00
07	2,00
08	5,00
09	10,00
10	20,00
1 J = 1 Nm	

Für den IK-Code wurde eine aus zwei Ziffern bestehende charakteristische Zifferngruppe gewählt, um Verwechslungen mit früheren Normen, in denen eine einzige Ziffer einen bestimmten Beanspruchungsenergiewert repräsentierte, zu vermeiden.
Der Nachweis der jeweiligen IK-Schutzart erfolgt durch genormte Prüfmethoden, z. B. durch Schlagbeanspruchungen mittels eines Pendelhammers oder eines entsprechend geformten Freifallhammers, der mit einer bestimmten Masse aus einer vorgeschriebenen Höhe auf die waagerecht liegende Gehäuseoberfläche des Prüflings fällt (Fallprüfung) [1].

Literatur

[1] DIN EN 50102 (VDE 0470-100):1997-09 Schutzarten durch Gehäuse für elektrische Betriebsmittel (Ausrüstung) gegen äußere mechanische Beanspruchungen (IK-Code).

indirektes Berühren

Kontakt eines Menschen oder Nutztiers mit dem →Körper eines elektrischen Betriebsmittels.

Allgemeines

Körper von elektrischen Betriebsmitteln der →Schutzklasse I (engl. *exposed conductive part*) können bei einem Isolationsfehler gefährliche Spannungen annehmen, die von Personen oder Nutztieren überbrückt werden können, s. Bild I1. Auf diese Weise entsteht ein indirekter (mittelbarer) elektrischer Kontakt zu den fehlerhaften aktiven Teilen, gewissermaßen über den Umweg: Fehlerstelle – Körper.

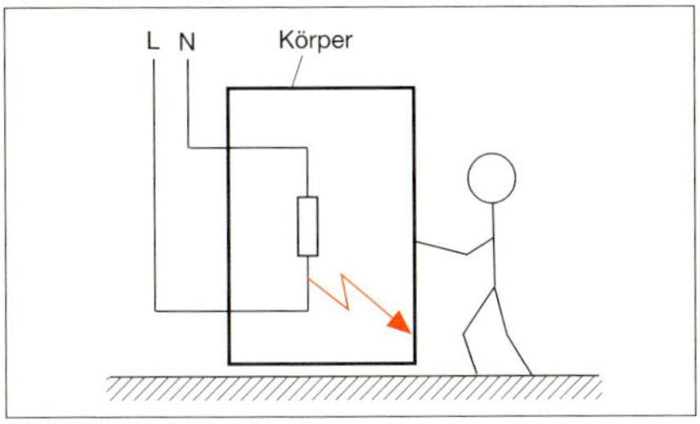

Bild I1: Indirektes Berühren

Elektrische Betriebsmittel der Schutzklasse II (Schutzisolierung) oder der Schutzklasse III (Schutzkleinspannung) haben keine berührbaren leitenden Teile (Körper), die eine gefährliche (Fehler-)Spannung annehmen können. Außerdem sind leitfähige Teile eines elektrischen Betriebsmittels, die nur durch Kontakt mit einem Körper Spannung annehmen können, selbst keine Körper. Ein „indirektes Berühren" (engl. *indirect contact*) der genannten Teile ist folglich nicht möglich.

Fehlerschutz

Personen und Nutztiere dürfen beim Versagen der Basisisolierung nicht gefährdet werden können. Zu diesem Zweck ist gemäß DIN EN 61140 [1] dem Prinzip der zweifachen Sicherheit folgend der Basisschutz (1. Schutzebene) durch besondere Vorkehrungen zweckdienlich zu ergänzen. Diese Maßnahmen zum Schutz bei indirektem Berühren – auch „Fehlerschutz" (engl. *fault protection*) genannt – bilden das Fundament für die 2. Schutzebene. Der Fehlerschutz besteht nach der Sicherheitsgrundnorm [1] aus

- dem →**Schutz durch automatische Abschaltung der Stromversorgung** im Fall des Versagens der Basisisolierung. Zusätzlich ist ein **Schutzpotentialausgleich** (Hauptpotentialausgleich) zwischen dem Hauptschutzleiter des Stromversorgungssystems, dem Haupterdungsleiter (→Fundamenterder), den metallenen Versorgungsleitungen für Wasser, Gas, Heizung usw. innerhalb eines Gebäudes sowie den metallenen Gebäudekonstruktionen durchzuführen. Sämtliche Körper, Schutzleiter und Schutzschirme sind mit dem Potentialausgleichssystem zu verbinden.

Alternativ zum Schutz durch automatische Abschaltung der Stromversorgung legitimieren [1] und [2] auch folgende Schutzmaßnahmen:

- zusätzliche Isolierung, die mindestens den gleichen Beanspruchungen standhält wie die Basisisolierung,
- →Schutz durch Schutztrennung,
- →Schutz durch nicht leitende Räume,
- →Schutz durch erdfreien, örtlichen Potentialausgleich und
- →Schutz durch Kleinspannung SELV oder PELV.

In **Hochspannungsanlagen** besteht der Schutz bei indirektem Berühren aus der →Erdung der elektrischen Betriebsmittel zur Minimierung (Beseitigung) der durch →Erdfehlerströme auftretenden →Berührungs- und Schrittspannungen [3].

Literatur

[1] DIN EN 61140 (VDE 0140-1): 2003-08 Schutz gegen elektrischen Schlag; Gemeinsame Anforderungen für Anlagen und Betriebsmittel.

[2] DIN VDE 0100-410:1997-01 Errichten von Starkstromanlagen mit Nennspannungen bis 1000 V; Schutzmaßnahmen; Schutz gegen elektrischen Schlag.

[3] DIN VDE 0101:2000-01 Starkstromanlagen mit Nennwechselspannungen über 1 kV.

Induktivität

Speicherfähigkeit stromdurchflossener Leiter, z. B. von →Spulen[1], →Stromschienen oder →Freileitungen, für die Energie des magnetischen Felds.
Formelzeichen: L.
Einheit: Henry (H).
Eine Spule hat die Induktivität 1 H, wenn bei einer linearen (gleichförmigen) Stromänderung von 1 A je Sekunde eine Urspannung (Selbstinduktionsspannung) von 1 V induziert wird.

Allgemeines

Der Einheitenname (das) **Henry** für die Induktivität (magnetischer Leitwert) wurde zu Ehren des nordamerikanischen Physikers *Joseph Henry* (1797-1878) in das Internationale Einheitensystem (SI) übernommen.
Mit der Induktivität L ergibt sich der **induktive Blindwiderstand** (Induktanz) eines elektrischen Betriebsmittels zu

$X_L = \omega \cdot L$

$\omega = 2\pi \cdot f$ in s^{-1} (Kreisfrequenz).

Selbstinduktivität

Die Induktivität wird **Selbstinduktivität** (Eigeninduktivität) genannt, wenn der von einem elektrischen Leiter, z. B. einer Spule, umfasste Magnetfluss durch den in diesem Leiter fließenden Strom selbst erzeugt wird. Ein Beispiel hierfür ist die Sekundärwicklung eines Transformators. Wird der Transformator z. B. mit einem ohmschen Widerstand belastet, so fließt in der Sekundärwicklung ein Strom. Dieser elektrische Strom wiederum baut seinerseits ein Magnetfeld auf und trägt damit zu den induktiven Spannungen bei. Diesen Vorgang nennt man **Selbstinduktion**.

[1] **Spulen** werden auch „Induktivitäten" genannt; offenbar deshalb, weil die Induktivität die wichtigste physikalische Kenngröße einer Spule ist. Korrekt ist die Bezeichnung „Induktivität" für eine Spule jedoch nicht.

Innenraumanlage

→Elektrische Anlage innerhalb eines Gebäudes oder eines Raums, in dem die Betriebsmittel gegen Witterungseinflüsse geschützt sind.
In Innenraumanlagen (Innenanlagen) treten Veränderungen der Lufttemperatur sowie der relativen Luftfeuchte stark gedämpft und zeitlich verzögert auf. Werden Schaltanlagen in Gebäuden oder in Räumen errichtet, so werden sie auch „Innenraumschaltanlagen" genannt.
Innenraumanlagen in **offener Bauweise** haben keinen vollständigen, sondern nur einen teilweisen Schutz gegen das →direkte Berühren aktiver Teile oder gegen das unzulässige Nähern an diese Teile.
Innenraumanlagen in **gekapselter Bauweise** haben dagegen einen vollständigen Schutz gegen direktes Berühren. Ihre Schutzart beträgt mindestens IP2X oder IPXXB (→Fingersicherheit).

Inspektion

Gesamtheit der erforderlichen Maßnahmen zur Feststellung und Beurteilung des zu einem gegebenen Zeitpunkt bestehenden Istzustands einer Betrachtungseinheit[1] und den daraus abzuleitenden Konsequenzen, ggf. auch alternativen Lösungen im Rahmen der →Instandsetzung. Die Inspektion (Messung, Prüfung, Beobachtung, Bewertung – keine Demontage) ist somit neben der →Wartung und Instandsetzung zur Bewahrung bzw. Wiederherstellung des festgelegten (geforderten) Sollzustands ein wichtiger Teil der →Instandhaltung.

Installationsdose

Installationsmaterial (Dosen, Kästen) in runder, eckiger oder U-förmiger Ausführung mit Einführungsöffnungen oder -markierungen für Elektroinstallationsrohre, Mantelleitungen oder Kabel.

Allgemeines

Installationsdosen gehören zu dem elektrischen Verbindungsmaterial nach DIN VDE 0606-1 [1]. Sie dienen der Aufnahme von Verbindungsklemmen, Aderleitungen bzw. Adern und/oder Installationsgeräten, z. B. Steckdosen, Schalter, Dimmer und Taster, sowie dem mechanischen Schutz der in den Dosen eingebauten elektrischen Betriebsmittel.
Von Installationsdosen dürfen keine Gefahren für Personen, Nutztiere oder Sachen ausgehen. Deshalb bestehen Installationsdosen – in großvolumiger, kastenförmiger Ausführung für Leiternennquerschnitte bis mindestens 16 mm^2 auch „Installationskästen“ genannt – grundsätzlich aus einem schwer entflammbaren Isolierstoff. Vereinzelt werden auch metallene Installationsdosen mit Isolierstoffauskleidung verwendet. In diesem Fall ist der →Schutzleiter an die Schutzleiteranschlussstelle ⏚ in der Dose anzuschließen. Deckel von Installationsdosen dürfen zum Schutz gegen direktes Berühren aktiver Teile nur mit Werkzeug lösbar sein. Das gilt auch für Deckel ohne Schraubenbefestigung.

Einteilung

Installationsdosen werden je nach der angewendeten Installationsart wie folgt unterschieden und dementsprechend gekennzeichnet:

- **Aufputzdosen** zum Aufbau auf Montageflächen, Symbol: ▽A
- **Unterputzdosen** zum Einbau in Massivwände (Mauerwerk), Symbol: ▽U
- **Imputzdosen** zum Aufbau auf noch nicht verputzte massive Rohwände, Symbol: ▽I
- **Hohlwanddosen** zum Einbau in Möbel oder Hohlwände, z. B. Rahmenkonstruktionen, die mit Span-, Holz-, Gipskarton- oder Metallplatten abgedeckt sind, Symbol: ▽H
- **Betonbaudosen** zum direkten Eingießen in Beton, Symbol: ▽B
- **Installationskanaldosen** zum systemgebundenen Einbau in Elektroinstallationskanäle (Geräteeinbaukanäle), Symbol: ▽K .

Darüber hinaus werden Installationsdosen nach ihrem Verwendungszweck eingeteilt z. B. in:

- **Verbindungsdosen** zur Aufnahme von Verbindungsklemmen für Leiternennquerschnitte bis 4 mm^2. Diese Dosen wurden früher auch „Abzweigdosen“, „Verteilungsdosen“ oder bei Übergang von z. B. Erdkabel auf Feuchtraumleitungen auch „Übergangsdosen“ (Verbindungsmuffen) genannt.
- **Gerätedosen** zur Aufnahme von Installationsgeräten, z. B. Schalter und Steckdosen (Schalterdosen).
- **Geräte-Verbindungsdosen** zur Aufnahme von Installationsgeräten und zusätzlich noch von Verbindungsklemmen. Die-

1) **Betrachtungseinheit** ist der jeweils betrachtete Gegenstand, z. B. ein Bauelement, Betriebsmittel, Anlagenteil oder System. Die Darstellung und Abgrenzung einer Betrachtungseinheit nach Art und Umfang erfolgt ausschließlich durch den Betrachter.

se Dosen wurden früher auch „Geräte-Abzweigdosen“ oder „Durchgangsdosen“ genannt.

- **Anschlussdosen** zur Aufnahme der →Klemmen zum Anschließen von
  - begrenzt ortsveränderlichen Geräten, z. B. Elektroherde (Geräte-Anschlussdosen) oder von
  - Decken- oder Wandleuchten (Deckenleuchten- bzw. Wandleuchten Anschlussdosen)[1)]

an die ortsfeste Installationsanlage.

Nach DIN VDE 0100-559 [2] müssen unter oder in Putz verlegte Anschlussleitungen für Wandleuchten in Wandleuchten-Anschlussdosen enden, Beispiel s. Bild I2. Damit ist auch bei nicht angeschlossenen

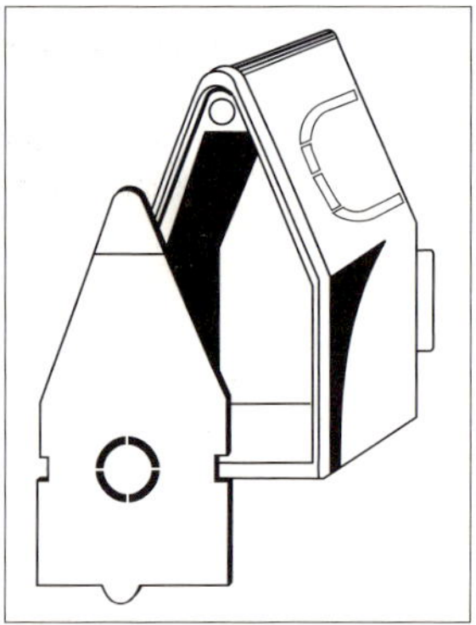

Bild I2: Dose für Wandleuchtenauslass (Wandauslassdose)

Leuchten ein Schutz gegen direktes Berühren der Leitungen gegeben.

Verwendung

Installationsdosen mit der Schutzart IP20 (kein Wasserschutz) werden ausnahmslos in trockenen Räumen verwendet. In Hohlwänden und Möbeln gelangen vorzugsweise **Hohlwanddosen** mit der Schutzart IP30 zum Einsatz. Diese Dosen haben im oder am Dosenkörper Vorrichtungen für eine Zugentlastung der eingeführten Leitungen. Der Einbau von Schaltern und Steckdosen mit Spreizklemmen (Krallen) ist in diesen Dosen nicht zulässig.

Tropfwassergeschützte Dosen für →feuchte Räume (Schutzart IPX1) – auch „Feuchtraumdosen“ oder „Feuchtraumkästen“ genannt – verfügen über kleine Öffnungen (etwa 5 mm Ø), die das Abfließen von Kondenswasser in jeder zugelassenen Montagelage sicherstellen. Die nach unten gerichtete Abflussöffnung ist bei der Montage der Dose vom Errichter sachgemäß auszubrechen.

Feuchtraumdosen und -kästen mit einer hohen Schutzart, z. B. IP54, eignen sich auch für staubige oder →nasse Räume sowie für den Einsatz im Freien. Diese Dosen (Kästen) haben in der Regel Stopfbuchsverschraubungen, Würgenippel o. dgl., die die erforderliche Dichtheit der eingeführten Kabel und Leitungen sicherstellen.

Literatur

[1] DIN VDE 0606-1:2000-10 Verbindungsmaterial bis 690 V; Installationsdosen zur Aufnahme von Geräten und/oder Verbindungsklemmen.

[2] DIN VDE 0100-559:1983-03 Errichten von Starkstromanlagen mit Nennspannungen bis 1000 V; Leuchten und Beleuchtungsanlagen.

Installationsfernschaltung

Installationsschaltung (Lampenschaltung) mit elektromagnetischer Fernbedienung.

Bei der Installationsfernschaltung werden die herkömmlichen Aus-, Serien-, Wechsel- und Kreuzschalter durch Taster ersetzt, s. Bild I3. Das Ein- und Ausschalten der Lam-

---

1) **Deckenleuchten-Anschlussdosen** für eine Anordnung auf oder unter Putz können zusätzlich noch mit einem Deckenhaken oder anderen Befestigungsmitteln zum Aufhängen (Befestigen) der Leuchte an der Decke versehen sein. **Wandleuchten-Anschlussdosen** für eine Unterputzanordnung verfügen in der Regel ebenfalls über ein Befestigungsmittel für die Wandleuchte.

pen übernehmen **Installationsfernschalter**, die bei jedem Impuls (Stromstoß) einen Stromkreis schalten. Diese Schalter werden folglich auch **Stromstoßschalter** oder **Stromstoßrelais** genannt.

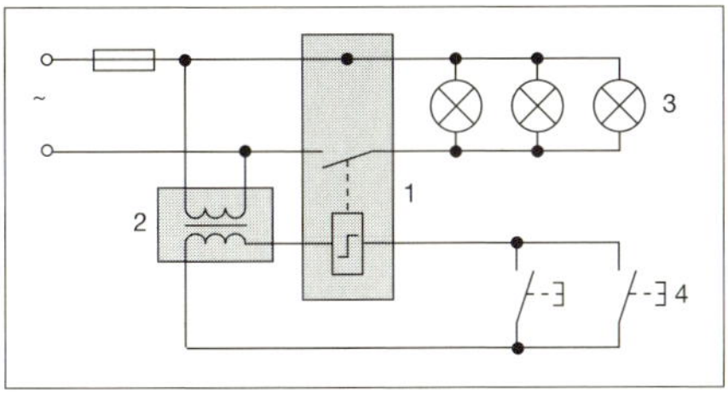

Bild I3: Installationsfernschaltung
1 Stromstoßrelais; 2 Steuertransformator (bei Bedarf); 3 Leuchten; 4 Drucktaster

Installationskabel

Niederspannungskabel mit einer Aderisolierung aus vernetztem Polyethylen (VPE) und einem Außenmantel aus thermoplastischem PVC nach DIN VDE 0262.

Installationskabel (engl. *installation-cables*) haben ein geringeres Anforderungsprofil als Kabel für Erdverlegung (Erdkabel, engl. *underground cables*), aber ein höheres als Mantelleitungen. Installationskabel finden deshalb vorzugsweise für Gebäudeinstallationen sowie außerhalb von Gebäuden im industriellen Bereich und in der Landwirtschaft Anwendung. Für Fernmelde- und Informationsverarbeitungsanlagen werden Installationskabel nach DIN VDE 0815 verwendet.

Die Verlegung von Installationskabeln in Erde ist wie bei Mantelleitungen nur unter Verwendung von widerstandsfähigen Schutzrohren zulässig. Besser ist jedoch die Verwendung von Erdkabeln.

Installationsmaterial

Zum Installieren (Herstellen) einer elektrischen Anlage notwendigen Geräte, Kabel, Leitungen und Bauteile, die fest mit dem Bauwerk verbunden werden.

Zum Installationsmaterial (genauer: Elektroinstallationsmaterial) gehören z. B. Schalter, Taster, Installations- und Steckdosen, Sicherungen, Kabel, Leitungen, Elektroinstallationsrohre und -kanäle, Potentialausgleichsschienen sowie das gesamte Verbindungs- und Montagematerial.

Installationswerkzeug

Werkzeug, Prüf-, Mess- und Hilfsmittel sowie isolierende Schutzvorrichtungen zum Errichten, Prüfen und Instandhalten von (Elektro-)Installationsanlagen, auch zum Arbeiten unter Spannung (AuS).

Werkzeuge, allgemein

Zu den allgemeinen Handwerkzeugen (engl. *hand tools*) gehören z. B. Hammer, Meißel, Feile, Taschensäge, Kombi-, Spitz, Abmantel- und Wasserpumpenzange, Seitenschneider, Abisolierzange, Aderendhülsen-Presszange, Akkuschrauber, Schraubendreher, Kabelmesser, Gliedermaßstab, Wasserwaage, Schnur, Wasserpinsel, Spachtel und Gipsmulde.

Werkzeuge zur Unfallverhütung

Werkzeuge zur Unfallverhütung sind sämtliche Werkzeuge mit einem festen Isolierstoffüberzug, ferner zweipolige →Spannungsprüfer, Passeinsatzschlüssel, Aufsteckgriff mit Armschutzstulpe zum Einsetzen von →NH-Sicherungen (s. Bild I4) sowie Hilfsmittel und isolierende Schutzvorrichtungen, z. B. Abdecktücher. Diese Werkzeuge und Schutzvorrichtungen sind zur Einhaltung der →fünf Sicherheitsregeln nach der Unfallverhütungsvorschrift BGV

A3 „Elektrische Anlagen und Betriebsmittel“ sowie nach DIN VDE 0105-100 „Betrieb von elektrischen Anlagen“ unabdingbar.

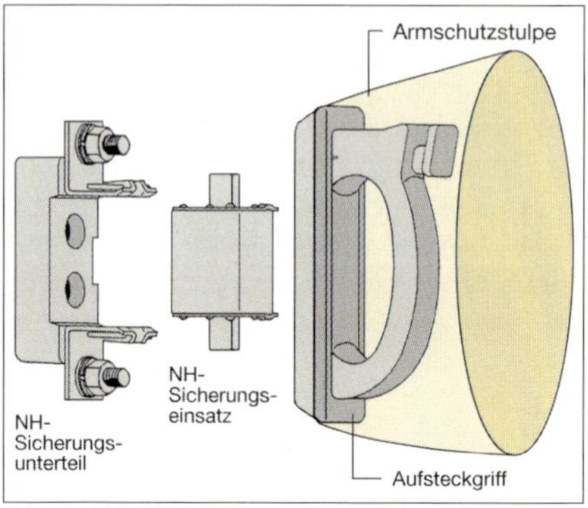

Bild I4: Aufsteckgriff mit Armschutzstulpe zum Einsetzen von NH-Sicherungen

Werkzeuge zur Unfallverhütung sind Spezialwerkzeuge; sie bedürfen einer besonderen Behandlung, Aufbewahrung und Pflege. Es ist zweckmäßig, diese Werkzeuge in einem Werkzeugkoffer aufzubewahren. Damit ist sichergestellt, dass die Werkzeuge gegen Beschädigung durch Transport ausreichend geschützt sind. Eine beschädigte Isolierung kann beim Arbeiten unter Spannung schwerwiegende Folgen haben.
Die Kennzeichnung isolierter Handwerkzeuge zum Arbeiten an unter Spannung stehenden Teilen mit Nennspannungen bis AC 1000 V/DC 1500 V erfolgt gemäß DIN EN 60900 mit dem Doppeldreieck (Tannenbaum) und der Bezeichnung „1000 V“, s. Bild I5 a. Die frühere Kennzeichnung mit dem (Stützen-)Isolatorsymbol und „1000 V“ gemäß Bild I5 b ist nicht mehr zulässig.

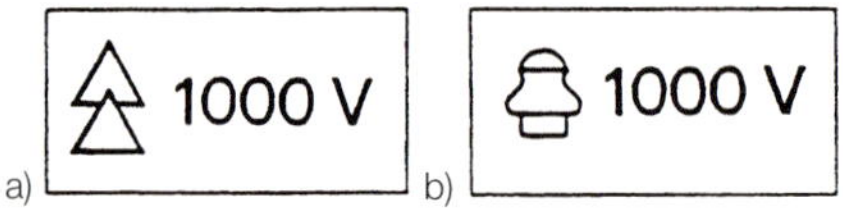

Bild I5: Kennzeichnung isolierter Werkzeuge a) neu; b) alt

Installationszone

Bereich, in dem die unsichtbar verlegten (verdeckten) Kabel und Leitungen sowie Installationsgeräte, z. B. Schalter, Steckdosen, Taster und Dimmer, angeordnet werden sollen.

Installationszonen haben den Zweck, die unsichtbare Verlegung von Kabeln und Leitungen auf ganz bestimmte Bereiche zu beschränken. Dadurch soll die Gefahr einer Beschädigung der Kabel und Leitungen vermindert werden, die sich durch die spätere Montage z. B. von (Versorgungs-)Leitungen für Wasser, Gas oder Heizung oder durch das Befestigen von Hängeschränken, Gardinenhalterungen, Bildern u. dgl. an den Wänden ergeben kann.
In Fußböden und Decken dürfen Kabel und Leitungen gemäß DIN 18015-1(VDE 0682-201) und DIN VDE 0100-520 auf kürzestem Wege verlaufen. Für sichtbar verlegte Kabel und Leitungen (Aufputzinstallation) gibt es ebenfalls keine vorgeschriebenen Installationszonen.

Ausführung

Installationszonen für das unsichtbare Verlegen von Kabeln und Leitungen in Wohn-, Büro-, Verkaufs- u. ä. Räumen sind in DIN 18015-3 maßlich festgelegt, s. Bild I6 [1]. Danach sind die waagerechten Installationszonen (ZW) jeweils 30 cm breit. Es verlaufen

- die **obere** waagerechte Installationszone (ZW-o) von 15...45 cm unter der fertigen Deckenfläche,
- die **untere** waagerechte Installationszone (ZW-u) von 15...45 cm über der Oberkante Fertigfußboden (OFF) und
- die **mittlere** waagerechte Installationszone (ZW-m) bei Vorhandensein von Arbeitsflächen, z. B. in Küchen und Hauswirtschaftsräumen, 90...120 cm über OFF.

Sofern über den Fenstern eine ausreichende Wandfläche für die Befestigung von Gar-

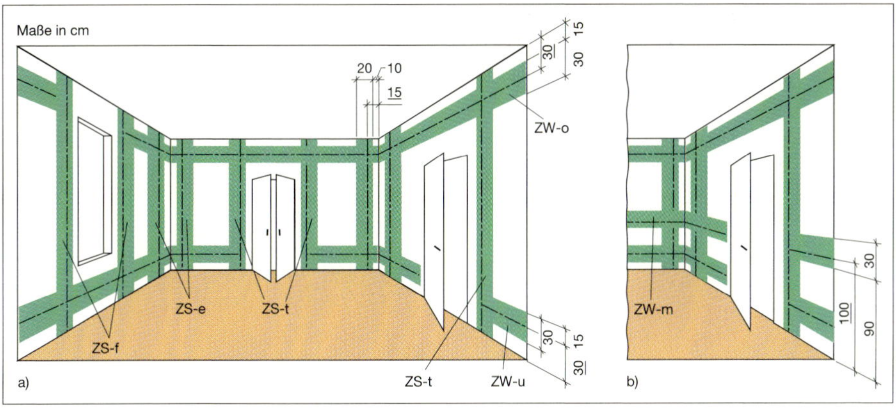

Bild I6: Installationszonen und Vorzugsmaße (unterstrichen) für
a) Räume ***ohne*** *Arbeitsflächen an Wänden; b) Räume* ***mit*** *Arbeitsflächen an Wänden*

dinenleisten, Fensterrollos u. dgl. zur Verfügung steht, verläuft die obere waagerechte Installationszone (ZW-o) über den Fenstern. Andernfalls ist die ZW-o zu unterbrechen, s. Bild I6 a.

Senkrechte Installationszonen (ZS) sind 20 cm breit. Sie reichen von der Deckenunterkante bis zur Fußbodenoberkante und verlaufen an **Türen** (ZS-t), **Fenstern** (ZS-f) und **Wandecken** (ZS-e) jeweils in 10...30 cm Abstand neben den Rohbaukanten bzw. -ecken. Für Fenster, Wandecken und zweiflügelige Türen gelten die senkrechten Installationszonen beidseitig, für einflügelige Türen nur für die Schlossseite. Bei Räumen mit schrägen Wänden, z. B. in Dachgeschosswohnungen oder unter Treppen, verlaufen die von oben nach unten führenden Installationszonen mit den gleichen Maßen parallel zu den Bezugskanten.

Unsichtbar verlegte Kabel und Leitungen sind innerhalb der Installationszonen anzuordnen. Dabei gelten als Vorzugsmaße

- bei **waagerechter** Verlegung
  ZW-o: 30 cm unter der fertigen Deckenfläche,
  ZW-u: 30 cm über OFF,
  ZW-m: 100 cm über OFF,
- bei **senkrechter** Verlegung 15 cm neben den Rohbaukanten bzw. -ecken.

Im Bild I6 sind die Vorzugsmaße unterstrichen.

Schalter und Steckdosen über Arbeitsflächen an Wänden sollen innerhalb der mittleren waagerechten Installationszone (ZW-m) in einer Vorzugshöhe von 100 cm über OFF angeordnet werden, s. Bild I6 b. Bei einer Höhe unter 100 cm ist darauf zu achten, dass Schalter und Steckdosen, z. B. in Küchen, nicht mit der Wischleiste (Wandabschlussprofil) kollidieren.

Für **Schalter neben Türen** – auch Dimmer – gilt als Vorzugsmaß 105 cm über OFF, bei Mehrfach-Schalterkombinationen bezogen auf die Mitte des obersten Schalters. In barrierefreien Wohnungen, z. B. für Rollstuhlbenutzer, Sehbehinderte und kleinwüchsige Menschen, beträgt dieses Maß nur 85 cm über OFF [2].

Schalter, Steckdosen, Wandleuchten, Heizstrahler, Herdanschlussdosen u. dgl., die außerhalb der festgelegten Installationszonen angeordnet werden müssen, sind mit senkrecht geführten Stichleitungen aus der nächstgelegenen Installationszone zu versorgen.

Von den festgelegten Installationszonen darf abgewichen werden, wenn die Kabel und Leitungen in widerstandsfähigen Schutzrohren oder in solchen Fertigteilen verlegt worden sind, bei denen eine Beschädigung der Kabel und Leitungen weitgehend ausgeschlossen werden kann. Das gilt z. B. für

- Betonfertigteile mit einer Überdeckung der Kabel und Leitungen von mindestens 6 cm und für
- Fertigteile in Leichtbauweise, bei denen die Kabel und Leitungen in großen Hohlräumen verlegt sind, sodass sie bei mechanischen Einwirkungen von außen ausweichen können.

Literatur

[1] DIN 18015-3:1999-04 Elektrische Anlagen in Wohngebäuden; Leitungsführung und Anordnung der Betriebsmittel.

[2] DIN 18025-2:1992-12 Barrierefreie Wohnungen; Planungsgrundlagen.

Instandhaltung

Maßnahmen zum Aufrechterhalten der Funktionsfähigkeit sowie des ordnungsgemäßen Zustands von elektrischen Betriebsmitteln und Anlagen (➔Wartung, ➔Inspektion) oder zur Rückführung in diesen Zustand [1].

Maßnahmen zur Instandhaltung (engl. *maintenance*) von elektrischen Betriebsmitteln und Anlagen enthalten z. B. DIN VDE 0105-100 [1] und DIN VDE 0108-1 [2].

Literatur

[1] DIN VDE 0105-100:2005-06 Betrieb von elektrischen Anlagen.

[2] DIN VDE 0108-1:1989-10 Starkstromanlagen und Sicherheitsstromversorgung für bauliche Anlagen für Menschenansammlungen; Allgemeines.

Instandsetzung

Maßnahmen zur Wiederherstellung des Sollzustands von technischen Mitteln, z. B. elektrischen Anlagen und Geräten.

Allgemeines

Instandsetzungen (Reparaturen, engl. *repairs*) oder Änderungen an ➔elektrischen Betriebsmitteln dürfen grundsätzlich nur von Elektrofachkräften (➔Fachkraft) oder unter deren Leitung durchgeführt werden. Ausgenommen hiervon sind solche vergleichsweise einfachen Instandsetzungsarbeiten, die z. B. gemäß der Gebrauchsanleitung oder nach den Normen auch von ➔elektrotechnischen Laien durchgeführt werden dürfen, z. B. das Auswechseln von Sicherungseinsätzen, Lampen und Startern. Dabei sind in der Regel die betreffenden Stromkreise spannungsfrei bzw. stromlos.

Anforderungen

Nach der Instandsetzung oder Änderung müssen die betreffenden elektrischen Betriebsmittel fehlerfrei und für den Benutzer sowie die Umgebung sicher sein. Vielmehr noch, die Betriebsmittel müssen hinterher einen solchen Schutz gegen elektrische Gefährdung bieten, der mit dem Schutz neuer Betriebsmittel vergleichbar ist. Sinngemäß gilt das auch für die ➔elektromagnetische Verträglichkeit und Störfestigkeit.

Diese Anforderungen werden durch ➔Inspektionen und Prüfungen nachgewiesen; für elektrische Anlagen nach DIN VDE 0105-100 [1] und für elektrische Geräte, z. B. Leuchten, Installationswerkzeuge und Elektrowärmegeräte, nach DIN VDE 0701-1 [2]. In den genannten Normen und in den zutreffenden Unfallverhütungsvorschriften (UVV) der Berufsgenossenschaften sind der Prüfumfang und die Sicherheitsgrenzwerte für die instand gesetzten oder geänderten elektrischen Betriebsmittel festgelegt.

Literatur

[1] DIN VDE 0105-100:2005-06 Betrieb von elektrischen Anlagen.

[2] DIN VDE 0701-1:2000-09 Instandsetzung, Änderung und Prüfung elektrischer Geräte. Teil 1: Allgemeine Anforderungen.

Internationale Elektrotechnische Kommission

Kommission für die weltweite →Normung auf dem Gebiet der Elektrotechnik und Elektronik.

Allgemeines

Die Internationale Elektrotechnische Kommission (engl. *International Electrotechnical Commission*, Abk. IEC) wurde am 26./27. Juni 1906 in London gegründet. Auf der Gründungsversammlung waren 16 Länder vertreten, darunter auch Deutschland. Knapp 100 Jahre später, im Jahre 2005, gehören der IEC bereits 64 Mitgliedsländer an, s. Tafel I2. Diese Länder aus allen Erdteilen repräsentieren mehr als 90 % der Weltbevölkerung.

Die internationale Normung der nicht elektrotechnischen Güter, Verfahren, Symbole usw. fällt in die Zuständigkeit der **Internationalen Standardisierungsorganisation** (engl. *International Organization for Standardization*, Abk. ISO).

Aufgaben, Arbeitsweise

Die Aufgaben der IEC sind vielfältig und sehr komplex. Sie berühren praktisch alle Bereiche der Elektrotechnik, von der Planung, Bemessung über die Fertigung, Prüfung bis hin zur Bewertung elektricher Betriebsmittel, Maschinen, Anlagen und Systeme. Außerdem befasst sich die IEC mit der elektrischen Sicherheit von Personen, Nutztieren und Sachen, der Umweltverträglichkeit und Störsicherheit von Erzeugnissen, mit elektrotechnischen Schaltzeichen, Symbolen usw. Die Produkte, Verfahren und Prozesse sollen weltweit möglichst kompatibel und austauschbar sein.

Zu den Aufgaben der IEC gehört ferner die Herausgabe des **Internationalen Elektrotechnischen Wörterbuchs** (engl. *International Electrotechnical Vocabulary*, Abk. IEV). Die Arbeiten hierzu wurden im Jahre 1938 begonnen und nach mehrjähriger Unterbrechung infolge des Zweiten Weltkriegs im Jahre 1949 fortgesetzt.

Das IEV umfasst etwa 20000 Fachbegriffe (*terms*) mit Erklärungen (*definitions*). Dieses umfangreiche Werk ist als Normenreihe IEC 60050 in viele eigenständige Teile gegliedert, z. B. in den

- Teil 195 Erdung und Schutz gegen elektrischen Schlag,
- Teil 461 Kabel und Leitungen sowie
- Teil 826 Elektrische Anlagen von Gebäuden.

Tafel I2: Mitgliedsländer der IEC

Land	
Ägypten	Mexiko
Argentinien	Neuseeland
Australien	Niederlande
Belgien	Nordkorea
Bosnien-Herzegowina	Norwegen
Brasilien	Österreich
Bulgarien	Pakistan
China	Polen
Dänemark	Portugal
Deutschland	Rumänien
Estland	Russland
Finnland	Saudi-Arabien
Frankreich	Schweden
Griechenland	Schweiz
Indien	Serbien/Montenegro
Indonesien	Singapur
Iran	Slowakei
Irland	Slowenien
Island	Spanien
Israel	Südafrika
Italien	Südkorea
Japan	Thailand
Kanada	Tschechien
Kasachstan	Tunesien
Kolumbien	Türkei
Kroatien	Ukraine
Lettland	Ungarn
Litauen	USA
Luxemburg	Vereinigtes Königreich
Malaysia	Vietnam
Malta	Weißrussland
Mazedonien	Zypern

Das Internationale Elektrotechnische Wörterbuch (IEV) gibt es in Papierversion und als CD-ROM in den Originalsprachen Eng-

lisch und Französisch sowie mit Übersetzung der Begriffsbenennungen in vielen weiteren Sprachen, auch in Deutsch.
IEC-Publikationen werden von Experten in Technischen Komitees (TCs), Unterkomitees (SCs) und Arbeitsgruppen (WGs) ausgearbeitet, anschließend den Nationalen Komitees der Mitgliedsländer zur Stellungnahme vorgelegt und nach mehrheitlicher Billigung der Schriftstücke als Empfehlung oder als nationale bzw. regionale (europäische) Norm in vielen Ländern der Erde – auch in Nicht-IEC-Mitgliedsländern – angewendet.
In der Bundesrepublik Deutschland ist für die Koordinierung der IEC- und weiterführenden Harmonisierungsarbeiten im Rahmen der EU allein die DKE „Deutsche Kommission Elektrotechnik Elektronik Informationstechnik im DIN und VDE“ zuständig. Die DKE mit Sitz in Frankfurt am Main ist deutsches Mitglied der IEC.

Isolation

Grad der galvanischen Trennung (ital. *isola* = Insel) von leitfähigen Teilen, die gegeneinander oder gegen Erde (Masse) betriebsmäßig unter Spannung stehen.
Isolation (engl. *insulation*) ist kein fester Werkstoff, auch keine (Isolier-)Flüssigkeit und kein Gas, sondern eine Eigenschaft, ein Zustand (Abstraktum). Die Realisierung der Isolation erfolgt mittels der →**Isolierung**, d. h. durch einen geeigneten →Isolierstoff (Konkretum).
Als „elektronische Isolation“ wird mitunter die Verarmungszone bei Halbleitern, z. B. die Sperrschicht mit PN-Übergang, bezeichnet.

Isolationsfehler

Fehler in der →Isolierung eines elektrischen Betriebsmittels, der zu einem anormalen Stromfluss über die Fehlerstelle führt.
Isolationsfehler (engl. *insulation fault*) entstehen z. B. durch Alterung der Isolierung, durch Wärme, Kälte, Feuchtigkeit, Nässe, Überspannungen, mechanische Einwirkungen oder durch eine Kombination dieser Einflüsse. →Erdschlüsse, →Körperschlüsse oder →Kurzschlüsse sind die Auswirkungen eines fehlerhaften Zustands der Isolierung.

Isolationskoordination

Wechselseitige Zuordnung (Koordination) der Kenngrößen der →Isolation von elektrischen Betriebsmitteln mit dem Ziel der Vermeidung von Isolierungsdurchbrüchen oder Überschlägen. Wenn schon →Isolationsfehler nicht gänzlich vermieden werden können, sollten sie wenigstens auf jene Stellen in einer elektrischen Anlage oder in einem System beschränkt bleiben, an denen sie keine nennenswerten Schäden verursachen können.

Allgemeines

Isolationskoordination, d. h. die zweckmäßig koordinierte Abstufung der Isolation (engl. *insulation coordination*), kann nur erreicht werden, wenn die Bemessung der elektrischen Betriebsmittel hinsichtlich ihrer dielektrischen Spannungsfestigkeit auf den Beanspruchungen beruht, denen die Betriebsmittel im Verlauf der zu erwartenden Lebensdauer voraussichtlich ausgesetzt sind. Die Isolationskoordination findet meist in Verbindung mit Schutzeinrichtungen zur Begrenzung von →Überspannungen – in Niederspannungsanlagen auf der Basis von vier →Überspannungskategorien nach DIN VDE 0100-443 und DIN EN 60664-1 (VDE 0110-1) – Anwendung.

Die grundsätzlichen Anforderungen an die Isolationskoordination und die notwendigen Spannungsprüfungen enthalten für

- Niederspannungsanlagen mit Bemessungsfrequenzen bis 30 kHz DIN EN 60664-1 (VDE 0110-1) und bis 100 MHz (außer transiente Spannungen) das Beiblatt 2 von DIN VDE 0110-1 sowie für
- Hochspannungsanlagen DIN EN 60071-1 und -2 (VDE 0111-1 und 2).

Dabei geht es in diesen Normen hauptsächlich um die zweckdienliche Vorgehensweise bei der Auswahl der genormten →Isolationspegel sowohl für die Leiter-Erde- und Leiter-Leiter-Isolation als auch für die Isolation längs eines Strompfads (Längsisolation). Anforderungen an die →Sicherheit von Personen und Nutztieren, z. B. in Bezug auf den Schutz gegen →elektrischen Schlag, werden durch die Isolationskoordination nicht berührt.

Luft- und Kriechstrecken

Unter Berücksichtigung der Anforderungen der Isolationskoordination für elektrische Betriebsmittel in Niederspannungsanlagen sind in DIN EN 60664-1 (VDE 0110-1) die erforderlichen Werte für →Luft- und →Kriechstrecken festgelegt. Diese Werte gelten auch für die Mindestisolationsstrecken von Funktionsisolierungen.

Luftstrecken sind nach der höchsten zu erwartenden →Stoßspannung der Betriebsmittel (Bemessungs-Stehstoßspannung) und **Kriechstrecken** nach der Bemessungsisolationsspannung zu wählen.

Isolationspegel

Wechselspannungs- und Stoßspannungspegel. Für die Bemessung der →elektrischen Festigkeit einer →Isolierung ist der „Bemessungsisolationspegel“ (engl. *rated insulation level*) maßgebend.

Pegelfunkenstrecken – parallel zu einer Isolationsstrecke, z. B. zu einem →Isolator, geschaltet – begrenzen den Stoßspannungspegel eines elektrischen Betriebsmittels an der Einbaustelle. Diese (Spitzen-) Funkenstrecken dienen der →Isolationskoordination und sind keine Schutz- vorkehrungen gegen →Überspannungen.

Der Nachweis des Isolationspegels erfolgt durch Anlegen von genormten Prüfspannungen an den Prüfling.

Isolationsspannung

Höchster Effektivwert einer Dauerspannung, für welche die →Isolation eines →elektrischen Betriebsmittels ausgelegt ist (Bemessungsisolationsspannung). Vorübergehende kurzzeitige Spannungserhöhungen, z. B. transiente Schaltüberspannungen, bleiben dabei gewöhnlich außer Betracht.

Die Bemessungsisolationsspannung U_i (engl. *rated insulation voltage*) – früher auch **Reihenspannung** genannt – bildet die Grundlage für die Prüfspannungswerte und die →Isolationskoordinaten. Sie ist höchstens gleich der →Bemessungsstehspannung.

Isolationsüberwachung

Überwachung des →Isolationswiderstands der →aktiven Teile eines nicht geerdeten Niederspannungsnetzes (IT-System) gegen Erde.

Allgemeines

In IT-Systemen sollen Einfachfehler (→Körper- oder →Erdschlüsse) nicht automatisch zur Abschaltung der elektrischen Anlage führen. Zur Sicherstellung der gewünschten Versorgungszuverlässigkeit ist der Isolationswiderstand der betreffenden elektrischen Anlage mit einer **Isolationsüberwachungseinrichtung** (engl. ***i**nsulation **m**onitoring **d**evices*, Abk. IMD) ständig zu überwachen. Bei Unterschreitung eines bestimmten Grenzwerts erfolgt die Fehlermeldung; abgeschaltet wird nur bei Bedarf.

Die Geräte zur Überwachung des Isolationswiderstands von

- ungeerdeten Wechselstromnetzen mittels überlagerter Messgleichspannung müssen DIN EN 61557-2 (VDE 0413-2) und von
- ungeerdeten Gleichstromnetzen bzw. von Wechselstromnetzen mit galvanisch verbundenen Gleichstromkreisen, z. B. bei Stromrichterbetrieb, SPS-Steuerungen oder Regelelektroniken müssen DIN EN 61557-8 (VDE 0413-8) entsprechen.

Diese Geräte erfassen symmetrische und unsymmetrische →Isolationsfehler, s. Bild I7. Erdschlussüberwachungsrelais, die als Messgröße die bei einem Erdschluss auftretende Unsymmetriespannung (Verlagerungsspannung) nutzen, sind keine Isolationsüberwachungseinrichtungen im Sinne der vorgenannten Normen.

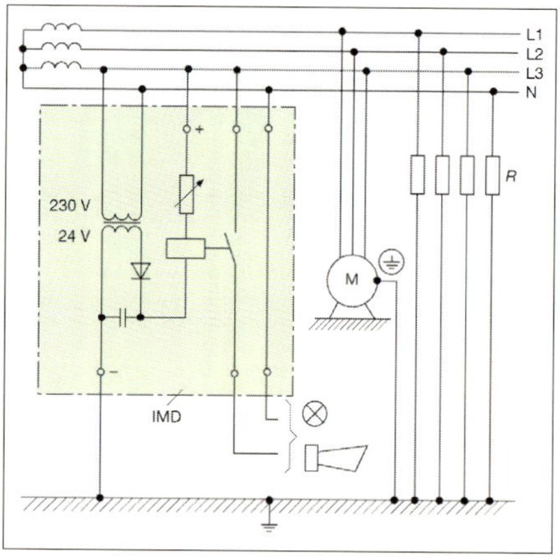

Bild I7: Isolationsüberwachungseinrichtung (IMD) für ungeerdete Wechselstromnetze mit überlagerter Messgleichspannung R Isolationswiderstand gegen Erde

Unterscheidung IMD – RCM

Die Geräte (IMDs) zur Überwachung des Isolationswiderstands von ungeerdeten Wechselstromnetzen mittels überlagerter (eingeprägter) Messgleichspannung unterscheiden sich von den noch vergleichsweise jungen Differenzstrom-Überwachungsgeräten (engl. *residual current monitors*, Abk. RCMs) nach DIN EN 62020 (VDE 0663) hauptsächlich dadurch, dass RCMs in ihrer Überwachungsfunktion – im Gegensatz zu den IMDs – nicht aktiv, sondern eher passiv arbeiten.

Differenzstrom-Überwachungsgeräte (RCMs) geben ein optisches Warnsignal, wenn der →Differenzstrom zwischen einem aktiven Teil und einem leitfähigen, berührbaren Teil oder der Erde den festgelegten (Ansprech-)Wert übersteigt. Zusätzlich kann noch ein akustisches Warnsignal erfolgen [1][2].

Literatur

[1] *Hofheinz, W.:* Schutztechnik mit Isolationsüberwachung. 4. Auflage. VDE-Verlag, Berlin: 1993.

[2] *Hofheinz, W.:* Fehlerstrom-Überwachung in elektrischen Anlagen. VDE-Schriftenreihe band 223. VDE-Verlag. Berlin: 2002.

Isolationswiderstand

Elektrischer Durchgangs- und Oberflächenwiderstand einer →Isolierung.

Der Isolationswiderstand (engl. *insulation resistance*) – mitunter (eher selten) auch „Isolierungswiderstand" genannt – ist eine wichtige Kenngröße für die Sicherheit und Verfügbarkeit eines elektrischen Betriebsmittels oder Systems. Er darf nach DIN VDE 0100-610 einen bestimmten Wert – abhängig von der jeweiligen Nennspannung (Bemessungsspannung) des Betriebsmittels oder der Anlage – nicht unterschreiten, s. Tafel I3. Bei Anwendung der Schutzmaßnahme →„Schutz durch nicht leitende Räume“ muss der Isolationswiderstand des Fußbodens und der Wände mindestens 50 kΩ betragen [1].

Tafel I3: Isolationswiderstand der aktiven Leiter gegen Erde (Schutzleiter)

Nennspannung des Stromkreises V	**Isolationswiderstand, mind. MΩ**
SELV oder PELV (Kleinspannung)	0,25
≤ 500 (außer SELV oder PELV)	0,5
> 500	1,0

Ein zu niedriger Isolationswiderstand, insbesondere zwischen den →aktiven Teilen und →Erde, kann weitreichende Auswirkungen haben. Man denke nur an die Folgen eines elektrischen Schlags, an Brand- und Explosionsgefahr, Funktionsstörungen oder an die oft hohen Kosten bei Betriebsunterbrechungen infolge defekter Isolierungen. Deshalb ist der Isolationswiderstand einer elektrischen Anlage gemäß DIN VDE 0105-100 und der Unfallverhütungsvorschrift (UVV) BGV A3 „Elektrische Anlagen und Betriebsmittel“ § 5 regelmäßig zu überprüfen. Das Prüfverfahren und die zu verwendende Messgleichspannung sind in DIN VDE 0100-610 sowie DIN EN 61557-2 (VDE 0413-2) festgelegt.

Literatur

[1] DIN VDE 0100-410:1997-01 Errichten von Starkstromanlagen mit Nennspannungen bis 1000 V; Schutzmaßnahmen; Schutz gegen elektrischen Schlag.

Isolator

Isolierkörper, erforderlichenfalls mit Armaturen, zum Halten (Befestigen, Führen) von elektrischen Leitern und deren Isolierung gegen Erde sowie untereinander.

Allgemeines

Isolatoren (engl. *insulators*) sind armierte Isolierkörper, die der Befestigung von elektrischen Leitern dienen, z. B. von Stromschienen, Freileitungen, Fahrleitungen oder Elektrozaundrähten, oder durch die elektrische Leiter isoliert hindurchgeführt werden.

Isolatoren bestehen i. Allg. aus Isolierkeramik (Porzellanisolator), seltener aus Glas oder Kunststoff. Die Glasur der keramischen Isolierkörper ist bei **Innenraumisolatoren** gewöhnlich **weiß**, weil dadurch der Verstaubungsgrad gut kontrolliert werden kann, und bei **Freiluftisolatoren** meist **braun**. Braune Glasuren führen zu einer schnellen Erwärmung der Porzellane bei Sonneneinwirkung und damit zu einer Verkürzung der isolationsgefährdenden Betauungsperiode bzw. der Trockenzeit nach einem Regen. Außerdem reflektieren (spiegeln) braune Isolatoren die Sonnenstrahlen sehr viel weniger als weiße (keine Blendungsgefahr).

Um das erforderliche Isoliervermögen auch bei Niederschlägen und Verschmutzung zu sichern, haben Freiluftisolatoren mehrere zweckmäßig gestaltete Schirme oder Rippen, s. Bild I8. Dadurch entstehen lange →Kriech- und →Luftstrecken.

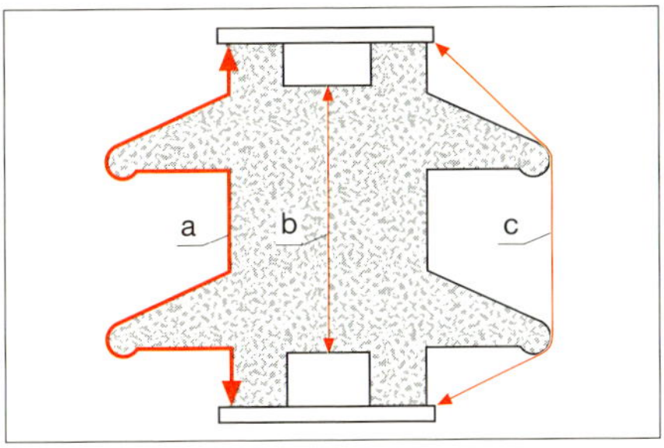

Bild I8: Isolator
a Kriechstrecke; b Durchschlagstrecke; c Luftüberschlagstrecke (Schlagweite)

Stützenisolator

Isolator mit einer in den Isolierkörper hineinragenden, fest mit ihm verbundenen

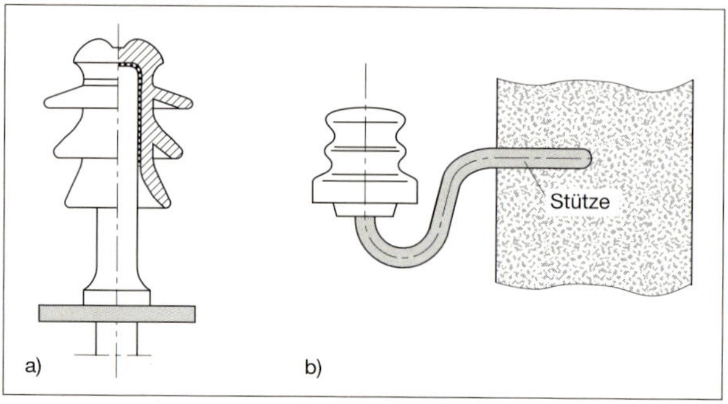

Bild I9: Stützenisolatoren a) Stütze gerade; b) Stütze gebogen

Stütze. Dabei kann die Stütze gerade oder zur Befestigung an Wänden, Masten u.dgl. auch gebogen sein, s. Bild I9. Zum Befestigen von Stützenisolatoren an Holzmasten, -balken u.ä. Bauteilen aus Holz haben die Stützen an ihrem Ende Holzgewinde.

Stützenisolatoren dienen dem starren Befestigen von →Leiterseilen, z.B. von Hausanschlussleitungen an Dachständern (Hauseinführungsdachständer) oder Wänden.

Stützer
Isolator zum Abstützen von unter Spannung stehenden Teilen, s. Bild I10. Stützer dienen vorzugsweise dem Befestigen oder Führen von Stromschienen in Geräten und Anlagen.

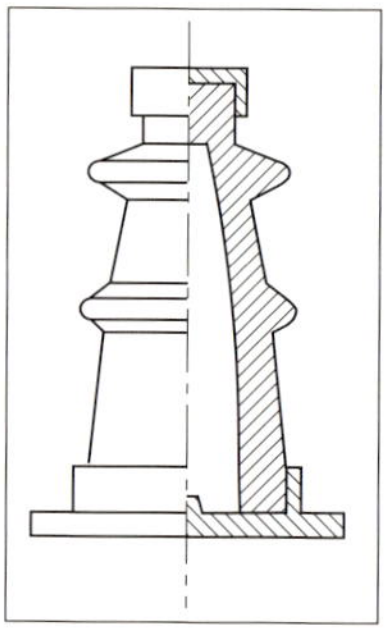

Bild I10: Stützer

Für →Innenraumanlagen werden meist glatte Porzellan- oder Hartpapierstützer und für →Freiluftanlagen i. Allg. Porzellanstützer mit Schirmen verwendet.

Schäkelisolator
Isolator in Form eines Hohlzylinders mit Schirmen oder Rippen. Die durchgehende Mittelbohrung dient zum Befestigen des Isolators, z.B. an einem Betonmast. Als Befestigungsmittel dienen ein Metallbügel und ein durch die Mittelbohrung des Isolierkörpers geführter Metallbolzen, s. Bild I11.

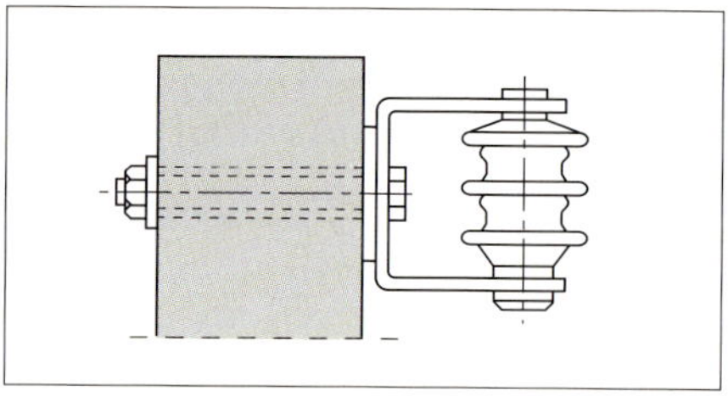

Bild I11: Schäkelisolator

Abspannisolator
Einzelisolator (Isolierkörper und Armaturen) einer Abspannkette, s. Bild I12. **Abspannketten** sind mehrgliedrige Isolatorenketten einschließlich der für das Aneinanderreihen

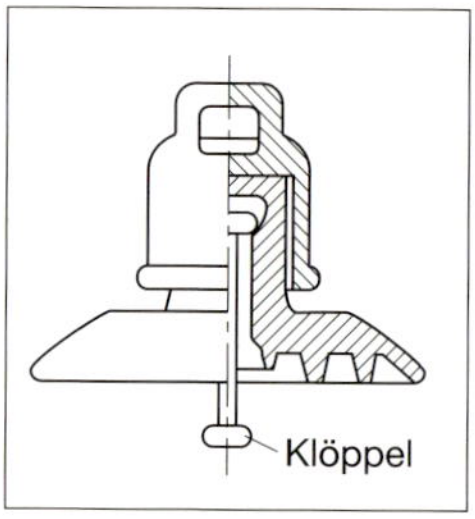

Bild I12: Abspannisolator (Kettenisolator)

der Einzelisolatoren notwendigen Teile, z. B. Klöppel. Sie bestehen aus mehreren miteinander verbundenen Abspannisolatoren (Kettenisolatoren) für eine bewegliche Aufhängung von Freileitungsseilen, z. B. an einer Traverse (Ausleger).

Hängeisolator
Isolator zum Aufhängen von Leiterseilen an →Masten und ähnlichen Tragkonstruktionen, s. Bild I13. Die durch die Last der Leiterseile entstehenden mechanischen Kräfte werden von den an den Enden des zylindrischen Porzellankörpers (Strunk) angekitteten Gussarmaturen übertragen.

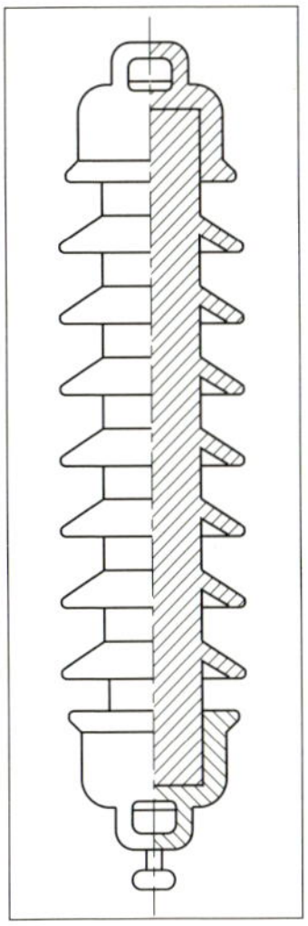

Bild I13 Hängeisolator

Hängeisalatoren mit großer Baulänge werden **Langstabisolatoren** (engl. *long-rod insulators*) genannt. Mehrere aneinander gereihte Hängeisolatoren, z. B. zwei Langstabisolatoren für je 110 kV, ergeben eine **Isolatorenkette** für 220 kV Nennspannung. Zwei parallel angeordnete Hängeisolatoren bilden eine Doppelabspannung.
Bei Langstabisolatoren aus keramischem Isolierstoff ist die Durchschlagstrecke etwa gleich der Luftüberschlagstrecke. Darüber hinaus ist die →elektrische Festigkeit des Isolierstoffs höher als die der Luft, sodass ein Luftüberschlag stets entlang der Oberfläche vor einem Durchschlag erfolgen wird. Langstabisolatoren können deshalb in die Gruppe der durchschlagfesten Isolatoren eingereiht werden.

Durchführungsisolator
Isolator zum Hindurchführen eines elektrischen Leiters durch eine Wand (Wanddurchführung, s. Bild I14) oder durch die leitfähige Umhüllung eines Geräts, z. B. eines Transformators (Gerätedurchführung). Der Leiter, z. B. eine Stromschiene, kann Bestandteil des Durchführungsisolators (Hohlisolierkörper) sein. Solche Durchführungen werden mitunter auch „Durchsteck-Durchführungen" genannt.

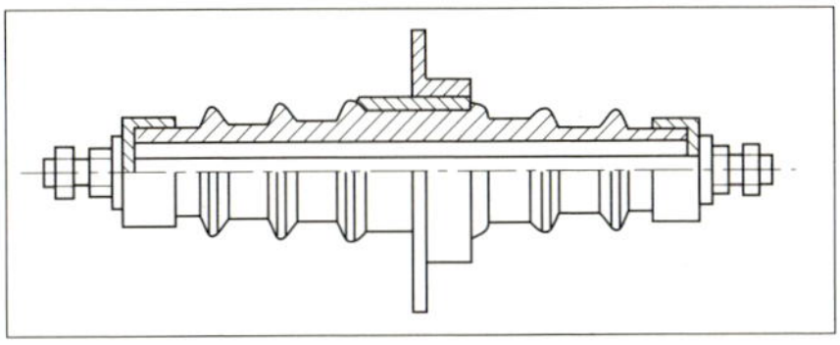

Bild I14: Durchführungsisolator (Wanddurchführung)

Isolierei

Eiförmiger Isolierkörper zur Aufnahme von Leiter- und Abspannseilen. Zu diesem Zweck sind auf dem Isolierkörper um 90° versetzte Führungsrillen oder Bohrungen angebracht [1].

Literatur

[1] DIN VDE 0446-2:1971-03 Bestimmungen für Isolatoren für Starkstrom-Freileitungen und Fahrleitungen bis 1000 V sowie für Fernmelde-Freileitungen.

Isolierglocke

Glockenförmiger Isolierkörper mit tiefen Zwischenräumen zum Befestigen von isolierten oder blanken einadrigen Leitungen bzw. Drähten in Gebäuden sowie im Freien s. Bild I15.

Isolierglocken dürfen nur senkrecht angeordnet werden, damit sich kein Schmutz und keine Feuchtigkeit in der Glocke sammeln können.

Isolierglocken finden praktisch nur noch in Fernmeldefreileitungen Anwendung. Sie werden deshalb auch **Telegrafenglocken** genannt.

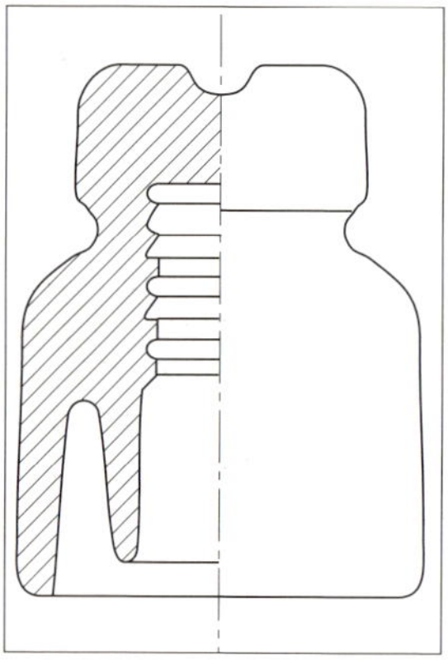

Bild I15: Isolierglocke

Isolierkeramik

Keramischer →Isolierstoff zur Verwendung in der Elektrotechnik (Elektrokeramik), z. B. als Isolierkörper für Klemmen, Stützer, Hänge- und Durchführungsisolatoren. Die dazu verwendeten Porzellane bestehen i. Allg. aus Kaolin, Feldspat und Quarz.

Nach dem Formen und Trocknen werden die Porzellane gewöhnlich weiß oder – insbesondere für den Einsatz im Freien – braun glasiert und gebrannt. Die so gewonnene Elektrokeramik (Elektroporzellan) hat gute mechanische, elektrische und thermische Eigenschaften, selbst unter ungünstigen Betriebsbedingungen (Kurzschluss, Lichtbogen, Überspannung) und starken klimatischen Beanspruchungen (Wärme, Kälte, Tau, Regen, Schnee, Eis, Schmutz). Elektroporzellan (Hartporzellan) ist allerdings sehr spröde.

Die Einteilung (Gruppierung) keramischer Isolierstoffe erfolgt nach DIN EN 60672-1 [1]. In dieser Norm sind auch die Eigenschaften und Anwendungsgebiete von Elektrokeramik enthalten.

Literatur

[1] DIN EN 60672-1 (VDE 0335-1):1996-05 Keramik- und Glas-Isolierstoffe; Begriffe und Gruppeneinteilung.

Isolierrolle

Rollenförmiger Isolierkörper mit durchgehender Mittelbohrung zum Befestigen von isolierten, offen verlegten einadrigen Leitungen in Gebäuden, s. Bild I16.

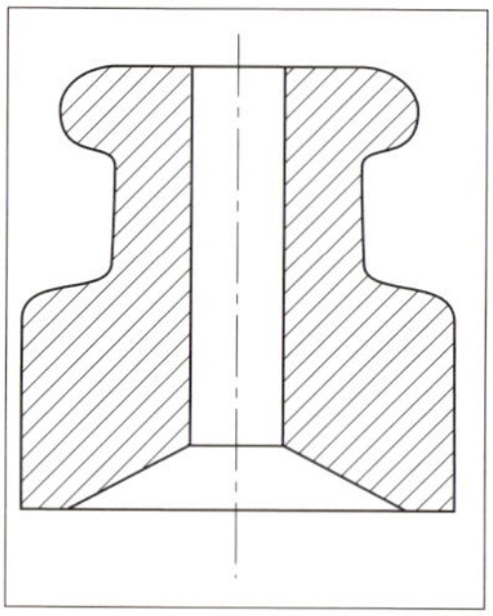

Bild I16: Isolierrolle (Schnittzeichnung)

Für die offene Leitungsverlegung auf Isolierrollen (Rolleninstallation) galten früher die Bestimmungen VDE 0100/04.52, § 21-5. Danach waren Isolierrollen bei waagerechter Leitungsführung im Abstand von etwa 80 cm anzuordnen und zwar so, dass sich ein lichter Abstand der Leitung zur Wand von mindestens 5 mm, in feuchten Räumen von mindestens 10 mm ergab.

Isolierstoff

Elektrisch nicht leitender Stoff (Nichtleiter) zur →Isolierung elektrischer Betriebsmittel und Bauteile.
Nach dem Aggregatzustand der Isolierstoffe (engl. *insulating materials*) unterscheidet man zwischen
- **Isolierwerkstoff**, z. B. Keramik, PVC oder Gummi,
- **Isolierflüssigkeit**, z. B. Öl oder Lack[1]), und
- **Isoliergas**, z. B. Luft. Stickstoff oder Schwefelhexafluorid SF_6.

Elektrische Durchschläge von festen Isolierstoffen führen i. Allg. zu deren Zerstörung, denn diese formbeständigen Stoffe regenerieren ihre Isolierfähigkeit nach einem Durchschlag im Gegensatz zu Isolierflüssigkeiten und -gasen nicht (nicht selbstheilende Isolierung).

Isolierung

Gesamtheit der in ihre technische Form gebrachten →Isolierstoffe zur Realisierung des erforderlichen Isoliervermögens. Dabei bezeichnet das **Isoliervermögen** eines elektrischen Betriebsmittels oder einer Anlage die Fähigkeit, Spannungen von vorgegebenem zeitlichem Verlauf bis zur Höhe der jeweiligen →Stehspannung zu widerstehen.

Allgemeines

Luftstrecken und die dielektrisch beanspruchten Oberflächen fester Isolierungen, die unmittelbar den äußeren mechanischen Beanspruchungen und Umgebungseinflüssen, z. B. Verschmutzung, Regen, Schnee, Hagel, Tieren und den UV-Strahlen der Sonne, ausgesetzt sind, werden **äußere Isolierungen** (engl. *external insulations*) genannt. **Innere Isolierungen** (engl. *internal insulations*) sind dagegen vor atmosphärischen und anderen äußeren Einflüssen geschützt.

Isolierungen können bei Prüfungen nach einem elektrischen Durchschlag oder Überschlag ihre isolierenden Eigenschaften vollständig wiedererlangen. Das ist i. Allg. bei flüssigen und gasförmigen Isolierungen der Fall. Sie werden deshalb hinsichtlich ihres Verhaltens bei Isolationsprüfungen auch **selbstheilende Isolierungen** genannt. **Nicht selbstheilende Isolierungen** verlieren dagegen nach einem Durchschlag oder Überschlag ihre isolierende Eigenschaft völlig oder erlangen diese nicht wieder vollständig zurück. Das ist meist bei festen Isolierungen der Fall.

Funktionsisolierung

Funktionsisolierung (engl. *functional insulation*) gewährleistet die Funktionsfähigkeit elektrischer Betriebsmittel. Sie wird nach der unter normalen Bedingungen auftretenden maximalen Spannung bemessen. Das ist die →Isolationsspannung als wichtige Bezugsgröße für die →Isolationskoordination [1].
Früher wurde die Funktionsisolierung auch **Betriebsisolierung** (engl. *operating insulation*) genannt; vereinzelt ist das noch heute der Fall.

Basisisolierung

Die Basisisolierung (engl. *basic insulation*) realisiert den grundlegenden Schutz gegen →elektrischen Schlag. Sie ist von jener Isolierung zu unterscheiden, die bestimmungsgemäß ausschließlich Funktionszwecken dient.
Die Basisisolierung zur Isolierung →gefährlicher (aktiver) Teile wird i. Allg. durch einen festen Isolierstoff sichergestellt, der
- die aktiven Teile vollständig umgibt,
- den im Betrieb auftretenden mechanischen, elektrischen, thermischen und

[1]) **Isolierlack** ist ein zunächst flüssiger Isolierstoff, der jedoch – wie Epoxidharz – nach der Verarbeitung fest wird.

chemischen Beanspruchungen standhält und der
- nur durch Zerstörung von den aktiven Teilen entfernt werden kann.

Isolierband, Farben, Anstriche, Lacke u. dgl. erfüllen die Bedingungen an eine Basisisolierung nicht und sind für sich allein demnach kein ausreichender Schutz gegen elektrischen Schlag [2]. Die Basisisolierung schließt nicht ohne weiteres die Funktionsisolierung mit ein und umgekehrt

Werden die aktiven Teile erst während der Errichtung der elektrischen Anlage mit einer Basisisolierung versehen, so wird empfohlen, die Eignung dieser Isolierung durch Prüfungen nachzuweisen, die jenen vergleichbar sind, mit denen die (basis-)isolierenden Eigenschaften ähnlicher fabrikfertiger Betriebsmittel normengerecht nachgewiesen werden [2].

Luft – ein gasförmiger Isolierstoff – ist als Basisisolierung in Niederspannungsanlagen nur in Verbindung mit dem ➔Schutz durch Abdeckungen oder Umhüllungen oder in Verbindung mit anderen Schutzmaßnahmen zulässig [3].

Schutzisolierung

Der grundlegende Schutz gegen elektrischen Schlag (Schutz gegen ➔direktes Berühren) wird in Niederspannungsanlagen kurz **Basisschutz** oder – obwohl selten – auch **einfache Trennung** (engl. *simple separation*) genannt [2]. Zur ➔**sicheren Trennung** (engl. *protective separation*) elektrischer Stromkreise[1] bedarf es dagegen noch einer zusätzlichen Isolierung, früher „Schutzisolierung" genannt [4].

Die zusätzliche Isolierung (engl. *supplementary insulation*) ist eine unabhängige, zusätzlich zur Basisisolierung angewendete feste Isolierung (s. Bild I17 a), die selbst dann noch einen ausreichenden Schutz gegen elektrischen Schlag bietet, wenn die Basisisolierung versagen sollte.

Einen der zusätzlichen Isolierung vergleichbaren Schutz realisiert die **verstärkte Isolierung** (engl. *reinforced insulation*). Das ist eine einzige Isolierung der aktiven Teile (s. Bild I17 b), die unter den in den einschlägigen Normen genannten Bedingungen den gleichen Schutz gegen elektrischen Schlag bietet wie eine feste Isolierung, die aus der Basisisolierung und zusätzlichen Isolierung, d. h. einer **doppelten Isolierung** (engl. *double insulation*), besteht. Die verstärkte Isolierung muss nicht notwendigerweise homogen sein (Einstoffisolierung). Sie darf auch aus mehreren Schichten bestehen (Mehrstoffisolierung), die allerdings nicht einzeln als zusätzliche Isolierung oder Basisisolierung geprüft werden kann [1].

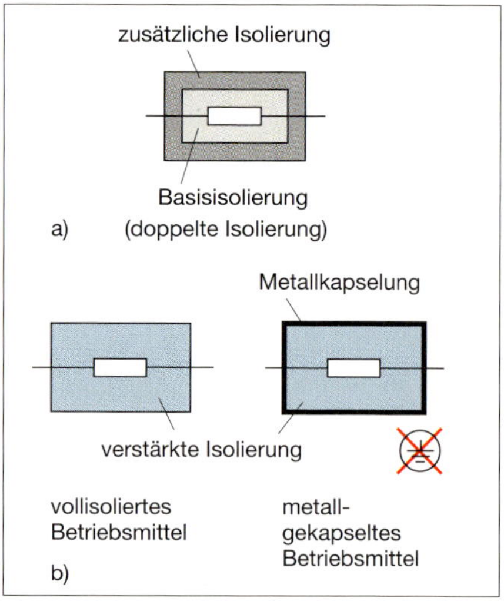

Bild I17: Ausführungsarten der Schutzisolierung (Schutzklasse II)
a) zusätzliche Isolierung;
b) verstärkte Isolierung

[1] „Sichere Trennung" gewährleisten Sicherheits- und Trenntransformatoren. Dagegen bieten Netz-, Stell- sowie Steuertransformatoren nur eine „einfache Trennung" und Spartransformatoren, deren Sekundärspannung durch Anzapfen der Primärwicklung entnommen wird, gar keine elektrische Trennung.

Literatur

[1] DIN EN 60664-1 (VDE 0110-1):2003-11 Isolationskoordination für elektrische Betriebsmittel in Niederspannungsanlagen; Grundsätze, Anforderungen und Prüfungen.
[2] DIN VDE 0100-410:1997-01 Errichten von Starkstromanlagen mit Nennspannungen bis 1000 V; Schutzmaßnahmen; Schutz gegen elektrischen Schlag.
[3] DIN EN 61140 (VDE 0140-1):2003-08 Schutz gegen elektrischen Schlag; Gemeinsame Anforderungen für Anlagen und Betriebsmittel.
[4] DIN VDE 0100:1973-05 Bestimmungen für das Errichten von Starkstromanlagen mit Nennspannungen bis 1000 V.

Isolierwerkstoff

Werkstoff zur →Isolierung elektrischer Betriebsmittel und Bauteile.

Allgemeines

Isolierwerkstoffe sollen bewirken, dass
- elektrische Ströme nur in bestimmten Bahnen fließen und es nicht zu Durch- oder Überschlägen kommt (Funktionsisolierung) und
- Menschen sowie Nutztiere blanke Teile mit gefährlicher elektrischer Spannung nicht berühren können (Schutzisolierung).

Polyvinylchlorid (PVC), Polyethylen (PE), vernetztes Polyethylen (VPE), Polypropylen (PP), Polystyren (PS, früher: Polystyrol) und Polyamid (PA) sind Isolierwerkstoffe, die beim Erwärmen erweichen und plastisch verformbar werden, ohne dabei ihre chemische Zusammensetzung zu verändern. Diese Kunststoffe, die durch Temperaturerhöhung aus dem zähharten in einen plastisch verformbaren Zustand mit leichter Verarbeitbarkeit übergeführt werden können, werden „thermoplastische Kunststoffe", kurz „Thermoplaste" genannt. Bei den sog. „Duroplasten" härtet hingegen die zunächst flüssige oder plastische Kunststoffmasse zu einem starren Erzeugnis aus, z. B. zu einem Gehäuse, das die einmal gegebene Form unabhängig von der Temperatur beibehält.

Leiterisolierung

Durch die Art der Leiterisolierung und deren Dicke wird im Wesentlichen die Höhe der Nennspannung eines Kabels oder einer Leitung bestimmt. Zum Isolieren der elektrischen Leiter von Kabeln und Leitungen für feste Verlegung werden überwiegend thermoplastische (wärmeverformbare) Kunststoffe verwendet. Diese Kunststoffe erhalten durch bestimmte Zusätze ihre vorteilhaften mechanischen Eigenschaften, hohe Elastizität usw. – etwa vergleichbar mit den Eigenschaften einer sehr zähen Flüssigkeit. PVC-isolierte Kabel und Leitungen sollen deshalb im Verlauf eines Bogens möglichst nur leicht gekrümmt werden. Anderenfalls – insbesondere bei Unterschreitung des zulässigen kleinsten →Biegeradius – besteht die Gefahr, dass der äußere Mantel und die darunter liegenden Isolierhüllen aufgrund der hohen Zugbeanspruchung am Bogen im Laufe der Zeit „wegfließen" und im Extremfall die blanken, aktiven Leiter hervortreten.
PVC ist ein schwer entflammbarer Werkstoff. Deshalb dürfen PVC-isolierte Kabel und Leitungen z. B. auch in →feuergefährdeten Betriebsstätten verwendet werden. Entzündet sich jedoch dieser Werkstoff, z. B. infolge äußerer Einwirkung, dann ist der entstehende Brand allerdings nur schwer zu löschen. Außerdem erzeugt brennendes PVC giftige und korrosiv wirkende säurehaltige Gase von hoher Konzentration. Deshalb werden zunehmend Kabel und Leitungen mit einem verbesserten Verhalten im Brandfall hergestellt und eingesetzt. In diesem Fall bestehen die Mäntel und Isolierhüllen aus halogenfreiem Kunststoff (halogenfreie Polymermischungen). Beim Verbrennen dieses Kunststoffs entwickeln sich keine säurehaltigen Gase und nur in vermindertem Maße Rauch.

J

joulesches Gesetz

Naturgesetzlicher Zusammenhang: Beschreibung der Umwandlung von →elektrischer Energie in Wärmeenergie. Die Umwandlung kann erwünscht sein, z. B. bei elektrischen Wärmegeräten (Nutzwärme), oder auch nicht. Unerwünscht ist die Erwärmung z. B. von isolierten Leitungen, Kabeln, Wicklungen und Klemmstellen (Verlustwärme).

Das joulesche Gesetz wurde nach seinem Entdecker, dem englischen Physiker *James Prescott Joule* (1818-1889), benannt und lautet:

$$Q = I^2 \cdot R \cdot t$$

Die **Wärmemenge** Q (auch joulesche Wärme, Stromwärme oder Stromarbeit genannt) ist also das Produkt aus dem Quadrat der Stromstärke I, dem ohmschen Widerstand R und der Zeit t, während der der elektrische Strom fließt.

Die Einheit der Wärmemenge Q ist das Joule (J). Diese Einheit wird auch für die elektrische Energie zum Verrichten von Arbeit verwendet. 1 J ist jene Arbeit, die ein Strom von 1 A während 1 s in einem Leiter vollbringt, wenn an dessen Enden ein Spannungsunterschied von 1 V besteht:

$$1\ \mathrm{J} = 1\ \mathrm{V} \cdot \mathrm{A} \cdot \mathrm{s} = 1\ \mathrm{W} \cdot \mathrm{s}$$

Stromarbeit ist demnach das Produkt aus der elektrischen Spannung, Stromstärke und Zeit.
Joule ist auch Namensgeber für das Integral des Stromquadrats über eine gegebene Zeitdauer t_0 bis t_1(Stromwärmeimpuls), z. B. zur Beschreibung von Schmelz- und Ausschaltvorgängen bei →Sicherungseinsätzen und →Leistungsschaltern.
Das Joule-Integral lautet

$$\int_{t_0}^{t_1} i^2 \mathrm{d}t = I^2 \cdot t$$

— K —

Kabel

→Elektrisches Betriebsmittel, bestehend aus einem oder mehreren isolierten Leitern (→Adern) und verschiedenen, dem Verwendungszweck entsprechenden Aufbauelementen, z.B. einem →Schirm oder Mantel, zur Übertragung elektrischer Energie oder elektrischer bzw. optischer Signale.

Allgemeines

Kabel (engl. *insulated cables*) werden nach ihrem Verwendungszweck hauptsächlich wie folgt unterschieden:

- **Starkstromkabel** (engl. *power cables*) nach DIN VDE 0262, 0265, 0266, 0271 und der Normenreihe DIN VDE 0276 für den Einsatz in Starkstromanlagen. Diese Kabel werden mitunter auch „Leistungskabel", bei Verwendung in MSR-Anlagen auch „Steuerkabel" (engl. *control cables*) genannt.
- **Fernmeldekabel** (engl. *telecommunication cables*) nach DIN VDE 0813, 0815, 0816, 0818 sowie nach den Normenreihen DIN EN 50288 (VDE 0819) und DIN VDE 0891 für Fernmelde- und Informationsverarbeitungsanlagen. Diese Kabel werden neuerdings „Kommunikationskabel" (engl. *communication cables*), mitunter auch Signal- oder Nachrichtenkabel (früher: Fernsprech- bzw. Telefonkabel) genannt.
- **→Koaxialkabel** (engl. *coaxial cables*) nach der Normenreihe DIN EN 5117 (VDE 0887) für Rundfunkempfangs- und -verteilanlagen unter Einbeziehung von Kabelfernsehanlagen. Diese Kabel werden auch „koaxiale Hochfrequenzkabel" (HF-Koaxialkabel) oder „koaxiale Trägerfrequenzkabel" (früher: Antennenkabel) genannt.
- **→Lichtwellenleiterkabel** (engl. *optical fibre cables*) – kurz „LWL-Kabel" – nach der Normenreihe DIN VDE 0888 für Weitverkehrsstrecken und ausgewählte Informationsanlagen. Diese Kabel werden auch „Glasfaserkabel" genannt, obwohl Lichtwellenleiter immer seltener aus Glasfasern, sondern zunehmend aus hochwertigen, wesentlich lichtdurchlässigeren Kunststoffen bestehen.

Darüber hinaus werden Kabel abhängig vom Werkstoff der Isolierhüllen hauptsächlich wie folgt unterschieden:

- **kunststoffisolierte Kabel** (Kunststoffkabel), mitunter auch „Plastkabel" genannt, und
- **papierisolierte Kabel** (Massekabel).

Nennspannungen

Für die elektrischen Eigenschaften eines Starkstromkabels ist seine Nennspannung maßgebend. Sie wird durch die Spannungswerte für U_0 und U angegeben, s. Tafel K1. In Wechselstromsystemen gilt der Effektivwert.

Tafel K1: Nennspannungen für Starkstromkabel

Art	Nennspannung U_0/U [1] kV
Niederspannungskabel	0,6/1
Mittelspannungskabel	>0,6/1 ... 18/30
Hochspannungskabel	≥ 26/45[2]

[1] U_0 Leiter-Erde-Spannung; U Leiter-Leiter-Spannung
[2] in Energieverteilungsanlagen i. Allg. bis 64/110 kV

Die Nennspannung U_0/U eines Kabels muss mindestens der Nennspannung des vorgesehenen elektrischen Systems entsprechen. Diese Bedingung gilt sowohl für die Nennspannung U_0 zwischen einem Außenleiter und Erde (oder der metallenen Umhüllung des Kabels) als auch bei mehr-

adrigen Kabeln für die Nennspannung U zwischen den Außenleitern. Die Nennspannung eines Gleichstromsystems darf den 1,5-fachen Wert der Nennspannung des Kabels nicht überschreiten.
Für Niederspannungskabel beträgt die Nennspannung U_0/U 0,6/1 kV. Starkstromkabel mit einer niedrigeren Nennspannung werden in Deutschland nicht mehr hergestellt, weil schon die Festigkeit des Kabels gegen die auftretenden mechanischen Beanspruchungen eine bestimmte Mindestdicke der Isolierhüllen erfordert.

Leiter

Kabel werden mit ein- oder mehrdrähtigen Leitern, die rund oder sektorförmig sein können, hergestellt. Kabel mit mehrdrähtigen Leitern sind biegsamer als solche mit eindrähtigen (massiven) Leitern bei sonst gleichem Kabelaufbau. Außerdem haben Kabel mit (verdichteten) Sektorleitern einen kleineren Außendurchmesser im Vergleich zu Rundleitern gleichen Querschnitts.
Kabel verfügen gewöhnlich über Kupferleiter. In ausgedehnten Niederspannungs-Verteilungsnetzen werden jedoch auch (Energieverteilungs-)Kabel mit mehrdrähtigen, sektorförmigen Aluminiumleitern verwendet. In diesem Fall ergibt sich der Leiternennquerschnitt aus der Summe der Querschnitte der einzelnen Drähte pro Leiter.

Verlegung, Strombelastbarkeit

Kabel sind grundsätzlich für feste Verlegung und →Luftkabel (engl. *aerial cables*) für die oberirdische Aufhängung an Tragorganen bestimmt. Sie dürfen (außer Luftkabel, →Installations- und halogenfreie Kabel) wegen ihrer hohen Mikrobeständigkeit, Wasserdichtigkeit und der guten mechanischen Eigenschaften einschließlich Nagetierschutz auch direkt in Erde oder Wasser (Flüsse, Seen) verlegt werden.
Außerdem haben Kabel eine vergleichsweise hohe Sonnenlichtbeständigkeit (UV-Stabilität), sodass sie – die Außenkabel (engl. *outdoor cables*) – ohne weitere Schutzvorkehrungen gegen direkte Sonneneinwirkung auch im Freien verlegt werden dürfen.
Die Strombelastbarkeitswerte für Starkstromkabel sind in den Normen DIN VDE 0276-603 und DIN VDE 0298-4 festgelegt.

kabelähnliche Leitung

Bleimantelleitung (NBU) mit oder ohne Stahlbandbewehrung sowie →**Rohrdraht** (NRU) mit glattem oder gerilltem →Metallmantel sowie ggf. einer zusätzlichen, besonders getränkten äußeren →Schutzhülle und Faserstoffbeflechtung (Anthygron-Rohrdraht).

Allgemeines

Kabelähnliche Leitungen wurden früher hergestellt in den Leiternennquerschnitten von 1,5...10 mm^2. Die Querschnittsstufungen entsprachen der für isolierte Leitungen noch heute üblichen dezimalgeometrischen Reihe.
Unmittelbar unter dem Metallmantel befand sich ein mit diesem verbundener blanker Stahldraht (Beidraht) von 1 mm Durchmesser, der als →Schutzleiter verwendet werden durfte. Der Beidraht (engl. *drain wire*) wurde später gemäß der Umstellvorschrift VDE 0250 U ab dem Jahr 1942 aus Gründen der Materialeinsparung (kriegsbedingt) fallen gelassen. Seitdem diente nur noch die rote Ader für den Schutzleiter und die graue Ader für den PEN-Leiter (damals: Nullleiter). Beide Aderfarben wurden Mitte der 1960er Jahre durch die weltweit eingeführte Zweifarbenkombination Grün-Gelb für den Schutzleiter abgelöst.
Bei den kabelähnlichen Leitungen rangierten an vorderer Stelle die Rohrdrähte mit einem glatten Aluminium- oder Zinkmantel, weil man sie gut von Hand biegen konnte.

Außerdem ist diese Art von Rohrdrähten unauffälliger und weniger Staubfänger als die **Rapid-Rohrdrähte** mit ihrem schraubenförmig gerillten Mantel zum Schutz gegen hohe machanische Beanspruchungen, s. Bild K1. Vorteilhaft bei den Rapid-Rohrdrähten ist jedoch, dass sie trotz ihres vergleichsweise steifen Mantels wegen der Rillungen auch über den Daumen gebogen werden können. Das geht schnell (engl. *rapid*) und erfordert keine Spezialwerkzeuge, somit auch keine Biegezangen. Bei Rapid-Rohrdrähten sind die Einkerbungen gewissermaßen fabrikatorisch durch die schraubenförmigen Rillungen vorweggenommen.
Die Fertigung von kabelähnlichen Leitungen begann in Deutschland etwa um 1930. Seit langem schon sind diese Leitungen nicht mehr auf dem Markt. Sie wurden insbesondere durch Kabel mit Kunststoffisolierung (NYY), PVC-Mantelleitungen (NYM) und halogenfreie Mantelleitungen mit verbessertem Verhalten im Brandfall (Leitungen mit LSOH-Eigenschaften. engl. ***l**ow **s**moke zer**o** **h**alogen*) ersetzt.

Bild K1: Rapid-Rohrdraht

Verwendung

Kabelähnliche Leitungen mit ihrem dicht umpressten Metallmantel und den mit Jute, Bitumen oder vulkanisiertem Gummi ausgefüllten Hohlräumen zur Vermeidung von Kondenswasser haben im Gegensatz zu den Rohrinstallationen mit eingezogenen →Aderleitungen eine vergleichsweise hohe Widerstandsfähigkeit gegen mechanische und klimatische Einwirkungen, Feuchtigkeit, Nässe sowie chemische Einflüsse. Deshalb wurden diese (Feuchtraum-)Leitungen früher vor allem verwendet in:

- landwirtschaftlichen Betriebsstätten, z. B. in Viehställen, Futterböden, Heu- und Strohlagern,
- chemischen Betrieben, z. B. in Färbereien, Wäschereien und Gerbereien,
- staubigen Betrieben, z. B. in Zementfabriken und Sägereien, sowie in
- →feuchten und →nassen Räumen, z. B. in Badeanstalten, Brauereien, Molkereien und Schlächtereien, sowie im Freien, jedoch nicht in Erde. Für Erdverlegung verwenden Elektrofachkräfte seit jeher Kabel.

Kabelgraben

Im Erdreich ausgehobener Graben zur Aufnahme von →Kabeln. Die Kabeltrasse ist im Kabellageplan maßlich festgelegt, ebenso die Verlegetiefe[1)] der Kabel und die Lage der Kabelmuffen (→Muffe).

Kabelverlegung und -schutz

Kabel sind nach DIN VDE 0100-520 [1] so auszuwählen, dass während der Errichtung (Verlegung), Nutzung und Instandhaltung eine Schädigung des Mantels und der Isolierung vermieden wird. Das gilt auch und gerade für Kabel, die unmittelbar in Erde (Kabelgräben) verlegt werden. Diese Kabel sind deshalb – außer bei deren Einpflügen – auf fester, glatter und steinfreier Oberfläche der Grabensohle zu betten. Die Bettungsschicht aus steinfreiem, verdichtbarem Erdaushub oder feinkörnigem Sand beträgt etwa 10 cm.
In Erde sollen Kabel mindestens 0,6 m, unter Fahrwegen und Straßen jedoch mindestens 0,8 m unter der Erdoberfläche verlegt werden. In dieser Tiefe sind Erdkabel grund-

1) **Verlegetiefe** ist der senkrechte Abstand der Kabelachse – bei Kabel- oder Rohrbündeln der Bündelachse – zur Erdoberfläche, s. Bild K2.

sätzlich gegen mechanische Beschädigungen geschützt [2]. Außerdem sinkt in den kalten Wintermonaten die Bodentemperatur in diesem Bereich i. Allg. nicht unter +5 °C. In Kabelgräben können Erdkabel meist ohne Gefahr für ihre Umgebung ausbrennen. Diese Kabel sind deshalb →kurzschluss- und erdschlusssicher verlegt.

Bei späteren Erdarbeiten im Bereich der Kabeltrasse, z. B. bei Aufgrabungen, besteht eine erhöhte elektrische Gefährdung. Deshalb empfiehlt es sich zum Schutz gegen elektrischen Schlag oder Lichtbogen, etwa 150 mm über dem Kabel oder Kabelbündel ein **Warnband** (engl. *warning tape*) aus Kunststoff mit dauerhafter Signalfarbe, z. B. Gelb, zu verlegen.

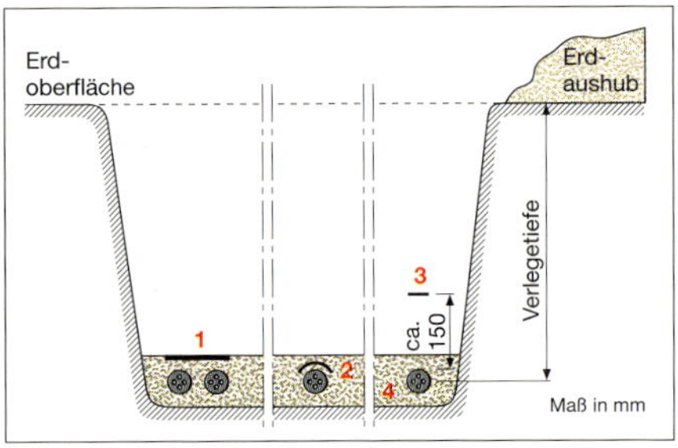

Bild K2: Kabelgraben
1 Kabelabdeckplatte; 2 Kabelabdeckhaube; 3 Warnband; 4 Bettungsschicht

Mitunter werden Erdkabel auch durch Platten oder Hauben (Halbschalen) aus widerstandsfähigem Kunststoff, z. B. Hart-PVC, oder aus einem anderen festen Werkstoff abgedeckt, s. Bild K2. Derartige Abdeckungen schützen Kabel beim Verfüllen und Verdichten des Kabelgrabens; sie haben außerdem beim späteren Freilegen der Kabel eine wichtige Signalwirkung. Abdecksteine (Beton-Formsteine) werden heute kaum noch verwendet. Sie sind aber in großer Zahl in bestehenden Kabelanlagen noch vorhanden, s. Bild K3.

Mitunter sind Erdkabel in (Schutz-)Rohre verlegt, z. B. im Wurzelbereich von Bäumen, bei Straßen- oder Gleisunterquerungen, die für die Dauer der Kabelverlegung nicht gesperrt werden können, oder in Bereichen, in denen zu einem späteren Zeitpunkt weitere Kabel verlegt werden sollen (Reserverohre). Der Rohrinnendurchmesser beträgt mindestens das 1,5-fache des Kabelaußendurchmessers. Sollen einadrige Kabel eines Wechsel-/Drehstromsystems in Rohre aus ferromagnetischem Werkstoff, z. B. in Stahlrohre, verlegt werden, so sind zwecks Minimierung der Magnetisierungsverluste alle zu einem System gehörenden Kabel durch ein gemeinsames Rohr zu führen.

Bild K3: Kabelabdeckung mit Formsteinen

Nach Beendigung der Kabelverlegung sind Kabelgräben mit dem ausgehobenen Erdreich wieder (dicht) zu verfüllen. Bei Verwendung von Kabelpflügen entfällt das Verfüllen des Erdspalts; der Spalt schließt sich durch die Rückstellkräfte des Erdbodens meistens von selbst.

Strombelastbarkeit

Für in Erde verlegte NS-Energieverteilungskabel mit PVC- oder VPE-Isolierung gelten die Strombelastbarkeitswerte nach DIN VDE 0276-603 [2]. Diesen Werten liegen folgende vereinbarten Verlege- und Umgebungsbedingungen sowie Betriebsarten zugrunde:

- **Verlegetiefe 0,7 m.** Bei größerer Verlegetiefe (bis etwa 1,2 m) gelten die genormten Werte noch mit hinlänglicher Genauigkeit.
- **Bodentemperatur 20 °C.** Unter befestigten Oberflächen, z. B. Straßen, die starker Sonneneinstrahlung ausgesetzt sind, oder bei einer geringeren Verlegetiefe als 0,7 m ist eine Erdbodentemperatur

von 25 °C zu berücksichtigen. In diesem Fall sind die genormten Strombelastbarkeitswerte um 5 % zu mindern.

- **Zyklische Belastung,** →Belastungsgrad = 0,7 (EVU-Last). Bei anderen Belastungsgraden, z. B. bei →Dauerbetrieb (Belastungsgrad = 1,0), sind die zulässigen Strombelastbarkeitswerte neu zu ermitteln [3].

Werden Erdkabel durch Hauben abgedeckt (s. Bild K3) oder in Rohre verlegt, empfiehlt es sich, die Strombelastbarkeitswerte um mindestens 10...15 % zu reduzieren.

Literatur

[1] DIN VDE 0100-520:2003-06 Errichten von Niederspannungsanlagen; Auswahl und Errichtung elektrischer Betriebsmittel; Kabel- und Leitungsanlagen.

[2] DIN VDE 0276-603:2005-01 Starkstromkabel; Energieverteilungskabel mit Nennspannungen U_O/U 0,6/1 kV.

[3] DIN VDE 0276-1000:1995-06 –; Strombelastbarkeit; Allgemeines, Umrechnungsfaktoren.

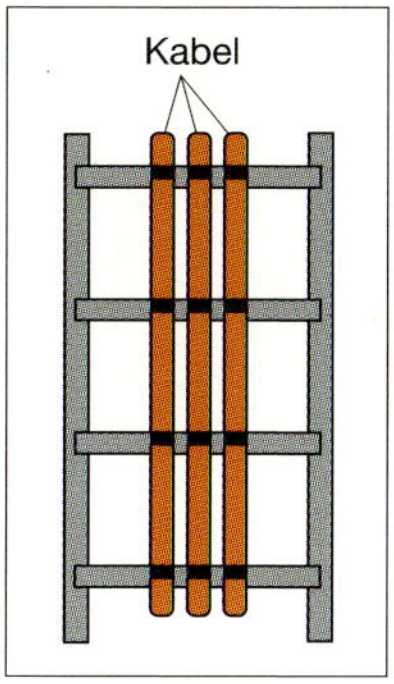

Bild K4: Kabelpritsche (von oben)

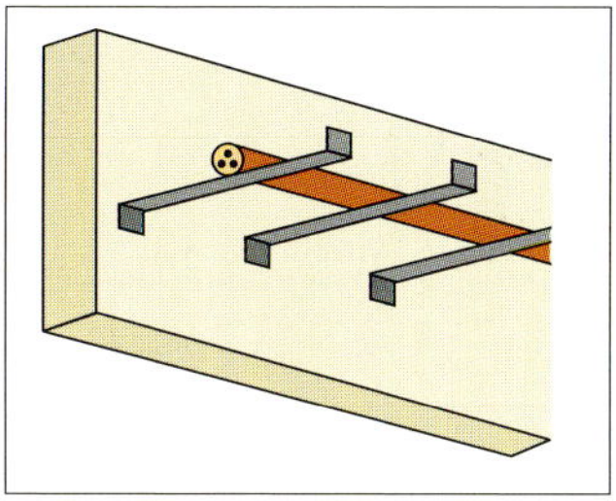

Bild K5: Kabelausleger (Kabelkonsolen)

Kabelpritsche

Tragkonstruktion für →Kabel und →Mantelleitungen, bestehend aus Halterungselementen, die starr mit den Haupttragteilen verbunden sind, s. Bild K4.

Zur Vermeidung von Druckstellen, z. B. infolge Wärmedehnung, sollen die waagerechten Abstände der Auflagestellen bei Kabelpritschen (engl. cable *ladders*) – auch bei Kabelauslegern (engl. *cable brackets*), s. Bild K5 – den 20-fachen Kabel- bzw. Leitungsdurchmesser nicht überschreiten. Bei bewehrten Kabeln sind größere Abstände (bis max. 80 cm) zulässig.

Kabelschuhklemme

Flach- oder Bolzenklemme, die zum Klemmen eines Kabelschuhs oder einer Schiene mittels einer Schraube oder Mutter bestimmt ist. Zur Sicherung der Schraube gegen Lockern ist ein Federring oder eine Federscheibe vorzusehen, s. Bild K6.

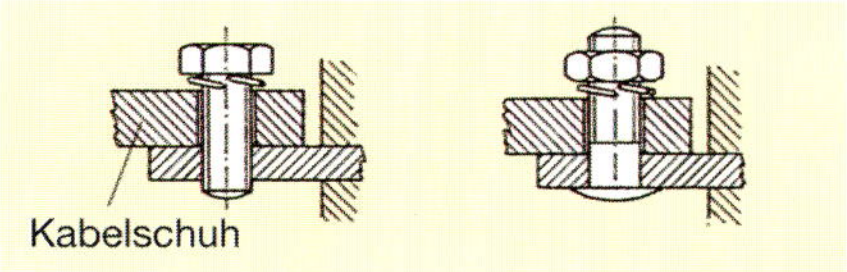

Bild K6: Kabelschuhklemmen

Kabeltrommel

Zylindrischer Hohlkörper (Trommel) aus Holz oder einem anderen geeigneten Werkstoff zum Aufwickeln, Aufbewahren und Versand von →Kabeln, mitunter auch von →Mantelleitungen, s. Bild K7.

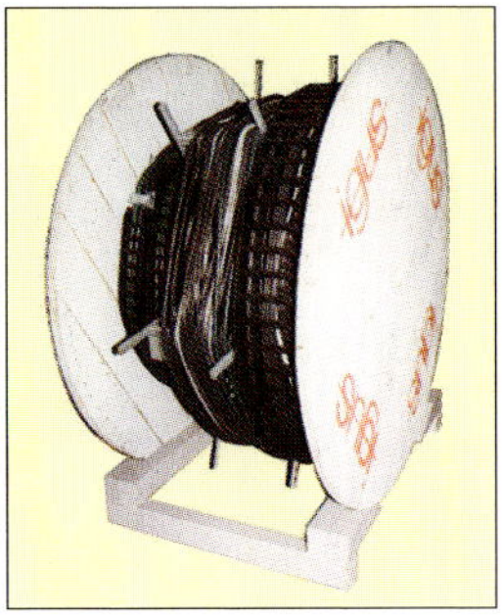

Bild K7: Kabeltrommel

Ausführung

Kabeltrommeln (engl. *cable drums*) müssen abhängig von der Kabelbauart einen genügend großen Kerndurchmesser haben, um die Kabel – insbesondere in den unteren Lagen – mechanisch nicht übermäßig zu beanspruchen. Der Trommeldurchmesser sollte bei Kunststoffkabeln ohne metallene Umhüllung 18 *d* und mit metallener Umhüllung 20*d* (*d* Kabeldurchmesser) nicht unterschreiten. Außerdem dürfen Kabeltrommeln zum Schutz der äußeren Kabelisolierung und des Mantels nur so weit bewickelt werden, dass von der oberen Kabellage bis zum äußeren Rand der Trommelscheibe ein Abstand von $\geq 2\,d$ (*d* Kabeldurchmesser), mindestens jedoch 5 cm, verbleibt [1].
Kabeltrommeln werden zum äußeren mechanischen Schutz der Kabel (Leitungen) während des Versands üblicherweise mit Brettern verschalt.

Transport

Den Transport von Kabeltrommeln zum Verlegeort der Kabel übernehmen meist Spezialfahrzeuge, z. B. Kabeltrommeltransportanhänger mit Ladevorrichtung und einem Antrieb zum Drehen der Trommel während der Kabelverlegung. Auf festem, ebenem Boden werden Kabeltrommeln über kurze Strecken auch zum Verlegeort gerollt. Bei Kabelverlegung im Erdgraben (→Kabelgraben) muss wegen der Einsturzgefahr der Abstand der Kabeltrommel zur Grabenwand genügend groß oder der Grabenrand entsprechend stabilisiert sein.
Große Kabeltrommeln sind gegen Wegrollen zu sichern.

Literatur

[1] *Brüggemann, H.:* Starkstrom-Kabelanlagen. Band 1: Anlagentechnik für elektrische Verteilungsnetze. Berlin: VDE-Verlag, 1992.

Kabel- und Leitungsanlage

Gesamtheit der →Kabel und Leitungen einer →elektrischen (Installations-)Anlage einschließlich der Trag-, Befestigungs- und mechanischen Schutzeinrichtungen, wie Schellen, Installationsrohre und Spanndrähte, jedoch ohne Installationsgeräte und Verbrauchsmittel.
Kabel- und Leitungsanlagen (engl. *wiring systems*) sind nach DIN VDE 0100-520 zu errichten. Sie müssen den im →Betrieb – auch bei →Kurzschluss – zu erwartenden Beanspruchungen standhalten und dürfen Personen, Nutztiere sowie die Umgebung nicht gefährden.

Kabelwanne

Durchgehende Tragplatte mit hoch gezogenen Seitenteilen (Kanten) ohne Abdeckung zur Aufnahme von →Kabeln und →Mantelleitungen.

Kabelwannen (engl. *cable trays*) gibt es in ungelochter und in gelochter Ausführung, s. Bild K8. Letzterenfalls beträgt die Lochung (Perforation) mindestens 30 % der Gesamtfläche der Kabelwanne.

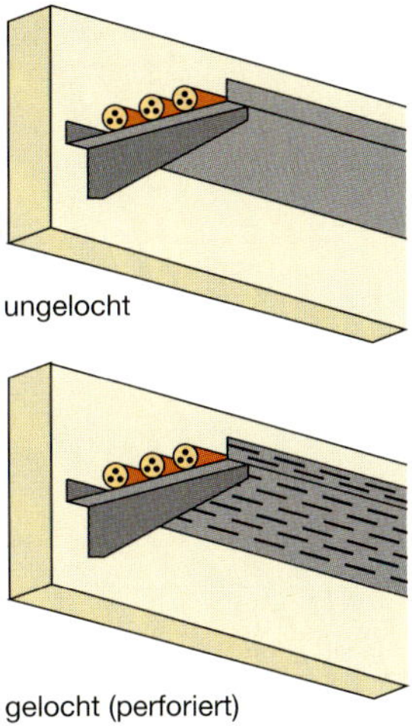

Bild K8: Kabelwannen

Für die Ermittlung der zulässigen Strombelastbarkeit von Kabeln und Leitungen ist bei deren Verlegung auf

- **ungelochten** Kabelwannen die Referenz-Verlegeart C und auf
- **gelochten** Kabelwannen die Referenz-Verlegeart E (mehradrige Kabel/Leitungen) oder F (einadrige Kabel/Leitungen)

nach DIN VDE 0298-4 zugrunde zu legen. Diese Norm gilt auch für die Bestimmung der Umrechnungsfaktoren bei Häufung (Bündelung) der Kabel und Mantelleitungen auf Kabelwannen (➔Verlegeart).

Kalorie

Veraltete Einheit für die Wärmemenge, Abk. cal (lat. *calor*, Wärme). Statt der Kalorie ist die SI-Einheit Joule (J) zu verwenden:
1 J = 1 N.m = 1 W.s

Umrechnungen:
1 cal = 4,1868 J
1 kcal = 4,1868 kJ

Kapazität

Maß für die Fähigkeit eines Kondensators, bei einer bestimmten Spannung elektrische Ladungen (Elektrizitätsmenge) aufzunehmen und zu speichern. Die Kapazität C ist der Quotient aus elektrischer Ladung Q und Spannung U:

$$C = \frac{Q}{U}$$

Q Ladung in C oder As
U Spannung in V, die am Kondensator anliegt.

Die Einheit der Kapazität ist das Farad (F). Ein Kondensator hat eine Kapazität von 1 F, wenn er bei einer Spannung von 1 V eine elektrische Ladung von 1 C (= 1 As) speichern kann. Die gespeicherte Ladung Q ist somit proportional zur Spannung U ($Q = C \cdot U$). Die Erde hat eine Kapazität von etwa 700 µF.
Der Einheitenname Farad wurde zu Ehren des engl. Physikers und Chemikers *Michael Faraday* (1791–1867) in das Internationale Einheitensystem übernommen.

Kennzeichnung von Leuchten

Elektrische Betriebsmittel sind so auszuwählen und zu errichten, dass sie bei normalem Betrieb und im Fehlerfall keinen Brand verursachen können [1][2]. Das gilt insbesondere für Leuchten in Räumen, in denen

- brennbare Baustoffe wie Holz, Stroh oder Papier gelagert oder verarbeitet werden (➔feuergefährdete Betriebsstätte) oder

- unersetzbare Güter mit hohem Wert ausgestellt, restauriert oder aufbewahrt werden, z. B. in Museen, Gemäldegalerien und Kunsthandlungen.

Diese Forderung gilt aber auch für Leuchten in Möbeln, Schaukästen u. dgl. (→Möbelinstallation) [3][4].

Elektrische Leuchten nehmen in der Brandursachenstatistik einen vorderen Platz ein. Deshalb wird gefordert, dass Befestigungsflächen von Leuchten im Normalbetrieb keine höhere Temperatur als 95 °C annehmen dürfen [5]. Dieser Grenzwert liegt nur wenige °C unter der Entzündungstemperatur von Holz bei lang andauernder Wärmeeinwirkung.

Kennzeichen ▽F

Leuchten mit Entladungslampen können bei anormalem Betrieb, z. B. beim Flackern der Lampen, sehr viel höhere Temperaturen als 95 °C annehmen. Deshalb wurde für elektrische Leuchten das Kennzeichen ▽F eingeführt. Mit diesem Zeichen gekennzeichnete Leuchten dürfen unmittelbar auf schwer oder normal entflammbaren Baustoffen im Sinne von DIN 4102-1 angebracht [6], jedoch nicht mit Wärmedämmstoffen abgedeckt werden. Leuchten, bei denen eine Abdeckung mit Wärmedämmstoffen zulässig ist, tragen das Kennzeichen ▽F.

Kennzeichen ▽F▽F

Das Doppel-F-Zeichen kennzeichnet elektrische Leuchten mit begrenzter Oberflächentemperatur. Die mit diesem Zeichen gekennzeichneten Leuchten (s. Bild K9) dürfen auch in feuergefährdeten Betriebsstätten errichtet werden. Dabei ist freilich die in der Montageanweisung oder direkt auf den Leuchten angegebene Montageart zu berücksichtigen.

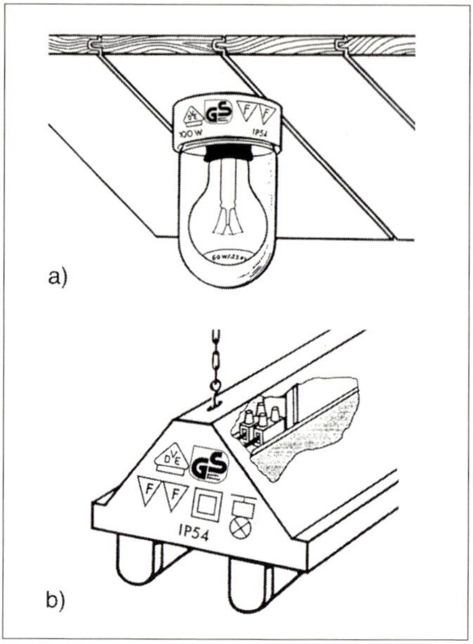

Bild K9: Elektrische Leuchten mit dem Kennzeichen ▽F▽F für a) Glühlampen; b) Leuchtstofflampen

Elektrische Leuchten mit dem Kennzeichen ▽F▽F sind so gebaut, dass sie keine Temperaturen annehmen, die zur Entzündung von brennbaren Stäuben oder Fasern führen können. Diese Leuchten sind deshalb besonders gut z. B. für

- landwirtschaftliche Betriebsstätten geeignet, in denen massenhaft leicht entzündliche Stoffe in unmittelbarer Nähe von Leuchten gelagert oder verarbeitet werden [7][9], sowie für
- Räume, in denen Holz-, Getreide-, Mehl- oder Textilstaub, Farbpulver oder andere brennbare Stäube auftreten.

Das Doppel-F-Zeichen wird künftig durch das Kennzeichen ▽D (Staub, engl. *dust*) ersetzt [8].

Kennzeichen ▽M

Elektrische Leuchten mit Entladungslampen tragen das Kennzeichen ▽M, wenn sie in Möbeln, Schaukästen u. dgl. eingebaut oder

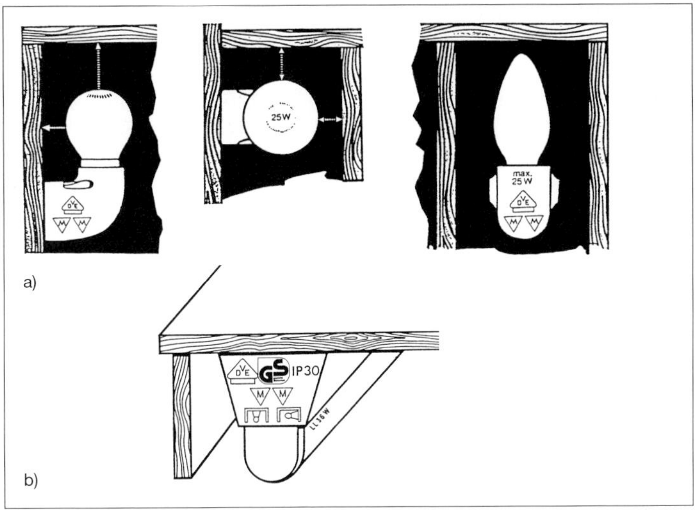

Bild K10: Elektrische Leuchten mit dem Kennzeichen ▽M▽M für a) Glühlampen; b) Leuchtstofflampen

an Einrichtungsgegenständen aus schwer oder normal entflammbaren Baustoffen, z. B. Gardinenleisten, Dekorationsverkleidungen, Regalen oder Raumteilern, befestigt werden sollen [3][5]. Leuchten ohne das Kennzeichen ▽M dürfen folglich nicht in Möbeln, Schaukästen u. dgl. unmittelbar auf brennbaren Baustoffen angebracht werden. In diesem Fall ist ein Luftabstand zu brennbaren Befestigungsflächen von mindestens 35 mm einzuhalten [9].
Beim Errichten von Starkstromanlagen in (an) Möbeln und ähnlichen Einrichtungsgegenständen sind die Richtlinien des VdS zur Schadenverhütung [9] bis [12] in Übereinstimmung mit den Anforderungen nach DIN VDE 0100-724 [4] zu berücksichtigen.

Kennzeichen ▽M▽M

Das Doppel-M-Zeichen nach DIN VDE 0710-14 [3] kennzeichnet elektrische Leuchten mit begrenzter Oberflächentemperatur zum Einbau in Einrichtungsgegenständen aus schwer oder normal entflammbaren Baustoffen. Dabei können die Leuchten sowohl Glühlampen als auch Entla- dungslampen enthalten, s. Bild K10. Beim Einbau ist auf die vom Hersteller angegebene Montageart und die Sicherheitsabstände zu achten.

Literatur

[1] DIN VDE 0100-510:1997-01 Errichten von Starkstromanlagen mit Nennspannungen bis 1000 V; Auswahl und Errichtung elektrischer Betriebsmittel; Allgemeine Bestimmungen.

[2] DIN VDE 0100-482:2003-06 Errichten von Niederspannungsanlagen; Auswahl von Schutzmaßnahmen; Brandschutz bei besonderen Risiken und Gefahren.

[3] DIN VDE 0710-14:1982-04 Leuchten mit Betriebsspannungen unter 1000 V; Leuchten zum Einbau in Möbel.

[4] DIN VDE 0100-724:1980-06 Errichten von Starkstromanlagen mit Nennspannungen bis 1000 V; Elektrische Anlagen in Möbeln und ähnlichen Einrichtungsgegenständen, z. B. Gardinenleisten, Dekorationsverkleidung.

[5] DIN VDE 0710-1:1969-03 Vorschriften für Leuchten mit Betriebsspannungen unter 1000 V; Allgemeine Vorschriften.

[6] DIN VDE 0100-559:1983-03 Errichten von Starkstromanlagen mit Nennspannungen bis 1000 V; Leuchten und Beleuchtungsanlagen.

[7] DIN VDE 0100-705:1992-10; –; Landwirtschaftliche und gartenbauliche Anlagen.

[8] DIN EN 60598-2-24 (VDE 0711-2-24): 1999-07 Leuchten; Besondere Anforderungen; Leuchten mit begrenzter Oberflächentemperatur.

[9] VdS 2005/03.88 Elektrische Leuchten; Richtlinien für den Brandschutz.

[10] VdS 2024/09.92 Errichtung elektrischer Anlagen in Möbeln und ähnlichen Einrichtungs-

gegenständen; Richtlinien für den Brandschutz.
[11] VdS 2302/02.92 Niedervoltbeleuchtung; Merkblatt zur Schadenverhütung.
[12] VdS 2324/10.92 Niedervoltbeleuchtungsanlagen und -systeme. Richtlinie zur Schadenverhütung. Hrsg.: VdS Schadenverhütung GmbH, Köln.

Kleinmotor

→Elektromotor im Leistungsbereich von etwa 10...750 W. Bei Leistungen <10 W werden Elektromotoren auch **Kleinstmotoren** genannt.
Klein- und Kleinstmotoren werden vorzugsweise ausgeführt als

- **Allstrommotoren** für den Antrieb von Elektrowerkzeugen und Haushaltsgeräten;
- **→Einphasen-Asynchronmotoren** für kleingewerbliche Antriebszwecke, Heimwerker- und Haushaltsmaschinen;
- **→Synchronmotoren** (Permanentmagnetmotoren) für Einzelantriebe in Mess-, Navigations- und EDV-Geräten, Einrichtungen der Funk-, Foto- und Bürotechnik, Geräten der Unterhaltungselektronik sowie zum Antrieb von Zeitschaltwerken, Uhren, Registrierkassen u. dgl.

Allstrommotoren sind Universalmotoren. Diese Motoren können wahlweise an Wechselstrom- oder Gleichstromnetze angeschlossen werden. Schaltungsmäßig entsprechen Allstrommotoren dem Reihenschlussmotor (Hauptschlussmotor) mit hintereinander geschalteter Ständer- und Läuferwicklung (→Gleichstrommotor).
Gerätegebundene Klein- und Kleinstmotoren werden in großen Stückzahlen hergestellt. Dabei stehen im Vordergrund die kostengünstige Fertigung, ein kleines Masse-Leistungs-Verhältnis, absolute Wartungsfreiheit und eine dem jeweiligen Anwendungsfall entsprechende Lebensdauer. Der →Wirkungsgrad ist wegen der meist nur kurzen Einschaltdauer bei diesen Motoren von untergeordneter Bedeutung. Vergleichsweise hohe Anforderungen werden dagegen an eine möglichst geringe Geräuschentwicklung und an die Funkentstörung gestellt, z. B. bei Haushaltsstaubsaugern. Bei den sog. Wegwerfmotoren ist keine Reparatur möglich.

Klemme

Bauelement zum wieder lösbaren Anschluss elektrischer Leiter an Geräten, Maschinen u. dgl. (Anschlussklemme) oder zum wieder lösbaren Verbinden elektrischer Leiter untereinander (Verbindungsklemme) im Sinne der Normenreihen DIN VDE 0606, DIN EN 60999 (VDE 0609), DIN EN 60947 (VDE 0611) und DIN EN 60998 (VDE 0613).

Allgemeines

In praxi werden hauptsächlich unterschieden nach der Art der mechanischen Klemmung:

- Klemmen mit Schraubanschluss (Schraubklemmen),
- Klemmen mit Federklemmanschluss (Federklemmen),
- Klemmen mit Schneidklemmanschluss (Schneidklemmen;

nach der Anordnung der Klemmen in Strom- und Signalwegen:

- Eingangsklemmen,
- Ausgangsklemmen.

Klemmen (engl. *terminals*) sollen zwecks einfacher und sicherer Handhabung leicht zugänglich, langzeitstabil sowie unempfindlich gegen Erschütterungen und Vibrationen sein.

Schraubklemmen

Bei Klemmen mit Schraube(n) oder Mutter(n) zum wieder lösbaren Anschließen oder Verbinden z. B. von ein- oder mehrdrähtigen Kupferleitern wird die durch die

Bild K11: Federklemme

Schraube(n) oder Mutter(n) erzeugte Kontaktkraft direkt oder indirekt (über metallene Druckstücke) auf den Leiter übertragen. Die indirekte Klemmung erfolgt meist mit einem Klemmbügel, der gleichzeitig das Ausweichen des zu klemmenden Leiters verhindert. Schraubklemmen (ohne Federscheiben) haben keine oder nur eingeschränkte Federeigenschaften und können Fließerscheinungen der angeschlossenen Leiter nicht oder nur geringfügig ausgleichen. Die Qualität einer Schraubklemmverbindung hängt deshalb in hohem Maße vom korrekten Anziehen der Schraube(n) ab.
Schraubklemmen dürfen nicht gewindeformend (gewindefurchend) oder gar selbstschneidend sein. Außerdem ist das Anschließen verzinnter flexibler Leiter mit Schraubklemmen grundsätzlich nicht gestattet.

Federklemmen

Das wichtigste Teil einer (schraubenlosen) Federklemme zum wieder lösbaren Anschließen oder Verbinden elektrischer Leiter ist die Feder. Zwischen der rücktreibenden Kontaktkraft der Feder und ihrer Auslenkung besteht Proportionalität (hookesches Gesetz).
Eventuelle Setz-, Fließ- oder Kriecherscheinungen des angeschlossenen Leiters (Kupferkaltfluss) werden ausgeglichen. Die Qualität einer Federklemmverbindung ist somit weitgehend unabhängig von der Sorgfalt des Bedienpersonals.
Steckklemmanschlüsse eignen sich für die Direktstecktechnik mit abisolierten eindrähtigen Leitern. Die Federklemme ist so geformt, dass sie beim Einstecken eines massiven Leiters automatisch öffnet. Dabei drückt die Feder den Leiter gegen den Kontaktkäfig, s. Bild K11.

Schneidklemmen

Bei Schneidklemmen nach DIN EN 60998-2-3 (VDE 0613-2-3) durchdringt eine Kontaktgabel die Leiterisolierung und stellt so die elektrische Verbindung her. Damit entfällt das oft zeitaufwändige →Abisolieren der Leiterenden. Die Schneidklemmtechnik erfordert bestimmte Leiterisolierwerkstoffe und Verarbeitungstemperaturen. Außerdem ist der Querschnittsbereich gegenüber dem Schraub- und Federklemmanschluss eingeschränkt.

Klemmring

Isolierstoffteil, meist aus Keramik oder Kunststoff, mit darauf kreisförmig angeordneten Schraubklemmen zum Verbinden/Abzweigen von elektrischen Leitern, in der Regel mit einem Nennquerschnitt bis 2,5 mm^2.

Klirrfaktor

Verhältnis des Effektivwerts der Summe aller Oberschwingungen einer nicht sinusförmigen Wechselgröße zum Effektivwert der Wechselgröße selbst.
Der Klirrfaktor *k* (Oberschwingungsgehalt) wird gewöhnlich in % angegeben. Er ist ein

Maß für die Abweichung einer Wechselgröße, z. B. der elektrischen Spannung (Spannungsklirrfaktor), vom Sinusverlauf.
Schwingungen werden (noch) als „sinusförmig" bezeichnet, wenn der Klirrfaktor 5 % nicht überschreitet.

Knotenpunktsatz

Lehrsatz, der besagt, dass in jedem Augenblick die Summe der zu einen Knotenpunkt hinfließenden Ströme (Zweigströme) gleich der Summe der von diesem Knotenpunkt wegfließenden Ströme ist. Werden die zum Knotenpunkt hinfließenden Ströme positiv und die von ihm wegfließenden Ströme negativ bewertet, so ist die Summe der vorzeichenbehafteten Ströme I zu jedem Zeitpunkt null ($\Sigma I = 0$).
Der Knotenpunktsatz (Knotenregel) wurde im Jahre 1845 von dem deutschen Physiker *Gustav Robert Kirchhoff* (1824–1887) formuliert. Dem Entdecker zu Ehren wird der Knotenpunktsatz auch **erster kirchhoffscher Satz** genannt. Er lässt sich sowohl auf elektrische als auch auf magnetische Netzwerke anwenden. In letzterem Fall tritt an die Stelle des elektrischen Stroms I der magnetische Fluss Φ (griech. *Phi*).

Koaxialkabel

→Kabel mit einem koaxialen Leiterpaar oder mit mehreren koaxialen Leiterpaaren nach der Normenreihe DIN EN 50117 (VDE 0887) für Rundfunkempfangs- und -verteilanlagen unter Einbeziehung von Kabelfernsehanlagen.
Ein koaxiales Leiterpaar (Koaxialpaar KxP) besteht aus einem massiven Innenleiter (Seele) aus Kupfer und einem gleichachsig angeordneten konzentrischen Außenleiter, einer Aluminiumfolie, die ihrerseits von einem Geflecht umgeben ist. Dieses Geflecht (meist aus verzinntem Kupferdraht) in Verbindung mit der Aluminiumfolie bildet den →Schirm des Koaxialkabels. Das Zusammenwirken von Schirmfolie und -geflecht sorgt dafür, dass Hochfrequenzenergie das Kabel nicht verlassen und auch nicht von außen in das Kabel eindringen kann.
Zwischen dem Innen- und dem Außenleiter befindet sich eine verlustarme Isolierung (Dielektrikum), die aus einem homogenen Werkstoff oder der Kombination aus einem festen Werkstoff (Stützkörper) und einem Gas (Luft, Stickstoff) besteht, s. Bild K12 .

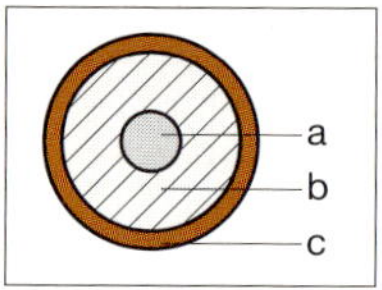

Bild K12: Koaxiales Leiterpaar
a Innenleiter; b Isolierung; c Außenleiter

Koaxialkabel zur Verteilung hochfrequenter Empfangssignale (Empfangsverteilanlagen, früher: Antennenanlagen) haben eine Impedanz von 75 Ω. Diese Impedanz (Wellenwiderstand Z_W) ist abhängig vom Aufbau der Leiter, von ihrem Abstand zueinander und von der Art der Leiterisolierung, nicht jedoch von der Kabellänge.
Koaxialkabel (engl. *coaxial cables*) werden in Fernmelde- und Hochfrequenzanlagen zur verlust- und verzerrungsarmen Übertragung hochfrequenter Ströme verwendet.

Kondensator

Passives elektrisches Bauelement, das elektrische Ladungen speichern kann. Die Größe der Speicherfähigkeit eines Kondensators wird durch seine →**Kapazität** ausgedrückt.

Allgemeines

Kondensatoren (engl. *capacitors*) nach den Normen der Reihen DIN VDE 0560 und DIN VDE 0565 bestehen in ihrer einfachsten

Form (Grundausführung) aus zwei elektrisch leitfähigen Platten (Plattenkondensator)[1] oder aus zwei zylindrisch (koaxial) angeordneten leitfähigen Teilen (Zylinderkondensator), zwischen denen sich ein →Isolierstoff (Dielektrikum) befindet.
Infolge des ohmschen Widerstands des Dielektrikums treten Verluste auf. Die Verlustleistung (Erwärmung!) eines Kondensators wird im Wesentlichen durch die Wechselstrombelastung bestimmt. Sie ist der Frequenz, der Kapazität, dem Verlustfaktor tan δ und dem Quadrat der Spannung proportional.
Beim Anlegen einer elektrischen Spannung wird der Kondensator aufgeladen. Seine speicherbare Ladung Q ist proportional der Spannung U und der Kapazität C ($Q = U \cdot C$).
Eine Reihenschaltung von Kondensatoren (Kondensatorenbatterie) ergibt eine Kapazität, die stets kleiner ist als eine der Kapazitäten der einzelnen Kondensatoren. Zur Vergrößerung der Kapazität werden mehrere Kondensatoren parallel geschaltet.
Kondensatoren wirken bei zeitlich unveränderlicher Spannung (Gleichspannung) wie sehr große elektrische Widerstände. Bei Wechselspannung hängt der Widerstandswert X_C (kapazitiver Blindwiderstand oder Kondensanz) von der Frequenz f und der Größe der Kondensatorkapazität C ab:

$$X_C = \frac{1}{\omega \cdot C} = \frac{1}{2\pi f \cdot C}$$

$\omega = 2\pi f$ Kreisfrequenz in s^{-1}.

Bei Kondensatoren unterscheidet man hinsichtlich der verwendeten Dielektrika z. B. zwischen Papier-, Öl-, Keramik-, Glimmer-, Styroflex-, Luft-, Lack-, Kunststofffolien- und Elektrolytkondensatoren. Bei letzteren, den „Elkos", wird der Elektrolyt, z. B. eine Ammoniumsalzlösung, in einem saugfähigen (Fließ-)Papier festgehalten.

[1] In der Rundfunktechnik wurden früher **Luftkondensatoren** mit drehbaren Platten verwendet (Drehkondensatoren).

Kondensatoren werden entsprechend ihrer Verwendung bezeichnet z. B. als **Blindleistungskondensatoren** (Phasenschieber-Kondensatoren) zur induktiven →Blindleistungskompensation, **Entstörkondensatoren** zur Funkentstörung, **Glättungskondensatoren** zum Glätten pulsierender Gleichspannungen und zum Aussieben überlagerter Wechselspannungen, **Schutzkondensatoren** zur Verminderung der Stirnsteilheit von →Stoßspannungen und zur Dämpfung von Schwingungsvorgängen, **Kopplungskondensatoren** zum Auskoppeln von Impulsen, **Ofen-** und **Mittelfrequenzkondensatoren** zur Deckung des hohen Blindleistungsbedarfs von Schmelzöfen und Induktionswärmeanlagen, **Spannungsausgleichskondensatoren** für Hochspannungs-Leistungsschalter, **Löschkondensatoren** in Verbindung mit Thyristoren sowie **Spannungsteiler-**, **Mess-, Motor-, Schweißmaschinen-** und **Leuchtstofflampenkondensatoren**.

Aufladung

Ein Maß für die Aufladezeit eines Kondensators ist die **Aufladezeitkonstante** τ_A (griech. *Tau*) in s. Sie ist proportional dem Auflade-Wirkwiderstand R_A und der Kondensatorkapazität C ($\tau_A = R_A \cdot C$). Der Index A weist auf den Ladezustand „Aufladen" hin. Die Aufladezeitkonstante gibt an, nach welcher Aufladezeit τ_A in s

- die Kondensatorspannung u_A auf (1–1/e) ≈ 63 % der Auflade-Endspannung angestiegen und
- der Aufladestrom i_A auf 1/e ≈ 37 % des Anfangswerts gesunken ist (e = 2,71828..., Basiszahl der Exponentialfunktion).

Nach etwa $5 \cdot \tau_A$ ist der Kondensator praktisch voll aufgeladen. Er behält seine Ladung auch dann, wenn er von der Stromquelle getrennt wird, weil sie sich infolge der Isolation (Dielektrikum) nicht ausgleichen kann.

Kondensatoren wirken im ersten Moment des Aufschaltens einer Gleichspannung wie ein →Kurzschluss. Folglich fließt in diesem Moment kurzzeitig der maximale Strom (Stromstoß). Während des Aufladens des Kondensators steigt die Kondensatorspannung u_A exponentiell an; dabei klingt der Aufladestrom i_A bis auf null ab, s. Bild K13.

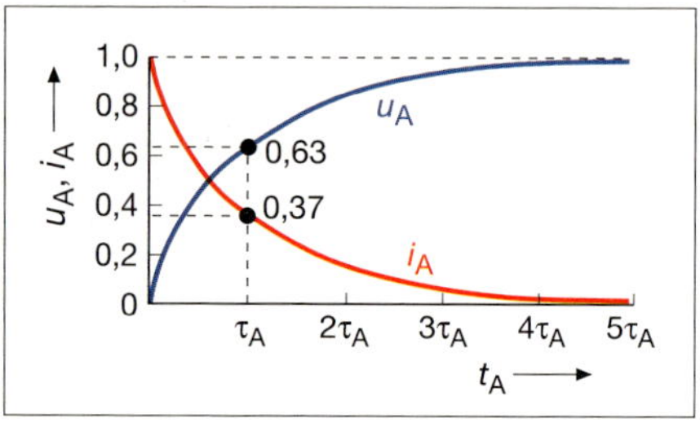

Bild K13: Kondensatorspannung und -strom beim Aufladen
τ_A Aufladezeitkonstante

Entladung

Beim Anschluss eines Widerstands an einen Kondensator wird dieser in umgekehrter Stromrichtung entladen. Die Elektronen fließen vom Minuspol zum Pluspol zurück. Das entspricht der technischen Stromrichtung von Plus nach Minus. Es dauert eine bestimmte Zeit, bis der Kondensator restlos entladen ist. Beim Entladen erfolgt der Rückgang von Kondensatorspannung und Entladestrom wiederum nach einer Exponentialfunktion.

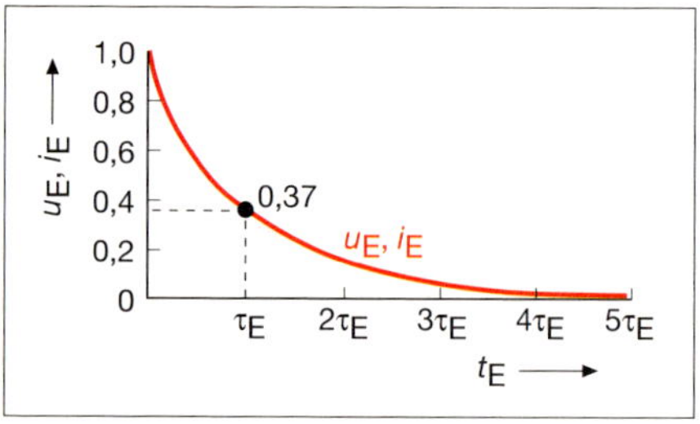

Bild K14: Kondensatorspannung und -strom beim Entladen
τ_E Entladezeitkonstante

Das Maß für die Entladezeit eines Kondensators ist die **Entladezeitkonstante** τ_E. Sie gibt an, nach welcher Entladezeit τ_E in s Kondensatorspannung und -strom auf 37 % der Anfangswerte abgesunken sind. Nach etwa $5 \cdot \tau_E$ ist der Kondensator praktisch entladen, s. Bild K14.

Kontaktstückabbrand

Verlust an Kontaktmaterial durch die z. B. bei hohen Stromstärken oder Schaltlichtbögen auftretenden extrem hohen thermischen Beanspruchungen des Kontaktstücks (→Schaltstück). Durch die Wahl eines →Kontaktwerkstoffs mit hohem Schmelzpunkt und niedrigem Kontaktwiderstand sowie durch eine hohe Öffnungsgeschwindigkeit der Kontaktstücke kann das Verdampfen bzw. Verspritzen des Kontaktmaterials (Kontaktstückabbrand) beim Schalten unter Last minimiert werden.

Kontaktwerkstoff

Werkstoff von Kontaktstücken.

Allgemeines

Die Qualität und Zuverlässigkeit von Schaltgliedern zum Öffnen und Schließen elektrischer Strompfade sowie zum Führen von Betriebs- und Fehlerströmen werden in hohem Maß durch den Werkstoff der Kontaktstücke (→Schaltstücke) bestimmt. Für die sachgerechte Auswahl des Kontaktwerkstoffs sind insbesondere folgende Kriterien maßgebend:

- gute elektrische und thermische Leitfähigkeit,
- niedriger →Kontaktwiderstand, z. B. bei Steuer- und Hilfskontakten,

- hohe Korrosionsbeständigkeit,
- hohe Abbrandfestigkeit (Verschleißfestigkeit),
- hohe Verschweißresistenz bei Überlast- und Kurzschlussströmen.

Darüber hinaus sollen Kontakte gute Lichtbogenlaufeigenschaften und ein günstiges Lichtbogenlöschverhalten haben.

Werkstoffarten

Als Werkstoffe für Kontaktstücke werden insbesondere folgende Metalle und Legierungen verwendet [1]:

Reinsilber (Ag). Es verfügt über die größte elektrische und thermische Leitfähigkeit aller Metalle, ist resistent gegen Oxidbildung und vergleichsweise kostengünstig. Nachteilig sind jedoch die relativ geringe Verschleiß- und Verschweißfestigkeit sowie die niedrige Entfestigungstemperatur.

Silber-Kupfer-Legierung (AgCu). Geringe Zulegierungen von Kupfer erhöhen die Abbrandfestigkeit (Härte) der Kontaktstücke bei nur minimalem Rückgang der elektrischen und thermischen Leitfähigkeit sowie chemischen Beständigkeit. Ein häufig verwendeter Kontaktwerkstoff ist „Hartsilber" – eine Silberlegierung mit 3 % Kupferzusatz (AgCu3).

Silber-Nickel-Legierung (AgNi). Silberlegierungen mit einem Nickelzusatz von 0,15 % (AgNi0,15) werden „Feinkornsilber" genannt. Kontaktstücke aus diesem Werkstoff haben eine wesentlich höhere mechanische Festigkeit als solche aus reinem Silber bei nahezu gleichem chemischen Verhalten. Durch den geringen Nickelzusatz verringern sich die elektrische und die thermische Leitfähigkeit von Feinkornsilber gegenüber Reinsilber nur unwesentlich.

Silber-Kupfer-Nickel-Legierung (AgCuNi). Diese Legierung mit rund 98 % Silber (AgCu2Ni) ist sehr oxidationsbeständig und zeigt selbst bei hohen Temperaturen nur geringe Neigung zur Rekristallisation. Positive Merkmale dieses Kontaktwerkstoffs sind somit hohe Korrosionsbeständigkeit und Abbrandfestigkeit.

Für Schaltgeräte in Informationsanlagen kommen als Werkstoffe für Kontaktstücke auch **Gold** und **Platin** in Betracht.

Außer den genannten Metallen und Legierungen werden als Kontaktwerkstoffe im Bereich der Energietechnik auch **Verbundwerkstoffe**, vorzugsweise auf Silberbasis, verwendet. Das sind heterogene Werkstoffe, die aus zwei oder mehr innig miteinander verbundenen Komponenten bestehen. Die Eigenschaften der einzelnen Komponenten bestimmen weitgehend unabhängig voneinander die Eigenschaft des betreffenden Verbundwerkstoffs.

Literatur

[1] *Biegelmaier, G., u.a.:* Schutz in elektrischen Anlagen. Band 5: Schutzeinrichtungen. VDE-Schriftenreihe 84. Berlin: VDE-Verlag, 1999.

Kontaktwiderstand

Elektrischer Widerstand zwischen den Kontaktflächen einer lösbaren oder unlösbaren Verbindung, z. B. einer Schraub-, Klemm-, Steck-, Niet-, Löt- oder Schweißverbindung.

Der Kontaktwiderstand – auch „Übergangswiderstand" und bei Erdern auch „Bettungswiderstand" genannt – wird maßgeblich durch das Verbindungs- und Kontaktmaterial, die Kontaktkraft, die Art und Sauberkeit der Kontaktflächen und den Grad der chemischen sowie Eigenkorrosion (Fremdschichtwiderstand) bestimmt.

konzentrischer Leiter

Elektrischer Leiter eines kunststoffisolierten Niederspannungskabels, der alle →Adern konzentrisch umschließt.

Konzentrische Leiter (engl. *concentric con-*

ductors) bestehen i. Allg. aus Kupferdrähten mit Querleitwendeln. Sie dienen zur Ableitung von Fehlerströmen, dem Potentialausgleich oder der Schirmung und dürfen auch als Schutz- bzw. PEN-Leiter, nicht jedoch als aktive Leiter verwendet werden.
Konzentrische Leiter – auch unter einer isolierenden Schutzhülle – benötigen keine Farbkennzeichnung; sie sind bereits durch ihre Anordnung hinlänglich als Schirm, Schutz- oder Überwachungsleiter gekennzeichnet.

Kopfkontaktklemme

Schraubklemme, bei der die Kontaktkraft durch den Schraubenkopf direkt oder z. B. mit Hilfe einer Scheibe oder eines Leiterführungsstücks indirekt auf den (die) elektrischen Leiter ausgeübt wird, s. Bild K15. Der Klemmkörper kann so geformt sein, dass ein seitliches Ausweichen des Leiters nicht möglich ist, z. B. durch eine Führungsnase oder einen Klemmbügel.

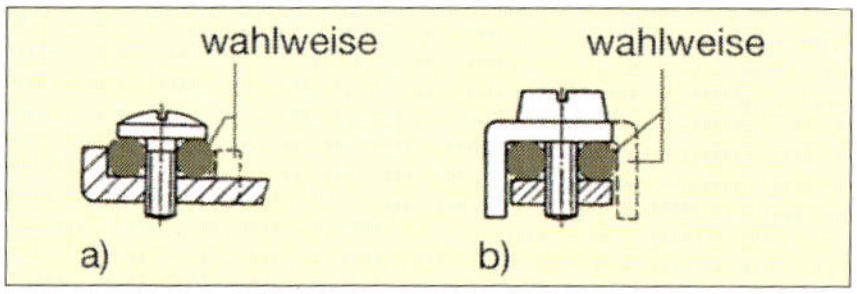

Bild K15: Kopfkontaktklemmen
a) ohne Druckstück;
b) mit Druckstück (Klemmbügel)

Kopfkontaktklemmen (engl. *screw terminals*) werden mitunter auch „Flachklemmen" genannt.

Koronaentladung

Selbstständige Glimmentladung an Leitern und Elektroden in einem stark inhomogenen elektrischen Feld mit hoher Feldstärke (Ionenwind).

Koronaentladungen (engl. *corona discharges*) treten auf, wenn die kritische Feldstärke[1] an der Leiteroberfläche oder an Elektroden zur Auslösung einer Stoßionisation überschritten wird. Das ist – abhängig von den klimatischen Umgebungsbedingungen (Regen, Neben, Tau, Raureif, Schnee) und der Oberflächenrauheit der →Leiterseile (Schmutz) – vor allem an Hochspannungsfreileitungen – und in Freiluft-Schaltanlagen mit Nennspannungen ≥ 220 kV der Fall.
Die kritische Feldstärke beträgt etwa 20 kV/cm. Die zugehörige Spannung gegen Erde, bei der die Glimmentladung eintritt, ist die **Koronaeinsatzspannung** – auch „kritische Spannung" genannt. Sie steigt mit der Vergrößerung des Leiterradius. Das Aufteilen des Hauptleiterquerschnitts auf mehrere Leiterseile eines Strangs (→Bündelleiter) führt zu einer nennenswerten Vergrößerung der Leiteroberfläche und damit zu einem Rückgang von Koronaentladungen.

Die Korona[2] ist bei feuchtnebligem Wetter, Regen oder Schnee als leuchtender Kranz (Ionisationsglimmen) um die elektrisch aktiven Leiterseile oder als sprühende Büschelentladung an den Elektroden von Lichtbogen-Schutzarmaturen gut zu erkennen, mitunter sogar durch ein schwaches, charakteristisches Zischen hörbar.
Koronaentladungen verursachen **Koronaverluste**, die insbesondere bei Höchstspannungsfreileitungen mit Nennspannungen ≥ 380 kV unter ungünstigen Bedingungen bis zu 20 % der Übertragungsleistung betragen können. Für 380-kV-Freileitungen gilt als Näherungswert: 3 kW/km [1].
Auch bei Gleichspannung können infolge Korona mit zunehmender Freileitungslänge

[1] **Kritische Feldstärke** ist der Grenzwert der elektrischen Feldstärke an der Leiteroberfläche, mit der die Luft dauernd beansprucht werden kann, bevor Ionisierungsvorgänge einsetzen, die die Isolation gefährden.

[2] In der Astronomie wird mit **Korona** (lat. Kranz) der Strahlenkranz um die Sonne bezeichnet,

erhebliche Energien ohne Luftüberschlag zur Erde oder zu benachbarten Leitern abgeleitet werden. →Bündelleiter führen aufgrund ihrer verhältnismäßig großen Leiteroberfläche zu einer Verringerung der elektrischen Randfeldstärke und damit auch der Koronaverluste.
Koronaentladungen verursachen **Funkstörungen** (engl. *radio interference*). Maßnahmen zu deren Minimierung enthält DIN VDE 0873-1 und -2.

Literatur

[1] *Knies, W.; Schierack, K.:* Elektrische Anlagentechnik. 3. Auflage. München: Carl Hanser Verlag, 2000.

Körper

1. Berührbares, leitfähiges Teil eines →elektrischen Betriebsmittels, das normalerweise nicht unter Spannung steht, im Fehlerfall, wenn die Basisisolierung versagt (→Körperschluss), jedoch unter Spannung stehen kann.
„Körper“ (engl. *exposed conductive part*) ist ein vergleichsweise alter Fachausdruck. Er wurde schon in den ersten Sicherheitsvorschriften des VDE im Jahre 1895 verwendet, z. B. Beleuchtungskörper. Dieser Terminus bezeichnet alle leitfähigen Teile, z. B. →Umhüllungen (→Gehäuse), von Betriebsmitteln der →Schutzklasse I, an denen sich eine Schutzleiteranschlussstelle befindet. Berührbare, leitfähige Teile von Betriebsmitteln der Schutzklasse II (früher: Schutzisolierung), auch →fremde leitfähige Teile, z. B. metallene Rohrleitungen und Baukonstruktionen, sind hingegen keine Körper.

2. Leib eines Menschen oder Nutztiers.
Berührt ein Lebewesen ein aktives Teil, so fließt abhängig von der (Berührungs-) Spannung und der →Körperimpedanz ein elektrischer Strom I_T. Dieser **Berührungs- oder Körperstrom** (engl. *touch current)* kann zu schmerzhaften →elektrischen Verbrennungen der Haut oder eines anderen Organs, zu unkoordinierten Muskelkontraktionen (→elektrische Tetanisierung) und beim Erreichen der Herzkammerflimmerschwelle[1)] u. U. sogar zu einem tödlichen →elektrischen Schlag führen [1]. In diesem Fall wird er →**gefährlicher Körperstrom** (engl. *shock current*) genannt [2].

Maßnahmen zum Schutz gegen gefährliche Körperströme in Niederspannungsanlagen enthalten u. a. DIN VDE 0100-410 und -470 sowie die Normenreihe DIN VDE 0100 der Gruppe 700 „Anforderungen für Betriebsstätten, Räume und Anlagen besonderer Art“.

Literatur

[1] DIN V VDE V 0140-479: 1996- 02 Wirkungen des elektrischen Stroms auf Menschen und Nutztiere; Allgemeine Aspekte.
[2] DIN VDE 0100-200:1998-06 Elektrische Anlagen von Gebäuden; Begriffe.

Körperimpedanz

Komplexer elektrischer Widerstand (Impedanz) des →Körpers eines Menschen oder Nutztiers. Formelzeichen: Z_K oder Z_t. Er wird in praxi meist (elektrischer) **Körperwiderstand** genannt, Formelzeichen: R_K.
Mitunter werden auch die Formelzeichen Z_B und R_B verwendet. Hierbei weist der Index B auf den Körper (Leib, engl. ***body)*** hin.

Allgemeines

Die Körperimpedanz (Körperwiderstand) eines Menschen oder Nutztiers setzt sich zusammen aus der

1) **Herzkammerflimmerschwelle** ist der kleinste Wert des Stroms, der Herzkammerflimmern (→Herzkammerflimmern-Schwellenstrom) bewirkt. Damit erlischt die Pumpfunktion des Herzens.

- **Hautimpedanz** Z_p an der Stromeintritts- und -austrittsstelle (eine →Parallelschaltung von ohmschen und kapazitiven Widerständen) sowie der dazu in Reihe liegenden
- **Körperinnenimpedanz** Z_i, hauptsächlich bestehend aus dem ohmschen Widerstand des Muskelgewebes, Skeletts (Knochen, Gelenke), Bluts, der Lymphe und anderen Körperflüssigkeiten, s. Bild K16. Die Werte von Z_i hängen insbesondere von der Körpergestalt und vom Stromweg ab.

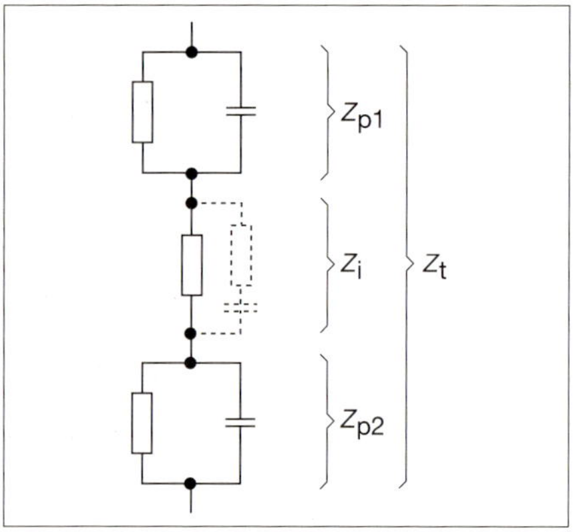

Bild K16: Prinzipschaltung der Impedanzen des menschlichen Körpers
Z_{p1}; Z_{p2} Hautimpedanz an der Stromeintrittsstelle und -austrittsstelle;
Z_i Körperinnenimpedanz mit vernachlässigbarer kapazitiver Komponente (gestrichelte Linien);
Z_t Gesamtkörperimpedanz
Die dem Formelzeichen Z beigefügten Indizes sind der engl. Sprache entlehnt und bedeuten:
*p = **p**alm, **p**lain, **p**eel, **p**assage (Handfläche, Durchgang), i = **i**nside (innen), t = **t**otal (gesamt).*

Messungen zeigen, dass die Körperinnenimpedanz bei Wechselstrom auch eine kleine kapazitive Komponente enthält – dargestellt durch die gestrichelten Linien im Bild K16 [1].

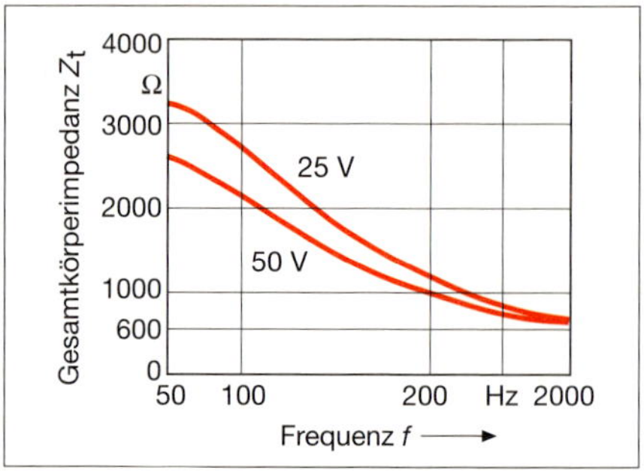

Bild K17: Gesamtkörperimpedanz in Abhängigkeit von der Frequenz bei Berührungsspannungen von 25 V und 50 V sowie trockener Haut für 50 % der Versuchspersonen

Auf eine einfache Formel gebracht ist die **Gesamtkörperimpedanz** Z_t (engl. *total body impedance*):

$$Z_t = U_T / I_T.$$

Die Körperimpedanz ist somit der Quotient aus der →Berührungsspannung U_T und dem Berührungsstrom I_T unter vereinbarten Bedingungen. Maßgebend sind jeweils die Effektivwerte.

Hautimpedanz

Die Körperimpedanz wird in hohem Maße durch die Hautimpedanz bestimmt. Das gilt insbesondere bei

- trockener Oberhaut (Epidermis)[1],
- Gleichstrom sowie niederfrequentem Wechselstrom, z. B. 50/60 Hz, und bei
- Berührungsspannungen bis etwa 50 V.

Bei Berührungsspannungen >50 V hängt die Gesamtkörperimpedanz immer weniger von der Hautimpedanz ab. Wegen der Fre-

[1] **Epidermis** (griech.) ist die 0,05...0,2 mm dicke oberste Hautschicht. Sie bedeckt bei erwachsenen Personen eine Fläche von etwa 1,7 m² und wird von elektrisch leitenden Schweißdrüsenkanälen durchsetzt [2]. Unter der Oberhaut befinden sich die etwas dickere Lederhaut (lat. *Corium*) und das je nach Körpergegend verschieden dicke Unterzellgewebe (lat. *Subcutis*).

quenz- und Spannungsabhängigkeit der Hautimpedanz nimmt die Körperimpedanz mit steigender Frequenz (>100 Hz) und bei Berührungsspannungen über 50 V beträchtlich ab, s. Bilder K17 und K18. Ihr Wert nähert sich mehr und mehr dem Wert der Körperinnenimpedanz Z_i. Der etwas größere Körperwiderstand bei Gleichstrom gegenüber dem bei Wechselstrom – insbesondere bei Berührungsspannungen <150 V (s. Bild K18) – ist auf die Sperrwirkung der Kapazitäten der menschlichen Haut bei Gleichstrom zurückzuführen.

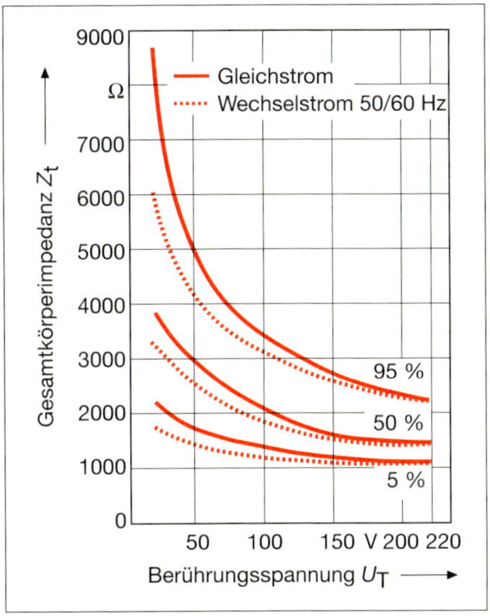

Bild K18: Gesamtkörperimpedanz in Abhängigkeit von der Berührungsspannung bei großflächiger, trockener Berührung (Berührungsfläche etwa 8000 mm^2) für 5 %, 50 % und 95 % der Versuchspersonen

Der Wert der Hautimpedanz hängt jedoch nicht allein von der Höhe der Frequenz und der Berührungsspannung ab, sondern auch von der Stromflussdauer, der Berührungsfläche (s. Bild K19), dem Kontaktdruck, der Hautfeuchte, der Hauttemperatur und dem Hauttyp. Bei Berührungsspannungen ≤50 V sind die Impedanzwerte bei befeuchteten Berührungsflächen 10...25 % niedriger als

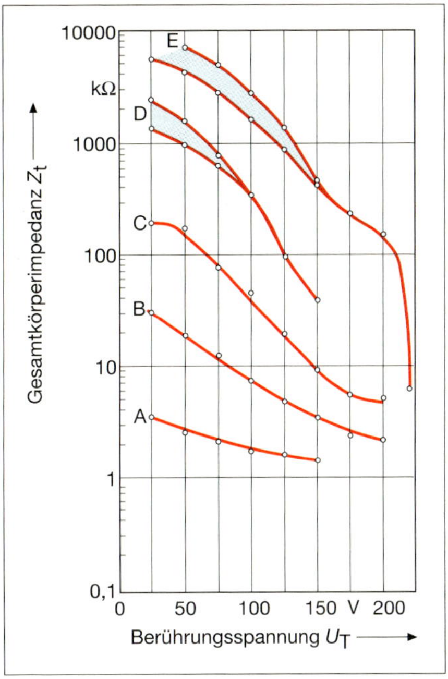

*Bild 19: Gesamtkörperimpedanz in Abhängigkeit von der Berührungsspannung (50/60 Hz) und der Berührungsfläche bei trockener Haut für 50 % der Versuchspersonen;
Berührungsfläche bei Kurve
A = 8000 mm^2, B = 1000 mm^2,
C = 100 mm^2, D = 10 mm^2 und
E = 1 mm^2 (elektrischer Hautdurchschlag bei 220 V)*

bei trockener Haut. Bei Berührungsspannungen >150 V hängt die Körperimpedanz immer weniger von der Feuchte der Berührungsflächen ab.

Körperinnenimpedanz

Die Impedanzwerte in den Bildern K17 bis K19 [1] gelten für die Stromwege Hand – Hand (Körperquerdurchströmung) und Hand – Fuß (Körperlängsdurchströmung). Der prozentuale Anteil der Körperinnenimpedanz eines anderen Körperteils (Stromweg) im Verhältnis zu dem Referenz-Stromweg: Hand – Fuß ist im Bild K20 dargestellt. Deutlich ist zu erkennen, dass sich die großen Impedanzen vorzugsweise in den

Extremitäten (Arme, Beine) sowie in den Gelenken und nicht z. B. im Körperrumpf befinden. Im Übrigen beträgt die Körperinnenimpedanz von beiden Händen (oder von einer Hand) zu beiden Füßen etwa 50 % (bzw. 75 %) der Körperinnenimpedanz für den Stromweg: Hand – Fuß [1].

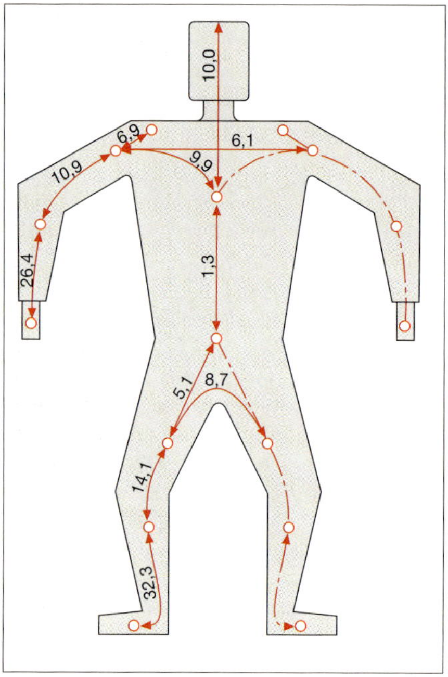

Bild K20: Prozentualer Anteil der Körperinnenimpedanz eines Menschen (100 % ist dabei die Körperinnenimpedanz für den Stromweg Hand – Fuß)

Literatur

[1] DIN V VDE V 0140-479:1996-02 Wirkungen des elektrischen Stroms auf Menschen und Nutztiere; Allgemeine Aspekte.

[2] *Biegelmeier, G.:* Wirkungen des elektrischen Stroms auf Menschen und Nutztiere. Lehrbuch der Elektropathologie. Berlin: VDE-Verlag, 1986.

Körperschluss

Elektrische Verbindung zwischen einem aktiven Teil und einem Körper [1] infolge eines Isolationsfehlers, s. Bild K21. Er wird „vollkommener Körperschluss“ (satter Körperschluss) genannt, wenn die leitende Verbindung an der Fehlerstelle praktisch widerstandslos ist. Erfolgt die Verbindung z. B. über einen widerstandsbehafteten Kriechweg (→Kriechstrecke) oder Lichtbogen, so handelt es sich um einen „unvollkommenen Körperschluss“. Diese Präzisierung gilt sinngemäß auch für →Kurzschlüsse (Körperschlüsse in TN-Systemen) und →Erdschlüsse (Körperschlüsse in TT- und IT-Systemen).

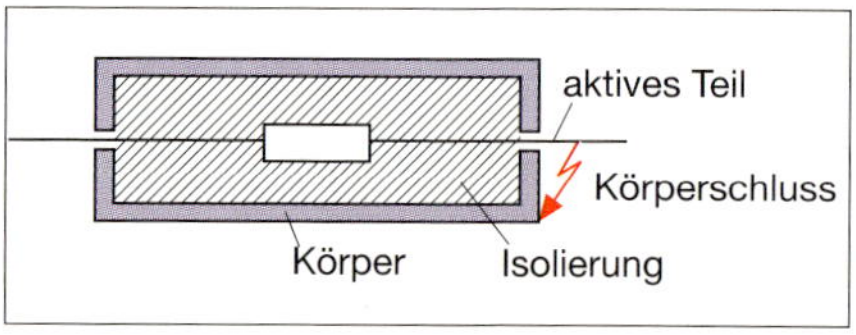

Bild K21 Körper; Körperschluss

Zwei in ein und demselben Netz gleichzeitig bestehende Körperschlüsse (Doppelfehler) von aktiven Teilen mit unterschiedlichem Potential in verschiedenen elektrischen Betriebsmitteln, deren Körper über Schutzleiter miteinander verbunden sind, werden „Doppelkörperschluss“ genannt. Doppelkörperschlüsse treten vorzugsweise in IT-Systemen und bei Anwendung der Schutztrennung mit mehreren Verbrauchsmitteln der →Schutzklasse I auf, bei denen im ersten Fehler (Einfachfehler) die Stromversorgung fortbesteht.

Doppelfehler sind zweipolige Kurzschlüsse – ggf. Erdkurzschlüsse – und deshalb unverzüglich abzuschalten.

Korrosion

Chemische Reaktion eines metallenen Werkstoffs

- mit seiner Umgebung (Eigenkorrosion),
- mit ionenleitend verbundenen Stoffen (Kontaktkorrosion) oder
- infolge Streustroms (Streustromkorrosion),

die eine messbare und meistens auch sichtbare Veränderung des Werkstoffs bewirkt.

Allgemeines

Metallene Werkstoffe, insbesondere die unedlen Metalle, korrodieren. Edelmetalle, z. B. Silber, Gold und Platin, sind dagegen äußerst luft- und wasserbeständig. Sie korrodieren selbst in elektrolytischer Verbindung mit anderen chemischen Elementen praktisch nicht.

Kupfer überzieht sich an der Luft im Laufe der Zeit mit einer dünnen, blaugrünen Haut von kohlesaurem Kupfer (Grünspan, Patina), welche die darunter liegende Kupferschicht jedoch nicht beschädigt, sondern diese eher schützt.

Aluminium wird an der Luft mit einer dünnen, relativ dichten, farblosen Haut träger Tonerde (Aluminiumoxid Al_2O_3) überzogen. Diese auf natürlichem Wege entstehende feste Oxidschicht hat einen vergleichsweise hohen Übergangswiderstand und ist deshalb – wie Grünspan an Kupferleitern – vor dem Herstellen elektrischer Schraubanschlüsse und -verbindungen gründlich zu entfernen.

Korrosion bewirkt eine von der Oberfläche ausgehende langsame Veränderung (Zerstörung, lat. *corrosio*) des metallenen Werkstoffs. Dabei kann die Korrosion den Werkstoff an der Oberfläche gleichmäßig oder punktuell abtragen (Lochfraß). Lochfraßkorrosion ist eine chemische Reaktion, die zu kratzer- oder nadelstichförmigen Vertiefungen und später zu Durchlöcherungen des Werkstoffs führt.

Ein quantitatives Maß für die Korrosion ist unter definierten Beanspruchungsbedingungen die **Korrosionsgeschwindigkeit** (Abtragungsrate) – der Quotient aus Materialverlust und Beanspruchungsdauer. Die Abtragungsrate wird meist als Dickenabnahme Δs in µm für eine bestimmte Zeitspanne – i. Allg. 1 Jahr – angegeben. Der Widerstand eines metallenen Stoffs gegen seine Zerstörung durch Korrosion wird **Korrosionsbeständigkeit** genannt.

Eigenkorrosion

Mit „Eigenkorrosion“ werden chemische Reaktionen eines metallenen Werkstoffs mit seiner Umgebung bezeichnet, die ohne fremden Einfluss stattfinden. Die wohl bekannteste Eigenkorrosion unter Mitwirkung von Luftfeuchtigkeit und Sauerstoff (Oxidation) ist das Rosten von Stahl. Bei nicht rostendem Stahl nach DIN 17440 (Edelstahl) werden mind. 16,5 Gew.-% Chrom hinzulegiert. Dadurch kommt es zur Bildung einer trägen und dichten Oxidschicht, die das darunter liegende Metall wirksam gegen Korrosion schützt.

Eigenkorrosion lässt sich – außer bei Edelmetallen – praktisch nicht verhindern, wohl aber oft wesentlich verlangsamen. Deshalb werden z. B. →Erder, wo immer möglich und sinnvoll, in Beton verlegt (→Fundamenterder). Für erdverlegte Erder wird auch Kupfer verwendet.

Unverzinkter (schwarzer) Stahl ist – mit Ausnahme von Edelstahl – in besonderem Maße eigenkorrosionsgefährdet. Deshalb müssen erdverlegte Erder aus schwarzem Stahl entweder elektrolytisch verkupfert, lückenlos kupferummantelt oder, wie in Deutschland allgemein üblich, feuerverzinkt sein. Aluminiumleiter sind als Erder unzulässig [1].

Die Abtragungsrate von feuerverzinkten Erdern beträgt abhängig von der Bodenbeschaffenheit (Bodenart und -belüftung, →spezifischer Erdwiderstand, pH-Wert[1)]) in den ersten zwei Jahren nach Verlegung der Erder etwa 10 µm/Jahr und danach kaum mehr als 2 µm/Jahr [2]. Bei erdverlegten Erdern aus Bandstahl mit einer poren- und rissfreien Zinkauflage von mind. 70 µm sowie gerundeten Kanten ist rechnerisch somit nach etwa 27 Jahren die Zinkschicht (nicht der Erder) durch Eigenkorrosion zerstört.

Tafel K2: Normalpotential einiger Werkstoffe

Werkstoff	Normalpotential V
Lithium	– 3,02
Kalium	– 2,95
Barium	– 2,80
Natrium	– 2,72
Strontium	– 2,70
Calcium	– 2,50
Magnesium	– 1,80
Aluminium	– 1,45
Mangan	– 1,10
Zink	– 0,77
Chrom	– 0,56
Eisen	– 0,43
Cadmium	– 0,42
Cobalt	– 0,26
Nickel	– 0,20
Zinn	– 0,15
Blei	– 0,13
Wasserstoff	0,00
Wismut	+ 0,20
Arsen	+ 0,30
Kupfer	+ 0,35
Silber	+ 0,80
Quecksilber	+ 0,86
Platin	+ 0,87
Gold	+ 1,50

Die meisten Korrosionsschutzmaßnahmen vor Ort laufen auf die Schaffung einer dem chemischen Angriff widerstehenden Oberfläche hinaus. Neben der Verwendung von Korrosionsschutzbinden und Schrumpfschläuchen gehören dazu vor allem Anstriche. Grundvoraussetzung für eine gute Haltbarkeit von Korrosionsschutzanstrichen ist jedoch eine sorgfältige Untergrundvorbehandlung.

Wegen der erhöhten Anfälligkeit gegen Korrosion sind die mit Erdern verbundenen →Erdungsleiter (Anschlussfahnen) oberhalb und unterhalb der Erdoberfläche auf einer Länge von jeweils 0,3 m zu schützen, z. B. mittels Bitumen- oder Kunststoffbinden. Verbindungen und Anschlüsse im Erdreich müssen in ihrer Korrosionsbeständigkeit dem Erder mindestens gleichwertig sein.

Kontaktkorrosion

Werden verschiedene Metalle miteinander verbunden, so entsteht bei Vorhandensein eines ionenleitenden Mediums (Elektrolyt), z. B. Wasser, ein →galvanisches Element, das über kurz oder lang zu Korrosion führt. Die Intensität einer derartigen elektrochemischen Korrosion (Kontaktkorrosion) hängt vor allem von der Stellung der Metalle innerhalb der **elektrochemischen Spannungsreihe** ab. In dieser Spannungsreihe sind die Metalle nach der Größe ihres Normalpotentials – bezogen auf das Nullpotential von Wasserstoff – geordnet, s. Tafel K2 [3]. Das unedelste Metall (Lithium) hat den größten negativen Wert des Normalpotentials und damit hohe Neigung, sich bei elektrochemischer Korrosion aufzulösen. Gold verfügt über den größten positiven Wert des Normalpotentials. Folglich zählt Gold neben Platin und Silber zu den edelsten (korrosionsresistentesten) Metallen.

Die Kontaktkorrosion ist umso größer, je mehr das Normalpotential (Standardpotential) der verschiedenen Metalle unter Beachtung seines Vorzeichens voneinander abweicht. Der korrosive Angriff zielt bei Vorhandensein mehrerer verschiedener Werkstoffe und eines Elektrolyten immer auf das jeweils unedlere Metall; es ist am meisten korrosionsgefährdet.

Der Schutz gegen Kontaktkorrosion erfolgt

[1] Der **pH-Wert** wird als Maß für die Acidität (Säuregrad) wässriger Lösungen benutzt. Er ist definiert als der negative dekadische Logarithmus der Wasserstoffionenkonzentration in mol/l.

primär durch Vermeidung direkter Verbindungen von ungünstigen Metallpaarungen. In →feuchten und →nassen Räumen sowie im Freien werden deshalb z. B. Aluminium- und Kupferleiter zur Vermeidung eines örtlich wirkenden Korrosionselements (Lokalelement) vorzugsweise unter Verwendung von Alcu-Klemmen, Cupalblech-Beilagen (Cupal = **Kup**fer/**Al**uminium) oder speziellen Kontaktpasten verbunden. Das Aufbringen metallener Schichten zur Potentialannäherung, z. B. Kupfer-Nickel-Chrom, führt ebenfalls zur Minimierung der Kontaktkorrosion.

Streustromkorrosion

Elektrochemische Korrosion wird auch durch Streuströme (engl. *stray currents*) verursacht. Diese vagabundierenden Ströme (Irrströme) stammen von Gleichstromanlagen, z. B. elektrischen Bahnen, und verursachen mitunter erhebliche Schäden an metallenen Rohrleitungen, Fahrschienen, Kabelmänteln, Tanks, Erdern und anderen lang gestreckten, leitfähigen Teilen im Erdreich oder in Beton.

Ein bewährtes Mittel gegen elektrochemische Korrosion durch Streuströme (Streustromkorrosion) ist der **katodische Korrosionsschutz**. Er basiert auf der Streustromableitung und -zurückführung (Drainage)

- über eine galvanische Verbindung, z. B. Kabel, zwischen dem zu schützenden Objekt und der beeinflussenden Gleichstromanlage (direkte Streustromableitung, engl. *direct drainage bond*), manchmal auch
- unter Zwischenschaltung eines Gleichrichters oder polarisierten Relais zur Verhinderung eines Stromrichtungswechsels im Streustromrückleiter (gerichtete Streustromableitung, engl. *unidirectional drainage bond*).

Statt der direkten oder gerichteten Streustromableitung erfolgt mitunter eine **Streustromabsaugung**. Hierbei handelt es sich um eine erzwungene Streustromableitung (engl. *forced drainage bond*) mit einer im Streustromrückleiter befindlichen Gleichstromquelle (Soutirage). Weitere Schutzvorkehrungen gegen Streustromkorrosion aus Gleichstromanlagen enthält die Norm DIN EN 50162 (VDE 0150).

Literatur

[1] DIN VDE 0151:1986-06 Werkstoffe und Mindestmaße von Erdern bezüglich der Korrosion.

[2] *Schmolke, H.; Vogt, D.:* Potentialausgleich, Fundamenterder, Korrosionsgefährdung. VDE-Schriftenreihe, Band 35. 6. Auflage. Berlin: VDE-Verlag, 2004.

[3] ABB Calor Emag Taschenbuch „Schaltanlagen". 10. Auflage. Berlin: Cornelsen Verlag, 1999.

Kreuzschaltung

Installationsschaltung mit Kreuzschalter und Wechselschaltern, s. Bild. K22 Diese Schaltung dient zum wahlweisen Ein- und Ausschalten z. B. einer Lampe oder Lampengruppe in Erweiterung der →Wechselschaltung von mehr als zwei Stellen aus. Das ist mitunter in Korridoren und Kellern mit mehreren Türen wünschenswert.

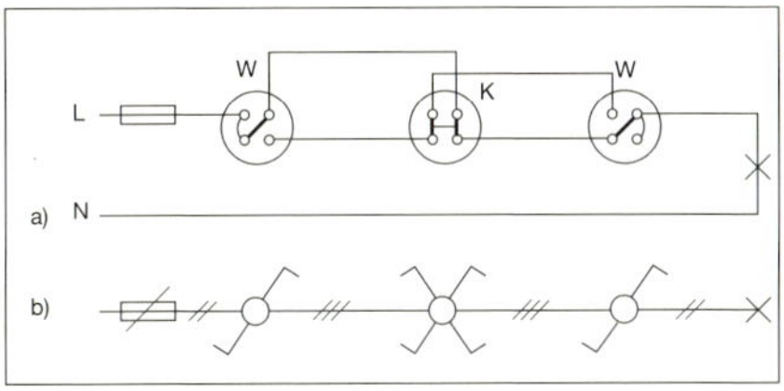

Bild K22: Kreuzschaltung (K Kreuzschalter, W Wechselschalter) – Schaltbild a) ausführlich (mehrpolig); b) vereinfacht (einpolig)

Kriechstrecke

Kürzeste Strecke längs der Oberfläche einer Feststoffisolierung (Kriechüberschlagstrecke, Kriechweg)

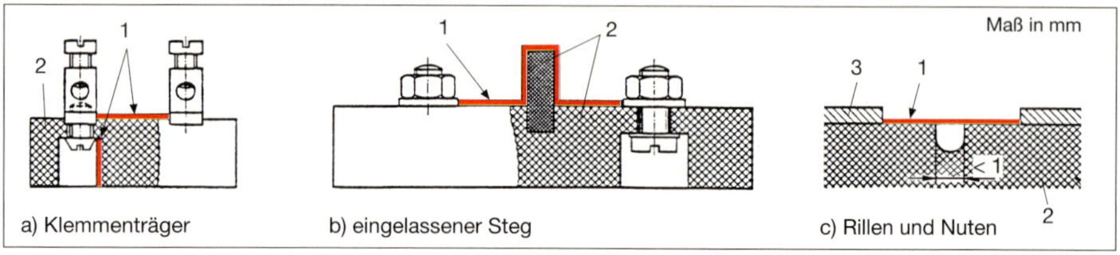

Bild K23 fKriechstrecken (Beispiele) – 1 Kriechstrecke; 2 Isolierstoff; 3 Metall

- zwischen unter Spannung stehenden (➔aktiven) Teilen oder
- zwischen einem aktiven Teil und ➔Erde oder der Berührung zugänglichen Stellen, z. B. einem ➔Gehäuse,

auf der ein (Kriech-)Strom fließen kann, s. Bild K23.

Kriechstrecken (engl. *creepage distances*) entlang einer Isolierstoffoberfläche sind nach der **Bemessungsisolationsspannung** festzulegen. Diese Spannung entspricht dem Effektivwert der ➔Stehspannung, die das langzeitige Stehvermögen der zugehörigen Isolierung des elektrischen Betriebsmittels angibt. Die Mindestwerte der Kriechstrecken sind in DIN EN 60664-1 (VDE 0110-1) enthalten.

Kupplung

(in Schaltanlagen)

Zeitweilige Verbindung oder Trennung von Sammelschienensystemen oder -abschnitten mit Hilfe eines ➔Leistungsschalters (Kuppelschalter) und mehrerer Trenner.

Kupplungen (engl. *couplings*) werden vorzugsweise in Hochspannungs-Schaltanlagen angewendet und hinsichtlich ihrer Ausführung wie folgt unterschieden:

- **Längskupplung** zur Verbindung hintereinander liegender Sammelschienenabschnitte, Beispiel s. Bild K24,

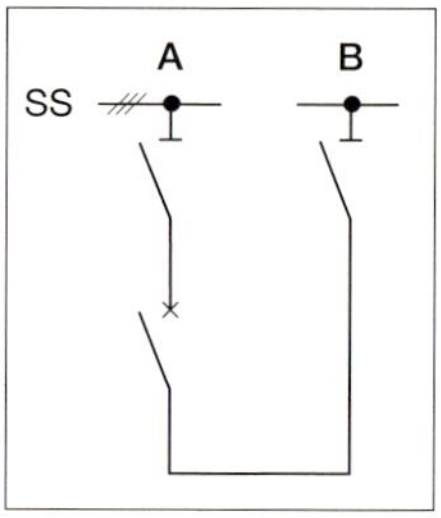

Bild K24: Längskupplung der Sammelschienenabschnitte A und B

- **Querkupplung** zur Verbindung nebeneinander liegender Sammelschienensysteme, Beispiele s. Bild K25,
- **Vollkupplung** (Diagonalkupplung) zur wahlweisen Verbindung hinter- und nebeneinander liegender Mehrfachsam-

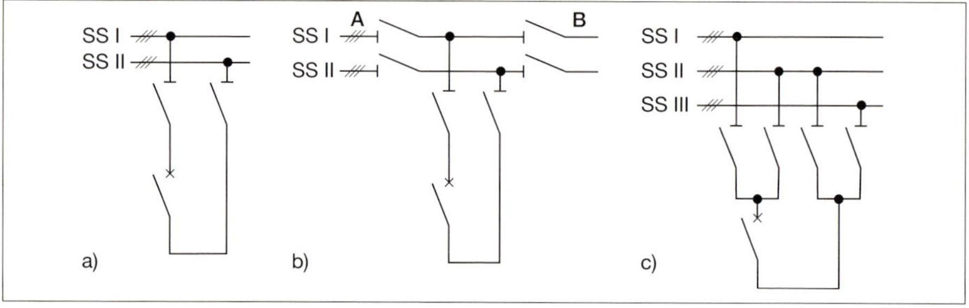

Bild K25: Querkupplungen a) SS I/II; b) SS I/II für SS-Abschnitt A oder B; c) SS I/II/III

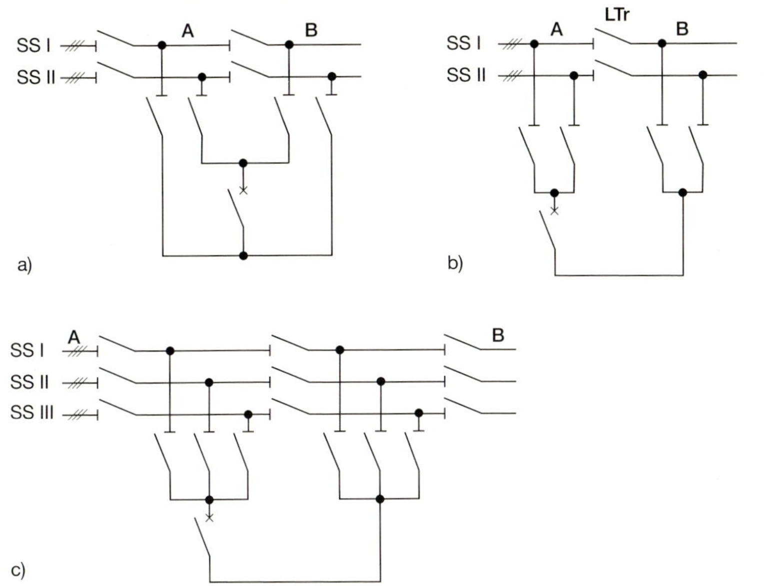

Bild K26: *Vollkupplungen*
a) Längskupplung der SS-Abschnitte A und B, Querkupplung der SS I/II für SS-Abschnitt A oder B
b) wie a), Querkupplung über SS-Längstrenner LTr
c) Längs- und Querkupplung für alle Kuppelschaltungen

melschienensysteme oder -abschnitte. Mit der Vollkupplung sind praktisch alle üblichen Kuppelschaltungen (längs, quer und diagonal) realisierbar, Beispiele s. Bild K26.

Die einfachste Kuppelschaltung ist die Längskupplung zweier Abschnitte e i n e s Sammelschienensystems, s. Bild K24. Wenn Mehrfachsammelschienensysteme keine Längstrennungen enthalten, so genügt die einfache Querkupplung nach Bild K25a oder K25c. Bei dem verhältnismäßig großen Aufwand für ein Doppel- oder Dreifachsammelschienensystem zur Sicherung eines zuverlässigen Anlagenbetriebs ist es jedoch zweckmäßig, derartige Sammelschienensysteme durch Längstrennungen nochmals in bestimmte Abschnitte (Blöcke) aufzuteilen, s. Bild K26.

Kurbelinduktor

Isolationswiderstandsmessgerät mit Drehkurbel und Übersetzungsgetriebe zum manuellen Antrieb eines Gleichstromgenerators.

Die vom Generator durch gleichmäßiges Drehen der Kurbel erzeugte Messgleichspannung beträgt 500 V oder 1000 V. An einem eingebauten Messgerät (Milliamperemeter) mit in MΩ kalibrierter Skala wird der jeweils gemessene →Isolationswiderstand der aktiven Leiter gegen Erde (Schutzleiter) unmittelbar angezeigt. Er darf für neu errichtete Niederspannungsanlagen – abhängig von deren Nennspannung – die Widerstandswerte nach DIN VDE 0100-610 nicht unterschreiten.

Anstelle von Kurbelinduktoren werden schon seit langem vorzugsweise batteriegespeiste Isolationswiderstandsmessgeräte nach DIN EN 61557-2 [1] verwendet.

Literatur

[1] DIN EN 61557-2 (VDE 0413-2):1998-05 Geräte zum Prüfen, Messen oder Überwachen von Schutzmaßnahmen; Isolationswiderstand.

Kurzschluss

Durch einen Fehler entstandene leitende Verbindung zwischen →aktiven Teilen, wenn sich im Fehlerstromkreis kein Nutzwiderstand befindet. Dabei fließt der →Kurzschlussstrom [1].

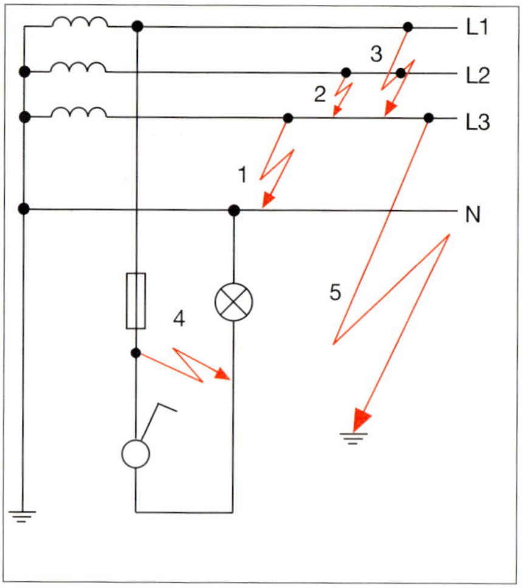

Bild K27: Kurzschluss, einpolig (1), zweipolig (2), dreipolig (3); Leiterschluss (4); Erdkurzschluss (1) (5)

Ist im Fehlerstromkreis ein Nutzwiderstand vorhanden, z. B. eine Lampe oder →Spule, so heißt diese fehlerhafte Verbindung **Leiterschluss**, s. Bild K27. Man unterscheidet einpolige, zweipolige und dreipolige Kurzschlüsse sowie solche mit Erdberührung. Letztere werden in geerdeten Netzen →„Erdkurzschluss" (engl. *earth short-circuit*) genannt. Ein Kurzschluss unmittelbar hinter der Stromquelle bzw. dem Spannungsübertrager heißt „Klemmenkurzschluss".

Nach dem Internationalen Elektrotechnischen Wörterbuch (IEV), z. B. IEC 60050-151 und -195, ist „Kurzschluss" (engl. *short-circuit*) ein zufällig oder absichtlich entstandener Strompfad zwischen zwei oder mehr leitfähigen Teilen, durch den die elektrischen Potentialdifferenzen zwischen diesen leitfähigen Teilen auf einen Wert gleich null oder nahezu null abfallen. Dabei muss nicht notwendigerweise ein Fehler (Fehlzustand) vorhanden sein.

Literatur

[1] DIN EN 60909-0 (VDE 0102):2002-07 Kurzschlussströme in Drehstromnetzen. Berechnung der Ströme.

Kurzschlussspannung

(eines Transformators)

Spannung mit Nennfrequenz, die an die Primärseite eines →Transformators angelegt werden muss, damit sekundärseitig der Nennstrom fließt. Dabei ist die Sekundärseite des Transformators kurzgeschlosen.

Allgemeines

Die **absolute** Kurzschlussspannung U_k in V bzw. die **relative** (auf die primäre Nennspannung bezogene) Kurzschlussspannung u_k in % ist ein Maß für den Spannungsfall in einem Transformator und damit für dessen Spannungsänderung bei Belastung. Mit Hilfe der Kurzschlussspannung lässt sich der →(Dauer-)Kurzschlussstrom I_k ermitteln:

$$I_k = I_n / u_k$$

Der Kurzschlussstrom fließt im kurzgeschlossenen Ausgangskreis eines Transformators, wenn am Transformatoreingang die Nennspannung U_n anliegt. Bei einer relativen Kurzschlussspannung von z. B. u_k = 5 % beträgt der Kurzschlussstrom bei Vernachlässigung der vorgelagerten Impedanzen außerhalb des Transformators somit

$$I_k = I_n/u_k = (I_n/5)\cdot 100 = 20\cdot I_n$$

Die relative (normierte) Kurzschlussspannung u_k – auch **Nennkurzschlussspannung** genannt – beträgt bei kleinen Drehstromtransformatoren 3,5...6 % und bei großen Transformatoren bis zu 16 % der Nennspannung U_n [1]. Stelltransformatoren haben keine feste Kurzschlussspannung, sondern einen Kurzschlussspannungsbereich entsprechend der Stellung des Stromabnehmers.

Parallelbetrieb

Bei Parallelbetrieb von Drehstromtransformatoren dürfen die Kurzschlussspannungen höchstens um 10 % voneinander abweichen. Schließlich nehmen parallel geschaltete Transformatoren eine solche Teillast auf, dass alle Transformatoren die gleiche (resultierende) Kurzschlussspannung haben. Außerdem müssen bei einem Transformatoren-Parallelbetrieb – neben dem phasenrichtigen Anschluss zur Erzielung gleicher Augenblickswerte der Sekundärspannungen (Phasengleichheit) – auch die Nennwerte für die Primär- und Sekundärspannung, d. h. die Übersetzung, sowie die Kennzahlen der →Schaltgruppe gleich sein. Das Verhältnis der Bemessungsleistungen der Transformatoren sollte in diesem Fall 3 : 1 nicht überschreiten.

Literatur

[1] ABB Calor Emag Taschenbuch „Schaltanlagen". 10. Auflage. Berlin: Cornelsen Verlag, 1999.

Kurzschlussstrom

Strom in einem Stromkreis während eines →Kurzschlusses.

Allgemeines

Der zeitliche Verlauf des Kurzschlussstroms (engl. *short-circuit current*) ist für generatornahe und -ferne Kurzschlüsse im Bild K28 dargestellt. Die Kurvenverläufe gelten jeweils für den ungünstigsten Augenblick des Stromeintritts.

Bild K28 enthält auch die **Gleichstromkomponente** (engl. *d. c. aperiodic component of short-circuit*) des Kurzschlussstroms – den rasch auf null abklingenden Mittelwert zwischen der oberen und unteren Hüllkurve des Oszillogramms. Infolge dieses Gleichanteils (Gleichstromglied) verläuft der Kurzschlussstrom asymmetrisch zur Nulllinie.

Kurzschlussströme werden nach DIN EN 60 909 und DIN EN 61 660-1 (Normenreihe VDE 0102) berechnet. Die Ermittlung der Kurzschlussfestigkeit elektrischer Betriebsmittel und Anlagen erfolgt nach DIN EN 60 865-1 sowie DIN EN 61660-2 (Normenreihe VDE 0103), bei partiell typgeprüften Niederspannungs-Schaltgerätekombinationen in Verbindung mit DIN IEC 61111 (VDE 0660-509).

Stoßkurzschlussstrom

Der Höchstwert (Scheitelwert) der ersten großen Teilschwingung des Kurzschlussstroms nach Beginn des Stromflusses wird **Stoßkurzschlussstrom** $\hat{i}_p$ (engl. *peak short-circuit current*) genannt. Seine Größe ist abhängig vom Augenblick, in dem der Kurzschluss eintritt. Kleine hochfrequente Schwingungen, z. B. als Folge von Teilentladungen, bleiben hierbei unberücksichtigt.

Kurzschlusswechselstrom

Der Effektivwert des betriebsfrequenten Anteils des Kurzschlussstroms im Augenblick des Kurzschlusseintritts heißt **Anfangs-Kurzschlusswechselstrom** I_k'' (engl. *initial symmetrical short-circuit current*).

Bei generatornahem Kurzschluss klingt der Kurzschlusswechselstrom unter dem Ein-

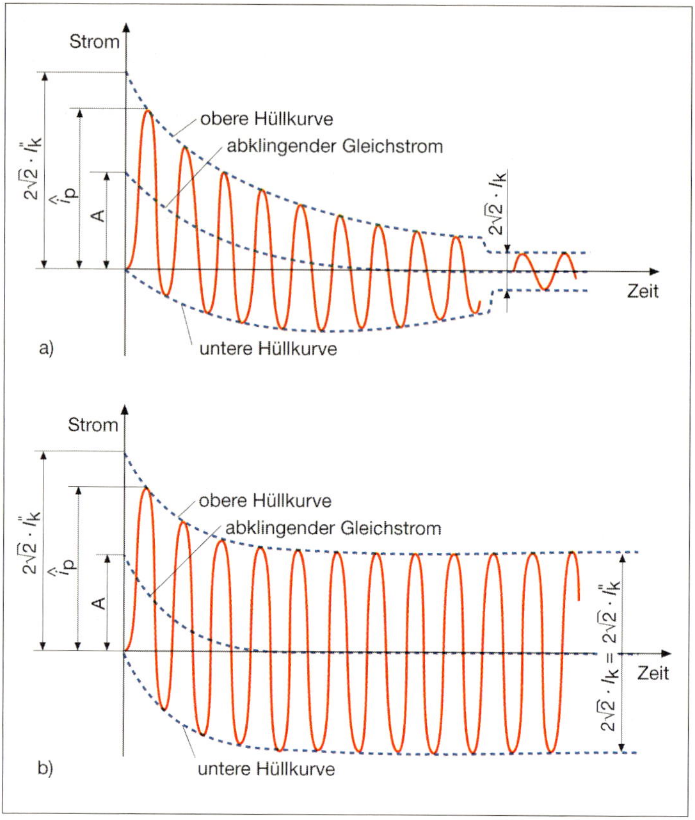

Bild K28:
Verlauf des Kurzschlussstroms
a) generatornaher Kurzschluss;
b) generatorferner Kurzschluss
I''_k Anfangs-Kurzschlusswechselstrom (Effektivwert);
$\hat{i}_p$ Stoßkurzschlussstrom (Scheitelwert);
I_k Dauerkurzschlussstrom (Effektivwert);
A Anfangswert der Gleichstromkomponente i_{DC}

fluss der subtransienten Längsreaktanz einer Synchronmaschine vom Anfangs-Kurzschlusswechselstrom I''_k vergleichsweise langsam auf den stationären **Dauerkurzschlussstrom** I_k (engl. *steady-state short-circuit current*) ab, s. Bild K28 a. Bei generatorfernem Kurzschluss ist der Kurzschlusswechselstrom dagegen während der gesamten Kurzschlussdauer nahezu konstant. Demnach entspricht der Anfangs-Kurzschlusswechselstrom in diesem Fall dem Dauerkurzschlussstrom, s. Bild K28 b. In Netzen mit geerdetem Sternpunkt fließt bei einem →Erdschluss der **Erdkurzschlussstrom** (engl. *earth short-sircuit current*).

kurzschluss- und erdschlusssichere Verlegung

Verlegung (feste Anordnung) von Kabeln, isolierten Leitungen und Stromschienen derart, dass unter bestimmungsgemäßen Betriebsbedingungen kein →Isolationsfehler, d. h. weder ein →Kurzschluss noch ein →Erdschluss, zu erwarten ist [1].
Folgende feste Anordnungen schließen Isolationsfehler aus und gelten nach DIN VDE 0100-520 deshalb als kurzschluss- und erdschlusssicher (engl. *inherently short-circuit and earth fault proof*):

- Anordnungen aus einadrigen Starkstromkabeln mit Isolierung und Mantel

aus thermoplastischem PVC (NYY),
- Anordnungen aus einadrigen Mantelleitungen (NYM),
- Anordnungen aus einadrigen Gummischlauchleitungen (H07RN-F),
- Anordnungen aus Sonder-Gummiaderleitungen (NSGAFöu),
- Anordnungen aus Aderleitungen (H07V-U) oder starren Leitern (Stromschienen), bei denen eine gegenseitige Berührung sowie mit geerdeten Teilen sicher verhindert ist, z. B. durch
  - Führung der Aderleitungen jeweils in getrennten Elektroinstallationsrohren oder in getrennten Kammern (Zügen) von Elektroinstallationskanälen oder
  - ausreichende Abstände der Aderleitungen bzw. starren Leiter gegeneinander und zu geerdeten Teilen unter Verwendung von isolierenden Abstandhaltern, s. Bild K29.

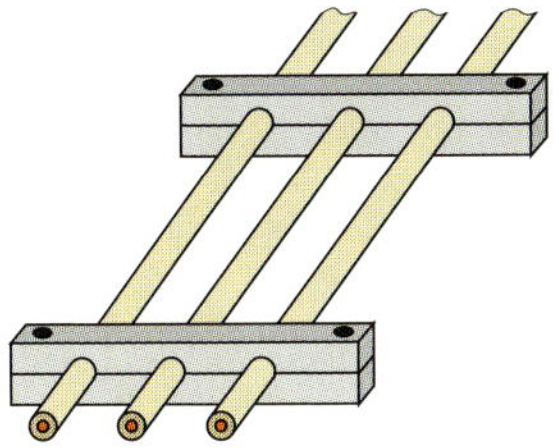

Bild K29: Kurzschluss- und erdschlusssichere Verlegung von Aderleitungen auf isolierenden Abstandhaltern

Außerdem gelten feste Anordnungen von Kabeln und isolierten Leitungen, die ohne Gefahr für ihre Umgebung ausbrennen können, z. B. Kabel in Erde, als kurzschluss- und erdschlusssicher verlegt.
Die kurzschluss- und erdschlusssichere Verlegung wird angewendet, wenn Isolationsfehler und damit Abschaltungen zuverlässig verhindert werden sollen, z. B. bei Hauseinführungsleitungen oder beim Betrieb von Arbeitsmagneten.

Literatur

[1] DIN VDE 0100-200:1998-06 Elektrische Anlagen von Gebäuden; Begriffe.

L

Lampe

Künstliche Lichtquelle in einer bestimmten technischen Ausführung. Sie verwandelt elektrische oder chemische Energie in sichtbare Strahlen (Licht).
Je nach Art der verwendeten Energie wird unterschieden zwischen elektrischen und Verbrennungslampen.
In **elektrischen Lampen** erhitzt der Strom einen Glühdraht (➔Glühlampe) oder regt Gase bzw. Dämpfe zur Strahlung an (➔Entladungslampe). Bei den sog. Verbundlampen sind die zur Lichtaussendung bestimmten Bestandteile von Glüh- und Entladungslampen zu einer Lampe unlösbar vereinigt.
Wegen der einfachen Handhabung und Stromzuführung sowie der hohen Lichtausbeute werden für Beleuchtungszwecke praktisch nur noch elektrische Lampen nach der harmonisierten Normenreihe DIN VDE 0715 verwendet.
In **Verbrennungslampen** strahlt die leuchtende Flamme selbst, z. B. bei Petroleum- und Acetylenlampen, oder es strahlt ein von der Flamme erhitzter Körper, z. B. in Gaslampen mit Glühkörper.
Der Terminus „Lampe“ (engl. *lamp*) wird oft synonym für ➔„Leuchte“ (engl. *luminaire*) verwendet; das ist jedoch nicht korrekt.

Lampenfassung

Vorrichtung zur Aufnahme des Lampensockels. Sie hält (fixiert) die ➔Lampe und stellt die elektrische Verbindung zum Versorgungsstromkreis her.

Allgemeines

Die am meisten verwendeten Lampenfassungen (engl. *lampholders*) sind die **Edisonfassung** für Schraubgewindesockel (Gewindefassung) der Größen E 27 (Normaledisonfassung), E 14 (Mignonfassung) und E 40 (Goliathfassung) sowie die **Steckfassung** für ➔Leuchtstoff- und Niedervoltlampen. In Fahrzeugen und Diaprojektoren finden wegen möglicher Erschütterungen überwiegend **Bajonettfassungen** Anwendung.

Die Größen der Fassungen E 14, E 27 und E 40 entsprechen ungefähr dem Gewindesockeldurchmesser in mm. E 27 bedeutet demnach Edisongewinde (E) mit etwa 27 mm Durchmesser.

Edisonfassung

Die Edisonfassung (engl. *Edison screw lampholder*) ist eine Lampenfassung mit Edisongewinde zur Aufnahme von Glüh-, Glimm- und Hochdruck-Entladungslampen [1]. Sonderausführungen können zusätzlich einen Schalter enthalten (Schaltfassungen)
.
Mehrfachfassungen, Übergangsfassungen, Lampenfassungen mit angebauter Steckdose und Steckdosen zum Einschrauben in Lampenfassungen dürfen in Deutschland schon seit den 1930er Jahren nicht mehr hergestellt oder in den Handel gebracht und wegen der Gefahr der thermischen Überbeanspruchung (Brandgefahr) sowie der fehlenden Schutzkontakte bei den Steckdosen auch nicht mehr verwendet werden [2].
Fassungen mit dem Edisongewinde E 10 (Zwergfassungen) werden überwiegend für Kleinspannung bis 12 V (früher: Zwergspannung) in Taschen-, Fahrrad- u. ä. Leuchten verwendet.

Bajonettfassung

Die Bajonettfassung (engl. *bayonet lampholder*) ist eine Lampenfassung mit seitlichen Aussparungen zur Aufnahme der Führungsstifte von Bajonettsockeln [3]. Die Bajonettverriegelung von Fassung und Sockel gewährleistet eine zuverlässige mechanische Verbindung und verhindert, dass sich die Lampe lockert (Wackelkontakt). Bajonettfassungen – früher auch **Swanfassungen** genannt – finden deshalb vorzugsweise im Fahrzeugbau Anwendung.

Literatur

[1] DIN EN 60238 (VDE 0616-1):2005-05 Lampenfassungen mit Edisongewinde.
[2] DIN VDE 0100-550:1988-04 Errichten von Starkstromanlagen mit Nennspannungen bis 1000 V; Auswahl und Errichtung elektrischer Betriebsmittel; Steckvorrichtungen, Schalter und Installationsgeräte.
[3] DIN EN 61184 (VDE 0616-2):2005-06 Bajonett-Lampenfassungen.

Lampensockel

Leitfähiges Fußteil einer elektrischen →Lampe (Lampenfuß), das in Verbindung mit einer Fassung zum Halten und zur Stromversorgung der Lampe dient. Lampensockel sind fest (durch Kitten) mit dem Glaskolben verbunden, s. Bild G11.

landwirtschaftliche Betriebsstätte

Raum, Ort oder Bereich, in dem landwirtschaftliche Nutztiere gehalten oder Futtermittel, Düngemittel, pflanzliche oder tierische Erzeugnisse gelagert, aufbereitet oder weiterverarbeitet werden [1].

Allgemeines

Landwirtschaftliche Betriebsstätten (engl. *agricultural premises*) sind hauptsächlich Ställe, Käfige, Boxen und Ausläufe für Rinder, Schweine, Pferde, Schafe, Ziegen oder Geflügel sowie die zugehörigen Nebenräume, z. B. Futterküchen, Melkstände oder Milchkammern. An diesen Orten ist die Gefahr einer mechanischen Beschädigung der elektrischen Betriebsmittel vergleichsweise groß. Außerdem können die Funktionsfähigkeit und Sicherheit der Betriebsmittel durch ungünstige Umgebungseinflüsse, z. B. Feuchtigkeit (Nässe), Staub, chemische Dämpfe, Säuren oder Salze, beeinträchtigt sein. Für Menschen und Großvieh besteht somit eine erhöhte elektrische Gefährdung.

Darüber hinaus können in landwirtschaftlich genutzten Gebäuden, Räumen oder Bereichen, z. B. in Scheunen oder Speichern sowie im Freien, leicht entzündliche Stoffe wie Heu, Stroh oder Häcksel in beachtlichen Mengen gelagert sein, sodass an solchen Orten mitunter eine erhebliche Brandgefahr besteht.

Wohnungen und Nebenräume, z. B. Verkaufsräume, Werkstätten oder Maschinenhallen, sind landwirtschaftlichen Betriebsstätten zugeordnet, wenn durch →fremde leitfähige Teile, z. B. metallene Rohrleitungen, oder →Schutzleiter elektrisch leitende Verbindungen zu solchen Betriebsstätten bestehen. Ebenso zählen Räume zu landwirtschaftlichen Betriebsstätten, wenn darin landwirtschaftliche Erzeugnisse aufbereitet, z. B. getrocknet, oder weiterverarbeitet werden. Bereiche der Binnenfischerei und Teichwirtschaft sind durch die Vornorm DIN V VDE V 0100-0705 [1] mit abgedeckt.

Errichtung und Betrieb

An die Auswahl und Errichtung elektrischer Betriebsmittel für landwirtschaftliche Betriebsstätten, z. B. Kabel, Leitungen, Schalter, Steckvorrichtungen, Elektromotoren und Leuchten, werden vergleichsweise hohe Anforderungen gestellt. Das gilt vor allem für

- die Intensivtierhaltung, d. h. für die Aufzucht und Haltung von Nutztieren, z. B. Geflügel oder Schweine, zu deren Lebenserhaltung (Fütterung, Lüftung, Klima) automatisch wirkende technische Systeme benötigt werden, sowie für
- elektrische Betriebsmittel, die in unmittelbarer Nähe zu den Nutztieren angeord-

net werden müssen, z. B. Melk- und Fütterungseinrichtungen.

Mindestens ebenso wichtig sind die Maßnahmen zum Schutz gegen →elektrischen Schlag, darin eingeschlossen der zusätzliche Schutzpotentialausgleich für Großvieh, sowie der Überstrom-, Überspannungs- und Brandschutz. Deshalb sind die einschlägigen Vorschriften und Normen genau zu beachten, insbesondere DIN VDE 0100-705 und deren aktuelle Vornorm [1][2], ferner DIN VDE 0100-482 [3], DIN VDE 0100-560 [4], die Explosionsschutz-Normen der Reihe DIN EN 60 079 (VDE 0165), die für die Landwirtschaft relevanten Unfallverhütungsvorschriften „Elektrische Anlagen und Betriebsmittel“ (BGV A3 und VSG 1.4) der zuständigen Berufsgenossenschaften und schließlich die Richtlinien VdS 2033 und VdS 2067 des Verbands der Sachversicherer.

Darüber hinaus sind die baurechtlichen Auflagen zum →Blitzschutz und zur Ersatzstromversorgung (→Notstromaggregat) zu berücksichtigen, wenn bei Ausfall des Niederspannungsnetzes eine ausreichende Versorgung der Nutztiere mit Futter und Wasser sowie eine ordnungsgemäße Lüftung (Luftaustausch) nicht sichergestellt werden können. Die Verfügbarkeit der Lüftungs- und anderen lebenswichtigen Anlagen wird erhöht, wenn diese eine separate Stromversorgung direkt von der Gebäude-Hauptverteilung aus erhalten.

Für das Betreiben elektrischer Anlagen in landwirtschaftlichen Betriebsstätten gilt DIN VDE 0105-15 in Verbindung mit DIN VDE 0105-100. Das Errichten und Betreiben von Elektrozaunanlagen erfolgt nach DIN VDE 0131.

Literatur

[1] Vornorm DIN V VDE V 0100-0705:2003-04 Errichten von Niederspannungsanlagen; Anforderungen für Betriebsstätten, Räume und Anlagen besonderer Art; Elektrische Anlagen in landwirtschaftlichen und gartenbaulichen Betriebsstätten.

[2] DIN VDE 0100-705:1992-10 Errichten von Starkstromanlagen mit Nennspannungen bis 1000 V; Landwirtschaftliche und gartenbauliche Anwesen.

[3] DIN VDE 0100-482:2003-06 Errichten von Niederspannungsanlagen; Auswahl von Schutzmaßnahmen; Brandschutz bei besonderen Risiken oder Gefahren.

[4] DIN VDE 0100-560:1995-07 Errichten von Starkstromanlagen mit Nennspannungen bis 1000 V; Auswahl und Errichtung elektrischer Betriebsmittel; Elektrische Anlagen für Sicherheitszwecke.

Lasthochlauf

Hochlauf eines →Elektromotors unter Last vom Stillstand auf die Betriebsdrehzahl.

Beim Lasthochlauf muss das von der angetriebenen Arbeitsmaschine erzeugte Lastmoment – bestehend aus dem Widerstandsmoment und dem Beschleunigungsmoment – überwunden werden. Nach erfolgtem Hochlauf auf die Betriebsdrehzahl der Arbeitsmaschine verbleibt nur noch das Widerstandsmoment.

Für einen sicheren Lasthochlauf muss das vom Motor erzeugte Moment bei jeder Drehzahl zwischen Stillstand und Betriebsdrehzahl größer sein als das Widerstandsmoment der Arbeitsmaschine, weil sonst der Motor während des Hochlaufs stehen bleibt.

Lastschalter

Mechanisches →Schaltgerät (engl. *mechanical switch*), das die unter normalen Bedingungen im Netz auftretenden Ströme – auch betriebsbedingte Überlastströme – einschalten, zeitlich unbegrenzt führen und ausschalten kann. Schaltzeichen: .

Lastschalter können elektrische Ströme auch unter außergewöhnlichen Bedingungen, z. B. →Kurzschlussströme, einschal-

ten und diese eine bestimmte Zeit lang führen. Mangels eines festgelegten Bemessungskurzschlussausschaltvermögens ist das Ausschalten dieser Ströme grundsätzlich jedoch nicht möglich.
Lastschalter nach DIN EN 60947-3 [1] können in einer baulichen Einheit auch mit ➔Sicherungen kombiniert sein (Schalter-Sicherungs-Einheit). Bei diesen **Lastschaltern mit Sicherungen** (engl. *switch-fuse*) ist je Strombahn eine Sicherung mit dem Lastschalter in Reihe geschaltet.
Ganz ähnlich ist das bei **Sicherungslastschaltern** (engl. *fuse-switch*). Hier wird das schwenkbare ➔Schaltstück des Lastschalters durch eine Sicherung mit Messerkontakten gebildet.
Die Aufgaben derartiger Kombinationen sind eindeutig: Der Schalter schaltet die Last, und die Sicherungen schützen den Stromkreis gegen Überlastung und Kurzschluss.
Mitunter wird bei ➔Transformatoren die Spannung unter Last eingestellt. Die zum Schalten der dabei fließenden Belastungs- und Ausgleichsströme verwendeten Stufenschalter werden **Lastumschalter** genannt.

Literatur

[1] DIN EN 60947-3 (VDE 0660-107): 2001-12 Niederspannungsschaltgeräte; Lastschalter, Trennschalter, Lasttrennschalter und Schalter-Sicherungs-Einheiten.

Lasttrennschalter

Lastschalter, der in der Offenstellung die Trennbedingungen (➔Trennfunktion) erfüllt. Lasttrennschalter, kurz „Lasttrenner“ genannt (engl. *switch-disconnector*), haben nach dem Ausschalten eine Trennstrecke, die den festgelegten Sicherheitsanforderungen für ➔Trennschalter genügt.
Schaltzeichen: 
Lasttrenner nach DIN EN 60947-3 [1] werden in Niederspannungs- und Mittelspannungsnetzen zum Schalten von Leitungen, Transformatoren und Kondensatoren verwendet. Neben den Betriebs- und Leerlaufströmen müssen Lasttrenner auch Kurzschlussströme einschalten und diese eine bestimmte Zeit lang führen können. Lasttrenner haben somit ein festgelegtes Bemessungskurzschlusseinschaltvermögen, jedoch kein Kurzschlussausschaltvermögen.
Das Ausschalten von Kurzschlussströmen übernehmen meistens Niederspannungs- bzw. Hochspannungs-Hochleistungssicherungen. Bilden die NH- oder HH-Sicherungseinsätze mit ihren Kontaktmessern das bewegbare ➔Schaltstück des Lasttrenners, so heißen diese Schaltgeräte **Sicherungslasttrennschalter** oder kurz **Sicherungslasttrenner** (engl. *fuse-disconnector*). Schaltzeichen: . Sie stellen bei höheren Betriebsströmen eine technisch durchaus sinnvolle und obendrein preiswerte Alternative zu den bemessungsstromgleichen ➔Leistungsschaltern dar.

Literatur

[1] DIN EN 60947-3 (VDE 0660-107):2001-12 Niederspannungs-Schaltgeräte; Lastschalter, Trennschalter, Lasttrennschalter und Schalter-Sicherungs-Einheiten.

Leerlaufspannung

Spannung an einem Zwei- oder Vierpol, wenn über dessen Klemmen kein elektrischer Strom fließt. Bei galvanischen Zellen (Akkumulator) wird die Leerlaufspannung meist „Ruhespannung“ genannt.

Leerschalter

Schalter ohne definiertes (vorgeschriebenes) Schaltvermögen, z. B. Hebelumschalter. Er eignet sich deshalb nur zum an-

nähernd stromlosen Öffnen und Schließen eines Strompfads.
„Annähernd stromloses" Schalten bezeichnet das Schalten vernachlässigbarer Ströme, z. B. der kapazitiven Ladeströme von kurzen Kabeln, Sammelschienen oder Durchführungsisolatoren, der Ströme von Spannungswandlern, Spannungsteilern oder Steuerkondensatoren, sowie das Schalten von Strömen, die durch Restladungen entstehen.

Leistung

Verrichtete Arbeit *W* (in J oder Ws) je Zeiteinheit *t* (in s).
Formelzeichen: *P* (engl. *power*)

$$P = \frac{W}{t}$$

Früher wurde für die Leistung das Formelzeichen N verwendet.
Einheit: Watt (W)
1 W = 1 J/s = 1 Nm/s

Mechanische Leistung

Die mechanische Leistung berechnet sich bei

- **rotatorischer** Bewegung
  $P = M \cdot \Omega$
  M Drehmoment (in Nm)
  $\Omega = 2\pi n$ Winkelgeschwindigkeit
  (*n* Drehzahl in s^{-1})
- **translatorischer** Bewegung
  $P = F \cdot v$
  F Kraft (in N)
  v Geschwindigkeit (in m/s)

Elektrische Leistung

Die elektrische Leistung berechnet sich bei

- **Gleichstrom**
  $P = U \cdot I$ (W)
- **Einphasen-Wechselstrom**
  Wirkleistung
  $P = U \cdot I \cdot \cos\varphi$ (W)
  Blindleistung
  $Q = U \cdot I \cdot \sin\varphi$ (var)[1]
  Scheinleistung
  $S = \sqrt{P^2 + Q^2}$ (VA)[2]
- **Dreiphasen-Wechselstrom**
  Wirkleistung
  $P = \sqrt{3} \cdot U \cdot I \cdot \cos\varphi$ (W)
  Blindleistung
  $Q = \sqrt{3} \cdot U \cdot I \cdot \sin\varphi$ (var)[1]
  Scheinleistung
  $S = \sqrt{P^2 + Q^2}$ (VA)[2]

U Spannung in V; I Strom in A (U und I sind Effektivwerte); cos φ Leistungsfaktor

$\sqrt{3}$ (Wirkfaktor); Verkettungsfaktor

Leistungsbedarf

(einer Verbraucheranlage)

Summe der gleichzeitig in Anspruch genommenen (maximalen) elektrischen Leistung.
Der Leistungsbedarf ergibt sich aus dem Produkt aus installierter Leistung, →Gleichzeitigkeitsfaktor und Belastungsfaktor. Dabei berücksichtigt der

- **Gleichzeitigkeitsfaktor**, dass in der Regel nicht alle elektrischen Verbrauchsmittel gleichzeitig eingeschaltet sind, und der
- **Belastungsfaktor**, dass die Verbrauchsmittel nicht ständig mit Volllast betrieben werden.

Die installierte elektrische Leistung – kurz „Anschlussleistung" oder „Anschlusswert" genannt – ist die Summe aller Leistungen der vorhandenen sowie später noch anzuschließenden elektrischen Verbrauchsmittel, z. B. Maschinen und Geräte, in einer Verbraucheranlage.

[1] **v**olt**a**mpère **r**éactif (franz.)
[2] **V**olt**a**mpere

Angaben zum Leistungsbedarf von Wohngebäuden enthält DIN 18015-1.

Leistungsfaktor

Verhältnis von aufgenommener Wirkleistung P zur Scheinleistung S (Gesamtleistung):

$$\lambda = \frac{P}{S}$$

Wirkleistung und Blindleistung sind verkoppelt durch den Leistungsfaktor λ (griech. *Lambda*). Er wird deshalb auch „Wirkleistungsfaktor“ oder kurz „Wirkfaktor“ genannt. Bei sinusförmigem Wechselstrom mit einem Grundschwingungsgehalt (Verzerrungsfaktor) v = 1 entspricht der Leistungsfaktor (engl. *power factor*) dem Kosinus des Winkels φ[1]:

$$\cos \varphi = \frac{P}{S}$$

φ Phasenverschiebungswinkel (griech. Phi) zwischen der Grundschwingung des Netzstroms und der Grundschwingung der Netzspannung. cos φ wird deshalb auch „Verschiebungsfaktor“ genannt.

Grenzwerte

cos φ = 0: Strom und Spannung sind um 90° phasenverschoben. Der Stromkreis wird nur mit Blindleistung belastet. Folglich ist die Wirkleistung null, und es findet kein Energietransport statt.

cos φ = 1: Strom und Spannung liegen in Phase. Der Stromkreis wird nur mit Wirkleistung belastet; demnach ist die Blindleistung null. In praxi wird der Leistungsfaktor cos φ = 1 angestrebt. Dieser Wert stellt sich bei ohmscher Last ein ($P = S$). Bei allen anderen Lasten ist cos $\varphi < 1$.

Der Leistungsfaktor ist keine Kenngröße zur Bewertung der Wirtschaftlichkeit des Leistungsumsatzes in einem elektrischen Verbrauchsmittel. Ein physikalischer Zusammenhang zwischen dem Leistungsfaktor und dem →Wirkungsgrad eines Verbrauchsmittels besteht somit nicht.

1) Der **Blindfaktor** beträgt sin $\varphi = Q/S$

Leistungsmesser

Messgerät zum Messen elektrischer Leistungen.

Allgemeines

Zum Messen von **Wirkleistung** wird der Strompfad des Leistungsmessers (wie ein Strommesser) in Reihe mit dem Verbraucher, der Spannungspfad (wie ein Spannungsmesser) parallel dazu geschaltet. Beim Messen von **Blindleistung** muss der Strom in der Spannungsspule durch eine spezielle Schaltung (Hummel-Schaltung) um 90° phasengedreht werden.

Messbereichserweiterungen von Leistungsmessern erfolgen im Strompfad durch →Stromwandler und im Spannungspfad durch Vorwiderstände oder (meist bei Spannungen >600 V) durch →Spannungswandler.

Leistungsmesser wurden früher auch „Wattmeter“ genannt.

Symmetrische Belastung

In symmetrisch (gleichmäßig) belasteten Drehstromnetzen, z. B. bei reinem Motorbetrieb, braucht die Wirkleistung nur jeweils in einem Strang gemessen zu werden. Die gesamte Drehstromleistung ist in diesem Fall dreimal so groß.

Zwecks Messung der Blindleistung befindet sich der Strompfad des Leistungsmessers z. B. im Leiter L1 und der Spannungspfad zwischen den Leitern L2 und L3.

Unsymmetrische Belastung

In unsymmetrisch belasteten Drehstromnetzen **ohne Neutralleiter** (Dreileiternetze) ist zum Messen der elektrischen Leistung die **Aron-Schaltung** zweckmäßig, s. Bild L1. Diese Messmethode wurde nach ihrem Erfinder, dem deutschen Physiker Prof. *Hermann Aron* (1845-1913), benannt. Sie basiert auf dem →Knotenpunktsatz, wonach die Summe der drei vorzeichenbehafteten elektrischen Ströme in einem Drehstromnetz zu jedem Zeitpunkt null ist. Ein (Strang-) Strom kann demnach durch die beiden anderen Ströme ausgedrückt werden. Die gesamte Drehstromleistung entspricht der Summe der beiden angezeigten Leistungen.

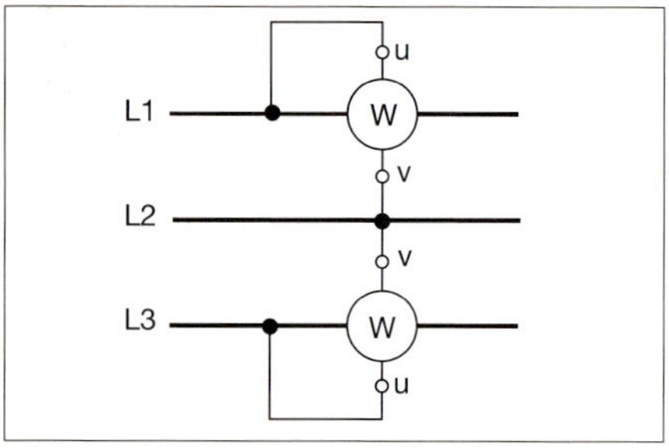

Bild L1: Aron-Schaltung (Zweiwattmetermethode)

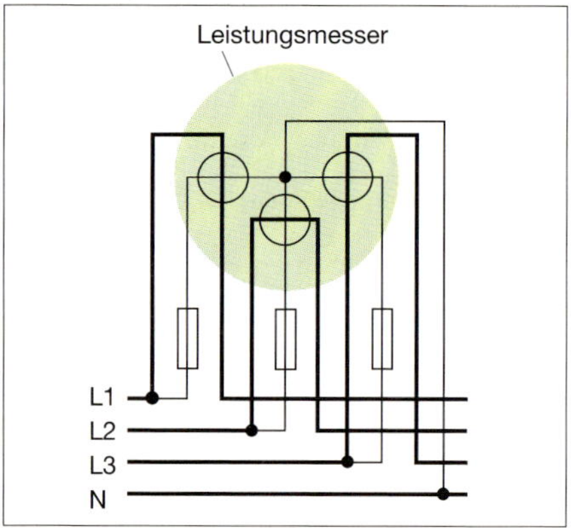

Bild L2: Leistungsmessung in einem beliebig belasteten Vierleiter-Drehstromnetz

In unsymmetrisch belasteten Drehstromnetzen **mit Neutralleiter** (Vierleiternetze) müssen drei Leistungsmesser verwendet und die angezeigten Werte der Geräte addiert werden. In der Regel erfolgt diese Addition wegen der Anordnung der drei Messwerke auf einer gemeinsamen Achse mechanisch, s. Bild L2.

Leistungsschalter

Mechanisches →Schaltgerät, das Ströme

- unter bestimmungsgemäßen Betriebsbedingungen einschalten, diese zeitlich unbegrenzt führen und ausschalten kann sowie
- unter festgelegten außergewöhnlichen Bedingungen z. B. Kurzschlussströme einschalten, diese eine bestimmte Zeit lang führen und ausschalten kann [1].

Allgemeines

Leistungsschalter (engl. *circuit-breaker*) werden eingeteilt z. B. nach der

- **Bauart**: offen oder kompakt,
- **Antriebsart**: Hand-, Magnet-, Motor- oder Druckluftantrieb,
- **Anzahl der Pole**: ein-, zwei-, drei- oder vierpolig,
- **Stromart**: Wechselstrom (Drehstrom) oder Gleichstrom,
- **Bemessungsspannung**: Nieder- oder Hochspannung,
- **Lichtbogenlöschung**: Luft, Vakuum oder Gas,
- **Einbauart**: fest einbaubar, ausfahrbar/herausziehbar oder steckbar,
- **Selektivität**
  - **Gebrauchskategorie A:** nicht besonders ausgelegt für Selektivität unter Kurzschlussbedingungen gegenüber anderen auf der Lastseite in Reihe liegenden Kurzschluss-Schutzeinrichtungen.
    In der Gebrauchskategorie A haben Leistungsschalter keine Kurzzeitverzögerung.
  - **Gebrauchskategorie B:** besonders ausgelegt für Selektivität unter Kurz-

schlussbedingungen.

Leistungsschalter in der Gebrauchskategorie B sind mit einer einstellbaren Kurzzeitverzögerung in Stufen von z. B. 80…400 ms ausgestattet und haben auch eine nachgewiesene Bemessungskurzzeitstromfestigkeit.

Leistungsschalter sind in der Regel nicht für häufiges Schalten bestimmt, auch wenn sie sich meistens dafür eignen. Neben dem Ein- und Ausschalten von Stromkreisen dienen sie hauptsächlich dem Anlagen-, Motor-, Transformator- und Generatorschutz. Durch das schnelle, automatische Abschalten im Fehlerfall übernehmen Leistungsschalter zusätzlich auch noch den Schutz gegen elektrischen Schlag (Personenschutz).

Leistungsschalter, deren →Ausschaltzeit so kurz und deren Strombegrenzung durch den Schaltlichtbogen mit hoher Lichtbogenspannung so wirksam ist, dass der Kurzschlussstrom den sonst möglichen Scheitelwert (Stoßkurzschlussstrom) nicht erreicht, heißen (Kurzschluss-)**Strom begrenzende Leistungsschalter** (engl. *current-limiting circuit-breaker*). Ihre Ausschaltverzugszeit liegt unter 5 ms, oft sogar bei 1 ms [2].

Nullpunkt löschende Leistungsschalter, kurz „Nullpunktlöscher“ genannt, bei denen der Ausschaltlichtbogen im Gegensatz zu strombegrenzenden Leistungsschaltern mit erzwungener Lichtbogenlöschung vergleichsweise spät, nämlich – abhängig vom Schaltwinkel, d. h. vom Zeitpunkt des Kurzschlussbeginns in Bezug auf die Wechselstrom-Halbwelle – erst kurz vor dem natürlichen Nulldurchgang des Stroms oder noch später erlischt, kommen in Deutschland wegen des vergleichsweise hohen thermischen Durchlasswerts $\int i^2 dt$ (Durchlassenergie) für Neuanlagen praktisch nicht mehr in Betracht[1]. Ihre Mindestausschaltzeit beträgt immerhin fast eine halbe Periodendauer (Halbwelle), mitunter sogar noch länger.

Überstromauslöser

Für den stromabhängig **verzögerten Überstromauslöser** (Überstromzeit- oder Überlastschutz) gelten bei Leistungsschaltern unter Beachtung der Bezugstemperatur folgende Grenzstrombereiche:

- konventioneller **Nichtauslösestrom**:
  1,05 · Stromeinstellwert
- konventioneller →**Auslösestrom**:
  1,30 · Stromeinstellwert
  für den **Anlagenschutz**
  1,20 · Stromeinstellwert
  für den **Motorschutz**.

Dabei gilt als Bezugstemperatur die Umgebungstemperatur, für die die Zeit-Strom-Kennlinie des Leistungsschalters angegeben ist.

Der Ansprechwert für den **unverzögerten Kurzschlussauslöser** (Kurzschlussschnellauslöser) beträgt:

(6…10) · I_r für den Anlagenschutz
(8…14) · I_r für den Motorschutz.
I_r Einstellstrom des Überstromauslösers.

Überstromauslöser sind zweckmäßig so einzustellen, dass sich eine Auslösekennlinie ergibt, die im Idealfall immer dicht unterhalb der thermischen und mechanischen (dynamischen) Belastungsgrenze des zu schützenden elektrischen Betriebsmittels liegt. In diesem Fall ist einerseits der Schutz sichergestellt, und andererseits werden keine Ressourcen, z. B. Material und Geld, verschwendet.

[1] **Nullpunktlöscher** mit ihrer im Verhältnis zur Netzspannung vergleichsweise niedrigen Lichtbogenspannung sind nur in Wechselstromkreisen anwendbar. Deshalb spricht man auch von Schaltern mit **Wechselstromlöschung** (→Nullpunkt-Lichtbogenlöschung). Dieses Schaltprinzip hat die Eigenschaft kurzer, energiearmer Schaltlichtbögen und wird deshalb vorwiegend z. B. bei Luftschützen angewendet. Luftschütze müssen zwar eine sehr große Zahl von Schaltungen (Lichtbögen) beherrschen, brauchen aber selbst Kurzschlussströme nicht auszuschalten.

Phasenausfallschutz

Leistungsschalter für den **Anlagenschutz** haben i. Allg. keine Phasenausfallempfindlichkeit – kurz „Phasenausfallschutz“ genannt –, weil die aktiven Leiter des Hauptstromkreises im Normalbetrieb meistens ohnehin nicht symmetrisch, d.h. nicht gleich hoch belastet werden. In diesem Fall wäre ein phasenausfallempfindlicher Schalter sogar eher störend, weil es hierbei zu unnötigen Auslösungen kommen kann.
Anders ist das freilich bei Leistungsschaltern für den **Motorschutz**. Hier ist ein phasenausfallempfindlicher Schalter durchaus sinnvoll, weil die asymmetrische Belastung der einzelnen aktiven Leiter ein Indiz für eine Störung im Motor oder in dessen Anschlussleitung ist.

Vorteile gegenüber Sicherungen

Leistungsschalter haben gegenüber →Sicherungen in mancherlei Hinsicht Vorteile, z.B. ihre vergleichsweise hohe Betriebssicherheit, die Möglichkeit der Fernsteuerung, ihre Kombination mit Meldeeinrichtungen und Fehlerstromauslösern (CBRs) sowie die rasche Wiedereinschaltbarkeit. Leistungsschalter schalten außerdem stets →allpolig aus, was bei Sicherungen nur sehr selten der Fall ist. Dadurch lassen sich kritische Zustände, z.B. an Elektromotoren, verhindern.
Hinsichtlich der Alterung haben Leistungsschalter ebenfalls Vorteile gegenüber Sicherungen. Schmelzsicherungen altern praktisch bei jedem Einschaltstromstoß. Sie werden dabei jedesmal – wenn auch nur geringfügig – hochohmiger, was sich bei nachfolgenden Schaltvorgängen als höhere Verlustleistung immer schneller bemerkbar macht. Bei irgendeinem Einschaltvorgang wird die Sicherung dann schließlich – scheinbar unbegründet – auslösen [3].
Für den Überlastschutz von elektrischen Maschinen scheiden Schmelzsicherungen von vornherein aus, weil sie z.B. beim 1,2-fachen Bemessungsstrom, d.h. bei einer geringen Überlastung, nicht zuverlässig ausschalten (können).

Literatur

[1] DIN EN 60947-2 (VDE 0660-101): 2002-09 Niederspannungs-Schaltgeräte; Leistungsschalter.
[2] *Verstraate, F.:* Strombegrenzung für Niederspannungsnetze. de 73(1997)20, S. 1936-1940.
[3] *Leidenroth, H.:* Leistungsschalter. Elektropraktiker 53(1999)1, Lernen und Können, S. 4-6.

Leistungstrennschalter

→Leistungsschalter, der beim Ausschalten eine sichtbare Trennstrecke herstellt.
Leistungstrennschalter – meist nur „Leistungstrenner“ genannt – haben ein vergleichsweise geringes Ausschaltvermögen. Sie finden vorzugsweise in Mittelspannungsanlagen, vereinzelt auch als Haupt- oder Sicherheitsschalter in Niederspannungsanlagen Anwendung.

Leitergrenztemperatur

Höchstzulässige Temperatur eines elektrischen Leiters.

Betriebstemperatur

Bei Kabeln und isolierten Leitungen darf die höchste zulässige Temperatur am Leiter im ungestörten Betrieb – abhängig von der Art des Isolierstoffs – die in Tafel L1 angegebenen Werte nicht überschreiten. Die empfohlenen Strombelastbarkeitswerte für Kabel und Leitungen mit Kupferleiter nach DIN VDE 0298-4 [1] sowie die Strombelastbarkeitswerte für Energieverteilungskabel mit Kupfer- oder Aluminiumleiter nach DIN VDE 0276-603 [2] nehmen auf diese „Leitergrenztemperatur bei Dauerbetrieb“ Bezug. Für papierisolierte Kabel mit Tränkmasse

Tafel L1: Zulässige Betriebstemperaturen für Kabel und Leitungen

Isolierung	Zulässige Betriebstemperatur am Leiter °C
Natürlicher oder synthetischer Kautschuk (NR, SR)	60
Polyvinylchlorid (PVC)	70
Chloropren-Kautschuk (CR)	85
Polyvinylchlorid (PVC), wärmebeständig	90
Vernetztes Polyethylen (VPE)	90
Ethylen-Propylen-Kautschuk (EPR)	90
Ethylen-Vinylacetat-Copolymer (EVA)	110
Ethylen-Tetrafluorethylen (ETFE)	135
Silikon-Kautschuk (SIR)	180

(Massekabel) beträgt die dauernd zulässige Betriebstemperatur 80 °C, für Hochspannungs-Massekabel jedoch nur 70 °C.

Temperatur bei Kurzschluss

Bei Kurzschluss darf am Leiter bis zur Abschaltung des fehlerhaften Stromkreises kurzzeitig eine höhere Temperatur auftreten als im Dauerbetrieb. Die „Leitergrenztemperatur bei Kurzschluss“ beträgt bei einer Kurzschlussdauer bis 5 s z. B. für

- PVC-isolierte Kabel und Leitungen für feste Verlegung 160 °C, bei Leiternennquerschnitten über 300 mm^2 jedoch nur 140 °C,
- Leitungen mit VPE-, EPR-, EVA- oder ETFE-Isolierungen sowie für Niederspannungs-Massekabel 250 °C und für
- Leitungen mit SIR-Isolierung 350 °C.

Bei verzinnten Leitern ist die Temperatur auf 200 °C und bei Weichlotverbindungen auf 160 °C begrenzt.

Literatur

[1] DIN VDE 0298-4:2003-08 Empfohlene Werte für die Strombelastbarkeit von Kabeln und Leitungen für feste Verlegung in und an Gebäuden und von flexiblen Leitungen.

[2] DIN VDE 0276-603:2005-01 Strombelastbarkeit; Energieverteilungskabel mit Nennspannungen U_0/U 0,6/1 kV.

Leiteröse

Kreisförmig gebogenes Leiterende zur Herstellung lösbarer elektrischer Verbindungen an →Bolzen- oder anderen Schraubklemmen, deren Konstruktion das seitliche Ausweichen von Leitern nicht verhindert.

Herstellung

Zur Herstellung einer Leiteröse wird der blanke Leiter am Ende der Isolierhülle etwas seitlich gebogen. Anschließend wird das Leiterende mit der Rundzange erfasst und so herumgedreht, bis das Leiterstück zu einer kreisrunden Öse (Ring) geschlossen ist, s. Bild L3. Dazu ist es notwendig, das blanke Leiterende in seiner Länge – abhängig vom Durchmesser der Anschlussschraube oder des Anschlussbolzens, vom Leiterquerschnitt und von der Art der Anschlussstelle – richtig zu bemessen; nicht zu lang, aber auch nicht zu kurz. Leiteröse sollen möglichst eng an dem Schraubenschaft anliegen. Elliptische (ovale) Ösen in länglichrunder Form sind abzulehnen.

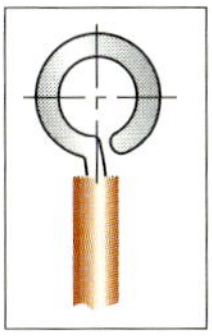

Bild L3: Leiteröse

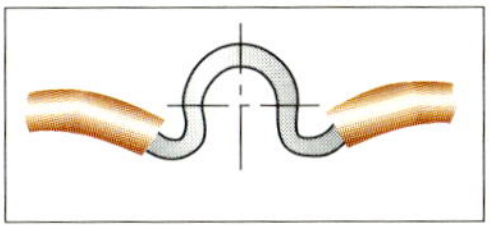

Bild L4: Omegaöse

Wegen der guten bildlichen Übereinstimmung mit dem großen griechischen Buchstaben Ω werden Ösen mit durchgehendem, ungeschnittenen Leiter im Fachjargon auch **Omegaösen** genannt, s. Bild L4.

Anschluss

Leiterösen sind unter dem Schraubenkopf oder unter der Mutter so anzuordnen, dass die (Rechts-)Drehrichtung der Schraube oder Mutter beim Festziehen mit der Biegerichtung der Öse übereinstimmt. Werden beim Anschluss von Leiterösen Scheiben verwendet, ggf. in Verbindung mit einem Federring, so muss der äußere Scheibendurchmesser größer sein als der mittlere Durchmesser der Leiteröse, s. Bild L5.

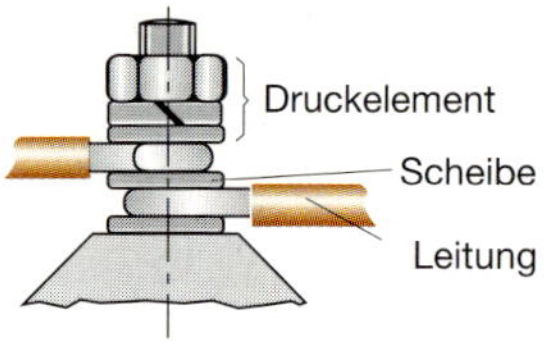

Bild L5: Bolzenklemme für den Anschluss von zwei Leitern mit Öse

Tafel L2: Bolzenklemmenanschlüsse

Bolzengewinde	Leiternennquerschnitt mm² min.	Leiternennquerschnitt mm² max.
M 3	0,35	2,5
M 3,5	0,5	4
M 4	0,5	6
M 5	0,5	10
M 6	0,5	16
M 8	1,5	16
M 10	2,5	25
M 12	4	25
M 16	6	25
M 20	10	25

Richtwerte für den kleinsten und größten Leiternennquerschnitt bei Schrauben mit Bolzengewinde M 3 bis M 20 enthält die Tafel L2.

Leiterösen aus einem eindrähtigen (massiven) Leiter sollen nach ihrer Herstellung wegen der starken Leiterdeformierung möglichst nicht wieder geöffnet und das kreisförmig gebogene Leiterende nicht wieder gerade gerichtet werden (Leiterentfestigung, Bruchgefahr).

Leiterplatte

Kupferkaschierte Isolierplatte (Trägermaterial) mit ein- oder mehrlagig aufgebrachten (herausgeätzten) sehr dünnen Leiterbahnen von 35...70 μm Dicke, die untereinander und mit den benötigten elektronischen Bauelementen fest auf dem Trägermaterial verbunden sind (gedruckte Schaltung). Dabei kann das ein- oder beidseitig kupferkaschierte Trägermaterial aus Hartpapier oder Epoxidharz mit Glasfaserverstärkung auch flexibel sein, das sich biegen und u. U. sogar aufrollen lässt. Die Dicke des Bauteilträgers beträgt nur wenige mm.

Leiterplatten – auch „Printplatten" oder „Platinen" (griech., franz. dünne Montageplatte) genannt – werden schon seit langem durch Computer entworfen und mit speziellen Verfahren in großer Stückzahl hergestellt.

Leiterplatten bestehen oft aus mehreren Leiterschichten. Damit lassen sich viele Leiterbahnen und Bauelemente auf engstem Raum unterbringen. Entsprechend hoch ist die Dichte der durchkontaktierten, gelöteten Leiterverbindungen. Eine Analyse der Leiterbahnen ist mit herkömmlichen Mitteln praktisch nicht mehr möglich.

Anforderungen an bestückte Leiterplatten (engl. *loaded printed wire boards*) enthalten die Normenreihe DIN EN 60 664 (VDE 0110) und DIN EN 61086 (VDE 0361).

Leiterseil

Nicht isolierter, seilförmiger Leiter (engl. *stranded conductor*), vorzugsweise zur Verwendung im Freileitungsbau und in Freiluftschaltanlagen.

Tafel L3: Zulässige Dauerstrombelastbarkeit von nicht isolierten Leiterseilen [1]

Nennquerschnitt mm²	Leiterwerkstoff Cu	Al	Aldrey	Al/St
	Dauerstrombelastbarkeit A			
10	90			
16	125	110	105	
16/2,5				105
25	160	145	135	
25/4				140
35	200	180	170	
35/6				170
50	250	225	210	
50/8				210
70	310	270	255	
70/12				290
95	380	340	320	
95/15				350
120	440	390	365	
120/20				410
125/30				425
150	510	455	425	
150/25				470
170/40				520
185	585	520	490	
185/30				535
210/35				590
210/50				610
230/30				630
240	700	625	585	
240/40				645
265/35				680
300	800	710	670	

Allgemeines

Freileitungsseile und Seilüberspannungen in Freiluftschaltanlagen (➔Beseilung) bestehen i. Allg. aus Kupfer, Aluminium, Aldrey (AlMgSi) oder aus der Werkstoffkombination Aluminium/Stahl (Seilschnitt s. Bild L6). Seilaufbau, -durchmesser, -gewicht, Zusatzlast durch Eis, zulässige Höchstzugspannung, ohmscher Widerstand und andere mechanische sowie elektrische Kenngrößen sind für die genannten Leiterwerkstoffe in den Normenreihen DIN 48201, DIN 48204 und DIN VDE 0210 festgelegt.

Strombelastbarkeit

Richtwerte für die zulässige Dauerstrombelastbarkeit von nicht isolierten (blanken) Leiterseilen enthält Tafel L3. Die Werte gelten für eine

- Seilanordnung im Freien bei Sonnenschein und mäßig bewegter Luft (Windgeschwindigkeit 0,6 m/s),
- mittlere ➔Umgebungstemperatur von 35 °C und eine
- Seilendtemperatur von 70 °C (Cu) bzw. 80 °C (Al, Aldrey, Al/St).

Bei Seilanordnungen in ruhender Luft sind die Strombelastbarkeitswerte nach Tafel L3 im Mittel um etwa 30 % zu reduzieren [1].

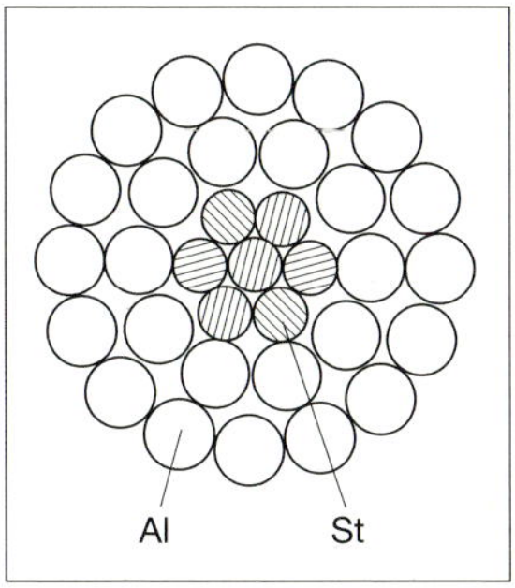

Bild L6: Schnitt durch ein Aluminium-Stahl-Seil

Literatur

[1] *Knies, W.; Schierack, K.:* Elektrische Anlagentechnik. 3. Auflage. München: Carl Hanser Verlag, 2000.

Leiterwerkstoff

Werkstoff eines elektrischen Leiters.

Allgemeines

Für elektrische Gebäudeinstallationen wird als Leiterwerkstoff für Kabel und Leitungen praktisch nur Kupfer verwendet. Erst bei größeren Leiternennquerschnitten etwa ab

25 mm^2 kommt für Energieverteilungskabel und →Stromschienen auch **Aluminium** in Betracht. Dieser silberweiß glänzende Werkstoff hat eine Dichte von 2,7 g/cm^3 und damit nur etwa 1/3 der Dichte von Kupfer (8,9 g/cm^3). Kupfer und Aluminium dienen in Kombination mit Stahl außerdem zur Herstellung von →Verbundleitern, z. B. Staku-Seilen (Stahldraht mit Kupferauflage) für Fahrleitungen oder Stahl~Aluminium-Seilen für →Freileitungen.

Kupferleiter

Kupfer wird als Leiterwerkstoff insbesondere aus folgenden Gründen gegenüber Aluminium bevorzugt:

- Kupfer hat eine vergleichsweise hohe elektrische Leitfähigkeit, noch besser sogar als Gold. Der spezifische elektrische Widerstand beträgt bei Elektrolytkupfer (E-Cu) und einer →Temperatur von 20 °C: $\rho_{Cu} = 0{,}0175\ \Omega \cdot mm^2/m$, bei Elektrolytaluminium (E-Al) dagegen $\rho_{Al} = 0{,}0278\ \Omega \cdot mm^2/m$. Somit hat Kupfer eine rund 1,5-fach höhere elektrische Leitfähigkeit $\chi = 1/\rho$ als Aluminium: $\chi_{Cu} = 57\ m/(\Omega \cdot mm^2)$, $\chi_{Al} = 36\ m/(\Omega \cdot mm^2)$.
- Kupfer ist ein hoch duktiler (verformbarer) Werkstoff. Im Gegensatz zu Aluminiumleitern können selbst eindrähtige (massive) Kupferleiter wiederholt hin- und herbewegt werden, ohne dass sich diese an der Biegestelle entfestigen (einschnüren) oder die Leiter dort gar brechen. Außerdem neigt Aluminium zum Langzeitfließen. Das heißt, dieser Werkstoff gibt im Gegensatz zu Kupfer bei starkem Druck mit der Zeit nach.
- Kupfer hat eine hohe Witterungsbeständigkeit sowie gute Schweiß- und Lötbarkeit. An der Luft überzieht es sich im Laufe der Zeit zwar mit einer dünnen, blaugrünen Haut von kohlesaurem Kupfer (Grünspan, Patina), welche jedoch die darunter liegende Leiteroberfläche nicht beschädigt, sondern diese eher sogar schützt. Blanke, hart gezogene Kupferdrähte sind deshalb z. B. auch für Freileitungen gut geeignet.
- Kupfer wird bei Berührung mit anderen Metallen durch elektrochemische →Korrosion nicht zerstört. Dagegen bilden Aluminiumleiter ein →galvanisches Element, wenn sie – vor allem unter dem Einfluss feuchter Luft – Leiter aus anderen (edleren) Werkstoffen direkt berühren.

leitfähiger Bereich mit begrenzter Bewegungsfreiheit

Bereich, dessen Begrenzung im Wesentlichen aus elektrisch leitfähigen Teilen, z. B. aus Metall, besteht, und dessen geringe Abmessungen zwangsläufig einen großflächigen Körperkontakt von Personen zu den leitfähigen Begrenzungen sowie eine eingeschränkte Möglichkeit der Unterbrechung dieses Kontakts zur Folge haben.
Leitfähige Bereiche mit begrenzter Bewegungsfreiheit – auch „begrenzte, leitfähige Bereiche“ oder „enge Räume“ genannt – bilden einen Unfallschwerpunkt, weil in diesen Räumen oder Bereichen, z. B. in Schaltzellen, Kesseln, Behältern, Tanks oder Rohren, extrem ungünstige Arbeitsbedingungen herrschen. Wegen der eingeschränkten Bewegungsfreiheit werden die Arbeiten oft in gebückter, hockender, kniender, liegender oder in einer anderen körperlichen Zwangshaltung durchgeführt. Meistens ist auch noch die Fluchtmöglichkeit erschwert.
Leitfähige Bereiche mit begrenzter Bewegungsfreiheit (engl. *conducting locations with restricted movement*) sind bei Verwendung handgeführter elektrischer Geräte, z. B. Handleuchten oder Bohrmaschinen, Orte mit erhöhter elektrischer Gefährdung. Deshalb gelten hierfür strenge Sicherheitsanforderungen, insbesondere hinsichtlich der Schutzmaßnahmen gegen →elektrischen Schlag. Die Anforderungen sind in

DIN VDE 0100-706 [1] sowie in den berufsgenossenschaftlichen Informationen BGI 594 [2] und Regeln BGR 117 (Arbeiten in Behältern und engen Räumen) festgelegt.

Literatur

[1] DIN VDE 0100-706:1992-06 Errichten von Starkstromanlagen mit Nennspannungen bis 1000 V; Leitfähige Bereiche mit begrenzter Bewegungsfreiheit.

[2] BG-Informationen BGI 594 „Einsatz von elektrischen Betriebsmitteln bei erhöhter elektrischer Gefährdung“ vom August 1999. Bezugsquelle: Carl Heymanns Verlag KG, Luxemburger Straße 449, 50939 Köln.

Leitungsroller

Einrichtung, die eine an einer Rolle befestigte flexible Leitung mit Steckvorrichtungen enthält und so konstruiert ist, dass die Leitung auf die Rolle gewickelt werden kann [1][2].

Allgemeines

Leitungsroller (Kabelroller, engl. *cable reels*) sind in der Regel ortsveränderlich; sie können deshalb leicht von einer Stelle zu einer anderen bewegt werden. Es gibt aber auch ortsfeste Leitungsroller, die zur Montage auf einer fest stehenden Unterlage vorgesehen sind. Leitungsroller bilden eine untrennbare Einheit mit der flexiblen Leitung, dem an ihr angeschlossenen Stecker und den Steckdosen zur Versorgung weiterer steckbarer Einrichtungen, s. Bild L7.

Bild L7: Leitungsroller (Foto: Fa. Bipur)

Leitungsroller werden mitunter auch „Steckdosenboxen“ oder – obwohl eher unzutreffend – → „Kabeltrommeln“ genannt.

Ausführung

Leitungsroller haben eine drehbare Rolle, auf die die flexible Leistung, z. B. H07RN-F, gewickelt werden kann. Zum Schutz der Leitung darf der Außendurchmesser der Rolle das 8-fache des Leitungsdurchmessers – bei flachen Leitungen das 10-fache des äquivalenten Durchmessers – nicht unterschreiten.

Leitungsroller können je nach Art des Aufrollens der flexiblen Anschlussleitung hand- oder federbetätigt oder motorgetrieben sein. Die Leitungslänge darf 40 m bei einem Leiternennquerschnitt von 1 mm², 60 m bei 1,5 mm² und 100 m bei höherem Querschnitt nicht überschreiten. Die frühere Festlegung, wonach die Leitungslänge 25 m bei 1 mm², 50 m bei 1,5 mm² und 60 m bei 2,5 mm² Leiternennquerschnitt nicht überschreiten durfte, wurde aufgehoben.

Leitungsroller sind neben der Betriebs-Bemessungsspannung und weiteren Bemessungsgrößen auch mit der Höchstlast gekennzeichnet, die bei vollständig aufgerollter sowie bei vollständig abgewickelter Leitung angeschlossen werden darf, z. B. max. 1000 W, max. 3500 W.

Außerdem haben Leitungsroller i. Allg. einen eingebauten Sicherheits-Thermoschalter zum Schutz gegen zu hohe Erwärmung (Überlastungsschutz).

Der Berührungs- und Wasserschutz von Leitungsrollern ist mit Rücksicht auf deren oft rauen Betrieb und Verwendung im Freien vergleichsweise hoch. Er beträgt bei spritzwassergeschützten Leitungsrollern mindestens IP24D bzw. IP44.

Literatur

[1] DIN EN 61242 (VDE 0620-300): 2004-12 Elektrisches Installationsmaterial; Leitungsroller für den Hausgebrauch und ähnliche Zwecke.

[2] DIN EN 61316 (VDE 0623-100): 2000-09 Leitungsroller für industrielle Anwendungen.

Leitungsschutzschalter

Mechanisches →Schaltgerät, ein- oder mehrpolig, mit Überstromgliedern und →Freiauslösung. Es ist dazu bestimmt,

- einen Stromkreis durch Handbetätigung (Knebel, Druckknopf) mit dem Netz zu verbinden oder von diesem zu trennen und
- einen Stromkreis zum Schutz der Leitungen, Kabel und Geräte selbsttätig vom Netz zu trennen, wenn der Strom, z. B. bei Überlastung des Stromkreises, einen vorbestimmten Wert überschreitet.

Allgemeines

Leitungsschutzschalter (LS-Schalter, engl. *circuit-breakers*), umgangssprachlich „Sicherungsautomaten" genannt, haben einen hohen Bekanntheitsgrad, auch unter elektrotechnischen Laien. Die vergleichsweise kleinen LS-Schalter sind wegen ihrer einfachen Handhabung, hohen Sicherheit und →Zuverlässigkeit sowie der dauernd währenden Betriebsbereitschaft als „Dauersicherung" hoch geschätzt und deshalb nach DIN 18015-1 [1] für neu zu errichtende Beleuchtungs- und Steckdosenstromkreise in Wohn-, Büro- und ähnlichen Bauten nachdrücklich empfohlen. In medizinischen Bereichen der Gruppe 2 sind für Endstromkreise ebenfalls Leitungsschutzschalter vorzusehen. [2]

Leitungsschutzschalter haben im Gegensatz zu →Sicherungen keinen →Schmelzleiter und können deshalb auch nicht (verbotenerweise) „geflickt" werden. Schmelzsicherungen sind nur für das einmalige Ausschalten bestimmt und bedürfen somit der ständigen Bevorratung in den benötigten Bemessungsstromstärken und Ausführungsformen, z. B. D- oder D0-Sicherungseinsätze. Das ist nachteilig.

Ausführung

Den ersten einschraubbaren Sicherungsautomaten mit Edisongewinde E 27 entwickelte und baute der deutsche Ingenieur *Hugo Stotz* (1869-1935). Dieser Schutzschalter vereinte erstmalig die beiden Überstrom-Auslösesysteme, das

- strom-zeit-abhängig verzögerte thermische Auslösesystem für den Überlastschutz und das

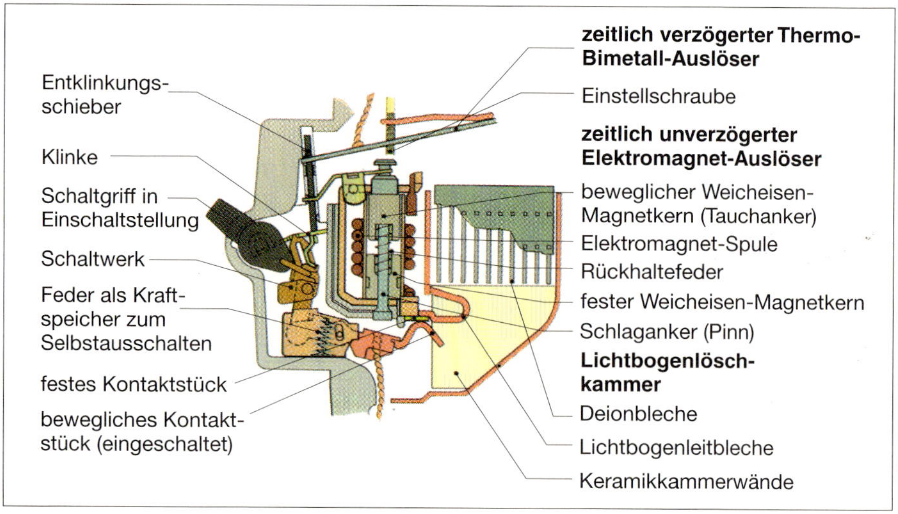

Bild L8: Leitungsschutzschalter (Prinzipdarstellung, Ausschnitt)

- unverzögerte, nur stromabhängige elektromagnetische Auslösesystem für den Kurzschlussschutz,

in einem einzigen Gerät. Außerdem hatten die „Stöpselautomaten“ oder „Stotz-Automaten“, wie man die LS-Schalter damals gewöhnlich nannte, bereits eine →Freiauslösung.

Stotz-Automaten wurden erstmalig auf der Leipziger Frühjahrsmesse im Jahre 1925 weltweit zum Kauf angeboten.

Die wichtigsten Funktionselemente der gegenwärtig verwendeten Sicherungsautomaten mit →Schlaganker sind im Bild L8 dargestellt. Die Lichtbogenlöschkammer (Deionkammer), in die der Schaltlichtbogen durch thermischen Auftrieb, eigenmagnetische Kräfte oder ein Blasmagnetfeld hineingetrieben, darin mit Hilfe der Deionbleche in mehrere Teillichtbögen aufgeteilt (in die Länge gezogen) und schließlich gelöscht wird, wurde mit Bezug auf den windungsförmigen Verlauf des Mäanders (Fluss in Kleinasien) früher auch "Mäanderkammer" genannt.

Leitungsschutzschalter sind nach DIN EN 60898 (VDE 0641 [3] [4] genormt. Sie werden hergestellt als

- **Einbauautomat** für Tragschienenmontage (Hutprofilschiene), vorzugsweise in Schmalbauweise (Schmal- oder Flachautomat) mit der international festgelegten Einbaubreite von 17,5 mm je Pol (Europa-Modul), Beispiel s. Bild L9,
- **Schraubautomat** für den Einsatz in Verteilern und Kästen mit Sicherungssockeln E 27, Beispiel s. Bild L10,
- **Steckautomat** mit NH-Steckadapter und NH-Grifflasche zum Aufstecken des Automaten auf NH-Sicherungsunterteile Größe 00, vorzugsweise verwendet als →selektiver Haupt-Leitungsschutzschalter (Haupt-Sicherungsautomat), Beispiel s. Bild L11. Die Bemessungsströme von LS-Schaltern betragen 0,3...125 A.

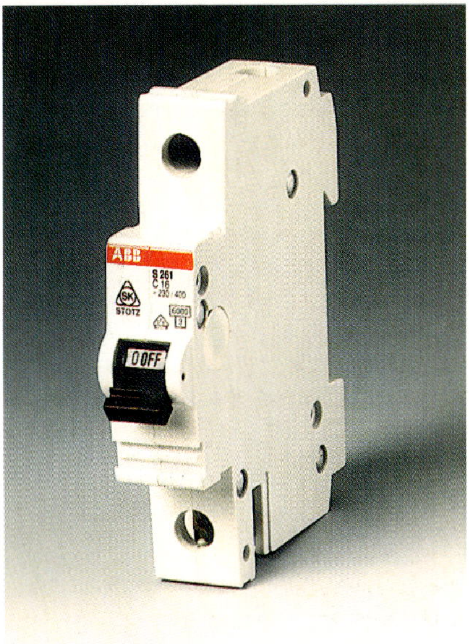

Bild L9: Leitungsschutzschalter, 1-polig, für Tragschienenmontage (Einbauautomat)

Bild L10: Leitungsschutzschalter zum Einschrauben in Sicherungssockel E 27 (Schraubautomat)

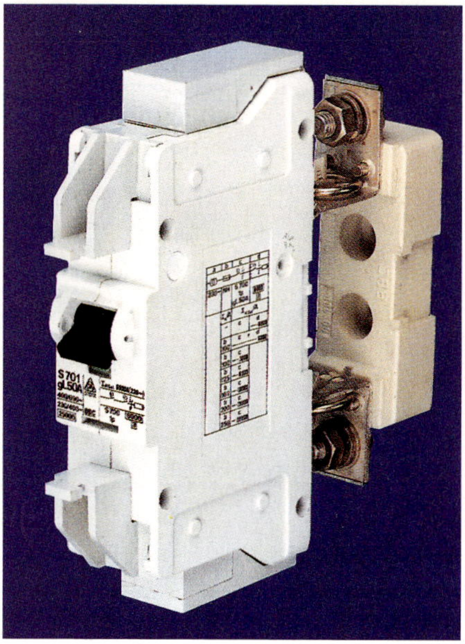

Bild L11: Selektiver Haupt-Leitungsschutzschalter (SH-Schalter) mit NH-Steckadapter und NH-Grifflasche zum Aufstecken des Schalters auf ein NH-Sicherungsunterteil Größe 00 (Steckautomat)
(Fotos: ABB STOTZ-KONTAKT, Heidelberg)

Literatur

[1] DIN 18015-2002-09 Elektrische Anlagen in Wohngebäuden; Planungsgrundlagen.

[2] DIN VDE 0100-710:2002-11 Errichten von Niederspannungsanlagen; Anforderungen für Betriebsstätten, Räume und Anlagen besonderer Art; Medizinisch genutzte Bereiche.

[3] DIN EN 60898-1 (VDE 0641-11):2005-04 Leitungsschutzschalter für Hausinstallationen und ähnliche Zwecke; Leitungsschutzschalter für Wechselstrom (AC)

[4] DIN EN 60898-2 (VDE 0641-12):2002-07 Leitungsschutzschalter für Hausinstallationen und ähnliche Zwecke; Leitungsschutzschalter für Wechsel- und Gleichstrom (AC und DC).

Leitungstrosse

Flexible Starkstromleitung für sehr hohe mechanische Beanspruchungen zur Energieversorgung ortsveränderlicher elektrischer Verbrauchsmittel mit Nennspannungen bis 30 kV.

Leitungstrossen (engl. *trailing cables*) nach DIN VDE 0250-813 sind mechanisch außerordentlich robust, wärme- und ölbeständig sowie flammwidrig. Mäntel und Isolierhüllen bestehen aus Gummi (Elast). Die Leitungstrosse NMTwöu hat e i n e n Gummimantel, die Leitungstrosse NMSwöu dagegen zwei Gummimäntel. Diese Leitungen dürfen nicht in Erde verlegt werden. Zeitlich begrenzte, stellenweise Abdeckungen der Leitungen mit steinfreiem Erdreich oder Sand, z. B. auf Baustellen, gelten nicht als Erdverlegung.

Leitungstrossen mit einem oder mehreren feindrähtigen Leitern werden vorzugsweise für den Auf- und Abtrommelbetrieb von Fördereinrichtungen, z. B. im Bergbau unter Tage, im Tagebau, auf Baustellen und in der Industrie, verwendet.

Leuchte

Elektrisches Gerät zum Verteilen, Filtern oder Umformen des Lichts von →Lampen einschließlich der zum Betrieb der Lampen notwendigen Bauteile, z. B. Fassungen, Leuchtenleitungen und -klemmen.

Einteilung

Elektrische Leuchten (engl. *luminaires*) werden nach ihrem Verwendungszweck wie folgt eingeteilt, s. Bild L12:

- **Leuchten für Beleuchtungszwecke**
  Diese Innen- und Außenleuchten dienen der Aufhellung der Umgebung, z. B. von Räumen, Plätzen, Straßen oder Bauwerken. Dabei wirkt das Licht mittelbar auf das Auge.

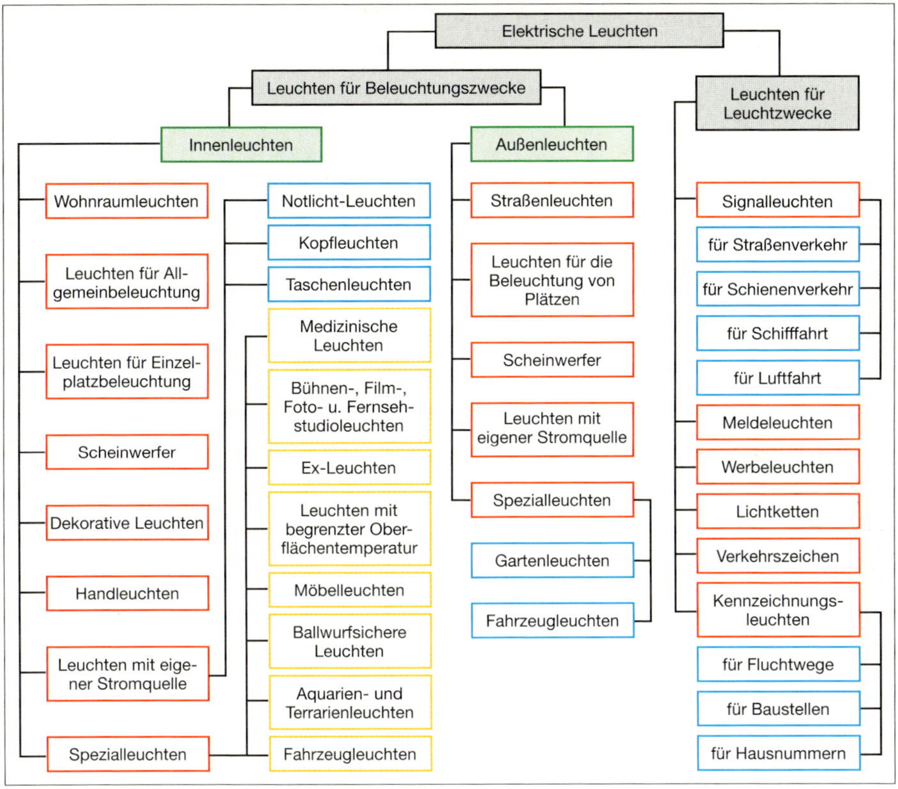

Bild L12: Einteilung von Leuchten nach dem Verwendungszweck (Auswahl)

- **Leuchten für Leuchtzwecke**
  Bei diesen Leuchten, z. B. Lichtketten[1)], Werbe-, Signal- oder Meldeleuchten, wirkt das Licht unmittelbar auf das Auge.

Nach Art der räumlichen Lichtstromverteilung unterscheidet man:

- **Direktleuchten,** deren Lichtstrom vorzugsweise in den unteren Halbraum austritt, z. B. Tischleuchten, und
- **Indirektleuchten,** deren Lichtstrom hauptsächlich in den oberen Halbraum austritt, z. B. Fluter. Indirektleuchten verursachen praktisch keine Blendung.

Ortsfeste und ortsveränderliche Leuchten mit einer ausgeprägten Richtcharakteristik des Lichtstroms werden **Scheinwerfer** (engl. *floodlights*) genannt [1]. Bei diesen Leuchten, z. B. für Baustellen, Sportstätten und Kraftfahrzeuge (Haupt-, Nebel-, Such- und Rückfahrscheinwerfer), wird der Lichtstrom zur Erzielung hoher Lichtstärken durch Spiegel (Reflektoren) oder Linsen in einem engen Raumwinkel gebündelt (Flutlicht-Scheinwerfer).

1) **Lichtketten** bestehen aus mehreren, an einer beweglichen Leitung, z. B. einer Illuminations-Flachleitung, aufgereihten Fassungen mit Lampen. Die Fassungen können in Reihe oder parallel geschaltet sein.

Errichtung

Leuchten sind gemeinsam mit den Lampen (Lichtquellen) wesentlicher Bestandteil einer Beleuchtungsanlage. Ihre Auswahl und Errichtung haben nach DIN VDE 0100-559, der Normenreihe DIN EN 60598-1 (VDE 0711-1) und den Richtlinien zur Schadensverhütung VdS 2005 zu erfolgen. Dabei ist zu berücksichtigen, dass

- Personen und Nutztiere gegen elektrischen Schlag geschützt sind,
- Sachen durch zu hohe Temperaturen nicht beschädigt werden und
- keine unzulässigen elektromagnetischen Störungen auftreten.

Zum Schutz gegen elektrischen Schlag sind bestimmte Leuchten in Schutzklasse II (schutzisoliert) auszuführen, z. B. Handleuchten, oder mit Kleinspannung SELV (Schutzklasse III) zu betreiben, z. B. tragbare Leuchten in engen Räumen, Backofen- und Hohlraumleuchten. Stromkreise für Vorführstände von Leuchten in Verkaufsräumen sind bei Spannungen > AC 50 V (Spannungsbereich II) an Fehlerstrom-Schutzeinrichtungen (RCDs), $I_{\Delta N} \leq 30$ mA, anzuschließen. Bei Unterputzinstallation müssen Zuleitungen für Wandleuchten in Wanddosen enden.

Für die Auswahl von Leuchten hinsichtlich ihrer **thermischen Wirkung** auf die Umgebung sind hauptsächlich folgende Anforderungen zu berücksichtigen:

- zulässige Gebrauchslage, s. Tafel L4,
- Brandverhalten des Baustoffs der Montage- und thermisch beeinflussten (bestrahlten) Flächen,
- Mindestabstand zu angestrahlten Oberflächen mit brennbaren Baustoffen.

Hängeleuchten haben Einrichtungen, z. B. (Pendel-)Rohre, Ketten oder Seile, zum Befestigen an Decken, Seilüberspannungen u. dgl. Die deckenseitige Befestigung von Hängeleuchten in Wohnungen erfolgt meist mittels einer Öse, die in einen Deckenhaken eingehängt wird. Deckenhaken müssen die

Tafel L4: Montageanweisung für Leuchten (Auswahl)

Symbol	Bedeutung
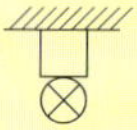	Montage an der Decke
a) 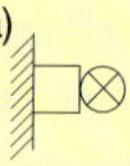 b) 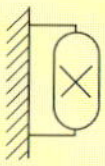	Montage an der Wand a) waagerecht b) senkrecht
a) 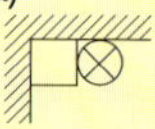 b) 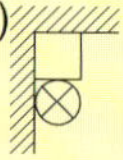	Montage in einer Ecke a) Lampe seitlich b) Lampe unten
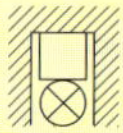	Montage im U-Profil
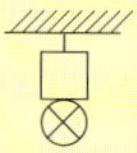	Montage am Pendel
Bei unzulässiger Montage sind die Symbole durchgekreuzt. Beispielsweise bedeutet das Symbol:  Wandmontage unzulässig.	

5-fache Masse der daran aufzuhängenden Leuchte, mindestens jedoch 10 kg, ohne Formänderung tragen können.

Literatur

[1] DIN EN 60598-2-5 (VDE 0711-2–5):1998-11 Leuchten; Besondere Anforderungen; Scheinwerfer.

Leuchtenklemme

→Buchsenklemme, ein- oder mehrpolig, zum Anschluss von Decken- oder Wandleuchten an die ortsfeste Installationsanlage. Zu diesem Zweck wird der Leiter in ein Durchgangsloch des Klemmstücks eingeführt und darin direkt oder indirekt mittels einer Druckplatte durch die Schrauben geklemmt. Leuchtklemmen sind auch mit Steckklemmanschluss auf dem Markt, s. Bild L13.

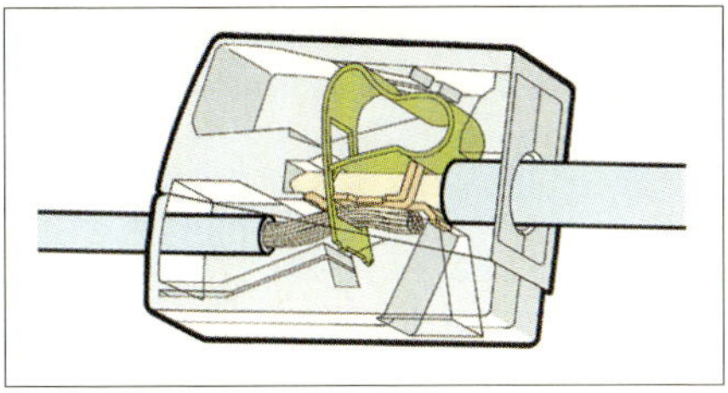

Bild L13: Einpolige Leuchtenklemme mit Steckklemmanschluss

Landläufig werden Leuchten (Kronleuchter) auch Lüster und Leuchtenklemmen nach den Normen der Reihen DIN EN 60998 (VDE 0613) sowie DIN EN 60999 (VDE 0609) deshalb oft **Lüsterklemmen** genannt.

Leuchtenwirkungsgrad

Quotient aus dem von einer →Leuchte abgegebenen und dem von der in ihr befindlichen →Lampe erzeugten Lichtstrom. Formelzeichen: η_L.(griech. *Eta*).
Bei Umformung des Lichts durch die Leuchte entstehen naturgemäß Verluste, sodass eine Leuchte – insbesondere bei starker Verschmutzung – immer weniger Lichtstrom abgibt, als die Lampe in ihr erzeugt.

Leuchtröhre

Rohrförmige →Entladungslampe zur Ausstrahlung von Licht. Das Licht wird durch elektrischen Strom erzeugt, der in dem Rohr durch Gas oder Dampf fließt.

Zweck, Ausführung

Leuchtröhren (engl. *tubular discharge lamps*) nach DIN VDE 0713-5 sind stabförmige Entladungslampen, die aus industriell hergestellten Halbfertigteilen in Betrieben des Elektrohandwerks zu Buchstaben, Zahlen, Symbolen oder Figuren in nahezu beliebiger Form gebogen werden. Diese Lampen benötigen keine Elektrodenheizung; die Elektroden geben Elektronen durch Feldemission[1] ab. Kaltstart-Entladungslampen gestatten den flackerfreien Sofortbetrieb.
Leuchtröhren erzeugen je nach Leuchtstoff und Glasrohrfarbe weißes oder farbiges Licht. Die lichtdurchlässigen Röhren können mit dem Edelgas Neon (Rotentladung) oder mit einer Mischung aus Neon und Argon unter Hinzugabe von Quecksilber (Blauentladung) gefüllt sein.
Leuchtröhren werden mit und ohne Leuchtstoffbeschichtung angeboten. Die Beschichtung soll die unsichtbare UV-Strahlung in sichtbare Strahlung umwandeln. Durch Einfärbung der Leuchtröhren oder deren innenseitige Beschichtung mit fluoreszierenden Materialien kann – wie bei →Leuchtstofflampen – die optische Wirkung der jeweils erzeugten Lichtfarbe unterstützt oder verändert werden. Beispielsweise enthält Licht bei blauer Entladung eine grünliche Färbung, wenn das Glasrohr gelb gefärbt ist.
Das Licht von Leuchtröhren wird hauptsächlich für Repräsentations-, Dekorations- und Werbezwecke (Lichtwerbung) sowie für Effektbeleuchtung, z. B. in Diskotheken, und eher weniger zum Zweck der Innen- oder Außenbeleuchtung genutzt. Durch entsprechende Schaltfolgen der verschiedenen Leuchtröhrenstromkreise kann der Eindruck einer Bewegung oder anderer Trickeffekte entstehen.

Stromversorgung

Leuchtröhren (Neonröhren) benötigen eine Spannung von 0,8...1 kV pro m Rohrlänge. Sie werden in der Regel an einen **Streufeldtransformator** (Neontransformator) nach DIN EN 61050 (VDE 0713-6) mit einer Nenn-Leerlaufspannung ≤ 5 kV gegen Erde (max. 10 kV zwischen den Hochspannungsklem-

[1] **Feldemission** bezeichnet den Austritt von Elektronen aus der kalten Oberfläche eines Festkörpers unter der Einwirkung eines elektrischen Feldes.

men) ohne besondere Zündeinrichtungen oder an ein kompaktes Konstantstromgerät (Wechselrichter, Umrichter) nach DIN EN 61347-2-10 (VDE 0712-40) angeschlossen. **Konstantstromgeräte** liefern einen konstanten Lampen-Brennstrom bei einer hochfrequenten Ausgangs-Hochspannung von etwa 20 kHz, und zwar innerhalb bestimmter Grenzen unabhängig von der Länge der angeschlossenen Leitungssysteme. Streufeldtransformatoren haben eine große Ausgangsimpedanz und wirken dadurch Strom begrenzend für die angeschlossenen Leuchtröhren. Charakteristisch für diese Transformatoren ist das „weiche Verhalten" der Klemmenspannung bei Belastung. Mit Hilfe der hohen Leerlaufspannung werden die angeschlossenen Leuchtröhren sofort nach dem Einschalten ohne Vorheizen ihrer Elektroden gezündet (Kaltstart). Infolge des Laststroms nach dem Zünden sinkt die Klemmenspannung auf 70...40 % der Nenn-Leerlaufspannung. Die Klemmenspannung ist umso kleiner, je größer der Laststrom (Lampen-Brennstrom) wird. Ursache für das starke Absinken der Spannung ist ein Luftspalt im Eisen des Transformatorkerns, über den sich ein Teil des magnetischen (Streu-)Flusses schließt.

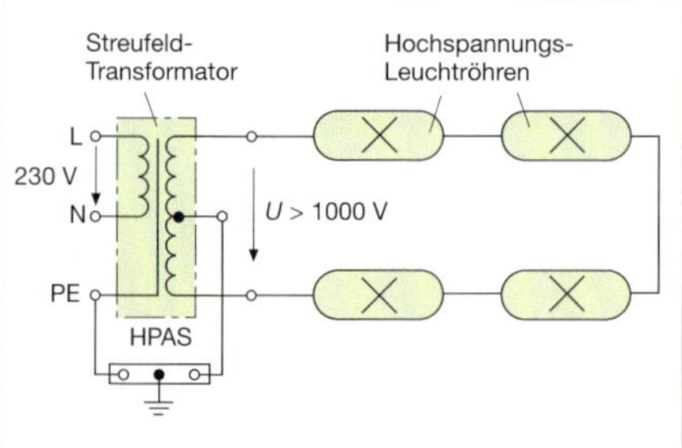

Bild L14: Leuchtröhrenanlage mit Streufeldtransformator (Prinzipschaltbild)

Streufeldtransformatoren mit einer Nenn-Leerlaufspannung über 3,75 kV müssen hochspannungsseitig eine geerdete Mittelanzapfung haben, s. Bild L14. Diese Erdung erfolgt über die Hauptpotentialausgleichsschiene (HPAS) und verhindert, dass die Spannung gegen Erde auf der Sekundärseite 3,75 kV überschreitet.

Elektronische Vorschaltgeräte (Konstantstrom-Wechselrichter oder -Umrichter) haben bei gleicher Leistung ein viel geringeres Gewicht als Streufeldtransformatoren; sie brauchen außerdem nicht kompensiert zu werden. Für kleine Leuchtröhrenanlagen und ortsveränderliche Leuchtröhrengeräte werden auch Konstantstromgeräte mit einer Nenn-Ausgangsleerlaufspannung <1000 V angeboten.

Errichtung

Leuchtröhren werden mittels einadriger Leuchtröhrenleitungen (Hochspannungsleitungen) nach DIN EN 50 143 (VDE 0283-2) in Reihe geschaltet (Beispiel s. Bild L14) und auf hochwertige Werbe- und Hinweistafeln (Leuchtschrift, Firmenlogos usw.) oder unter Verwendung von Leuchtröhrenhaltern auf besondere Hohlkörper (Reliefkörper) montiert. Dadurch wird zugleich die optische Wirkung (vor allem bei Tage) erheblich verbessert. Eine Parallelschaltung von Leuchtröhren ist nicht möglich.

Hochspannungsleitungen müssen so kurz wie möglich und gegen mechanische Beschädigung geschützt verlegt sein. Sie dürfen außerdem nicht zur Aufhängung oder Befestigung von Leuchtröhren verwendet werden. Bei Leuchtröhrenleitungen mit metallener Abschirmung beträgt der (innere) Biegeradius mindestens das 8-fache des Leitungsdurchmessers.

Für die Errichtung von Leuchtröhrenanlagen (engl. *luminous-discharge-tube installations*) gelten wichtige Sicherheitsbestimmungen [1]. Zum Schutz bei indirektem Berühren muss u. a. ein →Potentialausgleich durchgeführt werden. Alle metallenen Teile sind untereinander, mit dem Schutzleiter (PE) des speisenden Niederspannungsnetzes und der Erde zu verbinden.

Schutzkästen bzw. -schränke der Streufeldtransformatoren und alle anderen Zugangsstellen zu Leuchtröhrengeräten oder -anlagen müssen durch Warnschilder „Hochspannung – Lebensgefahr" gekennzeichnet sein. Außerdem sind Schutzeinrichtungen nach E DIN EN 50 107-2 (VDE 0128-2) vorzusehen, die die Stromversorgung bei einem →Erdschluss im Ausgangs-Hochspannungsstromkreis oder bei einer Unterbrechung des Leuchtröhrenstromkreises (Leerlauf) augenblicklich abschalten. Bei Erdschluss wird eine Abschaltzeit von ≤ 0,2 s und bei einer Unterbrechung des Röhrenkreises von ≤ 1 s empfohlen. Die auf der Primärseite eines Transformators, Wechsel- oder Umrichters evtl. vorhandene Fehlerstrom-Schutzeinrichtung (RCD) bietet in diesem Fall – selbst bei einem sehr kleinen Bemessungsdifferenzstrom von $I_{\Delta N}$ ≤ 30 mA – keinen Schutz bei Erdschluss auf der Sekundärseite, d. h. im Hochspannungsstromkreis.

Die einwandfreie Funktion der Erdschluss- und Leerlauf-Schutzeinrichtungen ist vor der erstmaligen Inbetriebnahme der Leuchtröhrenanlage und später im Rahmen der turnusmäßigen Inspektion durch Prüfung nachzuweisen.

Literatur

[1] DIN EN 50107 (VDE 0128-1): 2003-06 Leuchtröhrengeräte und Leuchtröhrenanlagen mit einer Leerlaufspannung über 1 kV, aber nicht über 10 kV.

Leuchtstofflampe

→Entladungslampe, bestehend aus einem zylinderförmigen geraden oder auch kreis- bzw. U-förmig gebogenen Glasrohr (Entladungsrohr), in dem die ultraviolette Strahlung von Quecksilberdampf durch Leuchtstoffe in Licht umgesetzt wird.

Ausführung

An beiden Enden einer Leuchtstofflampe (engl. *fluorescent lamp*) befinden sich jeweils mit einer besonderen Emitterpaste (meistens aus Erdalkalioxiden) beschichtete Wolframelektroden. Diese sind in das Glasrohr eingeschmolzen und vakuumdicht als Sockelstifte aus dem Rohr herausgeführt. Die Stifte dienen der mechanischen Halterung der Lampe in der Fassung und der elektrischen Kontaktierung.

Leuchtstofflampen – bei röhrenförmiger Ausführung auch Leuchtstoffröhren genannt – gehören zu den künstlichen Lichtquellen mit der höchsten Lichtausbeute. Sie haben außerdem eine Nutzlebensdauer von mindestens 10 000 h.

Der Durchmesser des Entladungsrohrs einer Leuchtstofflampe beträgt i. Allg. 26 mm, bei neuen Entwicklungen auch 16 mm und für spezielle Anwendungen mitunter nur 7 mm. Der auf der Innenseite des Glasrohrs aufgebrachte Leuchtstoff bestimmt wesentlich die Lichtausbeute und Lichtfarbe, z. B. Tageslichtweiß (tw), Neutralweiß (nw) oder Warmweiß (ww).

Der Lichtstrom von Leuchtstofflampen ist temperaturabhängig, insbesondere bei niedrigen Temperaturen. Sinkt die Umgebungstemperatur z. B. unter 10 °C, so beträgt der Lichtstrom einer herkömmlichen 58-W-Leuchtstofflampe, 26 mm ∅, weniger als 80 % des Nennwerts. Bei Temperaturen um den Gefrierpunkt erreicht der Lichtstrom dieser Leuchtstofflampen nur noch etwa die Hälfte des Nennwerts. Das Maximum des Lichtstroms liegt bei Leuchtstofflampen – je nach Lampentyp – i. Allg. zwischen 25 und 35 °C. Bei der Planung und Ausführung einer Beleuchtungsanlage mit Leuchtstofflampen ist folglich die während des Betriebs überwiegend auftretende Umgebungstemperatur zu berücksichtigen.

Vorschaltgerät

Leuchtstofflampen haben eine negative Strom-Spannungs-Kennlinie. Eine immer kleiner werdende Lampenspannung kann folglich einen immer größer werdenden

Strom treiben. Aus diesem Grund müssen Leuchtstofflampen wie alle Gasentladungslampen in Reihenschaltung mit einem Strom begrenzenden Vorschaltgerät (engl. *ballast*) nach den Normen der Reihe DIN VDE 0712 betrieben werden, das zugleich die Zündspannung erzeugt. Das Vorschaltgerät zur Begrenzung des Vorheiz- und Betriebsstroms ist stets im Außenleiter anzuordnen, s. Bild L15.

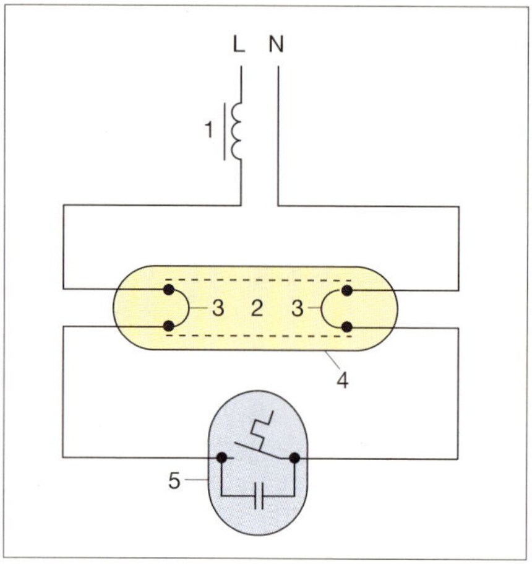

Bild L15: Grundschaltung einer Leuchtstofflampe
1 Vorschaltgerät; 2 Entladungsrohr;
3 Elektrode; 4 Leuchtstoff;
5 Starter mit Funkentstörkondensator

Beim Einsatz konventioneller **induktiver** Vorschaltgeräte (KVG) in Gestalt einer Kupfer-Eisen-Spule (Drossel) – auch bei den verbesserten Vorschaltgeräten (VVG) – wird die Lampe mit 50-Hz-Wechselstrom betrieben. Die induktiven Blindleistungsanteile sind in diesem Fall relativ hoch. Mit der Erhöhung der Frequenz auf 35...50 kHz steigt die Lichtausbeute der Leuchtstofflampe um etwa 10 %. Dieser Umstand und das Verlangen nach einem hohen Verschiebungsfaktor cos φ (Energieeinsparung!) führten Mitte der 1980er Jahre schließlich zur Herstellung **elektronischer** Vorschaltgeräte (EVG); hierbei ist der cos $\varphi = 1$. Diese Geräte vermeiden außerdem den stroboskopischen Effekt (störende Flimmererscheinungen sowie Bewegungstäuschungen) und bieten die Möglichkeit, den Lichtstrom bis auf wenige Prozent zu dimmen. Die meisten elektronischen Vorschaltgeräte gestatten darüber hinaus den Betrieb mit Gleichspannung. Damit können Leuchtstofflampen auch in batteriegespeisten Notstromanlagen verwendet werden.

Glimmstarter

Neben dem Vorschaltgerät benötigt jede Leuchtstofflampe grundsätzlich einen Glimmstarter (Glimm-Bimetallschalter mit Funkentstörkondensator), auch **Glimmzünder** genannt, s. Bild L15. Dieser befindet sich in einem Gehäuse mit Bajonettsockel und ist leicht auswechselbar. Die Fassung für den Starter (Starterfassung) wird häufig mit einer der Leuchtstofflampenfassungen zusammengebaut. Glimmstarter (engl. *glow starters*) nach den Normen der Reihe DIN VDE 0712 haben die Aufgabe, die Elektroden der Leuchtstofflampe in einen Stromkreis einzuschalten, diesen nach genügender Elektrodenerwärmung wieder aufzutrennen und dabei über das Vorschaltgerät (Drossel) einen Spannungsstoß zu erzeugen, der die Entladung der Leuchtstofflampe einleitet.

In der Glimmentladungsröhre des Starters befinden sich ein oder zwei Bimetallstreifen, die Elektroden einer →Glimmlampe. Wird der Netzschalter geschlossen, liegt die volle Versorgungsspannung z. B. von 230 V an den Bimetallkontakten an – es erfolgt eine Glimmentladung. Die Entladung setzt eine geringe Leistung um, die ausreicht, dass sich die Bimetalle erwärmen. Nach etwa 1 s schließen sich die Kontakte. Nun fließt der durch das Vorschaltgerät begrenzte Vorheizstrom. Er löst aus der Emitterpaste der beiden Wolframelektroden durch thermische Emission die für die Zündung der Gasentladungsstrecke erforderlichen freien Ladungsträger heraus. Mit der Zündung der

Gasentladung in der Leuchtstofflampe erlischt die Glimmentladung im Starter. Dadurch kühlen sich die Bimetalle ab. Der Bimetallschalter öffnet sich und leitet mit einem Spannungsstoß schließlich die Entladung der Leuchtstofflampe ein. Nach dem Zünden der Lampe liegt am Glimmstarter lediglich die niedrige Brennspannung der Lampe an, sodass die Glimmentladung im Starter nicht wieder einsetzt.
Bei Verwendung von Leuchtstofflampen mit konventionellen Vorschaltgeräten (Drosseln) werden in Räumen mit leicht entzündlichen Stoffen zwecks Verringerung der Brandgefahr Starter mit Abschalteinrichtung (Sicherheitsstarter) empfohlen.

Kompaktleuchtstofflampen

Unter den Leuchtstofflampen gibt es eine große Auswahl an kompakten Lampen mit einem durchgehenden, mehrfach gefalteten Entladungsrohr, einem Schraubsockel mit Gewinde E 14 oder E 27 und einem integrierten elektronischen Vorschaltgerät im Lampenfuß. Diese sog. Kompaktleuchtstofflampen mit glühlampenähnlicher Lichtfarbe werden zz. im Leistungsbereich von 3...55 W angeboten – auch für Gleichstrom. Sie ermöglichen den direkten Austausch (Ersatz) von Glühlampen. Das integrierte Vorschaltgerät sorgt für einen flackerfreien Lampenstart, flimmerfreien Betrieb und garantiert zudem eine hohe Schaltfestigkeit. Die Lebensdauer dieser Lampen ist bis zu 15-mal so hoch wie die von Glühlampen [1].
Bei annähernd gleichem Lichtstrom haben Kompaktleuchtstofflampen nur noch etwa 20 % des Anschlusswerts einer Glühlampe [2]. Sie werden deshalb zutreffend auch **Energiesparlampen** genannt. Typisch für Energiesparlampen ist die Rohrtechnik. Daneben gibt es aber auch Ausführungen in klassischem Glühlampen-Design. Ein opalisierter Hüllkolben in Kugel-, Birnen- oder Kerzenform verbreitet besonders angenehmes weiches Licht.

Blindleistungskompensation

Entladungslampen mit konventionellen (induktiven) Vorschaltgeräten (KVG) verursachen Blindströme und erhöhen somit die Verlustleistung (Kosten) im gesamten Versorgungssystem. Betreiber von Beleuchtungsanlagen und die Verteilungsnetzbetreiber (VNB) sind folglich an einer Begrenzung der Blindleistung sehr interessiert. Deshalb dürfen nach den TAB 2000 [3] Entladungslampen, z. B. Leuchtstofflampen, je Kundenanlage nur bis zu einer Gesamtleistung von 250 W je Außenleiter unkompensiert angeschlossen werden.
Bei größeren Lampenleistungen muss die Blindleistung kompensiert werden und zwar so, dass der Verschiebungsfaktor $\cos\varphi$ zwischen 0,9 kapazitiv und 0,8 induktiv liegt. Dabei ist bis zu einer Leistungsgrenze der Beleuchtungsanlage von 5 kVA die Art der Kompensation freigestellt. Neben der Reihenkompensation ist somit grundsätzlich auch die Parallelkompensation zulässig. Bei höheren Leistungen sind zur Sicherung des einwandfreien (störungsfreien) Betriebs von Tonfrequenz-Rundsteueranlagen (TRA) in öffentlichen Energieversorgungsnetzen bestimmte Kompensationseinrichtungen, Lampenschaltungen, z. B. die Duo-Schaltung, und/oder elektronische Vorschaltgeräte in den TAB 2000 Abschnitt 10.2.1 vorgeschrieben.

Literatur

[1] Energiesparlampen mit „Spezialauftrag". de (2002)8, S. 36 u. 37.
[2] *Lindemuth, F.:* Beleuchtungstechnik für den Praktiker. de 75 (2000)7, S. 33-38.
[3] Technische Anschlussbedingungen für den Anschluss an das Niederspannungsnetz. Ausgabe 2000 (TAB 2000). Herausgeber: Verband der Elektrizitätswirtschaft (VDEW) e.V., Frankfurt/M.

Lichtbogenschweißen

Stoffschlüssiges Verbinden oder Auftragen metallischer Werkstoffe vermittels eines elektrischen Lichtbogens (Elektroschweißen).

Allgemeines

Die zum Lichtbogenschweißen (engl. *arc welding*) benötigten Schweißstromquellen (Schweißtransformator, -umformer, -gleichrichter oder -generator) müssen den Sicherheitsanforderungen nach DIN EN 60974-1 [1] entsprechen. Für das Errichten und Betreiben von Lichtbogenschweißeinrichtungen gelten die Bestimmungen DIN VDE 0544-100 und -101 in Verbindung mit der Unfallverhütungsvorschrift (UVV) „Schweißen, Schneiden und verwandte Verfahren".

Besondere Gefährdung

Beim Lichtbogenschweißen bestehen für den Schweißer, den Schweißhelfer und für alle in der Nähe befindlichen Personen Gefährdungen durch

- Augenverblitzung, Ultraviolett- sowie Infrarotstrahlung des Lichtbogens (Augenstar, Erblindung),
- Schweißspritzer und durch
- Einatmen von Schweißrauch.

Deshalb sind die geforderten Lüftungsmaßnahmen durchzuführen und die in der UVV festgelegten persönlichen Schutzausrüstungen, wie Schutzschild, -schirm oder -haube (Augen- und Gesichtsschutz), Schutzhandschuhe, isolierende Schuhe und Lederschürze, unbedingt zu verwenden. Stellwände, Vorhänge u. dgl. können andere Personen vor den gesundheitsgefährdenden und belästigenden Auswirkungen des Schweißens, insbesondere vor der schädigenden Strahlung und dem Schweißrauch, schützen.

Beim üblichen manuellen Lichtbogenschweißen (Handschweißen) beträgt der Effektivwert der Spannung meist 80 V. Diese Spannung ist bereits gefährlich. Deshalb sind zum Schutz gegen →elektrischen Schlag alle →aktiven Teile der Schweißstromquelle, Verbindungsleitungen und Elektrodenhalter der unmittelbaren Berührung zu entziehen (vollständiger Berührungsschutz).

Bei **erhöhter elektrischer Gefährdung**, z. B. beim Lichtbogenschweißen in engen, →heißen oder →feuchten (nassen) Räumen, sind nach der UVV nur bestimmte Schweißstromquellen mit einer Leerlaufspannung von höchstens 48 V (Effektivwert) zulässig. Dabei gelten Räume mit eingeschränkter Bewegungsfreiheit und elektrisch leitfähiger Umgebung als **enge Räume**. In diesen Räumen ist durch die zwangsläufig bedingte Arbeitshaltung beim Schweißen, z. B. kniend, sitzend, hockend, angelehnt oder liegend, ein Kontakt des menschlichen Körpers – insbesondere des Rumpfs – mit den elektrisch leitfähigen Teilen der Umgebung (Wände, Fußboden, metallene Ausrüstungsteile u. dgl.) unvermeidbar. Aufrechtes Stehen ist in engen Räumen nicht möglich.

In heißen oder feuchten (nassen) Räumen ist der elektrische Widerstand der menschlichen Haut sowie der Arbeitskleidung und Schutzmittel durch Schweiß oder Feuchtigkeit erheblich herabgesetzt.

Besondere Gefährdungen bestehen auch bei Schweißarbeiten in brand- und explosionsgefährdeten Bereichen sowie an Behältern mit gefährlichem Inhalt. Diese Arbeiten dürfen deshalb nur von besonders erfahrenen Schweißern (Mindestalter 18 Jahre) unter Einhaltung strenger Sicherheitsvorkehrungen sowie exakt festgelegter Überwachungs- und Kontrollmaßnahmen durchgeführt werden.

In explosionsgefährdeten Bereichen ist Schweißen – auch mit Gas (autogenes Schweißen) – gänzlich untersagt. Hier ist in jedem Fall die Explosionsgefahr vor Beginn der Schweißarbeiten vollständig zu beseitigen.

Literatur

[1] DIN EN 60974-1 (VDE 0544-1):2004-03 Lichtbogenschweißeinrichtungen; Schweißstromquellen.

Lichtwellenleiterkabel

→Kabel nach der Normenreihe DIN VDE 0888 für Weitverkehrsstrecken und ausgewählte Informationsanlagen.

Lichtwellenleiter (LWL) sind transparente, dielektrische Wellenleiter zur optischen Übertragung elektromagnetischer Schwingungen (Lichtwellen[1)]) mit einer Wellenlänge von 850...1550 nm [1]. Im Vergleich: Die Wellenlänge von 50-Hz-Wechselstrom beträgt rund 6000 km.
Lichtwellenleiterkabel (engl. *optical fibre cables*) werden mitunter auch „Glasfaserkabel" genannt, obwohl Lichtwellenleiter immer seltener aus Glasfasern, sondern zunehmend aus hochwertigen, wesentlich lichtdurchlässigeren Kunststoffen bestehen. Dadurch sind LWL-Kabel außerdem flexibler und überstehen weitaus mehr Biegezyklen als bei Verwendung von Glasfasern.
Lichtwellenleiterkabel übertragen keine elektrischen Signale, sondern Lichtwellen. Deshalb sind sie vollkommen unempfindlich z. B. gegenüber elektromagnetischen Störimpulsen und Blitzüberspannungen. Das ist neben den hohen Datenübertragungsraten von mehreren GBit/s und dem bis zu 30 % niedrigeren Gewicht von LWL-Kabeln ein großer Vorteil gegenüber Kupferleitern.

1) Der Begriff „Licht" bezog sich ursprünglich nur auf die dem menschlichen Auge sichtbare elektromagnetische Strahlung mit einer Wellenlänge von 360 nm (violett) bis 780 nm (rot). Zwischen diesen Grenzwerten liegen alle übrigen Farben des sichtbaren Spektrums. Inzwischen werden auch Strahlen in den angrenzenden Spektralbereichen, die ziemlich genau den Lichtwellengesetzen gehorchen, z. B. die von glühenden Körpern ausgehenden Infrarot, als Licht bezeichnet.

Literatur

[1] *Jessen, D.:* Strukturierte Gebäudeverkabelung mit Lichtwellenleitern (2). de 77 (2002)11, S. 56 u. 58.

Litzenleiter

Aus mehreren runden oder flach gewalzten, dünnen Drähten bestehender Kupferleiter zur Herstellung flexibler Leitungen mit hoher Beweglichkeit und Biegsamkeit, z. B. Anschlussleitungen (Schnüre) für Fernmeldegeräte nach DIN VDE 0817 oder Trockenrasierer.
Litzenleiter (engl. *bunched conductors*) werden meist nur „Litze" genannt, z. B. Lahn-, Draht- oder Schaltlitze. Bei **Lahnlitze** ist ein oder sind mehrere flachgewalzte dünne Kupferdrähte um einen elastischen Trägerfaden (Lahnfaden) aus Textil oder Kunststoff gewickelt. Der Querschnitt von Lahnlitze beträgt etwa 0,1 mm^2 oder weniger.

Loslass-Schwellenstrom

Größtwert des (Körper-)Stroms, bei dem ein Mensch, der zylindrische Elektroden in den Händen hält, diese gerade noch loslassen kann.
Der Loslass-Schwellenstrom (engl. *let-go threshold current*) – kurz „Loslassschwelle" genannt – hängt maßgeblich von der Größe der Berührungsfläche und der Form der Elektroden, ferner von der Stromart (Gleich- oder Wechselstrom) sowie von den individuellen physiologischen Eigenschaften der durchströmten Personen ab. Bei technischem Wechselstrom gilt als mittlerer Wert für die Loslassschwelle 10 mA [1].
Reiner Gleichstrom erzeugt keine unwillkürlichen tetanischen Kontraktionen von Skelettmuskeln, die das Loslassen eines umfassten elektrischen Leiters (Elektroden) erschweren. Deshalb gibt es bei dieser

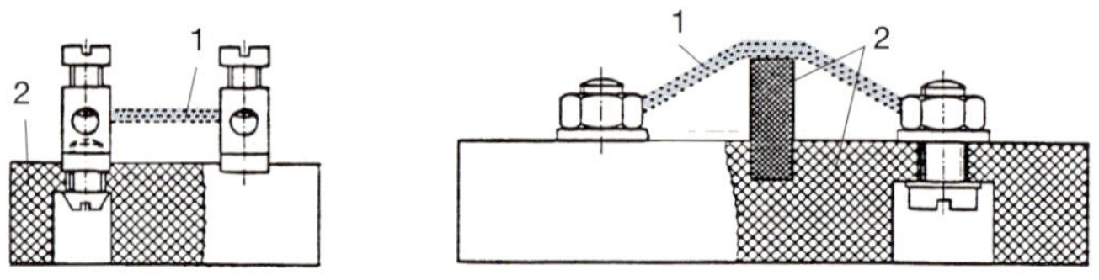

Bild L16: Luftstrecken (Beispiele) 1 Luftstrecke; 2 Isolierstoff

Stromart keine wertmäßig festgelegte Loslass- oder Krampfschwelle.

Literatur

[1] Vornorm DIN V VDE V 0140-479:1996-02 Wirkungen des elektrischen Stromes auf Menschen und Nutztiere; Allgemeine Aspekte.

Lüfter

Elektromotorisch angetriebenes Gerät, das mit einem rotierenden Flügelrad kühle oder erwärmte Luft fördert.
Lüfter (Ventilatoren, engl. *ventilators*) dienen hauptsächlich dem Luftaustausch oder der Kühlung bzw. Erwärmung von Räumen oder Sachen. Lüfter können eigenständige Geräte oder Teil einer elektrischen Maschine oder Einrichtung sein.
Nach der Strömungsrichtung der Luft, bezogen auf die Drehachse des Motors, unterscheidet man Radiallüfter und Axiallüfter. Letztere – auch Sauglüfter – fördern kleine bis mittlere Luftmengen.
Lüfter für den Hausgebrauch und ähnliche Zwecke müssen den allgemeinen Anforderungen nach DIN EN 60335-1 (VDE 0700-1) entsprechen. Für Schiffe gelten zusätzlich die Anforderungen nach DIN VDE 0700-220

Luftkabel

→Kabel für die oberirdische Verlegung im Freien.
Luftkabel (engl. *aerial cables*) für Starkstrom-, Fernmelde- und Informationsanlagen nach DIN VDE 0818, DIN EN 60794-3 (VDE 0888-108) und DIN VDE 0891-8 werden vorzugsweise an →Masten aufgehängt. Das Verlegen dieser „Freileitungskabel in Erde ist nicht gestattet.

Luftstrecke

Kürzeste Strecke durch die Luft (Luftüberschlagstrecke)

- zwischen unter Spannung stehenden (aktiven) Teilen oder
- zwischen einem aktiven Teil und Erde oder der Berührung zugänglichen Stellen, z. B. einem Gehäuse.

Luftstrecken (engl. *clearances*) werden als Fadenmaß angegeben, s. Bild L16. Diese Strecken sind so festzulegen, dass sie der geforderten Bemessungs-Stehstoßspannung standhalten. Ihre Mindestwerte für die →Isolationskoordination sind in DIN EN 60664-1 (VDE 0110-1) enthalten.

M

Magnet

Körper mit an seinen Enden entgegengesetzt wirkenden →Polen, zwischen denen ein magnetisches Feld besteht.

Allgemeines

Für die Naturkraft „Magnetismus" (engl. *magnetism*) hat der Mensch kein besonderes Sinnesorgan. Sie offenbart sich ihm nur in ihren Wirkungen.

Magnete ziehen bestimmte Körper an oder stoßen sie ab. Nicht magnetische Körper, die von einem Magneten stark angezogen werden, z. B. Eisen und Stahl, sind „ferromagnetisch". Schwächer angezogene Stoffe, z. B. Aluminium, Chrom und Platin, werden „paramagnetisch" genannt. Beim Eintritt dieser Stoffe in ein Magnetfeld wird ihr Magnetismus verstärkt. Nicht magnetische Körper, die von Magneten abgestoßen werden, z. B. Schwefel, Glas, Holz und Wasser, heißen „diamagnetisch" (griech. *dia* – auseinander). Hartferrit-Magnete sind nach DIN 17410 genormt.

Ein Magnet hat an seinen Enden entgegengesetzt wirkende Pole: einen Nordpol und einen Südpol. Diese magnetischen Pole lassen sich im Gegensatz zu den elektrischen Polen nicht trennen. Schneidet man einen (Stab-)Magneten auseinander, so entstehen nicht etwa zwei „Mono-Pole" – ein getrennter (eigenständiger) Nordpol und ein eigenständiger Südpol –, sondern unabhängig von der Lage der Trennstelle zwei neue, wenn auch schwächere Magnete, s. Bild M1. Dieses Zerschneiden kann (theoretisch) beliebig oft fortgesetzt werden, bis herab zu den Molekülen, den kleinsten Einheiten einer chemischen Verbindung. Damit ist schließlich jedes einzelne Molekül (Molekel) ein eigenständiger, winzig kleiner unteilbarer Elementarmagnet. Sind alle Moleküle so geordnet, dass ihre Nordpole nach der einen Seite des Gesamteisenstücks hinzeigen und demzufolge alle Südpole nach der anderen Seite, so ist das betreffende Eisenstück „magnetisch". Liegen die Moleküle dagegen völlig ungeordnet durcheinander, d. h., zeigen Nord- und Südpole unkoordiniert nach allen Seiten hin, so ist der betreffende Stoff „unmagnetisch". Magnetisierung erfolgt somit durch Gleichrichten (Ordnen) der Elementarmagnete, s. Bild M2.

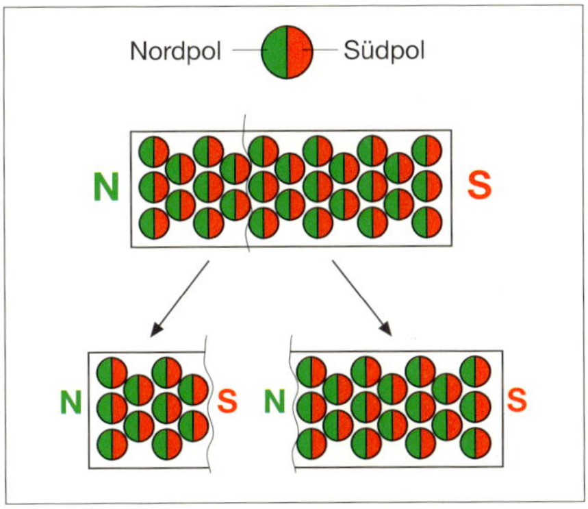

Bild M1: Trennung eines Magneten

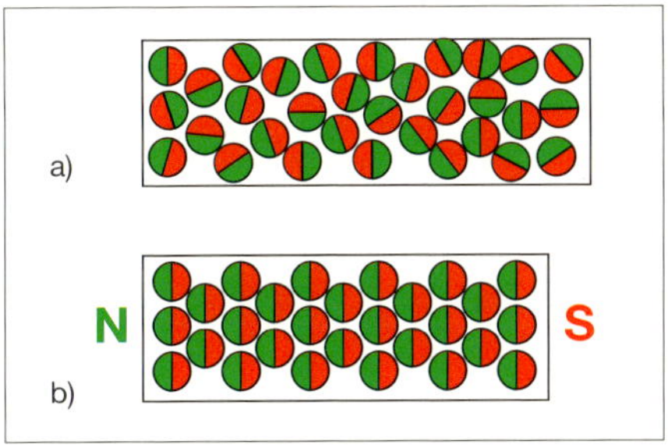

Bild M2: Elementarmagnete
a) nicht geordnet (unmagnetisch);
b) geordnet (magnetisch)

Nach dem magnetischen Kraftgesetz stoßen gleichnamige Pole sich gegenseitig ab, ungleichnamige Pole ziehen dagegen einander an, und zwar beide Pole mit gleicher Kraft, s. Bild M3. Die magnetischen Feldli-

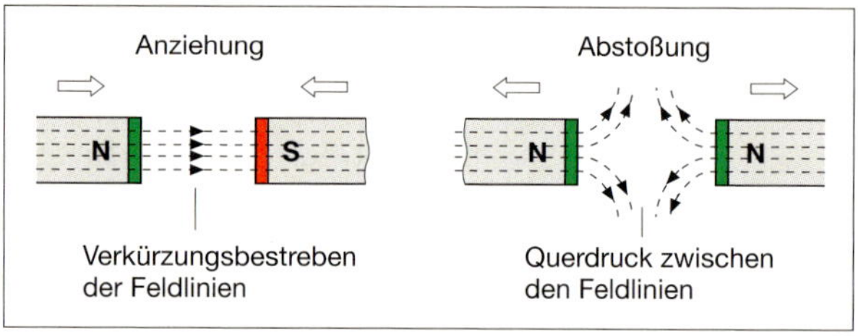

Bild M3: Magnetisches Kraftgesetz

nien sind in sich geschlossene Linien ohne Anfang und ohne Ende. Sie verlaufen im freien Raum vom Nordpol zum Südpol, innerhalb eines Magneten dagegen vom Südpol zum Nordpol. In der unmittelbaren Umgebung der Pole ist die magnetische Feldstärke und folglich auch die Anziehungskraft besonders groß, s. Bild M4. Träger von Herzschrittmachern sollten starke Magnetfelder meiden.

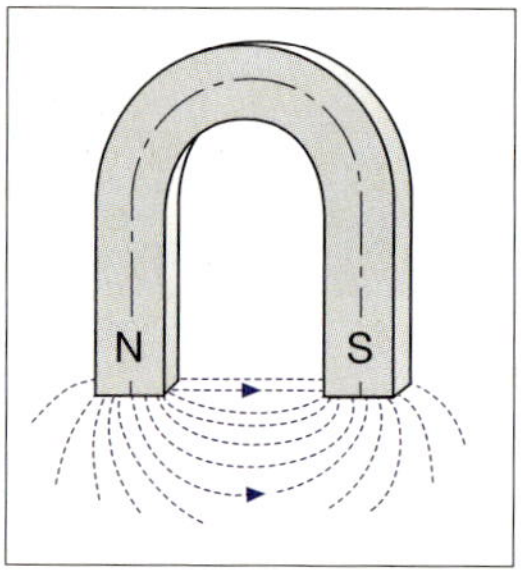

Bild M4: Dauermagnet (Hufeisenmagnet)

Der größte Magnet ist die →Erde; sie hat bekanntlich einen Nordpol und einen Südpol. Jeder beweglich gelagerte Magnet, z. B. die Nadel eines Magnetkompasses, stellt sich in die Nord-Süd-Richtung der Erde ein.

Dauermagnete

Nach Art der Erzeugung des magnetischen Felds unterscheidet man „natürliche Magnete" und „künstliche Magnete". Zu Ersteren gehören die Dauermagnete (Permanentmagnete), deren magnetisches Feld durch dauermagnetische (hartmagnetische) Stoffe, z. B. Wolfram- oder Cobaltstahl, hervorgerufen wird. Diese Magnete unterliegen keiner nennenswerten Alterung hinsichtlich der Magnetisierung und verlieren selbst durch häufiges Verwenden nichts an ihrer Stärke. Die Magnetisierung (magnetische Feldstärke) verringert sich bei Magneten nur, wenn man sie stark erhitzt (glüht), hämmert oder längere Zeit einer radioaktiven Strahlung aussetzt. Bei Temperaturen oberhalb der sog. Curietemperatur T_C (bei Nickel 360 °C, Eisen 768 °C, Cobalt 1075 °C) verlieren Magnete schließlich ihren Magnetismus völlig.

Elektromagnete

Elektromagnete sind künstliche Magnete, die →elektrische Energie in magnetische Energie und diese wiederum in mechanische Energie umwandeln. Elektromagnete sind somit Energiewandler. Sie bestehen aus einem Körper (Joch und Anker), um welchen eine oder mehrere vom Erregerstrom durchflossene →Spulen (Erregerspulen) gelegt sind, s. Bild M5. Spulen haben selbst die Eigenschaft eines Magneten, solange sie vom elektrischen Strom durchflossen werden.

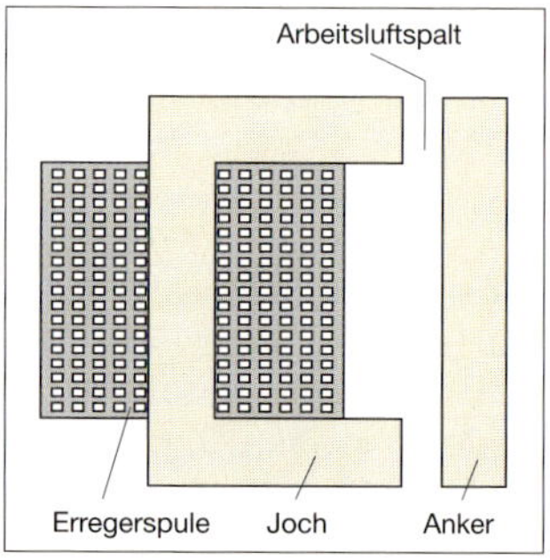

Bild M5: Grundaufbau eines Elektromagneten

Der Körper bildet den magnetischen Kreis. Er besteht aus einem weichmagnetischen

Werkstoff, z. B. Schmiedeeisen (99,9 % Fe), mit hoher magnetischer Leitfähigkeit. „Weiches" Eisen nimmt schnell Magnetismus an, schon wenn man es nur in die Nähe eines Magneten bringt, gibt ihn aber auch vergleichsweise rasch wieder ab. Stahl verhält sich diesbezüglich genau umgekehrt.
Elektromagnete haben einen funktionswichtigen Arbeitsluftspalt (engl. *air gap*) zwischen dem fest stehenden, bogenförmigen Joch und dem beweglichen Anker, s. Bild M5. Die Wirkungsweise eines Elektromagneten beruht auf der Kraftwirkung, die auf die magnetischen Grenzflächen im Arbeitsluftspalt und damit auf die Polflächen des Ankers ausgeübt wird.
Bei der Erzeugung eines bestimmten magnetischen Flusses kommt es nicht nur auf die Stärke des elektrischen Stroms an, sondern auch auf die Anzahl der Windungen der Erregerspule. Entscheidend ist das Produkt aus Stromstärke und Windungszahl. Durch 500 Windungen, in denen ein Strom von 3 A fließt, wird dieselbe elektrische Durchflutung erzeugt, wie z. B. durch 1500 Windungen mit nur 1 A. In beiden Fällen ist das Produkt aus Stromstärke und Windungszahl gleich groß.
Nach Art des Erregerstroms (Magnetisierungsstrom) unterscheidet man hauptsächlich **Gleichstrommagnete** und **Wechselstrommagnete**. Bei Letzteren wird die Erregerspule von 50-Hz-Wechselstrom durchflossen. Dieser Strom erzeugt im magnetischen Kreis einen magnetischen Wechselfluss, der →Wirbelströme in den Eisenteilen zur Folge hat. Zur Verringerung der Wirbelströme und damit der Wirbelstromverluste bestehen die Eisenteile des magnetischen Kreises aus gegeneinander isolierten Blechen (Elektroblech), die vernietet, miteinander verklebt oder mit Kunstharz umgossen sind. Nachteilig ist, dass Wechselstrommagnete mitunter brummen (Ankerschwingungen). Bei Gleichstrommagneten ist das wegen des magnetischen Gleichflusses nicht der Fall.

Der Betrieb von Magnetschwebebahnen gehört zu den großen, neuzeitlichen Anwendungsgebieten von Elektromagneten. Diese Bahnen sind Hochgeschwindigkeitsbahnen, bei denen die räderlosen Wagen mithilfe von Magnetfeldern an eisernen Schienen schwebend und geräuscharm entlanggeführt werden.

magnetisches Drehfeld

Magnetfeld, das im Gegensatz zu einem räumlich stillstehenden (ruhenden) magnetischen Gleich- oder Wechselfeld eine Drehbewegung ausführt.
Das magnetische Drehfeld wird in drehenden elektrischen Maschinen zur Erzeugung der Drehkraft (→Elektromotoren) oder zur Erzeugung von Induktionsspannungen (Generatoren) genutzt.
Umlaufende magnetische Felder werden **Kreisfelder** genannt, wenn die magnetische Flussdichte konstant ist. Unterliegt die magnetische Flussdichte periodischen Schwankungen, so entsteht ein **elliptisches Drehfeld**.
Kreisfelder entstehen, wenn ein in der Mitte gelagerter Dauermagnet (Permanentmagnet) um seine Achse gedreht wird. Dabei bestimmt die Drehbewegung des Dauermagneten die Umdrehungsfrequenz. Magnetische Drehfelder entstehen auch, wenn ein in der Mitte gelagerter Elektromagnet, z. B. eine →Spule (→Wicklung), um die Achse gedreht wird, s. Bild M6.

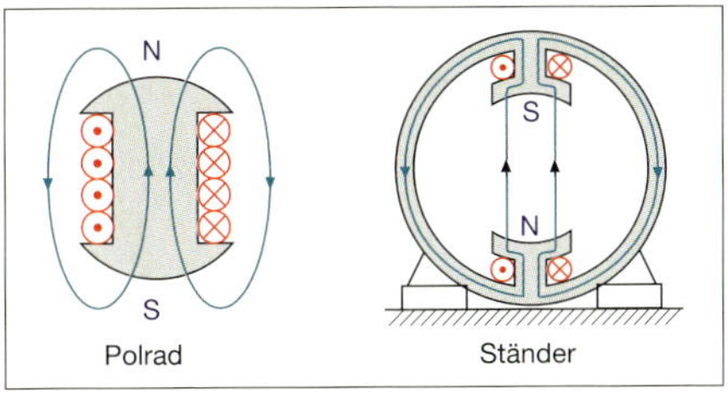

Bild M6: Erzeugung eines magnetischen Drehfeldes

magnetisches Gleichfeld

Magnetfeld, dessen Richtung und magnetische Flussdichte zeitlich konstant sind.
Magnetische Gleichfelder werden von Dauermagneten (Permanentmagneten) erzeugt, die sich in Ruhe befinden. Ruhende Leiter und →Spulen (→Wicklungen) von elektrischen Maschinen erzeugen ebenfalls räumlich stillstehende magnetische Gleichfelder, wenn sie von Gleichstrom durchflossen werden, s. Bild M7.

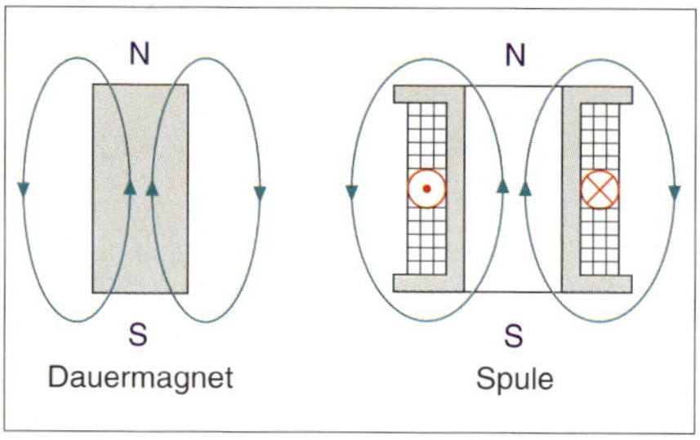

Bild M7: Erzeugung eines magnetischen Gleichfeldes

magnetisches Wechselfeld

Magnetfeld, dessen Richtung und magnetische Flussdichte zeitlich nicht konstant sind, sondern periodischen Änderungen unterliegen.
Magnetische Wechselfelder werden von ruhenden Leitern und →Spulen (→Wicklungen) erzeugt, die von Wechselstrom durchflossen werden, s. Bild M8. Dabei ändern sich die Richtung und die Flussdichte des räumlich stillstehenden magnetischen Felds mit der →Frequenz des Wechselstroms.

Magnetostriktion

Eigenschaft von ferromagnetischen Stoffen, z. B. Eisen, sich in einem Magnetfeld zusammenzuziehen.
Bei →Transformatoren führt die Magnetostriktion – je nach Größe des Magnetfeldes – zu einer elastischen Längenänderung der Kernbleche von einigen Mikrometern je Meter Blechlänge und durch das 50-Hz-Wechselfeld zu mechanischen Schwingungen im Transformatorkern. Diese Schwingungen mit einer Grundfrequenz von 100 Hz gelangen über die mechanischen Verbindungen und die Isolierflüssigkeit auf den Transformatorkessel (Außenwand). Hier können die Schwingungen erhebliche Geräusche, in Verbindung mit den zusätzlichen Lüftergeräuschen für die Transformatorkühlung regelrecht Lärm verursachen. Besonders groß ist die Lärmbelästigung in der Nähe von großen Umspannwerken.
Häufig angewendete Gegenmaßnahmen sind: Aufstellung der Transformatoren in geschlossenen Räumen oder hinter Schallschutzwänden.

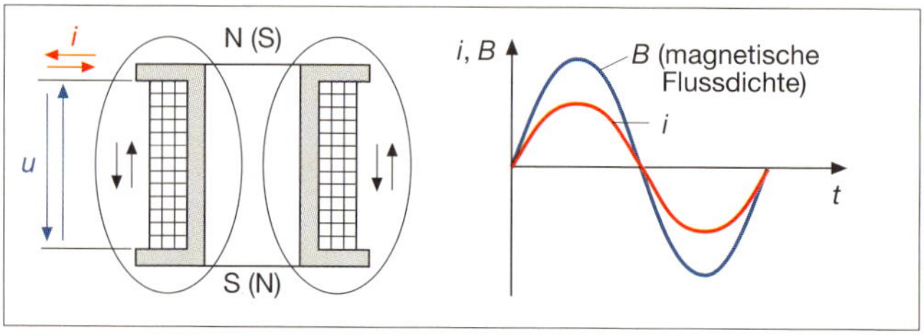

Bild M8: Erzeugung eines magnetischen Wechselfeldes

Mantelklemme

Schraubklemme, bei der der elektrische Leiter mit einer Mutter, z. B. einer Hutmutter, gegen den Boden eines Schlitzes in einem Gewindebolzen eingeklemmt wird, s. Bild M9.

Mantelklemmen (engl. *mantle terminals*) werden mitunter auch „Außengewinde-Schlitzklemmen" genannt.

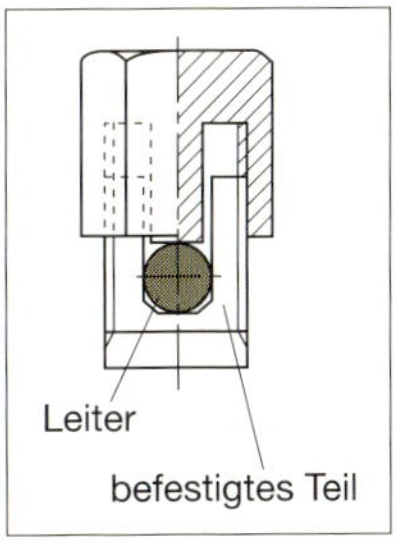

Bild M9: Mantelklemme

Mantelleitung

Starkstrom- oder Fernmeldeleitung, ein- oder mehradrig, mit einem die →Adern umgebenden widerstandsfähigen Mantel.

Allgemeines

Mantelleitungen werden je nach Ausführung und Werkstoff des (äußeren) Mantels nach der Normenreihe DIN VDE 0250 wie folgt bezeichnet:

- PVC-Installationsleitung NYM,
- PVC-Mantelleitung mit Tragseil NYMT,
- halogenfreie Mantelleitung mit verbessertem Verhalten im Brandfall und
- Bleimantelleitung NYBUY.

Polyvinylchlorid (PVC) ist ein halogenhaltiger Werkstoff[1]. Er wirkt – im Gegensatz zu den halogenfreien →Isolier– und Mantelwerkstoffen Polyethylen (PE) und Polypropylen (PP) – in der Brandphase brandhemmend und gilt deshalb als flammwidrig. Dem durch die Halogene erzielten Vorteil der Flammwidrigkeit steht jedoch der große Nachteil gegenüber, dass diese chemischen Elemente im Brandfall in Verbindung mit Wasser Säuren, z. B. Salzsäure (HCl), bilden. Diese Säuren wirken ätzend auf die Atemwege von Menschen und Nutztieren (hohe Toxizität) sowie korrodierend auf Metalle. Außerdem sind die Rauchentwicklung und Rauchdichte solcher halogenhaltigen Kunststoffe vergleichsweise hoch.

Verlegebedingungen

Mantelleitungen dürfen in →trockenen, →feuchten und →nassen Räumen unter, in, auf und über Putz sowie auf Pritschen, Rosten, Bahnen, an Spannseilen, in Kanälen, Schutzrohren, Doppelböden, Hohldecken, Schächten u. dgl. verlegt werden.

PVC-ummantelte Leitungen (→Kabel) können bei vorschriftsmäßiger Verlegung und Bemessung grundsätzlich nicht die Ursache für einen Brand sein. Werden diese Leitungen (Kabel) jedoch von einem äußeren Brand erfasst, so können sie sich – wie die meisten Gegenstände aus Kunststoff – entzünden und den Brand fortleiten. Deshalb wird empfohlen oder gefordert [1], halogenfreie Mantelleitungen (Kabel) mit verbessertem Verhalten im Brandfall zu verwenden. Im Übrigen ist die bei einem Brand freigesetzte Energiemenge (Brandlast) von Leitungen oder Kabeln mit halogenfreien, flammwidrigen Mantelwerkstoffen viel geringer als die Brandlast von gewöhnlichen PVC-Mischungen.

In Erde oder in verdichtetem (Schüttel-, Rüttel- oder Stampf-)Beton sind Mantelleitungen ohne einen zusätzlichen mechanischen Schutz nicht gestattet. In diesem Fall sind die Leitungen in widerstandsfähigen Schutzrohren zu verlegen oder es sind Kabel (NYY) zu verwenden. Sinngemäß gilt das auch für das Verlegen von Mantelleitungen im Freien bei direkter Sonneneinstrahlung.

[1] Als **Halogene** werden die chemischen Elemente Fluor, Chlor, Brom und Jod bezeichnet.

Tafel M1: Harmonisierte Bauartkurzzeichen für isolierte Leitungen

Bauartkurzzeichen	1. Teil 2. Teil 3. Teil
Kennzeichen der Bestimmung	
harmonisierte Bestimmung	H
anerkannter nationaler Typ	A
Nennspannung U_0/U	
300/300 V	03
300/500 V	05
450/750 V	07
Isolierwerkstoff	
PVC	V
Natur- oder Styrol-Butadien-Kautschuk	R
Silikon-Kautschuk	S
Mantelwerkstoff	
PVC	V
Natur- oder Styrol-Butadien-Kautschuk	R
Polychloroprenkautschuk	N
Glasfasergeflecht	J
Textilgeflecht	T
Textilbeflechtung mit flammwidriger Masse	T2
Besonderheiten im Aufbau	
flache, aufteilbare Leitung	H
flache, nicht aufteilbare Leitung	H2
Kerneinlauf (kein Tragelement)	D5
Leiterart	
eindrähtig	-U
mehrdrähtig	-R
feindrähtig bei Leitungen für feste Verlegung	-K
feindrähtig bei flexiblen Leitungen	-F
feinstdrähtig	-H
Lahnlitze	-Y
Aderzahl	...
Schutzleiter	
ohne Schutzleiter	X
mit Schutzleiter	G
Nennquerschnitt des Leiters in mm^2	...

Weitere Verlegebedingungen sind in DIN VDE 0100-520 und DIN VDE 0298-3 enthalten.

Bauartkurzzeichen

Die genannten Bauartkurzzeichen NYM, NYMT und NYBUY entsprechen den früheren, nicht harmonisierten deutschen Normen. Bedeutung der Buchstaben:

N = Normleitung oder -kabel (nicht harmonisiert),
M = Mantelleitung,
B = Bleimantelleitung,
A = Aderleitung,
F = Flachleitung,
R = Rohrdraht,
I = Imputz,
U = umhüllt,
G = Gummi,
Y = Polyvinylchlorid (PVC),
T = Tragseil,
e = eindrähtig,
m = mehrdrähtig,
ö = ölbeständig (Außenmantel) und
u = unbrennbar.

Dem jeweiligen Bauartkurzzeichen wurde noch angefügt der Buchstabe

- J für Leitungen mit einer grün-gelben (Schutzleiter-)Ader,
- O für Leitungen ohne eine grün-gelbe Ader.

Inzwischen sind die Bauartkurzzeichen weitgehend harmonisiert, s. Tafel M1. Am Ende des Bauartkurzzeichens (hinter dem Leiternennquerschnitt) können noch die Aderfarben angegeben werden. Zu diesem Zweck sind die Kurzzeichen nach Tafel M2 zu verwenden. Die Kurzzeichen nach IEC 60757 wurden der englischen Sprache entlehnt; z. B. bezeichnen BK „black" (schwarz), RD „red" (rot) und YE „yellow" (gelb).

Tafel M2: Farbkurzzeichen für isolierte Leitungen

Farbe	Kurzzeichen nach DIN 47002	Kurzzeichen nach IEC 60757
Schwarz	sw	BK
Braun	br	BN
Rot	rt	RD
Orange	or	OG
Gelb	ge	YE
Grün	gn	GN
Blau	bl	BU
Violett	vi	VT
Grau	gr	GY
Weiß	ws	WH
Rosa	rs	PK
Türkis	tk	TQ

Literatur

[1] Beiblatt 1 zu DIN VDE 0108-1:1989-10 Starkstromanlagen und Sicherheitsstromversorgung in baulichen Anlagen für Menschenansammlungen; Baurechtliche Regelungen.

Maschensatz

Lehrsatz, der besagt, dass bei einem Umlauf in einer Masche die Summe der vorzeichenbehafteten Urspannungen gleich der Summe der vorzeichenbehafteten Spannungsfälle in dieser Masche ist.

Der Maschensatz (Maschenregel) wurde – wie der →Knotenpunktsatz – von dem deutschen Physiker *Gustav Robert Kirchhoff* (1824-1887) formuliert. Deshalb wird der Maschensatz auch **zweiter kirchhoffscher Satz** genannt.

Maschine

Gesamtheit von miteinander verbundenen Teilen oder Vorrichtungen, von denen mindestens eines beweglich ist, sowie von Antriebselementen, Steuer- und Energiekreisen, die für eine bestimmte Anwendung, z. B. die Verarbeitung, Behandlung, Fortbe-

wegung und/oder Aufbereitung eines Werkstoffs, zusammengefügt sind. Hierzu gehören auch Hebemaschinen (z. B. Krane), Gabelstapler, Personenaufzüge, Fahrtreppen und Jahrmarkt-Fahrgeräte.
Elektrische Ausrüstungen von Maschinen müssen der harmonisierten Normenreihe DIN EN 60204 (VDE 0113) entsprechen. Für drehende elektrische Maschinen (engl. *rotating electrical machines*) gelten die Normen der Reihe DIN EN 60034 (VDE 0530).

Masse

1. Gesamtheit aller untereinander leitend verbundenen Teile eines elektrischen Betriebsmittels oder einer Anlage, die keine aktiven Teile sind und im Fehlerfall keine Spannung annehmen können.

Der elektrotechnische Fachausdruck „Masse" ist nicht gleichbedeutend mit →Körper eines elektrischen Betriebsmittels, mit dessen Trägheit (Masse) im physikalischen Sinne oder mit einem unstrukturierten, weichen Isolierstoff als Bestandteil z. B. eines Massekabels. „Masse" im elektrotechnischen Sinne gibt vielmehr an, welche Bauelementeanschlüsse auf dem Bezugspotential null (Massepotential) liegen. Dieses (Null-)Potential kann an einen →Masseanschluss (Massepol) geführt werden, z. B. an das Chassis eines Rundfunkgeräts oder das Fahrgestell eines Kraftfahrzeugs.
Ein massebehafteter →Isolationsfehler wird „Masseschluss" genannt.

2. Eigenschaft eines Körpers (Materie), durch Gravitation einen anderen Körper anzuziehen oder von ihm, z. B. der Erde, angezogen zu werden.
Die Masse im physikalischen Sinne hat die Einheit Kilogramm (kg).
Körper aus Blei, Holz oder aus anderen Stoffen haben bei gleichem Rauminhalt (Volumen) ungleiche Massen und unterliegen deshalb in verschiedenem Ausmaße der Schwerkraft. Das heißt, sie üben unterschiedliche Gewichtskräfte auf ihre Unterlage aus. Im schwerelosen Raum ist ein Körper gewichtslos, nicht masselos.
Der Quotient aus Masse und Volumen wird **Dichte** genannt. Einheit: kg/m^3. Bei +4 °C hat 1 l reines Wasser die Masse von 1 kg. Die Dichte des Wassers ist folglich 1 kg/l = 10^3 kg/m^3.

Masseanschluss

Anschluss →elektrischer Betriebsmittel an die normalerweise nicht unter Spannung stehenden, untereinander leitend verbundenen Metallteile einer →Maschine oder eines Geräts, z. B. ein Chassis (Masse). Schaltzeichen: $\perp$
Der Masseanschluss (engl. *mass connection*) dient vorzugsweise dem Potentialausgleich. Das elektrische Massepotential (Bezugspotential) ist vereinbarungsgemäß null. In Kraftfahrzeugen bildet das leitfähige Fahrgestell die →Masse. Es dient zugleich als Rückleiter zum Minuspol der Batterie.
„Masse" im genannten Sinne ist nicht identisch mit dem Begriff →„Körper" eines elektrischen Betriebsmittels [1] und auch nicht mit der physikalischen Größe „Masse".

Literatur

[1] DIN 31000 (VDE 1000):1979-03 Allgemeine Leitsätze für das sicherheitsgerechte Gestalten technischer Erzeugnisse.

Massekabel

Starkstromkabel mit einer satt getränkten, vakuumgetrockneten Papierisolierung.
Das hoch viskose Tränkmittel (Kabelimprägniermasse) besteht i. Allg. aus modifiziertem Mineralöl und einem geringen Anteil Harz (Kolophonium). Es füllt die Hohlräume innerhalb der Papierisolierung und der mehrdrähtigen Leiter sowie die Grenz-

schichten zwischen →Isolierung und →Metallmantel. Ist die Tränkmasse nur kapillar (hoch fein) gebunden, sodass sie auch bei Niveaudifferenzen (Steilstrecken) nicht abfließen kann, so spricht man von einem **massearmen** Kabel.
Massekabel (engl. *mass-impregnated cable*) gibt es auch in spezieller Ausführung für das Verlegen in Gebieten mit Bodenbewegungen (Bergsenkungen). Diese Kabel können infolge ihres besonderen Aufbaus in begrenztem Maße Dehnungen und Stauchungen aufnehmen; sie werden **Dehnungskabel** genannt.
Massekabel werden vorzugsweise in Mittelspannungsanlagen verwendet. In Niederspannungsanlagen kommen sie seit Anfang der 1980er Jahre praktisch nicht mehr zum Einsatz.

Mast

Im Erdboden verankerter Stützpunkt (Tragwerk) aus Stahl, Stahlbeton oder Holz für frei gespannte →Leiterseile (Freileitungsmast), Fahr- bzw. Oberleitungen für elektrische Bahnen und Obusse (Fahrleitungsmast) oder zur Aufnahme von →Leuchten (Leuchten- oder Beleuchtungsmast).

Freileitungsmaste

Freileitungsmaste sind die Tragwerke für die an den →Isolatoren befestigten blanken Drähte oder Leiterseile.

- Für Niederspannungs-Freileitungen verwendet man meistens **Holzmaste**. Diese Maste sollen gerade sein und am oberen (dünnen) Ende eine Mindestdicke von 12 cm bei Einfachmasten und von 10 cm bei A-Masten sowie verdübelten Doppelmasten haben.
- Für Mittelspannungs-Freileitungen werden neben Holzmasten vorzugsweise **Betonmaste** verwendet. Diese Maste haben eine hohe Standsicherheit und Lebensdauer.
- Für Hochspannungs-Freileitungen mit Nennspannungen ab 110 kV dienen ausschließlich **Stahlmaste**. Diese Maste werden aus Profilstahl zusammengeschraubt oder -geschweißt (Stahlgittermaste).

Freileitungsmaste bestehen aus dem Mastfuß, dem darauf stehenden Mastschaft und dem davon getragenen Mastkopf.

Mastfuß, Mastschaft

Freileitungsmaste erfordern eine hohe Standfestigkeit und -sicherheit. Deshalb sind die Mastfüße fest im Erdboden zu verankern. Während bei mittlerer Bodenbeschaffenheit für Holz- und Betonmaste meist ein Eingraben der Mastfüße mit anschließendem Feststampfen des Bodens genügt, erfordern Stahlgittermaste mitunter recht aufwendige Betonfundamente.
Maste sollen, wenn keine Fundamente oder besondere Stützen (Fertigteile) verwendet werden, bei trockenem, gewachsenem Erdboden ein Sechstel ihrer Gesamtlänge, jedoch nicht weniger als 1,6 m, in den Boden ragen.
In Niederspannungs-Ortsnetzen betragen die Mastabstände i. Allg. bis zu 40 m, unter Berücksichtigung der mechanischen Festigkeit der Leiter mitunter aber auch bis zu 60 m, z. B. bei Netzausläufern. Letzterenfalls müssen die Maste wegen des größeren →Durchhangs der Leiterseile entsprechend länger (höher) und die Mastlöcher wenigstens 1,9 m tief sein [1].
Versorgungsleitungen für Gas, Elektroenergie u. dgl., auch Fernmeldekabel, dürfen durch Mastgründungen nicht überbaut werden.
Holzmaste sind zum Schutz gegen Fäulnis mit Karbolineum, Teeröl o. Ä. zu tränken. Außerdem ist es erforderlich, den der Bodenfeuchtigkeit am meisten ausgesetzten Teil des Mastes, etwa 30 cm unter und 30 cm über dem Erdboden, mit Schutzmitteln zu behandeln. Eine solche Maßnahme erhöht die Widerstandsfähigkeit und verhin-

dert das vorzeitige Abfaulen des Mastes an der Erdoberfläche.
Holzmaste sind noch vor dem Aufstellen mit der erforderlichen Anzahl von Isolatoren zu versehen. Der erste Isolator wird etwa 150 mm vom oberen Mastende eingeschraubt. Zum Besteigen von Holzmasten dienen **Steigeisen**. Diese gekrümmtem Stahlbügel werden an den Schuhen befestigt und ermöglichen in Verbindung mit einem Sicherheitsgurt das Arbeiten an den Masten in senkrechter Körperhaltung.

Mastkopf

Das obere Ende des Mastes heißt Mastkopf. An ihm sind die Isolatoren direkt oder an einem stabilen Querträger (Traverse) befestigt. Das jeweilige Mastkopfbild und die Mastform sind in den einzelnen Ländern recht unterschiedlich. Merkmale einer bestimmten Bauform sind die Ausführung der Tragwerke, die Höhe der elektrischen Spannung, die geometrische Anordnung der Leiterseile und die Anzahl der Systeme, Beispiele s. Bild M10.

Die aktiven Leiter müssen untereinander und zu den Leitern anderer Systeme einen solchen Abstand haben, dass sie sich selbst bei starker Windbelastung, Eislast und asynchronen (entgegengesetzten) Leiterschwingungen nicht in unzulässiger Weise nähern oder gar berühren (zusammenschlagen) können. Der Mindestabstand, auch zu den Erdseilen (Blitzschutzseilen) an den Mastspitzen, zu Bauwerken, leitfähigen Konstruktionsteilen und zur Erdoberfläche hin, darf die in den Normen [2] bis [4] genannten Werte nicht unterschreiten.

Verwendungszweck

Nach dem Verwendungszweck werden folgende Mastarten unterschieden:

Tragmaste

Diese Maste tragen (nur) die Leiterseile und Isolatoren innerhalb gerader Streckenbereiche. Sie übernehmen grundsätzlich nur vertikale Kräfte, keine Leiterzugkräfte, und können deshalb – außer Kreuzungsmaste –

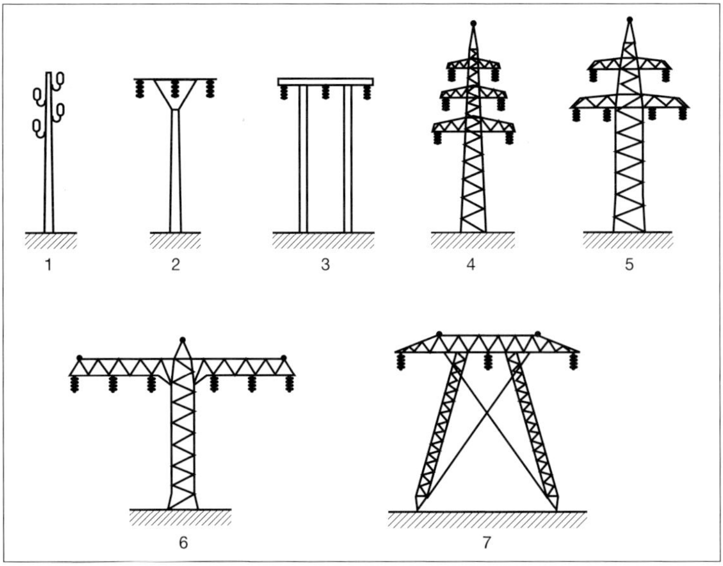

*Bild M10: Mastkopfbilder und Mastformen (Beispiele)
1 Niederspannungs-Freileitungsmast; 2 bis 7 Hochspannungs-Freileitungsmaste
Übliche Bezeichnungen sind:
1, 2 Stangenmaste;
3, 7 Portalmaste;
4 Tannenbaummast;
5 Donaumast;
6 Horizontalmast (Einebenenmast)*

i. Allg. schwächer bemessen werden als andere Maste.
Kreuzungsmaste sind spezielle Tragmaste an den Kreuzungsstellen einer Freileitung mit Straßen, Brücken, Eisenbahngleisen, Flüssen, Seilbahnen, Fernmeldeleitungen u. dgl. Sie sollen an diesen markanten Punkten das bruchsichere Kreuzen der Freileitung sicherstellen, z. B. durch doppelte Isolatorenaufhängung (Doppelabspannung) oder einen verminderten Leiterzug.

Winkelmaste
Diese Maste nehmen die aus Winkelpunkten resultierenden Leiterzugkräfte auf. Bei kleinen Leitungswinkeln zwischen 160° und 180°, d. h. bei Winkelabzweigungen bis 20°, können auch gewöhnliche (Winkel-)Tragmaste, verwendet werden. Wird die Richtung der Freileitungstrasse jedoch extrem geändert, z. B. in einem Winkel von 90°, so treten an den Masten (Winkelpunkten) sehr hohe Zugkräfte auf. In diesem Fall müssen Holzmaste verstrebt[1)] (Strebenmaste), mit Stahlseil verankert[2)] (Ankermaste) oder zwei Maste zu einem A- oder Doppelmast verbunden werden, s. Bild M11. Diese Maste sind so aufzustellen, dass sie die auftretenden Leiterzugkräfte aufnehmen können, d. h., sie müssen in der Halbierungslinie des Winkels und somit in Richtung der resultierenden Zugkräfte angeordnet sein.

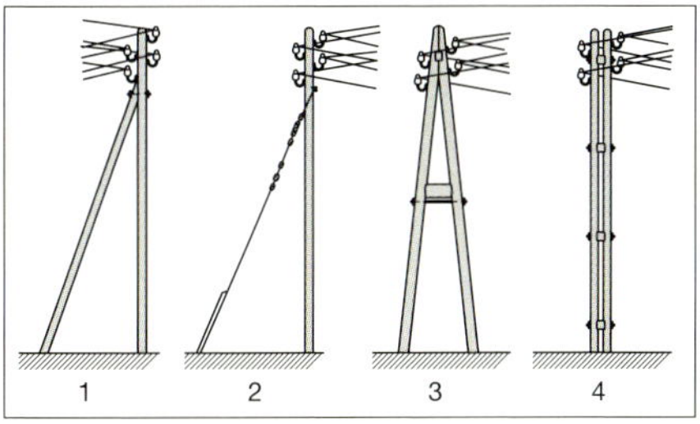

Bild M11: Winkelmaste aus Holz
1 Strebenmast; 2 Ankermast;
3 A-Mast (Blockmast); 4 Doppelmast

Abspannmaste
Diese Maste werden für Abspannungen im Verlauf einer Freileitung verwendet. An den Masten sind die Leiterseile so befestigt, dass sie an den isolierenden Aufhängungen infolge unterschiedlicher Leiterzugkräfte, z. B. durch Eislast, nicht durchrutschen können. Abspannmaste bilden in den Leiterzügen Festpunkte, die kaskadenartige Mastschäden (Brüche) verhindern. Dazwischen werden die Leiterseile von Trag- oder Winkelmasten getragen.
Eine Sonderform für Richtungsänderungen sind die **Winkelabspannmaste**.

Verdrillungsmaste sind spezielle Abspannmaste. Sie ermöglichen eine →Verdrillung, d. h. einen systematischen Wechsel in der Anordnung der einzelnen Leiterseile entlang einer Drehstrom-Freileitungstrasse und damit ein zweckdienliches Vertauschen der Leiterfolge L1, L2, L3.

Abzweigmaste
Diese Maste dienen dem Abzweigen von Leitungen, z. B. Hausanschlussleitungen.

Endmaste
Diese Maste nehmen die gesamten einseitigen Leiterzugkräfte an den Endpunkten einer Freileitung auf und entsprechen deshalb

[1)] Die seitliche **Strebe** ist wie der Mast selbst mit einem Sechstel ihrer Länge, mindestens jedoch 1,6 m tief, in den Erdboden einzusetzen und an ihrem oberen, ausgekehlten Ende in einem Abstand von etwa 1 m – gemessen vom Mastende (Zopf) – mit dem aufgerichteten Mast zu verbinden. Die Spreizung soll am Erdboden 2,5 m betragen.

[2)] Das feuerverzinkte **Ankerseil** (Mindestquerschnitt 50 mm^2) ist z. B. durch ein Rohr von etwa 3 m Länge über dem Erdboden gegen mechanische Beschädigung zu schützen. Außerdem ist das Ankerseil außerhalb des Handbereichs mit einem Abspannisolator (Isolierei) sowie zum Spannen des Seils in Reichweite zum Mast mit einem Spannschloss zu versehen.

in ihrer Ausführung grundsätzlich den Winkelmasten nach Bild M11.
An Kabelendmasten erfolgt der Übergang von der Freileitung auf →Kabel.

Literatur

[1] *Varduhn, A.:* Handbuch der Elektrotechnik, Band II; Teil 3: Planung und Ausführung von Licht- und Kraftanlagen, Elektromotoren. Wittenberg/Lutherstadt: A. Ziemsen Verlag, 1949.
[2] DIN VDE 0211:1985-12 Bau von Starkstrom-Freileitungen mit Nennspannungen bis 1000 V.
[3] Reihe der Normen DIN EN 50423 (VDE 0210):2005-05 Freileitungen über AC 1 kV bis einschließlich AC 45 kV.
[4] Reihe der Normen DIN EN 50341 (VDE 0210):2002-03 Freileitungen über AC 45 kV.

medizinisch genutzter Bereich

Bereich, der bestimmungsgemäß der medizinischen Untersuchung und/oder Behandlung[1)] von Menschen oder Tieren (Patienten) in Krankenhäusern, Polikliniken, Ärztehäusern, Ambulatorien, Sanatorien (Kurheimen) oder außerhalb derselben dient. Zu Letzteren gehören neben den Praxisräumen für Ärzte und Dentalpraxen in Wohngebäuden, Betrieben, Senioren- und Pflegeheimen z. B. auch Bereiche für Heimdialyse (Blutwäsche), in denen Patienten in ihrer Wohnung an Dialysegeräte angeschlossen werden dürfen, ferner ambulante medizinisch genutzte Bereiche sowie Rehabilitationseinrichtungen und Blutspendezentralen.
Medizinisch genutzte Bereiche (Räume, Raumgruppen, engl. *medical locations*) der Human- und Dentalmedizin werden gemäß DIN VDE 0100-710 [1] in die folgenden drei Gruppen (früher: Anwendungsgruppen) eingeteilt:

Bereiche der Gruppe 0

Das sind medizinisch genutzte Bereiche, in denen sichergestellt ist, dass in ihnen

- netzabhängige, medizinische elektrische Geräte [2] grundsätzlich n i c h t angewendet werden (Geräte mit eingebauter Stromquelle sind zulässig);
- Patienten während der Untersuchung oder Behandlung mit medizinischen elektrischen Geräten nicht in Berührung kommen können;
- nur solche medizinischen elektrischen Geräte verwendet werden, die auch außerhalb von medizinisch genutzten Bereichen zulässig sind.

Untersuchungen und Behandlungen können bei Netzausfall ohne Gefahr für den Patienten abgebrochen und jederzeit wiederholt werden.

Bereiche der Gruppe 1

Das sind medizinisch genutzte Bereiche, in denen netzabhängige, medizinische elektrische Geräte verwendet werden, mit denen Patienten bei der Untersuchung oder Behandlung bestimmungsgemäß in Berührung kommen. Der Ausfall der allgemeinen Stromversorgung sowie deren →automatische Abschaltung bei einem →Isolationsfehler können in diesen Bereichen hingenommen werden. Unzumutbare Belastungen, Gesundheitsschädigungen oder gar Lebensgefahr bestehen in diesem Fall für den Patienten nicht.
In medizinischen Bereichen der Gruppe 1 werden keine chirurgischen Eingriffe in Organe (Organoperationen) durchgeführt.

Bereiche der Gruppe 2

Das sind medizinisch genutzte Bereiche, in denen netzabhängige, medizinische elektrische Geräte betrieben werden, die operativen Eingriffen oder anderen lebenswichti-

[1)] Die medizinische Behandlung schließt auch die heilpraktische Behandlung unter Anwendung von Naturheilverfahren (Homöopathie), die kosmetische Behandlung sowie die medizinische Überwachung (Beobachtung) von Patienten und die Krankenpflege ein.

Tafel M3: Zuordnung von Raumarten zu Gruppen medizinischer Bereiche (Beispiele)

Gruppe	Raumart	Art der medizinischen Nutzung
0	Bettenräume, OP-Sterilisationsräume, OP-Waschräume, Praxisräume der Human- und Dentalmedizin	keine oder nur sehr eingeschränkte Anwendung medizinischer elektrischer Geräte
1	Bettenräume, Räume für physikalische Therapie, Räume für Hydrotherapie, Massageräume, Praxisräume der Human- und Dentalmedizin, Räume für radiologische Diagnostik und Therapie, Urologieräume, Endoskopieräume, Dialyseräume, Intensiv-Untersuchungsräume, Entbindungsräume, chirurgische Ambulanzen, Herzkatheterräume für Diagnostik	Anwendung medizinischer elektrischer Geräte am oder im Körper über natürliche Körperöffnungen oder bei kleineren operativen Eingriffen Untersuchungen mit Schwemmkathetern
2	Operations-Vorbereitungsräume, Anästhesieräume Operationsräume, Operations-Aufwachräume, Operations-Gipsräume, Intensiv-Pflegeräume, Endoskopieräume, Räume für radiologische Diagnostik und Therapie, Herzkatheterräume für Diagnostik und Therapie, ausgenommen diejenigen, in denen ausschließlich Schwemmkatheter angewendet werden, klinische Entbindungsräume, Räume für Notfall- oder Akutdialyse	Organoperationen jeder Art (große Chirurgie), Einbringen von Herzkathetern, chirurgisches Einbringen von Geräteteilen, Erhalten der Lebensfunktionen mit medizinischen elektrischen Geräten, Eingriffe am offenen Herzen
Die Zuordnung von Raumarten zu den Gruppen bestimmt sich insbesondere aus der Art ihrer vorgesehenen medizinischen Nutzung und medizinischen Einrichtungen.		

gen Maßnahmen dienen. Bei Ausfall der allgemeinen Stromversorgung sowie bei Auftreten eines ersten →Körper- oder →Erdschlusses müssen diese Geräte unbedingt weiterbetrieben werden können, weil Untersuchungen oder Behandlungen in diesen Bereichen nicht ohne Gefahr für den Patienten abgebrochen und wiederholt werden können. Deshalb sind für medizinisch genutzte Bereiche der Gruppe 2 gemäß DIN VDE 0100-710 [1] grundsätzlich

- eigene Verteiler mit zwei unabhängigen Zuleitungen (Einspeisungen) zu errichten sowie

- zur Versorgung der lebenswichtigen medizinischen Einrichtungen, mindestens für die 2-poligen Steckdosen[1]) sowie für die Operations- und vergleichbaren →Leuchten, für jeden Raum oder jede Raumgruppe[2]) ein eigenes **IT-System** mit Isolationsüberwachungs- und Meldeeinrichtungen sowie einem zusätzlichen, örtlichen →Potentialausgleich vorzusehen. Der dazu erforderliche →Transformator ist außerhalb des medizinisch genutzten Bereichs ortsfest aufzustellen. Die →Isolationsüberwachungseinrichtung muss spätestens beim Absinken des →Isolationswiderstands auf 50 kΩ ansprechen und ein optisches sowie akustisches Signal auslösen.

Die Einteilung der medizinisch genutzten Bereiche in die (Anwendungs-)Gruppe 0, 1 oder 2 obliegt grundsätzlich dem medizinischen Leiter der Einrichtung, z. B. dem Chefarzt, und bei Neubauten oder Rekonstruktionen (Sanierungen) dem für die medizinische Aufgabenstellung Verantwortlichen. Dabei sind elektrotechnisch Sachkundige und ggf. auch die Arbeitssicherheitsorganisation beratend hinzuzuziehen. Die genannte Einteilung der stationären und ambulanten medizinisch genutzten Bereiche ist in jedem Fall schriftlich festzulegen und bei wiederkehrenden Prüfungen auf ihre Richtigkeit und Aktualität hin zu überprüfen. →Elektrische Anlagen sind den aktuellen Normen anzupassen, wenn sich die ursprüngliche Nutzung der medizinischen Bereiche geändert hat.

1) →Steckdosen im IT-System sind eindeutig zu kennzeichnen, wenn im selben Raum gleichartige Steckdosen an Stromkreise mit anderer Versorgungssicherheit angeschlossen sind, z. B. an TN-Systeme.

2) Eine **Raumgruppe** (Funktionseinheit) bilden medizinisch genutzte Bereiche, die durch die medizinische Zweckbestimmung und/oder gemeinsame medizinische elektrische Geräte in ihrer Funktion miteinander verbunden sind. Das gilt z. B. für den OP-Raum (OP-Saal) und die unmittelbar zugeordneten Funktionsräume, wie OP-Gips-, -Vorbereitungs- und -Aufwachräume.

Beispiele für die Zuordnung bestimmter Raumarten zu der Gruppe 0, 1 oder 2 enthält die Tafel M3.

Literatur

[1] DIN VDE 0100-710:2002-11 Errichten von Niederspannungsanlagen; Anforderungen für Betriebsstätten, Räume und Anlagen besonderer Art; Medizinisch genutzte Bereiche.

[2] DIN EN 60601-1 (VDE 0750-1):1996-03 Medizinische elektrische Geräte; Allgemeine Festlegungen für die Sicherheit.

Mehraderleitung

→Mantelleitung mit zwei bis fünf →Adern, auch „mehradrige Leitung“ genannt. Mantelleitungen mit mehr als fünf Adern heißen „vieladrige Leitungen“; das gilt auch für →Kabel. Vieladrige Leitungen (Kabel) haben eine numerische Aderkennzeichnung (Zahlenbedruckung), ausgenommen die grün-gelbe Schutzleiterader. Für die Aderkennzeichnung durch

- Farben gilt DIN VDE 0293-308 und durch
- Bedrucken gilt DIN EN 50334 (VDE 0293-334) in Übereinstimmung mit DIN EN 60446 (VDE 0198).

Die zulässigen Strombelastbarkeitswerte (engl. *permissible current-carrying capacities*) für mehr- und vieladrige Leitungen mit Kupferleitern sind in DIN VDE 0298-4 und in dem Beiblatt 2 zu DIN VDE 0100-520 enthalten.

Memoryeffekt

Erinnerungseffekt. Von einem Memoryeffekt – abgeleitet von *memory* (engl. Erinnerung) – spricht man z. B. bei Drehdimmern mit Tastbetätigung. Der Dimmer schaltet die Lampen mit der zuletzt eingestellten Helligkeit ein.

Metallmantel

Nahtlose (geschlossene) Metallumhüllung eines →Kabels, seltener einer Leitung, zum Schutz der darunter liegenden →Adern oder des gesamten Verseilverbands vor äußeren Einflüssen, insbesondere gegen das Eindringen von Feuchtigkeit.

Kabel

Abhängig vom Werkstoff des Metallmantels (engl. *metallic sheath*) werden unterschieden:

- **Bleimantelkabel** nach DIN VDE 0265,
- **Aluminiummantelkabel** (nicht mehr genormt, praktisch ohne Bedarf).

Außerdem gibt es Dreimantelkabel, z. B. Dreibleimantelkabel, bei denen die drei Adern jeweils einzeln von einem Metallmantel (zwecks Schirmung) umgeben sind, s. Bild M12.
Der Metallmantel dient bei Niederspannungskabeln meist als →Schutzleiter und bei Mittel- sowie Hochspannungskabeln auch als →Erdungsleiter oder →Schirm.
Besteht der Außenmantel eines Kabels aus thermoplastischem Kunststoff (PVC) oder aus vernetztem Polyethylen (VPE), so werden diese Kabel **PVC-Kabel** oder **VPE-Kabel** genannt.

Leitungen

Leitungen werden abhängig vom Werkstoff ihres Außenmantels wie folgt bezeichnet:

- **Bleimantelleitung** (NYBUY nach DIN VDE 0250-210), vorzugsweise zum Einsatz in chemisch gefährdeten Bereichen [1],
- **PVC-Mantelleitung** (PVC-Installationsleitung NYM nach DIN VDE 0250-204), auch halogenfrei mit verbessertem Verhalten im Brandfall sowie mit Tragseil.

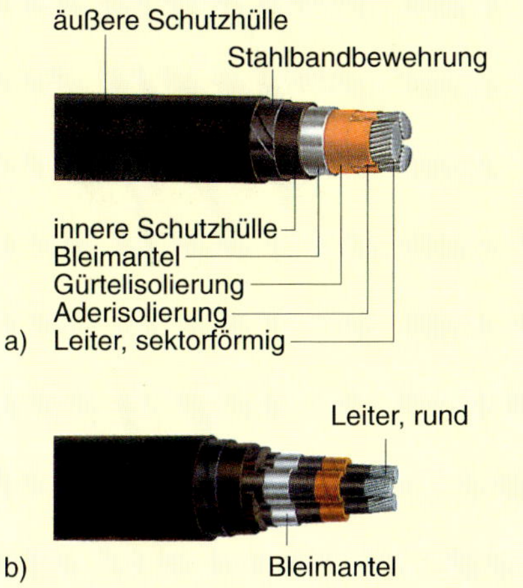

Bild M12: Bleimantelkabel (papierisoliert) mit Stahlbandbewehrung
a) Bleimantel gemeinsam um alle Adern;
b) Bleimantel um jede einzelne Ader (Dreibleimantelkabel)

Literatur

[1] DIN VDE 0298-3:1983-08 Verwendung von Kabeln und isolierten Leitungen für Starkstromanlagen; Allgemeines für Leitungen.

Mischspannung

Gleichspannung U_{DC} mit überlagerter Wechselspannung u_{AC}, s. Bild M13.
Dabei ist $\hat{u}_{min}$ und $\hat{u}_{max}$ der jeweils kleinste bzw. größte Augenblickswert (Scheitelwert) der Mischspannung u während einer Periodendauer T.

Allgemeines

Der Wechselanteil u_{AC} einer Mischspannung ergibt sich als Differenz aus ihrem Augenblickswert u und dem arithmetischen Mittelwert des Gleichanteils U_{DC}:
$u_{AC} = u - U_{DC}$.
Analog zur Mischspannung ist der **Mischstrom** ein Gleichstrom, dem Wechselstrom

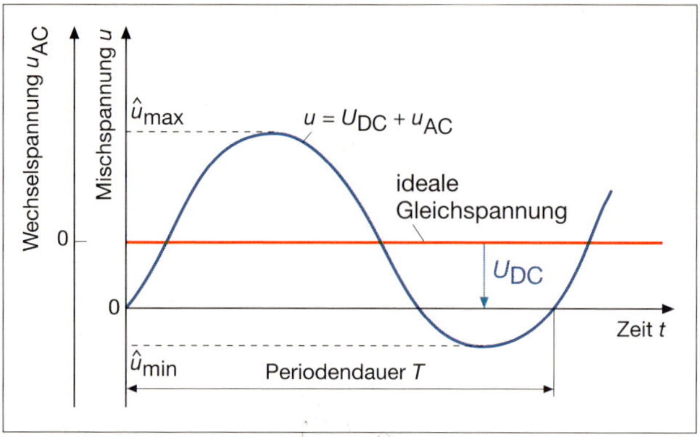

Bild M13: Zeitlicher Verlauf einer Mischspannung u

überlagert ist. Dieser wellige Gleichstrom wird mitunter auch **Wellenstrom** genannt.

Harmonische

Der Wechselanteil einer periodischen Mischgröße kann, wie jede Wechselgröße, zerlegt werden in eine Grundschwingung (1. Harmonische) mit der Grundfrequenz *f* und in Oberschwingungen (engl. *harmonics*), die höheren Harmonischen, mit ganzzahligen Vielfachen der Grundfrequenz. Die Ordnungszahl der jeweiligen Oberschwingung ist das Verhältnis ihrer Frequenz zur Frequenz der Grundschwingung. Die Oberschwingung z. B. mit der Ordnungszahl 3 – kurz auch 3. Harmonische genannt – hat bei der Grundfrequenz 50 Hz demnach eine Frequenz von 150 Hz. Die Oberschwingungsströme der 3. Harmonischen haben i. Allg. besonders hohe Werte. Als Frequenz des Mischstroms gilt die Frequenz der sinusförmigen Wechselstrom-Grundschwingung.

Mittelleiter

Leiter, der mit dem Mittelpunkt eines Stromversorgungssystems elektrisch verbunden ist [1].

Allgemeines

Mittelleiter (engl. *mid-point conductor*), Symbol: M [2], verbinden elektrische Verbrauchsmittel mit dem Mittelpunkt eines Stromversorgungssystems. Sie dienen damit der Übertragung und Verteilung elektrischer Energie.

Der „Mittelpunkt" (engl. *mid-point*) bezeichnet den gemeinsamen Punkt zwischen zwei zueinander symmetrischen Stromkreiselementen, deren andere Enden mit zwei verschiedenen →Außenleitern desselben →Stromkreises elektrisch verbunden sind [1]. Dabei kann der Mittelpunkt betriebsmäßig geerdet sein, wie in TN- und TT-Systemen, Beispiel s. Bild M14, oder nicht. In letzterem Fall handelt es sich um ein IT-System [3].

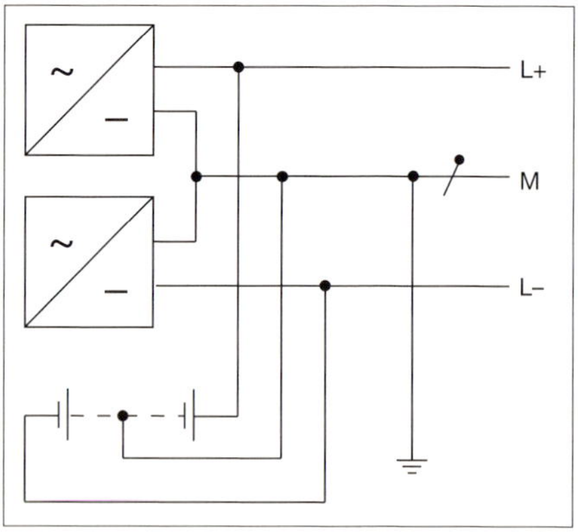

Bild M14: Gleichstrom-Dreileitersystem mit geerdetem Mittelleiter M

Anforderungen

Für Mittelleiter sind praktisch dieselben Anforderungen zutreffend wie für →Neutralleiter, z. B. in Bezug auf Schalten und Trennen, Farbkennzeichnung, Leiterbemessung und Überstromschutz. Dient der Mittelleiter gleichzeitig als Schutzerdungsleiter, wird er „PEM-Leiter“ (engl. *PEM conductor*) genannt. Er muss in diesem Fall insbesondere die Anforderungen nach DIN VDE 0100-410 [4] und DIN VDE 0100-540 [5] erfüllen.

Literatur

[1] IEC 60050 Internationales Elektrotechnisches Wörterbuch
- Kapitel 195 „Erdung und Schutz gegen elektrischen Schlag“
- Kapitel 826 „Elektrische Anlagen“ (nationale Übernahme in DIN VDE 0100-200).

[2] DIN EN 60445 (VDE 0197):2000-08 Grund- und Sicherheitsregeln für die Mensch-Maschine-Schnittstelle; Kennzeichnung der Anschlüsse elektrischer Betriebsmittel und einiger bestimmter Leiter einschließlich allgemeiner Regeln für ein alphanumerisches Kennzeichnungssystem.

[3] DIN VDE 0100-300:1996-01 Errichten von Starkstromanlagen mit Nennspannungen bis 1000 V; Bestimmungen allgemeiner Merkmale.

[4] DIN VDE 0100-410:1997-01 –; Schutzmaßnahmen; Schutz gegen elektrischen Schlag.

[5] DIN VDE 0100-540:1991-11 –; Auswahl und Errichtung elektrischer Betriebsmittel; Erdung, Schutzleiter, Potentialausgleichsleiter.

Möbelinstallation

Elektroinstallation in Möbeln und ähnlichen Einrichtungsgegenständen.

Allgemeines

Möbel (engl. *furniture*) sind bewegliche oder unbewegliche Einrichtungsgegenstände, z. B. Schränke, Betten, Dekorationsverkleidungen und Schaukästen (Vitrinen). Sie werden bestimmungsgemäß im häuslichen oder gewerblichen Bereich zum Arbeiten, zum Aufbewahren oder Ausstellen von Sachen, zum Sitzen, Liegen oder zum Verrichten sonstiger Freizeittätigkeiten benutzt.
Zu Möbeln gehören nicht elektrische Verbrauchsmittel, wie Kühlschränke und -truhen, Elektroherde, Mikrowellengeräte, Waschmaschinen, Stehleuchten, Radio- und Fernsehgeräte. Diese elektrischen Geräte sind steckerfertig, nicht fest mit den Möbeln oder Einrichtungsgegenständen verbunden und deshalb dem Verantwortungsbereich des Anlagenerrichters entzogen. Die speziell zum An- oder Einbau in Möbeln vorgesehenen Verbrauchsmittel werden über eigene Anschlussleitungen direkt mit dem Netz verbunden. Diese Leitungen sollen ausreichend lang sein, um ein Verrücken der Möbel, z. B. zu Reinigungszwecken, bei bestehender Steckverbindung zu ermöglichen.

Ausführung

Möbelinstallationen sind nach DIN VDE 0100-724 [1] auszuführen. Das gilt auch für Installationen in Möbeln, die mit dem Netz (➔Hausinstallation) über ➔Steckvorrichtungen verbunden werden. Dabei sind die aktuellen Richtlinien und Merkblätter des VdS zur Schadenverhütung zu berücksichtigen [2] bis [5].
Besonders wichtig ist der ordnungsgemäße Netzanschluss. Er soll über leicht zugängliche Steckvorrichtungen erfolgen.

Leitungen

In Möbeln sollen vorzugsweise ➔Mantelleitungen (NYM) mit einem Leiternennquerschnitt von mindestens 1,5 mm^2 Cu und bei flexiblen Verbindungen von Teileinheiten PVC- oder Gummischlauchleitungen (05VV-F bzw. 05RR-F) verlegt werden. PVC-Aderleitungen (H07V) sind nur in nicht metallenen Elektroinstallationsrohren zulässig.

Leuchten

Leuchten in Möbeln, z. B. in einer Hausbar, an einem Klappbett oder in einem Schreibfach, müssen mit Rücksicht auf die Vermeidung von Bränden, z. B. wegen zu hoher Oberflächentemperatur oder Strahlungswärme,
- DIN VDE 0710-14 [6] entsprechen und

- automatisch (zwangsläufig) abschalten, sobald die Tür oder Klappe geschlossen wird.

Außerdem ist die vom Hersteller angegebene Einbaulage der Leuchten zu beachten, da die Oberflächentemperatur von Lampen je nach Brennlage sehr unterschiedliche Werte annehmen kann.

Schließlich ist bei der Auswahl der Leuchten die spätere Nutzung eines Möbels oder Einrichtungsgegenstands zu berücksichtigen. Es ist zu verhindern, dass nachträglich, z. B. durch Einbringen von Büchern, gefährliche Wärmestauräume entstehen können.

Literatur

[1] DIN VDE 0100-724:1980-06 Errichten von Starkstromanlagen mit Nennspannungen bis 1000 V; Elektrische Anlagen in Möbeln und ähnlichen Einrichtungsgegenständen.
[2] VdS 2005/03.88 Elektrische Leuchten; Richtlinien für den Brandschutz. Hrsg.: VdS Schadenverhütung GbmH, Köln.
[3] VdS 2024/09.92 Errichten elektrischer Anlagen in Möbeln und ähnlichen Einrichtungsgegenständen. Richtlinien für den Brandschutz.
[4] VdS 2302/02.92 Niedervoltbeleuchtung. Merkblatt zur Schadensverhütung.
[5] VdS 2324/10.92 Niedervoltbeleuchtungsanlagen und -systeme. Richtlinie zur Schadensverhütung.
[6] DIN VDE 0710-14:1982-04 Leuchten zum Einbau in Möbel.

Motorstarter

Mechanisches Schaltgerät, das dazu bestimmt ist,

- →Elektromotoren zu starten und diese sodann kontinuierlich auf die normale Drehzahl zu beschleunigen,
- den stabilen Motorbetrieb sicherzustellen,
- Motoren im Bedarfsfall von der Spannungsversorgung abzuschalten sowie
- Motoren und ihre zugehörigen Stromkreise bei Überlastung zu schützen, z. B. durch Verwendung von Schaltern mit einstellbaren thermisch verzögerten Bimetallauslösern oder Überstromrelais [1].

Allgemeines

Elektromotoren mit Bemessungsleistungen über 0,5 kW sind bei Überlastung zu schützen. Ist eine automatische Abschaltung der Motoren nicht möglich, z. B. bei Feuerlöschpumpen, so hat die Überlasterfassung wenigstens ein Warnsignal abzugeben, auf das der Betreiber reagieren kann [2].

Motorstarter (engl. *motor starter*) – umgangssprachlich auch **Motorschutzschalter** oder nur **Motorschalter** genannt – sind Überlastschalter. Sie haben folglich keine Schutzvorrichtungen gegen →Kurzschluss, auch kein definiertes Bemessungskurzschlussschaltvermögen.

Das Einschaltvermögen des Motorstarters wird durch den Einschaltstrom des Motors bestimmt. Dieser kann z. B. bei Kurzschlussläufermotoren (→Asynchronmotor) das 6- bis 10-fache des Motornennstroms betragen.

Motorstarter gibt es für Nennspannungen bis 12 kV mit Hand-, Motor-, Druckluft- oder mit elektromagnetischem Antrieb, z. B. Schütz-Motorstarter. Meistens werden **Starter zum direkten Einschalten** (engl. *direct-on-line starter*) verwendet. Hierbei wird beim Einschalten die volle Netzspannung sofort (in einem Schritt) an die Motoranschlüsse gelegt. Bei **Startern für das Anlassen mit reduzierter Spannung** (engl. *reduced voltage starter*) wird die anfangs reduzierte Spannung an den Motoranschlüssen in mehreren Schritten (stufenweise) bis zur vollen Netzspannung gesteigert.

Stern-Dreieck-Starter

Stern-Dreieck-Starter (engl. *star-delta starter*) – auch **Stern-Dreieck-Schalter** genannt – starten Drehstrommotoren in

→Sternschaltung und bewirken damit einen allmählichen Anlauf der angetriebenen Maschine.[1] Anschließend stellen sie mit der zweiten Schaltstufe den stabilen Motorbetrieb in der →Dreieckschaltung sicher. Die Zeit vom Einschalten bis zum Erreichen der Betriebsdrehzahl wird „Anlaufzeit" (Hochlaufzeit) oder „Anlaufdauer" genannt.
Stern-Dreieck-Starter eignen sich nicht zum Reversieren. Für den Reversierbetrieb, d. h. für die Drehrichtungsumkehr eines Drehstromotors, gibt es spezielle Schaltgeräte, z. B. **Zwei-Richtungsstarter** (engl. *two-direction starter*). Diese Starter bewirken die Umkehr der Motordrehrichtung durch Vertauschen der Motoranschlussleitungen bei Läuferstillstand. Mit **Startern zum Reversieren** (engl. *reversing starter*) ist die schnelle Drehrichtungsumkehr auch während des Motorlaufs möglich (schnelles Reversieren).

Widerstandsstarter

Mit Widerstandsstartern (engl. *rheostatic starter*) – früher **Anlasser** genannt – lassen sich wie bei Stern-Dreieck-Startern während des Anlassens ebenfalls bestimmte Motor-Drehmoment-Eigenschaften erzielen. Man unterscheidet **Ständerwiderstandsstarter** für Käfigläufermotoren (Kurzschlussläufer) und **Läuferwiderstandsstarter** für Asynchronmotoren mit Schleifringen (Schleifringläufer). Mit diesen Startern (Ständer- bzw. Läuferanlasser) werden während der Anlassphase die vorher im Ständer- bzw. Läuferstromkreis geschalteten Widerstände aufeinander folgend kurzgeschlossen.
Widerstandsstarter (Anlasser) sind nicht zur Drehzahlregelung bestimmt. Sie müssen während des Betriebs stets bis zum Endkontakt eingeschaltet werden.

[1] In Sternschaltung haben Netzstrom und Motordrehmoment etwa ein Drittel des Wertes in Dreieckschaltung. Deshalb werden **Stern-Dreieck-Starter** zur Begrenzung des Anlaufstroms und/oder des Anlaufdrehmoments der angetriebenen Maschine (Anlauf mit geringer Last) verwendet, z. B. bei Gebläsen oder Pumpen.

Literatur

[1] DIN EN 60947-4-1 (VDE 06601-02): 2003-09 Niederspannungsschaltgeräte; Elektromechanische Schütze und Motorstarter.
[2] DIN EN 60204-1 (VDE 0113-1):1998-11. Sicherheit von Maschinen; Elektrische Ausrüstung von Maschinen; Allgemeine Anforderungen.

Muffe

Garnitur, die zwei oder mehr Kabel oder Leitungen elektrisch verbindet und die Verbindungsstellen gegen Feuchtigkeit, Schmutz sowie mechanische Beschädigungen schützt.

Allgemeines

Muffen (engl. *joints*) werden nach ihrem Verwendungszweck wie folgt unterschieden:

- **Verbindungsmuffen** (engl. *straight joints*) verbinden Kabel gleicher Bauart, auch mit unterschiedlichen Leiternennquerschnitten.
- **Übergangsmuffen** (engl. *transition joints*) verbinden Kabel unterschiedlicher Bauart, z. B. Kunststoff- und →Massekabel.
- **Abzweigmuffen** (engl. *branch joints*) ermöglichen das Abzweigen eines Kabels beliebiger Bauart von einer durchgehenden Kabelstrecke [1][2].

Die elektrischen Verbindungen – auch von →Metallmänteln, →konzentrischen Leitern und →Schirmen – erfolgen in der Regel durch Löten, Schweißen oder Pressen. Es gibt aber auch Einleiter- und Mehrleitermuffen mit lösbaren Verbindungen, z. B. mit Einzel- oder Mehrfachklemmen.

Verbindungsmuffen

Als Verbindungsmuffen für Kunststoffkabel

und -leitungen mit Nennspannungen bis 1000 V werden vorzugsweise **Warmschrumpfmuffen** verwendet. Diese Muffen sind relativ leicht und haben einen vergleichsweise geringen Durchmesser. Ihre Schrumpfteile verfügen über eine Schmelzkleberbeschichtung.
Schrumpfmuffen (engl. *elastic joints*) bestehen aus einer Innenmuffe je Ader und einer gemeinsamen Schutzmuffe über alle Verseil- und Aufbauelemente. Die Dicke der äußeren Schutzmuffe entspricht mindestens der Dicke des Kabelmantels. Schrumpfmuffen können auch als Übergangsmuffen von Masse- auf Kunststoffkabel verwendet werden, wenn sichergestellt ist, dass die Kabeltränkmasse nicht in die Grenzschichten eindringen kann.
Für Kunststoffkabel mit Nennspannungen bis 10 kV werden häufig **Gießharzmuffen** (engl. *cast resin joints*) verwendet. Bei diesen Muffen übernimmt das in eine Form gegossene, kalt härtende Gießharz (Epoxidharz, Polyurethan) die elektrische Isolierung, den Schutz vor Feuchtigkeit und gegen äußere mechanische Beschädigungen. Zweikomponentensysteme (Harz und Härter) werden kurz vor der Verarbeitung gemischt.
Muffen für Niederspannungskabel sind manchmal auch mit Gelen gefüllt (Gel-Muffen). Unter leichtem Druck passt sich das Gel praktisch jeder Oberfläche an. Vergussmassen auf Bitumenbasis verlieren immer mehr an Bedeutung.
Freie Kabelenden sind elektrisch spannungsfest und feuchtigkeitssicher durch **Endmuffen** (engl. *stop ends*) zu verschließen. Bei Niederspannungs-Kunststoffkabeln werden zu diesem Zweck Schrumpf-Aderkappen und als äußerer Schutz Schrumpf-Außenkappen – sämtlich mit Schmelzkleberbeschichtung – verwendet.

Übergangsmuffen

In Übergangsmuffen treffen Kabel mit Kunststoffisolierung und Kabel mit ölimprägnierter Papierisolierung aufeinander. Bei Anpassung der Muffe an das papierisolierte (Masse-)Kabel wird eine mit Ölisoliermasse gefüllte Innenmuffe verwendet und die Kunstoffkabelseite abgedichtet. In diesem Fall entspricht die Muffe in ihrem grundsätzlichen Aufbau einer Verbindungsmuffe für Massekabel – auch „nasse Muffe“ genannt. Bei Anpassung der Übergangsmuffe an das kunstoffisolierte Kabel wird die Massekabelseite mit Schrumpfteilen oder Kunststoffbändern abgedichtet und diese somit quasi in ein trockenes Kunststoffkabelende verwandelt. Die Muffe entspricht nunmehr in ihrem grundsätzlichen Aufbau einer Verbindungsmuffe für Kunststoffkabel – auch „trockene Muffe“ genannt.
Für die elektrischen Verbindungen von Masse- und Kunstoffkabeln werden Verbinder mit einer Trennwand verwendet, damit keine Tränkmasse übertragen werden kann.

Abzweigmuffen

Abzweigmuffen ermöglichen das Abzweigen eines Kabels, bei Doppel-Abzweigmuffen von zwei Kabeln beliebiger Bauart mit gleichem oder ungleichem Leiternennquerschnitt. Bei Gebäudeeinspeisungen heißen diese Garnituren auch **Hausanschlussmuffen**.
Abzweigmuffen werden nach ihrer Form in T-Muffen und Y-Muffen (Ypsilon- oder Gabelmuffen) unterschieden. Bei T-Muffen erfolgt der Abzweig rechtwinklig zum durchgehenden Kabel; bei Y-Muffen liegt die Achse des Abzweigs im Muffenbereich etwa parallel zur Achse des durchgehenden Kabels. Y-Muffen benötigen deshalb weniger Platz in der Kabeltrasse als T-Muffen.
Hausanschlussmuffen werden i. Allg. als Gießharz- oder Warmschrumpfmuffen hergestellt. Bei Verwendung von Muffen mit Metallgehäuse wird nach dem Herstellern der elektrischen Leiterverbindungen das Gehäuseinnere blasenfrei mit Vergussmasse nach DIN VDE 0291-1 ausgefüllt [3].

Literatur

[1] DIN VDE 0278-623:1997-01 Starkstromkabel-Garnituren mit Nennspannungen bis 30 kV (36 kV); Bestimmungen für Muffen, Endmuffen und Endverschlüsse für Freiluftanlagen für Kabel mit Nennspannungen 0,6/1 kV.

[2] DIN VDE 0279:1982-10 Leitungs-Garnituren des Bergbaus unter Tage; Muffen 0,6/1 kV.

[3] *Brüggemann, H.:* Anlagentechnik für elektrische Verteilungsnetze, Band 1: Starkstrom-Kabelanlagen. Berlin, Frankfurt/M.: VDE-Verlag sowie Verlags- und Wirtschaftsgesellschaft der Elektrizitätswerke, 1992.

— N —

nasser Raum

Raum oder Bereich innerhalb eines Raums, dessen Fußboden, mitunter auch dessen Wände und/oder Einrichtungen, aus betrieblichen, hygienischen oder anderen Gründen mit Wasser abgespritzt werden. Das ist üblicherweise der Fall in Duschräumen, in der unmittelbaren Umgebung von Schwimmbecken, in Dampfsaunas, Molkereien, Käsereien, Schlachthäusern, Metzgereien, Gärkellern, Spülküchen, Nasswerkstätten, Gewächshäusern und Wagenwaschräumen. In diesen Räumen ist die Luft in hohem Maße mit Wasser gesättigt und deshalb die relative Luftfeuchte dort extrem hoch. Mitunter beträgt sie nahezu 100 %.

In nassen Räumen (engl. *wet areas*) müssen die elektrischen Betriebsmittel mindestens der Schutzart IPX4 entsprechen. Werden elektrische Betriebsmittel unmittelbar einem Wasserstrahl ausgesetzt, so sollen sie eine der Beanspruchung durch den Wasserstrahl entsprechende Schutzart (≥ IPX5) oder einen zusätzlichen Schutz haben, der den ordnungsgemäßen Betrieb sicherstellt.

Achtung! Der durch die Schutzart IPX5 gegebene Schutzumfang lässt ein Reinigen (Abspritzen) der Betriebsmittel höchstens mit einem Niederdruck-Wasserstrahl zu [1], nicht jedoch mit Hochdruckreinigern [2]. Elektrische Betriebsmittel sind erst wasserdicht und überflutungsgeschützt, wenn sie der Schutzart ≥ IPX6 entsprechen.

Literatur

[1] DIN EN 60204-1 (VDE 0113-1): 1998-11 Elektrische Ausrüstung von Maschinen; Allgemeine Anforderungen.

[2] DIN VDE 0100-737: 2002-01 Errichten von Niederspannungsanlagen; Feuchte und nasse Bereiche und Räume, Anlagen im Freien.

Nennspannung

Spannung, nach der ein elektrisches Betriebsmittel, eine Anlage, ein Netz oder System benannt ist und auf die bestimmte Betriebseigenschaften, Grenz- und Prüfwerte bezogen sind.

Formelzeichen: U_n oder U_N.

Allgemeines

Nennspannungen (engl. *nominal voltages*) sind elektrische Spannungen mit einem genormten Wert; sie werden deshalb auch „Normspannungen" genannt [1]. Die tatsächlich zwischen den Leitern herrschende Spannung bei Normalbetrieb (➔Betriebsspannung) kann jedoch zeitlich und örtlich innerhalb der zulässigen Toleranzen mehr oder weniger von der Nennspannung abweichen.

Elektrische Betriebsmittel für unterschiedliche Anwendungen können mehrere Nennspannungen haben, z. B. eine Nenngleichspannung und eine Nennwechselspannung oder mehrere Nennwechselspannungen.

Die Nennspannung einer **Batterie** (➔Akkumulator) ist das Produkt aus der Anzahl der in Reihe geschalteten galvanischen Zellen und der Nennspannung einer Zelle.

Spannungswerte

Spannungen, nach denen ein Netz benannt wird, heißen „Netz-Nennspannungen" (engl. *system nominal voltages*). Die weltweit genormten Einheitswerte dieser Spannungen betragen z. B. für

- Niederspannungs-Verteilungs- und -Verbrauchernetze 400/230 V und für
- große Industrienetze 690/400 V [1].

Dabei ist der jeweils niedrigere Wert die Spannung gegen den geerdeten Neutralleiter (Leiter-Erde-Spannung). Diese Spannung U_0 entspricht in Drehstromsystemen der durch $\sqrt{3}$ geteilten Außenleiterspannung U (Leiter-Leiter-Spannung). Es gelten die Effektivwerte.

Die Versorgungsspannung an der Übergabestelle zur Verbraucheranlage (→Speisepunkt) soll nicht mehr als 10 % von der Normspannung abweichen. Zusätzlich zu den Spannungsänderungen am Speisepunkt können →Spannungsfälle bis 4 % innerhalb der Verbraucheranlage auftreten. Die Toleranz der Verbraucherspannung an Steckdosen und Anschlussklemmen von elektrischen Verbrauchsmitteln beträgt somit +10 % und –14 %, bezogen auf die Nennspannung.

Bestehende 380/220-V-Netze sind in Europa spätestens am 31.12.2008 auf die Normspannung 400/230 V umzustellen. Sinngemäß gilt das auch für die Umstellung der Industrienetze von 660/380 V auf 690/400 V.

Für Niederspannungs-Gleichstromsysteme betragen die bevorzugten Werte der Nennspannungen: 6, 12, 24, 36, 48, 60, 72, 96, 110, 220 und 440 V. Kleine Wechselspannungen haben folgende Nennwerte: 6, 12, 24, 48 und 110 V [1].

Literatur

[1] DIN IEC 60038 (VDE 0175):2002-11 IEC-Normspannungen.

Nennstromregel

Grundregel zum Schutz von Kabeln und Leitungen bei **Überlast** nach DIN VDE 0100-430 [1].

Allgemeines

Die o. g. Grundregel besagt, dass

- der Nennstrom I_n (Bemessungsstrom, engl. *rated current*) einer Überstrom-Schutzeinrichtung, z. B. eines Sicherungseinsatzes, Leitungsschutz- oder Leistungsschalters, mindestens so groß sein muss wie der zu erwartende →Betriebsstrom I_b im fehlerfreien →Dauerbetrieb ($I_n \geq I_b$), dass aber andererseits
- der Nennstrom I_n einer Überstrom-Schutzeinrichtung niemals größer sein darf als die zulässige Strombelastbarkeit I_z der Kabel oder Leitungen nach DIN VDE 0298-4 ($I_n \leq I_z$) [2].

Bei einstellbaren Überstrom-Schutzeinrichtungen, z. B. Motorstartern, entspricht der Nennstrom I_n dem eingestellten Stromwert (Einstellstrom) der Schutzeinrichtung.

Der Schutz bei Überlast wird auch für elektrische Geräte gefordert, z. B. für Fehlerstrom-Schutzeinrichtungen (RCDs), wenn in dem betreffenden Stromkreis Überlast auftreten kann. In diesem Fall darf der Nennstrom I_n der Überstrom-Schutzeinrichtung

- nicht größer als die zulässige Strombelastbarkeit I_z der Kabel oder Leitungen, aber auch
- nicht größer als der Nennstrom (Bemessungsstrom) der zu schützenden Geräte sein.

Für den Nennstrom I_n der Überstrom-Schutzeinrichtung gilt der jeweils niedrigere Wert von beiden Strömen.

Die **Nennstromregel** (Bemessungsstromregel) ist die wichtigste und folglich auch die erste Grundregel für den Überlastschutz von Kabeln und Leitungen. Sie lässt sich gut gemeinsam mit der zweiten Grundregel für den Überlastschutz – der sog. Auslösestromregel $I_2 \leq 1{,}45 \cdot I_z$ [1] – auf einem Stromstrahl I grafisch darstellen (s. Bild N1) und in folgender (Un-)Gleichung zusammenfassen:

$$I_b \leq I_n \leq I_z \qquad (1)$$

Bei Steckdosenstromkreisen ist der Betriebsstrom I_b identisch mit dem Nennstrom I_n (Bemessungsstrom) der Steckdose(n).

Vollständiger Überlastschutz

Trotz strikter Einhaltung der Bedingungen nach Gl. (1) – d. h. der Nennstromregel, auch in Verbindung mit der „klassischen“ **Auslösestromregel** $I_2 \leq 1{,}45 \cdot I_z$ – kommt es vor, dass sich Kabel oder Leitungen während des üblichen Betriebs (Normalbetrieb) mitunter stark erwärmen und dadurch womöglich geschädigt werden. Eine hohe Erwär-

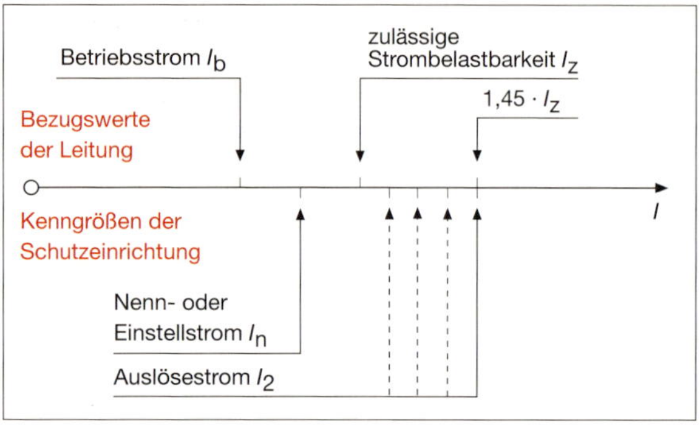

Bild N1: Darstellung der Nennstrom- und Auslösestromregel

mung tritt in der Regel dann auf, wenn Überlastströme über eine vergleichsweise lange Zeit, z. B. ≥ 30 min, fließen können, weil keine Abschaltung erfolgt. In diesem Fall liegen die Überlastströme wertmäßig unter dem →Auslösestrom der Überstrom-Schutzeinrichtung. Sie können deshalb die Schutzeinrichtung nicht zur alsbaldigen Ausschaltung bringen.
Ein vollständiger Überlastschutz von Kabeln und Leitungen im Sinne von [1] wird am besten dadurch erreicht, dass die zulässige Strombelastbarkeit I_z im Dauerbetrieb mindestens so groß gewählt wird wie der thermische Auslösestrom I_2 (großer Prüfstrom) der Überstrom-Schutzeinrichtung. Somit lautet die Auslösestromregel für den **vollständigen Überlastschutz**:

$$I_2 \leq I_z \quad \text{oder} \quad I_z \geq I_2 \tag{2}$$

In diesem Fall ist der →Schutzgrad der Überlast-Schutzeinrichtung

$$S = \frac{I_z}{I_2} = \frac{I_z}{I_z} = 1 \tag{3}$$

Mit Bezug auf Gl. (2) sind bei möglichen Überlastungen von vergleichsweise langer Dauer die Leiter um eine Querschnittsstufe höher zu wählen. Wirtschaftlicher ist es jedoch, in diesem Fall Überstrom-Schutzeinrichtungen mit einem thermischen Auslösestrom $I_2 \leq 1,2 \cdot I_n$ (nicht $I_2 \leq 1,45 \cdot I_n$) zu verwenden. Solche Überstrom-Schutzeinrichtungen nach DIN EN 60947 (VDE 0660-101 und -102), z. B. Sicherungsautomaten (Leitungsschutzschalter) mit der K(Kraft)-Charakteristik, sind schon seit langem auf dem Markt.
Der Schutz bei Überlast ist nach DIN VDE 0100-430 nicht gefordert, wenn in dem betreffenden Stromkreis keine überlastungsfähigen Verbrauchsmittel angeschlossen sind. In diesem Fall sind Überstrom-Schutzeinrichtungen nur zum Schutz bei →Kurzschluss erforderlich, deren Nennstrom I_n (Bemessungstrom) mit Bezug auf [1] größer sein darf als die zulässige Strombelastbarkeit I_z bei Dauerbetrieb.

Literatur

[1] DIN VDE 0100-430:1991-11 Errichten von Starkstromanlagen mit Nennspannungen bis 1000 V; Schutzmaßnahmen; Schutz von Kabeln und Leitungen bei Überstrom.

[2] DIN VDE 0298-4:2003-08 Verwendung von Kabeln und isolierten Leitungen für Starkstromanlagen; Empfohlene Werte für die Strombelastbarkeit von Kabeln und Leitungen für feste Verlegung in und an Gebäuden und von flexiblen Leitungen.

Nennübersetzung

Verhältnis (Quotient) bestimmter Eingangsgrößen zu den Ausgangsgrößen, z. B. bei →Spannungs- und →Stromwandlern.
Die Nennübersetzung, Formelzeichen: K_n (seltener *ü*), wird als ungekürzter Bruch angegeben und mitunter auch (inkorrekt) „Übersetzungsverhältnis" genannt.

Nennspannungsübersetzung

Die Nennübersetzung eines →Transformators oder (induktiven) Spannungswandlers ist das Verhältnis der primären Nennspan-

nung U_1 (Eingangsspannung) zur sekundären Nennspannung U_2 (Ausgangsspannung) im Leerlauf.
Im Idealfall verhalten sich Primär- und Sekundärspannung wie die Windungszahlen n_1, n_2. Im praktischen Betrieb bewirkt der Belastungsstrom jedoch einen →Spannungsfall, infolgedessen sich U_2 von U_1 selbst bei $n_1 = n_2$ unterscheidet.
Der Quotient $K_n = U_1/U_2$ wird meist **Spannungsübersetzung** (engl. *rated voltage ratio*) genannt.

Nennstromübersetzung

Die Nennübersetzung eines Stromwandlers ist das Verhältnis des primären Nennstroms I_1 (Eingangsstrom) zum sekundären Nennstrom I_2 (Ausgangsstrom). Der Quotient $K_n = I_1/I_2$ wird meist **Stromübersetzung** (engl. *rated current ratio*) genannt.
Stromwandler sind dem Prinzip nach Transformatoren, die sekundärseitig, z. B. über ein niederohmiges Strommessgerät, kurzgeschlossen sind. Im Idealfall kompensieren sich Primär- und Sekundärdurchflutung vollständig ($I_1 \cdot n_1 = I_2 \cdot n_2$). Durch die Wahl der Windungszahlen n_1, n_2 lässt sich bei Stromwandlern praktisch jede Übersetzung realisieren.

Neutralleiter

Leiter, der mit dem Neutralpunkt eines Stromversorgungssystems elektrisch verbunden ist [1].

Allgemeines

Neutralleiter (engl. *neutral conductors*) sind aktive Leiter. Sie verbinden elektrische Verbrauchsmittel mit dem Neutralpunkt eines Stromversorgungssystems und können damit zur Verteilung elektrischer Energie beitragen.

Der „Neutralpunkt" (engl. *neutral point*) bezeichnet den gemeinsamen Punkt eines in Stern geschalteten Mehrphasen-Wechselstromsystems (Sternpunkt) oder den Mittelpunkt eines Einphasen-Wechselstromsystems [1]. Dabei kann der Neutralpunkt (Mittelpunkt) betriebsmäßig geerdet sein, wie in TN- und TT-Systemen, oder nicht. In letzterem Fall handelt es sich um IT-Systeme nach DIN VDE 0100-300 [2].

In Gleichstromsystemen gibt es keinen Neutralpunkt und damit keinen Neutralleiter. In diesen Systemen wird der gemeinsame Punkt zwischen zwei zueinander symmetrischen Stromkreiselementen, deren andere Enden mit zwei verschiedenen Außenleitern desselben Stromkreises elektrisch verbunden sind, als „Mittelpunkt" (engl. *mid-point*) und der an diesem Punkt angeschlossene Leiter als „Mittelleiter" (engl. *mid-point conductor*) bezeichnet [1].
In Deutschland wurde der Neutralleiter früher „Mittelpunktleiter" (Mp) genannt und durch eine unterbrochene Linie dargestellt. Nunmehr werden Neutralleiter mit einem durchgehenden Strich und zusätzlich mit dem Buchstaben N [3] oder dem Symbol ⁄• entsprechend IEC 60617 bezeichnet, s. Bild N2 [2].

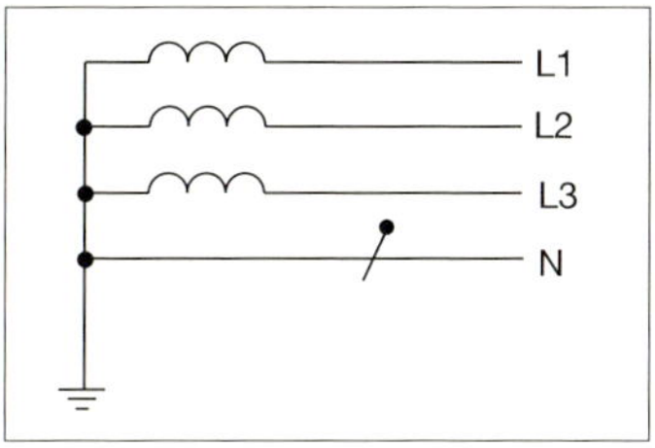

Bild N2: Leiterbezeichnungen in einem geerdeten Drehstrom-Vierleitersystem

In einem TN-C-S-System ist es nicht gestattet, die vom PEN-Leiter abgehenden Neutralleiter im TN-S-Teil zu erden oder mit dem Potentialausgleichssystem zu verbinden.

Schalten, Trennen

Neutralleiter dürfen nicht einpolig geschaltet werden. Deshalb ist die Verwendung einpoliger Schaltgeräte im Neutralleiter unzulässig [4]. Darüber hinaus ist sicherzustellen, dass der Neutralleiter nicht vor den Außenleitern abgeschaltet und nicht nach den Außenleitern wieder eingeschaltet werden kann. Das annähernd zeitgleiche Schalten ist zulässig.

In Deutschland ist bei Einhaltung der →„Spannungswaage" der Neutralleiter gewöhnlich wirksam geerdet und braucht deshalb in einem TN-C-S-System grundsätzlich nicht geschaltet oder getrennt zu werden. Ist der Neutralleiter nach Mitteilung des zuständigen Verteilungsnetzbetreibers (VNB) in einem bestimmten Stromversorgungssystem jedoch nicht zuverlässig wirksam geerdet, so sind in der →Verbraucheranlage Vorrichtungen zum Schalten und Trennen des Neutralleiters im Sinne von DIN VDE 0100-460 [5] vorzusehen. Dieses Erfordernis besteht meistens auch dann, wenn in den Neutralleiter Drosseln oder Filter eingebaut worden sind.

In Frankreich, Norwegen, Portugal, Spanien, Belgien und in der Schweiz gilt der Neutralleiter generell als nicht wirksam geerdet. In Deutschland ist dies gemäß DIN VDE 0100-443 z. B. in TT-Systemen der Fall.

Farbkennzeichnung

Elektrische Leiter müssen grundsätzlich an jeder Anschlussstelle identifizierbar sein. Zu diesem Zweck ist der Neutralleiter nach DIN VDE 0100-510 [4] in Übereinstimmung mit DIN EN 60446 [7] und DIN VDE 0293-308 **blau** zu kennzeichnen, und das möglichst auf seiner gesamten Länge. Einadrige Mantelleitungen und einadrige Kabel haben mitunter keine blaue Aderkennzeichnung. Diese Leitungen und Kabel sind deshalb bei Verwendung als Neutralleiter an den Leiterenden mit einer blauen Markierung zu versehen.

Die ungesättigte Farbe Blau – auch „Hellblau" – darf zur Kennzeichnung anderer Leiter nicht verwendet werden, wenn eine Verwechslung möglich ist. Bei nicht vorhandenem Neutralleiter ist eine Verwechslung ausgeschlossen. In diesem Fall darf eine blau gekennzeichnete Leitung oder Ader auch für andere Zwecke, z.B. für einen Außenleiter, verwendet werden, nur nicht für →Schutzleiter.

Der Schutzleiter (PE) ist immer mit der Zweifarbenkombination Grün-Gelb zu kennzeichnen. PEN-Leiter (Schutzerdungsleiter mit Neutralleiterfunktion) erhalten zusätzlich noch eine blaue Markierung an den Leiterenden. Diese zusätzliche Markierung darf in öffentlichen und damit vergleichbaren Verteilungsnetzen, z. B. in der Industrie, entfallen [4]. Außerdem dürfen die Farben Grün und Gelb in keiner anderen Zweifarbenkombination als Grün-Gelb und diese Doppelfarbe für keinen anderen Zweck als zur Kennzeichnung von Schutzleitern – für PEN-Leiter in der beschriebenen Dreifarbenkombination – verwendet werden. In den USA und Kanada wird der Schutzleiter nur grün, nicht grün-gelb gekennzeichnet.

Blanke Neutralleiter werden ebenso wie isolierte Neutralleiter möglichst durchgehend blau gekennzeichnet. Hierfür ist auch eine intermittierende Kennzeichnung mit blauen Streifen, 15...100 mm breit, an exponierten Stellen – insbesondere an den Anschlussstellen – zulässig. In den USA, Kanada und Japan wird anstelle von Blau die Farbe Weiß zur Kennzeichnung des Neutralleiters verwendet.

Überstromschutz

In Verbraucheranlagen sollen Neutralleiter dem Außenleiter möglichst leitwertäquivalent sein, nicht zuletzt wegen der immer mehr zunehmenden Oberschwingungsströme. In diesem Fall wird in TN- und TT-Systemen für Neutralleiter ein Überstromschutz nicht gefordert [6]. Ist der Querschnitt des Neutralleiters jedoch geringer bemessen als der Querschnitt eines Außen-

leiters desselben Stromkreises, so ist grundsätzlich eine Überstromerfassung im Neutralleiter vorzusehen. Diese Überstromerfassung muss die Abschaltung der Außenleiter, jedoch nicht notwendigerweise die des Neutralleiters, bewirken.
In TN- und TT-Systemen darf auf eine Überstrom-Schutzeinrichtung im Neutralleiter grundsätzlich verzichtet werden, wenn

- dieser Leiter bereits hinlänglich durch die Schutzeinrichtung der Außenleiter des betreffenden Stromkreises bei →Kurzschluss geschützt ist und
- der höchste Strom im Neutralleiter den zulässigen Strombelastbarkeitswert für diesen Leiter nicht überschreitet.

Literatur

[1] IEC 60050 Internationales Elektrotechnisches Wörterbuch
- Kapitel 195 „Erdung und Schutz gegen elektrischen Schlag".
- Kapitel 826 „Elektrische Anlagen" (nationale Übernahme in DIN VDE 0100-200).

[2] DIN VDE 0100-300:1996-01 Errichten von Starkstromanlagen mit Nennspannungen bis 1000 V; Bestimmungen allgemeiner Merkmale.

[3] DIN EN 60445 (VDE 0197):2000-08 –; Kennzeichnung der Anschlüsse elektrischer Betriebsmittel und einiger bestimmter Leiter einschließlich allgemeiner Regeln für ein alphanumerisches Kennzeichnungssystem.

[4] DIN VDE 0100-510:1997-01 Errichten von Starkstromanlagen mit Nennspannungen bis 1000 V; Auswahl und Errichtung elektrischer Betriebsmittel; Allgemeine Bestimmungen.

[5] DIN VDE 0100-460:2002-08 Errichten von Niederspannungsanlagen; Schutzmaßnahmen; Trennen und Schalten.

[6] DIN VDE 0100-430:1991-11 –; Schutzmaßnahmen; Schutz von Kabeln und Leitungen bei Überstrom.

[7] DIN EN 60446 (VDE 0198):1999-10 Grund- und Sicherheitsregeln für die Mensch-Maschine-Schnittstelle; Kennzeichnung von Leitern durch Farben oder numerische Zeichen.

NH-Sicherung

Niederspannungs-**H**ochleistungs-Sicherung nach DIN VDE 0636-201 und -2011.

NH-Sicherungen werden für Bemessungsströme bis 1250 A überwiegend für den industriellen Gebrauch (engl. *fuses mainly for industrial application*) hergestellt. Sie bestehen hauptsächlich aus dem

- fest installierten **Sicherungsunterteil**, dem
- steckbaren **Sicherungseinsatz** mit messerförmigen Kontaktstücken (Messersicherung) und dem
- abnehmbaren **Sicherungsaufsteckgriff** mit Armschutzstulpe nach DIN VDE 0680-4, s. Bild N3.

NH-Sicherungen wirken →Kurzschlussstrom begrenzend und werden deshalb bevorzugt als Kurzschlussschutzeinrichtung in Schalt- und Verteilungsanlagen verwendet. Durch Ziehen des NH-Sicherungseinsatzes (im stromlosen Zustand!) wird eine sichtbare Trennstrecke geschaffen.
Im Gegensatz zu →D- und D0-Sicherungen mit Schraubsockel besteht bei steckbaren NH-Sicherungseinsätzen grundsätzlich keine Stromunverwechselbarkeit. Außerdem ist der Schutz gegen elektrischen Schlag beim Auswechseln des Sicherungs-

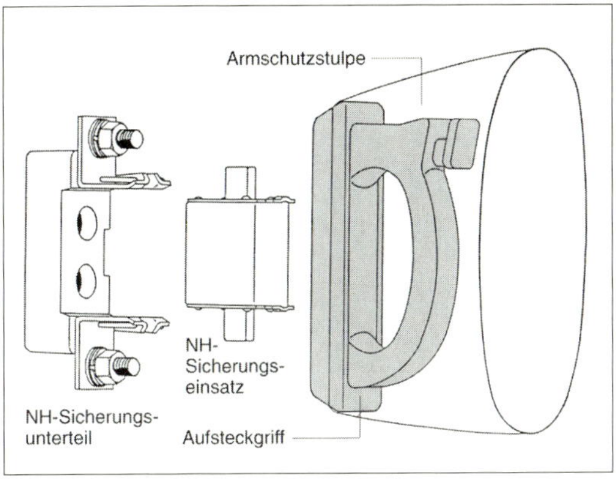

Bild N3: NH-Sicherung

einsatzes erheblich eingeschränkt. NH-Sicherungen dürfen deshalb nur von Elektrofachkräften (→Fachkraft) oder →elektrotechnisch unterwiesenen Personen unter Verwendung von Schutzvorrichtungen und Körperschutzmitteln (Armschutzstulpe, Gesichtsschutzschirm, Helm) bedient werden.

Niederspannung

Elektrische Spannung, die folgende Nennwerte nicht überschreitet:

- in Wechselstromanlagen
  1000 V zwischen den Außenleitern,
  600 V zwischen einem Außenleiter und Erde oder dem geerdeten Neutralpunkt;
- in Gleichstromanlagen
  1500 V zwischen den Außenleitern,
  900 V zwischen einem Außenleiter und Erde oder dem geerdeten Mittelpunkt.

Diese Spannungsangaben (Spannungsebenen, engl. *voltage levels*) beziehen sich bei Wechselstromanlagen auf den Effektivwert und bei Gleichstromanlagen auf den arithmetischen Mittelwert.

Allgemeines

Die Nennwerte der Niederspannung (engl. *low voltage*, Abk. LV) sind identisch mit den Werten des →Spannungsbereichs I und II nach IEC 60449:1973 sowie dem CENELEC-HD 193 S2:1982. Dabei umfasst der

- **Spannungsbereich I** den Bereich der Kleinspannungen und der
- **Spannungsbereich II** alle über dem Spannungsbereich I liegenden Niederspannungen [1], z. B. die Spannungen der öffentlichen Elektrizitätsversorgung für Hausinstallationen, gewerbliche, landwirtschaftliche und industrielle Anlagen (Hauptspannungsebene).

„Niederspannung" im Sinne der Spannungsbereiche I und II ist Gegenstand der für die europäische Normung wichtigen EU-Niederspannungsrichtlinie 73/23/EWG und der Normenreihe DIN VDE 0100 „Errichten von Niederspannungsanlagen". Außerdem wird dieser Terminus häufig auch in den Begriffsbenennungen für elektrische Betriebsmittel, Kenngrößen und Einrichtungen verwendet, z. B. Niederspannungs-Prüffelder, Niederspannungs-Schaltgerätekombinationen, Niederspannungsnetze und -räume.

In Großbritannien und der Republik Irland gibt es auch geerdete Wechselstromsysteme mit „reduzierter Niederspannung" (engl. *reduced low voltage*, Abk. RLV). In diesen Systemen beträgt die höchste Spannung zwischen den Außenleitern 110 V. Zwischen Außenleiter und Erde ist die Spannung

- bei nur einem Außenleiter 110 V/2 = 55 V und
- bei drei Außenleitern (Drehstromsystem) $110\ \mathrm{V}/\sqrt{3} = 63{,}5\ \mathrm{V}$.

RLV-Systeme finden vorzugsweis zum Schutz gegen elektrischen Schlag auf Baustellen Anwendung [2]. In Deutschland sind derartige Wechselstromsysteme unüblich.

Beim Überschreiten der Nennwerte für Niederspannung (> AC 1 kV/DC 1,5 kV) gelten die Anforderungen für **Hochspannung** (engl. *high voltage*, Abk. HV).

Werden Niederspannungsbetriebsmittel in Hochspannungsschaltfeldern verwendet, so dürfen sich die für die jeweilige Spannungsebene getroffenen Schutzmaßnahmen nicht nachteilig beeinflussen oder gar aufheben. Außerdem sind in diesem Fall Niederspannungsbetriebsmittel gegen die unmittelbare Einwirkung von Störlichtbögen zu schützen, am besten durch Platzierung dieser Betriebsmittel in einem vom Hochspannungsteil abgetrennten Raum [3].

Kleinspannungen

Kleinspannungen (engl. *extra-low voltages*, Abk. ELV) sind Niederspannungen, deren Nennwerte in Übereinstimmung mit IEC 61201:1992-08 in Wechselstromanlagen 50 V und in Gleichstromanlagen 120 V nicht

überschreiten. Diese oberen Grenzwerte entsprechen dem Spannungsbereich I und gelten sowohl für Spannungen zwischen den Außenleitern als auch für Spannungen gegen Erde.
Zum Spannungsbereich I gehören alle elektrischen Anlagen,

- bei denen der Schutz gegen elektrischen Schlag unter bestimmten Bedingungen durch die Höhe der Spannung sichergestellt ist (➔Schutz durch Kleinspannung SELV oder PELV) oder
- deren Nennspannung aus Funktionsgründen den Grenzwert von AC 50 V bzw. DC 120 V nicht überschreiten darf, z. B. bei Klingelanlagen.

Mitunter werden in Deutschland die kleinen, einer Sicherheitsstromquelle entnommenen Spannungen SELV (engl. *safety extra-low voltage*) oder PELV (engl. *protection extra-low voltage*) auch „Schutzkleinspannungen" genannt. Das ist – bezogen auf PELV – allerdings nicht korrekt, weil seit jeher in den sog. Schutzkleinspannungsanlagen weder aktive Teile noch die Körper der elektrischen Betriebsmittel geerdet oder mit einem Schutzerdungsleiter verbunden werden dürfen. PELV ist deshalb normenkonform eine „Funktionskleinspannung mit sicherer Trennung" und SELV eine „Sicherheitskleinspannung" [1].
Kleinspannungen, die aus Funktionsgründen erforderlich sind und im Gegensatz zu SELV oder PELV nicht dem Schutz gegen elektrischen Schlag dienen, heißen „Funktionskleinspannung" (engl. *functional extra-low voltage*, Abk. FELV). Für diese Stromkreise, z. B. Melde- oder Steuerstromkreise, sind ergänzende Maßnahmen zum Schutz gegen ➔direktes Berühren und bei ➔indirektem Berühren nach DIN VDE 0100-470 [4] erforderlich.
Mitunter werden Kleinspannungen von 6, 12 oder 24 V – insbesondere bei Halogenlampen und -leuchten – auch als „Niedervolt" (NV) und Niederspannungen über AC 50 V/DC 120 V (Netzspannungen, Spannungsbereich II) auch als „Hochvolt" (HV) bezeichnet. Das ist unkorrekt, denn die Einheit Volt für elektrische Spannung kann wie jede andere Einheit weder niedrig noch hoch sein. Niedrig (klein) oder hoch (groß) ist immer nur die jeweilige Kenngröße, z. B. die Spannung, die Stromstärke, das Isoliervermögen oder die Leistung.
Allerdings sind die Bezeichnungen „niederohmig" und „hochohmig" weit verbreitet. Sie sind in der deutschen elektrotechnischen Fachsprache seit Jahrzehnten fest verwurzelt und deshalb wohl nicht mehr auszumerzen. Anstelle von „niederohmig" kämen ersatzweise z. B. die Fachwörter „niederimpedant" und „niederresistant" in Betracht.

Literatur

[1] DIN VDE 0100-410:1997-01 Errichten von Starkstromanlagen mit Nennspannungen bis 1000 V; Schutzmaßnahmen; Schutz gegen elektrischen Schlag.

[2] DIN VDE 0100-704:2001-05 Errichten von Niederspannungsanlagen; Anforderungen für Betriebsstätten, Räume und Anlagen besonderer Art; Baustellen.

[3] DIN VDE 0100-736:1983-11 –; Niederspannungsstromkreise in Hochspannungsschaltfeldern.

[4] DIN VDE 0100-470:1996-02 Errichten von Starkstromanlagen mit Nennspannungen bis 1000 V; Schutzmaßnahmen; Anwendung der Schutzmaßnahmen.

Niederspannungs-Schaltgerätekombination

Konstruktive Einheit mehrerer Niederspannungs-Schaltgeräte mit den zugehörigen Steuer-, Regel-, Schutz-, Melde- und Messeinrichtungen, elektronischen Baugruppen sowie allen inneren elektrischen und mechanischen Verbindungen.
Niederspannungs-Schaltgerätekombinationen (engl. *low-voltage switchgear and controlgear assemblies*) gibt es in verschiedenen Ausführungen. Sie werden herge-

stellt in Gerüst-, Tafel-, Schrank-, Pult- oder Kastenbauform (Beispiele s. Bild N4), als Verdrahtungskanäle, Sicherungskästen, Installations-, Baustrom- oder Schienenverteiler.

Schränke, Kästen, Verteiler, Gerüste, Kanäle u. dgl. wurden früher in fabrikfertige und nicht fabrikfertige Schaltgerätekombinationen eingeteilt. Seit langem wird mit Bezug auf IEC 60439-1 nunmehr weltweit unterschieden zwischen

- **typgeprüften** Schaltgerätekombinationen (Abk. TSK) und
- **partiell typgeprüften** Schaltgerätekombinationen (Abk. PTSK).

Bei Letzteren werden neben typgeprüften Betriebsmitteln und Baugruppen auch nicht typgeprüfte Betriebsmittel verwendet. Für beide Arten von Schaltgerätekombinationen gelten die gleichen Baubestimmungen [1]. Nur bei den Prüfungen und Nachweisen gibt es Unterschiede, die einerseits die besonderen Belange einer bausteinsystemorientierten Serienfertigung und andererseits die einer handwerklichen Einzelfertigung berücksichtigen.

Literatur

[1] DIN EN 60439-1 (VDE 0660-500): 2005-01 Niederspannungs-Schaltgerätekombinationen; Typgeprüfte und partiell typgeprüfte Kombinationen.

Niedervolt-Halogenglühlampe

Kleinspannungs-Glühlampe mit Halogenzusatz im Füllgas (engl. *tungsten halogen lamp*) [1].

Lichterzeugung

Wie bei allen →Glühlampen wird auch bei den sog. Niedervolt(NV)-Halogenglühlampen[1)] das Licht durch Temperaturstrahlung erzeugt. Dabei dampfen infolge der hohen Betriebstemperatur des stromdurchflosse-

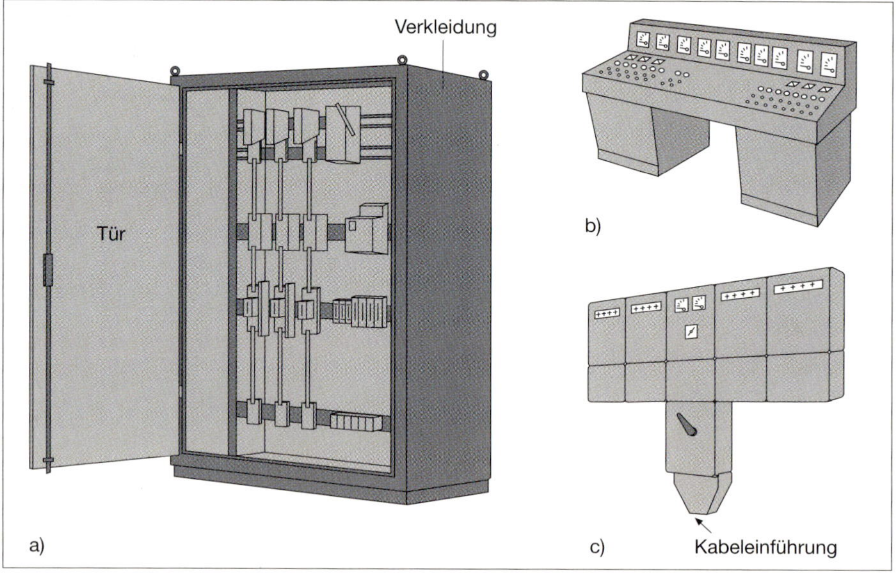

Bild N4: Geschlossene Bauformen von Schaltgerätekombinationen
a) Schrankbauform (Aufstellung auf dem Boden); b) Pultbauform (geneigte Bedienungsfläche); c) Kastenbauform (Anbau an senkrechten Flächen)

nen Wolframfadens (2400...2900 °C) ständig Wolframatome vom Glühfaden ab. Das wiederum führt im Laufe der Zeit zu einer

- Schwärzung des Lampenkolbens, wodurch der Lichtstrom erheblich reduziert wird, sowie zu einer
- Querschnittsverringerung des Glühfadens, bis dieser schließlich durchschmilzt und damit die Lebensdauer der Lampe beendet.

Durch den Zusatz von Halogenen, z.B. Brom- oder Jodverbindungen, im Füllgas kommt es zu folgendem chemischen Kreisprozess: Die von der Glühwendel abgedampften Wolframatome verbinden sich unterhalb einer Temperatur von etwa 1400 °C mit den Halogenen zu einem Wolframhalogenid. Sobald dieses Halogenid in die Nähe des Glühfadens gelangt, zerfällt es unter dem Einfluss der dort herrschenden hohen Temperatur wieder in Wolfram und Halogen. Das Wolfram lagert sich am Glühfaden ab, während die frei gewordenen Halogenatome erneut für den Kreisprozess zur Verfügung stehen. Durch diesen Vorgang wird die Lebensdauer von Halogenglühlampen (2000...4000 h) gegenüber normalen Glühlampen (etwa 1000 h) wesentlich erhöht. Außerdem wird die lästige Schwärzung des Lampenkolbens verhindert und damit ein nahezu konstanter Lichtstrom während der gesamten Lebensdauer der Lampe erreicht.

[1] Es ist unkorrekt, eine Größe, z.B. die Spannung, über ihre (Maß-)Einheit anzusprechen. Das Volt als Einheitenname für die elektrische Spannung kann weder niedrig noch hoch sein, sondern niedrig oder hoch kann immer nur der (Zahlen-)Wert der Spannung sein. Deshalb sind die Lampenbezeichnungen „Niedervolt“ und „Hochvolt“ grundsätzlich abzulehnen.
Niedervolt-Lampen für eine Bemessungsspannung bis 50 V sind offenbar Kleinspannungs-Lampen und die sog. Hochvolt-Lampen für eine Bemessungsspannung von z.B. 230 V richtigerweise Niederspannungs- oder Netzspannungs-Lampen.

Bauformen

Gebräuchliche Bauformen von NV-Halogenglühlampen sind **Stiftsockel-** und **Reflektorlampen**. Ihre Bemessungsspannung beträgt meistens 12 V, die Leistung variiert zwischen 10 und 100 W. Stiftsockellampen haben keinen Reflektor zur Lichtlenkung, s. Bild N5 a; bei Bedarf muss dieser in der →Leuchte vorhanden sein.

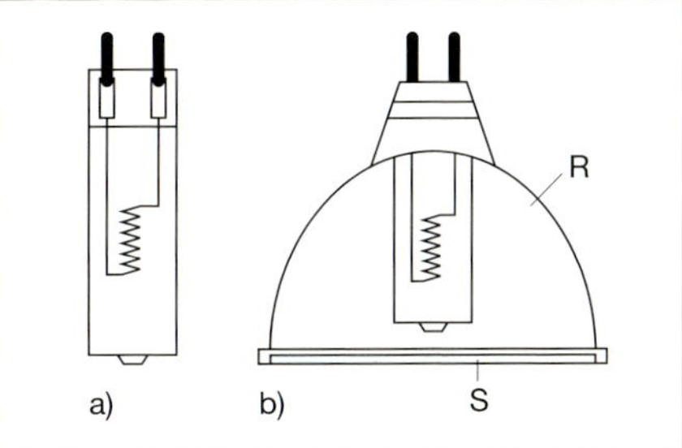

Bild N5: Niedervolt-Halogenglühlampen
a) Stiftsockellampe; b) Reflektorlampe
R Reflektor; S Schutzscheibe

Reflektorlampen bestehen aus Stiftsockellampen und einem meist hochglanzverspiegelten Aluminiumreflektor, s. Bild N5 b. Dieser muss – außer bei selbstschützenden oder Niederdrucklampen – mit einer integrierten Schutzscheibe verschlossen sein. Die Schutzscheibe verhindert das Herausfallen von heißen bzw. glühenden Lampenteilen bei einem Platzen des Glaskolbens und beugt zugleich dem Verschmutzen der Lampe sowie des Reflektors vor.

NV-Halogenglühlampen mit einem Aluminiumreflektor strahlen 60...85 % der entstehenden Wärme in Richtung des Lichtstrahls ab. Folglich ist die Wärmebelastung dieser Lampen im rückwärtigen Bereich (Einbauräume) vergleichsweise gering; sie beträgt nur 15...40 %. Diese Reflektorlampen eignen sich somit insbesondere für den Einbau in Decken mit Wärmedämmung, Holzpaneelen u. dgl., auch in Möbeln.

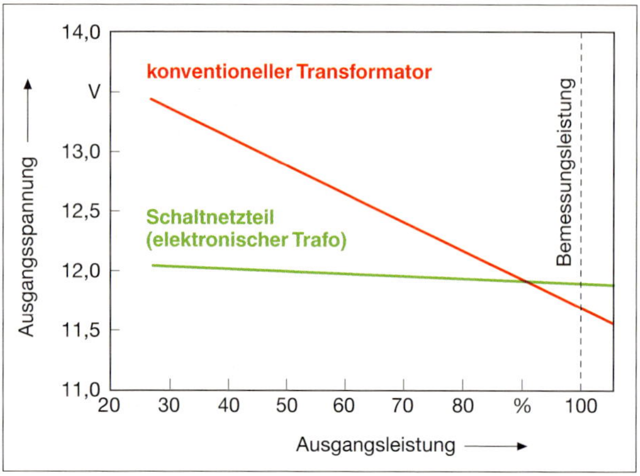

Bild N6: Ausgangsspannung bei Transformatoren für Halogenglühlampen in Abhängigkeit von der Belastung

Stromquellen

Zur Stromversorgung von NV-Halogenglühlampen dienen Sicherheitsstromquellen, in der Regel **Konverter** (engl. *converters*) [2]. Das sind elektronische Transformatoren (Schaltnetzteile), deren rechteckförmige Ausgangsspannung mit einer Frequenz von 30…40 kHz im Gegensatz zu konventionellen 50-Hz-Transformatoren nahezu lastunabhängig ist, s. Bild N6.

Schon relativ geringe Abweichungen von der Bemessungsspannung (meistens 12 V) wirken sich stark auf die Lebensdauer der Lampen und den abgegebenen Lichtstrom aus. Beispielsweise erhöht sich die Lebensdauer der Lampen bei einer Betriebsspannung von 11,5 V bereits um 70 %, während der Lichtstrom bei dieser reduzierten Spannung auf 83 % sinkt. Andererseits verkürzt sich die Lebensdauer der Lampen auf 65 % und steigt der Lichtstrom auf 118 %, wenn sich die Betriebsspannung auf 12,5 V erhöht, s. Bild N7 [3]. Spannungserhöhungen wirken sich somit negativ auf die Lebensdauer der Lampen aus und sind deshalb zu vermeiden.

Anwendung

Das angenehme warmweiße Licht von NV-Halogenglühlampen führt zu einer brillanten Farbwiedergabe angestrahlter Flächen und Gegenstände. Deshalb finden diese kleinen Lampen z. B. als „Sternenhimmel" in Bars oder Eingangshallen, zunehmend aber auch als Allgemeinbeleuchtung für repräsentative Räume, als Akzentbeleuchtung im Wohnbereich, in Schaufenstern und Verkaufsvitrinen, auf Messeständen, in Museen, Möbeln, Stehleuchten, Deckenflutern sowie als Punktbeleuchtung in Projektoren und Autoscheinwerfern Anwendung.

NV-Halogenglühlampen

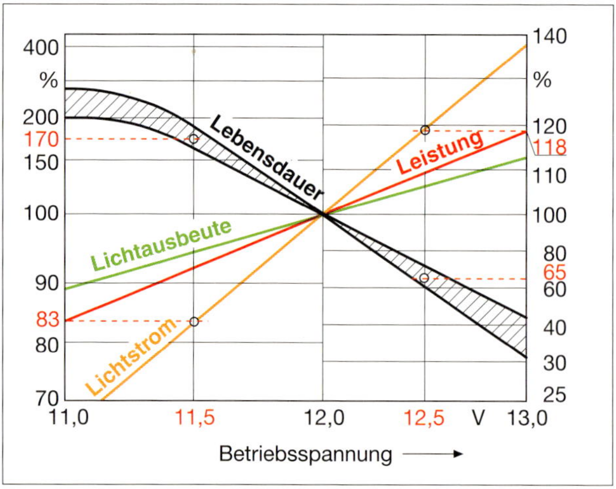

Bild N7: Lebensdauer, Leistung, Lichtausbeute und Lichtstrom von Halogenglühlampen in Abhängigkeit von der Betriebsspannung

werden im Normalbetrieb sehr heiß (bis etwa 500 °C), weshalb bei ihrem Einbau unbedingt auf genügend große Abstände zu brennbaren Stoffen geachtet werden muss. Außerdem soll ihr Quarzglaskolben nicht mit den Fingern berührt werden, denn Handschweiß, Fettrückstände oder gar Schmutz auf der Haut können angesichts der hohen Betriebstemperaturen zu Schädigungen des Lampenkolbens führen.

Errichtung

Für das Errichten und den Betrieb von Beleuchtungsanlagen und -systemen mit NV-Halogenglühlampen gelten angesichts der vergleichsweise hohen Betriebsströme und Temperaturen dieser Lampen (Brandgefahr!) strenge Sicherheitsbestimmungen [4] [5]. Das gilt sowohl für die Auswahl, Anordnung und Bemessung der Stromquellen, Leitungen, Überstrom-Schutzeinrichtungen, Dimmer, Anschluss- und Verbindungselemente, als auch für die NV-Lampen und -Leuchten selbst. Darüber hinaus sind die Richtlinien und Merkblätter zur Schadenverhütung [6] [7] sowie die Einbau- und Montagevorschriften der Hersteller, z. B. hinsichtlich der geforderten Sicherheitsabstände der Lampen und Leuchten zu ihrer Umgebung, genau zu beachten.
Niedervolt-Beleuchtungsanlagen und -Systeme, auch wenn sie im Fachhandel und Baumärkten komplett mit den erforderlichen Einzelkomponenten erhältlich sind, dürfen nur von Elektrofachkräften (nicht von Laien) errichtet werden.

Literatur

[1] DIN EN 60432-2 (VDE 0715-2): 2000-10 Sicherheitsanforderungen an Glühlampen; Halogen-Glühlampen für den Hausgebrauch und ähnliche allgemeine Beleuchtungszwecke.
[2] DIN EN 61347-2-2 (VDE 0712-32):2001-12 Geräte für Lampen: Besondere Anforderungen an gleich- oder wechselstromversorgte elektronische Konverter für Glühlampen.
[3] Baade, W.: Beleuchtungsanlagen mit Niedervolt-Halogenglühlampen. Teil 1. Elektropraktiker, Berlin 54(2000)7, Lernen und Können, S. 9-12.
[4] E DIN VDE 0100-715:2004 Elektrische Anlagen von Gebäuden; Anforderungen für Betriebsstätten, Räume und Anlagen besonderer Art; Kleinspannungs-Beleuchtungsanlagen.
[5] DIN EN 60598-2-23 (VDE 0711-2-23): 2001-06 Leuchten; Besondere Anforderungen; Kleinspannungsbeleuchtungssysteme für Glühlampen.
[6] VdS 2324:1998-09 Niedervoltbeleuchtungsanlagen und -systeme.
[7] VdS 2302:1999-02 Niedervoltbeleuchtung. Bezugsquelle: VdS Schadenverhütung GmbH, Amsterdamer Str. 174, 50735 Köln.

Nockenschalter

Schalter mit Rastschaltwerk (→Rastschalter), bei dem eine drehbare Nockenscheibe die →Schaltstücke betätigt.
Paketschalter mit ihren kreisförmigen Kontaktbahnen können bis zu acht unterschiedlich ausgeführte Nockenscheiben übereinander aufnehmen. Diese Schalter – **Paketnockenschalter** genannt – ermöglichen es, mit einer Schaltbewegung mehrere Schalthandlungen durchzuführen.
Paketnockenschalter werden hauptsächlich als Steuerschalter oder →Steuerquittierschalter verwendet.

Normung

Planmäßige, durch die interessierten Kreise gemeinschaftlich durchgeführte Vereinheitlichung von materiellen Gegenständen und immateriellen Leistungen zum Nutzen der Allgemeinheit. Sie ist das Ordnungsinstrument des gesamten technisch-wissenschaftlichen und persönlichen Lebens. Allerdings darf die Normung nicht zu einem wirtschaftlichen Sondervorteil Einzelner oder zu einer Konkurrenzeinschränkung führen [1].

Allgemeines

Die Normung (Standardisierung) ist in Deutschland eine Aufgabe der Selbstverwaltung der Wirtschaft. Sie wird – abgesehen von der Werknormung – auf nationaler (deutscher), regionaler (europäischer) und internationaler (weltweiter) Ebene durchgeführt. Dabei haben die internationale und die europäische Normung den Vorrang vor der nationalen Normung.

Die Ergebnisse der Normung werden grundsätzlich in **Normen** (engl. *standards*) festgelegt. Zuständig für diese Arbeiten und den Konsensprozess ist in Deutschland kraft eines Vertrages mit der Bundesregierung das DIN Deutsches Institut für Normung e. V. Es trägt die Gesamtverantwortung für das Deutsche Normenwerk.

DIN-Normen stehen jedermann zur Anwendung frei. Eine Anwendungspflicht kann sich jedoch aus Rechts- oder Verwaltungsvorschriften, Verträgen oder aus sonstigen rechtsverbindlichen Bestimmungen ergeben.

VDE-Vorschriftenwerk

Als „VDE-Vorschriftenwerk" (engl. *specifications code of VDE*) wird die Sammlung der technischen (vorzugsweise sicherheitstechnischen) Festlegungen auf dem Gebiet der Elektrotechnik bezeichnet, die der gemeinnützige Verband der Elektrotechnik Elektronik Informationstechnik e. V. (VDE) unter dem Dach der Deutschen Kommission Elektrotechnik Elektronik Informationstechnik im DIN und VDE (DKE) herausgibt. Diese technischen Festlegungen in DIN-VDE-Normen sind eine wichtige Erkenntnisquelle für fachgerechtes Handeln.

Es besteht die tatsächliche Vermutung, dass die nach vereinbarten Grundregeln im allgemeinen Konsens erarbeiteten sicherheitstechnischen Festlegungen im VDE-Vorschriftenwerk die „anerkannten Regeln der Technik" sind. Durch das Anwenden von Normen entzieht sich jedoch niemand der Verantwortung für eigenes Handeln. Jeder handelt insoweit auf eigene Gefahr.

Literatur

[1] DIN 820-1:1994-04 Normungsarbeit; Grundsätze.

Notstromaggregat

Netzunabhängiges Stromerzeugungsaggregat, das der Sicherheits- oder Ersatzstromversorgung dient.

Allgemeines

Notstromaggregate sind mobile oder stationäre Stromerzeuger und unterliegen den Bestimmungen nach DIN VDE 0100-551 [1]. Sie werden manuell oder automatisch ein- und ausgeschaltet. Automatisch startende Notstromaggregate können bereits nach 10...15 s die Stromversorgung übernehmen. Durch zusätzliche Maßnahmen, z. B. Raumheizung, Zündhilfe, Druckluftstart oder Stoßerregung, kann die Unterbrechungszeit sogar auf 5...10 s reduziert werden. Ein Parallelbetrieb mit dem allgemeinen Stromversorgungsnetz ist unzulässig.

Das Kernstück einer jeden Eigenerzeugungsanlage ist die **Stromquelle** (engl. *electric source*) – bei Notstromaggregaten ein Generator und die für dessen Antrieb notwendige, von der allgemeinen Stromversorgung unabhängige Arbeitsmaschine. Meist wird der (Notstrom-)Generator von einem Hubkolben-Verbrennungsmotor, z. B. Dieselmotor, angetrieben.

Planer, Errichter und Betreiber von Notstromaggregaten zur Sicherstellung des Elektrizitätsbedarfs beim Aussetzen der öffentlichen Energieversorgung (Notstromversorgung) stimmen die Kapazität und technische Ausführung der Eigenerzeugungsanlage, die Art der Umschaltung, der Netztrennung sowie Einzelheiten des Betriebs mit der zuständigen Stelle des örtlichen Verteilungsnetzbetreibers ab (s. TAB

2000 Abschn. 13). Schädliche Rückwirkungen der Eigenerzeugungsanlage auf das allgemeine Stromversorgungsnetz sind auszuschließen. Im Übrigen ist die vom Verband der Netzbetreiber (VDN) herausgegebene „Richtlinie für Planung, Errichtung und Betrieb von Anlagen mit Notstromaggregaten" zu berücksichtigen. Eigenerzeugungsanlagen (Notstromanlagen) – auch die vorgenannte Richtlinie – unterliegen dem Anzeigeverfahren nach §§ 3 und 17 der AVBEltV [2].

Anwendung

Gemäß AVBEltV § 3 verpflichtet sich der Energiekunde (falls in Sonderverträgen nichts anderes festgelegt worden ist) seinen gesamten Elektrizitätsbedarf – auch Lastspitzen – grundsätzlich aus dem öffentlichen Verteilungsnetz zu decken. Freilich gilt das nicht für den zeitweiligen Notbetrieb beim Aussetzen der normalen Stromversorgung. In diesem Fall versorgen z. B. Akkumulatorenbatterien oder Notstromaggregate solche elektrischen Einrichtungen,

- die für die →Sicherheit und Gesundheit von Personen oder den Schutz von Sachwerten unverzichtbar sind (Sicherheitsstromversorgung, engl. *electric supply for safety services*) oder
- deren Funktion bei einer Unterbrechung der üblichen Stromversorgung aus anderen Gründen als für Sicherheitszwecke, z. B. zur Vermeidung eines erheblichen wirtschaftlichen Schadens, aufrechterhalten werden muss (Ersatzstromversorgung, engl. *standby electric supply*). Einer unmittelbaren Gefahrenabwendung für Personen dient die Ersatzstromversorgung demnach nicht.

Sicherheitsstromversorgungen zur Personenrettung sowie Brandbekämpfung kommen z. B. in Krankenhäusern [3] und baulichen Anlagen für Menschenansammlungen [4] in Betracht. Ist bei Stromausfall eine ausreichende Versorgung von Nutztieren mit Futter, Wasser oder Luft nicht sichergestellt, z. B. bei der Intensivtierhaltung von Schweinen oder Geflügel, so wird ebenfalls eine Sicherheitsstromversorgung gefordert [5]. Nach Maßgabe des Notstromversorgungskonzepts darf die Sicherheitsstromquelle auch der Ersatzstromversorgung dienen. Sind Sicherheitsstromquellen in Kombination mit Ersatzstromquellen im Einsatz, so hat die Sicherheitsstromversorgung Priorität. In keinem Fall darf die Ersatzstromquelle die Sicherheitsstromversorgung nachteilig beeinflussen.

Im Schadens- oder Katastrophenfall, z. B. bei Überschwemmungen (Hochwasser), eingesetzte mobile Notstromaggregate zählen zu den Ersatzstromquellen. Das gilt ebenso für Notstromaggregate zur Versorgung elektrischer Einrichtungen, z. B. auf Bau- und Montagestellen, deren Anschluss an ein öffentliches Verteilungsnetz aus technischen oder wirtschaftlichen Gründen unzweckmäßig ist.

Die Palette an Notstromaggregaten ist vergleichsweise groß. Sie reicht von kleinen, tragbaren Aggregaten mit Nennleistungen von einigen 100 W (Baumarktgeräte) bis hin zu fahrbaren oder stationären Aggregaten mit leistungsstarken Drehstromgeneratoren von mehreren 100 kW. Bei großen Eigenerzeugungsanlagen empfiehlt es sich, die benötigte Leistung auf mehrere Notstromaggregate zu verteilen.

Notstromaggregate bedürfen der regelmäßigen Wartung und Kontrolle (Probelauf). Bei längerem Stillstand der Aggregate nimmt ihre →Zuverlässigkeit hinsichtlich der Notstromversorgung i. Allg. deutlich ab.

Schutzmaßnahmen

Nach dem Umschalten auf Notstromversorgung muss der Schutz bei indirektem Berühren (Fehlerschutz) weiterhin voll wirksam sein. Deshalb ist bei manchen Aggregaten der Generatorsternpunkt zum Zweck der →Erdung herausgeführt. Mit der direkten Sternpunkterdung werden die erdungsspezifischen Voraussetzungen für ein TN-

oder TT-System zur Durchführung der →automatischen Abschaltung der Stromversorgung (Fehlerstromkreis) gemäß DIN VDE 0100-410 geschaffen.
Ungeerdete Systeme (IT-Systeme) und Schutzmaßnahmen ohne selbsttätige Abschaltung der notstromberechtigten elektrischen Verbrauchsmittel sind beim Betrieb von Notstromaggregaten zu bevorzugen, insbesondere für Sicherheitsstromversorgungsanlagen [6]. Hierbei werden einpolige Fehler gegen Erde (→Schutzleiter) durch ein Isolationsüberwachungsgerät erfasst sowie optisch und/oder akustisch gemeldet. Außerdem verhindert der geforderte Schutzpotentialausgleich, dass bei einem →Körper- oder →Erdschluss gefährliche Spannungen an berührbaren leitfähigen Teilen auftreten können.

Literatur

[1] DIN VDE 0100-551:1997-08 Elektrische Anlagen von Gebäuden; Auswahl und Errichtung elektrischer Betriebsmittel; Niederspannungs-Stromerzeugungsanlagen.

[2] Verordnung über Allgemeine Bedingungen für die Elektrizitätsversorgung von Tarifkunden (AVBEltV) vom 21. Juni 1979 (BGBl. I, S. 684 - 692).

[3] DIN VDE 0100-710:2002-11 Errichten von Niederspannungsanlagen; Anforderungen für Betriebsstätten, Räume und Anlagen besonderer Art; Medizinisch genutzte Bereiche.

[4] DIN VDE 0108-1:1989-10 Starkstromanlagen und Sicherheitsstromversorgung in baulichen Anlagen für Menschenansammlungen; Allgemeines.

[5] Vornorm DIN V VDE V 0100-0705:2003-04 Errichten von Niederspannungsanlagen; Anforderungen für Betriebsstätten, Räume und Anlagen besonderer Art; Elektrische Anlagen in landwirtschaftlichen und gartenbaulichen Betriebsstätten.

[6] DIN VDE 0100-560:1995-07 Errichten von Starkstromanlagen mit Nennspannungen bis 1000 V; Auswahl und Errichtung elektrischer Betriebsmittel; Elektrische Anlagen für Sicherheitszwecke.

Nullinstrument

Elektrisches Messgerät mit dem Nullpunkt (Nullstellung) in der Skalenmitte, das positive und negative Werte einer Größe anzeigen kann.
Seine Aufgabe besteht in der Feststellung, dass eine Schaltung „abgeglichen" ist. Dann entspricht die zu messende (unbekannte) Spannung der bekannten Vergleichsspannung (Spannungskompensation). Folglich fließt über den Nullindikator (Nullzweig) kein Strom, weder in der einen noch in der anderen Richtung.
Nullinstrumente sind vorzugsweise →Drehspulinstrumente. Als Nullindikator, z. B. für Messbrücken und Kompensatoren, dient ein hoch empfindlicher Strommesser (Mikroamperemeter, Galvanometer).

Nullpunkt-Lichtbogenlöschung

Löschung des Schaltlichtbogens bei Niederspannungs-Schaltgeräten, sobald der →Kurzschlussstrom den nächsten natürlichen Nulldurchgang erreicht hat. Entsteht der →Kurzschluss im letzten Drittel einer Halbwelle, so kann es vorkommen, dass der Kurzschlussstrom erst beim übernächsten Nulldurchgang unterbrochen und der Lichtbogen erst zu diesem Zeitpunkt gelöscht wird.

Allgemeines

Niederspannungs-Schaltgeräte, die den Schaltlichtbogen (erst) löschen, wenn der Kurzschlussstrom den natürlichen Nulldurchgang erreicht hat, werden **Nullpunktlöscher** genannt. Diese Geräte haben eine im Verhältnis zur Netzspannung kleine Lichtbogenspannung und begrenzen deshalb den Kurzschlussstrom der ersten Halbwelle praktisch nicht. Erst kurz vor dem natürlichen Nulldurchgang des Stroms wird der Lichtbogen gelöscht und damit der

Kurzschluss abgeschaltet. Da Nullpunktlöscher nur in Wechselstromkreisen anwendbar sind, wird dieses Lichtbogenlöschprinzip auch **Wechselstromlöschprinzip** (Nullpunktlöschung) genannt. Es findet vorzugsweise bei Luftschützen Anwendung.

Erzwungene Lichtbogenlöschung

Strom begrenzende →Leitungsschutz- und →Leistungsschalter, auch →Sicherungen, bauen infolge ihrer extrem kurzen →Ausschaltzeit sehr schnell eine hohe Lichtbogenspannung (engl. *arc voltage*) auf. Die steil ansteigende Lichtbogenspannung und der durch das weite Öffnen der Kontaktstücke entstehende lange Lichtbogen wirken wie eine Zusatzimpedanz, durch die der

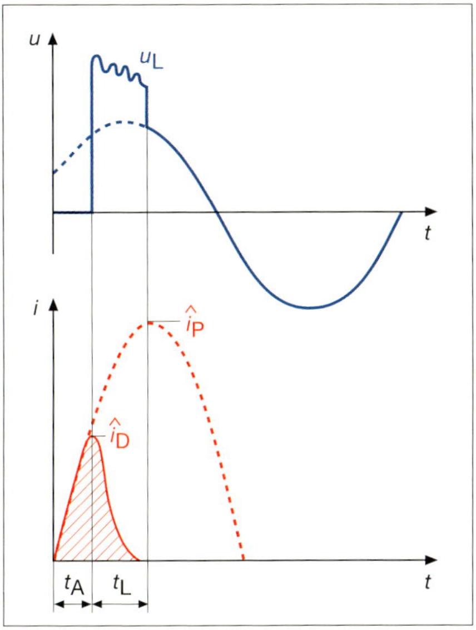

Bild N8: Spannungs- und Stromverlauf beim Ausschalten eines Strom begrenzenden (Energie begrenzenden) Leistungsschalters
t_A Ausschaltverzugszeit (Schmelzzeit bei Sicherungen);
t_L Lichtbogenlöschzeit;
$\hat{i}_D$ Durchlassstrom (Scheitelwert);
$\hat{i}_P$ Stoßkurzschlussstrom (Scheitelwert);
u_L Lichtbogenspannung

Kurzschlussstrom gleich nach seinem Entstehen rasch absinkt und den Scheitelwert des unbeeinflussten Stoßkurzschlussstroms nicht (mehr) erreicht. Der Schaltlichtbogen erlischt in diesem Fall weit vor dem nächsten natürlichen Nulldurchgang, s. Bild N8. Bei dieser erzwungenen Lichtbogenlöschung beträgt die Gesamtausschaltzeit ($t_A + t_L$) nur etwa 2...5 ms.

Das Prinzip der erzwungenen Lichtbogenlöschung ist im Gegensatz zur Nullpunkt-Lichtbogenlöschung nicht nur für Wechselstromkreise, sondern grundsätzlich auch für Gleichstromabschaltungen geeignet. Es wird deshalb in praxi **Gleichstromlöschprinzip** genannt. Voraussetzung dazu ist freilich, dass die im Schaltgerät erzeugte Lichtbogenspannung die Netz-Gleichspannung übersteigt. Außerdem sind zur Unterbrechung kleinerer Gleichströme Löschhilfen, z. B. ein Blasmagnet, erforderlich.

Durchlassenergie

Den höchsten Augenblickswert (Scheitelwert) des Kurzschlussstroms, der beim Ausschalten auftritt, nennt man **Durchlassstrom** i_D. Er ist ein Maß für die Kurzschlussstrombegrenzung von Überstrom-Schutzeinrichtungen. Der Durchlassstrom ist bei Schaltgeräten mit erzwungener Lichtbogenlöschung wesentlich kleiner als der unbeeinflusste Stoßkurzschlussstrom[1]. Diese Geräte werden deshalb Strom oder Energie begrenzende Schutzeinrichtungen genannt.

Der thermische Durchlasswert $\int i^2 dt$ (Joule-Integral) – die Durchlassenergie – entspricht der schraffierten Fläche im Bild N8. Ein Maß für die erreichte Begrenzung des Kurzschlussstroms erhält man aus dem Vergleich des tatsächlichen thermischen Durchlasswerts mit dem thermischen Durchlasswert einer unbeeinflussten Halb-

[1] Beim **unbeeinflussten Stoßkurzschlussstrom** (engl. *prospective peak current*) liegt der Stromflussbeginn so, dass der größtmögliche Wert auftritt.

welle. Das Verhältnis der genannten Durchlasswerte ergibt den „relativen thermischen Durchlasswert".

Nullungsverordnung

Verordnung zur schnellen und umfassenden Anwendung der Schutzmaßnahme Nullung (TN-System) in den Verbraucheranlagen der Republik Österreich [1].
Nach der Nullungsverordnung sind in Österreich alle öffentlichen Verteilungsnetze mit einer Nennspannung von 400/230 V grundsätzlich als TN-System auszuführen und einschränkungslos – selbst für landwirtschaftliche Anwesen mit Nutztierhaltung – zur Anwendung der Schutzmaßnahme Nullung[1)] in den Verbraucheranlagen (Kundenanlagen) freizugeben.

Literatur

[1] Verordnung des Bundesministers für wirtschaftliche Angelegenheiten über die Anforderungen an öffentliche Verteilungsnetze mit der Nennspannung 400/230 V und an diese angeschlossene Verbraucheranlagen zur grundsätzlichen Anwendung der Schutzmaßnahme Nullung (Nullungsverordnung). Bundesgesetzblatt Teil II Nr. 322/1998 der Republik Österreich.

[2] ÖVE/ÖNORM E 8001-1:2000-03 Errichten von elektrischen Anlagen mit Nennspannungen bis ~ 1000 V und ⎓ 1500 V. Teil 1: Begriffe und Schutz gegen elektrischen Schlag (Schutzmaßnahmen).

1) Die **Nullung** wird in Österreich auch „Neutralleiter-Schutzerdung" (engl. *protective neutral earthing*) genannt [2].

Nutzungsgrad

(von Kabeln und Leitungen)

Quotient aus dem Bemessungsstrom I_r einer Überstrom-Schutzeinrichtung[2)] und der dauernd zulässigen Strombelastbarkeit I_z eines →Kabels oder einer Leitung.[3)] Somit gilt für den Nutzungsgrad N

$$N = \frac{I_r}{I_z} \cdot 100 \quad \text{in } \%$$

Die Ausnutzung eines Kabels (Leitung) hinsichtlich seiner möglichen Dauerstrombelastbarkeit (einschließlich der betriebsbedingten kurzzeitigen Überlastungen) und folglich der Nutzungsgrad sind umso höher, je mehr sich – unter Einhaltung der sog. →Nennstromregel (Bemessungsstromregel) $I_b \leq I_r \leq I_z$ [1] – der Betriebsstrom I_b und der Bemessungsstrom I_r dem Wert der zulässigen Strombelastbarkeit I_z für das Kabel (Leitung) nähern.
Eine 100 %ige Ausnutzung der Dauerstrombelastbarkeit bedeutet eine vergleichsweise hohe thermische Belastung für das Kabel (Leitung). Dies führt zu einer beschleunigten Alterung des Kabels (Leitung) und folglich zu einer u. U. erheblichen Verkürzung der Lebensdauer der Anlage. Deshalb wird ein solch hoher Nutzungsgrad in der Installationspraxis nur selten angewendet. Im Übrigen ist eine 100 %ige Ausnutzung der zulässigen Dauerstrombelastbarkeit eines Kabels (Leitung) ohnehin nur bei Verwendung von Schutzeinrichtungen mit einstellbarem Thermobimetall-Auslöser praktisch möglich.

2) Bei einstellbaren Überstrom-Schutzeinrichtungen, z. B. Motorstartern, entspricht der Bemessungsstrom I_r dem eingestellten Stromwert (Einstellstrom) der Schutzeinrichtung.

3) Empfohlene Werte für die dauernd zulässige Strombelastbarkeit von Kabeln und isolierten Leitungen enthalten die Normen [2][3] und das Beiblatt 2 zu DIN VDE 0100-520.

Literatur

[1] DIN VDE 0100-430:1991-11 Errichten von Starkstromanlagen mit Nennspannungen bis 1000 V; Schutzmaßnahmen; Schutz von Kabeln und Leitungen bei Überstrom.

[2] DIN VDE 0298-4:2003-08 Verwendung von Kabeln und isolierten Leitungen für Starkstromanlagen; Empfohlene Werte für die Strombelastbarkeit ... .

[3] DIN VDE 0276-603:2005-01 Starkstromkabel; Energieverteilungskabel mit Nennspannungen U_0/U 0,6/1 kV.

O

ortsfeste Leitung

Leitung, die auf einer festen Unterlage verlegt worden ist und sich deshalb in ihrer Lage nicht verändern kann. Sinngemäß gilt das auch für Kabel.

Ortsfeste Leitungen werden auf, in oder unter Putz, in Elektroinstallationsrohren oder -kanälen, an Spannseilen, auf Pritschen, Rosten oder Konsolen verlegt (stationäres Leitungssystem). Bewegungen der die Leitungen tragenden Unterlage, z. B. Türflügel, Einschübe oder Klappchassis, werden dabei nicht berücksichtigt.

Ortsfeste Leitungen (Leitungen für feste Verlegung) sind insbesondere →Mantelleitungen, →Stegleitungen, umhüllte →Rohrdrähte und Leuchtröhrenleitungen, aber auch →Aderleitungen in Elektroinstallationsrohren oder -kanälen sowie zur inneren →Verdrahtung von Schaltanlagen, Verteilern u. dgl.

ortsfestes Betriebsmittel

Fest angebrachtes →elektrisches Betriebsmittel, z. B. eine fest verlegte Leitung, oder ein Betriebsmittel ohne Tragevorrichtung mit einer so großen Masse – nach den IEC-Normen für Haushaltsgeräte mindestens 18 kg –, dass es nicht leicht bewegt oder von einem Platz zu einem anderen gebracht werden kann.

Ortsfeste Betriebsmittel (engl. *stationary equipment*) sind während des Betriebs grundsätzlich an ihren Einsatzort gebunden, z. B. Speicherheizgeräte oder Kühlschränke. Sie können jedoch zu Reparaturzwecken oder zum Reinigen begrenzt bewegt werden.

Sind elektrische Betriebsmittel fest auf einer Haltevorrichtung oder in anderer Weise fest an einer bestimmten Stelle montiert, so werden sie nach DIN VDE 0100-200 auch „fest angebrachte Betriebsmittel“ (engl. *fixed equipment*) genannt. Fest angebrachte Betriebsmittel sind immer auch „ortsfeste Betriebsmittel“, dagegen müssen ortsfeste Betriebsmittel, z. B. Elektroherde oder Kühlschränke, nicht notwendigerweise „fest angebracht“ sein.

Auf Fahrzeugen fest installierte Betriebsmittel gelten trotz der Beweglichkeit (Ortsveränderung) des Fahrzeugs als ortsfest.

ortsveränderliches Betriebsmittel

→Elektrisches Betriebsmittel, das, während es am Versorgungsstromkreis angeschlossen ist, frei bewegt und leicht von einem Platz zu einem anderen gebracht werden kann. Ortsveränderliche Betriebsmittel (engl. *mobile equipment*) sind somit auch während des Betriebs nicht an einen bestimmten Einsatz- oder Aufstellungsort gebunden, z. B. Rasenmäher, Bodenstaubsauger oder Leitungsroller.

P

Parallelschaltung

Schaltung aus mindestens zwei Bauelementen, deren Ein- und Ausgänge jeweils miteinander verbunden sind.

Allgemeines

Bei der Parallelschaltung (Nebeneinanderschaltung) von ohmschen Widerständen (s. Bild P1) ist:

$$\frac{1}{R_{ges}} = \frac{1}{R_1} + \frac{1}{R_2} + \ldots + \frac{1}{R_n}$$

In analoger Weise sind Blindwiderstände zu addieren.

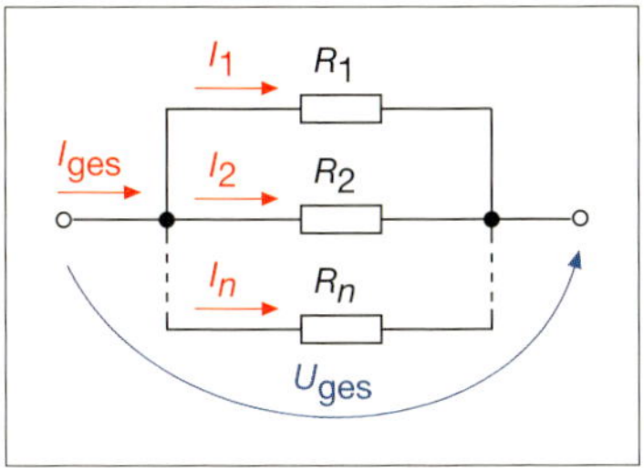

Bild P1: Parallelschaltung von Widerständen

Haupteigenschaft der Parallelschaltung ist die Stromteilung (→Stromteiler), d. h., die Teilströme verhalten sich umgekehrt zueinander wie die zugehörigen Widerstände (Stromteilerregel):

$$\frac{I_1}{I_2} = \frac{R_2}{R_1} \text{ oder } \frac{I_1}{I_{ges}} = \frac{R_{ges}}{R_1}.$$

Energiequellen

Die Parallelschaltung von elektrischen Energiequellen ermöglicht bei Verbindung der gleichnamigen Pole (Plus bzw. Minus) Ströme, die größer sind als die einzelnen Teilströme, s. Bild P2.

$$I_{ges} = I_1 + I_2 + \ldots + I_n.$$

Haben Energiequellen bei gleichen Quellenspannungen $U_1 = U_2 = \ldots U_n$ ungleiche Innenwiderstände, so liefern sie bei Belastung ungleich hohe Ströme. Die Energiequelle mit dem kleinsten Innenwiderstand liefert den größten Strom.

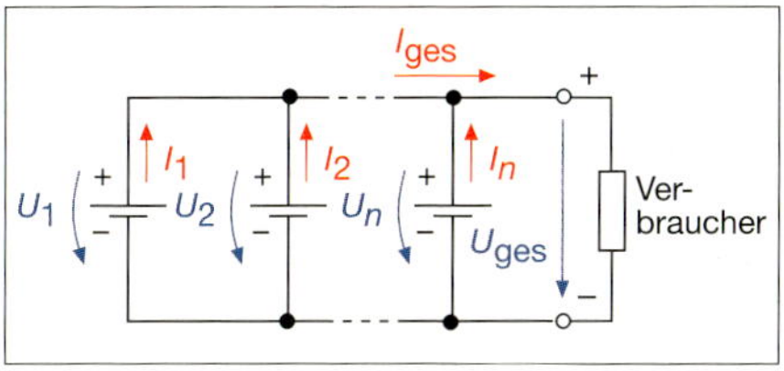

Bild P2: Parallelschaltung von Energiequellen

Patientenplatz

Platz, an dem Patienten – auch „Tierpatienten" – bestimmungsgemäß medizinisch oder zahnmedizinisch untersucht oder behandelt werden.

Patientenplätze sind z. B. Krankenbetten, Operations-, Intensivpflege-, Röntgen-, Dialyse- und Massageplätze, elektromedizinische Badeeinrichtungen sowie zahnärztliche Patientenstühle. Die Auswahl und Errichtung der elektrischen Betriebsmittel für diese Plätze und medizinischen Bereiche (Patientenumgebung) erfolgt grundsätzlich nach DIN VDE 0100-710 [1]. Für die Ausführung, Anwendung und Instandhaltung der medizinischen elektrischen Geräte und Einrichtungen (Systeme) gelten insbesondere die Normen der Reihe DIN EN 60061 (VDE 0750) sowie DIN VDE 0751-1.

Literatur

[1] DIN VDE 0100-710:2002-11 Errichten von Niederspannungsanlagen; Anforderungen für Betriebsstätten, Räume und Anlagen besonderer Art; Medizinisch genutzte Bereiche.

Permittivitätszahl

Quotient aus der Permittivität ε (griech. *Epsilon*) eines Dielektrikums[1] und der Permittivität des leeren Raums (elektrische Feldkonstante) $\varepsilon_0 = 8{,}8542 \cdot 10^{-12}$ As/Vm:

$\varepsilon_r = \varepsilon / \varepsilon_0$

Die Permittivitätszahl ε_r ist eine dimensionslose Zahl, abhängig von der Art des Dielektrikums und von äußeren Einflussgrößen, wie Temperatur, Frequenz und Feldstärke. Beispiele für ε_r s. Tafel P1. Für Vakuum ist $\varepsilon_r = 1$.

Die Permittivitätszahl ε_r wurde früher auch *Dielektrizitätszahl* oder *relative Dielektrizitätskonstante* und ε_0 *Influenzkonstante* oder *absolute Dielektrizitätskonstante* genannt.

Tafel P1: Permittivitätszahl ε_r einiger Isolierstoffe (Dielektrika)

Isolierstoff	ε_r
Glas	5 ... 15
Marmor	8
Glimmer	4 ... 8
Porzellan	6 ... 7
Schwefel	4
Bernstein	3
Öl	2,5 ... 3
Petroleum	2,1
Luft	1,00059

Pferdestärke

Frühere, seit dem 1. 1. 1978 im amtlichen und rechtsgeschäftlichen Verkehr unzulässige Maßeinheit (Einheitenname) für die mechanische Leistung, Abk. PS.

1 PS = 735,5 W

Mit der wirklichen Leistungsfähigkeit eines Pferdes hat die „Pferdestärke" nichts zu tun.

[1] Die **Permittivität** (Dielektrizitätskonstante) kennzeichnet die Durchdringbarkeit eines Dielektrikums für elektrische Felder.

Phase

Augenblicklicher Zustand eines periodischen Schwingungsvorgangs.

Einphasen und Mehrphasensystem

Haben in einem Wechselstromsystem mit je einer Strombahn für Hin- und Rückleitung die Ströme zum selben Zeitpunkt die gleiche Phase, so wird es **Einphasensystem** genannt, anderenfalls (bei mehreren Strombahnen und unterschiedlichen Phasen) ist es ein **Mehrphasensystem**. Ein Mehrphasensystem mit der Phasenzahl $m = 3$ heißt **Dreiphasensystem** oder, weil man in Dreiphasensystemen räumlich umlaufende elektrische und magnetische Felder (Drehfelder) erzeugen kann, auch **Drehstromsystem**.

Dreiphasensysteme mit sinusförmigen Strömen gleicher Amplitude – die sich zu null ergänzen – und in vorgegebener Phasenfolge mit gleichen Phasenverschiebungswinkeln heißen **symmetrische** Drehstromsysteme, anderenfalls **unsymmetrische** Drehstromsysteme.

Mitunter werden die den einzelnen Strombahnen eines Einphasen- oder Mehrphasensystems zugeordneten aktiven Leiter (→Außenleiter) im übertragenen Sinne auch „Phase" oder „Phasenleiter" genannt; das ist unkorrekt.

Phasenfolge und -opposition

„Phasenfolge" in einem Mehrphasensystem ist die zeitliche Reihenfolge, in der die gleichartigen Augenblickswerte der elektrischen Spannungen in den einzelnen Strombahnen nacheinander auftreten.

„Phasenopposition" ist ein Zustand, bei dem zwei Sinusgrößen um 180° gegeneinander in der Phase verschoben sind, s. Bild P3.

Umgangssprachlich wird die Reihenfolge der Außenleiteranschlüsse in einer Drehstromsteckdose mitunter auch „Phasenfolge" genannt.

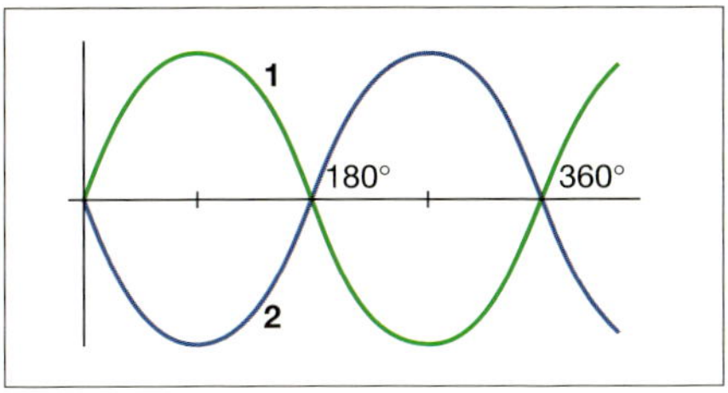

Bild P3: Phasenopposition der beiden Sinusgrößen 1 und 2

Phasenschieber

Blindleistungsmaschine oder -kondensatorenbatterie.

Rotierende Phasenschieber (Blindleistungsmaschinen) arbeiten nach dem Funktionsprinzip eines Drehstrom-Synchronmotors. Sie nehmen bei Untererregung induktive Blindleistung auf und geben bei Übererregung kapazitive Blindleistung ab.

In den meisten Fällen ist der Einsatz von Blindleistungskondensatorenbatterien die wirtschaftlich günstigere Lösung. Diese Kondensatorenbatterien werden auch **statische Phasenschieber** genannt.

Plombenverschluss

Verschluss mit Sicherungsfunktion, der elektrische Betriebsmittel, insbesondere solche, die nicht gemessene elektrische Energie führen, z. B. Hausanschlusskästen oder Elektrizitätszähler, vor unbefugtem Zugriff schützen soll.

Plombenverschlüsse bestehen aus der Plombe und dem z. B. durch die Deckelschraube eines elektrischen Betriebsmittels geführten Plomben-draht, dessen Enden in der Plombe münden. Mit einer Plombenzange wird der Plombendraht in Form einer geschlossenen Schlaufe fest mit der Plombe verbunden. Das Öffnen eines plombierten Betriebsmittels ist nur durch Zerstören der Plombierung möglich.

Plomben bestehen aus Kunststoff oder Blei, Plombendrähte werden aus Metall oder aus einer Kunststoffseele mit Metallwendel hergestellt. Der Lochdurchmesser von Bohrungen zur Aufnahme des Plombendrahts soll mit Rücksicht auf das leichte Einfädeln des Plombendrahts 1,5 mm nicht unterschreiten.

Plomben (Stempelmarken) sind Urkunden und dürfen deshalb nur von dem Verteilungsnetzbetreiber (VNB) oder mit dessen ausdrücklicher Genehmigung von den dazu berechtigten Unternehmen geöffnet und entfernt werden. Unberechtigtes Lösen oder Beschädigen von Plomben erfüllt den Straftatbestand der Urkundenfälschung und kann deshalb strafrechtlich verfolgt werden. Das Fehlen von Plomben oder deren Beschädigung ist dem zuständigen VNB unverzüglich mitzuteilen [1].

Literatur

[1] Verordnung über Allgemeine Bedingungen für die Elektrizitätsversorgung von Tarifkunden (AVBEltV) vom 21.6.1979 (BGBl. I, S. 684-692).

Pol

Anschlusspunkt einer Stromquelle (elektrischer Pol) oder das Ende eines →Magneten (magnetischer Pol). Der Zustand eines Pols ist seine elektrische bzw. magnetische **Polarität**, z. B. Plus oder Minus.

Bei →Schaltgeräten wird das zum Schließen und Öffnen eines Strompfads dienende →Schaltstück ebenfalls „Pol“ genannt.

Allgemeines

Elektrische Pole bezeichnen die Anschlüsse einer Stromquelle, z. B. einer Batterie, oder beliebige Punkte eines damit verbundenen Leiters. Man nennt den Pol

- mit Elektronenmangel **Pluspol** und den
- mit Elektronenüberschuss **Minuspol**.

Demnach fließt der elektrische Strom (Gleichstrom)

- innerhalb der Stromquelle vom Minuspol zum Pluspol und
- außerhalb der Stromquelle vom Pluspol zum Minuspol.

Magnetische Pole bezeichnen bei einem natürlichen oder künstlichen Magneten jene Stellen, an denen die in sich geschlossenen Feldlinien austreten (Nordpol N) und an denen sie wieder eintreten (Südpol S), s. Bild M4. Nordpol und Südpol sind demnach entgegengesetzt wirkende Pole. Wegen der an den Polen herrschenden hohen Feldliniendichte ist die magnetische (Anziehungs-)Kraft dort am größten.

Schaltgerätepole

Teile eines mechanischen Schaltgeräts, z. B. eines →Leitungsschutz- oder →Leistungsschalters, die demselben Hauptstromkreis zugeordnet und mit Schaltstücken zum Schließen und Öffnen ausgestattet sind, heißen ebenfalls „Pole". Hat ein Schaltgerät nur einen einzigen Pol, so wird es **einpolig**, bei zwei, drei oder vier miteinander gekoppelten Polen wird es folgerichtig zwei-, drei- oder vierpolig, mitunter auch **mehrpolig** genannt.

Ist einem Schaltgerätepol ein Überstromauslöser, z. B. ein Thermobimetall- und/oder ein elektromagnetischer Kurzschlussstromauslöser, oder ein Sicherungseinsatz zugeordnet, so wird er **geschützter Pol** genannt, anderenfalls (ohne Überstromglieder) ist es ein **ungeschützter Pol**. Letzterer dient z. B. dem Schalten von geerdeten →Neutral- oder →Mittelleitern.

Schaltgeräte, die zur Polumschaltung verwendet werden, heißen **Polumschalter**.

Potentialausgleich

Herstellen elektrischer Verbindungen zwischen leitfähigen Teilen zur Schaffung von Potentialgleichheit[1], z. B. zwischen den →Körpern elektrischer Betriebsmittel und →fremden leitfähigen Teilen oder der →Erde.

Allgemeines

Der Potentialausgleich (engl. *equipotential bonding*) zur Egalisierung elektrischer Potentiale dient hauptsächlich Sicherheitszwecken, z. B. dem Schutz von Personen und Nutztieren gegen →elektrischen Schlag oder dem Schutz elektrischer Betriebsmittel bei →Überspannungen. In diesem Fall wird er auch **Schutzpotentialausgleich** (engl. *protective equipotential bonding*) genannt.

Der **Funktionspotentialausgleich** (engl. *functional equipotential bonding*) dient ausnahmslos funktionellen Zwecken, also nicht der elektrischen Sicherheit, und der **kombinierte Potentialausgleich** (engl. *common equipotential bonding*) dient beidem, dem Schutz- und dem Funktionspotentialausgleich [1].

Die **Potentialausgleichsanlage** (engl. *equipotential bonding system*, Abk. EBS) verkörpert das gesamte System (Netz) der elektrischen Verbindungen zur Erzielung von Potentialgleichheit. Eine Unterscheidung in **Schutzpotentialausgleichsanlage** (engl. *protective equipotential bonding System,* Abk. PEBS) und **Funktionspotentialausgleichsanlage** (engl. *functional equipotential bonding system*, Abk. FEBS) ist eher die Ausnahme.

Hauptpotentialausgleich

Der Hauptpotentialausgleich (engl. *main equipotential bonding*, Abk. MEB) besteht im Wesentlichen aus einem System von elektrischen Verbindungen zwischen

[1] **Potentialgleichheit** (engl. *equipotentiality*) ist ein Zustand, bei dem leitfähige Teile annähernd gleiches elektrisches Potential haben.

- **Hauptschutzleiter** (vom Hausanschlusskasten abgehender Schutzleiter),
- **Haupterdungsleiter** (z. B. Anschlussfahne am Fundamenterder),
- **Hauptwasserrohr** (Wasserverbrauchsleitung hinter dem Wasserzähler; der Wasserzähler selbst ist nicht zu überbrücken),
- **Hauptgasrohr** (Gasinnenleitung hinter der Hauptabsperreinrichtung),
- weiteren **metallenen Rohrsystemen**, z. B. Abwasserrohre, Steigleitungen zentraler Heizungs- und Klimaanlagen,
- **metallenen Gebäudekonstruktionen**, z. B. Metallschienen von Aufzugsanlagen und die Bewehrung von Stahlbetonkonstruktionen (soweit möglich).

Die genannten metallenen Systeme und geerdeten Leiter sind in der Nähe des →elektrischen Hausanschlusses – zweckmäßig im →Hausanschlussraum – mit einer (Haupt-) Potentialausgleichsschiene zu verbinden. Die dazu notwendigen Potentialausgleichsleiter sollen in ihrem Querschnitt mindestens halb so groß sein wie der Hauptschutzleiter, mindestens jedoch 6 mm^2 Kupfer [2].

Zusätzlicher Potentialausgleich

Der zusätzliche Potentialausgleich (engl. *additional equipotential bonding*, Abk. AEB) wird gefordert

- in Räumen oder Bereichen mit besonderer elektrischer Gefährdung, z. B. in Räumen mit Badewanne oder Dusche, Schwimmbädern, Stallräumen, medizinisch genutzten Bereichen, leitfähigen Bereichen mit begrenzter Bewegungsfreiheit, Leuchtröhrenanlagen, explosions- oder explosivstoffgefährdeten Bereichen,
- in IT-Systemen mit Isolationsüberwachung oder
- wenn die in DIN VDE 0100-410 festgelegten Bedingungen für das →automatische Abschalten der Stromversorgung zum Schutz bei →indirektem Berühren nicht erfüllt werden können.

In Gebäuden mit Einrichtungen der Informationstechnik erfolgt der zusätzliche Potentialausgleich unter Berücksichtigung von DIN EN 50310 (VDE 0800-2-310). Der Mindestquerschnitt der Potentialausgleichsleiter ist in den zutreffenden Normen festgelegt. Er beträgt z. B. bei mechanisch ungeschützter Verlegung 4 mm^2 Kupfer [2]. In Stallräumen wird vorzugsweise feuerverzinkter Rundstahl von 8 mm Durchmesser oder feuerverzinkter Bandstahl 30 mm x 3,5 mm verwendet [3].

Literatur

[1] IEC 60050-195:1998-08 Internationales Elektrotechnisches Wörterbuch. Kapitel 195: Erdung und Schutz gegen elektrischen Schlag.

[2] DIN VDE 0100-540:1991-11 Errichten von Starkstromanlagen mit Nennspannungen bis 1000 V; Auswahl und Errichtung elektrischer Betriebsmittel; Erdung, Schutzleiter, Potentialausgleichsleiter.

[3] DIN VDE 0100-705:1992-10 bis 1000 V; Landwirtschaftliche und gartenbauliche Anwesen.

Potentialverlauf

Verlauf des →elektrischen Potentials entlang einer Strecke, z. B. an einem Isolator oder an der Fußboden- bzw. Erdoberfläche.

Allgemeines

Der Potentialverlauf an der Erdoberfläche (Erdoberflächenpotential φ_E) wird von einem →Erder oder einer →Erdungsanlage in Richtung →Bezugserde gemessen. Er kann zweckdienlich durch Potentialsteuerung beeinflusst werden, s. Bild P4.

Zur Verhinderung von Potentialverschleppungen über fremde leitfähige Teile und damit von Schritt- und Berührungsspannungen dienen Isolierstücke, die in die leitfähigen Teile eingefügt werden, z. B. Isoliermuffen in Gasinnenleitungen – **Potenti-**

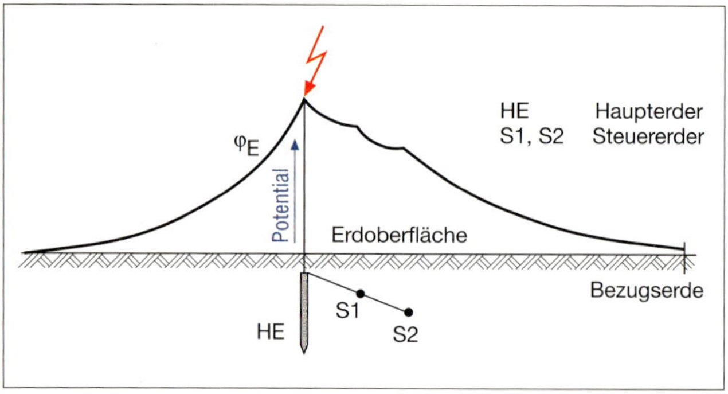

Bild P4: Verlauf des Erdoberflächenpotentials ϑ_E bei stromdurchflossenem Erder links: ohne Potentialsteuerung; rechts: mit Potentialsteuerung

altrennung genannt. Durch Potentialausgleich werden Potentialverschleppungen nicht verhindert; diese Maßnahme bewirkt eher das Gegenteil.

Potentialsteuerung

Die Beeinflussung (Steuerung) des Erdoberflächenpotentials φ_E im Fall eines →Isolationsfehlers, z. B. um Freileitungsmaste oder Transformatorenstationen, erfolgt mit **Steuererdern**.
Steuererder sind meist zwei oder drei ringförmig um den Haupterder, z. B. Mast- oder Stationserder, dicht unter der Erdoberfläche angeordnete Banderder (Oberflächenerder), die miteinander verbunden sind. Ihr horizontaler Abstand, auch zum Haupterder, beträgt meist 0,6…1 m. Die Verlegetiefe der Steuererder wird mit zunehmendem Abstand zum Haupterder – also nach außen hin – immer größer, s. Bild P4. Als Richtwert für den vertikalen Abstand der Steuererder gilt 0,4…0,5 m.
Steuererder werden bei der Berechnung des →Ausbreitungswiderstands der Erdungsanlage i. Allg. nicht berücksichtigt.
Die **Standortisolierung** im Freien ist eine besondere Ausführung der Potentialsteuerung. In diesem Fall wird das erdoberflächennahe Umfeld des Haupterders mit elektrisch nicht leitenden Stoffen, z. B. Schlacke, aufgefüllt.

Proximity-Effekt

Beeinträchtigung des (Wechsel-)Stromflusses in einem elektrischen Leiter infolge Veränderung seines wirksamen Leiterwiderstands durch den elektrischen und magnetischen Einfluss von **fremden**, nahe liegenden parallelen Leitern (Näherungseffekt).
Der durch das **eigene** elektrische und magnetische Feld bedingte Einfluss des Leiters auf sich selbst, d. h. die Verdrängung des Stromflusses mit steigender Frequenz vom Leiterinneren nach außen, wird →**Skineffekt** (Hauteffekt) genannt.

Prüfen

Feststellen, ob ein Prüfgegenstand (Prüfling), z. B. eine elektrische Anlage, die vorgeschriebenen oder vereinbarten Bedingungen erfüllt.

Allgemeines

Prüfungen (engl. *tests*) können subjektiv durch Sinneswahrnehmung (Besichtigen[1)]) oder objektiv mit Prüf- oder Messeinrichtungen erfolgen. Subjektive Prüfungen führen meist nur zu einer qualitativen Aussage,

1) **Besichtigen** umfasst außer Sehen auch andere Wahrnehmungen, z. B. Hören, Fühlen und Riechen.

z. B. die Erdung ist schlecht, die Beleuchtung ist zu intensiv oder das Kabel ist zu warm. Objektive Prüfungen, z. B. des Erdungs-, Isolations- oder Schleifenwiderstands, führen hingegen zu einer quantitativen Aussage darüber, ob das Prüfobjekt die geforderten Bedingungen erfüllt oder nicht. Diese Prüfungen umfassen die Ermittlung von Werten, die durch Besichtigen nicht festgestellt werden können.

Arten

Man unterscheidet:

- **Stückprüfung** (engl. *routine test*) ist die Konformitätsprüfung an jeder Betrachtungseinheit während oder nach der Fertigung. Sie dient hauptsächlich dem Auffinden von Werkstoff- und Herstellungsfehlern. Die Verwendbarkeit des Prüflings wird durch die Stückprüfung nicht beeinträchtigt; sie ist demnach eine zerstörungsfreie Prüfung.
- **Typprüfung** (engl. *type test*) ist die Konformitätsprüfung an einem oder mehreren für die Produktion repräsentativen Prüfmustern (Bauartprüfung). Diese Prüfung ist so festgelegt, dass sie nach einmaliger Durchführung i. Allg. nicht wiederholt zu werden braucht, solange Änderungen der Werkstoffe oder des Aufbaus die nachgewiesenen Eigenschaften nicht beeinflussen.
  Die Typprüfung erfolgt meist an Erzeugnissen, bei denen z. B. wegen eines großen Produktionsumfangs eine Stückprüfung nicht möglich oder zu aufwendig ist. Die Typprüfung kann die spätere Verwendbarkeit des Prüflings beeinträchtigen.
- **Konformitätsprüfung** (engl. *conformity test*) ist die Prüfung zur Konformitätsbewertung. Sie beinhaltet die systematische Untersuchung, inwieweit ein Produkt, ein Prozess oder eine Dienstleistung bestimmte (festgelegte) Anforderungen erfüllt.
- **Stichprobenprüfung** (engl. *sampling test*) ist die Prüfung von wenigen, beliebig (zufällig) ausgewählten Prüflingen (Prüfmuster) einer einheitlichen Menge zur Überwachung der laufenden Fertigung und zum Nachweis bestimmter Eigenschaften. Die Stichprobenprüfung kann die Verwendbarkeit des Prüflings beeinträchtigen.
- **Lebensdauerprüfung** (engl. *life test*) ist die Prüfung zum Nachweis der wahrscheinlichen Lebensdauer einer Betrachtungseinheit unter festgelegten Bedingungen.
- **Erwärmungsprüfung** (engl. *temperature-rise test*) ist die Prüfung zur Bestimmung der Temperaturerhöhung eines oder mehrerer Teile einer Betrachtungseinheit unter festgelegten Betriebsbedingungen.
- **Zerstörungsprüfung** (engl. *destructive test*) ist die Prüfung, die eine teilweise oder vollständige Zerstörung des Prüfobjekts mit sich bringt.
- **zerstörungsfreie Prüfung** (engl. *non-destructive test*) ist die Prüfung, die das zukünftige Betriebsverhalten des Prüfobjekts nicht beeinträchtigt.
- **Abnahmeprüfung** (engl. *acceptance test*) ist die vertraglich festgelegte Prüfung bei Abnahme einer Betrachtungseinheit durch den Kunden. Sie dient dem Nachweis, dass die Betrachtungseinheit die an sie gestellten Anforderungen erfüllt.
- **Inbetriebnahmeprüfung** (engl. *commissioning test*) ist die Prüfung einer Betrachtungseinheit am Aufstellungsort zum (Erst-)Nachweis einer sachgemäßen, vorschriftenkonformen Errichtung und einwandfreien Funktion (Funktionsprüfung). Dabei sind die im späteren Betrieb tatsächlich vorkommenden variierenden Umgebungs- und Einsatzbedingungen zu berücksichtigen. Die Inbetriebnahmeprüfung wird auch „Erstprüfung“ (engl. *initial test*) genannt [1].

- **Instandhaltungsprüfung** (engl. *maintenance test*) ist die periodisch durchgeführte Prüfung an einer Betrachtungseinheit. Sie dient dem Nachweis, dass das Betriebsverhalten – ggf. nach Durchführung bestimmter Maßnahmen – innerhalb festgelegter Grenzen bleibt. Die Instandhaltungsprüfung wird auch „Wiederholungsprüfung" oder besser „wiederkehrende Prüfung" (engl. *periodic test*) genannt [1].

Erstprüfung von Anlagen

Elektrische Anlagen sind zweckmäßig bereits während ihrer Errichtung, spätestens jedoch nach ihrer Fertigstellung vor Inbetriebnahme zu prüfen. Dabei umfasst „Prüfen" alle Maßnahmen, mit denen festgestellt wird, ob die elektrische Anlage den vorgesehenen Zweck erfüllt und normgerecht errichtet worden ist oder nicht.

Neben der visuellen Überprüfung (Besichtigung) der Anlage sind dazu meist auch Erprobungen und Messungen erforderlich. Letztere dienen der Ermittlung von Eigenschaften, die durch Besichtigen allein nicht festgestellt werden können, z. B. die Wirksamkeit von Schutzmaßnahmen gegen elektrischen Schlag oder das Rechtsdrehfeld von Drehstrom-Steckdosen.

Das Ergebnis der Prüfung ist als „Erstnachweis" (engl. *initial verification*) zu dokumentieren, z. B. in Form eines →Prüfprotokolls. Eine Ausfertigung des Prüfnachweises ist nach den Verdingungsverordnungen für Bauleistungen dem Auftraggeber auszuhändigen.

Erstprüfungen von Niederspannungsanlagen, auch im Fall ihrer Erweiterung, Änderung oder Instandsetzung, sind nach DIN VDE 0100–610 [1] und von elektrischen Maschinenausrüstungen nach DIN EN 60204-1 [2] durchzuführen. Zusätzliche Anforderungen an diese Prüfungen enthalten z. B. DIN VDE 0100-710 Krankenhäuser, 0108 Theater, 0116 Feuerungsanlagen, 0118 Bergbau, 0128 Leuchtröhrenanlagen, 0131 Elektrozaunanlagen, 0136 Elektrofischereianlagen, 0161 Flugplatzbefeuerungsanlagen, 0165 explosionsgefährdete Bereiche, 0166 explosivstoffgefährdete Bereiche, 0168 Tagebaue und Steinbrüche sowie 0185 Blitzschutzanlagen. Vor Ort errichtete Hochspannungsanlagen sind nach DIN VDE 0101 zu prüfen.

Später, nach Monaten oder gar Jahren, folgen in periodischen Zeitabständen wiederkehrende Instandhaltungsprüfungen (Wiederholungsprüfungen) gemäß DIN VDE 0105-100 [3] und UVV BGV A3 [4].

Prüfung nach Instandsetzung von Geräten

Elektrische Geräte müssen nach ihrer Instandsetzung oder Änderung für den Benutzer sicher sein. Die Sicherheitsprüfungen für instand gesetzte oder geänderte elektrische Geräte, z. B. Haushaltsgeräte, Elektrowerkzeuge, Leuchten, Geräte der Unterhaltungs- oder Kommunikationselektronik, erfolgen nach der Normenreihe DIN VDE 0701. Die Wiederholungsprüfungen (engl. *repeat tests*) werden nach DIN VDE 0702-1 durchgeführt.

Literatur

[1] DIN VDE 0100-610:2004-04 Errichten von Niederspannungsanlagen; Prüfungen; Erstprüfungen.

[2] DIN EN 60204-1 (VDE 0113-1):1998-11 Sicherheit von Maschinen; Elektrische Ausrüstung von Maschinen; Allgemeine Anforderungen.

[3] DIN VDE 0105-100:2000-06 Betrieb von elektrischen Anlagen.

[4] Unfallverhütungsvorschriften (UVV) BGV A3 „Elektrische Anlagen und Betriebsmittel" mit Durchführungsanweisungen vom Oktober 1996. Hrsg.: Berufsgenossenschaft der Feinmechanik und Elektrotechnik, Köln.

Prüffeld

→Elektrische Prüfanlage in einem fest umschlossenen Raum oder innerhalb eines von benachbarten Arbeitsplätzen abgegrenzten Bereichs, in der meist mehrere Personen mit dem →Prüfen größerer Prüfobjekte beschäftigt sind.

Ein Prüffeld kann in einzelne Bereiche aufgeteilt sein, in denen voneinander unabhängige Prüfungen durchgeführt werden.

Niederspannungs-Prüffelder sind gegenüber der Umgebung abzugrenzen und zwar so, dass wenigstens das zufällige Berühren unter Spannung stehender (aktiver) Teile der Prüfeinrichtung und des Prüfobjekts verhindert ist. Der Mindestschutzabstand zwischen der Abgrenzung und den aktiven Teilen sowie die Mindesthöhe der Schutzeinrichtung sind in DIN EN 50191 (VDE 0104) festgelegt.

Hochspannungs-Prüffelder haben besondere Türschlösser, die den Zutritt Unbefugter von außen verhindern. Von innen müssen sich die Türen jederzeit, auch wenn von außen abgeschlossen ist, mit einer einfachen Einrichtung, z. B. einer Klinke, leicht öffnen lassen.

Zugänge zu Prüffeldern sind mit dem Schild „Zutritt für Unbefugte verboten“ zu kennzeichnen.

Prüfplatz

Räumlich begrenzte und gekennzeichnete Prüfanlage zur bestimmungsgemäßen Durchführung wiederkehrender elektrischer Prüfungen (Routineprüfungen), vorwiegend im Fertigungsfluss einer Serienfabrikation mit gleichartigen Prüfvorgängen oder in Reparaturbetrieben (Reparaturplätze).

Prüfplätze sollen bei Spannungen über AC 25 V/DC 60 V vorzugsweise **mit zwangsläufigem Berührungsschutz** (Mindest-Schutzart IP3X oder IPXXC) errichtet werden. Dabei bedeutet „zwangsläufig“, dass nur bei wirksamer Schutzeinrichtung, z. B. bei geschlossener Abdeckung oder geschlossener Tür des Prüfplatzes, der Prüfstromkreis eingeschaltet und damit Spannung an die aktiven Teile der Prüfeinrichtung gegeben werden kann.

Prüfplätze **ohne zwangsläufigen Berührungsschutz** dürfen nur in Ausnahmefällen errichtet werden. Als Ausnahmefälle gelten z. B. Prüfplätze mit häufig wechselnden Prüfaufgaben oder mit unterschiedlichen Prüfobjekten. In diesen Fällen ist zum Schutz gegen elektrischen Schlag mindestens eine der folgenden Maßnahmen – in Niederspannungsanlagen zweckmäßig in Verbindung mit einer Fehlerstrom-Schutzeinrichtung (RCD), $I_{\Delta N} \leq 30$ mA – anzuwenden:

- Schutz durch isolierende **Abdeckung** (bei Spannungen bis 1000 V),
- Schutz durch ausreichend großen **Sicherheitsabstand** zum Prüfobjekt unter Beachtung der prüfspannungsabhängigen Gefahrenzone.
- **Zweihandschaltung** nach DIN EN 574 (für jeden Prüfenden),
- Verwendung von **zwei Sicherheitsprüfspitzen** zum Heranführen der elektrischen Spannung an das Prüfobjekt. Diese Prüfspitzen müssen Einrichtungen haben, mit denen der Bediendende durch Handbetätigung die unter Spannung stehenden Tastspitzen zum Prüfen freigibt (Verschwindungsspitzen) oder die Tastspitzen unter Spannung setzen kann. Feststellvorrichtungen sind hierfür unzulässig.

Darüber hinaus müssen Prüfplätze ohne zwangsläufigen Berührungsschutz ausreichend freie Bewegungsflächen für den Prüfenden (mind. 1,5 m^2), einen isolierenden Bedienungsstandort (Gummimatte) – zweckmäßig auch isolierende Prüftische – und eine genügend große Anzahl von schnell erreichbaren Betätigungseinrichtungen[1)] für Not-Ausschaltung haben. Mindes-

tens eine Betätigungseinrichtung ist außerhalb des Gefahrenbereichs vorzusehen.
Die Not-Ausschaltung muss nach dem Ruhestromprinzip arbeiten und alle Stromkreise ausschalten, die elektrische Gefährdungen hervorrufen können. Nicht in die Not-Ausschaltung einzubeziehen sind elektrische Betriebsmittel, z. B. für die Beleuchtung oder Kühlung, durch deren Ausschaltung womöglich neue Gefahren entstehen können.
Prüfplätze ohne zwangsläufigen Berührungsschutz sind als solche zu kennzeichnen (Warnschilder, rote Signalleuchte) und – sofern eine elektrische Gefährdung Außenstehender nicht auf andere Weise verhindert werden kann, z. B. durch eine bestimmte Anordnung oder den zweckmäßigen Aufbau des Prüfplatzes – mit Gittern, Seilen, Ketten o. dgl. abzusperren.
Ein ständiger Sichtkontakt zu den Prüfenden ist sicherzustellen – insbesondere während der Betriebszustände „Einschaltbereit" und „In Betrieb" –, um bei Gefahr sofort handeln und notfalls schnell erste Hilfe leisten zu können [1].

Literatur

[1] DIN EN 50191 (VDE 0104):2001-01 Errichten und Betreiben elektrischer Prüfanlagen.

Prüfprotokoll

Schriftlicher Nachweis über durchgeführte Prüfungen (Prüfnachweis).

Allgemeines

Prüfprotokolle für →elektrische Anlagen sollen zum Nachweis der Normenkonformität mindestens enthalten:

- Name und Anschrift des Auftraggebers sowie des Auftragnehmers,
- Bezeichnung des Auftrags,
- Kennzeichnung des Prüfprotokolls,
- Bezeichnung der geprüften elektrischen Anlage, Stromkreise u. dgl.,
- Bezeichnung der zutreffenden Gebäude, Gebäudeteile oder Räume,
- verwendete Messgeräte,
- Messwerte, z. B.Isolationswiderstand,
- Prüfer, Prüfdatum, Unterschrift.

Mitunter ist es erforderlich, besondere Festlegungen, z. B. nach DIN VDE 0100-710 [1], zusätzlich zu berücksichtigen.

Der Prüfer bestätigt (beurkundet) mit seiner Unterschrift sowohl gegenüber seinem Unternehmer (Auftragnehmer) als auch gegenüber dem Auftraggeber (Betreiber) die vorschriftsmäßig durchgeführte Prüfung mit dem Ergebnis:
„Die elektrische Anlage entspricht den anerkannten Regeln der Elektrotechnik" oder „Die elektrische Anlage entspricht nicht den anerkannten Regeln der Elektrotechnik".

Vordrucke

Zur effektiven Protokollierung der Prüfergebnisse gibt es von Seiten der Errichter und Berufsverbände Prüfprotokollvordrucke. Das von Elektroinstallateuren am meisten verwendete Prüfformular für elektrische Anlagen ist der einst von der Bundesfachgruppe Elektroinstallation des Zentralverbands der Deutschen Elektro- und Informationstechnischen Handwerke (ZVEH) erarbeitete Vordruck nach Bild P5, in Verbindung mit einem Übergabebericht[1)] und Zustandsbericht, s. Bild P6. Beide Dokumente werden – wie z. B. in DIN 18382 [2] festgelegt – dem Auftraggeber nach der Prüfung ausgehändigt. Eine Kopie bleibt – auch für

---

1) **Betätigungseinrichtungen** für **Not-Ausschaltung** müssen **rot,** die Flächen hinter oder unter Betätigungseinrichtungen **gelb** sein. Damit sind diese Betätigungseinrichtungen deutlich von anderen Schalteinrichtungen unterscheidbar.

1) In den **Übergabebericht** sind die tatsächlich ausgeführten Arbeiten gemäß Auftrag einzutragen.

Prüfung elektrischer Anlagen
Prüfprotokoll

Nr.	Blatt .... von	Kunden Nr.:
Auftraggeber:	Auftrag Nr.	Auftragnehmer:
Anlage:		

Prüfung nach: DIN VDE 0100-610 ☐ DIN VDE 0105 ☐ UVV ☐ .... / .... ☐

Neuanlage ☐ Erweiterung ☐ Änderung ☐ Instandsetzung ☐ Wiederholungsprüfung ☐ E-CHECK ☐

Beginn der Prüfung:	Beauftragter des Auftraggebers:	Prüfer:
Ende der Prüfung:		

Netz .... / .... V Netzform: TN-C ☐ TN-S ☐ TN-C-S ☐ TT ☐ IT ☐

EVU/VNB

Besichtigen	i.O.	n.i.O.		i.O.	n.i.O.		i.O.	n.i.O.
Auswahl der Betriebsmittel	☐	☐	Kennzeichnung Stromkreis, Betriebsmittel	☐	☐	Zugänglichkeit	☐	☐
Trenn- und Schaltgeräte	☐	☐	Kennzeichnung N- und PE-Leiter	☐	☐	Hauptpotentialausgleich	☐	☐
Brandabschottungen	☐	☐	Leiterverbindungen	☐	☐	Zus. örtl. Potentialausgleich	☐	☐
Gebäudesystemtechnik	☐	☐	Schutz- und Überwachungseinrichtungen	☐	☐	Dokumentation	☐	☐
Kabel, Leitungen, Stromschienen	☐	☐	Schutz gegen direktes Berühren	☐	☐	siehe Ergänzungsblätter ☐		
Erproben			Funktion der Schutz-, Sicherheits- und			Rechtsdrehfeld der		
Funktionsprüfung der Anlage	☐	☐	Überwachungseinrichtunge	☐	☐	Drehstromsteckdosen	☐	☐
FI-Schutzschalter (RCD)	☐	☐	Drehrichtung der Motoren	☐	☐	Gebäudesystemtechnik	☐	☐

Messen Stromkreisverteiler Nr.:

Stromkreis		Leitung/Kabel		Überstrom-Schutzeinrichtung			R_{iso} (MΩ)	Fehlerstrom-Schutzeinrichtung (RCD)					Fehler-code
Nr.	Zielbezeichnung	Typ	Leiter Anzahl x Quers. (mm²)	Art Charakteristik	I_n (A)	Z_s (Ω) ☐ I_k (A) ☐	ohne ☐ mit ☐ Verbraucher	I_n/Art (A)	$I_{\Delta N}$ (mA)	I_{mess} (mA) (≤ $I_{\Delta N}$)	Ausl.-Zeit t_A (ms)	U_L = V U_{mess} (V)	
	Hauptleitung		x										

Durchgängigkeit Potentialausgleich (≤ 1 Ω nachgewiesen) Erdungswiderstand R_E .... Ω

Fundamenterder ☐	Hauptwasserleitung ☐	Heizungsanlage ☐	EDV-Anlage ☐	Antennenanlage/BK ☐
Potentialausgleichsschiene ☐	Hauptschutzleiter ☐	Klimaanlage ☐	Telefonanlage ☐	Gebäudekonstruktion ☐
Wasserzwischenzähler ☐	Gasinnenleitung ☐	Aufzugsanlage ☐	Blitzschutzanlage ☐	☐

Verwendete Messgeräte nach DIN VDE	Fabrikat: Typ:	Fabrikat: Typ:	Fabrikat: Typ:

Prüfergebnis: keine Mängel festgestellt ☐ Mängel festgestellt ☐ | Prüf-Plakette angebracht: ja ☐ nein ☐ | Nächster Prüftermin:

Auftraggeber:
Gemäß Übergabebericht elektrische Anlage vollständig übernommen ☐
Zustandsbericht erhalten ☐

Ort Datum Unterschrift

Prüfer:
Die elektrische Anlage entspricht den anerkannten Regeln der Elektrotechnik ☐
Die elektrische Anlage entspricht nicht den anerkannten Regeln der Elektrotechnik ☐

Ort Datum Unterschrift

Bild P5: ZVEH-Vordruck: Prüfprotokoll für elektrische Anlagen

Prüfung elektrischer Anlagen

Übergabebericht ☐ **Zustandsbericht** ☐

Nr. Blatt .... von .... | Kunden Nr.:

Auftraggeber:	Auftrag Nr.:	Auftragnehmer:

Anlage: | Zähler Nr.: | Zählerstand: kWh

Ort/Anlagenteil — Anzahl, Betriebsmittel ☐, Fehler-Code ☐																
Stromkreisverteiler																
Aus-/Wechselschalter																
Leuchte																

Auftraggeber:
Gemäß Übergabebericht elektrische Anlage vollständig übernommen ☐
Zustandsbericht erhalten ☐

Ort Datum Unterschrift

Prüfer:
Die elektische Anlage vollständig übergeben ☐ Dokumentation übergeben ☐
In der Anlabe wurden Mängel festgelegt ☐

Ort Datum Unterschrift

Bild P6: ZVEH-Vordruck: Übergabebericht/Zustandsbericht für elektrische Anlagen

spätere Beweissicherungen – beim Auftragnehmer.

Neben den genannten Vordrucken für elektrische Anlagen sind beim ZVEH auch noch folgende für das Elektrohandwerk wichtige Prüfprotokollformulare erhältlich:

- Prüfprotokoll für instand gesetzte elektrische Geräte,
- Prüfprotokoll für Wiederholungsprüfungen ortsveränderlicher elektrischer Geräte,
- Prüfprotokoll nach Änderung, Instandsetzung und Prüfung elektrischer Maschinen,
- Prüfprotokoll für Niederspannungs-Schaltgerätekombinationen und Installationsverteiler.

e-Blitz

Die Prüfprotokollvordrucke des ZVEH tragen oben rechts die „Nationalflagge" der deutschen Elektrohandwerke, den sog. **e-Blitz**, s. Bild P7. Dieses einheitliche Verbandszeichen des ZVEH steht als Markenzeichen für fachgerechte, qualitativ hochwertige Dienstleistung durch die Unternehmen der elektro- und informationstechnische Handwerke in Deutschland. Es signalisiert dem Kunden und Auftraggeber, dass er es mit einem kompetenten Fachbetrieb zu tun hat, der durch Qualität und Leistung, individuelle Beratung und umfassenden Service überzeugt.

Bild P7: e-Blitz

Der e-Blitz wurde am 9.1.1980 beim Deutschen Patentamt in München in die Zeichenrolle eingetragen und ist seither gegen Missbrauch und Nachahmung rechtlich geschützt. Sichtbarer Ausdruck dieses Schutzes im Sinne des Warenzeichengesetzes ist das ® in der rechten oberen Ecke des Verbandszeichens. Die mit dem e-Blitz gekennzeichneten Prüfformulare des ZVEH – natürlich auch andere mit dem e-Blitz gekennzeichneten Schriftstücke, ferner Berufsbekleidungen, usw. – dürfen nur von den Elektrohandwerksbetrieben verwendet werden, die Mitglied einer zum Führen des Zeichens berechtigten Innung sind.

Literatur

[1] DIN VDE 0100-710:2002-11 Errichten von Niederspannungsanlagen; Medizinisch genutzte Bereiche.

[2] DIN 18382:1996-06 VOB Verdingungsordnung für Bauleistungen. Teil C: Allgemeine Technische Vertragsbedingungen für Bauleistungen (ATV). Elektrische Kabel- und Leitungsanlagen in Gebäuden.

Q

Quecksilberdampfgleichrichter

Gleichrichter (Gasentladungsventil), bestehend aus einem evakuierten, vakuumdichten zylindrischen Gefäß, in dessen tiefstem Punkt sich eine Katode aus Quecksilber – der sog. „Quecksilberteich“ – und am oberen Teil des Gefäßes eine oder mehrere Anoden aus Graphit oder Eisen befinden.

Allgemeines

Charakteristisch für Quecksilberdampfgleichrichter (Hg-Stromrichter) ist der auf der Katode herumirrende Lichtbogenfleck. Dieser Brennfleck dient bei Überschreitung der Ionisierungsspannung der Elektronenerzeugung an der Katode und deren Aussendung. Der Katodenbrennfleck ist damit die Grundvoraussetzung für die Gleichrichterwirkung.
Der leuchtende Quecksilberfleck erzeugt jedoch nicht nur Elektronen, sondern auch neutrale Quecksilberdämpfe. Diese Dämpfe verdrängen die ankommenden positiven Ionen, die sich deshalb zum Zweck der Entladung stets neue Auftreffpunkte auf der Katode suchen müssen. Das ist der Grund, weshalb der leuchtende Fleck regellos auf dem Quecksilberteich umherirrt.

Betrieb

Bei Quecksilberdampfgleichrichtern dient als elektrisches Ventil ein Quecksilberdampflichtbogen, welcher zwischen Katode und Anode brennt. Dieser Lichtbogen muss bei Betriebsbeginn mit einer besonderen Elektrode (Zündanode) gezündet werden.
Die Elektronenerzeugung an der Katode wird durch die mit großer Geschwindigkeit auftreffenden positiven Ionen im Normalfall selbstständig aufrechterhalten. Erst bei Unterschreitung einer Mindeststromstärke (etwa 2 A bei kleinen und 10...15 A bei großen Gleichrichtern hört die Elektronenerzeugung an der Katode auf; der Gleichrichter „erlischt“.
Quecksilberdampfgleichrichter haben wie alle Gasentladungsventile, darunter auch die Glühkatodengleichrichter (Thyratrons)[1], schon seit vielen Jahren ihre Bedeutung in der Leistungselektronik verloren. Sie wurden ab Mitte der 1960er Jahre durch steuerbare Halbleiterventile, z. B. Thyristoren, ersetzt.

[1] Bei **Glühkatodengleichrichtern** ionisieren die aus einer Glühkatode austretenden Elektronen das Füllgas.

R

Rahmenklemme

Schraubklemme mit formstabilem Rahmen (Widerlager), in dem eine Schraube auf eine Metallplatte drückt, s. Bild R1. Der hohe, gleichmäßige Kontaktdruck über eine vergleichsweise große Fläche sorgt für einen geringen Übergangswiderstand.

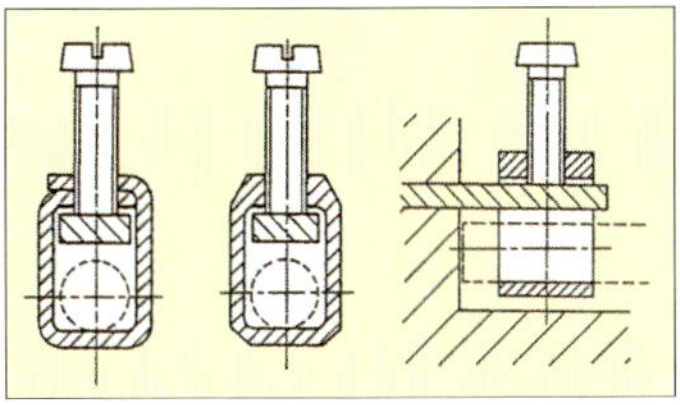

Bild R1: Rahmenklemmen

Bei flexiblen Leitungen empfiehlt es sich, die Leiterenden zu verdrillen. Werden die Leiterenden nicht verdrillt oder vercrimpt, so besteht die Gefahr, dass einzelne Drähte beim Einführen des Leiters in die Klemme abspleißen.

Rastschalter

→Schalter mit Rastschaltwerk, auf dessen bewegliche →Schaltstücke keine Rückzugskraft wirkt. Diese Schalter bleiben – im Gegensatz zu Tastschaltern – ohne Wirkung einer äußeren Kraft in der jeweiligen Ein- oder Ausschaltstellung.
Typische Rastschalter sind z. B. Paket-, Stern-Dreieck- und Polumschalter (→Nockenschalter).

Raum mit Badewanne oder Dusche

Raum zum Baden in einer Wanne (Wannenbad) oder zum Duschen (Duschbad).

Allgemeines

Räume mit Badewanne oder Dusche (engl. *rooms containing a bath tub or shower*) dienen hauptsächlich der Körperreinigung, -pflege und Erfrischung, z. B. in Wohngebäuden und Hotels. Zu diesen Räumen zählen auch solche mit fabrikfertigen Badeeinrichtungen (Schrankbäder), Duschkabinen, Whirlwannen oder -pools, selbst wenn diese Räume bestimmungsgemäß überwiegend anderen Zwecken als der Körperreinigung und -hygiene dienen. Dagegen gehören Räume mit Duschen, die nur in Notfällen benutzt werden (Not-Duschen), z. B. in chemischen Laboratorien, oder für Nutztiere, z. B. in Zoos, nicht zu Duschräumen im Sinne von [1].

Sicherheitstechnische Anforderungen

Bade- und Duschräume sind während des Badens i. Allg. feucht und beim Duschen nass. Dadurch ist der elektrische Hautwiderstand (Hautimpedanz) von Personen oft stark vermindert und folglich das Risiko einer elektrischen Gefährdung in diesen Räumen vergleichsweise groß.
Zwecks besserer Zuordnung und Differenzierung (Staffelung) der sicherheitsrelevanten Anforderungen werden Räume mit fest angeordneter Badewanne sowie Duschräume in bestimmte, maßlich genau festgelegte Bereiche eingeteilt, s. Bilder R2 und R3. Für die Auswahl und Errichtung elektrischer Betriebsmittel, z. B. Kabel, Leitungen, Installationsgeräte und Verbrauchsmittel,

- innerhalb der Bereiche 0, 1 und 2 sowie
- in den bereichsbegrenzenden Wänden, Decken, Fußböden und fest angebrachten Abtrennungen

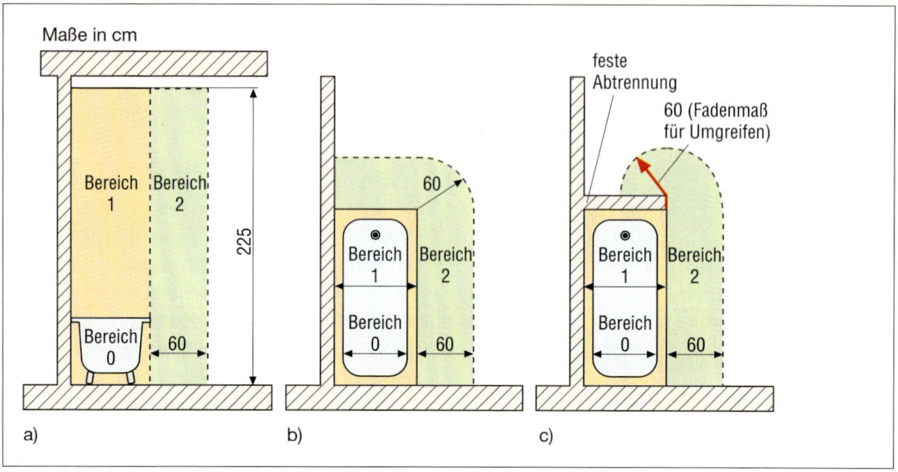

Bild R2: Bereiche 0, 1 und 2 für Räume mit Bade- oder Duschwanne
a) Seitenansicht; b) Draufsicht; c) Draufsicht mit fest angebrachter Abtrennung

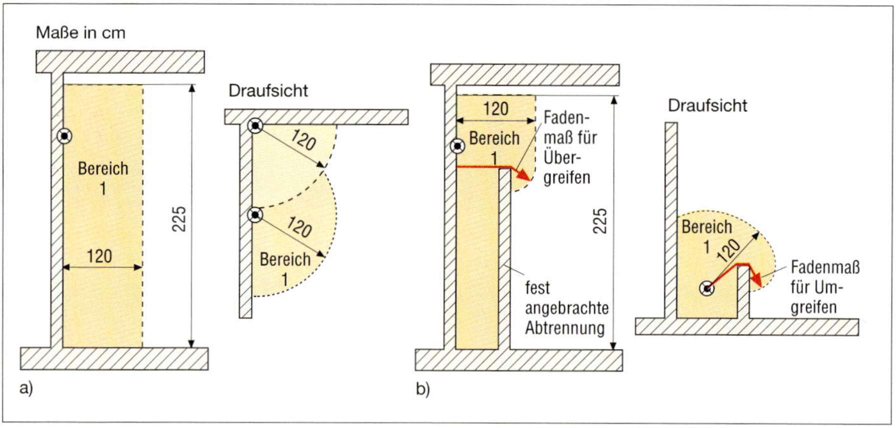

Bild R3: Bereich 1 für Duschen ohne Wanne
a) ohne Abtrennung; b) mit fest angebrachter Abtrennung
⊗ fester Wasseraustritt

gelten die grundlegenden Anforderungen der Normenreihe DIN VDE 0100 „Errichten von Niederspannungsanlagen" in Verbindung mit den Zusatzbestimmungen DIN VDE 0100-701 [1]. In Bade- und Duschräumen für behinderte Personen oder in Räumen, in denen Patienten mit wassertherapeutischen Methoden medizinisch behandelt werden, können darüber hinaus weitere Maßnahmen erforderlich sein [2].

Der Anschluss steckerfertiger elektrischer Verbrauchsmittel, z. B. Waschmaschinen, Trockenschleudern, Heizlüfter oder Handtuchtrockner, an die ortsfeste Installationsanlage gehört grundsätzlich nicht zum Errichten elektrischer Anlagen und folglich auch nicht zum Anwendungsbereich der Normenreihe DIN VDE 0100. Der Betrieb solcher elektrischen Geräte in Bade- oder Duschräumen hat entsprechend den Gebrauchsanweisungen unter Beachtung der Sicherheits- und Warnhinweise der Hersteller zu erfolgen. Danach ist das Benutzen z. B. von elektrischen Haartrocknern in mit Wasser gefüllten Badewannen lebensgefährlich und deshalb nicht gestattet.

Literatur

[1] DIN VDE 0100-701:2002-02 mit Änderung A1:2004-02 Errichten von Niederspannungsanlagen; Anforderungen für Betriebsstätten, Räume und Anlagen besonderer Art; Räume mit Badewanne oder Dusche (Erläuterungen s. [3]).

[2] DIN VDE 0100-710:2002-11 –; –; Medizinisch genutzte Bereiche.

[3] *Hörmann, W.; u. a.:* Errichten elektrischer Anlagen in Räumen mit Badewanne oder Dusche. VDE-Schriftenreihe, Band 67A. 2. Auflage. Berlin, Offenbach: VDE-Verlag, 2004.

RC-Filterschaltung

Schaltung zur Unterdrückung oder Schwächung bestimmter Bereiche eines Gemischs von Wechselspannungen mit unterschiedlichen Frequenzen. Zur Unterdrückung

- tiefer Frequenzen dient der **Hochpass** (engl. *high pass*) und
- hoher Frequenzen dient der **Tiefpass** (engl. *low pass*).

Allgemeines

Charakteristisch für den RC-Hoch- und -Tiefpass ist die Parallel- bzw. Reihenschaltung eines Wirkwiderstands R und eines Kondensators C sowie eine frequenzvariable Versorgungsspannung U_1, s. Bild R4. Bei hohen Frequenzen f ist der kapazitive Blindwiderstand des Kondensators $X_C = 1/(\omega \cdot C) = 1/(2\pi f \cdot C)$ im Vergleich zum Wirkwiderstand R klein. Dasselbe gilt – der Spannungsteilerregel folgend – für den Spannungsfall U_C über dem kapazitiven Blindwiderstand X_C. Diese Teilspannung ist bei hohen Frequenzen ebenfalls klein.

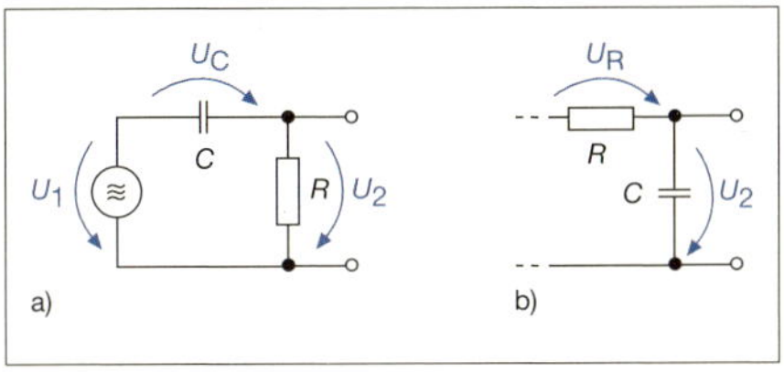

Bild R4: RC-Filterschaltungen
a) Hochpass; b) Tiefpass

Umgekehrt hat bei niedrigen Frequenzen der Kondensator einen großen Blindwiderstand X_C im Vergleich zum Wirkwiderstand R. Entsprechend hoch ist auch die Teilspannung U_C.

Grenzfrequenz

Die Frequenz, bei welcher der kapazitive Blindwiderstand des Kondensators X_C gleich dem Wirkwiderstand R ist, wird als Grenzfrequenz f_g bezeichnet. Bei dieser Frequenz $f_g = 1/(2\pi RC)$ ist der Spannungsfall am Kondensator und am Wirkwiderstand gleich groß; er beträgt das 0,707-fache der Eingangsspannung U_1. Die Ausgangsspannung U_2 ist bei der Grenzfrequenz gegenüber der Eingangsspannung um 45° phasenverschoben.

Durchlass- und Sperrbereich

Der **RC-Hochpass** ist ein Spannungsteiler nach Bild R4 a, dessen relative Ausgangsspannung U_2/U_1 mit der Frequenz steigt. Hierbei werden Wechselspannungen mit niedriger Frequenz unterdrückt und Spannungen mit hoher Frequenz fast ungeschwächt zum Ausgang befördert, s. Bild R5 a.

Beim **RC-Tiefpass** nach Bild R4 b, an dessen Kondensator C die Ausgangsspannung U_2 abgegriffen werden kann, ist das Durchlass- und Sperrverhalten gegenüber einem

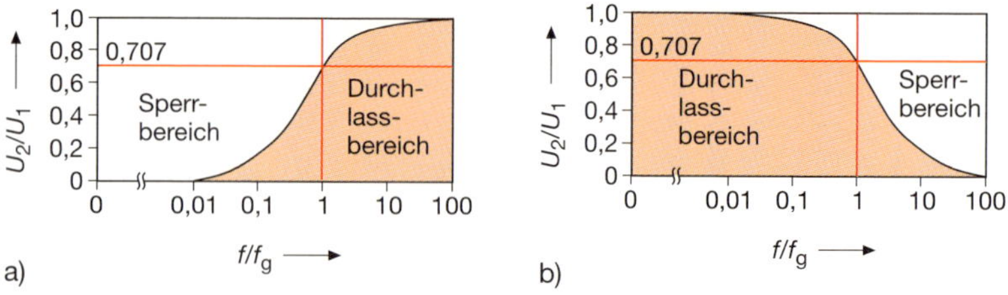

Bild R5: Durchlass- und Sperrbereich
a) Hochpass; b) Tiefpass

RC-Hochpass genau umgekehrt. Hierbei fällt die relative Ausgangsspannung U_2/U_1 mit zunehmender Frequenz. Beim RC-Tiefpass werden demnach Wechselspannungen mit hoher Frequenz unterdrückt und Spannungen mit niedriger Frequenz (unterhalb der Grenzfrequenz) fast unbeeinflusst zum Ausgang durchgelassen, s. Bild R5 b [1].

Literatur

[1] RC-Filterschaltungen. de 71(1996)15/16, S. 110g und 111g.

Rechte-Hand-Regel

Regel zur Bestimmung der Richtung des Induktionsstroms in einem Magnetfeld unter Zuhilfenahme der rechten Hand.

Stromrichtung

Die Rechte-Hand-Regel lautet wie folgt:

Hält man die rechte Hand so in ein Magnetfeld, dass die vom Nordpol (N) zum Südpol (S) verlaufenden magnetischen Feldlinien auf die Handinnenfläche auftreffen und der abgespreizte Daumen in die Bewegungsrichtung des Leiters zeigt, so fließt der Induktionsstrom in Richtung der gestreckten Finger, s. Bild R6.

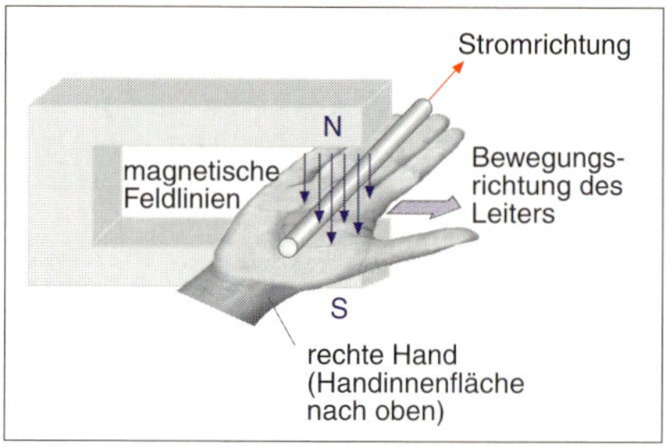

Bild R6: Rechte-Hand-Regel (Generatorregel)

Hierbei wird die mechanische Energie zur Bewegung des Leiters in elektrische Energie umgewandelt. Entsprechend diesem Generatorprinzip wird die Rechte-Hand-Regel auch „Generatorregel“ genannt. Die jeweiligen Richtungen lassen sich hilfsweise auch mit der linken Hand feststellen, s. Bild R7.

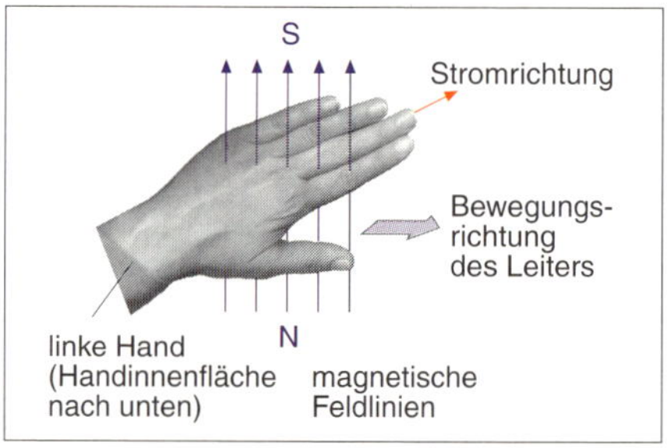

Bild R7: Anwendung der Generatorregel hilfsweise mit der linken Hand

Kraftrichtung

Auf einen stromdurchflossenen Leiter in einem Magnetfeld wirkt eine Kraft $\vec{F}$ senkrecht zur Feldrichtung und senkrecht zur Stromrichtung, s. Bild R8. Mit Hilfe der „Linke-Hand-Regel" lässt sich die Kraftrichtung aus der Richtung des Magnetfelds und der Stromrichtung ableiten.

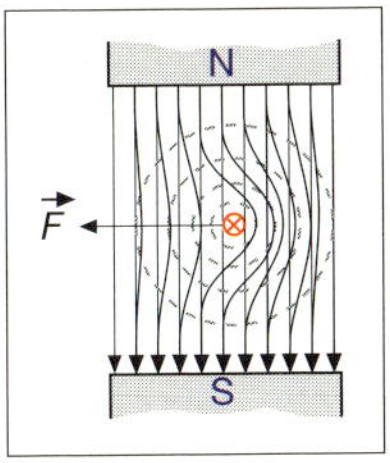

Bild R8: Kraft auf einen stromdurchflossenen Leiter im Magnetfeld

Die **Linke-Hand-Regel** lautet wie folgt:

Hält man die linke Hand so in ein Magnetfeld, dass die vom Nordpol (N) zum Südpol (S) verlaufenden magnetischen Feldlinien auf die Handinnenfläche auftreffen und die gestreckten Finger in Stromrichtung zeigen, dann gibt der abgespreizte Daumen die Richtung der Kraft an, die auf den Leiter wirkt, s. Bild R9.

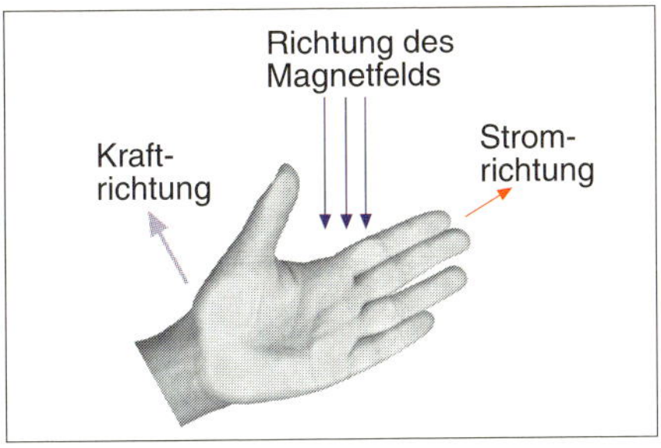

Bild R9: Linke-Hand-Regel (Motorregel)

Die Linke-Hand-Regel beschreibt das Funktionsprinzip eines Elektromotors; sie wird deshalb auch „Motorregel" genannt.

Elektromagnetische Messwerke, z. B. Drehspulmesswerke, arbeiten nach demselben Funktionsprinzip.

Die Kraftrichtung auf einen stromdurchflossenen Leiter in einem Magnetfeld lässt sich hilfsweise auch mit der rechten Hand feststellen. Dabei sind der Daumen, Zeigefinger und Mittelfinger so zu spreizen, dass diese drei Finger untereinander jeweils einen rechten Winkel (Rechtsdreibein) bilden. Zeigt der Daumen in die Bewegungsrichtung der Ladungsträger (Stromrichtung) und der Zeigefinger in Richtung des magnetischen Felds, so gibt der Mittelfinger im Fall einer positiven Ladung die Kraftrichtung an. Bei einer negativen Ladung (Stromrichtungsumkehr) ist die Kraftrichtung entgegengesetzt. Die Richtung der Kraft auf den Leiter ändert sich auch bei einer Richtungsänderung des Magnetfelds. Bei gleichzeitiger Umkehr von Stromrichtung und Richtung der magnetischen Feldlinien behält die Kraft ihre ursprüngliche Richtung bei.

Lorentz- und Coulomb-Kraft

Deutlich ist im Bild R8 zu erkennen, wie das vom stromdurchflossenen Leiter erzeugte magnetische Feld (gestrichelte Kreise) sich dem homogenen Magnetfeld zwischen dem Nord- und Südpol überlagert. Dabei wird das resultierende Feld rechts vom Leiter verstärkt und links von ihm geschwächt. Die auf den Leiter wirkende Kraft $\vec{F}$ strebt nach einer Homogenisierung des Magnetfelds.

Die durch die Bewegung der Ladungsträger im Magnetfeld hervorgerufene Kraft heißt **Lorentz-Kraft** – benannt nach dem holländischen Physiker *Hendrik Antoon Lorentz* (1853-1928) – und die Kraftwirkung auf Ladungsträger durch elektrische Felder **Coulomb-Kraft**.

Redundanz

Vorhandensein zusätzlicher technischer Mittel, z. B. Bauelemente, Geräte oder Systeme, die bis zu einem ➔Ausfall für eine vorgesehene Funktion nicht notwendig sind (Reserve), bei Ausfall bestimmter Komponenten jedoch die vorgesehene Funktion weiterhin aufrechterhalten können [1].

Teilweise oder vollständige Redundanzen (engl. *redundancys*) erhöhen die ➔Verfügbarkeit und ➔Zuverlässigkeit, z. B. eines Systems, beträchtlich, freilich aber auch die Kosten – insbesondere bei Mehrfachfehlerberücksichtigung.
Es werden unterschieden:

- **funktionsbeteiligte Redundanz** (aktive oder On-line-Redundanz), bei der die zusätzlichen technischen Mittel dauernd in Betrieb und auch an der vorgesehenen Funktion ständig beteiligt sind, und
- **nicht funktionsbeteiligte Redundanz** (passive oder Off-line-Redundanz), die während des üblichen Betriebs nicht wirksam ist, bei der die zusätzlichen technischen Mittel erst im Fehlerfall die vorgesehene Funktion übernehmen.

Literatur

[1] DIN 40041:1990-12 Zuverlässigkeit; Begriffe.

Regelung

Vorgang in einem begrenzten System, bei dem eine technische oder physikalische Größe (Regelgröße) permanent erfasst und durch Vergleich mit einer vorgegebenen Größe (Führungsgröße) im Sinne einer Angleichung beeinflusst wird.
Regelung (engl. *regulation*) ist folglich eine Steuerung mit Rückmeldung (Rückführung). Der Wirkungsablauf vollzieht sich in einem geschlossenen Kreis, dem Regelkreis. Das wichtigste Glied in diesem Kreis ist der **Regler** (engl. *regulator*), der die zum Zwecke der Regelung notwendigen Signale verarbeitet. Im Regler wird der gemessene Istwert der Regelgröße mit einem vorgegebenen Sollwert verglichen und daraus ein Signal gebildet, das auf ein Stellglied zwecks Korrektur der Regelgröße einwirkt.
Je nach Regelgröße unterscheidet man z. B. Drehzahlregler, Stromregler und Spannungsregler.

Registriergerät

Messgerät, das eine oder mehrere Messgrößen als Funktion einer anderen veränderlichen Größe, meist der Zeit, automatisch aufzeichnet. Der Vorschub des Registrierpapiers zur fortlaufenden oder punktförmigen Aufnahme des Kurvenzugs erfolgt senkrecht zur Achse der Drehspule durch ein Federwerk oder einen kleinen Synchronmotor.
Registriergeräte werden umgangssprachlich auch „Schreiber“ genannt.

Reihenklemme

Klemme(n), vorzugsweise mit Schraub- oder Federklemmanschluss, zum Aufreihen auf genormte Tragschienen, s. Bild. R10.
Reihenklemmen (engl. *block terminals*) müssen den Anforderungen der Normenreihe DIN EN 60947-7 (VDE 0611) entsprechen. Sie werden als Durchgangs- und Schutzleiterklemmen, Mehrstockklemmen (Doppel- und Dreistockklemmen) sowie als Klemmen mit integrierter Funktionalität (Trennen, Sichern, Anzeigen, Abgleichen) bzw. mit elektronischen Bauelementen, z. B. für den Überspannungsschutz, hergestellt. Die Klemmstellen sind individuell beschriftbar.
Reihenklemmen für Front- oder seitliche

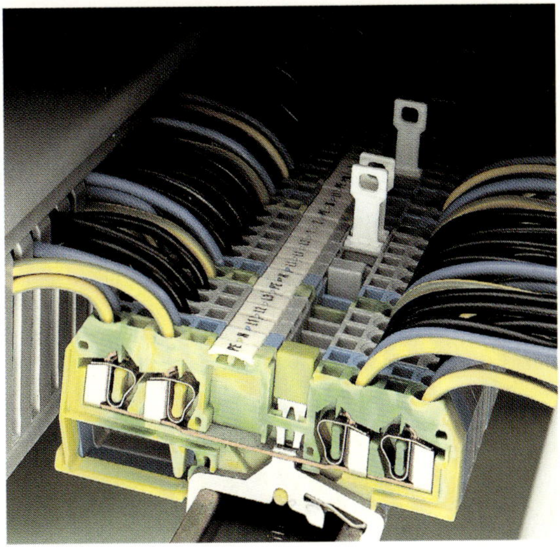

Bild R10:
Reihenklemme mit Federklemmanschluss, Frontverdrahtung und steckbaren, isolierten Brückern
(Foto: WAGO Kontakttechnik, Minden)

Verdrahtung haben zwei oder mehr voneinander unabhängig wirkende Klemmstellen je Pol. Ihre aktiven Teile (Klemmkörper) sind wegen der einseitig offenen Bauweise i. Allg. nicht gegen direktes Berühren mit den Fingern geschützt.
Reihenklemmen werden vorzugsweise in Schalt- und Steuerungsanlagen sowie in der Gebäudeinstallation, z. B. in Installationsverteilern, Verteilerkästen und -schränken, verwendet.

Reihenschaltung

Schaltung aus mindestens zwei Bauelementen, bei der der Ausgang eines Bauelements mit dem Eingang eines anderen Bauelements verbunden ist, s. Bild R11.

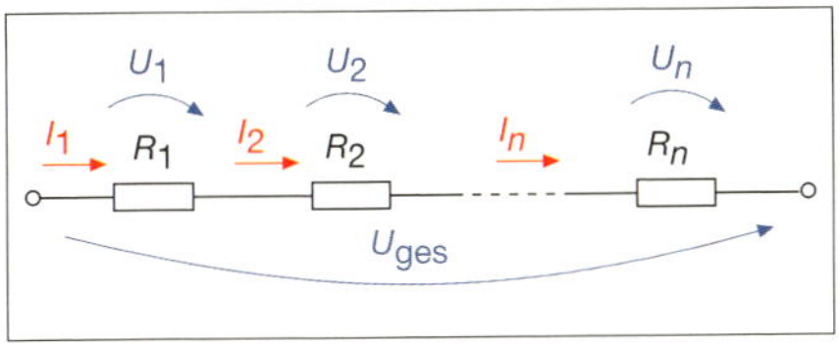

Bild R11: Reihenschaltung von Widerständen

Bei der Reihenschaltung (Serien- oder Hintereinanderschaltung) von ohmschen Widerständen gilt:

$$R_{ges} = R_1 + R_2 + \ldots + R_n$$

$$I_{ges} = I_1 = I_2 = \ldots = I_n$$

$$U_{ges} = U_1 + U_2 + \ldots + U_n.$$

In analoger Weise sind die Blindwiderstände zu addieren.

Haupteigenschaft der Reihenschaltung ist die Spannungsteilung (→Spannungsteiler), d. h., die Teilspannungen verhalten sich wie die zugehörigen Widerstände (Spannungsteilerregel):

$$\frac{U_1}{U_2} = \frac{R_1}{R_2} \text{ oder } \frac{U_1}{U_{ges}} = \frac{R_1}{R_{ges}}$$

Relais

Elektrisches Gerät, das durch Änderung der Wirkgröße[1] im Eingangskreis (Erregungskreis) vorbestimmte Änderungen in einem oder mehreren elektrischen Ausgangskreisen bewirkt.

Einteilung

Elektrische Relais (engl. *electrical relays*) werden hinsichtlich ihres Wirkprinzips wie folgt eingeteilt:

- **Elektromechanische Relais**, wenn die Funktion durch Bewegungen mechanischer Elemente als Folge der Wirkung des →elektrischen Stroms ausgeführt wird.
- **Elektrothermische Relais** (Thermo- oder Bimetallrelais), wenn die Funktion auf der Erwärmung von thermischen Gliedern – vorzugsweise Bimetallstreifen – beruht, die unmittelbar oder mittelbar durch den elektrischen Strom beheizt werden.
- **Statische Relais**, wenn die Funktion durch elektronische, magnetische, optische oder andere Mittel ohne Bewegungen mechanischer Elemente oder thermischer Glieder ausgeführt wird.

Außerdem werden Relais nach ihrer Aufgabenstellung in Schalt- und Messrelais eingeteilt:

- **Schaltrelais** sind Relais, die bei Ein- oder Ausschalten der Wirkgröße weitere Einrichtungen über einen oder mehrere Relaiskontakte – ggf. mit beabsichtigter Verzögerung – elektrisch betätigen. Kehren diese Relais nach einem Wechsel der Schaltstellung (im erregten Zustand) bei Abschalten der Erregung selbsttätig wieder in ihre ursprüngliche (Ausgangs-) Stellung zurück – das ist meistens der Fall – werden sie **monostabile Relais** genannt. Relais ohne selbsttätigen Schaltstellungswechsel in die Ausgangslage (Ruhestellung) bei Abschalten der Erregung heißen **bistabile Relais**. Solche Relais sind z. B. Stromstoßrelais (Installationsfernschalter).
  Polarisierte Relais (gepolte Relais) sind Schaltrelais, deren Arbeitsweise (Schaltstellung) von der Richtung des erregenden Stroms abhängt. **Neutrale Relais** arbeiten dagegen stromrichtungsunabhängig.
  Schaltrelais überwachen die Wirkgröße nicht.
- **Messrelais** sind Relais, die eine Wirkgröße überwachen und bei deren Über- oder Unterschreiten mit Kontaktgliedern weitere Einrichtungen elektrisch betätigen.

Schaltrelais

Die allgemeinen Anforderungen an Schaltrelais (engl. *all-or-nothing relays*)

- ohne festgelegtes Zeitverhalten sind in [1],
- mit festgelegtem Zeitverhalten in [2] oder
- mit zueinander mechanisch zwangsgeführten Kontakten zur Verwirklichung selbstüberwachender Systeme, z. B. Sicherheitslichtschranken oder Schutztürwächter, in [3] enthalten.

Letztgenannte Relais – auch **Sicherheitsrelais** (engl. *safety relays*) genannt – haben mindestens einen Öffner und einen Schließer. Beide Kontakte sind so konstruiert, dass sie niemals gleichzeitig geschlossen oder gleichzeitig offen sein können.

Schaltrelais werden vorzugsweise verwendet als:

- **Zeitrelais** mit beabsichtigter, einstellbarer Ansprechverzögerung von einigen ms bis zu etwa 1h. Bei **Verzögerungsrelais** ist eine Verzögerungszeit fest eingestellt. Diese Relais haben folglich keine Einstellskala.

[1] **Wirkgröße** kann sowohl eine elektrische Größe, z. B. Strom, Spannung oder deren Ableitung nach der Zeit, als auch Summe, Differenz, Produkt oder Quotient mehrerer elektrischer Größen sein.

Zeitrelais, die auf Überstrom nach einer eingestellten Zeit ansprechen, heißen **Überstromzeitrelais** oder, wenn deren Funktion zusätzlich noch von der Energieflussrichtung im Störungsfall abhängt, korrekt **Überstromrichtungszeitrelais**.

- **Hilfsrelais** (Zwischenrelais) ohne festgelegtes Zeitverhalten. Diese Relais entsprechen in ihrem Aufbau einem kleinen →Schütz; sie werden deshalb auch „Hilfsschütze" genannt.
- **Steuerrelais** zur Realisierung einfacher (allgemeiner) Steuerungsaufgaben.
- **Melderelais** zur Abgabe und Anzeige von Meldungen. Bei Erregung dieser Relais wird ein Schauzeichen (Fall- oder Meldeklappe) sichtbar. Melderelais behalten bei Ausfall der Stromversorgung nach einer Störung den meldepflichtigen Zustand bis zur Rückstellung durch den Bedienenden bei.
- **Kipprelais** mit zwei Schaltstellungen, die bei Abschalten der Wirkgröße jeweils in der letzten Stellung verbleiben. **Quecksilberschaltrelais** – bestehend aus einem Glaskörper (Röhre) mit eingeschmolzenen Elektroden, in dem sich Quecksilber und ein Schutzgas befinden – sind keine Kipprelais, obwohl sich die Schalthandlung durch ein elektromagnetisch betätigtes Kippen der Röhre vollzieht. Diese Relais gehen bei Abschalten der Wirkgröße wieder in ihre Ausgangsstellung zurück.
- **Fortschaltrelais** (Schrittschaltrelais) mit zwei oder mehr Schaltstellungen, die ihre Stellung durch gleichartige Impulse wechseln und danach in der erreichten Stellung verbleiben.
- **Impulsrelais** mit periodisch intermittierend betätigten Schaltgliedern.
- **Blinkrelais** mit fest eingestellten Impuls- und Pausenzeiten.
- **Wischrelais**, deren Schaltglieder (Wischkontakte) während eines Teils des Schaltwegs – beim Übergang von einer Stellung in die andere – einen Stromkreis vorübergehend öffnen oder schließen. Die Wischzeit beträgt nur wenige 100 ms; sie kann bei Erregung und Entregung verschieden lang sein.
- **Hybridrelais**, in denen statische, z. B. elektronische, und elektromechanische Elemente zusammen die vorgesehene Funktion ermöglichen.
- **Ge-Ko-Relais** mit Schutzgaskontakten (Schutzgasrelais) zum Zweck des Korrosions- und Explosionsschutzes (Ge-Ko: **ge**schützte **Ko**ntakte). Die Betätigung dieser Relais erfolgt durch ein äußeres Magnetfeld.

Messrelais

Die allgemeinen Anforderungen an Messrelais (engl. *measuring relays*) sind in [4][5] enthalten. Messrelais werden vorzugsweise verwendet als:

- **Schutzrelais** zur Übernahme bestimmter Schutzaufgaben. Solche Relais sind z. B. Überstrom-, Überspannungs-, Fehlerstrom- oder Erdschlussrelais.
- **Überlastrelais** zum Schutz elektrischer Verbrauchsmittel vor thermischer Überlastung, Phasenunsymmetrie oder Phasenausfall (Einphasenlauf) [6].
- **Überwachungsrelais** zur Übernahme bestimmter Überwachungsaufgaben, z. B. bei Unterspannung, Frequenzabweichung oder Isolationsfehlern.
- **Differentialrelais** zur Überwachung der geometrischen Differenz (Betrag und Phase) der in einem bestimmten Schutzbereich zufließenden und abfließenden Ströme.
- **Richtungsrelais** zum Erkennen der Energieflussrichtung in einem Netz, z. B. bei einem Kurzschluss (Überstromrichtungsrelais) oder Erdschluss (Erdschlussrichtungsrelais).
- **Distanzrelais** (Impedanzrelais) zur Ermittlung der Entfernung des Kurzschlussorts in einem Netz. Es veranlasst ggf. die Abschaltung des Kurzschlusses.
- **Schieflastrelais** zum Erkennen ein-

phasiger, zweiphasiger oder extrem unsymmetrischer dreiphasiger Belastung (→Schieflast) eines Drehstromerzeugers.

Literatur

[1] DIN EN 61810-1 (VDE 0435-201):2004-07 Elektromechanische Elementarrelais (elektromechanische Schaltrelais ohne festgelegtes Zeitverhalten); Allgemeine und sicherheitsgerechte Anforderungen.
[2] DIN EN 61812-1 (VDE 0435-2021):1999-08 Relais mit festgelegtem Zeitverhalten (Zeitrelais) für industrielle Anwendungen; Anforderungen und Prüfungen.
[3] DIN EN 50205 (VDE 0435-2022): 2003-01 Relais mit (mechanisch) zwangsgeführten Kontakten.
[4] DIN EN 60255-6 (VDE 0435-301):1994-11 Elektrische Relais; Messrelais und Schutzeinrichtungen.
[5] DIN EN 60255-3 (VDE 0435-3013):1998-07 Elektrische Relais; Messrelais mit einer Eingangsgröße und abhängiger oder unabhängiger Zeitkennlinie.
[6] DIN EN 60255-8 (VDE 0435-3011):1998-06 Elektrische Relais; Überlastrelais.

Risiko

Kombination der Eintrittswahrscheinlichkeit eines unerwünschten Ereignisses (Störung, Sachbeschädigung, Gesundheitsgefährdung) und dem bei Ereigniseintritt zu erwartenden Schadensumfang (Schadenshöhe, Schweregrad) in einer bestimmten Gefährdungssituation.

Allgemeines

Risiko = Schadenshäufigkeit · Schadenshöhe

Mit zunehmendem wirtschaftlichen Aufwand lässt sich das Risiko (engl. *risk*) minimieren, s. Bild R12. Trotz hoher Aufwendungen verbleibt meistens noch ein Restrisiko (engl. *residual risk*). Eine absolute Sicherheit gibt es praktisch nicht.

Die Begriffe „Sicherheit“ und „Gefahr“ bezeichnen eine Sachlage (Situation), bei der das Risiko in ersterem Fall kleiner und bei Gefahr größer ist als das Grenzrisiko. „Schutz“ ist die Verringerung des Risikos durch Maßnahmen, die entweder die Eintrittswahrscheinlichkeit oder das Außmaß des Schadens oder beides einschränken.

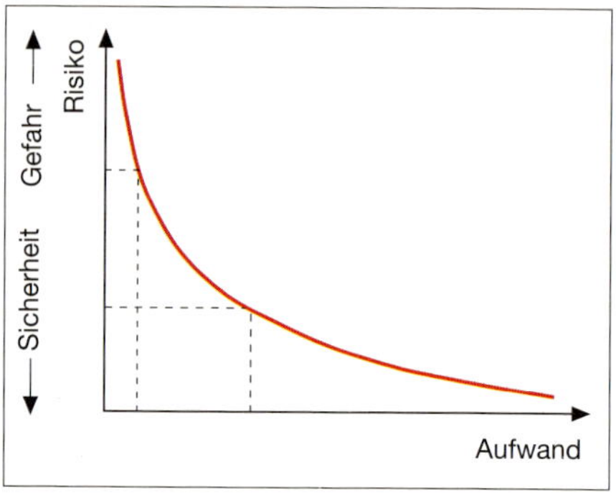

Bild R12: Risiko in Abhängigkeit vom Aufwand

Grenzrisiko

Das Grenzrisiko bezeichnet das nach dem jeweiligen Stand der Technik gerade noch vertretbare (zumutbare) größte Risiko eines bestimmten Vorgangs oder Zustands. Es wird i. Allg. durch sicherheitstechnische Festlegungen nach der unter Sachverständigen (Experten) vorherrschenden Meinung in Normen abgegrenzt. Beispielsweise bezeichnet die normative Festlegung der dauernd höchstzulässigen Berührungsspannung für Menschen von AC 50 V [1] das diesbezügliche Grenzrisiko in Niederspannungsanlagen bei einem elektrischen Schlag.

Literatur

[1] DIN VDE 0100-410:1997-01 Errichten von Starkstromanlagen mit Nennspannungen bis 1000 V; Schutzmaßnahmen; Schutz gegen elektrischen Schlag.

RLV-System

System mit reduzierter Niederspannung (engl. *reduced low voltage*, Abk. RLV). Dabei darf in Wechselstromsystemen die Spannung zwischen den Außenleitern

110 V nicht überschreiten. Die höchstzulässige Spannung Außenleiter – Erde beträgt:

- 110 V/2 = 55 V in Einphasen-Wechselstromsystemen und
- 110 V/$\sqrt{3}$ = 63,5 V in Drehstromsystemen.

RLV-Systeme sind in Großbritannien und Irland sehr verbreitet, z. B. auf Baustellen. In diesen Systemen brauchen in den genannten Ländern, z. B. für Steckdosenstromkreise auf Baustellen, Fehlerstrom-Schutzeinrichtungen (RCDs) nicht vorgesehen zu werden. Die Körper der elektrischen Betriebsmittel sind jedoch mit dem →Schutzleiter zu verbinden.

RLV-Systeme mit den genannten Einschränkungen der Maßnahmen zum Schutz gegen elektrischen Schlag sind in Deutschland nicht zulässig [1].

Literatur

[1] DIN VDE 0100-704:2001-05 Errichten von Niederspannungsanlagen; Anforderungen für Betriebsstätten, Räume und Anlagen besonderer Art; Baustellen.

Rohrbiegezange

Zangenförmiges Spezialwerkzeug für Elektrohandwerker zum Biegen des früher oft verwendeten verbleiten Stahlblechrohrs mit Falz und Isolierstoffauskleidung (Falzrohr, auch →„Bergmannrohr“ genannt). Die Rohrbiegungen erfolgen durch mehrere Kerbungen. Dabei muss der Falz beim Biegen des Elektroinstallationsrohrs seitlich liegen.

Für jede Rohrweite gibt es die passende Biegezange. Mehrfach- und einstellbare Universalbiegezangen eignen sich zum Biegen von Elektroinstallationsrohren mit unterschiedlichem Außendurchmesser, s. Bild R13.

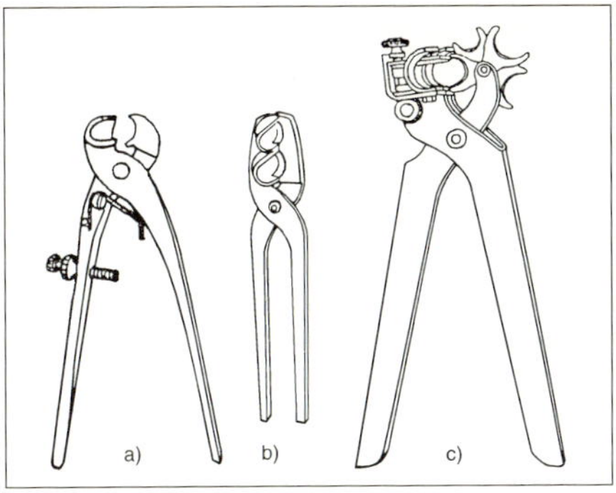

Bild R13: Rohrbiegezangen a) Normalbiegezange; b) Mehrfachbiegezange (für zwei Rohrweiten); c) Universalbiegezange (einstellbar)

Rohrdraht

→Mehraderleitung mit verseilten gummiisolierten →Adern unter einem eng anliegenden, gefalzten Mantel aus aluminiumplattiertem oder verbleitem Stahlband oder aus Zinkband, Kurzzeichen: NRA.

Rohrdrähte haben Adern, die mit getränktem Papierband umwickelt sind. Als Zwickelausfüllung (→Zwickel) dient eine Papierkordel.

Früher gab es auch Rohrdrähte mit einem verzinnten blanken Leiter, dem sog. „Beidraht“ (→Schutzleiter), unter dem Metallmantel und in elektrisch leitender Verbindung mit ihm. Rohrdrähte in dieser oder in einer anderen Ausführung, z. B. mit einer äußeren Anthygron-Schutzhülle (Kurzzeichen: NRU) für feuchte oder nasse Räume, sind heute nicht mehr auf dem deutschen Markt.

rückwärtiger Überschlag

Überschlag infolge stoßartiger Potentialanhebung bei Blitzeinschlägen in Freileitungsnetze. Rückwärtige Überschläge erfolgen zwischen geerdeten Anlagenteilen einerseits, z. B. Erdseilen von →Freileitungen, sowie betriebsmäßig unter Spannung stehenden Teilen andererseits.

Zur Vermeidung rückwärtiger Überschläge soll der →Stoßerdungswiderstand R_{st} der Bedingung nach Gl. (1) genügen. In diesem Fall überschreitet die durch den Blitzstrom am (Stoß-)Erdungswiderstand hervorgerufene Spannung die Bemessungs-Stehblitzstoßspannung (→Bemessungsstehspannung) der Isolierung der Leiterseile nicht.

$$R_{st} \leq U_{st}/\hat{i}_{st} \quad (1)$$

R_{st} Stoßerdungswiderstand,
U_{st} Bemessungs-Stehblitzstoßspannung,
$\hat{i}_{st}$ Scheitelwert des Blitzstroms (Stoßstrom).

Ob Maßnahmen zur Verringerung der Wahrscheinlichkeit rückwärtiger Überschläge getroffen werden müssen, hängt weniger von sicherheitstechnischen als vielmehr von betriebstechnischen Erwägungen ab [1].

Literatur

[1] DIN VDE 0141:2000-01 Erdungen für spezielle Starkstromanlagen mit Nennspannungen über 1 kV.

Rundsteuern

Aussenden von Steuerbefehlen an eine meist große Zahl von Empfängern (Energieverbraucher) per Funk über ein eigenes Leitungssystem oder über das öffentliche Niederspannungsnetz eines Verteilungsnetzbetreibers (VNB) zur Lastführung oder aus anderen Gründen, z. B. zur Steuerung von Netzschaltern, zu denen keine Fernwirkverbindungen bestehen.

Wirkungsweise

Beim Rundsteuern wird der 50-Hz-Netzwechselspannung eine sehr kleine Rundsteuerspannung (wenige Volt) überlagert, deren Frequenz nach den Empfehlungen des Verbands der Elektrizitätswirtschaft (VDEW) e. V. zwischen 150 und 1350 Hz liegen soll. Bei Neuplanungen wird i. Allg. der Frequenzbereich von 150...450 Hz bevorzugt [1].

Rundsteuerempfänger [2] nehmen die gesendeten Rundsteuerbefehle (Tonfrequenzsignale) wahr und setzen sie in Schaltbefehle um. Dadurch können beispielsweise Nachtspeicherheizungen, Wärmepumpen, große Heißwasserspeicher, öffentliche Straßen- und Verkehrszeichenbeleuchtungen von einer Leitzentrale aus zu- oder abgeschaltet und bestimmte Verbraucher auf einen anderen Tarif umgeschaltet werden. Durch das Zuschalten von Energieverbrauchern in Lasttälern (nachmittags, nachts) und Abschalten derselben während der Lastspitzenzeiten (vormittags, abends), wird ganztägig ein weitgehend gleichmäßiger Energieverbrauch gewährleistet.

Störsicherheit

Abnehmeranlagen dürfen den Betrieb von Rundsteueranlagen nicht beeinträchtigen. Diese Forderung gilt insbesondere für Anlagen mit elektrischen Betriebsmitteln, die Oberschwingungen erzeugen, z. B. Thyristoren, Phasenanschnitt- und unsymmetrische Schwingungspaketsteuerungen, ferner für Eigenerzeugungsanlagen mit Wechselrichtern[1] sowie für Anlagen, die die Rundsteuerspannung unter den für die Rundsteuerempfänger erforderlichen Ansprechwert herabsetzen, z. B. große Kon-

[1] Maßnahmen zur Minimierung der Rückwirkungen auf Tonfrequenz-Rundsteueranlagen (TRA) siehe „Richtlinie für den Parallelbetrieb von Eigenerzeugungsanlagen mit dem Niederspannungsnetz des Elektrizitätsversorgungsunternehmens (EVU)“ des VDEW.

densatorenbatterien. Gegebenfalls sind Tonfrequenzsperren einzubauen [3].

Literatur

[1] ABB Calor Emag Taschenbuch „Schaltanlagen", 10. Auflage, 1999. Berlin: Cornelsen Verlag.

[2] DIN EN 61037 (VDE 0420-1):1994-01 Elektronische Rundsteuerempfänger für Tarif- und Laststeuerung.

[3] Empfehlungen des VDEW über die Anwendung von Tonfrequenzsperren für Kondensatoren in Niederspannungsnetzen mit Tonfrequenz-Rundsteueranlagen (TRA).

S

Sattelklemme

Schraubklemme, in der der elektrische Leiter unter einen Sattel geklemmt wird, s. Bild S1. Die beiden Flachseiten des Sattels können zwecks besserer Anpassung an den jeweiligen Leiterquerschnitt verschiedene Formen haben.

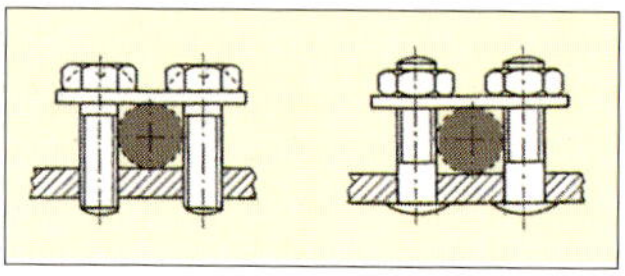

Bild S1: Sattelklemmen

Sattelklemmen (engl. *saddle terminals*) werden mitunter auch „Laschenklemmen" oder „Schellenklemmen" genannt.

Sauna

Raum mit hölzernen oder holzverkleideten Wänden, in dem beim Saunieren die Luft auf hohe Temperaturen erwärmt wird (Heißluftsauna). Dabei ist die relative Luftfeuchte gering. Sie steigt nur während kurzer Zeit geringfügig an, wenn Wasser über heiße Steine gegossen wird.
Heißluftsaunas gelten als →trockene, →heiße Räume. Ihre Temperatur – insbesondere unmittelbar unter der Decke – kann sehr hoch sein. Beim Überschreiten des Grenzwerts von 140 °C muss eine Temperaturüberwachungseinrichtung den elektrischen Saunaofen automatisch abschalten.
Elektrische Anlagen in Heißluftsaunas sind nach DIN VDE 0100-703 zu errichten. Für Dampfsaunas ist zusätzlich DIN VDE 0100-737 zu beachten. Die Herstellung elektrischer Saunaheizgeräte erfolgt nach DIN EN 60335-2-53 (VDE 0700-53).

Schalter

Gerät zum vielmaligen Ein- und Ausschalten von belasteten oder unbelasteten Strompfaden, bei dem die zum Verbinden oder Unterbrechen dienenden beweglichen →Schaltstücke auf einem Sockel angeordnet sind. „Elektronische Schalter" haben keine beweglichen Schaltstücke.
Schalter (engl. *switches*) werden hauptsächlich eingeteilt nach

- der Höhe der **Bemessungsspannung** in Niederspannungs-, Mittelspannungs- und Hochspannungsschalter,
- dem **Einsatzort** in Innenraum- und Freiluftschalter sowie nach
- der Art der **Lichtbogenlöschung** in Luft-, Öl-, Druckgas- und Vakuumschalter.

Niederspannungsschalter werden darüber hinaus unterschieden nach dem

- **Anwendungsbereich** in Industrie-, Installations- und Geräteschalter sowie zum Schutz von Personen, Nutztieren und Sachen in →Schutz- und Sicherheitsschalter,
- **Schaltprinzip** in Kontakt gebende (mechanische) Schalter und kontaktlose (elektronische) Schalter, z. B. Thyristoren oder Transistoren,
- **Wirkprinzip** in →Rast-, Tast- und →Schlossschalter,
- **Antriebsmechanismus** in mechanische, elektromagnetische, -motorische, -pneumatische und -hydraulische Schalter,
- **Schaltvermögen** in →Leer-, →Last- und →Leistungsschalter sowie nach ihrem
- **Betätigungsprinzip** in →Dreh-, Kipp-, Hebel-, Wippen-, Druck-, Zug-, Hub-, Schiebe-, Schlüssel- und Fliehkraftschalter.

Hochspannungsschalter werden hauptsächlich in Leistungs-, Last- und →Trennschalter, →Leistungstrenn-, →Lasttrenn- und Erdungstrennschalter unterteilt.

Schaltgerät

Ein- oder mehrpoliges Gerät zum Verbinden (Einschalten) oder Unterbrechen (Ausschalten) elektrischer Stromkreise.

Schaltgeräte (engl. *switchgears*) sind z. B. Schalter, Relais, Auslöser, Anlasser, Steckvorrichtungen und Sicherungen, auch Schalter-Sicherungs-Einheiten. Sicherungseinsätze (Schmelzsicherungen) dienen nur zum einmaligen Unterbrechen von Stromkreisen und können (dürfen) folglich nicht repariert werden.

Schaltgeräte zum Schließen und Öffnen eines oder mehrerer Stromkreise mittels beweglicher →Schaltstücke werden „mechanische Schaltgeräte" genannt. „Steuergeräte" (engl. *controlgears*) sind Schaltgeräte in Steuer- und Hilfsstromkreisen.

Schaltgruppe

Schaltungsart der →Wicklungen von →Transformatoren mit Bezeichnung der Phasenlage der ihnen zugeordneten Spannungszeiger (Vektoren).

Bezeichnung

Mit einem **großen Kennbuchstaben** (1. Buchstabe) wird die Schaltungsart der **Oberspannungswicklung** (Y für →Sternschaltung, D für →Dreieckschaltung) und mit einem **kleinen Kennbuchstaben** (2. Buchstabe) die Schaltungsart der **Unterspannungswicklung** (y für Sternschaltung, d für Dreieckschaltung, z für Zickzackschaltung) bezeichnet. Mit dem 3. Buchstaben n kann bei Drehstromtransformatoren zusätzlich angegeben werden, dass bei **sekundärseitiger** Stern- oder Zickzackschaltung der Sternpunkt nach außen geführt worden ist, z. B. Dyn (△⅄) für Ortsnetztransformatoren. Folgt hinter dem 1. Buchstaben Y der Großbuchstabe N, z. B. YNd für Blocktransformatoren oder YNy für Direkt- bzw. →Verbundkuppler, so ist **primärseitig** der Sternpunkt – meist für Erdungszwecke – nach außen geführt.

Den genannten Kennbuchstaben folgt eine **Kennzahl,** z. B. 0, 5 oder 11. Sie gibt an, um welches Vielfache von 30° die Unterspannung (Sekundärspannung) gegenüber der Oberspannung (Primärspannung) des gleichen Strangs nacheilt.

Anwendung

Die für Drehstrom-Leistungstransformatoren am häufigsten angewendeten Schaltgruppen (engl. *connection symboles*) sind in der Tafel S1 angegeben. Transformatoren mit der Schaltgruppe Yy0 sind nur bis 10 % ihres Nennstroms dauernd sternpunktbelastbar und deshalb für den Einphasenbetrieb sowie den Schutz durch automatische Abschaltung der Stromversorgung in einem

Tafel S1: Schaltgruppen für Drehstrom-Leistungstransformatoren (Beispiele)

Schaltgruppe	Zeigerbild, Schaltungsart: Oberspannungsseite (Primärwicklung)	Zeigerbild, Schaltungsart: Unterspannungsseite (Sekundärwicklung)
Yy 0	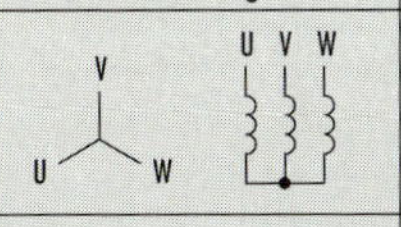	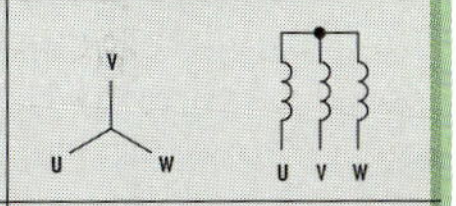
Dy 5	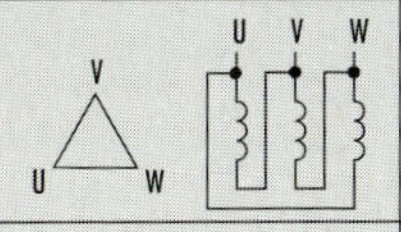	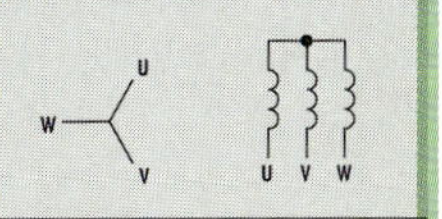
Yd 5	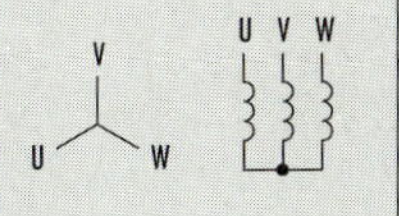	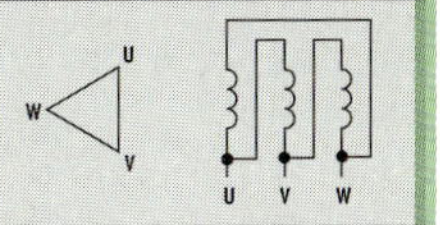
Yz 5		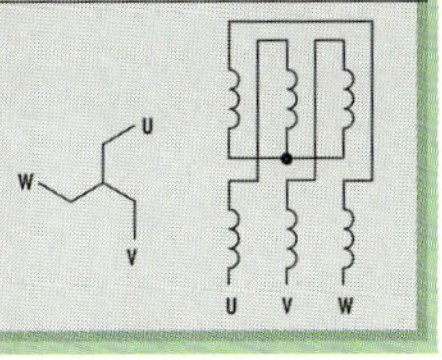

TN-System (früher: Nullung) nicht geeignet. Sie scheiden als Ortsnetztransformatoren aus. Hierfür sind Transformatoren mit oberspannungsseitiger Dreieckschaltung zu verwenden, z. B. Schaltgruppe Dyn5, die unterspannungsseitig beliebig unsymmetrisch (auch einphasig) mit dem vollen Nennstrom belastet werden können.
Der Parallelbetrieb von Transformatoren bedingt – neben einem phasenrichtigen Anschluss, einer einheitlichen Übersetzung und Kurzschlussspannungen mit einer in den Grenzen Abweichung von ±10 % – grundsätzlich gleiche Kennzahlen der Schaltgruppen.

Schalthandlung

Tätigkeit zum Verändern des Schaltzustands von elektrischen Betriebsmitteln oder Anlagen, z. B. durch Fernbedienung.

Allgemeines

Schalthandlungen werden durch Schaltbefehle von einer Befehlsstelle aus veranlasst und durch ein Schaltkommando ausgeführt. Schalthandlung ist nicht gleichbedeutend mit **Schaltvorgang**. Zu letzterem gehört z. B. das selbsttätige Abschmelzen eines Sicherungseinsatzes oder das automatische Auslösen eines Leitungsschutz- oder Leistungsschalters infolge Überstroms.

Arten

Schalthandlungen werden nach ihrem Zweck wie folgt unterschieden:

- **Betriebsmäßiges Ein- und Ausschalten** (engl. *functional switching*), auch **Ingangsetzen** (Starten) sowie **Stillsetzen** von elektrischen Betriebsmitteln und Anlagen.
  Schaltgeräte für das betriebsmäßige Schalten müssen für die härtesten zu erwartenden Beanspruchungen ausgelegt sein. Halbleiterbauelemente und -geräte, z. B. Dioden oder Thyristoren, sind zum Schalten zulässig. Trenner, Sicherungen und Trennlaschen dürfen dagegen zum betriebsmäßigen Ein- und Ausschalten nicht verwendet werden [1].
- **Ausschalten** von elektrischen Betriebsmitteln und Anlagen **zum Zweck der mechanischen Instandhaltung** (Wartung), d. h. zur Durchführung nicht elektrischer Arbeiten an diesen Einrichtungen (engl. *switching-off for mechanical maintenance*). Hierfür sind auch Steckvorrichtungen zulässig.
- **Ausschalten im Notfall** (engl. *emergency switching-off*). Diese Schalthandlung dient der schnellen Beseitigung von unerwartet auftretenden Gefahren. Das Ausschalten im Notfall wird auch **Not-Ausschaltung** (Not-Aus) genannt. Für die direkte Unterbrechung des Hauptstromkreises sollen vorzugsweise handbetätigte Schaltgeräte verwendet werden. Steckvorrichtungen sind hierfür unzulässig [1].
- **Einschalten im Notfall** – kurz **Not-Einschaltung** (Not-Ein) genannt. Diese Schalthandlung dient der Versorgung von Betriebsmitteln und Anlagen mit elektrischer Energie in einer Notsituation.
- **Stillsetzen im Notfall** (engl. *emergency stopping*) – kurz **Not-Halt** oder **Not-Stopp** genannt. Diese Schalthandlung dient dem schnellen Anhalten eines Prozesses oder Bewegungsablaufs, der Gefahr bringend würde.
- **Ingangsetzen im Notfall** – kurz **Not-Start** genannt. Diese Schalthandlung dient der Verhinderung oder Beseitigung einer Gefahr bringenden Situation, indem ein Prozess oder eine Bewegung in Gang gesetzt (gestartet) wird.
- **Freischalten** (engl. *free switching*) von elektrischen Betriebsmitteln und Anlagen zum Zweck der Durchführung von Arbeiten an aktiven Teilen oder in deren Nähe. Nach Beendigung der Arbeiten erfolgt die

Freigabe zur Wiedereinschaltung durch eine dafür berechtigte Person, z. B. den Anlagenverantwortlichen [2].

Trennen

Jeder Stromkreis muss von den aktiven Leitern der Stromversorgung galvanisch getrennt werden können [3]. Eine Trenneinrichtung wird auch für den Netzanschluss einer elektrischen Maschine gefordert [4]. Dabei bezeichnet „Trennen" (engl. *isolation*) eine Schalthandlung zum allpoligen Freischalten elektrischer Stromkreise unter Verwendung von Schaltgeräten mit →Trennfunktion (Trenngeräte) [1].
Trenngeräte haben eine vergleichsweise hohe Bemessungs-Stehstoßspannung (→Bemessungsstehspannung), niedrige →Ableitströme und in der Regel sichtbare Trennstrecken zwischen den geöffneten Schaltkontakten. Bei unsichtbaren Trennstrecken besteht meist eine eindeutige Schaltstellungsanzeige. Schaltstellungsanzeiger können niemals AUS anzeigen, bevor nicht alle Kontakte tatsächlich offen sind und eine ausreichende Trennstrecke zwischen den Schaltstücken besteht.
Neben den genannten Schaltgeräten können zum Trennen auch verwendet werden: Trennlaschen, Steckvorrichtungen und Sicherungen. Halbleitergeräte, z. B. Thyristoren, erzeugen keine galvanische Trennung; sie sind deshalb zum Trennen nicht zulässig [1].

Literatur

[1] DIN VDE 0100-537:1999-06 Elektrische Anlagen von Gebäuden; Auswahl und Errichtung elektrischer Betriebsmittel; Geräte zum Trennen und Schalten.

[2] DIN VDE 0105-100:2005-06 Betrieb von elektrischen Anlagen.

[3] DIN VDE 0100-460:2002-08 Errichten von Niederspannungsanlagen; Schutzmaßnahmen; Trennen und Schalten.

[4] DIN EN 60204-1 (VDE 0113-1):1998-11 Sicherheit von Maschinen; Elektrische Ausrüstung von Maschinen; Allgemeine Anforderungen.

Schaltplan

Zeichnerische Darstellung der Wirkungsweise, des Stromverlaufs, der Leitungsverbindungen oder räumlichen Lage →elektrischer Betriebsmittel, Anlagen oder Anlagenteile unter Verwendung vereinbarter (genormter) →Schaltzeichen, Symbole, alphanumerischer Zeichen und Verbindungslinien. Erforderlichenfalls enthalten die Darstellungen noch kurze Erläuterungen.
Schaltpläne (engl. *circuit diagrams*), die unter Beachtung der allgemeinen Regeln nach DIN EN 61082-1 erstellt werden, zeigen, wie die verschiedenen elektrischen Betriebsmittel und Anlagenteile zueinander in Beziehung stehen und miteinander elektrisch verbunden sind. Dabei kann jede einzelne Verbindung durch eine eigene Linie (mehrpolig) oder können zwei oder mehr elektrische Verbindungen durch eine einzige Linie (einpolig) dargestellt werden, Beispiel s. Bild S2. Inhalt und Form der Schaltpläne müssen als Teil der technischen Dokumentation auf die praktische Anwendung ausgerichtet sein.

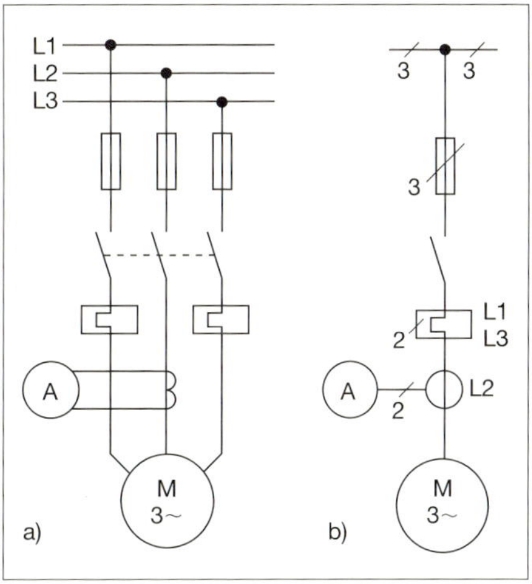

Bild S2: Schaltung (Motorabgang)
a) mehrpolig; b) einpolig

Häufig verwendete Schaltpläne:

- **Übersichtsschaltpläne**, **Funktionsschaltpläne** und **Stromlaufpläne** dienen zur Erläuterung der Arbeitsweise (Funktion) oder des Stromverlaufs einer elektrischen Anlage oder eines Anlagenteils.
- **Verdrahtungspläne** (Anschlusspläne) dienen zur Darstellung der Verbindungen und Anschlüsse.
- **Anordnungspläne**, z. B. Installationspläne, stellen die räumliche Lage der elektrischen Betriebsmittel dar, wobei die Darstellung nicht maßstäblich zu sein braucht.

Schaltsperre

Vorrichtung zum Schutz gegen unbefugtes (Gefahr bringendes) Einschalten von Sicherungsautomaten, Fehlerstrom-Schutz-einrichtungen (RCDs) u. dgl., z. B. bei Wartungs- oder Instandsetzungsarbeiten, im Sinne von DIN VDE 0105-100 und der Unfallverhütungsvorschrift (UVV) BGV A3 der Berufsgenossenschaft Feinmechanik und Elektrotechnik.

Allgemeines

Abschließbare Schaltsperren – auch „Betätigungssperren" (engl. *operating barriers*) genannt – bestehen i. Allg. aus dem Schlossadapter, dessen verschiebbarer Drahtbügel in die Plombenlöcher der →Schaltgeräte eingreift, und einem Vorhängeschloss mit Schlüsseln. Damit ist das Gefahr bringende Einschalten und unerwünschte Ausschalten der Geräte von Hand sicher verhindert, Beispiel s. Bild. S3.

Das Erfordernis von Schutzmaßnahmen gegen unbefugtes Ausschalten der Geräte besteht z. B. bei Laborversuchen (Langzeitprüfungen) sowie für Warn-, Klima- und EDV-Anlagen. Die Wirksamkeit der automatischen Auslösung (→Freiauslösung) wird durch Schaltsperren nicht beeinträchtigt.

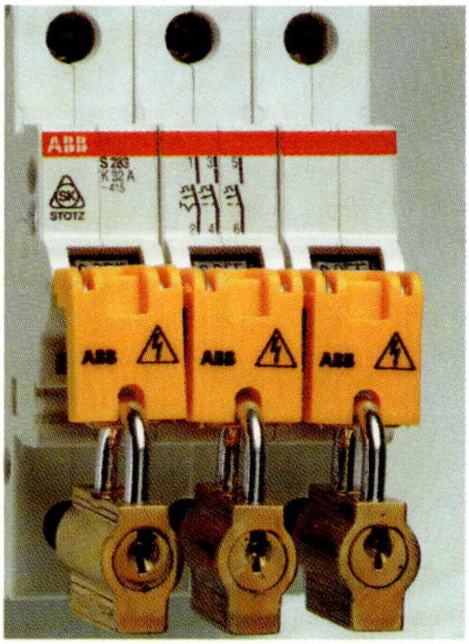

Bild S3: Abschließbare Schaltsperren zum Schutz gegen unbefugtes Ein- und Ausschalten von Sicherungsautomaten (Foto: ABB STOTZ-KONTAKT, Heidelberg)

Sperrkappen

Zum Schutz gegen unbefugtes Ein- und Ausschalten finden anstelle von Schaltsperren mitunter auch Sperrkappen (Steckkappen) Anwendung. Diese werden z. B. auf Sicherungsautomaten aufgesetzt und können nur mit Werkzeugen wieder entfernt werden.

Sperrkappen tragen den Warnvermerk: „Gefahr, nicht schalten" oder ein entsprechendes Bildzeichen, Beispiel s. Bild S4.

Bild S4: Aufsteckbare Sperrkappen zum Schutz gegen unbefugtes Ein- und Ausschalten von Sicherungsautomaten

Schaltspiel

Folge von Betätigungen eines →Schaltgeräts von einer Schaltstellung in die andere und wieder zurück zur Ausgangsstellung. Zwischenstellungen werden durchlaufen und kommen hierbei nicht in Betracht.
Ein Schaltstellungswechsel (Einschalten oder Ausschalten) ist eine **Schaltbewegung**. Zwei Schaltbewegungen ergeben ein **Schaltspiel** (engl. *operating cycle*), auch „Schaltzyklus" genannt. Ein vollständiger Schaltzyklus besteht immer aus Schließen und Öffnen (oder umgekehrt).
Eine Aufeinanderfolge von Betätigungen (Schaltbewegungen) in festgelegten Zeitabständen, die keine Schaltspiele sind, heißt **Schaltfolge**. Die Schaltzahl je Zeiteinheit, z. B. je Stunde, wird **Schalthäufigkeit** genannt.

Schaltstellungsanzeiger

Vorrichtung, die die Stellung eines →Schaltstücks in der Hauptstrombahn – insbesondere die Schaltstellungen EIN und AUS – eines Schaltgeräts, z. B. eines Leitungsschutzschalters, an dessen Einbau- oder Aufstellungsort deutlich erkennbar anzeigt. Schaltstellungsanzeiger (engl. *position-indicating devices*) verwenden die Farben **Rot** für **EIN** (Kontakt geschlossen) und **Grün** für **AUS** (Kontakt geöffnet), s. Bild. S5. Die Anzeige erfolgt unabhängig von der Stellung des Schalthebels.

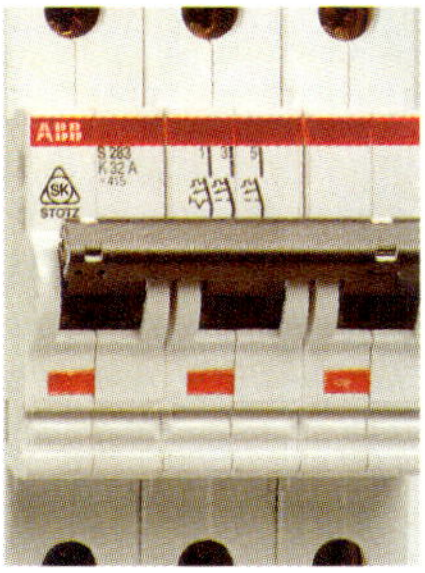

Bild S5:
LS-Schalter, 3-polig, mit Schaltstellungsanzeiger
Sichtfenster:
rot = EIN
grün = AUS
(Foto: ABB STOTZ-KONTAKT, Heidelberg)

Vorrichtungen, die die Schaltstellungen eines Kontakt gebenden Schaltgeräts an einen beliebigen Ort hin melden können, werden **Schaltstellungsgeber** (Schaltzustandsgeber) genannt.

Schaltstrecke

→Luftstrecke zwischen offenen Kontakten eines →Schaltgeräts. Sie ist z. B. für die Wiederverfestigung (Spannungsverfestigung) nach dem Verlöschen des Schaltlichtbogens von großer Bedeutung.
Bei Schaltgeräten mit Trennereigenschaft erfüllen Schaltstrecken (engl. *contact gaps*) zugleich die strengen Sicherheitsanforderungen für **Trennstrecken** (engl. *isolating distances*) zum Schutz von Personen und Sachwerten.
Schaltstrecken <1 mm werden auch **Mikro**-Schaltstrecken genannt.

Schaltstück

Kombination aus **Kontaktstück** und dessen Halterung, dem **Kontaktstückträger** (Kontaktglied), zur Herstellung oder Trennung elektrischer Verbindungen in mechanischen Schaltgeräten.

Allgemeines

Schaltstücke (engl. *contact pieces*), die durch relative Bewegungen zur Herstellung von Schaltzuständen bestimmt sind, heißen „bewegliche Schaltstücke", im Gegensatz zu „fest stehenden Schaltstücken". Schaltstücke werden auch „Schaltglieder", (engl. *switching elements*), in praxi jedoch meist „Kontakte" genannt.
Kontakte als Synonym für Schaltstücke sind immer etwas Gegenständliches (IEV 151-12-15), z. B Schleif-, Steck-, Haupt-, Steuer- oder Hilfskontakte. Ein →„elektrischer Kontakt" (engl. *electric contact*) – die gegenseitige Berührung zweier zur Strom-

leitung dienender Teile (Kontaktgabe) – ist hingegen ein Zustand und folglich etwas Immaterielles (IEV 151-12-03) [1].
Elektronische Schalter, z. B. Transistoren, Thyristoren oder Triacs, schalten kontaktlos und haben deshalb keine Schaltstücke oder -glieder. Die mitunter verwendete Bezeichnung „elektronische Schaltglieder“, ist deshalb eher irreführend.

Ausführung

Schaltkontakte gibt es in folgenden Ausführungen:

- **Schließer** (Arbeits- oder Schließkontakt, engl. *make contact*) – eine Kontaktanordnung an Schaltgeräten, z. B. Relais, bei der ein Stromkreis im Ruhezustand geöffnet und im erregten Zustand des Schaltgeräts geschlossen ist.
- **Öffner** (Ruhe- oder Öffnungskontakt, engl. *break contact*) – eine Kontaktanordnung an Schaltgeräten, bei der ein Stromkreis im Ruhezustand geschlossen und im erregten Zustand des Schaltgeräts geöffnet ist.

Wenn Steuer- oder Hilfskontakte während eines Teils des Schaltwegs – beim Übergang von einer Stellung in die andere – einen Strompfad vorübergehend öffnen oder vorübergehend schließen, werden sie **Wischer** (Wischkontakte, engl. *pulse contacts*) genannt. Die Wischzeit beträgt z. B. bei Wischrelais meist nur wenige 100 ms.
Schließer und Öffner können auf einem gemeinsamen Schaltstück auch zu **Wechslern** (Wechsel- oder Umschaltkontakte, engl. *change-over contacts*) mit Einfach- oder Doppelunterbrechung kombiniert werden, s. Bild S6. In diesem Fall hebt das Schaltstück des Wechslers, mit dem es den Ruhekontakt bildet, ab, bevor es mit dem Arbeitskontakt schließt.
Es gibt aber auch Wechsler, die beim Umschalten den Stromfluss nicht unterbrechen. Bei ihnen erfolgt die Kontaktgabe noch vor der Kontakttrennung, d. h., der elektrische (Ruhe-)Kontakt bleibt noch bis zum endgültigen Schließen des Arbeitskontakts erhalten. Wenn nichts anderes angegeben wird, handelt es sich stets um Wechsler mit Unterbrechung (ohne Überlappung).
Schaltstücke zur Herstellung von Schutzleiterverbindungen, z. B. die Kontaktstifte und -buchsen von Steckvorrichtungen (Steckkontakte), müssen beim Einschalten voreilend schließen und beim Ausschalten gegenüber den aktiven Leitern nacheilend öffnen.

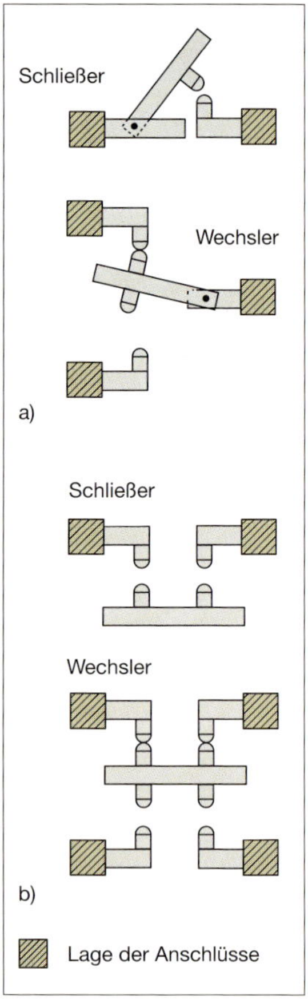

*Bild S6: Schaltstücke (Schließer und Wechsler)
a) Einfachunterbrechung
b) Doppelunterbrechung*

Literatur

[1] IEC 60050-151 Internationales Elektrotechnisches Wörterbuch; Kapitel: Elektrische und magnetische Geräte und Einrichtungen.

Schaltzeichen

Vereinbartes (genormtes) grafisches Symbol zur zeichnerischen Darstellung der Art und Wirkungsweise eines elektrischen Betriebsmittels oder einer Schaltung in →Schaltplänen, Diagrammen, Tabellen und Beschreibungen.

Allgemeines

Schaltzeichen sind sprachunabhängige (Verständigungs-)Zeichen nach den Normen der Reihe DIN 40900, Beispiele s. Tafel S2. Sie stellen elektrische Betriebsmittel, z. B. Schalt-, Schutz-, Mess- und Meldeeinrichtungen, in stromlosem, spannungsfreiem sowie mechanisch nicht betätigtem Zustand dar. Die Lage der Anschlussklemmen am Betriebsmittel ist ohne Einfluss auf die zeichnerische Darstellung. Spezielle Eigenschaften der elektrischen Betriebsmittel werden meist durch Kennzeichen in oder unmittelbar neben dem Schaltzeichen angegeben.

Arten

Schaltzeichen, die die elektrischen Merkmale eines Betriebsmittels oder einer Schaltung eindeutig erkennen lassen, z. B. die Wicklungsstränge eines Transformators und ihre Anschlussart, heißen **aus-führliche Schaltzeichen**. Sie tragen den konstruktiven Merkmalen nur insoweit Rechnung, wie diese zum Verständnis unerlässlich sind. Bei **vereinfachten Schaltzeichen** sind die elektrischen Einzelheiten i. Allg. nicht erkennbar.

Tafel S2: Schaltzeichen nach DIN 40900 (Auswahl)

Schaltzeichen	Erklärung	Schaltzeichen	Erklärung
— oder ⎓	Gleichstrom, Gleichspannung	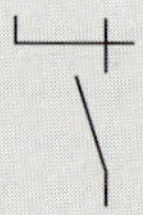	Wechsler (Umschalter) ohne Unterbrechung
~	Wechselstrom, Wechselspannung		
	Sternschaltung		Ausschalter, einpolig
	Dreieckschaltung		
	Zickzackschaltung		Ausschalter, dreipolig
———	Leiter, allg.		
	Leiter, beweglich		Ausschalter mit Kontrollleuchte
 oder —— L	Außenleiter	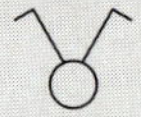	Serienschalter
 oder 	drei (Außen-)Leiter		
 oder —— N	Neutralleiter		Wechselschalter
 oder —— PE	Schutzleiter		
 oder —— PEN	PEN-Leiter		Kreuzschalter
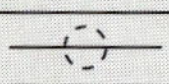	Leiter, geschirmt		Dimmer
	Leiterverbindung		
	Leiterabzweig		Stromstoßschalter
○	Anschlussstelle (lösbar)		Taster
	Verbindungsdose		Leuchttaster
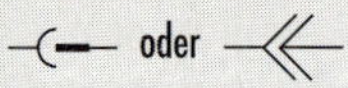	Steckverbindung		Steckdose ohne Schutzkontakte
	Erde		Schutzkontaktsteckdose, allg.
	Schutzleiteranschlussstelle	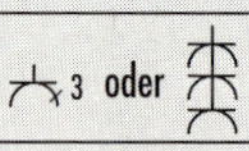	Schutzkontaktsteckdose, dreifach
	Schließer (Arbeitskontakt)	 3/N/PE	Schutzkontaktsteckdose für Drehstrom, fünfpolig
			Steckdose mit Trenntrafo, z. B. Rasiersteckdose
	Öffner (Ruhekontakt)	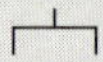	Fernmeldesteckdose
		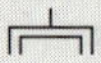	Antennensteckdose
	Wechsler (Umschalter) mit Unterbrechung		Sichtmelder, Schauzeichen, Fallklappe

Fortsetzung der Tafel

Schaltzeichen	Erklärung	Schaltzeichen	Erklärung
⊢--	Handantrieb	✕	Lampe, allg.
▫---	Kraftantrieb	✗	Lampe mit veränderbarer Helligkeit
⊞	Schaltschloss mit mechanischer Freigabe	⊗	Leuchte, Leuchtmelder, allg.
▭ oder ⊓	elektromechanischer Antrieb, allg.	(✕	Scheinwerfer
⊏⊐	Thermobimetallauslöser	⊢——⊣ 36 W	Leuchte (Leuchtenband) mit 3 Leuchtstofflampen, je 36 W
▭ I>	Überstromauslöser (elektromagnetisch)	⊢—⊣ oder ⊂⊃	Leuchte für Leuchtstofflampe, allg.
U<	Unterspannungsauslöser		Hupe, Horn
t	Zeitrelais		Wecker, Klingel
kWh	Kilowattstundenzähler		Summer, Schnarre
	Hausanschlusskasten		Gong
	Verteiler, Schaltanlage		Sirene
(A)	Strommessgerät		Lautsprecher
(V)	Spannungsmessgerät		Türöffner
⊕	Uhr	ϑ	Temperaturmelder
	Schaltuhr		Rauchmelder
⁄⁄⁄	Leitung, Kabel auf Putz	⊳⊢	Halbleiterdiode, allg.
⁄⁄⁄	Leitung, Kabel im Putz		Leuchtdiode
⁄⁄⁄	Leitung, Kabel unter Putz		Thyristor
		⊳⊲	Gleichrichter, allg.
		◇	Gleichrichter in Brückenschaltung

Fortsetzung der Tafel

Schaltzeichen	Erklärung
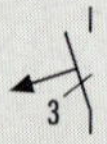	Leitungsschutzschalter, dreipolig
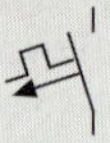	Motorschutzschalter (Motorstarter)
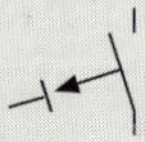	Fehlerstrom-Schutzschalter (RCD)
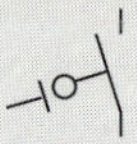	Fehlerspannungs-Schutzschalter
	Leistungsschalter
	Trennschalter
	Leistungstrennschalter
	Sicherungsschalter
	Sicherung, allg.
	Widerstand, allg.
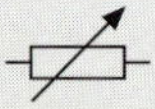	Widerstand, veränderbar
 oder 	Wicklung
	Kondensator
	Überspannungsableiter, allg.
	Funkenstrecke
	Elektrogerät, allg.

Schaltzeichen	Erklärung
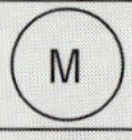	Motor, allg.
	Einphasen-Wechselstrommotor
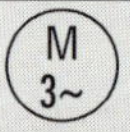	Dreiphasen-Wechselstrommotor (Drehstrom- Asynchronmotor)
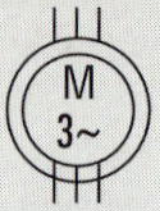	Drehstrom- Asynchronmotor mit Schleifringen (Schleifringläufer)
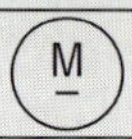	Gleichstrommotor
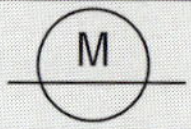	Linearmotor, allg.
	Schrittmotor, allg.
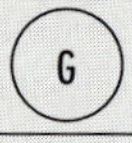	Generator, allg.
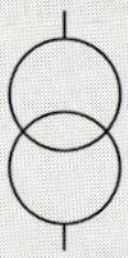	Transformator, allg.
	Drehstromtransformator in Dreieck-/Sternschaltung
 oder 	Stromwandler
 oder 	Spannungswandler
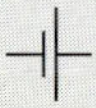	Primärzelle, Akkumulator

Schelle

Elektromontagematerial zum Befestigen von Leitungen (Leitungsschellen), Kabeln (Kabelschellen), Installations- und Schutzrohren (Rohrschellen) an Wänden, Decken, Trägern u. dgl. oder an Spanndrähten und -seilen (Spanndraht- oder Hängeschellen).

Allgemeines

Leitungs-, Kabel- und Rohrschellen sind **Befestigungsschellen** (engl. *clamps*). Sie unterscheiden sich grundsätzlich von den Schellen in mobilen Installationsgeräten, z. B. in Steckern, und elektrischen Verbrauchsmitteln mit beweglichen Anschlussleitungen, die der Zug- und Schubentlastung sowie dem Verdrehungsschutz der Leitungsadern dienen.
Einlaschige Befestigungsschellen sollen Leitungen, Kabel und Rohre an Wänden und Decken zuverlässig tragen; sie dürfen deshalb nicht hängend verwendet werden. Ausgenommen von dieser alten Installationsregel sind vorspringende Gesimse, s. Bild S7.

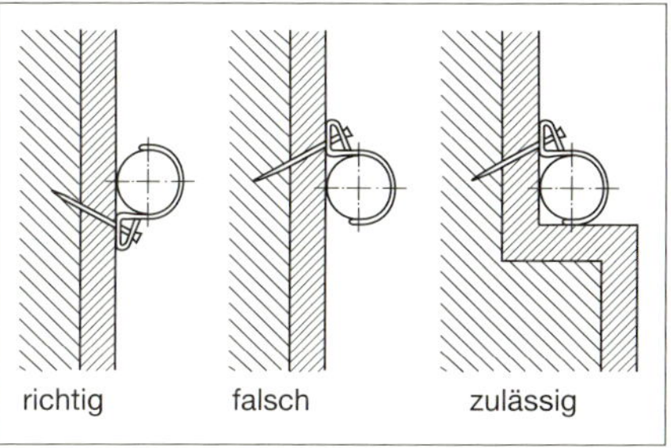

Bild S7: Lage einlaschiger Schellen

Befestigungsschellen gibt es aus Kunststoff (häufig Polystyrol oder Polyamid), z. B. für →feuchte oder →nasse Räume, und aus verzinktem Stahlblech mit und ohne Isolierstoffeinlage für Nagel-, Schrauben- und Dübelbefestigung (Nagelschellen, Dübelschellen). Kunststoffschellen lassen sich auch ankleben, z. B. an Träger u. ä. Baukonstruktionen, die aus statischen Gründen nicht angebohrt werden dürfen.
Metallene Befestigungsschellen haben i. Allg. nur eine Lasche. Für besonders hohe mechanische Beanspruchungen oder aus Sicherheitsgründen werden mitunter auch doppellaschige Schellen verwendet, s. Bild S8. Außerdem gibt es noch Mehrfachschellen und Schellenbänder. Diese können mehrere Leitungen (Kabel, Rohre) gemeinsam halten.

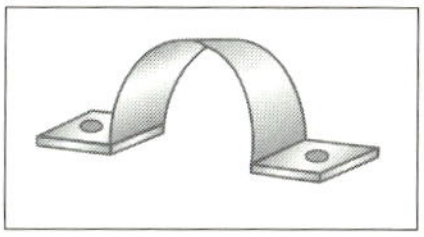

Bild S8: Stahlblechschelle, doppellaschig

Abstandschellen

Sollen Leitungen (Kabel) mit geringem Abstand zum Baukörper (Untergrund) verlegt werden, z. B. bei rauen, unebenen Auflageflächen mit Graten und Spitzen, in nassen Räumen oder im Freien, so werden Abstandschellen aus Kunststoff verwendet. Sie bestehen in der Regel aus einem Oberteil und einem Unterteil. Das Oberteil wird nach dem Einlegen der Leitungen (Kabel) z. B. mit Polyamidschrauben auf das Unterteil geschraubt oder schraubenlos auf dieses gekippt. Einfache Montage bieten auch **Rohrklemmschellen** aus Polypropylen zum Aufstecken der Rohre, s. Bild S9.

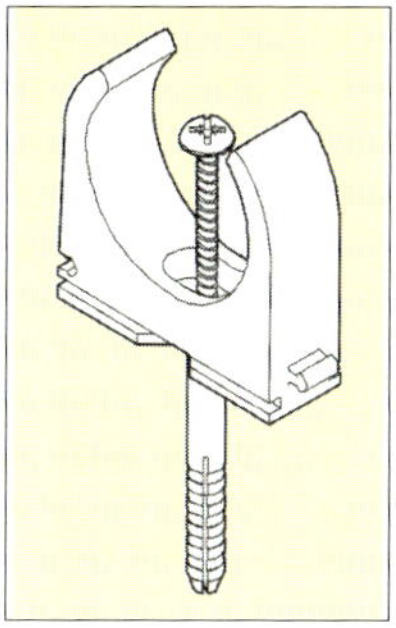

Bild S9: Rohrklemmschelle

Ebenso bequeme Trageteile sind **Rastenschellen**, auch „Greifschellen" genannt.

Bei Ihnen wird das Oberteil nach dem Einlegen der Leitungen (Kabel) auf das Unterteil aufgerastet oder auf dieses seitlich übergeschoben, s. Bild S10. Rastenschellen eignen sich wie die meisten Abstandschellen auch zur Bündelverlegung unter einer Schelle, s. Bild S11. Dabei ist ggf. die Strombelastbarkeit der einzelnen Leitungen nach DIN VDE 0298-4 zu mindern. Mangelhaft angebrachte oder nicht passende Schellen sind eine große Gefahr für die Leitungen oder Kabel. Das gilt erst recht für Hakennägel; diese scheiden deshalb als alleiniges Mittel zum Befestigen von Kabeln und Leitungen aus.

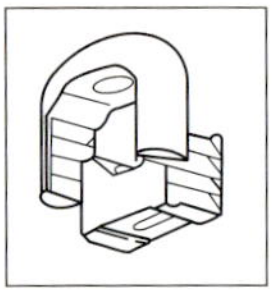

Bild S10: Rastenschelle

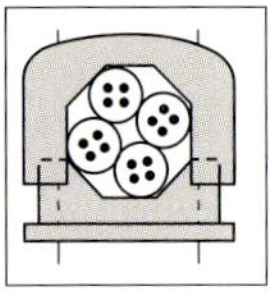

Bild S11: Leitungsbündel in einer Abstandschelle

Schellenabstand

Der Schellenabstand richtet sich hauptsächlich nach dem Durchmesser sowie dem Gewicht der Leitungen, Kabel oder Rohre, aber auch nach deren Befestigungslage (waagerecht oder senkrecht) und Steifigkeit. Außerdem ist die Ansichtsgüte zu berücksichtigen. Die Schellenabstände im Verlauf einer Leitungsstrecke sollen möglichst gleich groß sein.

Richtwerte für den max. Schellenabstand von Leitungen (Kabeln) enthält DIN VDE 0298-300, s. Tafel S3 [1]. Danach beträgt der Schellenabstand auf Wänden u. dgl. bei waagerecht oder z. B. unter Treppen schräg geführten Leitungen bis etwa 15 mm Durchmesser ungefähr eine Hammerstiellänge. Bei steifen Rohren darf der Schellenabstand etwas größer sein.

Tafel S3: Maximale Schellenabstände von Leitungen (Kabel)

Leitungs-durchmesser d mm	Schellenabstand, max. waagerecht mm	senkrecht mm
$d \leq 9$	250	400
$9 < d \leq 15$	300	400
$15 < d \leq 20$	350	450
$20 < d \leq 40$	400	550

Literatur

[1] DIN VDE 0298-300:2004-02 Leitfaden für die Verwendung harmonisierter Niederspannungsstarkstromleitungen.

Schieflast

Einphasige, zweiphasige oder extrem unsymmetrische dreiphasige Belastung (Last) eines Drehstromerzeugers.

Schieflasten können zu starken Spannungsabsenkungen an den hoch belasteten Außenleitern und damit zu Störungen (Ausfällen) in informationstechnischen Einrichtungen, zu thermischen Schäden an elektrischen Betriebsmitteln oder zu schädlichen Rückwirkungen auf das öffentliche Verteilungsnetz führen, die die Versorgungsqualität beeinträchtigen. Zur Vermeidung solcher Störungen, Schäden oder Netzrückwirkungen sind gemäß den Technischen Anschlussbedingungen (TAB) 2000 die Leistungen der elektrischen Verbrauchsmittel (einphasige Wechselstromkreise) möglichst gleichmäßig auf die Außenleiter eines Mehrphasensystems zu verteilen.

Unsymmetrische dreiphasige Belastungen von Drehstromsystemen, bei denen die Außenleiter üblicherweise (betriebsbedingt) mehr oder weniger ungleich an der Stromführung beteiligt sind und deshalb bei sternpunktgeerdeten Systemen nur geringfügige Ausgleichsströme über den Neutralleiter (PEN-Leiter) fließen, sind grundsätzlich keine Schieflasten.

Schienenverteiler

Typgeprüfte →Niederspannungs-Schaltgerätekombination (TSK) nach DIN EN 60439-2 (VDE 0660-502).
Schienenverteiler (engl. *busbar trunking systems*) bestehen hauptsächlich aus den in lang gestreckten, allseitig umschlossenen Kästen oder Kanälen verlegten →Stromschienen, s. Bild S12. Über fest angeordnete oder veränderbare Abgangskästen können Steckdosen, Leuchten, Maschinen und andere elektrische Verbrauchsmittel bequem und gefahrlos – auch bei laufendem Betrieb – angeschlossen und wieder getrennt werden.

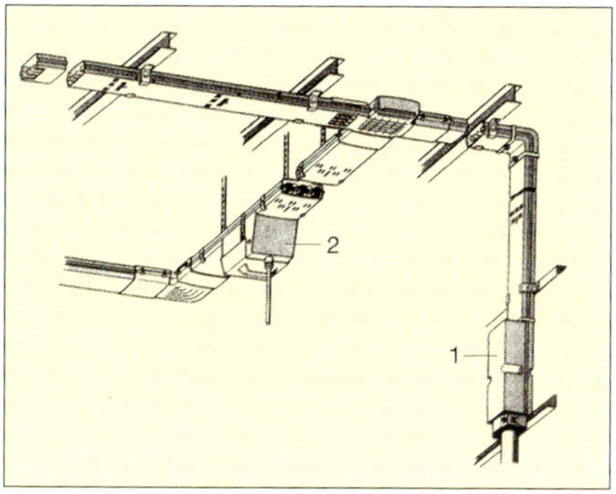

Bild S12: Schienenverteiler (Beispiel)
1 Einspeisung; 2 Abgang

Schienenverteiler sind eine Alternative zu den verkabelten Energieverteilungsanlagen in Gebäuden. Sie werden für Stromstärken ab 25 A bis zu einigen 1000 A hergestellt und vorzugsweise in Warenhäusern, Büro- und Verwaltungsgebäuden, Messehallen, Flughäfen, Bahnhöfen, Bau- und Supermärkten sowie in Werk- und Lagerhallen verwendet.

Schirm

Leitfähige Hülle eines Kabels oder einer Leitung zur (Ab-)Schirmung der einzelnen Adern oder des gesamten Verseilverbands gegen das Eindringen schädlicher elektrischer, magnetischer oder elektromagnetischer Felder. Neben dem Schutz gegen Einstreuungen von Störsignalen können Schirme auch zur Trennung elektrischer Leiter von gefährlichen aktiven Teilen dienen. Sie werden in diesem Fall (elektrischer) **Schutzschirm** (engl. *protective screen*) genannt.
Schirme bestehen vorzugsweise aus

- einem Geflecht diagonal verlaufender, sich ständig kreuzender blanker Kupferdrähte (Schirmgeflecht, Flechtdichte $\geq$ 80 %), s. Bild S13, oder aus

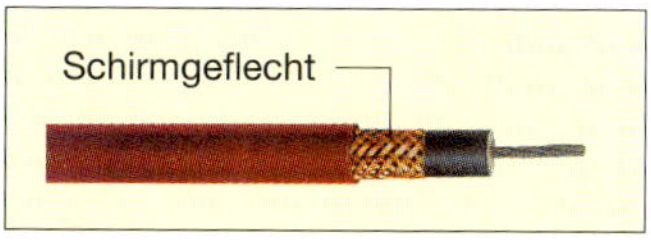

Bild S13: Hochspannungs-Prüfleitung mit Schirmgeflecht

- mehreren Rund- oder Flachdrähten mit Querleitwendeln aus Kupfer, die das zu schirmende Aufbauelement wendelförmig umgeben (Reuse), s. Bild S14.

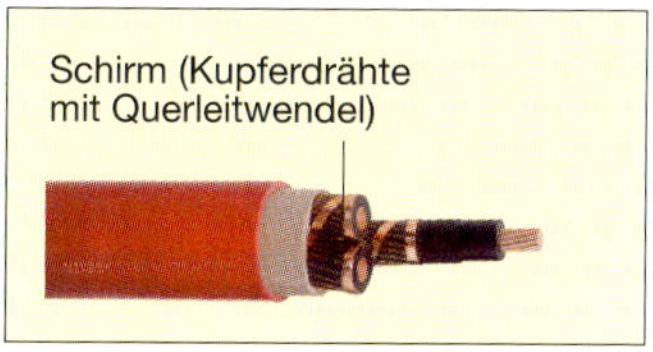

Bild S14: Mittelspannungskabel mit Einzeladerschirmung

Als Schirm eignen sich auch Kupferbänder (Folien) oder leitfähige Kunststoffschichten.

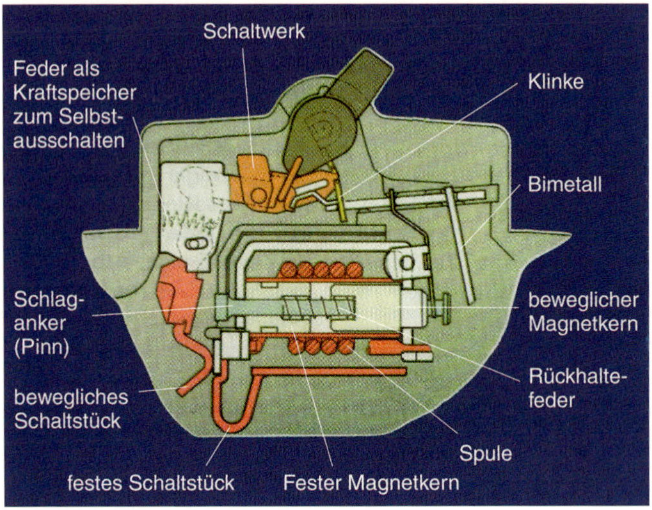

Bild S15: Schlaganker und Schaltwerk bei Sicherungsautomaten

Schlaganker

(bei Sicherungsautomaten)

Teil des elektromagnetischen Überstromauslösers eines Kurzschlussstrom begrenzenden Sicherungsautomaten zum Aufschlagen des beweglichen →Schaltstücks (Kontakttrennung) bei einem Kurzschluss – unabhängig von der damit einhergehenden Ausschaltung des Sicherungsautomaten durch das Schaltwerk. Den zum Aufschlagen des Kontakts erforderlichen kräftigen Stoßimpuls erhält der Schlaganker (Pinn) vom beweglichen Magnetkern des Überstromauslösers, s. Bild S15.

Das Schlagankerprinzip wird bei Sicherungsautomaten seit den 1950er Jahren angewendet. Es realisiert eine extrem kurze Ausschaltverzugszeit (Zeit vom Beginn eines Kurzschlusses bis zur Öffnung der Schaltstücke) von nur wenigen ms und ist deshalb für das Unterbrechen von Kurzschlussströmen sehr wichtig.
Unabhängig vom Schlaganker wird das Schaltwerk beim Auftreten eines Kurzschlusses durch den elektromagnetischen Überstromauslösers aktiviert. Es bringt den Sicherungsautomaten über einen Entklinkungs- und Kraftspeichermechanismus schließlich in die AUS-Stellung.

Schlagweite

Kürzester Abstand zwischen zwei nicht isolierten, gegeneinander unter Hochspannung stehenden Teilen (Elektroden) in einem gasförmigen Isoliermittel, z. B. Luft. Dieser Elektrodenabstand (Luftstrecke) wird längs eines Fadens gemessen, der auf dem kürzesten Weg zwischen den genannten Teilen gespannt ist (Fadenmaß), s. Bild S16.

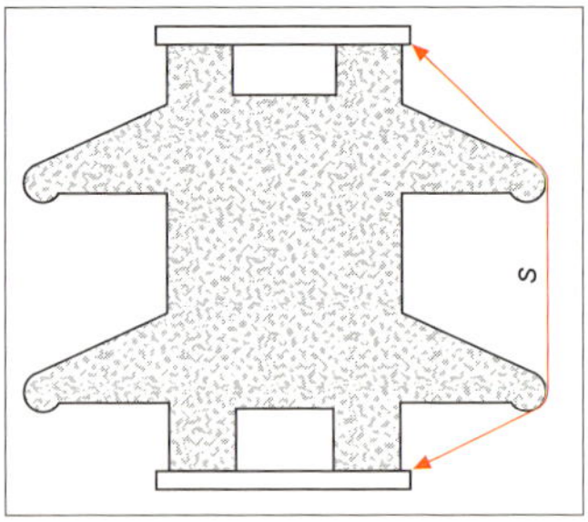

Bild S16: Schlagweite s eines Isolators

Schlagweiten (engl. *clearances*) dienen vorzugsweise zur Abschätzung der →Überschlagspannung einer Luftfunkenstrecke, z. B. nach DIN EN 60052 (VDE 0432-9).

Schleifenimpedanz

Summe der Impedanzen einer geschlossenen Strombahn, die bei einem →Isolationsfehler in einem elektrischen Betriebsmittel (→Körperschluss) vom →Fehlerstrom durchflossen wird.

Allgemeines

Die Fehlerstromschleife zur Ermittlung der Schleifenimpedanz (engl. *loop impedance*) besteht grundsätzlich aus

- der Stromquelle (Berücksichtigung des Innenwiderstands),
- dem ungeerdeten, aktiven Leiter von der Stromquelle bis zur Fehlerstelle (Messstelle) und
- dem Rückleiter (Schutzleiter) von der Fehlerstelle bis zur Stromquelle, s. Bild S17. In TT-Systemen besteht der Rückleiter hauptsächlich aus dem Anlagenerder und dem Erder der Stromquelle.

Die Schleifenimpedanz wird manchmal auch „Fehlerschleifenimpedanz“ und bei Gleichstromanlagen meist „Schleifenwiderstand“ (engl. *loop resistance*) genannt.

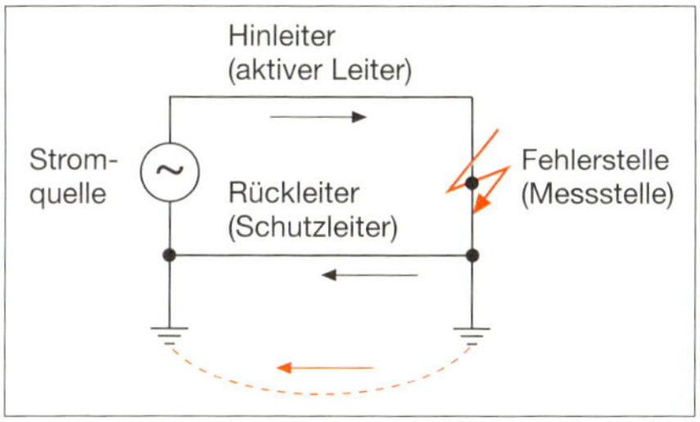

Bild S17: Fehlerstromschleife zur Ermittlung der Schleifenimpedanz

Berechnung

In **TN-** und **TT-Systemen** beträgt die höchstzulässige Schleifenimpedanz

$$Z_S \leq \frac{U_0}{I_a} \quad (1)$$

U_0 Nennwechselspannung (Effektivwert) gegen Erde (Sternpunkt),

I_a Abschaltstrom, der das automatische Ausschalten der Schutzeinrichtung innerhalb der nach [1] geforderten Zeit bewirkt.
Bei Verwendung von Fehlerstrom-Schutzeinrichtungen (RCDs) entspricht I_a dem Bemessungsdifferenzstrom $I_{\Delta N}$ der RCD.

In der Form:

$Z_S \cdot I_a \leq U_0$

wird Gl. (1) auch „Abschaltbedingung“ genannt.

In **IT-Systemen**, bei denen die Körper der elektrischen Betriebsmittel untereinander durch einen geerdeten Schutzleiter verbunden sind, beträgt die Schleifenimpedanz für die →automatische Abschaltung der Stromversorgung bei einem Doppelfehler [1]

$$Z_S \leq \frac{U}{2I_a} \quad (2)$$

U Nennwechselspannung (Effektivwert) zwischen den Außenleitern. In IT-Systemen mit einem Neutral- oder Mittelleiter ist anstelle von U die Spannung U_0 zwischen Außenleiter und Neutralleiter (Mittelleiter) zu verwenden.

I_a s. Gl. (1).

Messung

Nach Errichtung einer Niederspannungsanlage (Verbraucheranlage) ist die Schleifenimpedanz zu messen. Diese Messung wird insbesondere gefordert, wenn der Schutz bei indirektem Berühren (Fehlerschutz) durch automatische Abschaltung der Stromversorgung mit Überstrom-Schutzeinrichtungen erfolgt [2]. Vor der Messung ist aus Sicherheitsgründen die Durchgängigkeit der Schutzleiterverbindungen festzustellen.

Die Messung ist zweckmäßig mit einem handelsüblichen Schleifenwiderstands-Messgerät nach DIN EN 61557-3 (VDE 0413-3) durchzuführen. Dabei sind die erhöhte Leitertemperatur bei Kurzschluss,

z. B. 80 °C, und der Gerätemessfehler (max. ± 30 %) zu berücksichtigen.
Bei durchgehend gleichem Leiterquerschnitt ist es ausreichend, die Messung der Schleifenimpedanz an der entferntesten Stelle eines Stromkreises durchzuführen.

Literatur

[1] DIN VDE 0100-410:1997-01 Errichten von Starkstromanlagen mit Nennspannungen bis 1000 V; Schutzmaßnahmen; Schutz gegen elektrischen Schlag.
[2] DIN VDE 0100-610:2004-04 Errichten von Niederspannungsanlagen; Prüfungen; Erstprüfungen.

Schleifkontakt

Schaltglied, bei dem die Kontaktstücke während des Betriebs aufeinander schleifen.
Schleifkontakte (Gleitkontakte) dienen der Herstellung oder Trennung elektrischer Verbindungen zwischen ruhenden und sich bewegenden Teilen, z. B. bei drehenden elektrischen Maschinen (Schleifringläufer) oder elektrischen Bahnen.

Schlossschalter

→Schalter, dessen Schaltglieder mittels eines Schaltschlosses (Sperre) in der Einschaltstellung mechanisch verklinken und in dieser Stellung selbst nach Fortfall der Einschaltkraft verbleiben.
Schlossschalter haben Freiauslösung, d. h., sie lösen bei einem Auslösebefehl trotz Festhaltens des Schalterantriebs, z. B. des Kipphebels oder Druckknopfes, selbsttätig aus. Wegen ihres automatischen Ausschaltens beim Überschreiten bestimmter Grenzwerte, z. B. in Bezug auf Überstrom, Fehlerstrom oder Fehlerspannung, werden diese Schalter auch **Selbstschalter** oder **Automaten** – Leitungsschutzschalter deshalb oft „Sicherungsautomaten" – genannt. Schlossschalter sind hauptsächlich Schutzschalter. Sie können aber auch als Lastschalter und – bei vorhandenem Überlast- und Kurzschlussauslöser – auch als Leistungsschalter eingesetzt werden.

Schmelzleiter

Strom führender Leiter in →Sicherungseinsätzen, der bestimmungsgemäß beim Ausschalten der Sicherung, z. B. bei einem Kurzschluss, abschmilzt.

Allgemeines

Der Schmelzleiter ist das wichtigste und zugleich komplizierteste Bauteil eines Sicherungseinsatzes (Schmelzeinsatzes). Dieser drahtförmige, bei höheren Bemessungsstromstärken auch bandförmige Leiter besteht i. Allg. aus Kupfer (meist mit Zinnauflage als Korrosionsschutz), einer Kupfer-Silber-Legierung oder aus reinem Silber. In einem Sicherungseinsatz können zwischen den Kontaktstücken auch mehrere parallel geführte Schmelzleiter enthalten sein.

Weichlotauftrag

Schmelzleiter werden zur Ausschaltung im Überlastbereich (bis etwa zum 8-fachen Bemessungsstrom des Sicherungseinsatzes) mit einer exakt platzierten Lötpille versehen, s. Bild S18. An dieser Stelle mit dem Weichlotauftrag tritt die größte Wärmeentwicklung auf, die beim Überschreiten eines bestimmten Stromwerts – abhängig von der Zeit-Strom-Charakteristik des Sicherungseinsatzes – das Lot rasch zum Schmelzen bringt. Das geschmolzene Lot bildet mit dem Schmelzleiter eine Legierung mit sehr niedriger elektrischer Leitfähigkeit. Dadurch wird dieser Stelle noch mehr Wärme zugeführt, sodass letztendlich die Ausschaltung erfolgt.

Querschnittsreduzierung

Schmelzleiter enthalten mehrere Engstellen, s. Bild S18. Diese Querschnittsreduzierungen, z. B. bei einem gL-Sicherungseinsatz 315 A mit einem Schmelzleiterquerschnitt von 1,6 mm^2 auf etwa 0,2 mm^2, erleichtern das Ausschalten im Fall eines Kurzschlusses. Dabei erfolgt die Stromunterbrechung an den engen (Sollbruch-) Stellen gleichzeitig, weil an allen Einschnürungen des Schmelzleiters die elektrischen Stromdichten und damit die Temperaturen gleich hoch sind.

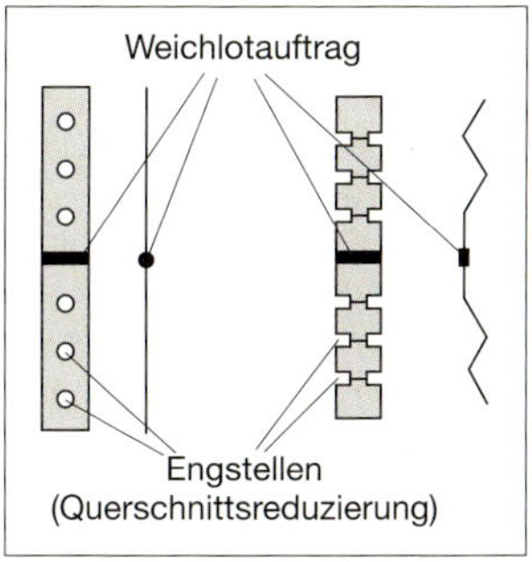

Bild S18: Schmelzleiter mit Weichlotauftrag und Engstellen

Die Anzahl der querschnittsreduzierten Stellen eines Schmelzleiters ist spannungsabhängig. Pro Engstelle wird eine Lichtbogenspannung von 80...100 V beherrscht, weshalb z. B. ein NH-Sicherungseinsatz mit einer Bemessungsspannung von 500 V mindestens fünf Engstellen haben sollte [1].

Literatur

[1] *Biegelmeier, G.; u. a.:* Schutz in elektrischen Anlagen. Band 5: Schutzeinrichtungen. VDE-Schriftenreihe Normen verständlich, Band 84. Berlin und Offenbach: VDE-Verlag, 1999.

Schnellschalter

Einpoliger →Leistungsschalter, insbesondere für Gleichstrom, der große →Überströme (→Kurzschlussströme) mit extremer Schnelligkeit ausschaltet. Dabei ist die Ausschaltverzugszeit so kurz (0,5...6 ms), dass der Lichtbogenwiderstand noch vor dem Erreichen des maximalen Kurzschlussstroms Strom begrenzend wirksam werden kann.

Schraubendreher

Installationswerkzeug mit handlichem Isoliergriff (Handwerkzeug) zum Eindrehen und Wiederherausdrehen von Schrauben.

Allgemeines

Schraubendreher – umgangssprachlich auch „Schraubenzieher" genannt – zum Arbeiten an unter Spannung stehenden Teilen müssen DIN EN 60900 [1] entsprechen. Diese Schraubendreher mit Flachklinge oder für Kreuzschlitzschrauben gelten als vollisoliertes Sicherheitswerkzeug. Ihre leitfähigen Teile sind mit hochwertigem Isolierstoff überzogen (der Griff vollständig und die Klinge bis nahe an den Arbeitskopf), sodass bei bestimmungsgemäßem Gebrauch keine Gefahr für den Benutzer und die elektrische Anlage besteht.

Kreuzschlitzschraubendreher

In der Elektrotechnik finden häufig Pozidriv- oder Supadriv-Kreuzschlitzschrauben Anwendung. Diese Schrauben haben als äußeres Kennzeichen die von den inneren Ecken ausgehenden feinen Sternlinien (Fadenkreuz).

Bei Pozidriv- und Supadriv-Schrauben verlaufen die Umrisslinien des Kreuzschlitzes (in der Draufsicht) und die in die Tiefe des Schraubenkopfes gehenden Flanken der Kreuzschlitze parallel, nicht konisch, wie z. B. bei Phillips-Kreuzschlitzschrauben, s. Bild S19. Infolgedessen treten beim festen Anziehen der Pozidriv- oder Supadriv-Schrauben nicht jene Axialkräfte auf, die bei Phillips-Schrauben die Spitze des Schraubendrehers aus dem Kreuzschlitz herauszudrücken versuchen.

Mit Phillips-Schraubendrehern können ersatzweise auch Pozidriv- und Supadriv-

Schrauben betätigt werden. Dagegen passen Pozidriv- und Supadriv-Schraubendreher wegen ihrer dickeren Kreuzstege an der Spitze nicht in Phillips-Schrauben.

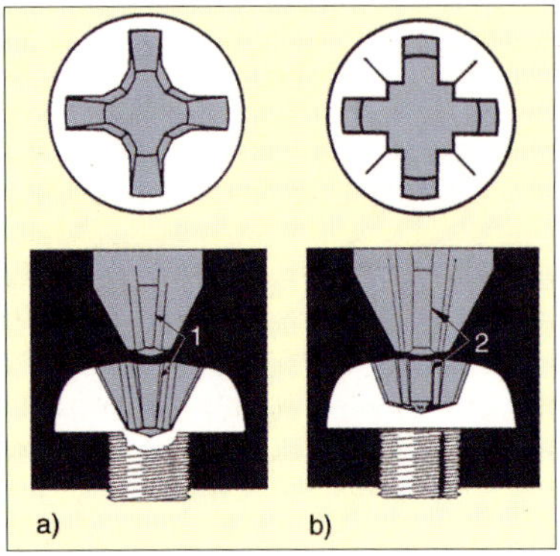

Bild S19: Kreuzschlitzschrauben
a) System Phillips;
1 konich verlaufende Kanten
b) System Pozidriv/Supadriv;
2 parallel verlaufende Kanten

Literatur

[1] DIN EN 60900 (VDE 0682-201):2005-01 Handwerkzeuge zum Arbeiten an unter Spannung stehenden Teilen bis AC 1000 V und DC 1500 V.

Schraubenregel

Regel zur einfachen Bestimmung des Verlaufs (Richtung) der magnetischen Feldlinien um einen geraden Strom führenden Leiter.

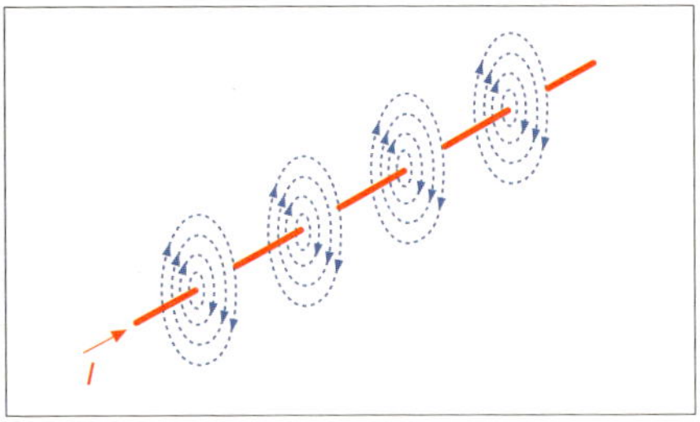

Bild S 20: Magnetisches Feld (konzentrische Kreise) um einen geraden Strom führenden Leiter

Jeder Strom führende Leiter, auch ein flüssiger oder gasförmiger Leiter, ist von einem Magnetfeld umgeben. Die magnetischen Feldlinien verlaufen konzentrisch um den Leiter, s. Bild S20. Die Richtung der Feldlinien ist von der Stromrichtung abhängig.

Merkregel

Denkt man sich eine Rechtsschraube in Stromrichtung eines geradlinigen Leiters bewegt, so gibt der (Rechts-)Drehsinn dieser Bewegung die Richtung der konzentrisch um den Leiter verlaufenden magnetischen Feldlinien an.

Mitunter wird die Schraubenregel auch **Korkenzieherregel** genannt, denn Korkenzieher werden zum Öffnen von Flaschen – wie bei einer Rechtsschraube – ebenfalls im Uhrzeigersinn in den Korken hineingedreht.

Schrumpfschlauch

Isolierschlauch nach der Normenreihe DIN EN 60684-3 (VDE 0341-3) oder ein Dichtungsring (Manschette) aus Kunststoff, der bei Wärmeeinwirkung bis zu 50 % zusammenschrumpft und sich dadurch innig z. B. an Leitungen, Kabel oder Rohre anschmiegt. Auf diese Weise verhindern Schrumpfschläuche oder Dichtungsringe zuverlässig und dauerhaft das Eindringen von Feuchtigkeit in das Innere. Sie werden deshalb – auch wegen ihrer vergleichsweise einfachen und Zeit sparenden Montage – bevorzugt in der Kabel- und Verbindungstechnik sowie als Ummantelung zum Schutz gegen korrosive Einflüsse, z. B. von Erdungsleitern, verwendet. Um den Eintritt von Feuchtigkeit noch zu erschweren, können Schrumpfschläuche oder Dichtungsringe zusätzlich auf ihrer Innenseite mit speziellen Klebern beschichtet sein.

Neben Wärme-Schrumpfschläuchen gibt es auch Kalt-Schrumpfschläuche, die von einer Stützwendel im geweiteten Zustand gehalten werden und nach dem Herausziehen der Wendel ohne thermischen Einfluss zusammenschrumpfen.

Schütz

Unverklinkter →Schalter mit einer einzigen Ruhestellung (Ausgangslage), der nicht unmittelbar von Hand betätigt werden kann. Schütze (engl. *contactors*) sind somit →Fernschalter ohne Sperre (Tastschalter). Sie können die im ungestörten Betrieb auftretenden Ströme – einschließlich der betriebsmäßig auftretenden Überlastströme – einschalten, führen und wieder ausschalten.

Schütze können auch Kurzschlussströme schalten, wenn sie dafür ausgelegt sind, d. h. ein entsprechendes Bemessungskurzschlussschaltvermögen haben [1] [2].

Schaltzeichen: 

Antrieb

Die Betätigung von Schützen erfolgt durch externe Befehlsgeräte, z. B. handbetätigte Schalter oder selbsttätig arbeitende Grenzsignalgeber.

Der Antrieb zum Schließen oder Öffnen der Hauptschaltglieder eines Schützes ist meist elektromagnetisch. Die Antriebskraft kann aber auch z. B. von einem Druckluftantrieb ausgeübt werden, dessen Ventile elektrisch betätigt werden (elektropneumatischer Antrieb).

Unabhängig von der Antriebsart eines Schützes fallen die Schaltglieder infolge der Rückstellkraft (Feder oder Schwerkraft) selbsttätig in die Ruhestellung zurück, sobald die Antriebskraft nicht mehr vorhanden ist.

Verklinkung

Für spezielle (seltene) Einsatzfälle werden Schütze hergestellt, deren bewegbare Teile bei Erregung des Antriebs üblicherweise die Ruhestellung verlassen, jedoch im Unterschied zu den „normalen" Schützen durch eine Verklinkung daran gehindert werden, bei Aufhebung der Erregung augenblicklich in die ursprüngliche Ausgangslage (Ruhestellung) zurückzukehren. Die bewegbaren Teile verharren gewissermaßen in einer zweiten Ruhestellung. Schütze dieser Art heißen **verklinkte Schütze** (engl. *latched contactors*). Die Verklinkung und die Auslösung der Verklinkung können mechanisch, elektrisch, magnetisch oder pneumatisch erfolgen. Schütze mit magnetischer Verklinkung werden auch **Remanenzschütze**[1)] genannt.

Anwendung

Hilfsschütze zur Realisierung einfacher (fest verdrahteter) Steuerfunktionen und **Leistungsschütze** sind in verschiedenen Größen und mannigfaltiger Ausführung auf dem Markt. Für das häufige Schalten, z. B. von Motoren oder Beleuchtungsanlagen sowie für Steuerungen in der Gebäudetechnik, werden hauptsächlich **Luftschütze** und in besonders schmutziger oder aggressiver Atmosphäre mitunter auch **Vakuumschütze** (mit diffusem Vakuum-Metalldampfbogen) verwendet.

Luftschütze sind mit angebautem Hilfsschalter (Beispiel s. Bild S21) sowie eingebautem Thermobimetallauslöser für den Überlastschutz erhältlich. Den Kurzschlussschutz übernehmen meist Sicherungen oder andere Kurzschlussschutzeinrichtungen.

Luftschütze haben eine vergleichsweise hohe Schaltstücklebensdauer. Die zulässige stündliche Schalthäufigkeit schwankt zwischen 50 und 3000. Luftschütze schalten außerdem relativ geräuscharm und sind bei Verwendung von Gleichstrom-Magnetantrieben absolut brummfrei.

---

1) **Remanenz** (lat.) heißt Restmagnetismus.

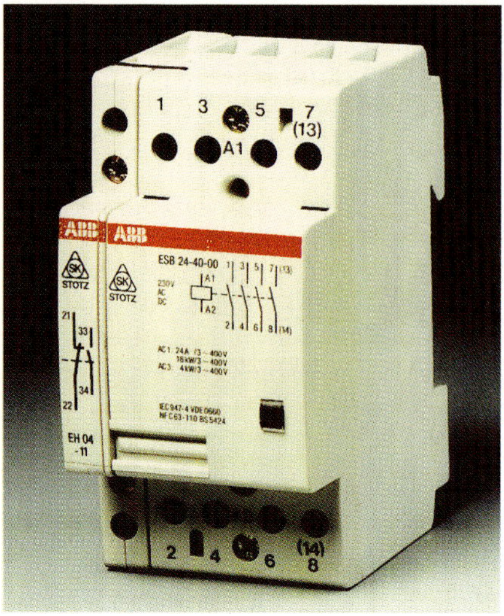

Bild S21: Vierpoliges Installationsschütz mit Schaltstellungsanzeige, Gleichstrom-Magnetantrieb und angebautem zweipol Hilfsschalter für Tragschienenmontage (Foto: ABB Schalt- und Steuerungstechnik, Heidelberg)

Literatur

[1] DIN EN 60947-4-1 (VDE 060-102): 2003-09 Niederspannungsschaltgeräte; Elektromechanische Schütze und Motorstarter.

[2] DIN EN 61095 (VDE 0637-3): 2001-08 Elektromechanische Schütze für Hausinstallationen und ähnliche Zwecke.

Schutz bei direktem Berühren

Schutz gegen →elektrischen Schlag bei unbeabsichtigtem direkten Berühren aktiver Teile.

Elektrische Betriebsmittel haben grundsätzlich einen Basisschutz, z. B. in Gestalt isolierender Umhüllungen oder Schutzabdeckungen. Beim Versagen dieser Schutzvorkehrungen besteht die Gefahr einer unbeabsichtigten Berührung der aktiven Teile. Das Risiko eines elektrischen Schlags ist auch beim sorglosen Umgang mit der elektrischen Energie vorhanden.

Der Schutz bei direktem Berühren – kurz „zusätzlicher Schutz" (engl. *additional protection*) genannt [1][2] – vermindert das Gefährdungsrisiko erheblich. Eine Fehlerstrom-Schutzeinrichtung (RCD) mit einem Bemessungsdifferenzstrom $I_{\Delta N} \leq 30$ mA unterbricht den Stromkreis bereits nach wenigen 10 ms, wenn ein Mensch oder Nutztier ein aktives Teil mit gefährlicher Spannung berührt.

Der „zusätzliche Schutz" (Zusatzschutz) wird hauptsächlich in Räumen oder an Orten mit besonderen äußeren Einflüssen angewendet, z. B. in Bade- und Duschräumen (DIN VDE 0100-701), in Unterrichtsräumen mit Experimentiereinrichtungen (DIN VDE 0100-723) sowie für Steckdosenstromkreise zur Versorgung mobiler elektrischer Verbrauchsmittel im Freien (DIN VDE 0100-470). Wegen der ausschließlichen Verwendbarkeit von Fehlerstrom-Schutzeinrichtungen (RCDs) in Wechselstromanlagen ist ein „zusätzlicher Schutz" mit RCDs in Gleichstromanlagen nicht möglich.

Literatur

[1] DIN VDE 0100-410:1997-01 Errichten von Starkstromanlagen mit Nennspannungen bis 1000 V; Schutzmaßnahmen; Schutz gegen elektrischen Schlag.

[2] DIN EN 61140 (VDE 0140-1):2003-08 Schutz gegen elektrischen Schlag; Gemeinsame Anforderungen für Anlagen und Betriebsmittel.

Schutz bei Kurzschluss

Schutz elektrischer Betriebsmittel gegen zu hohe Erwärmung, z. B. von Kabeln und Leitungen, sowie gegen schädliche mechanische Einwirkungen bei Kurzschluss.

Allgemeines

Nach DIN VDE 0100-430 [1] sind in allen →Außenleitern, mitunter auch in →Neutralleitern, Überstrom-Schutzeinrichtungen vorzusehen. Die Schutzeinrichtungen müssen →Kurzschlussströme unterbrechen, noch bevor diese eine für die Leiterisolierung, die Verbindungs- und Anschlussklemmen sowie für die Umgebung der Kabel und Leitungen unzulässig hohe Erwärmung hervorrufen können. Dabei gilt als Kurzschlussstrom der Strom bei einem vollkommenen (satten) Kurzschluss. Die Verbindung der Leiter an der Fehlerstelle wird praktisch als widerstandslos angenommen.

Bei einem Kurzschluss ist jener Außenleiter abzuschalten, in dem der Überstrom auftritt. Die anderen (fehlerfreien) Außenleiter des betreffenden Stromkreises brauchen nicht unbedingt mit abgeschaltet zu werden. Freilich gilt das nicht für Drehstromkreise mit Elektromotoren ohne Phasenausfallschutz, bei denen die einpolige Abschaltung zu einem gefährlichen Einphasenlauf der Drehstrommotoren führen würde.

In TN- und TT-Systemen werden für den geerdeten Neutralleiter keine Überstrom-Schutzeinrichtungen gefordert, wenn

- sein Querschnitt mindestens dem des Außenleiters entspricht oder
- der Neutralleiter – auch bei vermindertem Querschnitt – durch die Überstrom-Schutzeinrichtungen der Außenleiter mit geschützt wird.

In IT-Systemen ist für den ungeerdeten Neutralleiter grundsätzlich eine Überstrom-Schutzeinrichtung vorzusehen.

Der Schutz bei Kurzschluss wird nicht gefordert für Erdkabel und Freileitungen in öffentlichen sowie damit vergleichbaren Verteilungsnetzen. Er darf außerdem entfallen, wenn die

- Stromquellen, z. B. Schweiß- oder Klingeltransformatoren, keinen Kurzschlussstrom liefern können, der die zulässige Dauerbelastbarkeit der elektrischen Betriebsmittel überschreitet, oder die
- Kabel und Leitungen →kurzschluss- und erdschlusssicher verlegt sind.

Der Einbau von Überstrom-Schutzeinrichtungen ist unzulässig, wenn durch das ungewollte Ausschalten des Stromkreises eine Gefahrensituation entstehen kann. Das ist z. B. der Fall bei Unterbrechung von

- Erregerstromkreisen von drehenden elektrischen Maschinen,
- Speisestromkreisen von Hubmagneten,
- Sekundärstromkreisen von Stromwandlern,
- Sicherheitsstromkreisen und Stromkreisen für den Notbetrieb.

Schutzeinrichtungen

Anordnung

Schaltgeräte zum Schutz bei Kurzschluss, z. B. Sicherungen, Leitungsschutz- oder Leistungsschalter, sind grundsätzlich am Anfang eines Stromkreises anzuordnen. Bei Kabeln und Leitungen, die Generatoren, Transformatoren, Akkumulatorenbatterien, Gleichrichter, PV-Module u. dgl. mit der Schaltanlage verbinden, dürfen die Kurzschlussschutzeinrichtungen (engl. *short-circuit protective devices,* Abk. SCPD) auch in den Schaltanlagen selbst – also am Ende des Verbindungskabels oder der Leitung – platziert werden [1]. In diesem Fall müssen die Kabel und Leitungen jedoch kurzschluss- und erdschlusssicher verlegt sein.

Ausschaltvermögen

Damit Kurzschlussströme ordnungsgemäß unterbrochen werden können, muss das Bemessungskurzschlussausschaltvermögen der Schutzeinrichtung mindestens dem größten Strom bei vollkommenem (sattem) Kurzschluss am Einbauort entsprechen. Ein geringeres Ausschaltvermögen ist nur zulässig, wenn eine andere Schutzeinrichtung mit dem erforderlichen Ausschaltvermögen, z. B. eine Sicherung, vorgeschaltet ist (Rückschutz), s. Bild S22. Die Kurzschlussselektivität wird dabei freilich aufgegeben. Für die Abstimmung der elektrischen Kenngrößen der beiden Schutzeinrichtungen, z. B. hinsichtlich des Selektivitätsgrenz- und Übernahmestroms (s. Bild S22), sind die Herstellerangaben zu beachten.

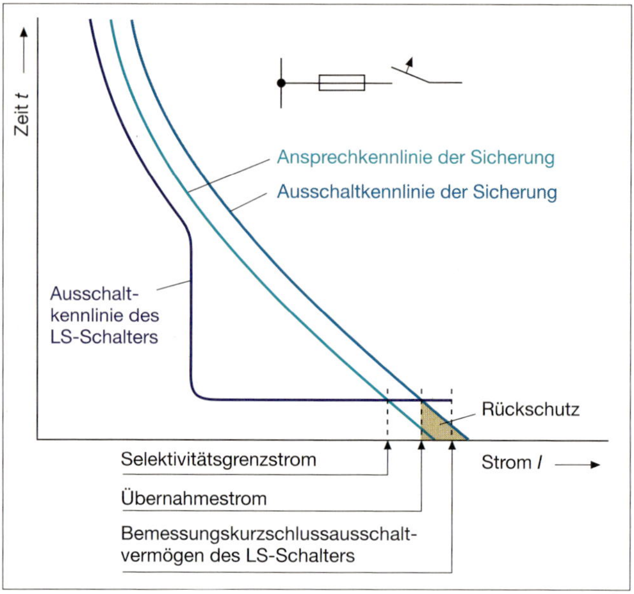

Bild S22:
Rückschutz (Back-up-Schutz)

Ausschaltzeit

Kurzschlussströme sind möglichst rasch abzuschalten, da diese zu einer adiabatischen Erwärmung der Kabel oder Leitungen führen. Die zulässige Ausschaltzeit errechnet sich nach Gl. (1) und sollte 5 s nicht überschreiten:

$$t_a = \left(k \frac{S}{I}\right)^2 \qquad (1)$$

- t_a zulässige Ausschaltzeit bei einem Kurzschluss in s,
- S Leiternennquerschnitt des Kabels oder der Leitung in mm^2,
- I Kurzschlussstrom (Effektivwert) in A,
- k Materialkoeffizient (Materialbeiwert) nach DIN VDE 0100-540 [3], abhängig vom Leiter- und Isolierwerkstoff sowie von der Art des Leiters und seiner Verlegung.
  Bei mehradrigen Kabeln und Leitungen mit PVC-Isolierung ist für
  - Kupferleiter $k = 115\ \mathrm{A}\sqrt{\mathrm{s}}/\mathrm{mm}^2$
  - Aluminiumleiter $k = 76\ \mathrm{A}\sqrt{\mathrm{s}}/\mathrm{mm}^2$.

Bei einer Unterbrechung des Fehlerstromkreises innerhalb der zulässigen Ausschaltzeit nach Gl. (1) sowie bei den Kurzschlussströmen und Leiternennquerschnitten nach Bild S23 ist sichergestellt, dass die →Leitergrenztemperatur der Kabel oder Leitungen bei einem Kurzschluss nicht überschritten wird. Die zulässigen Endtemperaturen betragen bei Kabeln und Leitungen mit PVC-Isolierung 160 °C, mit Gummiisolierung 200 °C und mit VPE- oder EPR-Isolierung 250 °C [3].

Durchlassenergie

Bei sehr kurzen Ausschaltzeiten ($t < 0{,}1$ s) und bei Anwendung energiebegrenzender Schutzeinrichtungen ist in ein- und mehrphasigen Wechselstromkreisen wegen der Gleichstromkomponente des Kurzschlussstroms folgende Bedingung einzuhalten [1]:

$$I^2 \cdot t < k^2 \cdot S^2 \qquad (2)$$

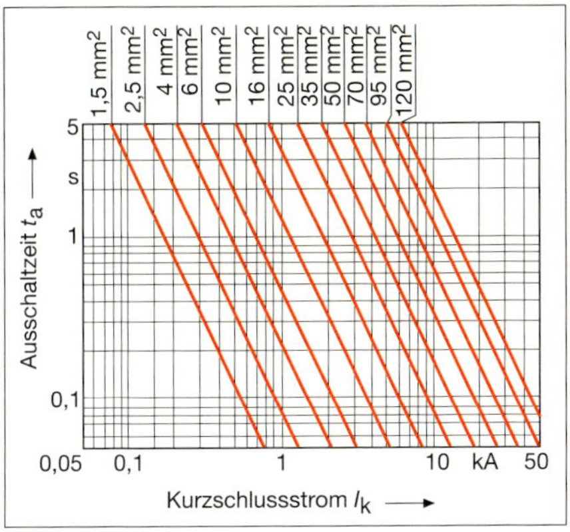

Bild S23: Kurzschlussstrombelastbarkeit von PVC-isolierten Kabeln und Leitungen mit Kupferleitern [4]

Bei Verwendung von Leitungsschutzschaltern mit der →Energiebegrenzungsklasse 3 [5] ist die Bedingung nach Gl. (2) meistens erfüllt, ebenso bei Verwendung von Sicherungen mit einem Bemessungsstrom bis 63 A, wenn die zu schützenden Kabel oder Leitungen einen Leiternennquerschnitt von mindestens 1,5 mm² Cu haben.

Literatur

[1] DIN VDE 0100-430:1991-11 Errichten von Starkstromanlagen mit Nennspannungen bis 1000 V; Schutzmaßnahmen; Schutz von Kabeln und Leitungen bei Überstrom.

[2] DIN VDE 0100-520:2003-06 Errichten von Niederspannungsanlagen; Auswahl und Errichtung elektrischer Betriebsmittel; Kabel- und Leitungsanlagen.

[3] DIN VDE 0100-540:1991-11 Errichten von Starkstromanlagen mit Nennspannungen bis 1000 V; Auswahl und Errichtung elektrischer Betriebsmittel; Erdung, Schutzleiter, Potentialausgleichsleiter.

[4] *Cichowski, R. R.; Krefter, K.-H.:* Lexikon der Installationstechnik. VDE-Schriftenreihe 52, 2. Auflage; Berlin, Offenbach: VDE -Verlag, 1999.

[5] DIN EN 60898 (VDE 0641-11) :2005-04 Elektrisches Installationsmaterial; Leitungsschutzschalter für Hausinstallationen und ähnliche Zwecke; Leitungsschutzschalter für Wechselstrom (AC).

Schutz durch Abdeckungen oder Umhüllungen

Maßnahme zum Schutz gegen →direktes Berühren nach DIN VDE 0100-410 [1]. Dieser Schutz (Basisschutz) ist für Personen und Nutztiere sichergestellt, wenn die

- aktiven Teile vollständig umhüllt (gekapselt) oder hinter zuverlässig befestigten Abdeckungen angeordnet sind und die
- Abdeckungen oder Umhüllungen eine ausreichende mechanische Festigkeit sowie Haltbarkeit haben.

Die geforderte Schutzart von mindestens IP2X bzw. IPXXB – für horizontale obere Flächen von mindestens IP4X bzw. IPXXD – ist unter den zu erwartenden äußeren Einflüssen aufrechtzuerhalten.

Sollen Abdeckungen, z. B. das Gehäuse eines elektrischen Betriebsmittels, entfernt oder Umhüllungen geöffnet werden, darf dies grundsätzlich nur möglich sein

- mit einem Schlüssel oder Werkzeug oder
- nach Abschalten der Stromversorgung für die betreffenden Teile. Dabei darf eine Wiedereinschaltung erst möglich sein, wenn die Schutzvorrichtungen sich wieder an ihrer ursprünglichen Stelle befinden oder geschlossen sind.

Ausnahmen hierzu sind in [1] geregelt. Sie berühren vor allem den Schutz gegen unbeabsichtigtes (zufälliges) Berühren beim Auswechseln von Sicherungseinsätzen und Lampen mit Schraubgewinde.

In Hochspannungsanlagen ist der „Schutz durch Abdeckungen oder Umhüllungen" (engl. *protection by barriers or enclosures*) nach DIN VDE 0101 [2] durchzuführen.

Literatur

[1] DIN VDE 0100-410:1997-01 Errichten von Starkstromanlagen mit Nennspannungen bis 1000 V; Schutzmaßnahmen; Schutz gegen elektrischen Schlag.

[2] DIN VDE 0101:2000-01 Starkstromanlagen mit Nennwechselspannungen über 1 kV.

Schutz durch automatische Abschaltung der Stromversorgung

Schutzmaßnahmen gegen →elektrischen Schlag nach DIN VDE 0100-410 [1].
Die wichtigsten Anforderungen dieser vergleichsweise häufig angewendeten Schutzmaßnahme sind der Schutzpotentialausgleich und die automatische Abschaltung der Stromversorgung im Fehlerfall.

Schutzpotentialausgleich

Grundsätzlich soll jeder Stromkreis einen Schutzleiter (PE) enthalten. Dieser Leiter ist mit den Körpern der elektrischen Betriebsmittel (Schutzklasse I), den Schutzkontakten von Steckdosen und zum Schutzpotentialausgleich sowie der Erdung außerdem noch mit der Hauptpotentialausgleichsschiene des Gebäudes zu verbinden, s. Bild S24. Durch den Zusammenschluss der Schutz- und Erdungsleiter mit den fremden leitfähigen Teilen der einzelnen Versorgungssysteme (Wasser, Gas, Klima) sowie dem Fundamenterder besteht zwischen den berührbaren Teilen innerhalb eines Gebäudes weitgehend Potentialgleichheit.

Automatische Abschaltung im Fehlerfall

In TN- und TT-Systemen ist im Fall einer fehlerhaften Verbindung eines Außenleiters mit dem Schutzleiter (Körper) – in IT-Systemen bei einem zweiten Fehler mit einem anderen Außenleiter – die Stromversorgung des betreffenden Stromkreises automatisch abzuschalten. Die Abschaltung hat so rasch wie möglich zu erfolgen, in Verbraucheranlagen spätestens nach 5 s. Für Endstromkreise mit fest (direkt) oder über Steckdosen angeschlossenen ortsveränderlichen Verbrauchsmitteln der Schutzklasse I betragen die geforderten Abschaltzeiten – abhängig

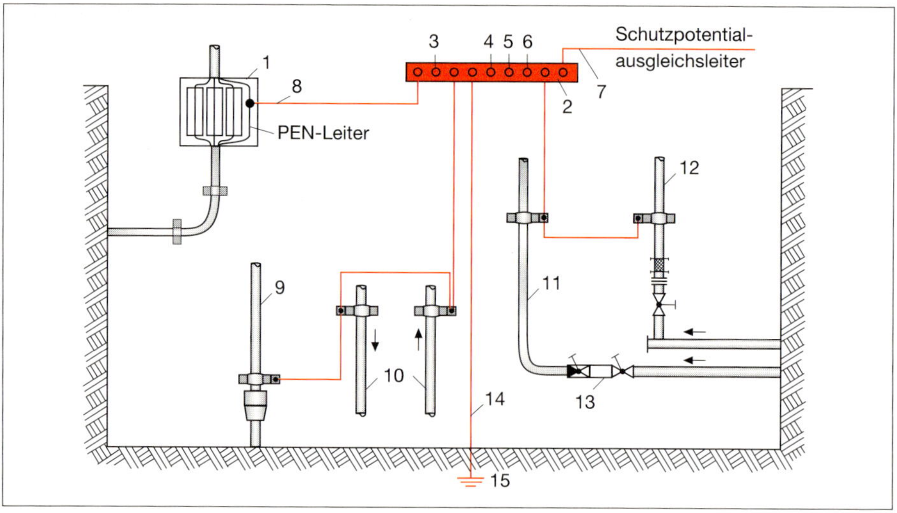

Bild S24: Hauptpotentialausgleich (Prinzipdarstellung)
1 Hausanschlusskasten; 2 Hauptpotentialausgleichsschiene; 3 Schutzleiter (PE); 4 Antennenanlage; 5 Fernmeldeanlage; 6 Blitzschutzanlage; 7 leitfähige Gebäude- und Ausrüstungsteile; 8 Verbindung zum Hauptschutzleiter; 9 metallenes Abwasserrohr; 10 Zentralheizung (Vor- und Rücklauf); 11 metallene Wasserverbrauchsleitung; 12 Gasinnenleitung mit Isoliermuffe; 13 Wasserverbrauchszähler; 14 Haupterdungsleiter, z. B. Anschlussfahne des Fundamenterders; 15 Anlagenerder der Verbraucheranlage

von der Höhe der Nennspannung der Anlage – bei Wechselstrom nur einen Bruchteil einer Sekunde [1].
Für die automatische Abschaltung der Stromversorgung im Fehlerfall sind in

- TN-Systemen ausschließlich Überstrom-Schutzeinrichtungen – in TN-S-Systemen auch in Verbindung mit Fehlerstrom-Schutzeinrichtungen (RCDs), z. B. für den „zusätzlichen Schutz" – und in
- TT-Systemen vorzugsweise Fehlerstrom-Schutzeinrichtungen (RCDs)

zu verwenden.
Die Kennwerte der Schutzeinrichtungen und die Stromkreisimpedanzen müssen die Anforderungen nach Gl. (1) erfüllen. In TT-Systemen ist bei Verwendung von Fehlerstrom-Schutzeinrichtungen (RCDs) zusätzlich noch die Bedingung nach Gl. (2) einzuhalten.

$$Z_S \cdot I_a \leq U_0 \qquad (1)$$

$$R_A \cdot I_{\Delta N} \leq 50\ \text{V} \qquad (2)$$

Z_S Impedanz der Fehlerstromschleife (Schleifenimpedanz),
R_A Ausbreitungswiderstand des Anlagenerders und Widerstand der Erdungsleiter,
I_a Strom, der die automatische Abschaltung der Stromversorgung innerhalb der geforderten Zeit bewirkt (Abschaltstrom), bei Verwendung von Fehlerstrom-Schutzeinrichtungen (RCDs) ist das der Bemessungsdifferenzstrom $I_{\Delta N}$,
$I_{\Delta N}$ Bemessungsdifferenzstrom der Fehlerstrom-Schutzeinrichtung (RCD),
U_0 Nennspannung der Anlage gegen Erde; in Verbraucheranlagen im Allgemeinen 230 V.

Literatur

[1] DIN VDE 0100-410:1997-01 Errichten von Starkstromanlagen mit Nennspannungen bis 1000 V; Schutzmaßnahmen; Schutz gegen elektrischen Schlag.

Schutz durch erdfreien, örtlichen Potentialausgleich

Schutzmaßnahme gegen →elektrischen Schlag nach DIN VDE 0100-410 [1]. Sie darf – wie der Schutz durch nicht leitende Räume – nur angewendet werden, wenn die elektrische Anlage durch Elektrofachkräfte oder elektrotechnisch unterwiesene Personen überwacht und regelmäßig kontrolliert wird.

Örtlicher Potentialausgleich

Alle gleichzeitig berührbaren Körper von elektrischen Betriebsmitteln der Schutzklasse I und die im Handbereich befindlichen leitfähigen Teile, z. B. metallene Rohrleitungen für Wasser, Gas oder Heizung, auch leitfähige Fußböden und Wände, sind durch Potentialausgleichsleiter miteinander zu verbinden. Damit besteht zwischen den genannten Teilen in dem betreffenden Raum praktisch Potentialgleichheit. Davon partizipiert naturgemäß auch die EMV.
Isolierte Potentialausgleichsleiter sind wie alle Schutzleiter durchgehend **grün-gelb** zu kennzeichnen. Für blanke Schutzpotentialausgleichsleiter besteht diese Forderung nicht. Bei ihnen genügt eine grün-gelbe Kennzeichnung an den Anschlussenden.
Der Querschnitt von Potentialsausgleichsleitern ist in DIN VDE 0100-540 [2] festgelegt.

Erdfreier, potentialgleicher Raum

Die zweite wichtige Anforderung dieser Schutzmaßnahme ist die Isolierung (Trennung) des örtlichen Potentialausgleichssystems von Erde und damit die Schaffung eines erdfreien, potentialgleichen Raums[1]. Durch technische Mittel und Maßnahmen ist zu verhindern, dass

[1] Der **Isolationswiderstand** eines erdpotentialfreien Raums ist in Normen zz. nicht festgelegt. Empfehlung: $\geq 50\ \text{k}\Omega$.

- das örtliche Potentialausgleichssystem weder direkt noch über Körper (Gehäuse) oder andere leitfähige Teile mit geerdeten Teilen in Berührung kommen kann, und dass
- Personen beim Betreten bzw. Verlassen des erdfreien, potentialgleichen Raums gefährdet werden können.

Beides ist im praktischen Betrieb auf Dauer kaum sicherzustellen. Deshalb ist die Anwendung dieser Schutzmaßnahme auf wenige Sonderfälle beschränkt.

Literatur

[1] DIN VDE 0100-410:1997-01 Errichten von Starkstromanlagen mit Nennspannungen bis 1000 V; Schutzmaßnahmen; Schutz gegen elektrischen Schlag.

[2] DIN VDE 0100-540:1991-11 –; Auswahl und Errichtung elektrischer Betriebsmittel; Erdung, Schutzleiter, Potentialausgleichsleiter.

Schutz durch Kleinspannung SELV oder PELV

Schutzmaßnahme gegen →elektrischen Schlag nach DIN VDE 0100-410 [1].

Spannungsgrenzwerte

Hauptmerkmal dieser Schutzmaßnahme ist die vergleichsweise niedrige (Nenn-)Spannung gemäß dem Spannungsbereich I nach IEC 60449. Die weltweit harmonisierten Werte dieser kleinen Spannungen – üblicherweise „Kleinspannung" genannt, neuerdings auch mit ELV (engl. ***e**xtra-**l**ow **v**oltage*) bezeichnet – überschreiten AC 50 V (Effektivwert) oder DC 120 V nicht. Bei besonders hoher Gefährdung sind die genannten Grenzwerte halbiert [2] oder sogar noch weiter herabgesetzt, z. B. auf AC 12 V oder DC 30 V [3][4].

Sicherheitsstromquellen

Der Schutz durch Kleinspannung SELV oder PELV erfordert die Verwendung von Sicherheitsstromquellen. Das sind

- Stromquellen mit sicherer elektrischer Trennung, z. B. Sicherheitstransformatoren[1)] [5], Symbol ⛉, Motorgeneratoren mit gleichwertig getrennten Wicklungen oder Akkumulatoren samt Ladegeräten mit sicherer Trennung im Pufferbetrieb,
- Stromquellen, die unabhängig von FELV-Stromkreisen oder von Stromkreisen mit höherer Spannung sind, z. B. Generatoren, oder
- Stromquellen, bei denen auch im Fall eines Fehlers in der Stromversorgungseinrichtung
  - die zulässigen Spannungswerte an den Ausgangsklemmen nicht überschritten werden können oder
  - die Spannung bei Berührung aktiver Teile – gemessen mit einem Spannungsmesser, dessen Innenwiderstand $\geq 3\ k\Omega$ beträgt – innerhalb von 0,2 s auf die zulässigen Werte sinkt.

  Das ist z. B. bei bestimmten elektronischen Einrichtungen (Wechsel- oder Umrichter, USV) der Fall.

Bei der Auswahl der Sicherheitsstromquellen ist es unerheblich, ob die Kleinspannung SELV (engl. *safety extra-low voltage*) oder die Kleinspannung PELV (engl. *protective extra-low voltage*) angewendet wird. SELV- und PELV-Stromkreise unterscheiden sich praktisch nur durch die Erdung eines Punkts des Stromkreises und der berührbaren Körper, nicht jedoch durch die Art ihrer Stromquelle oder gar die Höhe ihrer Nennspannung.

Stromkreise

Kleinspannung SELV

Der Schutz durch Kleinspannung SELV (engl. *protection by safety extra-low voltage*) wird in Deutschland mitunter auch

1) Bei **Sicherheitstransformatoren** (engl. *safety isolating transformers*) ist die elektrische Trennung zwischen der Eingangs- und Ausgangswicklung mindestens einer doppelten oder verstärkten Isolierung gleichwertig.

„Schutzkleinspannung" (veraltet) und z. B. in der Schweiz „Sicherheitskleinspannung" genannt. Bei dieser Schutzmaßnahme ist es nicht gestattet, aktive Teile des Stromkreises, z. B. einen Außenleiter, oder die Körper (Gehäuse) der elektrischen Betriebsmittel zu erden bzw. mit dem Schutzleiter zu verbinden, s. Bild S25. Folglich dürfen

- in SELV-Stromkreisen keine Steckvorrichtungen mit Schutzkontakten verwendet werden und
- SELV-Stecker nicht in Steckdosen für andere Stromkreise sowie „fremde" Stecker nicht in SELV-Steckdosen eingeführt werden können.

Die elektrischen Verbrauchsmittel entsprechen der Schutzklasse III – Symbol ⟨III⟩. Eine einfache (Basis-)Isolierung der Stromkreise gegen Erde ist ausreichend. Die geforderte Prüfwechselspannung beträgt 500 V, Prüfdauer 1 min. Bei Nennspannungen bis AC 25 V oder bis DC 60 V (oberschwingungsarm) darf bei trockenen Umgebungsbedingungen sogar – wie z. B. bei elektrischen Spielzeugeisenbahnen – gänzlich auf den Basisschutz verzichtet werden; Ausnahmen s. [3] und [4].

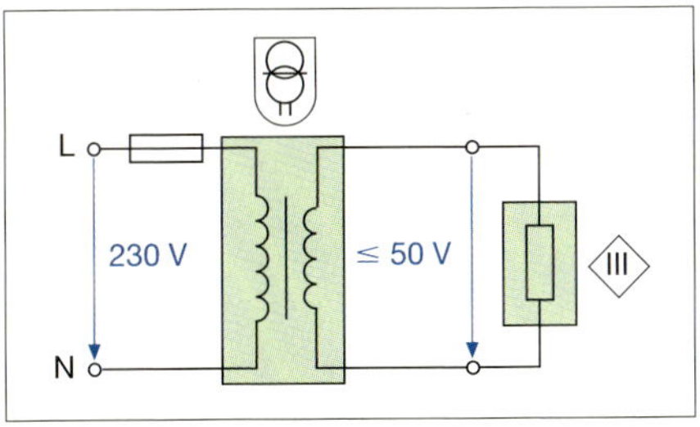

Bild S25: Schutz durch Kleinspannung SELV (Prinzipdarstellung)

Sind in mehradrigen Kabeln, Leitungen oder in Leitungsbündeln Stromkreise mit verschiedenen Spannungen enthalten, so muss – zusätzlich oder alternativ zu anderen Maßnahmen, z. B. räumlich getrennte Anordnung der Leiter [6] – die Isolierung zwischen den Leitern für die höchste Spannung in dem Übertragungssystem bemessen sein.

Kleinspannung PELV

Der Schutz durch Kleinspannung PELV (engl. *protection by protective extra-low voltage*) – in Deutschland auch „Funktionskleinspannung mit sicherer Trennung" genannt – entspricht hinsichtlich seiner Ausführung prinzipiell dem Schutz durch Kleinspannung SELV. In einem Punkt unterscheiden sich die beiden Schutzmaßnahmen jedoch wesentlich voneinander: PELV-Stromkreise dürfen im Gegensatz zu SELV-Stromkreisen absichtlich geerdet und mit dem Schutzleiter sowie fremden leitfähigen Teilen verbunden werden, s. Bild S26. Folglich sind in PELV-Stromkreisen auch Steckvorrichtungen mit Schutzkontakten zulässig.

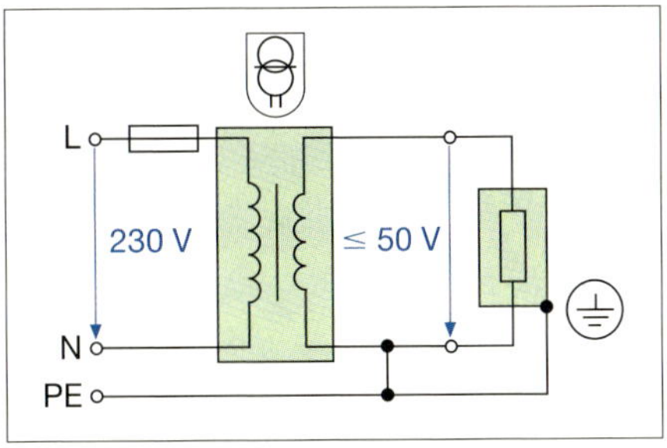

Bild S26: Schutz durch Kleinspannung PELV (Prinzipdarstellung)

Literatur

[1] DIN VDE 0100-410:1997-01 Errichten von Starkstromanlagen mit Nennspannungen bis 1000 V; Schutzmaßnahmen; Schutz gegen elektrischen Schlag.

[2] DIN VDE 0100-710:2002-11 Errichten von Niederspannungsanlagen; Medizinisch genutzte Bereiche.

[3] DIN VDE 0100-701:2002-02 –; Räume mit Badewanne oder Dusche.

[4] DIN VDE 0100-702:2003-11 –; Becken von Schwimmbädern und andere Becken.

[5] DIN EN 61558-2-6 (VDE 0570-2-6):1998-07 Sicherheit von Transformatoren, Netzge-

räten und dergleichen; Besondere Anforderungen an Sicherheitstransformatoren für allgemeine Anwendungen.
[6] DIN VDE 0100-520:2003-06 Errichten von Niederspannungsanlagen; Auswahl und Errichtung elektrischer Betriebsmittel; Kabel- und Leitungsanlagen.

Schutz durch nicht leitende Räume

Schutzmaßnahme gegen →elektrischen Schlag nach DIN VDE 0100-410 [1]. Sie darf nur angewendet werden, wenn die elektrische Anlage durch Elektrofachkräfte oder elektrotechnisch unterwiesene Personen überwacht und regelmäßig kontrolliert wird.

Fußboden, Wände

Räume mit isolierendem Fußboden, z. B. Parkettfußboden (Standortisolierung), und isolierenden Wänden gelten als nicht leitende Räume, wenn der elektrische Widerstand des Fußbodens und der Wände gegen Erde – gemessen nach DIN VDE 0100-610 – mindestens 50 kΩ, bei elektrischen Anlagen mit Nennspannungen über 500 V mindestens 100 kΩ, beträgt. Dabei ist sicherzustellen, dass der geforderte →Isolationswiderstand ständig vorhanden ist und nicht z. B. durch Feuchtigkeit unter den genannten Mindestwert fällt.

Räume mit Fußboden und Wänden unter 50 kΩ (100 kΩ) erfüllen nicht mehr die Merkmale eines nicht leitenden (erdfreien) Raums. Das gilt auch für Räume, in denen metallene Versorgungsleitungen oder andere berührbare Ausrüstungsteile vorhanden sind, die Erdpotential einschleppen oder elektrische Spannungen aus dem Raum nach außen hin übertragen können.

Elektrische Installation

In nicht leitenden Räumen darf kein geerdeter Schutzleiter vorhanden sein. Deshalb wird empfohlen, in diesen Räumen elektrische Betriebsmittel der Schutzklasse II oder III zu verwenden. Diese Betriebsmittel benötigen keinen Schutzleiter und haben folglich – wie Betriebsmittel der Schutzklasse 0 – keine Schutzleiteranschlussstelle.
Außerdem ist es unzulässig, elektrische Betriebsmittel der Schutzklasse I (mit Schutzleiteranschlussstelle), an die in diesem Fall kein Schutzleiter angeschlossen werden darf, in nicht leitenden Räumen so zu platzieren, dass unter normalen Umständen ein Körper und ein fremdes leitfähiges Teil oder zwei Körper gleichzeitig von einer Person berührt werden können. Der Abstand zwischen den Körpern und fremden leitfähigen Teilen oder zwischen den Körpern untereinander darf deshalb 2,5 m (Handbereich) nicht unterschreiten. Hindernisse zwischen den elektrischen Betriebsmitteln und leitfähigen Ausrüstungsteilen können den genannten Abstand verringern.

Literatur

[1] DIN VDE 0100-410:1997-01 Errichten von Starkstromanlagen mit Nennspannungen bis 1000 V; Schutzmaßnahmen; Schutz gegen elektrischen Schlag.

Schutz durch Schutztrennung

Schutzmaßnahme gegen →elektrischen Schlag nach DIN VDE 0100-410 [1].
Die drei wichtigsten Merkmale (Anforderungen) dieser Schutzmaßnahme bei →indirektem Berühren sind:

- **sichere elektrische Trennung** des Betriebsstromkreises vom speisenden Netz,
- **Erdungsverbot** der aktiven Teile des schutzgetrennten Stromkreises und der Körper sowie
- Anschluss nur eines **einzigen Verbrauchsmittels** an die „trennende" Stromquelle, s. Bild S27.

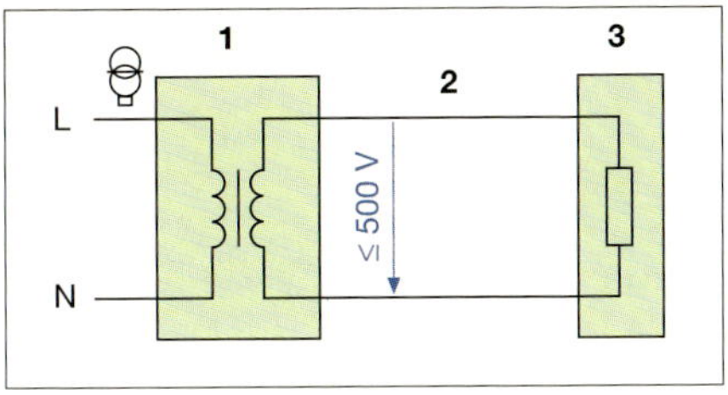

Bild S27: Schutztrennung mit nur einem Verbrauchsmittel (Prinzipdarstellung)
1 Trenntransformator (kurzschlussfest);
2 Anschlussleitung;
3 Verbrauchsmittel

Sichere Trennung

Die sichere elektrische Trennung des Betriebsstromkreises vom speisenden Netz erfolgt in Wechselstromanlagen durch **Trenntransformatoren** (engl. *isolating transformers*) nach [2][3] oder durch Stromquellen, die gleiche elektrische Sicherheit bieten, z. B. Motor-Generatoren (Elektromotor, mechanisch gekoppelt mit einem Generator).

Erdungsverbot

Zur Vermeidung von Gefahren beim Berühren elektrischer Betriebsmittel, die z. B. durch einen Körperschluss unter Spannung gesetzt werden können, dürfen die aktiven Teile des schutzgetrennten Stromkreises weder geerdet noch mit Leitern anderer Stromkreise verbunden werden. Das Erdungsverbot gilt auch für die Körper der im schutzgetrennten Stromkreis vorhandenen elektrischen Betriebsmittel.

Darüber hinaus ist auf eine gute und dauerhafte Isolierung der aktiven Teile gegen Erde zu achten. Das gilt vor allem für flexible Leitungen, die im praktischen Betrieb oft hohen mechanischen Beanspruchungen ausgesetzt sind. Bei Anwendung der Schutztrennung soll deshalb vorzugsweise die robuste Gummischlauchleitung der Bauart H07RN-F verwendet werden.

Anschlussbeschränkung

Die Wirksamkeit der Schutzmaßnahme Schutztrennung (engl. *protective separation*) ist vergleichsweise hoch, wenn im Betriebsstromkreis nur ein einziges elektrisches Verbrauchsmittel (Gerät) vorhanden ist. Doppelkörperschlüsse und Berührungsspannungen zwischen den Verbrauchsmitteln sind damit von vornherein ausgeschlossen.

Sofern in Vorschriften oder Normen ausdrücklich gestattet, darf bei Anwendung der Schutztrennung eine einzige Stromquelle auch mehr als nur ein Verbrauchsmittel versorgen. Dabei sind jedoch die folgenden Sicherheitsanforderungen zusätzlich zu berücksichtigen:

- Die Körper der Verbrauchsmittel der Schutzklasse I sind mit einem isolierten, grün-gelb gekennzeichneten (Schutz-) Potentialausgleichsleiter un-tereinander zu verbinden. Dieser Leiter darf weder geerdet, noch absichtlich mit dem Schutzleiter des Stromversorgungssystems, mit Körpern von elektrischen Betriebsmitteln anderer Stromkreise oder mit →fremden leitfähigen Teilen verbunden werden.
- Beim Auftreten eines Doppelkörperschlusses (→Kurzschluss) müssen Überstrom-Schutzeinrichtungen sofort (≤ 0,4 s) die Stromversorgung abschalten [1].

Anwendung

Der Schutz durch Schutztrennung wird vorzugsweise dort angewendet, wo eine hohe elektrische Gefährdung besteht. Das ist insbesondere auf Baustellen sowie beim Benutzen elektrischer Geräte in engen Räumen (Bereichen) mit leitfähigen Begrenzungen der Fall, z. B. in Kesseln, Tanks oder Schiffsrümpfen. Die an solchen Orten mit erheblicher elektrischer Gefährdung zu beachtenden Sicherheitsregeln sind z. B. in DIN VDE 0100-706 enthalten.

Schutzart

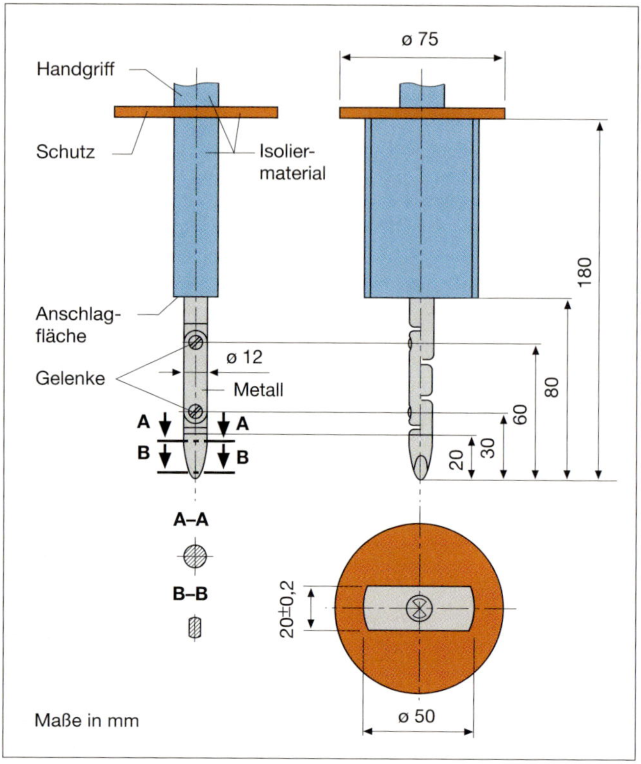

Bild S28: Gegliederter Prüffinger [2]

Literatur

[1] DIN VDE 0100-410:1997-01 Errichten von Starkstromanlagen mit Nennspannungen bis 1000 V; Schutzmaßnahmen; Schutz gegen elektrischen Schlag.
[2] DIN EN 61558-2-4 (VDE 0570-2-4): 1998-07 Sicherheit von Transformatoren, Netzgeräten und dergleichen; Besondere Anforderungen an Trenntransformatoren für allgemeine Anwendungen.
[3] DIN EN 61558-2-15 (VDE 0570-2-15): 2001-11 –; Besondere Anforderungen für Trenntransformatoren zur Versorgung medizinischer Räume.

Schutzart

Systematische Ordnung (Graduierung) des Schutzes
- gegen den Zugang zu gefährlichen aktiven Teilen (Berührungsschutz) sowie
- gegen das Eindringen von festen Fremdkörpern, z. B. Staub (Fremdkörperschutz) oder Wasser (Wasserschutz), in das Innere elektrischer Betriebsmittel nach DIN EN 60529 [1].

Allgemeines

Schutzarten (Schutzgrade) bezeichnen ein Graduierungssystem, das 1934 erstmals in Deutschland eingeführt und rund 30 Jahre später in das internationale Normenwerk übernommen wurde. Seit 1976 gilt IEC 60529, eine internationale Norm für IP-Schutzarten (IP-Code) mit Pilotfunktion.

Das System zur Einteilung der IP-Schutzarten mit Kennziffern und den zusätzlichen Buchstaben A, B, C und D ist so angelegt, dass die Angabe eines bestimmten Berührungs-, Fremdkörper- oder Wasserschutzgrads grundsätzlich die Einhaltung aller niedrigeren Schutzgrade einschließt.

Der „Schutz gegen Berühren mit den Fingern" (IP2X oder IPXXB) ist eine häufig verwendete Schutzart. Bei ihr kann ein genormter Prüffinger, 80 mm lang und 12 mm dick, mit einem isolierten Handhabungsteil (s. Bild S28), gefährliche aktive Teile im Inneren eines elektrischen Betriebsmittels

Tafel S4: IP-Codierungssystem

IP □ □ □ □

- Code-Buchstaben (engl. ***I**nternational **P**rotection*)
- Erste Kennziffer 0…6 (Fremdkörper- und Berührungsschutzgrad)
- Zweite Kennziffer 0…8 (Wasserschutzgrad)
- Zusätzlicher Buchstabe A, B, C, D (Zugang zu gefährlichen Teilen, fakultativ)
- Ergänzender Buchstabe H, M, S, W (allgemeine Informationen, fakultativ)

nicht berühren. Dieser zweifach gegliederte, an der Spitze abgerundete Prüffinger (Normfinger) ist dem doppelgelenkigen Zeigefinger (mit Nagelkuppe) eines erwachsenen Menschen nachgebildet.

Elektrische Betriebsmittel, die eine Zündung der umgebenden explosionsfähigen Atmosphäre ausschließen, z. B. durch Eigensicherheit, Öl-, Sand- oder druckfeste Kapselung, werden nach den Normenreihen DIN VDE 0165 und DIN VDE 0170/0171 in **Zündschutzarten** eingeteilt. Diese Schutzarten, auch der Schutz gegen das Berühren von gefährlichen, sich bewegenden Teilen außerhalb eines Gehäuses, z. B. Lüfter, sowie der Schutz von Gehäusen gegen äußere Einflüsse, z. B. mechanische Stöße[1)], Korrosion, Schimmel, Insekten, Sonnenstrahlen, Feuchtigkeit durch Kondensation oder Vereisung, finden in den IP-Schutzarten keine Berücksichtigung.

Bezeichnung

Schutzarten durch Gehäuse (engl. *degrees of protection provided by enclosures*) werden gemäß Tafel S4 bezeichnet. Die Bedeutungen der Kennziffern und (Kenn-)Buchstaben des IP-Codes enthält Tafel S5. Werden Anforderungen nur an eine Art des Schutzes gestellt, z. B. nur an den Wasserschutz, so ist die nicht benötigte andere Kennziffer durch den Buchstaben X (Unbekannte) zu ersetzen, z. B. IPX4. Zusätzliche und ergänzende Buchstaben dürfen ersatzlos weggelassen werden. Wird auf die Angabe eines zusätzlichen Buchstabens verzichtet, so darf die dritte Stelle im Bezeichnungssystem auch durch einen ergänzenden Buchstaben (H, M, S, W) eingenommen werden.

Interessiert nur der Schutzgrad gegen den Zugang zu gefährlichen Teilen (Berührungs- oder Zugangsschutzgrad) – demnach nicht der Fremdkörperschutzgrad und auch nicht der Wasserschutzgrad –, so werden die ersten beiden Kennziffern durch das Buchstabenpaar XX ersetzt und an die dritte Stelle der zusätzliche Buchstabe platziert, z. B. IPXXB.

Früher wurde die Schutzart der elektrischen Betriebsmittel durch Bildzeichen angegeben, z. B.

 für den Schutz gegen Sprühwasser (IPX3),

 für den Schutz gegen Spritzwasser (IPX4) und

 für den Schutz gegen Strahlwasser (IPX5).

Diese Art der Kennzeichnung elektrischer Betriebsmittel hinsichtlich des Schutzes gegen das Eindringen von Wasser ist in Deutschland schon seit langem nicht mehr üblich.

1) Für den Schutz elektrischer Betriebsmittel mit Gehäuse gegen äußere mechanische Beanspruchungen gelten die **→IK-Schutzarten** nach DIN EN 50102 [3].

Tafel S5: Bedeutung der Kennziffern und Buchstaben des IP-Codes [1]

Ziffern, Buchstaben		Schutz von Betriebsmitteln	Schutz von Personen
Code-Buchstaben	IP	Schutz gegen Eindringen (engl. ***I**nvasion **P**rotection*)…	
Erste Kennziffer		von festen Fremdkörpern	zu gefährlichen Teilen mit
	0	(nicht geschützt)	(nicht geschützt)
	1	≥ 50,0 mm Durchmesser	Handrücken
	2	≥ 12,5 mm Durchmesser	Finger
	3	≥ 2,5 mm Durchmesser	Werkzeug
	4	≥ 1,0 mm Durchmesser	Draht
	5	staubgeschützt	Draht
	6	staubdicht	Draht
Zweite Kennziffer		von Wasser mit schädlichen Wirkungen	–
	0	(nicht geschützt)	
	1	senkrechte Tropfen	
	2	Tropfen, 15° Neigung	
	3	Sprühwasser	
	4	Spritzwasser	
	5	Strahlwasser	
	6	starkes Strahlwasser	
	7	zeitweiliges Eintauchen	
	8	dauerndes Untertauchen	
Zusätzlicher Buchstabe (fakultativ)		–	zu gefährlichen Teilen mit
	A		Handrücken
	B		Finger
	C		Werkzeug
	D		Draht
Ergänzender Buchstabe (fakultaliv)		ergänzende Information für	–
	H	Hochspannungsgeräte	
	M	Bewegung während Wasserprüfung	
	S	Stillstand während Wasserprüfung	
	W	Wetterbedingungen	

Literatur

[1] DIN EN 60529 (VDE 0470-1):2000-09 Schutzarten durch Gehäuse (IP-Code).

[2] DIN EN 61032 (VDE 0470-2):1998-10 Schutz von Personen und Ausrüstung durch Gehäuse; Prüfsonden zum Nachweis.

[3] DIN EN 50102 (VDE 0470-100):1997-09 Schutzarten durch Gehäuse für elektrische Betriebsmittel (Ausrüstung) gegen äußere mechanische Beanspruchungen (IK-Code).

Schutzgrad

(von Überlast-Schutzeinrichtungen)

Quotient aus der dauernd zulässigen Strombelastbarkeit I_z eines Kabels oder einer Leitung [1] und dem thermischen Auslösestrom I_2 einer Überstrom-Schutzeinrichtung:

$$S = \frac{I_z}{I_2} \qquad (1)$$

Der **thermische Auslösestrom** I_2 (großer Prüfstrom) ist der Strom, bei dem eine Überstrom-Schutzeinrichtung unter vereinbarten, in Normen festgelegten Bedingungen auslöst, z. B. nach spätestens 1 h (Überlastschutz). Für diesen Auslösestrom wird anstelle von I_2 mitunter auch das Formelzeichen I_t (engl. *conventional* ***t****ripping current*) verwendet.

Grundforderungen

Nach DIN VDE 0100-430 [2] darf zum Schutz von Kabeln und Leitungen vor zu hoher Erwärmung während des normalen (ungestörten) Betriebs der thermische Auslösestrom I_2 den 1,45-fachen Wert der dauernd zulässigen Strombelastbarkeit I_z nicht überschreiten ($I_2 \leq 1{,}45 \cdot I_z \Rightarrow$ Auslösestromregel). Diese Grundforderung für den Überlastschutz wird von den üblichen Leitungsschutzschaltern (Sicherungsautomaten) z. B. mit **B-** oder **C-Charakteristik**[1] nach EN 60898 (VDE 0641-11) streng eingehalten. Hierbei ist $I_2 = 1{,}45 \cdot I_n$, s. Bild S29. Daraus folgt

$$I_2 = 1{,}45 \cdot I_n \leq 1{,}45 \cdot I_z$$

und damit

$$I_n \leq I_z.$$

Überstrom-Schutzeinrichtungen mit einem thermischen Auslösestrom $I_2 < 1{,}45 \cdot I_n$, wie das z. B. bei Sicherungsautomaten mit der **Z-, E-** oder **K-Charakteristik**[1)2)] (s. Bild S30), bei Motorstartern und bei allen Leistungsschaltern nach DIN EN 60947-2 (VDE 0660-101) der Fall ist, bieten somit einen vergleichsweise guten Überlastschutz; sie haben einen **hohen** (Überlast-)**Schutzgrad**.

Es gibt aber auch noch Überstrom-Schutzeinrichtungen, die – wenn der Überstrom das 1,45-fache des Nennstroms geringfügig überschreitet – erst nach relativ langer Zeit

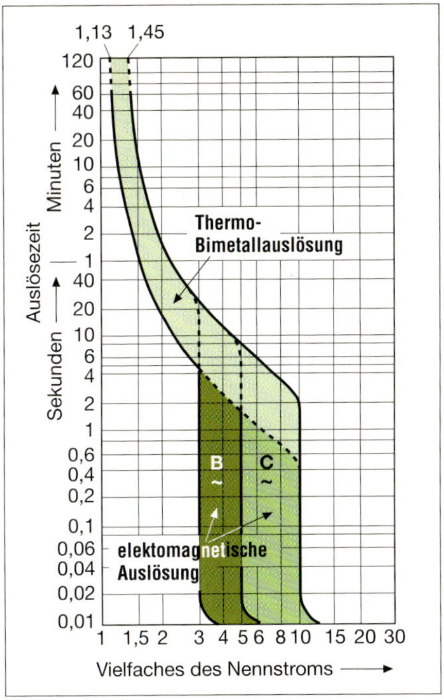

Bild S29: Auslösecharakteristiken B und C von Sicherungsautomaten (50/60 Hz)

1) Die beispielhaft genannten Auslösecharakteristiken werden in ihrer Vielfalt benötigt, um das Strom-Zeit-Verhalten der thermisch verzögerten Bimetallauslöser optimal an die Strom-Zeit-Wärmebilanz der zu schützenden elektrischen Betriebsmittel und Anlagen anzupassen. Außerdem ist den einzelnen Charakteristiken ein bestimmter, meist fest eingestellter magnetischer Kurzschluss-Auslösestrom (I_5) immanent.

2) Herstellerabhängig wird in Deutschland die
- **Z-Charakteristik** mit ihrem vergleichsweise niedrigen magnetischen Auslösestrom von $3 \cdot I_n$ bei Wechselstrom – deshalb vorzugsweise angewendet bei hohen Impedanzen Z im Kurzschlusskreis – auch **R-Charakteristik** und die
- **K(Kraft)-Charakteristik** mit ihrem vergleichsweise hohen magnetischen Auslösestrom von $14 \cdot I_n$ bei Wechselstrom – deshalb vorzugsweise angewendet in Motorstromkreisen und für Verbrauchsmittel mit hohen Einschaltströmen – auch **S-Charakteristik** genannt.

Dabei deutet der Buchstabe R auf eine „schnelle" Charakteristik (engl. ***r****apid*) und der Buchstabe S auf eine „starke" Charakteristik (engl. ***s****trength*) hin.

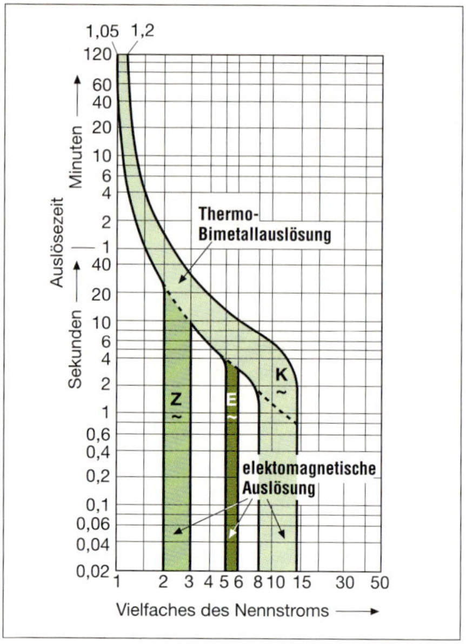

Bild S30: Auslösecharakteristiken Z, E und K von Sicherungsautomaten (50/60 Hz)

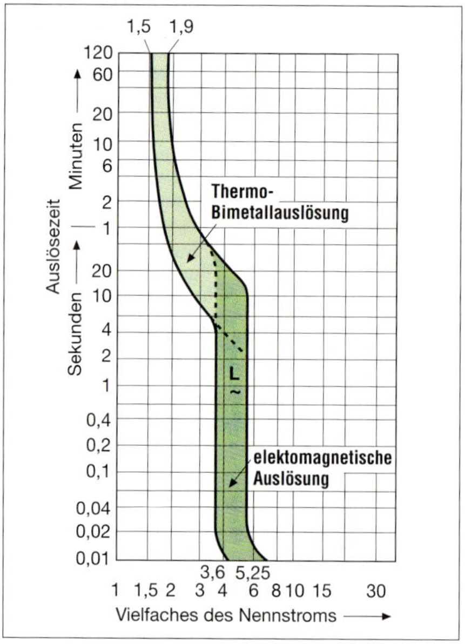

Bild S31: Auslösecharakteristik L früherer Sicherungsautomaten

(>1 h) ausschalten. Solche thermisch unempfindlichen (trägen) Schutzeinrichtungen sind z. B. die früheren Sicherungsautomaten mit einer für den zeit-strom-abhängigen Überlastschutz vergleichsweise steilen **L(Licht)-Charakteristik**[3], s. Bild S31. Denselben hohen thermischen Auslösestrom von $I_2 = 1{,}9 \cdot I_n$ haben auch die früheren, in Deutschland wenig verbreiteten Sicherungsautomaten mit der **U(Universal)-Charakteristik.**[4] Derartige Überstrom-Schutzeinrichtungen mit einem thermischen Auslösestrom $I_2 > 1{,}45 \cdot I_n$ bieten einen vergleichsweise schlechten Überlastschutz und haben folglich einen **niedrigen** (Überlast-)**Schutzgrad**. Bei ihnen ist der Nennstrom (Bemessungsstrom) gemäß Gl. (2) zu reduzieren:

$$I_n \leq \frac{1{,}45}{k} \cdot I_z \qquad (2)$$

k Vielfaches des Nennstroms von L- oder U-Automaten oder anderen Überstrom-Schutzeinrichtungen mit $I_2 > 1{,}45 \cdot I_n$ zur Erreichung des thermischen Auslösestroms, z. B. k = 1,6, 1,75, 1,9 oder gar 2,1.

Löst eine Überstrom-Schutzeinrichtung z. B. erst beim 1,75-fachen Nennstrom aus, so darf zum Schutz des Kabels (Leitung) und der Umgebung ihr Nennstrom I_n den folgenden Wert nicht überschreiten:

$$I_n = \frac{1{,}45}{1{,}75} \cdot I_z = 0{,}83 \cdot I_z$$

[3] **L-Automaten** für Wechselstrom wurden im Jahre 1990 durch die in ihrem Überlastverhalten viel empfindlicheren **B-Automaten** abgelöst.

[4] Anstelle der früheren **U-Automaten** werden gegenwärtig meist **C-Automaten** oder **K-Automaten** verwendet. Diese Automaten ersetzen auch die früher für Elektromotoren verwendeten Schutzschalter mit der G(Geräte)-Charakteristik. Bei diesen G-Automaten lag der thermische Auslösestrom bei $(1{,}05 \ldots 1{,}35) \cdot I_n$ und der magnetische Auslösestrom bei $(7 \ldots 10) \cdot I_n$.

Das Kabel (Leitung) kann demnach nur bis max. 83 % ausgenutzt werden (niedriger Nutzungsgrad).

Literatur

[1] DIN VDE 0298-4:2003-08 Verwendung von Kabeln und isolierten Leitungen in Starkstromanlagen; Empfohlene Werte für die Strombelastbarkeit …

[2] DIN VDE 0100-430:1991-11 Errichten von Starkstromanlagen mit Nennspannungen bis 1000 V; Schutzmaßnahmen; Schutz von Kabeln und Leitungen bei Überstrom.

Schutzhülle

(von Kabeln und Leitungen)

Aufbauelement von Kabeln und Leitungen, das die Adern – wenn vorhanden auch den Schirm, Metallmantel und konzentrischen Leiter – vor schädlichen äußeren Einflüssen schützt.

Arten

Bei Kabeln und Leitungen wird unterschieden zwischen der

- **inneren Schutzhülle**, bestehend aus einer extrudierten Kunststoffmischung oder aus getränkten Faserstoffen zum Schutz des darunter liegenden Metallmantels gegen Korrosion und mechanische Einwirkungen, sowie der
- **äußeren Schutzhülle** über der Bewehrung, s. Bild S 32.

Äußere Kabelhülle

Die äußere Schutzhülle (engl. *outer covering*) eines Kabels besteht aus einem Kunststoffmantel (PVC oder VPE) oder aus einer bitumengetränkten Faserstoffumhüllung mit Kreideüberzug, um das Verkleben zu verhindern.

Äußere Schutzhüllen dienen vorzugsweise dem mechanischen und dem Korrosionsschutz, Kunststoffmäntel darüber hinaus noch dem Berührungsschutz (Schutzisolierung).

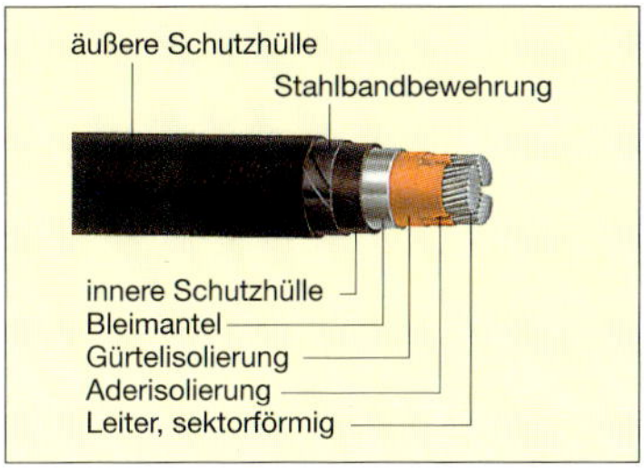

Bild S32: Bleimantelkabel, stahlbandbewehrt, mit innerer und äußerer Schutzhülle

PVC-Mäntel sind bei Mittelspannungs- und Hochspannungskabeln rot und bei Niederspannungskabeln schwarz gefärbt. Die Farbe von VPE-Mänteln ist generell Schwarz. Die wichtigsten Eigenschaften von Kunststoffmänteln enthält die Tafel S6 [1].

Äußere Leitungshülle

Bei Mantelleitungen und flexiblen Schlauchleitungen besteht die äußere Schutzhülle i. Allg. aus einer hochwertigen PVC- oder Gummimischung.

Bei halogenfreien Mantelleitungen mit verbessertem Verhalten im Brandfall (sehr geringe Rauchbildung und Brandfortleitung, keine korrosiven Brandgase) besteht die Schutzhülle meist aus einer halogenfreien Polymermischung. Diese Leitungen sind vorzugsweise für den Einsatz in Gebäuden mit hoher Personen- oder Sachwertkonzentration bestimmt, z. B. in Hochhäusern, Hotels, Krankenhäusern, Altersheimen, Schulen, Internaten, Diskotheken, Warenhäusern, Messehallen und Museen.

Tafel S6: Eigenschaften von Kunststoffmänteln

Eigenschaft	PVC	VPE
Beständigkeit gegen mechanische Beanspruchung		X
Flexibilität	X	
Verhalten bei tiefen Temperaturen		X
Haftung (Garnituren)	X	
Montagefreundlichkeit	X	
Längsschrumpfung	X	
Wasseraufnahme und Diffusion		X
Chemikalienbeständigkeit		X
X besser		

Literatur

[1] *Brüggemann, H.:* Anlagentechnik für elektrische Verteilungsnetze, Band 1: Starkstrom-Kabelanlagen. Berlin, Frankfurt/M.: VDE-Verlag sowie Verlags- und Wirtschaftsgesellschaft der Elektrizitätswerke, 1992.

Schutzklasse

Klassifizierung elektrischer Betriebsmittel, insbesondere Geräte, hinsichtlich der Art (Ausführung) des Schutzes gegen →elektrischen Schlag im Sinne von DIN VDE 0100-410 [1].

Allgemeines

Schutzklassen für Niederspannungs-Betriebsmittel zum Anschluss an eine äußere Stromquelle sind in DIN EN 61140 [2] festgelegt, s. Tafel S7.
Blitzschutzanlagen werden ebenfalls in Schutzklassen eingeteilt. Ein direkter Zusammenhang zwischen Blitzschutzklassen und den Schutzklassen für elektrische Betriebsmittel besteht jedoch nicht.

Schutzklasse 0

Betriebsmittel der Schutzklasse 0 haben lediglich eine (einfache) **Basisisolierung** zum Schutz gegen →direktes Berühren (1. Schutzebene: Basisschutz). Eine doppelte oder verstärkte Isolierung (Schutzisolierung) – wie bei Betriebsmitteln der Schutzklasse II – oder eine Schutzleiteranschlussstelle – wie bei Betriebsmitteln der Schutzklasse I – ist nicht vorhanden. Diese Betriebsmittel dürfen deshalb entweder nur in Betriebsmittel mit einer höheren Schutzklasse eingebaut oder in nicht leitenden (erdfreien) Räumen bzw. unter Anwendung der Schutztrennung (mit nur einem Verbrauchsmittel) nach DIN VDE 0100-410 verwendet werden. Der Schutz gegen elektrischen Schlag wird beim Versagen der Basisisolierung gewissermaßen durch die Umgebung realisiert. Die Herstellung von Betriebsmitteln der Schutzklasse 0 ist in Deutschland sehr eingeschränkt.

Tafel S7: Schutzklassen

Schutzklasse	Hauptmerkmale der Betriebsmittel	Voraussetzung für die Sicherheit	Kennzeichnung
0	keine Anschlussstelle für Schutzleiter	Umgebung frei von Erdpotential	keine
I	Anschlussstelle für Schutzleiter	Anschluss an Schutzleiter	
II	zusätzliche Isolierung, keine Anschlussstelle für Schutzleiter	keine	
III	Versorgung mit (Schutz-) Kleinspannung	Anschluss an eine SELV-Stromquelle	

Schutzklasse I

Betriebsmittel der Schutzklasse I haben zusätzlich zur Basisisolierung noch eine **Schutzleiteranschlussstelle**. Damit erfüllen sie eine wichtige Voraussetzung für den →Schutz durch automatische Abschaltung der Stromversorgung mittels Überstrom- oder Fehlerstrom-Schutzeinrichtungen im TN- oder TT-System bzw. für die Meldung von Körperschlüssen im IT-System.
Schutzleiteranschlussstellen müssen den sicheren (lösbaren) Anschluss von Schutzleitern ermöglichen. Sie sind mit dem Schutzzeichen ⏚ (mitunter auch mit „PE") gekennzeichnet und haben eine plane, metallisch blanke sowie gegen Korrosion geschützte Kontaktfläche. Zur Erhaltung der Kontaktkraft dienen – außer bei kleinen Installationsgeräten bis 25 A – meist federnde Zwischenlagen, z. B. ein Federring. Die Kontaktkraft darf nicht von Isolierstoffteilen, z. B. Kunststoff, Gummi, Leder oder ähnlichen leicht deformierbaren Stoffen, übertragen werden.

Schutzklasse II

Bei Betriebsmitteln der Schutzklasse II ist die Basisisolierung zur Realisierung der 2. Schutzebene (Fehlerschutz) verstärkt oder von einer weiteren (doppelten) Isolierung umgeben (engl. *supplementary insulation*). Diese Betriebsmittel gelten als **schutzisoliert**; ihr Kennzeichen ist das ineinander geschachtelte Doppelquadrat ⧈ .
Schutzisolierte Betriebsmittel, z. B. Haushaltsgeräte, Wohnraumleuchten und Elektrowerkzeuge, sind so auszuführen, dass die →Ableitströme (Berührungsströme) den ungefährlichen Grenzwert von AC 0,5 mA oder DC 1,2 mA nicht überschreiten. Diese Betriebsmittel haben keine Schutzleiteranschlussstelle und sind deshalb unabhängig vom jeweiligen Versorgungssystem einsetzbar.
Betriebsmittel der Schutzklasse II dürfen mit Vorkehrungen zum Durchschleifen von Schutzleitern im Inneren der Betriebsmittel versehen sein. Dabei muss die Schutzleiterisolierung den Anforderungen der Schutzklasse II entsprechen, d. h einer Prüfspannung von 4 kV für 1 min standhalten.

Schutzklasse III

Betriebsmittel der Schutzklasse III haben nur eine Basisisolierung und sind für den Einsatz in (Schutz-)**Kleinspannungsanlagen** (SELV-Stromkreise) mit Nennspannungen bis AC 50 V oder bis DC 120 V (Spannungsbereich I) bestimmt. Diese Betriebsmittel sind mit dem Symbol ◈ gekennzeichnet. Eine Schutzleiteranschlussstelle ist nicht gestattet.

Literatur

[1] DIN VDE 0100-410:1997-01 Errichten von Starkstromanlagen mit Nennspannungen bis 1000 V; Schutzmaßnahmen; Schutz gegen elektrischen Schlag.

[2] DIN EN 61140 (VDE 0140-1):2003-08 Schutz gegen elektrischen Schlag; Gemeinsame Anforderungen für Anlagen und Betriebsmittel.

Schutzleiter

Leiter, der der Sicherheit von Personen und Nutztieren dient, z. B. dem Schutz gegen elektrischen Schlag [1].

Allgemeines

Schutzleiter zählen zu den wichtigsten Leitern in einer elektrischen Anlage. Sie sollen deshalb sorgfältig verlegt, vor mechanischen Beschädigungen geschützt und vorschriftsmäßig (unverwechselbar) gekennzeichnet sein. Fremde leitfähige Teile, z. B. Wasserrohrleitungen, sind als Schutzleiter ungeeignet. Damit entfällt zugleich das Überbrücken von Wasseruhren, Absperreinrichtungen u. dgl.
Schutzleiter sind wesentliche Komponen-

ten des Fehlerschutzes (Schutzleiter-Schutzmaßnahmen), insbesondere für den →Schutz durch automatische Abschaltung der Stromversorgung in TN- und TT-Systemen [2]. Deshalb ist das alleinige Unterbrechen von Schutzleitern, z. B. mit einpoligen Schaltern oder Sicherungen, unzulässig. Sind Schutzleiter mit aktiven Leitern gemeinsam schaltbar, z. B. mit Steckvorrichtungen, so müssen die Kontakte in der Schutzleiterbahn

- vor denen der aktiven Leiter schließen sowie
- nach denen der aktiven Leiter öffnen.

Grundsätzlich sollen von Starkstromanlagen keine störenden Einflüsse auf Informationsanlagen ausgehen. EMV-gerecht ist eine Verbraucheranlage nur dann, wenn über den Schutzleiter keine Betriebsströme fließen; das ist in TT- und IT-Systemen der Fall. TN-Systeme sind diesbezüglich sehr viel diffiziler. Deshalb wird empfohlen, in diesen Systemen den Schutzleiter – wenn möglich – letztmalig am Speisepunkt der Verbraucheranlage mit dem Neutralleiter zu verbinden, danach nicht wieder. Die gesamte Verbraucheranlage ist somit als TN-S-System auszuführen.

Die Schutzleitermindestquerschnitte – auch für Potentialausgleichsleiter – sind in DIN VDE 0100-540 [3] festgelegt.

Bezeichnung

Schutzleiter (engl. *protective conductor*) werden wie folgt spezifiziert [1]:

- **Schutzerdungsleiter** (engl. *protective earthing conductor*) zur Herstellung von Verbindungen mit der Erdungsanlage;
- **Schutzpotentialausgleichsleiter** (engl. *protective bonding conductor*) zur Herstellung des Schutzpotentialausgleichs;
- **PEN-Leiter** (engl. *PEN conductor*)[1)] bei gleichzeitiger Übernahme der Funktionen eines Schutzerdungsleiters und eines Neutralleiters (N);
- **PEM-Leiter** (engl. *PEM conductor*) bei gleichzeitiger Übernahme der Funktionen eines Schutzerdungsleiters und eines Mittelleiters (M);
- **PEL-Leiter** (engl. *PEL conductor*) bei gleichzeitiger Übernahme der Funktionen eines Schutzerdungsleiters und eines Außenleiters (L).

PEN-Leiter, PEM-Leiter und PEL-Leiter sind betriebsmäßig Strom führende Schutzleiter in TN-C-Systemen. Ihr Mindestquerschnitt beträgt 10 mm^2 Cu oder 16 mm^2 Al.

Sie dürfen nur in fest installierten elektrischen Anlagen verwendet werden.

Schutzleiter werden seit etwa 1965 mit dem Symbol „PE" bezeichnet, z. B. auf Schaltplänen. In dieser Kurzbezeichnung wurde der Buchstabe P dem französischen Fachausdruck *„conducteur de* ***p****rotection"* (Schutzleiter) entlehnt und der Buchstabe E zwecks besserer Aussprache des Buchstabens P aus phonetischen Gründen hinzugefügt [4].

PE-Leiter (gesprochen: P-E-Leiter) sind demnach nicht notwendigerweise geerdete Schutzleiter (E bedeutet nicht „earth" – Erde). Auch ungeerdete Schutzleiter (Potentialausgleichsleiter) werden z. B. bei Anwendung der Schutztrennung mit mehreren elektrischen Verbrauchsmitteln oder der Schutzmaßnahme „Schutz durch erdfreien, örtlichen Potentialausgleich" [2] mit dem Symbol „PE" bezeichnet.

Darüber hinaus ist es zulässig, den Schutzleiter PE auf Schaltplänen u. dgl. mit dem grafischen Symbol  nach IEC 60617, wie in DIN VDE 0100-300 angegeben, zu bezeichnen. Für den PEN-Leiter gilt das Symbol:  Es setzt sich zusammen aus dem Symbol  für den Neutralleiter N und dem Symbol  für den Schutzleiter PE, Beispiel s. Bild S33.

1) Der Terminus **PEN-Leiter** wurde im Jahre 1974 von der Schweiz vorgeschlagen. Er ersetzt den seit 1914 in Deutschland verwendeten Fachausdruck „Nullleiter".

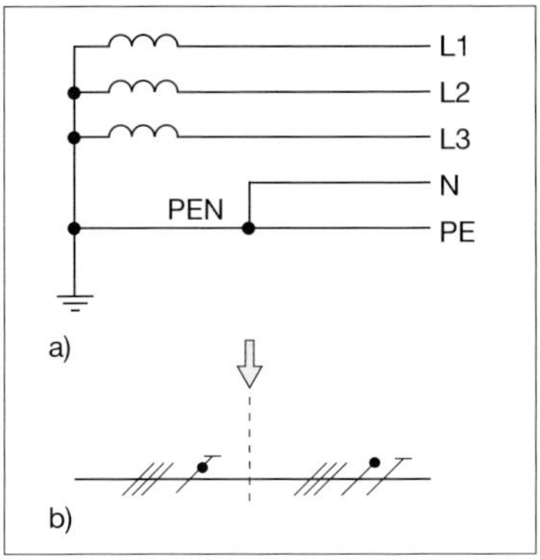

Bild S33: Leiterbezeichnungen
a) mit Buchstaben und Ziffern (alphanumerisch);
b) mit grafischen Symbolen nach IEC 60617 (einpolige Darstellung)

Der im Schutzleiter fließende Strom heißt „Schutzleiterstrom" (engl. *protective conductor current*). Dabei ist es unerheblich, ob dieser Strom unter üblichen Betriebsbedingungen (Ableitstrom) oder infolge eines Isolationsfehlers (Fehlerstrom) auftritt.

Kennzeichnung

Isolierte Schutzleiter, geerdet oder ungeerdet, müssen in ihrem gesamten Verlauf **grün-gelb** gekennzeichnet sein [5]. Dieses Farbpaar ist auf der Leiterisolierung so auszuführen, dass – bezogen auf eine Leitungslänge von 15 mm – eine dieser Farben mindestens 30 %, aber nicht mehr als 70 %, die andere Farbe den Rest der Oberfläche bedeckt. Leitungen (Adern) mit der Zweifarbenkombination Grün-Gelb dürfen nicht zusätzlich durch numerische Zeichen gekennzeichnet sein. Eine Benummerung dieser Leitungen (Adern), z. B. durch arabische Ziffern, ist unstatthaft.

Nicht isolierte (blanke) Schutzleiter sind in Verbraucheranlagen, z. B. in Schaltanlagen, ebenfalls grün-gelb zu kennzeichnen. Meist ist eine intermittierende (unterbrochene) farbliche Kennzeichnung im Bereich der Anschlussenden und wichtiger Abzweigstellen ausreichend, z. B. mit grün-gelbem Klebeband. Zulässig ist auch die Kennzeichnung mit dem grafischen Symbol ⏚ (Schutzzeichen) oder mit dem Buchstabenpaar „PE".

Die Farben Grün und Gelb dürfen in keiner anderen Farbkombination als Grün-Gelb und diese Zweifarbenkombination selbst darf nur zur Kennzeichnung von Schutzleitern, nicht zur Kennzeichnung anderer Leiter verwendet werden [5].

PEN-Leiter, auch PEM-Leiter, erhalten zusätzlich zu ihrer durchgehenden grüngelben Kennzeichnung noch eine blaue Markierung an den Anschlussenden und wichtigen Abzweigstellen, z. B. mit Isolierschlauch [6]. Diese zusätzliche blaue Markierung (Dreifarbenkombination) darf bei Kabeln und Leitungen in öffentlichen und damit vergleichbaren industriellen Verteilungsnetzen entfallen.

Literatur

[1] IEC 60050-195:1998-08 Internationales Elektrotechnisches Wörterbuch. Kapitel: Erdung und Schutz gegen elektrischen Schlag.

[2] DIN VDE 0100-410:1997-01 Errichten von Starkstromanlagen mit Nennspannungen bis 1000 V; Schutzmaßnahmen; Schutz gegen elektrischen Schlag.

[3] DIN VDE 0100-540:1991-11 –; Auswahl und Errichtung elektrischer Betriebsmittel; Erdung, Schutzleiter, Potentialausgleichsleiter.

[4] *Rudolph, W.:* Einführung in DIN VDE 0100 „Elektrische Anlagen von Gebäuden". VDE-Schriftenreihe 39. 2. Auflage. Berlin, Offenbach: VDE-Verlag, 1999.

[5] DIN EN 60446 (VDE 0198):1999-10 Grund- und Sicherheitsregeln für die Mensch-Maschine-Schnittstelle; Kennzeichnung von Leitern durch Farben oder numerische Zeichen.

[6] DIN VDE 0100-510:1997-01 Errichten von Starkstromanlagen mit Nennspannungen bis 1000 V; Auswahl und Errichtung elektrischer Betriebsmittel; Allgemeine Bestimmungen.

Schutzraum

Bereich innerhalb einer →Niederspannungs-Schaltgerätekombination, in dem sich Steuer-, Regel-, Schutz-, Melde- oder andere Betätigungseinrichtungen befinden, die unter Beachtung strenger Sicherheitsvorschriften und Verhaltensregeln auch während des Betriebs der Schaltgerätekombination von berechtigten Personen bedient werden können.

Betätigungseinrichtungen

Betätigungseinrichtungen (engl. *operating devices*), z. B. Taster, Schraubsicherungen, Meldeleuchten, Prüf- und Rückstelleinrichtungen, sind in Schaltgerätekombinationen grundsätzlich so anzuordnen, dass bei ihrem Bedienen oder beim Auswechseln von Verschleißteilen, z. B. Sicherungseinsätzen, blanke, berührungsgefährliche Teile – das sind aktive Teile mit Spannungen über AC 50 V/DC 120 V – nicht zufällig (unabsichtlich) berührt werden können. Das muss auch bei kniender (hockender) Körperhaltung des Bedienenden sichergestellt sein. Betätigungseinrichtungen mit nicht vollständigem, sondern nur teilweisem Berührungsschutz sind in Schaltgerätekombinationen – abhängig von der Betätigungsrichtung des Bedienteils (Stellteil) – nur in einem bestimmten Bereich (Schutzraum, engl. *space of protection*) zulässig, s. Bild S34.

Die geforderte Einbauhöhe von Betätigungseinrichtungen beträgt – bezogen auf die Zugangsebene (Bedienebene, engl. *servicing level*) – bei

- **stehender** Körperhaltung mind. 800 mm und max. 2000 mm sowie bei
- **kniender** Körperhaltung mind. 200 mm und max. 1200 mm.

Bei einer Höhe über 1800 mm ist die Einbautiefe der Betätigungseinrichtungen zu reduzieren, s. Bild S35. Damit Betätigungseinrichtungen in Schaltgerätekombinationen sicher (gefahrlos) und erschwernisfrei bedient werden können, muss ein genügend breiter →Bedienungsgang vorhanden sein, Beispiel s. Bild S35b.

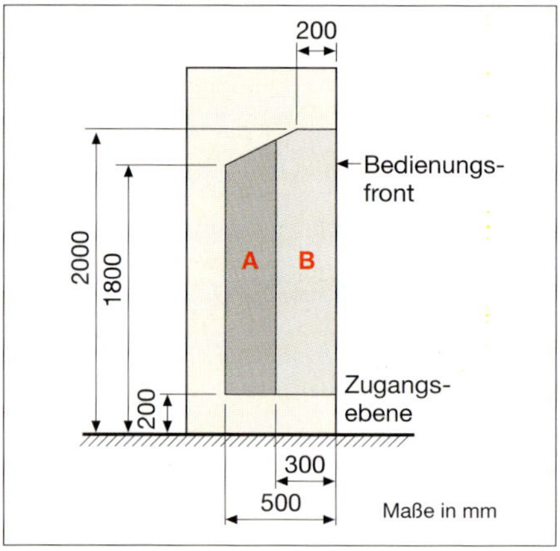

Bild S34: Schutzraum in Schaltgerätekombinationen – Betätigung des Stellteils A von vorn, B von der Seite

Sicherheitsmaßnahmen

Vorkehrungen zum vollständigen Schutz gegen das Berühren blanker, berührungsgefährlicher Teile (Schutzart mind. IP2X oder IPXXB [2]) werden für den Schutzraum gemäß DIN EN 50274 [1] i. Allg. nicht gefordert, da in diesem Bereich nur Elektrofachkräfte oder elektrotechnisch unterwiesene Personen Bedienvorgänge durchführen dürfen. Zur Vermeidung gefährlicher elektrischer Durchströmungen empfiehlt es sich jedoch, wo immer möglich, einen vollständigen Berührungsschutz vorzusehen [3]. Besser noch ist es, vor dem Bedienen von Betätigungseinrichtungen in der Nähe blanker, aktiver Teile die „gefährlichen Stromkreise“ – erforderlichenfalls die gesamte Schaltgerätekombination – abzuschalten. Freilich dürfen dadurch nicht womöglich andere Gefahren entstehen.

Lassen sich blanke, berührungsgefährliche Teile im Betätigungsraum nicht vermeiden, so sind diese zum Schutz gegen unabsichtliches, direktes Berühren (engl. *protection*

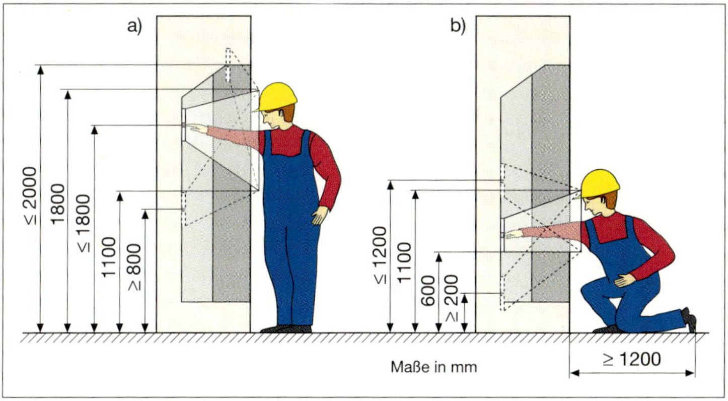

Bild S35: Höhen des Betätigungsraums über der Zugangsebene Betätigung des Stellteils a) in stehender Körperhaltung; b) in kniender Körperhaltung

against unintentional direct contact) entweder

- mit Isolierstoff abzudecken oder
- so anzuordnen, dass ein unabsichtliches Berühren mit den Fingern, Händen, Armen oder anderen Körperteilen während des Bedienvorgangs ausgeschlossen werden kann [1][4].

Fingersicherheit (engl. *finger protection*) erfordert mindestens die Schutzart IP2X oder IPXXB. Sie ist mit einem starren Prüffinger nach DIN EN 61032 [5] nachzuweisen. **Handrückensicherheit** (engl. *back of the hand protection*) ist durch die Schutzart IP1X oder IPXXA sichergestellt. Ihr Nachweis erfolgt mit einer Prüfkugel von 50 mm Durchmesser unter den in [2] und [5] genannten Bedingungen.

Sind →Schalter, Messgeräte, Leuchtmelder oder andere →elektrische Betriebsmittel an beweglichen Konstruktionsteilen, z. B. an der Innenseite von Türen oder Blenden, angeordnet, so müssen deren blanke, berührungsgefährliche Teile, z. B. →Klemmen, ebenfalls mindestens handrückensicher sein, sofern gelegentliche Handlungen bei offenen Türen während des Betriebs der Schaltgerätekombination erforderlich sind [1].

Literatur

[1] DIN EN 50274 (VDE 0660-514): 2005-03 Niederspannungs-Schaltgerätekombinationen; Schutz gegen elektrischen Schlag; Schutz gegen unabsichtliches direktes Berühren gefährlicher aktiver Teile.

[2] DIN EN 60529 (VDE 0470-1):2000-09 Schutzarten durch Gehäuse (IP-Code).

[3] DIN EN 61140 (VDE 0140-1):2003-08 Schutz gegen elektrischen Schlag; Gemeinsame Anforderungen für Anlagen und Betriebsmittel.

[4] Unfallverhütungsvorschrift (UVV) BGV A3 „Elektrische Anlagen und Betriebsmittel". Hrsg.: Berufsgenossenschaft Feinmechanik und Elektrotechnik, Köln.

[5] DIN EN 61032 (VDE 0470-2):1998-10 Schutz von Personen und Ausrüstung durch Gehäuse; Prüfsonden zum Nachweis.

Schutzschalter

Schalter zum Schutz von Personen und Nutztieren gegen elektrischen Schlag, z. B. Fehlerstrom-Schutzschalter, oder zum Schutz von elektrischen Betriebsmitteln gegen zu hohe Erwärmung infolge Überlastung oder Kurzschluss, z. B. Leitungs- oder Motorschutzschalter. Beide Schutzfunktionen (Fehlerstrom- und Überstromschutz) können auch in einem einzigen Schutzschalter vereint sein. Das ist z. B. bei FI/LS-

Schaltern nach DIN EN 61009-1 [1] der Fall, s. Bild S36.
Schutzschalter müssen allpolig schalten, in der Einschaltstellung mechanisch verklinken und →Freiauslösung haben (→Schlossschalter).

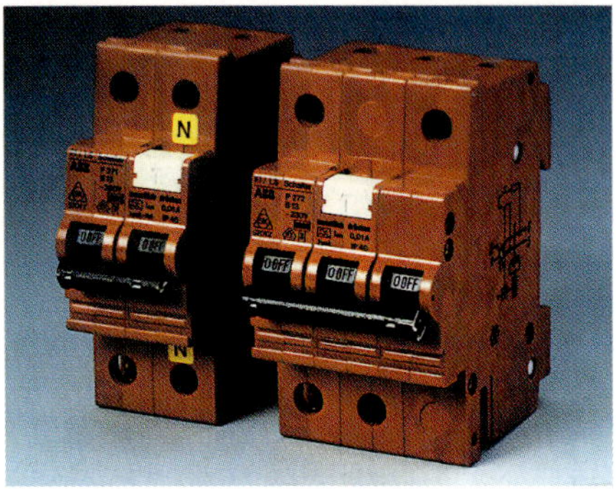

Bild S36: *Zweipolige Fehlerstrom-Schutzschalter $I_{\Delta N}$ = 10 mA mit einem eingebauten Sicherungsautomaten B 13 (FI/LS-Schalter, Personenschutzautomat) (Foto: ABB STOTZ-KONTAKT, Heidelberg)*

Literatur

[1] DIN EN 61009-1 (VDE 0664-20):2005-06 Fehlerstrom-/Differenzstrom-Schutzschalter mit eingebautem Überstromschutz (RCBOs) für Hausinstallationen und für ähnliche Anwendungen; Allgemeine Anforderungen.

Schwachstelle

Durch die Nutzung bedingte Schadenstelle oder schadensverdächtige Stelle, an der der Abnutzungsvorrat (→Abnutzung) eines elektrischen Betriebsmittels so rasch abgebaut wird, dass die für die Nutzung effektiv zur Verfügung stehende Zeit den betrieblichen Erfordernissen nicht optimal genügt. Schwachstellen müssen rechtzeitig erkannt und unverzüglich beseitigt werden. Erkannte, jedoch nicht beseitigte Schwachstellen können ebenso wie nicht rechtzeitig ausgewechselte Verschleißteile zu Qualitätsverschlechterungen oder Störungen führen und damit das Betriebsergebnis erheblich beeinträchtigen. In diesem Fall ergeht der Vorwurf an das Instandhaltungsmanagement [1].

Mitunter kann die Erfüllung von Sicherheitsforderungen den dazu notwendigen wirtschaftlichen Aufwand ungerechtfertigt hoch erscheinen lassen. Man bedenke jedoch: Nach DIN 31000/VDE 1000, Abschn. 4.1 [3] haben die sicherheitstechnischen Erfordernisse Vorrang vor wirtschaftlichen Überlegungen.

Literatur

[1] DIN 31051:1985-01 Instandhaltung; Begriffe und Maßnahmen (wird ersetzt durch [2]).
[2] E DIN EN 13306:1998-09 Begriffe der Instandhaltung (zz. Entwurf).
[3] DIN 31000 (VDE 1000):1979-03 Allgemeine Leitsätze für das sicherheitsgerechte Gestalten technischer Erzeugnisse.

Schwefelhexafluorid SF_6

Synthetisch hergestelltes elektronegatives Gas mit ausgezeichneten Isolier- und Löscheigenschaften. Seine dielektrische Festigkeit ist bei Atmosphärendruck etwa dreimal so hoch wie die von Luft oder Stickstoff.
Schwefelhexafluorid SF_6 (engl. *sulphur hexafluoride*) nach DIN IEC 60376 (VDE 0373-1) ist geruchlos, unbrennbar, ungiftig und chemisch inaktiv. Man verwendet es

- als Isoliergas, z. B. in Hochspannungskabeln (SF_6-Kabel), und
- zur Löschung des Schaltlichtbogens (Löschgas) sowie zur raschen Wiederverfestigung der Schaltstrecke von Hochspannungs-Leistungs- und -Lastschaltern (SF_6- oder Schwergasschalter) mit hohem Ausschaltvermögen.

Das Anwendungsgebiet SF_6-gasisolierter Schaltanlagen (GIS) reicht von 72,5 bis

800 kV. „Hybrid-Anlagen“ sind eine Kombination von SF_6- und luftisolierten Anlagen.

Schweranlauf

Anlauf (Hochlauf) einer drehenden elektrischen Maschine mit hohem Last- oder Trägheitsmoment.
Bei Schweranlauf fließen während des Beschleunigungsvorgangs zwischen Stillstand und Beharrungsdrehzahl (Hochlaufzeit) erhebliche Anlaufströme, die zu einer thermischen Überlastung der Maschine führen können. Deshalb werden Kurzschlussläufermotoren z. B. mit Stern-Dreieck-Starter und Schleifringläufermotoren meist mit Widerstandsstarter (Anlasser) hochgefahren. In beiden Fällen erfolgt der Anlauf mit reduzierter Netzspannung.
Das Hochlaufen einer unbelasteten elektrischen Maschine vom Stillstand bis auf die Leerlaufdrehzahl wird **Leerhochlauf** und das einer mit dem Nennmoment belasteten Maschine auf die Nenndrehzahl (Betriebsdrehzahl) →**Lasthochlauf** genannt.

Schwimmbad

Badeanstalt mit Schwimmbecken oder – insbesondere an Gewässern (Flüssen, Teichen, Seen) – mit abgegrenztem Schwimmbereich.

Allgemeines

Schwimmbäder (engl. *swimming pools*) und ortsfeste Planschbecken werden in die Bereiche 0, 1 und 2 eingeteilt, s. Bild S37. Dabei können Wände und andere feste Abtrennungen mit einer Mindesthöhe von 2,5 m sowie Decken und Dachschrägen die Bereiche 1 und 2 begrenzen. Sind die Maße in der Horizontalen infolge der festen Abtrennungen kleiner als die Maße der jeweiligen Bereiche, so ist das seitliche Umgreifen zu berücksichtigen, s. Bild S38. Hecken, Büsche und dicht beieinander stehende Sträucher gelten bei Schwimmbädern im Freien nicht als feste Abtrennungen.

Errichten

Für Schwimmbäder in Gebäuden, z. B. in Wohnhäusern, Hotels, Rehabilitationszentren und öffentlichen Einrichtungen (Hallenschwimmbäder), oder im Freien (Freibäder, Strandbäder) sowie für Planschbecken gelten die Anforderungen nach DIN VDE 0100-702 [1]. Diese harmonisierten Bestimmungen befassen sich hauptsächlich mit der Errichtung elektrischer Anlagen und Betriebsmittel innerhalb der Schwimm- bzw. Planschbecken (Bereich 0) sowie innerhalb der Bereiche 1 und 2. Dabei sind Überlauf- und Fußwaschrinnen, Sprungbretter und -türme, Rutschbahnen u. dgl. zu berücksichtigen. Außerhalb der genannten Bereiche gelten die allgemeinen Anforderungen nach der Normenreihe DIN VDE 0100.

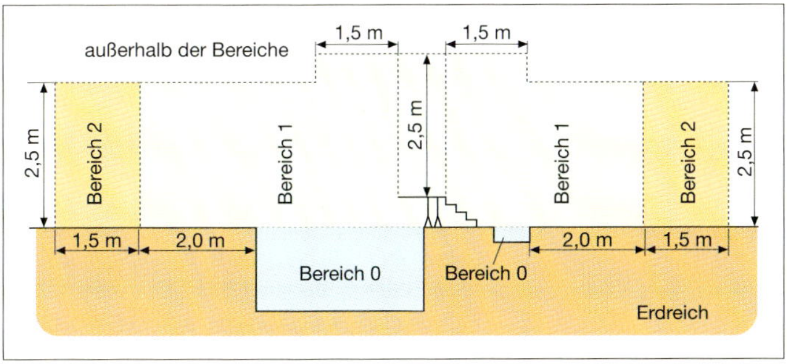

Bild S37: Abmessungen der Bereiche von Schwimmbädern mit Sprungbrett und Fußwaschrinne

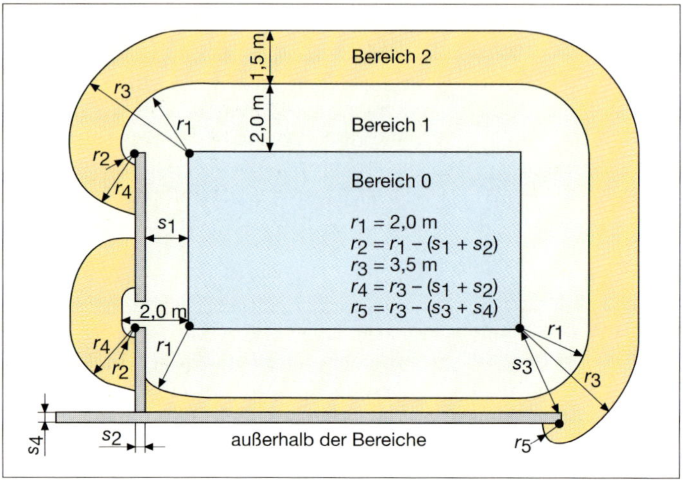

Bild S38: Abmessungen der Bereiche von Schwimmbädern mit festen Abtrennungen von mindestens 2,5 m Höhe (Draufsicht)

Literatur

[1] DIN VDE 0100-702:2003-11 Errichten von Niederspannungsanlagen; Anforderungen für Betriebsmittel, Räume und Anlagen besonderer Art; Becken von Schwimmbädern und andere Becken (Erläuterungen s. [2]).

[2] *Hörmann, W.; Nienhaus, H.; Schröder, B.:* Errichten von Niederspannunganlagen in feuchter oder nasser Umgebung sowie im Freien, in Bereichen von Schwimmbädern, Springbrunnen oder Wasserbecken. VDE-Schriftenreihe, Band 67B. Berlin, Offenbach: VDE-Verlag, 2003.

Schwingkreis

Wechselstromkreis mit einem Kondensator und einer Spule. Dabei ist der kapazitive Blindwiderstand des Kondensators

$$X_c = \frac{1}{\omega C} = \frac{1}{2\pi f \cdot C}$$

so groß wie der induktive Blindwiderstand der Spule $X_L = \omega \cdot L = 2\,\pi\,f \cdot L$ (Resonanzkreis):

$$\frac{1}{2\pi f \cdot C} = 2\pi f \cdot L \rightarrow f_0 = \frac{1}{2\pi\sqrt{L \cdot C}}$$

f_0 Resonanz- oder Schwingfrequenz,
L Induktivität der Spule,
C Kapazität des Kondensators.

Je nachdem, ob Kondensator und Spule in Reihe oder parallel geschaltet sind, ergibt sich ein Reihen- oder Parallelschwingkreis.

Schwingkreise werden z. B. in der Rundfunk-, Fernseh- und Nachrichtentechnik, aber auch in Stromrichterschaltungen angewendet. Bei hohen Anforderungen an die Frequenzgenauigkeit, -konstanz und →Zuverlässigkeit kommen meist Schwingquarze zum Einsatz. Der Quarz ist Bestandteil des Schwingkreises, dem er seine Eigenfrequenz aufzwingt.

Schwingungspaketsteuerung

Elektronisches Steuerverfahren, bei dem der Stromdurchgang während einer bestimmten, einstellbaren Anzahl aufeinander folgender Sinusschwingungen innerhalb einer gegebenen Periodengesamtzahl (Schwingungspakete) gesperrt oder freigegeben wird, s. Bild S39. Durch die Veränderung der Durchgangs- und Sperrzeit für den Laststrom kann die Leistungsaufnahme des zu steuernden Geräts geändert werden.

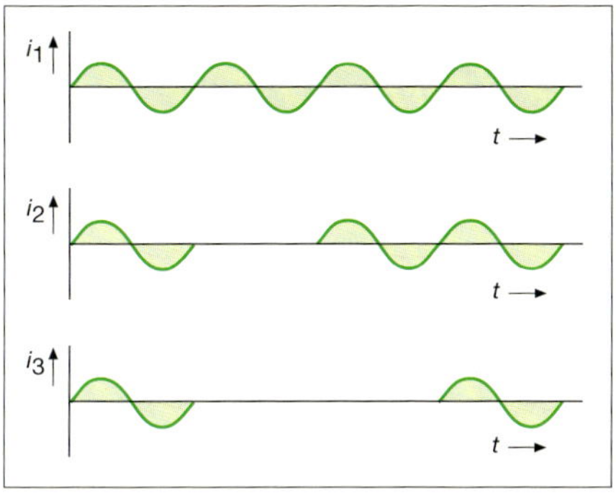

Bild S39: Prinzip der Schwingungspaketsteuerung $i_{1...3}$ Lastströme mit unterschiedlicher Anzahl periodisch ausgelassener Schwingungen, in denen kein Stromfluss stattfindet

Eine Änderung der Leistungsaufnahme erfolgt z. B. auch durch die Phasenanschnitt- oder Phasenabschnittsteuerung (→Dimmer). Gegenüber diesen elektronischen Steuerverfahren hat die Schwingungspaketsteuerung – früher auch „Wellenpaketsteuerung" genannt – den Vorteil, dass sie eine Verzerrung des Netzstroms (Oberschwingungen) und die Aufnahme von Blindleistung vermeidet.

selbstschneidende Schraube

Schraube mit konischem Gewinde. Dabei befindet sich der Konus (Kegelstumpf) im Endbereich der Schraube.

Allgemeines

Selbstschneidende Schrauben sind vergleichsweise hart und erzeugen nach einer genügenden Anzahl von Umdrehungen das Gewinde in einer Bohrung selbst. Bedingung: Das Material mit der Bohrung muss einen geringeren Widerstand gegen Formänderung haben als die Schraube.
Selbstschneidende Schrauben werden hergestellt als

- **Gewinde formende** Schrauben mit einem nicht unterbrochenen Gewinde, s. Bild S40 a, und als
- **Gewinde schneidende** Schrauben mit einem unterbrochenen Gewinde, s. Bild S40 b.

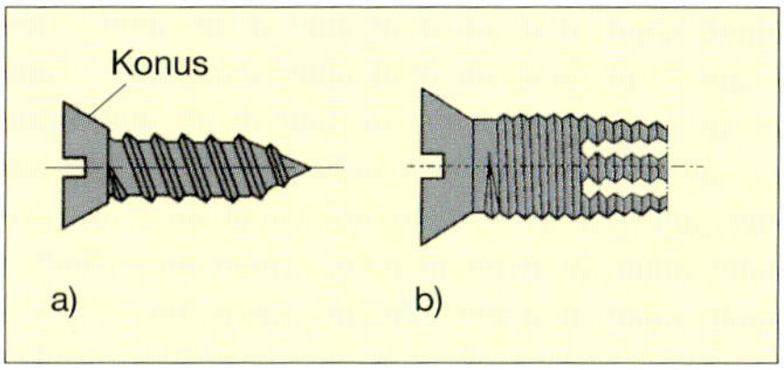

Bild S40: Selbstschneidende Schrauben a) Gewinde formend; b) Gewinde schneidend

Beim Hineindrehen von Gewinde schneidenden Schrauben in eine Bohrung wird gleichzeitig das Material aus der Bohrung entfernt. Bei Gewinde formenden Schrauben ist das nicht der Fall.

Anwendungsbeschränkung

Selbstschneidende Schrauben sind zum Herstellen elektrischer Anschlüsse sowie Strom führender Verbindungen ungeeignet und deshalb unzulässig. Im Übrigen haben diese Schrauben kein metrisches ISO-Gewinde. Zur Sicherung einer ausreichenden und dauerhaften Kontaktkraft gelten für Stromschienen-Verschraubungen die Bedingungen nach DIN 43673-1 und -2.

selektiver Fehlerstrom-Schutzschalter

→Fehlerstrom-Schutzschalter mit kurz verzögerter Auslösung (s. Tafel S8) und einer vergleichsweise hohen Stoßstromfestigkeit ($\hat{i}$ = 3000 A bei 8/20 µs).
Selektive Fehlerstrom-Schutzschalter werden vorzugsweise 4-polig in den Nenn-

stromstärken $I_n \geq 40$ A und für einen Bemessungsdifferenzstrom $I_{\Delta N} = 300$ mA hergestellt. Diese Schalter sind mit dem Bildzeichen [S] nach DIN 30600 Reg.-Nr. 1708 gekennzeichnet. Der Buchstabe S im Quadrat deutet auf **S**elektivität und hohe **S**toßstromfestigkeit hin.

Selektive Fehlerstrom-Schutzschalter lösen infolge ihrer hohen Stoßstromfestigkeit bei Gewitterferneinwirkung nicht aus. Sie eignen sich deshalb insbesondere als Haupt-Fehlerstrom-Schutzschalter für die gesamte Verbraucheranlage, zum Anschluss von →Lüftern in der Intensiv-Tierhaltung u. dgl.

Tafel S8: Ausschaltzeiten von selektiven (kurz verzögerten) Fehlerstrom-Schutzschaltern nach DIN EN 61008-1 (VDE 0664-10)

Wechsel-Fehler-strom I_Δ	**Ausschaltzeit t_A s**
$I_{\Delta N}$	$0{,}13 < t_A \leq 0{,}5$
$2\,I_{\Delta N}$	$0{,}06 < t_A \leq 0{,}2$
$5\,I_{\Delta N}$	$0{,}05 < t_A \leq 0{,}15$
500 A	$0{,}04 < t_A \leq 0{,}15$

selektiver Haupt-Leitungsschutzschalter

Strom begrenzendes mechanisches Schaltgerät, das in der Lage ist, unter betriebsmäßigen Bedingungen Ströme einzuschalten, zu führen und auszuschalten.

Allgemeines

Selektive Haupt-Leitungsschutzschalter (SH-Schalter) – auch (selektive) **Haupt-Sicherungsautomaten** genannt – müssen außer →Betriebsströmen bis zu bestimmten Grenzen auch →Überströme ohne auszuschalten führen können, wenn die Überströme im nachgeschalteten Stromkreis auftreten und die Abschaltung desselben durch eine nachgeschaltete Überstrom-Schutzeinrichtung erfolgt. Außerdem müssen diese Schalter besonderen Selektivitätsanforderungen zu vor- und nachgeschalteten Überstrom-Schutzeinrichtungen genügen.

Ausführung

Selektive Haupt-Leitungsschutzschalter (engl. *selective main circuit-breaker*) werden zz. für Bemessungsströme von 25...125 A sowie für Bemessungsschaltvermögen von 25 und 50 kA hergestellt. Dabei bezeichnet „Bemessungsschaltvermögen" (Kurzschlussschaltvermögen) jenen Wert des Kurzschlussstroms, den der Schalter unter festgelegten Bedingungen einschalten, im eingeschalteten Zustand eine kurze Zeit führen und wieder ausschalten kann.

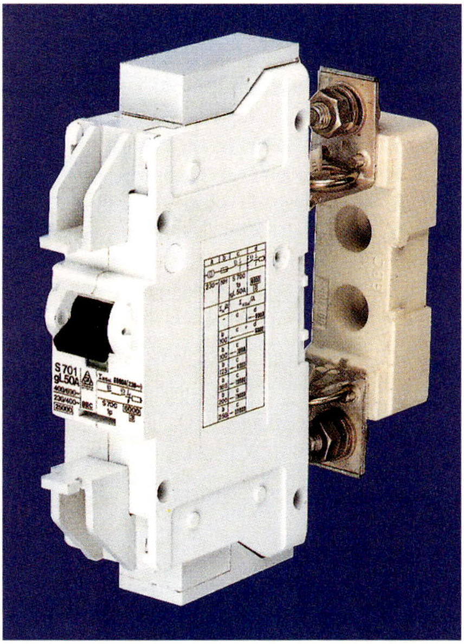

Bild S41: Selektiver Haupt-Leitungsschutzschalter mit NH-Steckadapter und NH-Grifflasche (Foto: ABB STOTZ-KONTAKT, Heidelberg)

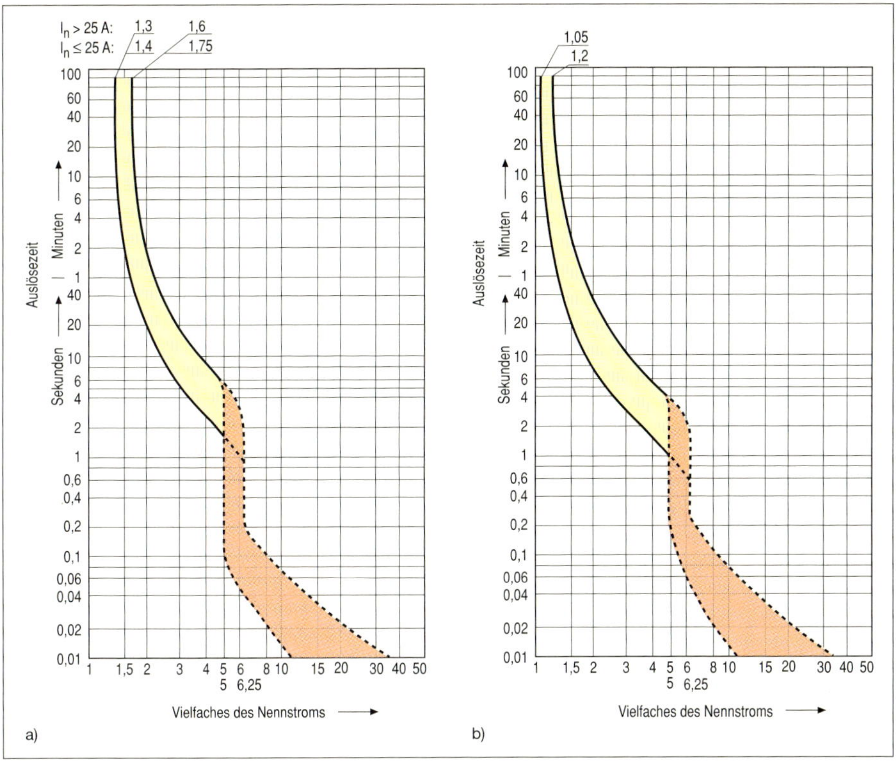

Bild S42: Auslösecharakteristiken von selektiven Haupt-Leitungsschutzschaltern
a) Auslösecharakteristik gL; b) Auslösecharakteristik $E_{selektiv}$; c) Auslösecharakteristik $K_{selektiv}$ (S. 414)
I_n Nennstrom (Bemessungsstrom)

Selektive Haupt-Leitungsschutzschalter gibt es ein- und mehrpolig in

- (hilfs-)spannungs**unabhängiger** Ausführung (SHU-Schalter) nach E DIN VDE 0645 (ermächtigt), auch mit NH-Steckadapter und NH-Grifflasche zum Aufstecken des Schalters auf ein NH-Sicherungsunterteil Größe 00, s. Bild S41, und in
- (hilfs-)spannungs**abhängiger** Ausführung (SHA-Schalter) nach E DIN VDE 0643 (ermächtigt).

Anwendung

Selektive Haupt-Leitungsschutzschalter werden vorzugsweise in **einpoliger** Ausführung verwendet. Sie stellen eine hohe Selektivität zu den nachgeordneten Überstrom-Schutzeinrichtungen sicher.

Normalerweise schaltet im Fehlerfall der nachgeordnete Sicherungsautomat den gestörten Stromkreis ab. Damit bleibt die Betriebsbereitschaft (Verfügbarkeit) der übrigen Anlagenteile erhalten. Wegen dieser Eigenschaft und aus noch anderen Gründen (➔Hauptleitung (eines Wohngebäudes)) werden selektive Haupt-Leitungsschutzschalter mit den Auslösecharakteristiken nach Bild S42 vorzugsweise in ➔Hauptstromversorgungssystemen, z. B. im unteren Anschlussraum von Zählerplätzen (Vorzählerbereich), eingebaut [1].

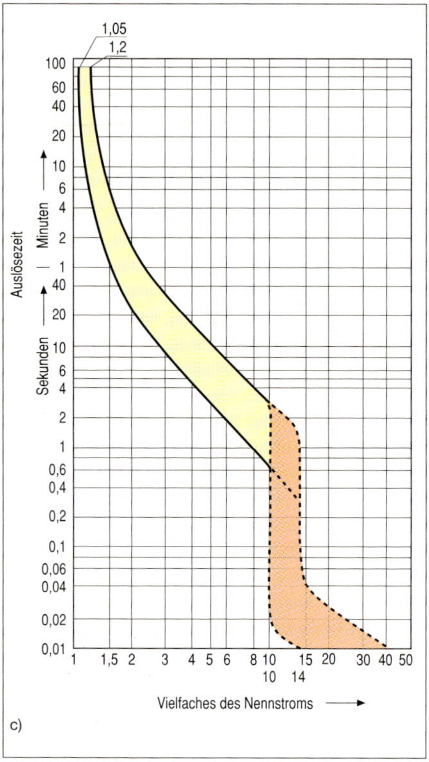

Literatur

[1] Technische Anschlussbedingungen für den Anschluss an das Niederspannungsnetz (TAB 2000). Herausgeber: Verband der Elektrizitätswirtschaft (VDEW) e. V., Frankfurt am Main.

Serienschaltung

1. Installationsschaltung mit einem Serienschalter, s. Bild S43. Diese Schaltung ermöglicht es, z. B. zwei Lampen wahlweise einzeln oder auch gemeinsam ein- und auszuschalten.

Der Anschluss des Außen- und Neutralleiters erfolgt grundsätzlich wie bei der Ausschaltung.

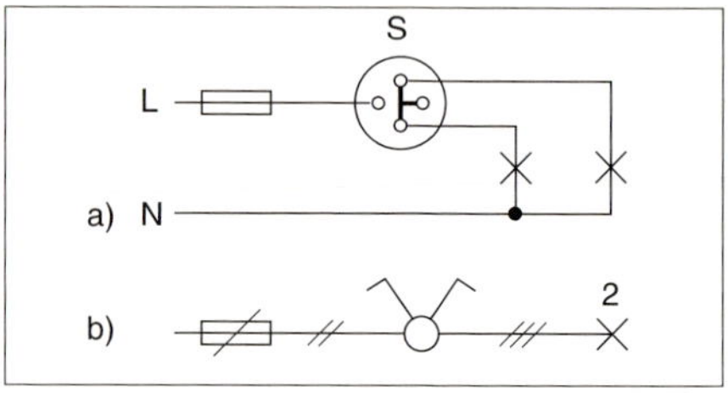

Bild S43: Serienschaltung (S Serienschalter) – Schaltbild
a) ausführlich (mehrpolig);
b) vereinfacht (einpolig)

2. →Reihenschaltung (Hintereinanderschaltung) von elektrischen Bauelementen, z. B. Widerständen.

sichere Trennung

Elektrische Trennung, die z. B. infolge doppelter oder verstärkter Isolierung einen unerwünschten Spannungsübertritt mit hinreichender Sicherheit verhindert.

Sichere elektrische Trennung (engl. *electrically protective separation*) gewährleisten z. B. Sicherheits- und Trenntransformatoren nach DIN EN 61558-2 (VDE 0570-2). Dagegen bieten Netz-, Stell- und Steuertransformatoren keine sichere elektrische Trennung im Sinne des Personen- und Sachschutzes, sondern nur „einfache Trennung" (Basistrennung, engl. *simple separation*). Spartransformatoren, deren Sekundärspannung durch Anzapfen der Primärwicklung entnommen wird, bewirken gar keine elektrische Trennung.

Grundanforderungen für die sichere Trennung zwischen Stromkreisen enthält DIN EN 61140 (VDE 0140-1). Diese auf IEC 61140 basierenden Sicherheitsgrundnorm ist bei der Erarbeitung von Normen für den Schutz gegen →elektrischen Schlag von allen Normungsgremien zu berücksichtigen.

Sicherheit

Zustand, bei dem das →Risiko, z. B. für Leben und Gesundheit, kleiner ist als das nach dem jeweiligen Stand der Technik durch sicherheitstechnische Festlegungen abgegrenzte Risiko (Grenzrisiko).
Die Begriffe „Sicherheit" (engl. *safety*) und „Risiko" (engl. *risk*) lassen sich nur in verallgemeinerter Form, nicht quantitativ erfassen. Das tatsächliche Restrisiko, begrenzt durch sicherheitstechnische Maßnahmen, darf nicht größer sein als das Grenzrisiko, s. Bild S44.

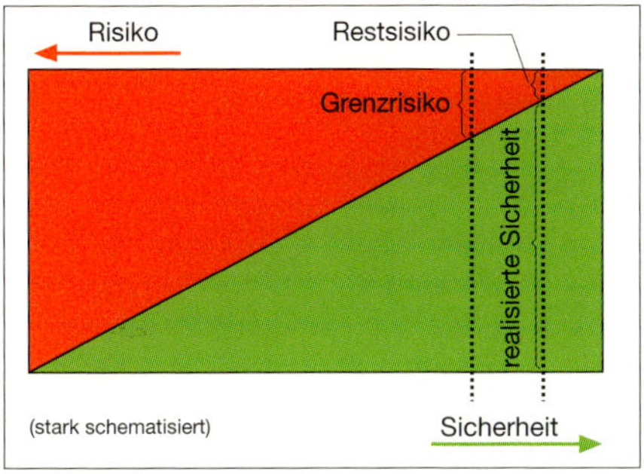

Bild S44: Sicherheit, Risiko

Funktionale Sicherheit

Funktionale Sicherheit bezeichnet die Sicherheit von Erzeugnissen, Verfahren oder Systemen (engl. *safety instrumented systems,* Abk. SIS) auf der Grundlage einer Gefährdungs- und Risikoanalyse. Neben der bestimmungsgemäßen Verwendung der Erzeugnisse, Verfahren oder Systeme ist dabei auch ein vorhersehbarer Missbrauch in Betracht zu ziehen.
Die funktionale Sicherheit wird durch einen bestimmten Sicherheits-Integritätslevel (engl. *safety integrity level*, Abk. SIL) dokumentiert, z.B. nach den Sicherheitsgrundnormen der Reihen DIN EN 61508 (VDE 0803) sowie E DIN IEC 61511 (VDE 0810), und gemäß DIN 820-120 (ISO/IEC Guide 51) in Normen festgelegt.

Signaltechnische Sicherheit

Signaltechnische Sicherheit bezeichnet die Eigenschaft elektrischer Bahn-Signalanlagen (DIN VDE 0831), dass während des Betriebs daran auftretende Fehler immer zu einem zulässigen Fehlzustand führen. Verkehrsgefährdende Signalisierungszustände sind auch bei Straßenverkehrs-Signalanlagen (SVA) nach DIN VDE 0832-100 auszuschließen.

Erhöhte Sicherheit

Elektrische Betriebsmittel mit der Zündschutzart „e" bieten gemäß DIN EN 60079-7 (VDE 0170/0171-6) „erhöhte Sicherheit" (engl. *increased safety*). Diese Betriebsmittel schließen eine Zündung der umgebenden explosionsfähigen Atmosphäre aus.

Sicherheitsbeleuchtung

Beleuchtung, die zusätzlich zur allgemeinen Raumbeleuchtung während der betriebserforderlichen Zeit aus Sicherheitsgründen zur Aufrechterhaltung der Beleuchtung bei Störung oder Ausfall der Allgemeinbeleuchtung notwendig ist.

Allgemeines

Die Sicherheitsbeleuchtung (Notbeleuchtung) dient primär der Beleuchtung von Rettungswegen (Fluchtwegen), Rettungsweg- und Richtungszeichen, Ausgängen sowie Brandbekämpfungseinrichtungen entlang der Rettungswege, ferner von Arbeitsplätzen mit besonderer Gefährdung und Räumen bzw. Gebäuden mit Menschenansammlungen (Antipanikbeleuchtung), z.B. Versammlungsstätten. Sie stellt sicher, dass bei Ausfall der allgemeinen Stromversorgung die Beleuchtung unverzüglich, automatisch und für eine vorgegebene Zeit mit einer bestimmten Beleuchtungsstärke zur Verfügung gestellt wird. Die Beleuchtungsdauer muss so lang sein, dass im Notfall

- die gefahrlose Evakuierung bestimmter Bereiche oder eines ganzen Gebäudes und
- der Abschluss solcher Vorgänge noch möglich ist, deren Unterbrechung Gefährdungen von Personen oder Nutztieren, Sachbeschädigungen oder erhebliche Störungen von Betriebsabläufen und Produktionsvorgängen zur Folge haben können.

Dauerschaltung

Bei einer Sicherheitsbeleuchtung in Dauerschaltung erfolgt die Stromversorgung aus dem Netz der Allgemeinbeleuchtung. Die Lampen einer solchen Sicherheitsbeleuchtungsanlage sind in der Schaltstellung „Betriebsbereit" dauernd eingeschaltet.

Sinkt die Versorgungsspannung unter einen bestimmten Wert, z. B. unter 85 % des Nennwerts, oder fällt das Netz womöglich ganz aus, so wird die Sicherheitsbeleuchtung eine bestimmte Zeit lang aus einer Batterie (Akkumulator) weiterversorgt.

Bei der Sicherheitsbeleuchtung in Dauerschaltung sind folgende zwei Betriebsarten üblich:

- **Umschaltbetrieb**
  Die Speisung der Sicherheitsbeleuchtung erfolgt unmittelbar aus dem Netz. Bei Abfall der Versorgungsspannung oder bei totalem Netzausfall wird die Sicherheitsbeleuchtung mit geringer Zeitverzögerung (<0,5 s) automatisch auf eine ständig betriebsbereite Batterie umgeschaltet. Bei Wiederkehr der Netzspannung erfolgt die selbsttätige Umschaltung auf Netzbetrieb.
- **Bereitschaftsparallelbetrieb**
  Die Sicherheitsbeleuchtung wird über ein Gleichrichtergerät indirekt aus dem Netz der Allgemeinbeleuchtung versorgt. Bei Netzausfall übernimmt eine dem Ladegerät parallel geschaltete und somit ständig betriebsbereite Batterie selbsttätig und unterbrechungsfrei die (Weiter-)Versorgung der Sicherheitsbeleuchtung. Ein Umschalten ist nicht erforderlich.

Bereitschaftsschaltung

Die Stromversorgung der Sicherheitsbeleuchtung in Bereitschaftsschaltung erfolgt wie beim Bereitschaftsparallelbetrieb aus einer Batterie. Diese schaltet sich selbsttätig ein, wenn die Netzspannung der Allgemeinbeleuchtung einen bestimmten Wert unterschreitet. Die Sicherheitsbeleuchtung in Bereitschaftsschaltung ist während der betriebserforderlichen Zeit – im Gegensatz zur Sicherheitsbeleuchtung in Dauerschaltung – somit nicht ständig eingeschaltet.

Erfordernis, Ausführung

Das Erfordernis einer Sicherheitsbeleuchtung als Teil der Sicherheitsstromversorgung legen die Bundesländer in ihren Landesbauordnungen fest, z. B. in der Versammlungsstätten-, Arbeitsstätten-, Hochhaus-, Geschäftshaus-, Krankenhaus- oder Garagen-Verordnung. Im Zweifelsfall ist die zuständige Bauaufsicht zu konsultieren.

Die Ausführung von Sicherheitsbeleuchtungsanlagen (engl. *emergency escape lighting systems*) erfolgt nach DIN EN 50172 (VDE 0108-100) und DIN VDE 0100-560 unter Berücksichtigung der weitergehenden Anforderungen in den speziellen VDE-Bestimmungen, z. B. für Krankenhäuser nach DIN VDE 0100-710 [1].

Literatur

[1] DIN VDE 0100-710:2002-11 Errichten von Niederspannungsanlagen; Anforderungen für Betriebsstätten, Räume und Anlagen besonderer Art; Medizinisch genutzte Bereiche.

Sicherheitstechnik

Technik zur Vermeidung von Gefahren (Failsave-Technik ⇒ vor Versagen bewahren).
Nach DIN 31000/VDE 1000 „Allgemeine Leitsätze für das sicherheitsgerechte Gestalten technischer Erzeugnisse" werden unterschieden:

- unmittelbare Sicherheitstechnik,
- mittelbare Sicherheitstechnik,
- hinweisende Sicherheitstechnik.

Die Ziele der Sicherheitstechnik sollen in der genannten Reihenfolge verwirklicht werden. Demnach hat die „unmittelbare Sicherheitstechnik" in jedem Fall Vorrang vor der „mittelbaren Sicherheitstechnik" und diese wiederum vor der „hinweisenden Sicherheitstechnik". Im Übrigen haben nach DIN 31000/VDE 1000, Abschn. 4.1, sicherheitstechnische Erfordernisse stets Vorrang vor wirtschaftlichen Überlegungen.

Sicherung

Überstrom-Schutzeinrichtung zum einmaligen Unterbrechen von elektrischen →Stromkreisen, z. B. bei einem Kurzschluss. Die selbsttätige Unterbrechung (Fehlerabschaltung) erfolgt durch den Sicherungseinsatz, sobald der im →Schmelzleiter fließende Strom einen vorgegebenen Grenzwert überschreitet.

Allgemeines

Sicherungen (engl. *fuses*) übernehmen den Schutz von Kabeln, Leitungen, Geräten und anderen elektrischen Betriebsmitteln gegen zu hohe Erwärmung infolge von Überlastung oder Kurzschluss. Sie dienen außerdem zum Trennen elektrischer Stromkreise. Sicherungen sind stromunverwechselbar, wenn sie nur Sicherungseinsätze e i n e r Baugröße mit einer bestimmten größten Bemessungsstromstärke aufnehmen können.
Niederspannungssicherungen (engl. *low-voltage fuses*) nach DIN VDE 0635 sowie den Normen der Reihen DIN EN 60269 (VDE 0636) und DIN EN 60127 (VDE 0820) werden hinsichtlich ihrer Bauart wie folgt eingeteilt:

- Diazed-Sicherungen mit Schraubsockel (→D-Sicherungen, engl. *D-fuses*);
- →Geräteschutzsicherungen (G-Sicherungen, engl. *miniature fuses*);
- Niederspannungs-Hochleistungs-Sicherungen (→NH-Sicherungen, engl. *fuses mainly for industrial application*).

Schraubsicherungen des D-Systems zur Verwendung in elektrischen Anlagen mit Nennspannungen bis AC 230/400 V sind hinsichtlich der größten Bemessungsstromstärke des Sicherungseinsatzes unverwechselbar und deshalb auch von elektrotechnischen Laien gefahrlos auswechselbar. Die Bemessungsstromstärke der Sicherungseinsätze darf bei diesen „Sicherungen zum Gebrauch durch Laien" jedoch 63 A nicht überschreiten [1].
→Leitungsschutzschalter (engl. *circuit-breakers*) haben keinen Schmelzleiter und sind folglich keine Sicherungen. Gleichwohl werden diese Selbstschalter mit ihrem thermischen und elektromagnetischen Auslösesystem für den Überlast- sowie Kurzschlussschutz umgangssprachlich auch „Sicherungsautomaten" oder „Dauersicherungen" genannt.

Ausführung

Niederspannungssicherungen bestehen hauptsächlich aus dem fest installierten Sicherungsunterteil, dem auswechselbaren (irreparablen) Sicherungseinsatz und dem Sicherungseinsatzhalter.
Das **Sicherungsunterteil** – bei Sicherungen mit Edison-Schraubgewinde auch „Sicherungssockel" genannt – dient dem Anschluss der Kabel, Leitungen oder →Stromschienen an die Sicherung sowie der Aufnahme des Sicherungseinsatzes – des eigentlichen Überstromschutzorgans. Der **Sicherungseinsatz** (Schmelzeinsatz) ent-

hält den Schmelzleiter, der beim Überschreiten einer bestimmten Stromstärke schmilzt und somit den Stromkreis unterbricht.
Die Verwendung von Sicherungseinsätzen mit einer höheren als der zulässigen Bemessungsstromstärke ist bei Sicherungen mit Schraubsockel (Schraubsicherungen) durch den **Passeinsatz** verhindert. Passeinsätze (Passschrauben) werden in den Fußkontakt eines Sicherungssockels fest eingeschraubt. Sie haben die gleiche farbige Kennzeichnung wie der Kennmelder des zugehörigen (passschraubenkompatiblen) Sicherungseinsatzes.
Sicherungseinsatzhalter (Schraubkappen) mit Edisongewinde dienen der Aufnahme des patronenförmigen Sicherungseinsatzes und seiner elektrischen Verbindung. Beim Einschrauben der Schraubkappe in den Sicherungssockel wird der Fußkontakt des Sicherungseinsatzes in den Passeinsatz gedrückt und der Kopfkontakt des Sicherungseinsatzes mit dem metallenen Gewindering des Sicherungssockels verbunden.
Sicherungseinsatzhalter sind wichtige Bedienelemente einer Schraubsicherung. Sie haben im Kopf ein rundes Loch, abgedeckt durch eine Glasscheibe, durch das der Kennmelder (Unterbrechungsmelder) und damit der Schaltzustand der Sicherung beobachtet werden kann. Die Glasscheibe dient u. a. dem Schutz des Bedienenden gegen →elektrischen Schlag und darf nicht entfernt werden.

Literatur

[1] DIN VDE 0105-100:2005-06 Betrieb von elektrischen Anlagen.

Sicherungseinsatz

Auswechselbares, irreparables Teil einer (Niederspannungs-)Sicherung mit je einem Kontaktstück an dessen Stirnseiten. Zwischen den Endkontaktstücken befinden sich in einem geschlossenen Schmelzkanal ein oder mehrere →Schmelzleiter und das Löschmittel (verdichteter Quarzsand).

Allgemeines

Sicherungseinsätze (Schmelzeinsätze) (engl. *fuse-links*) werden für folgende Bemessungsstromstärken hergestellt: 2-4-6-10-13-16-20-25-35-50-63-80-100-125-160-200-250-315-400-500-630-800-1000-1250 A. Sie sollen durch Abschmelzen des Schmelzleiters, z. B. bei →Kurzschluss, den (Fehler-)Stromkreis öffnen und damit den Stromfluss unterbrechen, sobald die Stromstärke einen vorgegebenen Grenzwert überschreitet.
Sicherungseinsätze, die beim Ausschalten den Durchlassstrom auf einen wesentlich niedrigeren Wert als den Scheitelwert des unbeeinflussten Stoßkurzschlussstroms (→Kurzschlussstrom) begrenzen, werden „Strom begrenzende Sicherungseinsätze" genannt.
Für die meisten Personen ist der Sicherungseinsatz schlechthin die „Sicherung". Korrekt ist das freilich nicht, denn z. B. zu einer Schraubsicherung gehören neben dem Sicherungseinsatz noch das Sicherungsunterteil (Sicherungssockel), der Passeinsatz (Passschraube) und der Sicherungseinsatzhalter (Schraubkappe).

Arten

Die am meisten verwendeten Sicherungseinsätze sind die des **D(Diazed)-Systems**, s. Bild S45a. Zu diesem System gehören auch **D0(Neozed)-Sicherungen** mit ihrem kleinen Edison-Schraubgewinde, z. B. E 16. Das D-Sicherungssystem ist charakterisiert durch

- die Unverwechselbarkeit der jeweiligen Sicherungseinsätze hinsichtlich der zulässigen Bemessungsstromstärke bei vorschriftsmäßiger Installation und Bedienung sowie

- durch den vollständigen Berührungsschutz für jedermann.

Damit ist dieses System sowohl für industrielle und gewerbliche Anwendungen, als auch für Hausinstallationen geeignet.

NH-Sicherungseinsätze – überwiegend für den industriellen Gebrauch – haben messerförmige Kontaktstücke, s. Bild S45b, und benötigen zu ihrer Bedienung vorgeschriebene Hilfsmittel sowie Schutzvorrichtungen. Eine Unverwechselbarkeit hinsichtlich der zulässigen Bemessungsstromstärke und ein vollständiger Berührungsschutz bestehen bei diesem steckbaren Sicherungssystem nicht. Das NH-System ist deshalb z. B. für Wohnungsinstallationen ungeeignet und wegen der hier üblichen Bedienung der Sicherungseinsätze durch elektrotechnische Laien nicht zulässig.

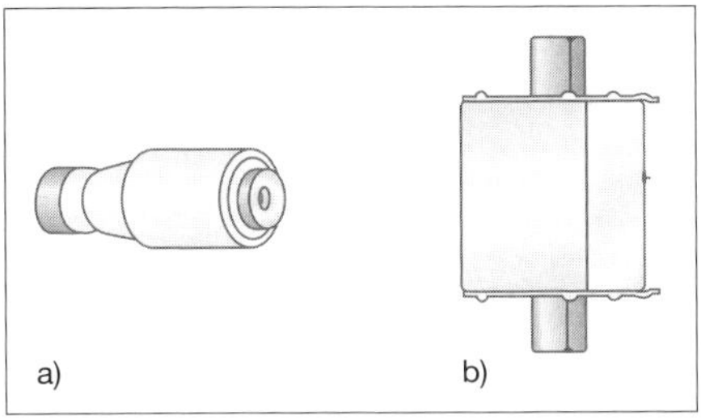

Bild S45: Sicherungseinsätze
a) D-System; b) NH-System

Selektivität

Hintereinander geschaltete Sicherungen sind hinsichtlich der Bemessungsstromstärke der Sicherungseinsätze so festzulegen, dass sie im Fehlerfall, z. B. bei einem Kurzschluss, selektiv ausschalten können. Sicherungen schalten selektiv, wenn die Strom-Zeit-Kennlinie eines Sicherungseinsatzes mit kleiner Bemessungsstromstärke im gesamten Auslösebereich einen genügenden Abstand zu der Kennlinie eines Sicherungseinsatzes mit größerer Bemessungsstromstärke hat. Die Kennlinien(-felder) dürfen sich demnach nicht berühren oder gar schneiden.

Damit aus Gründen der Versorgungssicherheit nur der der Fehlerstelle unmittelbar vorgeordnete Sicherungseinsatz ausschaltet, muss das Verhältnis der Bemessungsstromstärke der Vorsicherung zu der Bemessungsstromstärke der nachgeordneten (kleineren) Sicherung mindestens 1,6 betragen. Demnach wird grundsätzlich bei jeder zweiten Bemessungsstufe Selektivität (engl. *discrimination between*) erreicht, z. B. 25 A zu 16 A, 35 A zu 20 A, 50 A zu 25 A und 63 A zu 35 A. Bei Verwendung von Sicherungseinsätzen ein und desselben Herstellers ist Selektivität mitunter schon bei nur einer einzigen Bemessungsstromstufe Unterschied gegeben.

Bedienung

D- und D0-Sicherungen bieten einen vollständigen Berührungsschutz. Deshalb dürfen Sicherungseinsätze dieses Schraub-Sicherungssystems bei Spannungen bis AC 230/400 V und Bemessungsstromstärken bis 63 A von jedermann ausgewechselt werden. Das Auswechseln von Sicherungseinsätzen für höhere Spannungen und höhere Bemessungsstromstärken, auch von NH-Sicherungseinsätzen (mit Messerkontakten), fällt dagegen in die Zuständigkeit von Elektrofachkräften oder elektrotechnisch unterwiesenen Personen. Das gilt ebenso für das Auswechseln von Sicherungseinsätzen in Gleichstromanlagen mit Spannungen über 25 V [1].

Anzeigevorrichtung

Niederspannungs-Sicherungseinsätze zeigen an, ob sie noch intakt sind oder nicht. D- und D0-Sicherungseinsätze haben zu diesem Zweck an ihrem Kopfkontaktstück einen farbigen **Unterbrechungsmelder** (Kennmelder), der beim Ausschalten (Durchbrennen) des Sicherungseinsatzes aus diesem herausgeschleudert wird.

Die genormten Kennfarben der Unterbrechungsmelder von D- und D0-Sicherungs-

einsätzen, abhängig von deren Bemessungsstromstärke, enthält die Tafel S9. Diese Farben wurden dem Germania-Briefmarkensatz des Deutschen Reichs aus dem Jahre 1900 entlehnt. Bei diesen Postwertzeichen war z. B. die
5-Pfg.-Marke grün (= 6 A),
10-Pfg.-Marke rot (= 10 A),
15-Pfg.-Marke grau (= 16 A),
20-Pfg.-Marke blau (= 20 A) und die
25-Pfg.-Marke gelb (= 25 A).

Diese Farben gelten auch für Passschrauben und -ringe.

Tafel S9: Kennfarben der Unterbrechungsmelder von D- und D0-Sicherungseinsätzen (Auswahl)

Bemessungsstrom A	Kennfarbe
2	Rosa
4	Braun
6	Grün
10	Rot
13	Schwarz
16	Grau
20	Blau
25	Gelb
35	Schwarz
50	Weiß
63	Kupfer
80	Silber
100	Rot

Sinusknoten

Erregungsbildungszentrum im Herzen. Es besteht aus einem Geflecht spezifischer Muskelfasern – platziert im rechten Herzvorhof –, aus denen etwa alle 0,75 s (normaler Herzzyklus) ein Erregungsimpuls in den Herzmuskel zur geordneten Aufeinanderfolge von Kontraktion und Erschlaffung erfolgt. Der Rhythmus der Herztätigkeit unter dem Einfluss der Aktivität des Sinusknotens wird **Sinusrhythmus** genannt.
Das gesunde Herz erzeugt die zur Aufrechterhaltung seiner rhythmischen Tätigkeit (Pump- und Saugwirkung) benötigte Bioelektrizität selbst. Somit bedarf es keiner Steuerung durch übergeordnete extrakardiale Zentren oder gar einer Fremdspannung von außen. Es besitzt seinen eigenen, primären Schrittmacher und ist somit in Bezug auf die Erregungsbildung völlig autonom.
Wird die Erregungstätigkeit des Herzens z. B. durch einen von außen kommenden Stromreiz (→elektrischer Schlag) mit hinlänglicher Intensität und Dauer gestört, so hat das automatisch eine Störung der koordinierten Nacheinanderfolge der Kontraktion von Vorhöfen und Kammern und damit eine Verminderung der Blutförderleistung des Herzens zur Folge. **Herzkammerflimmern** ist die extreme Form einer unkoordinierten (uneffektiven) Herztätigkeit.

Skineffekt

Verdrängung des Stromflusses mit steigender Frequenz vom Leiterinneren nach außen.
Hochfrequente Wechselströme fließen praktisch nur an der Leiteroberfläche, gewissermaßen auf der Außenhaut (engl. *skin*). Deshalb wird der Skineffekt auch „Hauteffekt" genannt. Bei Leitern mit quadratischem oder rechteckigem Querschnitt liegt das Maximum der elektrischen Stromdichte in den Kanten.
Gleichstrom verursacht keinen Skineffekt. Folglich ist bei dieser Stromart (Frequenz f = 0 Hz) der elektrische Leiterwiderstand und damit die nutzbare Leiterfläche (Stromdichte) überall gleich, s. Bild S46.
Die Ursache für den Skineffekt liegt in der Verkopplung des elektrischen und magnetischen Feldes und der dadurch entstehenden →Wirbelströme in einem von Wechselstrom durchflossenen Leiter. Der durch das

wechselnde Magnetfeld induzierte Strom führt zu einer Stromverdrängung in die äußeren Leiterschichten. Hochfrequenzleiter sind deshalb meistens Hohlleiter, weil das Querschnittsinnere an der Stromleitung nur unwesentlich beteiligt ist. Bei Hochfrequenzlitze sind die vielen einzelnen Drähtchen isoliert. Ebenso werden bei Leiternennquerschnitten über 1000 mm^2 die verseilten Einzelleiter (Drähte) mitunter in gegeneinander schwach isolierte Segmente unterteilt (Segment- oder Millikenleiter).
Der Skineffekt ist bei Leitern bis etwa 5 mm Durchmesser und Frequenzen bis 60 Hz praktisch bedeutungslos.

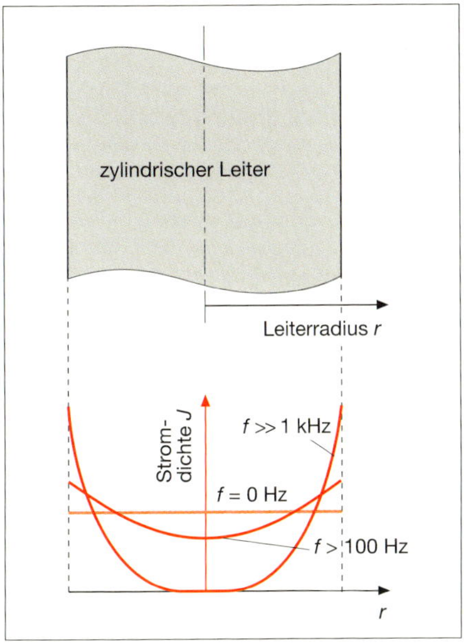

Bild S46: Skineffekt

Sollbruchteil

Elektrisches Bauelement, das bei betriebsbedingter Überbeanspruchung andere Betriebsmittel durch „Eigenverzehr", z. B. Bruch, vor Schaden schützt.

Ein Sollbruchteil ist vom Konzept her ein genormtes, für den Austausch bestimmtes Ersatzteil, z. B. ein Sicherungseinsatz. Es befindet sich an der Sollbruchstelle. Diese Stelle ist per definitionem keine →Schwachstelle, gleich gar nicht eine Schadenstelle.

Spannung gegen Erde

Elektrische Spannung eines Außenleiters gegen den geerdeten Mittel- oder Sternpunkt, umgangssprachlich als **Leiter-Erde-Spannung** (engl. *line-to-earth voltage*) bezeichnet, Formelzeichen: U_0.
In Netzen ohne geerdeten Mittel- oder Sternpunkt (isolierte Netze) gilt als Spannung gegen Erde jene Spannung, die bei Erdschluss eines Außenleiters an den übrigen Außenleitern gegen Erde auftritt. Diese Spannung entspricht der →Betriebsspannung.

Spannungsbereich I oder II

Bereich bestimmter Niederspannungen.
Nach IEC 60449:1973 mit Änderung 1: 1979 und dem CENELEC-HD 193 S2:1982 „Spannungsbereiche für elektrische Anlagen von Gebäuden" werden Niederspannungen (≤ AC 1000 V/DC 1500 V) in die Spannungsbereiche I und II eingeteilt. Dafür sind auch die Bezeichnungen „Spannungsband I" bzw. „Spannungsband II" oder Spannungen des Bandes I bzw. II üblich.

Spannungsbereich I

Zum Spannungsbereich I gehören **Kleinspannungen** (engl. *extra-low voltages*, Abk. ELV). Das sind elektrische Spannungen, deren Nennwerte in Übereinstimmung mit IEC 61201 bei Wechselstrom (AC) 50 V und bei Gleichstrom (DC) 120 V nicht überschreiten, s. Tafel S10. In diesem Fall ist der

Tafel S10: Spannungsbereiche I und II

Spannungsbereich	**Stromart**	**Nennspannung in V**	
		Außenleiter – Erde	**Außenleiter – Außenleiter**
I	Wechselstrom (AC)	> 0 … 50	
	Gleichstrom (DC)	> 0 … 120	
II	Wechselstrom (AC)	> 50 … 600	> 50 … 1000
	Gleichstrom (DC)	> 120 … 900	> 120 … 1500

Schutz gegen elektrischen Schlag unter bestimmten Bedingungen durch die vergleichsweise niedrigen Spannungswerte sichergestellt (→Schutz durch Kleinspannung SELV oder PELV) [1].
Kleinspannungen, die aus Funktionsgründen erforderlich sind und im Gegensatz zu SELV oder PELV nicht dem Schutz gegen elektrischen Schlag dienen, heißen „Funktionskleinspannung" (engl. *functional extra-low voltage*, Abk. FELV). Für diese Stromkreise, z. B. Melde- oder Steuerstromkreise, sind ergänzende Maßnahmen zum Schutz gegen elektrischen Schlag nach DIN VDE 0100-470 [2] erforderlich. In medizinisch genutzten Bereichen ist Funktionskleinspannung unzulässig.

Spannungsbereich II

Zum Spannungsbereich II (Hauptspannungsebene) gehören die über dem Spannungsbereich I liegenden Niederspannungen, s. Tafel S10. Diese Spannungen finden vorzugsweise Anwendung in der öffentlichen Elektrizitätsversorgung von Haushalten sowie für gewerbliche, landwirtschaftliche und industrielle Anlagen [1].
Ist in isolierten oder nicht wirksam geerdeten Systemen (IT-Systeme) ein Neutral- oder Mittelleiter vorhanden, so sind die zwischen einem Außenleiter und dem Neutral- bzw. Mittelleiter angeschlossenen elektrischen Betriebsmittel hinsichtlich ihres Isoliervermögens nach der Spannung zwischen den Außenleitern zu bemessen.
Stromkreise mit Spannungen der Spannungsbereiche I und II dürfen nicht in ein und demselben Kabel (Leitung) angeordnet sein. Ausnahmen s. [4].

Literatur

[1] DIN VDE 0100-410:1997-01 Errichten von Starkstromanlagen mit Nennspannungen bis 1000 V; Schutzmaßnahmen; Schutz gegen elektrischen Schlag.

[2] DIN VDE 0100-470:1996-02 –; Anwendung der Schutzmaßnahmen.

[3] DIN VDE 0100-710:2002-11 Errichten von Niederspannungsanlagen; Anforderungen für Betriebsstätten, Räume und Anlagen besonderer Art; Medizinisch genutzte Bereiche.

[4] DIN VDE 0100-520:2003-06 –; Auswahl und Errichtung elektrischer Betriebsmittel; Kabel- und Leitungsanlagen.

Spannungsfall

Absenkung der elektrischen Spannung vom Nennwert (Bemessungswert) im Normalbetrieb.
Der ohmsche Spannungsfall (engl. *resistance voltalte drop*) soll zwischen der Übergabestelle des Verteilungsnetzbetreibers (Hausanschlusskasten) und der am weitesten davon entfernten Anschlussstelle eines elektrischen Verbrauchsmittels (Steckdose oder Geräteanschlussklemme) – demnach für die Verbraucheranlage – 4 % der Nennspannung des Netzes nicht überschreiten [1]. Bei einer Nennspannung von 400 V (Drehstromnetz) beträgt der zulässige Spannungsfall folglich 16 V. Hinter dem Zählerplatz soll der Spannungsfall bis zur

Tafel S11: Formeln für die Berechnung des ohmschen Spannungsfalls

Stromart, Kenngröße		Berechnungsformel
Gleichstrom	absoluter Spannungsfall	$\Delta U = \frac{2 \cdot l \cdot I}{\kappa \cdot S}$
Einphasen-Wechselstrom		$\Delta U = \frac{2 \cdot l \cdot I}{\kappa \cdot S} \cdot \cos \varphi$
Dreiphasen-Wechselstrom (Drehstrom)		$\Delta U = \frac{\sqrt{3} \cdot l \cdot I}{\kappa \cdot S} \cdot \cos \varphi$
prozentualer Spannungsfall		$\varepsilon = \frac{\Delta U}{U} \cdot 100\,\%$

U Nennspannung des Netzes in V
ΔU Spannungsfall in V
ε Spannungsfall in % (griech. *Epsilon*)
I Nennstrom (Bemessungsstrom) der vorgeschalteten Überstrom-Schutzeinrichtung
S Leiternennquerschnitt in mm^2
l einfache Leitungslänge (eines Strangs) in m
κ elektrische Leitfähigkeit in $m/(\Omega \cdot mm^2)$ (griech. *Kappa*)
φ Phasenverschiebungswinkel zwischen Strom und Spannung (griech. *Phi*)

Anschlussstelle der Verbrauchsmittel 3 % [2] und für ➔Hauptstromversorgungssysteme – abhängig vom Leistungsbedarf – 1,5 % nicht überschreiten [3].
Die Formeln für die Berechnung des ohmschen Spannungsfalls – früher auch „Spannungsabfall" oder „Spannungsverlust" genannt – enthält die Tafel S11.

Literatur

[1] DIN VDE 0100-520:2003-06 Errichten von Niederspannungsanlagen; Auswahl und Errichtung elektrischer Betriebsmittel; Kabel- und Leitungsanlagen.

[2] DIN 18015-1:2002-09 Elektrische Anlagen in Wohngebäuden; Planungsgrundlagen.

[3] Technische Anschlussbedingungen für den Anschluss an das Niederspannungsnetz (TAB 2000). Herausgeber: Verband der Elektrizitätswirtschaft (VDEW) e. V., Frankfurt am Main.

Spannungspfeil

Symbolische Darstellung der elektrischen Spannung (richtungsgebundener Potentialunterschied) in Schaltplänen u. dgl. Ihre bildliche Darstellung erfolgt grundsätzlich durch Pfeillinien (Spannungspfeile), deren Spitze in die Richtung des Spannungsgefälles (Spannungsfall) zeigt. Die Verwendung von Maßlinien mit je einer Pfeilspitze an den Enden ist zur bildlichen Darstellung von elektrischen Spannungen unkorrekt, s. Bild S47.

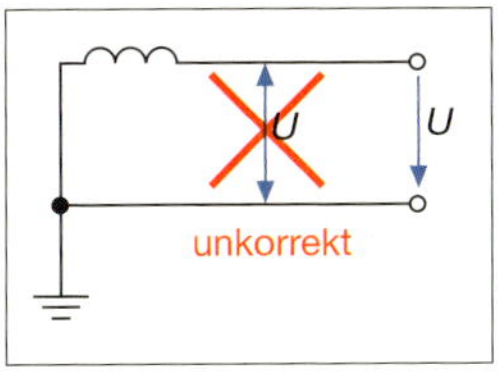

Bild S47: Spannungspfeile

Spannungsprüfer

Prüfeinrichtung zum Feststellen elektrischer Spannungen.

1 Allgemeines

Nach der Unfallverhütungsvorschrift BGV A3 „Elektrische Anlagen und Betriebsmittel" ist in Übereinstimmung mit DIN VDE 0105-100 [1] vor Beginn der Arbeiten an →aktiven Teilen oder in deren Nähe grundsätzlich der spannungsfreie Zustand herzustellen. Anschließend wird mittels eines Spannungsprüfers (engl. *voltage detector*) geprüft, ob an der Arbeitsstelle tatsächlich Spannungsfreiheit besteht. Die Spannungsprüfer sind unmittelbar vor dem Gebrauch auf ihre einwandfreie Funktion zu überprüfen [1]. Falsche Schlüsse aus einer zweifelhaften oder Nicht-Anzeige bedeuten ein hohes Unfallrisiko.

Beim Bedienen von Spannungsprüfern ist die konstruktiv vorgesehene Handhabe zu benutzen. Damit wird die Einhaltung des notwendigen Abstands zu den unter Spannung stehenden Prüfelektroden sichergestellt. Im Übrigen sind die Handhabungshinweise der Hersteller zu beachten.

Ausführung

Spannungsprüfer gibt es in

- einpoliger Ausführung für Spannungen von AC 125...250 V, 50 Hz [2], z. B. in Form eines kleinen Schraubendrehers, und in
- zweipoliger Ausführung [3] zum Feststellen der allpoligen Spannungsfreiheit an freigeschalteten Arbeitsstellen im Sinne von DIN VDE 0105-100.

Bei diesen Handgeräten wird z. B. durch das Aufleuchten einer →Glimmlampe hinter einem geschlossenen Sichtfenster angezeigt, wenn die Prüfelektrode(n) ein unter Spannung stehendes Teil kontaktiert.

Einpolige Spannungsprüfer (engl. *singlepole voltage detectors*) dienen zum Feststellen von Spannungen gegen Erde. Sie haben eine Prüfelektrode und am anderen Ende des Prüfgeräts, am Handhabungsteil, eine Berührungselektrode. Letztere ist zum Zwecke der Spannungsprüfung mit einem Finger oder der Hand zu berühren. Dabei darf der Berührungsstrom (→Ableitstrom) die Wahrnehmbarkeitsschwelle eines Menschen von AC 0,5 mA nicht überschreiten.

Literatur

[1] DIN VDE 0105-100:2005-06 Betrieb von elektrischen Anlagen.

[2] DIN VDE 0680-6:1977-04 Schutzbekleidung, Schutzvorrichtungen und Geräte zum Arbeiten an unter Spannung stehenden Betriebsmitteln bis 1000 V; Einpolige Spannungsprüfer bis 250 V Wechselspannung.

[3] DIN EN 61243-3 (VDE 0682-401):1999-09 Arbeiten unter Spannung; Spannungsprüfer; Zweipolige Spannungsprüfer für Niederspannungsnetze.

Spannungsteiler

Elektrische Schaltung mit mindestens zwei in Reihe geschalteten passiven Bauelementen, z. B. Widerständen oder Kondensatoren, zur Bereitstellung von kleineren Teilspannungen aus einer angelegten Gesamtspannung.

Allgemeines

Spannungsteilung erfordert eine Reihenschaltung. Parallel geschaltete Bauelemente werden deshalb in gemischten Schaltungen zu Ersatzreihenwiderständen zusammengefasst.

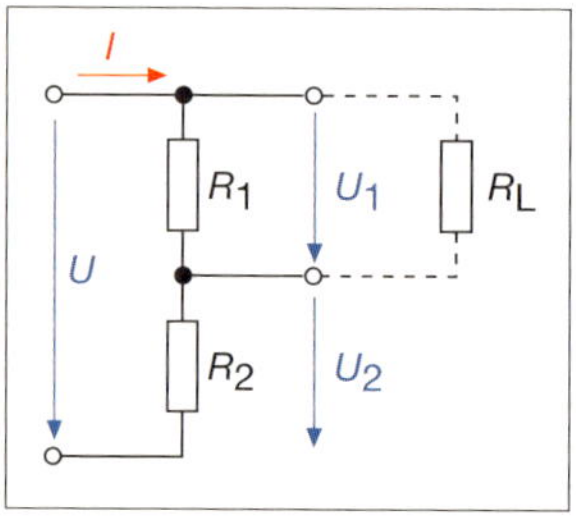

Bild S48: Spannungsteiler

Der am häufigsten angewendete Spannungsteiler ist im Bild S48 dargestellt. Bei Leerlauf (Lastwiderstand $R_L \rightarrow \infty$) ergeben sich nach dem ohmschen Gesetz folgende Teilspannungen:

$$U_1 = I \cdot R_1 \qquad (1)$$

$$U_2 = I \cdot R_2 \qquad (2)$$

Daraus folgt die **klassische Spannungsteilerregel**:

$$\frac{U_1}{U_2} = \frac{R_1}{R_2} \qquad (3)$$

Fließt durch zwei Widerstände derselbe Strom, so verhalten sich deren Teilspannungen (Spannungsfälle) zueinander wie die zugehörigen Widerstände.

Mit $I = U/(R_1 + R_2)$ betragen die Teilspannungen U_1 und U_2, bezogen auf die Gesamtspannung U:

$$U_1 = I \cdot R_1 = U \frac{R_1}{R_1 + R_2} \rightarrow$$

$$\frac{U_1}{U} = \frac{R_1}{R_1 + R_2} \qquad (4)$$

$$U_2 = I \cdot R_2 = U \frac{R_2}{R_1 + R_2} \rightarrow$$

$$\frac{U_2}{U} = \frac{R_2}{R_1 + R_2} \qquad (5)$$

Die Spannung U_1 am Widerstand R_1 entspricht somit einem Teil der anliegenden Gesamtspannung U. Der prozentuale Anteil der Spannung U_1 an der Gesamtspannung U ergibt sich gemäß Gl.(4) aus dem Verhältnis des zugehörigen Widerstands R_1 zum Gesamtwiderstand $R_1 + R_2$. Sinngemäß gilt das auch für die Teilspannung U_2 gemäß Gl.(5). Damit lassen sich die Spannungen U_1 und U_2 beliebig variieren. Je kleiner z. B. der Teilwiderstand R_1 im Verhältnis zu R_2 wird, desto kleiner wird auch U_1. Bei $R_1 = 0$ (Widerstandsüberbrückung) ist schließlich auch die Teilspannung $U_1 = 0$.

Bei Belastung werden der Teilwiderstand R_1 und der parallel zu ihm liegende Lastwiderstand R_L zu dem Ersatzreihenwiderstand R'_1 zusammengefasst:

$$R'_1 = \frac{R_1 \cdot R_L}{R_1 + R_L} \qquad (6)$$

Damit lautet die Spannungsteilerregel bei einem **ohmschen Spannungsteiler** mit endlichem Lastwiderstand R_L:

$$\frac{U_1}{U_2} = \frac{R'_1}{R_2} = \frac{R_1 \cdot R_L}{R_2(R_1 + R_L)} \qquad (7)$$

Anwendung

Ohmsche Spannungsteiler eignen sich zur „Teilung" beliebiger elektrischer Spannungen. Sie haben meist einen fest vorgegebenen Widerstandswert und werden in den verschiedenartigsten Schaltungen verwendet.

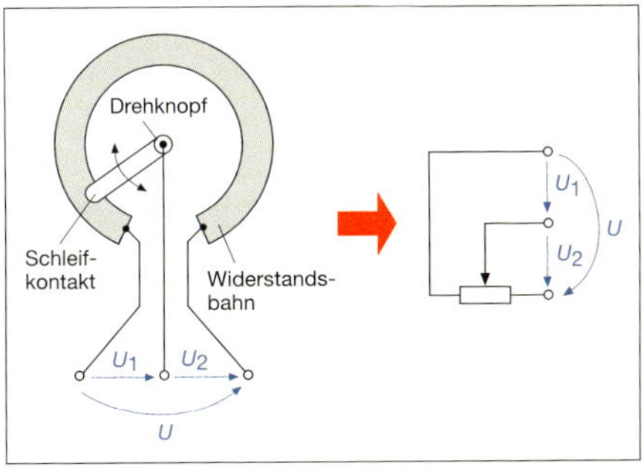

Bild S49: Drehpotentiometer (Prinzipschaltung)

Zur Veränderung der Spannung während des laufenden Betriebs dienen Kurbel-, Schiebe- oder Stellwiderstände. Bei Drehpotentiometern wird das Verhältnis der Teilwiderstände durch Drehen eines →Schleifkontakts auf einer Widerstandsbahn verändert, s. Bild S49. Ist die Drehung des Schleifkontakts nur mit einem Schrauben-

dreher möglich, so werden diese kleinen Spannungsteiler „Trimmpotentiometer“ oder kurz „Trimmer“ genannt. Manche Potentiometer gestatten mehr als eine volle Umdrehung; andere haben auf der Anschlagseite zusätzlich noch einen Schalter.
Von technischer Bedeutung sind auch **kapazitive Spannungsteiler**, die anstelle von Draht- oder Kohleschichtwiderständen Kondensatoren enthalten. Diese Spannungsteiler werden z. B. zur Messung von Hochspannung, zur Scheitelwertmessung von Wechselspannung und in Kondensator-Widerstands-Kombinationen als Stoßspannungsteiler verwendet.

Spannungstrichter

Trichterförmiger Verlauf der →Erdungsspannung um einen konzentrischen →Erder, z. B. einen Staberder, bei Stromdurchgang.
Erdungsspannungen verlaufen konzentrisch um einen Staberder. Sie steigen in der unmittelbaren Umgebung des Erders außerordentlich steil an und sind folglich dort am größten.
Der Verlauf der Erdungsspannung entspricht der Begrenzungsfläche eines trichterförmigen Rotations-Hyperboloids (Spannungstrichter), s. Bild S50.

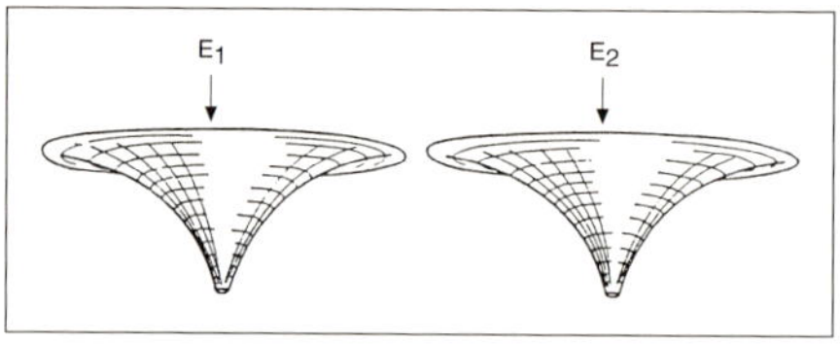

Bild S50: Spannungstrichter elektrisch unabhängiger Staberder E_1, E_2

Spannungswaage

Versinnbildlichung eines Verfahrens zur Ermittlung und Begrenzung der Leiter-Erde-Spannung eines sternpunktgeerdeten Drehstromsystems sowie der Sternpunkt-Verlagerungsspannung (→Erdungsspannung an den Betriebserdern) bei einem →Erdschluss.

Allgemeines

Die mathematische Form der Spannungswaage (engl. *voltage balance*) lautet

$$\frac{R_B}{R_E} \leq \frac{U_L}{U_0 - U_L} \qquad (1)$$

R_B Gesamterdungswiderstand aller Betriebserder in einem Netz,
R_E kleinster Erdungswiderstand der nicht mit einem Schutzleiter (PEN-Leiter) verbundenen fremden leitfähigen Teile an der Fehlerstelle,
U_L vereinbarte dauernd zulässige Berührungsspannung (50 V),
U_0 Spannung der Außenleiter gegen Erde (Sternpunkt), meist 230 V,
$U_0 - U_L$ Spannung des erdschlussbehafteten Außenleiters gegen Erde.

Das Prinzip der Spannungswaage veranschaulicht das Bild S51. Hat z. B. der Außenleiter L3 einen Erdschluss, so kommt es je nach Größe des Erdungswiderstands der Betriebserder R_B und des Erdschlussstroms I_E zu einer mehr oder weniger großen Verschiebung des Sternpunkts von S nach S'. Die dabei auftretende Spannung zwischen S und S' wird **Sternpunkt-Verlagerungsspannung** (Neutralpunkt-Verlagerungsspannung, engl. *neutral-point displacement voltage*) genannt. Diese Spannung an den Betriebserdern R_B darf den international vereinbarten Wert für die höchste dauernd zulässige Berührungsspannung in Niederspannungsnetzen von U_L = 50 V (vereinbarte Grenzfehlerspannung) nicht überschreiten.

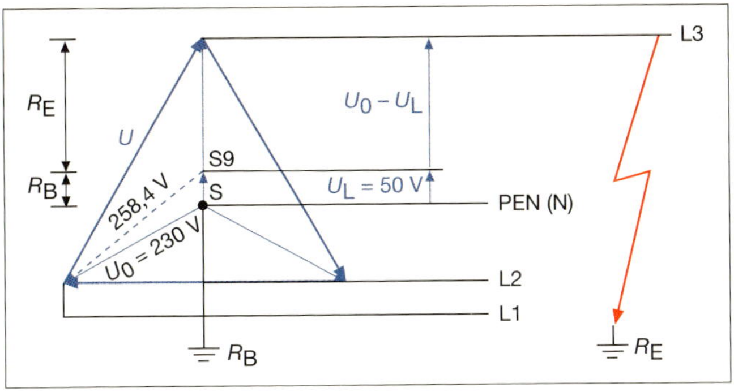

Bild S51:
Zeigerdiagramm (Spannungsdreieck) zur Veranschaulichung des Prinzips der Spannungswaage
S Sternpunkt im ungestörten Betrieb;
S' Sternpunkt bei Erdschluss des Außenleiters L3;
U verkettete Spannung (400V)

Anwendung

In Drehstromsystemen 3PEN~230/400 V mit geerdetem Sternpunkt ergeben sich nach der Spannungswaage folgende Erdungswiderstände R_E und R_B:

$$\frac{R_B}{R_E} \leq \frac{U_L}{U_0 - U_L} \leq \frac{50\ \text{V}}{230\ \text{V} - 50\ \text{V}} = \frac{1}{3{,}6} \rightarrow$$

$$R_E \geq 3{,}6\, R_B \qquad (2)$$

$$R_B \leq 0{,}278\, R_E \qquad (3)$$

Der vereinbarte Wert für die höchste dauernd zulässige Berührungsspannung (engl. *conventional touch voltage limit*) $U_L = 50$ V ist somit im Fall eines Erdschlusses im Netz eingehalten, wenn der

- kleinste Erdungswiderstand R_E der nicht mit einem Schutzleiter verbundenen fremden leitfähigen Teile, über die ein Erdschluss erfolgen kann, mindestens das 3,6-fache des Gesamterdungswiderstands aller Betriebserder beträgt oder wenn
- alle parallel geschalteten Betriebserder im Netz den 0,278-fachen Wert des Erdungswiderstands an der Fehlerstelle nicht überschreiten.

Bei einem Betriebserdungswiderstand von z. B. $R_B = 2\ \Omega$ dürfen nach Gl. (2) demnach im Netz keine Einzelerder mit einem Erdungswiderstand $R_E < 7{,}2\ \Omega$ vorhanden sein, die mit dem Schutzleiter (PEN-Leiter) nicht verbunden sind. Anderenfalls können Erdschlüsse zu Sternpunkt-Verlagerungsspannungen über 50 V führen. Diese Spannungen treten auch am Schutzleiter (PEN-Leiter) gegen Erde auf.

Soll die →Betriebsspannung $U_m = 250$ V nicht überschritten werden, so darf die Sternpunkt-Verlagerungsspannung U_V nicht größer sein als

$$U_V = \sqrt{U_m^2 - \left(\frac{U}{2}\right)^2} - \sqrt{U_0^2 - \left(\frac{U}{2}\right)^2} \qquad (4)$$

$$= \sqrt{(250\ \text{V})^2 - \left(\frac{400\ \text{V}}{2}\right)^2}$$

$$- \sqrt{(230\ \text{V})^2 - \left(\frac{400\ \text{V}}{2}\right)^2} = 36{,}4\ \text{V}.$$

In Drehstromsystemen mit ungeerdetem Sternpunkt (mit oder ohne Neutralleiter) nimmt ein Außenleiter bei Erdschluss das Erdpotential an. Demnach ist die Isolierung aller Außenleiter gegen Erde – auch gegen einen evtl. vorhandenen Neutralleiter – für die Spannung zwischen den Außenleitern (verkettete Spannung) zu bemessen [2].

Literatur

[1] DIN VDE 0100-410:1997-01 Errichten von Starkstromanlagen mit Nennspannungen bis 1000 V; Schutzmaßnahmen; Schutz gegen elektrischen Schlag.

[2] DIN VDE 0100-510:1997-01 –; Auswahl und Errichtung elektrischer Betriebsmittel; Allgemeine Bestimmungen.

Spannungswandler

Messwandler zur Umwandlung einer hohen Primärspannung in eine bequem messbare Sekundärspannung, die der Primärspannung im Wesentlichen proportional und phasengleich ist.

Allgemeines

Spannungswandler (engl. *voltage transformers*) dienen hauptsächlich der indirekten Messung von Spannungen über 1 kV (Hochspannungsanlagen). Dabei kommen bis etwa 50 kV rein induktive (gewickelte) Wandler nach DIN EN 60044-2 [1] und bei höheren Spannungen (bis 765 kV) kapazitive oder gemischt kapazitiv-induktive Wandler zum Einsatz, z. B. in SF_6-isolierten Schaltanlagen. In letzterem Fall bewirkt ein kapazitiver Spannungsteiler die Spannungsabsenkung, und der an ihn angeschlossene induktive Wandler sorgt für die Potentialtrennung sowie Widerstandsanpassung.
Die Sekundärspannung beträgt 100 V.

Ausführung

Induktive Spannungswandler gibt es in einpolig und in zweipolig isolierter Ausführung mit einer galvanisch getrennten Primär- und Sekundärwicklung. Bei den **einpolig** isolierten Wandlern ist jeweils ein Ende der Primär- und Sekundärwicklung betriebsmäßig geerdet, s. Bild S52. Folglich zeigt das Messgerät die Spannung zwischen dem Außenleiter L und Erde an.

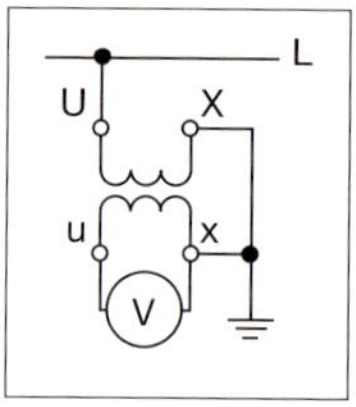

Bild S52: Einpolig isolierter Spannungswandler

Im Bild S53 sind drei einpolig isolierte Spannungswandler in →Sternschaltung dargestellt. Diese Schaltung ist in Hochspannungsanlagen mit Nennspannungen ab 60 kV üblich. Die sekundäre Nennspannung (Sternspannung) beträgt hierbei 100 V/$\sqrt{3}$. Erhalten drei einpolig isolierte Spannungswandler neben ihrer eigentlichen Messwicklung zusätzlich noch eine Hilfswicklung e – n für Erdschlusserfassung und -meldung, so ist diese ebenfalls für eine Übersetzung von 100 V/$\sqrt{3}$ ausgelegt.

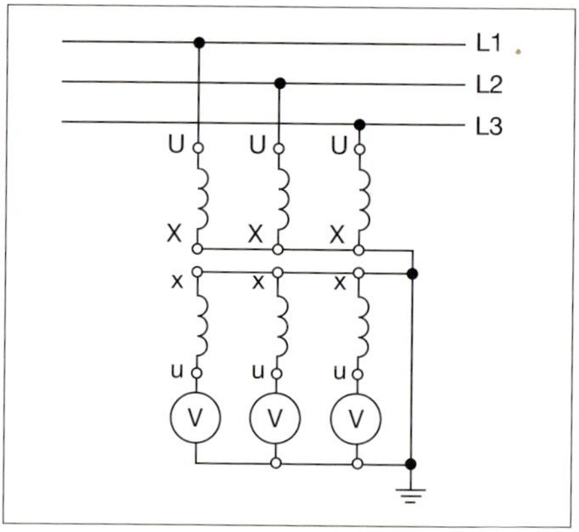

Bild S53: Drei einpolig isolierte Spannungswandler in Sternschaltung

Bei den **zweipolig** isolierten Spannungswandlern sind die Anschlüsse der Primär- und Sekundärwicklung isoliert auf Klemmen herausgeführt, s. Bild S54. Die sekundäre Nennspannung beträgt 100 V.
Zweipolig isolierte Spannungswandler finden z. B. für Synchronisierungen Anwendung, damit nicht gegen Erde synchronisiert werden muss (Fehlanzeige bei →Erd-

schluss). Für Leistungsmessungen in Drehstromnetzen werden üblicherweise zwei zweipolig isolierte Spannungswandler in V-Schaltung verwendet, s. Bild S55.

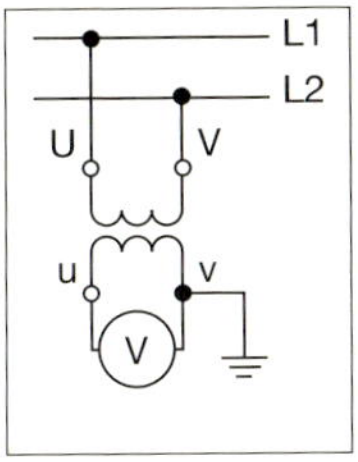

Bild S54: Zweipolig isolierter Spannungswandler

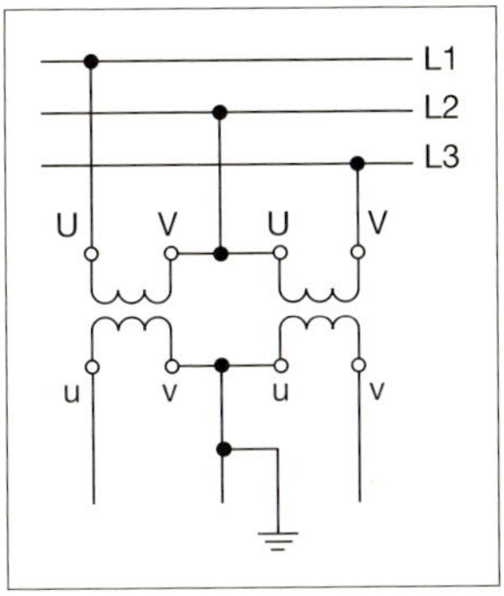

Bild S55: Zwei zweipolig isolierte Spannungswandler in V-Schaltung

Betrieb

Spannungswandler sind →Transformatoren mit einer vergleichsweise geringen Ausgangsleistung (bis etwa 300 VA). Während →Stromwandler nahezu im Kurzschlussbetrieb arbeiten, dienen Spannungswandler eher dem Betrieb im Leerlauf (kleine hochohmige Belastung). Deshalb charakterisiert die „Bürde" bei Spannungswandlern nicht – wie bei Stromwandlern – den Scheinwiderstand Z des Sekundärkreises, sondern dessen Kehrwert, den Scheinleitwert Y (Admittanz) der an den Wandler angeschlossenen Geräte und Leitungen. Die Bürde wird bei Spannungswandlern folglich nicht in Ω, sondern in S (Siemens) angegeben.

Spannungswandler sind nicht kurzschlussfest und sind deshalb gegen Kurzschluss zu schützen. Sie dürfen – im Gegensatz zu Stromwandlern – sekundärseitig niemals kurzgeschlossen werden. Bei Verzicht auf eine Kurzschluss-Schutzeinrichtung, z. B. Sicherung, sind die Kabel (Leitungen) →kurzschluss- und erdschlusssicher zu verlegen.

Zum Schutz der elektrischen Betriebsmittel bei einem Übertritt der Hochspannung auf die Sekundärseite ist die Sekundärwicklung möglichst direkt oder nahe am Wandler zu erden.

Literatur

[1] DIN EN 60044-2 (VDE 0414-44-2):2003-12 Messwandler; Induktive Spannungswandler.

Spartransformator

→Transformator mit einer einzigen Wicklung, die teilweise als Primär- und Sekundärwicklung gleichzeitig genutzt wird (Ein-Wicklungs-Transformator), s. Bild S56.

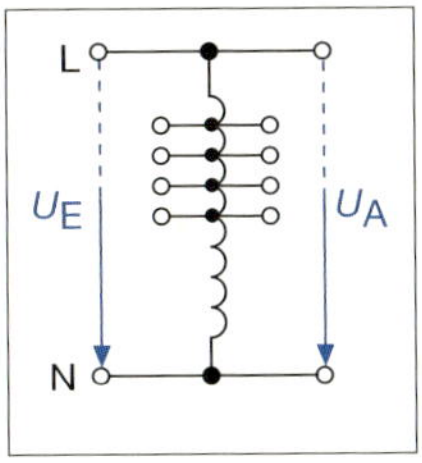

Bild S56: Spartransformator mit mehreren Wicklungsanzapfungen zur stufenweisen Veränderung der Eingangs- und Ausgangsspannung (Stufen-Spartransformator)

Allgemeines

Bei Spartransformatoren (engl. *auto-transformers*) ist die Wicklung mit der niedrigeren Spannung ein Teil der Wicklung mit der höheren Spannung. Die bei allen anderen Leistungstransformatoren (Volltransformatoren[1]) übliche zweite oder gar dritte Wicklung wird hierbei eingespart. Diese Sparmaßnahme und die damit verbundenen Folgeeinsparungen an Material, Volumen,

[1] Bei **Volltransformatoren** wird infolge der galvanisch getrennten Wicklungen die gesamte Leistung rein induktiv übertragen.

Verlustleistung und Kosten führten zu dem sinnfälligen Begriff „Spartransformator“. Symbol: ⓣ

Aufbau, Wirkungsweise

Spartransformatoren sind Kleintransformatoren nach DIN EN 61558-2-13 (VDE 0570-2-13) mit einer oder mehreren Wicklungsanzapfungen, bei denen die gewünschte Ausgangsspannung U_A (Sekundärspannung) durch Abgreifen bzw. Transformation der Eingangsspannung U_E (Primärspannung) gewonnen wird. Die Übertragung der elektrischen Leistung erfolgt somit teilweise induktiv (transformatorisch), zum Teil aber auch leitend, wie bei einem ohmschen →Spannungsteiler, s. Bild S57.

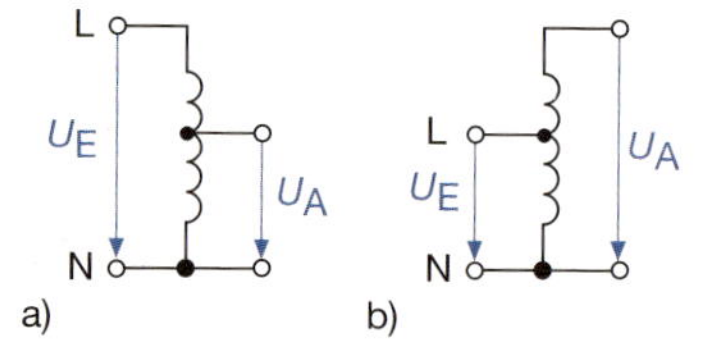

Bild S57: Spartransformatoren
a) Abspanner ($U_A < U_E$);
b) Aufspanner ($U_A > U_E$)

Eine galvanische Trennung (engl. *galvanic separation*) der Lastseite vom Netz ist nicht vorhanden und für das Einsatzgebiet von Spartransformatoren (Spannungsanpassung) auch nicht erforderlich. Wegen der fehlenden galvanischen Trennung der ingangs- und Ausgangswicklung muss die lastseitig angewendete Schutzmaßnahme bei indirektem Berühren der auf der Eingangsseite angewendeten Schutzmaßnahme (meist →Schutz durch automatische Abschaltung der Stromversorgung) entsprechen. Der Schutzleiter auf der Lastseite ist deshalb mit dem Schutzleiter auf der Netzseite zu verbinden.
Spartransformatoren transformieren gemäß Bild S57 nicht die gesamte Spannung, sondern nur die Differenz zwischen der angelegten Eingangsspannung und der gewünschten Ausgangsspannung. Gleiches gilt für den Strom. Der gemeinsame Teil der Wicklung (Parallelwicklung) braucht deshalb nur für die Differenz zwischen Eingangs- und Ausgangsstrom bemessen zu werden; das ist von großem Vorteil.

Speisepunkt

Punkt (Ort), an dem elektrische Energie in eine Anlage eingespeist wird. Bei Übergabe der elektrischen Energie an fremde Rechtsträger, z. B. bei Anschluss einer Verbraucheranlage (Kundenanlage) an das öffentliche Verteilungsnetz, wird der Speisepunkt auch „Übergabestelle“ oder „Übergabestation“ genannt.
Der Speisepunkt einer elektrischen Anlage (engl. *origin of the electrical installation*) wird entsprechend den jeweiligen Erfordernissen unterschiedlich ausgeführt. Beispielsweise ist der Speisepunkt

- in Wohngebäuden der Hausanschlusskasten,
- auf Baustellen der Baustromverteiler und
- in Fahrleitungsanlagen der Speiseschalter.

Der Speisepunkt ist zugleich jene Stelle, an der die elektrische Anlage vom speisenden Netz getrennt und somit freigeschaltet werden kann (Trennstelle).

spezifischer elektrischer Widerstand

Elektrischer (Wirk-)Widerstand *R* eines Leiters von 1 m Länge (l), einem Querschnitt (*S*) von 1 mm^2 und einer Temperatur von 20 °C (früher Einheitswiderstand).
Formelzeichen: ρ (griech. *Rho*),
Einheit: $\Omega \cdot mm^2/m$

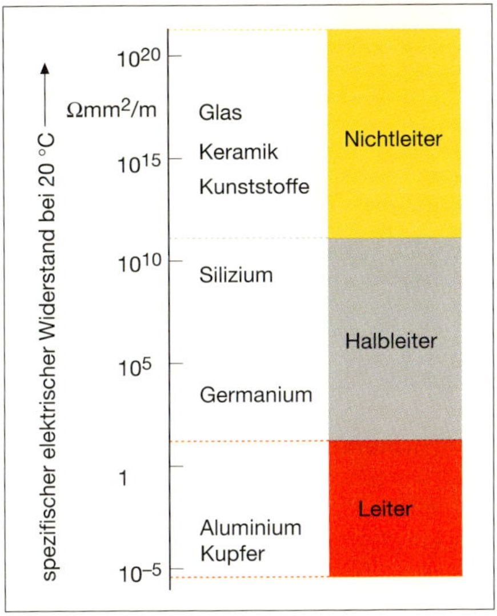

Bild S58: Spezifischer elektrischer Widerstand von Leitern, Halbleitern und Nichteitern

$$\rho = \frac{R \cdot S}{l} \qquad (1)$$

Die wertmäßige Zuordnung des spezifischen elektrischen Widerstands (engl. *specific electric resistivity*) von Leitern im Vergleich zu Halb- und Nichtleitern enthält das Bild S58.

Der Kehrwert des spezifischen elektrischen Widerstands ($1/\rho$) ist die **elektrische Leitfähigkeit** (engl. *electric conductivity*). Formelzeichen: κ (griech. *Kappa*), Einheit: m/(Ω·mm²).

$$\kappa = \frac{l}{R \cdot S} \qquad (2)$$

Der Kehrwert des (Wirk-)Widerstands ($1/R$) ist der elektrische (Wirk-)Leitwert G in S (Siemens). Deshalb wird die elektrische Leitfähigkeit κ auch in S · m/mm² angegeben. Bei theoretisch idealem Vakuum ist die elektronische Leitfähigkeit null.

In der Tafel S12 sind ρ und κ für ausgewählte Werkstoffe und eine Temperatur von 20 °C enthalten. Für andere Temperaturen ϑ (griech. *Theta*) zwischen –50 und +200 °C gilt für

- den **spezifischen elektrischen Widerstand**:

$$\rho_\vartheta = \rho_{20}\,[1 + \alpha\,(\vartheta - 20\,°C)] \qquad (3)$$

- die **elektrische Leitfähigkeit**:

$$\kappa_\vartheta = \kappa_{20}\,/\,[1 + \alpha\,(\vartheta - 20\,°C)] \qquad (4)$$

Bei einer Leitertemperatur $\vartheta \gtrless 20$ °C beträgt somit der **elektrische Widerstand**:

$$R_\vartheta = (l/S) \cdot \rho_{20} \cdot [1 + \alpha(\vartheta - 20\,°C)] \qquad (5)$$

φ_{20}, χ_{20} spezifischer elektrischer Widerstand bzw. elektrische Leitfähigkeit bei 20 °C

α Temperaturbeiwert, auch „Temperaturkoeffizient" genannt, (griech. *Alpha*) in K^{-1} (pro Kelvin), s. Tafel S12.

Tafel S12: Spezifischer elektrischer Widerstand, elektrische Leitfähigkeit und Temperaturbeiwert für gebräuchliche Werkstoffe bei 20 °C

Werkstoff	**Spezifischer elektrischer Widerstand** ρ **Ω·mm²/m**	**Elektrische Leitfähigkeit** κ **S·m/mm²**	**Temperaturbeiwert** α **1/K**
Silber	0,0165	60,5	$3{,}6 \cdot 10^{-3}$
Kupfer	0,0175	57	$4 \cdot 10^{-3}$
Gold	0,0227	44	$3{,}8 \cdot 10^{-3}$
Aluminium, Bronze	0,0278	36	$4 \cdot 10^{-3}$
Zink	0,0629	15,9	$3{,}7 \cdot 10^{-3}$
Messing	0,07	14,3	$1{,}6 \cdot 10^{-3}$
Platin	0,1	10	$3{,}1 \cdot 10^{-3}$
Zinn	0,19	8,4	$4{,}4 \cdot 10^{-3}$
Stahl	0,143	7	$4{,}5 \cdot 10^{-3}$
Blei	0,208	4,8	$4 \cdot 10^{-3}$
Konstantan*)	0,5	2	$-0{,}05 \cdot 10^{-3}$
Grafit*)	62,5	0,016	$-0{,}25 \cdot 10^{-3}$

*) Diese Werkstoffe haben einen negativen Temperaturbeiwert und sind folglich **Heißleiter**. Bei ihnen wird – im Gegensatz zu Kaltleitern – mit steigender Temperatur durch Entstehung freier Elektronen der spezifische elektrische Widerstand verringert.

Bei Kupfer- und Aluminiumleitern ($\alpha = 0{,}004\ K^{-1}$) bewirkt eine Temperaturerhöhung z. B. um 10 K ($\vartheta = 30$ °C) folglich eine Erhöhung des elektrischen Widerstands um den Faktor 1,04, (4 %), gegenüber von $\vartheta = 20$ °C.

spezifischer Erdwiderstand

Elektrischer Widerstand einer typischen Erdprobe.
Formelzeichen: ρ_E (griech. *Rho*), Einheit: $\Omega \cdot m^2/m = \Omega \cdot m$[1]. Diese Einheit ergibt sich aus der in der praktischen Geophysik üblichen Angabe des Leiterquerschnitts S in m^2.

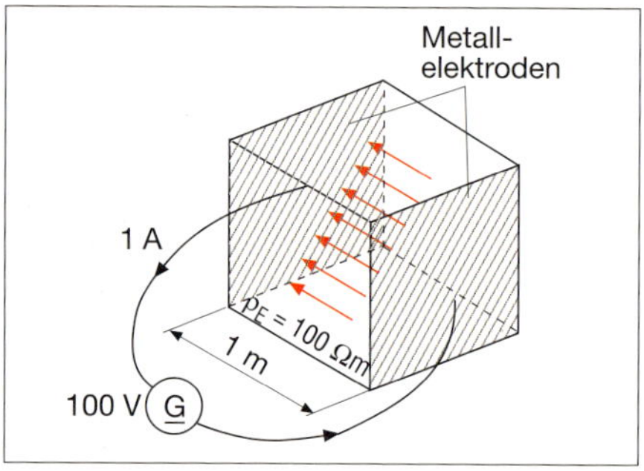

Bild S59: Beispiel zur Bestimmung des spezifischen Erdwiderstands φ_E

Allgemeines

Der spezifische Erdwiderstand ρ_E (engl. *specific electric resistivity of soil*) entspricht dem elektrischen Widerstand eines Erdwürfels von 1 m Kantenlänge. Wird an zwei gegenüberliegende Flächen eines Kubikmeters Ackerboden z. B. eine Spannung von 100 V angelegt und fließt ein Strom von 1 A, so beträgt der spezifische Erdwiderstand 100 Ω · m, s. Bild S59. Der Vergleich des spezifischen Widerstands von Ackerboden mit dem eines Kupferleiters ($\rho_{Cu} = 0{,}0175\ \Omega mm^2/m$) zeigt, dass Ackerboden 5,7-milliardenmal schlechter leitet als Elektrolytkupfer:

$$\frac{\rho_E}{\rho_{Cu}} = \frac{100\ \Omega m^2/m}{0{,}0175 \cdot 10^{-6}\ \Omega m^2/m} = 5{,}7 \cdot 10^9$$

Einflussfaktoren

Der spezifische Erdwiderstand wird insbesondere durch die stoffliche Zusammensetzung (Bodenart und Körnung), den Feuchtigkeitsgehalt, die Temperatur und die geomechanischen Eigenschaften (Verdichtung) des Erdreichs bestimmt. Dabei können sich bis zu etwa 1 m Tiefe infolge Veränderungen des Feuchtigkeitsgehalts und der Bodentemperatur auch zeitliche Schwankungen ergeben. Ausgetrocknetes oder gefrorenes Erdreich ist ein sehr schlechter elektrischer Leiter ($\rho_E > 1000\ \Omega \cdot m$). Dagegen steigt die elektrische Leitfähigkeit bzw. fällt der spezifische Erdwiderstand bei feuchtem Erdreich um ein Vielfaches.
Den ungefähren spezifischen Erdwiderstand verschiedener Bodenarten enthält die Tafel S13 sowie DIN VDE 0101. Genauere Angaben liefern geoelektrische Messungen.

Tafel S13: Spezifischer Erdwiderstand ρ_E verschiedener Bodenarten

Bodenart	ρ_E in $\Omega \cdot m$
Mergel, Torf, Humus (feucht)	5…15
Moorboden	20…50
Lehm-, Ton-, Ackerboden	20...200
Mergel, Torf, Humus (trocken)	50…200
Sandboden (feucht)	100...400
Kies (feucht)	100…500
Schotter, Sandboden, Kies (trocken)	500...3 000
Gipssteiniger Boden (trocken)	500…8 000
Schotter, Mutterfels, Basalt	3 000...10 000

[1] Die Bezeichnung **Ohmmeter** (Ω · m) darf gemäß DIN 19223 „Regeln für die Benennung von Messgeräten" nicht synonym für „Widerstandsmessgerät" verwendet werden.

Spreizbefestigung

Befestigungsart mit Krallen z. B. für Schalter-, Taster- und Steckdoseneinsätze in Gerätedosen. An den Installationsgeräten werden die seitlichen Krallen beim Anziehen der Schrauben gespreizt und dadurch die Geräte in den Dosen befestigt.
Die Spreizbefestigung mit Krallen ist in Räumen oder an Orten mit brennbaren Baustoffen nach DIN VDE 0100-482 nicht gestattet.

Springbrunnen

Becken mit Düsen, aus denen Wasser, z. B. als Fontäne, in die Höhe steigt und wieder in das Becken zurückfällt.

Allgemeines

Springbrunnen (engl. *fountains*) gelten als **begehbar**, wenn ihre Becken ohne Verwendung von Leitern oder ähnlichen Hilfsmitteln betreten werden können. Ist Personen dagegen das Betreten der Becken verwehrt, z. B. durch Gitter (Zäune), so gelten Springbrunnen als **nicht begehbar** [1]. Der Grund für eine solche Unterscheidung ergibt sich aus dem Umstand, dass Springbrunnen insbesondere an heißen Tagen häufig als Planschbecken benutzt werden.
Sind Springbrunnen nicht eindeutig dem Unterscheidungsmerkmal „begehbar" oder „nicht begehbar" zuzuordnen, sollten sie im Interesse der Sicherheit (Personenschutz) vorrangig als begehbare Springbrunnen eingestuft werden.

Errichten

Für stationäre Springbrunnenanlagen – auch für Riesel-, Plätscher-, Quell- und Terrassenbrunnen, Sprudelsäulen, Wasserkaskaden sowie Springbrunnen auf Teichen (Seen) – gelten die Anforderungen nach DIN VDE 0100-702 [1]. Diese harmonisierten Bestimmungen befassen sich hauptsächlich mit der Errichtung elektrischer Anlagen und Betriebsmittel innerhalb der Becken und unter Wasserfontänen bzw. Wasserfällen (Bereich 0) sowie innerhalb der Bereiche 1 und 2, s. Bild S60. Außerhalb der genannten Bereiche sind die allgemeinen Anforderungen nach DIN VDE 0100-510 und -737 zu berücksichtigen.
Für begehbare Springbrunnen gelten praktisch die gleichen strengen Sicherheitsbestimmungen wie für →Schwimmbäder und ortsfeste Planschbecken. Für nicht begeh-

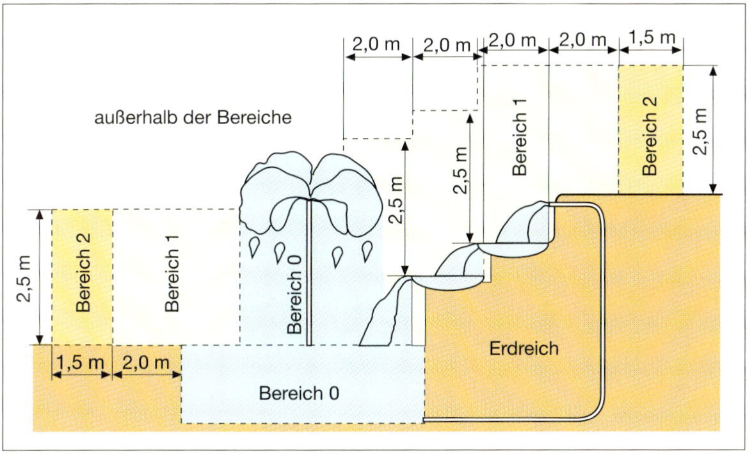

Bild S60: Spring- und Terrassenbrunnen, begehbar

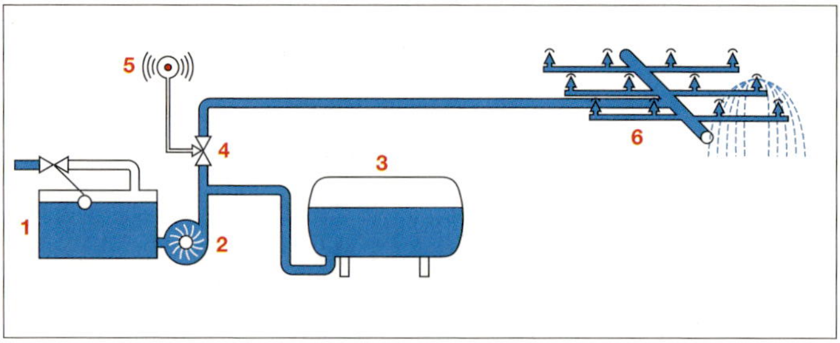

Bild S61: Sprinkleranlage
1 Wasservorratsbehälter;
2 Sprinklerpumpe mit Motor;
3 Druckluftwasserbehälter;
4 Alarmventil;
5 wassergetriebene Alarmglocke;
6 Rohrleitungsnetz mit Schirmsprinklern

bare Springbrunnen sind die Anforderungen, beispielsweise zum Schutz gegen elektrischen Schlag, dagegen zum Teil weniger streng. Im Übrigen entfällt bei diesen Springbrunnen der Bereich 2 [1].

Das Verbinden steckerfertiger Springbrunnen, z. B. Zier- oder Zimmerbrunnen, mit der festen Installationsanlage fällt grundsätzlich nicht in den Geltungsbereich von Errichtungsbestimmungen. Deshalb sind die Anforderungen nach DIN VDE 0100-702 für diese meist ortsveränderlichen Springbrunnen unzutreffend.

Literatur

[1] DIN VDE 0100-702:2003-11 Errichten von Niederspannungsanlagen; Anforderungen für Betriebsmittel, Räume und Anlagen besonderer Art; Becken von Schwimmbädern und andere Becken (Erläuterungen s. [2]).

[2] *Hörmann, W.; Nienhaus, H.; Schröder, B.:* Errichten von Niederspannunganlagen in feuchter oder nasser Umgebung sowie im Freien, in Bereichen von Schwimmbädern, Springbrunnen oder Wasserbecken. VDE-Schriftenreihe, Band 67B. Berlin, Offenbach: VDE-Verlag, 2003.

Sprinkleranlage

Ortsfeste automatische Feuerlöschanlage, die Entstehungsbrände erkennt, meldet und bekämpft und das Löschwasser durch Rohrleitungen über Sprinkler (Sprühdüsen) unmittelbar bis an den Brandherd heranführt.

Wirkungsweise, Ausführung

Bei einem Brand werden infolge der aufsteigenden Hitze ein oder mehrere Decken- bzw. Seitenwandsprinkler über Schmelzlot oder Glasfässchen geöffnet. Sie geben das Löschwasser, das in der Versorgungsleitung unter Druck steht, beim Erreichen der Nennöffnungstemperatur der Sprinkler gezielt an den Brandherd ab. Die übrigen Sprinkler bleiben geschlossen, solange sich der Brand nicht ausweitet. Nach dem Öffnen eines Sprinklers und dem Versprühen von Wasser (Mindestdüsendruck 0,5 bar) fällt der Druck im Rohrleitungsnetz, und es wird Alarm ausgelöst, Beispiel s. Bild S61.

Sprinkleranlagen sind selektiv wirkende Löschanlagen von hoher Effektivität und Zuverlässigkeit. Ihre Löschwirkung ist optimal; deshalb sind sie unter den ortsfesten Feuerlöschanlagen am weitesten verbreitet.

Die Planung und Ausführung von Sprinkleranlagen – auch deren Prüfung (Kontrollen) und Wartung – erfolgen grundsätzlich nach VdS CEA 4001 [1]. Diese Richtlinien enthalten außerdem detaillierte Anforderungen an die zu schützenden Gebäude, Räume oder Einrichtungen. Darüber hinaus sind die gesetzlichen und behördlichen Bestimmungen zu berücksichtigen.

Andere Feuerlöschanlagen

Anstelle von Sprinkleranlagen werden in bestimmten Fällen auch andere automatische Feuerlöschanlagen angewendet, z. B. **Sprühwasser-Löschanlagen** [2]. Bei diesen ortsfesten Feuerlöschanlagen nach DIN 14494 [3] sind alle Löschdüsen ständig offen. Sobald ein Branderkennungselement anspricht oder die Handauslösung betätigt wird, strömt Löschwasser in das Rohrnetz. Im Brandfall wird somit aus allen Düsen gleichzeitig Wasser versprüht (Mindestdüsendruck 2 bar) und damit der Brand großflächig und schnell im gesamten Raum oder Gefahrenbereich gelöscht, Beispiel s. Bild S62.

Sprühwasser-Löschanlagen können auch zum Kühlen oder Vornässen von Einrichtungen verwendet werden, z. B. zur (Mantel-)Berieselung oberirdischer Behälter mit brennbaren Flüssigkeiten.

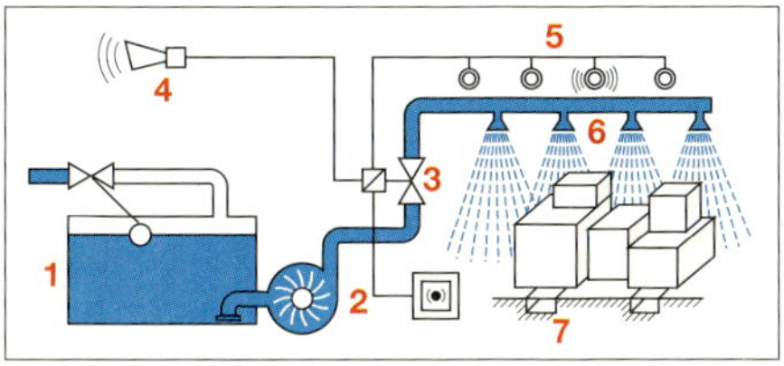

Bild S62: Sprühwasser-Löschanlage
1 Wasservorratsbehälter; 2 Motorpumpe; 3 Bereichsventil; 4 Alarmhupe; 5 Steuerleitung mit Detektoren; 6 Rohrleitungsnetz mit offenen Löschdüsen; 7 Löschwasserabfluss

Ist das Löschen eines Raums mit Wasser unerwünscht oder wegen besonderer Gefahren gar unzulässig, z. B. in elektrischen Betriebsstätten, finden meist **CO_2-Feuerlöschanlagen** nach VdS 2093 oder **Schaum-Löschanlagen** nach VdS 2108 Anwendung. Bei ihnen verdrängt das Löschmittel den Luftsauerstoff und erstickt die Flammen. **Pulver-Löschanlagen** verursachen relativ starke Verschmutzungen und sind deshalb zum Schutz von Räumen z. B. mit elektronischen Datenverarbeitungsanlagen (EDV) und von anderen elektrischen Betriebsstätten nicht geeignet.

Spricht eine Feuerlöschanlage selbsttätig an, so erfolgt stets eine automatische Meldung an eine ständig besetzte Stelle oder direkt an die Feuerwehr.

Literatur

[1] VdS CEA 4001:2003-01 Richtlinien für Sprinkleranlagen; Planung und Einbau.

[2] VdS 2109:2002-06 (03) Richtlinien für Sprühwasser-Löschanlagen; Planung und Einbau. Hrsg.: VdS Schadenverhütung, GmbH, Amsterdamer Str. 172-174, 50735 Köln.

[3] DIN 14494 Sprühwasser-Löschanlagen, ortsfest, mit offenen Düsen.

Spule

Elektrisches Bauelement, bestehend aus aufeinander folgenden Leiterschleifen (Windungen), mit der Eigenschaft, magnetische Energie nach Maßgabe ihrer →Induktivität zu speichern.

Allgemeines

Spulen (engl. *coils*) wirken an zeitlich unveränderlicher Gleichspannung wie sehr kleine Widerstände. An Wechselspannung haben sie einen elektrischen Widerstand, der von der Frequenz der Wechselspannung und der Induktivität abhängt. Dieser Widerstand X_L einer Spule heißt **induktiver Blindwiderstand** oder **Induktanz**. Er berechnet sich nach Gl.(1):

$$X_L = \omega L = 2\pi f \cdot L \qquad (1)$$

ω Kreisfrequenz,
f Frequenz,
L Induktivität.

Werden n Spulen hintereinander geschaltet, so addieren sich ihre Induktivitäten:

$$L_{ges} = \sum_{i=1}^{n} L_i. \qquad (2)$$

Bei Parallelschaltung von n Spulen gilt

$$L_{ges} = \frac{1}{\sum_{i=1}^{n} \frac{1}{L_i}} \quad (3)$$

Werden zwei elektrisch getrennte Spulen von einem gemeinsamen Magnetfeld durchdrungen und wird physikalisch der Effekt der Gegeninduktivität genutzt, so sind die Spulen Teil eines →Transformators oder →Wandlers (Übertrager).

Anwendung

Spulen dienen z. B. als Wicklungen für elektrische Maschinen, als Drosselspulen zur Herabsetzung der Steilheit des Stromanstiegs im Kurzschlussfall (Kurzschlussdrossel), zur Begrenzung des Kurzschlussstroms (Strombegrenzungsdrossel), zur Erdschlusskompensation (Erdschlussdrossel) oder zur Unterdrückung elektromagnetischer Störungen. Sie werden aber auch

- als Frequenz bestimmendes Bauelement in Schwingkreisen (Resonanzdrossel),
- als Strom begrenzendes Vorschaltgerät für Entladungslampen (Vorschaltdrossel),
- zur Speicherung elektrischer Energie (Speicherdrossel),
- zur Stromglättung (Glättungsdrossel) sowie
- zur Begrenzung kapazitativer Ladeströme von Hochspannungsleitungen (Ladestromdrossel) verwendet.

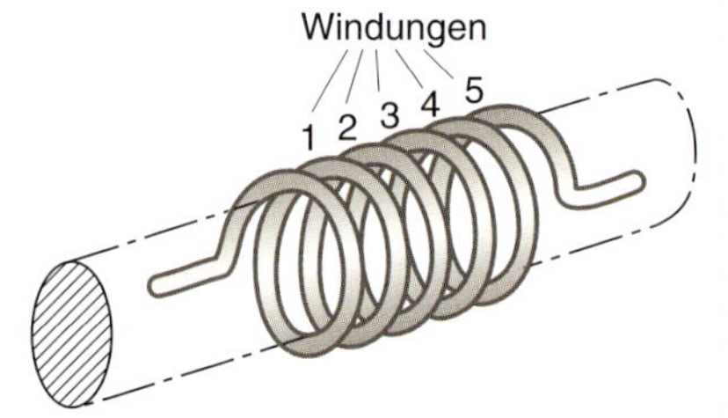

Bild S63: Luftspule

Spulen mit Luft als Spulenkern, also ohne einen die magnetische Leitfähigkeit erhöhenden Ferritkern, heißen **Luftspulen** (Luftdrosseln), s. Bild S63. Ihre Induktivität ist relativ klein. Sie werden meist gemeinsam mit Kondensatoren in Schwingkreisen oder Frequenzfiltern hoher Güte bei sehr hohen Frequenzen in Sende- und Empfangsschaltungen eingesetzt.

Spulenregel

Regel zur einfachen Bestimmung des Verlaufs (Richtung) der magnetischen Feldlinien eines Elektromagneten, z.B einer Spule, unter Zuhilfenahme der rechten Hand.

Allgemeines

Magnetische Feldlinien verlaufen parallel und in gleicher Dichte durch das Innere der Spule, z. B. in einem Eisenkern. Sie treten am Nordpol (N) des →Magneten aus und am Südpol (S) wieder ein, s. Bild S64. An den →Polen sind die Feldlinien am dichtesten; entsprechend ist auch das Magnetfeld und damit die Kraftwirkung an den Polen am stärksten.

Die magnetische Feldstärke wächst mit der Stromstärke und der Zahl der Windungen. Die Richtung der Feldlinien ist von der Stromrichtung abhängig. Dabei symbolisiert ein Kreuz in dem kreisförmigen Leiter ⊗ , dass der Strom in die Zeichenebene hineinfließt. Die Stromrichtung verläuft demnach vom Betrachter weg. Ein Punkt im Leiter ⊙ gibt die umgekehrte Stromrichtung an.

Merkregeln

Zur Bestimmung des magnetischen Feldlinienverlaufs und damit der Pole eines Elektromagneten, z. B. einer Spule, bedient man sich zweckmäßig der zur Faust geballten rechten Hand. Die „Spulenregel", auch „Rechte-Faust-Regel" genannt, lautet wie folgt:

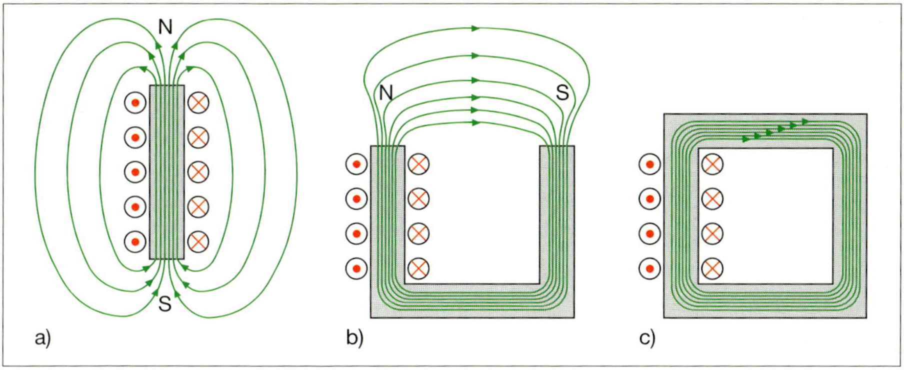

Bild S64: Verlauf der magnetischen Feldlinien bei Spulen
a) mit stabförmigem Eisenkern; b) mit u-förmigem Eisenkern; c) mit geschlossenem Einsenkern

Legt man die rechte Hand so um die Spule eines Elektromagneten, dass die gekrümmten Finger in Stromrichtung zeigen, so gibt der abgespreizte Daumen die Richtung der magnetischen Feldlinien im Spuleninneren und die Richtung des Nordpols an.

Legt man die rechte Hand so um einen linienförmigen Leiter, dass der abgespreizte Daumen in Stromrichtung zeigt, so geben die gekrümmten Finger die Richtung der konzentrisch um den Leiter verlaufenden magnetischen Feldlinien an.

Ebenso einfach lässt sich die Rechte-Faust-Regel anwenden, wenn der magnetische Feldlinienverlauf um einen linienförmigen Leiter bestimmt werden soll, s. Bild S65. In diesem Fall lautet die Merkregel:

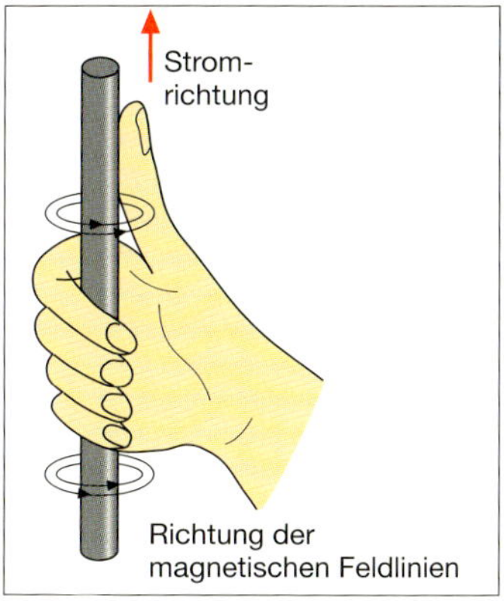

Bild S65: Rechte-Faust-Regel

Stahlpanzerrohr

Installationsrohr aus Stahl mit Isolierstoffauskleidung, vorzugsweise zur Aufnahme von →Aderleitungen. Es verfügt über eine sehr hohe mechanische Festigkeit und eignet sich deshalb besonders für den extrem rauen Betrieb.

Stahlpanzerrohre (Stapa-Rohre) werden in Längen von 3 m mit metrischem Gewinde (früher mit Panzerrohranschlussgewinde Pg) an den Enden geliefert und durch Schraubmuffen verbunden. Ebenso erfolgt die Verschraubung der Rohre mit den Installationsgeräten, -dosen, -kästen u. dgl. Zu diesem Zweck werden die Stahlpanzerrohre mit einer feinzähnigen (Eisen-)Säge auf die erforderliche Länge geschnitten und die Schnittkanten vom Grat befreit. Anschließend wird an den Rohrenden mit einer Kluppe Gewinde geschnitten.

Für Krümmungen und Abzweige dienen besondere Winkel- und T-Stücke, welche geöffnet werden können (Winkel- oder T-Kasten). Außerdem gibt es fertige Bögen (Krümmer). Den mechanischen Schutz der aus dem Rohr austretenden Aderleitungen übernehmen →Endtüllen mit einem gewölbten Porzellanrand.
Stahlpanzerrohre werden nur noch sehr selten als Installationsrohre verwendet, denn schließlich gibt es inzwischen ein großes Angebot z. B. an preisgünstigeren, leichteren, korrosionsfreien und viel besser zu verarbeitenden Hart-PVC-Rohren.

Steckdose

Teil einer →Steckvorrichtung, der als Kontaktstücke Steckbuchsen enthält, in die zur Herstellung einer elektrischen Verbindung die Stifte eines zugehörigen (kompatiblen) →Steckers gesteckt werden.

Allgemeines

Steckdosen (engl. *socket-outlets*) nach DIN VDE 0620-1 und DIN EN 60309-1 (VDE 0623-1) bestehen hauptsächlich aus einem isolierenden Unterteil mit den Steckbuchsen und deren Anschlussstellen für die elektrischen Leiter sowie einer widerstandsfähigen Schutzabdeckung (Oberteil) mit kleinen Öffnungen zum Einführen der Steckerstifte.
Nach dem Verwendungszweck werden unterschieden:

- **Aufbausteckdosen** (Wand- oder Anbausteckdosen) zur Befestigung an oder in Baukörpern,
- **Einbausteckdosen** zur Anordnung in Möbeln u. dgl.,
- **Kupplungssteckdosen** (Kupplungen) zum Anschluss an flexible Leitungen,
- **Gerätesteckdosen** zum Anschluss an flexible Leitungen (Geräteanschlussleitungen), die der Energiezufuhr zu den elektrischen Geräten dienen.

Zur Versorgung mehrerer Geräte von einem gemeinsamen Anschlusspunkt werden vorzugsweise ortsfeste oder ortsveränderliche Mehrfachsteckdosen bzw. Adapter verwendet, s. Bild S66. Mehrfachsteckdosen mit Schutzkontakten und starr angebautem Stecker (s. Bild S67) sind jedoch unzulässig.

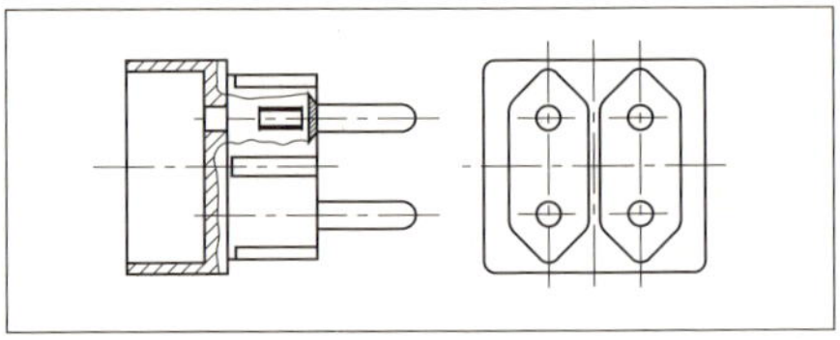

Bild S66: Zweipoliger Adapter mit zwei Steckdosen zum Anschluss von Eurosteckern

Bild S67: Unzulässige Mehrfachsteckdose mit Schutzkontakten

Rasiersteckdosen

In Bade- und Duschräumen von Hotels u. dgl. werden für den Betrieb leistungsschwacher Verbrauchsmittel, z. B. elektrischer Rasierapparate, Bartschneider, Haartrimmer, Massage- oder Kosmetikgeräte, mitunter Steckdosen in Verbindung mit einem kleinen Trenntransformator verwendet. Diese sog. „Rasiersteckdoseneinheiten" (engl. *shaver supply units*) [1] schalten sich meist erst beim Einführen des Steckers ein und schalten sofort aus, wenn Geräte mit hoher Leistung, z. B. Haartrockner, Bügeleisen oder Tauchsieder, angeschlossen werden.
Rasiersteckdoseneinheiten realisieren den →Schutz durch Schutztrennung und haben infolgedessen keine Schutzkontakte. Sie gestatten den Anschluss von elektrischen Rasierapparaten und ähnlichen leistungs-

schwachen Geräten mit dem flachen Eurostecker 2,5 A, 250 V nach DIN VDE 0620-101, aber auch mit Steckern anderer, z. B. ausländischer Stecksysteme.
Symbol: 

Literatur

[1] DIN EN 61558-2-5/A11 (VDE 0570-2-5/A11): 2005-07 Sicherheit von Transformatoren, Netzgeräten und dergleichen; Besondere Anforderungen an Rasiersteckdosen-Transformatoren und Rasiersteckdosen-Einheiten.

Stecker

Teil einer →Steckvorrichtung, der als Kontaktstücke Steckerstifte enthält, die zur Herstellung einer elektrischen Verbindung in die Steckbuchsen einer zugehörigen (kompatiblen) →Steckdose gesteckt werden.

Allgemeines

Stecker (engl. *plugs*) nach DIN VDE 0620-1 und -101 sowie DIN EN 60309 (VDE 0623-1) werden an flexible Leitungen angeschlossen oder direkt an Geräte angebaut. An elektrischen Geräten fest angebaute Stecker heißen „Gerätestecker" (engl. *appliance inlet*). Sie werden mitunter auch „Anbaustecker" oder bei ihrer Befestigung an Wänden „Wandstecker" genannt.
„Konturenstecker" (Flexostecker) ohne Schutzkontakte für Geräte der Schutzklasse II sind fest mit der Anschlussleitung verbunden. Ihre Trennung von der Leitung führt zur Unbrauchbarkeit der Stecker.
Stecker mit angebauter Steckdose werden „Zwischenstecker" und solche für verschiedene, z. B. ausländische Stecksysteme „Reise-Zwischenstecker" (Reisestecker) genannt.
„Bananenstecker" ist die umgangssprachliche Bezeichnung für einpolige Stecker. Diese haben gewöhnlich mehrere bogenförmig gekrümmte Kontaktfedern und eignen sich für robuste und häufige Betätigungen, z. B. für Mess- und Prüfzwecke.

Ausführung

Die Ausführungsformen von Steckern richten sich insbesondere nach der zu übertragenden Stromstärke, der geforderten mechanischen Festigkeit, der Schutzart, der Anzahl der Pole, der Art der Steckvorrichtung sowie nach dem Verwendungszweck. Die Steckerstifte dürfen in ungestecktem Zustand nicht unter Spannung stehen.
In Deutschland sind für den Hausgebrauch und ähnliche Zwecke seit jeher zweipolige Stecker 16 A, 250 V mit seitlichen Schutzkontakten gemäß Bild S68 a und dazu kompatiblen Steckdosen mit zwei federnden Kontaktstücken für den Schutzleiteranschluss üblich. Andere Länder, z. B. Frankreich, Belgien und Tschechien, bevorzugen Steckdosen mit einem aus der Mitte versetzten Schutzkontaktstift, der in der Schutzkontaktbuchse im Stecker mündet. Stecker in der Bauart nach DIN 49441-2 sind für beide Schutzkontakt-Stecksysteme geeignet, s. Bild S68 b.

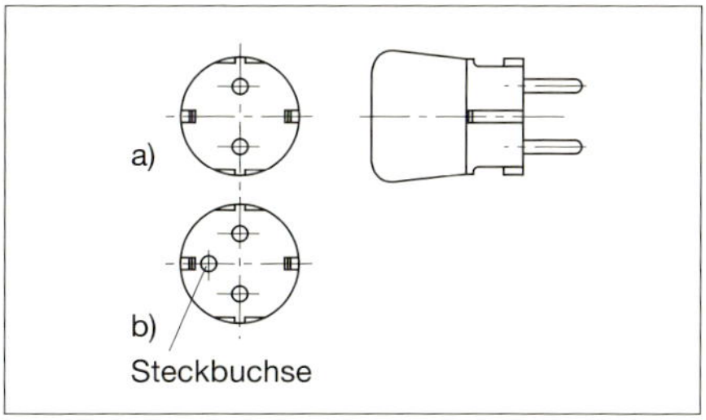

Bild S68: Zweipolige Stecker 16A, 250V
a) mit seitlichen Schutzkontakten
b) mit seitlichen Schutzkontakten und einer Schutzkontakt-Steckbuchse

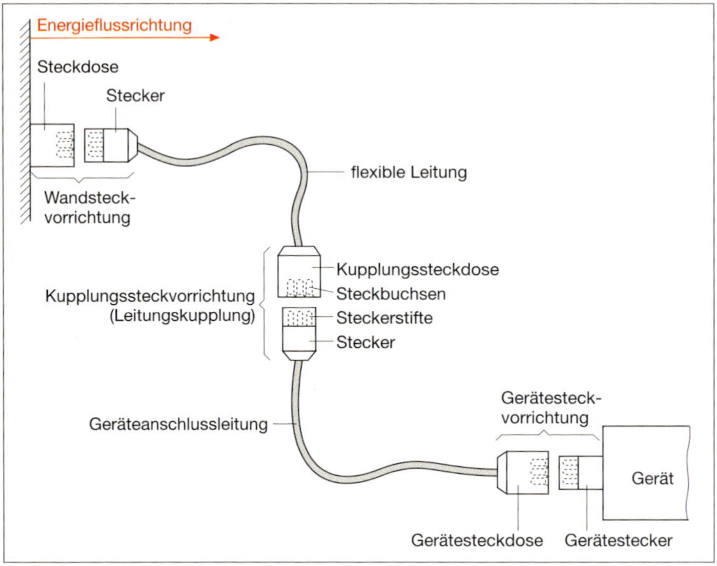

Bild S69: Steckvorrichtungen

Steckvorrichtung

Elektrisches Betriebsmittel zur Herstellung oder Trennung von lösbaren elektrischen Verbindungen mittels eines oder mehrerer Kontaktstücke (Steckbuchsen und Steckerstifte), wobei die zum Verbinden oder Unterbrechen dienenden Teile nicht fest auf einem gemeinsamen Sockel zusammenhängen.

Allgemeines

Steckvorrichtungen (engl. *plug-and-socket devices*) müssen den dafür geltenden IEC- und CENELEC-Normen entsprechen. In Deutschland gelten für Steckvorrichtungen die Normenreihen DIN VDE 0620 bis 0628, in die die einschlägigen internationalen bzw. europäischen Normen übernommen worden sind.

Man unterscheidet folgende Steckvorrichtungen:

- **Wandsteckvorrichtungen** sind für Wandmontage vorgesehen.
- **Kupplungssteckvorrichtungen** dienen dazu, flexible Leitungen zwecks Verlängerung mit einer Kupplungssteckdose und einem dazu kompatiblen →Stecker untereinander zu verbinden. Sie werden in praxi meist „Leitungskupplungen" genannt.
- **Gerätesteckvorrichtungen** sind erforderlich, wenn flexible Leitungen mit einer Gerätesteckdose lösbar an elektrische Geräte angeschlossen werden sollen. Zu diesem Zweck verfügen die Geräte über einen fest angebauten Gerätestecker, s. Bild S69.
- **Schutzkontaktsteckvorrichtungen** (Schukosteckvorrichtungen[1]) verfügen in →Steckdosen und →Steckern über Schutzkontakte. An zweipolige Schutzkontaktsteckdosen für Haushalt- und ähnliche Zwecke können auch Eurostecker nach DIN VDE 0620-101 sowie andere zweipolige Flach- und Rundstecker ohne Schutzkontakte (Konturenstecker) angeschlossen werden, Bild S70.

Steckvorrichtungen mit Bemessungsspannungen bis 50 V haben gewöhnlich

[1] Achtung! „Schuko" ist ein eingetragenes Warenzeichen.

keine Schutzkontakte, weil der Schutz gegen elektrischen Schlag unter Fehlerbedingungen (Fehlerschutz) nach DIN VDE 0100-410 grundsätzlich erst bei Spannungen ab AC 50 V (Effektivwert) gefordert wird. Die Verwendung von Steckvorrichtungen mit Schutzkontakten für PELV- und FELV-Stromkreise – nicht für SELV-Stromkreise – ist jedoch erlaubt.

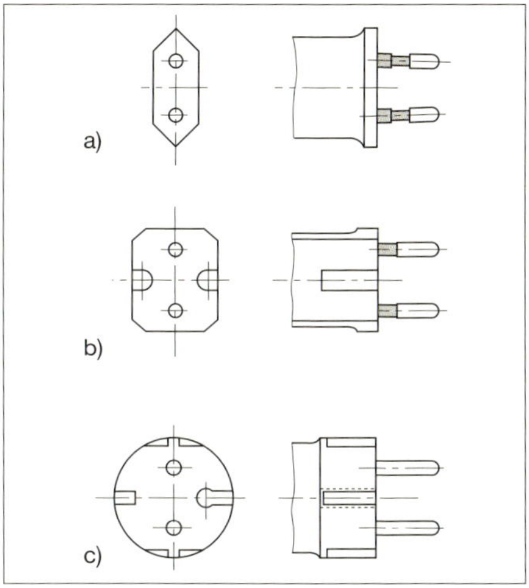

Bild S70: Zweipolige Stecker ohne Schutzkontakte für den Anschluss schutzisolierter Geräte
a) Eurostecker 2,5 A; b) Flachstecker 16 A; c) Rundstecker 16 A (Konturenstecker)

- **Kragensteckvorrichtungen** (Industriesteckvorrichtungen) für erhöhte mechanische Beanspruchungen im industriellen Bereich, z. B. in Fabriken, Gewerbebetrieben, landwirtschaftlichen Betriebsstätten, auf Baustellen und im Freien, enthalten Steckerstifte, die von einem stabilen Schutzkragen umgeben sind.

[1] Industriesteckvorrichtungen mit Bemessungsströmen ab 63 A haben zusätzlich noch einen **Pilotkontakt** (Hilfskontakt) für elektrische Verriegelungen, Meldungen u. dgl. Dieser Kontakt schließt beim Stecken erst nach den übrigen Kontakten. Beim Ziehen des Steckers öffnet er zuerst.

Industriesteckvorrichtungen werden für Bemessungsspannungen bis 690 V – auch für Kleinspannungen (bis 50 V) – in drei-, vier- und fünfpoliger Ausführung hergestellt[1]. Die bevorzugten Bemessungsströme betragen: 16, 32, 63 und 125 A. Der Einsatz dieser Steckvorrichtungen ist auch im häuslichen Bereich zulässig.

Industriesteckvorrichtungen werden in Deutschland grundsätzlich mit kreisförmiger Anordnung der Steckkontakte gemäß DIN 49462/49463 hergestellt (runde Kragensteckvorrichtungen) [1]. Bei diesen Steckvorrichtungen haben der Steckerstift und die Steckbuchse für den →Schutzleiter einen größeren Durchmesser als die Außenleitersteckkontakte.

Das Gehäuse besteht aus hochwertigem, schlagfestem Kunststoff in einer von der jeweiligen Bemessungsspannung und -frequenz abhängigen Kennfarbe, z. B. Blau für Spannungen von 220...240 V, Rot für Spannungen von 380...420 V und Grün für Frequenzen über 60 Hz.

Elektrische Sicherheit

Die Reihenfolge von Steckdosen und Steckern in einem Leitungszug wird durch die Energieflussrichtung bestimmt, s. Bild S69. In keinem Fall dürfen Steckerstifte unter gefährlicher Spannung stehen, solange die blanken Kontaktstücke noch berührbar sind. Deshalb werden z. B. beim Eurostecker die gegeneinander schräg stehenden 4-mm-Steckerstifte bis zur Hälfte isoliert, s. Bild S70 a.

Steckdosen mit Schutzkontakten sind so gestaltet, dass beim Einführen eines Schutzkontaktsteckers die Schutzleiterverbindung stets vor der Verbindung der aktiven Leiter erfolgt. Beim Trennen der Steckvorrichtung ist das genau umgekehrt. Der elektrische Kontakt des Schutzleiters wird später getrennt als die Kontakte der aktiven Leiter.

Stecker für bestimmte Spannungen, Stromsysteme usw. dürfen nicht in Steckdosen eingeführt werden können, deren elektrische Kennwerte den sicherheitstechnischen Anforderungen des anzuschließenden Verbrauchsmittels nicht genügen. Außerdem ist mit Bezug auf DIN VDE 0100-410 zu verhindern, dass

- SELV-Stecker in Steckdosen von PELV- oder FELV-Stromkreisen und
- PELV- oder FELV-Stecker in Steckdosen von SELV-Stromkreisen eingeführt werden können.

An flexible Leitungen angeschlossene Stecker, Kupplungs- oder Gerätesteckdosen müssen eine Zugentlastungsvorrichtung haben, um die elektrischen Leiter von Zug und Verdrehung an den Anschlussstellen zu entlasten und außerdem die Schutzumhüllung der Leitung gegen Abrieb zu schützen. Behelfsmäßige Zugentlastungen, z. B. durch Wulst oder sog. Katzenbuckel (s-förmig zusammengebundenes Leitungsende), sind unzulässig.

Literatur

[1] DIN EN 60309-1 (VDE 0623-1): 2000-05 Stecker, Steckdosen und Kupplungen für industrielle Anwendungen; Allgemeine Anforderungen.

Stegleitung

Flache Starkstromleitung (NYIF, NYIFY), zwei- bis fünfadrig, nach DIN VDE 0250-201.

Allgemeines

Stegleitungen (engl. *flat webbed house wires*) gibt es in Deutschland seit den 1930er Jahren. Bei dieser flachen Leitungen besteht die Basisisolierung (Aderisolierung) aus PVC und die äußere Isolierhülle (Umhüllung) aus einer vulkanisierten, naturfarbenen Gummimischung. Diese Isolierhülle dient in erster Linie der gegenseitigen Adernfixierung und (Nagel-)Befestigung der Leitung, nicht vordergründig dem Berührungsschutz. Stegleitungen sind deshalb der unmittelbaren Berührung zu entziehen und gegen mechanische Beanspruchungen zu schützen. Die Aufputzinstallation dieser (Flach-)Leitungen ist nicht gestattet [1].

Installationsbedingungen

Stegleitungen sind für die feste Verlegung in trockenen Räumen bestimmt, entweder

- in oder unter Putz (nicht einbetoniert) oder
- in Hohlräumen von Decken und Wänden aus Beton, Stein oder ähnlichen nicht brennbaren Baustoffen.

Im Fall der Imputz- oder Unterputzinstallation müssen Stegleitungen in ihrem ganzen Verlauf von Putz bedeckt sein. Der mechanische Schutz der Leitungen ist bei einer Putzbedeckung ≥4 mm Dicke sichergestellt. Werden mehrere Stegleitungen nebeneinander verlegt, so soll aus Gründen einer guten Putzhaftung und rissfesten Putzbedeckung der lichte Abstand zwischen den Leitungen 1 cm nicht unterschreiten.

Stegleitungen dürfen nur mit solchen Mitteln und Verfahren befestigt werden, die eine Formänderung oder Beschädigung der Isolierungen ausschließen, z. B. Gipspflaster. Bei Verwendung von Nägeln mit Isolierstoffunterlegscheiben erfolgt die Befestigung der Leitung entlang der keilförmigen Rille zwischen den Adern (Nagelsteg), s. Bild S71.

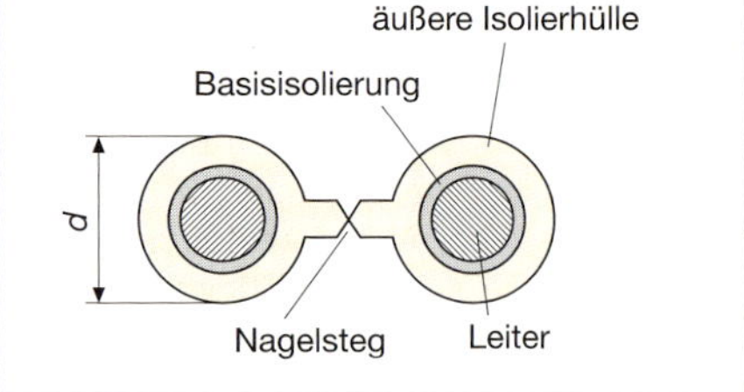

Bild S71: Stegleitung (NYIF), zweiadrig

Zum Biegen von Stegleitungen ist der Nagelsteg in der Längsrille etwa 10 cm aufzutrennen; anschließend sind eine oder zwei Adern nach innen zu ziehen. Stegleitungen dürfen auch rechtwinklig (flach) gebogen werden, s. Bild S72. Der minimal zulässige Biegeradius *R* beträgt 4*d*.

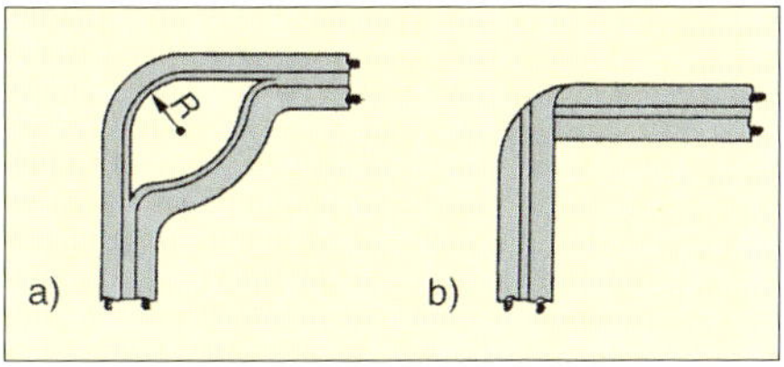

Bild S72: Stegleitung mit Bogen
a) Steg aufgetrennt;
b) Leitung rechtwinklig umgebogen

Verlegeverbot

Bei Stegleitungen ist die Basisisolierung vergleichsweise dünn, nur etwa halb so dick wie die Isolierung einer →Aderleitung. Deshalb dürfen Stegleitungen n i c h t verlegt werden:

- auf oder unter Drahtgeweben, Streckmetallen, auf Rosten oder Konsolen, in Wannen, Installationsrohren oder -kanälen,
- unter Gipskartonplatten, wenn diese mit Schrauben, Nägeln o. dgl. befestigt werden,
- auf brennbaren Baustoffen, z. B. Holz, auch wenn die Leitungen mit Putz bedeckt sind,
- wenn Normen die Verwendung von Stegleitungen ausdrücklich verbieten, z. B. in Bade- und Duschräumen sowie Schwimmbädern nach DIN VDE 0100701 bzw. -702.

Außerdem dürfen Stegleitungen nicht gehäuft (gebündelt) verlegt werden. Das Zusammenfassen der Leitungen an den Einführungsstellen elektrischer Betriebsmittel, z. B. Verteiler, gilt nicht als Bündeln.

Literatur

[1] DIN VDE 0100-520:2003-06 Errichten von Niederspannungsanlagen; Auswahl und Errichtung elektrischer Betriebsmittel; Kabel- und Leitungsanlagen.

Stehspannung

Spannung von festgelegtem zeitlichem Verlauf, der die →Isolierung eines elektrischen Betriebsmittels unter vorgegebenen Bedingungen gerade noch zu widerstehen vermag.

Stehspannungen werden hauptsächlich wie folgt unterschieden:

- **Stehwechselspannung** (engl. *power frequency withstand voltage*) ist der Effektivwert der höchsten auftretenden sinusförmigen Wechselspannung bei Betriebsfrequenz, welchem die Isolierung unter festgelegten Prüfbedingungen standhält. Sie wird mitunter auch „Haltewechselspannung" genannt.
- **Stehstoßspannung** (engl. *impulse withstand voltage*) ist der Scheitelwert der Normstoßspannungswelle von festgelegter Form und Polarität, welchem die Isolierung unter vorgegebenen Prüfbedingungen standhält.

Stehgleichspannungen sind eher selten.

Steinmetzschaltung

Schaltung für den Anschluss (Betrieb) eines Drehstrom-Asynchronmotors an Einphasen-Wechselstromnetzen mit Hilfe eines Kondensators.

Allgemeines

Dreiphasen-Wechselstrommotoren (Drehstrommotoren) entwickeln beim Anschluss an Einphasen-Wechselstromnetzen ein Drehmoment und laufen an, wenn der dritte Wicklungsstrang über einen Kondensator mit einem Netzleiter verbunden worden ist, s. Bild S73. Bei einem Wechsel des netzseitigen Anschlusspunkts des Kondensators, z. B. von L nach N, ändert sich die →Drehrichtung des Motors. Erfinder dieser Schaltung, bei der ein Kondensator die zeitliche Phasenverschiebung zur Erzeugung eines Drehfelds hervorruft (Kondensatormotor), ist der deutsche Elektrotechniker *Charles Proteus Steinmetz* (1865-1923).

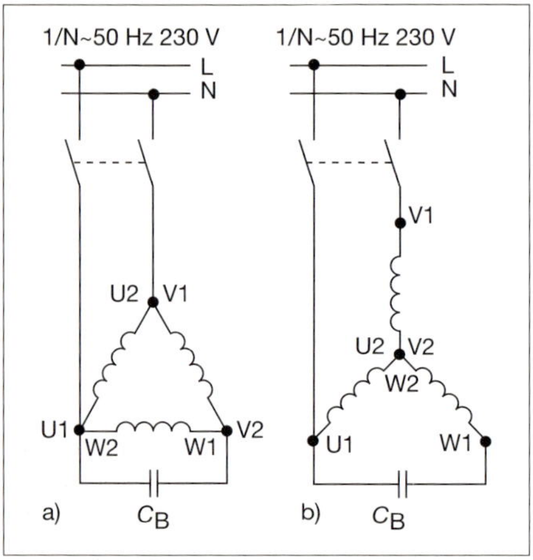

Bild S73: Drehstrom-Asynchronmotor mit Betriebskondensator C_B an einem Einphasennetz (Steinmetzschaltung)
a) Dreieckschaltung; b) Sternschaltung

Wirkungsweise, Anwendung

Das wichtigste Hilfsmittel bei der Steinmetzschaltung ist der Betriebskondensator C_B. Er verursacht die gewünschte Phasenverschiebung, sodass die räumlich versetzten Wicklungsstränge von phasenverschobenen Wechselströmen durchflossen werden. Es bildet sich ein →magnetisches Drehfeld mit wechselnder Stärke (elliptisches Drehfeld). Dieses Drehfeld entsteht bereits bei Läuferstillstand, sodass der Motor ohne Anlaufhilfe hochlaufen kann.
Die Kapazität des Betriebskondensators C_B soll bei 230 V, 50 Hz etwa 65 µF je kW Nennleistung betragen [1]. Bei dieser Kapazität beträgt das Anzugsdrehmoment etwa 30 % des Nenndrehmoments. Für den →Schweranlauf von Maschinen ist ein Motor in Steinmetzschaltung folglich nicht geeignet.
Eine Vergrößerung der Betriebskapazität führt zu einer Erhöhung des Anzugsdrehmoments. Dabei ist jedoch zu beachten, dass die große Kapazität – i. Allg. die Kapazität eines zusätzlichen Anlaufkondensators C_A mit etwa der doppelten Kapazität des Betriebskondensators C_B – nach Beendigung des Anlaufvorgangs unbedingt wieder abgeschaltet werden muss, z. B. durch einen Fliehkraftschalter, s. Bild S74. Bei versäumter Abschaltung können die Wicklungen zu stark erwärmt und damit beschädigt werden.

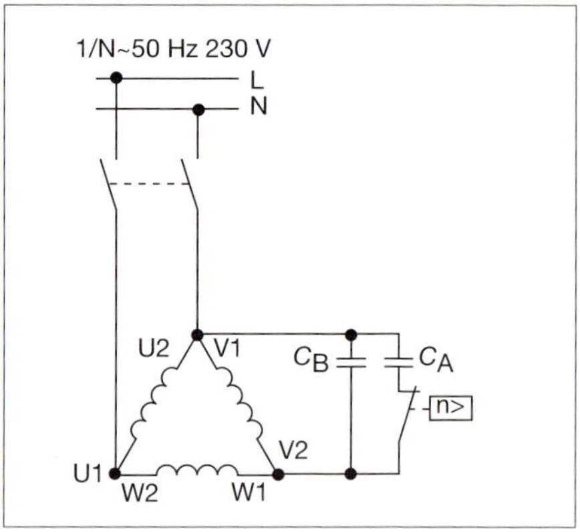

Bild S74: Drehstrom-Asynchronmotor mit Betriebs- und Anlaufkondensator sowie Fliehkraftschalter an einem Einphasennetz

Drehstrom-Asynchronmotoren werden mit einer Nennleistung bis etwa 2,2 kW unter Anwendung der Steinmetzschaltung in Einphasen-Wechselstromnetzen betrieben.

Literatur

[1] Die Steinmetzschaltung. de, München 75(1996)17, S. 117g.

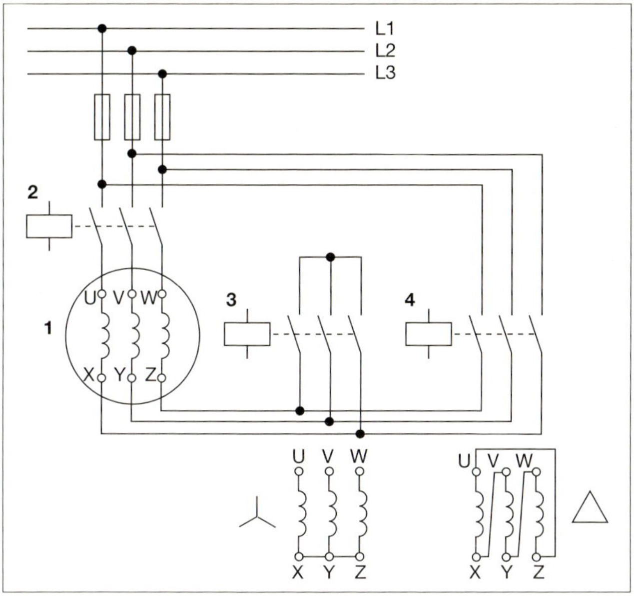

Bild S75:
Stern-Dreieck-Schaltung
1 Asynchronmotor;
2 Hauptschütz;
3 Sternschütz (Anlauf);
4 Dreieckschütz (Nennbetrieb)

Stern-Dreieck-Schaltung

Schaltung der Ständerwicklung von leistungsstarken Dreiphasen-Asynchronmotoren (Kurzschlussläufermotoren) zum allmählichen Anlaufen von Arbeitsmaschinen.

Allgemeines

Bei der Stern-Dreieck-Schaltung erfolgt der Motoranlauf (Anlaufzeit >5 s) in →**Sternschaltung**. Somit liegt an der Ständerwicklung zunächst nur die Strangspannung, z. B. 230 V, und es fließt ein vergleichsweise niedriger Anlaufstrom (geringer Einschaltstromstoß). Infolgedessen ist auch das Anzugsmoment klein, und der Motor kann nur mit geringer Last anlaufen.

Nach dem Beschleunigen des Motors auf die volle Drehzahl (Ende des Hochlaufs) erfolgt die Stern-Dreieck-Umschaltung, entweder manuell, z.B. mit einem Stern-Dreieck-Schalter (engl. *star-delta starter*), oder automatisch z. B. mit einem ansprechverzögerten Zeitrelais. Nun wird der Motor in →**Dreieckschaltung** mit der vollen Leiterspannung je Wicklungsstrang, z. B. mit 400 V, weiterbetrieben, s. Bild S75.

Motoren mit Stern-Dreieck-Anlauf sind auch in der Sternstufe gegen unzulässig hohe Temperaturen zu schützen [1].

Anwendung

Voraussetzung für die Anwendung der Stern-Dreieck-Schaltung (⅄-△- Schaltung) ist, dass die mit X, Y, Z (oder mit U2, V2, W2) bezeichneten Enden der Ständerwicklungen am Motorklemmenbrett herausgeführt sind (sechs Ständerklemmen). Das ist bei Kurzschlussläufern gewöhnlich der Fall. Durch die waagerechte Verbindung Z-X-Y (oder W2, U2, V2) am Motorklemmenbrett wird die Sternschaltung und durch die drei senkrechten Verbindungen U-Z, V-X, W-Y (oder U1-W2, V1-U2, W1-V2) die Dreieckschaltung realisiert, s. Bild S76.

Bei Sternschaltung der Ständerwicklung beträgt das Motor-Anlaufmoment nur etwa ein Drittel des Wertes bei der Dreieckschaltung. Deshalb ist vor Anwendung der Stern-Dreieck-Schaltung zu klären, ob der Motor den Anlauf (Hochlauf) der Arbeitsmaschine überhaupt bewältigen kann.

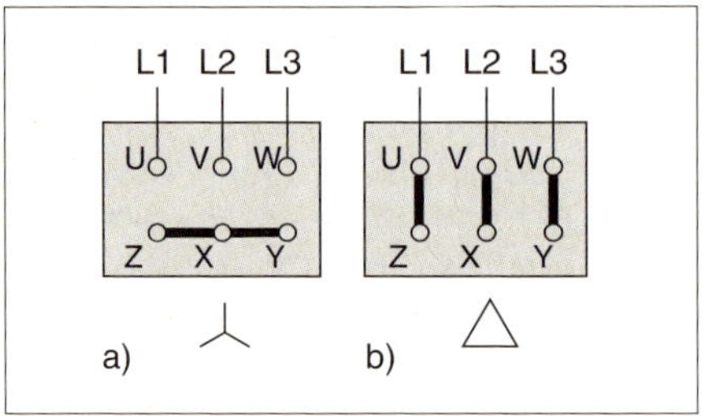

Bild S76: Enden der Ständerwicklungen eines Kurzschlussläufers am Motorklemmenbrett a) Sternschaltung; b) Dreieckschaltung

Dem sanften Anlauf von Arbeitsmaschinen dient auch die sog. **Kusa-Schaltung** (**Ku**rzschlussläufer-**Sa**nftanlauf). Bei dieser Anlassschaltung wird in eine der drei Zuleitungen (unsymmetrisch) ein Widerstand oder eine Drossel geschaltet und dadurch ohne wesentliche Beeinflussung des Anlaufstroms bewusst allein das Anzugsmoment des Kurzschlussläufermotors verringert.
Die Kusa- und die Stern-Dreieck-(Ein-)Schaltung haben als Folge der vermehrten Anwendung elektronischer Anlaufschaltungen an Bedeutung verloren.

Literatur

[1] DIN VDE 0100-482:2003-06 Errichten von Niederspannungsanlagen; Auswahl von Schutzmaßnahmen; Brandschutz bei besonderen Risiken oder Gefahren.

Sternschaltung

Grundschaltung der Elektrotechnik, bei der in einem Dreiphasen-Wechselstromsystem (Drehstromsystem) drei Wicklungen, Kondensatoren, Widerstände oder andere Bauelemente an einem gemeinsamen Punkt sternförmig zusammengeschlossen sind, s. Bild S77.

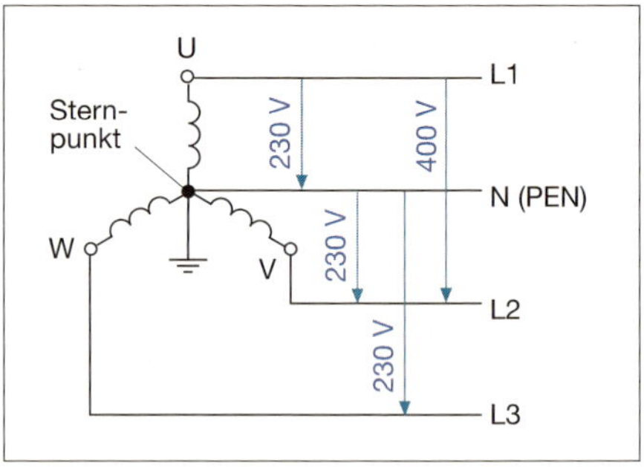

Bild S77: Sternschaltung L1, L2, L3 Außenleiter; N Neutralleiter (PEN-Leiter im TN-C-System)

Allgemeines

Der gemeinsame Punkt, an dem z. B. die Enden der drei Wicklungsstränge eines Drehstromtransformators sternförmig zusammengeschlossen sind, heißt **Sternpunkt** oder **Neutralpunkt** (engl. *neutral point*). Nach dem Internationalen Elektrotechnischen Wörterbuch (IEV), Kapitel 195 „Erdung und Schutz gegen elektrischen Schlag“, ist der Neutralpunkt (Sternpunkt) der gemeinsame Punkt eines in Stern geschalteten Mehrphasensystems oder der geerdete Mittelpunkt eines Einphasensystems. Dabei bezeichnet das IEV den **Mittelpunkt** (engl. *mid-point*) als den gemeinsamen Punkt zwischen zwei zueinander symmetrischen Stromkreiselementen, deren andere Enden mit zwei verschiedenen →Außenleitern desselben →Stromkreises elektrisch verbunden sind.
Die Sternschaltung (⅄-Schaltung, engl. *star connection*) wird als Wicklungsschaltung vorzugsweise bei Drehstromtransformatoren, -generatoren und -motoren angewendet. Hierbei teilt sich die Leiterspannung mit dem Faktor $1/\sqrt{3}$ auf die einzelnen Wicklungsstränge auf. Die Sternschaltung ist somit vorteilhaft bei der Lösung isolationstechnischer Probleme.

Die Parallelschaltung von zwei Sternschaltungen ergibt die **Doppelsternschaltung** (✳ -Schaltung). In diesem Fall sind die beiden Dreiphasen-Wechselstromsysteme um 60° phasenverschoben.

Zickzackschaltung

Die Zickzackschaltung (Υ -Schaltung, engl. *zigzag-connection*) ist eine modifizierte Sternschaltung. Hierbei ist jeder Wicklungsstrang der Sternschaltung in zwei Teilstränge mit gleicher Windungszahl aufgeteilt. Das Ende eines jeden Wicklungsstrangs ist an einem gemeinsamen Punkt – dem Sternpunkt – zusammengeschaltet, s. Bild S78.

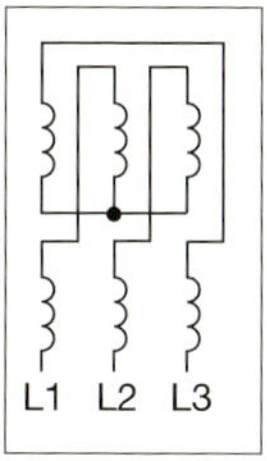

Bild S78: Zickzackschaltung

Die Zickzackschaltung wird bei Drehstromtransformatoren auf der Sekundärseite z. B.

- zur Induzierung phasenverschobener Spannungen,
- aus Gründen des geringeren Isolationsaufwands als bei der gewöhnlichen Sternschaltung oder
- wegen der vollen einphasigen Belastbarkeit, auch bei oberspannungsseitiger Sternschaltung, angewendet.

Steuerquittierschalter

Kombination eines elektromechanischen Steuerschalters und eines Anzeigegeräts (Schaltstellungsrückmelder) zur Fernsteuerung von Hochspannungsschaltgeräten.

Steuerquittierschalter verfügen über mehrere Schaltstellungen. Die waagerechte Stellung des Betätigungsgriffs bedeutet AUS und die senkrechte Griffstellung EIN. Beim Einschalten wird mit der senkrechten Griffstellung die gewünschte Schaltung in der elektrischen Anlage vorgewählt. Zwecks Erteilung des EIN-Befehls ist der Betätigungsgriff um 45° weiterzudrehen. Diese Drehung in die Befehlsstellung ist jedoch nur möglich, wenn durch Drücken auf den Griff eine Sperre aufgehoben worden ist.

Die im Steuerquittierschalter eingebaute Lampe leuchtet auf, wenn zwischen dem betreffenden Hochspannungsschaltgerät in der Anlage und dem Steuerquittierschalter eine Differenzstellung besteht, z. B. wenn das fernbetätigte Gerät ausschaltet und der Steuerquittierschalter noch auf EIN steht. Die Lampe erlischt, sobald die neue Stelllung durch Drehen des Griffs in die AUS-Stellung quittiert worden ist.

Steuertransformator

→Transformator zur Versorgung von Steuerstromkreisen mit elektrischer Spannung.

Allgemeines

Steuertransformatoren (engl. *control transformers*) nach DIN EN 61558-2-2 [1] verfügen über elektrisch getrennte Wicklungen. Sie ermöglichen damit die Errichtung eines eigenständigen Stromversorgungssystems zur

- Bereitstellung von Steuerspannungen, die sich in der Höhe und Art von der Netzspannung unterscheiden, sowie zur
- Anwendung von Schutzmaßnahmen gegen elektrischen Schlag, die vom speisenden Netz unabhängig sind, z. B. ein IT-System mit Isolationsüberwachung der aktiven Teile gegen Erde.

Eine →sichere elektrische Trennung des Betriebsstromkreises vom speisenden Netz durch doppelte oder verstärkte Isolierung wird bei Steuertransformatoren – anders als z. B. bei Trenntransformatoren – nicht gefordert.

Bemessungsleistung

Die Bemessungsleistung von Steuertransformatoren richtet sich nach der benötigten Einschalt- und Halteleistung der im Steuerstromkreis vorhandenen Schütze, Relais, Leuchtmelder und anderen elektrischen Geräte. Sie liegt üblicherweise zwischen 25 und 1000 VA. Die thermische Bemessungsleistung – das ist die Dauerleistung (1. Zahl) – und die Kurzzeitleistung (2. Zahl), z. B. 250/600 VA, sind üblicherweise auf dem Steuertransformator angegeben.

Kennzeichnung

Zur Kennzeichnung von Steuertransformatoren werden die im Bild S79 dargestellten Symbole verwendet. Fail-safe-Transformatoren fallen bei nicht bestimmungsgemäßem Gebrauch durch Unterbrechung des Eingangsstromkreises bleibend aus – ohne Gefahr für Personen oder Sachen.

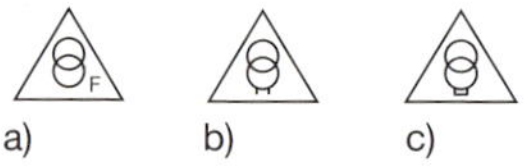

Bild S79: Bildzeichen für Steuertransformatoren a) Fail-safe; b) nicht kurzschlussfest; c) bedingt oder unbedingt kurzschlussfest

Literatur

[1] DIN EN 61558-2-2 (VDE 0570-2-2): 1998-10 Sicherheit von Transformatoren, Netzgeräten und dergleichen; Besondere Anforderungen für Steuertransformatoren.

Stopfbuchsverschraubung

Verschraubung mit Rohrstutzen, Nippelmutter (Schraubnippel), Druckscheiben und einem Gummiring (Schnurring) zum Abdichten von Kabel- und Leitungseinführungen, z. B. an elektrischen Verbrauchsmitteln, Installationsgeräten sowie Kabelabzweig- und Verteilerkästen.

Ausführung

Stopfbuchsverschraubungen aus Kunststoff oder Metall gibt es in vielen Ausführungen. Die wohl bekanntesten Kabelverschraubungen (engl. *cable glands*) für elektrische Installationen nach DIN EN 50262 (VDE 0619) sind die

- **Hutmutter-Verschraubung** mit gleichzeitiger Zugentlastung (s. Bild S80) – dazu gehört auch die sog. Euro-Sprint-Kabelverschraubung (ESKV) – und die
- **Konus-Kabelverschraubung** ohne Zugentlastung.

Das frühere Panzerrohranschlussgewinde mit den zehn Gewindegrößen Pg 7 bis Pg 48 wurde inzwischen durch acht metrische Gewindegrößen (M 12x1,5 bis M 63x1,5) ersetzt. Diese neuen Gewindegrößen decken den Dichtbereich der früheren Pg-Kabeleinführungen komplett ab.

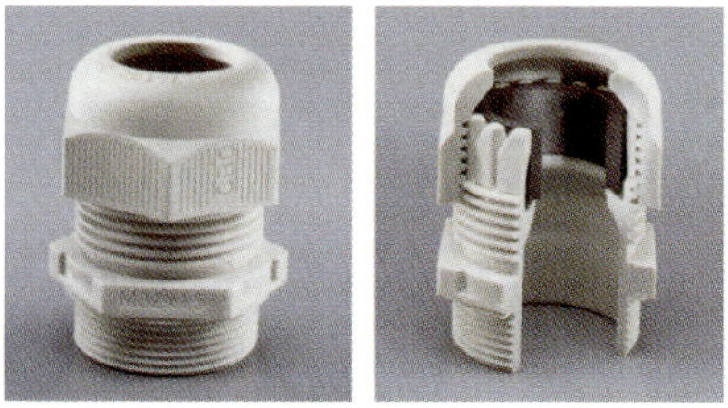

Bild S80: Hutmutter-Verschraubung a) Ansicht; b) Schnitt

Bei vorhandenen elektrischen Betriebsmitteln mit den früheren Pg-Einführungsöffnungen kann es vorkommen, dass Kabel und Mantelleitungen nachträglich eingeführt werden müssen. Dafür sind Verbindungsstücke (Adapter) auf dem Markt, mit deren Hilfe zwischen Pg- und metrischen Anschlussgewinde adaptiert werden kann, s. Bild S81.

Bild S81: Adapter zum Übergang von PG- auf metrisches Gewinde

Anwendung

Stopfbuchsverschraubungen im klassischen Sinne bestehen aus der sechskantigen Nippelmutter (Hutmutter), dem Gummiring (Schnurring) und zwei Druckscheiben, s. Bild S82. Beim Einschrauben der Hutmutter wird der elastische Gummiring zusammengedrückt und durch die starke Deformierung des Rings die Dichtheit der Stopfbuchsverschraubung herbeigeführt.

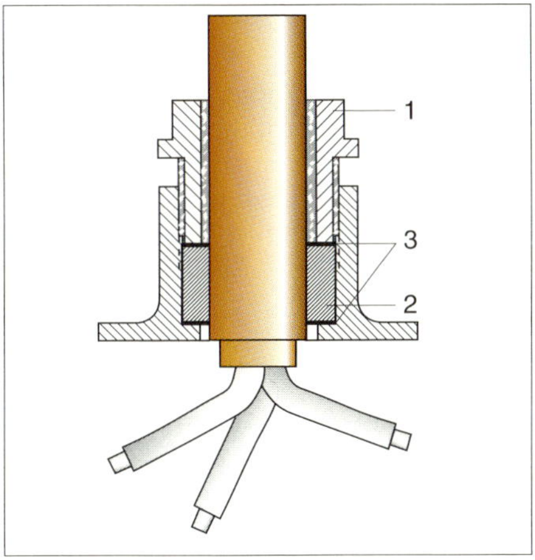

Bild S82: Stopfbuchsverschraubung (Beispiel) 1 Nippelmutter; 2 Gummiring; 3 Druckscheiben

Mitunter wird die Einführungsstelle noch zusätzlich von außen mit Dichtungskitt (Gurokitt) gegen das Eindringen von Feuchtigkeit und Wasser abgedichtet. Das Verkitten entfällt, wenn anstelle der konventionellen Stopfbuchsverschraubung z. B. die aus elastischem und alterungsbeständigem Kunststoff hergestellten Einsteckstutzen (Würgenippel) oder die Euro-Membran-Schrauben (EMS) bzw. Euro-Membran-Tüllen (EMT) verwendet werden.

Störaussendungspegel

Pegel einer elektromagnetischen Störung, die von einem elektrischen Betriebsmittel oder System (Störquelle) ausgesendet wird [1].
Bei der Auswahl elektrischer Betriebsmittel/Systeme ist auf einen möglichst niedrigen Störaussendungspegel (Störungsaussendungspegel) zu achten, damit andere elektrische Einrichtungen in ihrer Funktion nicht durch galvanische (leitergebundene), induktive oder kapazitive Kopplung oder durch Abstrahlung elektromagnetischer Wellen unzulässig beeinflusst werden (Störsicherheit).

Literatur

[1] DIN EN 50178 (VDE 0160):1998-04 Ausrüstung von Starkstromanlagen mit elektronischen Betriebsmitteln.

Störfestigkeitspegel

Größter Pegel einer vorgegebenen, auf bestimmte Weise in ein elektrisches Betriebsmittel oder System gelangenden elektromagnetischen Störung, bei dem keine Beeinträchtigung der Funktion eintritt [1]. Dafür ist auch die Bezeichnung **Störfestigkeitsniveau** üblich [2].

Literatur

[1] DIN EN 50178 (VDE 0160):1998-04 Ausrüstung von Starkstromanlagen mit elektronischen Betriebsmitteln.

[2] Gesetz über die elektromagnetische Verträglichkeit von Geräten (EMVG). Bundesgesetzblatt Jahrgang 1998 Teil 1 Nr. 64 Seite 2882 vom 18.9.1998.

Stoßerdungswiderstand

Erdungswiderstand eines →Erders – gemessen gegen die →Bezugserde – beim Durchgang (Ableiten) von Stoßströmen, z. B. Blitzströmen. Formelzeichen: R_{st} [1].
Der Stoßerdungswiderstand (engl. *conventional earth impedance*) – mitunter auch Blitzerdungswiderstand genannt – ist insbesondere abhängig von

- der Verlegeart und den Abmessungen des Erders,
- der stofflichen Zusammensetzung des Erdreichs um den Erder und
- dem zeitlichen Verlauf des Stoßstroms.

Bei Erdern mit geringer räumlicher Ausdehnung, z. B. bei Tiefenerdern bis etwa 10 m oder Strahlenerdern mit Einzelstrahlen bis etwa 20 m Länge, entspricht der Stoßerdungswiderstand näherungsweise dem →Ausbreitungswiderstand eines Erders bei niederfrequentem Stromdurchgang.

Literatur

[1] DIN VDE 0141:2000-01 Erdungen für spezielle Starkstromanlagen mit Nennspannungen über 1 kV.

Stoßspannung

Einzelne Schwingung mit einheitlicher Polarität, bei der die Spannung steil (schnell) ohne nennenswerte hochfrequente Teilschwingungen auf einen Höchstwert ansteigt (Stirn der Stoßspannung) und danach stetig – mitunter exponentiell – wieder gegen null abklingt (Rücken der Stoßspannung).

Allgemeines

Die Kurvenform einer Stoßspannung (engl. *impulse voltage*) wird durch die Stirnzeit T_S (oder T_1) und die Rückenhalbwertzeit T_R (oder T_2) festgelegt, s. Bild S83. Sinngemäß gilt das auch für den Stoßstrom. Weitere Kenngrößen einer Stoßspannung sind Polarität und Höchstwert (Scheitelwert).
Bei der Stoßspannungs-Isolationsprüfung findet die genormte transiente Blitzstoßspannung mit schnellem Anstieg Anwendung. Bei diesem Spannungsimpuls beträgt die Stirnzeit T_S = 1,2 µs und die Rückenhalbwertzeit T_R = 50 µs (Normstoßspannungswelle).

Stoßspannungserzeugung

Stoßspannungen werden i. Allg. von einstufigen oder – bei hohen Stoßspannungsamplituden – von mehrstufigen Stoßspannungsgeneratoren erzeugt. Dabei werden Impulskondensatoren (Stoßspannungskondensatoren) mit Gleichspannung bis zur

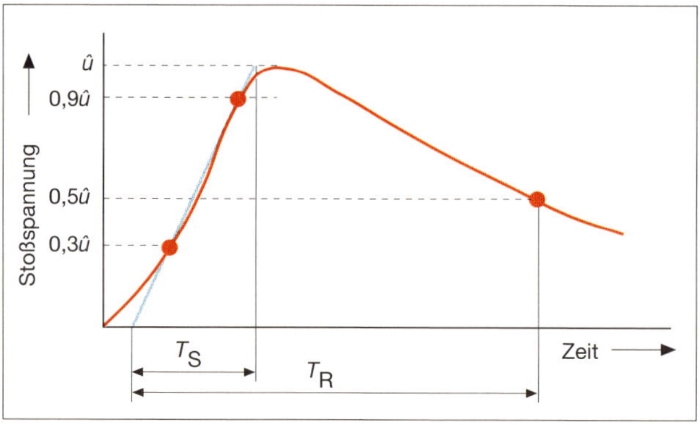

*Bild S83:
Zeitlicher Verlauf einer Stoßspannung
û Scheitelwert der Stoßspannung (Amplitude);
T_S Stirnzeit;
T_R Rückenhalbwertzeit*

Zündspannung einer →Funkenstrecke aufgeladen.
Stoßspannungen können auch wiederholt (repetierend) mit geringer Amplitude – etwa bis 1 kV – in regelmäßigen kurzen Zeitabständen von z. B. 20 ms im Rhythmus der 50-Hz-Wechselspannung von sog. repetierenden Stoßspannungsgeneratoren erzeugt werden. Wird dabei synchron mit dem Generator die Zeitablenkung eines Oszilloskops (Schwingungsschreiber) ausgelöst, so erhält man vom zeitlichen Verlauf der Stoßspannung ein für Untersuchungszwecke sehr gut geeignetes stehendes Bild (Oszillogramm).

Strombegrenzungsdrossel

Reaktanz, die der Begrenzung von →Kurzschlussströmen dient.

Schaltzeichen: 

Strombegrenzungsdrosseln (engl. *reactors*) nach DIN EN 60289 (VDE 0532-289) sollen insbesondere in Hochspannungs-Schaltanlagen die Kurzschlussleistung der Anlage oder des Netzes wegen

- zu geringer Kurzschlussfestigkeit der elektrischen Betriebsmittel oder
- eines zu geringen Ausschaltvermögens der Schalter

auf einen zulässigen Wert reduzieren. Das erfordert den Einsatz von Luftdrosseln, deren elektrischer Widerstand (Reaktanz) sich unter dem Einfluss des Kurzschlussstroms nicht verändert. Drosseln mit Eisenkern sind wegen der bei Kurzschlussströmen auftretenden Sättigung des Eisens und dem damit verbundenen Abfall der Spuleninduktivität als Strombegrenzungsdrosseln (Kurzschlussdrosseln) nicht geeignet.
Strombegrenzungsdrosseln werden vorzugsweise in Abzweigen (Abzweigdrossel), mitunter auch in Zuleitungen für mehrere Abzweige (Gruppendrossel) oder in Sammelschienen (SS-Längsdrossel) verwendet. Bei ihrer Aufstellung ist darauf zu achten, dass die Stromwärme durch ausreichende Belüftung der Räume abgeführt wird. Außerdem sind Drosselspulen von benachbarten Metallteilen so weit entfernt aufzustellen, dass die Spulen durch →Wirbelströme nicht unzulässig erwärmt werden. Der Mindestabstand beträgt 500 mm. Bei Fußböden mit Eisenarmierung sind die Drosselspulen zweckmäßig auf unbewehrte Betonsockell zu stellen.

Stromkreis

Geschlossene Strombahn zwischen der Stromquelle (Speisepunkt) und den elektrischen Verbrauchsmitteln. Dabei können die elektrischen Betriebsmittel auch kapazitiv oder durch elektromagnetische Induktion gekoppelt sein.

Allgemeines

Zu den Grundbestandteilen eines elektrischen Stromkreises (engl. *electrical circuit*) gehören die Stromquelle, eine Leitung und ein elektrisches Verbrauchsmittel. Darüber hinaus sind für den praktischen Betrieb eines Stromkreises i. Allg. noch Schaltgeräte und Schutzeinrichtungen notwendig. Mit Hilfe dieser Betriebsmittel können der Energiefluss unterbrochen und die Stromkreiselemente, z. B. bei Überlastung oder Kurzschluss, geschützt werden.
Sind in einem Drehstromkreis drei elektrische Verbrauchsmittel – und zwar ein Verbrauchsmittel zwischen L1 und N, das andere zwischen L2 und N und das dritte zwischen L3 und N – angeschlossen und ist jeder dieser Anschlüsse für sich allein abgesichert, so handelt es sich um drei verschiedene Stromkreise.
Sollen mehrere Stromkreise in einem gemeinsamen Kasten verbunden werden, so sind die dazu erforderlichen →Klemmen –

ausgenommen Reihenklemmen nach den Normen der Reihe DIN EN 60947-7 (VDE 0611) – durch isolierende Zwischenwände zu trennen.

Haupt- und Hilfsstromkreise

Hauptstromkreise (engl. *main circuits*) enthalten Betriebsmittel zum Erzeugen, Übertragen, Umformen, Verteilen, Schalten oder Umwandeln elektrischer Energie, z. B. Motor-, Beleuchtungs- oder Steckdosenstromkreise. Hauptstromkreise werden mitunter auch „Leistungsstromkreise" genannt.

Hilfsstromkreise (engl. *auxiliary circuits*) enthalten überwiegend elektrische Betriebsmittel zum Steuern (Befehlsgabe), Regeln, Messen, Melden, Überwachen, Verriegeln u. dgl. Entsprechend ihrer Funktion werden diese Stromkreise deshalb auch Steuerstromkreise, Messstromkreise, Meldestromkreise usw. genannt.

In Hilfsstromkreisen ist gemäß DIN VDE 0100-725 sicherzustellen, dass durch Doppelkörper- oder →Doppelerdschluss keine Fehlfunktionen auftreten können. Ungeerdete Hilfsstromkreise sind deshalb auf Isolationsfehler zu überwachen.

Hilfsstromkreise führen grundsätzlich keine Überlastströme. Deshalb dürfen in diesen Stromkreisen Einrichtungen zum Schutz bei Überlast kraft DIN VDE 0100-430 entfallen.

Verteilungs- und Endstromkreise

Verteilungsstromkreise (engl. *distribution circuits*) in Verbraucheranlagen sind den Endstromkreisen – in Energieflussrichtung gesehen – vorgeordnet.

Endstromkreise (engl. *final circuits*) bezeichnen jenen Teil von Stromkreisen in Verbraucheranlagen, an den unmittelbar die elektrischen Verbrauchsmittel oder Steckdosen angeschlossen sind. Endstromkreise beginnen grundsätzlich an den – in Energieflussrichtung gesehen – letzten Überstrom-Schutzeinrichtungen einer Verbraucheranlage. Für besondere Verbrauchsmittel, z. B. Elektroherde, Mikrowellengeräte, Wasch- und Geschirrspülmaschinen, ist jeweils ein eigener (End-)Stromkreis vorzusehen, auch wenn der Anschluss über Steckvorrichtungen erfolgt [1].

Literatur

[1] DIN 18015-2:2004-08 Elektrische Anlagen in Wohngebäuden; Art und Umfang der Mindestausstattung.

Stromlaufplan

→Schaltplan, aus dem die Arbeitsweise (Funktion) einer elektrischen Anlage oder eines Anlagenteils mit allen Einzelheiten in einer nach Stromwegen aufgelösten Darstellung eindeutig zu erkennen ist.

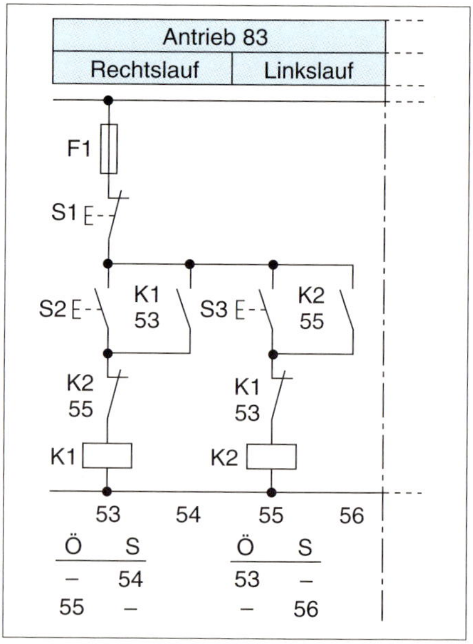

Bild S84: Stromlaufplan
Ö Öffner; S Schließer; F1, S1, S2, S3, K1, K2 Codebuchstaben für die Kurzbezeichnung der Geräte

Der Stromlaufplan (engl. *circuit diagram*) ist für die Fehlerortung und Instandhaltung von

großer Bedeutung. Deshalb werden in ihm alle Bauteile, Geräte, Anschlussstellen und elektrischen Verbindungen dargestellt, die für den Aufbau der Schaltung notwendig sind. Die Darstellung des funktionellen Ablaufs der Schaltung (Wirkungsrichtung) soll von links nach rechts sowie von oben nach unten erfolgen. Die Bauteile und Geräte werden in den Stromwegen entsprechend dem Stromverlauf oder Signalfluss möglichst kreuzungsfrei ohne Berücksichtigung ihrer tatsächlichen Lage mit →Schaltzeichen dargestellt, Beispiel s. Bild S84.
Stromlaufpläne sind entsprechend den Regeln nach EN 61082-2 auszuführen. Für die elektrische Ausrüstung von Maschinen gelten zusätzlich die Forderungen nach DIN EN 60204-1 (VDE 0113-1).

Strommarke

Kleine, meist kreis- oder ellipsenförmige Schädigung der Haut infolge elektrischer Durchströmung des menschlichen oder tierischen Körpers.

Allgemeines

Strommarken sind →elektrische Verbrennungen. Sie entstehen durch die bei einem Stromfluss in der dünnen Oberhaut (Epidermis) auftretende joulesche Wärme, die nicht mit genügender Schnelligkeit in die darunter liegenden Hautschichten abgeleitet werden kann. Deshalb kommt es vor allem an den Austrittskanälen der Schweißdrüsen – das sind Stellen mit großer elektrischer Stromdichte – zu einem erheblichen Wärmestau mit anschließendem elektrischem Hautdurchschlag.

Hautveränderungen

Die Veränderungen der menschlichen Haut in Abhängigkeit von der Stromdichte und Stromflussdauer sind im Bild S85 dargestellt und in [1] wie folgt erläutert:

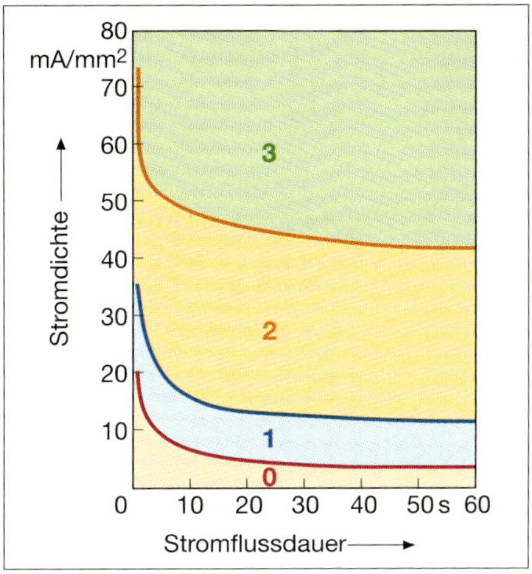

Bild S85: Veränderungen der menschlichen Haut, abhängig von Stromdichte und Stromflussdauer
0 keine Hautveränderung;
1 Rötung der Haut; 2 Strommarken;
3 Verkohlung der Haut [1]

Zone 0: Bei Stromdichten < 10 mA mm^2 werden i. Allg. keine Veränderungen der Haut beobachtet. Bei längeren Stromflusszeiten (einige s) kann die Haut unter der Elektrode eine grau-weiße Färbung mit unebener Oberfläche bekommen.

Zone 1: Bei 10...20 mA/mm^2 rötet sich die Haut mit wallartiger weißlicher Schwellung an den Elektrodenrändern.

Zone 2: Bei 20...50 mA/mm^2 entwickelt sich eine Einsenkung der Haut mit bräunlicher Färbung unter der Elektrode. Bei längeren Stromflusszeiten (mehrere 10 s) sind Strommarken (Blasen) rings um die Elektrode zu erkennen.

Zone 3: Über 50 mA/mm^2 kann die Haut (insbesondere bei dicker Hornschicht) verkohlen.
Bei großen Berührungsflächen treten wegen zu kleiner Stromdichten mitunter keine pathologischen Hautveränderungen auf, obwohl die Stromstärke tödlich ist.

Literatur

[1] Vornorm DIN V VDE V 0140-479:1996-02 Wirkungen des elektrischen Stroms auf Menschen und Nutztiere; Allgemeine Aspekte.

Stromschiene

Starrer, betriebsmäßig Strom führender (aktiver) Leiter mit rechteckigem, rundem oder U-förmigem Querschnitt.

Allgemeines

Nicht isolierte Stromschienen (Schienenleiter, engl. *rigid conductors*) zur Verwendung in Schaltanlagen, Schienenverteilern u. dgl. bestehen aus

- elektrochemisch gereinigtem Kupfer (E-Cu) oder
- auf elektrolytischem Wege gewonnenem Aluminium (E-Al).

Mitunter wird – insbesondere für Schienen mit rundem Querschnitt (Rohrleiter) – auch eine Aluminiumlegierung (E-AlMgSi0,5) oder kupferumhülltes Aluminium (AlCu15) verwendet.

Betriebsbedingte Temperaturschwankungen führen zu Längenausdehnungen oder -verkürzungen der Stromschienen, die bedeutende mechanische Beanspruchungen in den starren Leitern, an deren Stützpunkten und an den Geräteanschlüssen hervorrufen können. Deshalb sind insbesondere in langen Schienenzügen Ausdehnungsstücke (→Dehnungsbänder) vorzusehen.

Strombelastbarkeit, Kurzschlussfestigkeit

Werkstoff, Querschnitt, Verlegeart und Form der Stromschienen, z. B. Flach- oder U-Schienen, in Höchstspannungsanlagen auch Rohrleiter, haben erheblichen Einfluss auf die Strombelastbarkeit und mechanische Biegefestigkeit des Schienensystems. Außerdem ist die Wärmestrahlung und damit die Dauerstrombelastbarkeit von gestrichenen Stromschienen – in Deutschland mit den Farben Gelb (L1), Grün (L2), Violett (L3), in Gleichstromanlagen mit den Farben Rot (L+) und Blau (L–) – höher als von nicht gestrichenen (blanken) Schienen. Die physikalische Erklärung dafür liefert das kirchhoffsche Strahlungsgesetz. Danach ist die von einem Körper ausgesendete Strahlungsleistung gleich der des schwarzen Körpers (ein Körper, der Strahlung völlig absorbiert), multipliziert mit seinem eigenen Absorptionsvermögen. Körper mit großem Absorptionsvermögen sind demnach auch gute Temperaturstrahler.

Werte für die zulässige Dauerstrombelastbarkeit von Stromschienen enthalten DIN 43670 (E-Al) und DIN 43671 (E-Cu). Diese Werte gelten für waagerecht verlegte, hochkant stehende Flach- oder U-Schienen aus Aluminium oder Kupfer sowie für Schienen mit rundem Querschnitt. Die den Werten zugrunde liegende mittlere Umgebungstemperatur beträgt 35 °C.

Bei senkrechter Schienenführung über 2 m Länge oder bei flach liegenden, waagerecht geführten Rechteckschienen sind die in den genannten DIN-Normen enthaltenen Korrekturfaktoren für die Strombelastbarkeit zu berücksichtigen. Korrekturfaktoren gelten auch bei Abweichungen der Umgebungstemperatur von 35 °C sowie der Schienen-Endtemperatur im Dauerbetrieb von 65 °C (Erwärmung um 30 K).

Abhängig von der Höhe des zu übertragenden Betriebsstroms werden mitunter zwei hochkant stehende Flachschienen je Hauptleiter parallel verlegt. Der lichte Abstand zwischen den Teilleitern entspricht der Schienendicke. Bei vier Flachschienen je Hauptleiter beträgt der lichte Abstand zwischen der 2. und 3. Schiene i. Allg. 50 mm. Damit verbessert sich die Stromverteilung in dem betreffenden Schienenpaket. Bei einem Abstand von 70 mm unterscheiden sich die Stromanteile der vier Einzelschienen nur noch um etwa 7 %.

Die parallele Verlegung von mehr als vier Flachschienen je Hauptleiter ist unwirtschaftlich. Bei sehr großen Stromstärken kommen deshalb meistens U-Profile zum Einsatz; deren Strombelastung ist vergleichsweise günstig.
Die Strombelastbarkeitswerte nach DIN 43670 bzw. DIN 43671 gelten für Einphasen- und Dreiphasen-Wechselstrom (Drehstrom) mit →Frequenzen bis 50 Hz sowie für Gleichstrom. Bei Frequenzen $f_x > 50$ Hz errechnet sich die zulässige Strombelastbarkeit I_z wie folgt:

$$I_z = I_{50} \cdot \sqrt{\frac{50}{f_x}}$$

I_{50} Strombelastbarkeit bei 50 Hz.

Für Wechselstrom mit 16 ⅔ Hz sind die Strombelastbarkeitswerte für Gleichstrom maßgebend.
Auf parallele Schienenleiter, deren Länge groß gegenüber dem gegenseitigen Abstand ist, wirken bei Stromfluss Kräfte, die gleichmäßig über die Leiterlänge verteilt sind. Diese Kräfte sind im Kurzschlussfall besonders groß und beanspruchen die Leiter auf Biegung und die Befestigungsmittel auf Biegung (Umbruch), Druck oder Zug. Aus diesem Grund ist neben der Dauerstrombelastbarkeit auch die Kurzschlussfestigkeit der Stromschienen gemäß DIN EN 60865-1 sowie DIN EN 61660-2 (Reihe VDE 0103) sicherzustellen.

Verschraubung

Stromschienenbohrungen und -verschraubungen für Flach- und U-Schienen erfolgen nach DIN 43673. Bei Längs-, Winkel- oder T-Verbindungen mit nur einer Schraube müssen die Stromschienen abgestützt sein, um ein Lockern der Schraubverbindung zu verhindern. Zur Aufrechterhaltung der geforderten Kontaktkraft sorgen Federelemente, meist in Verbindung mit Unterlegscheiben. Langlöcher sind – außer an Schienenenden – nicht gestattet.

Zwecks Sicherstellung eines guten →elektrischen Kontakts ist vor dem Verschrauben von Aluminiumschienen die nicht leitende, farblose Oxidschicht auf den Anschlussflächen zu entfernen, z. B. mit einer Drahtbürste oder Feile. Zur Vermeidung erneuter Oxidationen empfiehlt es sich, die Anschlussflächen unmittelbar nach dem Reinigen mit neutraler Vaseline einzufetten.
Eine gute Möglichkeit zur Temperaturkontrolle von Stromschienenverbindungen und -anschlüssen bieten **Thermocolorfarben**. Diese ändern beim Überschreiten bestimmter Temperaturgrenzwerte ihre Farbe; aus Rosa wird z. B. Blau. Die Umschlagfarbe bleibt nach dem Wiedererkalten des Farbträgers noch einige Zeit bestehen. Als zweckmäßig hat sich das Bestreichen der Schraubenköpfe von elektrischen Verbindungen mit Thermocolorfarben erwiesen.

Stromschienensystem

Blanke Profilleiter einschließlich der erforderlichen Isolier- und Befestigungsteile, Abdeckungen oder Umhüllungen zum Fortleiten/Verteilen elektrischer Energie.
Stromschienensysteme (engl. *power tracks systems*) nach DIN EN 61534-1 (VDE 0604-100) dienen vorzugsweise der Stromversorgung in Gebäuden sowohl in horizontaler als auch in vertikaler Richtung, z. B. in Hochhäusern, anstelle von Kabeln. Darüber hinaus finden sie Anwendung

- als →Schienenverteiler mit fest angeordneten oder veränderbaren Abgängen nach DIN EN 60439-2 (VDE 0660-502), z. B. zum Anschluss von Maschinen, Elektrowerkzeugen und anderen elektrischen Verbrauchsmitteln, oder
- zur Stromversorgung von Leuchten nach DIN EN 60570 (VDE 0711-300).

Stromteiler

Elektrische Schaltung mit mindestens zwei parallel geschalteten passiven Bauelementen, z. B. Widerständen, zur Bestimmung der einzelnen Teilströme oder eines beliebigen Teilstroms zum Gesamtstrom.

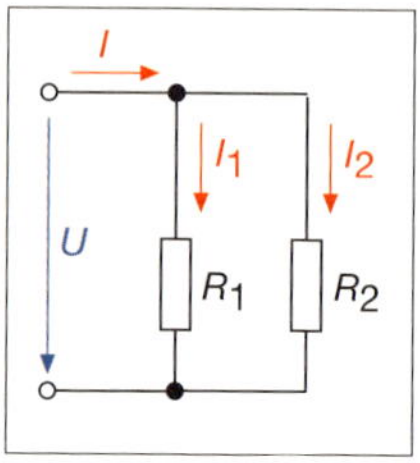

Bild S86: Stromteiler

Haupteigenschaft der Parallelschaltung ist die Stromteilung, s. Bild S86. Nach dem ohmschen Gesetz betragen die Teilströme (Zweigströme)

$$I_1 = \frac{U}{R_1} \quad (1)$$

$$I_2 = \frac{U}{R_2} \quad (2)$$

Das Verhältnis

$$\frac{I_1}{I_2} = \frac{U / R_1}{U / R_2} = \frac{R_2}{R_1} \quad (3)$$

wird **Stromteilerregel** (Stromverzweigungsregel) genannt.

Die Teilströme I_1 und I_2 verhalten sich umgekehrt zueinander wie die zugehörigen Widerstände.

Unter Verwendung des elektrischen (Wirk-) Leitwerts G = 1/*R* lautet die Stromteilerregel:

$$\frac{I_1}{I_2} = \frac{G_1}{G_2} \quad (4)$$

Die Teilströme I_1 und I_2 verhalten sich zueinander wie die zugehörigen Leitwerte.

Das Verhältnis der Teilströme I_1 oder I_2 zum Gesamtstrom I ergibt

$$\frac{I_1}{I} = \frac{G_1}{G_1 + G_2} = \frac{G_1}{G} \quad (5)$$

$$\frac{I_2}{I} = \frac{G_2}{G_1 + G_2} = \frac{G_2}{G} \quad (6)$$

Stromwandler

Messwandler (→Wandler) zur Umwandlung eines hohen Primärstroms in einen bequem messbaren, kleinen Sekundärstrom, der dem Primärstrom im Wesentlichen proportional und phasengleich ist.

Allgemeines

Stromwandler (engl. *current transformers*) nach DIN EN 60044-1 (VDE 0414-44-1) sind im Prinzip →Transformatoren, die sekundärseitig kurzgeschlossen sind. Ihre Primärwicklung (Eingangswicklung) besteht bei den Wickelwandlern nur aus einer Windung oder aus wenigen Windungen mit großem Leiterquerschnitt und folglich niedrigem elektrischen Widerstand. Zwischenstromwandler können zum Zweck der Stromsummierung (Summenstromwandler) auch mehrere Primärwicklungen haben.

Bei Strömen über 200 A wird die Primärwicklung meist durch den Strom führenden Leiter (Schiene, einadriges Kabel) der elektrischen Anlage selbst gebildet, der von dem zu messenden Strom durchflossen wird. Nach diesem Prinzip arbeiten alle Schienen- und Stabstromwandler, z. B. die einteiligen Auf- bzw. Durchsteckstromwandler sowie die zweiteiligen Umbaustromwandler. Letztere gestatten Messungen, ohne den Stromkreis auftrennen zu müssen.

Die Sekundärwicklung (Ausgangswicklung) befindet sich auf einem Eisenkern und besteht aus vielen Windungen mit kleinem Leiterquerschnitt. Der Sekundärnennstrom beträgt üblicherweise 5 A, bei großen Entfernungen zwischen dem Wandler und den Messgeräten bzw. Relais meist 1 A.
Die Ausführung elektronischer Stromwandler (engl. *electronic current transformers*) erfolgt nach DIN EN 60044-8 (VDE 0414-44-8).

Kennzeichnung, Erdung

Bei Stromwandlern werden die Enden der

- Primärwicklung mit den Großbuchstaben K und L und die der
- Sekundärwicklung mit den Kleinbuchstaben k und l gekennzeichnet,

s. Bild S87. Mitunter erfolgt die Kennzeichnung der Primärwicklung mit P1 und P2 sowie der Sekundärwicklung mit S1 und S2. Die Energieflussrichtung ist stets von K (P1) nach L (P2), also von der Netzseite zur Lastseite. Erfolgt die Zuleitung an L statt an K, so ist auch k mit l auf der Sekundärseite zu vertauschen.

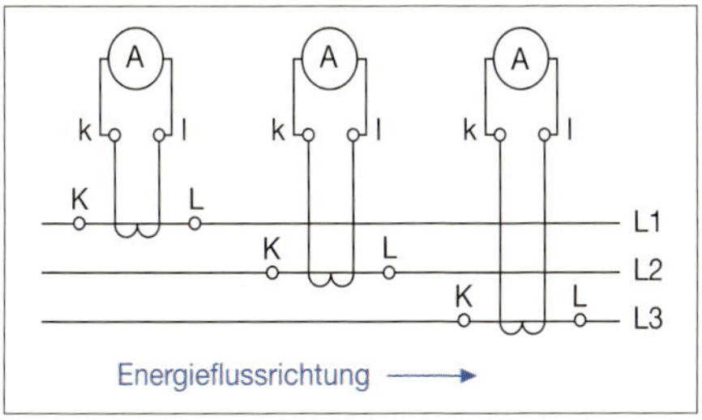

Bild S87: Stromwandler in einem Drehstrom-Dreileitersystem

Die **Erdung** der Sekundärwicklung ist in Niederspannungsanlagen freigestellt, in Hochspannungsanlagen dagegen zum Schutz der elektrischen Betriebsmittel bei einem Übertritt der Hochspannung auf die Sekundärseite nach DIN VDE 0101 zwingend gefordert. Diese (Schutz-)Erdung soll möglichst direkt oder zumindest so nahe wie möglich am Wandler erfolgen, entweder an der Klemme k oder an der Klemme l. Bei mehreren Wandlern ist jeweils die gleiche Anschlussklemme der Sekundärwicklung zur Erdung zu verwenden. Ist der Sekundärkreis durch eine metallene Schirmung vom Primärkreis getrennt, so wird der Schirm geerdet. Der Mindestquerschnitt für den Erdungsleiter beträgt bei mechanisch geschützter Verlegung 2,5 mm² Cu.

Betrieb

Primärwicklungen liegen in Reihe mit dem elektrischen Verbrauchsmittel. Ihr Laststrom I_1 (Primärstrom) bewirkt einen magnetischen Fluss im Wandlerkern, der gemäß der Übersetzung in der Sekundärwicklung den Strom I_2 (Sekundärstrom) hervorruft:

$$\frac{n_1}{n_2} = \frac{I_2}{I_1} \qquad (1)$$

n_1/n_2 Primär-/Sekundärwindungszahl.

Der Stromfluss I_2 darf während des →Betriebs nicht unterbrochen werden!

Vor dem Auswechseln eines Strommessers o. dgl. ist der Sekundärkreis deshalb vorher kurzzuschließen. Ein nicht geschlossener Sekundärkreis magnetisiert den Wandlerkern bis in den Sättigungsbereich der Magnetisierungskurve, was einer Belastung (Bürde[1]) mit extrem hohem Widerstand entspricht. Die Primärdurchflutung wird dann nicht mehr kompensiert. Die Folge sind vergleichsweise hohe elektrische Spannungen (abhängig vom Kernquerschnitt und der Sekundärwindungszahl), die insbesondere bei leistungsstarken Wandlern Menschen gefährden und im Wandler zu Durchschlägen führen können. Dazu kommt noch eine star-

[1] **Bürde** Z eines Stromwandlers ist der in Ω angegebene Scheinwiderstand des Sekundärkreises mit den an den Wandler angeschlossenen Geräten und Leitungen.
Nennbürde ist die Bürde, auf die sich die für den Stromwandler festgelegten Forderungen an die (Genauigkeits-)Klasse beziehen.

ke Erwärmung des Wandlers (Beschädigung des Eisenkerns). Stromwandler sollen deshalb während des Betriebs sekundärseitig immer kurzgeschlossen sein, z. B. durch den niederohmigen Strompfad eines Strommessers oder Elektrizizätszählers. Auf gar keinen Fall sind im Sekundärkreis Schaltgeräte oder Überstrom-Schutzeinrichtungen, z. B. →Sicherungen, zulässig, weil sie den Stromfluss während des Betriebs unterbrechen können.

Stützpunkt

Isolierendes elektrisches Betriebsmittel, z. B. ein Stützer, zwischen einem Hauptleiter und der geerdeten Konstruktion oder zwischen Hauptleitern untereinander, Beispiel s. Bild Z5.
Der Stützpunkt kann infolge der mechanischen und elektromagnetischen Kräfte zwischen den Leitern, z. B. bei Kurzschluss, hohen Biege-, Zug- oder Druckbeanspruchungen ausgesetzt sein.

Summenreihenschaltung

→Reihenschaltung von elektrischen Energiequellen, deren ungleichnamigen Pole (Plus und Minus) jeweils miteinander verbunden sind, s. Bild S88.

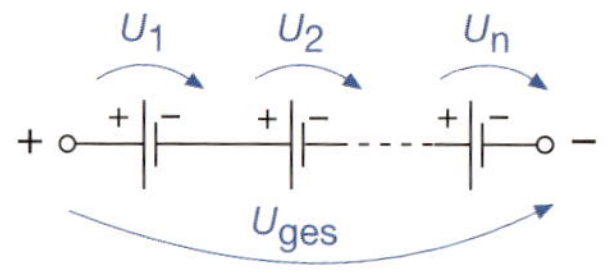

Bild S88: Summenreihenschaltung

Bei der Summenreihenschaltung können vergleichsweise hohe →elektrische Spannungen erzielt werden. Die gesamte Klemmenspannung ergibt sich aus der Summe der Teilspannungen der einzelnen Energiequellen:

$U_{ges} = U_1 + U_2 + \ldots U_n.$

Die Summenreihenschaltung findet häufig bei elektrochemischen Energiequellen, z. B. Starterbatterien, Anwendung.

Surge

Energiereiche Spannungsspitze von meist einigen kV, die z. B. durch Blitze leitungsgebunden als Störgröße in die elektrische Anlage eingekoppelt wird.
Der Fachausdruck Surge bedeutet übersetzt Woge (hohe Welle). Er wird im deutschsprachigen Raum zur Benennung energiereicher Spannungsspitzen (→Überspannungen) vergleichsweise selten verwendet, eher in der Wortverbindung *„surge protective decive“*, Abk. SPD (Überspannungs-Schutzeinrichtung).

Synchrongenerator

Drehende elektrische Maschine, die die ihr an der Antriebswelle zugeführte mechanische Energie in elektrische Energie umsetzt. Dabei ist die Frequenz der erzeugten ein- oder mehrphasigen Wechselspannung der Drehzahl direkt proportional.

Allgemeines

Synchrongeneratoren entsprechen in ihrem konstruktiven Aufbau und in ihrer Schaltung weitgehend den →Synchronmotoren. Die Generatoren werden in einem sehr großen Leistungsbereich hergestellt: als kleine Fahrraddynamos mit einer Leistung von nur wenigen W, als mittelgroße Ersatzstromerzeuger (→Notstromaggregate) oder als große Bordnetzgeneratoren in Flugzeugen und auf Schiffen bis hin zu den Turbo- und Hydrogeneratoren[1)] in Kraftwerken mit

1) Synchrongeneratoren werden bei direkter Kupplung mit einer
- Dampfturbine **Turbogeneratoren** und einer
- Wasserturbine **Hydrogeneratoren** genannt.

Leistungen bis 1000 MW und sogar noch darüber.

Anwendung

Synchrongeneratoren mittlerer Leistung (1 kW...1 MW) in der Ausführung als Konstantspannungsgenerator kompensieren durch eine entsprechende Kompoundierungsschaltung (Mitkompoundierung) den Abfall der Strom-Spannungs-Kennlinie und halten ihre Klemmenspannung unabhängig von der Belastung nahezu konstant. Solche Generatoren werden in der Regel durch Verbrennungskraftmaschinen angetrieben, z. B. Notstromaggregate.

Eine kombinierte Anwendung erfahren Synchronmaschinen in Pumpspeicherkraftwerken (Spitzenlastkraftwerke). Tagsüber arbeiten sie als Generatoren – hierbei wird die Energie des Wassers in elektrische Energie umgewandelt – und in der lastarmen Nachtzeit treiben sie als Synchronmotoren die Pumpen an.

Synchronmotor

→Elektromotor, der mit ein- oder dreiphasigem Wechselstrom betrieben wird und dessen Drehzahl unabhängig von der Belastung bis zum Kippmoment[1)] in einem festen Verhältnis zur Frequenz der Betriebsspannung steht (Synchronverhalten).

[1)] **Kippmoment** M_k ist das höchste Drehmoment, das ein Wechselstrommotor (Drehstrommotor) bei Speisung mit Nennspannung und Nennfrequenz bei langsamer Steigerung der Belastung abgeben kann, ohne dass dabei ein Drehmoment- und Drehzahlabfall (Kippen) eintritt.
Bei Synchronmotoren liegt das Kippmoment etwa beim 1,5- bis 1,8-fachen des Nennmoments M_n. Eine lang anhaltende Beanspruchung mit dem Kippmoment ist aus thermischen Gründen nicht zulässig.

Aufbau, Wirkungsweise

Synchronmotoren haben prinzipiell den gleichen Aufbau wie →Synchrongeneratoren. Sie werden ebenfalls als Innenpol- oder als Außenpolmaschinen ausgeführt. Letzterenfalls muss die gesamte Erregungsleistung der Gleichstromquelle dem Läufer (Induktor) über Schleifringe zugeführt werden. Das bereitet bei großen Leistungen mitunter Schwierigkeiten. Deshalb werden vorzugsweise Innenpolmaschinen verwendet.

Das vom Wechselstrom in der Ständerwicklung erzeugte →magnetische Drehfeld wirkt mit dem von einer regelbaren Gleichstromquelle herrührenden →magnetischen Gleichfeld des Läufers zusammen. Ein Drehmoment kommt dann zustande, wenn die Achsen dieser beiden Magnetfelder nicht zusammenfallen, sondern einen Winkel (Lastwinkel) bilden.

Die Erregung des Induktors kann entweder elektromagnetisch durch eine von Gleichstrom durchflossene Erregerwicklung oder durch einen Permanentmagneten (Dauermagneten) erfolgen. Letztere Synchronmotoren werden auch **Permanentmagnetmotoren** genannt.

Synchronmotoren können nicht von selbst anlaufen, weil der Läufer wegen seiner Trägheit dem schnell umlaufenden synchronen Ständerdrehfeld nicht folgen kann. Sie werden deshalb von Hand (bei Kleinstmaschinen) oder mit einem Fremdantrieb (→Anwurfmotor) wie →Asynchronmotoren hochgefahren und danach stoßfrei synchronisiert, d. h. sanft in den synchronen Lauf des Netzes gezogen.

Die Drehzahl n des Läufers ist abhängig von der Netzfrequenz f (in s^{-1}) und der Polpaarzahl p, s. Gl. (1). Eine Drehzahlsteuerung ist nur über eine Frequenzänderung möglich. Da der Läufer synchron (zeitgleich) mit dem Ständerdrehfeld umläuft, ist die Läuferdrehzahl stets konstant, folglich nicht belastungsabhängig.

$$n = \frac{f \cdot 60}{p} \quad \text{in min}^{-1} \tag{1}$$

Anwendung

Synchronmotoren werden in einem weiten Leistungsbereich eingesetzt, z. B.

- als kleine permanentmagneterregte Motoren mit einer Leistung von nur einigen mW bis zu wenigen W (Kleinstmaschinen) in Registriergeräten, Zeitschaltwerken, Uhren und Betriebsstundenzählern oder
- zum Antrieb von Pumpen, Verdichtern, Lüftern, Gebläsen, Saugzügen und Umformern sowie als leistungsstarke Antriebsmaschinen auf Schiffen.

System nach Art der Erdverbindung

Wechselstrom- oder Gleichstromsystem mit symbolhafter Bezeichnung

a) der **Erdung des Systems**, z. B. des Neutral- bzw. Mittelpunkts, oder auch dessen Nicht-Erdung. Dafür werden wahlweise die Buchstaben T sowie I verwendet und diese im genormten Bezeichnungsschema an **erster Stelle** genannt.
Es bedeuten:
T direkte (niederohmige) Erdung eines Netzpunkts (franz. ***terre*** = Erde),
I Isolierung aller aktiven Teile gegen Erde oder – in Deutschland für Niederspannungsanlagen unüblich – Verbindung eines Netzpunkts über eine hochohmige Impedanz mit Erde (franz. ***isolé*** = isoliert).

b) der **Erdung der Körper** der elektrischen Betriebsmittel in der Verbraucheranlage bzw. deren Verbindung mit dem geerdeten Netzpunkt. Dafür werden wahlweise die Buchstaben N sowie T verwendet und diese im genormten Bezeichnungsschema hinter dem Buchstaben T bzw. I an **zweiter Stelle** platziert.
Es bedeuten:
N Verbindung der Körper der elektrischen Betriebsmittel mit dem geerdeten Netzpunkt, z. B. dem Neutralpunkt (franz. ***neutré*** = neutral), unter Verwendung eines Schutzerdungsleiters,
T direkte Erdung der Körper unter Verwendung eines eigenständigen Erders in der Verbraucheranlage (franz. ***terre*** = Erde). Dieser (Anlagen-) Erder ist demnach elektrisch unabhängig von dem(n) Betriebserder(n) im Verteilungsnetz.

Allgemeines

Mit dem erstplatzierten Buchstaben T oder I sowie dem nachrangigen Buchstaben N oder T ergeben sich die Bezeichnungen für die „Systeme nach Art der Erdverbindung“ (engl. *types of system earthing*) [1].
Beim **TN-System** werden noch die Kennbuchstaben C und/oder S – jeweils getrennt durch einen waagerechten Strich – wahlweise oder gemeinsam hinzugefügt, s. Bild S89. Die an 3. bzw. 4. Stelle platzierten Buchstaben C und/oder S bezeichnen die Art und Anordnung (Verlegung) des Schutzerdungsleiters in der Verbraucheranlage.

Das Schema zur Symbolisierung der „Systeme nach Art der Erdverbindung“ wird mit Bezug auf den Geltungsbereich der Normenreihe DIN VDE 0100 in Deutschland fast ausschließlich für stationäre und ortsveränderliche Stromsysteme mit Nennwechselspannungen bis 1000 V ($\leq$ 500 Hz) – also im niederfrequenten Niederspannungsbereich – sowie für Gleichspannungen bis 1500 V angewendet.

TN-System

Das TN-System (engl. *TN system*) ist im Niederspannungsbereich das am meisten angewendete Stromsystem. Es ist gekennzeichnet zum einen

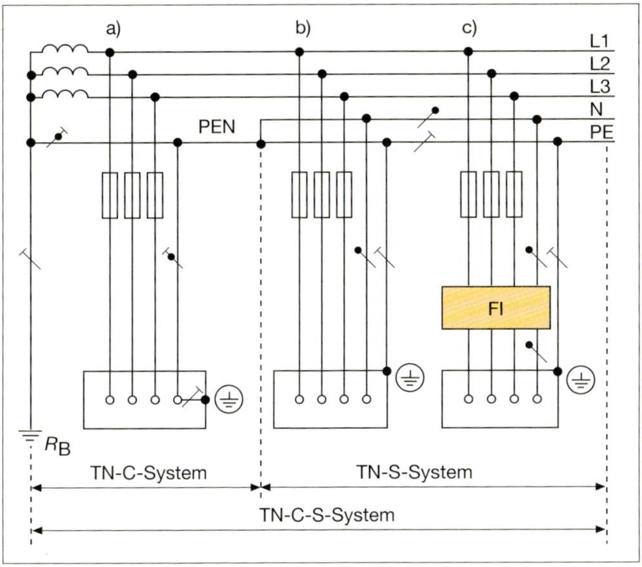

Bild S89: TN-C-System; TN-S-System; TN-C-S-System

a) durch die unmittelbare (wirksame) Erdung des Systems (Buchstabe T). In der Regel erfolgt diese Erdung in Wechselstromsystemen (Drehstromsystemen) am Neutralpunkt (Sternpunkt) und in Gleichstromsystemen am Mittelpunkt. In Systemen ohne einen Neutral- oder Mittelpunkt kann im Bedarfsfall auch ein Außenleiter L betriebsmäßig geerdet werden.

Zum anderen ist das TN-System gekennzeichnet

b) durch die Verbindung der Körper der elektrischen Betriebsmittel in der Verbraucheranlage mit dem geerdeten Netzpunkt (Buchstabe N). Diese Verbindung erfolgt mit einem PE-, PEN-, PEM- oder PEL-Leiter (Schutzerdungsleiter).

Wird in einem TN-System der Schutzerdungsleiter in seinem gesamten Verlauf getrennt vom Neutral- bzw. Mittelleiter verlegt, so ist hinter dem 2. Buchstaben N nach einem Bindestrich der 3. Buchstabe S (franz. ***s**éparé* = getrennt) hinzuzufügen. Auf diese Weise entsteht ein **TN-S-System.**

Werden in einem TN-System der Schutzerdungsleiter und der Neutral- bzw. Mittelleiter zu einem einzigen Leiter, dem PEN-Leiter oder PEM-Leiter (früher: Nullleiter) vereint, so entsteht durch Hinzufügen des 3. Buchstabens C (franz. ***c**ombiné* = kombiniert) nach einem Bindestrich folglich ein **TN-C-System**. Dieses System mit einem betriebsmäßig Strom führenden Schutzerdungsleiter (PEN-Leiter) ist vergleichsweise „EMV-problematisch". Außerdem dürfen PEN-Leiter nicht durch den Summenstromwandler von Fehlerstrom-Schutzeinrichtungen (RCDs) geführt werden. Deshalb ist die Verwendung von RCDs in TN-C-Systemen nicht möglich.

Die Kombination eines TN-C-Systems mit einem – in Energieflussrichtung gesehen – dahinter liegenden TN-S-System ergibt ein komplettes **TN-C-S-System**, Beispiel s. Bild S89. In einem TN-C-S-System ist es nicht gestattet, den am PEN-Leiter angeschlossenen Neutralleiter zu erden oder diesen Leiter ohne Schutzleiterfunktion mit dem Potentialausgleichssystem zu verbinden.

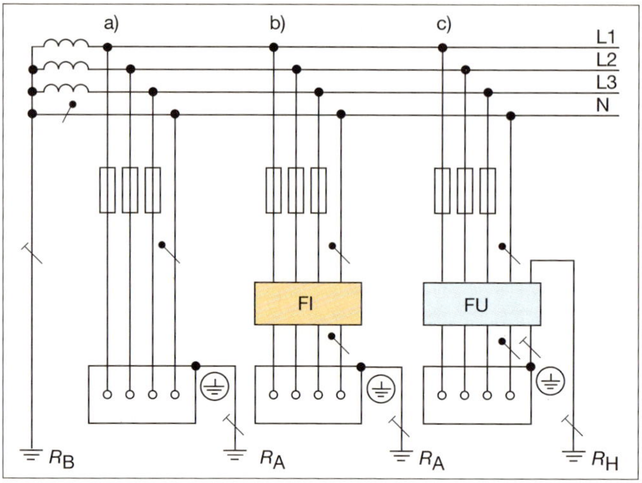

Bild S90: TT-System

TN-Systeme – früher auch TN-Netze oder TN-Schemata genannt – bieten insbesondere in Gestalt eines TN-S-Systems die notwendigen Voraussetzungen zur Anwendung des →Schutzes durch automatische Abschaltung der Stromversorgung in Verbraucheranlagen nach DIN VDE 0100-410. Außerdem sind TN-S-Systeme vergleichsweise „EMV-freundlich".

TT-System

Das TT-System (engl. *TT system*) ist hinsichtlich der Art der Erdverbindung gekennzeichnet zum einen

a) durch die unmittelbare Erdung eines Netzpunkts (1. Buchstabe T), in der Regel des Neutral- oder Mittelpunkts. Bezüglich dieser Systemerdung unterscheidet sich das TT-System praktisch nicht von einem TN-System. Letzteres wird an der Stromquelle und/oder im Verteilungsnetz ebenfalls niederohmig geerdet.

Zum anderen ist das TT-System gekennzeichnet

b) durch die Verbindung der Körper der elektrischen Betriebsmittel mit dem Anlagenerder R_A der Verbraucheranlage oder bei der Fehlerspannungs-Schutzschaltung in Altanlagen mit dem Hilfserder R_H (2. Buchstabe T), Beispiele s. Bild S90. Die elektrische Verbindung übernehmen Schutzerdungsleiter, bei der früheren Fehlerspannungs-Schutzschaltung Hilfserdungsleiter.

TT-Systeme mit ihren verbraucherseitigen (abnehmerinternen) Einzelerdungen – früher auch TT-Netze oder TT-Schemata genannt – haben mehr lokalen Charakter und folglich in der öffentlichen Elektrizitätsversorgung (außer in Bayern und Thüringen) sowie in Industrienetzen eher eine untergeordnete Bedeutung.

IT-System

Das IT-System[1] (engl. *IT system*) ist hinsichtlich der Art der Erdverbindung gekennzeichnet zum einen

a) durch die Isolierung aller aktiven Teile des Systems – auch des Sternpunkts – gegen Erde (1. Buchstabe I). Damit

[1] „IT" wird häufig auch als Abkürzung für **I**nformations**t**echnik verwendet. Diesbezüglich besteht kein Zusammenhang mit einem IT-System nach Art der Erdverbindung.

unterscheidet sich dieses isolierte, nicht unmittelbar geerdete System[1)] grundsätzlich von den niederohmig (direkt) geerdeten TN- und TT-Systemen. Eine automatische Abschaltung der Stromversorgung im Fall eines Einzelfehlers, z. B. eines Körperschlusses, erfolgt bei einem IT-System (im Gegensatz zu TN- und TT-Systemen) nicht.

Zum anderen ist das IT-System gekennzeichnet

b) durch die Verbindung der Körper der elektrischen Betriebsmittel untereinander und mit dem Anlagenerder R_A der Verbraucheranlage mittels eines Schutzerdungsleiters (2. Buchstabe T), Beispiel s. Bild S91. Hinsichtlich dieser Erdung in der Verbraucheranlage unterscheidet es sich qualitativ nicht von einem TT-System. Lediglich die zulässigen Erdungswiderstände sind wertmäßig verschieden.

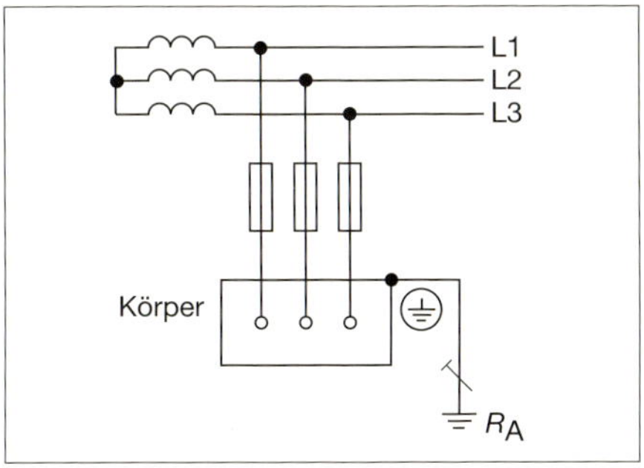

Bild S91: IT-System

Das IT-System – früher auch IT-Netz oder IT-Schema genannt – wird meist in Verbindung mit einer →Isolationsüberwachungs- und Fehlermeldeeinrichtung angewendet, z. B. in Operationsräumen von Krankenhäusern.

1) Die Sternpunktimpedanz soll 250 Ω/V, bezogen auf die Nennspannung des Systems, nicht unterschreiten.

Tafel S14: Buchstabenerklärung für Systeme nach Art der Erdverbindung

Buchstabe	**Buchstabenerklärung**		
	franz.	engl.	dt.
T	terre	earth	Erde
I	isolé	insulated	isoliert
N	neutré	neutral (point)	neutraler Punkt
C	combiné	combined	kombiniert
S	séparé	separated	separat (getrennt)

Eine Zusammenfassung der Buchstabenerklärungen für die Systeme nach Art der Erdverbindung enthält die Tafel S14.

Literatur

[1] DIN VDE 0100-300:1996-01 Errichten von Starkstromanlagen mit Nennspannungen bis 1000 V; Bestimmungen allgemeiner Merkmale.

T

technische Schutzmaßnahme

Sicherheitsmaßnahme zum Schutz von Personen und Nutztieren vor Gefährdungen, z. B. durch einen elektrischen Schlag, Lichtbogen, Unterbrechung der Energieversorgung, mechanische Einwirkung, Explosion, Implosion, Strahlen, Hitze oder Lärm. Technische Schutzmaßnahmen (engl. *safeguardings*) schließen den Gebrauch von Schutzeinrichtungen und Mitteln ein, die vom Betreiber vor Ort zum Bewusstmachen der Risiken ergriffen werden müssen.

Temperatur

Maß für den Wärmezustand (Wärmegrad) eines Stoffs.

Allgemeines

Wärme und Temperatur sind nicht ein und dasselbe. „Wärme(menge)" bezeichnet die Energie, die den mehr oder weniger starken Schwingungen der Atome und Moleküle innewohnt. „Temperatur" (engl. *temperature*) ist hingegen der Zustand, den die Schwingungen hervorrufen. Wird einem System Wärme zugeführt oder entzogen, so steigt bzw. sinkt seine Temperatur.

Je höher die Temperatur eines Stoffs ist, umso ausgeprägter sind die Schwingungen der Atome und Moleküle. Bei einer Temperatur ϑ –273,15 °C befinden sich alle Atome und Moleküle in absoluter Ruhe. Es handelt sich hierbei um die niedrigste Temperatur, die überhaupt auftreten kann (absoluter Nullpunkt).

In den USA ist die Temperatureinheit Grad Fahrenheit (°F) benannt nach dem deutschen Physiker *Gabriel Daniel Fahrenheit* (1686-1736) gebräuchlich. Bei dieser Temperaturskala liegt der Gefrierpunkt von Wasser bei –32 °F und sein Siedepunkt bei 212 °F. Die Temperaturspanne zwischen den beiden Fixpunkten beträgt bei dieser Skala somit 180 Grad.

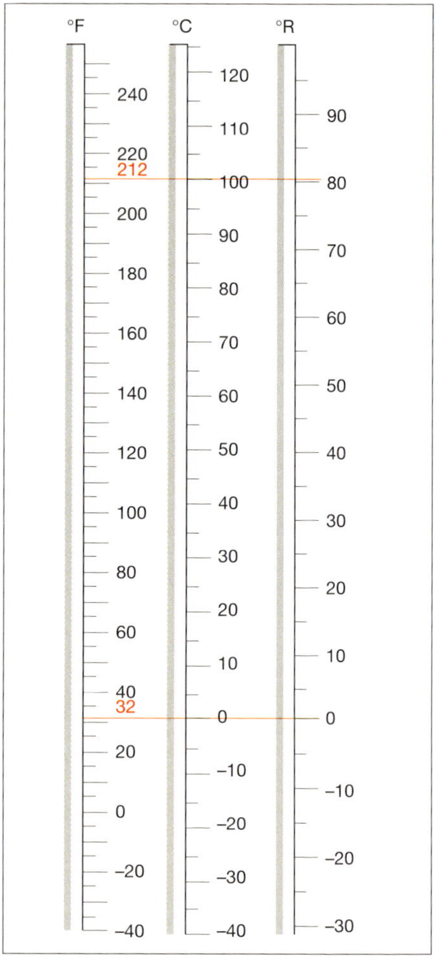

Bild T1: Temperaturskalen nach Fahrenheit (°F), Celsius (°C) und Réaumur (°R)

Die älteste Temperaturskala der Welt mit 80 Grad zwischen dem Gefrier- und dem Siedepunkt des Wassers hat die Maßeinheit Grad Réaumur (sprich: Grad Reomyr), Abk.

°R = (1 °R = 5/4 °C). Diese Einheit wurde nach dem französischen Physiker *René Antoine Ferchault Réaumur* (1683–1757) benannt; sie ist schon lange nicht mehr in Gebrauch. Das Bild T1 veranschaulicht und vergleicht die genannten Temperaturskalen.

Temperaturskalen

Der „absolute Nullpunkt" ist der Ausgangspunkt für die (thermodynamische) **Temperaturskala**, auch absolute Temperaturskala oder Kelvin-Skala genannt. Die Kelvin-Skala – benannt nach dem englischen Physiker *Lord Kelvin* (1824-1907) – kennt keine Minusgrade.
Die SI-Einheit der (thermodynamischen) Temperatur T ist das Kelvin (K). Es gilt sowohl für Temperaturpunkte z. B. Farbtemperatur 3000 K, als auch für Temperaturbereiche (Temperaturdifferenzen), z. B. ΔT = 300 K. Nicht mehr zulässig ist die Bezeichnung Grad Kelvin (°K).
Mit der im täglichen Leben gebräuchlichen Celsius-Temperatur ϑ (griech. *Theta*) oder *t*, benannt nach dem schwedischen Astronomen *Anders Celsius* (1701-1744), ist die Temperatur T wie folgt verknüpft:

$$\vartheta = T - 273{,}15\ \text{K}.$$

Die Einheit der Celsius-Temperatur ist der Grad Celsius (°C).
Diese Einheit darf – im Gegensatz zum Kelvin – keine Dezimalvorsätze (→Vorsatz) erhalten.
Die Celsius-Skala hat den Eispunkt als Nullpunkt. Werte oberhalb 0 °C werden mit + (plus) solche unterhalb 0 °C mit – (minus) gekennzeichnet. Der Siedepunkt des Wassers liegt bei +100 °C.

Jeder Temperaturpunkt kann sowohl durch seine Temperatur (in K) als auch durch seine Celsius-Temperatur (in °C) angegeben werden, z. B.

$$T = 0\ \text{K} \triangleq \vartheta = -273{,}15\ °\text{C}$$

$$T = 373{,}15\ \text{K} \triangleq \vartheta = +100\ °\text{C}$$

Zwischen Temperaturangaben (in K) und Angaben von Celsius-Temperaturen (in °C) sind Gleichheitszeichen unstatthaft. Lediglich bei der Angabe von Temperatur**differenzen** gilt 1 K = 1 °C, weil Temperaturskala und Celsius-Skala gleiche Skalenteilung haben; beide sind gegeneinander lediglich nullpunktverschoben.
Temperaturdifferenzen, z. B.

$$\Delta\vartheta = 50\ °\text{C} - 30\ °\text{C} = 20\ \text{K},$$

sollten stets in Kelvin angegeben werden. Dagegen kann die Angabe von Temperatur**toleranzen** in Grad Celsius erfolgen, wenn der Temperaturpunkt in °C angegeben ist, z. B.

$$\vartheta = (100 \pm 0{,}5)\ °\text{C}.$$

Die Angabe der Toleranz in Kelvin sollte jedoch bevorzugt werden:

$$\vartheta = 100\ °\text{C} \pm 0{,}5\ \text{K}.$$

Das früher übliche Einheitenzeichen grd für Temperaturdifferenzen ist nicht mehr zulässig.

Temperatursicherung

Sicherung zum Schutz →elektrische Betriebsmittel gegen unzulässig hohe Erwärmung.

Temperatursicherungen (engl. *thermallinks*) nach DIN EN 60691 (VDE 0821) sind verhältnismäßig kleine Schmelzsicherungen mit einem Durchmesser von 4 mm und einer Länge von 12 mm. Ihr Herzstück ist der wärmeempfindliche Thermo-Reaktionskörper, s. Bild T2. Dieser Körper mit einer definierten chemischen Zusammensetzung reagiert auf die Temperatur, die das zu schützende Betriebsmittel, z. B. ein elektrisches Gerät oder eine Wicklung, umgibt.

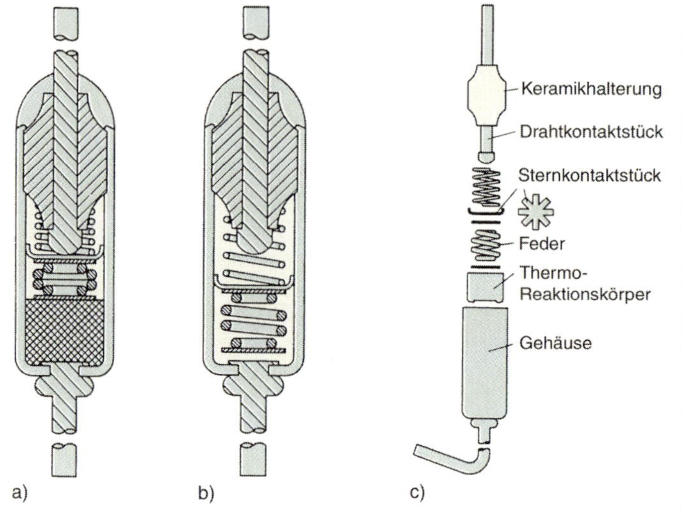

Bild T2: Temperatursicherung a) Einschaltstellung (vor der Reaktion); b) Ausschaltstellung (nach der Reaktion); c) Funktionsteile

Die Sicherung ist direkt an der Wärmequelle zu platzieren, also dort, wo am ehesten eine Übertemperatur, z. B. ein Wärmestau, erwartet werden kann.

Temperatursicherungen (TS) unterscheiden sich in ihrem Aufbau und ihrer Funktion ganz wesentlich von den Schmelzsicherungen des D-, D0- oder NH-Systems. Letztgenannte Sicherungen unterbrechen einen Stromkreis bei →Fehlerströmen, die den Bemessungsstrom des jeweiligen →Sicherungseinsatzes um ein Vielfaches überschreiten, und nicht – wie Temperatursicherungen – bei Betriebstemperaturen (Umgebungstemperaturen) oberhalb eines bestimmten Grenzwerts. Die Abschalttemperatur wird vom Hersteller des zu schützenden Betriebsmittels festgelegt.

Temperatursicherungen werden in Reihe mit dem zu schützenden elektrischen Betriebsmittel geschaltet, z. B einem Heißwasserbereiter, Koch- oder Heizgerät. Beim Erreichen der Bemessungsschalttemperatur wird der Stromkreis selbsttätig unterbrochen und damit das Schutzobjekt ausgeschaltet.

Temperatursicherungen schmelzen in einem sehr eng tolerierten Temperaturbereich von etwa 4 K. Sie sind wie alle Schmelzsicherungen nicht reparabel.

Tetanisierungs-Schwellenstrom

Kleinstwert des (Körper-)Stroms, bei dem ein Mensch, der zylindrische Elektroden hält, diese während des Stromflusses nicht mehr loslassen kann.

Wechselstrom

Der Wert des Tetanisierungs-Schwellenstroms (engl. *tetanization threshold current*) – kurz **Krampfschwelle** genannt – liegt bei technischem Wechselstrom – bezogen auf eine Wahrscheinlichkeit von 50 % – geringfügig oberhalb von 15 mA. Messungen ergaben, dass der Schwellenwert für Frauen mitunter nur zwei Drittel des bei Männern gemessenen Werts beträgt. Dabei sind Körpergewicht, Größe und Lebensalter ohne Belang [1].

Gleichstrom

Reiner Gleichstrom erzeugt grundsätzlich keine unwillkürliche, tetanische Kontraktion von Skelettmuskeln, die das Loslassen eines umfassten elektrischen Leiters (Elektrode) unmöglich macht. Lediglich beim Ein- und Ausschalten werden die Muskelzellen kontrahiert. Die Folge davon ist ein kurzer, meist heftiger einmaliger Muskelkrampf, der sofort wieder zum Loslassen (Losschleudern) eines elektrischen Leiters führt. Ein „Klebenbleiben" gibt es bei Gleichstrom nicht.

Literatur

[1] *Biegelmeier, G.:* Wirkungen des elektrischen Stroms auf Menschen und Nutztiere. Lehrbuch der Elektropathologie. Berlin, Offenbach: VDE-Verlag, 1986.

thermisch gleichwertiger Kurzschlussstrom

Konstanter Effektivwert des Stroms mit der gleichen thermischen Wirkung und der gleichen Dauer wie der tatsächliche →Kurzschlussstrom, der eine Gleichstromkomponente enthalten und zeitlich abklingen kann. Der thermisch gleichwertige Kurzschlussstrom ist aus dem Effektivwert des Anfangs-Kurzschlusswechselstroms I_k'' sowie den Faktoren m und n nach DIN EN 60865-1 [1] wie folgt zu berechnen:

$$I_{th} = I_k'' \sqrt{m+n}.$$

In dieser Gleichung berücksichtigen m und n die zeitabhängige Wärmewirkung der Gleichstrom- und Wechselstromkomponenten des Kurzschlussstroms. Bei generatorfernen Kurzschlüssen ist $n = 1$.

Treten mehrere Kurzschlüsse mit kurzen Pausen dazwischen auf, z. B. bei der automatischen Wiedereinschaltung (AWE), so wird ein resultierender gleichwertiger Kurzschlussstrom nach [1] bestimmt.

Literatur

[1] DIN EN 60865-1 (VDE 0103):1994-11 Kurzschlussströme – Berechnung der Wirkung; Begriffe und Berechnungsverfahren.

Thermistor

Halbleiterbauelement, dessen Widerstandswert stark von seiner Temperatur abhängt.

Allgemeines

Thermistoren[1] sind temperaturabhängige (Halbleiter-)Widerstände mit nicht linearem Widerstandsverhalten. Dabei wird die für den Widerstandswert entscheidende Körpertemperatur entweder durch die →Umgebungstemperatur am Einsatzort oder durch die im Thermistor selbst in Wärme umgesetzte elektrische →Verlustleistung bestimmt.

Thermistoren bestehen i. Allg. aus polykristalliner Oxidkeramik, die zu Formteilen gepresst und gesintert worden ist. Diese Halbleiter werden hergestellt mit

- negativem Temperaturkoeffizienten (NTC), bei denen sich mit steigender Temperatur durch Entstehen freier Elektronen der Widerstandswert verringert – kurz „NTC-Thermistoren", meist jedoch Heißleiter genannt[2],
  Schaltzeichen: ,
  oder mit
- positivem Temperaturkoeffizienten (PTC), bei denen sich mit steigender Temperatur die Ladungsträger (Elektronen) in ihrer Bewegung zunehmend behindern und infolgedessen sich der Widerstandswert vergrößert, Beispiel s. Bild T3. Mit dem

[1] **Thermistor** ist dem engl. Begriff ***thermal** resis**tor*** (Thermowiderstand) entlehnt.

[2] Als Heißleiter lassen sich im Prinzip die meisten Halbleiterwerkstoffe verwenden, z. B. Silicium, Germanium und auch Magnesium-Nickel-Oxide unter Zugabe von Cobalt.

Erreichen der Nenn-Ansprechtemperatur – meist zwischen 60 und 180 °C – erhöht sich der elektrische Widerstand ganz extrem. Halbleiter mit einem solch nicht linearen Widerstandsverhalten werden kurz „PTC-Thermistoren“, meist jedoch **Kaltleiter** genannt.
Schaltzeichen: 

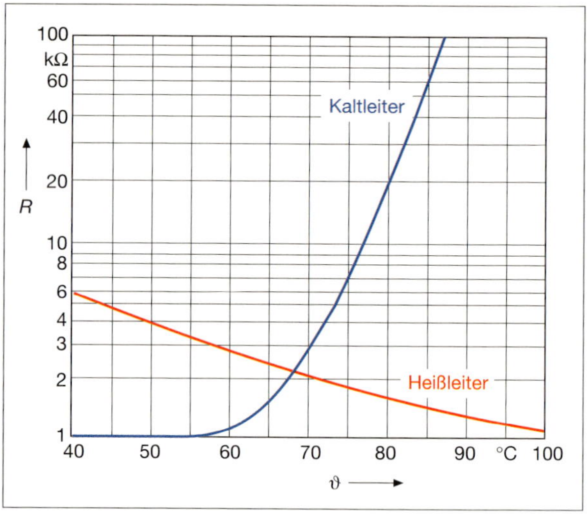

Bild T3: Widerstands-Temperatur-Kennlinie eines NTC-Thermistors (Heißleiter) und eines PTC-Thermistors (Kaltleiter)

Anwendung

Thermistoren sind seit den 1960er Jahren im praktischen Einsatz. Verbreitet finden sie als Heißleiter (NTC-Thermistoren), z. B. in der Medizin zur Temperaturmessung oder in Kraftfahrzeugen zur Glatteiswarnung, sowie als Kaltleiter (PTC-Thermistoren) für den thermischen Wicklungsschutz von Transformatoren und Elektromotoren (Überlastschutz) Anwendung. Für die einwandfreie Funktion des thermischen Wicklungsschutzes ist es entscheidend, dass die Temperaturfühler bei oberflächen- oder durchzugbelüfteten Maschinen immer in dem Wicklungsabschnitt mit der höchsten Temperatur (engl. *hottest spot*) und mit gutem Wärmekontakt zu den Wicklungen angebracht werden.

Mit Kaltleiter-Temperaturfühlern im Wickelkopf lässt sich kein vollkommener Überlastschutz von Elektromotoren (Motorvollschutz) erreichen, sondern nur in Verbindung mit einem Motorschutzschalter (➔Motorstarter) mit seinem thermischen Überstromauslöser. Dabei ist der stromzeit-abhängige Thermobimetallauslöser des Motorstarters so einzustellen, dass er bei fest gebremstem Läufer – d. h. im „Kurzschlussfall“ mit der Drehzahl $n = 0$ – spätestens nach 15 s auslöst [1]. In diesem Fall fließt der bis zum 8-fachen höhere Anzugsstrom.

Mit Schmelzsicherungen lässt sich trotz Verwendung von PTC-Thermistoren kein Motorvollschutz (thermischer Rundumschutz) erreichen. Sicherungen dienen primär dem Überstromschutz von Leitungen und Kabeln, insbesondere bei ➔Kurzschluss, jedoch nicht von Wicklungen, z. B.

- bei Behinderung der Kühlung infolge Verschmutzung der Kühlluftwege (Umgebungstemperatur > 50 °C),
- bei vergleichsweise langen Hochlaufzeiten (Schwerstanlauf mit $t_a > 60$ s),
- bei Spannungsabsenkungen infolge von Netzschwankungen oder
- bei „Einphasenlauf“ von Drehstrommotoren ohne Phasenausfallschutz.

TMS-Schaltung

Beim Thermistor-Motorschutz (TMS) befinden sich die Kaltleiter-Temperaturfühler in Reihe mit der Relaisspule eines Auslösegeräts, s. Bild T4. Beim Erreichen der Nenn-Ansprechtemperatur, z. B. 130 °C bei Motoren mit der Isolierstoffklasse B, fällt infolge des sprunghaft gestiegenen Wider-

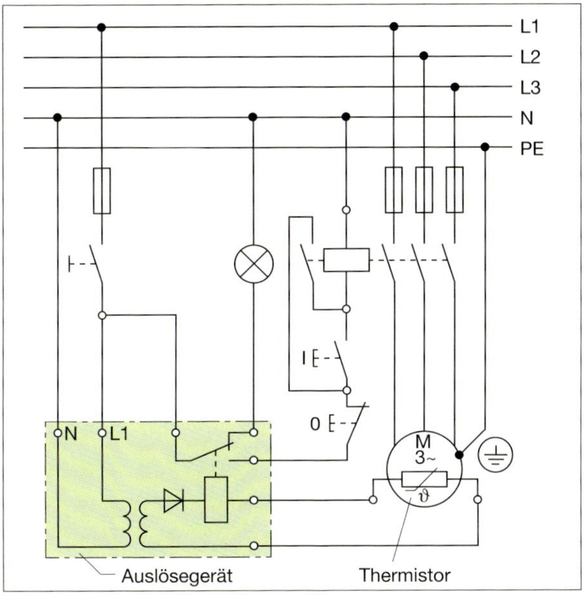

Bild T4: Thermischer Motorschutz mit Kaltleiter-Temperaturfühlern (PTC-Thermistoren)

standswerts des Thermistors das Relais ab. Durch die dabei erfolgte Umschaltung (auch bei Leiterbruch im Überwachungskreis) wird der Haltestromkreis (Ruhestromkreis) für das Motorschütz unterbrochen und der durch Überlast gefährdete Motor allpolig vom Netz getrennt. Eine Lampe signalisiert den unterbrochenen Betriebszustand (Fehlzustand) [1].

Literatur

[1] *Greiner, H.:* Möglichkeiten und Grenzen des Motorschutzes mit Thermistoren. Elektropraktiker, Berlin 55(2001)6, S. 465-469.

Thomson-Messbrücke

Messbrücke zur genauen Bestimmung kleiner →elektrischer Widerstände, vorzugsweise Wirkwiderstände von 1 μΩ…1 Ω, unter Verwendung von Gleichspannung. Bei dieser Abgleichbrücke wird der Spannungsfall an dem bekannten Normalwiderstand R_N mit dem Spannungsfall an dem zunächst unbekannten Widerstand R_X verglichen, s. Bild T5. Der Einfluss des Widerstands der Anschlussleitungen und der Kontaktwiderstände wird dabei eliminiert.

Für den Abgleich der Doppelbrücke dient ein Galvanometer G (Nullindikator). Dieser empfindliche Spannungsmesser zeigt bei stromlosem Brückenzweig (Brückengleichgewicht) exakt auf den Nullpunkt in Skalenmitte (→Nullinstrument). Anhand der Abgleichbedingung

$$\frac{R_x}{R_N} = \frac{R_1}{R_2} = \frac{R_3}{R_4} \quad (1)$$

kann nunmehr der genaue Wert von R_X berechnet werden:

$$R_x = R_N \cdot \frac{R_1}{R_2} = R_N \cdot \frac{R_3}{R_4} \quad (2)$$

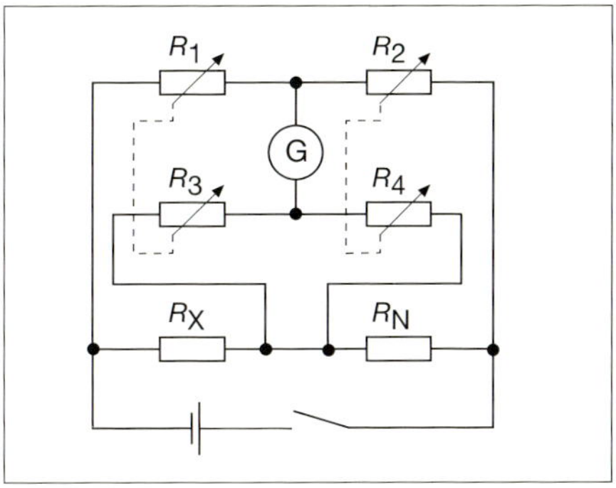

Bild T5: Thomson-Messbrücke (Grundschaltung)

Thyristor

Steuerbares Halbleiterbauelement mit zwei Hauptanschlüssen (Anode A, Katode K) und einem Steueranschluss (Gate G)[1].

Schaltzeichen: 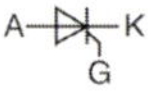

Wirkungsweise

Thyristoren haben in Sperrrichtung (Pluspol an der Katode) wie gewöhnliche →Dioden einen großen (Gleichstrom-)Widerstand. Folglich fließt in dieser Richtung (Rückwärtsrichtung) nur ein kleiner Sperrstrom von einigen µA.

In Durchlassrichtung (Vorwärtsrichtung) gibt es zwei Zustände: Zunächst ist der Thyristor auch in dieser Richtung gesperrt (Blockierzustand), und es fließt kein nennenswerter Strom. Wird jedoch ein Zündimpuls[2] (Gatestromimpuls) zwischen der Steuerelektrode und der Katode eingeleitet, so schaltet der Thyristor augenblicklich – viel schneller als jedes elektromechanische Bauteil und völlig verschleißfrei – vom Sperrzustand in den Durchlasszustand um. Der Thyristor ist nunmehr niederohmig. Er verhält sich auch bei dieser Stromrichtung (Durchlassrichtung) wie eine gewöhnliche Diode. Der einmal durch einen kurzen Gatestromimpuls gezündete, d. h. vom nicht leitenden in den leitenden Zustand geschaltete Thyristor bleibt so lange durchgeschaltet, wie ein Laststrom fließt. Thyristoren können somit zwar über den Gatestrom eingeschaltet, jedoch auf diese Weise nicht wieder ausgeschaltet werden. Erst bei Unterschreiten des Haltestromwerts, z. B. 10 mA, schalten sie selbsttätig in den Sperrzustand. Zur erneuten Herbeiführung des Durchlasszustands ist wiederum ein Gatestromimpuls erforderlich.

Thyristoren können den Laststrom grundsätzlich nur in einer Richtung – in Vorwärtsrichtung – durchlassen. Die typische Strom-Spannungs-Kennlinie eines Thyristors für den Durchlassbereich ist im Bild T6 dargestellt. Hierin bedeutet der Formelzeichenindex F „vorwärts“ (engl. *forward*).

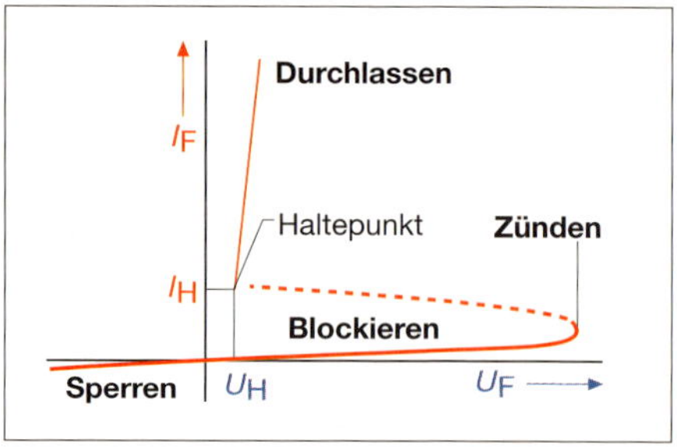

Bild T6: Strom-Spannungs-Kennlinie eines Thyristors
U_F Durchlassspannung; I_F Durchlassstrom;
U_H Haltespannung; I_H Haltestrom

Thyristoren werden überwiegend für steuerbare Gleichrichterschaltungen in Wechselstromnetzen verwendet. Wechselströme mit periodisch wechselnder Richtung können Thyristoren jedoch nur schalten, wenn für jede Stromrichtung entweder ein eigener Thyristor in Gegenparallelschaltung (Antiparallelschaltung) oder ein Zweirichtungs-Thyristor (Triac) vorgesehen wird.

Triac, Diac

Ein Triac besteht im Prinzip aus zwei antiparallel geschalteten Thyristoren mit nur einem Gate.

Schaltzeichen 

„Triac“ ist abgeleitet von der engl. Bezeichnung: ***tri**ode **a**lternating **c**urrent switch*. Er eignet sich zum Schalten kleiner Leistungen bis zu einigen kW. Triacs werden ebenfalls

[1] **Gate** ist die engl. Bezeichnung für „Tor“ (Sperre).

[2] „Zündung“ stammt aus der Thyratrontechnik, wo tatsächlich ein Plasma gezündet wird. Für die Auslösung eines Gatestromimpulses zum Übergang eines Halbleiterbauelements vom nicht leitenden in den leitenden Zustand ist der Terminus Zündung genau genommen unzutreffend.

durch einen Stromimpuls am Gate gezündet, im Gegensatz zu Thyristoren jedoch von beliebiger Polarität. Sie schalten selbsttätig wieder aus, wenn der Laststrom den Haltestromwert unterschreitet.
Ein Triac (Thyristortriode) ohne Gateanschluss heißt Diac, gebildet aus den Anfangsbuchstaben von ***di**ode* und ***a**lternating* ***c**urrent* (AC, Wechselstrom).

Schaltzeichen 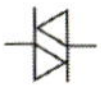

Diacs (Thyristordioden) bestehen im Prinzip aus zwei antiparallel geschalteten Dioden. Sie werden vorwiegend in Triggerschaltungen zum Erzeugen des für das Zünden von Thyristoren und Triacs notwendigen Gateimpulses verwendet (→Triggerdiode).

Transformator

Elektrisches Gerät, das im Sinne der weitgehend harmonisierten Normenreihen DIN VDE 0532 und DIN VDE 0570 ohne Verwendung rotierender Teile (statisches Gerät) elektrische Energie mittels elektromagnetischer Induktion aus einem elektrischen System mit bestimmten Spannungswerten in ein anderes System mit meist anderen Spannungswerten (Nennspannungsübersetzung) bei gleichbleibender →Frequenz überträgt.

Allgemeines

Transformatoren (engl. *transformers*) – bei größeren Einheiten, z. B. bei Einphasentransformatoren in →Drehstrombänken, auch **Umspanner** genannt – bestehen hauptsächlich aus dem aktiven Teil. Dieser umfasst den Kern als Träger des magnetischen Flusses mit seinen Schenkeln (die bewickelten Teile des Kerns), Jochen und Rückschlussschenkeln sowie die →Wicklungen und →Klemmen.
Einen gänzlich anderen Aufbau haben die gleich- oder wechselstromversorgten „elektronischen Transformatoren“ (Konverter) nach der Normenreihe DIN VDE 0712.

Isolierung, Kühlung

Transformatoren (kurz: Trafos) benötigen neben einer guten Isolierung der aktiven Teile außerdem eine wirksame Kühlung. Werden zur (inneren) Isolierung und Kühlung des elektrischen Aktivteils Mineralöl (Silikonöl) oder andere schwer entzündbare Isolier- und Kühlflüssigkeiten verwendet, so handelt es sich um **Öltransformatoren** (engl. *oil-immersed type transformers*). Befinden sich dagegen Kern und Wicklung nicht in einer Isolierflüssigkeit, so sind es **Trockentransformatoren** (engl. *dry-type power transformers*). Hierbei kann die Wärmeabfuhr durch natürlichen Zugang der Umgebungsluft (Selbstkühlung) oder bei großen Transformatoren auch durch ein künstlich bewegtes Kühlmittel erfolgen (Fremdkühlung).
Transformatorenöl hat eine sehr viel bessere Wärmeleitfähigkeit und eine etwa fünfmal höhere Durchschlagfestigkeit als Luft. Zur Verbesserung der Wärmeübertragung wird das Öl mitunter durch Pumpen bewegt.
Werden Transformatoren in Gebäuden aufgestellt, so ist bei Selbst- und Fremdkühlung eine ausreichende Belüftung der Transformatorenräume sicherzustellen.

Arten, Einteilung

Hinsichtlich der Art der Leistungsübertragung wird hauptsächlich unterschieden zwischen

- **Leistungstransformatoren** (Volltransformatoren) mit galvanisch getrennten Wicklungen – hierbei erfolgt die gesamte Leistungsübertragung rein induktiv – und
- →**Spartransformatoren**, die aufgrund der fehlenden galvanischen Trennung zwischen Primär- und Sekundärwicklung die elektrische Leistung nur zum Teil induktiv (transformatorisch) und zum Teil leitend übertragen.

Wegen der nicht vorhandenen galvanischen

Trennung der Wicklungen muss bei Spartransformatoren die ausgangsseitig angewendete Schutzmaßnahme bei indirektem Berühren der auf der Eingangsseite angewendeten Schutzmaßnahme (meist Schutz durch automatische Abschaltung der Stromversorgung) entsprechen. Die Schutzleiter auf beiden Seiten des Spartransformators sind miteinander zu verbinden.

Transformatoren werden bezeichnet:

- nach ihrem vorgesehenen Aufstellungsort als **Innenraum-** oder **Freilufttransformatoren**,
- nach ihrer Kurzschlussfestigkeit als **kurzschlussfeste Transformatoren**, wenn – wie z. B. für Klingeltransformatoren gefordert – bei sekundärseitigem Klemmenkurzschluss innerhalb einer festgelegten Zeit die zulässige Temperaturerhöhung nicht überschritten wird, oder als **nicht kurzschlussfeste Transformatoren**, bei denen auf der Sekundärseite Überstrom-Schutzeinrichtungen vorzusehen sind,
- nach ihrem Verwendungszweck, z. B. als **Steuertransformatoren** zur Speisung von Steuerungsanlagen, **Sicherheitstransformatoren** (früher: Schutztransformatoren) zur Erzeugung der (Schutz-)Kleinspannung SELV oder PELV, **Trenntransformatoren** (auch Rasiersteckdosen-Transformatoren) zur Durchführung der Schutzmaßnahme Schutztrennung, **Störschutztransformatoren** zum Schutz gegen Hochfrequenzstörungen, **Eigenbedarfstransformatoren** zur Versorgung von Eigenbedarfsanlagen, **Ortsnetztransformatoren** zur Speisung von Niederspannungsortsnetzen, **Klingeltransformatoren** (Läutewerktransformatoren) zum Anschluss von akustischen Signalgeräten, Türöffnern u. dgl., **Spielzeugtransformatoren** zum Anschluss von elektrischem Spielzeug, **Auftautransformatoren** zum Auftauen eingefrorener metallener Wasserleitungsrohre oder zu deren Schutz vor Frostschäden, **Zündtransformatoren** für Gas- und Ölbrenner, **Schweißtransformatoren** zum →Lichtbogenschweißen, **Bahntransformatoren** zur Speisung von Bahnstromversorgungssystemen, **Stromrichtertransformatoren** zur Speisung von Stromrichteranlagen, **Fahrzeug-** und **Schiffstransformatoren** auf Schienen- oder Straßenfahrzeugen bzw. auf Schiffen, **Sternpunkttransformatoren** (Erdungstransformatoren) zur Schaffung eines Sternpunkts in einem elektrischen System, **Grubentransformatoren** für den untertägigen Bergbau, **Hochspannungs-Streufeldtransformatoren** (Neontransformatoren) genannt) für Leuchtröhrenanlagen oder **Hochspannungs-Prüftransformatoren** für Prüfzwecke (Spezialtransformatoren).

Transformatoren mit Nennleistungen unter 6,3 kVA sind **Kleintransformatoren** (DIN VDE 0550-1). Dienen Transformatoren der Aufwärtstransformation (von einer bestimmten Spannung auf eine höhere Spannung), so werden sie **Aufspanntransformatoren**, in Verbindung mit Generatoren in Kraftwerken auch **Block-, Haupt-** oder **Maschinentransformatoren**, und bei Abwärtstransformation **Abspanntransformatoren** genannt.

Transistor

Halbleiterbauelement mit mindestens drei Elektroden (Anschlüssen), bei dem der Stromfluss zwischen zwei Elektroden durch eine dritte gesteuert werden kann.

Allgemeines

Die erste brauchbare Festkörperalternative zur Vakuumtriode: der „Transistor“ – sprachlich abgeleitet von den engl. Bezeichnungen ***trans**fer* (Übertragung) und *re**sistor*** (elektrischer Widerstand) – wurde im Jahre 1948 in den USA vorgestellt. Heute bestehen Transistoren vorwiegend aus dem Halbleiterstoff Silicium mit einem äußerst hohen Reinheitsgrad. Auf 10^{10} Siliciumatome kommt nur 1 Fremdatom. Die früher weit verbreiteten Germaniumtransistoren spielen kaum noch eine Rolle.

Transistoren dienen vorzugsweise als Verstärker kleiner Ströme und Spannungen (Leistungsverstärker) oder im Sinne von DIN VDE 0558-1 als elektronischer (kontaktloser) Schalter. Sie werden – auch der niedrigen Durchlassverluste wegen – vorzugsweise als **Bipolartransistoren** hergestellt. Am Stromtransport dieser Transistoren sind sowohl Minoritätsträger – das sind die in der Minderheit befindlichen Ladungsträger (Elektronen oder Löcher[1)]) – als auch Majoritätsträger beteiligt.

Darüber hinaus gibt es noch die **Unipolartransistoren** (Feldeffekttransistoren), deren Wirkprinzip – im Gegensatz zu Bipolartransistoren – auf dem gesteuerten Transport nur einer einzigen Ladungsträgerart (Majoritätsträger) beruht, entweder Elektronen oder Löcher. Diese Transistoren werden hautpsächlich in der Informationstechnik verwendet.

Bipolartransistoren

Bei Bipolartransistoren stehen drei Halbleiterschichten unterschiedlichen Leitungstyps – getrennt durch zwei Grenzschichten (PN-Übergänge) – einander gegenüber. Je nach der Reihenfolge des Leitungstyps der drei aufeinander folgenden Halbleitergebiete werden sie NPN-Transistoren oder PNP-Transistoren genannt.

Die Anschlüsse an den N-dotierten Gebieten erhalten die Bezeichnungen Emitter E (Aussender, lat. *emittere*) und Kollektor C (Sammler, lat. *collecta*). Das P-dotierte Gebiet enthält den Anschluss der Basis B (Steuerelektrode), s. Bild T7. Die Strecken E–B und B–C können (vereinfacht) als Halbleiterdioden betrachtet werden. Die E–B-Diode wird in Durchlassrichtung betrieben.

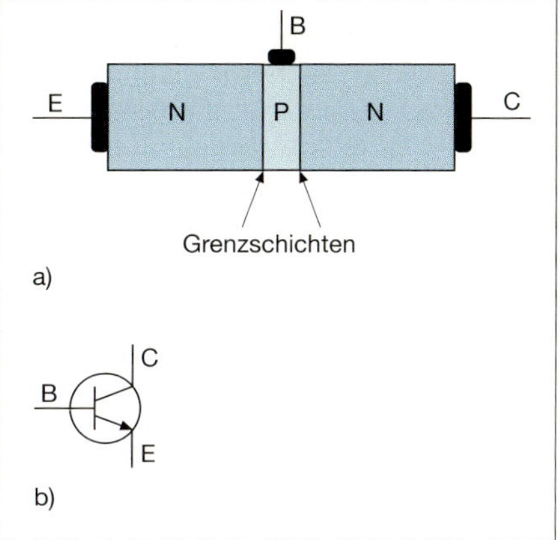

Bild T7: Bipolartransistor (NPN-Transistor)
a) Struktur; b) Schaltzeichen

In Abhängigkeit von den Strom-Spannungs-Verhältnissen im äußeren Stromkreis wird deren Grenzschicht von Ladungsträgern mehr oder weniger überschwemmt. Wegen der sehr geringen Dicke der Basisschicht B (Sperrschicht) von nur 1...5 µm wird auch die Grenzschicht der B-C-Diode, die entsprechend der Polarität der äußeren Spannung in Sperrrichtung liegt, von den Ladungsträgern erreicht. Im Ausgangskreis (B–C) fließt somit ein von den Strom-Spannungs-Verhältnissen im Eingangskreis (E–B) abhängiger Strom. Strom und Spannung im Eingangskreis steuern somit den Strom und die Spannung im Ausgangskreis (Leistungsverstärkung). Dabei ist die steuernde Leistung stets deutlich kleiner als die gesteuerte Leistung.

1) Löcher (Defektelektronen) sind fehlende Elektronen im Valenzband eines Halbleiters.

transportable Betriebsstätte

Fahrzeug, Container, Kabine oder eine ähnliche Betriebsstätte (Baueinheit),

- die entweder selbst fahrbar ist oder z. B. auf einem Grundrahmen befestigt an wechselnde Einsatzorte gebracht werden kann und
- in der ➔elektrische Betriebsmittel errichtet werden.

Die Anforderungen an die Versorgung und Ausführung der elektrischen Anlagen auf Fahrzeugen oder in ähnlichen transportablen Baueinheiten (engl. *transportable units*), z. B. für Rundfunkübertragungen, Feuerwehreinsätze oder transportable Werkstätten, sind in DIN VDE 0100-717 enthalten, Beispiel s. Bild T8.

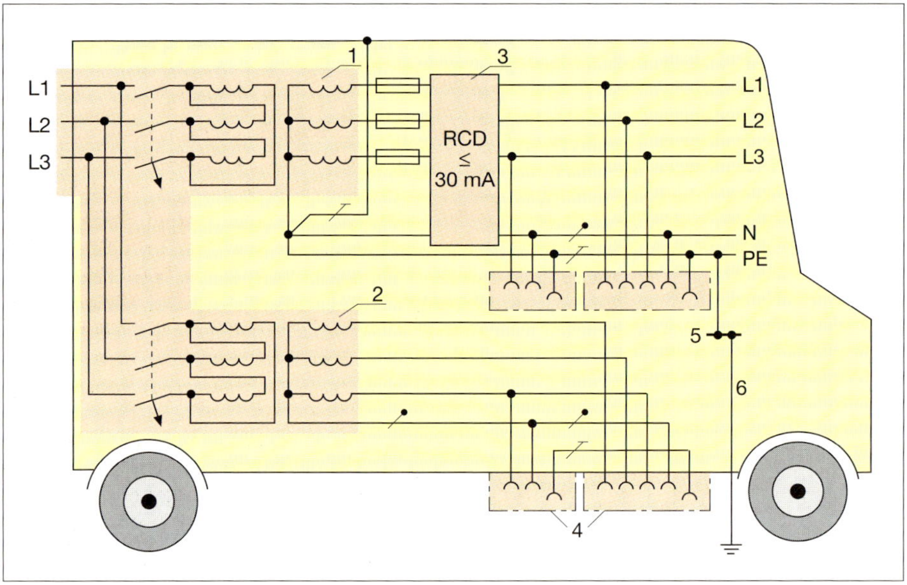

Bild T8: Transportable Betriebsstätte (Fahrzeug) mit Schutz durch
• automatische Abschaltung der Stromversorgung und einer Fehlerstrom-Schutzeinrichtung (RCD) sowie
• Schutztrennung für Verbrauchsmittel außerhalb der Betriebsstätte
1 Stromversorgungseinrichtung mit „einfacher Trennung“ (Basistrennung);
2 Trenntransformator für Schutztrennung mit mehreren Verbrauchsmitteln;
3 Fehlerstrom-Schutzeinrichtung (RCD), $I_{\Delta N} \leq 30$ mA;
4 Steckdosen
5 Potentialausgleichsschiene } bei Bedarf
6 Erdungsleiter } bei Bedarf

Transverter

Gleichspannungswandler zur bedarfsgerechten Bereitstellung einer beliebigen Gleichspannung aus einer anderen vorgegebenen Gleichspannung – meist aus einer Batterie (Akkumulator) – mit oder ohne Polaritätsumkehr.
Das Prinzip der Transvertierung besteht in der Umwandlung der vorhandenen Gleichgrößen zunächst in Wechselgrößen (periodische Impulsspannung, 10...20 kHz), deren anschließenden Transformation auf den geforderten Wert und Rückführung (Gleichrichtung) der Wechselgrößen in gewünschte Gleichgrößen.
Breite Anwendung finden Transverter in netztransformatorlosen Stromversorgungen (Schaltnetzteilen). Bei der ersten Transvertergeneration wurden die Gleichgrößen noch durch einen mechanischen Unterbrecher in Impulsgrößen „zerhackt". Nunmehr übernimmt diese Aufgabe ein Hochgeschwindigkeits-Schalttransistor.

Trennfunktion

Eigenschaft von mechanischen →Schaltgeräten, einzelne elektrische Betriebsmittel oder Anlagenteile zur Durchführung von Instandsetzungsarbeiten o. dgl. zuverlässig von gefährlichen →aktiven Teilen zu trennen.
Schaltgeräte mit Trennfunktion (Trenngeräte) erfüllen die Anforderungen nach DIN VDE 0100-537 [1]. Ihre Schaltkontakte haben in der AUS-Stellung die vorgeschriebene Trennstrecke und Spannungsfestigkeit. Bei Trenngeräten mit nicht sichtbarer Schaltstrecke, z. B. bei Leitungsschutzschaltern, muss grundsätzlich eine eindeutige →Schaltstellungsanzeige vorhanden sein.
Halbleitergeräte, z. B. →Thyristoren oder →Transistoren, stellen keine galvanische Trennung her. Diese (kontaktlosen) elektronischen Schalter sind folglich zum Trennen elektrischer Stromkreise zwecks Durchführung von Arbeiten nicht geeignet [1].

Literatur

[1] DIN VDE 0100-537:1999-06 Elektrische Anlagen von Gebäuden; Auswahl und Errichtung elektrischer Betriebsmittel; Geräte zum Trennen und Schalten.

Trennschalter

Mechanisches (Kontakt gebendes) →Schaltgerät, das beim Ausschalten (Spannungsfreischalten) eine sichtbare Trennstrecke herstellt.
Trennschalter (engl. *disconnectors*) – kurz „Trenner" genannt – entsprechen den Anforderungen nach DIN EN 60947-3 [1] und DIN EN 62271-102 [2]. Sie werden wegen ihrer →Trennfunktion nur willkürlich (von Hand) und nicht automatisch geschaltet. Ein elektrisches oder mechanisches Verriegelungssystem stellt sicher, dass sie erst betätigt werden können, wenn der →Leistungsschalter in dem betreffenden Strompfad ausgeschaltet ist.
Trenner eignen sich nur zum Schalten vergleichsweise kleiner (vernachlässigbarer) elektrischer Ströme, z. B. von Spannungswandlern, Spannungsteilern, Steuerkondensatoren oder von Strömen, die durch Restladungen entstehen. Trenner können Ströme auch unter anormalen Bedingungen führen, z. B. Kurzschlussströme, jedoch diese nicht schalten.
Trennschalter in Kombination mit Sicherungen werden „Sicherungstrennschalter" (engl. *fuse-disconnector*) oder kurz „Sicherungstrenner" genannt.

Literatur

[1] DIN EN 60947-3 (VDE 0660-107):2001-12 Niederspannungsschaltgeräte; Lastschalter, Trennschalter, Lasttrennschalter und Schalter-Sicherungs-Einheiten.

[2] DIN EN 62271-102 (VDE 0671-102): 2003-10 Hochspannungs-Schaltgeräte und -Schaltanlagen; Wechselstrom-Trennschalter und -Erdungsschalter.

Triggerdiode

Nicht steuerbares Halbleiterbauelement mit zwei Elektroden (Diode), das beim Überschreiten eines bestimmten Werts der zwischen den beiden Anschlüssen angelegten Spannung aus dem Blockierzustand in den Durchlasszustand kippt oder seinen elektrischen Widerstand stark verringert.
Schaltzeichen: 
Triggerdioden (engl. *trigger* = Auslöser) dienen der Erzeugung des zum Zünden von →Thyristoren und Triacs notwendigen Gatestromimpulses. Die Zündung erfolgt durch Lawinendurchbruch (Avalanche-Effekt).

trockener Raum

Raum (Ort), in dem in der Regel kein Kondenswasser auftritt und in dem die Luft nicht mit Feuchtigkeit gesättigt ist.
Trockene Räume sind Räume, in denen die relative Luftfeuchte i. Allg. 30 % bei etwa 35 °C und 75 % bei etwa 18 °C Lufttemperatur nicht überschreitet. Zu diesen Räumen zählen z. B. Wohn-, Geschäfts- und Verkaufsräume, Hotelzimmer, Büros, Schulräume, Dachböden, Treppenhäuser sowie beheizte und belüftete Keller. Küchen und Baderäume in Wohnungen sowie Trockenböden zum Trocknen von Wäsche gelten in Bezug auf die elektrische Installation ebenfalls als trockene Räume, weil in ihnen Feuchtigkeit vergleichsweise selten und wenn überhaupt nur kurzzeitig auftritt.

Bei der Errichtung elektrischer Betriebsmittel und Anlagen in trockenen Räumen werden grundsätzlich keine Anforderungen an den Wasserschutzgrad gestellt. Somit ist die Schutzart IPX0 meist ausreichend. Gleichwohl sind für bestimmte trockene Räume Zusatzbestimmungen zu beachten, z. B. für den Schutzbereich um Badewannen DIN VDE 0100-701, für landwirtschaftliche Betriebsstätten DIN VDE 0100-705 und für feuergefährdete Betriebsstätten DIN VDE 0100-482.

Typschild

Schild zur Kennzeichnung elektrischer Maschinen, Geräte oder deren Kombinationen mit

- den betriebswichtigen Kenngrößen und -werten, z. B. Stromart, Bemessungsspannung sowie IP-Schutzart,
- der Typbezeichnung, aufgrund derer die notwendigen Informationen vom Hersteller angefordert werden können,
- dem Sicherheits-Prüfzeichen, z. B. des VDE, und
- dem Namen des Herstellers[1] oder dem Warenzeichen, oft ergänzt durch die Angabe des Herstellerlandes, z. B. „made in Germany" (hergestellt in Deutschland).

Typschilder (engl. *name plates*) werden mitunter auch **Leistungsschilder** genannt. Sie sollen an dem elektrischen Betriebsmittel befestigt, in dessen Gebrauchslage gut lesbar und gegenüber den Umgebungseinflüssen beständig sein.

[1] Bei →Niederspannungs-Schaltgerätekombinationen, deren Baugruppen oder Felder z. T. in fremden Firmen gefertigt, z. B. verdrahtet werden, gilt als Hersteller derjenige, der die (Gesamt-)Verantwortung für die betriebsfertig zusammengebaute Schaltgerätekombination trägt.

Bei Schaltgerätekombinationen, die aus mehreren →Feldern bestehen, wird das Typschild nur ein einziges Mal angebracht, z. B. am linken äußeren Feld links oder rechts oben. Auf auswechsel- und deshalb vertauschbaren Konstruktionsteilen sind Typschilder deplatziert.

Die Abmessungen und Schriftfeldaufteilungen von Typschildern enthalten z. B. DIN 825 sowie die Normenreihen DIN 30641 bis 30646.

U

Übergangsadapter

Ortsveränderliches elektrisches Betriebsmittel, das den Anschluss eines steckerfertigen Geräts an eine Steckdose gestattet, deren Kontaktsystem an sich nicht für eine solche Steckverbindung vorgesehen ist.
Übergangsadapter (engl. *conversion adaptors*) dürfen in Deutschland nur mit einer flexiblen Leitung von etwa 1 m Länge zwischen dem Stecker und dem Steckdosenteil hergestellt werden [1]. Einteilige Adapter mit am Adaptergehäuse starr angebautem Stecker sind nicht gestattet, wenn die Adapter mehr als eine Steckdose (Mehrfachsteckdose) mit Schutzkontakten enthalten [2], s. Bild S67.
Übergangsadapter zum Anschluss von steckerfertigen Geräten an Steckdosen mit nicht passfähigem Kontaktsystem gelten grundsätzlich als Behelfslösung. Sie sind in Übereinstimmung mit den Normen deshalb nur für den zeitweiligen Gebrauch bestimmt.

Literatur

[1] DIN EN 50250 (VDE 0623-4):2003-07 Übergangsadapter für industrielle Anwendung.
[2] DIN VDE 0100-550:1988-04 Errichten von Starkstromanlagen mit Nennspannungen bis 1000 V; Auswahl und Errichtung elektrischer Betriebsmittel; Steckvorrichtungen, Schalter und Installationsgeräte.

Überschlag

Vollständige elektrische Entladung
- in einem flüssigen oder gasförmigen →Isolierstoff (Funkenüberschlag) oder
- entlang der Oberfläche eines festen Isolierstoffs (Oberflächen- oder Kriechüberschlag),

verbunden mit dem vorübergehenden oder ständigen Verlust der →Isolation [1]. Die Strecke zwischen den Punkten der elektrischen Entladung wird **Überschlagstrecke** genannt.
Oberflächenüberschläge an Isolierungen und Überschlagspannungen werden wie folgt unterschieden:
Trockenüberschläge sind Überschläge bei sauberer und trockener Oberfläche. Die Trockenüberschlagspannung wird unter Verwendung von Wechselspannung mit Betriebsfrequenz und von →Stoßspannung gemessen. Die Überschlagstoßspannung ergibt sich aus der Überschlaghäufigkeit bei verschiedenen Stoßspannungsscheitelwerten.
Regenüberschläge bezeichnen Überschläge unter dem Einfluss natürlicher Niederschläge, z. B. Regen oder Tau. Der Nachweis des verminderten Isoliervermögens bei einem Feuchtefilm erfolgt mit Wechselspannung (Regenüberschlagspannung).
Fremdschichtüberschläge sind Überschläge bei verschmutzter oder salzverkrusteter Oberfläche, z. B. in Industriegebieten oder Meeresnähe. Der Nachweis des verminderten Isoliervermögens erfolgt mit Wechselspannung (Fremdschichtüberschlagspannung).

Literatur

[1] DIN EN 60664-1 (VDE 0110-1):2003-11 Isolationskoordination für elektrische Betriebsmittel in Niederspannungsanlagen; Grundsätze, Anforderungen und Prüfungen.

Überschlagspannung

Effektivwert einer Wechselspannung (Überschlagwechselspannung) oder Scheitelwert einer →Stoßspannung (Überschlagstoßspannung), bei dem an einem Prüfling oder einem bestimmten Prozentsatz an

Prüflingen, z. B. Isolatoren, ein Überschlag erfolgt.
Die Ermittlung der Überschlaggleichspannung von Isolierungen ist eher die Ausnahme.

Übersichtsschaltplan

Vereinfachte, meist einpolige Darstellung der Schaltung einer elektrischen Anlage, z. B. eines Umspannwerks, einer Schaltanlage oder Maschine, mit ihren wichtigsten elektrischen Betriebsmitteln, Verbindungen und Wirkungslinien, jedoch ohne Hilfseinrichtungen.

Allgemeines

Bei der einpoligen Darstellung werden die Leiter eines Mehrleitersystems, parallel geschaltete Leiter sowie Stromkreise mit gleicher elektrischer Funktion durch eine einzige Linie und mehrere gleiche Geräte oder Bauelemente durch ein einziges →Schaltzeichen dargestellt. Die Linien sollen möglichst waagerecht oder senkrecht verlaufen und wenige Abwinklungen oder Kreuzungen aufweisen. Bei Parallelführung mehrerer Linien soll ihr gegenseitiger Abstand mindestens 2 mm betragen.

Zweck

Der Übersichtsschaltplan (engl. *block diagram*) ist eine wichtige Schaltungsunterlage für den Anlagenerrichter und -betreiber. Er soll durch seine vereinfachte Darstellung einen schnellen (groben) Überblick über Aufgabe, Aufbau, Gliederung und Wirkungsweise, d. h. über die Gesamtfunktion einer elektrischen Anlage, geben. Einzelheiten, z. B. technische Daten und Typ-Bezeichnungen der dargestellten Betriebsmittel, werden deshalb nur insoweit angegeben, wie sie zum Gewinnen eines groben Überblicks und zum Erkennen der Zusammenhänge unbedingt erforderlich sind.

Format, Ausführung

Das Format eines Übersichtsschaltplans richtet sich nach dem Format der übrigen →Schaltpläne; vorzugsweise ist dies A3. Reicht dieses Format zur ordnungsgemäßen Darstellung der Schaltung nicht aus, so ist der funktionsgerechten Aufteilung der elektrischen Anlage auf mehrere Blätter und der zusätzlichen Erstellung eines übergeordneten Übersichtsschaltplans der Vorzug gegenüber der Wahl eines größeren Formats als A3 zu geben.
Übersichtsschaltpläne sind entsprechend den Regeln nach DIN EN 61082-2 auszuführen. Für elektrische Ausrüstungen von Maschinen gelten zusätzlich die Forderungen nach DIN EN 60204-1 (VDE 0113-1).

Überspannung

Zeitweilig auftretende Spannung mit beliebigem Verlauf, deren Höhe den Scheitelwert der höchsten betriebsfrequenten Dauerspannung bei normalen Betriebsbedingungen (obere →Betriebsspannung) überschreitet.
Das Pendant zur Überspannung (engl. *overvoltage*) ist die →**Unterspannung** (engl. *undervoltage*).

Arten

Nach der Ursache ihrer Entstehung werden innere und äußere Überspannungen unterschieden.

Innere Überspannungen beziehen ihre Energie aus dem jeweiligen Netz und können sein:

- **zeitweilige Überspannungen** mit Netzfrequenz von verhältnismäßig langer Dauer, z. B. am Ende leer laufender Leitungen, bei Erdschlüssen in gelöschten Netzen oder infolge Lastabwurfs,

- **transiente Überspannungen** von einigen ms Dauer oder weniger, hervorgerufen z. B. durch gewollte oder ungewollte Schaltvorgänge im Netz, sog. „Schaltüberspannungen" (engl. *switching overvoltages*).
- **Funktionsüberspannungen**, die für die Funktion eines elektrischen Betriebsmittels notwendig sind und deshalb absichtlich erzeugt werden.

Bei **äußeren Überspannungen** wird die Energie von außen in das Netz hineingebracht, z. B. durch Blitzentladungen. Dabei treten Spannungsstöße mit Amplituden bis zu mehreren MV sowie Stirnsteilheiten von 1000 kV/µs und mehr auf. Diese transienten Überspannungen werden **Blitzüberspannungen** oder auch **atmosphärische Überspannungen** genannt.

Schutzeinrichtungen

Zur Vermeidung von Schäden und Betriebsunterbrechungen infolge von Überspannungen dienen **Überspannungs-Schutzeinrichtungen** (engl. *surge protective devices*, Abk. SPDs) nach DIN EN 60099 (VDE 0675-4 und -5) sowie DIN EN 61643 (VDE 0675-6-11 und VDE 0845), in praxi meist **Überspannungsableiter** (engl. *surge arresters*) genannt. Sie werden parallel zum Schutzobjekt, i. Allg. zwischen einen aktiven Leiter und Erde, eingebaut. Ihre Auswahl und Errichtung erfolgen in Niederspannungsanlagen, auch unter Berücksichtigung der in der Anlage angewendeten Schutzmaßnahmen gegen →elektrischen Schlag, insbesondere nach den VDE-Bestimmungen [1] und [2] sowie den Blitzschutz-Vornormen der Reihe DIN V VDE V 0185. Außerdem sind die diesbezüglichen Richtlinien zur Schadenverhütung des VdS, Amsterdamer Str. 174, 50735 Köln, zu berücksichtigen, z. B. VdS 2031.

Literatur

[1] DIN V VDE V 0100-534:1999-04 Elektrische Anlagen von Gebäuden; Auswahl und Errichtung von Betriebsmitteln; Überspannungs-Schutzeinrichtungen.

[2] DIN VDE 0100-443:2002-01 Errichten von Niederspannungsanlagen; Schutz bei Überspannungen infolge atmosphärischer Einflüsse und von Schaltvorgängen.

Überspannungskategorie

Kategorisierung (Graduierung) →elektrischer Betriebsmittel in Niederspannungsanlagen hinsichtlich ihres Überspannungsfestigkeitsniveaus und damit ihrer →Verfügbarkeit beim Auftreten von →Überspannungen, insbesondere infolge atmosphärischer Einflüsse (Blitzeinwirkung).

Allgemeines

Die Einordnung elektrischer Betriebsmittel in Überspannungskategorien (Überspannungsfestigkeitskategorien) erfolgt nach DIN EN 60664-1 [1] und DIN VDE 0100-443 [2], s. Tafel U1. Sie dient hauptsächlich der Auswahl der Betriebsmittel nach dem Stehspannungsfestigkeitsniveau und damit einer sinnvollen →Isolationskoordination der elektrischen Anlage. Eine höhere Überspannungskategorie (engl. *overvoltage category*) ist gleichbedeutend mit einer höheren Stehstoßspannungsfestigkeit des elektrischen Betriebsmittels.

Überspannungsschutz

Werden elektrische Anlagen durch vollständig in →Erde verlegte →Kabel oder andere unterirdische Systeme versorgt, so ist die jeweilige Bemessungs-Stehstoßspannung (engl. *rated impulse withstand voltage*) der elektrischen Betriebsmittel entsprechend Tafel U1 ausreichend. Ein zusätzlicher Überspannungsschutz infolge atmosphärischer Einflüsse wird in diesem Fall nicht gefordert

Tafel U1: Überspannungskategorien und Bemessungs-Stehstoßspannungen für elektrische Betriebsmittel in Anlagen mit einer Nennspannung von 230/400 V

Überspannungskategorie	elektrische Betriebsmittel	
	Bemessungs-Stehstoßspannung in kV	Art, Anwendung
I	1,5 (niedrig)	Betriebsmittel ohne festen Anschluss an die elektrische Anlage und mit externem Schutz bei Überspannungen, z. B. elektronische Geräte
II	2,5 (normal)	Betriebsmittel ohne festen Anschluss an die elektrische Anlage, z. B. Haushaltsgeräte, Elektrowerkzeuge u. ä. ortsveränderliche Verbrauchsmittel
III	4 (hoch)	Betriebsmittel als Bestandteil der ortsfest errichteten elektrischen Anlage und Betriebsmittel mit hoher Verfügbarkeit, z. B. Verteiler, Kabel und Leitungen, stationäre Motoren, Schalter, Steckdosen sowie Betriebsmittel für industrielle Anwendungen
IV	6 (sehr hoch)	Betriebsmittel am oder in der Nähe des →Speisepunkts der festen elektrischen Anlage vor dem Hauptverteiler, z. B. Hauptsicherungen, Elektrizitätszähler und Rundsteuergeräte

[2]. In der Luft frei gespannte Kabel oder Leitungen mit einer geerdeten Metallumhüllung werden als genauso geschützt bei Überspannung betrachtet wie in Erde verlegte Kabel.
Wird eine Niederspannungsanlage durch →Freileitungen versorgt oder enthält die Anlage selbst Freileitungen, so ist bei normaler →Zuverlässigkeit ein zusätzlicher Schutz bei Überspannung ebenfalls nicht gefordert [2]. Dabei wird freilich vorausgesetzt, dass in der betreffenden Gegend die Anzahl der Gewittertage pro Jahr (keraunischer Pegel) 25 nicht überschreitet. Das entspricht der Umgebungsbedingung AQ1 nach DIN VDE 0100-300. Nach DIN V EN V 61024-1 (VDE V 0185-100) sind 25 Gewittertage pro Jahr gleichbedeutend mit dem Wert von 2,24 Blitzen pro km^2 und Jahr. Stimmt die Gewitterhäufigkeit dagegen mit der Umgebungsbedingung AQ2 überein, d.h. treten in der betreffenden Gegend mehr als 25 Gewittertage pro Jahr auf, so ist der Schutz bei Überspannungen infolge atmosphärischer Einflüsse nach DIN VDE 0100-443 zwingend gefordert.

Auswahl der Betriebsmittel

Elektrische Betriebsmittel sind so auszuwählen, dass ihre Bemessungs-Stehstoßspannung den geforderten Wert nach Tafel U1 nicht unterschreitet. Der durch die Überspannungs-Schutzeinrichtung sichergestellte Schutzpegel darf folglich die Bemessungs-Stehstoßspannung der elektrischen Betriebsmittel nicht überschreiten. Betriebsmittel mit einer niedrigeren Stehstoßspannung (→Stehspannung) dürfen nur verwendet werden, wenn das damit verbundene höhere Schadensrisiko akzeptabel ist [2].
Überspannungs-Schutzmaßnahmen bei transienten Schaltüberspannungen sind i. Allg. nicht erforderlich und werden auch nicht gefordert [2], weil die in Gebäudeinstallationen auftretenden Schaltüberspannungen die Grenzwerte für die Überspannungskategorie II meist nicht überschreiten.

Literatur

[1] DIN EN 60664-1 (VDE 0110-1):2003-11 Isolationskoordination für elektrische Betriebsmittel in Niederspannungsanlagen; Grundsätze, Anforderungen und Prüfungen.

[2] DIN VDE 0100-443:2002-01 Errichten von Niederspannungsanlagen; Schutz bei Überspannungen infolge atmosphärischer Einflüsse oder von Schaltvorgängen.

Überstrom

Strom, der den →Bemessungswert eines elektrischen Betriebsmittels, z. B. die zulässige Strombelastbarkeit eines Kabels oder einer Leitung, überschreitet.
Überstrom (engl. *overcurrent*) ist der Sammelbegriff für den Überlaststrom und den Kurzschlussstrom. Dabei bezeichnet der

- **Überlaststrom** (engl. *overload current*) den Überstrom in einem fehlerfreien Stromkreis, z. B. beim Anlaufen eines Drehstrommotors unter Last (→Lasthochlauf), und der
- **Kurzschlussstrom** (engl. *short-circuit current*) jenen Überstrom, der während der Dauer des →Kurzschlusses über die Fehlerstelle fließt.

Die Berechnung von Kurzschlussströmen in Drehstrom- und Gleichstromanlagen erfolgt nach DIN EN 60909 und DIN EN 61660-1 (Normenreihe VDE 0102). Dabei wird unterschieden zwischen

- dem **größten Kurzschlussstrom**, der insbesondere für die Bemessung der elektrischen Betriebsmittel maßgebend ist, und
- dem **kleinsten Kurzschlussstrom**. Dieser Strom ist die bestimmende Kenngröße für die Auswahl und Einstellung von Überstrom-Schutzeinrichtungen (engl. ***o****ver-****c****urrent protective* ***d****evices*, Abk. OCDs), z. B. für den Schutz gegen elektrischen Schlag in TN-Systemen.

Überströme können elektrische Betriebsmittel in hohem Maße thermisch schädigen und ihre festen →Isolierungen zerstören, wenn diese Ströme nicht schnell genug unterbrochen werden.

Überwachungsleiter

Leiter in Stromkreisen zur Überwachung von →Isolationsfehlern oder Leiterbrüchen. Diese Leiter (Adern) dienen ausschließlich der Sicherheit. Deshalb sind Überwachungsleiter (Überwachungsadern) →**Schutzleiter** (engl. *protective conductor*) im Sinne des Internationalen Elektrotechnischen Wörterbuchs IEC 60050-195.

Allgemeines

Überwachungsleiter befinden sich vorzugsweise in Stromkreisen mit Fehlerstrom-Schutzeinrichtungen (RCDs). Sie dienen der Überwachung und Aufnahme/Ableitung berührungs- sowie brandgefährlicher Isolationsfehlerströme gegen Erde, z. B. infolge einer Kabel- oder Leitungsbeschädigung. Die RCDs schalten automatisch den schadhaften Stromkreis ab, sobald der →Erdfehlerstrom einen bestimmten Grenzwert überschreitet, z. B. 30 mA für den Personen- und Tierschutz oder 300 mA für den Sachschutz (Brandverhütung).

Zum Schutz gegen elektrischen Schlag, z. B. in Räumen mit Badewanne oder Dusche [1], und zwecks Brandverhütung bei Beschädigung von →Kabeln oder Leitungen [2] soll der Überwachungsleiter möglichst nahe zu den aktiven Leitern in Kabel- und Leitungsanlagen mitgeführt werden, selbst in Schalterleitungen und Stromkreisen mit Verbrauchsmitteln der Schutzklasse II (Schutzisolierung).
Bewährt haben sich Überwachungsleiter in Form metallener →Umhüllungen von Kabeln, z. B. konzentrischer Leiter, oder von Überwachungsadern in mehradrigen Leitungen oder Kabeln. Dabei ist es unerheblich, ob der Überwachungsleiter blank oder (mit grün-gelber Kennzeichnung) isoliert ist. →Aderleitungen in Elektroinstallationsrohren oder -kanälen dürfen ebenfalls als Überwachungsleiter verwendet werden.

Sachschutz

Die Verwendung von Überwachungsleitern in Kabel- und Leitungsanlagen ist im Hinblick auf die Verhütung von elektrisch gezündeten Bränden vor allem für Gebäude aus vorwiegend brennbaren Baustoffen, z. B. Holzhäuser und -scheunen, sinnvoll, aber auch für Gebäude mit ähnlichen Risiken, z. B. in Archivräumen [3], wo der Schutz besonders wertvoller und unersetzbarer Güter im Vordergrund steht. Wegen des Brandrisikos durch Erdfehlerströme und der vergleichsweise hohen Stromreizsensibilität von Großtieren, z. B. Rinder, werden Überwachungsleiter in Verbindung mit empfindlichen Fehlerstrom-Schutzeinrichtungen (RCDs) kraft DIN VDE 0100-705 auch für landwirtschaftliche Betriebsstätten gefordert.

Bergwerk-Gummischlauchleitungen, die in schlagwettergefährdeten Gruben (Kohle- und Kalibergbau) eingesetzt werden, enthalten ebenfalls Überwachungsleiter (-adern). In diesem Fall erhält der Überwachungsleiter eine geringe Spannung gegen Erde, die auch an den leitfähigen Aderumhüllungen anliegt. Bei einem Fehler, z. B. Leiterbruch durch äußere Einwirkungen (Sprengungen) oder Durchschlag der →Isolierung, wird die defekte Leitung oder Anlage, z. B. über eine Relaisschaltung (Leitungswächter), selbsttätig abgeschaltet.

Literatur

[1] DIN VDE 0100-701:2002-02 Errichten von Niederspannungsanlagen; Räume mit Badewanne oder Dusche.

[2] DIN VDE 0100-482:2003-06 Errichten von Niederspannungsanlagen; Schutzmaßnahmen; Brandschutz bei besonderen Risiken oder Gefahren.

[3] VdS-Richtlinie 2033 „Feuergefährdete Betriebsstätten und diesen gleichzustellende Risiken".

Umgebungstemperatur

Temperatur der Luft oder eines anderen Mediums in der unmittelbaren Umgebung eines elektrisches Betriebsmittels.

Allgemeines

Elektrische Betriebsmittel sind so auszuwählen, dass sie für die höchste und niedrigste Temperatur am Einsatzort geeignet sind. Die zulässige Betriebstemperatur – bei Kabeln und Leitungen die →Leitergrenztemperatur bei →Dauerbetrieb – darf im Normalbetrieb nicht überschritten werden.

Elektrische Betriebsmittel in Schaltschränken, z. B. und in anderen geschlossenen Baueinheiten Sicherungen, geben ihre Verlustwärme an die sie umgebende Luft ab. Um die einwandfreie Funktion dieser Betriebsmittel sicherzustellen, müssen die vorgeschriebenen Grenztemperaturen in der Baueinheit eingehalten werden.

Bei offenen Anlagen gilt als Umgebungstemperatur (engl. *ambient temperature*) die Temperatur der umgebenden Raumluft (Raumtemperatur). In geschlossenen (gekapselten) Anlagen ist für die elektrischen Betriebsmittel die Temperatur im Inneren der Umhüllung (Innenlufttemperatur) maßgebend.

Formelzeichen für die Umgebungstemperatur: ϑ_u (griech. *Theta*) und für den Umgebungstemperaturbereich: $\Delta\vartheta$ (griech. *Delta* Theta).

Kabel und Leitungen

Die zulässigen (Dauer-)Strombelastbarkeitswerte für Kabel und Leitungen bei fester Verlegung in oder an Gebäuden gelten gewöhnlich für eine Umgebungstemperatur von 30 °C [1]. Für elektrische Ausrüstungen von Maschinen gilt eine höhere Betriebstemperatur, nämlich 40 °C [2], ebenso für Schaltgerätekombinationen [3]. Überschreitet die Umgebungstemperatur des Mediums, z. B. Luft, die vorgenannten Werte, so ist die zulässige Strombelastbarkeit der Kabel und Leitungen anhand der in [1] bzw. [2] festgelegten Umrechnungsfaktoren zu reduzieren.

Für in →**Erde** verlegte Niederspannungs-Energieverteilungskabel gilt als Umgebungstemperatur die Erdbodentemperatur von 20 °C, bezogen auf eine Verlegetiefe von 0,7...1,2 m. Diese Temperatur liegt der zulässigen Strombelastbarkeit für Erdkabel nach DIN VDE 0276-603 [4] zugrunde. Bei einer geringeren Verlegetiefe als 0,7 m ist unter befestigten Erdoberflächen, z. B. Straßen, bei starker Sonneneinstrahlung in den Sommermonaten mit einer erhöhten Erdbodentemperatur von 25 °C zu rechnen.

Literatur

[1] DIN VDE 0298-4:2003-08 Empfohlene Werte für die Strombelastbarkeit von Kabeln und Leitungen für feste Verlegung in und an Gebäuden und von flexiblen Leitungen.

[2] DIN EN 60204-1 (VDE 0113-1):1998-11 Sicherheit von Maschinen; Elektrische Ausrüstung von Maschinen; Allgemeine Anforderungen.

[3] DIN EN 60439-1 (VDE 0660-500):2005-01 Niederspannungss-Schaltgerätekombinationen; Typgeprüfte und partiell typgeprüfte Kombinationen.

[4] DIN VDE 0276-603:2005-01 Starkstromkabel; Energieverteilungskabel mit Nennspannungen U_0/U 0,6/1 kV.

Umhüllung

Teil, das ein →elektrisches Betriebsmittel gegen äußere Einflüsse schützt und das Schutz gegen →direktes Berühren gewährt.

Umhüllungen (engl. *enclosures*) schützen gegen direktes Berühren aktiver Teile in allen Richtungen, **Abdeckungen** (engl. *barriers*), z. B. Türen, dagegen nur in den üblichen Zugangs- oder Zugriffsrichtungen. Hierbei beträgt die geforderte Schutzart mindesten IP2X oder IPXXB. Beide Schutzvorrichtungen gewähren somit einen vollständigen Schutz gegen →elektrischen Schlag. Das Eindringen in die Gefahrenzone oder das Berühren der aktiven Teile mit den Fingern ist nicht möglich.

unterbrechungsfreie Stromversorgung (USV)

Einrichtung, die die Stromversorgung für wichtige Verbraucher mit hoher Versorgungszuverlässigkeit, z. B. Computersysteme, bei Störungen im Eingangsnetz, bei Spannungs- oder Frequenzschwankungen, Spannungsverzerrungen, Überspannungen, Kurzzeitunterbrechungen oder gar bei totalem Netzspannungsausfall (Blackout) sicherstellt. USV-Anlagen überbrücken jedoch nicht nur „Versorgungslöcher“ in der Stromversorgung und verhindern dadurch z. B. Systemabstürze, sie verbessern häufig auch noch die Qualität der elektrischen Spannungen, z. B. den Spannungsklirrfaktor.

Netzbetrieb

Im Normalbetrieb (Netzbetrieb) werden die elektrischen Verbrauchsmittel über die hintereinander geschalteten Gleichrichter und Wechselrichter (*dual conversion*) – getrennt durch einen Gleichstromzwischenkreis – betrieben, s. Bild U1 a. Der Zwischenkreisumrichter wandelt die Netzwechselspannung in eine perfekte Sinusspannung ohne hochfrequente Überlagerungen, Spannungsspitzen und -schwankungen um.

Batteriebetrieb

Bei Netzausfall wird der Wechselrichter unterbrechungsfrei von der dem Gleichrichter parallel geschalteten Batterie (→Akkumulator) eine bestimmte Zeit lang allein

weiterversorgt (On-line-USV), s. Bild U1b. Dadurch können z.B. gespeicherte Informationen in Datenverarbeitungsanlagen nicht verloren gehen und wichtige Computersysteme nicht abstürzen.
Inzwischen gibt es Softwareanbindungen, die bei Netzausfall nach einer voreingestellten Zeit automatisch die Datensicherung veranlassen. Nach erfolgter Datensicherung schaltet die Software den Computer und die USV-Anlage aus. Bei Wiederkehr der Netzspannung wird der Computer automatisch gestartet [1].

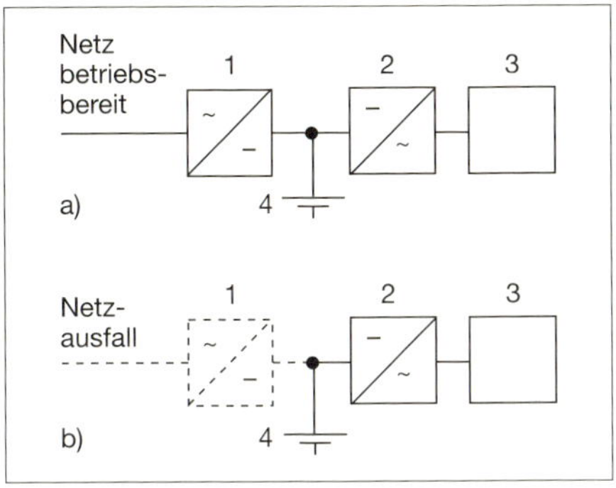

Bild U1: Prinzipschaltung eines USV-Systems
a) Normalbetrieb (Netzbetrieb);
b) (Batterie-)Betrieb bei Netzausfall
1 Gleichrichter; 2 Wechselrichter;
3 Verbraucher mit hoher Zuverlässigkeit;
4 Batterie

Nutzen

Unternehmen, deren wirtschaftlicher Erfolg entscheidend von der Verarbeitung sensibler Daten abhängt, sind ohne Schutzmaßnahmen gegen Störungen und Ausfälle in der öffentlichen Stromversorgung oft einem erheblichen Schadenspotential ausgesetzt. In Zeiten steigender Automation können aus einigen Augenblicken unzureichender Netzspannung, z. B. durch Spannungseinbruch (engl. *voltage dip*) infolge eines Blitzschlags, kostspielige Datenverluste und Stillstandszeiten entstehen.
Ein Systemabsturz ist wegen der erneuten Dateneingabe meist so arbeits- und kostenaufwendig (erst recht bei Datenverlust), dass sich die Stromversorgung z.B. über ein steckerfertiges USV-Gerät (Einzel-USV) für kleine Rechnerplätze oder über eine fest installierte USV-Anlage mit statischem Bypass[1)] in den meisten Fällen rentiert.
Sind die Anforderungen an die →Verfügbarkeit sehr hoch, so müssen USV redundant vorhanden sein, z.B. parallelredundant oder bereitschaftsredundant. Eine **parallelredundante USV** ist eine USV mit gleichzeitig parallel arbeitenden USV-Blöcken. Bei Ausfall eines oder mehrerer USV-Blöcke übernehmen die verbleibenden intakten Blöcke die Gesamtlast. Bei einer **bereitschaftsredundanten USV** wird ein USV-Block (oder mehrere) ständig in Bereitschaft gehalten für den Fall, dass womöglich ein Block ausfällt.

Für unterbrechungsfreie Stromversorgungssysteme gelten insbesondere die Normen der Reihen DIN EN 50091 und DIN EN 62040 (VDE 0558). Weitere USV-Lösungen enthalten z. B. [2] und [3].

Literatur

[1] *Harms, T.:* USV-Anlagen : kein Buch mit sieben Siegeln. de, München 71 (1996)5, S. 310-311.
[2] *Wellßow, W. H.:* USV-Anlagen: Technologien, Einsatzmöglichkeiten und Entwicklungstrends. etz (2002)19, S. 12-17.
[3] *Müller, R.:* Kondensator-Pufferung zur Überbrückung von Spannungsausfällen, etz (2002)19, S. 18-23.

1) Der **statische Bypass**, mitunter auch „Umgehung" oder „Umschalteinrichtung" (Netzrückschalteinrichtung) genannt, ist ein alternativer Strompfad zum Gleich- und Wechselrichter, insbesondere bei Ausfall des USV-Systems. In diesem Fall erfolgt die Stromversorgung der elektrischen Verbrauchsmittel direkt aus dem Versorgungsnetz (Off-line-USV). Dabei tritt eine versorgungsspannungslose Pause von einigen 10 ms auf.

Unterrichtsraum mit Experimentiereinrichtungen

Raum in Ausbildungsstätten und Schulen, in dem bestimmungsgemäß (auch) mit berührungsgefährlichen Niederspannungen experimentiert werden kann.

Unterrichtsräume mit Experimentiereinrichtungen (engl. *class-rooms with experimental devices*) dienen vorzugsweise der elektrotechnischen Fachausbildung, s. Bild U2. Die elektrischen Anlagen in diesen Räumen sind nach DIN VDE 0100-723 zu errichten und nach DIN VDE 0105-12 sowie –100 zu betreiben. Handgeführte Experimentierleitungen, z. B. Mess-, Prüf- und Verbindungsleitungen mit ihren einpoligen Anschlussstellen (Messzubehör), müssen den Bestimmungen der Normenreihe DIN EN 61010 (VDE 0411) entsprechen. Die einpoligen Anschlussstellen (Steckbuchsen) sind – ausgenommen bei Kleinspannung SELV oder PELV – nur mit einem vollständigen Berührungsschutz zulässig.
Experimente mit gefährlichen elektrischen Spannungen sollen von Schülern, Studenten und Auszubildenden grundsätzlich nicht durchgeführt werden. Ausnahmen sind nur in Unterrichtsräumen zur ausschließlich elektrotechnischen Fachausbildung zulässig, wenn die Art der durchzuführenden Experiment dies unbedingt erfordert und das Lernziel auf andere Art und Weise, z. B. mit Kleinspannung SELV oder PELV, nicht erreicht werden kann. In diesem Fall sind zum Schutz gegen →elektrischen Schlag besondere Sicherheitsvorkehrungen zu treffen, z. B. Zusatzschutz unter Verwendung von Fehlerstrom-Schutzeinrichtungen mit einem Bemessungsdifferenzstrom $I_{\Delta N} \leq 30$ mA oder Schutz durch Schutztrennung. Werden in IT-Systemen Isolationsüberwachungseinrichtungen (IMDs) verwendet, so sollen diese die elektrischen Anlage bereits beim ersten Fehler (und nicht erst bei einem Doppelfehler) abschalten.
In Unterrichtsräumen mit Experimentiereinrichtungen müssen Geräte für Not-Ausschaltung vorhanden sein, durch deren Betätigung im Gefahrenfall die →Stromkreise an den Experimentierplätzen sowie Übungsständen getrennt und damit zuver-

Bild U2: Experimeniereinrichtungen in einer Elektroausbildungsstätte (Foto: Fa. Elabo)

lässig spannungsfrei geschaltet werden können. Für den Experimentierenden darf von der elektrischen Anlage zu keiner Zeit eine Gefahr ausgehen.

Unterspannung

Elektrische Spannung, die um mehr als 10...20 % unter dem Nennwert der Versorgungsspannung liegt und damit die Funktionsfähigkeit vieler →elektrischer Betriebsmittel und Systeme beeinträchtigt.
Maßnahmen zum Schutz von Personen und Sachen gegen Unterspannung (engl. *protection against undervoltage*) oder bei totalem Spannungsausfall enthält DIN VDE 0100-450 [1]. Darüber hinaus gelten z. B. für medizinisch genutzte Bereiche zusätzlich DIN VDE 0100-710 und für bauliche Anlagen für Menschenansammlungen die Normen der Reihe DIN VDE 0108. Der Schutz gegen (bei) Unterspannung darf nur entfallen, wenn das Risiko einer Beschädigung der elektrischen Betriebsmittel und Systeme hingenommen werden kann. Freilich wird dabei vorausgesetzt, dass hieraus keine Gefahren für Personen oder Nutztiere entstehen.

Literatur

[1] DIN VDE 0100-450:1990-03 Errichten von Starkstromanlagen mit Nennspannungen bis 1000 V; Schutzmaßnahmen; Schutz gegen Unterspannung.

V

Varistor

Halbleiterbauelement, dessen elektrischer Widerstand von der Spannung abhängt, s. Bild V1.

Varistor ist abgeleitet vom engl. ***vari**able re**sistor*** (veränderlicher Widerstand). Für dieses Halbleiterbauelement ist auch die Bezeichnung „spannungsabhängiger Widerstand" (engl. ***v**oltage **d**ependent **r**esistor*) – kurz „VDR-Widerstand" – gebräuchlich.

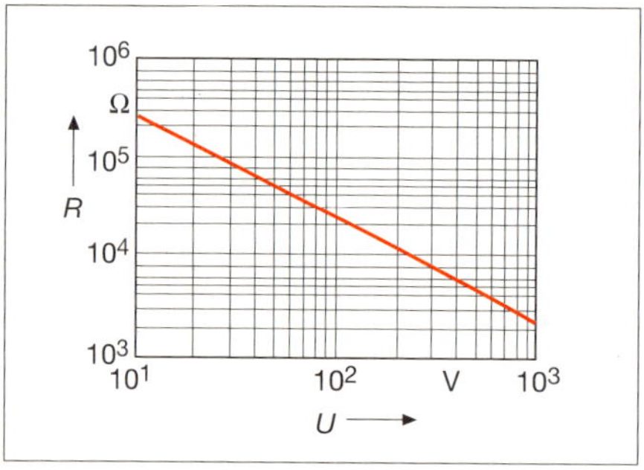

Bild V1: Widerstandskennlinie eines Varistors (Beispiel)

Varistoren bestehen zu mehr als 90 % aus gesinterten, sehr gut leitenden Zinkoxidkörnern, die meist in eine Hülle aus Epoxidharz eingeschmolzen sind (ZnO-Varistoren). Diese Halbleiterbauelemente haben sich insbesondere als Schutzeinrichtungen zur Begrenzung von →Überspannungen, z. B. infolge von Blitzeinwirkung oder elektrostatischen Entladungen, in Niederspannungsanlagen und -geräten bewährt. Werden Varistoren zu schutzbedürftigen elektronischen Einrichtungen parallel geschaltet, so bilden sie bei Spannungsanstieg richtungs**un**abhängig einen vergleichsweise gut leitenden (niederohmigen) Nebenschluss und verhindern dadurch – nicht zuletzt infolge ihrer kurzen Ansprechzeit (<25 ns) – das Auftreten gefährlicher Überspannungsimpulse (Transienten).

Bei Isolationswiderstandsmessungen mit vergleichsweise hohen Messgleichspannungen empfiehlt es sich, elektronische Überspannungsableiter vorher abzuschalten.

VDE-Prüfzeichen

Prüfzeichen des unabhängigen, gemeinnützigen Prüf- und Zertifizierungsinstituts des VDE (früher: VDE-Prüfstelle) mit Sitz in Offenbach. Das VDE-Prüf- und Zertifizierungsinstitut arbeitet satzungsgemäß nach VDE 0024 [1] und nach seiner Prüfordnung PM 102.

Allgemeines

Das wohl bekannteste Prüfzeichen für elektrische Geräte ist das **VDE-Zeichen**, s. Bild V2. Es gehört zu einer ganzen Familie von geschützten Prüfzeichen des VDE und ist das Markenzeichen für elektrotechnische Erzeugnisse mit hohem Sicherheitsniveau.

Bild V2: VDE-Zeichen

Weitere Prüfzeichen des VDE mit hohem Bekanntheitsgrad sind das

- **VDE-Kabelzeichen** zur äußeren Kennzeichnung von Kabeln, isolierten Leitungen, Installationsrohren und -kanälen, s. Bild V3, sowie das
- **VDE-EMV-Zeichen** zur Kennzeichnung von elektrischen Geräten, die weder elektromagnetische Störungen verursachen noch in ihrer Funktion diesbezüglich von anderen Geräten beeinträchtigt werden können, (→elektromagnetische Verträglichkeit), s. Bild V4.

Das VDE-Prüfzeichen ist identisch mit dem **VDE-Verbandszeichen**. „VDE" steht für den am 22. 1. 1893 in Berlin gegründeten gemeinnützigen „Verband der Elektrotechniker Deutschlands". Er wurde seitdem zweimal umbenannt: am 15.12.1902 in „Verband Deutscher Elektrotechniker" und am 20.10.1998 in „VDE Technisch-wissenschaftlicher Verband der Elektrotechnik Elektronik Informationstechnik e. V.".

◁VDE▷
für Kabel, Leitungen, Installationsrohre und -kanäle

◁VDE▷ ◁HAR▷
für Kabel und Leitungen nach harmonisierten Zertifizierungsverfahren

Bild V3: VDE-Kabelzeichen

Bild V4: VDE-EMV-Zeichen

GS-Zeichen

Im **GS-Zeichen** steht GS für „Geprüfte Sicherheit". Dieses geschützte Prüfzeichen ist vorgesehen zur Kennzeichnung von Geräten, die als technische Arbeitsmittel im Sinne des Gerätesicherheitsgesetzes (GSG) verwendet werden.
Technische Arbeitsmittel, für die der Hersteller eine Genehmigung zum Anbringen des VDE-Zeichens nach Bild V2 besitzt, dürfen auch wahlweise mit dem VDE-GS-Zeichen gemäß Bild V5 gekennzeichnet werden.
Die Zulassung der Prüfstellen zur Erteilung des GS-Zeichens ist im GSG § 9 geregelt. Zugelassen sind neben dem VDE-Institut z. B. die Prüf- und Zertifizierungsstellen der Berufsgenossenschaften, die DEKRA und der TÜV Rheinland. Das GS-Zeichen ist nur in Verbindung mit der Angabe der jeweiligen Prüfstelle zulässig.

a)

b)

Bild V5: VDE-Zeichen des a) bis 20 mm Höhe; b) über 20 mm Höhe

In Deutschland tragen viele elektrotechnische Erzeugnisse auch Sicherheitsprüfzeichen ausländischer Prüfstellen, Beispiele s. Tafel V1. Damit signalisieren die Hersteller die Übereinstimmung ihrer Produkte mit

Tafel V1: Ausländische Sicherheitsprüfzeichen (Auswahl)

ÖVE Österreich	N Norwegen
CEBEC Belgien	KEMA EUR Niederlande
S Schweiz	S Schweden
D Dänemark	MEE Ungarn
FI Finnland	Irland
Frankreich	Portugal
ASA Großbritannien	AEE Spanien
Italien	UL USA

den →allgemein anerkannten Regeln der Technik in den jeweiligen Ländern.

Literatur

[1] VDE 0024:2005-03 Satzung für das Prüf- und Zertifizierungswesen des VDE.

verantwortliche Elektrofachkraft

Elektrofachkraft (→Fachkraft) mit Fach- und Aufsichtsverantwortung gemäß Auftrag des Unternehmers.

Allgemeines

Unternehmer (Betriebsleiter, Geschäftsführer), z. B. eines Betriebes oder Krankenhauses, haben dafür zu sorgen, dass in ihrem Unternehmen →elektrische Anlagen und Betriebsmittel nur von einer Elektrofachkraft (engl. *electrically skilled person*) oder unter deren Leitung und Aufsicht den elektrotechnischen Regeln entsprechend errichtet, geändert oder →instand gehalten werden. Außerdem sind die Unternehmer dafür verantwortlich, dass die elektrischen Anlagen und Betriebsmittel vorschriftsmäßig, d. h. im Sinne von DIN VDE 0105-100 und den Unfallverhütungsvorschriften der Berufsgenossenschaften, betrieben werden [1].

Ist bei einer elektrischen Anlage oder einem elektrischen Betriebsmittel ein Mangel festgestellt worden, so hat der Unternehmer dafür zu sorgen, dass

- der Mangel unverzüglich behoben wird und, falls eine dringende Gefahr besteht,
- die elektrische Anlage oder das elektrische Betriebsmittel in dem mangelhaften Zustand nicht weiterverwendet wird.

Verantwortung

Die Forderung „unter Leitung und Aufsicht einer Elektrofachkraft" bedeutet die Wahrnehmung von Führungs-, Aufsichts- und Fachverantwortung. In einem typischen Elektrobetrieb, z.B. einem Handwerksbetrieb, ist der Unternehmer meist zugleich Elektrofachkraft – eine Idealkonstellation.

Unternehmer ohne eine elektrotechnische Ausbildung (→elektrotechnische Laien) übertragen die fachbezogene Auswahl-, Aufsichts- und Führungsverantwortung einer (verantwortlichen) Elektrofachkraft mit uneingeschränkter Fachbefugnis gemäß DIN VDE 1000-10 [2]. Damit klammern diese Unternehmer aus ihrer Personalverantwortung den Teil der „elektrotechnischen Verantwortung" aus.

Qualifikation, Aufgaben

Verantwortliche Elektrofachkräfte sollen die fachliche Qualifikation eines Meisters, eines staatlich geprüften Technikers oder eines Ingenieurs auf dem Gebiet der Elektrotechnik haben und auch charakterlich dafür geeignet sein.

Die verantwortliche Elektrofachkraft – in der Regel mit mehrjähriger Tätigkeit und großen Erfahrungen auf dem betreffenden Arbeitsgebiet – ist der verantwortliche fachliche Leiter des Unternehmens „vor Ort", z. B. auf der Baustelle, in einem Prüffeld oder für einen bestimmten Arbeitsbereich. Sie wählt die für die jeweilige Arbeitsaufgabe geeigneten Personen aus (Auswahlverantwortung), gibt Arbeitsschutz- sowie Fachunterweisungen (Führungsverantwortung) und überzeugt sich in angemessenen Zeitabschnitten davon, dass fach- und sicherheitsgerecht gearbeitet wird und ihre Anweisungen strikt befolgt werden (Aufsichtsverantwortung). Zur Einhaltung und Durchsetzung der elektrotechnischen Sicherheitsfestlegungen trägt sie allein die volle Verantwortung. Diesbezüglich darf sie keiner anders lautenden Weisung von disziplinarisch übergeordneten Personen unterliegen [2].

Die verantwortliche Elektrofachkraft nimmt somit für einen bestimmten Teilbereich des Unternehmens Aufgaben mit Weisungsbefugnis wahr, die ihr der Unternehmer aus seinem Verantwortungsbereich kraft Arbeitsvertrag zugewiesen hat. Damit übernimmt sie zugleich die volle zivil- und strafrechtliche Verantwortung, auch in puncto →Sicherheit, für die ihr unterstellten Mitarbeiter.

Literatur

[1] Unfallverhütungsvorschrift (UVV) BGV A3 „Elektrische Anlagen und Betriebsmittel" der Berufsgenossenschaft der Feinmechanik und Elektrotechnik, Köln.
[2] DIN VDE 1000-10:1995-05 Anforderungen an die im Bereich der Elektrotechnik tätigen Personen.

Verbraucheranlage

Gesamtheit der →elektrischen Betriebsmittel hinter einem Hausanschlusskasten (HAK) – in Energieflussrichtung gesehen – oder einer Einrichtung, die dem gleichen Zweck dient.
Die Rechtsträgergrenze zwischen dem öffentlichen Netz des Verteilungsnetzbetreibers (VNB) und einer Verbraucheranlage (engl. *consumers' installation*) wird „Übergabestelle" genannt. Die Abgangsklemmen der Überstrom-Schutzeinrichtungen im Hausanschlusskasten markieren die Übergabestelle den sog. →**Speisepunkt** und damit den Anfang der Verbraucheranlage.
Mit Ausnahme der Zähl-, Mess- und Steuereinrichtungen, z. B. Tarifschaltgeräte, in einer Zähleranlage, die nicht gemessene elektrische Energie führen und deshalb Eigentum des VNB sind, ist die **Kundenanlage** identisch mit der Verbraucheranlage.

Verbundkuppler

Drehstromtransformator in beidseitiger →Sternschaltung (→Schaltgruppe Yy...), der die Höchstspannungsebenen 380 kV und 220 kV zur Übertragung von Elektroenergie über große Entfernungen (>100 km) miteinander verbindet.
Transformatoren, die von 380 kV auf 110 kV abspannen, heißen **Direktkuppler**, s. Bild V6.

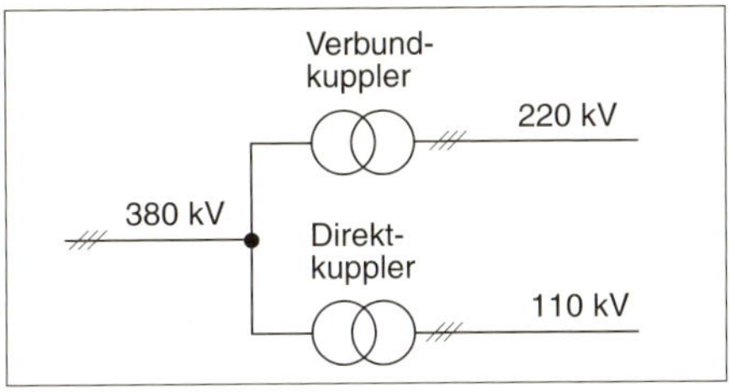

Bild V6: Verbund- und Direktkuppler

Verbundleiter

Elektrischer Leiter, der nicht aus einem einzigen Werkstoff, sondern zur Verbesserung (Optimierung) seiner mechanischen und/ oder elektrischen Eigenschaften aus verschiedenen (Verbund-)Werkstoffen, z. B. aus Aluminium und Stahl oder aus Aluminium und Kupfer, besteht.

Anwendung

Verbundleitern begegnet man häufig in Gestalt gemischter →Leiterseile als Fahr- oder →Freileitung. Hier sind z. B. um ein verzinktes Stahlseil als Kern (Stahlseele) eine oder mehrere Lagen Drähte aus Kupfer, Aluminium oder Aldrey[1)] angeordnet. Die Stahlseele sorgt für die erforderliche Zugfestigkeit des Leiterseils. Sie wird bei der Ermittlung des elektrischen Widerstands nicht berücksichtigt.
Verbundleiter neigen aufgrund der unterschiedlichen Werkstoffe bei großen Spannweiten weniger zu Seilschwingungen (Seil-

[1)] **Aldrey** ist eine Legierung aus Aluminium, Magnesium und Silicium (AlMgSi, Trimetallleiter). Die Festigkeit von Aldreyseilen ist etwa doppelt so hoch wie von Seilen aus Reinaluminium.

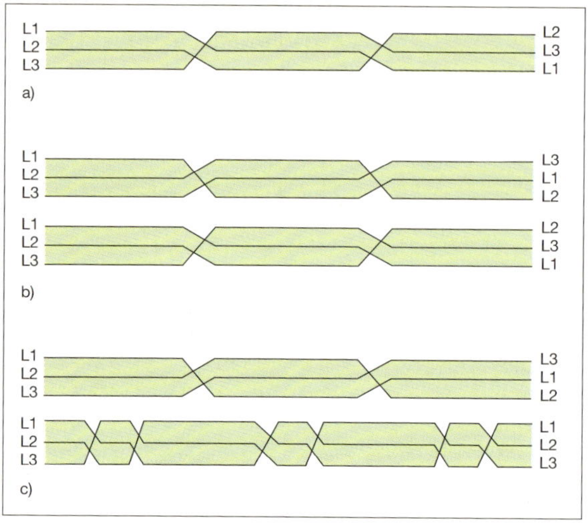

Bild V7: Verdrillungsarten
a) Verdrillung einer Einfachleitung (Drehstrom);
b), c) Verdrillung einer Doppelleitung. Hierbei ist die gegenseitige induktive Beeinflussung der beiden Drehstromsysteme gering (b) oder gänzlich aufgehoben (c).

tanzen) als Leiter aus einem einzigen Werkstoff.

Bimetallleiter

Werden zwei verschiedene Werkstoffe an der Oberfläche eines elektrischen Leiters untrennbar (homogen) miteinander verbunden, z. B. Stahldrähte mit aufgesintertem Aluminiummantel oder verkupferte Stahlerder, so bezeichnet man diese Verbundleiter mitunter auch als Bimetallleiter (bzw. Bimetallseile).
Die wohl bekanntesten Bimetallleiter sind die **Thermobimetallstreifen** nach DIN 1715, z. B. in Leitungsschutzschaltern und Motorstartern. Sie bestehen aus zwei fest miteinander verbundenen Metallstreifen (Schichtverbundwerkstoff) mit unterschiedlichen Ausdehnungskoeffizienten, z. B. Eisen und Nickel. Bei Wärmeeinwirkung durch den Überlaststrom erfährt der Bimetallstreifen eine bestimmte Auslenkung (Ausbiegung). Die dabei erzeugte Kraft führt zum Entklinken des Schaltwerks und damit zum Auslösen des Schalters.

Verdrahtung

Feste, mechanisch geschützte Verlegung von meist einadrigen Leitungen, z. B. PVC-Verdrahtungsleitungen H05V-U, innerhalb von Schaltschränken, Baustromverteilern, Leuchten u. dgl. Die Leitungen stellen die elektrischen Verbindungen zwischen den Geräten, Bauelementen und anderen Betriebsmitteln, z. B. Klemmenleisten, dar. Sie werden meist auf dem kürzesten praktischen Weg verlegt. Zur Verdrahtung (engl. *wiring*) gehören auch die Leitungsübergänge auf bewegliche Teile, z. B. Schranktüren.
Innere Verdrahtungen finden vorzugsweise Anwendung als Flachverdrahtung, Bündelverdrahtung oder Freiverdrahtung. Bei letzterer ist die Leitungsführung, z. B. auf der Rückseite von Chassis, freizügig, d. h. kreuz und quer. Kombinationen der genannten Verdrahtungsarten innerhalb einer fabrikfertigen Baueinheit sind zulässig.
Anleitungen für die Verlegung und Prüfung von Verdrahtungen vermittelt der Bauschaltplan (Verdrahtungsplan). Er enthält auch die genaue Platzierung der zu verdrahtenden elektrischen Bauelemente und Geräte sowie deren Anschlussstellen.

Verdrillung

Systematischer Wechsel in der Anordnung der Strom führenden →Leiterseile einer Hochspannungs-Freileitung und damit die Vertauschung der Leiterfolge L1, L2, L3 entlang einer Freileitungstrasse, s. Bild V7.
Durch die Verdrillung wird die gegenseitige induktive Beeinflussung der einzelnen Leiter bzw. Systeme verringert oder gänzlich

aufgehoben. Die Verdrillung erfolgt an den dafür vorgesehenen Verdrillungsmasten.

Verfügbarkeit

Wahrscheinlichkeit, dass eine Betrachtungseinheit, z. B. ein elektrisches Betriebsmittel, deren Zustand das letzte Mal zum Zeitpunkt $t = 0$ beobachtet oder getestet wurde, sich zu einem bestimmten Zeitpunkt t noch im arbeitsfähigen Zustand befindet. Die Verfügbarkeit (engl. *availability*) ist somit eine Funktion der Zeit und hängt u. a. davon ab, in welchem Zustand sich die Betrachtungseinheit zum Zeitpunkt $t = 0$ befand.
Das Gegenteil von Verfügbarkeit ist die **Unverfügbarkeit** (engl. *unavailability*).

Verlegeart

Art der Verlegung von Starkstromkabeln und -leitungen, z. B. in Elektroinstallationsrohren oder -kanälen, auf oder in Wänden, unter Decken, in Hohlräumen, auf Pritschen oder Konsolen, in Wannen, im Fußboden, in Möbeln oder Verteilern, an Spanndrähten oder -seilen sowie auf Isolatoren.

Allgemeines

Bei der Errichtung von Kabel- und Leitungsanlagen finden die unterschiedlichsten Verlegearten Anwendung. Die meisten davon sind in DIN VDE 0100-520 [1] sowie DIN VDE 0298-4 [2] dargestellt und dort mit Referenznummern bzw. Kennziffern bezeichnet.
Für die Ermittlung der zulässigen Strombelastbarkeit von Kabeln und Leitungen für feste Verlegung in oder an Bauwerken sind die **Referenz-Verlegearten** (engl. *reference methods of installation*) nach Tafel V2 maßgebend. Die alphanumerischen Bezeichnungen dieser Verlegearten, z. B. A1, B2, C und E, gelten mit Bezug auf IEC 60364-5-523 weltweit. Die Referenz-Verlegeart D ist für die Erdverlegung von Kabeln in →Verbraucheranlagen vorgesehen.

Strombelastbarkeit

Die (Dauer-)Strombelastbarkeit I_z für einzeln verlegte Starkstromkabel und -leitungen mit zwei oder drei gleichzeitig Strom führenden →Adern[1)], Leiternennquerschnitt bis 50 mm², Umgebungstemperatur 25 °C, sowie die zugehörigen Nennströme (→Bemessungsströme) I_n der Überstrom-Schutzeinrichtungen zum Schutz bei Überlast enthält Tafel V3 [3]. Diese Werte gelten für ausgewählte Referenz-Verlegearten und Kupferleiter mit PVC-Isolierung (Betriebstemperatur 70 °C). Bei Abweichungen von den genannten Bedingungen, z. B. bei Häufung (Bündelung) der Kabel/Leitungen oder bei Umgebungstemperaturen über 25 °C, sind die zulässige Strombelastbarkeit unter Verwendung der Umrechnungsfaktoren nach [2] sowie die Nennströme der Überstrom-Schutzeinrichtungen gemäß dem Grundsatz $I_n \leq I_z$ neu zu bestimmen.
Werden entlang einer Trasse Kabel oder Leitungen ein und desselben Stromkreises in unterschiedlicher Weise verlegt, z. B. Aderleitungen in Installationsrohren und Mantelleitungen frei in Luft, so ist die zulässige Strombelastbarkeit dieser Betriebsmittel grundsätzlich nach der jeweils ungünstigsten Verlegeart (niedrigste Strombelastbarkeit) zu ermitteln.
Bei parallel geschalteten Kabeln und Leitungen erfolgt die Stromaufteilung umgekehrt proportional dem elektrischen Widerstand der einzelnen Leiter. Mit Rücksicht auf eine möglichst gleichmäßige Stromauf-

1) In Drehstromanlagen mit annähernd symmetrischer Belastung und ohne nennenswerten Oberschwingungsanteil werden Neutralleiter und PEN-Leiter bei der Ermittlung der Anzahl der aktiven Leiter in einem Kabel oder einer Leitung grundsätzlich nicht berücksichtigt [3]. Ebenfalls unberücksichtigt bleiben Schutzleiter (PE), da sie keine betriebsmäßig Strom führenden (aktiven) Leiter sind.

Tafel V2: Referenz-Verlegearten für Kabel und Leitungen für feste Verlegung in Gebäuden

Referenz-Verlegeart	**A1**	**A2**		**B1**	**B2**
Darstellung der Verlegeart	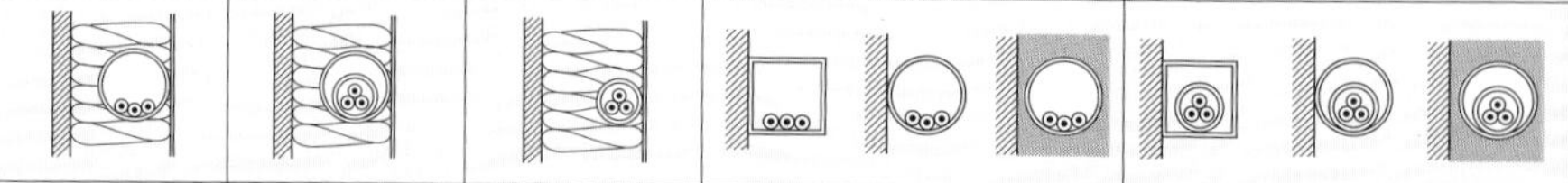				
Verlegebedingung	Verlegung in wärmegedämmten Wänden, z. B. in Hohlwänden, die mit Mineralwolle, Styropor o. dgl. ausgefüllt sind			Verlegung in Elektroinstallationsrohren oder geschlossenen Elektroinstallationskanälen auf oder in Wänden oder in Kanälen für Unterflurverlegung	
	Aderleitungen oder einadrige Kabel oder Mantelleitungen in Elektroinstallationsrohren oder -kanälen	mehradrige Kabel oder Mantelleitungen		Aderleitungen oder einadrige Kabel oder Mantelleitungen	mehradrige Kabel oder Mantelleitungen
		in Elektroinstallationsrohren oder -kanälen	direkt verlegt		

Referenz-Verlegeart	**C**			**E**	**F**	**G**
Darstellung der Verlegeart	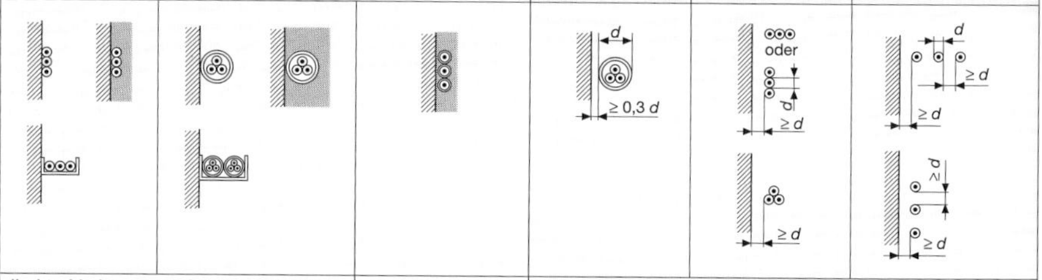					
Verlegebedingung	direkte Verlegung auf oder in Wänden, Decken oder in ungelochten Kabelwannen 1)		Stegleitungen in Wänden, Decken oder Hohlräumen	Verlegung frei in Luft, an Tragseilen sowie auf Kabelpritschen und -konsolen oder in gelochten Kabelwannen		
	einadrige Kabel oder Mantelleitungen	mehradrige Kabel oder Mantelleitungen		mehradrige Kabel oder Mantelleitungen	einadrige Kabel oder Mantelleitungen mit Berührung	ohne Berührung; Aderleitungen auf Isolatoren

1) Bei ungelochten Kabelwannen umfassen die Löcher weniger als 30 % der Gesamtfläche der Wanne.

teilung ist deshalb darauf zu achten, dass die einzelnen Leiter den gleichen Nennquerschnitt haben, aus dem gleichen Werkstoff bestehen und außerdem gleich lang sind.

Literatur

[1] DIN VDE 0100-520:2003-06 Errichten von Niederspannungsanlagen; Auswahl und Errichtung elektrischer Betriebsmittel; Kabel- und Leitungsanlagen.

[2] DIN VDE 0298-4:2003-08 Verwendung von Kabeln und isolierten Leitungen für Starkstromanlagen; Empfohlene Werte für die Strombelastbarkeit von Kabeln und Leitungen für feste Verlegung in und an Gebäuden und von flexiblen Leitungen.

[3] Beiblatt 2 zu DIN VDE 0100-520:2002-11 Errichten von Niederspannungsanlagen; Zulässige Strombelastbarkeit, Schutz bei Überlast.

Tafel V3: (Dauer-)Strombelastbarkeit von PVC-isolierten Kabeln/Leitungen mit Kupferleiter, Umgebungstemperatur 25 °C, sowie Nennstrom der Überstrom-Schutzeinrichtungen

Referenz-Verlegeart		**A1**		**A2**		**B1**		**B2**		**C**		**E**	
Anzahl der gleichzeitig belasteten Adern		2	3	2	3	2	3	2	3	2	3	2	3
Leiternennquerschnitt in mm²		Strombelastbarkeit I_z in A Nennstrom I_n in A[1]											
1,5	I_z	17	15	17	14	19	17	18	16	21	19	23	20
	I_n	16	13	16	13	16	16	16	16	20	16	20	20
2,5	I_z	21	20	20	19	25	22	24	21	29	25	32	27
	I_n	20	20	20	16	25	20	20	20	25	25	32	25
4	I_z	28	25	27	25	35	30	32	29	38	35	42	36
	I_n	25	25	25	25	35	25	32	25	35	35	40	35
6	I_z	36	33	35	31	43	38	40	36	50	43	54	46
	I_n	35	32	35	25	40	35	40	35	50	40	50	40
10	I_z	50	45	46	41	60	53	55	50	67	63	74	64
	I_n	50	40	40	40	50	50	50	50	63	63	63	63
16	I_z	65	59	60	55	81	72	73	66	90	81	100	85
	I_n	63	50	50	50	80	63	63	63	80	80	100	80
25	I_z	85	77	80	72	107	94	95	85	119	102	126	107
	I_n	80	63	80	63	100	80	80	80	100	100	125	100
35	I_z	105	94	100	88	133	117	118	105	146	126	157	134
	I_n	100	80	100	80	125	100	100	100	125	125	125	125
50	I_z	126	114	117	105	160	142	141	125	178	153	191	162
	I_n	125	100	100	100	160	125	125	125	160	125	160	160

[1] Der Nennstrom I_n der Überstrom-Schutzeinrichtungen darf zum Schutz bei Überlast nicht größer sein als die zulässige Belastbarkeit I_z des Kabels oder der Leitung ($I_n \leq I_z$).

Verlustfaktor tan δ

Maß für die dielektrischen Verluste in einem elektrischen Betriebsmittel mit Blindwiderstand.

Allgemeines

Der dielektrische Verlustfaktor eines →Isolierstoffs (engl. *dissipation factor*) ist der Tangens des Winkels δ (griech. *Delta*) – auch „Fehlwinkel" oder „Verlustwinkel δ" genannt –, um den bei einem verlustbehafteten elektrischen Betriebsmittel der Phasenverschiebungswinkel φ zwischen Spannung und Strom von 90° (= $\pi/2$) abweicht, s. Bild V8. Der Verlustwinkel δ (engl. *loss angle*) ergänzt somit den Phasenverschiebungswinkel φ zwischen Spannung und Strom auf 90°: $\delta = 90° - \varphi$.

Der Verlustfaktor

$$\tan \delta = \frac{I_R}{I_X}$$

drückt aus, wie hoch der Anteil eines meist unerwünschten Wirkstroms I_R (Verluststrom) zum Blindstrom I_X in einem Dielektrikum, z. B. in einer Kabelisolierung oder in einem Kondensator, ist.

Der Kehrwert des Verlustfaktors wird „Gütefaktor" Q (engl. *quality factor*) oder nur „Güte" (Qualität) genannt:

$$Q = \frac{1}{\tan \delta}$$

Das Produkt aus Verlustfaktor tan δ und

→Permitivitätszahl ε_r (früher: Dielektrizitätszahl) ergibt die **Verlustzahl** ε_r'' (engl. *loss index*), die als Grundlage für die Beurteilung der Qualität fester Isolierstoffe dient.

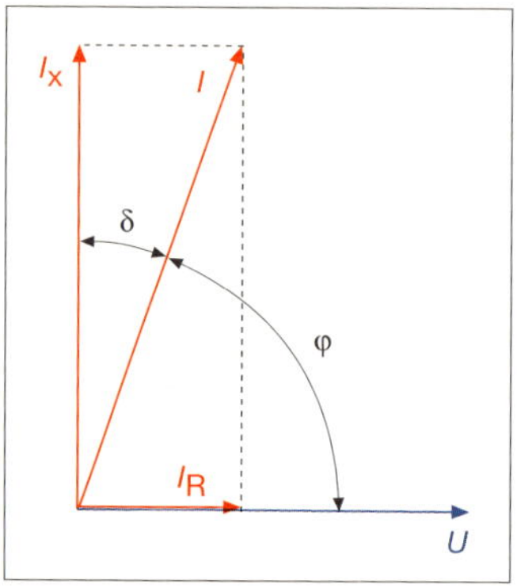

Bild V8: Verlustfaktor tan δ
U Spannung; I_R Wirkstrom; I_X Blindstrom; I Scheinstrom; δ Fehl- oder Verlustwinkel; φ Phasenverschiebungswinkel

Anwendung

Bei Kabeln mit PE- oder VPE-Isolierung ist der Verlustfaktor tan δ extrem klein. Dagegen können in einem PVC-Dielektrikum die in Wärme umgesetzten dielektrischen Verluste (Wirkleistung) und damit der Verlustfaktor tan δ beachtliche Werte annehmen. Für Hochspannungskabel werden deshalb besonders verlustarme Isolierstoffe für die Kabelisolierung verwendet.
Zum Vergleich: Der Verlustfaktor tan δ beträgt z. B. für Luft null, für Glimmer $2 \cdot 10^{-4}$ und für Elektroporzellan etwa $200 \cdot 10^{-4}$.
Die Messung des dielektrischen Verlustfaktors tan δ bei Kabeln und isolierten Leitungen erfolgt nach DIN VDE 0472-505. Die Messwerte lassen genaue Rückschlüsse auf den Alterungsgrad des Kabels (Leitung) und dessen →Wärmedurchschlagspannung zu. Für die Messung des dielektrischen Verlustfaktors bei flüssigen Isolierstoffen gilt DIN EN 60247 (VDE 0380-2).

Verlustleistung

Wirkleistung, die bei der Übertragung, Energieumwandlung oder in einem elektrischen Betriebsmittel, z. B. Kabel, Schaltgerät oder Halbleiterventil, in joulesche Wärme umgewandelt und an die Umgebung abgeführt wird (Stromwärmeverluste).
Stromwärmeverluste sind ohmsche Verluste $P_V = I^2 \cdot R$ (Wirkverluste). Diese stromabhängigen Verluste mindern die Nutzleistung (Leistungsverlust, Arbeitsverlust), erwärmen elektrische Betriebsmittel, z. B. Kabel, Leitungen und Wicklungen, sowie deren Verbindungs- und Anschlussstellen, verursachen außerdem noch Kosten und sind deshalb i. Allg. höchst unerwünscht. Eine Glühlampe wandelt z. B. nur etwa 2 % der zugeführten Elektroenergie in Licht um; rund 98 % gehen als Wärme nutzlos verloren.
Die Verlustleistung eines Kondensators ist die von ihm aufgenommene Wirkleistung.
Stromwärmeverluste in Kupferleitern werden mitunter auch „Kupferverluste" und in Wicklungen meist „Wicklungsverluste" genannt.

Verschlussschieber

Bewegliches Bauteil zum selbsttätigen Verschließen (Abdecken) der fest stehenden Einspeisekontakte von →Einschüben einer →Niederspannungs-Schaltgerätekombination, wenn die Schaltanlage für Bedienungs- oder Wartungsarbeiten ohne →Freischalten geöffnet werden soll.
Verschlussschieber (engl. *shutter*) dienen dem Schutz von Personen gegen direktes Berühren aktiver Teile. Die Schutzart dieser Abdeckungen darf deshalb IP2X bzw. IPXXB nicht unterschreiten (vollständiger Berührungsschutz).

Tafel V4 Verschmutzungsgrade

Verschmutzungsgrad	Art und Einfluss der Verschmutzung	Beispiele
1	keine oder nur trockene, nicht leitende Verschmutzung ohne Einfluss auf die elektrische Spannungsfestigkeit	klimatisierte oder saubere, trockene Räume
2	üblicherweise nicht leitende Verschmutzung; gelegentlich muss jedoch mit einer vorübergehenden elektrischen Leitfähigkeit durch Betauung gerechnet werden	Wohn- und Geschäftsräume, Büros, Arztpraxen
3	leitende oder trockene, nicht leitende Verschmutzung, die jedoch durch Betauung elektrisch leitfähig wird	Räume in der Landwirtschaft und Industrie, Werkstätten, Lagerräume, Kesselhäuser
	Verschmutzung, die z. B. durch leitenden Staub, Regen oder Schnee dauernd leitfähig sein kann	Außenräume und im Freien

Verschlussschieber werden auch bei Steckdosen mit erhöhtem Berührungsschutz verwendet.

Verschmutzungsgrad

Graduierung der im Normalbetrieb zu erwartenden Verschmutzung →elektrischer Betriebsmittel in Niederspannungsanlagen, z. B. von Schaltgeräten oder Schaltgerätekombinationen.

Die Verschmutzung erfolgt durch leitenden oder nicht leitenden Staub oder durch andere Schadstoffe, die in Verbindung mit Feuchtigkeit (Betauung, Regen, Eis, Schnee) zu einer Minderung der elektrischen Spannungsfestigkeit offener (ungeschützter) Isolierstrecken, insbesondere der →Kriechstrecken (Kriechstromfestigkeit), führen können.

Allgemeines

Die Graduierung der Verschmutzung erfolgt gemäß DIN EN 60664-1 [1] mit den Kennzahlen 1 bis 4, s. Tafel V4. Diese Verschmutzungsgrade (engl. *pollution degrees*) gelten auch für die Bemessung von →Luftstrecken.

Feuchtigkeit aufnehmende oder gar leitfähige Stäube, Salze und andere Verunreinigungen können – abhängig von der Menge, Häufigkeit und Dauer ihres Auftretens in Verbindung mit Kondenswasser infolge Betauung – die Spannungsfestigkeit (Luftstrecken) und/oder den Oberflächenwiderstand (Kriechstrecken) der Isolierungen elektrischer Betriebsmittel und gedruckter Schaltungen (→Leiterplatte) mitunter erheblich beeinträchtigen. Die Mindestluftstrecken und -kriechstrecken sind deshalb unter Berücksichtigung des Verschmutzungsgrads nach DIN EN 60664-1 [1] bzw. DIN EN 60439-1 [2] zu bestimmen.

Schaltgerätekombinationen

Bei Einbau der elektrischen Betriebsmittel in →Gehäuse gilt der Verschmutzungsgrad für die i. Allg. viel sauberere Mikroumgebung im Gehäuse. Durch Kapselung oder Beheizung der Schaltgerätekombinationen können somit die Verschmutzung (Befeuchtung) der Isolierstrecken verringert und die Kriechstrecken verkleinert werden.

Die Werte der Mindestkriechstrecken (engl. *minimum creepage distances*) in Abhängigkeit vom Verschmutzungsgrad enthält Tafel V5. Sie gelten für die üblichen Netzspannungen 230/400 V und 400/690 V sowie für die Werkstoffgruppe IIIa.

Tafel V5: Mindestkriechstrecken in Abhängigkeit vom Verschmutzungsgrad [1]

Verschmutzungsgrad	**Mindestkriechstrecke in mm bei der Bemessungsisolationsspannung**	
	400 V	**690 V**
1	1,0	1,8
2	4,0	6,3
3	6,3	10,0
4	12,5	20,0
Der Verschmutzungsgrad 3 gilt üblicherweise für Schaltgerätekombinationen in der Industrie sowie bei Außenraum- und Freiluftaufstellung [3].		

Literatur

[1] DIN EN 60664-1 (VDE 0110-1):2003-11 Isolationskoordination für elektrische Betriebsmittel in Niederspannungsanlagen; Grundsätze, Anforderungen und Prüfungen.

[2] DIN EN 60439-1 (VDE 0660-500): 2005-01 Niederspannungs-Schaltgerätekombinationen; Typgeprüfte und partiell typgeprüfte Kombinationen.

[3] *Zentgraf, L.:* Niederspannungs-Schaltgerätekombinationen. Erläuterungen zu DIN EN 60439-1 (VDE 0660 Teil 500):1994-04. VDE-Schriftenreihe 28. 2. Auflage. Berlin, Offenbach: VDE-Verlag, 1997.

Versuchsfeld

→Elektrische Prüfanlage zum Durchführen von Versuchen (keine Routineprüfungen), meist im Rahmen von Forschungs- und Entwicklungsaufgaben, bei denen Gefährdungen durch elektrische Energie auftreten können [1]. Für ihre Ausführung gelten prinzipiell die gleichen Sicherheitsanforderungen wie für →Prüffelder.

Literatur

[1] DIN EN 50191 (VDE 0104):2001-01 Errichten und Betreiben elektrischer Prüfanlagen.

Verteilungsnetz

Kabel- oder Freileitungsnetz zur Übertragung und Verteilung der aus übergeordneten Netzen sowie aus kleinen Kraftwerken bezogenen elektrischen Energie an die Verbraucher (Abnehmer).

Allgemeines

Verteilungsnetze sind öffentliche oder nicht öffentliche Netze, z. B. industrielle Elektrizitätsverteilungsnetze, vorzugsweise für Niederspannung. Verteilungsnetze gibt es aber auch für Mittelspannung.

Die Versorgung von Tarifkunden im Sinne der AVBEltV [1] erfolgt aus öffentlichen Niederspannungs-Ortsnetzen, in Städten und großen Gemeinden vorzugsweise aus Kabelnetzen 3PEN ~ 50 Hz 230/400 V (TN-System). Der Verteilungsnetzbetreiber (VNB) stellt die zuverlässige Elektrizitätsversorgung beispielsweise für Wohngebäude bis zum Hausanschlusskasten oder für Industrieanlagen bis zu Einrichtungen sicher, die dem gleichen Zweck dienen.

Am Hausanschlusskasten – in Industrieanlagen an der letzten Verteilung, wie in DIN VDE 0100-200 Anhang A bildlich dargestellt – erfolgt die Übergabe der elektrischen Energie an die →Verbraucheranlage. Diese Übergabestelle ist identisch mit dem →Speisepunkt der Verbraucheranlage (Kundenanlage).

Verteilungsnetze sind grundsätzlich nur dem fachkundigen Verteilungsnetzbetreiber zugänglich. Deshalb wird in Niederspannungs-Ortsnetzen der Schutz gegen →direktes Berühren (Basisschutz), z. B. in Ortsnetzstationen und anderen abgeschlossenen elektrischen Betriebsstätten, normenkonform meist nur als **teilweiser Schutz** ausgeführt. Dieser Schutz ist ein Schutz gegen zufälliges (unbeabsichtigtes) Berühren →aktiver Teile (engl. *protection against unintentional direct contact*).

Netzstrukturen

Verteilungsnetze werden abhängig von dem Leistungsbedarf des Versorgungsgebiets (Leistungsdichte in MW/km^2) und der geforderten →Verfügbarkeit der Energieversorgung (Versorgungssicherheit) entweder vermascht oder unvermascht ausgeführt.

Unvermaschte Netze

Netze mit einfach (sternförmig) gespeisten Leitungen heißen **Strahlennetze** (engl. *radial systems*), früher auch „Sternnetze" genannt. Bei dieser Netzform erfolgt der Energiefluss stets in eine Richtung, nämlich vom Speisepunkt (Transformatorstation) in die einzelnen Leitungsstrecken, Beispiel s. Bild V9.

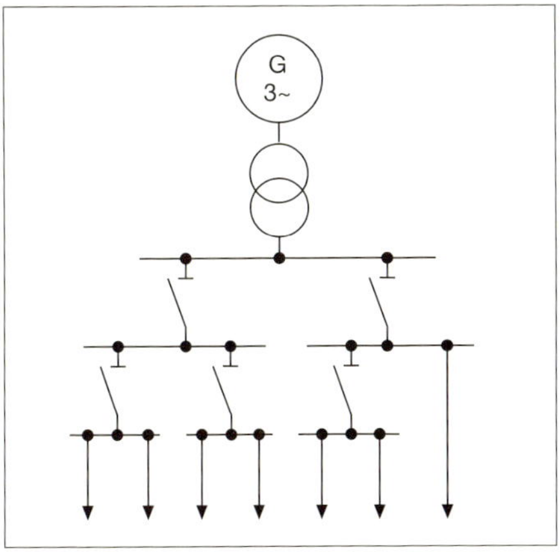

Bild V9: Strahlennetz

Strahlennetze sind unkompliziert und leicht überschaubar; sie ermöglichen eine einfache Netzüberwachung (Netzschutz). Nachteilig ist allerdings der zum Leitungsende hin zunehmende →Spannungsfall mit den damit verbundenen Übertragungsverlusten (Leitungsverluste). Außerdem haben unvermaschte Netze eine wesentlich geringere Versorgungssicherheit als vermaschte Netze, weil bei einer Störungsabschaltung nahe der Speisestelle alle nachgeordneten Verbraucher mit von der Energieversorgung getrennt werden.
Strahlennetze dienen in öffentlichen Niederspannungsnetzen vorwiegend zur Versorgung von größeren Verbrauchereinheiten (Hochhäuser, Gewerbebetriebe, Verwaltungsgebäude u. dgl.) sowie örtlich abgelegenen Verbrauchern. In der Industrie bilden sie die vorherrschende Netzstruktur. Strahlennetze dienen auch der Versorgung von Sondervertragskunden direkt aus dem Mittelspannungsnetz.

Vermaschte Netze

Vermaschte Netze versorgen die Abnehmer über mindestens zwei Leitungen und ermöglichen außerdem mehrere Einspeisungen. Bei Ausfall eines Speisepunkts kann die Versorgung von einer anderen Einspeisung mit übernommen werden, Beispiele s. Bild V10. Vermaschte Netze mit mehreren Einspeisungen haben eine vergleichsweise hohe Versorgungssicherheit und viel geringere Spannungsfälle sowie Leitungsverluste als Strahlennetze.

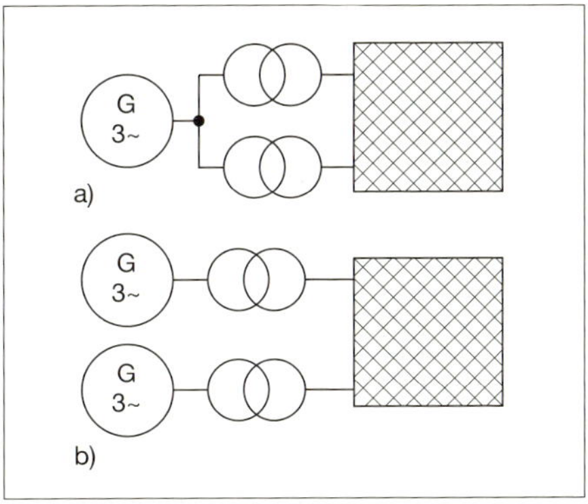

Bild V10: Speisung der Abnehmer über zwei Leitungen
a) aus einer einzigen Energiequelle
b) aus zwei unabhängigen Energiequellen

Nach dem Grad der Vermaschung (geometrische Netzform) unterscheidet man hauptsächlich Ring- und Maschennetze. Bei einem **Ringnetz** (engl. *ring system*) wird die elektrische Energie parallel in zwei Ringstrecken eingespeist, deren Enden über Kuppelschalter verbunden sind, Beispiel s. Bild V11. Die Kuppelschalter ermöglichen den Betrieb sowohl als

- geschlossenes (echtes) Ringnetz mit einer zweiseitig gespeisten Ringleitung (alle Kuppelschalter EIN) als auch als
- offenes Ringnetz bei Auftrennung der Ringstrecke, z. B. in der Belastungsmitte. Aus dem Quasi-Ringnetz entsteht ein redundantes Doppel-Strahlennetz.

Ringnetze haben meist nur eine, bei Auftrennung des Rings mitunter auch zwei Einspeisungen. Zur Netzüberwachung dient ein Überstromzeitschutz mit Richtungsglied.

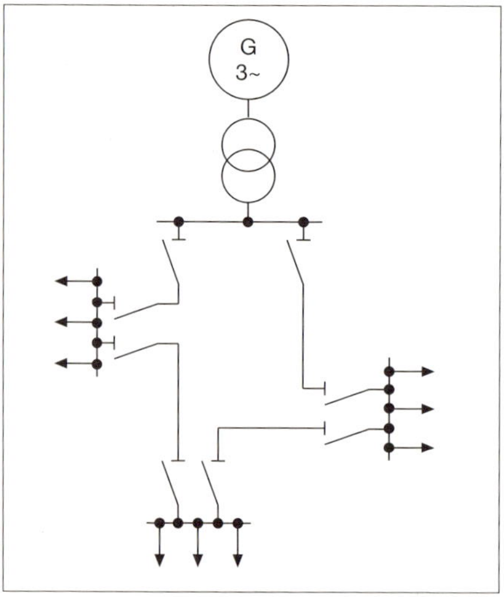

Bild V11: Ringnetz

Das **Maschennetz** (engl. *meshed system*) ist ein geschlossenes Netzgebilde aus mehreren sich kreuzenden Leitungen, die in den Kreuzungspunkten (Netzknotenpunkte) miteinander verbunden sind, Beispiel s. Bild V12.

Das geschlossene Gebilde zwischen den Netzknotenpunkten ist eine Masche, und jedes Leitungsstück ist eine Maschenleitung. Im Störungsfall oder bei Wartungsarbeiten kann das betreffende elektrische Betriebsmittel selektiv aus dem Netzverbund herausgeschaltet werden. Die Versorgung der übrigen Abnehmer wird dadurch nicht beeinträchtigt. Je enger die Vermaschung ist, desto geringer sind die Spannungsfälle sowie Leitungsverluste und desto größer wird die Versorgungssicherheit [2].

→Kurzschlüsse werden in Maschennetzen selektiv durch Distanzschutzrelais erfasst. Durch die einstellbare Staffelkennlinie besteht die Möglichkeit, die fehlerbehaftete Leitung innerhalb der Schnellzeit abzuschalten.

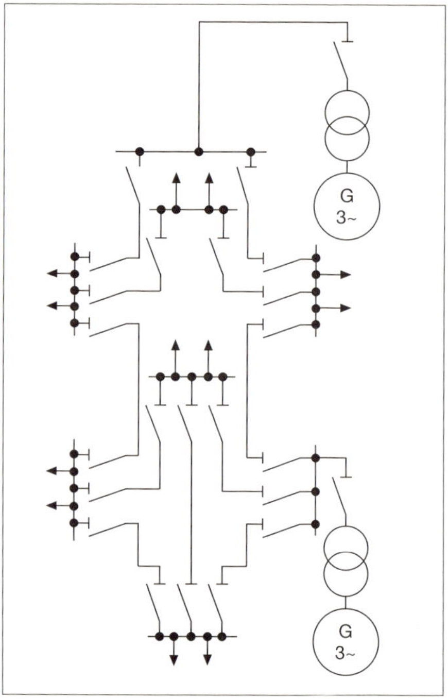

Bild V12: Maschennetz mit zwei Einspeisungen

Literatur

[1] Verordnung über Allgemeine Bedingungen für die Elektrizitätsversorgung von Tarifkunden (AVBEltV) vom 21.6.1979 (BGBl. 1, S. 684-692).

[2] *Knies, W.; Schierack, K.*: Elektrische Anlagentechnik; Kraftwerke, Netze, Schaltanlagen, Schutzeinrichtungen. 3. Auflage. München, Wien: Carl Hanser Verlag, 2000.

Vilamoura-Verfahren

Verfahren (Vorgehensweise) zur Beantragung von nationalen oder europäischen Normungsvorhaben beim Europäischen Komitee für Elektrotechnische Normung (CENELEC[1)]) durch das zuständige nationale elektrotechnische Komitee – in Deutschland vertreten durch die DKE.

Allgemeines

Durch das Vilamoura-Verfahren, das im Mai 1988 in der südportugiesischen Stadt Vilamoura beschlossen wurde, werden die CENELEC-Mitgliedsländer frühzeitig und detailliert über die Absichten eines nationalen Komitees informiert, die Ausarbeitung einer neuen bzw. die Überarbeitung einer bereits bestehenden nationalen Norm oder – besser noch – eines europäischen Normungsvorhabens zu initiieren. Die Einleitung einer solchen (Vilamoura-)Prozedur setzt allerdings voraus, dass auf dem betreffenden Gebiet kein Normungsstillstand, d. h. keine Stillhaltevereinbarung auf europäischer Ebene, besteht.

[1)] Abk. für **C**omité **E**uropéen de **N**ormalisation **Elec**trotechnique (franz.).
Vollmitglieder von CENELEC sind zurzeit die nationalen elektrotechnischen Komitees von Belgien, Dänemark, Deutschland, Estland, Finnland, Frankreich, Griechenland, Großbritannien, Irland, Island, Italien, Lettland, Litauen, Luxemburg, Malta, den Niederlanden, Norwegen, Österreich, Polen, Portugal, Schweden, der Schweiz, der Slowakei, Slowenien, Spanien, Tschechien und Ungarn (27 Länder). Das Fürstentum Liechtenstein wird seit jeher durch die Schweiz vertreten.

Im Ergebnis der Arbeiten entsteht unter dem Dach der CENELEC in der Regel eine europäische Norm (EN) oder ein anderes normatives Dokument. Parallel dazu werden die im Kooperationsabkommen zwischen der Internationalen Elektrotechnischen Kommission (IEC) und CENELEC vorgesehenen Maßnahmen durchgeführt.

Stillhaltevereinbarung

Stillhaltevereinbarung ist eine von den CENELEC-Mitgliedsländern übernommene Verpflichtung, nichts zu unternehmen – weder während der Vorbereitung einer EN oder eines anderen normativen Dokuments noch nach deren Annahme –, was die angestrebte Harmonisierung beeinträchtigen könnte. Insbesondere werden sie keine neue oder überarbeitete nationale Norm veröffentlichen, die nicht vollständig mit einer existierenden EN oder einem Harmonisierungsdakument (HD) übereinstimmt.
Die Stillhalteverpflichtung für ein notifiziertes Normungsvorhaben tritt in Kraft, sobald ein nationales Komitee innerhalb der vorgegebenen Zeit von drei Monaten positiv antwortet. Das Datum dieser Antwort ist zugleich das Anfangsdatum für die Stillhalteverpflichtung. Es wird allen nationalen Komitees nach Ablauf der Dreimonatsfrist bekannt gegeben. Die Stillhalteverpflichtung bleibt so lange bestehen, bis das Technische Büro bei CENELEC entscheidet, die Aktivitäten für eine gegebene Notifizierung zu beenden.

Vorsatz

Vor eine Einheit gesetzte Vorsilbe zur Bezeichnung eines bestimmten dezimalen Vielfachen oder Teils der Einheit. In Verbindung mit Einheitenzeichen, z. B. Ω werden entsprechend Vorsatzzeichen verwendet, z. B. kΩ.
Das **Internationale Einheitensystem** (franz. *Système International d'Unités*, ab-

gekürzt in allen Sprachen SI) besteht aus zahlreichen Einheiten für die verschiedenen Größenarten, die untereinander nur durch den Faktor 1 verknüpft sind, z. B.

$1\ \text{N} = 1\ \text{m} \cdot 1\ \text{kg}/1\ \text{s}^2$

$1\ \text{W} = 1\ \text{V} \cdot 1\ \text{A}$

Mit solchen kohärenten (zusammenhängenden) Einheiten rechnet es sich relativ einfach, weil formal kein Unterschied zwischen Größen und Zahlenwertgleichungen besteht. Allerdings kann die Angabe von Größenwerten in SI-Einheiten wenig anschaulich sein, wenn es sich um sehr kleine oder sehr große Werte handelt. Um zu praktikablen Zahlenwerten zu kommen, wurden die Vorsätze (genauer: Dezimalvorsätze) geschaffen. Zurzeit gibt es 20 Vorsätze; die für die Elektrotechnik wichtigsten enthält Tafel V6.

Berechnungen sind möglichst in SI-Einheiten durchzuführen und erst das Ergebnis ist mit einem Vorsatz zu versehen.

Beispiel:

$U = 30$ mV, $R = 20$ kW, gesucht ist I:

$$I = \frac{U}{R} = \frac{30\ \text{mV}}{20 \cdot \text{k}\Omega} = \frac{30 \cdot 10^{-3}\ \text{V}}{20 \cdot 10^{3}\ \Omega} = 1{,}5 \cdot 10^{-6}\ \text{A} = 1{,}5\ \mu\text{A}$$

Vorsätze sollten so ausgewählt werden, dass die entstehenden Zahlenwerte zwischen 0,1 und 1000 liegen. Einheitenzeichen und Vorsatzzeichen gelten als ein Symbol, das ohne Verwendung von Klammern in eine positive oder negative Potenz erhoben werden kann, z. B. $1\ \text{km}^3 = (10^3\ \text{m})^3 = 10^9\ \text{rn}^3$.

Die Vorsätze Hekto, Deka, Dezi und Zenti dürfen nur dort verwendet werden, wo sie seit langem gebräuchlich sind.

Tafel V6: Vorsätze zur Bildung von dezimalen Vielfachen

Name	Kurzzeichen	Faktor
Tera	T	10^{12}
Giga	G	10^{9}
Mega	M	10^{6}
Kilo	k	10^{3}
Hekto	h	10^{2}
Deka	da	10
Dezi	d	10^{-1}
Zenti	c	10^{-2}
Milli	m	10^{-3}
Mikro	µ	10^{-6}
Nano	n	10^{-9}
Piko	p	10^{-12}

Vorschaltgerät

Elektrisches Gerät zum Begrenzen des Lampenstroms von →Entladungslampen, z. B. Leuchtstofflampen.

Entladungslampen haben im Gegensatz zu Glühlampen keinen Strom stabilisierenden elektrischen Widerstand. Beim Zünden der Entladungsstrecke hat das Gasgemisch einen extrem kleinen Widerstand. Ohne ein in

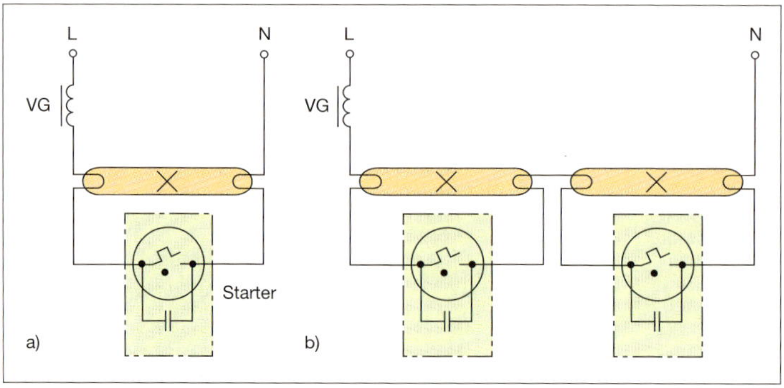

Bild V13: Starterschaltungen von Leuchtstofflampen (VG Vorschaltgerät)
a) Normalausführung;
b) Tandemschaltung

Reihe mit der Entladungsstrecke geschaltetes Vorschaltgerät würde der Lampenstrom ungebremst ansteigen und praktisch zu einem (heißen) Lichtbogen führen. Die Folge wäre ein Zerbersten des Entladungsrohrs. Deshalb ist für den sicheren (stabilen) Betrieb von Gasentladungslampen stets ein Vorschaltgerät (engl. *ballast*) nach den Normen der Reihe DIN VDE 0712 erforderlich.

Außer der Begrenzung des Lampenstroms haben Vorschaltgeräte (Vorschaltdrosseln) bei Starterschaltungen (s. Bild V13) noch die Aufgabe, im Einschaltmoment, d. h. bei Unterbrechung des Stroms durch den Starter, eine hohe Zündspannung zum Starten der Entladungslampe zu erzeugen.

vulnerable (Herz-)Phase

Kurzer Zeitabschnitt (etwa 10 %) eines Herzzyklus, in dem sich das Herz in der Phase der Erregungsrückbildung und damit in einem inhomogenen Zustand der Erregbarkeit befindet. In dieser Phase ist das Herz für äußere elektrische Stromreize besonders sensibilisiert (beeinflussbar).

Die vulnerable (lat. *verwundbare*) Herzphase entspricht dem ansteigenden Teil der **T-Welle** im Elektrokardiogramm, s. Bild V14. Wird das Herz in dieser Phase durch einen →elektrischen Schlag mit hinlänglicher Dauer des Stromflusses erregt, so kommt es häufig zur Auslösung des Herzkammerflimmerns (→Herzflimmern), s. Bild V15.

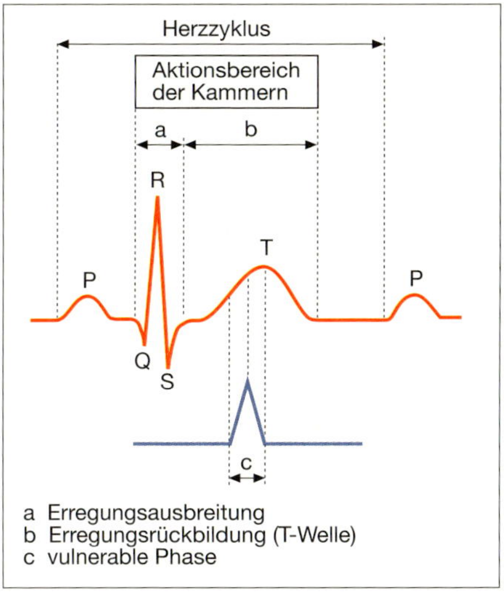

Bild V14: Elektrokardiogramm mit Darstellung der vulnerablen Phase der Herzkammern während eines Herzzyklus (unmaßstäblich) [1]

Literatur

[1] Vornorm DIN V VDE V 0140-479:1996-02 Wirkungen des elektrischen Stromes auf Menschen und Nutztiere; Allgemeine Aspekte.

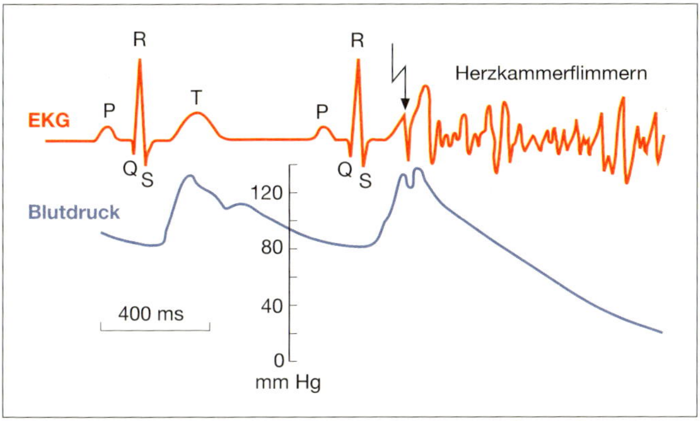

Bild V15: Elektrokardiogramm (EKG) und Blutdruck – Auslösen von Herzkammerflimmern bei einem Stromreiz in der vulnerablen Phase [1]

W

WAGO-Klemme

Isolierte Verbindungsklemme mit Steckklemmanschluss für ein- und mehrdrähtige Kupferleiter in den Nennquerschnitten bis 6 mm^2.

„WAGO" ist ein Kurzwort. Es setzt sich zusammen aus den Anfangsbuchstaben der Namen ***Wag**ner* und ***O**lbrich*, den Erfindern der Federklemmtechnik, s. Bild W1.

Der Steckklemmanschluss ist eine in sich kraftschlüssige Baueinheit ohne Kraftübertragung auf das umgebende Isolierstoffgehäuse. Jeder angeschlossene Leiter wird von der lamellierten Klemmfeder separat – unabhängig von anderen Leitern – geklemmt, s. Bild W2. Die Klemmfeder aus Chrom-Nickel-Federstahl presst den Leiter mit hoher Kontaktkraft in der definierten Kontaktzone an die Stromschiene (E-Cu mit verzinkter Oberfläche). Setz-, Kriech- oder Fließerscheinungen (Kupferkaltfluss) der angeschlossenen Leiter werden automatisch ausgeglichen.

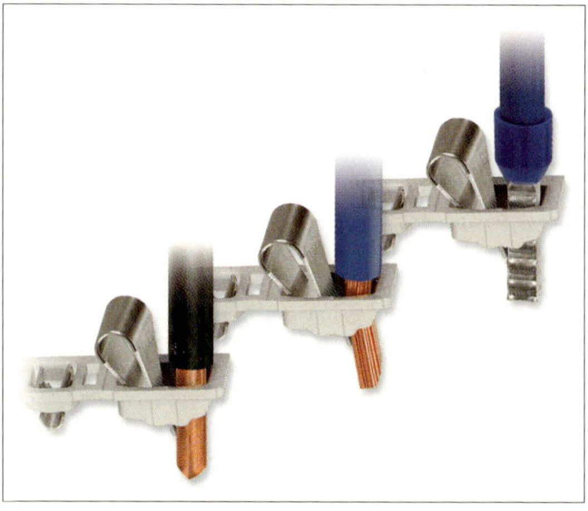

Bild W1: Federklemmtechnik

a)

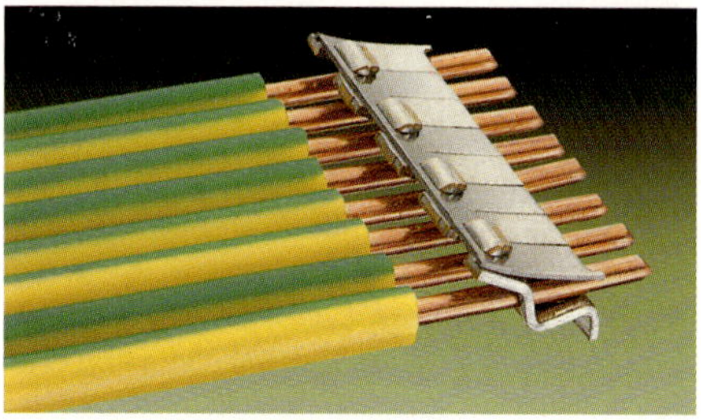

b)

Bild W2: Steckklemmanschluss
a) Prinzipdarstellung; b) Dosenklemmen
(Fotos: WAGO Kontakttechnik, Minden)

Das Steckklemmsystem wurde in erster Linie für den Anschluss eindrähtiger Kupferleiter konzipiert. Dabei wird die Knicksteifigkeit der massiven Leiterenden genutzt, um die Kontaktkraft der Klemmfeder zu überwinden. Wenn die Klemmfeder vorher mit einem Schraubendreher oder Betätigungsdrücker/-hebel betätigt wird, lassen sich aber auch mehr- und feindrähtige Leiter anschließen. Meistens werden jedoch bei flexiblen Leitungen die abisolierten Leiterenden mit Aderendhülsen verpresst, um diese ebenfalls direkt (ohne Werkzeug) stecken zu können.

Wahrnehmungs-Schwellenstrom

Kleinstwert des (Körper-)Stroms, der von einem Menschen oder Tier gerade noch wahrgenommen wird.

Allgemeines

Der Wahrnehmungs-Schwellenstrom (engl. *perception threshold current*) – kurz **Wahrnehmbarkeitsschwelle** genannt – ist zeitunabhängig und wie auch die Reaktionsschwelle[1] maßgeblich von den Berührungsbedingungen (trocken, nass, Druck, Temperatur, Berührungsfläche), der Stromart (Gleich- oder Wechselstrom) und von den individuellen physiologischen Eigenschaften des Menschen oder Tieres abhängig. Er beträgt bei sinusförmigem Wechselstrom im Frequenzbereich von 15...100 Hz, bezogen auf Menschen, ungefähr 0,5 mA (Effektivwert) und bei geglättetem, oberschwingungsarmem Gleichstrom (➔Welligkeit ≤ 10 %) ungefähr 2 mA.

Frequenzabhängigkeit

Mit zunehmender Frequenz steigt der Wahrnehmungs-Schwellenstrom stetig an – gleichbedeutend mit einer Abnahme der elektrischen Gefährdung. Er beträgt – bezogen auf die statistisch am meisten gesicherte 50-%-Schwelle – bei einer Frequenz von 200 kHz ungefähr 60 mA, s. Bild W3. Ab etwa 100 kHz findet ein Übergang in der Wahrnehmung von dem bekannten Prickeln in ein Wärmegefühl statt. Daraus folgt, dass extrem hochfrequente Wechselströme praktisch keine Reizwirkung mehr haben. Sie können, ohne zu erregen, in vergleichsweise hohen Stromstärken durch den Körper fließen, wovon z.B. die Diathermie[2] zu Heilzwecken Gebrauch macht. Hierbei betragen die Frequenzen etwa 500 kHz.

Frequenzfaktor

Veränderungen der physiologischen Wirkung eines Stromreizes in Abhängigkeit von der Frequenz werden durch den im IEC-Report 479 definierten **Frequenzfaktor** F_f angegeben. Er ist das Verhältnis der Schwellenstromstärke bei der betreffenden Frequenz f zur Schwellenstromstärke bei 50/60 Hz für die jeweils untersuchte physiologische Reaktion (Wahrnehmbarkeits-, Reaktions-, Loslass- oder Flimmerschwelle). Bei einem Frequenzfaktor $F_f > 1$ ist die elektrische Gefährdung geringer als bei dem technischen Wechselstrom von 50/60 Hz.

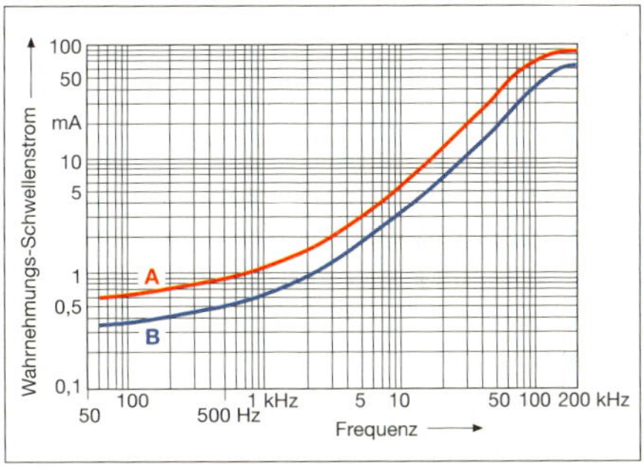

Bild W3: Wahrnehmungs-Schwellenstrom in Abhängigkeit von der Frequenz bei Dauerberührung mit einem Finger (nach Dalziel) Wahrnehmungswahrscheinlichkeit – Kurve A: 99,5 %; Kurve B: 50 %

Wandler

➔Elektrisches Betriebsmittel mit einem Eingangssignal (Eingangsgröße) und einem davon abhängigen, jedoch unterschiedlichen Ausgangssignal (Ausgangsgröße).

Allgemeines

Elektrische Eingangs- und Ausgangsgrö-

---

[1] Die **Reaktionsschwelle** (Reaktions-Schwellenstrom) ist der kleinste Wert des (Körper-) Stroms, der unbeabsichtigte Muskelkontraktionen bewirkt.

[2] **Diathermie** (griech.) ist ein Heilverfahren, bei dem Wechselstrom mit hoher Frequenz durch den Körper oder Teile desselben in solcher Stärke geleitet wird, dass während des Stromflusses eine erhebliche Erwärmung des durchströmten Gewebes eintritt.

ßen können z. B. Ströme oder Spannungen sein. Die Wandler (engl. *transformers*) sollen große Ströme der indirekten Messung erschließen (→Stromwandler) oder hohe Spannungen auf ungefährliche Werte transformieren (→Spannungswandler). Letztere Wandler nach der Normenreihe DIN EN 60044 (VDE 0414) haben somit zugleich eine wichtige sicherheitstechnische Aufgabe.

Messwandler

Messwandler (engl. *instrument transformers*) sind die „Messfühler" einer Messeinrichtung. Sie wandeln die zu messenden elektrischen Größen des Primärkreises, z. B. Ströme oder Spannungen, in gleichartige, messtechnisch einfach zu erfassende elektrische Größen um, die für die elektrischen Geräte des Sekundärkreises, z. B. Messgeräte, Zähler, Schutzrelais, Steuergeräte und Auslöser, geeignet sind. Dabei bezeichnet „Primärkreis" den mit der Primärwicklung des Messwandlers verbundenen Stromkreis. „Sekundärkreis" ist der von der Sekundärwicklung des Messwandlers gespeiste äußere Kreis.
Messwandler dienen darüber hinaus der Summierung elektrischer Kennwerte, dem Schutz empfindlicher Geräte, z. B. bei einem Kurzschluss, sowie der Potentialtrennung, insbesondere in Hochspannungsanlagen.

Elektroakustische und Energiewandler

Wandler können elektrische Kenngrößen nicht nur in ihrem Wert verändern, sondern diese auch in andere physikalische Größen umwandeln, z. B. in Schall. Mikrofone und Lautsprecher sind somit „elektroakustische Wandler".
Betriebsmittel, die bestimmungsgemäß elektrische Energie in eine andere Energieform umwandeln, z. B. in mechanische Energie, Licht oder Wärme, werden umgangssprachlich „Stromverbraucher" oder „elektrische Verbrauchsmittel" (engl. *current-using equipment*) genannt [1]. Diese Termini sind unkorrekt, da weder Strom (Ladungsträger) noch Energie „verbraucht" werden kann. Die genannten elektrischen Betriebsmittel, z. B. Motoren, dienen vielmehr der Energieumwandlung. Demnach sind sie im weiteren Sinne „Energiewandler". Dieser Fachausdruck ist auch für Generatoren zutreffend, die Energie im engeren Sinne nicht zu erzeugen vermögen (folglich keine „Energieerzeuger" sind), sondern vielmehr die ihnen an der Antriebswelle zugeführte mechanische Energie in elektrische Energie umsetzen. Dabei ist der Energieinhalt des neuen Energieträgers (Nutzenergie) stets kleiner als die zugeführte Energie.

Literatur

[1] DIN VDE 0100-200:1998-06 Elektrische Anlagen von Gebäuden; Begriffe.

Wannenleuchte

Hänge- oder Deckenleuchte für →Leuchtstofflampen, deren Lichtaustrittsöffnung durch eine lichtdurchlässige wannenförmige Abdeckung abgeschlossen ist. Diese Abdeckung dient zugleich der Blendungsbegrenzung, Formung der Lichtverteilung und Erhöhung der Schutzart.
Die lichtdurchlässige Abdeckung besteht i. Allg. aus thermoplastischem Kunststoff, der eingetrübt (Acrylglas) und mit optischen Strukturen versehen sein kann, z. B. Rippen, Prismen oder Linsen.

Wärmedurchschlagspannung

Effektivwert einer sinusförmigen Wechselspannung, bei dem eine Feststoffisolierung infolge starker örtlicher Erhitzung nach sehr langer Wirkdauer gerade (noch) durchschlagen wird.

Allgemeines

Die Höhe der Wärmedurchschlagspannung U_d ist wesentlich von der Dicke und dem Zustand der →Isolierung (Dielektrikum) abhängig. Infolge des Durchschlags bricht die Spannung zusammen, und das feste Dielektrikum verliert auf Dauer seine →elektrische Festigkeit. Der genaue Wert der Wärmedurchschlagspannung kann wegen der damit verbundenen Zerstörung des Prüflings nicht direkt gemessen werden, wohl aber der →Verlustfaktor tan δ in Abhängigkeit von der angelegten Spannung. Die Wärmedurchschlagspannung ist erreicht, wenn der Verlustfaktor über seinen konstanten Grenzwert hinaus steil ansteigt, s. Bild W4.

Elektrische Festigkeit

Die (Wärme-)Durchschlagfestigkeit E_d ist der Quotient aus der Durchschlagspannung U_d und dem Abstand s der beiden Elektroden, zwischen denen die Spannung angelegt wird. Dabei soll das elektrische Feld zwischen den Elektroden homogen (gleichförmig) sein.

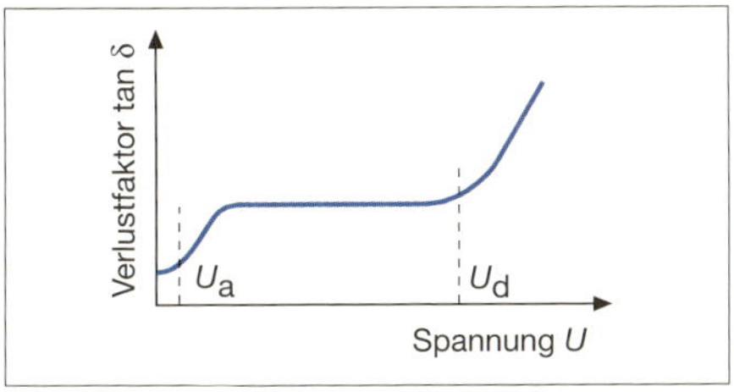

Bild W4: Verlustfaktor tan δ einer Feststoffisolierung in Abhängigkeit von der Spannung
U_a Anfangsspannung;
U_d Wärmedurchschlagspannung

Warte

→Elektrische Betriebsstätte, in der →Niederspannungs-Schaltgerätekombinationen (Wartenfelder) zur Steuerung und Überwachung elektrischer Anlagen oder technischer Prozesse untergebracht sind.

Allgemeines

Warten sind das Herzstück großer elektrischer Anlagen. Sie werden vorzugsweise in Kraft- und Umspannwerken errichtet.
Je nach Hauptzweck und Ausstattung werden unterschieden: Schaltwarten, Messwarten und Relaiswarten. Zur Steuerung und Überwachung mehrerer Kraftwerksblöcke von einer zentralen Stelle aus dienen sog. Blockwarten. Neben den eigenständigen Elektrizitätswarten gibt es auch gemeinsame Warten für mehrere Energiearten, z. B. für Elektrizität, Gas, Fernwärme und Wasser. Sie werden fachsprachlich „Querverbundwarten" genannt.

Ausführung

Bei der Ausführung von Warten zur Bewältigung der verschiedenartigen Steuerungs- und Überwachungsaufgaben sind viele technische Gesichtspunkte zu berücksichtigen, z. B. Beleuchtung (Blendung), Raumklima und Akustik (Nachhall). Außerdem spielt die ergonomische Gestaltung der Warte eine große Rolle.
Im Zentrum einer Warte stehen die Wartenfelder und Pulte nach DIN EN 60439-1 (VDE 0660-500). Sie enthalten alle für den ordnungsgemäßen Betrieb der elektrischen Anlagen und Systeme notwendigen Steuer-, Mess-, Schutz-, Melde- und anderen Hilfseinrichtungen.
Bei konventioneller Wartentechnik sind die elektromechanischen Steuergeräte und Rückmelder meist in →Blindschaltbilder eingefügt, s. Bild W5. Diese schalttafelorientierte Sekundärtechnik mit einem Mosaik-Rückmeldebild wird zunehmend durch die Platz sparende Leittechnik auf Mikroprozessorbasis ersetzt. Der Zugang zu dieser Leittechnik erfolgt von einem Bedienpult aus mit Bildschirmen und Tastaturen. Die Bedienung erfolgt meist menügeführt. Farbsichtgeräte dienen zur detaillierten Bilddarstellung des betreffenden Anlagenteils oder Systems.

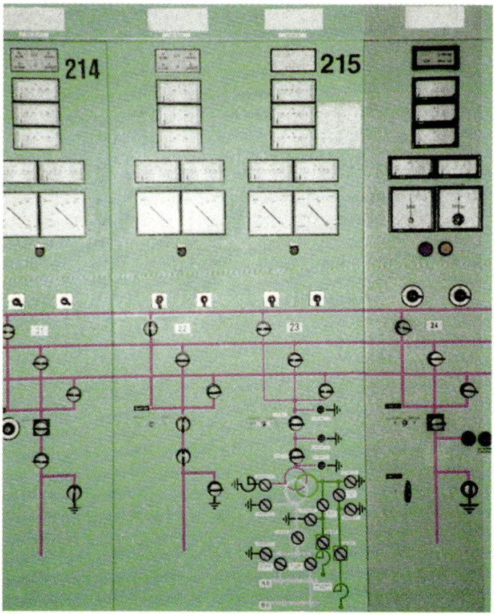

Bild W5: Wartenfelder mit Blindschaltbild

Wartung

Gesamtheit der erforderlichen Maßnahmen zur Bewahrung des Sollzustands von elektrischen Betriebsmitteln und Anlagen mit dem Ziel der Vermeidung von →Ausfällen und der damit verbundenen oft kostspieligen Auswirkungen. Wartung ist somit ein wichtiger Teil (Unterfunktion) der Ausfall verhindernden →Instandhaltung nach DIN 31051 [1].

Wartbarkeit (Servicefreundlichkeit) bezeichnet die Eignung elektrischer Betriebsmittel und Anlagen zur Durchführung der Wartung.

Literatur

[1] DIN 31051:1985-01 Instandhaltung; Begriffe und Maßnahmen (wird durch DIN EN 13306 „Begriffe der Instandhaltung“ ersetzt).

Wasserrohrnetz

Gesamtheit des Leitungssystems für Frischwasser, bestehend aus Haupt-, Versorgungs- und Anschlussleitungen einschließlich Wasserzähler und Hauptabsperrvorrichtung.

Allgemeines

Nach DIN VDE 0100-540 [1] soll die Zuverlässigkeit einer →Erdungsanlage nicht von Einrichtungen anderer (baulicher) Anlagen abhängen. Deshalb dürfen metallene Wasserrohrnetze in neu zu errichtenden elektrischen Anlagen – auch für den Blitzschutz – nicht mehr als →Erder oder →Erdungsleiter benutzt werden.

Wasseranschlussleitungen

Rohrleitungen vor Wasserzählern oder Hauptabsperrvorrichtungen – in Wasserfließrichtung gesehen – werden Wasseranschlussleitungen genannt. Sie dürfen in Deutschland weder als Erder noch als Erdungsleiter verwendet werden. Ein solches Verwendungsverbot besteht u. a. auch in Belgien, Finnland, Frankreich, Großbritannien, Österreich, Schweden und in der Schweiz.

Wasserverbrauchsleitungen

Rohrleitungen hinter Wasserzählern oder Hauptabsperrvorrichtungen – in Wasserfließrichtung gesehen – heißen Wasserverbrauchsleitungen.

Metallene Wasserverbrauchsleitungen sind in der elektrotechnischen Fachsprache „fremde leitfähige Teile“ mit häufig unbefriedigender elektrischer Leitfähigkeit (Durchgängigkeit). Deshalb sollen nach DIN VDE 0100-540 diese Teile (Rohre) nicht als →Schutz- oder Erdungsleiter verwendet werden. In den →Potentialausgleich sind metallene Wasserverbrauchsleitungen dagegen stets einzubeziehen [2].

Literatur

[1] DIN VDE 0100-540:1991-11 Errichten von Starkstromanlagen mit Nennspannungen bis 1000 V; Auswahl und Errichtung elektrischer Betriebsmittel; Erdung, Schutzleiter, Potentialausgleichsleiter.

[2] DIN VDE 0100-410:1997-01 Errichten von Starkstromanlagen mit Nennspannungen bis 1000 V; Schutzmaßnahmen; Schutz gegen elektrischen Schlag.

Wassersportfahrzeug

Boot, Schiff, Jacht, Barkasse (Hausboot) u. dgl., das ausschließlich für Sport und Freizeit genutzt wird.

Errichten

→Elektrische Anlagen von Wassersportfahrzeugen und deren Stromversorgungseinrichtungen an Liegeplätzen (Marinas), z. B. an Bootsstegen, Kais, Molen oder Piers, sind nach DIN VDE 0100-721 [1] zu errichten. Dabei besteht eine große Übereinstimmung mit dem Regelwerk für die elektrische Versorgung von →Caravans u. dgl. auf Campingplätzen [2]. Auch für Wassersportfahrzeuge muss sich der elektrische →Speisepunkt in unmittelbarer Nähe befinden; als Richtwert gilt ≤ 20 m.

Außerdem sind Steckdosenstromkreise durch Fehlerstrom-Schutzeinrichtungen (RCDs) mit einem Bemessungsdifferenzstrom $I_{\Delta N} \leq 30$ mA zu schützen. Dabei dürfen nicht mehr als 3 Steckdosen – besser nur jeweils eine einzige Steckdose – von einer RCD versorgt werden.

Schließlich sind bei Booten, Schiffen u. ä. schwimmenden Konstruktionen die vergleichsweise hohen mechanischen Beanspruchungen der elektrischen Betriebsmittel zu berücksichtigen. Das gilt in besonderem Maße für die Speiseleitung (engl. *feeder*) bei landseitiger Stromversorgung während der Gezeitenwechsel zwischen Ebbe und Flut sowie bei starkem Wellengang.

Betreiben

Die Herstellung der elektrischen Verbindung zwischen dem Wassersportfahrzeug und der landseitigen Stromversorgungseinrichtung gehört zu den Aufgaben der Fahrzeugbetreiber. Diese Personen sind i. Allg. elektrotechnische Laien und bedürfen deshalb der sachkundigen Unterweisung für sicherheitsgerechtes Handeln, insbesondere bei Ankunft und vor der Abfahrt des Schiffs. Außerdem ist auf die Gefahr der elektrochemischen →Korrosion an metallenen Schiffskörpern hinzuweisen, wenn das Bordnetz in Ermangelung eines Sicherheitstransformators nicht galvanisch von der landseitigen Stromversorgung mit geerdetem Netzpunkt getrennt werden kann.

Literatur

[1] DIN VDE 0100-721:1984-04 Errichten von Starkstromanlagen mit Nennspannungen bis 1000 V; Caravans, Boote und Jachten sowie ihre Stromversorgung auf Camping- bzw. an Liegeplätzen (teilweise ersetzt durch [2]).

[2] DIN VDE 0100-708:1993-10 –; Elektrische Anlagen auf Campingplätzen und in Caravans.

Wechselschaltung

Installationsschaltung mit zwei Wechselschaltern, s. Bild W6. Sie dient zum wahlweisen Ein- und Ausschalten von Lampen von zwei Stellen aus.

Der Anschluss des →Außen- und →Neutralleiters erfolgt grundsätzlich wie bei der →Ausschaltung. Zulässig ist auch die Ausführung mit einem einzigen Korrespondenzleiter (Sparwechselschaltung) nach Bild W7.

Mitunter werden aus Sparsamkeitsgründen Außen- und Neutralleiter oder im TT-System zwei Außenleiter mit unterschiedlichem Potential an einen Wechselschalter angeschlossen, s. Bild W8.

Das ist gefährlich und deshalb unzulässig, weil bei ausgeschalteter Lampe der Neutralleiter unterbrochen sein kann, während die Spannung des Außenleiters noch an der Lampe liegt (Unfallgefahr!). Im Übrigen ist nach DIN VDE 0100-550 [1] an einpoligen Wechselschaltern ein und derselbe Außenleiter anzuschließen, und Neutralleiter dürfen kraft DIN VDE 0100-460 [2] durch einpolige Schalter überhaupt nicht unterbrochen werden.

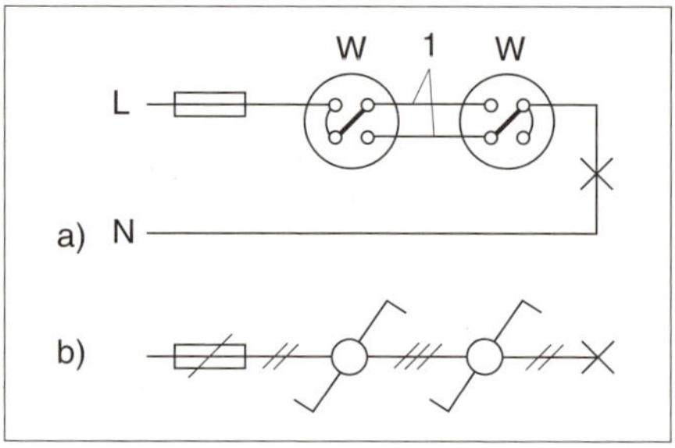

Bild W6: Wechselschaltung (W Wechselschalter) – Schaltbild
a) ausführlich (mehrpolig);
b) vereinfacht (einpolig)
1 Korrespondenzleiter

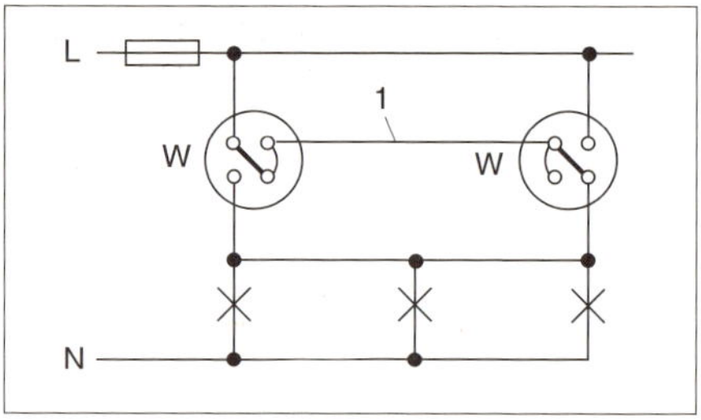

Bild W7: Sparwechselschaltung mit nur einem Korrespondenzleiter (unkonventionell)

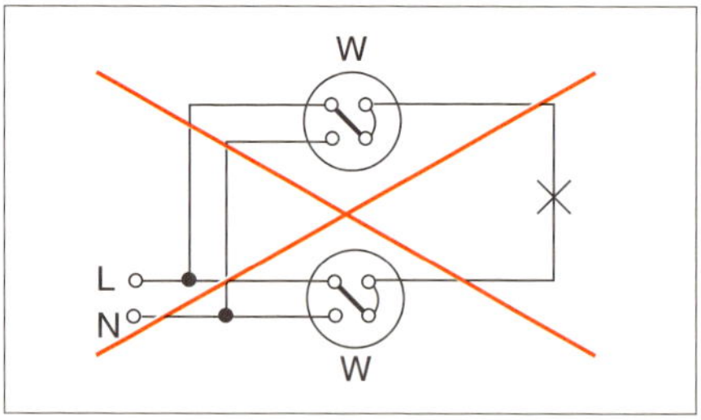

Bild W8: Unzulässige Wechselschaltung (sog. „Hamburger Schaltung")

Die Schaltung nach Bild W8 wurde erstmals Ende der 1920er Jahre in Hamburg angewendet.

Literatur

[1] DIN VDE 0100-550:1988-04 Errichten von Starkstromanlagen mit Nennspannungen bis 1000 V; Auswahl und Errichtung elektrischer Betriebsmittel; Steckvorrichtungen; Schalter und Installationsgeräte.

[2] DIN VDE 0100-460:2002-08 Errichten von Niederspannungsanlagen; Schutzmaßnahmen; Trennen und Schalten.

Wechselstromsystem

Elektrisches System, dessen Stromaugenblickswerte im stationären Betrieb periodische Funktionen der Zeit mit dem arithmetischen Mittelwert null sind [1].

Allgemeines

Wechselstromsysteme (engl. *a. c. systems*) werden eingeteilt hinsichtlich der

- Anzahl ihrer →**Phasen** hauptsächlich in Einphasen- und Dreiphasensysteme (Drehstromsysteme). Dabei bezeichnet die Phasenzahl m die Anzahl der sinusförmigen Grundschwingungszustände. Sie ist höchstens gleich der Leiterzahl n ($m \leq n$).
- Anzahl ihrer **Leiter** in Zweileiter- und Mehrleitersysteme (n-Leitersysteme). Dabei bezeichnet n die Anzahl der betriebsmäßig Strom führenden Leiter. Das sind sämtliche →Außenleiter (L) und der →Neutralleiter (N), auch wenn letzterer im TN-C-System die Funktion des →Schutzleiters mit übernimmt (PEN-Leiter).
  Schutzleiter (PE), auch Erdungs- und Potentialausgleichsleiter, sind keine Betriebsstrom führenden Leiter. Sie werden

folglich in der Bezeichnung der Systeme nach der Anzahl der Leiter grundsätzlich nicht berücksichtigt [2][3]. Das gilt im Übrigen auch für parallel geschaltete Leiter und für Gleichstromsysteme.

- Art ihrer **Erdverbindung** in TN-, TT- und IT-Systeme [2] (→System nach Art der Erdverbindung).

Systeme nach Anzahl der Leiter

In Deutschland sind hauptsächlich folgende Wechselstromsysteme üblich (die Darstellungen sind Beispiele):

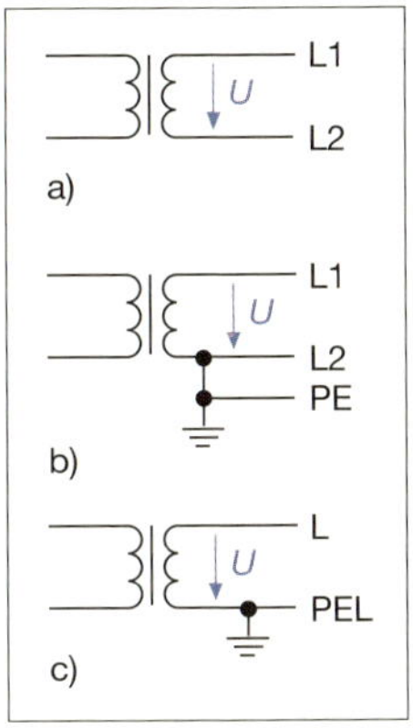

Bild W9: Einphasen-Wechselstromsysteme a), b), c) Zweileitersysteme

- **Einphasen-Zweileitersystem** (engl. *single-phase-2-wire-system*)
  - mit zwei Außenleitern, s. Bild W9 a,
  - mit zwei Außenleitern und einem Schutzleiter (PE), s. Bild W9 b, oder
  - mit einem Außenleiter und einem Schutzleiter, der die Funktion des zweiten Außenleiters mit übernimmt. Dieser Leiter mit der Doppelfunktion ist nur in Ausnahmefällen zulässig. Er wird nach dem Internationalen Elektrotechnischen Wörterbuch **PEL-Leiter** genannt [4], s. Bild W9 c.

Mitunter wird bei Einphasen-Zweileitersystemen einer der beiden Außenleiter als Neutralleiter bezeichnet und nach [5] blau gekennzeichnet. Das ist unkorrekt. Per definitionem ist der Neutralleiter der mit dem Neutralpunkt (Mittel- oder Sternpunkt) des System verbundene Leiter [4][6]. Einen Neutralpunkt gibt es jedoch bei Einphasen-Zweileitersystemen nicht. Folglich kann es in diesen Systemen auch keinen Neutralleiter geben.

- **Dreiphasen-Dreileitersystem** (engl. *three-phase-3-wire-system*, Drehstrom-Dreileitersystem) mit drei Außenleitern, s. Bild W10 a.
- **Dreiphasen-Vierleitersystem** (engl. *three-phase-4-wire-system*, Drehstrom-Vierleitersystem)
  - mit drei Außenleitern und einem Neutral- oder PEN-Leiter, s. Bild W10 b, oder
  - mit drei Außenleitern, einem Neutralleiter (N) und einem Schutzleiter (PE), s. Bild W10 c.

Das Dreiphasen-Vierleitersystem ist in Deutschland und in Europa das am häufigsten angewendete System in den

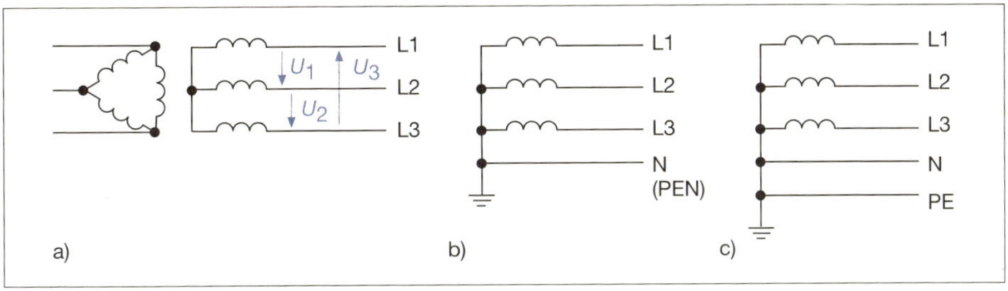

Bild W10: Dreiphasen-Wechselstromsysteme a) Dreileitersystem; b), c) Vierleitersysteme

öffentlichen und damit vergleichbaren (industriellen) Verteilungsnetzen sowie in Verbraucheranlagen.

Literatur

[1] DIN 40108 Elektrische Energietechnik; Stromsysteme; Begriffe, Größen, Formelzeichen.

[2] DIN VDE 0100-300:1996-01 Errichten von Starkstromanlagen mit Nennspannungen bis 1000 V; Bestimmungen allgemeiner Merkmale.

[3] DIN 40110-2 Wechselstromgrößen; Mehrleiter-Stromkreise.

[4] IEC 60050-195:1998-08 Internationales Elektrotechnisches Wörterbuch. Kapitel: Erdung und Schutz gegen elektrischen Schlag.

[5] DIN EN 60446 (VDE 0198):1999-10 Grund- und Sicherheitsregeln für die Mensch-Maschine-Schnittstelle; Kennzeichnung von Leitern durch Farben oder numerische Zeichen.

[6] DIN VDE 0100-200:1998-06 Elektrische Anlagen von Gebäuden; Begriffe.

Welligkeit

Anteil des Wechselstroms am Mischstrom, verursacht durch ungenügende Glättung des Gleichstroms hinter einem Stromrichter.

Die Welligkeit ist der Quotient aus dem Effektivwert der überlagerten (sinusförmigen) Wechselspannung und der idealen Leerlaufgleichspannung an den Klemmen eines Stromrichters. Beispielsweise beträgt in einem Gleichstromsystem mit U_{DC} = 120 V bei einer Welligkeit von 10 % der Effektivwert der überlagerten Wechselspannung $U_{AC} = 0{,}1 \cdot U_{DC} = 12$ V und der Scheitelwert der Mischspannung

$\hat{u} = 120\ \text{V} + \sqrt{2} \cdot 12\ \text{V} = 137\ \text{V}$

(s. Bild W11).

Gleichstromsysteme (engl. *d. c. systems*) mit einer Welligkeit bis 10 % gelten nach DIN VDE 0100-410 [1] noch als oberschwingungsfrei (besser: oberschwingungsarm). Der Grenzwert für die dauernd zulässige →Berührungsspannung U_L (Grenzfehlerspannung) beträgt in diesen Systemen unter normalen Bedingungen 120 V (für Nutztiere 60 V [2]).

Für nicht oberschwingungsfreie Gleichstromsysteme (Welligkeit >10 %) beträgt U_L = 50 V, für Nutztiere 25 V. Diese reduzierten Grenzwerte für die dauernd zulässige Berührungsspannung (engl. *conventional touch voltage limit*) gelten unter normalen Bedingungen auch für Wechselstromsysteme.

Literatur

[1] DIN VDE 0100-410:1997-01 Errichten von Starkstromanlagen mit Nennspannungen bis 1000 V; Schutzmaßnahmen; Schutz gegen elektrischen Schlag.

[2] DIN VDE 0100-705:1992-10 –; Landwirtschaftliche und gartenbauliche Anwesen.

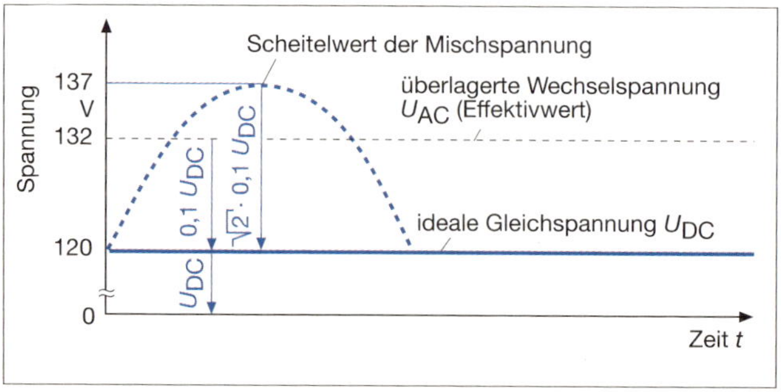

Bild W11: Halbwelle einer Mischspannung mit U_{DC} = 120 V und U_{AC} = 12 V (Welligkeit 10 %, oberschwingungsarm)

Wheatstone-Messbrücke

Messbrücke zur Bestimmung →elektrischer Widerstände, vorzugsweise Wirkwiderstände von 1 Ω … 1 MΩ, unter Verwendung von Gleichspannung. Erfinder dieser Widerstandsmessbrücke ist der englische Physiker *Charles Wheatstone* (1802-1875).

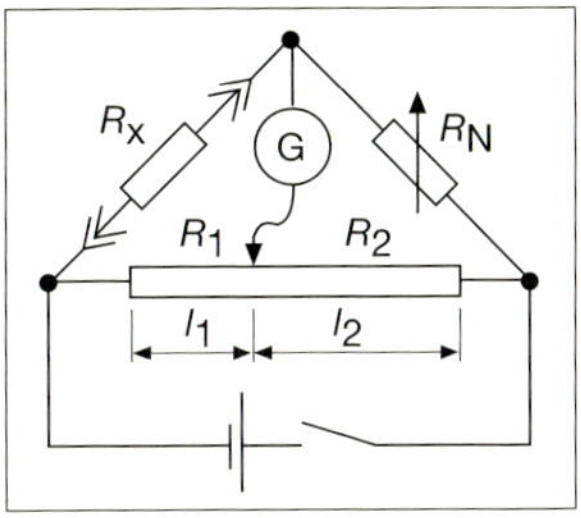

Bild W12: Wheatstone-Messbrücke (Grundschaltung)

Messbrücken bestehen grundsätzlich aus zwei parallel geschalteten →Spannungsteilern, deren Ausgangsspannungen miteinander verglichen werden. Nach diesem Prinzip arbeitet auch die Wheatstone-Messbrücke, s. Bild W12. Hierbei muss das Verhältnis der Widerstände – ausgedrückt durch die Längen l_1 und l_2 der Abgriffe auf der Widerstandsbahn –

$$\frac{R_1}{R_2} = \frac{l_1}{l_2}$$

so lange verändert werden, bis die Differenzspannung zwischen den beiden Spannungsteilern null und folglich der Brückenzweig (Indikatorzweig) stromlos ist.
Bei abgeglichener Brücke zeigt das Galvanometer G exakt auf den Nullpunkt in der Skalenmitte. Anhand der Abgleichbedingung

$$\frac{R_x}{R_N} = \frac{R_1}{R_2}$$

kann nunmehr aus drei bekannten Widerständen der unbekannte vierte Widerstand R_x berechnet werden:

$$R_x = R_N \cdot \frac{R_1}{R_2} = R_N \cdot \frac{l_1}{l_2}$$

Zu diesem Zweck muss der Wert des Präzisionswiderstands R_N (Normalwiderstand) genau bekannt sein.
Wirk- und Blindwiderstände werden heutzutage meist mit Spezialmessgeräten gemessen. Im Gegensatz zu den klassischen Messbrücken erfolgt bei modernen RLC-Messbrücken der Widerstandsabgleich automatisch und die Anzeige digital.

Wicklung

Elektromagnetisch aktives Bauteil (Leiterschleifen) in elektrischen Maschinen, z. B. →Transformatoren, Drosseln, Wandlern, Elektromagneten, Motoren und Generatoren. Wicklungen befinden sich auch in anderen →elektrischen Betriebsmitteln, in denen die zur Energieumwandlung erforderliche →elektrische Spannung induziert oder das zum Energieumsatz notwendige magnetische Feld erzeugt wird.

Konzentrische Wicklung

In drehenden elektrischen Maschinen sind Wicklungen (engl. *windings*) unabdingbare Voraussetzung für die Erzeugung von mechanischer Energie (bei Motoren) oder von elektrischer Energie (bei Generatoren). Sie heißen konzentrische Wicklungen, wenn sie auf ausgeprägten Polen in isolierten Spulenkörpern aus Stahl- oder Messingblech untergebracht oder, freitragend gewickelt, auf isolierte Polkerne geschoben werden.
Dienen Wicklungen zur Erzeugung der für den Energieumsatz in diesen Maschinen erforderlichen elektrischen Spannung, so werden sie **Ankerwicklung** und im Fall der Erzeugung des magnetischen Felds **Feldwicklung** oder **Erregerwicklung** genannt.

Bifilare Wicklung

Zweidrähtige Wicklungen mit ungleichem Wickelsinn werden bifilare Wicklungen (engl. *bifilar windings*) genannt. Bei diesen Wicklungen hat der Wickeldraht eine veränderte Umlaufrichtung, um die →Induktivität klein zu halten. Der Wickeldraht wird vor dem Wickeln geknickt, zusammengelegt und von der Knickstelle aus dicht nebeneinander auf den meist zylinderförmigen Wicklungsträger, z. B. ein Kunststoffrohr, aufgewickelt, s. Bild W13. Dadurch entsteht kein magnetischer Fluss in Längsrichtung des Spulenkörpers (nur geringfügig zwischen den Leitern). Somit ist auch die Induktivität verhältnismäßig klein.

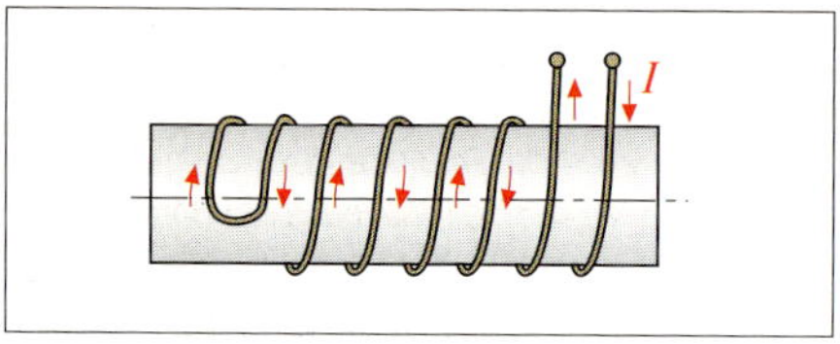

Bild W13: Bifilare Wicklung

Bifilare Wicklungen werden vorzugsweise zur Herstellung induktionsarmer Drahtwiderstände verwendet.

Windung

Die einzelne Leiterschleife einer Wicklung heißt Windung. Wicklungen bestehen somit aus der Gesamtheit der meist konzentrisch angeordneten, in Reihe geschalteten Windungen. Alle Windungen werden (wegen der Reihenschaltung) vom selben Strom durchflossen.
Der Ausfall einer Windung infolge defekter →Isolierung heißt **Windungsschluss**. Eine fehlerhafte Verbindung zwischen zwei oder mehreren Wicklungen ist dagegen ein **Wicklungsschluss**.

Elektrische Maschinen

Bei Transformatoren und anderen elektrischen Maschinen wird nach der Höhe der Nennspannung unterschieden:

- **Oberspannungswicklung** ist die Wicklung mit der höchsten Spannung,
- **Unterspannungswicklung** ist die Wicklung mit der niedrigsten Spannung und
- **Mittelspannungswicklung** ist die Wicklung, deren Spannung zwischen der höchsten und der niedrigsten Spannung liegt.

Außerdem wird nach der Energieflussrichtung unterschieden:

- **Eingangswicklung** (Primärwicklung) ist die elektrische Energie aufnehmende Wicklung,
- **Ausgangswicklung** (Sekundärwicklung) ist die elektrische Energie abgebende Wicklung.

Beide Wicklungen können sowohl Oberspannungs- als auch Unterspannungswicklung sein. Die Sekundärseite ist immer die „Reaktionsseite".

Widerstandserhöhungsfaktor

(infolge Stromverdrängung)

Quotient aus dem mit Wechselstrom und dem mit Gleichstrom gemessenen ohmschen Widerstand eines elektrischen Leiters:

$$\zeta = \frac{R_{AC}}{R_{DC}} = \frac{\text{Wechselstromwiderstand}}{\text{Gleichstromwiderstand}}$$

ζ griech *Zeta*

Wiedereinschaltsperre

Vorrichtung, die das Wiedereinschalten eines nicht willkürlich (selbsttätig) ausgeschalteten mechanischen Schaltgeräts verhindert. Diese Vorrichtung wird **Kurzschlusssperre** genannt, wenn ein Wiedereinschalten nach einer Kurzschlussauslösung nicht ohne weiteres möglich ist.
Die Wirkung einer Wiedereinstellsperre kann nur durch vorsätzliche Maßnahmen aufgehoben werden.

Wirbelstrom

Wechselstrom, der in massiven Eisenteilen durch →Induktion entsteht, wenn sich die Teile in einem magnetischen Feld bewegen (Bewegungsinduktion) oder von einem Wechselfeld durchsetzt werden (Ruheinduktion).

Allgemeines

Wirbelströme treten z. B. in Kernen von Transformatoren und in Ankereisenkörpern von drehenden elektrischen Maschinen auf. Sie erzeugen Verlustwärme (Wirbelstromverluste) und sind deshalb meist unerwünscht. Sie können aber auch nützlich und deshalb gewollt sein, z. B. bei Wirbelstrombremsen, -kupplungen, -läufern und -tachometern oder zur Dämpfung des Zeigerausschlags (Wirbelstromdämpfung) in elektrischen Messwerken.
Wirbelströme lassen sich weitgehend vermeiden, wenn in magnetischen Kreisen keine massiven Eisenkerne, sondern dünne, gegeneinander isolierte Elektrobleche (lamellierte Blechpakete) verwendet werden. Die Bleche sind 0,35…0,5 mm dick und werden durch Pressbolzen oder Schweißbänder zusammengehalten.
Zur Verringerung von Wirbelstromverlusten werden mitunter auch legierte Bleche verwendet. Hierbei enthält das Eisen Zusätze, die den →elektrischen Widerstand erhöhen und dadurch die Wirbelströme minimieren.

Hysteresisverluste

Außer den Wirbelstromverlusten treten in Eisen noch Hysteresis- oder Hystereseverluste auf. Sie entstehen durch das ständige Ummagnetisieren des Eisens, wobei durch die Umordnung der magnetischen Elementardipole eine Art innere Reibung entsteht. Zur Kleinhaltung dieser Verluste sollte das Eisen weich und gut ausgeglüht sein. Ein Maß für die Hysteresisverluste ist die von der Hysteresiskurve eingeschlossene Fläche. Wirbelstrom- und Hysteresisverluste bilden zusammen die **Leerlaufverluste** (Eisenverluste) einer elektrischen Maschine.

Wirkungsgrad

Quotient aus der Ausgangsleistung (Nutzenergie) und der um die Verluste höheren Eingangsleistung (aufgewendete Energie). Dabei kann die Eingangsleistung eine elektrische Leistung und die Ausgangsleistung eine

- mechanische Leistung, z. B. bei Elektromotoren, oder die
- „Lichtleistung" einer Lampe, d. h. der von ihr abgegebene Lichtstrom Φ, sein[1)].

Bei Generatoren ist der Leistungsumsatz genau umgekehrt. Hier ist die Eingangsleistung an der Antriebswelle eine mechanische und die Ausgangsleistung eine elektrische.

Der Wirkungsgrad (engl. *efficiency*) dient der Quantifizierung des technisch-ökonomischen Nutzeffekts eines elektrischen Verbrauchsmittels, Energieerzeugers, -wandlers oder -systems. Das gilt für den

- **energetischen Wirkungsgrad**, z. B. von drehenden oder ruhenden elektrischen Maschinen, für den
- **lichttechnischen Wirkungsgrad** zur Quantifizierung der Lichtausbeute von Lampen (Lampenwirkungsgrad) und ebenso für den

[1)] Lampen mit hoher Lichtausbeute benötigen vergleichsweise wenig elektrische Energie, um einen bestimmten Lichtstrom zu erzeugen. Diese Lampen sind deshalb unter energetischen Aspekten – ausgedrückt durch den Wirkungsgrad – vorteilhaft, allerdings nur dann, wenn die gegenüber weniger effizienten Lampen eingesparten Energiekosten höher sind als die Kosten für die Anschaffung der Lampen und deren regelmäßige Wartung [1].

- **beleuchtungstechnischen Wirkungsgrad** zur Bestimmung der Lichtstromausnutzung von →Leuchten (Leuchtenwirkungsgrad) oder einer Beleuchtungsanlage (Beleuchtungswirkungsgrad).

Der Wirkungsgrad η (griech. *Eta*) ist immer kleiner als 1 bzw. kleiner als 100 %.

Der **energetische Wirkungsgrad** berechnet sich nach

$$\eta = \frac{P_{ab}}{P_{zu}}$$

P_{ab} *abgegebene Wirkleistung (Ausgangsleistung),*
P_{zu} *zugeführte Wirkleistung (Eingangsleistung).*

Literatur

[1] *Nienhaus, H.; Thaele, R.*: Halogenbeleuchtungsanlagen mit Kleinspannung – Planen, Auswählen und Errichten aus beleuchtungstechnischer Sicht und nach DIN VDE 0100 (VDE-Schriftenreihe 75). Berlin; Offenbach: VDE-Verlag, 1998.

Wohnungsverteiler

Installationsverteiler [1] bzw. Installationskleinverteiler [2] in einer Wohnung zur Aufnahme der Überstrom-Schutzeinrichtungen (vorzugsweise LS-Schalter), Fehlerstrom-Schutzeinrichtungen (RCDs) und erforderlichenfalls weiterer elektrischer Geräte, wie Installationsfernschalter (Stromstoßrelais), Zeitschaltuhren und Klingeltransformatoren.

Installationsverteiler (engl. *consumer units*) sind als Aufputz (AP)-, Unterputz (UP)- oder Hohlwand (H)-Verteiler in mehrreihiger Ausführung[1] mit rechts- oder linksseitiger Tür erhältlich. Handelsübliche Kleinverteiler nach DIN 43871 haben meist die Schutzart IP30 s. Bild W14.

Bild W14: Kleinverteiler, zweireihig, Schutzart IP30 (Foto: ABB STOTZ-KONTAKT, Heidelberg)

Wohnungsverteiler sind **Stromkreisverteiler**, denn sie speisen die Endstromkreise in einer Wohnung. Dabei wird die Anzahl der Stromkreise für Steckdosen und Beleuchtung sowie die Anzahl der Anschlüsse für ortsfeste Verbrauchsmittel nach DIN 18015-2 [4] (s. auch RAL-RG 678) bestimmt. Außerdem sind auf den Stromkreisverteilern genügend viele Reserveplätze für den Anschluss weiterer Stromkreise vorzusehen. Blindabdeckungen für die Reserveplätze müssen mindestens die Schutzart IP2X sicherstellen.
Wohnungsverteiler (ungenau auch „Wohnungsverteilungen" genannt) sind mit dem Zählerplatz über eine 4- oder besser eine 5-adrige (Drehstrom-)Leitung, Leiternennquerschnitt mindestens 10 mm^2 Cu, verbunden. Sie bilden die Hauptverteilstelle der elektrischen Wohnungsinstallation und werden deshalb in der Nähe des Belastungsschwerpunkts der Wohnung – in der Regel im Flur – angeordnet. Dabei sind die

1) Installationsverteiler für Mehrraumwohnungen sollen mindestens zweireihig sein [3].

Grundforderungen für das Anbringen (Befestigen) und Anschließen von Verteilern nach DIN VDE 0100-729 sowie das Kennzeichnen der Stromkreise nach DIN VDE 0100-510 zu beachten.

Literatur

[1] DIN EN 60439-3 (VDE 0660-504):2002-05 Niederspannungs-Schaltgerätekombinationen; Besondere Anforderungen an Niederspannung-Schaltgerätekombinationen, zu deren Bedienung Laien Zutritt haben – Installationsverteiler.

[2] DIN VDE 0603-1:2002-09 Installationskleinverteiler und Zählerplätze AC 400 V.

[3] DIN 18015-1:2002-09 Elektrische Anlagen in Wohngebäuden; Planungsgrundlagen.

[4] DIN 18015-2:2004-08 –; Art und Umfang der Mindestausstattung.

Z

Zenerdiode

→Diode, die in Sperrichtung betrieben wird und deren scharf ausgeprägte →Durchbruchspannung vergleichsweise klein ist.
Schaltzeichen: 

Zenerdioden – kurz „Z-Dioden" genannt – haben eine sehr kleine Raumladungszone. Deshalb entstehen in der Sperrschicht schon bei relativ niedrigen Sperrspannungen von nur wenigen Volt sehr hohe Feldstärken (etwa 200 kV/cm), die die Elektronen aus ihren Bindungen reißen. Infolge der nun vorhandenen vielen freien Ladungsträger nimmt die elektrische Leitfähigkeit der Z-Diode in Sperrrichtung zu. Ab einer bestimmten Sperrspannung – der Durchbruchspannung U_Z (Zener- oder Abknickspannung) – erfolgt schließlich der Durchbruch. Dabei steigt der Sperrstrom (Zenerstrom) lawinenartig an, s. Bild Z1.

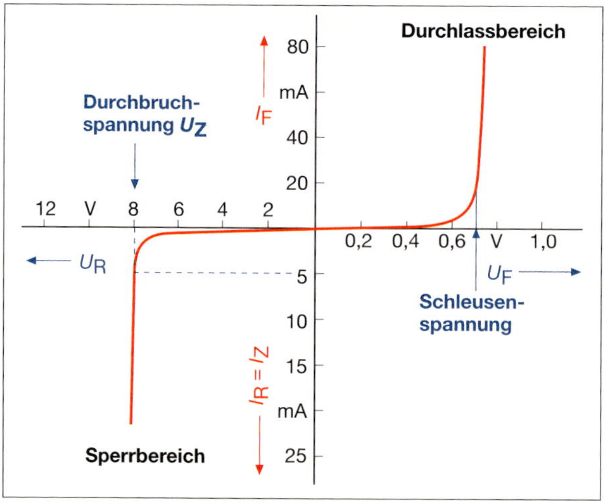

Bild Z1: Kennlinie einer Z-Diode (Beispiel)
U_F Durchlassspannung; I_F Durchlassstrom; U_R Sperrspannung; U_Z Zenerspannung; I_R Sperrstrom; I_Z Zenerstrom

Dieser Strom ist zum Schutz der Diode vor Überhitzung und Zerstörung unbedingt durch einen äußeren Widerstand zu begrenzen.
Z-Dioden sind mit Durchbruchspannungen von 2...200 V erhältlich; die Schleusenspannung beträgt rund 0,7 V [1].
Zenerdioden werden vorzugsweise zur Spannungsstabilisierung und -begrenzung sowie in Siebschaltungen verwendet. Ihren Namen erhielt diese Diode von dem amerikanischen Physiker *C. M. Zener*. Er entdeckte als erster den charakteristischen Effekt dieser Halbleiterdiode.

Literatur

[1] *Junghans, A.*: Spezielle Halbleiterdioden: Z-Dioden. Elektropraktiker, Berlin 58 (2004)6, Lernen und Können, S. 8 und 9.

Ziehstrumpf

Geflochtene, röhrenförmige Vorrichtung zum Verlegen von →Kabeln.

Allgemeines

(Kabel-)Ziehstrümpfe (engl. *cable grips*) bestehen aus einem röhrenförmigen Stahlgeflecht mit angeformter Zugöse, das durch Stauchen oder Ziehen in Längsrichtung seinen Durchmesser verändert. Die Verbindung der Zugöse mit dem Zugseil erfolgt zweckmäßig durch einen Schäkel – das ist ein U-förmiger Bügel, der an seiner offenen Seite mit einem Bolzen verschlossen wird. Zum Drallausgleich kann ggf. ein Drallfänger zwischengeschaltet werden.
Einleiterkabel eines Drehstromsystems können zusammen in einem Ziehstrumpf

oder auch mit drei einzelnen Ziehstrümpfen an einer gemeinsamen Öse gezogen werden, s. Bild Z2. Die maximale Zugkraft F ergibt sich aus dem Produkt der zulässigen Leiter-Zugspannung σ (griech. *Sigma*) und der Summe der Leiternennquerschnitte A:

$$F = \sigma \cdot A.$$

Die zulässige Zugspannung beträgt für unbewehrte Kunststoffkabel mit Kupferleitern $\sigma_{Cu} = 50\ N/mm^2$ und mit Aluminiumleitern $\sigma_{Al} = 30\ N/mm^2$. Bei Kabeln ohne Metallmantel und ohne Bewehrung werden die Zugkräfte allein von den Leitern aufgenommen.

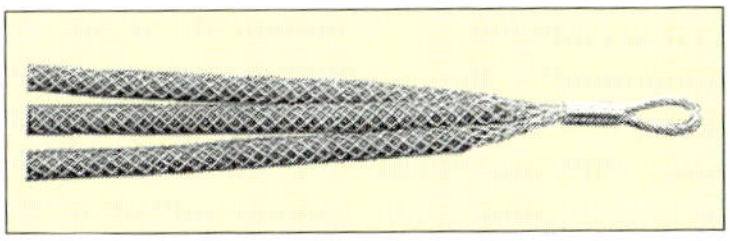

Bild Z2: Ziehstrümpfe mit gemeinsamer Zugöse [1]

Anwendung

Ziehstrümpfe werden durch Stauchung aufgeweitet und sodann ganz über das Kabelende geschoben. Beim Ziehen der Kabel schnürt sich das Stahlgeflecht ein und liegt danach fest (kraftschlüssig) am äußeren Kabelmantel an. Glatte Kabelmäntel werden zwecks besserer Haftung oft mit einem selbstklebenden Band umwickelt.

Neben Ziehstrümpfen werden mitunter auch **Ziehköpfe** (engl. *pulling eyes*) zur Kraftübertragung vom Zugseil auf das Kabel verwendet. Bei diesem Montagehilfsmittel wird der Ziehkopf direkt mit den Drähten der Leiter – nicht mit dem konzentrischen Leiter oder Schirm – verbunden.

Literatur

[1] *Brüggemann, H.*: Starkstrom-Kabelanlagen. Band 1: Anlagentechnik für elektrische Verteilungsnetze. Berlin: VDE-Verlag, 1992.

Zugtaster

Elektromechanisches Steuergerät (Hilfsstromschalter) mit

- Kraftspeicherrückstellung mittels einer Feder, also ohne Verklinkung (Sperre) der beweglichen Schaltstücke, und einem
- Bedienteil, das durch Zug mit den Händen betätigt wird [1].

Allgemeines

Zugtaster (engl. *pull-buttons*) sind handbetätigte Zugschalter. Bei diesen Steuergeräten kehren die beweglichen Schaltstücke infolge einer inneren Rückzugskraft bei Fortfall der Antriebskraft (Loslassen) stets in ihre Ausgangsstellung zurück. Diesbezüglich unterscheiden sie sich ganz wesentlich von den →**Rastschaltern**, auf deren bewegliche Schaltstücke keine Rückzugskraft wirkt, sodass sie ohne Wirkung einer äußeren Kraft in der jeweiligen Ein- oder Ausschaltstellung verweilen (rasten).

Das Pendant zu Zugschaltern (Zugtaster) sind Druckschalter (→Drucktaster).

Installationsschalter

Zugschalter gibt es auch als Aus- oder Wechselschalter für 250 V, 10 A. Diese Auf- oder Unterputzschalter sind keine Steuergeräte (Zugtaster) im eigentlichen Sinne, sondern Installationsschalter in Starkstromanlagen, bei denen die beweglichen Schaltstücke jeweils in der Ein- oder Ausschaltstellung verweilen (rasten).

Zugschalter gibt es demnach in zwei Ausführungsvarianten: zum einen als Taster in Hilfsstromkreisen und zum anderen als Installationsschalter, vorzugsweise für Beleuchtungsanlagen. Letztere Zugschalter werden an solchen Stellen außerhalb der Armreichweite platziert, wo die Betätigung mit einer Schnur (Zugpendel) erfolgen soll[1),

1) Zugschalter sind trotz ihrer Betätigung mit einer Schnur (Zugpendel) keine „Schnurschalter". Letztere sind Geräteschalter in beweglichen Anschlussleitungen nach DIN EN 61058-2-1 (VDE 0630-2-1).

z. B. im Schlafzimmer über dem Bett, im Bad über der Wanne oder in Werkhallen über dem Arbeitsplatz. Das Zugpendel dieser Schalter besteht immer aus →Isolierstoff.

Literatur

[1] DIN EN 60947-5-1 (VDE 0660-200): 2005-02 Niederspannungsschaltgeräte; Steuergeräte und Schaltelemente; Elektromechanische Steuergeräte.

zulässige Betriebstemperatur

(von Kabeln und Leitungen)

Höchste dauernd zulässige Temperatur am Leiter bei ungestörtem Betrieb.

Allgemeines

Die zulässige Betriebstemperatur von Kabeln und Leitungen darf abhängig von der Art des →Isolierwerkstoffs folgende Werte bei →Dauerbetrieb nicht überschreiten [1]:

- 60 °C für Natur- oder synthetischen Kautschuk (NR/SR)[1)],
- 70 °C für Polyvinylchlorid (PVC),
- 90 °C für Ethylen-Propylen-Kautschuk (EPR)[1)],
- 90 °C für vernetztes Polyethylen (VPE),
- 180 °C für Silikon-Kautschuk (SIR)[1)].

Die genannten Leitergrenztemperaturen bei Dauerbetrieb dienen als Grundlage für die Ermittlung der zulässigen Strombelastbarkeit und der Leiternennquerschnitte

- für Kabel und Leitungen bei fester Verlegung und für flexible Leitungen bei ortsveränderlichem Einsatz nach DIN VDE 0298-4 [1] sowie
- für Kabel und Leitungen für elektrische Ausrüstungen von Maschinen nach DIN EN 60204-1 [2]. Hierbei beträgt die Umgebungstemperatur 40 °C.

1) Der Buchstabe R stammt von dem engl. Wort *„rubber“* (Gummi).

Die Leiternennquerschnitte sind so zu wählen, dass sich das Kabel oder die Leitung im Normalbetrieb an keiner Stelle über die zulässige Grenztemperatur hinaus erwärmen kann. Das gilt insbesondere für PVC-isolierte Kabel und Leitungen. Bei ihnen kommt es bei einer zu hohen Erwärmung zum Verkleben der Aderisolierung, s. Bild Z3. Die Weichmacher „verflüchtigen“ sich, und die Isolierung schrumpft, wird brüchig oder verkohlt. Damit verliert das Kabel (Leitung) seine Festigkeit gegenüber den niederfrequenten Betriebsspannungen, stoßartigen Überspannungen sowie brandgefährlichen Kriech- und Ableitströmen. Die Folgen können schwer wiegend sein.

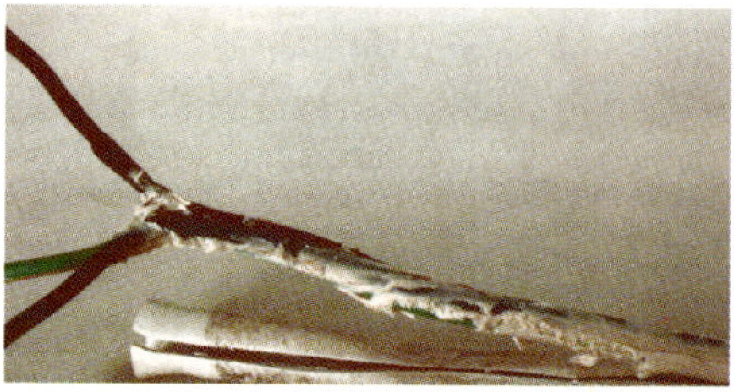

Bild Z3: Beschädigung einer PVC-isolierten Mantelleitung (NYM) infolge zu hoher Erwärmung durch Überlast

Bei Nicht-Dauerbetrieb, z. B. Aussetz- oder Kurzzeitbetrieb oder bei Durchlaufbetrieb mit periodisch aussetzender Belastung, häufigem Motoranlauf oder langen Anlaufzeiten, ist jener Strom für die Leiterquerschnittsbestimmung zugrunde zu legen, der dem Effektivwert des Dauerstroms thermisch äquivalent ist. Ein Beispiel für die Bestimmung des quadratischen Mittelwerts dieses äquivalenten Stroms I_q enthält [2] Anhang C.2.

Die zulässigen Strombelastbarkeitswerte für Kabel bei Verlegung in **Erde** (Erdkabel) sind in DIN VDE 0276-603 [3] festgelegt.

Anschlussstellentemperatur

In Verbraucheranlagen beträgt die zulässige Anschlussstellentemperatur der meisten Installationsgeräte und Klemmen 70 °C. Deshalb sind in der Gebäudeinstallation Kabel und Leitungen grundsätzlich nur so hoch zu belasten, dass ihre Betriebstemperatur die zulässige Anschlussstellentemperatur der Installationsgeräte nicht überschreitet, selbst wenn die zulässige Leitergrenztemperatur der Kabel und Leitungen im Dauerbetrieb höher ist als 70 °C. Diese „thermische Reserve" führt meist zu einer höheren Lebensdauer der Kabel und Leitungen.

Literatur

[1] DIN VDE 0298-4:2003-08 Verwendung von Kabeln und isolierten Leitungen für Starkstromanlagen; Empfohlene Werte für die Strombelastbarkeit von Kabeln und Leitungen für feste Verlegung in und an Gebäuden und von flexiblen Leitungen.

[2] DIN EN 60204-1 (VDE 0113-1):1998-11 Sicherheit von Maschinen; Elektrische Ausrüstung von Maschinen; Allgemeine Anforderungen.

[3] DIN VDE 0276-603:2005-01 Starkstromkabel; Energieverteilungskabel mit Nennspannungen U_0/U 0,6/1 kV.

zulässige Kurzschlusstemperatur

(von Kabeln und Leitungen)

Höchste zulässige Temperatur am Leiter bei →Kurzschluss.

Allgemeines

Die zulässige Kurzschlusstemperatur – exakt: Leitergrenztemperatur bei Kurzschluss – von Kabeln und Leitungen dient zur Berechnung der thermischen Kurzschlussbelastbarkeit und darf abhängig von der Art des →Isolierwerkstoffs folgende Werte nicht überschreiten [1]:

- 160 °C für Polyvinylchlorid (PVC),
- 200 °C für Kautschuk (NR/SR)[1)],
- 250 °C für vernetztes Polyethylen (VPE), Chloropren-Kautschuk (CR)[1)] oder Ethylen-Propylen-Kautschuk (EPR)[1)],
- 350 °C für Silikon-Kautschuk (SIR)[1)].

Bei verzinnten Leitern ist die zulässige Kurzschlusstemperatur auf 200 °C und bei Weichlotverbindungen auf 160 °C begrenzt. Gummiisolierte Kabel und Leitungen haben i. Allg. eine geringere Alterungsbeständigkeit (Dehnungsfestigkeit) und deshalb eine niedrigere Betriebstemperatur bei Dauerbetrieb (60 °C) als PVC-isolierte Kabel und Leitungen (70 °C). Bei wärmebeständiger PVC-Isolierung beträgt die zulässige Betriebstemperatur sogar mehr als 70 °C. Im Kurzschlussfall ist das freilich anders. Hier ist die Leitergrenztemperatur von PVC-isolierten Kabeln und Leitungen aufgrund ihres geringeren Wärmedruckverhaltens mit 160 °C deutlich niedriger als die zulässige Kurzschlusstemperatur einer Gummiisolierung mit 200 °C.

Kurzschlussschutz

Bei einem Kurzschluss wird die durch den →Kurzschlussstrom erzeugte Wärme fast vollständig im Leiter gespeichert und nur unbedeutend über die Isolierhülle an die Umgebung abgestrahlt. Wegen der verhältnismäßig kurzen Dauer des Kurzschlusses erfolgt praktisch keine Wärmeübertragung (adiabatische Erwärmung).

Der Leiter darf sich – abhängig von der Art des Isolierwerkstoffs – nicht über die Kurzschlusstemperatur hinaus erwärmen. Dabei gilt als Leitertemperatur zu Beginn des Kurzschlusses – falls nichts anderes bekannt ist – die →zulässige Betriebstemperatur des Kabels oder der Leitung bei Dauerbetrieb. Beim Erreichen der jeweils zulässigen Kurzschlusstemperatur ist das Kabel oder die Leitung augenblicklich abzuschalten. Häufig ist die zulässige Kurzschlusstemperatur bereits nach 5 s erreicht.

[1)] Der Buchstabe R stammt von dem engl. Wort *„rubber"* (Gummi).

Die notwendigen Maßnahmen zum Schutz der Kabel oder Leitungen bei einem Kurzschluss und die Anforderungen an die Überstrom-Schutzeinrichtungen, z. B. hinsichtlich des Ausschaltvermögens, der Ausschaltzeit und der Platzierung in einem Stromkreis, sind in DIN VDE 0100-430 [1] genannt.

Literatur

[1] DIN VDE 0100-430:1991-11 Errichten von Starkstromanlagen mit Nennspannungen bis 1000 V; Schutzmaßnahmen; Schutz von Kabeln und Leitungen bei Überstrom.

Zuverlässigkeit

Wahrscheinlichkeit, dass eine Betrachtungseinheit, z. B. ein elektrisches Betriebsmittel, vom Beanspruchungsbeginn $t = 0$ bis zu einem bestimmten Zeitpunkt t innerhalb der vorgegebenen Grenzen ordnungsgemäß arbeitet. Die Zuverlässigkeit in der öffentlichen Energieversorgung wird auch **Versorgungszuverlässigkeit** (Versorgungs- oder funktionale Sicherheit) genannt.

Mitunter wird der Terminus „Überlebenswahrscheinlichkeit" als Synonym für Zuverlässigkeit (engl. *reliability*) verwendet.

Das Pendant zur Zuverlässigkeit ist die **Unzuverlässigkeit** (Ausfallwahrscheinlichkeit).

Zwickel

Raum zwischen den →Adern von mehradrigen →Kabeln, s. Bild Z4.

Kabel sollen möglichst rund und kompakt sein. Die durch das schraubenlinienförmige Verwinden (Verseilen) der Adern entstehenden Zwischenräume (Zwickel) sind deshalb auszufüllen. Dies erfolgt entweder durch

- Zwickelfüllungen (engl. *filler*) mit Faserstoffen oder einer extrudierten Füllmischung,
- Beiläufe aus einem nicht hygroskopischen Werkstoff, z. B. Kunststoff, oder
- Bänder.

Häufig werden die Außenzwickel von mehradrigen Kabeln – mitunter auch von Mehraderleitungen – durch die gemeinsame Aderumhüllung oder den Mantel egalisiert.

Leiter mit annähernd kreissektorförmigem Querschnitt (Sektorleiter, engl. *sector-shaped conductors*) ergeben nach dem Verseilen der Adern wesentlich kleinere Zwickel als runde Leiter. Außerdem verringert sich bei mehradrigen Kabeln mit Sektorleitern der Kabeldurchmesser beträchtlich.

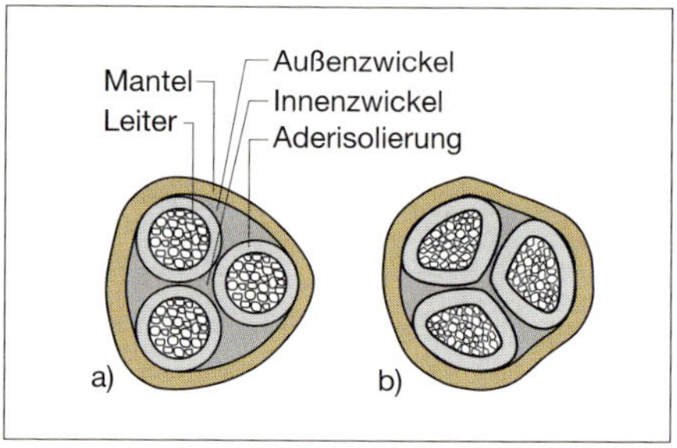

Bild Z4: Zwickel zwischen verseilten Adern bei Kabeln a) mit Rundleitern; b) mit Sektorleitern

Zwischenstück

Abstands- oder Versteifungsstück zwischen den schienenförmigen Teilleitern eines Hauptleiterstrangs, s. Bild Z5.

Zwischenstücke in Stromschienenanordnungen bestehen je nach Anzahl der Teilleiter aus zwei oder mehr leitfähigen Zwischenlagen mit Schrauben und Zubehör. Die Zwischenlagen fixieren die starren Teilleiter an den Einbaustellen der Abstandsstücke (Distanzsstücke). Dadurch erhöht

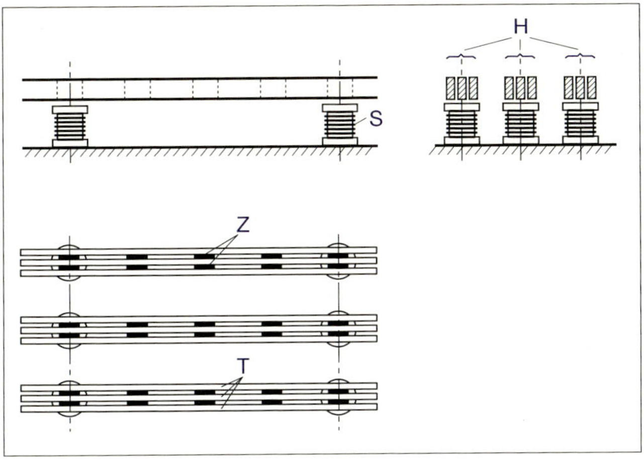

Bild Z5:
Stromschienenanordnung
S Stützpunkt; H Hauptleiter;
T Teilleiter, Z Zwischenstück

sich die mechanische Biegefestigkeit der Stromschienenanordnung bei einem →Kurzschluss. Wenn Zwischenstücke darüber hinaus verhindern, dass sich die Teilleiter infolge der magnetischen Kraftwirkung des Kurzschlussstroms gegenseitig verschieben können, werden sie auch „Versteifungsstücke" genannt.

Die Berechnung der Wirkung des Kurzschlussstroms erfolgt grundsätzlich nach DIN EN 60865-1 [1]

Literatur

[1] DIN EN 60865-1 (VDE 0103):1994-11 und Berichtigung 1: 1996-08 Kurzschlussströme; Berechnung der Wirkung; Begriffe und Berechnungsverfahren.

Stichwörterverzeichnis

Rote Seitenangaben verweisen auf eigenständige Stichwörter

A-Ableiter 9, 76
Abdeckung 246, 484
abfallender Körperstrom 216
abgeschlossene elektrische Betriebsstätte . . . . . 7f.
Abisolieren . . . . . 8f.
Abknickspannung 518
Ableiter 9f., 76f. 480
Ableit/stoßstrom 10
-strom 11
Abmanteln 11
Abnahmeprüfung 345
Abnutzung. . . . . 12f.
Abnutzungsvorrat . . . . . 12f.
Abschalt/bedingung 381
-faktor 13
-strom . . . . . 13, 38f.
-zeit 41
Abschnittsteuerung . . . . . 89f.
Abschottung 176
Abschreibung 12
absoluter Nullpunkt 464
Abspanner 430, 473
Abspannisolator . . . . . 236f.
Abstand/halter 80, 185
-schelle . . . . . 377f.
-stück 522
Abzweigdose 225
AC-System . . . . . 121, 510f.
Adapter 438, 449, 478
Ader 14
-endhülse 14
-isolierung 14
-kennzeichnung 14f., 42, 244, 305, 405
-leitung 16
Adernpaar 14
Admittanz 122
Akkumulator . . . . . 16f.
Akkumulatorenraum 18
aktiver Leiter 19, 41,
aktives Teil 19
Alarm/anlage . . . . . 191f.
-geber 19
Aldrey 283, 491
Allgebrauchslampe 202
allgemein anerkannte Regel der Technik 19f., 28
allpoliges Schalten 21
Allstrom/(UC) 122
-motor 252
-sensitivität 44, 171
Alterung 12
Aluminium 139, 149, 263
-leiter . 8, 87, 244, 284, 431f., 454f.
-Stahl-Seil 283
anerkannte Regel der Technik 19f, 28
Anfangs-Kurzschluss-wechselstrom . . . . . 269f.
Anforderungsklasse 9f., 76f.
Anker . . . . . 21, 95, 286, 300f.
-seil 309
-wicklung 21, 513
Anlage für Sicherheitszwecke 109f.
-im Freien . . . . . 21f.
Anlagenverantwortlicher 22, 28
Anlasser 31, 317
Anlauf/kondensator 106, 444
-strom 106
-widerstand 106
-zeit 317
annähernd stromloses Schalten 276
Anode 126
Anpassung . . . . . 22f.
Anpassungswiderstand 23
Anschluss/armatur . . . . . 23f.
-dose 226
-einrichtung . . . . . 210f.
-fahne 184f., 210f., 264
-klemme 252
-leistung 201, 276
-zone 195
Anschnittsteuerung . . . . . 89f.
Ansprechstrom 24
Antennenkabel 243
Anthygron-Rohrdraht 244, 363
Antipanikbeleuchtung 415
Antiparallelschaltung 194
Antistatikum 142
Anwendungskategorie . . . . . 24f.
Anwurfmotor 24, 106, 459
Anzapfung 25
Arbeiten/ an elektrischen Anlagen 18, 58, 187
-in der Nähe aktiver Teile . . . 25, 58
-unter Spannung (AuS) 18, 26
Arbeits/erdung 153
-kontakt 372
-schutz . . . . . 27f.
-stromauslöser 38
-verantwortlicher 22, 28, 143
Arm/reichweite 205
-schutzstulpe 227f., 325
Aron-Schaltung 278
Asynchron/generator 28
-maschine 29
-motor . . . . . 29f., 105f., 443f.
Atemspende . . . . . 162f.
Atom . . . . . 126f.
Aufladezeitkonstante . . . . . 255f.
Aufputz/dose 225
-installation 136, 442
Aufsichts/führender 28, 490
-person 28
-verantwortung 28, 490
Aufspanner . . . . . 430, 472f.
Aufsteckgriff . . . . . 227f.
aufsteigender Körperstrom 216
Aufteilungsstelle des PEN-Leiters . . . . . 31f.
AuS 26
Ausbreitungswiderstand . 32ff., 186
Ausdehnungsstück . . 86f., 185, 454
Ausfall 36, 166
-dauer 36
-wahrscheinlichkeit 522
-zeit 36
Ausgangswicklung 514
Ausgleichsstrom . . . . . 36f.
Auslösecharakteristik von Sicherungsautomaten . 39f., 132, 146, 399f., 413f.
Auslöser . . . . . 37f.
Auslöseregel 40
Auslösestrom 24, 38f., 279
-regel 40, 321f., 399
Ausschalt/dauer 41
-strom 13, 38
Ausschaltung 40
Ausschalt/verzugszeit . 40, 335, 380
-zeit 40f., 388, 412
Außenanlage 21f., 182
Außengewinde-Schlitzklemme . 303
Außenleiter 19, 41f., 254
-kennzeichnung 42
äußere Herzdruckmassage . . . 163f.
äußerer Blitzschutz . . . . . 71f.
Auswahlverantwortung . . . . . 490f.
Auszubildender (Azubi) 102
Automat 39f., 286f., 382
automatische/ Abschaltung der Stromversorgung . 42, 390f., 474
-Ausschaltung der Stromversorgung . . . . . 42, 390f.
-Wiedereinschaltung (AWE) 43
Avalanche-Effekt 102, 476

B-Ableiter 9, 76
Back-up-Schutz 388
Baderaum . . . . . 353f.
Bahnerde 147
Bahnerdungsvorrichtung 160
Bajonettfassung . . . . . 272f.
Bananenstecker 439
Banderder 33, 35, 149
Basis/isolierung 16, 239f., 442
-schutz . . . . . 93 f., 240, 402
-trennung 414
Batterie 16
-betrieb . . . . . 53f., 484f.
-raum 18
Bauartkurzzeichen von Leitungen 304f
Baueinheit 44
Baugruppe 123
Baustelle . . . . . 44f.
Baustromverteiler 44
B-Automat . . . . . 39f.
B-Charakteristik 39, 399
Bedarfsfaktor 201
Bedienen 58
Bedienungsgang . . . . . 45f., 406f.
befähigte Person 6, 165
Befestigungsschelle . . . . . 377f.
Begehen durch Unterlassen . . . 165
begrenzter, leitfähiger Bereich . . 284
Beharrungs/temperatur. . . . . 47f.
-zustand 47f., 86
Beidraht 81, 244, 363
Belastungs/faktor 276
-grad. . . . . 47f.
-strom. 61
Belehren 28, 143, 509
Beleuchtungs/stärke . . . . . 48f.
-wirkungsgrad 50,516
Belichtung 49
Bemessungs/belastungsfaktor . . 50
-frequenz . . . . . 183f.
-isolationsspannung 266
-kurzzeitstrom . . . . . 50f.
-kurzzeitstromdichte 51
-kurzzeitstromfestigkeit 51
-schaltvermögen 412
-spannung 52
-stehspannung 51f., 481
-stromregel . . . . . 321f.
-wert 52
Bereichsschalter 52
Bereitschafts/parallel-betrieb 53f., 416
-schaltung 416
Bergmannrohr 54, 363
Berufsausbildung . . . . . 100f.
berührbare Teilfehlerspannung . 167
berührungsgefährliches Teil 54f., 193
Berührungs/potential 125
-schalter . . . . . 55f.
-schutz . 18, 55, 111, 347, 386, 389
-schutzgrad . . . . . 396f.
-schutzkappe 56
-spannung 56f., 119
-strom 56, 259
Beseilung 57
bestimmungsgemäße Verwendung 58
Betätigungssperre 187, 370
Betonbaudose 225
Betrachtungseinheit 225
Betrieb 58
Betriebs/einrichtung . . . . . 210f.
-erder 148, 168
-erdungsleiter 156
-isolierung 239
-klasse . . . . . 58f.
-kondensator 106f., 444
-mittel 124
-spannung 61, 320
-strom 61
-stromkreis 61
bewegliche Leitung . . . . . 14, 61f.
Bewegungsmelder 62
Bewehrung . . . . . 64f.
Bezugs/erde . . . 57, 65f., 147f., 167
-potential 125, 147, 306
Biegeradius . . . 65f., 241, 292, 443
bifilare Wicklung . . . . . 513f.
Bimetall/auslöser 31, 38, 286
-leiter 492
-seil 492
-streifen 38, 492
Bioelektrizität 420
biologische Elektroinstallation . . 214
Bipolartransistor . . . . . 473f.
Blei/akkumulator . . . . . 16f.
-mantelkabel 65, 203, 313
-mantelleitung 244f., 313
Blendung 289
Blind/faktor 277
-leistung 276
Blindleistungskompensation . . . 67f.
- von Entladungslampen . . 68f., 295
Blind/leistungsmaschine 341

-leitwert 123
-schaltbild . . . . 69f., 507f.
-strom 67, 120
-stromkompensation 67, 295
-verbrauchszähler . . . . 130f.
-widerstand . . . 122, 224, 255, 435
Blitz . . . . 70f.
-erdungswiderstand 450
-kanal 71
Blitzschutz . . . . 71ff.
-erder 75f., 149, 184
-erdung . . . . 73f.
-Potentialausgleich . . . . 74f.
-seil 103, 156
-zone 77
Blitzstrom 75
-ableiter . . . . 9, 76f.
Bodenseil 156
bohrsches Atommodell . . . . . . 126f.
Bolzenklemme 77f., 282
Brand/meldeanlage(BMA) . . . . 191f.
-schutz . . . . 42,482f.
brennbarer Baustoff 78, 175
Buchholz-Schutzsystem . . . . . . 78f.
Buchsenklemme . . . . 79f.
Bündel/installation 136, 443
-leiter 80f., 258
Bürde 429, 457
Bürste 81
Bürsten/halter 81
-verschleiß 81
Busleitung . . . . 81f.

C-Ableiter . . . . 9, 76f.
Caravan 83
C-Automat 39
C-Charakteristik 39, 399
Ceanderkabel 84
CE-Kennzeichnung . . . . 84f.
CENELEC 501
Chiffrierung 85
Code 85
Codierung 85
Coulomb 128
-Kraft 128, 357
coulombsches Gesetz 128
Crimpen 85
Crimpverbindung 85
Curietemperatur 300

D-Ableiter 10, 77
Dachständer . . . . 180f.
Dämmerungsschalter 62, 86
Dauerbetrieb 86
-kurzzschlussstrom . . . . 268f.
-magnet 300
-schaltung 416
D-Automat 39
D-Charakteristik 39
DC-System 120, 199
Deckenauslass 86
Defektelektron 127, 473
Dehnungs/band 86f., 185, 454
-bügel 185
-kabel 307
Deionkammer . . . . 286f.
Dezimalvorsatz . . . . 111, 501f.
Diac 471
Diagonalkupplung 266f
diamagnetisch 299
Diathermie 505
Diazed-Sicherungs-
system . . . . 59, 100, 417f.
Dichte 306
Dielektrikum 254f., 340
dielektrische Spannungs-
festigkeit 103
Dielektrizitätskonstante . . 340, 496
Differenzstrom 87
-Schutzeinrichtung
(RCD) 44, 87, 170
-Überwachungsgerät (RCM) 88, 234
Dimmer . . . . 88ff.
DIN-Norm 20, 332
Diode . . . . 91f.
direktes Berühren . . . . 93f.
Direktkuppler 491
DKE 332
DO-Sicherung . . . . . . 59, 100, 418f.
Doppelabspannung 103, 237
Doppelerdkurzschlussstrom 94, 152
Doppelerdschluss 94, 152
-strom 94
Doppelfehler 262
Doppelkäfigläufer 30
-motor 30
Doppelkörperschluss 262
Doppel/schlussmotor . . . . 198f.
-sternschaltung 447
doppelte Isolierung 16, 240
Dosenklemme 504
Dreheiseninstrument . . . . 94f.
Drehfeld 29f., 301, 340
-maschine 139
-richtung 95
Dreh/kondensator 255
-potentiometer 425
-richtung 96
-schalter 96
-spannung 115
Drehspulinstrument 97
Drehstrom 121
-bank . . . . 97f.
-system 340, 511
-zähler 131
Drehwiderstand 125
Drehzahl . . . . 29, 197f., 459f.
-steifigkeit 140
-verhalten . . . . 140. 198f.
Dreieck/schaltung . . . 97, 98, 367f.
-spannung 115
Dreifarbenkombination
Grün-Gelb-Blau . . . 15, 324, 405
Dreileitersystem 199f., 511
Dreiphasensystem 340, 511
Dreiphasen/-Wechsel-
spannung 115, 121
-Wechselstrom 121
-Wechselstromsystem . . . 340, 511
Drei-plus-eins-Schaltung 98
Driftgeschwindigkeit 128
Drossel 152, 196, 294,
436, 451, 502
Druck/schalter 98f., 519
-taster 98f., 519
D-Sicherung . . . . 59, 100, 417f.
duale Berufsausbildung . . . . . 100f.
Duo-Schaltung 69
Durchbruchspannung 92f., 102, 518
Durchführung 237
Durchführungsisolator 237
Durchhang . . . . 102f.
Durchlass/energie 145f., 335, 388f.
-spannung 92f., 124, 470
-strom 92f., 124, 335, 470
Durchschlag 103
-festigkeit 103, 112, 507
-spannung 103, 507
-strecke 103, 235
Durchsteck-Durchführung 237
Duroplast 241
Duschraum . . . . 353f.

E-Automat 40, 132
e-Blitz . . . . 350f.
E(Exakt)-Charakteristik 132,
400, 413
E-CHECK 104
-Prüfplakette 104
Edison/fassung 272
-gewinde 100, 202, 272
EIB 81
Eigen/bedarfsanlage 105
-korrosion . . . . 263f.
Einbau/automat 287
-platte 105
-rahmen 105
Einbruchmeldeanlage (EMA) . . 192f.
einfache/ Isolierung 15
-Trennung 240, 414
Einführungs/pfeife 105
-stück 105, 117
Eingangswicklung 514
Einheiten/name 329
-vorsatz . . . . . 114, 120, 122, 501f.
-zeichen 114, 502
Einphasen/-Asynchronmotor . . . 24,
28f., 105f., 252
-lauf 31, 456
-system 340, 511
-Zweileitersystem 511
Einschalt/strom 106, 316
-zeit 107
Einschleifung 109
Einschub 108
Einseilleiter 80
Einsekundenstrom 51
Einspeisung . . . . 108f.
Einstoffisolierung 240
Einzelkompensation . . . . 67f.
Eisenverlust 515
EKG . . . . 502f.
Elektriker 127
elektrische/Anlage . . . . 109f.
-Arbeit 111
-Betriebsstätte . . . . 110f.
-Blindarbeit 131
-Defibrillation 216
-Durchschlagfestigkeit 103
-Energie 111
-Feldkonstante 340
-Festigkeit 103, 112
-Flächenheizung 112
-Gefahr 193
-Gefährdung 193, 284
-Leistung 276
-Leitfähigkeit . 122, 133f., 284, 431
-Prüfanlage . . . . 112f.
-Spannung . . . 113f., 120, 125, 128
-Stromdichte 115, 421
-Stromstärke . . . . 114, 120f., 126ff.
-Tetanisierung 116, 143
-Verbrennung 116, 453
elektrischer/ Hausanschluss . . 109,
116f.
-Kontakt . . . . 119, 371f.
-Leiter 14, 16, 80, 129,
244, 282f., 454f.
-Leitwert 431
-Pol 342
-Schlag 119f., 215
-Strom . . . . 114, 120f., 126f., 128f.
-Unfall . . . . 161f.
-Widerstand . . . . 122f., 431f.
elektrisches/ Bauelement . . . . 123f.
-Betriebsmittel 124
-Potential 125
-Verbrauchsmittel 124, 506
Elektrizität . . . . 126f.
Elektrizitäts/menge . . . . 128f.
-versorgungsnetz 129
-versorgungssystem 129
-zähler . . . . 111, 129f.
Elektroausbildungsstätte 486
Elektroenergie-Tarifwächter . . . 132
Elektrofachkraft 165
– für festgelegte Tätig-
keiten 132f., 165
Elektro/fischereianlage . . . . . . 133f.
-installateur . . . . 101, 135f.
-installation . . . . 135f.
-installationsmaterial 227
-installationsplan 137
-kardiogramm (EKG) . . . . 502f.
-keramik 238
Elektrolyt 16f., 190
Elektromagnet . . . . 300f.
elektromagnetische/
Störfestikeit (EMS) 138
-Störung (EMI) 138
-Verträglichkeit (EMV) 138
elektromagnetischer
Auslöser 38, 286
Elektro/migration 139
-motor . . . . 139f.
Elektron . . . . 126f.
Elektronik 127
Elektroniker 101
elektronischer/ Trans-
formator 90, 330
-Zähler 131
Elektro/porzellan 238
-schweißen . . . . 296f.
-smog 214
elektrostatische/ Aufladung . . 140f.
-Entladung . . . . 141f.
Elektro/technik 127
-techniker 101f., 127, 136
elektrotechnisch
unterwiesene Person . . . . . 142f.
elektrotechnische /Arbeiten 58
-Regel 20, 28
elektrotechnischer Laie 142
Elektro/trauma . . . . 119f.
-zaunanlage . . . . 143f.
Elementarladung 128
elliptisches Drehfeld 301
ELV . . . . 326f., 392, 421f.
End/schalter 220
-stromkreis 117, 214, 452

-tülle 144
-verschluss 145
Energie/begrenzungsklasse 145f.
-erzeuger 506
-sparlampe 295
-speicher 16, 222
-verbraucher 124, 506
-verbrauchszähler 129f.
-wandler 28, 190, 300, 506
-wirtschaftsgesetz 19
enger Raum 284, 296f.
entflammbarer Baustoff 78
Entladezeitkonstante 256
Entladungslampe 147, 204, 291f.
Epidermis 260, 453
Erdableitstrom 11
Erde 147f., 432
Erden 148, 160f., 187
Erder 33, 75f., 148f., 263
-netz 148
-spannung 159f.
Erdfehler/faktor 150f.
-strom 151f.
erdfreier Raum 391f.
Erdkabel 244f., 484, 520
Erdkurzschluss 150f., 269f.
-strom 151f.
Erdoberflächenpotential 57, 65f., 125, 167, 343f.
Erdschluss 152
-drossel 152, 436
-faktor 150
-kompensation 152f.
-reststrom 152
erdschlusssicher 153, 270f.
Erdschlussstrom 151f,
erdschluss- und kurzschlusssichere Verlegung 270f.
Erdseil 103, 156
Erdungs 73f., 153
Erdungs/anlage 75, 154
-fahne 184
-faktor 150
-impedanz 32, 160
-klemme 154f.
-leiter 154, 155f.
-plan 149
-ringleiter 75, 156
-sammelleiter 155f.
-schalter 158f.
-seil 155f., 161
-spannung 57, 66, 147f., 159f., 167
-stange 160f.
-strom 159
-transformator 150
-trenner 158f.
- und Kurzschließvorrichtung 160f.
-widerstand 32
-zahl 150
-zeichen 148, 155
Erdwiderstand, spezifischer 432
Erhaltungsladung 53
erhöhte elektrische Gefährdung 193, 284, 296
Ersatzstromversorgung 333
Erschütterungsmelder 192
erste Hilfe 116, 161ff., 216
erste Schutzebene 93, 223, 402
erster kirchhoffscher Satz 254
Erstprüfung 104, 345f.
erzwungene Lichtbogenlöschung 335
Eurostecker 438f., 440f.
EVU 129
-Last 48, 247
Exzenterschalter 96

Fach/kraft 165
-personal 165
Fadenmaß 298, 380
Fahrstuhlklemme 166
Fail-safe-Technik 36, 166
Falzrohr 54
faradayscher Käfig 166
Faser 14
Federklemme 252f., 359, 504
Fehlanpassung 23
Fehler/schleifenimpedanz 381f.
-schutz 94, 223, 403
-spannung 57, 148, 166f.
Fehlerspannungs/-Schutzschalter 168f.
-Schutzschaltung 168f.
Fehlerstrom 169
-auslöser 170
Fehlerstrom/Differenzstrom-Schutzeinrichtung (RCD) 44, 87, 169f.
Fehlerstrom/-Schutzschalter 169f., 411f.
-Schutzschaltung 169
Fehl/gebrauch 58
-winkel 495f.
-zustand 36
Fein/schutz 10, 73, 77
-sicherung 59, 195f.
Feld einer Schaltanlage 172
Feldemission 291
FELV 327, 422
Fernmelde/anlage 109
-kabel 243
Fernschalter 172
Ferrariszähler 130f.
ferromagnetisch 299
fest angebrachtes Betriebsmittel 338
Fett 172
feuchter Raum 172f.
Feuchtraum/dose 226
-installation 136
-leitung 245
feuergefährdete Betriebsstätte 175f., 241
Feuerlöschanlage 434f.
Feuerwiderstandsklasse 176
FI/LS-Schalter 170, 408
Fingersicherheit 176f., 407
Fischfanganlage 134
FI-Schutzschalter 169f.
FI-Schutzschaltung 159
FI-Steckdose (SRCD) 170
Flach/automat 187, 287
-klemme 258
-leitung 14, 442f.
-stecker 23f., 441
-steckhülse 23
-steckverbinder 24
flammwidrig 175
flexible Leitung 14, 62, 353
Flexostecker 439
Fliegende Bauten 177
Fluchtweg 47
Formelzeichen 178
Foto/element 179
-widerstand 179
Freiauslösung 38, 179
Freileitung 179f., 287
Freileitungs/bereich 180
-dachständer 180f.
-hausanschluss 105, 117, 180
-mast 307f.,
-seil 80f., 282f., 491
-wandanschluss 105, 117
Freiluft/anlage 21f., 181f.
-schaltanlage 182
Freischalten 93, 182, 185, 368
fremdes leitfähiges Teil 182f., 403, 508
Fremdkörperschutzgrad 396f.
Fremdschichtwiderstand 257
Frequenz 183f.
-faktor 505
-umformer 29
Führungsverantwortung 133, 490f.
Fundamenterder 33, 184f.
fünf Sicherheitsregeln 186f.
Funkenstrecke 188f.
funktionale Sicherheit 415
Funktions/erder 149
-erdung 153, 156
-erdungsleiter 156f.
-gruppe 123
-isolierung 239
-klasse 59f.
-kleinspannung (FELV) 327, 422
-potentialausgleich 342
-schaltplan 370
FU-Schutzschalter 168f.
FU-Schutzschaltung 168f.
Fußschalter 98, 189

galvanische Zelle 16
galvanisches Element 190
Gang/breite 45f.
-höhe 45f.
Gasungsspannung 17
Gebäude/einspeisung 109
-hauptsicherung 118
-installation 213f.
Gebiet mit geschlossener Bebauung 190
gedruckte Schaltung 282
Gefahr 190f., 362
Gefährdungspotential 56, 125
Gefahren/meldeanlage (GMA) 191f.
-zone 93, 190f.
gefährlicher Körperstrom 193, 259
gefährliches Teil 113, 193f.
Gefäß 195
Gegen/parallelschaltung 194
-reihenschaltung 194f.
Gehäuse 195
-ableitstrom 11
gelegentliches Handhaben 55
Generator 28f., 458f.
-regel 356
geprüfte Anschlusszone 195
Geräte/anschlussleitung 440
-dose 225
-durchführung 237
-schutzsicherung 59, 195f.
Gerüst 196f.
geschirmtes Paar 14
Gesetz von der Erhaltung der Energie 124
Gewicht 306
Gewittertag 70
Glasfaserkabel 14, 243, 297
Glättungsdrossel 196, 436
gL-Charakteristik 413
Gleichspannung 114, 120
Gleichspannungswandler 134, 475
Gleichstrom (DC) 114, 120
-löschprinzip 335
-motor 196ff.
-system 199f., 244
-Wechselstrom-Gleichwertigkeitsfaktor 200, 215
-widerstand 122
-zähler 131f.
Gleichzeitigkeitsfaktor 201, 276
Gleitkontakt 382
Glimm/lampe 201
-starter 294
globales Erdungssystem 190
Glühlampe 201f., 272, 496
Goliathfassung 272
Grad/Celsius 464f.
-Fahrenheit 465
-Réaumur 465
Grenz/frequenz 355f.
-risiko 190, 362, 415
-schalter 220
Grobschutz 9, 76f.
großer /Befähigungsnachweis 102
-Prüfstrom 39, 399f.
Grundisolierung 239f.
Grundzeichen 178
grün-gelbe Schutzleiterkennzeichnung 14f., 31, 157, 244, 324, 391, 405
Gruppen/kompensation 67f.
-schalter 203
-schaltung 202f.
G-Sicherung 59
G-Sicherungseinsatz 195
GS-Zeichen 489
Gurokitt 449
Gürtelkabel 203
Güte 495
-faktor 495

Halbleiterbauelement 88ff., 91f., 467f., 470f., 473f., 476, 488, 518
Halogen 303
-glühlampe 328ff.
-Metalldampflampe 204
Haltbarkeit 205
Halte/spannung 470
-strom 39, 470
Hamburger Schaltung 510
Handbereich 205
Handrückensicherheit 205f., 407
Handwerksmeister 102
Hängeisolator 237
Harmonische 206, 314
Hauptader 14
Haupterdungs/klemme 155
-leiter 155f., 343
-schiene 155, 210
Haupt/leiter 522f.
-leitung 117, 206f.

-Leitungsschutzschalter . . . . . . 132, 207f., 287f., 412f.
Hauptpotential/ausgleich 182, 211, 342f., 390
-ausgleichsschiene 73f., 77, 148, 155, 210f., 213, 390
Hauptschlussmotor 198
Hauptschutzleiter . . 207, 210f., 343
Haupt-Sicherungsautomat . . . 207f., 287f.
Hauptspannungsebene . . . 326, 422
Hauptstrom/kreis 61, 452
-motor 198
-versorgungssystem 117, 209
Hausanschluss . . . . 109, 116f.
-kabel 117
-kasten 117f., 211
-leitung 117
-muffe 319
-nische 209
-raum . . . . 211f.
-sicherung 117
-wand . . . . 212f.
Haus/einführung 105, 117
-einführungsdachständer 180
-einführungsleitung 105, 117
-installation . . . . 213f.
Haut/effekt . . . . 115, 344, 420f.
-impedanz . . . . 260f.
Heinisch-Riedl-Schutzschaltung 169
heißer Raum 215
Heißleiter 431, 468
Herzdruck/massage . . . . 163f.
-flimmern . . . . 215f.
Herzkammerflimmern . . 114, 215f., 420, 502f.
-Schwellenstrom . . . . 216f.
Herzkammerflimmerschwelle 215f., 259
Herz-Lungen-Wiederbelebung 162f., 216
Herzstromfaktor . . . . 218f.
HH-Sicherung 219
Hilfs/ader 14
-erder 149, 168
-erdungsleiter 156, 168
-kontakt 219f., 441
-schalter . . . . 219f.
-schütz 385
-stromkreis 11, 452
Hindernis . . . . 220f.
Hintereinanderschaltung . . 359, 414
H-Kabel 221
Hochdruck-Entladungslampe 147, 204
Hoch/frequenz 184
-laufzeit 317, 409
-pass . . . . 355f.
-spannung 326
Hochspannungs/anlage 109
-kabel 243
-sicherung 219
Höchstädterkabel 221
höchste Spannung eines Netzes 221
Höchst/frequenz 184
-spannungsanlage 109
Hochvolt (HV) 327, 329
Hohlwanddose 225
hookesches Gesetz 253
Horizontalerder 32
Hummel-Schaltung 277
Hutmutter-Verschraubung 448
Hutprofilschiene 81f., 131, 287
Hydrogenerator 458
Hybrid-Anlage 409
Hysteresisverlust 515

I_S-Begrenzer 222
Ibus 81
IEC . . . . 231f.
IK-Schutzart 222, 397
Impedanz 122
Impulsgeberzähler 131
Imputz/dose 225
-installation 136
Inbetriebnahmeprüfung 345
indirektes Berühren 93, 223
Induktanz 122, 224, 435
Induktionszähler 130
Induktivität 224
Industrie/meister 102
-steckvorrichtung 441
Informations/anlage 109
-elektronik 127
Innen/raumanlage 224
-widerstand 123
innerer Blitzschutz . . . . 71f.
Inspektion . . . . 224f.
Installations/dachständer 181
-dose 225
-fernschaltung . . . . 226f.
-kabel 227, 244
-kanaldose 225
-kasten 225
-leitung 303, 313
-material 227
-schalter 40, 96, 203, 265, 414, 509, 519
-verteiler . . . . 50, 516f.
-werkzeug 227f., 363
-zone . . . . 136, 228f.
installierte Leistung 201
Instandhaltung 230
Instandhaltungs/gang . . . . 45f.
-prüfung 346
Instandsetzung 230
Instandsetzungsprüfung 346
Internationale/ Elektrotechnische Kommission (IEC) . . . . 231f.
-Standardorganisation (ISO) . . . 231
Internationales/ Einheitensystem (SI) 111, 501
-Elektrotechnisches Wörterbuch (IEV) . . . . 231f.
Ion . . . . 126f.
Ionisationsglimmen 258
IP-Code . . . . 396f.
IP-Schutzart . . . . 396f.
Isolation 232
Isolations/fehler 232
-festigkeit 112
-koordination . . . . 232f.
-pegel 233
-spannung 233
-überwachung . . . . 233f.
-überwachungseinrichtung (IMD) 88, 234
-widerstand . . . . 234f.
Isolator . . . . 235f.
Isolatorenkette 237
Isolier/ei 237
-flüssigkeit 239
-gas 239, 408
-glocke 238
-hülle 16, 442
-keramik 238
-lack 239
-muffe . . . . 189, 343f.
-rohr 54
-rolle 238
-stoff 239
isolierter Sternpunkt 151
isoliertes Netz 421
Isolierung 232, 239f., 254
Isolierungswiderstand 234
Isolier/vermögen 239
-werkstoff . . . . 239, 241, 303f.
IT-System . . . . 422, 462f.

Joule 242
Joule-Integral 242, 335
joulesches Gesetz 111, 242
joulesche Wärme 242

Kabel . . . . 243f.
Kabelabdeckung 246
kabelähnliche Leitung . . . . 244f.
Kabel/ausleger 247
-graben . . . . 245f.
-konsole 247
-pritsche 247
-roller 285
-schuh 23, 247
-schuhklemme 247
-trommel 248
- und Leitungsanlage 248
-verschraubung 448
-wanne 248f., 494
-warnband 246
Käfigläufer 30
-motor 30
Kalorie (cal) 249
kalter Raum 215
Kaltleiter . . . . 431, 468f.
Kammerflimmern . . . . 119f.
Kapazitanz 123
Kapazität . . . . 249f., 254f.
Katode 126
katodischer Korrosionsschutz . . 265
K-Automat . . . . 39f.
K(Kraft)-Charakteristik 39, 400, 414
Kelvin . . . . 464f.
Kennmelder . . . . 418f.
Kennzeichnung von Leuchten . 250f.
keraunischer Pegel 70, 481
Kettenisolator 237
Kippmoment 459
kleiner Prüfstrom 39
Kleinmotor 252
Kleinspannung (ELV) . . . . 326f., 392, 421f.
Kleinspannungs/anlage . . 109, 142
-lampe 329
Kleinverteiler 516
Klemme . . . . 252f.
Klemmenkurzschluss 268
Klemm/kraft 253
-ring 253
Klirrfaktor . . . . 253f.
Klöppel 236
Knoten/punktsatz 254
-regel 254
koaxiales Leiterpaar 254
Koaxialkabel 243, 254
kombinierter Potentialausgleich. 342
Kommunikationsanlage 109
Kommutator 196
Kompaktleuchtstofflampe 295
Kompoundmotor . . . . 198f.
Kondensanz 122
Kondensator . . . . 254f.
-batterie 68
-motor . . . . 107, 443f.
Konduktanz 122
Konstantstromgerät 292
Kontakt 371
-glied 371
-korrosion . . . . 264f.
-kraft 253, 403, 411
-prellen 119
-stück 192, 286, 371
-stückabbrand 256
-werkstoff . . . . 256f.
-widerstand 257
Konturenstecker . . . . 439f.
Konus-Kabelverschraubung . . . 448
Konverter 90f., 330, 471
konzentrischer Leiter . . . . 257f.
Kopfkontaktklemme 258
Korkenzieherregel 384
Koronaentladung . . . . 258f.
Körper 259f., 262
- eines elektrischen Betriebsmittels 195, 223, 259, 306
-impedanz . . . . 259, 260f.
-längsdurchströmung 216, 261
-querdurchströmung 216, 261
-schluss 262
-strom 56, 193, 217, 259
-widerstand . . . . 260f.
Korrespondenzleiter 510
Korrosion 263f., 284
Korrosions/beständigkeit . 185, 257, 263
-geschwindigkeit 263
-schutz . . . . . . 157, 184, 189, 264f.
Kraftstrom 121
Kragensteckvorrichtung 441
Krampfschwelle 116, 298, 467
Kreis/feld 301
-frequenz 140, 224, 255
Kreuz/schaltung 265
-schlitzschraube . . . . 383f.
Kriechstrecke . 233, 235, 265f., 498
kritische Feldstärke 258
Kugel/funkenstrecke 188
-festpunkt 161
Kundenanlage 207f., 214, 491
künstliche Beatmung . . . . 162f.
Kunststoff . . . 241, 303f., 402, 520f.
-kabel 243
-mantel . . . . 401f.
Kupfer 139, 263
-leiter . . . 87, 244, 284, 431f., 454f.
Kupplung/ in Schaltanlagen . . 266f.
-von Steckvorrichtungen . . . . 438f.
Kurbelinduktor 267
Kurzschließen 187
Kurzschließvorrichtung . . . . . . 160f.
Kurzschluss 268
-auslöser 38, 279, 286
-drossel 436, 451
Kurzschlussläufer 30

-motor . . . 30
Kurzschluss/schaltvermögen . . 412
-schnellauslöser . . . 38, 279
-schutz . . . 386ff., 521f.
kurzschlusssicher . . . 270
Kurzschlussspannung . . . 268f.
-sperre . . . 514
-strom . . . 269f., 482
Kurzschlussstrombelastbarkeit 387f.
kurzschluss- und erdschlusssichere Verlegung . . . 270f.
Kurzschlusswechselstrom . . . 269f.
Kurzunterbrechung (KU) . . . 43
Kusa-Schaltung . . . 446
kWh-Zähler . . . 130

Lade-Entlade-Betrieb . . . 53f.
Ladefaktor . . . 17
Ladung . . . 128
Lahnlitze . . . 297
Laie . . . 142
Lampe . . . 272
Lampen/fassung . . . 272f.
-sockel . . . 202, 273
landwirtschaftliche Betriebsstätte . . . 273f.
Längskupplung . . . 266f.
Langstabisolator . . . 237
Laschenklemme . . . 366
Last/hochlauf . . . 274, 409
-schalter . . . 274f.
-trennschalter . . . 275
-umschalter . . . 275
Läufer . . . 29f., 139, 196
-wicklung . . . 31, 139
L-Automat . . . 40, 400
Lawinen/durchbruch . . . 476
-effekt . . . 102
L(Licht)-Charakteristik . . . 400
Leckstrom . . . 11
Leerfeld . . . 172
Leerhochlauf . . . 409
Leerlauf/-Berührungsspannung . 167
-spannung . . . 275
-verlust . . . 515
Leerrohr . . . 137
Leerschalter . . . 275f.
Lehre . . . 102
Lehrling . . . 102
Lehrzeit . . . 101
leicht entflammbarer Baustoff . . 78
leicht entzündlich . . . 78, 175
Leistung . . . 276
Leistungs/anpassung . . . 22f.
-bedarf . . . 201, 276f.
-elektronik . . . 127
-faktor . . . 277
-kabel . . . 243
-messer . . . 277f.
-schalter . . . 278f.
-schild . . . 476
-stromkreis . . . 452
-transformator . . . 367, 472
-trennschalter . . . 280
Leiter-Erde-Spannung . . . 421
Leitergrenztemperatur . . . 280f.
- bei Dauerbetrieb . . . 280f., 520f.
- bei Kurzschluss . . . 281, 521
Leiter/isolierung . . . 241
-öse . . . 281f.
-platte . . . 282
-schluss . . . 268
-seil . . . 57, 282f., 491
-werkstoff . . 8, 87, 139, 244, 263f., 283f., 431, 491
leitfähiger Bereich mit begrenzter Bewegungsfreiheit . . . 284f.
Leitung/ für leichte Beanspruchung . . . 62
-für mittlere Beanspruchung . . . 62
-für schwere Beanspruchung . . . 62
Leitungs/bauartenkurzeichen . 304f.
-kupplung . . . 440
-roller . . . 285
-schutzschalter 39, 187, 286f., 412f.
-trosse . . . 288
-tülle . . . 144
lenzsche Regel . . . 30
Leuchte . . . 250f., 288f.
Leuchten/kennzeichen . . 250f., 290
-klemme . . . 80, 290f., 515f.
-wirkungsgrad . . . 291
Leucht/melder . . . 19
-röhre . . . 291f.
-schaltbild . . . 70
-stofflampe . . . 293f., 501f.
-taster . . . 99
Licht . . . 272, 297
-ausbeute . . . 49
Lichtbogen/dauer . . . 40
-löschkammer . . . 286f.
-löschzeit . . . 40, 335
-schutzarmatur . . . 189
-schweißen . . . 296f.
-spannung . . . 335
Licht/kette . . . 289
-menge . . . 49
-strom . . . 49f.
Lichtwellenleiterkabel . 14, 243, 297
Liftklemme . . . 166
Linke-Hand-Regel . . . 357
Linkslauf . . . 96
Litzenleiter . . . 14, 297
Lochfraß . . . 263
-korrosion . . . 263
Lorentz-Kraft . . . 357
Lösch/funkenstrecke . . . 188
-spannung . . . 10
Loslass/schwelle . . . 116, 215, 297f.
-schwellenstrom . . . 297f.
LS/DI-Schalter . . . 170
LS-Schalter . . . 39, 187, 286f.
Luftdrossel . . . 436, 451
Lüfter . . . 298
Luft/kabel . . . 244, 298
-schütz . . . 385
-spaltdrossel . . . 196
-spule . . . 436
-strecke . . 233, 235, 239, 298, 380
Lüsterklemme . . . 80, 291
Luxmeter . . . 48

Mäanderkammer . . . 286f.
Magnet . . . 299f.
magnetischer/ Leitwert . . . 224
-Pol . . . 299f., 342
magnetisches/ Drehfeld . . . 301
-Gleichfeld . . . 302
-Kraftgesetz . . . 299f., 357
-Wechselfeld . . . 302
Magnetismus . . . 299f.
Magnetostriktion . . . 302
Mantel/klemme . . . 303
-leitung . . . 245, 303f., 313, 401f.
Marina . . . 509
Maschen/netz . . . 500
-regel . . . 305
-satz . . . 305
Maschine . . . 306
Masse . . . 306
-anschluss . . . 306
-kabel . . . 145, 243, 306
-schluss . . . 306
Mast . . . 307f.
Materialkoeffizient . . . 388
Maulklemme . . . 79
mechanische Leistung . . . 276
Mechatroniker . . . 101
medizinisch genutzter Bereich 310f.
Mehraderleitung . . . 312
Mehrfach/leiter . . . 80f.
-steckdose . . . 438, 478
Mehrleitersystem . . . 200, 510f.
Mehrphasensystem . . . 340, 510f.
Mehrstoffisolierung . . . 240
Memoryeffekt . . . 312
Messersicherung . . . 59, 325
Messfunkenstrecke . . . 188
Messwandler . . . 506
Metallmantel . . . 313
Mignonfassung . . . 272
Mikro/-Schaltstrecke . . . 371
-taster . . . 99
Millikenleiter . . . 421
Minuspol . . . 342
Misch/spannung . . . 119, 313f., 512
-strom . . . 120, 313f.
Mittel/frequenz . . . 184
-leiter . . . 314, 323
-punkt . . . 314, 323, 446
-punktleiter . . . 323
-schutz . . . 9f., 73, 76f.
Mittelspannungs/anlage . . . 109
-kabel . . . 243
Möbelinstallation . . . 251, 315f.
Mobilheim . . . 83
Molekül . . . 299
Momentschaltung . . . 96
Morsealphabet . . . 85
Motor/regel . . . 357
-schalter . . . 316
-schutzschalter . . . 38, 316
-sirene . . . 19
-starter . . . 31, 316f.
-vollschutz . . . 468f.
Muffe . . . 317f.
Mund-zu-Mund(Nase)-Beatmung . . . 162f.

nasser Raum . . . 320
Nebeneinanderschaltung . . . 339
Nebenschluss/motor . . . 140, 197f.
-verhalten . . . 140
-wicklung . . . 197
Nenn/frequenz . . . 183f.
-kurzzeitstrom . . . 51
-spannung . . . 17, 52, 243f., 320f.
-stehspannung . . . 51
-stromregel . . . 61, 321f.
-übersetzung . . . 322f.
-wert . . . 52
Neonröhre . . . 291f.
Neozed-Sicherungssystem . . . 59, 100, 418f.
Netz . . . 129
-betreiber . . . 129, 165, 498
-betriebserdung . . . 153
-ersatzanlage . . . 129
-nennspannung . . . 320f.
-struktur . . . 499f.
-transfiguration . . . 23
neutrale Erde . . . 65, 147
Neutralleiter . . . 36, 186, 323f., 511
-Schutzerdung . . . 336
Neutralpunkt . . . 323, 446
-verlagerungsspannung . . . 426f.
Neutron . . . 126f.
NH-Sicherung . . . 59, 228, 325, 419
Nichtauslösestrom . . . 39, 279
nicht leitender Raum . . . 394
nicht linearer Widerstand . . . 123f.
nicht selbstheilende Isolierung . 239
Niederdruck-Entladungslampe . 147
Niederfrequenz . . . 184
niederohmig . . . 151, 327
Niederspannung . . . 326f.
Niederspannungs/anlage . . . 109
-Hochleistungs-Sicherung . . . 59, 228, 325, 419
-kabel . . . 243f.
-Schaltgerätekombination 172, 327f.
-sicherung . . . 19, 59f., 100, 195f., 219, 228, 325, 417f., 419
Niedervolt (NV) . . . 327, 329
-Halogenglühlampe . . . 328ff.
niedrigste Spannung eines Netzes . . . 221
n-Leitersystem . . . 200
Nockenschalter . . . 331
normal entflammbarer Baustoff . . 78
Normalpotential . . . 264
Norm/spannung . . . 320f.
-stoßspannungswelle . . . 450
Normung . . . 19f., 28, 331f., 501
Not-Aus . . . 113, 348, 368
Notbeleuchtung . . . 415f.
Not-Ein . . . 368
Not-Halt . . . 368
Not-Start . . . 368
Not-Stopp . . . 368
Notstromaggregat . . . 129, 332f.
N-PE-/Ableiter . . . 98
-Funkenstrecke . . . 98
Null/instrument . . . 334, 469f.
-leiter . . . 31, 404, 461
-potential . . . 125, 147
Nullpunkt/-Lichtbogenlöschung . . . 279, 334f.
-löscher . . . 279, 334f.
Nullung . . . 336, 368
Nullungsverordnung . . . 336
numerische Aderkennzeichnung . . . 15, 405
Nummernkabel . . . 15
Nutzungsgrad . . . 336
Nutzwärme . . . 242

Oberflächenerder . 33, 35, 149, 344
Oberschwingung . . . 37, 206, 314
oberschwingungsfrei . . . 167, 512
Oberschwingungs/gehalt . . . 253
-strom . . . 120, 314
offene Erdung . . . 181

Öffner 372
Ohm 120, 122
-meter 432
ohmscher Widerstand 122
ohmsches Gesetz 120, 122f.
Omegaöse 281
örtliche Erde 66, 147f., 167
ortsfeste Leitung 338
ortsfestes Betriebsmittel 338
Ortsnetz 109, 116f.
ortsveränderliches Betriebsmittel 338

Paketnockenschalter 96, 331
Panzerkasten 119
Papprohr 54
Parallelbetrieb von Transformatoren 269, 368
Parallel/erdungsleiter 156
-kompensation 68f.
-schaltung 32, 339
paramagnetisch 299
Pass/einsatz 100, 418
-schraube 418
Patientenplatz 339
Pegelfunkenstrecke 188, 233
PE-Leiter 404
PEL-Leiter 19, 404, 511
PELV 327, 393, 422
PEM-Leiter 19, 200, 315, 404f.
PEN-Leiter 19, 31f., 183, 404f.
Periodendauer 114f., 121, 183, 314
Permanentmagnet 300
-motor 252, 459
Permittivitätszahl 340, 496
Personenschutzautomat 408
Petersenspule 153
Pferdestärke (PS) 340
Pg-Kabelverschraubung 448f.
Phase 41, 340f.
Phasen/ableiter 10
-abschnittsteuerung 89f.
-anschnittsteuerung 89f.
-ausfallschutz 280
-folge 340f.
-leiter 41, 340
-opposition 340f.
-schieber 67, 255, 341
-symmetrie 340
-verschiebungswinkel 277, 495f.
Phillips-Schraube 383f.
pH-Wert 264
Pilztaster 99
Planschbecken 409
Plastkabel 243
Platten/funkenstrecke 188
-kondensator 255
Plombe 341
Plombenverschluss 341
Pluspol 342
PN-Übergang 91f., 232, 473
Pol 299f., 341f.
Polarität 341
Pol/rad 301
-umschalter 342
Potential 125
-ausgleich 74f., 182, 342f., 391f.
-ausgleichsanlage 342
-ausgleichsleiter 390f.
-ausgleichsringleiter 156
-ausgleichsschiene 73f., 77, 148, 155, 343
-gleichheit 342
-steuererder 57, 344
-steuerung 57, 344
-trennung 344
-verlauf 57, 125, 167, 343f.
Potentiometer 125, 425f.
Pozidriv-Schraube 383f.
Prellzeit 119
Primär/auslöser 38
-element 190
-kreis 506
-wicklung 514
Pritscheninstallation 137
prospektive Berührungsspannung 167
Proton 126f.
Proximity-Effekt 344
Prüfen 344f.
Prüf/feld 347
-finger 177, 194, 396f.
-plakette 104
-platz 347f.
-protokoll 346, 348f.
Prüfung 344f.
Prüfzeichen 488f.
Pufferbetrieb 53f.
pulsierender Gleichstrom 120
Pulsstromsensitivität 171
PVC 241, 303f., 402, 520f.
PV-Generator 28

Quecksilber/dampfgleichrichter 352
-schalter 78, 119
Querkupplung 266f.
Querverbundwarte 507

Radialfeldkabel 221
Rahmenklemme 353
Rapid-Rohrdraht 245
Rasiersteckdoseneinheit 438f.
Rastenschelle 377f.
Rastschalter 99, 353, 519
Raum mit Badewanne oder Dusche 353f.
R-Automat 40
RCD 44, 87, 169f.
RC-Filterschaltung 355f.
R(Rapid)-Charakteristik 400
RCM 88
Reaktanz 122
Reaktions/schwelle 116, 505
-schwellenstrom 505
Rechteckspannung 115
Rechte-Faust-Regel 436f.
Rechte-Hand-Regel 356f.
Rechtsdrehfeld 95
Rechtslauf 95f.
Redundanz 358
reduzierte Niederspannung 326
Reedkontakt 192
Referenz-Verlegeart 493
Reflektorlampe 329
Regelung 358
Registriergerät 358
Regler 358
Reihen/klemme 358f.
-kompensation 68f.
-schaltung 359, 414, 458
-schlussmotor 198, 252
-schlussverhalten 140
-schlusswicklung 198
-spannung 233
Relais 360f.
relative Dielektrizitätskonstante 340
Remanenzschütz 385
Reservefeld 172
Resistanz 122
Resonanz/drossel 436
-frequenz 410
-kreis 410
-sternpunkterdung 152
Restrisiko 415
Reststrom 87
-schutzeinrichtung 87
Reversierbetrieb 317
Ring/erder 35, 186
-netz 500
Risiko 362, 415
RLV-System 326, 362f.
Rohr/biegezange 363
-draht 244f., 363
-erder 33
-klemmschelle 377
Rolleninstallation 238
Rotor 139, 196
Rückenhalbwertzeit 450
Rückschutz 387f.
rückwärtiger Überschlag 364
Ruhe/kontakt 372
-spannung 275
-stromauslöser 38, 193
Rundsteuern 129, 364f.

sachverständige Person 165
Sägezahnspannung 115
Sattelklemme 366
Sauna 366
S-Automat 40
Schachtinstallation 137
schädlicher elektrischer Schlag 215
Schäkel 518
-isolator 236
Schallgeschwindigkeit 71
Schaltbewegung 371
Schalter 366
-dose 225
-Sicherungs-Einheit 275
Schalt/fassung 272
-folge 371
-gerät 367
-gerätekombination 172, 197, 327f.
-gerätepol 342
-glied 256f., 371
-gruppe 367f.
-handlung 368
-häufigkeit 371
-netzteil 330
-plan 369f.
-sperre 187, 370
-spiel 371
-stange 160
-stellungsanzeige 369, 371
-stellungsgeber 371
-stellungsrückmelder 447
-strecke 371
-stück 256f., 371f., 380
-vorgang 368
-warte 507f.
-zeichen 373ff.
-zyklus 371
S(Stark)-Charakteristik 400
Schein/leistung 276
-leitwert 122
-strom 121
-werfer 289
-widerstand 122
Scheitel/faktor 113f.
-größe 176
Schelle 377f.
Schellen/abstand 378
-klemme 366
Schiebewiderstand 125
Schieflast 378
Schienen/leiter 454f.
-verteiler 379
Schirm 254, 379
Schlag/anker 38, 286f., 380
-weite 103, 235, 380
Schleifenimpedanz 381f.
Schleifkontakt 382, 425
Schleifringläufer 30f.
-motor 30f.
Schleppleitung 62
Schleusenspannung 92f., 518
Schließer 372
Schlossschalter 382
Schlupf 29f.
-drehzahl 29f.
Schlüsseltaster 99
Schmalautomat 187, 287
Schmelz/einsatz 100, 195, 367, 382f., 417f.
-leiter 195, 382f.
-sicherung 100, 280, 367, 466
-zeit 335
Schneidklemme 252f.
Schnell/ladung 17
-schalter 383
-wiedereinschaltung 43
Schnurschalter 519
Schraubautomat 287
Schrauben/dreher 383f., 424
-kopfklemme 77
-regel 384
Schraub/kappe 100, 418
-sicherung 100, 417f.
Schreiber 358, 451
Schrittspannung 56f., 147f., 159
Schrumpfschlauch 384f.
Schuko 440
Schutz 362
Schütz 385f.
Schutzart 174f., 396f.
Schutz/bei direktem Berühren 386
-bei indirektem Berühren 94, 223
-bei Kurzschluss 386ff.
-bei Unterspannung 487
-durch Abdeckungen oder Umhüllungen 389
-durch automatische Abschaltung der Stromversorgung 223, 390f., 474
-durch erdfreien, örtlichen Potentialausgleich 391f.
-durch Kleinspannung SELV oder PELV 392f,
-durch nicht leitende Räume 394
-durch Schutztrennung 394f., 474
-gegen direktes Berühren 93f., 240
-gegen zufälliges Berühren 16, 55, 111

Schutz/erder 149
-erdung 153, 156, 457
-erdungsleiter 148, 156f., 404
-funkenstrecke 189
Schutzgrad/ durch Gehäuse . . 396f.
-von Überlast-Schutzeinrichtungen . . . . 322, 398ff.
Schutz/hülle . . . . 401f.
-isolierung 240, 259
-kette 111, 220
-klasse . . . . 402f.
-kleinspannung 327, 393
-leiste 111, 220
Schutzleiter . . . . . 182, 403f., 482f.
-anschlussstelle 403
-bezeichnung . . . . 404f.
-kennzeichnung 14f., 31, 157, 180, 405
-strom 11, 405
Schutzpotential/ausgleich . 342, 390
-ausgleichsanlage 342
-ausgleichsleiter 390f., 404
Schutz/raum . . . . 406f.
-schalter . . . . 407f.
-schirm 379
-trennung 394f., 474
-zeichen 148, 403, 405
Schwachstelle 408
Schwefelhexafluorid SF_6 . . . . 408f.
Schwellenspannung 92
schwer entflammbarer Baustoff . 78
Schweranlauf 409
Schwimmbad . . . . 409f.
Schwing/frequenz 410
-kreis 410
Schwingungspaketsteuerung . 410f.
Segmentleiter 421
Sektorleiter 244, 522
Sekundär/auslöser 38
-batterie 16
-element 16, 190
-kreis 506
-wicklung 514
selbstheilende Isolierung 239
Selbst/induktion 224
-induktivität 224
-schalter 382
selbstschneidende Schraube . . . 411
selektiver/ Fehlerstrom-Schutzschalter . . . . . . 169, 411f.
-Haupt-Leitungsschutzschalter . . 132, 207f., 287f., 412f.
Selektivität 146, 209, 278, 419
Selektivitätsklasse . . . . 145f.
SELV 327, 392f., 422
Sensor/potential 125
-schalter 56
Serienschaltung 359, 414
S-förmiger Haken 180
SH-Schalter . . . . . 207f., 288, 412f.
sichere Trennung . . . 240, 395, 414
Sicherheit 362, 415
Sicherheitsbeleuchtung . . . . . 415f.
sicherheitsgerichteter Ausfall . . 166
Sicherheits/kleinspannung 327, 393
-prüfzeichen . . . . 488f.
-stromquelle 110, 392
-stromversorgung 109f., 333
-technik 417
Sicherung . . . . 13, 59f., 100, 195f., 219, 325, 417f.
Sicherungs/aufsteckgriff . . 228, 325
-automat 39, 132, 187, 286f., 382, 417
-einsatz . . . . . . 58f., 100, 195, 219, 325, 418f.
-einsatzhalter 100, 418
-lastschalter 275
-lasttrenner 275
-sockel 100, 287, 417
-trenner 475
-trennschalter 475
-unterteil 228, 325, 417
SI-Einheit 111, 501
Signal/erdungsleiter 156
-geber 19
Sinus/knoten 420
-rhythmus 420
-spannung 115, 254
Skineffekt . . . . 115, 344, 420f.
Solar/strom 28
-zelle 179
Sollbruch/stelle 421
-teil 421
Spanndrahtinstallation 137
Spannung gegen Erde 421
spannungsabhängiger Widerstand (VDR) 488
Spannungs/band I oder II. 326f., 421
-bereich I oder II 326f., 421
-fall . . . . 209, 320f., 422f.
-festigkeit . . . . 103, 112, 506f.
-klirrfaktor 254
-pfeil 423
-prüfer 424
-teiler . . . . 179, 355, 359, 424f.
-teilerregel 359, 425
-trichter 426
-übersetzung . . . . 322f.
-verlust 423
-waage . . . . 426f.
-wandler . . . . 428f., 505f.
Spannweite 102
Spar/transformator 429f., 472
-wechselschaltung . . . . 509f.
Speicher . . . . 16f.
-drossel 436
Speisepunkt 116, 430, 491
Sperr/kappe 370
-spannung 92f., 124, 518
-strom 92f., 124, 518
spezifischer/ elektrischer Widerstand . . . . 122, 430f.
-Erdwiderstand 432
Spitzenfunkenstrecke 188
Spreizbefestigung 433
Springbrunnen . . . . 433f.
Sprinkleranlage . . . . 173, 434f.
Sprühwasser-Löschanlage . . . 434f.
Spule . . . . 224, 286, 435f.
Spulenregel . . . . 436f.
Staberder 32f., 149
stabile Seitenlage . . . . 161f.
Stahlpanzerrohr . . . . 54, 437f.
Stand der Technik 20
Stand von Wissenschaft und Technik 21
Standardisierung 332, 344
Ständer 29f., 139, 196, 301
-wicklung 139
Standortisolierung . . 347, 391, 394
Starkstrom/anlage 109
-kabel . . . . 243f.
Starter . . . . 204, 294f.
-fassung 294
statischer Bypass 485
Stator 139, 196
Steck/automat . . . . 287f.
-dose . . . . 438f.
Stecker 439
Steck/fassung 272
-klemme 253, 290f., 504
-kontakt 272
-vorrichtung . . . . 440f.
Stegleitung . . . . 442f.
Stehspannung 443
Steigeisen 308
Steigleitung 117, 207
Steinmetzschaltung . . . . 107, 443f.
Stern-Dreieck/-Schalter . 316f., 445
-Schaltung . . . . 30, 445f.
-Starter . . . . 316f.
Sternpunkt 97, 323, 446
-behandlung . . . . 150f.
-bildner 150
-erdung . . . . 150f.
-Verlagerungsspannung . . . . . 426f.
Sternschaltung 97f., 367, 428, 446f.
Steuer/ader 14
-erder 57, 149, 344
-gerät 367
-kabel 243
-quittierschalter 447
-transformator 447f., 472
Stirnzeit 450
Stopfbuchsverschraubung . . . . 226, 448f.
Stör/aussendungspegel 449
-festigkeitspegel 449
-sicherheit 449
Stoß/erdungswiderstand . 364, 450
-kurzschlussstrom 269f., 335
-pegel 51
-spannung . . . . 450f.
-spannungsfestigkeit 112
Stotz-Automat 287
Strahlennetz 499
Streufeldtransformator . . . . . . 291f.
Streustromkorrosion 265
stroboskopischer Effekt . . . 69, 294
Stromarbeit 242
Strombegrenzungs/drossel 436, 451
-klasse . . . . 145f.
Strombelastbarkeit/ von Kabeln und Leitungen 493f., 520
-von Leiterseilen 283
-von Stromschienen . . . . 454f.
Strom/dichte 115, 421
-erzeugungsaggregat 332
-kreis . . . . 451f.
-kreisverteiler 117, 516
-laufplan . . . . 370, 452f.
-marke 453
-richtung 128, 436
-richtungssymbol 436
-schiene . . . . 454f.
-schienensystem 455
-schlag . . . . 119, 134f.
-stoßrelais 227
-stoßschalter 227
-teiler 456
-teilerregel 339, 456
-übersetzung 323
-verbraucher 124, 127, 506
-versorgung 108
-versorgungssystem 379, 455
-verzweigungsregel 456
-wandler . . . . 323, 456f., 505f.
-wärme 242, 496
-wärmeimpuls 146, 242
-wärmeverlust 242
-wender 196
Strom-Zeit-Charakteristik . 13, 39f., 59f., 132, 146, 196, 399f., 413f.
Stückprüfung 345
Stufenschalter 25
Stützenisolator . . . . 105, 117, 235f.
Stützer 236
Stützpunkt 458, 523
Summen/reihenschaltung 458
-stromwandler 87, 170, 456
Supadriv-Schraube . . . . 383f.
Surge 458
Suszeptanz 123
Symmistor 194
Synchron/generator . . . . 458f.
-motor . . . . 252, 459f.
-verhalten 140
System nach Art der Erdverbindung . . . . 460ff.
Swanfassung 273

Tageslastspiel 48
Tandemschaltung 502
Tarifautomat 132
Taster . . . . 98f.
Tastschalter . . . . 98f.
technische Schutzmaßnahme . . 464
technischer Aufsichtsbeamter . . . 27
Teilleiter . . . . 80f., 522f.
teilweiser Schutz 55, 499
Telegrafenglocke 238
Temperatur . . . . 464f.
-beiwert 431
-differenz 464
-sicherung 466
-skala . . . . 464f.
Tetanisierungs-Schwellenstrom. 467
thermisch gleichwertiger Kurzschlussstrom 467
thermischer/ Auslöser . . 31, 38, 286
-Auslösestrom . . . . 39, 399f.
-Motorschutz 469
-Nichtauslösestrom 39
Thermistor . . . . 467f.
Thermistor-Motorschutz (TMS) . 469
Thermo/bimetallauslöser 31, 38, 286
-bimetallstreifen 38, 492
-colorfarbe 455
-plast 241
-widerstand 467
Thomson-Messbrücke . . . . 469f.
Thyratron 352, 470
Thyristor . . . . 470f.
Tiefenerder 32f., 149
Tiefpass . . . . 355f.
TN-C-System . . 31f., 37, 200, 460f.
TN-System . . . . 404, 460f.
TN-S-System . . . . 31f., 460f.
Tonfrequenz-Rundsteuerempfänger (TRE) . . . . 129, 364f.
Totmannschalter . . . . 134f.
Tragschiene 81f., 131
Transformator . . . . 367f., 471f.